U0266736

地球物理学基础

（增订版）

上　册

傅承义　陈运泰　祁贵仲　著

科学出版社

北　京

内 容 简 介

《地球物理学基础》(增订版)是在1985年《地球物理学基础》(第一版)基础上增补、修订的新版，是有关固体地球物理学基础理论与应用研究的专著. 它的主要读者对象是地球物理专业高年级大学生及相关专业的研究生. 书中涉及内容广泛，除概论外，包括：地球的形状和重力场，地球的转动，地球的年龄、能源和温度分布，地磁场、古地磁场及其成因，地电场和地球电磁感应，天然地震及其预测，地震波的传播，地球的振荡，地震位错和震源物理，地球内部构造等11个专题. 书中对所涉及问题的物理概念阐述清楚、简洁、明了，数学公式推导详尽，有助于读者深化对研究问题所涉物理概念的准确理解与结果的正确运用.

本书既可以作为初入门学生的向导，又可以作为高年级学生进一步深造的基础，还可以为对本书内容有兴趣的广大读者，提供广泛了解其他学科领域、增加相关知识的有益参考.

审图号：GS 京(2024)0109 号

图书在版编目(CIP)数据

地球物理学基础: 全2册/傅承义, 陈运泰, 祁贵仲著. --增订本. --北京: 科学出版社, 2024.11

ISBN 978-7-03-078127-7

Ⅰ. ①地… Ⅱ. ①傅…②陈…③祁… Ⅲ. ①地球物理学 Ⅳ. ①P3

中国国家版本馆CIP数据核字(2024)第043835号

责任编辑：韩 鹏 崔 妍 张井飞/责任校对：何艳萍

责任印制：赵 博/封面设计：图阅盛世

科学出版社 出版

北京东黄城根北街16号

邮政编码：100717

http://www.sciencep.com

北京厚诚则铭印刷科技有限公司印刷

科学出版社发行 各地新华书店经销

*

2024年11月第 一 版 开本：787×1092 1/16

2025年 4 月第二次印刷 印张：57 插页：6

字数：1 328 000

定价：398.00元(上、下册)

(如有印装质量问题，我社负责调换)

第一版序

近二十年来，固体地球物理学有了飞跃的发展. 十几年前出版的地球物理教科书，有不小一部分现在都需要重写. 我国这方面的教材也是未能赶上时代. 1979 年，中国科学技术大学研究生院要为地球物理专业的研究生开一门地球物理学基础课，我们借此机会将以前的讲义彻底地改写一遍，本书就是根据这份讲义加以补充而写成的. 书中尽可能地介绍了最近十几年的最重要的成果. 由于这是一门基础课，而科学的进展是有一定的继承性和连续性的，旧的经典性理论仍应给予应有的位置. 这样，作为讲授一学年的教科书，材料就太多了. 如何取舍，很大程度上避免不了作者的主观判断. 如果不当，希望读者指出，以便再版时修订.

地球物理学可以看作是一门应用物理学. 本书是从这个观点来写的. 所以不回避较严格的物理和数学的论证，但是我们极力避免不必要的抽象和繁琐哲学. 具有我国理工科大学一般数、理知识的读者阅读本书应无困难.

本书是集体编著的，内容的安排和基本观点是一起讨论的；但在具体编写时，为了便于分工，一、二、四、八、十二章主要由傅承义执笔；三、九、十、十一章主要由陈运泰执笔；五、六、七章由祁贵仲执笔. 本书在出版过程中，曾得到吴文京和铁安两同志的协助；杨晓莲同志绘制了全书的图件. 谨此致谢.

傅承义

1983 年 12 月，北京

增订版前言

《地球物理学基础》一书自 1985 年出版至今，已历经近四十年. 其间，曾于 1991 年因教学需求第二次印刷，迄今也已三十余年.

近四十年来，固体地球物理学有了很大的发展，为了适应这一发展，我们在原书的基础上，做了大量的修改和补充，以反映固体地球物理学在近四十年来的发展.

本书是为地球物理专业的高年级大学生和研究生而写的，由于科学的进展具有一定的继承性和连续性，经典理论的介绍和阐述不可避免地占有一定的位置，如“序”所提到的，作为一学年的教科书，是否已太多了. 如何取舍在很大的程度上避免不了作者的主观判断.

为方便使用，本书分为上、下两册. 上册包括第一章概论，第二章地球的形状和重力场，第三章地球的转动，第四章地球的年龄、能源和温度分布，第五章地磁场，第六章古地磁场及其成因，以及第七章地电场和地球电磁感应. 下册包括第八章天然地震及其预测，第九章地震波的传播，第十章地球的振荡，第十一章地震位错和震源物理，以及第十二章地球内部构造.

和第一版一样，本书是按照作为一门应用物理学的地球物理学的观点来写的，物理概念力求准确、简明、清晰，数学推演尽量具体、简洁，具有理、工科大学数、理知识的读者阅读本书应无困难.

在增订版出版过程中，得到许多专家学者的协助，他们是：詹志佳、高玉芬、王亶文、李世愚、许力生；刘新美、李利芝在全书的打字、图件的绘制及编辑上给予许多帮助. 在这里作者向他们表示衷心的感谢.

陈运泰 祁贵仲

2021 年 10 月 9 日

目　录

下　册

第一章 概 论

1.1 什么是地球物理学

顾名思义，地球物理学就是以地球为对象的一门应用物理学. 这门学科自二十世纪之初就已自成体系. 到了二十世纪六十年代以后，发展极为迅速. 它包含许多分支学科，涉及海、陆、空三界，是天文学、物理学、化学、地质学之间的一门边缘科学.

将地球作为一个天体来研究，地球物理学和天体物理学是分不开的；研究地球本身的结构和发展时，地球物理学又和地质学有很密切的联系. 但地球物理学所探讨的范围远不止此，它还包括研究地面形状的大地测量学、研究海洋运动的海洋物理学、研究低空的气象学和大气物理学、研究高空以至行星际空间的空间物理学、研究地球本体的固体地球物理学(或叫作地体学)，还有一些较小的分支，如火山学、冰川学、大地构造物理学等. 这些学科中，有的又各有独立的分支. 人造卫星出现后，地球物理现象的观测扩展到了行星际空间. 行星物理学是地球物理学的一个引申，但它所要解决的问题，离地球越来越远了.

地球物理学，如果狭义地理解，指的就是固体地球物理学. 这一般又可分为两大方面：研究大尺度现象和一般原理的叫作普通地球物理学，利用由此发展出来的方法来勘探有用矿床和石油的，叫作勘探地球物理学(或物理探矿学). 后者因工业上的需要，发展极快，已经自成体系. 勘探地球物理学虽然源于普通地球物理学，但勘探地球物理学所发展的方法现在反过来又对于研究普通地球物理现象有很大的帮助.

1.2 固体地球物理学的发展

地球物理问题的探讨从远古就开始了. 我国东汉的张衡和唐朝的僧一行都可以算是地球物理学家：前者是地震学家，后者是大地测量学家. 现代物理学也可以说是从研究地球物理问题开始的. 由于研究地球和月球的运动，牛顿发现了万有引力定律. 牛顿以后的许多数学家和物理学家都对地球物理的研究做出过重要的贡献. 克雷若(Clairaut, A.-C.)研究地球的形状，拉普拉斯(Laplace, P. S.)研究地球的起源，高斯(Gauss, G. F.)研究地磁，开尔芬(Kelvin, Lord)研究地球的弹性、热传导和许多其他地球物理问题. 当代的诺贝尔奖获得者有好几位都致力于地球物理问题的探讨. 尤瑞(Urey, H. C.)和阿尔芬(Alfvén, H.)都对地球起源的研究有贡献；阿普尔顿(Appleton, E. V.)是研究电离层的，里贝(Libby, W.)是研究碳十四(^{14}C)的，这些人都是杰出的地球物理学家.

一门科学的中心课题在科学发展的进程中时有起伏变化，这是由生产的需要和科学本身的发展条件所决定的. 有些问题只是由于新概念的提出或新技术的突破才得到长足的进展. 二十世纪初叶，物理学接连出现许多引人注目的发现，但地球物理学的成就并不突出，以致许多物理学家几乎忘记物理学中还有这一门分支. 其实它在十八、十九两世纪里却是响当当的物理学科. 到了二十世纪三十年代，由于物理勘探方法显示出优异的效果，地球物理学才又开始为人注意. 物理勘探方法原是地球物理学的一种应用手段，但有一个时期，物理探矿学竟成了地球物理学的代名词，直到现在，我国地学界仍有人持这种看法. 这是一种误解. 比如说，有这样一种说法："地质学与地球物理学最大的差别是地质学注重时间观念，而地球物理学是不管时间的. "这是混淆地球物理学与物理探矿方法的典型例子. 作为一门物理学，地球物理学不但研究地球物理的时空变化，而且给予地学的时间概念以更明确的含义.

在物理探矿学大踏步发展的同时，地球内部的研究也取得稳步的进展. 这是一项综合性的研究，但地震学(固体地球物理学的一个分支)起着最显著的作用. 到了二十世纪五十年代，根据地球物理研究的结果，人们已经对于地球内部的分层结构、物质组成和物理状态有一个大致的了解. 此时人们逐渐认识到许多地学现象，特别是地下资源分布问题，若不研究地壳深处以至地幔上部(即地球最外层约七八百至一千千米深度)是不能完满解释的. 由于问题是全球性的，所以在二十世纪六十年代初，国际上就组织了一个约有五十个国家参加的协作计划，叫作"上地幔计划"，主要研究内容包括：

① 全球性的地壳断裂系统；

② 大陆边缘地带及岛弧的构造；

③ 地幔的物质组成及地球化学过程；

④ 地壳及地幔的结构及其横向不均匀性.

所用的手段包括：地震、地磁、古地磁、重力、海上地球物理测量、地热、地质、深钻等. 计划延续了约十年，其重要成果之一就是提出了一个"板块大地构造假说". 这个假说不是闭门造车的结果，而是根据多年积累的大量观测资料(海上地球物理测线长达几十万千米)提出来的. 这个假说的出现是地学发展史上的一个里程碑. 它的意义之重大及影响之深远可以与近代科学的任何重大发现相媲美. 板块假说认为地球最上层(岩石层)是由几个大的板块所组成的. 这些板块不是固定不动的，而是相对地运动着的. 地球上各种大地构造活动就是这些大板块互相作用的结果. 这个假说是1967年才提出来的，时间不久，还远远不够完善. 它来源于实践，还需要经过更多的实践来检验和修正. 但应指出，板块构造假说最重要的意义不在于地球岩石层可以分成多少个板块，而在于新假说以大量的观测事实证实了地学中"活动论"的观点. 这是在基本概念上的一次重要的进展. 关于这个问题，以后还要有专节讲述.

国际上地幔计划到1970年结束了，但问题并未结束. 板块大地构造是一个新的概念，它虽然可以解释许多地学现象，但也存在不少缺陷和困难，需要补充和改进. 例如，板块的边界大部分在海洋，关于这部分边界的情况研究得比较多，但在大陆上的情况就研究得比较少. 板块运动的动力来源还没有公认一致的解释. 板块的活动除在其边缘外，在其内部也有所表现，而这种活动对地震成因和矿产富集都极有影响. 除上述问题外，还有一些其他的问题，都是上地幔计划期间来不及解决的. 针对这种情况，国际上又组织了一个"地球动力学计划"作为以前计划的继续，也约有五十个国家参加，期限为

1974—1979 年. 很显然，这个计划和板块构造假说是密切相关的，其主要目的之一是要解决这个假说所遗留下来的问题，特别是板块运动的驱动力问题. 如何具体实施这个计划因各国情况不同并无规定. 地球动力学计划的提出并不意味着地壳上地幔研究的终结，它只是固体地球物理长远协作的一个阶段，而这个计划在各个国家的体现是各不相同的. 在地球动力学计划之后，在二十世纪八十年代，国际上又提出一个岩石层研究计划，这是合乎逻辑的. 这个计划的中心课题是岩石层的现状、形成、演化和动力学，重点研究各大陆和陆缘，也包括洋底岩石层的进一步研究.

地球动力学这个词在当前的国际协作中，是有其特殊含义的——主要是研究板块动力学问题. 但这个词的本义原不限于此. 地球内部的物理过程和地球在空间的运动都和动力学密切相关，所以还有天文方面的地球动力学问题. 广义地讲，地球动力学几乎涉及全部的固体地球物理学，这就超出板块运动的问题了. 在当代文献上，广义和狭义的理解都是存在的.

二十世纪六十年代推动地球物理发展的另一重要事件是利用地震方法监视地下核爆炸的问题. 为了提高这个方法的水平，美国拟定一个所谓“维拉-U 计划”. 这个计划除了要改进美国国内的地震观测系统外，还在全球建立了一系列标准地震台网. 维拉-U 计划的出发点是要通过提高固体地球物理学的全面水平来找到监视地下核爆炸的可靠方法，所以这个计划中的研究项目的领域是极其广泛的，非但有地震学，而且也涉及地球物理学的许多其他领域，使它们都有所提高. 这个计划对推动地球物理学的发展起了积极的作用.

地震学是固体地球物理学的一个重要分支. 原来的目的是为了研究和防御天然灾害，但后来却主要沿着地震波物理学这个方面大大发展起来，而对于天然地震本身的研究反而进展不大. 到了二十世纪六十年代，情况才有了很大的变化. 我国在 1971 年成立了国家地震局，专门进行地震预测预防方面的工作. 但地震不是一个孤立的现象，它和许多其他的地学现象，特别是其他的地球物理现象有内在的联系. 脱离了一般的地球物理背景而去单独地解决地震预报问题是很难办到的. 地球物理工作者也必须将地震预测问题作为自己的问题来对待.

1.3 地球物理学和其他学科的关系

此处仅限于讨论固体地球物理学. 地面观测数据，一部分来自地质调查，所以地球物理工作者必须能正确理解地质学语言. 地球内部物质所处的温、压环境与地面物质不同. 在短暂力的作用下，它基本上是弹性的，在长期力的作用下，它又可以发生流动. 所以弹性学和流变学的知识对于地球内部物理现象的研究是需要的. 地球物理现象的研究不仅涉及力学问题，而且也涉及所有其他物理部门和某些化学部门.

解决地球物理的理论问题，不能忽视空间和时间的条件(即数学上所谓的边值问题和初值问题). 任何地球内部构造或地球演化的假说都必须使得到的结论与现在所见到的地球相符合. 即是说：现在的地球为地球演化假说提供一个时间条件；地面观测为地球内部物理过程提供一个边界条件. 这些条件虽不能确定一个假说，但却可大大限制一些无边际的幻想.

地球物理学在某些研究领域内和地质学是有密切关系的，但并不相同. 地质学是利用地面上直接观测到的数据来对地下浅层构造、变化过程和资源情况做出推断. 百余年来，地质学家对人类的经济生活所起的作用是很大的，并仍将起重要的作用，但人类对地下能直接观测的范围毕竟有限(最深的油井不过 9km 左右)，而出露的矿床也越来越少了. 地下情况在地面上没有直接的显示时，传统的地质方法就很难奏效，必须借助于物理的方法，如利用地震波、放射性或各种物理场(电、磁、重、热). 但物理方法所给的数据是间接性质的，还必须对它们做理论解释才能转换成地质构造或矿藏，而这种解释时常是不够确定的. 间接数据比不上直接数据那样明确，但是没有什么可以选择的，不能不用，因为可以直接观测的范围太小了. 由地面上的物理观测来推导地下的情况，在地球物理学上叫作反演问题. 反演问题的答案一般是不单一的，但通过多种观测可以将这种不确定性缩小. 可以想见，反演问题是地球物理学中一个核心的理论问题.

自然界的情况不像实验室那样可以按人的意愿安排. 对实际地球物理问题的计算常是极其复杂的. 若不加简化，往往算不出结果. 然而怎样简化才能既不失真，又不繁琐，确应有所考虑. 一块不规则的矿石若在远处计算它的引力，就可以看作是一个圆球，在近处就不行了. 一块地层，若在近处计算它的引力，就可看做是一无穷平面，在远处就不行了. 计算地震波的传播时，岩石可以看作是弹性体，计算冰川融化后的影响时，地球就表现有某种塑性. 条件不同，计算方法大有差异. 对于地球物理来说，数据固然是不可缺少的依据，但物理概念也是同样重要的. 地球物理学是一门应用科学，它必须密切联系实际. 但地球物理的计算有时是非常复杂的. 理论地球物理工作有时会沉湎于复杂的计算，而忘记问题的实际意义，这是应当注意的.

第二章　地球的形状和重力场

2.1　概　　论

地球形状和重力场的研究是地球物理学最老的两个课题．它们是大地测量学的主要研究对象，但与许多其他地球物理问题都有关系．

地球形状的概念历史上是逐渐演变的．远古的时候，人们就已意识到地球是圆的，并曾企图从测量地面一度的弧长来估计地球的大小．古代的埃及人、中国人和阿拉伯人都对这个问题有过贡献．到了十七世纪，人们才觉察出地球并非正圆，而是扁圆的，但究竟怎样扁法却无从测得准确，因为无论圆与扁都只是笼统的描述，而真实的地面却是崎岖不平、极不规则的．如何将地球形状这个概念精确化，使它能适用于定量的计算还有待于许多先驱者的努力．现代大地测量学上所谓的地球形状是指一个理论曲面的形状．这个曲面的形状和大小是可以用天文测量、几何测量和重力测量来测定的．它是地面各点空间位置的标准．实际上，它在海洋上与平均海面重合，但在大陆地区，它的一部分可能切入地下．因此从全球来看，大地水准面并不是完全包在地球外面，而在某些地方却覆盖着少量的地球物质．这一点实际上虽影响不大，但在理论上却引起一些微妙的问题．大地水准面是大地测量学的基本概念之一，讨论很多．不过近代有人证明，地球表面可以完全由大地测量来确定而不必借助于大地水准面．然而，作为地球物理学的基础知识，以下讨论仍以大地水准面为出发点．

大地水准面虽然比较平滑，但仍是一个极不规则的曲面．要确定这样的曲面，可以分两步走：先选择一个与它同重力势而又很逼近的等势面作为参考面，这个参考面的形状简单，便于计算；然后测定大地水准面与这个简单曲面的偏离．显然最好是选一个旋转椭球面(或扁球面)了．国际上在 1924 年曾选定一个扁球面作为参考面，以后在 1967 年又修订了一次．这个选定的参考椭球面的参量是：半长轴 a=6 378 160m；扁率

$$f = \frac{a-c}{a} = \frac{1}{298.247},$$

c 是半短轴．实测表明，大地水准面与参考椭球面的最大偏离不超过地球半径的十万分之一．也许有人认为，选取一个三轴椭球面作为参考面更逼近些，但这样做对实际的精度并无好处，可是计算上却复杂得多了．

参考椭球面按定义是一个重力等势面．按照势论的定理，这个面上任一点的重力值是可以计算的．这样得到的重力表达式就是所谓的国际重力公式．根据这个公式所计算的重力值是重力测量的标准，叫作正常重力值．实测的重力值减去正常重力值叫作重力异常(在小区域的相对重力测量中，常选取一个合适地点的重力值作为标准，不必按重力公式去计算)．研究重力异常在各种地球物理现象中的意义是重力学的任务．重力异常在地面上的分布和地下物质的密度分布有关系；重力异常区在地面上的大小范围和它所反

映的地下情况的深度有关系．一般来说，异常的范围越大，所反映的地下情况越深．解释大范围的重力异常时，地下物质的迁移对于地面重力场所起的补偿作用必须要考虑．这种补偿作用叫作地壳均衡．在解释局部地区的重力异常时，由于地壳岩石的强度很大，地壳均衡的影响是无须考虑的．

地面上的重力是地球的引力、地球的自转离心力和地外天体的引力之和．前两种力几乎是恒定的，强度也比第三种大得多．第三种力主要是日、月的引力．因为日、月与地球的相对位置随时间而变化，所以它们对地球的引力也随时间而变化．这就使地面上的重力有一个微小的时间变化．日、月的引力不但产生重力的时间变化，而且使地球发生变形．这种变形在海洋上表现为普通的潮汐；在陆上和海底则叫作固体潮．固体潮和地球内部的性质有关系．由于它的存在，许多精密的测量都要考虑它的影响．

2.2 势论简述

在许多理论物理和地球物理的问题中，都要用到势论的知识，尤其在讨论地球的形状和重力场时更是如此．事实上，势论的概念最早就是法国克雷若(Clairaut, A.-C.)在他的名著《地球的形状》中提出来的．本节只介绍与地球重力场有关的一些势论基本知识．

2.2.1 牛顿引力场和力势

根据牛顿的万有引力定律，质点 m 在距离为 $r=|\boldsymbol{r}|$的一点 P 所产生的引力场强度(或简称引力场，即一单位质点在 P 点所受的引力) $\boldsymbol{F}$ 为

$$\boldsymbol{F} = -G\frac{m}{r^2}\frac{\boldsymbol{r}}{r}, \tag{2.1}$$

负号表示吸力，G 为万有引力常量．推广到体积分布，$m=\rho \mathrm{d}V$，则上式变为

$$\boldsymbol{F} = -G\iiint_V \frac{\rho \mathrm{d}V}{r^2}\frac{\boldsymbol{r}}{r}, \tag{2.1.1}$$

ρ是物体的密度，V 是物体的体积．定义函数 $U=(x, y, z)$ 为

$$U = G\iiint_V \frac{\rho \mathrm{d}V}{r}, \tag{2.2}$$

U 是一个标量．显见

$$\boldsymbol{F} = \nabla U = \frac{\partial U}{\partial x}\boldsymbol{i} + \frac{\partial U}{\partial y}\boldsymbol{j} + \frac{\partial U}{\partial z}\boldsymbol{k}. \tag{2.3}$$

U 称为 $\boldsymbol{F}$ 的势函数，或称力势．力势的定义有时也用 $\boldsymbol{F}=-\nabla U$，但负号只是一种约定，计算时是一样的．

例 1． 一均匀球体所产生的引力势　设球体的半径为 R，密度为ρ，P 点与球心 O 的距离为 h(图 2.1)．若利用球极坐标 r'，θ，φ可将 P 点的力势写为

$$U = G\iiint_V \frac{\rho r'^2 \mathrm{d}V}{r}\sin\theta \mathrm{d}\theta \mathrm{d}\varphi \mathrm{d}r',$$

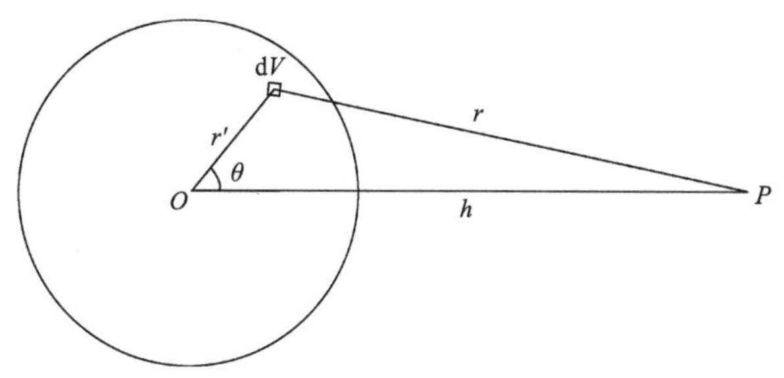

图 2.1　均匀球体所产生的引力势

但

$$r^2 = r'^2 + h^2 - 2hr'\cos\theta .$$

令 r' 不变，求微分，得

$$r\mathrm{d}r = hr'\sin\theta\mathrm{d}\theta ,$$

于是

$$U = G\iiint_V \frac{\rho r'}{h}\mathrm{d}r\mathrm{d}\varphi\mathrm{d}r' .$$

若 P 在球外，

$$U = \frac{2\pi\rho G}{h}\int_0^R r'\mathrm{d}r'\int_{h-r'}^{h+r'}\mathrm{d}r = \frac{2\pi\rho G}{h}\int_0^R r'^2\mathrm{d}r' = \frac{4\pi\rho G R^2}{3h} = \frac{GM}{h} ,$$

M 是球体的总质量.

若球体不是实心的而是一个同心球层，其内半径为 R_1，外半径为 R_2，则上式改为

$$U = \frac{4\pi\rho G}{h}\int_{R_1}^{R_2} r'^2\mathrm{d}r' = \frac{4\pi\rho G}{3h}(R_2^3 - R_1^3) = \frac{GM}{h} ,$$

此时 M 是球层的质量. 以上两式表明：一均匀球体或均匀球层在其外一点所产生的引力势等于将其全部质量集中于球心所产生的引力势. 若球体或球层并不均匀，但密度 ρ 只是 r' 的函数，这个结论显然仍是正确的.

以上结论十分重要，因为它说明，不同的密度分布可以产生相同的引力势. 相反，按照式(2.2)，若密度分布为 r' 的函数，即给定 $\rho=\rho(x', y', z')=\rho(r')$，则 $U=\dfrac{GM}{h}$，M 是半径为 r' 的球层的质量.

例 2. 任一有限物体在远处所产生的引力势　取任一点 O 为原点，P 为体外远处的任一点(图 2.2). 物体在 P 点所产生的引力势为

$$U = G\iiint_V \frac{\rho\mathrm{d}V}{S} = G\iiint_V \frac{\rho\mathrm{d}V}{\sqrt{r^2 + r'^2 - 2rr'\cos\theta}} \approx G\iiint_V \rho\mathrm{d}V\left[\frac{1}{r} + \frac{r'\cos\theta}{r^2} + O\left(\frac{1}{r^3}\right)\right]$$

$$= G\left(\frac{M}{r} + \frac{A}{r^2} + \frac{B}{r^3}\right),$$

式中，M 为物体的质量，A，B 均为有限值．当 r 极大时，$U \to GM/r$，其误差的数量级为

$$G \cdot O\left(\frac{1}{r^2}\right).$$

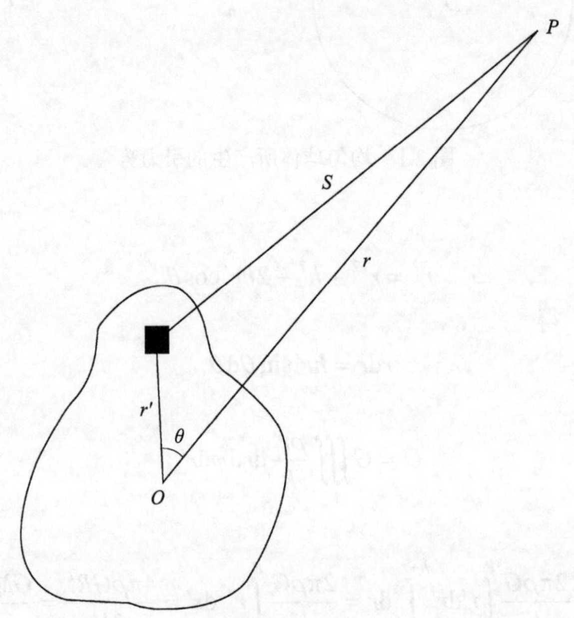

图 2.2　任一有限物体在远处所产生的引力势

若取 O 点为物体的质心，则易见 $A = G\iiint\limits_V \rho r' \cos\theta \mathrm{d}V = 0$，而误差降低为

$$G \cdot O\left(\frac{1}{r^3}\right).$$

故对一有限物体，

$$\begin{cases} \lim\limits_{r\to\infty} U = 0, \\ \lim\limits_{r\to\infty} rU = GM. \end{cases} \tag{2.4}$$

势函数 U 有一些重要的性质．令 P 点的坐标为 (x, y, z)，积分变量为 (x', y', z')．

① 若 P 点在物体之外，则

$$r^2 = (x - x')^2 + (y - y')^2 + (z - z')^2$$

不能为零．因 ρ 为有限值，故积分 (2.2) 为收敛的，可在积分号下求导数，

$$\frac{\partial U}{\partial x} = X = G\iiint\limits_V \frac{\rho(x' - x)}{r^3} \mathrm{d}V, \qquad \frac{\partial U}{\partial y} = \cdots, \qquad \frac{\partial U}{\partial z} = \cdots,$$

$$\frac{\partial^2 U}{\partial x^2} = G\iiint\limits_V \left[\frac{3(x' - x)}{r^5} - \frac{1}{r^3}\right] \rho \mathrm{d}V, \qquad \frac{\partial^2 U}{\partial y^2} = \cdots, \qquad \frac{\partial^2 U}{\partial z^2} = \cdots,$$

所以

$$\nabla^2 U = \frac{\partial^2 U}{\partial x^2} + \frac{\partial^2 U}{\partial y^2} + \frac{\partial^2 U}{\partial z^2} = 0 . \tag{2.5}$$

上式称为拉普拉斯方程，其解称为调和函数或谐函数．若式(2.5)右端不为零而是坐标的一个函数，即

$$\nabla^2 U = f(x, y, z) ,$$

则称为泊松方程，其解为谐函数加一特解．

② 若 P 点在物体之内，则 r 可趋于零，但此时积分仍收敛．可以证明，U 及其一次导数在 P 点都连续，但其二次导数不连续．所以不能在积分号下求导数．为了求得$\nabla^2 U$，可用以下办法(图 2.3)：围绕 P 点作一小球面，其半径为ε．取球面上一点 P'．令 P'点小球外物质所产生的力势为 U_1，则$\nabla^2 U_1=0$．令 P'点小球所产生之力势为 U_2，则按前例，$U_2 = (4/3)\pi\rho G\varepsilon^3 / r$，而当$\varepsilon$极小时，$\rho$可视为常量，等于$\rho_m$；

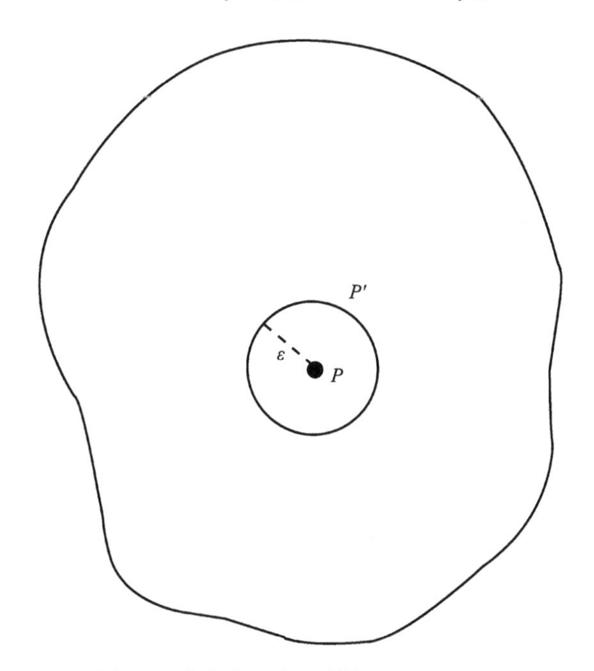

图 2.3　在物体之内引力势满足泊松方程

$$\left(\frac{\partial U_2}{\partial x}\right)_{P'} = -\frac{4}{3}\pi\rho_m G\varepsilon^3 \frac{1}{r^2}\frac{x-\xi}{r}\bigg|_{r\to\varepsilon} = -\frac{4}{3}\pi\rho_m G(x-\xi) .$$

所以，

$$\left(\frac{\partial^2 U_2}{\partial x^2}\right)_{P'} = \left(\frac{\partial^2 U_2}{\partial y^2}\right)_{P'} = \left(\frac{\partial^2 U_2}{\partial z^2}\right)_{P'} = -\frac{4}{3}\pi\rho_m G .$$

当$\varepsilon\to 0$，$P'\to P$，$U_1\to U_P=U$，$\rho_m\to\rho_P=\rho$．故

$$\nabla^2 U = \frac{\partial^2 U}{\partial x^2} + \frac{\partial^2 U}{\partial y^2} + \frac{\partial^2 U}{\partial z^2} = -4\pi G\rho . \tag{2.6}$$

即在物体之内，力势满足泊松方程.

式(2.4)，(2.5)，(2.6)是势函数 U 的主要性质. 这样的函数不仅在重力场的理论中要遇到，而且在许多物理部门中，如电磁学、流体力学、弹性力学、热传导等问题中也是常常遇到的. 势论的目的就是求解这组方程，特别是拉普拉斯方程，并讨论它们在各种物理问题中的应用.

不是所有的力都具有力势，也不是所有的力势都满足拉普拉斯方程(2.5). 地球的重力主要是地球的引力和自转离心力之和(日、月的引潮力要小得多，暂时可以忽略). 若令 z 坐标轴与自转轴重合，且向上为正，则单位质量所受的自转离心力为$(\omega^2 x, \omega^2 y, 0)$，$\omega$是地球的自转角速度. 这个力有一个力势等于 $\frac{1}{2}\omega^2(x^2+y^2)$，它显然不满足拉普拉斯方程. 地球的总力势 W 称为重力势，

$$W = U + \frac{1}{2}\omega^2(x^2+y^2), \tag{2.7}$$

其中，

$$U = G\iiint_V \frac{\rho \mathrm{d}V}{r}$$

是地球的引力势. 在地面上，$\nabla^2 U=0$，但$\nabla^2 W=2\omega^2$. 地球的重力加速度 $\boldsymbol{g}$(在重力学中，常简称重力)定义为

$$\boldsymbol{g} = \nabla W = \frac{\partial W}{\partial n}\boldsymbol{n}, \tag{2.8}$$

$\boldsymbol{n}$ 为向外法线. 按习惯，重力向下为正，所以也可以写成

$$g = -\frac{\partial W}{\partial n}.$$

式(2.2)原用于体积分布ρ，但极易推广于面积分布σ. 这在重力学中虽只有理论意义，但在静电学中却是实际的. 设一曲面的厚度为 n. 令 n 趋于极小，ρ趋于极大，但保持乘积ρn 为一有限值σ，即 $\lim\limits_{n\to 0}\rho \mathrm{d}V = \lim\limits_{n\to 0}\rho n \mathrm{d}S = \sigma \mathrm{d}S$. σ称为面密度. 由式(2.2)，

$$U = \lim_{n\to 0} G\iiint_V \frac{\rho \mathrm{d}V}{r} = G\iint_S \frac{\sigma \mathrm{d}S}{r}. \tag{2.9}$$

这种面积分布称为单层分布. 当 P 点在 S 面上时，积分一致收敛，故 U 在空间各点均为连续，但通过一质面时，$\partial U/\partial n$ 不连续. 为了说明这一点，在 S 两边取两个与 S 无限接近的面元 $\mathrm{d}S$，其面密度为σ(图 2.4)，可以证明，在 1 边，$(\partial U/\partial n)_1 = -2\pi G\sigma$；在 2 边，$(\partial U/\partial n)_2 = +2\pi G\sigma$. 故

$$\left(\frac{\partial U}{\partial n}\right)_1 - \left(\frac{\partial U}{\partial n}\right)_2 = -4\pi G\sigma. \tag{2.10}$$

设有两个符号相反的面积分布$+\sigma$，$-\sigma$彼此无限接近(图 2.5)但极限 $\lim\limits_{n\to 0}(\sigma n) = \kappa$ 为一有限值. 这就构成一个偶层分布，κ称为偶层的强度. 易见偶层的力势 U 为

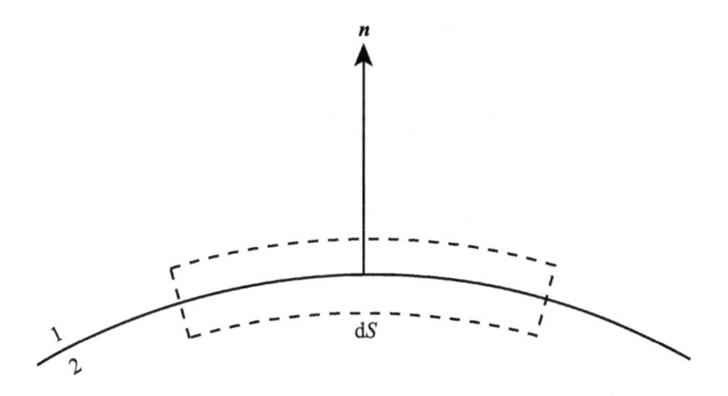

图 2.4 单层分布所产生的引力势

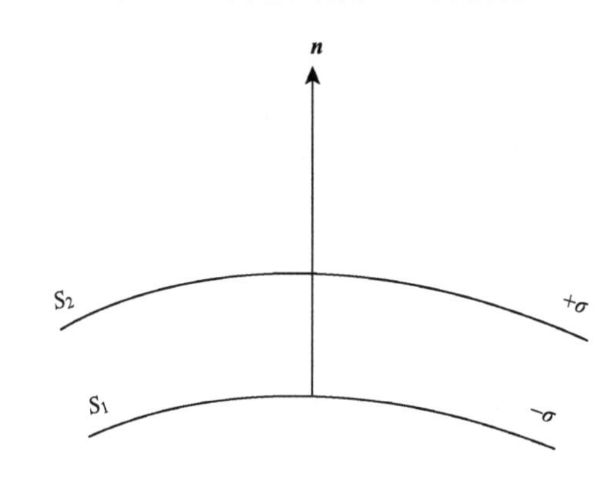

图 2.5 偶层分布所产生的引力势

$$U=\lim_{n\to 0}G\iint_S \sigma\frac{\partial}{\partial n}\left(\frac{1}{r}\right)n\mathrm{d}S=G\iint_S \kappa\frac{\partial}{\partial n}\left(\frac{1}{r}\right)\mathrm{d}S\ . \tag{2.11}$$

由 S_1 进入偶层时，$\partial U/\partial n$ 增加 $4\pi G\sigma$，但由 S_2 出来时，又减少 $4\pi G\sigma$；所以通过偶层时，$\partial U/\partial n$ 连续．相反，U 为不连续，且有

$$U_2-U_1=4\pi G\kappa\ . \tag{2.12}$$

2.2.2 常用的积分关系和定理

1. 格林定理

设函数 $F(x,y,z)$ 在一区域 V 内是有限和连续的，则易见

$$\iiint_V \frac{\partial F}{\partial x}\mathrm{d}V=\oiint_S lF\mathrm{d}S\ , \tag{2.13}$$

S 是 V 的表面，l 是 $\mathrm{d}S$ 的向外法线与 x 轴夹角的余弦．设 F，G，H 为三个连续函数，上式立可推广为

$$\iiint_V\left(\frac{\partial F}{\partial x}+\frac{\partial G}{\partial Y}+\frac{\partial H}{\partial Z}\right)\mathrm{d}V=\oiint_S(lF+mG+nH)\mathrm{d}S\ , \tag{2.13.1}$$

l，m，n 为 $\mathrm{d}S$ 的向外法线的方向余弦．若 F，G，H 是一个矢量 $\boldsymbol{A}$ 的三个分量，则上式

化为

$$\iiint\limits_V \nabla \cdot \boldsymbol{A} \mathrm{d}V = \oiint\limits_S \boldsymbol{A} \cdot \boldsymbol{n} \mathrm{d}S = \oiint\limits_S A_n \mathrm{d}S \,, \tag{2.13.2}$$

A_n 是 A 在 dS 上的法向分量．此式又称为散度定理．在(2.13a)中，取

$$F = \psi \frac{\partial \varphi}{\partial x}, \quad G = \psi \frac{\partial \varphi}{\partial y}, \quad H = \psi \frac{\partial \varphi}{\partial z} ,$$

ψ，φ为两个任意连续函数，则得

$$\iiint\limits_V \psi \nabla^2 \varphi \mathrm{d}V + \iiint\limits_V \nabla \psi \cdot \nabla \varphi \mathrm{d}V = \oiint\limits_S \psi \frac{\partial \varphi}{\partial n} \mathrm{d}S \,. \tag{2.13.3}$$

在上式中，若将ψ，φ互换，并与原式相减，则得

$$\iiint\limits_V (\psi \nabla^2 \varphi - \varphi \nabla^2 \psi) \mathrm{d}V = \oiint\limits_S \left(\psi \frac{\partial \varphi}{\partial n} - \varphi \frac{\partial \psi}{\partial n} \right) \mathrm{d}S \,. \tag{2.13.4}$$

式(2.13)至式(2.13.4)都是格林定理的不同形式．

2. 高斯定理

设一质点 m 位于一封闭曲面 S 之外的 O 点(图 2.6a)．求引力场对于 S 面法向分量的面积分，即求 $\oiint\limits_S F_n \mathrm{d}S$ ．

$$F_n \mathrm{d}S = \boldsymbol{F} \cdot \boldsymbol{n} \mathrm{d}S = -Gm \frac{1}{r^2} \cos(\boldsymbol{n}, \boldsymbol{r}) \mathrm{d}S = \mp Gm \mathrm{d}\Omega \,.$$

dΩ是一束矢径所张的立体角．但由 O 点出发，每一束矢径都与 S 相交于两个面元 dS，dS'，它们所张的立体角符号恰好相反，相加等于零．求全 S 面的积分时，可以看作是无数相反符号立体角的叠加．所以当 S 面在质点之外时，

$$\oiint\limits_S F_n \mathrm{d}S = \oiint\limits_S \frac{\partial U}{\partial n} \mathrm{d}S = 0 \,. \tag{2.14}$$

此式显然不仅适用于一质点，也适用于有限的质量分布．

当质点在 S 面之内时(图 2.6b)，

$$\oiint\limits_S F_n \mathrm{d}S = -Gm \oiint\limits_S \mathrm{d}\Omega = -4\pi Gm \,,$$

m 是质点的质量. 此式显然也适用于一有限的质量分布，

$$\oiint\limits_S F_n \mathrm{d}S = \oiint\limits_S \frac{\partial U}{\partial n} \mathrm{d}S = -4\pi GM \,. \tag{2.15}$$

M 是 S 封闭曲面所包含的总质量．若 S 面穿过若干质量，则式(2.15)中之 M 仅是图 2.6b 中各阴影部分之和．

其实上式极易由格林定理导出. 在(2.13.3)中，令ψ为一常数，φ为 S 中的引力势 U. 于是立得

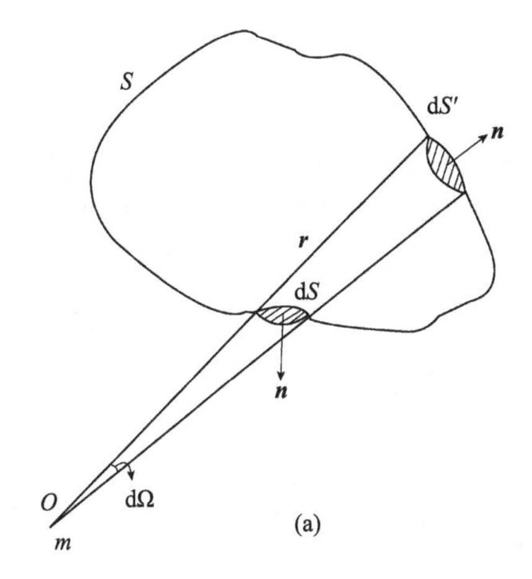

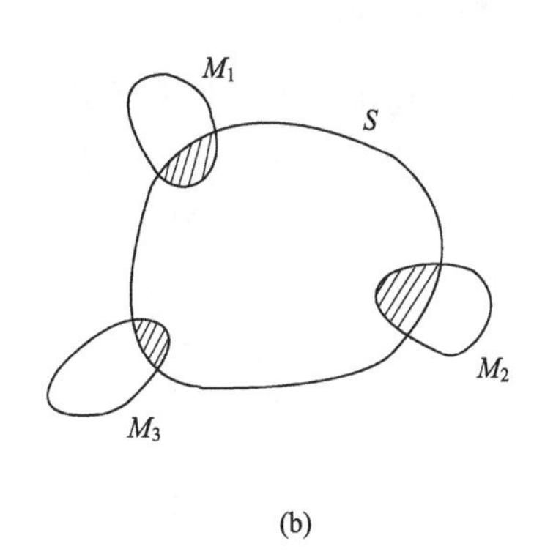

图 2.6　高斯定理

(a)质点位于封闭曲面之外；(b)有限的质量分布于封闭曲面之内

$$\oiint_S \frac{\partial U}{\partial n}\mathrm{d}S=\iiint_V \nabla^2 U\mathrm{d}V=-4\pi G\iiint_V \rho\mathrm{d}V=-4\pi GM\ . \tag{2.15.1}$$

上式称为高斯定理，它不但适用于引力场，也适用于任何平方反比的力场.

牛顿的平方反比定律是由实践总结出来的物理定律，但是泊松方程(2.6)和高斯定理(2.15)则是牛顿力场的数学推论．式(2.15.1)的推导曾利用泊松方程，但式(2.15)则没有用．反过来，由高斯定理也可以简捷地推导出泊松方程，因为由式(2.15)，代入

$$\oiint_S \frac{\partial U}{\partial n}\mathrm{d}S=\iiint_V \nabla^2 U\mathrm{d}V,\quad M=\iiint_V \rho\mathrm{d}V\ ,$$

立得

$$\iiint_V \nabla^2 U\mathrm{d}V=-4\pi G\iiint_V \rho\mathrm{d}V\ .$$

此式适用于任何 V，故

$$\nabla^2 U=-4\pi G\rho\ .$$

作为应用泊松方程的一个例，可以试求地球的平均密度ρ_m．由式(2.7)，

$$\nabla^2 W=\nabla^2 U+\frac{1}{2}\omega^2\nabla^2(x^2+y^2)=-4\pi G\rho+2\omega^2,$$

$$\iiint_V \nabla^2 W\mathrm{d}V=\oiint_S \frac{\partial W}{\partial n}\mathrm{d}S=-4\pi G\iiint_V \rho\mathrm{d}V+2\omega^2 V\ ,$$

V 是地球的体积．若重力 g 是向下为正，则上式可写为

$$G\rho_m=\frac{\omega^2}{2\pi}+\frac{1}{4\pi v}\oiint_S g\mathrm{d}S\ . \tag{2.16}$$

故若测得全球地面重力值，便可计算地球的平均密度ρ_m．当然，计算地球的平均密度时，尚有更简便的方法，此式仅作为例子.

3. 格林公式

设有一物质分布，其表面为 S(图 2.7)．求面外一点 P 的力势 U_P．应用格林定理(2.13.4)，令$\varphi=V$，$\psi=1/r$，r 是由 P 点到空间任一点的距离，体积分延展到 S 以外的全部空间．因在 P 点，$r=0$，故可取一小球面σ包围 P，取一大球面Σ包围 S 和σ，积分在Σ之内，但在 S 与σ之外的空间进行，最后则令Σ趋于无限，σ趋于零．代入(2.13.1)，

$$\iiint_V \frac{\nabla^2 U}{r}\mathrm{d}V = \iiint_V \left[\frac{1}{r}\frac{\partial U}{\partial n} - U\frac{\partial U}{\partial n}\left(\frac{1}{r}\right)\right]\mathrm{d}S + \oiint_\sigma + \oiint_\Sigma ,$$

若 U 为一势函数，则当Σ无限大时，$\oiint_\Sigma \to 0$，当$\sigma\to 0$ 时，$\oiint_\sigma \to 4\pi U_P$，故化简后，得

$$U_P = \frac{1}{4\pi}\oiint_S U\frac{\partial}{\partial n}\left(\frac{1}{r}\right)\mathrm{d}S - \frac{1}{4\pi}\oiint_S \frac{1}{r}\frac{\partial U}{\partial n}\mathrm{d}S - \frac{1}{4\pi}\iiint_V \frac{\nabla^2 U}{r}\mathrm{d}V , \tag{2.17}$$

$\boldsymbol{n}$ 为 S 的向外法线．若在 S 以外无质量分布，则$\nabla^2 U=0$，上式化为

$$U_P = \frac{1}{4\pi}\oiint_S U\frac{\partial}{\partial n}\left(\frac{1}{r}\right)\mathrm{d}S - \frac{1}{4\pi}\oiint_S \frac{1}{r}\frac{\partial U}{\partial n}\mathrm{d}S . \tag{2.17.1}$$

以上两式称为格林公式．式(2.17.1)右端第一项相当于偶层分布，其强度为$(4\pi G)^{-1}U$；第二项相当于单层分布，其面密度为$(4\pi G)^{-1}\partial U/\partial n$．故物体在其外一点所产生的力势和在其表面上取一适当的面积分布所产生的力势等效．所以格林公式也叫作等效层定理．由这个定理还可引出一个有意义的结果：

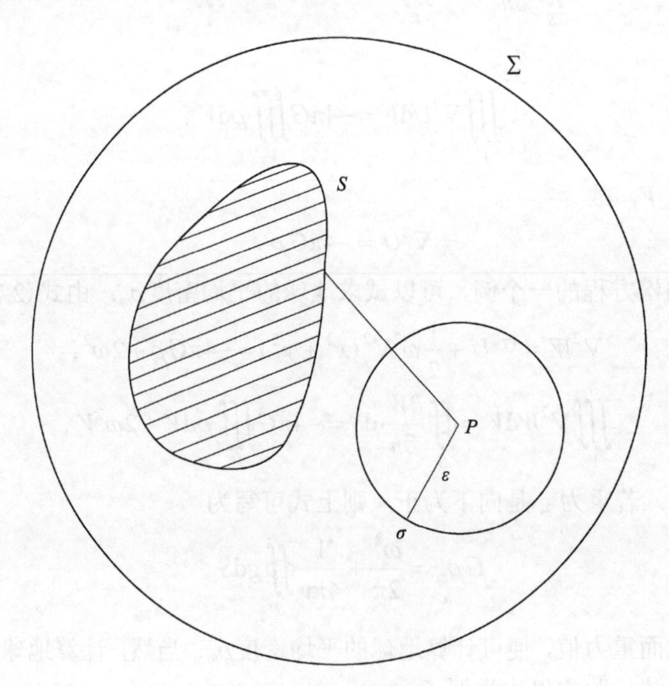

图 2.7　格林公式

设 S 是物体之外的一个等势面，$U=U_0$，P 点在 S 之外(图 2.8)．由式(2.17.1)，

$$U_P=\frac{U_0}{4\pi}\oiint_S \frac{\partial}{\partial n}\left(\frac{1}{r}\right)\mathrm{d}S-\frac{1}{4\pi}\oiint_S \frac{1}{r}\frac{\partial U}{\partial n}\mathrm{d}S .$$

但此式右端第一项等于零．故

$$U_P=-\frac{1}{4\pi}\oiint_S \frac{1}{r}\frac{\partial U}{\partial n}\mathrm{d}S . \tag{2.18}$$

S 是一个等势面．此式称为沙斯尔(Chasles)定理，它表明在计算力势时，任一物体可以用它的任一外部等势面上的适当单层分布所替代．

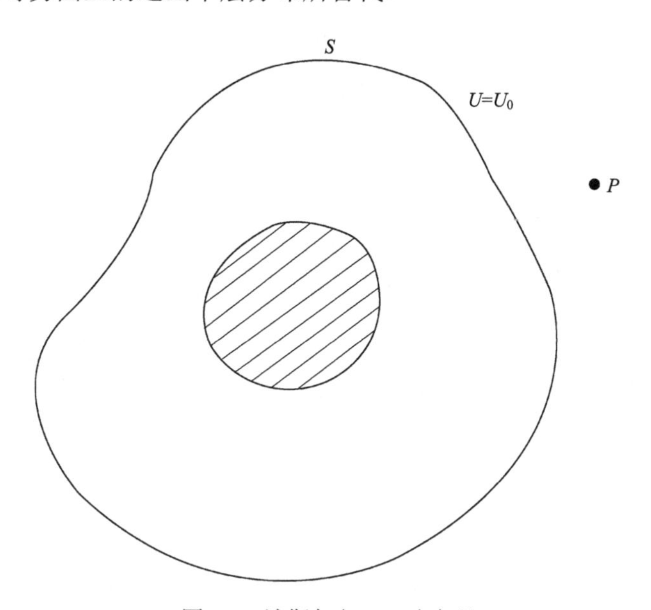

图 2.8　沙斯尔(Chasles)定理

4. 唯一性定理和狄利克雷问题

在物体之外，引力势满足拉普拉斯方程．在一定条件之下，拉普拉斯方程只有一个确定的解．因此若用任何方法得到一个解，而这个解又满足所给的条件，则这个解必然就是正确的解．讨论谐函数唯一性的条件是势论的重要课题之一．

设所有质量都位于 S 曲面之内．故在 S 外，引力势 U 是一个谐函数，即$\nabla^2 U=0$．代入式(2.13.3)，令$\psi=\varphi=U$，则

$$\iiint_V\left[\left(\frac{\partial U}{\partial x}\right)^2+\left(\frac{\partial U}{\partial y}\right)^2+\left(\frac{\partial U}{\partial z}\right)^2\right]\mathrm{d}V=\oiint_S U\frac{\partial U}{\partial n}\mathrm{d}S . \tag{2.19}$$

现在要证明：若 S 面上的 U 值分布为已知，则 S 面外的 U 值即完全确定，即 U 只有一个解．因为如果不是如此，则可假定 U 尚有其他一个解 U'．U 和 U'都满足拉普拉斯方程并在 S 上具有同值．令 $U_1=U-U'$．则在 S 上，$U_1=0$，代入上式则

$$\iiint_V \left[\left(\frac{\partial U_1}{\partial x}\right)^2+\left(\frac{\partial U_1}{\partial y}\right)^2+\left(\frac{\partial U_1}{\partial z}\right)^2\right]\mathrm{d}V=0\,,$$

故$\partial U_1/\partial x=\partial U_1/\partial y=\partial U_1/\partial z=0$，$U_1$=常量．因在$S$上，$U$=0，故$U_1$恒等于零，而

$$U=U'\,.$$

所以U的解是唯一的，即是说，若U是谐函数，它在S以外的解可以由它在S上的给定值完全确定．由谐函数的边界值来确定这个函数称为狄利克雷(Dirichlet)问题，或称为第一边界值问题．同样道理，若S面上的$\partial U/\partial n$是给定的，则仍有

$$\frac{\partial U_1}{\partial x}=\frac{\partial U_1}{\partial y}=\frac{\partial U_1}{\partial z}=\frac{\partial U_1}{\partial n}=0\,,$$

$U_1=C$，但未必为零，故$U-U'=C$，即S外的力势最多相差一常量．给定边界上的法向导数来确定一谐函数，称为第二边界值问题，或称为诺依曼(Neumann)问题．若在S上，给定U及$\partial U/\partial n$的线性组合，$hU+K\partial U/\partial n$，$h$及$K$为同号，则在$S$外，$U$值完全确定；不然的话，仍令$U_1=U-U'$，则在$S$上，$\partial U_1/\partial n+(h/K)U_1=0$．代入式(2.13.3)得

$$\iiint_V(\nabla U_1)^2\mathrm{d}V=\oiint_S U_1\frac{\partial U_1}{\partial n}\mathrm{d}S=-\oiint_S\frac{h}{K}U_1^2\mathrm{d}S\,.$$

上式左端不能为负，右端不能为正，故$\nabla U_1=0$，$U_1=0$．从而$U=U'$．这称为混合边界值问题或称为第三边界值问题．在地球重力场的研究中，这三种边界值问题都是会遇到的．

2.2.3 球谐函数

1. 拉普拉斯方程的解

解决重力场的问题时，常须解拉普拉斯方程．解球面问题时，以用球谐函数最为方便．用球极坐标(r,θ,λ)来表示，拉普拉斯方程是

$$\nabla^2U=\frac{1}{r^2}\frac{\partial}{\partial r}\left(r^2\frac{\partial U}{\partial r}\right)+\frac{1}{r^2\sin\theta}\frac{\partial}{\partial\theta}\left(\sin\theta\frac{\partial U}{\partial\theta}\right)+\frac{1}{r^2\sin^2\theta}\frac{\partial^2U}{\partial\lambda^2}=0\,. \tag{2.20}$$

用分离变数法，设

$$U=R(r)Y(\theta,\lambda)\,,$$

代入式(2.20)，得

$$\frac{1}{R}\frac{\partial}{\partial r}\left(r^2\frac{\partial R}{\partial r}\right)+\frac{1}{Y\sin\theta}\frac{\partial}{\partial\theta}\left(\sin\theta\frac{\partial Y}{\partial\theta}\right)+\frac{1}{Y\sin^2\theta}\frac{\partial^2Y}{\partial\lambda^2}=0\,.$$

第一项是r的函数，而后两项则是(θ,λ)的函数，故只能有

$$\frac{1}{R}\frac{\partial}{\partial r}\left(r^2\frac{\partial R}{\partial r}\right)=K\,, \tag{2.20.1}$$

$$\frac{1}{Y\sin\theta}\frac{\partial}{\partial\theta}\left(\sin\theta\frac{\partial Y}{\partial\theta}\right)+\frac{1}{Y\sin^2\theta}\frac{\partial^2Y}{\partial\lambda^2}=-K\,, \tag{2.20.2}$$

K是一个参量．式(2.20.1)的解是

$$R = Ar^n + \frac{B}{r^{n+1}} \,. \tag{2.21}$$

A，B 是两个任意常数，$n(n+1)=K$. 将 K 代入式(2.20.2)，得

$$\frac{1}{\sin\theta}\frac{\partial}{\partial\theta}\left(\sin\theta\frac{\partial Y}{\partial\theta}\right) + \frac{1}{\sin^2\theta}\frac{\partial^2 Y}{\partial\lambda^2} + n(n+1)Y = 0 \,. \tag{2.22}$$

此式的解可以写为 Y_n. 故

$$U = RY_n = \left(Ar^n + \frac{B}{r^{n+1}}\right)Y_n \,. \tag{2.23}$$

拉普拉斯方程的一般解可由上式叠加而成，即

$$U = \sum_{n=0}^{\infty}\left(Ar^n + \frac{B}{r^{n+1}}\right)Y_n \,. \tag{2.24}$$

U 称为球谐函数，写成式(2.23)的形式，则称为立体球谐函数. $U_n=r^nY_n$ 是(x, y, z)的 n 次多项式，Y_n 称为 n 次面谐函数，它只和球面上的坐标(θ, λ)有关系，与 r 无关. 根据以上定义，可以得到以下一条定理：若 U 是一个 n 次的球谐函数，则 U/r^{2n+1} 也是一个球谐函数，它的次数是$-(n+1)$. 因为 U 可以写成 Ar^nY_n 的形式，所以

$$\frac{U}{r^{2n+1}} = A\frac{Y_n}{r^{n+1}} \,.$$

由式(2.23)可见它也是一个球谐函数. 根据这个定理，若在球内某一点的力势为已知，则在同一矢径上的球外一点的力势可以立刻写出来.

面谐函数的一个重要特征就是 Y_n 和 $Y_m(m\neq n)$是正交的，即是说

$$\oiint_S Y_m(\theta,\lambda)Y_n(\theta,\lambda)\mathrm{d}S = 0 \,, \tag{2.25}$$

S 是一个球面. 按照格林定理(2.13.4)，令$\varphi=r^nY_n$，$\psi=r^mY_m$，则

$$\nabla^2\varphi = \nabla^2\psi = 0,$$

$$\frac{\partial\varphi}{\partial n} = \frac{\partial\varphi}{\partial r} = nr^{n-1}Y_n,$$

$$\frac{\partial\psi}{\partial n} = \frac{\partial\psi}{\partial r} = mr^{m-1}Y_m,$$

代入后，得

$$(n-m)r^{m+n-1}\oiint_S Y_mY_n\mathrm{d}S = 0 \,.$$

因为 $n\neq m$，故得式(2.25). 将一球面函数展开成面谐函数的级数时，正交关系是极为重要的. 另一个重要关系是面谐函数的归一关系. 这就必须先求得面谐函数的具体函数形式. 即是说要求解方程(2.22). 仍用分离变量法，代入

$$Y = \Theta(\theta)\Lambda(\lambda) \,, \tag{2.26}$$

得

$$\frac{\sin\theta}{\Theta}\frac{\mathrm{d}}{\mathrm{d}\theta}\left(\sin\theta\frac{\mathrm{d}\Theta}{\mathrm{d}\theta}\right)+n(n+1)\sin^2\theta=L,$$

$$\frac{1}{\Lambda}\frac{\mathrm{d}^2\Lambda}{\mathrm{d}\lambda^2}=-L,$$

L 是一参量．令 $L=m^2$，则上式是简谐方程，其解是

$$\Lambda=C_m\cos m\lambda+D_m\sin m\lambda, \tag{2.27}$$

C_m，D_m 是任意常量．代入前式，得

$$\frac{1}{\sin\theta}\frac{\mathrm{d}}{\mathrm{d}\theta}\left(\sin\theta\frac{\mathrm{d}\Theta}{\mathrm{d}\theta}\right)+\left[n(n+1)-\frac{m^2}{\sin^2\theta}\right]\Theta=0. \tag{2.28}$$

若令 $\cos\theta=\mu$，则上式化为

$$\frac{\mathrm{d}}{\mathrm{d}\mu}\left[(1-\mu^2)\frac{\mathrm{d}\Theta}{\mathrm{d}\mu}\right]+\left[n(n+1)-\frac{m^2}{1-\mu^2}\right]\Theta=0. \tag{2.28.1}$$

式(2.28)或(2.28.1)是 Θ 的二阶常微分方程，它有两个独立的级数解，都和参数 n，m 有关系．最重要的情况是 n，m 都是正整数或零，而且 $m\leqslant n$，其中一个解常用符号 $P_n^m(\mu)$ 或 $P_{nm}(\mu)$ 表示，称为第一类连带勒让德函数；第二类连带勒让德函数则用 $Q_n^m(\mu)$ 或 $Q_{nm}(\mu)$ 表示，但较少应用．由式(2.26)得

$$Y_{nm}=P_{nm}(C_m\cos m\lambda+D_m\sin m\lambda), \tag{2.29}$$

$$Y_n(\theta,\lambda)=\sum_{m=0}^{n}\left[(a_{nm}\cos m\lambda+b_{nm}\sin m\lambda)P_{nm}(\cos\theta)\right]. \tag{2.30}$$

由式(2.23)得

$$U(r,\theta,\lambda)=\sum_{n=0}^{\infty}\left(Ar^n+\frac{B}{r^{n+1}}\right)\sum_{m=0}^{n}\left[(a_{nm}\cos m\lambda+b_{nm}\sin m\lambda)P_{nm}(\cos\theta)\right], \tag{2.31}$$

A，B，a_{nm}，b_{nm} 都是任意常量．这是谐函数 U 最一般的解，各常量可以由边界条件来确定．当然，U 也可以用 Q_{nm} 来表示，但此处从略．

2. 勒让德函数和罗巨格公式

若在上式中令 $m=0$，则由式(2.27)，Λ 等于常量，U 与 λ 无关．式(2.28.1)简化为

$$\frac{\mathrm{d}}{\mathrm{d}\mu}\left[(1-\mu^2)\frac{\mathrm{d}\Theta}{\mathrm{d}\theta}\right]+n(n+1)\Theta=0, \tag{2.32}$$

称为勒让德微分方程，其解称为勒让德函数．因为上式是二阶的，所以有两个独立的解．当 n 是正整数时，两解各以符号 P_n 和 Q_n 表示，前者是一多项式，后者是一无穷级数．当问题具有轴对称性而对称轴为 $\theta=0$ 时，U 与 λ 无关，于是 $\partial^2U/\partial\lambda^2=0$，式(2.22)直接化为式(2.32)．$P_n(\mu)=P_n(\cos\theta)=P_{n0}$，称为带谐函数，因为它与 λ 无关．当 $m\neq0$ 时，$P_{nm}(\cos\theta)\cos m\lambda$ 或 $P_{nm}(\cos\theta)\sin m\lambda$ 与 θ，λ 都有关系，所以称为田谐函数．

用级数法解式(2.32)，其一解 P_n 是

$$P_n = \frac{1\cdot 3\cdots(2n-1)}{n!}\mu^n - \frac{1\cdot 3\cdots(2n-3)}{2\cdot(n-2)!}\mu^{n-2} + \frac{1\cdot 3\cdots(2n-5)}{2\cdot 4\cdot(n-4)!}\mu^{n-4}. \tag{2.33}$$

当然，此式若乘以任意常数时，仍是一个解．当 n 是正整数时，上式是一个多项式．令 m 为一整数，等于 $n/2$ 或 $(n-1)/2$，则上式可以写成

$$\begin{aligned}P_n(\mu) &= \sum_{s=0}^{m}(-1)^s \frac{(2n-2s)!}{2^n s!(n-s)!(n-2s)!}\mu^{n-2s} = \frac{1}{2^n n!}\sum_{s=0}^{m}(-1)^s \frac{n!}{s!(n-s)!}\frac{(2n-2s)!}{(n-2s)!}\mu^{n-2s} \\ &= \frac{1}{2^n n!}\frac{\mathrm{d}^n}{\mathrm{d}\mu^n}\sum_{s=0}^{m}(-1)^s \frac{n!}{s!(n-s)!}\mu^{2n-2s}.\end{aligned} \tag{2.33.1}$$

但是最后的连加正是 $(\mu^2-1)^n$ 的展式．所以

$$P_n(\mu) = \frac{1}{2^n n!}\frac{\mathrm{d}^n}{\mathrm{d}\mu^n}(\mu^2-1)^n. \tag{2.34}$$

勒让德多项式还可用其他方法得到．例如：设 P，Q 两点的矢径各为 r_0 和 r，夹角为 ψ．令距离 PQ 为 R，则

$$R^2 = r_0^2 - 2r_0 r\cos\psi + r^2. \tag{2.35}$$

若 $r_0>r$，则 $1/R$ 可展成 r 的级数，并可写成以下形式

$$\frac{1}{R} = \frac{1}{r_0} + P_1\frac{r}{r_0^2} + \cdots + P_n\frac{r^n}{r_0^{n+1}} = \sum_{n=0}^{\infty}\frac{r^n}{r_0^{n+1}}P_n(\cos\psi). \tag{2.36.1}$$

若 $r_0<r$，则 $1/R$ 可展成 $1/r$ 的级数

$$\frac{1}{R} = \frac{1}{r} + P_1\frac{r_0}{r^2} + \cdots + P_n\frac{r_0^n}{r^{n+1}} = \sum_{n=0}^{\infty}\frac{r_0^n}{r^{n+1}}P_n(\cos\psi). \tag{2.36.2}$$

实际由式(2.35)展开的结果，此处的 P_n 恰与式(2.33)完全一致，不过须注意 ψ 是 r_0 与 r 的夹角．若 r_0 或 r 与 z 轴重合，则 $\psi=0$．式(2.36)称为罗巨格(Rodrigues)公式．

式(2.36)可以写成以下形式

$$(1-2h\mu+h^2)^{-1/2} = 1+\sum_{1}^{\infty}h^n P_n,$$

h 为 r_0 与 r 之比，$\mu=\cos\psi$．按 h 求导数，得

$$(\mu-h)(1-2h\mu+h^2)^{-3/2} = \sum_{1}^{\infty}nh^{n-1}P_n,$$

所以，

$$(\mu-h)\left(1+\sum_{1}^{\infty}h^n P_n\right) = (1-2h\mu+h^2)\sum_{1}^{\infty}nh^{n-1}P_n.$$

比较两边 h^n 的系数，得

$$(n+1)P_{n+1} + nP_{n-1} = (2n+1)\mu P_n. \tag{2.37}$$

这是一个极有用的相邻的勒让德多项式之间的递推关系．由式(2.37)或式(2.34)，可以极容易地计算出各次多项式．举例如下：

$$P_0(\mu)=1, \qquad P_3(\mu)=\frac{5}{2}\mu^3-\frac{3}{2}\mu,$$

$$P_1(\mu)=\mu, \qquad P_4(\mu)=\frac{35}{8}\mu^4-\frac{15}{4}\mu^2+\frac{3}{8},$$

$$P_2(\mu)=\frac{3}{2}\mu^2-\frac{1}{2}, \qquad P_5(\mu)=\frac{63}{8}\mu^5-\frac{35}{4}\mu^3+\frac{15}{8}\mu.$$

按照 P_n 的定义式(2.33)，(2.34)或(2.36)，不难证明以下的正交和归一关系

$$\int_{-1}^{+1} P_n(\mu)P_m(\mu)\mathrm{d}\mu=0, \quad (n\neq m), \tag{2.38}$$

$$\int_{-1}^{+1} [P_n(\mu)]^2\mathrm{d}\mu=\frac{2}{2n+1}. \tag{2.39}$$

3. 连带勒让德函数

将勒让德方程(2.32)求 m 次导数，并令 $v=\mathrm{d}^m\Theta/\mathrm{d}\mu^m$，得

$$(1-\mu^2)\frac{\mathrm{d}^2 v}{\mathrm{d}\mu^2}-2\mu(m+1)\frac{\mathrm{d}v}{\mathrm{d}\mu}+(n-m)(n+m+1)v=0.$$

令 $w=(1-\mu^2)^{m/2}v$，代入上式，

$$(1-\mu^2)\frac{\mathrm{d}^2 w}{\mathrm{d}\mu^2}-2\mu\frac{\mathrm{d}w}{\mathrm{d}\mu}+\left[n(n+1)-\frac{m^2}{1-\mu^2}\right]w=0.$$

此式与式(2.28.1)完全相同，其解为连带勒让德函数．第一类的解以 $P_{nm}(\mu)$ 表示．由以上推导，立见

$$P_{nm}(\mu)=(1-\mu^2)^{m/2}\frac{\mathrm{d}^m P_n(\mu)}{\mathrm{d}\mu^m}. \tag{2.40}$$

同理，第二类的解 $Q_{nm}(\mu)$ 也可以写为

$$Q_{nm}(\mu)=(1-\mu^2)^{m/2}\frac{\mathrm{d}^m Q_n(\mu)}{\mathrm{d}\mu^m}, \tag{2.41}$$

$P_{nm}(\mu)$，$Q_{nm}(\mu)$ 均称为 n 次 m 阶的连带勒让德函数．以下列出几个较低次的 $P_{nm}(\mu)$ 备考：

$$P_{11}=\sin\theta=(1-\mu^2)^{1/2},$$
$$P_{21}=3\sin\theta\cos\theta=3\mu(1-\mu^2)^{1/2},$$
$$P_{22}=3\sin^2\theta=3(1-\mu^2),$$
$$P_{31}=\frac{3}{2}\sin\theta(5\cos^2\theta-1)=\frac{3}{2}(1-\mu^2)^{1/2}(5\mu^2-1),$$
$$P_{32}=15\sin^2\theta\cos\theta=15\mu(1-\mu^2),$$
$$P_{33}=15\sin^3\theta=15\mu(1-\mu^2)^{3/2}.$$

为了求得 P_{nm} 的正交和归一关系，将 P_{nm} 及 $P_{n'm'}$ 代入各自的微分方程(2.28.1)并相减，得

$$[n(n+1)-n'(n'+1)]P_{nm}P_{n'm'}-\frac{m^2-m'^2}{1-\mu^2}P_{nm}P_{n'm'}=\frac{\mathrm{d}}{\mathrm{d}\mu}\left[(1-\mu^2)\left(P_{nm}\frac{\mathrm{d}P_{n'm'}}{\mathrm{d}\mu}-P_{n'm'}\frac{\mathrm{d}P_{nm}}{\mathrm{d}\mu}\right)\right].$$

求积分，得

$$[n(n+1)-n'(n'+1)]\int_{-1}^{+1}P_{nm}P_{n'm'}\mathrm{d}\mu=(m^2-m'^2)\int_{-1}^{+1}P_{nm}P_{n'm'}\frac{\mathrm{d}\mu}{1-\mu^2}.$$

故可见

$$\int_{-1}^{+1}P_{nm}P_{n'm}\mathrm{d}\mu=0,\qquad 若 n\neq n', \tag{2.42}$$

$$\int_{-1}^{+1}P_{nm}P_{nm'}\frac{\mathrm{d}\mu}{1-\mu^2}=0,\qquad 若 m\neq m'. \tag{2.43}$$

若 $n=n'$，$m=m'$，则由式(2.40)，得

$$\begin{aligned}\int_{-1}^{+1}[P_{nm}]^2\mathrm{d}\mu&=(n+m)(n-m+1)\int_{-1}^{+1}(1-\mu^2)^{m-1}\left(\frac{\mathrm{d}^{m-1}P_n}{\mathrm{d}\mu^{m-1}}\right)\mathrm{d}\mu\\&=(n+m)(n-m+1)\int_{-1}^{+1}[P_{n,m-1}]^2\,\mathrm{d}\mu.\end{aligned}$$

由此递推，得

$$\int_{-1}^{+1}[P_{nm}(\mu)]^2\mathrm{d}\mu=\frac{(n+m)!}{(n-m)!}\int_{-1}^{+1}[P_n(\mu)]^2\mathrm{d}\mu=\frac{2}{2n+1}\frac{(n+m)!}{(n-m)!}. \tag{2.44}$$

4. 面谐函数的正交关系和函数的展开

任一球面上的函数 $f(\theta,\lambda)$ 可以展成面谐函数 $Y_n(\theta,\lambda)$ 的级数，即

$$f(\theta,\lambda)=\sum_{n=0}^{\infty}Y_n(\theta,\lambda)=\sum_{n=0}^{\infty}\sum_{m=0}^{n}[a_{nm}R_{nm}(\theta,\lambda)+b_{nm}S_{nm}(\theta,\lambda)], \tag{2.45}$$

式中，

$$\begin{aligned}R_{nm}(\theta,\lambda)&=P_{nm}(\cos\theta)\cos m\lambda,\\S_{nm}(\theta,\lambda)&=P_{nm}(\cos\theta)\sin m\lambda,\end{aligned} \tag{2.46}$$

a_{nm}，b_{nm} 是待定常量．在确定这些常量时，须利用球面上的正交和归一关系．在单位半径的球面上，面元 dS 等立体角 $\mathrm{d}\omega=\sin\theta\mathrm{d}\theta\mathrm{d}\lambda$，$\int_S=\int_{\theta=0}^{\pi}\int_{\lambda=0}^{2\pi}$．利用以上勒让德函数的正交及归一关系，立得

$$\left.\begin{aligned}\iint_S R_{nm}(\theta,\lambda)R_{sr}(\theta,\lambda)\mathrm{d}\omega=0\\ \iint_S S_{nm}(\theta,\lambda)S_{sr}(\theta,\lambda)\mathrm{d}\omega=0\end{aligned}\right\},\quad s\neq n\text{或}r\neq m\,, \tag{2.47}$$

$$\iint_S R_{nm}(\theta,\lambda)R_{sr}(\theta,\lambda)\mathrm{d}\omega=0,\quad \text{任何情况}\,, \tag{2.48}$$

$$\iint_S \left[R_{n0}(\theta,\lambda)\right]^2\mathrm{d}\omega=\frac{4\pi}{2n+1}\,, \tag{2.49}$$

$$\iint_S [R_{nm}(\theta,\lambda)]^2\mathrm{d}\omega=\iint_S [S_{nm}(\theta,\lambda)]^2\mathrm{d}\omega=\frac{2\pi}{2n+1}\frac{(n+m)!}{(n-m)!}\,. \tag{2.50}$$

根据这些关系，可得

$$\begin{cases} a_{n0}=\dfrac{2n+1}{4\pi}\displaystyle\iint_S [f(\theta,\lambda)P_n(\cos\theta)\mathrm{d}\omega,\\ a_{nm}=\dfrac{2n+1}{2\pi}\dfrac{(n-m)!}{(n+m)!}\displaystyle\iint_S [f(\theta,\lambda)R_{nm}(\cos\theta)\mathrm{d}\omega,\\ b_{nm}=\dfrac{2n+1}{2\pi}\dfrac{(n-m)!}{(n+m)!}\displaystyle\iint_S [f(\theta,\lambda)S_{nm}(\cos\theta)\mathrm{d}\omega.\end{cases} \tag{2.51}$$

以上各公式的系数比较复杂，且当 m=0 时，公式的形式也略有不同．在重力的讨论中，时常将通用的 R_{nm} 和 S_{nm} 乘以一定的常量，这样可使其他一些关系在形式上化简，便于记忆．定义：

$$\bar{R}_{n0}(\theta,\lambda)=\sqrt{2n+1}R_{n0}(\theta,\lambda)=\sqrt{2n+1}P_n(\cos\theta),\qquad m=0, \tag{2.52}$$

$$\left.\begin{aligned}\bar{R}_{nm}(\theta,\lambda)\\ \bar{S}_{nm}(\theta,\lambda)\end{aligned}\right\}=\sqrt{2(2n+1)\frac{(n-m)!}{(n+m)!}}\begin{cases}R_{nm}(\theta,\lambda)\\ S_{nm}(\theta,\lambda)\end{cases},\qquad m\neq 0, \tag{2.53}$$

则正交关系(2.47)，(2.48)仍适用，但归一关系(2.49)，(2.50)则化简为

$$\frac{1}{4\pi}\iint_S \bar{R}_{nm}^2(\theta,\lambda)\mathrm{d}\omega=\frac{1}{4\pi}\iint_S \bar{S}_{nm}^2(\theta,\lambda)\mathrm{d}\omega=1\,. \tag{2.54}$$

这个关系表明，在单位球面(r=1)上，$\bar{R}_{nm}^2$ 和 $\bar{S}_{nm}^2$ 的平均值为 1．将式(2.52)，式(2.53)，式(2.54)代入式(2.45)，得

$$f(\theta,\lambda)=\sum_{n=0}^{\infty}\sum_{m=0}^{n}[\bar{a}_{nm}\bar{R}_{nm}(\theta,\lambda)+\bar{b}_{nm}\bar{S}_{nm}(\theta,\lambda)]\,, \tag{2.55}$$

式中，

$$\begin{cases}\bar{a}_{nm}=\dfrac{1}{4\pi}\displaystyle\oiint_S f(\theta,\lambda)\bar{R}_{nm}(\theta,\lambda)\mathrm{d}\omega,\\ \bar{b}_{nm}=\dfrac{1}{4\pi}\displaystyle\oiint_S f(\theta,\lambda)\bar{S}_{nm}(\theta,\lambda)\mathrm{d}\omega.\end{cases}\tag{2.56}$$

式(2.56)比式(2.51)简单得多．实际上若将勒让德多项式重新定义为

$$\begin{cases}\bar{P}_{n0}(\cos\theta)=\sqrt{2n+1}P_{n0}(\cos\theta),\\ \bar{P}_{nm}(\cos\theta)=\sqrt{2(2n+1)\dfrac{(n-m)!}{(n+m)!}}P_{nm}(\cos\theta), \qquad m\neq 0,\\ \bar{R}_{nm}(\theta,\lambda)=\bar{P}_{nm}(\cos\theta)\cos m\lambda,\\ \bar{S}_{nm}(\theta,\lambda)=\bar{P}_{nm}(\cos\theta)\sin m\lambda,\\ \bar{a}_{n0}=\dfrac{a_{n0}}{\sqrt{2n+1}},\\ (\bar{a}_{nm},\bar{b}_{nm})=\sqrt{\dfrac{1}{2(2n+1)}\dfrac{(n+m)!}{(n-m)!}}(a_{nm},b_{nm}), \qquad m\neq 0,\end{cases}\tag{2.57}$$

则可得到式(2.54)及式(2.56)．

5．加法公式和泊松积分

有时需要将相对于某一极轴的 P_n 用相对于其他极轴的面谐函数来表示．为此，设 $f(\theta,\lambda)$ 为在单位球面上一任意连续函数．由式(2.45)，f 可展成面谐函数的级数，即

$$f(\theta,\lambda)=\sum_{n=0}^{\infty}\sum_{m=0}^{n}[a_{nm}R_{nm}(\theta,\lambda)+b_{nm}S_{nm}(\theta,\lambda)],$$

代入式(2.51)和式(2.46)，得

$$\begin{aligned}f(\theta,\lambda)=\sum_{n=0}^{\infty}\frac{2n+1}{4\pi}\int_{-\pi}^{+\pi}\int_{0}^{\pi}f(\theta',\lambda')[P_n(\cos\theta)P_n(\cos\theta')\\ +2\sum_{m=1}^{n}\frac{(n-m)!}{(n+m)!}P_{nm}(\cos\theta)P_{nm}(\cos\theta')\cos m(\lambda'-\lambda)]\sin\theta'\mathrm{d}\theta\mathrm{d}\lambda',\end{aligned}\tag{2.58}$$

θ'，λ'是积分的变量．相对于 z 轴，P 点的坐标是(θ,λ)，P'点的坐标是(θ',λ')(图2.9)．两点之间的角距离ψ为

$$\cos\psi=\cos\theta\cos\theta'+\sin\theta\sin\theta'\cos(\lambda'-\lambda).\tag{2.59}$$

若取 z 轴使之通过 P 点，则θ=0．λ为任意，可取为0，故

$$P_n(\cos\theta)=1,\ P_{nm}(\cos\theta)=0.$$

此时若将原坐标(θ',λ')改写为(θ_1',λ_1')，则 $\theta_1'=\psi$，而

$$f(0,0)=\int_{-\pi}^{\pi}\int_{0}^{\pi}f(\theta_1',\lambda_1')\sum_{n=0}^{\infty}\frac{2n+1}{4\pi}P_n(\cos\psi)\sin\theta_1'\mathrm{d}\theta_1'\mathrm{d}\lambda_1'.$$

现再将 z 轴返回原处，上式变为

$$f(\theta,\lambda)=\int_{-\pi}^{\pi}\int_{0}^{\pi}f(\theta_1',\lambda_1')\sum_{n=0}^{\infty}\frac{2n+1}{4\pi}P_n(\cos\psi)\sin\theta'\mathrm{d}\theta'\mathrm{d}\lambda' . \tag{2.60}$$

将此式与式(2.58)相比，立得

$$P_n(\cos\psi)=P_n(\cos\theta)P_n(\cos\theta')+2\sum_{m=1}^{n}\frac{(n-m)!}{(n+m)!}P_{nm}(\cos\theta)P_{nm}(\cos\theta')\cos m(\lambda'-\lambda) , \tag{2.61}$$

此式称为加法公式.

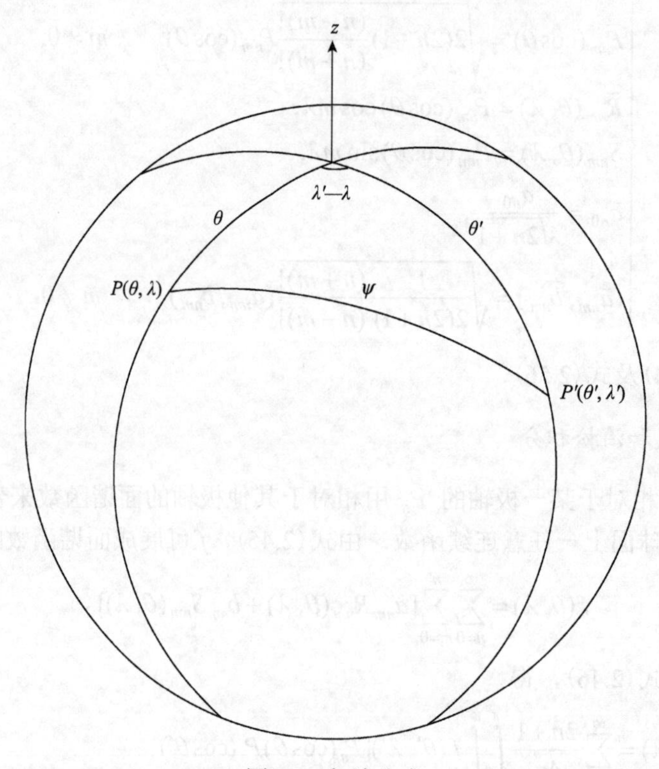

图 2.9　加法公式

若 $f(\theta,\lambda)$ 是力势 $U(r,\theta,\lambda)$ 在一球面上的值，显然在球面之外，即当 $r>a$ 时，

$$U_e(r,\theta,\lambda)=\int_{-\pi}^{\pi}\int_{0}^{\pi}f(\theta',\lambda')\sum_{n=0}^{\infty}\frac{2n+1}{4\pi}\left(\frac{a}{r}\right)^{n+1}P_n(\cos\psi)\sin\theta'\mathrm{d}\theta'\mathrm{d}\lambda' ,$$

由公式

$$\sum_{n=0}^{\infty}(2n+1)h^nP_n(\cos\psi)=\frac{1-h^2}{(1-2h\cos\psi+h^2)^{3/2}},\qquad h<1 ,$$

得

$$\sum_{n=0}^{\infty}(2n+1)\left(\frac{a}{r}\right)^{n+1}P_n(\cos\psi)=\frac{a(r^2-a^2)}{(a^2+r^2-2ar\cos\psi)^{3/2}} ,$$

所以，

$$U_e(r,\theta,\lambda)=\frac{a(r^2-a^2)}{4\pi}\int_{-\pi}^{\pi}\int_{0}^{\pi}\frac{f(\theta',\lambda')\sin\theta'\mathrm{d}\theta'\mathrm{d}\lambda'}{(a^2+r^2-2ar\cos\psi)^{3/2}}\ . \tag{2.62}$$

同理，在球面之内，即当 $r<a$ 时，

$$\begin{aligned}U_i(r,\theta,\lambda)&=\int_{-\pi}^{\pi}\int_{0}^{\pi}f(\theta',\lambda')\sum_{n=0}^{\infty}\frac{2n+1}{4\pi}\left(\frac{r}{a}\right)^{n+1}P_n(\cos\psi)\sin\theta'\mathrm{d}\theta'\mathrm{d}\lambda'\\&=\frac{a(a^2-r^2)}{4\pi}\int_{-\pi}^{\pi}\int_{0}^{\pi}\frac{f(\theta',\lambda')\sin\theta'\mathrm{d}\theta'\mathrm{d}\lambda'}{(a^2+r^2-2ar\cos\psi)^{3/2}}.\end{aligned} \tag{2.63}$$

式(2.62)和式(2.63)称为泊松积分，它解决了球面上的第一类边界值问题.

2.2.4　谐力势

设在半径为 a 的球体上覆盖一层，其面密度 $\sigma=Y_n(\theta,\ \lambda)$．求在球内或球外一点 P 所产生的引力势 U．若 P 在球内，则 $r<a$，

$$\begin{aligned}U_i&=G\oiint_S\frac{Y_n\mathrm{d}S}{PQ}=G\oiint_S\frac{Y_n\mathrm{d}S}{\sqrt{a^2-2ar\cos\theta+r^2}}\\&=G\oiint_S\frac{Y_n}{a}\left[1+\frac{r}{a}P_1(\cos\theta)+\frac{r^2}{a^2}P_2(\cos\theta+\cdots)\right]\mathrm{d}S\\&=\frac{4\pi Ga}{2n+1}\left(\frac{r}{a}\right)^n Y_n(\theta,\lambda).\end{aligned} \tag{2.64.1}$$

若 P 在球外，则 $r>a$，

$$U_o=\frac{4\pi Ga}{2n+1}\left(\frac{a}{r}\right)^{n+1}Y_n(\theta,\lambda)\ . \tag{2.64.2}$$

由以上二式，立见当 $r=a$ 时，

$$\frac{\partial U_o}{\partial r}-\frac{\partial U_i}{\partial r}=4\pi GY_n(\theta,\lambda)\ ,$$

与式(2.10)符合．由式(2.64)可得结论：若在一球体上有一面积分布 $Y_n(\theta,\lambda)$，则其所产生之力势必与 Y_n 成正比.

若面积分布为一任意连续函数 σ，则可将 σ 展成面谐函数的级数，

$$\sigma=Y_0+Y_1+Y_2+\cdots=\sum_{n=0}^{\infty}Y_n\ ,$$

其中 Y_0 为一常量．故立得

$$U_i = 4\pi Ga\left[Y_0 + \frac{Y_1}{3}\left(\frac{r}{a}\right) + \frac{Y_2}{5}\left(\frac{r}{a}\right)^2 + \cdots\right], \qquad r < a,$$

$$U_o = 4\pi Ga\left\{Y_0\left(\frac{a}{r}\right) + \frac{Y_1}{3}\left(\frac{a}{r}\right)^2 + \frac{Y_2}{5}\left(\frac{a}{r}\right)^3 + \cdots\right\}, \qquad r > a. \tag{2.65}$$

式(2.64)，式(2.65)称为谐力势．

2.3　地球的重力场

2.3.1　一级近似

地球近似一个扁球体，长轴为 $2a$，短轴为 $2c$，平均半径为 a_m，扁率为 e．扁率的定义为 $(a-c)/a$，或 $(a-c)/c$，或 $(a-c)/a_m$．地球的扁率略大于三百分之一，是一个很小的数值，可以作为一级小量来对待．在一级近似的理论中，以上三个定义并无区别．

在扁球体 E 以外一点 P 的引力势 U 为

$$U = G\iiint_V \frac{\rho \mathrm{d}V}{R} = G\iiint_V \rho \mathrm{d}V \sum_{n=0}^{m} \frac{r'^n}{r^{n+1}} P_n(\cos\psi).$$

因 $\cos\psi = (xx'+yy'+zz')/rr'$（图 2.10），上式展至 P_2 并略去以后各项，得

$$U = G\iiint_V \frac{1}{r}\left[1 + \frac{xx'+yy'+zz'}{r^2} - \frac{1}{2}\frac{r^2r'^2 - 3(xx'+yy'+zz')^2}{r^4} + \cdots\right]\rho \mathrm{d}V,$$

右端 $\iiint_V \rho \mathrm{d}V$ 为 E 的质量 M．按照转动惯量及惯量积的定义，

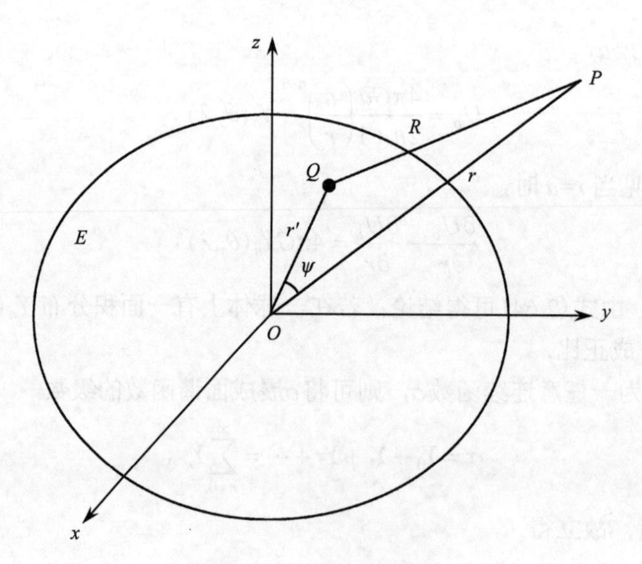

图 2.10　地球的重力场

$$A=\iiint_V \rho(y'^2+z'^2)\mathrm{d}V,\quad B=\iiint_V \rho(z'^2+x'^2)\mathrm{d}V,\quad C=\iiint_V \rho(x'^2+y'^2)\mathrm{d}V,$$
$$D=\iiint_V \rho y'z'\mathrm{d}V,\quad E=\iiint_V \rho z'x'\mathrm{d}V,\quad F=\iiint_V \rho x'y'\mathrm{d}V.$$

若取重心为原点，惯量主轴为坐标轴，则

$$D=E=F=0,$$
$$\iiint_V \rho x'\mathrm{d}V=\iiint_V \rho y'\mathrm{d}V=\iiint_V \rho z'\mathrm{d}V=0,$$
$$U=G\left(\frac{M}{r}+\frac{(B+C-2A)x^2+(C+A-2B)y^2+(A+B-2C)z^2}{2r^5}\right)+\cdots$$
$$=G\left(\frac{M}{r}+\frac{A+B+C-3I}{2r^3}\right)+\cdots, \tag{2.66}$$

I 是以 OP 为轴的转动惯量，$I=Al^2+Bm^2+Cn^2$，而 l，m，n 为 OP 的方向余弦．上式称为麦柯拉夫(MacCullagh)公式．这是一个一级近似的公式．

按式(2.7)，地球的重力势 W 为

$$W=U+\frac{1}{2}\omega^2(x^2+y^2)=U+\frac{1}{2}\omega^2r^2\cos^2\varphi,$$

$\varphi=\pi/2-\theta$ 是地心纬度．取一与海面最逼近的重力等势面 $W=W_0$=常量，将式(2.66)代入，化简后，得

$$W=\frac{GM}{r}\left[1-\frac{K}{2r^2}(3\sin^2\varphi-1)+\frac{3(B-A)}{4Mr^2}\cos^2\varphi\cos2\lambda+\frac{\omega^2r^2}{2GM}\cos^2\varphi\right]=W_0,$$

式中，

$$K=\frac{1}{M}\left(C-\frac{A+B}{2}\right).$$

重力加速度 g 垂直于等势面(为简便起见，g 即简称为重力)．若向下为正，则

$$g=-\frac{\partial W}{\partial n}\approx-\frac{\partial W}{\partial r}.$$

因 $\cos(n,r)\approx1$，故

$$g=\frac{GM}{r^2}\left[1-\frac{3K}{r^2}P_2(\sin\varphi)+\frac{9(B-A)}{4Mr^2}\cos^2\varphi\cos2\lambda-\frac{\omega^2r^2}{GM}\cos^2\varphi\right].$$

若 E 为扁球体，$B=A$，$K=(C-A)/M$，以上 W 和 g 两式化简为

$$W=\frac{GM}{r}\left(1-\frac{K}{r^2}P_2+\frac{\omega^2r^2}{2GM}\cos^2\varphi\right)=W_0, \tag{2.67}$$

$$g=\frac{GM}{r^2}\left(1-\frac{3K}{r^2}P_2-\frac{\omega^2r^2}{GM}\cos^2\varphi\right), \tag{2.68}$$

P_2 是二次勒让德多项式，$P_2(\cos\theta)=P_2(\sin\varphi)$．式(2.67)为重力等势面的方程，其括弧内的后两项都是一级小量．令 $a=GM/W_0$，则式(2.67)可写为

$$r=a\left(1-\frac{K}{r^2}P_2+\frac{\omega^2 r^3}{2GM}\cos^2\varphi\right).$$

在一级近似中，括弧中的 r 可以 a 代替．令 $J_2=K/a^2$，则上式可写为

$$r=a\left(1-J_2P_2+\frac{\omega^2 a^3}{2GM}\cos^2\varphi\right)\approx a(1-e_1\sin^2\varphi), \tag{2.69}$$

其中，

$$e_1=\frac{3}{2}J_2+\frac{\omega^2 a^3}{2GM}=\frac{3}{2}J_2+\frac{m}{2}, \tag{2.70}$$

$$m=\frac{\omega^2 a^3}{GM}=\omega^2 a\bigg/\frac{GM}{a^2}, \tag{2.71}$$

e_1 是等势面的扁率，m 是赤道离心力与引力之比，e_1，m，J_2 都是一级小量．将式(2.69)代入式(2.68)，只留一级小量，化简后，得

$$g=\frac{GM}{a^2}\left[1+\frac{1}{2}J_2-2m+\left(2m-\frac{3}{2}J_2\right)\sin^2\varphi\right]\approx g_e(1+\sin^2\varphi), \tag{2.72}$$

式中，

$$\beta=2m-\frac{3}{2}J_2=\frac{g_p-g_e}{g_e}, \tag{2.73}$$

g_e 和 g_p 分别是赤道和两极的重力加速度，β 可叫作重力的扁率．由上式立得

$$e_1+\beta=\frac{5}{2}m. \tag{2.74}$$

此式称为克雷若(Clairaut, A.-C.)定理，但只是在一级近似时才是正确的．由重力测量可定β，而 m 可以独立测定，于是由式(2.73)便可算出扁率．

重力公式(2.70)只是在等势面为式(2.69)这样简单形式时才适用．斯托克斯(Stokes, G. G.)将以上计算推广，但仍取一级近似．他将引力势 U 和重力等势面的矢径 r 展开为面谐函数的级数，即

$$U=G\left(\frac{M}{r}+\frac{Y}{r^2}+\cdots\right)=\frac{GM}{r}+G\sum_1^n\frac{Y_n}{r^{n+1}},$$

$$r=a\left(1+\sum_1^n u_n\right),$$

Y_n 和 u_n 都是 n 次面谐函数，$\sum_1^n u_n$ 是一级小量，故其高级项可以略去，于是得

$$r^m=a^m\left(1+\sum_1^n u_n\right)^m\approx a^m\left(1+m\sum_1^n u_n\right).$$

因

$$U+\frac{1}{2}\omega^2r^2\cos^2\varphi=W_0,$$

将上式代入，得

$$\frac{GM}{a}\left(1-\sum_1^n u_n\right)+G\sum_1^n\frac{Y_n}{a^{n+1}}+\frac{1}{3}\omega^2a^2+\omega^2a^2\left(\frac{1}{3}-\sin^2\varphi\right)=W_0.$$

比较两端各次面谐函数的系数，故有

$$GM=aW_0-\frac{1}{3}\omega^2a^3,$$

$$GY_1=GMau_1,$$

$$GY_2=GMa^2u_2-\frac{1}{2}\omega^2a^5\left(\frac{1}{3}-\sin^2\varphi\right),$$

$$GY_n=Ga^nu_n,\qquad n=3,4,\cdots,$$

所以，

$$W=GM\left(\frac{1}{r}+\frac{a}{r^2}u_1+\cdots\right)-\frac{\omega^2a^5}{2r^3}\left(\frac{1}{3}-\sin^2\varphi\right)+\frac{1}{2}\omega^2r^2\cos^2\varphi,$$

$$g=\frac{GM}{a^2}\left(1-2\sum_1^n u_n\right)+\frac{GM}{a^2}(2u_1+3u_2+4u_3+\cdots)-\frac{3}{2}\omega^2a\left(\frac{1}{3}-\sin^2\varphi\right)-\frac{1}{2}\omega^2a(1-\sin^2\varphi).$$

令

$$\frac{GM}{a^2}-\frac{3}{2}\omega^2a=g_m,$$

$$\frac{\omega^2a}{g_m}=m,$$

则上式可化简为

$$g=g_m\left[1-\frac{5}{2}m\left(\frac{1}{3}-\sin^2\varphi\right)+\sum_2^n(n-1)u_n\right],\tag{2.75}$$

显然 g_m 是等势面上 g 的平均值．由式(2.73)可见，若等势面的形状为已知(即各 u_n 为已知)，则可求该面上的 g 值变化．反之，若 g 值的变化可以测得，则可由上式确定 u_n．式(2.75)不含 u_1，这是因为原点取在重心的缘故．于是便得到等势面的形状．

2.3.2　二级近似

在以上的公式中，只保留了 e，m 的一次项．若将 e^2，m^2，em 等项也保留，结果要繁琐得多．一般的做法是将 U 展成面谐函数的级数．由于轴对称性，Y_n 化简为 P_n；由于 U 在赤道两边是对称的，所以 n 是偶数(其实观测结果，这两点也只是几近)．于是可写

$$U=\frac{GM}{r}\left[1-J_2\left(\frac{a}{r}\right)^2 P_2(\sin\varphi)-J_4\left(\frac{a}{r}\right)^4 P_4(\sin\varphi)-\cdots\right]$$

$$=\frac{GM}{r}\left[1-\sum_{n=1}^{\infty}J_{2n}\left(\frac{a}{r}\right)^{2n} P_{2n}(\sin\varphi)\right], \tag{2.76}$$

各 J_{2n} 都是常量．可以证明

$$J_{2n}=(-1)^{n+1}\frac{3\varepsilon^{2n}}{(2n+1)(2n+3)}\left(1-n+5n\frac{C-A}{M\varepsilon^2a^2}\right), \tag{2.77}$$

其中，

$$\varepsilon=\frac{\sqrt{a^2-c^2}}{a}$$

是椭球纵截面的偏心率．为了使物理意义更具体起见，此处不用式(2.76)而引述杰弗里斯(Jeffreys, H.)的推导方法．

设参考等势面为一旋转椭球面，其方程为

$$\frac{r^2\cos^2\varphi}{a^2}+\frac{r^2\sin^2\varphi}{c^2}=1,$$

其纵截面的长、短半轴各为 a，$c=a(1-e)$，e 为扁率．故

$$r^2=\frac{a^2(1-e)^2}{(1-e\cos^2\varphi)^2+e^2\cos^2\varphi\sin^2\varphi},$$

展开至二级小量，得

$$r=\frac{a(1-e)}{1-e\cos^2\varphi}\left(1-\frac{1}{2}e^2\cos^2\varphi\sin^2\varphi\right)+O(e^3),$$

$$\frac{a}{r}=1+e\sin^2\varphi+\frac{3}{2}e^2\sin^2\varphi-\frac{1}{2}e^4\sin^4\varphi.$$

将 U 写成以下形式：

$$U=\frac{GM}{a}\left[\frac{a}{r}-J_2\left(\frac{a}{r}\right)^3 P_2(\sin\varphi)+\frac{8D}{35}\left(\frac{a}{r}\right)^5 P_4(\sin\varphi)\right],$$

J_2 和 D 均为待定常量．令

$$m=\frac{\omega^2a^2c}{GM}=\frac{\omega^2a^3(1-e)}{GM}, \text{［注意 } m \text{ 的定义与前式(2.71)略有不同］}, \tag{2.78}$$

则

$$\frac{1}{2}\omega^2r^2\cos^2\varphi=\frac{1}{2}\frac{GMm}{a^3(1-e)}\cos^2\varphi\frac{a^2(1-e)^2}{(1-e\cos^2\varphi)^2}$$

$$=\frac{1}{2}\frac{GMm}{a}\left[1+e-(1+3e)\sin^2\varphi+2e\sin^4\varphi\right]+O(e^2m),$$

故

$$W=\frac{GM}{a}\left\{1+\left(e+\frac{3}{2}e^2\right)\sin^2\varphi-\frac{1}{2}c^2\sin^4\varphi-J_2(1+3e\sin^2\varphi)P_2(\sin\varphi)\right.$$

$$\left.+D\left(\sin^2\varphi-\frac{6}{7}\sin^2\varphi+\frac{3}{35}\right)+\frac{1}{2}m\left[1+e-(1+3e)\sin^2\varphi+2e\sin^4\varphi\right]\right\}=W_0. \tag{2.79}$$

由 $\sin^2\varphi$和 $\sin^4\varphi$的系数，得

$$e+\frac{3}{2}e^2-\frac{3}{2}J_2(1-e)-\frac{6}{7}D-\frac{1}{2}m(1+3e)=0, \tag{2.80}$$

$$-\frac{1}{2}e^2-\frac{9}{2}J_2e+D+me=0. \tag{2.81}$$

代入式(2.70)，得

$$D=\frac{7}{2}e^2-\frac{5}{2}me.$$

再代入式(2.80)，得

$$\frac{3}{2}J_2=e-\frac{1}{2}m+e\left(\frac{1}{7}m-\frac{1}{2}e\right).$$

将 D 及 J_2 代入式(2.79)，即可得 W. 由

$$g^2=\left(\frac{\partial W}{\partial r}\right)^2+\left(\frac{1}{r}\frac{\partial W}{\partial\varphi}\right)^2=\left(\frac{\partial W}{\partial r}\right)^2\left[1+\left(\frac{1}{r}\frac{\partial W}{\partial\varphi}\Big/\frac{\partial W}{\partial r}\right)^2\right],$$

得

$$g=-\frac{\partial W}{\partial r}\left[1+\frac{1}{2}\left(\frac{a^2}{GM}\frac{1}{r}\frac{\partial W}{\partial\varphi}\right)^2\right]$$

$$=\frac{GM}{a^2}\left\{1+e-\frac{3}{2}m+e\left(e-\frac{27}{14}m\right)\right.$$

$$\left.+\left[\frac{5}{2}m-e-e\left(e-\frac{39}{14}m\right)\right]\sin^2\varphi-\frac{1}{8}e(7e-15m)\sin^2 2\varphi\right\}. \tag{2.82}$$

若 g_e 为赤道上的 g 值，则

$$\frac{GM}{a^2}=\frac{g_e}{1+e-\frac{3}{2}m}[1+O(e^2)],$$

故

$$g=g_e\left[1+\left(\frac{5}{2}m-e+\frac{15}{4}m^2-\frac{17}{14}em\right)\sin^2\varphi-\frac{1}{8}e(7e-15m)\sin^2 2\varphi\right]. \tag{2.83}$$

以上各式是用地心纬度φ 表示的. 若用地理纬度ψ，则由

$$\tan(\psi-\varphi)=-\frac{1}{r}\frac{\mathrm{d}r}{\mathrm{d}\varphi}=e\sin 2\varphi+O(e^2)$$

得

$$g = g_e\left[1+\left(\frac{5}{2}m - e + \frac{15}{4}m^2 - \frac{17}{14}em\right)\sin^2\psi + \left(\frac{1}{8}e^2 - \frac{5}{8}em\right)\right]\sin^2 2\psi. \tag{2.84}$$

由式(2.83)或(2.84)可见，若取二级近似，重力公式要复杂多了.

2.3.3　椭球坐标和索米扬那公式

除了用级数展开外，重力公式还可以写成一个闭合的形式；这是个精确式而不是近似式. 为了求得这样的公式，需要用到椭球坐标. 以下对此做一简单介绍.

一个椭球面 E_0 的标准方程是

$$\frac{x^2}{a^2}+\frac{y^2}{b^2}+\frac{z^2}{c^2}=1, \qquad a^2 > b^2 > c^2 . \tag{2.85}$$

定义

$$H(\lambda)=\frac{x^2}{a^2+\lambda}+\frac{y^2}{b^2+\lambda}+\frac{z^2}{c^2+\lambda}-1, \tag{2.86}$$

$$R(\lambda)=(a^2+\lambda)(b^2+\lambda)(c^2+\lambda), \tag{2.87}$$

方程 $H(\lambda)=0$ 表示一个与 E_0 共焦的二次曲面，λ是一个参量(图 2.11). 当λ极大而又为正时，这个曲面是一个近于球面的椭球面. 当$\lambda=0$ 时，它与 E_0 重合. 当λ再减小但仍大于$-c^2$ 时，曲面仍是椭球. 当λ趋于$-c^2$ 时，椭球的三个半轴趋于$\sqrt{a^2-c^2}$ ，$\sqrt{b^2-c^2}$ ，0，而椭球面趋于一个扁的椭圆面：

$$\frac{x^2}{a^2-c^2}+\frac{y^2}{b^2-c^2}\leqslant 1, \quad z=0 .$$

当λ小于$-c^2$时，曲面是一个单叶双曲面，当其趋近于$-b^2$时，曲面趋于 xz 面上的双曲面：

$$\frac{x^2}{a^2-b^2}+\frac{y^2}{b^2-c^2}\leqslant 1, \quad y=0 .$$

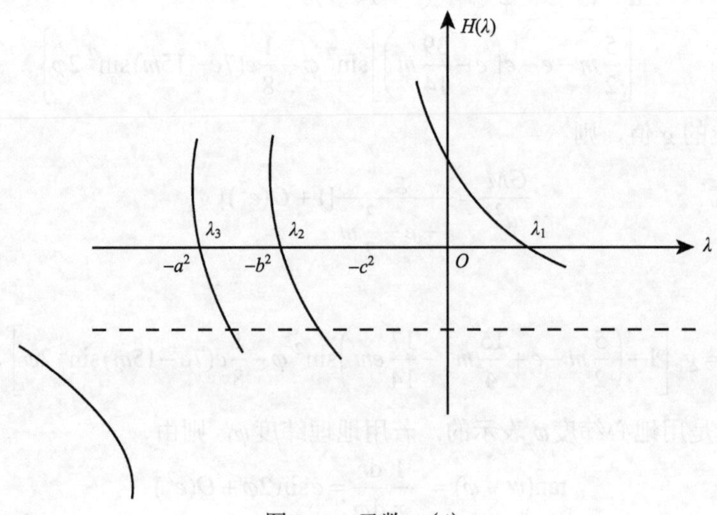

图 2.11　函数 $H(\lambda)$

当λ由$-b^2$减到$-a^2$时，曲面由 xz 面上的双叶双曲面过渡到 yz 面.

当λ在以上各区间变化时，每一族曲面都扫过空间所有各点. 因此对于任一点(x, y, z)都可以有一个椭球面，一个单叶双曲面和一个双叶曲面通过，而与这三个曲面相应的参量λ，就是方程

$$H(\lambda)R(\lambda)=0$$

的三个实根，它们的值是按下列不等式排列的(图 2.11)：

$$-a^2 \leqslant \lambda_3 \leqslant -b^2 \leqslant \lambda_2 \leqslant -c^2 \leqslant \lambda_1 < \infty .$$

若(x, y, z)是给定的，则由上式便可求(λ_1，λ_2，λ_3)，这就是相应于(x, y, z)的椭球坐标. λ_i=常量(i=1, 2, 3)，是三个二次曲面，特别是当λ_1=常量，是一个椭球，而λ_1=0 就是椭球 E_0. 可以证明这三个曲面是彼此正交的. 由 H 及 R 的定义，可以得到以下关系：

$$\frac{\partial H}{\partial \lambda}=-\left(\frac{x^2}{(a^2+\lambda)^2}+\frac{y^2}{(b^2+\lambda)^2}+\frac{1}{(c^2+\lambda)^2}\right)=-P(\lambda),$$

$$\left(\frac{\partial H}{\partial x}, \frac{\partial H}{\partial y}, \frac{\partial H}{\partial z}\right)=\left(\frac{2x}{a^2+\lambda}+\frac{2y}{b^2+\lambda}+\frac{2z}{c^2+\lambda}\right),$$

$$\left(\frac{\partial \lambda}{\partial x}, \frac{\partial \lambda}{\partial y}, \frac{\partial \lambda}{\partial z}\right)=\left(\frac{2x}{(a^2+\lambda)P(\lambda)}, \frac{2y}{(b^2+\lambda)P(\lambda)}, \frac{2z}{(c^2+\lambda)P(\lambda)}\right),$$

$$\frac{\partial R}{\partial \lambda}=R(\lambda)\left(\frac{1}{a^2+\lambda^2}+\frac{1}{b^2+\lambda}+\frac{1}{c^2+\lambda}\right). \tag{2.88}$$

定义

$$\phi_n=\int_{\lambda}^{\infty} H^n(\lambda)\frac{\mathrm{d}\lambda}{\sqrt{R(\lambda)}}, \tag{2.89}$$

ϕ_n 叫作莫勒拉(Morera, G.)函数. 现证明ϕ_n是一个谐函数. 将(x, y, z)写为 x_i(i=1, 2, 3)，

$$\begin{aligned}
\frac{\partial \phi_n}{\partial x_i}&=\frac{\partial \phi_n}{\partial \lambda}\frac{\partial \lambda}{\partial x_i}+\frac{\partial \phi_n}{\partial x_i}\\
&=-\frac{2x_i H^n(\lambda)}{(a_i^2+\lambda)P(\lambda)\sqrt{R(\lambda)}}+2nx_i\int_{\lambda}^{\infty}\frac{H^{n-1}(\lambda)\mathrm{d}\lambda}{(a_i^2+\lambda)\sqrt{R(\lambda)}}\\
&=2nx_i\int_{\lambda}^{\infty}\frac{H^{n-1}(\lambda)\mathrm{d}\lambda}{(a_i^2+\lambda)\sqrt{R(\lambda)}}.
\end{aligned}$$

因 $H(\lambda)$=0，

$$\frac{\partial^2 \phi_n}{\partial x_i^2}=2n\int_{\lambda}^{\infty}\frac{H^{n-1}(\lambda)\mathrm{d}\lambda}{(a_i^2+\lambda)\sqrt{R(\lambda)}}+4n(n-1)\int_{\lambda}^{\infty}\frac{x_i^2 H^{n-2}(\lambda)\mathrm{d}\lambda}{(a_i^2+\lambda)^2\sqrt{R(\lambda)}},$$

$$\nabla^2\phi_n=2n\int_{\lambda}^{\infty}\frac{H^{n-1}(\lambda)}{[R(\lambda)]^{3/2}}\mathrm{d}R+4n(n-1)\int_{\lambda}^{\infty}\frac{P(\lambda)H^{n-2}(\lambda)}{\sqrt{R(\lambda)}}\mathrm{d}\lambda$$

$$=-4n\int_{\lambda}^{\infty}H^{n-1}(\lambda)\mathrm{d}\frac{1}{\sqrt{R(\lambda)}}-4n(n-1)\int_{\lambda}^{\infty}\frac{H^{n-2}(\lambda)}{\sqrt{R(\lambda)}}\mathrm{d}H(\lambda)$$

$$=-4n\int_{\lambda}^{\infty}H^{n-1}(\lambda)\mathrm{d}\frac{1}{\sqrt{R(\lambda)}}-4n\int_{\lambda}^{\infty}\frac{\mathrm{d}H^{n-1}(\lambda)}{\sqrt{R(\lambda)}}$$

$$=-4n\left[\frac{H^{n-1}(\lambda)}{\sqrt{R(\lambda)}}\right]_{\lambda}^{\infty}$$

$$=0.$$

函数ϕ_n在$r\to\infty$时是有限的．因

$$r^2=x^2+y^2+z^2,$$

若$\lambda>0$，则$c^2+\lambda\leqslant r^2\leqslant a^2+\lambda$，$\lim\limits_{r\to\infty}\frac{r}{\sqrt{\lambda}}=1$．故

$$\lim_{r\to\infty}r\phi_n=\lim_{r\to\infty}r\int_{r^2}^{\infty}\left(\frac{r^2}{\lambda}-1\right)^n\frac{\mathrm{d}\lambda}{\lambda^{3/2}}=(-1)^n\frac{n!2^{n+1}}{1\cdot3\cdot5\cdots(2n+1)}. \tag{2.90}$$

对以后讨论最有关系的函数是ϕ_0和ϕ_1．此处只讨论旋转椭球面，即$a=b$的情况．

$$\phi_0=\int_{\lambda}^{\infty}\frac{\mathrm{d}\lambda}{(a^2+\lambda)(c^2+\lambda)^{1/2}}=\frac{2}{(a^2-c^2)^{1/2}}\tan^{-1}E(\lambda), \tag{2.91}$$

$$E(\lambda)=\left(\frac{a^2-c^2}{c^2+\lambda}\right)^{1/2}. \tag{2.92}$$

在E_0上，$\lambda=0$，

$$E(0)=\varepsilon=\frac{(a^2-c^2)^{1/2}}{c}, \tag{2.92.1}$$

ε是纵截面的偏心率．故在E_0上，ϕ_0是个常量．

$$\phi_1=\int_{\lambda}^{\infty}\left(\frac{x^2+y^2}{a^2+\lambda}+\frac{z^2}{c^2+\lambda}-1\right)\frac{\mathrm{d}\lambda}{(a^2+\lambda)(c^2+\lambda)^{1/2}}$$

$$=(x^2+y^2)A_1+z^2A_3-\phi_0, \tag{2.93}$$

式中，

$$A_1=\int_{\lambda}^{\infty}\frac{\mathrm{d}\lambda}{(a^2+\lambda)(c^2+\lambda)^{1/2}}=\frac{1}{\varepsilon^3c^3}\left(\tan^{-1}E-\frac{E}{1+E^2}\right),$$

$$A_3=\int_{\lambda}^{\infty}\frac{\mathrm{d}\lambda}{(a^2+\lambda)(c^2+\lambda)^{3/2}}=\frac{2}{\varepsilon^3c^3}(E-\tan^{-1}E), \tag{2.93.1}$$

令$x^2+y^2=s^2$，则E_0的方程可以写成$z^2=c^2(1-s^2/a^2)$．

$$\phi_1=s^2A_1+c^2(1-s^2/a^2)A_3-\phi_0, \tag{2.94}$$

故ϕ_1只与s^2呈线性关系.

2.3.4　重力公式的精确解

现在要解决的问题是要确定一个重力场，使它满足以下的条件：

① 它必须等于引力场与离心力场之和.

② 它的一个等势面必须是一个旋转椭球面E_0，其对称轴与旋转轴重合.

③ 产生引力势的所有质量都在椭球面E_0之内.

④ 引力势必须满足$\lim\limits_{r\to\infty} rV = GM$.

根据这些条件，首先可以将重力势写为

$$W = U + \frac{1}{2}\omega^2(x^2+y^2) = U + \frac{1}{2}\omega^2 s^2 .$$

因在E_0上W是一常量，故可将U写成ϕ_0及ϕ_1的线性组合：

$$U = K_1\phi_0 + K_2\phi_1 = 常量 - \frac{1}{2}\omega^2 s^2 . \tag{2.95}$$

将式(2.91)及式(2.94)代入并比较两端s^2的系数，得

$$K_2 = \frac{a\omega^2}{2(c^2A_3 - a^2A_1)} = -\frac{\varepsilon^3c^3\omega^3(1+\varepsilon^2)}{2[(3+\varepsilon^2)\tan^{-1}\varepsilon - 3\varepsilon]} . \tag{2.96}$$

由

$$\lim_{r\to\infty} rU = \lim_{r\to\infty} r(K_1\phi_0 + K_2\phi_1) = GM ,$$

得

$$K_1 = \frac{1}{2}GM + \frac{2}{3}K_2 . \tag{2.97}$$

故

$$W = K_1\phi_0 + K_2\phi_1 + \frac{1}{2}\omega^2s^2 = \frac{1}{2}\left(GM + \frac{2}{3}K_2\right)\phi_0 + K_2\phi_1 + \frac{1}{2}\omega^2s^2 , \tag{2.98}$$

式中的ϕ_0，ϕ_1及K_2可用式(2.91)，(2.94)及(2.96)代入.

重力$\boldsymbol{g}$的分量g_s和g_z可由下式计算：

$$g_s = -\frac{\partial W}{\partial s} = -K_1\frac{\partial\phi_0}{\partial s} - K_2\frac{\partial\phi_1}{\partial s} - \omega^2 s,$$

$$g_z = -\frac{\partial W}{\partial z} = -K_1\frac{\partial\phi_0}{\partial z} - K_2\frac{\partial\phi_1}{\partial z} .$$

由ϕ_0及ϕ_1的定义，得

$$\frac{\partial\phi_0}{\partial s} = \frac{-2s}{(a^2+\lambda)^2(c^2+\lambda)^{1/2}}\frac{1}{P(\lambda)}, \qquad \frac{\partial\phi_1}{\partial s} = 2sA_1,$$

$$\frac{\partial\phi_0}{\partial z} = \frac{-2z}{(a^2+\lambda)^2(c^2+\lambda)^{3/2}}\frac{1}{P(\lambda)}, \qquad \frac{\partial\phi_1}{\partial z} = 2zA_3 .$$

故

$$g_s = \frac{2s\left(\frac{1}{2}GM + \frac{2}{3}K_2\right)}{(a^2+\lambda)^2(c^2+\lambda)^{1/2}}\frac{1}{P(\lambda)} - \frac{2sK_2}{(a^2-c^2)^{3/2}}\left(\tan^{-1}E - \frac{E}{1+E^2}\right) - \omega^2 s,$$

$$g_z = \frac{2z\left(\frac{1}{2}GM + \frac{2}{3}K_2\right)}{(a^2+\lambda)^2(c^2+\lambda)^{1/2}}\frac{1}{P(\lambda)} - \frac{4zK_2}{(a^2-c^2)^{3/2}}(E - \tan^{-1}E). \tag{2.99}$$

若令 $s=(a^2+\lambda)^{1/2}$，$z=(c^2+\lambda)^{1/2}$，则得到 g 在 E_λ的赤道及两极的 g 值 $g_{a,\lambda}$ 及 $g_{c,\lambda}$ 并由此得出

$$\frac{2g_{a,\lambda}}{(a^2+\lambda)^{1/2}} + \frac{2g_{c,\lambda}}{(c^2+\lambda)^{1/2}} = \frac{3GM}{(a^2+\lambda)(c^2+\lambda)^{1/2}} - 2\omega^2. \tag{2.100}$$

此式称为庇猜梯(Pizzetti, P.)定理．当$\lambda=0$ 时，

$$\frac{2g_e}{a} + \frac{g_p}{c} = \frac{3GM}{a^2c} - 2\omega^2 = 4\pi G\rho_m - 2\omega^2. \tag{2.100.1}$$

g_e 和 g_p 分别是地球赤道和两极的重力值，ρ_m 是地球的平均密度．

由式(2.99)还可得到

$$\frac{2g_{c,\lambda}}{(c^2+\lambda)^{1/2}} - \frac{2g_{a,\lambda}}{(a^2+\lambda)^{1/2}} = \frac{2K_2}{(a^2-c^2)^{3/2}}\left[3\tan^{-1}E - \frac{3+2E^2}{1+E^2}E\right] + \omega^2.$$

当$\lambda=0$ 时，此式可写成

$$\frac{g_p}{g_e} - \frac{c}{a} = \frac{g_p - g_e}{g_e} + \frac{a-c}{a} = \beta + e = 2q(\varepsilon)\frac{\omega^4 c}{g_e},$$

式中，

$$q(\varepsilon) = \frac{\varepsilon^2(\varepsilon - \tan^{-1}\varepsilon)}{(3+\varepsilon^2)\tan^{-1}\varepsilon - 3\varepsilon}, \qquad \varepsilon = E(0) = \frac{(a^2-c^2)^{1/2}}{c}.$$

与克雷若定理相比，此式可以改写成

$$\beta + e = \frac{5}{2}m\left[\frac{4}{5}(1-e)q(\varepsilon)\right], \qquad m = \frac{\omega^2 a}{g_e}, \tag{2.101}$$

而因子$(4/5)(1-e)q(\varepsilon) \approx 1$．克雷若定理式(2.74)是近似的，上式是它的修正．

E_0 是相当于$\lambda=0$ 的旋转椭球面．若它是一个等势面，就可以计算面上的重力值．索米扬那(Somigliana, C.)首先证明在 E_0 上的任何三个重力值有一定的关系．这个关系叫作索米扬那公式．

设所有的质量都包含在 E_0 之内．取两个函数 U_0 和 U_1．它们在 E_0 之外是谐函数，但在 E_0 之上，取值

$$U_0 = 1, \qquad U_1 = s^2,$$

在远处

$$\lim_{r\to\infty} rU_0 = m_0, \quad \lim_{r\to\infty} rU_1 = m_1,$$

m_0，m_1是两个任意常量，按照狄利克雷定理，U_0和U_1是完全确定的．所以重力场可以写为

$$W = U + \frac{1}{2}\omega^2 s^2 = KU_0 - \frac{1}{2}\omega^2 U_1 + \frac{1}{2}\omega^2 s^2 .$$

此式在E_0上等于常量K．因

$$\lim_{r\to\infty} rU = GM ,$$

故

$$\begin{cases} K = \dfrac{GM}{m_1} + \dfrac{\omega^2 m}{2m_0}, \\ W = \left(\dfrac{GM}{m_0} + \dfrac{\omega^2 m_1}{2m_0}\right)U_0 - \dfrac{1}{2}\omega^2 U_1 + \dfrac{1}{2}\omega^2 s^2, \\ g = -\dfrac{\partial W}{\partial n} = -\left(\dfrac{GM}{m_0} + \dfrac{\omega^2 m_1}{2m_0}\right)\dfrac{\partial U_0}{\partial n} + \dfrac{1}{2}\omega^2 \dfrac{\partial}{\partial n}(U_1 - s^2). \end{cases} \tag{2.102}$$

在E_0上取任意三点$P_i(i=1, 2, 3)$，则

$$g_i = -\left(\frac{GM}{m_0} + \frac{\omega^2 m_1}{2m_0}\right)\left(\frac{\partial U_0}{\partial n}\right)_i + \frac{\omega^2}{2}\frac{\partial}{\partial n}(U_1 - s^2)_i, \qquad (i = 1, 2, 3) .$$

若以上三式不矛盾，必须有

$$\begin{vmatrix} g_1 & \left(\dfrac{\partial U_0}{\partial n}\right)_1 & \left[\dfrac{\partial}{\partial n}(U_1 - s^2)\right]_1 \\ g_2 & \left(\dfrac{\partial U_0}{\partial n}\right)_2 & \left[\dfrac{\partial}{\partial n}(U_1 - s^2)\right]_2 \\ g_3 & \left(\dfrac{\partial U_0}{\partial n}\right)_3 & \left[\dfrac{\partial}{\partial n}(U_1 - s^2)\right]_3 \end{vmatrix} = 0 . \tag{2.103}$$

比较式(2.102)与式(2.98)，可以选择适当的m_0与m_1以使两式中ϕ_0与U_0的系数完全相等．于是得

$$U_0 = \phi_0, \qquad U_1 = -\frac{2K_2}{\omega^2}\phi_1 ,$$

故

$$\frac{\partial U_0}{\partial n} = \frac{\partial \phi_0}{\partial n} = \left[\left(\frac{\partial \phi_0}{\partial s}\right)^2 + \left(\frac{\partial \phi_0}{\partial z}\right)^2\right]^{1/2} = \frac{\partial \phi_0}{\partial \lambda} = \left[\left(\frac{\partial \lambda}{\partial s}\right)^2 + \left(\frac{\partial \lambda}{\partial z}\right)^2\right]^{1/2}$$
$$= \frac{1}{\sqrt{P(\lambda)}}\frac{2}{(a^2 + \lambda)(c^2 + \lambda)^{1/2}}.$$

变换坐标，使

$$s = (a^2 + \lambda)\cos\phi\sqrt{P(\lambda)} ,$$

$$z = (c^2 + \lambda)\cos\psi\sqrt{P(\lambda)} \ . \tag{2.104}$$

ψ是通过 P 点 E_0 的法线与 xy 面的夹角(即纬度)，

$$P(\lambda_i) = \frac{s_i^2}{(a^2 + \lambda_i)^2} + \frac{z_i^2}{(c^2 + \lambda_i)^2} \ .$$

由式(2.104)，并令λ=0，立得

$$\frac{1}{P(0)} = a^2 \cos^2\psi + c^2 \sin^2\psi \ ,$$

故

$$\left(\frac{\partial U_0}{\partial n}\right)_{\lambda=0} = \frac{2(1+\varepsilon^2\cos^2\psi)^{1/2}}{a^2} \ .$$

可以证明

$$\frac{\partial}{\partial n}(U_1 - s^2)_{\lambda=0} = \frac{4c}{(1+\varepsilon^2\cos^2\psi)^{1/2}} \ ,$$

$$\varepsilon = \frac{(a^2 - c^2)^{1/2}}{c} .$$

代入式(2.103)，化简后，得

$$\begin{aligned} & g_1(\cos^2\psi_2 - \cos^2\psi_3)(1+\varepsilon^2\cos^2\psi_1)^{1/2} + g_2(\cos^2\psi_3 - \cos^2\psi_1)(1+\varepsilon^2\cos^2\psi_2) \\ & \quad + g_3(\cos^2\psi_1 - \cos^2\psi_2)(1+\varepsilon^2\cos^2\psi_3) = 0 \ . \end{aligned} \tag{2.103.1}$$

若取ψ_1=0，ψ_2=π / 2，ψ_3=ψ，则上式可以写为

$$g = \frac{g_p \sin^2\psi + g_e(1+\varepsilon^2)^{1/2}\cos^2\psi}{(1+\varepsilon^2\cos^2\psi)^{1/2}} \tag{2.105.1}$$

$$= \frac{a g_e \cos^2\psi + c g_p \sin^2\psi}{(a^2\cos^2\psi_2 + c^2\sin^2\psi)^{1/2}} \tag{2.105.2}$$

$$= g_e \frac{1 + (\beta - e - e\beta)\sin^2\psi}{[1 - e(2-e)\sin^2\psi]^{1/2}} \ , \tag{2.105.3}$$

$$e = \frac{a-c}{a}, \quad \beta = \frac{g_p - g_e}{g_e} .$$

式(2.105.1—2.105.3)称为索米扬那公式．这是一个精确的公式而不是一个几近公式．可以证明，若将上式展开至二级小数，所得结果与式(2.84)是完全一样的．为了数值计算的方便，式(2.84)更为有用．

以上所讨论的重力公式都是相对于一个与大地水准面最逼近的旋转椭球面；这个面是一个重力等势面并包含所有的质量；它叫作参考椭球面．这个面的形状和大小完全可以由赤道半径 a 和扁率 e 来确定．与它相应的重力公式则可以由ω，GM，a，e 或ω，g_e，a，e 完全确定．

现在通用的参考系有两个：

① 国际参考椭球 1930

$a=6378388\,\text{m}$，

$e=1/297.0=0.003367$，

$g_e=9.780490\,\text{m/s}^2$，

$\omega=7.292115\times10^{-5}\,\text{rad/s}$，

$g=9.780490\,(1+0.0052883\sin^2\varphi-0.0000059\sin^2 2\varphi)\,\text{m/s}^2$，

φ=地理纬度.

② 国际参考椭球 1967

$a=6378160\,\text{m}$，

$J_2=1082.7\times10^{-6}$，

$GM=3.98603\times10^{14}\,\text{m}^3/\text{s}^2$.

由此导出

$e=1/298.25$，

$g_e-9.780318\,\text{m/s}^2$，

故

$g=9.780318\,(1+0.0053024\sin^2\varphi-0.0000058\sin^2 2\varphi)\,\text{m/s}^2$.

若将式(2.105)写成

$$g=\frac{g_e(1+K\sin^2\varphi)}{\sqrt{1-\dfrac{a^2-c^2}{a^2}\sin^2\varphi}},$$

则

$g_e=9.7803185\,\text{m/s}^2$，

$K=0.001931663$，

$\dfrac{a^2-c^2}{a^2}=0.006694605$.

2.4　重力异常和大地水准面的高度

前节推导了在一个参考椭球面上的重力加速度 g. 大地水准面与参考椭球面(简称参考面)是有差别的，但如能计算大地水准面上各点与参考面的距离 N，则大地水准面的形状也就确定. N 叫作大地水准面的高度. 斯托克斯首先证明 N 可以由重力的分布计算出来.

2.4.1　布容斯(Bruns, H.)公式和球面几近

实际的重力势 W 与参考椭球面上的重力势 U 有一个微小的差别 T，叫作干扰重力势，即

$$W(x,y,z)=U(x,y,z)+T(x,y,z)\,. \tag{2.106}$$

现将大地水准面

$$W = U(x, y, z) + T(x, y, z) = W_0$$

与参考面$U(x, y, z) = W_0$作比较．将大地水准面上的任一点P投影到参考面上的Q点并令$PQ=N$，N叫作大地水准面的高度（图 2.12）．令$\boldsymbol{g} = -\nabla W$，$\boldsymbol{\gamma} = -\nabla U$．两个矢量的方向不同，叫作垂线偏差．现在只讨论它们的数值差．定义

$$\Delta g = g_P - \gamma_Q \tag{2.107}$$

叫作重力异常，

$$\delta g = g_P - \gamma_P \tag{2.108}$$

叫作重力干扰．

$$U_P = U_Q + \left(\frac{\partial U}{\partial n}\right)_Q N = U_Q - \gamma N,$$

$$W_P = U_P + T_P = U_Q - \gamma N + T_P.$$

但

$$W_P = W_0 = U_Q,$$

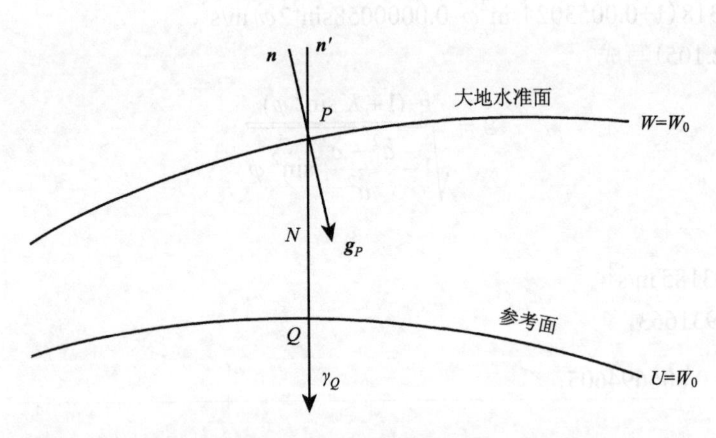

图 2.12　大地水准面的高度

故

$$T = \gamma N. \tag{2.109}$$

此式称为布容斯公式，γ为参考面上的重力．

$$\delta g = -\left(\frac{\partial W}{\partial n} - \frac{\partial U}{\partial n'}\right) \approx -\frac{\partial}{\partial n}(W - U) = -\frac{\partial T}{\partial n},$$

但又有

$$\delta g = g_P - \gamma_P = g_P - \gamma_Q - \frac{\partial \gamma}{\partial n} N = \Delta g - \frac{\partial \gamma}{\partial n} N, \tag{2.110}$$

故

$$g = -\frac{\partial T}{\partial n} + \frac{\partial \gamma}{\partial n} N,$$
$$= -\frac{\partial T}{\partial n} + \frac{1}{\gamma}\frac{\partial \gamma}{\partial n} T. \tag{2.111}$$

在式(2.106)中，W 和 U 都不是谐函数，因为它们都包含离心力位．但 T 是质量的重新分布引起的，所以$\nabla^2 T=0$．若Δg 在大地水准面上为已知，则式(2.110)是 T 与$\partial T/\partial n$ 在面上的线性组合．所以求 T 就是求解第三边界值问题．

参考面的扁率是 $e\approx 3\times 10^{-3}$．若将它看成球面，则 N，T，Δg 等量的相对误差不过 3×10^{-3}．N 的值不超过 100m，所以它的误差不超过 1m．如果这个误差是在允许的范围之内，则

$$\gamma \approx \frac{GM}{r^2}, \quad \frac{\partial \gamma}{\partial n} \approx \frac{\partial \gamma}{\partial r} \approx -\frac{2GM}{r^3}, \quad \frac{1}{r}\frac{\partial \gamma}{\partial n} \approx -\frac{2}{r}. \tag{2.112}$$

在地面上，球面半径 R 可用椭球面的平均半径来替代，即 $R^3=a^2b$，γ值可用椭球面上的平均值γ_m来替代，于是得

$$\Delta g = -\frac{\partial T}{\partial n} - \frac{2\gamma_m}{R} N = -\frac{\partial T}{\partial r} - \frac{2}{R} T, \tag{2.113}$$

$$\delta g = \Delta g + \frac{2\gamma_m}{R} N = \Delta g + \frac{2}{R} T. \tag{2.114}$$

以上两式是式(2.110)和式(2.111)的球面几近．

2.4.2　地球以外一点的重力异常

若一谐函数在地面上的值为已知，则按球面几近，它在地球以外一点 P 的值可用泊松积分来计算．若这个函数不含零次项和一次项，则泊松积分可以写成另一形式，用时比较方便．根据公式(2.60)，任一连续函数$f(\theta,\lambda)$可以写成

$$f(\theta,\lambda) = \int f(\theta',\lambda') \sum_{n=0}^{\infty} \frac{2n+1}{4\pi} P_n(\cos\psi)\,\mathrm{d}\omega',$$

$\mathrm{d}\omega' = \sin\theta' \mathrm{d}\theta' \mathrm{d}\lambda'$，而$\psi$是定点$(\theta,\lambda)$与变点$(\theta',\lambda')$的夹角．若将$f(\theta,\lambda)$展成面谐函数的级数，

$$f(\theta,\lambda) = \sum_{n=0}^{\infty} Y_n(\theta,\lambda),$$

则立见

$$Y_n(\theta,\lambda) = \frac{2n+1}{4\pi} \int f(\theta',\lambda') P_n(\cos\psi)\,\mathrm{d}\omega, \tag{2.115}$$

而

$$\cos\psi = \cos\theta\cos\theta' + \sin\theta\sin\theta'\cos(\lambda'-\lambda).$$

若一谐函数 H_p 可以展成如下形式：

$$H_p=\frac{R}{r}H_0+\left(\frac{R}{r}\right)^2 H_1+\sum_{n=2}^{\infty}\left(\frac{R}{r}\right)^{n+1} H_n,$$

H_n为 n 次的面谐函数．移项，得

$$H'_p=H_p-\frac{R}{r}H_0-\left(\frac{R}{r}\right)^2 H_1=\sum_{n=2}^{\infty}\left(\frac{R}{r}\right)^{n+1} H_n,$$

H'_p不含零次或一次项．由式(2.115)，

$$H_0=\frac{1}{4\pi}\int H\mathrm{d}\omega,$$

$$H_1=\frac{3}{4\pi}\int H\cos\psi\mathrm{d}\omega,$$

ω为立体角(图 2.13)，H 为球面上之值．由泊松积分，

$$H_p=\frac{R}{4\pi}\int\frac{r^2-R^2}{\rho^3}H\mathrm{d}\omega,$$

$$\rho=(R^2+r^2-2rR\cos\psi)^{1/2},$$

故

$$H'_p=\frac{R}{4\pi}\int\left(\frac{r^2-R^2}{\rho^3}-\frac{1}{r}-\frac{3R}{r^2}\cos\psi\right)H\mathrm{d}\omega. \tag{2.116}$$

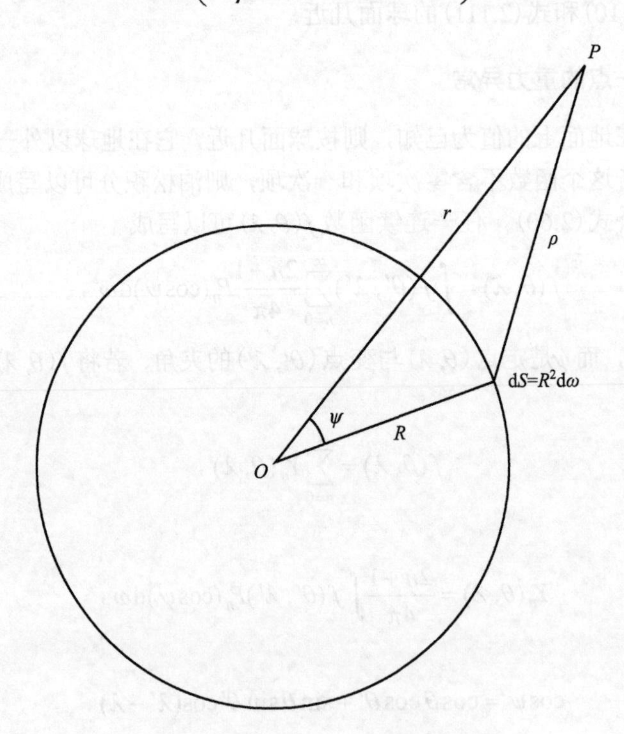

图 2.13　地球以外一点的重力异常

由式(2.113)，

$$\Delta g=-\frac{\partial T}{\partial r}-\frac{2}{r}T, \tag{2.117}$$

T 为一谐函数，且力势发生干扰后，质量无增减．故 $\lim\limits_{r\to} rT=0$．这就意味着，当 T 展成球谐函数时，零次项不存在，即 $n\neq 0$．故

$$T(r,\theta,\lambda)=\sum_{n=1}^{\infty}\left(\frac{R}{r}\right)^{n+1}T_n(\theta,\lambda).$$

代入上式，

$$\Delta g=\frac{1}{r}\sum_{n=1}^{\infty}(n-1)\left(\frac{R}{r}\right)^{n+1}T_n(\theta,\lambda).$$

由此可见，Δg 中并不含 T_1 项．

$$r\Delta g=\sum_{n-2}^{\infty}(n-1)\left(\frac{R}{r}\right)^{n+1}T_n(\theta,\lambda)$$

是一谐函数，但不含零次及一次项．将其代入式(2.116)，得

$$\Delta g_p=\frac{R^2}{4\pi r}\int_{\omega}\left(\frac{r^2-R^2}{\rho^3}-\frac{1}{r}-\frac{3R}{r^2}\cos\psi\right)\Delta g\mathrm{d}\omega, \tag{2.117.1}$$

积分号下的Δg 是地面上的观测值．此式将地面值拓展到地外空间．

2.4.3 斯托克斯公式

若能由Δg 的地面观测值求得干扰力势 T,便可以计算大地水准面的高度 N. 式(2.113)给出了一个边界条件，但由式(2.117)，Δg 可以向地外空间延拓，所以问题也可以看作是解微分方程(2.117)．将其两端乘以$-r^2$，得

$$-r^2\Delta g=r^2\frac{\partial T}{\partial r}+2rT=\frac{\partial}{\partial r}(r^2T).$$

故

$$r^2T\Big|_{\infty}^{r}=-\int_{\infty}^{r}r^2\Delta g\mathrm{d}r.$$

但式(2.117)的左端不含零次及一次的谐函数，故由Δg 计算的 T 也不含 T_0 及 T_1，

$$T=\sum_{n=2}^{\infty}\left(\frac{R}{r}\right)^{n+1}T_n,$$

$$\lim_{r\to\infty}(r^2T)=0,\qquad r^2T\Big|_{\infty}^{r}=r^2T,$$

故

$$r^2T=-\int_{\infty}^{r}r^2\Delta g\mathrm{d}r=\frac{R^2}{4\pi}\int_{\omega}\left[\int_{\infty}^{r}\left(-\frac{r^3-rR^2}{\rho^3}+1+\frac{3R}{r}\cos\psi\right)\mathrm{d}r\right]\Delta g\mathrm{d}\omega.$$

可以证明:

$$\int\left(-\frac{r^3-rR^2}{\rho^3}+1+\frac{3R}{r}\cos\psi\right)\mathrm{d}r$$
$$=\frac{2r^2}{\rho}-3\rho-3R\cos\psi\ln(r-R\cos\psi+\rho)+r+3R\cos\psi\ln r, \tag{2.118}$$

$$\int_{\infty}^{r}\left(-\frac{r^3-rR^2}{\rho^3}+1+\frac{3R}{r}\cos\psi\right)\mathrm{d}r=\frac{2r^2}{\rho}+r-3\rho-R\cos\psi\left(5+3\ln\frac{r-R\cos\psi+\rho}{2r}\right).$$

故

$$T(r,\theta,\lambda)=\frac{R}{4\pi}\int_{\omega}S(r,\psi)\Delta g\mathrm{d}\omega, \tag{2.119}$$

$$S(r,\psi)=\frac{2R}{\rho}+\frac{R}{r}-3\frac{R\rho}{r^2}-\frac{R^2}{r^2}\cos\psi\left(5+3\ln\frac{r-R\cos\psi+\rho}{2r}\right). \tag{2.119.1}$$

在大地水准面上(球面几近)，$r=R$，$\rho=2R\sin(\psi/2)$，

$$T(R,\theta,\lambda)=\frac{R}{4\pi}\int_{\omega}\Delta gS(\psi)\mathrm{d}\omega, \tag{2.120}$$

$$S(\psi)=\csc(\psi/2)-6\sin(\psi/2)+1-5\cos\psi-3\cos\psi\ln\left[\sin(\psi/2)-\sin^2(\psi/2)\right], \tag{2.120.1}$$

$S(\psi)$称为斯托克斯函数．根据布容斯公式，

$$N=\frac{R}{4\pi g_m}\int_{\omega}\Delta gS(\psi)\mathrm{d}\omega, \tag{2.121}$$

g_m是地面上g的平均值，N是大地水准面的高度．

斯托克斯公式假定大地水准面之外并无质量存在，其实不然，因为一部分水准面穿到地下．这部分质量的影响必须加以校正．这就引起理论上的一些细致问题，此处从略．在应用这个公式时，必须有充分的观测数据．在卫星时代之前，由于重力观测资料是很不均匀的，所以斯托克斯的方法只有理论上的意义．另一方面，这个公式只是球面几近．以后的发展已将这个理论推广到其他形状的参考面．这些都是大地测量学的专门问题，已超出本书的范围，本章不再讨论．

2.5　重力值的校正

重力异常的定义是大地水准面与参考面上的重力值之差，但实际观测是在地面上，而不是在水准面上，因此观测值必须校正．重力校正在以下几类问题中都是需要的：① 确定大地水准面；② 将不同地点的重力观测值进行对比；③ 研究地壳的结构．

在应用斯托克斯公式来求大地水准面的高度时，Δg是水准面上的边界值，而且假定面外无质量存在．但其实面外是有质量的．所以校正时，必须将观测点由地面移到水准面上，并且将水准面以上质量的影响消去．

2.5.1　自由空气及布格校正

设地面一点 P 的海拔高度为 h，它在海面上的投影为 P_0(图 2.14)．g 值随高度的递减率 $\partial r / \partial h$ 可以由重力公式计算．若用 1930 年的公式，递减率为每升高 1m，g 值减少 0.3086mGal(1mGal=10^{-3}cm/s^2)；若用 1967 年的公式，递减率为 0.3083mGal/m．若将 P 点降到 P_0，实测的 g 值应增加 $0.3086h$ 或 $0.3083h$ mGal，h 以米计．这个校正并未考虑 P 与 P_0 之间那部分物质的引力，因此叫作自由空气校正，可以 F 表示．

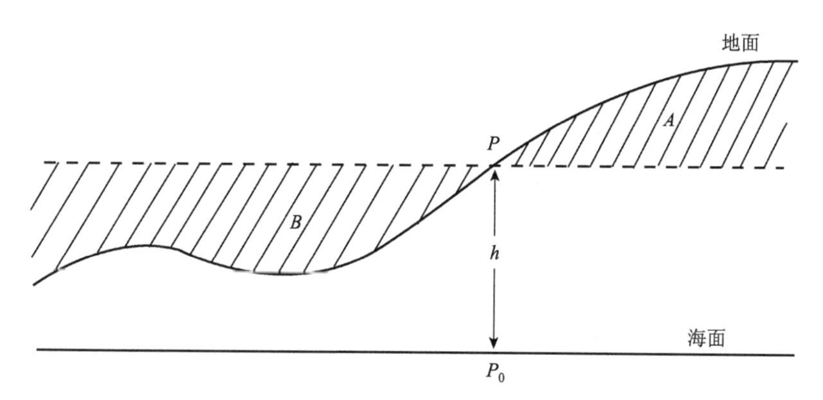

图 2.14　自由空气校正及布格校正

海面以上的物质可以分成两部分来讨论．一部分是通过 P 点厚度为 h 的一块无限平板；另一部分是叠加在平板之上、在 P 点四周的地形起伏．前一部分对 P 点的引力极易证明为

$$B = 2\pi G\rho h ,$$

ρ是地面附近岩石的密度．若取ρ=2.67g/cm^3，则 B=$0.1119h$ mGal，h 以米计．这部分引力应从观测值中减去，

$$g_b' = g + F - B = g + 0.1964h,$$
$$\Delta g_b' = g_b' - \gamma,$$

叫作布格重力异常，γ是参考面上的重力值．

进一步的校正就需要考虑地形的影响．图 2.14 表示 P 点附近的地形起伏，A 是凸起部分，B 是凹下部分；须注意的是，无论是削去 A 或是填平 B，其校正的结果都是使 P 点的重力值加大，所以地形校正只与高差的绝对值有关．令地形校正为 T，则更完全的布格重力应包括这一项，即

$$g_b = g + F - B + T = G + F - (B - T) .$$

计算 T 时，一般是将 P 点附近的地形划成扇形小块(图 2.15)，求各小块所产生的重力值，然后叠加．所用公式如下：

$$\Delta T = \alpha G\rho\left[\sqrt{a_2^2 + (h-b)^2} - \sqrt{a_1^2 + (h-b)^2} - \sqrt{a_2^2 + h^2} + \sqrt{a_1^2 + h^2}\right], \tag{2.122}$$

式中，$\alpha = 2\pi / n$ 是扇形在 P 点所张的角，n 是一周所割的块数，a_1，a_2 是扇形的内、外

半径，b 是扇形的厚度(由海面算起)，h 是 P 点的海拔．总的地形校正为 $T=\Sigma\Delta T$．校正应伸展到多远，视观测的精确度而定．若远处地形的影响已降到所要求的精确度之下，就可以不计了．地形校正是有表可查的，只须测定式(2.122)中的参量就行了．完全的布格异常 Δg_b 是

$$\Delta g_b = g_b - \gamma = g + F - (B - T) - \gamma = g + 0.1964h + T - \gamma . \tag{2.123}$$

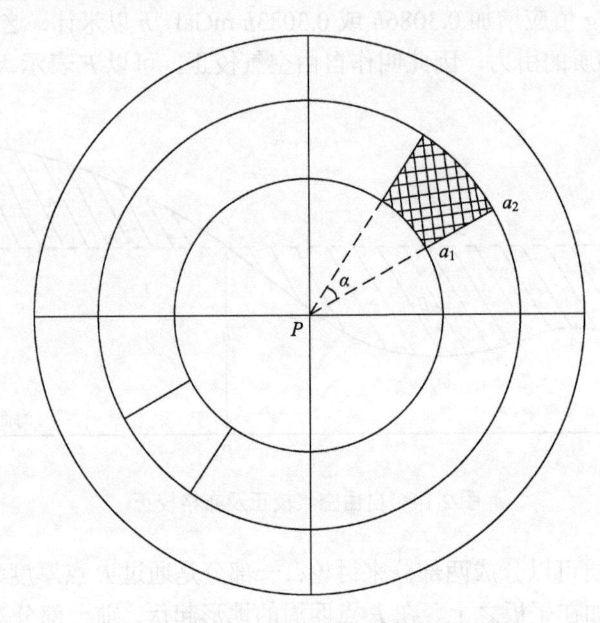

图 2.15　地形校正的计算

2.5.2　地壳均衡及均衡校正

如果地形起伏仅仅是多余(或短缺)的物质附加在一个大致均匀的地球之上，则经过布格校正之后，重力异常应当不大，并且无系统偏离，但事实并非如此．山区的重力异常经过布格校正之后，往往是负的，并且每升高 1km，异常约增加上百毫伽．这表明在高山之下，地下物质发生某种短缺，因而对地形的重力影响产生一种补偿作用．如果不考虑这个因素，校正便过头了，因而造成负异常．相似的现象也在垂线偏差的观测中看到．在高山的旁边，重力场的方向应当几近地等于地球重力与高山引力的合力的方向，这也就是垂线的方向．在 1854 年，英国人普拉特(Pratt, J. H.)在喜马拉雅山附近一点，根据地形的计算，估计垂线应有 28″的偏差，但实测结果只有 5″．这也表明地下物质的变化起了某种补偿作用，部分地抵消了高山的影响．

为了解释这个现象，普拉特在 1855 年提出一个假设．他认为地下从某一深度算起(叫作补偿深度)，以下物质的密度是均匀的，但以上的物质，则相同截面的柱体保持相同的总质量，因此地形越高，密度越小．计算一座高山的重力影响时，可以设想这座山是从补偿深度起，在垂直方向均匀膨胀而成的．

在同一年，另外一个英国人艾里(Airy, G. B.)提出另一种假设．他认为地球上层物质

的密度比下层小，山脉是较轻的岩石浮在较重的介质之上，仿佛冰浮在水上一样，但是它的底部也伸入水下；山越高，它的底部伸入介质也越深，山是有根的．按同样的道理，在海洋下面，由于海水的密度比岩石的小，下面的介质反而向上凸出，形成一个反山根．

以上两种模式都引出这样一个概念：从地下某一深度起，相同截面(面积要足够大)所承载的质量趋于相等．这个概念叫作地壳均衡．根据这个概念，地面上大面积的地形起伏，必然在地下有所补偿．普拉特的模式是将地形所增减的质量均匀地补偿于海面与补偿深度之间．因为地形高低不同，它在横的方向上密度也不同．艾里的模式则将地形所增减的质量补偿于山根或反山根．喜马拉雅山所产生的垂线偏差比按地形计算的小得多就是补偿的结果．无论根据哪种模式，只要测量了地形高度，并适当地估计下层岩石的密度和地壳厚度，就可计算由于补偿作用所减少的地面重力值 I．这叫作均衡校正．将这个校正加在式(2.123)上，就叫作均衡异常．

图 2.16 是普拉特模式示意图．各柱状体因高程不同，其密度也有差异，但在补偿深度以上，各柱体的总质量是相等的．设补偿深度为 D，任一柱体的海拔为 h，则有

$$(D+h)\rho - D\rho_0,$$

ρ_0 及 ρ 为海拔为零和为 h 时的密度．由此得到密度差 $\Delta\rho$ 为

$$\Delta\rho = \rho_0 - \rho = \frac{h}{D+h}\rho_0 .$$

在海洋中，设海水的深度为 h'，海水的密度为 ρ_ω，则有

$$(D+h')\rho + h'\rho_\omega = D\rho_0,$$

$$\Delta\rho = \rho_0 - \rho = \frac{h'}{D+h'}(\rho_0 - \rho_\omega).$$

补偿深度 D 一般假定约为 100km．H，h_1，ρ_ω，ρ_0 都是可以测定的．这样就可以计算 $\Delta\rho_0$．知道 $\Delta\rho$，便可计算由于地壳均衡作用，各柱体对于 P 点的重力曾经减少了多少．这是作布格校正时未曾考虑的，叫作均衡校正．计算公式与式(2.122)相似，不过其中的 ρ 应以 $\Delta\rho$ 替代．

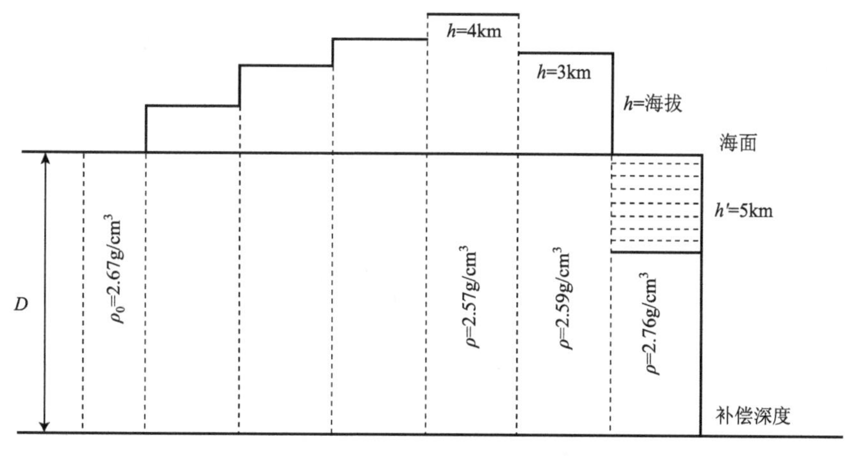

图 2.16　地壳均衡(普拉特模式)

图 2.17 是艾里模式的示意图. 假定密度为 2.67g/cm^3 的岩石浮在密度为 3.27g/cm^3 的介质之上，地壳的正常厚度为 T. 按照阿基米德原理，若地形的高度为 h，其下部深入介质中的深度为 t(即山根)，则有

$$t\Delta\rho = h\rho_0 ,$$

故

$$t = h\frac{\rho_0}{\Delta\rho} = \frac{2.67}{0.6}h = 4.45h .$$

在海洋下面，若海水的深度为 h'，则反山根的厚度 t'将符合

$$t'\Delta\rho = h'(\rho_0 - \rho_\omega) ,$$

故

$$t' = \frac{\rho_0 - \rho_\omega}{\Delta\rho}h' = 2.73h' .$$

设地壳的正常厚度为 T，则在高山之下，柱体的总厚度为

$$T + h + t .$$

在海洋之下，厚度为 $T - h' - t'$. $\rho_0 - \rho_\omega$ 为已知，h，h'可以测量，ρ_1，T 可以由其他的地球物理观测推得，于是各柱体的总厚度就可以得到，由此便可以计算均衡校正.

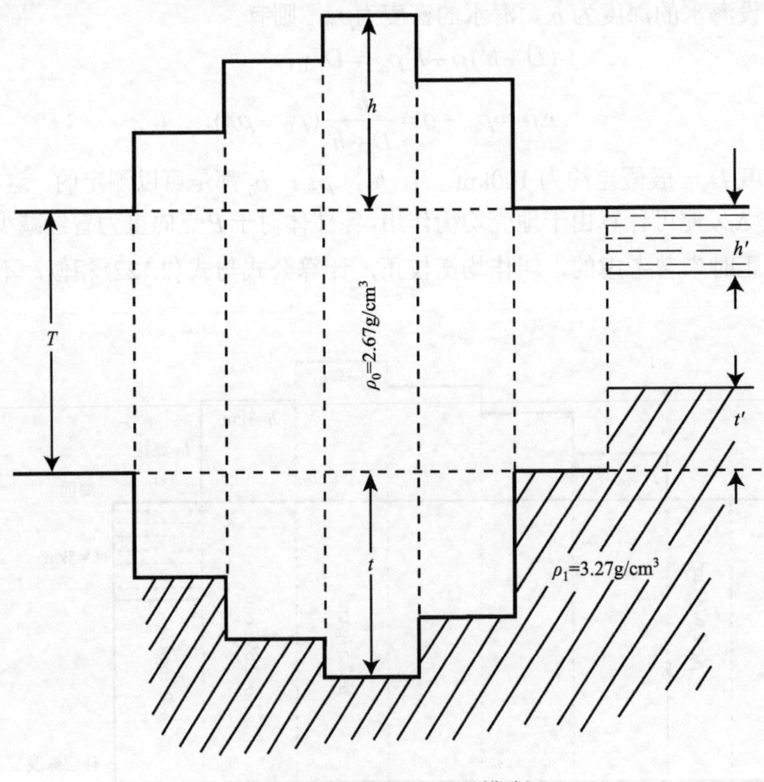

图 2.17　地壳均衡(艾里模式)

从物理意义上来看，普拉特模式不如艾里模式，因为均匀膨胀的设想并无观测的依据，而地壳以下的物质在载荷的长期作用下是可以发生流动的．不过实际计算补偿时，两种模式所得的结果相差无几．布格异常再经过均衡校正后便得到均衡异常．实测结果表明，大面积的均衡异常要比布格异常小得多，但在地球上的个别地区(如海沟或某些高山地区，包括喜马拉雅山地区)，仍有相当大的均衡异常存在，说明这些地区的地壳是不均衡的．如何解释这些不均匀，学者的意见还是有分歧的．20 世纪以来，地壳均衡的概念对地学的研究起了很大的影响．然而地球介质即使在极长时期的载荷作用下，和真正的流体还是有区别的．地壳本身是有弹性强度的，因而局部不均衡完全是可能的，即是说，补偿未必是完全的．这就仿佛船在水里，虽然全船的重量等于船所排开水的重量，但由于船身有一定的强度，船内的载荷还可以随意安排．解释重力异常时，也应考虑这种情况．

另外一点也须指出．用斯托克斯的方法，由重力异常来确定大地水准面的高度时，曾假定水准面之外无质量存在，但实际上，大地水准面部分地穿过地下．以上所讨论的各种校正，不是将外部质量削去，便是将内部质量重新分布．这样做了之后，重力值变了，但所得到的大地水准面也不与原来的完全一样．这是一种规格化的大地水准面，叫作共大地水准面(co-geoid)．关于如何将大地水准面规格化，讨论很多．还有人主张根本不必用大地水准面这个概念．这是大地测量学的专门课题，本章不再讨论．

2.6　固　体　潮

地球的重力场基本上是恒定的，但也有微小的时间变化．这是由于地球在其他天体(特别是日、月)的引力场中做相对运动所引起的．月球虽小，但离地球很近，它的影响比太阳的约大一倍．

2.6.1　引潮力势

日、月的引力产生潮汐，这是众所熟知的．因为地球不是刚体，非但海洋有潮汐，地球的固体部分在日、月引力下也发生变形．这种变形随时间而变化，叫作固体潮．伴随着地面变形，重力场也有变化．总的变化是日、月引力影响之和．以下以月球为例来推导引起潮汐的力势．

设 O，C 各为地心及月心，其距离为 R，地球半径为 a，月球质量为 m，P 是地面上任一点(图 2.18)．月球不但在 P 点产生引力，而且使全地球产生加速度 Gm/R^2，其方向是沿着 OC．与此相应的力势是 $-\frac{Gm}{R^2}a\cos\psi$．所以月球对于 P 点的总力势

$$W=\frac{Gm}{(R^2+a^2-2aR\cos\psi)^{1/2}}-\frac{Gm}{R^2}a\cos\psi .$$

将上式右端第一项展开至 $P_2(\cos\psi)$，得

$$W_2=\frac{3}{2}\frac{Gma^2}{R^3}\left(\cos^2\psi-\frac{1}{3}\right)=\frac{Gma^2}{R^3}P_2(a\cos\psi), \tag{2.124}$$

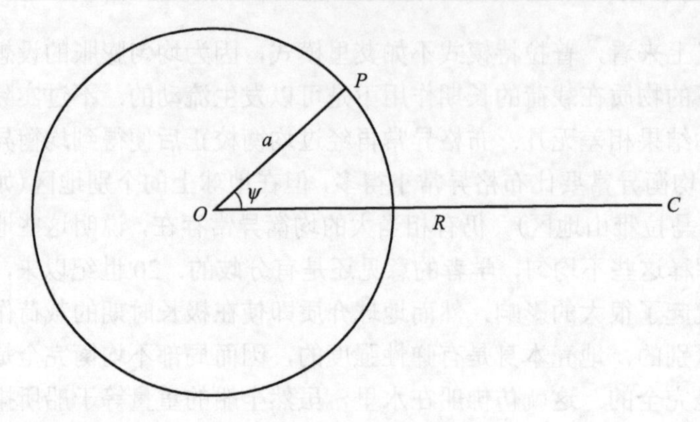

图 2.18 引潮力势

W_2 叫作引潮力势，它是一个二次谐函数.

假设地球是个刚体，其质量为 M，则因引潮力所产生的重力变化 Δg 为

$$
\begin{aligned}
\Delta g_a &= -\frac{\partial W_2}{\partial a} = -\frac{Gma}{R^3}(3\cos^2\psi - 1), \\
\Delta g_\psi &= -\frac{1}{a}\frac{\partial W_2}{\partial \psi} = -\frac{3}{2}\frac{Gma}{R^3}\sin 2\psi, \\
\frac{\Delta g_a}{g} &\approx \Delta g_a \Big/ \frac{Gm}{a^2} = -\frac{m}{M}\left(\frac{a}{R}\right)^3 (3\cos^2\psi - 1), \\
\frac{\Delta g_\psi}{g} &\approx \tan\alpha = \frac{3}{2}\frac{m}{M}\left(\frac{a}{R}\right)^3 \sin 2\psi .
\end{aligned}
\tag{2.125}
$$

α是在子午面上的垂线偏差. 对于月球来说，$\dfrac{m}{M}\left(\dfrac{a}{R}\right)^3=5.6\times10^{-8}$；对于太阳来说，是这个数值的 0.45 倍.

假设地球是个刚体，还可以估计月球引潮力对地球等势面的高度所产生的变化. 地球自由振荡的周期，最大不过约 1h，这比引潮力的周期小多了. 所以固体潮可以看作是平衡潮，即是说，变形和引潮力几乎是同步的. 在平衡潮中，$W_2=\Delta a g$，这里Δa 是潮高的变化. 故

$$
\Delta a = \frac{W_2}{g} = \frac{m}{M}\left(\frac{a}{R}\right)^3 a \cdot \frac{1}{2}(3\cos^2\psi - 1) .
$$

由此算出最大的高度差约为 0.535m.

2.6.2 勒夫数和志田数

地球并非刚体. 在日、月引力的作用下，海洋和地球的固体部分都要发生变形，这就使引潮力也发生变化. 这些变化可以用三个无量纲的参量 h，k，l 来表示. h，k 叫作勒夫数，l 叫作志田数，纪念最初引用这些数的学者勒夫(Love, A. E. H.)和志田顺(Shida, Toshi). 它们的定义如下：h 是固体潮的潮高与海洋平衡潮的潮高之比；k 是由于质量的

重新分布而引起的力势变化与引潮力势 W_2 之比；l 是地壳的水平位移与平衡海潮的水平位移之比.

观测到的海洋潮高是由三部分组成的．一部分是由于 W_2，第二部分是由于 kW_2．所以潮高应当等于$(W_2+kW_2)/g$．但海底本身由于 W_2 而上升 hW_2/g．所以实际观测到的潮高为

$$\Delta z=(1+k-h)\frac{W_2}{g}\ . \tag{2.126}$$

因为 W_2 是已知的，所以由观测潮高就可以研究 $1+k-h$，这个数值常用γ表示，即

$$\gamma=1+k-h\ .$$

在可变形的地面上，力势 W 可以写成

$$W=W_0+W_2+kW_2-gu_r\ ,$$

W_0 是重力势，W_2 是引潮力势，kW_2 是由于质量的重新分布而引起的力势变化，u_r 是垂直位移．上式的后三项是可变的．由于引潮力的影响，在地面上所观测到的重力变化 Δg 为

$$-\Delta g=\frac{\partial W_2}{\partial r}+k\frac{\partial W_2}{\partial r}+u_r\frac{\partial^2 W_0}{gr^2}\ .$$

由式(2.124)，在地球内，$W_2=\dfrac{Gmr^2}{R^3}P_2$；在地球外，$W_2=\dfrac{Gm}{R^3}\dfrac{a^5}{r^3}P_2$．故

$$\frac{\partial W_2}{\partial r}=2\frac{W_2}{r},\qquad k\frac{\partial W_2}{\partial r}=-3k\frac{W_2}{r}\ .$$

根据球面几近，

$$\frac{\partial^2 W_0}{\partial r^2}=\frac{2g}{r},\qquad u_r\frac{\partial^2 W_0}{\partial r^2}=h\frac{W_2}{g}\cdot\frac{2g}{r}=2h\frac{W_2}{g}\ .$$

所以，

$$-\Delta g=(2-3k+2h)\frac{W_2}{g}=\left(1+h-\frac{3}{2}k\right)\frac{\partial W_2}{\partial r}=\left(1+h-\frac{3}{2}k\right)\Delta g_r\ , \tag{2.127}$$

Δg_r 表示一个刚体地球$(h=k=0)$所相应的Δg．由上式，便可根据重力的变化求得

$$\delta=1+h-\frac{3}{2}k\ .$$

由γ及δ便可计算 h，k.

引潮力势 W_2 及变形力势 kW_2 产生重力的两个水平分量 Δg_ψ 及 Δg_λ，从而导致垂线偏差的两个分量：

在子午面上，$i=\dfrac{\Delta g_\psi}{g}=\dfrac{1+k}{g}\dfrac{\partial W_2}{a\partial\psi}$,

在卯酉面上，$j=\dfrac{\Delta g_\lambda}{g}=\dfrac{1+k}{g}\dfrac{1}{a\cos\psi}\dfrac{\partial W_2}{\partial\lambda}$,

但 W_2 也使地面产生水平位移 u_ψ 及 u_λ．定义

$$u_\psi = \frac{l}{g}\frac{\partial W}{\partial \psi}, \quad u_\lambda = \frac{l}{g\cos\psi}\frac{\partial W_2}{\partial \lambda},$$

l称为志田数．若用天文仪器在地面上观测，则相对于地轴所测定的垂线偏差将由

$$i = (1+k-l)\frac{1}{ag}\frac{\partial W_2}{\partial \psi},$$

$$j = (1+k-l)\frac{1}{ag}\frac{1}{\cos\psi}\frac{\partial W_2}{\partial \lambda}$$

表示．由此可确定

$$L = 1+k-l .$$

结合式(2.126)及式(2.127)，便求得h，k，l．一组典型的数据是

$$h = 0.59, \quad k = 0.27, \quad l = 0.04 .$$

但各家所得的结果颇有分歧．这一部分是由于干扰固体潮测定的因素太多，特别是海洋潮汐的影响不易消除，另一部分是地球内部情况复杂，由三个常量来概括各种形式的形变也许是过于简化了．

参考文献

方俊. 1965, 1975. 重力测量与地球形状学. 上、下册. 北京：科学出版社. 1-250, 1-320.

傅承义. 1976. 地球十讲. 北京：科学出版社. 1-181.

Caputo, M. 1967. *The Gravity Field of the Earth, from Classical and Modern Methods*. New York: Academic Press. 1-202.

Groten, E. 1979. *Geodesy and the Earth's Gravity Field*. Vol.1. *Principles and Conventional Methods*. Bonn: Dümmler. 1-410.

Heiskanen, W. A., Moritz, H. 1967. *Physical Geodesy*. San Francisco: Freeman. 1-364.

Jeffreys, H. 1964. *The Earth, Its Origin, History and Physical Constitution.* 4th ed. Cambridge: Cambridge University Press. 1-420.

Jeffreys, H. 1976. *The Earth, Its Origin, History and Physical Constitution.* 6th ed. Cambridge: Cambridge University Press. 1-574.

Smylie, D. E. 2013. *Earth Dynamics: Deformations and Oscillations of the Rotating Earth*. Cambridge: Cambridge University Press. 1-543.

第三章 地球的转动

在宇宙空间中，地球不仅绕着一条轴线自西向东自转，同时也沿着近于圆的轨道绕着太阳转动．地球自转平均角速度为 7.2921×10^{-5}rad/s，在地球赤道上自转线速度为465m/s．地球的自转轴和地面的两个交点叫作转动极或地极，和天球的两个交点叫作天极．在地球上看，天极就是天空中没有周日运动的两个点．平常说的北极星就是一颗靠近北天极的恒星．

作用在地球上的力种类很多．日、月对地球赤道凸出部分的吸引力随日、月位置而变化．在它们的作用下，地球转动轴在空间的取向发生变化．地球作为一个整体也相对于其转动轴而摆动．由于日、月的吸引力和地球惯量矩的季节性变化以及其他目前还不甚清楚的原因，地球的运动速率也不恒定．概而言之，地球的运动是不均匀的．从这个意义上讲，研究地球的转动就是研究地球转动的不均匀性．在天文学中，研究地球转动的不均匀性对于天体演化的研究以及天体方位的测定有重要意义．在地球物理学中，研究地球转动有助于了解地球内部构造和运动，地球内部的密度、弹性和非完全弹性以及地壳、地核、海洋和大气的运动．

3.1 岁差和章动

在太阳和月球对地球赤道凸出部分的吸引作用下，地球的转动轴在空间的位置发生变化．如果地球是一个球体，而且赤道面与太阳轨道平面(黄道面)及月球轨道平面(白道面)都重合的话，就不会发生这种变化．实际上，赤道面和黄道面的倾角(黄赤交角)是23°27′08″，而白道面和黄道面的倾角(黄白交角)是5°8′43″．如果地球不转动，日、月的引力对地球产生的力矩将使这些平面趋于一致．但地球是转动着的．由于转动的回转效应，黄赤交角仍保持不变，而天极则以25700年为周期绕着黄道面的极(黄极)转动，也就是赤道和黄道的交点(春分点和秋分点)沿着黄道每年向西移动50.25647″．当地球两次经过春分点时，它实际上并未绕完一周．这种运动叫作分点的岁差，简称岁差．回转效应还使得天极相对于黄极作一种点头式的运动，叫作章动．现在北天极在北极星附近，可是在5000年前，它在天龙座α星附近；5000年后，它将在仙王座α星附近．

3.1.1 欧拉方程

我们来分析岁差和章动．为简单起见，把地球当作刚体，并且先只考虑太阳的影响．假定地球是一个旋转椭球体，它的三个主惯量分别是 A，B，C，其中 $A=B<C$，即相对于短轴的转动惯量 C 最大．我们称这条轴为地球的形状轴或对称轴、惯性轴．取一个固定在地球上的运动坐标系 x_i(i=1, 2, 3)，把它的原点 O 放在地球的质心上，并使 x_3 轴与形状轴重合(图 3.1)．按照前面的假设，相对于另两个主轴(x_1 轴与 x_2 轴)的转动惯量是相等

的. 所以 x_1 轴可以放在过原点并与 x_3 轴垂直的平面里的任意方向上, x_2 轴也在这个平面上, 与 x_1, x_3 轴构成右旋坐标系. 设地球以角速度 $\boldsymbol{\omega}=\omega_i\boldsymbol{e}_i$ 相对于"静止"坐标系 X_i 转动, 这里, $\boldsymbol{e}_i$ 表示转动坐标系 x_i 的基矢量. 将"静止"坐标系的 X_1 轴和 X_2 轴置于黄道面上, 使 X_1 轴指向白羊宫(Γ) α星. X_3 轴和天球的交点 E 就是黄道的极. 实际上, ω_3 比 ω_1, ω_2 大得多, 所以转动轴很靠近 x_3 轴, 也就是说 x_3 轴和天球的交点 P 是近似的天极, x_3 轴和 X_3 轴的夹角 θ 近似地等于黄赤交角, x_1x_2 平面接近于赤道面. 我们把 x_1x_2 平面和黄道面的交线 NN' 叫作节线, 由于 x_1x_2 平面接近于赤道面, 所以 N', N 点近似于春、秋分点. NN' 和 X_1 轴的夹角以 Ω 表示, x_1 轴和 NN' 的夹角以 ϕ 表示. 太阳位于黄道上的 S 点, $\overline{OS}$ 和 X_1 轴的夹角以 λ 表示.

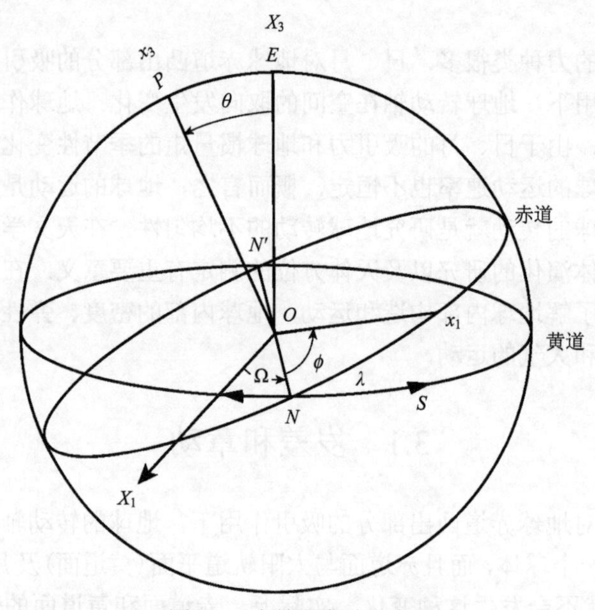

图 3.1　岁差和章动示意图

设 $\boldsymbol{r}=x_i\boldsymbol{e}_i$, 则角动量 $\boldsymbol{H}$ 为

$$\boldsymbol{H}=\iiint_{\tau}\rho\boldsymbol{r}\times(\boldsymbol{\omega}\times\boldsymbol{r})\mathrm{d}\tau ,\tag{3.1}$$

式中, ρ 是密度. 式中的 $\boldsymbol{r}\times(\boldsymbol{\omega}\times\boldsymbol{r})$ 可化为

$$\boldsymbol{r}\times(\boldsymbol{\omega}\times\boldsymbol{r})=(r^2\mathbf{I}-\boldsymbol{rr})\cdot\boldsymbol{\omega} ,$$

$$\mathbf{I}=\delta_{ij}\boldsymbol{e}_i\boldsymbol{e}_j ,$$

其中, δ_{ij} 是克朗内克(Kronecker)符号, 当 $i=j$ 时, $\delta_{ij}=1$; 当 $i\neq j$ 时, $\delta_{ij}=0$. 这样一来, $\boldsymbol{H}$ 可表示为

$$\boldsymbol{H}=\mathbf{C}\cdot\boldsymbol{\omega} ,\tag{3.2}$$

其中,

$$\mathbf{C}=\iiint_{\tau}\rho(r^2\mathbf{I}-\boldsymbol{rr})\mathrm{d}\tau .\tag{3.3}$$

C 叫作惯量张量，其分量是：

$$\begin{cases} C_{11} = \iiint\limits_{\tau} \rho(x_2^2 + x_3^2)\mathrm{d}\tau, \\ C_{22} = \iiint\limits_{\tau} \rho(x_3^2 + x_1^2)\mathrm{d}\tau, \\ C_{33} = \iiint\limits_{\tau} \rho(x_1^2 + x_2^2)\mathrm{d}\tau, \\ C_{23} = C_{32} = -\iiint\limits_{\tau} \rho x_2 x_3 \mathrm{d}\tau, \\ C_{31} = C_{13} = -\iiint\limits_{\tau} \rho x_3 x_1 \mathrm{d}\tau, \\ C_{12} = C_{21} = -\iiint\limits_{\tau} \rho x_1 x_2 \mathrm{d}\tau. \end{cases} \tag{3.4}$$

以 $\boldsymbol{L}$ 表示外加力矩，则在坐标系 X_i 中，

$$\frac{\mathrm{d}\boldsymbol{H}}{\mathrm{d}t} = \boldsymbol{L}\ . \tag{3.5}$$

在以$\boldsymbol{\omega}$转动的坐标系 x_i 中，对于任一矢量$\boldsymbol{\upsilon}$都有：

$$\frac{\mathrm{d}\boldsymbol{\upsilon}}{\mathrm{d}t} = \frac{\tilde{\mathrm{d}}\boldsymbol{\upsilon}}{\mathrm{d}t} + \boldsymbol{\omega} \times \boldsymbol{\upsilon}\ , \tag{3.6}$$

其中，$\tilde{\mathrm{d}}\boldsymbol{\upsilon}/\mathrm{d}t$ 表示$\boldsymbol{\upsilon}$相对于转动坐标系的改变速度．对于角动量 $\boldsymbol{H}$ 来说，类似地有：

$$\frac{\mathrm{d}\boldsymbol{H}}{\mathrm{d}t} = \frac{\tilde{\mathrm{d}}\boldsymbol{H}}{\mathrm{d}t} + \boldsymbol{\omega} \times \boldsymbol{H}\ . \tag{3.7}$$

将式(3.7)代入式(3.5)，即得表示刚体运动的欧拉方程：

$$\frac{\tilde{\mathrm{d}}\boldsymbol{H}}{\mathrm{d}t} + \boldsymbol{\omega} \times \boldsymbol{H} = \boldsymbol{L}\ , \tag{3.8}$$

式中，$\tilde{\mathrm{d}}\boldsymbol{H}/\mathrm{d}t$ 是 $\boldsymbol{H}$ 相对于转动坐标系的变化速度．

在转动坐标系 x_i 中，

$$\begin{cases} C_{11} = C_{22} = A, \\ C_{33} = C, \\ C_{12} = C_{21} = C_{13} = C_{31} = C_{23} = C_{32} = 0, \end{cases} \tag{3.9}$$

从而欧拉方程可以表示为：

$$\begin{cases} A\dfrac{\mathrm{d}\omega_1}{\mathrm{d}t} + (C-A)\omega_2\omega_3 = L_1, \\ A\dfrac{\mathrm{d}\omega_2}{\mathrm{d}t} + (A-C)\omega_3\omega_1 = L_2, \\ C\dfrac{\mathrm{d}\omega_3}{\mathrm{d}t} = L_3\ . \end{cases} \tag{3.10}$$

3.1.2　欧拉角

用前面引进的三个角θ, Ω, ϕ可以表示x_i的转动，通常称它们为欧拉角．角速度$\boldsymbol{\omega}$在转动的坐标系x_i方向的分量，可以用欧拉角及其微商表示．角速度$\dot{\boldsymbol{\theta}}=\dot{\theta}\boldsymbol{e}_{\dot{\theta}}$沿着节线$ON$的方向，因而它在$x_i$轴上的分量为：

$$\dot{\boldsymbol{\theta}}=\{\dot{\theta}\cos\phi,-\dot{\theta}\sin\phi,0\}\ ; \tag{3.11}$$

角速度$\dot{\boldsymbol{\Omega}}=\dot{\Omega}\boldsymbol{e}_{\dot{\Omega}}$沿着$X_3$轴方向，所以它在$x_i$轴上的分量：

$$\dot{\boldsymbol{\Omega}}=\{\dot{\Omega}\sin\theta\sin\phi,\dot{\Omega}\sin\theta\cos\phi,\dot{\Omega}\cos\theta\}\ ; \tag{3.12}$$

角速度$\dot{\boldsymbol{\phi}}=\dot{\phi}\boldsymbol{e}_{\dot{\phi}}$沿着$x_3$轴方向，所以它在$x_i$轴上的分量简单地就是：

$$\dot{\boldsymbol{\phi}}=\{0,0,\dot{\phi}\}\ . \tag{3.13}$$

如果以$\dot{\boldsymbol{\theta}}$，$\dot{\boldsymbol{\Omega}}$，$\dot{\boldsymbol{\phi}}$表示$\boldsymbol{\omega}$，即

$$\boldsymbol{\omega}=\dot{\boldsymbol{\theta}}+\dot{\boldsymbol{\Omega}}+\dot{\boldsymbol{\phi}}, \tag{3.14}$$

则由(3.11)—(3.13)诸式可得：

$$\begin{cases}\omega_1=\dot{\Omega}\sin\theta\sin\phi+\dot{\theta}\cos\phi,\\ \omega_2=\dot{\Omega}\sin\theta\cos\phi-\dot{\theta}\sin\phi,\\ \omega_3=\dot{\Omega}\cos\theta+\dot{\phi}.\end{cases} \tag{3.15}$$

既然x_1轴可以放在赤道面的任意方向上，不失一般性，我们可以让它与ON重合，即取$\phi=0$．这样一来$\boldsymbol{\omega}$和$\mathrm{d}\boldsymbol{\omega}/\mathrm{d}t$的分量可以简单地表示成：

$$\begin{cases}\omega_1=\dot{\theta},\\ \omega_2=\dot{\Omega}\sin\theta,\\ \omega_3=\dot{\Omega}\cos\theta+\dot{\phi},\end{cases} \tag{3.16}$$

$$\begin{cases}\dfrac{\mathrm{d}\omega_1}{\mathrm{d}t}=\dot{\Omega}\dot{\phi}\sin\theta+\ddot{\theta},\\ \dfrac{\mathrm{d}\omega_2}{\mathrm{d}t}=\dfrac{\mathrm{d}}{\mathrm{d}t}(\dot{\Omega}\sin\theta)-\dot{\theta}\dot{\phi},\\ \dfrac{\mathrm{d}\omega_3}{\mathrm{d}t}=\dfrac{\mathrm{d}}{\mathrm{d}t}(\dot{\Omega}\cos\theta)+\ddot{\phi}.\end{cases} \tag{3.17}$$

将以上两式代到式(3.10)中，我们便得到：

$$\begin{cases}A(\dot{\Omega}\dot{\phi}\sin\theta+\ddot{\theta})+(C-A)\dot{\Omega}\sin\theta(\dot{\Omega}\cos\theta+\dot{\phi})=L_1,\\ A\left[\dfrac{\mathrm{d}}{\mathrm{d}t}(\dot{\Omega}\sin\theta)-\dot{\theta}\dot{\phi}\right]+(A-C)\dot{\theta}(\dot{\Omega}\cos\theta+\dot{\phi})=L_2,\\ C\dfrac{\mathrm{d}}{\mathrm{d}t}(\dot{\Omega}\cos\theta+\dot{\phi})=L_3.\end{cases} \tag{3.18}$$

要解这个方程，需要知道因为太阳的吸引而作用在地球上的力矩$\boldsymbol{L}$.

3.1.3　麦柯拉夫(MacCullagh)公式

如果以 U 表示地球在太阳的引力场中的势能，以 f 表示作用于地球上某一质量元的力，那么势能的变化 δU 应当等于反抗引力所做的功，即

$$\delta U = -\Sigma \boldsymbol{f} \cdot \delta r . \tag{3.19}$$

若地球绕某一轴线转动了一个无穷小角 $\delta\boldsymbol{\theta}$，则

$$\delta \boldsymbol{r} = \delta \boldsymbol{\theta} \times \boldsymbol{r} , \tag{3.20}$$

从而

$$\delta U = -\Sigma \boldsymbol{f} \cdot (\delta \boldsymbol{\theta} \times \boldsymbol{r}) = -\boldsymbol{L} \cdot \delta \boldsymbol{\theta} , \tag{3.21}$$

其中 $\boldsymbol{L}$ 是作用在地球上的力矩：

$$\boldsymbol{L} = \Sigma \boldsymbol{r} \times \boldsymbol{f} . \tag{3.22}$$

另一方面，如果地球绕某一轴线转动了 $\delta\boldsymbol{\theta}$，则其势能的变化为：

$$\delta U = \frac{\partial U}{\partial \boldsymbol{\theta}} \cdot \delta \boldsymbol{\theta}. \tag{3.23}$$

由式(3.21)和式(3.23)两式立刻可得

$$\boldsymbol{L} = -\frac{\partial U}{\partial \boldsymbol{\theta}} . \tag{3.24}$$

由麦柯拉夫(MacCullagh)公式[式(2.66)]，可以求得势能

$$U = -G\left[\frac{M_s M}{R_s} + \frac{M(A_s + B_s + C_s - 3I_s)}{2R_s^3} + \frac{M_s(A + B + C - 3I)}{2R_s^3}\right] + O\left(\frac{1}{R_s^4}\right), \tag{3.25}$$

式中，G 是引力常量，M 是地球的质量，A，B，C 是其主惯量，I 是它对太阳、地球质心连线(图 3.1 中的 $\overline{OS}$)的转动惯量，M_s，A_s，B_s，C_s，I_s 是太阳的相应的量，R_s 是太阳质心至地球质心的距离.

假定太阳具有球对称性，并忽略地球绕太阳公转的轨道的偏心率，那么在上式中对 $\boldsymbol{L}$ 有意义的项只是含有 $-3I$ 的项，所以

$$\boldsymbol{L} = -\frac{3GM_s}{2R_s^3}\frac{\partial I}{\partial \boldsymbol{\theta}} , \tag{3.26}$$

式中，

$$I = Al^2 + Bm^2 + Cn^2 , \tag{3.27}$$

$\{l, m, n\}$ 是 $\overline{OS}$ 在转动坐标系 x_i 中的方向余弦.

在 X_i 中，$\boldsymbol{e}_i$ 可表示为

$$\begin{cases} \boldsymbol{e}_1 = \{\cos\Omega, \sin\Omega, 0\}, \\ \boldsymbol{e}_2 = (-\cos\theta\sin\Omega, \cos\theta\cos\Omega, \sin\theta\}, \\ \boldsymbol{e}_3 = \{\sin\theta\sin\Omega, -\sin\theta\cos\Omega, \cos\theta\}, \end{cases} \tag{3.28}$$

而 $\overline{OS}$ 可表示为

$$\overline{OS} = \{\cos\lambda, \sin\lambda, 0\} , \tag{3.29}$$

所以，

$$\begin{cases} l = \overline{OS} \cdot \boldsymbol{e}_1 = \cos(\lambda - \Omega), \\ m = \overline{OS} \cdot \boldsymbol{e}_2 = \sin(\lambda - \Omega)\cos\theta, \\ n = \overline{OS} \cdot \boldsymbol{e}_3 = -\sin(\lambda - \Omega)\sin\theta\}, \end{cases} \tag{3.30}$$

从而

$$I = A\cos^2(\lambda - \Omega) + (B\cos^2\theta + C\sin^2\theta)\sin^2(\lambda - \Omega) \tag{3.31}$$

或

$$I = Al^2 + (B\cos^2\theta + C\sin^2\theta)(1 - l^2)\,. \tag{3.32}$$

在式(3.26)中，$\boldsymbol{\theta}=\theta_i\boldsymbol{e}_i$，式中的$\theta_1$就是欧拉角$\theta$，所以，

$$L_1 = -\frac{3GM_s}{2R_s^3}\frac{\partial I}{\partial\theta}\,. \tag{3.33}$$

由上式可以求得L_1的表示式．然后通过对有关量的循环代换，又可得L_2和L_3．结果是：

$$\begin{cases} L_1 = \dfrac{3GM_s}{R_s^3}(C - B)mn, \\ L_2 = \dfrac{3GM_s}{R_s^3}(A - C)nl, \\ L_3 = \dfrac{3GM_s}{R_s^3}(B - A)lm. \end{cases} \tag{3.34}$$

3.1.4 岁差和章动

将上式代入式(3.18)的最后一式，并用到$A=B$，立即可得：

$$\omega_3 = \dot{\Omega}\cdot\cos\theta + \dot{\phi} = \tilde{\omega}\,, \tag{3.35}$$

其中$\tilde{\omega}$是一个常量．考虑到$\dot{\phi} >> \dot{\Omega}$，$\dot{\theta}$，故

$$\dot{\phi} \doteq \tilde{\omega}\,, \tag{3.36}$$

于是式(3.18)的前两式可化为：

$$\begin{cases} \dot{\Omega} = -\dfrac{3GM_s}{\tilde{\omega}R_s^3}\dfrac{C - A}{C}\sin^2(\lambda - \Omega)\cos\theta, \\ \dot{\theta} = -\dfrac{3GM_s}{\tilde{\omega}R_s^3}\dfrac{C - A}{C}\dfrac{1}{2}\sin[2(\lambda - \Omega)]\sin\theta. \end{cases} \tag{3.37}$$

令

$$k_s = \frac{GM_s}{\tilde{\omega}R_s^3}\frac{C - A}{C}\,, \tag{3.38}$$

则

$$
\begin{cases}
\dot{\Omega} = -\dfrac{3}{2}k_s\{1-\cos[2(\lambda-\Omega)]\}\cos\theta, \\
\dot{\theta} = -\dfrac{3}{2}k_s\sin[2(\lambda-\Omega)]\sin\theta.
\end{cases}
\tag{3.39}
$$

实际上，θ, Ω变化很小，所以上式右边的θ, Ω可以用其平均值θ_s, Ω_s代替．此外，上式中的$\lambda=n_s t$，其中 n_s 是太阳轨道角速度．于是得

$$
\begin{cases}
\Omega = \Omega_0 - \left(\dfrac{3}{2}k_s\cos\theta_s\right)t + \dfrac{3k_s}{4n_s}\cos\theta_s\sin[2(n_s t-\Omega_s)], \\
\theta = \theta_0 + \dfrac{3k_s}{4n_s}\sin\theta_s\cos[2(n_s t-\Omega_s)].
\end{cases}
\tag{3.40}
$$

式中，Ω_0和θ_0是常量．这个结果表明，Ω以恒定的平均速率$-(3/2)k_s\cos\theta_s$变化；或者说，节线NN'以恒定的速率$(3/2)k_s\cos\theta_s$绕黄道轴顺时针旋转(此处以及后面提到顺、逆时针时，都是参照图 3.1 而言)．前面已经提到，N和N'点分别是秋分点和春分点的近似位置，所以这种运动叫作二分点的岁差，简称岁差．在岁差上又叠加了一个振荡式的运动，其幅角为 $2(n_s t-\Omega_s)$，Ω的振幅为$(3k_s/4n_s)\cos\theta_s$，从天球上看，天极以速率$-(3/2)k_s\cos\theta_s$绕着黄道轴旋转，即以速率$(3/2)k_s\cos\theta_s$顺时针旋转，它在以 x_3 轴在地面上的投影(即 P 点)为坐标原点的切平面上的投影是：

$$
x = R\Omega\sin\theta_s = R\frac{3k_s}{4n_s}\sin\theta_s\cos\theta_s\sin[2(n_s t-\Omega_s)],
$$

式中，x 沿纬圈，向东为正，R 是地球半径；类似地，

$$
y = R\theta = R\frac{3k_s}{4n_s}\sin\theta_s\cos[2(n_s t-\Omega_s)],
$$

式中，y 沿经圈，向南为正．在 x 方向的振荡运动比在 y 方向的振荡运动超前$\pi/2$ 的幅角，但 x 方向振荡的振幅为$R(3k_s/4n_s)\sin\theta_s\cos\theta_s$，而 y 方向振荡的振幅为$R(3k_s/4n_s)\sin\theta_s$．沿 x,y 这两种振荡式的运动合起来，在以图 3.1 中的 P 点为中心绕着一个椭圆逆时针旋转．椭圆的长轴在天球的子午圈(经圈)上，其长度为$R(3k_s/4n_s)\sin\theta_s$；其短轴在天球的纬度圈上，长为$R(3k_s/4n_s)\sin\theta_s\cos\theta_s$．

3.1.5　月球的影响

以上只考虑了太阳的影响．实际上，月球对地球的岁差也有影响．它的影响与太阳的类似，就是使得Ω以恒定的速率$-(3/2)k_L\cos\theta_L$变化．这里 k_L 和θ_L是与 k_s 和θ_s相应的量，但是指月球而言的．

按照开普勒定律：

$$
n_s^2 R_s^3 = GM_s, \tag{3.41}
$$

可将 k_s 表示成

$$
k_s = \tilde{\omega}\left(\frac{k_s}{\tilde{\omega}}\right)^2 H, \tag{3.42}
$$

其中 H 称为地球的动力学扁率或岁差常量：

$$H = \frac{C-A}{C}. \tag{3.43}$$

对于月球来说，与式(3.41)相应的关系式是：

$$n_L^2 R_L^3 = GM, \tag{3.44}$$

式中，n_L 是月球轨道角速度，R_L 是月球质心到地球质心的距离，M 是地球的质量．所以和式(3.42)相应的关系式是：

$$k_L = \tilde{\omega}\left(\frac{k_L}{\tilde{\omega}}\right)^2 H. \tag{3.45}$$

现在我们知道，$n_s/\tilde{\omega}=1/366$，$n_L/\tilde{\omega}=1/28$，H=3.2732×10^{-3}，M_L/M=1/81.303，所以 k_s=9×10^{-6}(恒星年)$^{-1}$，$k_L \doteq 1.9\times10^{-5}$(恒星年)$^{-1}$．如果暂且忽略不计黄白交角，即取 $\theta_L \doteq \theta_s$=23°27′，则太阳和月球引起的岁差就是 $(3/2)(k_s+k_L)\cos\theta_s$，其数值是 3.85×10^{-5}(恒星年)$^{-1}$ 即 50″(恒星年)$^{-1}$．考虑其他行星的影响，并考虑白道(月球轨道)与黄道并不重合，可以求得总岁差是 50.25647″(恒星年)$^{-1}$，即周期约为 25700 年．

太阳引起的章动周期是 $2\pi/2n_s$，即半年．其振幅约为 0.01″．月球引起的章动则要复杂些．在太阳的吸引作用下，白道面和黄道面的交线以角速度 p 西移，$p=2\pi/18.6$ 年．这种运动引起了周期为 18.6 年的章动，振幅大约为 9.206″，是章动的主要成分．月球绕地球转动引起的章动的周期是 $2\pi/2n_L$，也就是只有两星期，振幅只有 0.001″左右．

3.1.6 地球的动力学扁率

由式(3.42)和式(3.45)得，日、月吸引产生的岁差 k 为：

$$k = \tilde{\omega}\left[\left(\frac{n_s}{\tilde{\omega}}\right)^2 + \left(\frac{n_L}{\tilde{\omega}}\right)^2 \frac{M_L}{M}\right] H. \tag{3.46}$$

k，$\tilde{\omega}$，$n_s/\tilde{\omega}$，$n_L/\tilde{\omega}$ 和 M_L/M 都是已知量，因此便可计算出 H．在推导上式时，作了许多简化的假定，特别是忽略了日、月轨道的偏心率和倾角．并且，也忽略了其他行星的影响．把这些因素都考虑在内，便可求得 H=3.2732×10^{-3}=1/305.51．这是我们在上面刚用过的数值．

3.2 转动轴的变化

3.2.1 欧拉章动

前面只讨论了欧拉方程的特解．当然这个方程的全解应当包括相应的齐次方程的通解，即自由运动．在式(3.38)中令 $\boldsymbol{L}$=0，我们便得到：

$$\frac{\tilde{\mathrm{d}}\boldsymbol{H}}{\tilde{\mathrm{d}}t} + \boldsymbol{\omega}\times\boldsymbol{H} = 0, \tag{3.47}$$

写成分量形式，即

$$\begin{cases} A\dfrac{\mathrm{d}\omega_1}{\mathrm{d}t}+(C-A)\omega_2\omega_3=0, \\ A\dfrac{\mathrm{d}\omega_2}{\mathrm{d}t}+(A-C)\omega_3\omega_1=0, \\ C\dfrac{\mathrm{d}\omega_3}{\mathrm{d}t}=0. \end{cases} \tag{3.48}$$

由上式的最后一式可知ω_3保持不变，我们以常量$\tilde{\omega}$表示之：

$$\omega_3=\tilde{\omega}\ . \tag{3.49}$$

将它代入式(3.48)的头两式，我们就得到：

$$\begin{cases} \dfrac{\mathrm{d}\omega_1}{\mathrm{d}t}+\sigma_0\omega_2=0, \\ \dfrac{\mathrm{d}\omega_2}{\mathrm{d}t}-\sigma_0\omega_1=0, \end{cases} \tag{3.50}$$

其中，

$$\sigma_0=\frac{C-A}{A}\tilde{\omega}\ . \tag{3.51}$$

将式(3.50)的第二式乘以 i，然后与第一式相加，则得：

$$\frac{\mathrm{d}}{\mathrm{d}t}(\omega_1+\mathrm{i}\omega_2)=\mathrm{i}\sigma_0(\omega_1+\mathrm{i}\omega_2)\ , \tag{3.52}$$

因此，

$$\omega_1+\mathrm{i}\omega_2=K e^{\mathrm{i}(\sigma_0 t+\alpha)}, \tag{3.53}$$

式中，K，α是实常量．可以将上式改写成：

$$\begin{cases} \omega_1=K\cos(\sigma_0 t+\alpha), \\ \omega_2=K\sin(\sigma_0 t+\alpha). \end{cases} \tag{3.54}$$

这一结果表明，角速度在赤道面上的投影的数值是不变的($\sqrt{\omega_1^2+\omega_2^2}=K$)，并以角速度$\sigma_0$在赤道面上旋转．既然$\omega_3$也保持不变，所以我们可以得出下列结论，即：矢量$\boldsymbol{\omega}$的数值不发生变化，但以角速度$\sigma_0$绕$x_3$轴等速转动．$\tilde{\omega}=2\pi$(恒星日)$^{-1}$，

$$\frac{C-A}{A}=\frac{1}{305},$$

所以转动轴绕着形状轴以$\dfrac{2\pi}{\tilde{\omega}}\dfrac{C-A}{A}=305$恒星日、即大约 10 个月的周期旋转．这个结果是瑞士数学家欧拉[Euler, Leonhard(1707—1783)]在 1756 年得到的，所以刚体地球的这种运动叫作欧拉(自由)章动．相应的周期叫作欧拉(自由)周期．

由式(3.2)可得：

$$\boldsymbol{H}=\{A\omega_1, A\omega_2, C\omega_3\}. \tag{3.55}$$

这一结果说明，$\boldsymbol{H}$位于x_3轴和$\boldsymbol{\omega}$构成的平面内，并且在它们中间；在转动坐标系x_i中，$\boldsymbol{H}$的数值不发生变化，并且以角速度σ_0绕x_3轴等速转动．在“静止”坐标系X_i中，$\boldsymbol{H}$

是守恒的，所以实际上是形状轴和角速度矢量绕着 $\boldsymbol{H}$ 等速转动.

图 3.2 表示上述各种轴的几何关系. OZ 是垂直于黄道面的轴线，OC 是地球的形状轴，OI 是转动轴，OH 是角动量轴，实际上，地球的转动轴 OI 与角动量轴 OH 的夹角很小，只有千分之几秒，形状轴 OC 与转动轴 OI 的夹角要大 300 倍左右，图 3.2 仅是示意图. 在作岁差运动时，地球坐标的锥面以 $-(3/2)k_s\cos\theta_s$ 的速率绕 OZ 转动(顺时针转动，如果从上往下看的话)，即向西移动. 与此同时，形状轴 OC 和角速度矢量 OI 绕角动量矢量 OH 逆时针转动.

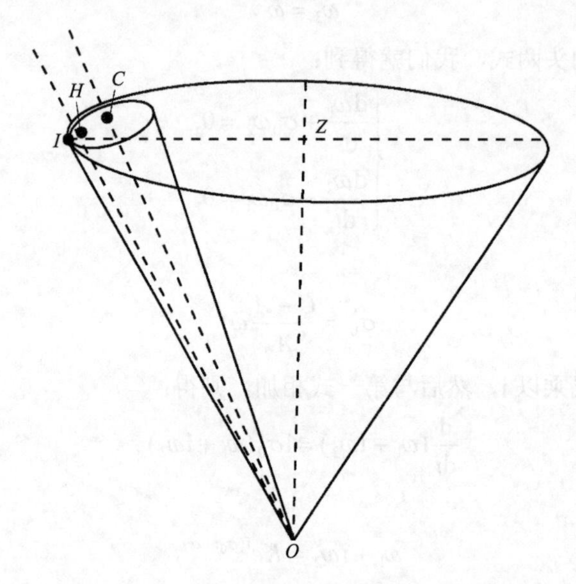

图 3.2　形状轴、角动量矢量和角速度矢量的几何关系示意图

3.2.2　钱德勒晃动

以上分析中一直把地球当作刚体. 真实地球在受到力矩作用和转动时都要发生形变. 可以预料转动的实际变化不会与上述理论结果完全一致. 事实正是这样. 自欧拉 1756 年的工作以后，人们一直在寻找周期为 305 恒星日的转动轴的变化，但没有成功. 直到 1891 年美国大地测量学家与天文学家钱德勒(Chandler, S. C.)发现了周期为 425—440 恒星日、即大约 14 个月的变化后，人们才认识到这个周期约 14 个月的运动就是真实地球的自由章动. 地球自由章动的周期不是 10 个月而是 14 个月，是由于它并非刚体. 当地球转动轴在地球中的位置改变时，离心力对地球各部分的作用也随着改变，从而引起地球变形，使形状轴略向转动轴靠近. 这也就等效于使转动惯量变大，从而使周期加大. 为了区别于刚体地球的欧拉自由章动并纪念它的发现者，现在称真实地球的自由章动为钱德勒晃动.

我们来分析变形的旋转椭球体的运动. 仍取质心为坐标原点. 取一个以 $\boldsymbol{\omega}$ 转动的坐标系. 若地球是刚性的，则这个转动坐标系在地球中是固定的，此时地球里某一质点相对于“静止”坐标系的运动速度应为 $\boldsymbol{\omega}\times\boldsymbol{r}$. 但是地球是变形体，所以若以 $\boldsymbol{U}$ 表示质点相对于“静止”坐标系的运动速度，则该质点相对于转动坐标系的速度为 $\boldsymbol{U}-\boldsymbol{\omega}\times\boldsymbol{r}$. 今令

$$E_K=\frac{1}{2}\iiint_\tau \rho(U-\boldsymbol{\omega}\times\boldsymbol{r})^2\mathrm{d}\tau\,, \tag{3.56}$$

我们可以选取某个 $\bar{\boldsymbol{\omega}}$，使得

$$E_K\,|_{\omega=\bar{\omega}}=极小\,. \tag{3.57}$$

由上式得

$$\iiint_\tau \rho[\boldsymbol{r}\times\boldsymbol{U}-(r^2\mathrm{I}-\boldsymbol{rr})\cdot\bar{\boldsymbol{\omega}}]\mathrm{d}\tau=0\,, \tag{3.58}$$

也就是

$$\boldsymbol{C}\cdot\boldsymbol{\omega}=\boldsymbol{H}\,, \tag{3.59}$$

其中，

$$\boldsymbol{H}=\iiint_\tau \rho\boldsymbol{r}\times\boldsymbol{U}\mathrm{d}\tau\,. \tag{3.60}$$

满足上述条件的坐标系叫平均本体轴坐标系. 对于这样选取的坐标系，运动方程和描述刚体运动的欧拉方程的形式是一样的:

$$\frac{\tilde{\mathrm{d}}\boldsymbol{H}}{\mathrm{d}t}+\bar{\boldsymbol{\omega}}\times\boldsymbol{H}=L\,, \tag{3.61}$$

只是式中的角速度是平均本体轴坐标系转动的角速度 $\bar{\boldsymbol{\omega}}$. 为简便计，以下分析中都省去 $\bar{\boldsymbol{\omega}}$ 上的一横.

仍让 x_i 轴分别和变形前的惯量主轴重合. 变形后，惯量主轴发生变化，在原坐标系中，惯量积不等于零. 设变形不大，以至惯量矩与原先的主惯量差别很小，故仍以 A，B，C 表示；因变形不大，所以变形后的惯量积 C_{23}，C_{31}，C_{12} 都是一级小量. 今以 D，E，F 分别表示$-C_{23}$，$-C_{31}$，$-C_{12}$. 考虑到ω_2，ω_3 也都是一级小量，所以在略去高级小量之后，我们有:

$$\boldsymbol{H}=\{A\omega_1-E\omega_3,B\omega_2-D\omega_3,C\omega_3\}\,, \tag{3.62}$$

$$\frac{\tilde{\mathrm{d}}\boldsymbol{H}}{\mathrm{d}t}=\{A\dot{\omega}_1-\dot{E}\omega_3,B\dot{\omega}_2-\dot{D}\omega_3,C\dot{\omega}_3\}\,, \tag{3.63}$$

$$\boldsymbol{\omega}\times\boldsymbol{H}=\{(C-B)\omega_2\omega_3+D\omega_3^2,(A-C)\omega_3\omega_1-E\omega_3^2,0\}\,. \tag{3.64}$$

所以式(3.61)的分量形式是:

$$\begin{cases}A\dot{\omega}_1+(C-B)\omega_2\omega_3-E\dot{\omega}_3+D\omega_3^2=0,\\ B\dot{\omega}_2+(A-C)\omega_3\omega_1-\dot{D}\omega_3-E\omega_3^2=0,\\ C\omega_3=0.\end{cases} \tag{3.65}$$

由上式的最后一式得:

$$\omega_3=常量=\tilde{\omega}\,. \tag{3.66}$$

若引进转动轴的方向余弦$\{l,\ m,\ n\}$，则:

$$\begin{cases} l = \omega_1 / \omega \doteq \omega_1 / \tilde{\omega}, \\ m = \omega_2 / \omega \doteq \omega_2 / \tilde{\omega}, \\ n = \omega_3 / \omega \doteq 1. \end{cases} \tag{3.67}$$

所以式(3.65)的前两式化为：

$$\begin{cases} A\dot{l} + (C-B)\tilde{\omega}m - \dot{E} + D\tilde{\omega} = 0, \\ B\dot{m} + (A-C)\tilde{\omega}l - \dot{D} - E\tilde{\omega} = 0. \end{cases} \tag{3.68}$$

转动在点(x_1, x_2, x_3)引起的位移和力势$-(1/2)\tilde{\omega}^2 s^2$引起的位移一样，$s$是该点到转动轴的距离．这个力势称为离心力势．当转动轴和形状轴不重合时，离心力势比这两个轴重合时的离心力势增加了ΔU_ω:

$$\begin{aligned} \Delta U_\omega &= -\frac{1}{2}\tilde{\omega}^2\{[(x_1^2+x_2^2+x_3^2)-(x_1 l + x_2 m + x_3 n)^2]-(x_1^2+x_2^2)\} \\ &\doteq \tilde{\omega}^2 x_3(l x_1 + m x_2) \\ &= \tilde{\omega}^2 r^2 \cos\theta \sin\theta (l\cos\varphi + m\sin\varphi) \\ &= -\frac{1}{3}\tilde{\omega}^2 a^2 \left(\frac{r}{a}\right)^2 P_{21}(\cos\theta)(l\cos\varphi + m\sin\varphi), \end{aligned} \tag{3.69}$$

式中，(r, θ, φ)是(x_1, x_2, x_3)点的球极坐标，a是地球的平均半径，P_{21}是连带勒让德函数．上式说明，ΔU_ω是一个球谐函数．这个力势使地球发生弹性变形．变形后的地球在其外部产生了一个附加力势ΔU_T．ΔU_T满足拉普拉斯方程，所以可以将它表示为：

$$\Delta U_T = \sum_{n=0}^{\infty}\sum_{m=0}^{n}\frac{1}{r^{n+1}}P_{nm}(\cos\theta)(\alpha_{nm}\cos m\varphi + b_{nm}\sin m\varphi)\ . \tag{3.70}$$

通常把附加力势与引起它的力势之比叫作勒夫数．若以k表示地球表面处的勒夫数，则由以上两式可得：

$$\begin{aligned} &\sum_{n=0}^{\infty}\sum_{m=0}^{n}\frac{1}{a^{n+1}}P_{nm}(\cos\theta)(\alpha_{nm}\cos m\varphi + b_{nm}\sin m\varphi) \\ &= -\frac{k}{3}\tilde{\omega}^2 a^2 P_{21}(\cos\theta)(l\cos\varphi + m\sin\varphi), \end{aligned}$$

由此确定出：

$$\begin{cases} a_{21} = -\dfrac{k}{3}\tilde{\omega}^2 a^5 l, \\ b_{21} = -\dfrac{k}{3}\tilde{\omega}^2 a^5 m, \\ a_{nm} = b_{nm} = 0, \quad n \neq 2, m \neq 1. \end{cases} \tag{3.71}$$

从而

$$\Delta U_T = -\frac{k}{3}\tilde{\omega}^2 a^2 \left(\frac{a}{r}\right)^3 P_{21}(\cos\theta)(l\cos\varphi + m\sin\varphi)$$

$$= k\tilde{\omega}^2 x_3 (lx_1 + mx_2)\left(\frac{a}{r}\right)^5 . \tag{3.72}$$

从另一个角度看，按照麦柯拉夫公式[式(2.66)]，变形前、后地球的引力势 U，U' 分别为

$$U = -G\left[\frac{M}{r} + \frac{(A+B+C-3I)}{2r^3}\right], \tag{3.73}$$

$$U' = -G\left[\frac{M}{r} + \frac{(A+B+C-3I')}{2r^3}\right], \tag{3.74}$$

其中，

$$I = (Ax_1^2 + Bx_2^2 + Cx_3^2)\frac{1}{r^2}, \tag{3.75}$$

$$I' = (Ax_1^2 + Bx_2^2 + Cx_3^2 - 2Dx_2x_3 - 2Ex_3x_1 - 2Fx_1x_2)\frac{1}{r^2} . \tag{3.76}$$

所以，

$$\Delta U_T = U' - U = -\frac{3G}{r^5}(Dx_2x_3 + Ex_3x_1 + Fx_1x_2) . \tag{3.77}$$

对比式(3.72)和上式，即得：

$$\begin{cases} D = -\dfrac{k\tilde{\omega}^2 a^5 m}{3G}, \\ E = -\dfrac{k\tilde{\omega}^2 a^5 l}{3G}, \\ F = 0. \end{cases} \tag{3.78}$$

将上式代入式(3.68)，即得：

$$\begin{cases} \left(A + \dfrac{k\tilde{\omega}^2 a^5}{3G}\right)\dot{l} + \left(C - B - \dfrac{k\tilde{\omega}^2 a^5}{3G}\right)\tilde{\omega} m = 0, \\ \left(B + \dfrac{k\tilde{\omega}^2 a^5}{3G}\right)\dot{m} + \left(A - C + \dfrac{k\tilde{\omega}^2 a^5}{3G}\right)\tilde{\omega} l = 0. \end{cases} \tag{3.79}$$

注意到 A=B，并令

$$\sigma_c = \frac{C - A - \dfrac{k\tilde{\omega}^2 a^5}{3G}}{A + \dfrac{k\tilde{\omega}^2 a^5}{3G}} \cdot \tilde{\omega} , \tag{3.80}$$

则式(3.79)化为

$$\begin{cases} \dot{l}+\sigma_c m=0, \\ \dot{m}-\sigma_c l=0. \end{cases} \tag{3.81}$$

这意味着

$$\begin{cases} l=\dfrac{K}{\tilde{\omega}}\cos(\sigma_c t+\alpha), \\ m=\dfrac{K}{\tilde{\omega}}\sin(\sigma_c t+\alpha). \end{cases} \tag{3.82}$$

相应的周期τ_c为:

$$\tau_c=\frac{2\pi}{\sigma_c}=\frac{A+\dfrac{k\tilde{\omega}^2 a^5}{3G}}{C-A-\dfrac{k\tilde{\omega}^2 a^5}{3G}}\frac{2\pi}{\tilde{\omega}}(\text{恒星日})\,. \tag{3.83}$$

由上式可见，弹性变形使自由章动的周期变长．代入 G=6.670×10^{-8}dyn·cm^2/g^2，a=6.371×10^8cm，并设 k=0.30，可得τ_c=448 恒星日．仔细的理论计算表明，地幔的弹性可使自由章动的周期延长约 120d．由于地球外核是液体，致使这个周期略为缩短．潮汐摩擦作用又使之增长．所以实测的钱德勒晃动的周期在 425—440 恒星日范围内．

地球的转动轴相对于形状轴的运动可以从纬度变化中反映出来．通过纬度变化资料的功率谱分析可以得到两个峰，一个在 437d，一个在 365d．前者即钱德勒周期，相当于 k=0.284，在目前用固体潮确定 k 值的精度范围内，这个数值和上面取的 0.30 是一致的．后者是一种周年变化，振幅约为 0.09″，是季节性变化引起的．此外，还包含有半年变化的成分，其振幅只为约 0.01″．

3.2.3 周年变化

地球上的质量迁移，如大气的流动、降雪量的变化、地下水和海水的流动等季节性变化都会影响地球的惯量张量，使得转动轴的方向发生变化．现在我们来分析因为质量迁移引起的转动轴的运动．

仍采用上节用的转动坐标系．我们先来求质量移动后的惯量主轴的方向．设惯量主轴变化不大，所以质量移动后的惯量张量 $\mathbf{C}_1$ 为:

$$\mathbf{C}_1=\begin{bmatrix} A & -F_1 & -E_1 \\ -F_1 & B & -D_1 \\ -E_1 & -D_1 & C \end{bmatrix}, \tag{3.84}$$

其中，D_1，E_1，F_1 是一级小量．惯量主轴的方向$\boldsymbol{\xi}$可以由本征方程

$$\mathbf{C}_1\cdot\boldsymbol{\xi}=\lambda\boldsymbol{\xi} \tag{3.85}$$

求得．式中，λ是本征值，这就是:

$$\begin{cases} (A-\lambda)\xi_1-F_1\xi_2-E_1\xi_3=0, \\ -F_1\xi_1+(B-\lambda)\xi_2-D_1\xi_3=0, \\ -E_1\xi_1-D_1\xi_2+(C-\lambda)\xi_3=0. \end{cases} \tag{3.86}$$

质量移动后的形状轴和原来的形状轴差别不大，也就是ξ_1，ξ_2是小量，$\xi_3 \doteq 1$．在略去高级小量后，上式化为：

$$\begin{cases}(A-\lambda)\xi_1 - E_1 = 0,\\ (B-\lambda)\xi_2 - D_1 = 0,\\ C-\lambda = 0,\end{cases} \tag{3.87}$$

从而

$$\begin{cases}\lambda = C,\\ \xi_1 = \dfrac{E_1}{A-C},\\ \xi_2 = \dfrac{D_1}{B-C}.\end{cases} \tag{3.88}$$

和上一节的情况类似，因为转动轴和质量移动后的形状轴不一致，地球变形引起了附加力势：

$$\Delta U_T = k\tilde{\omega}^2 x_3[(l-\xi_1)x_1 + (m-\xi_2)x_2]\left(\frac{a}{r}\right)^5 . \tag{3.89}$$

上式是把式(3.72)的l换成$l-\xi_1$，m换成$m-\xi_2$后得到的．

从另一角度看，若地球绕质量移动后的形状轴转动，则其引力势

$$U_1 = -G\left[\frac{M}{r} + \frac{(A+B+C-3I_1)}{2r^3}\right], \tag{3.90}$$

其中，

$$I_1 = \frac{1}{r^2}(Ax_1^2 + Bx_2^2 + Cx_3^2 - 2D_1x_2x_3 - 2E_1x_3x_1 - 2F_1x_1x_2) . \tag{3.91}$$

当它绕转动轴转动时，其引力势

$$U' = -G\left[\frac{M}{r} + \frac{(A+B+C-3I')}{2r^3}\right], \tag{3.92}$$

其中，

$$I' = \frac{1}{r^2}(Ax_1^2 + Bx_2^2 + Cx_3^2 - 2Dx_2x_3 - 2Ex_3x_1 - 2Fx_1x_2) . \tag{3.93}$$

所以引力势的变化为

$$\Delta U_T = -\frac{3G}{r^5}[(D-D_1)x_2x_3 + (E-E_1)x_3x_1 + (F-F_1)x_1x_2] . \tag{3.94}$$

对比式(3.89)和上式，就可以得到：

$$\begin{cases}D = D_1 - \dfrac{k\tilde{\omega}^2a^5}{3G}(m-\xi_2),\\ E = E_1 - \dfrac{k\tilde{\omega}^2a^5}{3G}(l-\xi_1),\\ F = F_1,\end{cases} \tag{3.95}$$

从而

$$\boldsymbol{H}=\left\{A\omega_1-E_1\omega_3+\frac{k\tilde{\omega}^3a^5}{3G}(l-\xi_1),\ B\omega_2-D_1\omega_3+\frac{k\tilde{\omega}^3a^5}{3G}(m-\xi_2),\ C\omega_3\right\} \tag{3.96}$$

$$\begin{aligned}
&\{\boldsymbol{\omega}\times\boldsymbol{H}\}_1=C\omega_2\omega_3-\omega_3\left[B\omega_2-D_1\omega_3+\frac{k\tilde{\omega}^3a^5}{3G}(m-\xi_2)\right],\\
&\{\boldsymbol{\omega}\times\boldsymbol{H}\}_2=\omega_3\left[A\omega_1-E_1\omega_3+\frac{k\tilde{\omega}^3a^5}{3G}(l-\xi_1)\right]-C\omega_1\omega_3,\\
&\{\boldsymbol{\omega}\times\boldsymbol{H}\}_3=0.
\end{aligned} \tag{3.97}$$

将这些表示式代入运动方程(3.68)中，即得：

$$\begin{cases}\dot{l}+\sigma_c m=-\dfrac{n_e}{\tilde{\omega}}\dot{\xi}_1+\sigma_c\xi_2,\\ \dot{m}-\sigma_c l=\dfrac{n_e}{\tilde{\omega}}\dot{\xi}_2-\sigma_c\xi_1.\end{cases} \tag{3.98}$$

因为$\dot{\xi}_1/\tilde{\omega}$和$\dot{\xi}_2/\tilde{\omega}\ll\xi_1$和$\xi_2$，所以上式可化为：

$$\begin{cases}\dot{l}+\sigma_c m=\sigma_c\xi_2,\\ \dot{m}-\sigma_c l=-\sigma_c\xi_1,\end{cases} \tag{3.99}$$

或

$$\frac{\mathrm{d}}{\mathrm{d}t}(l+\mathrm{i}m)-\mathrm{i}\sigma_c(l+\mathrm{i}m)=-\mathrm{i}\sigma_c(\xi_1+\mathrm{i}\xi_2)\,. \tag{3.100}$$

与上列方程相应的齐次方程就是式(3.81)，它的解如式(3.82)所示．上列方程的特解相当于强迫运动．

不失一般性，设ξ_1，ξ_2作椭圆运动：

$$\xi_1+\mathrm{i}\xi_2=\bar{n}\mathrm{e}^{\mathrm{i}\alpha t}+\bar{n}'\mathrm{e}^{-\mathrm{i}\alpha t}\,, \tag{3.101}$$

则可求得：

$$l+\mathrm{i}m=\frac{\bar{n}}{1-\dfrac{\alpha}{\sigma_c}}\mathrm{e}^{\mathrm{i}\alpha t}+\frac{\bar{n}'}{1-\dfrac{\alpha}{\sigma_c}}\mathrm{e}^{-\mathrm{i}\alpha t}\,. \tag{3.102}$$

倘若ξ_1，ξ_2系由周年变化引起的，即$2\pi/\alpha$=1a，则因$\sigma_c=2\pi/\tau_c$，所以

$$l+\mathrm{i}m=\frac{\bar{n}}{1-\tau_c}\mathrm{e}^{\mathrm{i}2\pi t}+\frac{\bar{n}'}{1+\tau_c}\mathrm{e}^{-\mathrm{i}2\pi t}\,. \tag{3.103}$$

当t=0时，$l=\dfrac{\bar{n}'}{1+\tau_c}-\dfrac{\bar{n}}{\tau_c-1}=b$，$m$=0；当$t$=1/4时，$l$=0，

$$m=-\frac{\bar{n}'}{1+\tau_c}-\frac{\bar{n}}{\tau_c-1}=-a\,.$$

这里a，b分别表示半长轴和半短轴．这说明转动轴所做的椭圆运动和形状轴所做的椭圆运动不同：两个椭圆位相差π/2，而且转动方向相反．

3.2.4　纬度变化

1. 地心纬度、天文纬度和地理纬度

前面我们讨论了岁差和章动. 发生岁差和章动时，地球转动轴和形状轴的相对位置不变，但它们的方向在空间中发生变化. 我们也讨论了自由章动，它们是转动轴相对于形状轴的摆动. 这两种运动在地球上都可以测量出来. 通过测量恒星的赤纬，可以观测到岁差和受迫章动；通过测量纬度，可以观测到转动轴相对于形状轴的摆动.

纬度有好几种不同的定义. 所谓地心纬度ψ指的是地面上任一点与地心的连线和赤道面的夹角(图 3.3). 天文纬度指的是地面上任一点的铅垂线(大地水准面的法线)与赤道面的夹角ψ'. 地理纬度ϕ则是参考椭球体上某点的法线与赤道面的夹角. 因为大地水准面接近于参考椭球面，所以天文纬度和地理纬度相差不大，我们这里不加区别.

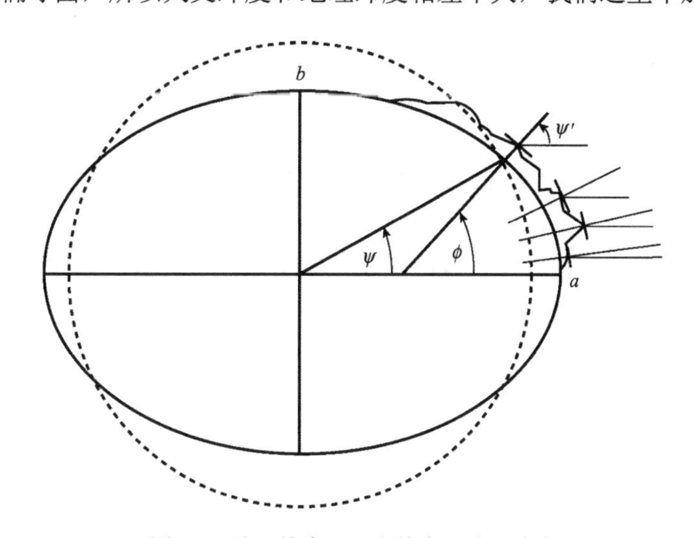

图 3.3　地心纬度、天文纬度和地理纬度

地心纬度与地理纬度之间有一个简单的关系. 设参考椭球面的截面的方程为：

$$\frac{x^2}{a^2}+\frac{y^2}{b^2}=1 , \tag{3.104}$$

其中，a，b 分别是参考椭球的长、短半轴. 所以

$$\frac{\mathrm{d}y}{\mathrm{d}x}=-\left(\frac{b}{a}\right)^2\frac{x}{y} . \tag{3.105}$$

因为 $\tan\psi=y/x$，$\tan\phi=-(\mathrm{d}y/\mathrm{d}x)^{-1}$，而偏心率 $\varepsilon=\sqrt{1-(b/a)^2}$，所以$\psi$和$\phi$的关系可表示为：

$$\tan\psi=(1-\varepsilon^2)\tan\phi . \tag{3.106}$$

转动轴和形状轴相对位置的变化在测量上是可以和岁差或章动区分开的. 图 3.4 表示如何区分它们. 图 3.4 的中图表示受扰动的地球的位置. OP 代表转动轴，北极星在它附近. A 是地面上某一指定地点，Z 是其天顶，S 是空间中的某一恒星，R 是 OP 和地面

的交点，即地极．M 是形状轴和地面的交点，即参考极．在图 3.4 的中图里，M 和 R 是重合的．

在发生岁差或受迫章动时（图 3.4 的左图），形状轴（连同转动轴）的位置发生了变化．在这幅图中，M 和 R 也是重合的．这时恒星 S 的余赤纬（$\angle SOP$）发生变化，而 A 点的余纬（$\angle ZOP$）不发生变化．

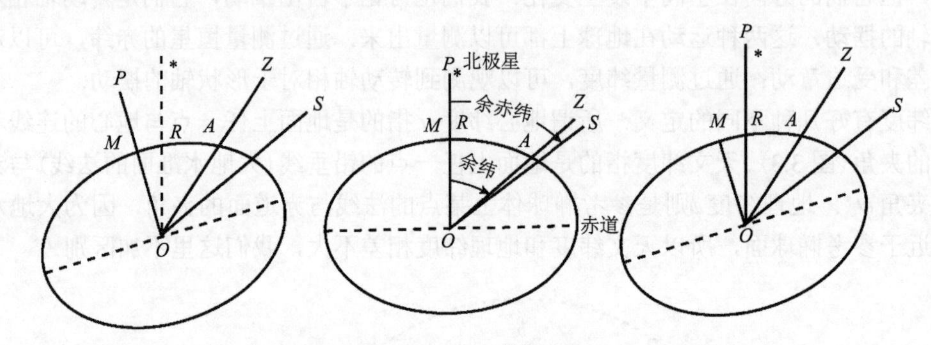

图 3.4　岁差（左）和晃动（右），中图为未受扰动的情形

在发生晃动时（图 3.4 的右图），形状轴（因而参考极 M）离开了转动轴，此时，恒星的余赤纬不变而 A 点的余纬发生变化．

这就是说，岁差和受迫章动可以由恒星的赤纬测定，而晃动可以由纬度测定．当然，发生晃动时，经度也有变化，只是因为经度的变化不易测量，所以一般都是通过纬度变化的观测来研究转动轴的运动．

2. 观测纬度的方法

测量纬度和赤纬的基本方法是用子午环（一架可以绕东西水平轴转动的折射望远镜）观测恒星上中天和下中天时的天顶距．在恒星上中天时，其天顶距（图 3.5 左图）

$$Z = \theta - \delta \,, \tag{3.107}$$

式中，θ是余纬，δ是该恒星的余赤纬．下中天时，天顶距

$$Z' = \theta + \delta \,. \tag{3.108}$$

所以，

$$\begin{cases} \theta = \dfrac{1}{2}(Z' + Z), \\ \delta = \dfrac{1}{2}(Z' - Z). \end{cases} \tag{3.109}$$

用这种方法可以同时确定纬度和赤纬，是测定纬度和赤纬的基本方法．

另一种方法称为塔尔柯特（Talcott）法．这种方法是选取中天时天顶距近似相等，分别位于天顶南北并在几分钟内相继通过子午面的两颗恒星，用天顶仪测量其天顶距之差．当这两颗恒星中天时（图 3.5 右图），

$$\begin{cases}\theta = \delta - Z, \\ \theta = \delta' + Z',\end{cases} \tag{3.110}$$

式中，δ是位于天顶南面的恒星的余赤纬，Z 是其天顶距，δ'和 Z'是天顶北面的恒星的相应的量．将式(3.110)的两式相加即得：

$$\theta = \frac{1}{2}(\delta + \delta') + \frac{1}{2}(Z' - Z), \tag{3.111}$$

δ和δ'可以由天文年历的星表中查到，$Z'-Z$ 是这两颗恒星的天顶距之差．塔尔柯特法不是基本方法，因为用它来测量纬度时需要预先知道平均极距$(\delta + \delta')/2$．但在纬度观测中经常使用这个方法，因为它有两个优点：用两颗星的天顶距相减可以消除蒙气差，并且用测微器测量小角度 $Z'-Z$ 比在一个度盘上测量 Z 和 Z'精确．

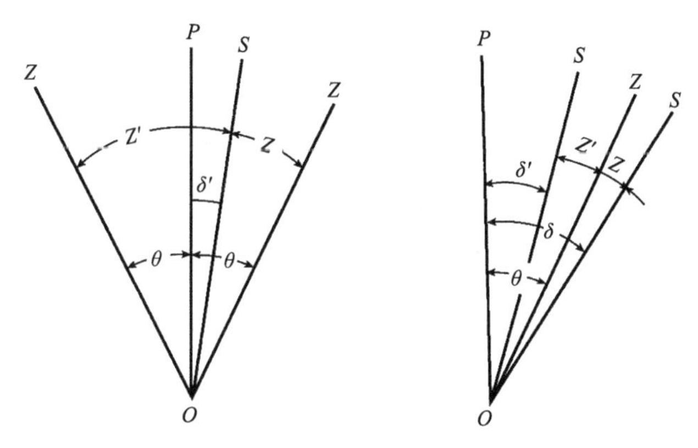

图 3.5　观测纬度的方法

左图为基本方法，右图为塔尔柯特法

为了精确地测定纬度，除了必须考虑大气折射影响外，还必须考虑其他因素的影响，如固体潮引起的垂线偏差．现在纬度测量已是一件常规工作．国际纬度局(International Latitude Service，缩写为 ILS，1962 年起改名为国际极移局，International Polar Motion Service，缩写为 IPMS)在北半球有 39 个同纬度的、经度等间距的纬度站．每个站的观测精度是 0.1s，所以这些纬度站观测结果的平均值的精度约为 0.01s.

3. *地极移动*

地球转动轴相对于形状轴位置的变化表现为地极位置的移动，简称极移．地极移动是相对于形状轴而言的，可是形状轴在地球上也不是固定的．为了测定地极的位置，1967 年国际天文学联合会(IAU)和国际大地测量和地球物理联合(IUGG)决定采用 1900 年至 1905 年地球转动极的平均位置作为参考点，叫国际习用原点(Conventional International Origin，缩写为 CIO)．这样，极移便可以用转动极相对于 CIO 的位移来表示．

图 3.6 中的 O 点表示 CIO，过 CIO 作两条切线 Ox 和 Oy．x 轴通过格林尼治子午面，以指向格林尼治的方向为正，y 轴通过西经 90°．x，y 组成左旋坐标系．在此坐标系内，地极 P 的坐标可用直角坐标(x, y)表示，也可用极坐标(ρ, θ)表示，θ是从 x 轴顺时针算

起．由图 3.6 可知，

$$\begin{cases} x = \rho\cos\theta, \\ y = \rho\sin\theta. \end{cases} \tag{3.112}$$

设 S 是纬度观测站，它对 O 的地理坐标为(φ_s, λ_s)，对地极 P 的地理坐标为(φ, λ)，于是，在 S 点测得的纬度变化$\Delta\varphi_s=\varphi-\varphi_s$．

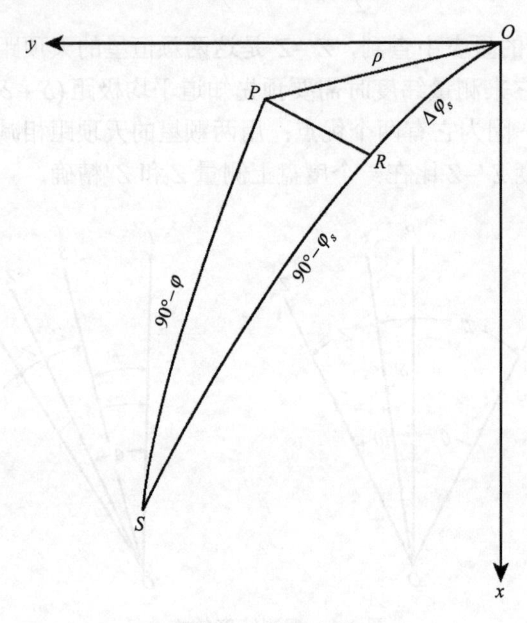

图 3.6　纬度变化

从地极引一条球面垂线$\overset{\frown}{PR}$至子午线$\overset{\frown}{OS}$．因$\overset{\frown}{OP}$很小，故$\overset{\frown}{OR}$，$\overset{\frown}{PR}$也很小，于是球面三角形可视为直角三角形．$\overset{\frown}{PS} = 90° - \varphi$, $\overset{\frown}{OS} = 90° - \varphi_s$, $\overset{\frown}{RS} \doteq \overset{\frown}{PS}$，　$\overset{\frown}{OR} = \overset{\frown}{OS} - \overset{\frown}{RS} \doteq \Delta\varphi_s$．

又因为

$$\overset{\frown}{OR} = \rho\cos(\theta - \lambda_s)\,,$$

所以，

$$\Delta\varphi_s = \rho\cos\theta\cos\lambda_s + \rho\sin\theta\sin\lambda_s\,,$$

$$\Delta\varphi_s = x\cos\lambda_s + y\sin\lambda_s\,. \tag{3.113}$$

考虑到观测误差、星表误差、天文常数的误差、地方性的误差(如大气折射、垂线变化等)，应当在上式的右边再加上一项 z_φ:

$$\Delta\varphi_s = x\cos\lambda_s + y\sin\lambda_s + z_\varphi\,,$$

也即

$$\Delta\varphi_s - z_\varphi = x\cos\lambda_s + y\sin\lambda_s, \tag{3.114}$$

z_φ项称为木村项．

由上式可知，若两纬度站的经度相差 180°，则一处的纬度增加时，另一处的纬度应当相应减小．图 3.7 是一个例子．1891 年，为了和柏林同时观测纬度，一支德国探险队被派遣到和柏林经度相差 171°(接近 180°) 的檀香山．这幅图是这两个地方的纬度在 1891—1893 年间的变化．从图上可见，当檀香山的纬度减少时，柏林的纬度增加；反之亦然．

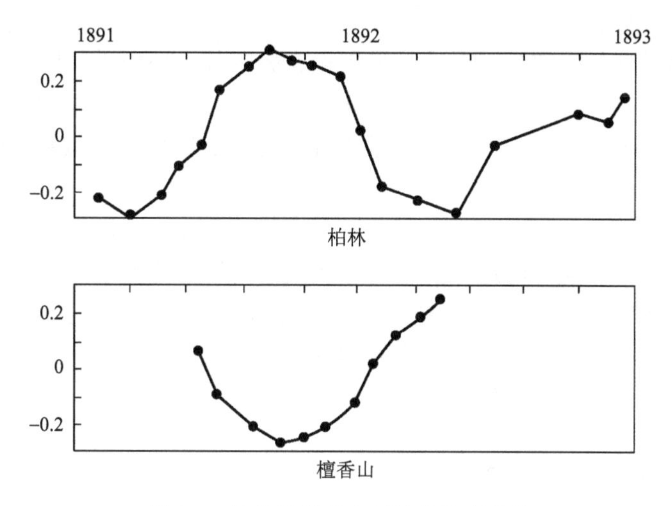

图 3.7　柏林和檀香山两地的纬度变化

图 3.8 是 1980 年 9 月至 1985 年 9 月的极移轨迹．地极的移动在 xy 切面内是螺旋形的曲线，它交错地时而向内、时而向外移动，有时有驻点或者掉转方向旋转．在这幅图中，回线的最大直径约为 0.5 弧秒(500 毫弧秒)；自 1900 年以来，这种回线的最大直径曾达到 0.7 弧秒．转动轴相对于参考轴的角位移与地极相对于参考极的线位移的换算关系是：0.0100 弧秒=0.308m，所以幅度为 0.7 弧秒的转动轴的角位移相当于地极在地面上移动了 21m．

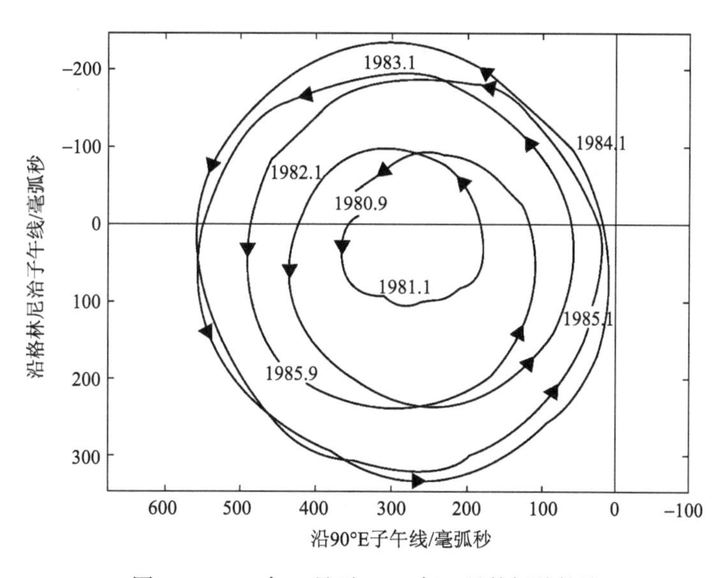

图 3.8　1980 年 9 月至 1985 年 9 月的极移轨迹

极移的轨迹看起来很不规则，但是用频谱分析法可以从中分析出不同周期的分量．通过对大约 80a 来极移数据的分析，可以得到一个 14 个月的分量和一个一年的分量．前者就是钱德勒晃动，后者是周年变化．

地球的外核是液体，它除了对钱德勒周期有影响外，还由于与地幔耦合，对地球的转动产生微小的干扰，这个成分叫作马柯维茨(Markowitz)章动，其周期略小于一日，振幅约为 0.02″，地球的固体内核通过外核也与地幔耦合，产生相同数量级的干扰，周期约为 24—40a．

极移轨迹的幅度大约每 6—7a 达到一次最小值，因此一个地点的平均纬度就取它在 6—7a 间的纬度的平均值，而地球的平均形状极则由许多纬度站的平均纬度计算出．这个极已从七十年前的位置朝芬兰方向移动了大约 0.02″．这种运动称为平均极的长期变化．长期变化很不规则，很难将它与大陆漂移引起的纬度变化分开．它可能是海平面变化和地球内部构造运动引起的转动惯量变化的结果．

3.2.5　钱德勒晃动的衰减和激发

钱德勒周期并不是单值的，而是在相当宽的范围(由 425d 到 440d)内变化．这表明它是一个有阻尼的运动．这种阻尼运动的衰减时间常量有人估计是 27a 左右．不过，也有人估计它为 225a．钱德勒晃动的振幅在几十年的观测中一直保持在 0.1″至 0.2″间而不消失，这意味着它不断地受到新的激发．设钱德勒晃动是自由周期为τ_c的衰减运动，以品质因子 Q 表示贮存在这个振荡系统中的能量 E 和在一个周期内耗散的能量ΔE之比：

$$Q^{-1}=\frac{1}{2\pi}\frac{\Delta E}{E},\tag{3.115}$$

则可以证明，Q 可以用钱德勒晃动的共振曲线的宽度 $2\Delta\sigma$与峰值频率σ_c的比值表示：

$$Q^{-1}=\frac{2\Delta\sigma}{\sigma_c}.\tag{3.116}$$

由钱德勒晃动的频谱，可以计算共振曲线的宽度，从而求得 Q 值．有人求得 Q 大约是 72±20，相当于衰减的时间常量为 27a；但也有人求得 Q=600，相当于衰减的时间常量为 225a．

钱德勒晃动衰减很快．是什么原因使它衰减？这个问题尚未解决．地幔的非弹性所产生的衰减很小．潮汐摩擦和地幔与地核的滞性耦合或电磁耦合所消耗的能量，也不能造成数量级这样大的衰减．有人曾试图从地幔物质找出衰减的原因，但未能得到令人满意的结果．近年来有人认为钱德勒晃动可能是由两个自由周期相近(约相差十天)的振动组成的，它们叠加在一起，产生“拍”．照此观点，钱德勒晃动振幅的变化和频谱的加宽只是一种干涉现象，而不是由于衰减．不过，要从不到百年的极移记录中分析出相差十天左右的两个周期成分，从统计分析的角度看，是很不可靠的．这种解释有待进一步研究．

钱德勒晃动的激发，同样是一个悬而未决的问题．有人认为，外界的影响不大，主要是地球内部角动量的再分布引起钱德勒晃动，同时也引起转速的变化．

布拉德(Bullard, E. C.)认为，可以用地幔和地核间的电磁耦合同时解释钱德勒晃动和转速的变化．这是因为硅酸盐在温度升高时具有半导体的特性，所以地幔的下部能导电．当地幔和产生磁场的地核之间出现运动上的差异时，它们之间就要出现电磁耦合作用，结果导致钱德勒晃动衰减，并导致地球转速发生变化．

为简单计，假定地核是一个整体，但以不同于地幔的角速度转动．我们先来分析地幔和地核在转动速度上的差异是如何通过电磁耦合恢复平衡的．以 I_c 和 I_m 分别表示地核和地幔的惯量矩，以 $\omega+\Delta\omega_c$ 和 $\omega+\Delta\omega_m$ 分别表示它们转动的角速度．其中，ω是它们平衡时的角速度．由于角动量守恒，所以，

$$I_m\Delta\omega_m + I_c\Delta\omega_c = 0\ , \tag{3.117}$$

从而地幔和地核的角速度之差

$$\Delta\omega = \Delta\omega_m - \Delta\omega_c = \Delta\omega_m\left(1+\frac{I_m}{I_c}\right) = 8.74\Delta\omega_m\ . \tag{3.118}$$

地幔(导体)以角速度$\Delta\omega$切割磁力线，感应电流应正比于$\Delta\omega$．设地幔与地核之间的耦合是线性的，也就是说使地幔与地核的角速度趋于一致的力矩正比于$\Delta\omega$:

$$L = K_R\Delta\omega\ , \tag{3.119}$$

其中，K_R 是耦合系数，它与地幔的导电率和磁力线穿透它的具体情况有关．将式(3.118)和式(3.119)代入下式：

$$L = -I_m\frac{\mathrm{d}}{\mathrm{d}t}\Delta\omega, \tag{3.120}$$

就可得出：

$$\frac{\mathrm{d}(\Delta\omega_m)}{\Delta\omega_m} = -K_R\left(\frac{1}{I_m}+\frac{1}{I_c}\right)\mathrm{d}t, \tag{3.121}$$

从而

$$\Delta\omega_m = (\Delta\omega_m)_0\,\mathrm{e}^{-t/\tau_R}\ , \tag{3.122}$$

其中，

$$\tau_R = \left[K_R\left(\frac{1}{I_m}+\frac{1}{I_c}\right)\right]^{-1}. \tag{3.123}$$

这就是说，$\Delta\omega_m$ 以时间常数 τ_R 指数地衰减．若取 $\tau_R \doteq 10\mathrm{a}$，那么可得

$$K_R \doteq 2.6\times10^{28}\,\mathrm{J\cdot S}.$$

在弱耦合(即地核几乎跟不上地幔的晃动)情形下，钱德勒晃动的能量

$$E_W = \frac{1}{2}I_m H\omega^2\alpha^2\ , \tag{3.124}$$

式中，α是钱德勒晃动的角振幅．在现在讨论的情形下，地幔和地核的相对角速度

$$\Delta\omega' = \sigma_c\alpha\ , \tag{3.125}$$

式中，σ_c 是钱德勒晃动的角倾率．如果其衰减是由于地幔和地核之间的电磁耦合，那么：

$$\frac{\mathrm{d}E_W}{\mathrm{d}t} = -K_W(\Delta\omega')^2 = -K_W\sigma_c^2\alpha^2\ , \tag{3.126}$$

式中，K_W是钱德勒晃动的耦合系数．将式(3.124)代入上式，即得：

$$\frac{\mathrm{d}E_W}{\mathrm{d}t}=-\frac{2K_W\sigma_c^2}{I_m H\omega^2}E_W\,,\tag{3.127}$$

所以

$$E_W=(E_W)_0\,\mathrm{e}^{-t/\tau_W}\,,\tag{3.128}$$

式中，

$$\tau_W=\frac{I_m H}{2K_W}\left(\frac{\omega}{\sigma_c}\right)^2.\tag{3.129}$$

上式说明，E_W以时间常量τ_W指数地衰减．

K_W应当和K_R相当，即$K_W\doteq K_R=2.6\times10^{28}\text{J·s}$，所以由上式可得

$$\tau_W=2.5\times10^4\,\text{a}.$$

这个数值比从实际资料得到的最大的衰减时间(225 年)大两个量级．由此看来，电磁耦合很难解释钱德勒晃动和转速度变化．

有人认为，钱德勒晃动可能是由大地震激发的．这种见解在二十世纪六十年代前已有人提出过，但不太受重视．1967 年，曼新哈(Mansinha, L.)和斯迈里(Smylie, D. E.)又提出这个问题．他们认为大地震造成大规模的质量迁移，使地球的转动惯量发生变化，从而激发地震．

曼新哈和斯迈里的理论的要点是：在地球内部，震前和震后，应力都是动态平衡的．这就使得地球的质心不因地震而移动，即

$$\iiint\limits_{(M)}\Delta\boldsymbol{r}\mathrm{d}m=0,\tag{3.130}$$

其中，$\Delta\boldsymbol{r}$是坐标原点至质量 dm 的矢径在地震前后的变化，即 dm 的位移矢量，积分遍及整个震源区和整个地球．这个式子说明，虽然地震时可能出现显著的地壳升降和错动，但从大范围看，位移必定是平衡的．

地震是岩层的错动．设想地震时，两块质量为m_1和m_2的岩石相对移动．设地震前它们到转动轴的距离分别为r_1和r_2，地震时各自移动了Δr_1和Δr_2，由上式可得：

$$m_1\Delta r_1+m_2\Delta r_2=0\,.\tag{3.131}$$

相对于转动轴，地球的惯量矩因为地震发生了ΔI的变化：

$$\Delta I=m_1[(r_1+\Delta r_1)^2-r_1^2]+m_2[(r_2+\Delta r_2)^2-r_2^2]=0\,.\tag{3.132}$$

设Δr_1和Δr_2是小量，运用式(3.132)并略去二级小量，我们便得到：

$$\Delta I=2m_1\Delta r_1(r_1-r_2)\,.\tag{3.133}$$

由上式不难估计一个大地震引起的惯量矩的变化．以 1964 年 3 月 28 日美国阿拉斯加矩震级 M_W9.2 大地震为例．取Δr_1=22m，r_1-r_2=200km(相当于断层面宽度)，假定断层长度为 800km，则发生位移的质量所占体积为 800km×200km×200km．设密度为 3g/cm^3，则$m_1\doteq10^{23}$g，从而

$$\Delta I = 8.5 \times 10^{33}\,\mathrm{g} \cdot \mathrm{cm}^2\ . \tag{3.134}$$

惯量积的变化与惯量矩的变化是同一数量级的量．在岩层错动方向最有利的情况下，数量级为ΔI的惯量的变化可以引起钱德勒晃动的角振幅发生

$$\Delta\alpha = \frac{\Delta I}{C-A} = 3.5 \times 10^{-9}\,\mathrm{rad} \tag{3.135}$$

的变化[参阅式(3.88)]．在计算上式时，取 $C–A$=2.6×10^{42}g·cm^2．这个幅度是太小了，因为现在观测到的钱德勒晃动的平均幅度是 0.15″=7.5×10^{-7}rad.

地震能量主要是由为数不多的较大地震释放的．由位错理论可知，惯量矩的变化近似与能量的平方成正比．这样一来，只有特别大的地震才能引起惯量矩的显著变化．但是计算值和观测值差别太大，即便是同步地发生一系列特别大的地震也不足以激发钱德勒晃动.

人们对曼新哈和斯迈里发表的极移和地震的相关性的实际资料也产生了怀疑．曼新哈和斯迈里从几十年来的极移资料中发现，大地震时平均地极的轨迹由一个圆弧换到另一个圆弧上，轨迹出现了间断．然而，有人指出，如果用不同的统计分析方法处理数据，则轨迹的突然性转折和大地震的相关性其实不大.

即使极移和大地震确有关系，也必须分辨它究竟是大地震的成因，还是大地震的结果．如果是前者，那么这种联系对地震预测有重要意义．第三种可能是，极移和地震都来源于地球内部的某种过程，它们在表面上相关，但未必有直接的因果关系.

激发钱德勒晃动的另一种可能机制是大气的运动．大气运动的质量不大，但运行的距离却不小，可与地球的半径相比拟．设想质量为Δm 的大气移动了像地球半径那么远的距离，则惯量矩的变化ΔI 为：

$$\Delta I = \Delta\alpha^2\ . \tag{3.136}$$

如果ΔI=10^{9}g·cm^2，则

$$\Delta m = \Delta I / \alpha^2 = 2.5 \times 10^{18}\,\mathrm{g}\ , \tag{3.137}$$

即 2.5×10^{18}g 的大气就足以引起 10^{36}g·cm^2 的惯量矩的变化．这个数值仅是全部大气质量的 5×10^{-4}. 根据 1873 年至 1950 年期间的气压资料，芒克(Munk, W. H.)和哈森(Hassan, E. M.)分析了大气惯量矩和惯量积的月均值．他们得出结论说，大气的运动不足以激发钱德勒晃动(差一至两个数量级)，但极移中的周年变化则是由大气激发的.

激发钱德勒晃动的又一种可能的机制是太阳风(太阳辐射的粒子流)．但计算表明太阳风的扰动和不规则性引起的、作用在磁层上的力矩太小，不足以解释钱德勒晃动.

有人认为，地核的湍流对地幔的电磁效应产生一种短期的冲量，使地球的自转轴突然改变方向，但形状轴不变．这同时会使极移轨迹发生转折，使地球内部应力重新分布，从而也可能触发地震.

还有人认为，地核和地幔的扁率不同，它们在旋进时产生运动上的差异，造成较大的电磁效应，激发极移.

3.3 转速的变化

3.3.1 地球的转动和时间

时间标准原先是根据地球的转动确定的. 地球自转一周的时间叫作一日. 由于观测周期所采用的参考点不同,"一日"的定义也略有不同. 若取春分点为标准,则它连续两次通过同一子午面的时间,叫作一恒星日;若取太阳为标准,就叫作太阳日. 地球不但自转,而且绕太阳公转,公转的轨道是椭圆的,所以太阳日在一年中不是等长的. 取其一年的平均值,就得到一平均太阳日,这就是日常生活中所用的日,每日有 86400 平均太阳秒. 但在天文观测中仍用恒星时. 一个平均太阳日比一个恒星日长 3′55.909″平均太阳时.

地球绕太阳一周的时间叫作一年. 若以恒星为标准,这段时间叫作一恒星年,它有 365.25636 个平均太阳日,每百年约增长 0.01s,这是地球公转的真正周期. 若以春分点为标准,就得到回归年. 因为分点的岁差效应,回归年比恒星年约短 20min,它有 365.2422 个平均太阳日,每百年约减短 0.53s. 因为季节变化取决于太阳相对于春分点的位置,所以民用和纪年一般都是采用回归年.

根据地球的自转确定的时间叫世界时(UT, Universal Time 的缩写),它以英国格林尼治的地方时间为起点,按照各地的经度向后推移,所用的单位是平均太阳日. 这是一切民用时间的标准. 显然,若要以地球的自转确定时间,自转速度就必须很均匀. 其实不然,近年来通过天文测量和原子钟发现,地球的转速并不是真正均匀的,而是有微小的变化. 所以从 1955 年起,在精密的天文测量中引用了原子时(AT, Atomic Time 的缩写). 原子时是由原子的振动频率确定的,与地球的转动无关. 氢、铷、铯等元素的原子振动频率稳定性很高,相对变化只有 10^{-13}—10^{-14},是极均匀的时间标准. 现在用的另一种计时方法是历书时(ET, Ephemeris Time 的缩写). 历书时是由日、月和行星的运动确定的、与地球自转没有关系,只取决于牛顿定律. 一历书秒等于 1900 年开始的那个回归年除以该年的秒数,即 31556925.9747. 铯原子的振动频率是 9192631770±20 周/历书秒,所以现在国际上规定的时间标准是:1 历书秒等于铯原子 133($\mathrm{C_S^{133}}$)振动 9192.63177 兆周的时间.

3.3.2 地球转速的变化

地球的自转速度的变化可以用日长表示. 所谓日长(length of day, 缩写为 l.o.d.)就是一日之长,即地球自转一周的时间. 日长的变化反映了转速的变化. 设日长为 l,其变化为 dl,那么转速的相对变化

$$\sigma = -\frac{\mathrm{d}l}{l}. \tag{3.138}$$

例如,若 dl=1ms,则σ=-116×10^{-10}.

地球的自转加速度α定义为:

$$\alpha=\frac{\mathrm{d}\sigma}{\mathrm{d}t}.\tag{3.139}$$

若日长每百年增长 1ms，则α=–1.16×10^{-10}/年.

地球自转速度的变化其实很小．二十世纪三十年代以前，最好的天文钟也不过准到百分之一秒．这样的精确度对于测定地球自转速度的变化是不够的．直到石英钟和原子钟问世以后，再配合高精度的现代测量仪器，如照像天顶仪、激光测距仪、超长基线干涉仪等，人们才能对地球转速在较短时间内的变化进行系统的研究．到目前为止，人们发现地球的转速有三种变化：长期变化、不规则变化和季节变化．它们的数量级如表 3.1 所示.

表 3.1 地球转速的变化

	长期变化	不规则变化(最大值)	季节变化(最大值)
α地球自转(加速度)	-1.6×10^{-10}/a	$\pm80\times10^{-10}$/a	$\pm650\times10^{-10}$/a
σ(地球自转速度)	-3×10^{-7}*	$\pm500\times10^{-10}$	$\pm70\times10^{-10}$

* 这是 2000 年的累积变化.

根据多年积累的日食观测资料，天文工作者很早便发现月球的平均运动每百年约有 10″ 的加速．这个加速的一部分可能是由于地、月的引力，另一部分 5″ 多只能归因于地球转速变慢的结果．这相当于日长每百年约增长 1—2ms．现在不但可以由天文观测算出在历史时期地球自转的长期变化，而且还可以利用化石“时钟”追溯地质时期地球自转的长期变化．例如，有一种珊瑚化石上面有年轮、月轮和日轮，根据这种化石可以知道，在三亿七千多万年以前，即在泥盆纪中期，每年约有 400d．由此推知，从那时到现在平均每百年日长增加 2.4ms，和历史年代的数值很接近．现在的测量结果也是同样的数量级，约每百年日长增加 1.4ms．引起地球自转长期减速的原因主要是潮汐摩擦．潮汐摩擦引起地球自转角动量减小，同时使月球离地球越来越远，进而使月球绕地球公转的周期变长．这种潮汐摩擦作用主要发生在浅海地区．另外，大气的振荡、冰川的消长，以及地幔和地核的角动量交换也会引起地球转速的长期变化．这些问题目前尚在研究中.

地球自转速度除了上述的长期变化外，还存在着时快时慢的不规则变化．这种变化同样可以在月球、太阳和行星的观测资料以及天文测时资料中得到反映．它大致可以分为三种：① 在几十年或更长的一段时间内约有不到±5×10^{-10}/a 的相对变化；② 在几年到十年的时间内约有不到±8×10^{-9}/a 的相对变化；③ 在几个星期到几个月的时间内约有不到±5×10^{-8}/a 的相对变化．前两种变化相对说来比较平缓，而最后一种变化相当急骤．产生这些不规则变化的机制，目前尚无定论．平缓的变化可能是由于地幔和地核的角动量交换或海平面变化引起的；而急骤的变化可能是由风的作用引起的．图 3.9 是 1820—1969 年地球自转速度σ与加速度α的变化，图 3.9a 中的斜线相当于–1.6×10^{-10}/a 的长期减速.

以前有人认为，地球的转速在某些时间曾经发生过间断性的突然变化，相当于日长突然变化 1—3ms．但自从采用原子钟后，未再发现这个现象．图 3.10 是 1955 年至 1970

年地球自转速度的变化情况，由图可见，如果按季节平均的话，这个变化可以用一条折线表示，其转折点在 1957.79，1961.93 和 1965.61 年处，这意味着从 1955 年起，加速度约每四年就有一次突变，但速度是连续的．这个现象的物理意义，现在还不清楚．

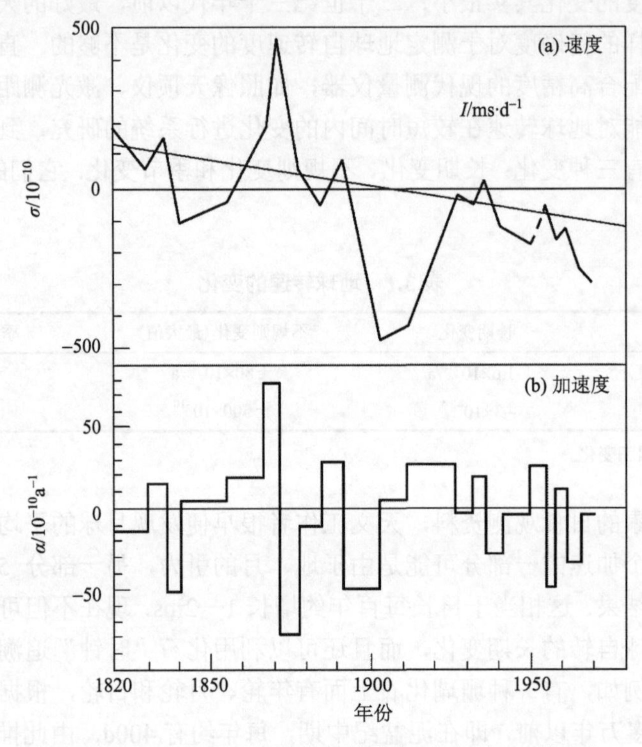

图 3.9　1820—1969 年地球自转速度σ与加速度α的变化

地球自转速度的季节性变化是十九世纪五十年代发现的．图 3.10 表明，这种变化的最主要特点是春天变慢、秋天变快的年变化和周期为半年的变化．年变化的幅度约为 20—25ms，半年变化的幅度约为 9ms．年变化是由风和洋流(主要是风)引起的．在南半球

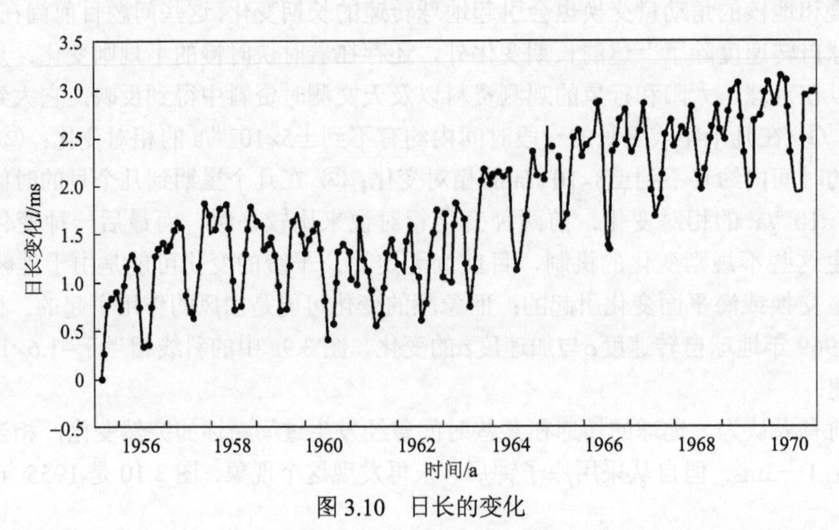

图 3.10　日长的变化

夏季时，角动量比北半球夏季时的角动量大. 风也可以引起周期为半年的变化，但不是半年变化的主要原因. 半年变化的主要原因可能是地球潮汐屈服引起的惯量矩的变化. 太阳的半年潮是带谐函数，它相应于 $C\text{–}A$ 的变化，因此相应于 C 的变化. 日长的半年变化有大约一半可以由太阳的半年潮得到说明(表 3.2).

表 3.2　地球的转动

地球自转轴在空间的运动	地球自转轴在地球上的运动	地球自转速度的变化
1. 地轴的旋进，黄赤交角 23.5°，周期约 25700a. 2. 主要章动，振幅 9.206″，周期 18.6a. 3. 黄赤交角长期减小，约 47″/10^2a.	1. 地极的长期迁移：70a 迁移约 0.2″. 2. 马柯维茨章动，振幅 0.02″(?)，周期 24—44a(?). 3. 钱德勒晃动，振幅≈0.15″，周期 425—440a，衰减时间 14—73a(?). 4. 季节章动：年变化振幅≈0.09″，半年变化振幅≈0.01″. 5. 日章动，振幅≤0.02″(?)，周期比一恒星日少三分. 6. 月章动，双周章动：振幅≈0.001″(理论值)	1. 长期变化≤5×10^{-10}/a. 2. 无规则变化：①几百年期间，$\alpha\leq\pm5\times10^{-10}$/a；②1—10 年期间，$\alpha\leq\pm80\times10^{-10}$/a；③几月或几周(急剧变化)，$\alpha\leq\pm500\times10^{-10}$/a. 3. 短周期变化：①二年变化，振幅≈9ms；②年变化，振幅 20—25ms；③半年变化，振幅≈9ms；④月变化，双周变化，振幅≈1ms

虽然 C 的变化和日长半年变化正比于勒夫数 k，但不能由半年变化的资料来确定 k，因为半年变化不完全是由地球潮汐屈服引起的，还有气象因素的影响. 月球的潮汐也有一个带谐函数项，即半月潮. 半月潮也引起日长的半月变化，这个变化是不受气象因素影响的，因此也可以用它来测定 k(表 3.2).

参 考 文 献

傅承义. 1976. 地球十讲. 北京: 科学出版社.

朗道, A. D., 粟弗席兹, E. M. 1959. 力学. 北京: 高等教育出版社.

Cook, A. H. 1973. *Physics of the Earth and Planets*. Great Britain: MacMillan. 1-316.

Garland, G. D. 1971. *Introduction to Geophysics. Mantle, Core and Crust.* Toronto: W B. Sanders Company.

Gray, A. 1959. *A Treatise on Gyrostatics and Rotational Motion*. New York: Dover Publications, Inc. 1-530.

Jeffreys, H. 1970. *The Earth*. 5th edition. Cambridge: Cambridge University Press. 1-574.

Kaula, W. H. 1968. *An Introduction to Planetary Physics*. John Wiley and Sons, Inc.

Munk, W. H., MacDonald, G. J. F. 1960. *The Rotation of the Earth: A Geophysical Discussion*. Cambridge: Cambridge University Press. 1-323. 芒克, W. H., 麦克唐纳, G. J. F. 1976. 地球自转. 北京: 科学出版社.

Rochestee, M. G. 1973. The Earth's rotation. *Trans. Amer. Geophys. Union*, **54**: 769-789.

Stacey, F. D. 1977. *Physics of the Earth*. 2nd edition. Brisbane: John Wiley and Sons, Inc. 1-365.

第四章 地球的年龄、能源和温度分布

4.1 地质年表

地球的年龄是一个重要的概念．它对于理解许多自然现象，如地壳的变动、矿产的富集、地球内部的物理状态等都是一个必须考虑的因素．要阐明一个科学的宇宙观，地球需要多长的时间才演化成现在这样的状态也是一个应当回答的问题．它的形成过程需占多少时间？这样，地球的年龄就和地球起源和演化的假说有联系了．根据不同的假说，可能得到不同的年龄估计．在估计地球上的岩石年龄时，不存在这样的困难，但须分别什么是绝对年龄和相对年龄．自岩石形成到现在的实际年限叫作绝对年龄，但在许多地质问题中，只需知道岩石形成的先后次序就可以了．这可以叫作相对年龄．远在放射性物质发现之前，地质学家就已经发明了比较系统地确定地层相对年龄的方法，其中最主要的是依据岩层的相对位置和它们所含有的古生物化石．在正常情况下，上层的年龄要比下层的晚，即使地层有变动，也常可以由具体的几何关系来复原地层的上下位置，从而确定它们形成的先后．这种方法对局部地区常是可行的，但在对比不同地区的地层时就有困难，而且同一时期，同样的地层未必各处都有，即使有，差别也很大．所以这个方法的局限性很大．若要将不同地区的地层排在一个统一的先后顺序里，必须有一个共同的辨别先后的标准，最方便的标准就是利用地层中所含的古生物化石．生物在进化的过程中，在不同的时期有不同的品种和形态．当然这种变化需要很长的时间，不过有些古生物品种的存在时间是比较短的，埋在同时期的沉积物中成了化石，就给相应的岩层打下了一个时间的烙印．这种化石叫作标准化石．古生物学家和地质学家根据地层所含的古生物化石不但可以判断它们的相对年龄，而且还可推断地层沉积时的自然环境．地质学家根据地球上发生过的重大地质构造运动和地层中所含的古生物化石，将地球的历史分成若干时代．最早有古生物化石遗留下来的时代叫作古生代，以后的叫作中生代，最近的叫作新生代．这三个时代还可以各自分成更短的时间间隔，叫作纪．在新生代，纪以下还可以分成世，世以下还可再分为期：离现代越近，时间间隔也分得越细，这当然是自然的趋势．生物进化是个缓慢的过程，所以这样确定的相对年龄是很粗略的，不过对于解释宏观的地质现象，这样的精确度也就基本够用了．

在古生代以前的地层里，找不到可以鉴定年代的化石，但从以后发展的绝对年龄测定中，人们发现在古生代以前地球存在的时间要比古生代以后长得多．地质学家将古生代以前这个时期又分成两段：最早的叫太古代，以后的叫元古代，它们在地质现象上的表现是有所不同的，不过此处就不讨论了．

各国的地质学家，经过多年的努力，将世界各处的地层加以对比，得出了以下这样一个地质年表(表 4.1)．

表 4.1　地质年表

代	纪	世	开始时间/Ma
新生代	第四纪	现代 更新世	约 5000 年前 1.5—2
	新近纪	上新世 中新世	7 26
	古近纪	渐新世 始新世 古新世	38 54 65
中生代	白垩纪 侏罗纪 三叠纪		136 190 225
古生代	二叠纪 石炭纪 泥盆纪 志留纪 奥陶纪 寒武纪		280 345 395 430 500 570
元古代			2500
太古代			4550

4.2　放射性衰变和岩石的绝对年龄

要测定远古的时间，首先必须选择一个适当的计时标准，或者说，选择一个适当的“时钟”．这个“时钟”要在漫长的地质岁月中保持恒定的运行规律而且不受地点和环境的影响．放射性元素就是这样一种“时钟”．它们的衰变率不随普通的物理、化学条件而变化，可以用来测定由几百年以至几十亿年的时间，它们是量程最广的“时钟”．利用放射性元素的衰变，可以测定岩石和矿物的形成时间和各地质时期的绝对年龄．上表中的最后列时间就是这样测定的．这种方法发展很快，现已成为一个专门的学科，叫作“地质年代学”，它是地球物理学、地球化学和地质学之间的边缘科学．要真正可靠地测定岩石和地层的年龄，需要考虑许多干扰因素．本章只介绍这种方法的基本原理，有关的技术细节则须参考这方面的专著．

4.2.1　放射性同位素的衰变规律

卢瑟福和索迪(Soddy, F.)在 1902 年首先发现放射性元素的衰变规律：每单位时间所衰变的原子数目与一般的物理及化学条件无关，但与当时存在的衰变原子的数目成比例．设当时的原子数目为 u，则 $\mathrm{d}u/\mathrm{d}t=-\lambda u$，于是得

$$u=u_0\mathrm{e}^{-\lambda t}, \tag{4.1}$$

u_0 是 t=0 时的原子数目，λ是一常量，称为衰变常量．若令元素的平均寿命为 T，则

$$T=\int_0^\infty \mathrm{e}^{-\lambda t}\mathrm{d}t=\frac{1}{\lambda}.$$

所以衰变常量等于衰变原子平均寿命的倒数．更常用的数值是原子衰变了半数所需的时间，称为半衰期或半值寿命．由式(4.1)立得

$$T_{1/2}=\frac{\ln 2}{\lambda}=0.6931T.$$

设 u 元素衰变后成为元素 x_1，而 x_1 又衰变为元素 x_2，如此继续直至元素 x_n，成为一稳定的元素．若开始时只有 u，即 t=0 时，$u=u_0$，$x_1=x_2=\cdots=x_n=0$．于是

$$\begin{cases}\dfrac{\mathrm{d}u}{\mathrm{d}t}=-\lambda u,\\ \dfrac{\mathrm{d}x_1}{\mathrm{d}t}=\lambda u-\lambda_1 x_1,\\ \dfrac{\mathrm{d}x_2}{\mathrm{d}t}=\lambda_1 x_1-\lambda_2 x_2,\\ \cdots\\ \dfrac{\mathrm{d}x_n}{\mathrm{d}t}=\lambda_{n-1}x_{n-1}.\end{cases} \tag{4.2}$$

$\lambda_1>\lambda_2>\cdots>\lambda_n$，各为 x_1，x_2，…，x_n 元素的衰变常量．可以证明以上方程的解为

$$\begin{cases}u=u_0\mathrm{e}^{-\lambda t},\\ x_1=\dfrac{u_0\lambda}{\lambda_1-\lambda}(\mathrm{e}^{-\lambda t}-\mathrm{e}^{-\lambda_1 t}),\\ x_2=\dfrac{u_0\lambda\lambda_1}{\lambda_1-\lambda}\left\{\dfrac{\mathrm{e}^{-\lambda t}-\mathrm{e}^{-\lambda_1 t}}{\lambda_2-\lambda}+\dfrac{\mathrm{e}^{-\lambda_2 t}-\mathrm{e}^{-\lambda_1 t}}{\lambda_2-\lambda_1}\right\},\\ \cdots\\ x_k=(-1)^k u_0\lambda\lambda_1\cdots\lambda_{k-1}\left\{\dfrac{\mathrm{e}^{-\lambda t}}{f_k'(\lambda)}+\dfrac{\mathrm{e}^{-\lambda_1 t}}{f_k'(\lambda_1)}+\cdots+\dfrac{\mathrm{e}^{-\lambda_k t}}{f_k'(\lambda_k)}\right\},\end{cases} \tag{4.3}$$

式中，

$$f_k(\mu)=(\mu-\lambda)(\mu-\lambda_1)\cdots(\mu-\lambda_k),\qquad k=1,2,\cdots,(n-1).$$

设 u 的寿命远大于任何 x，并设所讨论的时间 t 很长，以致 $1/t$ 小于任何λ_k，则以上各解可以化简为：

$$u=u_0\mathrm{e}^{-\lambda t},$$

$$x_k=\frac{\lambda}{\lambda_k}u,\qquad k=1,\ 2,\ \cdots,\ (n-1),$$

$$x_n=\int_0^t \lambda_{n-1}x_{n-1}\mathrm{d}t=u_0(1-\mathrm{e}^{-\lambda t})=u(\mathrm{e}^{\lambda t}-1), \tag{4.4}$$

故

$$t=\frac{1}{\lambda}\ln\left(1+\frac{x_n}{u}\right)=\frac{2.303}{\lambda}\lg\left(1+\frac{x_n}{u}\right)=\frac{1}{0.4343\lambda}\lg\left(1+\frac{x_n}{u}\right). \tag{4.5}$$

4.2.2　铅法

在许多岩浆岩，特别是伟晶岩中，常含有少量的铀和钍．铀和钍放射系衰变时，最后的稳定元素都是铅的同位素：

$$\begin{cases} {}^{238}\mathrm{U} \to {}^{206}\mathrm{Pb} + 8\mathrm{He}, \\ {}^{235}\mathrm{U} \to {}^{207}\mathrm{Pb} + 7\mathrm{He}, \\ {}^{232}\mathrm{Tb} \to {}^{208}\mathrm{Pb} + 6\mathrm{He}. \end{cases} \tag{4.6}$$

这三个放射系都满足以上所说的条件，即式(4.3)可以化简为式(4.4)．如果矿物和岩石在形成时原来不含放射性来源的铅，则由现在所含的铀或钍与铅的比值，就可以测出矿物自形成时到现在的时间，因为由式(4.4)，可写出：

$$\begin{cases} {}^{206}\mathrm{Pb} = {}^{238}\mathrm{U}(\mathrm{e}^{\lambda_{238}t}-1), \\ {}^{207}\mathrm{Pb} = {}^{235}\mathrm{U}(\mathrm{e}^{\lambda_{235}t}-1), \\ {}^{208}\mathrm{Pb} = {}^{232}\mathrm{Th}(\mathrm{e}^{\lambda_{232}t}-1). \end{cases} \tag{4.7}$$

由上式中任何一式都可以求 t．另一方法是用前两式相除，即

$$\frac{{}^{206}\mathrm{Pb}}{{}^{207}\mathrm{Pb}} = \frac{{}^{238}\mathrm{U}}{{}^{235}\mathrm{U}}\frac{\mathrm{e}^{\lambda_{238}t}-1}{\mathrm{e}^{\lambda_{235}t}-1}, \tag{4.8}$$

式中的 $^{238}\mathrm{U}/^{235}\mathrm{U}$ 是两种铀同位素现在的比值，是已知的，等于 137.8．所以由岩石或矿物所含的两种铅同位素的比值 $^{206}\mathrm{Pb}/^{207}\mathrm{Pb}$ 也可以求 t. 此处应注意的是上式左端是原子数目之比．若实际测量的是质量之比，例如$[^{238}\mathrm{U}]/[^{206}\mathrm{Pb}]$，则还应乘以原子量之比，即 $^{238}\mathrm{U}/^{206}\mathrm{Pb}=[^{238}\mathrm{U}]/[^{206}\mathrm{Pb}]\times 206/238$．这是最早使用的放射性方法，叫做铅法．由于铀、钍在岩、矿中常是共生的，所以由一块标本中可以测得四种比值，得出的年龄可以彼此验证．铀和钍的半衰期很长，铅法最适用于比较古老的(例如前寒武纪的)岩石．在实际测定时，当然还会有一些复杂的情况；例如，在矿物形成时原来就含有铅，铀、钍和铅在地质时期中都可能丢失或增加等等．不过这些因素常可用适当的方法加以校正．

4.2.3　钾-氩法

铅法肯定是一个比较可靠的方法，但含铀、钍的岩、矿毕竟不算太多．钾是一种几乎到处都有的元素．尤其是在两种主要的造岩矿物长石和云母中存在．钾的一种同位素 $^{40}\mathrm{K}$ 是放射性的．它衰变时有两种产物：一种是由β放射而成为 $^{40}\mathrm{Ca}$，另一种是由 K 电子俘获而成为 $^{40}\mathrm{A}$．由前一种得

$$\frac{\mathrm{d}}{\mathrm{d}t}{}^{40}\mathrm{K} = -\lambda_\beta {}^{40}\mathrm{K},$$

由后一种得

$$\frac{\mathrm{d}}{\mathrm{d}t}{}^{40}\mathrm{K}=-\lambda_e{}^{40}\mathrm{K},$$

λ_β，λ_e 是相应的衰变常量．故总的衰变率为

$$\frac{\mathrm{d}}{\mathrm{d}t}{}^{40}\mathrm{K}=-(\lambda_\beta+\lambda_e){}^{40}\mathrm{K}=-\lambda{}^{40}\mathrm{K},$$

故

$${}^{40}\mathrm{K}={}^{40}\mathrm{K}_0\mathrm{e}^{-\lambda t},$$

$\lambda=\lambda_\beta+\lambda_e$，${}^{40}\mathrm{K}_0$ 为 t=0 时的原子数．但

$$\frac{\mathrm{d}}{\mathrm{d}t}{}^{40}\mathrm{Ca}=\lambda_\beta{}^{40}\mathrm{K}=\lambda_\beta{}^{40}\mathrm{K}_0\mathrm{e}^{-\lambda t},$$

故

$${}^{40}\mathrm{Ca}=\frac{\lambda_\beta}{\lambda}{}^{40}\mathrm{K}_0(1-\mathrm{e}^{-\lambda t})=\frac{\lambda_\beta}{\lambda}{}^{40}\mathrm{K}(\mathrm{e}^{\lambda t}-1). \tag{4.9.1}$$

同理，

$${}^{40}\mathrm{A}=\frac{\lambda_e}{\lambda}{}^{40}\mathrm{K}_0(1-\mathrm{e}^{-\lambda t})=\frac{\lambda_e}{\lambda}{}^{40}\mathrm{K}(\mathrm{e}^{\lambda t}-1). \tag{4.9.2}$$

由式(4.9.1)或式(4.9.2)可以求 t.

在天然的氩与钙中，同位素 ${}^{40}\mathrm{A}$ 和 ${}^{40}\mathrm{Ca}$ 占很大的比例：

$${}^{40}\mathrm{Ca}/\mathrm{Ca}\approx 97\%,\qquad {}^{40}\mathrm{A}/\mathrm{A}\approx 99.6\%.$$

原则上虽然 ${}^{40}\mathrm{Ca}$ 和 ${}^{40}\mathrm{A}$ 都可用来测定年龄，但在岩、矿中，钙的来源太多，而氩的含量一般都很少，非放射性来源的更少，这部分是不难校正的．钾–氩法可用于许多岩浆岩和变质岩．钾–钙方法比较少用，但仍有前途．它可用于含钾多、含钙少的矿物，如锂云母．

4.2.4 铷–锶法

铷有两个同位素 ${}^{87}\mathrm{Rb}$(27.2%)和 ${}^{85}\mathrm{Rb}$(72.8%)，${}^{87}\mathrm{Rb}$ 是放射性的，

$${}^{87}\mathrm{Rb}\xrightarrow{\beta}{}^{87}\mathrm{Sr}$$

半衰期很长，可以用来测定极老岩石或矿物的年龄．这个方法最适用于锂云母，但也可用于其他的云母及钾长石、天河石、海绿石等矿物．它的优点是衰变元素是固体，不易丢失；缺点是 ${}^{87}\mathrm{Sr}$ 同位素还有非放射性的来源．因此，

$${}^{87}\mathrm{Sr}={}^{87}\mathrm{Sr}_0+{}^{87}\mathrm{Rb}(\mathrm{e}^{\lambda t}-1), \tag{4.10}$$

${}^{87}\mathrm{Sr}_0$ 是非放射性来源的 ${}^{87}\mathrm{Sr}$．根据许多岩石的分析，知道 ${}^{87}\mathrm{Sr}_0$ 与稳定同位素 ${}^{86}\mathrm{Sr}$ 之比约等于 0.712．所以上式可以写为

$${}^{87}\mathrm{Sr}=0.712\,{}^{86}\mathrm{Sr}+{}^{87}\mathrm{Rb}(\mathrm{e}^{\lambda t}-1).$$

据此便可以求 t.

4.2.5　碳十四法

碳的同位素 ^{14}C 是放射性的．大气中的 ^{14}C 一方面衰变，一方面又因宇宙线对大气的作用而得到补偿．于是大气中的 ^{14}C 含量经常保持一个稳定值．^{14}C 经过氧化后与动、植物和地表水进入循环．在生物死亡或碳酸钙沉淀之后，循环即停止．这时所含 ^{14}C 得不到补偿，便由于衰变而减少；因此，我们可以测定循环停止的时间．^{14}C 衰变成 ^{14}N，半衰期为 5720 年，只能用于测定较短的时间，例如由几百年到几万年．这对于鉴定某些考古学或人类学中的重要事件的年代，或确定某些近代的地质活动(如冰川的进退、阶地的形成、海面升降、火山活动等)的时间都颇为有用．

以上只不过举出几种有代表性的方法．实际上，可用的方法和同位素是很多的，必须根据岩石和矿物的性质来选择．放射性方法的精确度受到衰变常量的精确度的限制，常量稍有变动，影响所计算的年龄很大．近年来，许多测定的岩石年龄常有改动，有时只是因为衰变常量有所修正的结果．

原则上，岩浆岩的年龄可由它所含矿物的年龄来确定．但这两个年龄的意义有时并不完全相同．例如，测定的矿物常取自伟晶岩，但伟晶岩只是在岩浆凝结过程比较晚的阶段才形成的．另一方面，测定年龄时只用小块的标本，而小块标本的年龄必须与大面积的情况联系起来考虑才比较可靠．表 4.2 给出 1977 年所采用的常量．毫无疑问，这些常量以后还会修正．

表 4.2　常用的放射性元素

母元素	稳定元素	衰变常量/10^{-10} 年$^{-1}$	半衰期/10^9 年
^{238}U	^{206}Pb	1.55	4.47
^{235}U	^{207}Pb	9.84	0.704
^{232}Th	^{208}Pb	0.495	14.0
^{87}Rb	^{87}Sr	0.142	48.8
^{40}K	^{40}A	0.581	11.9
	^{40}Ca	4.95	1.40

4.3　地球的年龄

地球的年龄虽然和采用的时间起点有关，但是它的下限是可以估计的．例如，地球的年龄无论如何必须大于地球上的岩石年龄．表 4.3 列出一些已知的古老的岩石年龄．由此可见在各大陆上都可以找到老于 30 亿年的岩石；地球的年龄必须更老，但究竟老多少，估算时还离不开一些假设．

铀和钍经过衰变只能形成 ^{206}Pb，^{207}Pb 和 ^{208}Pb，但含铅矿物还存在铅同位素 ^{204}Pb，这是非放射性来源的．它与放射性来源的铅的比值将随着时间而减小，直到某个时期，铅分离成铅矿或形成其他不含铀、钍的矿物时，这些比值就不再变化了．铅与铀、钍并存的时间越长，这些比值也越小．反过来，若铅矿越老，这些比值就越大．实测的结果也证明这一点．由此便可引出一些有关的地球初期情况的假设．这些假设是估算地球年龄时的根据．它们是：

表 4.3　一些最古老的岩石年龄

地区	方法	矿物(或岩石)	年龄/10 亿年
科拉半岛	K–A	黑云母	3.46
乌克兰	K–A	黑云母	3.05
斯威士兰	Rb–Sr	全岩石	3.44
德兰士瓦	Rb–Sr	全岩石	3.20
刚果	Rb–Sr	微斜长石	3.52
明尼苏达	U–Pb	锆石	3.3
蒙大拿	U–Pb	锆石	3.1
格陵兰西部	Rb–Sr	全岩石	3.70

① 在地球形成的初期，各种铅同位素的比值在各处都是相同的；

② 从某时起，地球不同区域的铀、钍和铅都有特征性的比值；这些比值只能随着放射性元素的衰变而改变；

③ 在以后的某个时期，方铅矿或其他不含铀、钍的铅矿分离出来，铅同位素的比值就不再变化；

④ 铅与铀、钍分离或成矿的时间可独立地测定(例如测定其他附属矿物的年龄等)．

设在很早以前，地球上铅同位素的原始比值为：

$$^{206}\mathrm{Pb}/^{204}\mathrm{Pb}=a_0,\quad ^{207}\mathrm{Pb}/^{204}\mathrm{Pb}=b_0,\quad ^{208}\mathrm{Pb}/^{204}\mathrm{Pb}=c_0\,.$$

在以前某一个时期$-t_0$，设这些铅同位素被引入一个含有铀、钍的区域，于是各铅同位素的比值就开始发生变化．在$-t$时，设所有的铅又分离出来成为铅矿．如果这个区域的铀、钍和铅不曾遗失，则现在所测得的各铅同位素比值

$$^{206}\mathrm{Pb}/^{204}\mathrm{Pb}=x,\quad ^{207}\mathrm{Pb}/^{204}\mathrm{Pb}=y,\quad ^{208}\mathrm{Pb}/^{204}\mathrm{Pb}=z\,.$$

按照以前的公式，应为

$$\begin{cases} x=a_0+\dfrac{^{238}\mathrm{U}}{^{204}\mathrm{Pb}}(\mathrm{e}^{\lambda_{238}t_0}-\mathrm{e}^{\lambda_{238}t}), \\ y=b_0+\dfrac{^{235}\mathrm{U}}{^{204}\mathrm{Pb}}(\mathrm{e}^{\lambda_{235}t_0}-\mathrm{e}^{\lambda_{235}t}), \\ z=c_0+\dfrac{^{232}\mathrm{Th}}{^{204}\mathrm{Pb}}(\mathrm{e}^{\lambda_{232}t_0}-\mathrm{e}^{\lambda_{232}t}). \end{cases} \tag{4.11}$$

式中的 $^{238}\mathrm{U}/^{204}\mathrm{Pb}$，$^{235}\mathrm{U}/^{204}\mathrm{Pb}$，$^{232}\mathrm{Th}/^{204}\mathrm{Pb}$ 等比值是这个区域现在平均数值，是可以测定的．在以上方程中有四个未知量 a_0，b_0，c_0 和 t_0．前三个是铅同位素的原始比值，t_0 可以看作是地球的年龄．这个年龄可以理解为地球开始形成不同铀、钍含量的区域到现在的

时间．式(4.11)是计算地球年龄的基本公式，但如何具体地运用它们，讨论很多，分歧也很大．

一块铅矿可以给出三个关系．若取 n 块年龄不同的铅矿，就可得到 $3n$ 个关系．用最小二乘法或其他统计方法处理，便可求出一组最佳的 a_0，b_0，c_0，t_0．但是这样得到的结果并不令人满意，而且不同作者所得到的 t_0 也相差很大．从 1953 年起，有人开始引进陨石的数据．这个方法是把式(4.11)的前两个方程相除，得到

$$\frac{y-b_0}{x-a_0}=\frac{1}{137.8}\frac{e^{\lambda_{235}t_0}-e^{\lambda_{235}t}}{e^{\lambda_{238}t_0}-e^{\lambda_{238}t}}, \tag{4.12.1}$$

式中的 $1/137.8={}^{235}U/{}^{238}U$ 是两种铀同位素的现代比值．若取 x, y 为现代铅矿的铅同位素比值，则 $t\approx0$，上式化简为

$$\frac{y-b_0}{x-a_0}=\frac{1}{137.8}\frac{e^{\lambda_{235}t_0}-1}{e^{\lambda_{238}t_0}-1}. \tag{4.12.2}$$

现在若取 a_0，b_0 为铁质陨石中陨硫铁的 ${}^{206}Pb/{}^{204}Pb$ 和 ${}^{207}Pb/{}^{204}Pb$ 比值，即 $a_0=9.46$，$b_0=10.29$，则当 x, y 测定后，便可计算 t_0．这样得到的 t_0 为 4.5×10^9 年．当然，这个方法并不要求用现代的铅矿．这个方法有几种不同的形式，但都要求采用铁质陨石中的 a_0，b_0 值．这样得到的结果虽相当一致，但却意味着这样一个假设：陨硫铁所含的铅同位素比值和地球形成时的铅同位素比值是相同的．这个假设并未得到充分的证实．按照这个假设，地球年龄的起算时间就是地球上的铅同位素和陨石中的铅同位素开始向不同方向发展的时间．这意味着陨石和地球是同时形成的．值得注意的是所有陨石都差不多是同年的，都在 45 亿年左右．月岩标本的年龄都在 31 亿至 45 亿年之间，没有小于 31 亿年的，而地球上的岩石则没有老于 38 亿年的，表明月球形成了十五亿年以后，内部就停止活动了，而地球到现在仍在活动着．

4.4　地面热流和地球内部的能源

地面从太阳接受大量的能量，每年约有 10^{32}erg，但绝大部分又辐射到空间，只有极小一部分能穿入地下很浅的地方．太阳辐射决定着地面的温度，但与地球内部的变化过程关系不大．在几百米深度以下，地面温度的日变化和季节性变化的影响就很小了．这时可以观察到温度(T)总是随深度(z)而增加的．这个增加率 dT/dz 一般叫作温度梯度(其实是梯度的垂直分量)．在大陆上，温度梯度变化很大．深度增加 1m，温度升高 0.1—0.01℃(平均每 30m 增 1℃)，和地面岩石的性质有关，也受环境的影响．海底的温度梯度约为每米 0.04—0.08℃，平均约 0.05℃/m.

单位时间通过单位面积的热量 q 叫作热流．热流总是由温度高的地方向温度低的地方流，和梯度的方向相反但和它成比例，比例系数叫作热导率，即

$$q=-K\nabla T\approx-K\frac{dT}{dz}.$$

所以若测得一个地方的热导率和温度梯度就可以计算热流，但是 K 和 ∇T 必须是同一地

点的. 早期计算的大陆地区的热流常常靠不住，就是因为K和∇T不是在同一地点测的. 地面热流值各地点相差很大，平均值约为1.5Cal/(cm^2 · s). 大陆上和海底的平均值相差很小. 这一点是偶然的，还是有特殊意义的，一直是一个有争议的问题.

按照地面附近所测得的温度梯度向地下外推，则在几十千米以下，温度就已超过橄榄岩的熔点，但地震观测表明，地面以下直到地核的边界，除局部地区处，都是固体. 所以温度梯度在深处一定大大减小，否则将引起地球物质大规模的熔化. 大陆的热流大部分来源于地壳，但海洋下面的地壳很薄，所以那里的热流主要来源于上地幔. 在大陆地壳下面，q, T或$\mathrm{d}T/\mathrm{d}z$都比同深度的海洋下面小得多，温度可能相差100℃以上，但这个温度差在几百千米以下一定要消失的，否则将在地面上引起很大的重力差异，但是这种差异并不存在.

热量总是由地内向外流. 全球的总热流约为每年2.4×10^{20}Cal. 在放射性元素发现之前，人们曾以为这是原始的炽热地球逐渐冷却释放出来的. 开尔芬(Kelvin Lord)根据这个概念曾计算过地球的年龄. 但结果差了好几个数量级. 近代的概念认为地球是由尘埃和陨石物质积聚而成的，原始的温度不高，以后逐渐变热. 这样，不但地面热流，而且地内加温都需要地内的能源来解释. 以下讨论几种较重要的能源.

4.4.1 长寿命的放射性元素

地球中的^{238}U，^{235}U，^{232}Th，^{40}K，寿命可以和地球的年龄相比，在能量平衡中占很重要的地位，但它在岩石中的含量近年来总在不断地修订. 表4.4的数据只能表明它们的数量级.

如果知道地球的原始组成，就可估计长寿命放射性元素在地球形成以来所放出的热能. 不过地球的原始组成还是一个继续在探讨的问题，所以这种估计最多不过是一个数量级的估计. 若假定地球的平均组成与球粒陨石相近，有人估计地球现在每年因长寿命放射性元素所释放的热能约为2.3×10^{20}Cal，和地面热流的数值几乎相等. 地球自形成到现在所释放的总能量约为$H=(6—2.4)\times10^{20}$erg或$(1.4—4.8)\times10^{30}$Cal，而流出地面的总能量约为$Q=(1—8)\times10^{37}$erg或$(0.2—2)\times10^{30}$Cal. 这就意味着，地球总的说来是在加热. 另一方面，根据一定的地幔、地核物质组成的模式，柳比莫娃(Любимова, E.)曾估计使地球熔化所需要的潜热$L\geqslant3\times10^{38}$erg或7.1×10^{30}Cal. 这表明由长寿命的放射性元素所释放的能量到现在还不足以熔化地球. 当然，这些结论不仅取决于所选取的地球组成的模式，而且还和地球年龄和传热的机制都有关系. 地球未完全熔化是肯定的，但究竟是在加温还是减温则不那样肯定.

表4.4　岩石的生热率

岩石	现年生热率/[10^{-8}Cal/(g·a)]	岩石	现年生热率/[10^{-8}Cal/(g·a)]
花岗岩	820	柳辉岩	8—34
中性岩浆岩	340	柳榄岩	0.9
玄武岩	120	球粒陨石	3.9

4.4.2 短寿命的放射性元素

在地球形成的初期，还可能存在短寿命的放射性元素．例如，^{129}I 的半衰期为 1.7×10^7a，^{26}AI 的半衰期为 0.73×10^7a；还有 ^{36}CI，^{40}Fe 等二十几种同位素，它们的半衰期都在 10^5a 至 10^7a 之间，比地球的年龄小得多，所以现在已经观察不到了．这些元素的衰变在地球的早期必然放出大量的能量，但对地球全部历史中的热平衡影响不大．

4.4.3 地球形成时的引力能

若地球是由温度不高的弥漫物质积累而成的，在这个过程中，由于物质的引力势降低，所以释放出大量的能量．设有一质量为 m，半径为 r 的球体．若将一小质量 dm 由极远处吸到 m 上，则其所获的力势为 $-(Gm/r)\mathrm{d}m$，G 是万有引力常量．半径为 a 的地球可以设想是由极远处的颗粒积聚而成的．这些颗粒在形成地球时，总的势能降低了 W，

$$W = G\int_0^M \frac{m\mathrm{d}m}{r} = G\int_0^a \frac{4}{3}\pi r^3 \cdot 4\pi r^2 \rho \mathrm{d}r ,$$

ρ是密度．若ρ是常量，则

$$W = \frac{16}{15}G\pi^2\rho^2 a^5 = \frac{3}{5}G\frac{M^2}{a} ,$$

M 是地球的质量．若ρ随深度增加，上式的系数略有增加，但 W 的数量级不变．对地球来说，$W\approx2.5\times10^{39}$erg．这部分能量用于以下两方面：① 物质的颗粒与成长中的地球撞击，产生热能，其中绝大部分消失在地球以外的空间，有极小一部分以地震波的形式传入地下，估计可使地球的温度增高几十度；② 地球增长时，内部压力增高，产生绝热的压缩，估计能使地球的温度增高几百度．这种计算是复杂的，但总的结果是所放出的热能还不能使地球熔化．地球形成时的内部温度不超过 1200℃．

4.4.4 地核的形成

如果地球形成时是均匀的，以后由于内部的生热和加温，产生了物质的运动和化学分异，于是形成了地核、地幔和地壳．因为较重的物质流向地心，较轻的物质形成地壳，这就使总的势能降低，所以释放出大量的能量，形成铁镍地核时尤其如此．由一个均匀的地球演变成一个分层的地球所释放的能量估计约为 2×10^{37}erg 或 5×10^{29}Cal，略小于长寿命的放射性元素所放出的能量，可提高地球的温度一千多度．

4.4.5 地球的旋转能

当月球距地球很近的时候，地球的自转速度要快得多，周期最短可达到 2—4h．由于潮汐摩擦，地球自转变慢，月球也越退越远．当地球的自转周期由 3h 变到一天的时候，动能的消失约为 1.5×10^{38}erg，但这部分能量主要都消耗在浅海的摩擦中了．旋转能的转换只是地月很近时才显著，这至少是几亿年以前的事了．现在由于自转变慢所消失的能量比地面热流小得多．

火山喷发所散失的能量比地面热流至少小两个数量级，平均在每秒 $(3—20)\times10^9$Cal 的范围内．地震波所释放的能量平均每年约 10^{25}erg，不过这种能量最后还是变为热能消失在地球之内．

4.5 热 传 导

热流 $\boldsymbol{q}$ 是一个矢量，总是由温度高的地方向温度低的地方流．实验表明，$\boldsymbol{q}$ 和温度梯度 ∇T 成比例，但方向相反，即 $\boldsymbol{q}=-K\nabla T$，$K$ 是比例系数，叫作热导率．设有一介质，其密度为 ρ，比热为 c．在介质中取一封闭曲面 S，其体积为 V．S 内分布着热源（图 4.1）．令 A 为单位时间、单位体积所产生的热量．热源和热流所供给的热能使介质的温度升高，其升高率为 $\partial T/\partial t$．根据能量守恒，立得

$$\iiint_V \rho c\frac{\partial T}{\partial t}\mathrm{d}V=-\oiint_S q_n\mathrm{d}S+\iiint_V A\mathrm{d}V,$$

故

$$\rho c\frac{\partial T}{\partial t}=\nabla\cdot(K\nabla T)+A, \tag{4.13}$$

K 一般随地点而变化．若 K 是一常量，则上式化为

$$\frac{\partial T}{\partial t}=\alpha\nabla^2 T+\frac{A}{\rho c}, \tag{4.14}$$

$\alpha=K/\rho c$ 称为扩散常量，其量纲为 $\mathrm{cm^2/s}$．岩石的 α 值为 $0.01\mathrm{cm^2/s}$ 数量级．

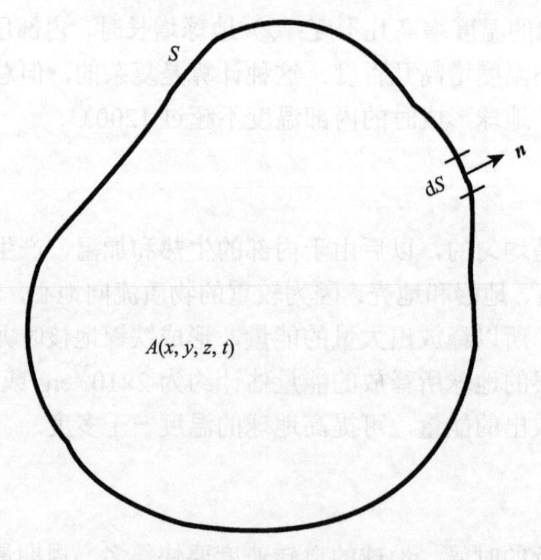

图 4.1 热传导方程

4.5.1 一维问题

在许多地球物理问题的计算中，地球曲率的影响不大．此时，地球介质可以看作是

由平面平行层组成的．这样式(4.14)就可化简为

$$\frac{\partial T}{\partial t}=\alpha\frac{\partial^2 T}{\partial x^2}+\frac{A}{\rho c}, \tag{4.14a}$$

x 是深度，向下为正，$x=0$ 是地面．

1．热平衡状态的地下温度

在平衡状态时，$\partial T/\partial t=0$．故(4.14a)之解为

$$T=-\frac{1}{2}\frac{A}{K}x^2+c_1x+c_2,$$

c_1，c_2 为待定常量．若地面温度为 T_0，热流为 q_0(流出为正)，则 $c_2=T_0$，$c_2=q_0/K$．故

$$T=T_0+\frac{q_0}{K}x-\frac{1}{2}\frac{A}{K}x^2. \tag{4.15}$$

在上式中，q_0 和 A 是两个独立的观测值．若取一厚度为 h 的岩层(图 4.2)，则由 T_0 及 K 可以计算岩层底面的温度 T_h．若岩层不含放射性物质，则 $A=0$．故 $T_h=T_0+q_0h/K$．此时，q_0 完全来源于层下．若层下无热源而 A 在层内是均匀分布的，则 q_0 完全来自层内，$q_0=Ah$．故 $T=T_0+q_0h/2K$．一般来说，q_0 有一部分来自层下，另一部分则来自层中的放射源．如何区分这两种来源的热流，则仍可借助于地面观测．伯奇(Birch, F.)和洛埃(Roy, R. F.)等曾观测到在一定的区域内，地面热流 q_0 与热源强度 A 有一直线关系(图 4.3)：

$$q_0=q^*+DA, \tag{4.16}$$

q^* 是直线在 q_0 轴上的截距，D 是直线的斜率．显然 q^* 是无热源时的热流，即 q_0 中来源于层下的部分．

2．无热源时，全空间和半无限空间中的热传导

对于全空间，

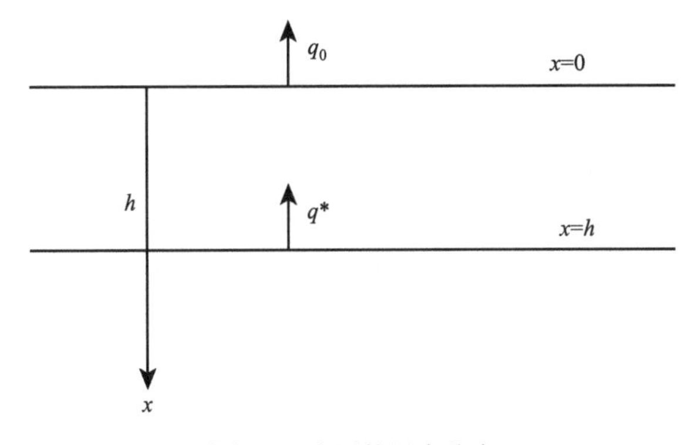

图 4.2　岩层的温度分布

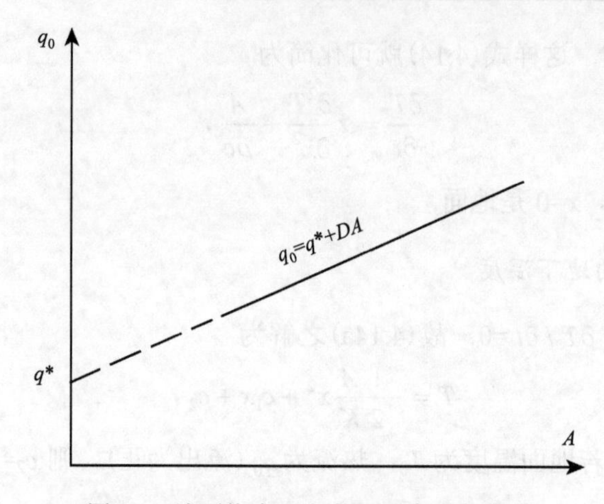

图 4.3　地面热流 q_0 与热源强度 A 的关系

$$\frac{\partial T}{\partial t}=\alpha\frac{\partial^2 T}{\partial x^2},\qquad -\infty<x<+\infty,\quad t>0,$$
$$T=f(x),\qquad -\infty<x<+\infty,\quad t=0.$$

用分离变数法，立得一特解 $\mathrm{e}^{-\mathrm{i}\xi z-\alpha\xi^2 t}$，$\xi$为一参量．故通解可以写成

$$T(x,t)=\frac{1}{\sqrt{2\pi}}\int_{-\infty}^{\infty}\mathrm{e}^{-\mathrm{i}\xi z-\alpha\xi^2 t}\phi(\xi)\mathrm{d}\xi,$$

故

$$T(x,0)=f(x)=\frac{1}{\sqrt{2\pi}}\int_{-\infty}^{\infty}\mathrm{e}^{-\mathrm{i}\xi z}\phi(\xi)\mathrm{d}\xi.$$

由傅里叶变换，得

$$\phi(\xi)=\frac{1}{\sqrt{2\pi}}\int_{-\infty}^{\infty}\mathrm{e}^{\mathrm{i}\xi x'}f(x')\mathrm{d}x'.$$

故

$$T(x,t)=\frac{1}{2\pi}\int_{-\infty}^{\infty}\mathrm{e}^{-\mathrm{i}\xi x-\alpha\xi^2 t}\mathrm{d}\xi\int_{-\infty}^{\infty}\mathrm{e}^{\mathrm{i}\xi x'}f(x')\mathrm{d}x'=\frac{1}{2\sqrt{\pi\alpha t}}\int_{-\infty}^{\infty}f(x')\mathrm{e}^{-\frac{(x-x')}{4\alpha t}}\mathrm{d}x'. \tag{4.17}$$

由式(4.17)，通过叠加，可以求得半空间问题的解．设 x=0 为半空间的表面，介质伸展于 x>0．设表面温度为 T=0，初始温度为 T=$f(x)$．若在式(4.17)中，令

$$T(x,0)=f(x),\qquad \text{当 } x>0,$$

而

$$T(x,0)=-f(-x),\qquad \text{当 } x<0,$$

由此便得到

$$T(x,0)=0,\quad \text{当 } x=0.$$

$$T(x,t)=\frac{1}{2\sqrt{\pi\alpha t}}\left\{\int_{-\infty}^{\infty}-f(x')\mathrm{e}^{-\frac{(x-x')}{4\alpha t}}\mathrm{d}x'+\int_{-\infty}^{\infty}f(x')\mathrm{e}^{-\frac{(x-x')}{4\alpha t}}\mathrm{d}x'\right\}$$

$$=\frac{1}{2\sqrt{\pi\alpha t}}\int_{-\infty}^{\infty}f(x')\left\{\mathrm{e}^{-\frac{(x-x')}{4\alpha t}}-\mathrm{e}^{-\frac{(x+x')}{4\alpha t}}\right\}\mathrm{d}x'. \tag{4.18}$$

若初始温度是一常量 T_0，则上式可化简为

$$T(x,t)=\frac{T_0}{\sqrt{\pi}}\int_{-x/2\sqrt{\alpha t}}^{+x/2\sqrt{\alpha t}}\mathrm{e}^{-\xi^2}\mathrm{d}\xi=\frac{2T_0}{\sqrt{\pi}}\int_{0}^{x/2\sqrt{\alpha t}}\mathrm{e}^{-\xi^2}\mathrm{d}\xi$$

$$=T_0\mathrm{erf}\left\{\frac{x}{2\sqrt{\alpha t}}\right\}. \tag{4.18.1}$$

若表面温度不为 0 而为 T_s，则问题等于将温度标尺移动 T_s，

$$T(x,t)-T_s=(T_0-T_s)\mathrm{erf}\left[\frac{x}{2\sqrt{\alpha t}}\right]. \tag{4.18.2}$$

3. 地球的冷却

由式(4.18.1)求微商，得

$$\frac{\partial T}{\partial x}=\frac{2T_0}{\sqrt{\pi}}\frac{\mathrm{e}^{-x^2/4\alpha t}}{2\sqrt{\alpha t}}.$$

在地面上，x=0，故

$$\left(\frac{\partial T}{\partial x}\right)_0=\frac{T_0}{\sqrt{\pi\alpha t}},$$

$$t=\frac{T_0^2}{\pi\alpha\left(\frac{\partial T}{\partial x}\right)_0^2}. \tag{4.19}$$

开尔芬最早曾利用这个公式来计算地球的年龄．他假定地球原是均匀的液体，温度约为 3900℃．以后逐渐冷却．它的表面温度梯度 $\partial T/\partial x$ 随时间而变化．现在的温度梯度约为每 27.76m 增高 1℃．取 α=0.01178(cm^2/s)，则由式(4.19)得 $t\approx10^8$a．开尔芬取地球的年龄为(2—40)×10^7a，这比现在的公认值小好几个数量级．产生这个错误的原因一部分是由于当时还不知道有放射性元素，而更重要的是由于开尔芬对于地球的形成及演化的概念过于简单．地球的年龄和内部的温度不是仅仅用热传导的计算所能解决的．

4. 表面温度是时间的简谐函数

这个问题可用于地面温度有周期性变化时，求地下的温度．方程仍是

$$\frac{\partial T}{\partial x^2}-\frac{1}{\alpha}\frac{\partial T}{\partial t}=0.$$

令

$$T = u\mathrm{e}^{\mathrm{i}(\omega t-\varepsilon)},$$

代入后，得

$$u = A\mathrm{e}^{-x\sqrt{\mathrm{i}\omega/\alpha}} = A\mathrm{e}^{-x(1+\mathrm{i})\sqrt{\mathrm{i}\omega/2x}}.$$

故

$$T = A\mathrm{e}^{-kx}\begin{matrix}\cos(\omega t-kx-\varepsilon)\\ \sin(\omega t-kx-\varepsilon)\end{matrix}.$$

若表面温度为 $A\cos(\omega t-\varepsilon)$，则得

$$T = A\mathrm{e}^{-kx}\cos(\omega t-kx-\varepsilon), \tag{4.20}$$

式中，

$$k=\sqrt{\frac{\omega}{2\alpha}},$$

其倒数

$$d=\frac{1}{k}=\sqrt{\frac{2\alpha}{\omega}},$$

称为穿透深度，即使温度衰减为地面温度的 1/e 时所需的深度，它与频率的平方根成反比．例如，地面温度的年变化穿透深度比日变化的穿透深度要大 $\sqrt{365}\approx 19$ 倍．

4.5.2　球层问题

地球是几近分层的，并且含有放射性热源，后者是随时间衰减的．应用球坐标系并假定球对称性，式(4.14)可写为

$$\rho c\frac{\partial T}{\partial t}=\frac{\partial K}{\partial r}\cdot\frac{\partial T}{\partial r}+K\left(\frac{2}{r}\frac{\partial T}{\partial r}+\frac{\partial^2 T}{\partial r^2}\right)+\sum_i h_i(r)\mathrm{e}^{-\lambda_\alpha t}. \tag{4.21}$$

边界条件是 $T(a,t)=0$，a 是地球半径；初始条件是 $T(r,0)=f(r)$．这个问题可以分成两部分：$T=T_1+T_2$，这里 T_1 满足

$$\rho c\frac{\partial T_1}{\partial t}=\frac{\partial K}{\partial r}\cdot\frac{\partial T_1}{\partial r}+K\left(\frac{2}{r}\frac{\partial T_1}{\partial r}+\frac{\partial^2 T_1}{\partial r^2}\right),$$

及

$$T_1(a,t)=0,\qquad T_1(r,t)=f(r).$$

T_2 满足式(4.21)及 $T_2(a,t)=0$，$T_2(r,0)=0$．即使 K 是一常量，这个问题已经相当复杂，但借助电子计算机，可求得数值解．不过这个意义不大，因为实际上，K 不仅是 r 的函数，而且和温度、压强都有关系．在现代地球物理学中，$K=K(r,P,T)$ 是研究得最不够的一个参量．另一方面，放射性物质在地球内部的分布也不精确地知道．由于这些原因，确定地球内部的温度分布，还需考虑其他的因素．

4.6 地球内部的传热机制

岩石的传热机制在不同的深度是不同的，主要是由于温度和压强的影响．以下简单描述几种传热机制.

4.6.1 热传导

在平常温度下，岩石是一种介电质或半导体．它们的传热能力主要由于结晶中的原子的热振动．在 1000℃以下，相应于这种机制的热导率 K_p 随温度的升高而减小，但随压强增大而加大．在地下深度约在 100km 至 150km 之间，K_p 有一个最小值.

4.6.2 热辐射

当温度足够高时，地下热能有一部分也可以辐射的形式传出去．这就使岩石的有效热导率增加了一个分量 K_r．许多矿物的热导率在 450℃以上就开始增加，在 750℃以上，热辐射将超过热传导．K_r 随温度的增加是很快的.

4.6.3 激子

这是一种由辐射激发的原子，但这种辐射的能量还不足以产生自由电子．所以激子是中和的．它沿着温度梯度的方向流动，将激发能传给相邻的原子．这种传热机制在地球上层是微不足道的，但在 100km 深度以下，可能就不可忽略了．相当于激子的热导率可写为 K_{ex}．所以在地球深处的总热导率 K 是 $K_p+K_r+K_{ex}$．这比地面附近岩石的热导率大多了.

4.6.4 物质迁移

当物质由高温度移向低温地点时，热能也随着移动．这是最有效、最直接的传热方法，且不需很大的温度梯度．在地球内部，这种物质迁移现象是常见的，如热水活动、火山活动、岩浆活动和对流等．可以证明，只要迁移速度每年达到百分之几厘米，它所传输的热能就和热传导的量级相当．物质迁移最普通的形式就是对流．地球内部究竟可能发生什么尺度的对流现在还有争论，但某种形式的物质迁移则是没有疑问的.

4.7 地球内部的温度梯度

地球内部有三种温度梯度：绝热的温度梯度，岩石熔点的梯度和实际的温度梯度．地球介质的密度随深度而增加，但又随增温而减小．为了保持稳定，可流动的物质在绝热的条件下，自然形成一个温度梯度，叫作绝热的温度梯度．根据热力学的定律，这个梯度是可以简单地计算的．设单位质量所吸收的热量为∇Q，则

$$\nabla Q = \mathrm{d}E + p\mathrm{d}v = \mathrm{d}(E + pv) - v\mathrm{d}p = \mathrm{d}H - v\mathrm{d}p,$$

E 是内能，v 是单位质量的体积(v=1/ρ)，H 是焓．若∇Q=0，则

$$\mathrm{d}H - v\mathrm{d}p = \left(\frac{\partial H}{\partial t}\right)_p \mathrm{d}T + \left(\frac{\partial H}{\partial p}\right)_T \mathrm{d}p - v\mathrm{d}p = c_p \mathrm{d}T - \left[\left(\frac{\partial H}{\partial p}\right)_T - v\right]\mathrm{d}p = 0,$$

c_p 是等压下的比热．但

$$\left(\frac{\partial H}{\partial p}\right)_T = v - T\left(\frac{\partial v}{\partial T}\right)_p,$$

故

$$\left(\frac{\mathrm{d}H}{\mathrm{d}p}\right)_s = \frac{T}{c_p}\left(\frac{\partial v}{\partial T}\right)_p = \frac{T}{c_p}\frac{\alpha}{\rho},$$

$\alpha = \frac{1}{v}\left(\frac{\partial v}{\partial T}\right)_p$，是膨胀系数．代入

$$\frac{\mathrm{d}p}{\mathrm{d}z} = g\rho,$$

得

$$\left(\frac{\mathrm{d}T}{\mathrm{d}z}\right)_s = \frac{\mathrm{d}T}{\mathrm{d}p}\frac{\mathrm{d}p}{\mathrm{d}z} = \frac{Tg\alpha}{c_p}. \tag{4.22}$$

这就是绝热的温度梯度．

计算熔点梯度时，可利用克拉珀龙–克劳修斯(Clapyron-Clausius)方程：

$$\frac{\mathrm{d}p}{\mathrm{d}T_m} = \frac{L}{T_m(v_1 - v_2)}$$

T_m 是熔点，L 是潜热，v_1，v_2 各为流体及固体的体积．

$$\frac{\mathrm{d}T_m}{\mathrm{d}z} = \frac{\mathrm{d}T_m}{\mathrm{d}p}\frac{\mathrm{d}p}{\mathrm{d}z} = \frac{T_m \rho_1 g}{L}\left(\frac{1}{\rho_1} - \frac{1}{\rho_2}\right) = \frac{T_m g}{L}\left(1 - \frac{\rho_1}{\rho_2}\right). \tag{4.23}$$

代入 g=981cm/s^2，α=2×10^{-5}/℃，T=1400℃，c_p=0.2Cal/(g·℃)，则由式(4.22)得

$$\left(\frac{\mathrm{d}T}{\mathrm{d}z}\right)_s = 0.3℃/\mathrm{km}.$$

由式(4.23)代入 T_m=1300℃，L=100Cal/g，$\rho_1/\rho_2 = 0.9$，得

$$\frac{\mathrm{d}T_m}{\mathrm{d}z} = 3℃/\mathrm{kg}.$$

以上杰弗里斯(Jeffreys, H.)的结果是很粗略的．更精细的计算使两个数值都略有降低，但数量级不变．重要的是

$$\frac{\mathrm{d}T_m}{\mathrm{d}z} > \left(\frac{\mathrm{d}T}{\mathrm{d}z}\right).$$

在绝热的情况下，岩浆的温度和熔点都随深度而增加，但熔点增加得快．所以当岩浆冷却时，深处先到达熔点．这就意味着岩浆凝固时是由下往上，而不是由上往下．

利用温度随深度的变化曲线，可以导出一些有意义的结果．杰可卜斯(Jacobs, J. A.)曾用它们来说明地球内核为什么是固体，图 4.4 说明他的方法．地幔和地核的物质组成不同，所以在核、幔边界处，熔点曲线是间断的，但温度曲线必须是连续的．地核由液体状态冷却时，温度梯度几乎是绝热的．图中的虚线是冷却时，不同时间的温度曲线．当冷却曲线降到 *AB* 位置时，熔点曲线 *A'B* 是在温度曲线之下，所以这部分地球是液体；但熔点曲线 *BC* 是在温度曲线之上，所以这部分地球是固体．当地球继续冷却时，地幔全是固体，所以 *AB* 部分的地球几乎处于绝热状态，不再凝固．

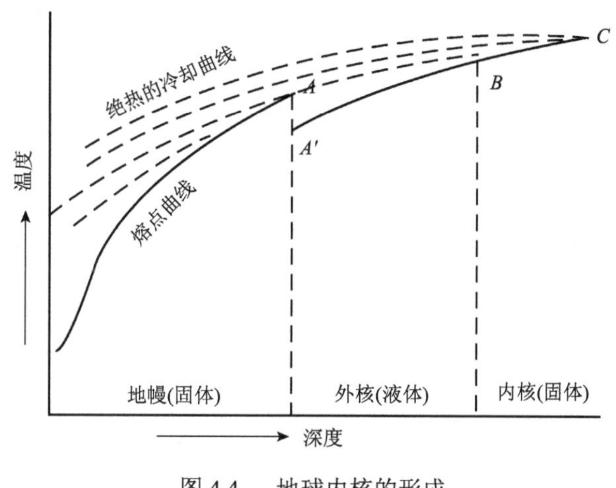

图 4.4　地球内核的形成

4.8　地球上层的温度分布

地球上层可以近似地看成是由平面平行层组成的，各层有不同含量的放射性元素．这时传热的机制主要是热传导．按照热传导的定律，若各层的厚度、热导率和热源的分布为已知，则由热流 $\boldsymbol{q}$ 可以计算各深度的温度[将式(4.15)略加推广便可得到多层介质的解]．前两个参量可以测定，但热源的分布只能做合理的估计．以下举出两种计算的例子，虽然都是假设的模式，但与其他方面的资料对比后，这些模式还是有实际意义的．

海洋地壳的平均厚度约为 6km，上面覆盖着约 4.5km 的海水．海底地壳分为三层，其厚度与热导率都标在图 4.5 上．海底的热流各地区不同，因而它们下面的温度分布也不同．海洋地壳很薄，可以假定所有热源都在 1000℃等温面以下．图 4.5 给出三种热流区[q=0.6，1.2，2.4μCal/(cm·s)]下面几个深度的温度．

计算大陆下面的温度时，所取的地壳模式是两层的，各厚 20km，热源均匀分布(图 4.6)．地面热流中假定有一部分来源于 1000℃等温面以下．图中标出三种热流区下面几个深度的温度．

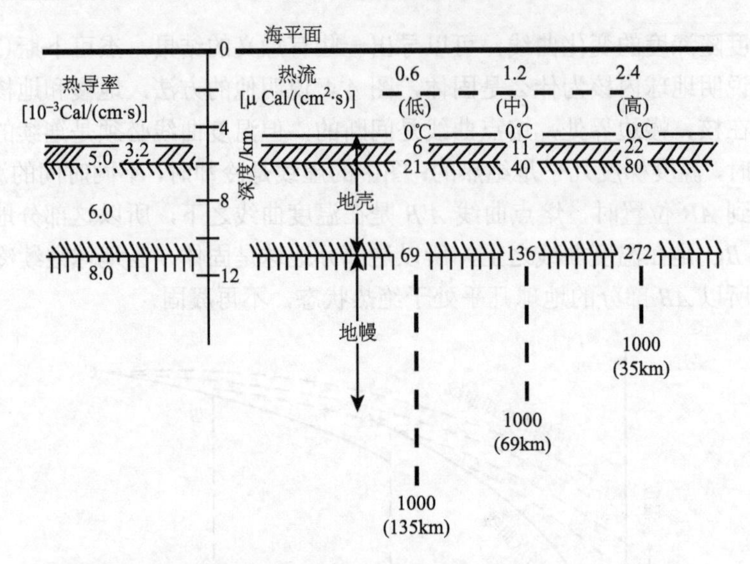

图 4.5 海洋下面的温度分布(见《地球十讲》，78 页，图 23)

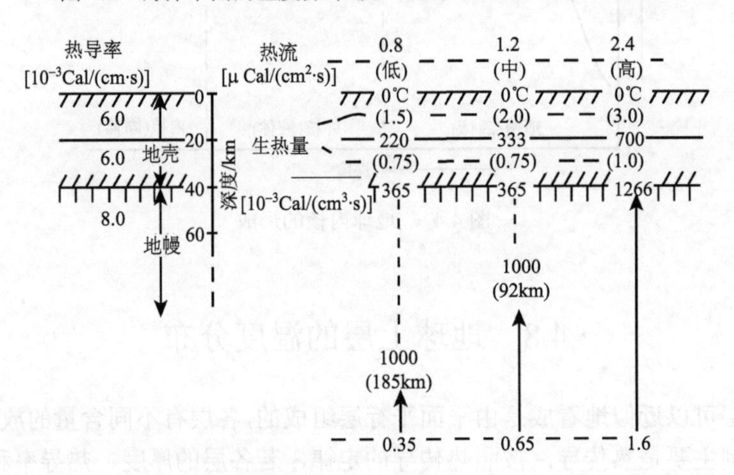

图 4.6 大陆下面的温度分布(见《地球十讲》，79 页，图 24)

计算更大深度岩石层的温度分布时，必须考虑传热机制的变化. 图 4.7 是海洋地壳，前寒武纪地盾和地盾以外的大陆地壳下面的温度分布. 计算时，假定上地幔的成分是地幔岩，另一部分是由于热辐射，并假定有 0.5μCal/(cm²·s) 的热流来自 400km 深度以下. 大陆的热流有很大一部分来源于地壳，但海底的热流则主要来源于上地幔. 所以大陆地壳下面，无论是热流、温度或温度梯度都比海洋下面同深度的各量小得多. 温度差可达 100℃以上. 这个温度差在几百千米以下必将消失，否则由于热膨胀不同，深处物质的密度将有很大的差异，从而导致地面上的重力也将有很大的差异，但是这种重力差异并未观测到.

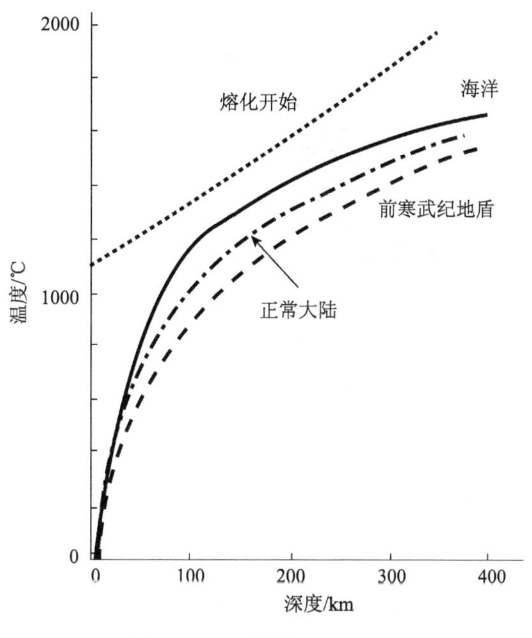

图 4.7　上地幔的温度分布

4.9　地球内部的温度分布

地球内部的热导率远远不是一个常量，它和深度的关系是很复杂的．以前曾有不少人企图用解传导方程的方法来求地球内部的温度分布，但不能得到令人信服的结果．另一种方法是利用某些在确定深度发生的现象来得到温度曲线上的一些控制点．这些现象有：

① 地下约 100km 的深处是软流层的上界，可以认为此处的温度等于玄武岩的熔点，即 T≈1100—1300℃．

② 在 300km 深度以下，地震观测表明那里完全是固体，因此可以用由实验室测得的相应物质的熔点曲线作为该区间温度分布的上限．

③ 地震观测表明在约 400km 和 700km 的深处，地震波速变化急剧，相当于两种矿物的相变．在 400km 处，T≈1500℃(橄榄石→尖晶石)．在 700km 处，T≈1900℃(尖晶石→钙钛矿的结构)．

④ 在核–幔边界，温度必须在地幔物质的熔点之下，在铁的熔点之上．这就确定 T≈3700℃．

⑤ 在内、外核边界，温度为铁的熔点，即在深度≈5100km 时，T≈4300℃．根据这些控制点，就可画出地球内部温度分布的大致曲线(图 4.8)．

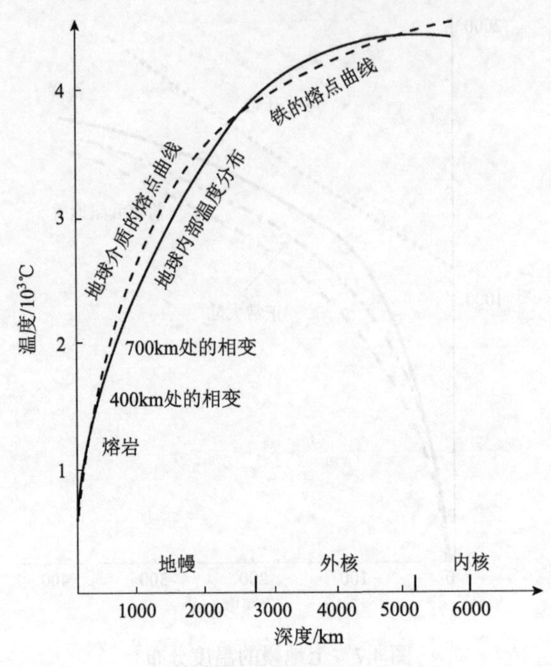

图 4.8　地球内部的温度分布

参 考 文 献

傅承义. 1976. 地球十讲. 北京: 科学出版社. 1-181.

Birch, F. 1965. Speculations on the Earth's thermal history. *Bull. Geol. Soc. Amer.*, **176**: 133.

Carslaw, H. S., Jaeger, J. C. 1959. *Conduction of Heat in Solids*. 2nd edition. London: Oxford University Press.

Cook, A. H. 1973. *Physics of the Earth and Planets*. London: MaeMillen. 1-316.

Jacobs, J. A. 1956. The Earth's interior. In: *Encyclopedia of Physics*. Berlin: Springer Verlag.

Jeffreys, H. 1964. *The Earth*. 4th edition. Cambridge: Cambridge University Press. 1-420.

York, D., Farquhar, R. M. 1972. *The Earth's Age and Geochronology*. London: Pergamon Press.

第五章 地 磁 场

磁针指南是地磁场极性的表现．但磁针并非指向地理南北极，这种偏离称为地磁偏角．随着偏角的发现和测量，人们于 1701 年绘制出世界上第一张地磁图：大西洋等偏角图；随后又发现了地磁倾角的存在，但迟至 1832 年高斯提出了地磁场强度的测量方法，才开始了完备的地磁场矢量的测定．

1600 年吉尔伯特(Gilbert，W.)发现圆球形天然磁性矿石表面磁场倾角的分布与地面相似，提出了“地球是一个大磁体”的假说，这是关于地磁场理论的最早论断．但直到 1839 年之前地磁学的主要内容仍然是地磁测量．1839 年高斯建立了地磁场的球谐分析方法，从此把地磁学纳入了数理分析的轨道，证实了吉尔伯特关于地磁场起源于地球本体的论断，奠定了地磁学分析的理论基础．

地球电磁现象的观测和研究是认识高空和地球内部介质的物性、组成和运动状态的重要途径之一．正是这个原因，古老悠久的地磁学近年来又获得了迅速发展，已经成为空间物理的重要组成部分，例如日地相关现象、电离层和磁层物理的研究；有关地球本体的电磁学则是固体地球物理的重要组成部分，自 20 世纪 60 年代以来也取得了丰硕的成果，构成了近代地球物理的重要内容，例如被称为“地学革命”的“板块大地构造”学说的重要支柱之一就是地磁学领域的证据．

我们祖先对地磁学的发展做出了重要贡献．指南针被誉为我国古代四大发明之一．我国早在战国时期就已经知道天然磁石的吸铁性和指极性(王振铎，1948)．偏角的发现也很早(傅承义，1976)，可靠的记载不迟于十一世纪．北宋沈括(1032—1096 年)的《梦溪笔谈》中有这样的记载：“方家以磁石磨针锋，则能指南，然常微偏东，不全南也．水浮多荡摇，指爪及碗唇上皆可为之，运转尤速，但坚滑易坠，不若缕悬为最善．”可见当时已经发现开封是有偏角的．相传哥伦布第一次横渡大西洋时，也发现了地磁偏角和它随地点的变化，但比沈括晚了四百多年．这段记载还提出了四种装置磁针的方法，其中指爪和缕悬正是近代罗盘和地磁仪器一直沿用的方式．北宋时磁针的使用已很盛行．北宋宣和元年(公元 1119 年)，朱彧着《萍洲可谈》，其中有这样一段：“舟师识地理，夜则观星，昼则观日，阴晦观指南针．”可见当时已将指南针用于航海．据王振铎考证，指南针首次在中国用于航海，当在公元 838 年与 1099 年之间(王振铎，1948)．

我们把地磁学的主要内容概括为两章：第五章，地磁场；第六章，古地磁场及其成因．而电磁感应和地球内部电导率则归并在第七章与地电场一起讨论．第五、六、七章可统称为地球电磁学，它们共同的物理基础是麦克斯韦方程组，但在各个不同领域麦克斯韦方程的具体表现形式不同．例如，电磁场的拉普拉斯方程的解及其定解方法——球谐分析，是地球磁现象分析的主要理论方法，构成了地磁场数学描述、形态和时间变化分析(第五章)的理论基础；第六章岩石磁性和古地磁的基础主要是铁磁学物理，数学方法比较简单，地磁场成因尽管难度较大，不同作者处理方法也不尽相同，但理论基础却全部统一于电磁场的“冻结扩散方程”和流体的运动方程；而电磁场的扩散方程则是全部电磁感应问题的基本方程．为了叙述的方便，我们把第五、六、七章各个部分基础统一但表现形式各异的基本方程和共同的数学方法归并为开头的物理基础一节．掌握了这些不同领域的物理基础的统一性和特殊性，尽管由于篇幅所限，在内容上难免会有遗漏，但对理论方法的认识却不失完整性，这样，对进一步学习地球电磁学或阅读有关文献也许是有益的．

5.1　地球电磁学的物理基础

既然地球电磁学研究的对象是地球及其周围空间的电磁场，那么地球电磁场的产生、变化将遵从电磁现象的普遍规律——麦克斯韦方程．而它与周围电磁介质的相互作用又被介质的运动方程所制约．因此，麦克斯韦方程、介质的运动方程以及两者的互相耦合是地球电磁学重要的物理基础．这里除了概要给出这两组方程外还将讨论矢量亥姆霍兹方程的求解方法以及“环型”和“极型”电磁场的划分．

5.1.1　电磁场扩散方程和拉普拉斯方程

在国际标准单位(SI)制中，麦克斯韦方程组微分和积分形式为：

$$\nabla\times\boldsymbol{H}=\boldsymbol{j}_f+\frac{\partial\boldsymbol{D}}{\partial t},\qquad \oint\boldsymbol{H}\cdot\mathrm{d}\boldsymbol{l}=\iint\left(\boldsymbol{j}_f+\frac{\partial\boldsymbol{D}}{\partial t}\right)\cdot\mathrm{d}\boldsymbol{s}\tag{5.1.1}$$

$$\nabla\times\boldsymbol{E}=-\frac{\partial\boldsymbol{B}}{\partial t},\qquad \oint\boldsymbol{E}\cdot\mathrm{d}\boldsymbol{l}=-\iint\frac{\partial\boldsymbol{B}}{\partial t}\cdot\mathrm{d}\boldsymbol{s}\tag{5.1.2}$$

$$\nabla\cdot\boldsymbol{B}=0,\qquad \iint\boldsymbol{B}\cdot\mathrm{d}\boldsymbol{s}=0\tag{5.1.3}$$

$$\nabla\cdot\boldsymbol{D}=\rho_f,\qquad \iint\boldsymbol{D}\cdot\mathrm{d}\boldsymbol{s}=\iiint\rho_f\,\mathrm{d}\tau\tag{5.1.4}$$

式中，$\boldsymbol{j}_f$和ρ_f分别为自由(传导)电流和自由电荷的体密度，其他符号与通常的用法一致．若式(5.1.1)用磁感应强度$\boldsymbol{B}$，式(5.1.4)用电场E表示，当介质均匀时，有

$$\nabla\times\boldsymbol{B}=\mu\left(\boldsymbol{j}_f+\frac{\partial\boldsymbol{D}}{\partial t}\right),\qquad \nabla\cdot\boldsymbol{E}=\frac{\rho}{\varepsilon},$$

式中，$\boldsymbol{j}$和ρ分别为自由与束缚(极化)电流之和以及自由与束缚电荷之和．式(5.1.1)，(5.1.3)表明，磁场是有旋无源场，电流(包括极化电流)和变化的电场是产生磁场的两种物理源，后者通常称为位移电流，式(5.1.3)，通过任意封闭曲面的磁感应通量为零，是不存在单磁极这一物理事实的数学表述．式(5.1.4)，(5.1.2)则表明，与磁场不同，电场是有源场，电荷(包括束缚电荷)和变化的磁场是电场的两种物理源．需要说明的是，麦克斯韦方程的微分和积分形式，积分是基本的，在介质内处处成立，只有，也只有所在区域场矢量的微分处处存在，积分和微分两者才等价，例如大家都熟悉，在边界，只有积分形式有效，边界条件只可能由麦克斯韦方程的积分形式导出．

在各向同性介质中，当电磁场不太强时，磁感应强度B与磁场强度H，电场强度$\boldsymbol{E}$

与电感应强度 $\boldsymbol{D}$ 和电流体密度 $\boldsymbol{j}$ 之间遵从如下本构关系：

$$\begin{aligned} &\boldsymbol{B}=\mu\boldsymbol{H}, \\ &\boldsymbol{D}=\varepsilon\boldsymbol{E}, \\ &\boldsymbol{j}=\sigma(\boldsymbol{E}+\boldsymbol{V}\times\boldsymbol{B}), \end{aligned} \tag{5.2}$$

式中，$\boldsymbol{V}$ 为介质的运动速度，μ，ε，σ分别为介质的磁导率、介电常数和电导率，式中(5.2.3)称为广义欧姆定律．在电磁学中已经证明，当电荷、电流以及介质的运动状态给定时，方程(5.1)，(5.2)根据初始条件和必要的边界条件就可以完全地决定电磁场的变化，即方程组是完备的．这里所说必要的边界条件除自然边界条件外，尚包括方程(5.1)在不连续界面的表现形式，通常称为边值关系：

$$\left.\begin{aligned} &\boldsymbol{n}\times(\boldsymbol{H}_1-\boldsymbol{H}_2)=\boldsymbol{j}_s \\ &\boldsymbol{n}\times(\boldsymbol{E}_1-\boldsymbol{E}_2)=0 \\ &\boldsymbol{n}\cdot(\boldsymbol{B}_1-\boldsymbol{B}_2)=0 \\ &\boldsymbol{n}\cdot(\boldsymbol{D}_1-\boldsymbol{D}_2)=\rho_s \end{aligned}\right\} \tag{5.3}$$

如上所述，式(5.3)即是由式(5.1)在边界的积分形式导出的，式中，ρ_s为界面处的自由面电荷密度，$\boldsymbol{j}_s$为界面上的自由面电流密度，下标 1，2 指在介质 1，2 中无限靠近界面处的场，$\boldsymbol{n}$ 为界面法向，由 2 指向 1．式(5.3)表明，若界面面电流存在，$\boldsymbol{j}_s\neq0$，则磁场的切线分量将发生跃变，$\boldsymbol{j}_s$，而磁感应强度的法线分量以及电场的切线分量连续，电极化矢量的法线分量的跃变为ρ_s.

下面考虑静止导体的电荷．将(5.1.1)两边取散度，

$$\nabla\cdot\boldsymbol{j}+\nabla\cdot\frac{\partial\boldsymbol{D}}{\partial t}=0,$$

考虑方程(5.1.4)，则可得电流的连续方程：

$$\nabla\cdot\boldsymbol{j}+\frac{\partial\rho}{\partial t}=0, \tag{5.4}$$

对于静止导体，由式(5.1.4)，(5.2.2)，(5.2.3)和(5.4)可得，

$$\frac{\partial\rho}{\partial t}+\frac{\sigma}{\varepsilon}\rho=-\frac{\varepsilon}{\sigma}\boldsymbol{j}\cdot\nabla\left(\frac{\sigma}{\varepsilon}\right) \tag{5.5}$$

式(5.5)即为静止导体中电荷所满足的方程．对于均匀介质，或者介质虽不均匀，但电流 $\boldsymbol{j}$ 与 $\nabla(\sigma/\varepsilon)$ 垂直的情况，式(5.5)右端为零，此时导体内电荷分布随时间的变化遵从

$$\rho=\rho_0\mathrm{e}^{-\frac{\sigma}{\varepsilon}t}, \tag{5.6}$$

式中，ρ_0为初始时刻的电荷分布．式(5.6)表明，不管$\rho_0(x,y,z)$分布如何，静止导体内的电荷必然随时间衰减而最终消失，其衰减速度取决于时间常数 ε/σ (即衰减至初始值ρ_0的 1/e 所需要的时间)，即σ 越大，自由电荷随时间的衰减越快．因此当满足上述条件时，在导体内可假定ρ=0．这时式(5.1.4)成为

$$\nabla\cdot\boldsymbol{D}=0. \tag{5.7}$$

分别对式(5.1.1)和(5.1.2)取旋度，利用矢量公式$\nabla\times\nabla\times=\nabla\nabla\cdot-\nabla^2$，$\nabla\times(\varphi\boldsymbol{a})=\varphi\nabla\times\boldsymbol{a}+$

$\nabla\varphi\times\boldsymbol{a}$，当介质静止时，可以得到：

$$\nabla(\nabla\cdot)\boldsymbol{B}-\nabla^2\boldsymbol{B}=-\sigma\mu\frac{\partial\boldsymbol{B}}{\partial t}-\mu\varepsilon\frac{\partial^2}{\partial t^2}\boldsymbol{B}-\mu\boldsymbol{E}\times\nabla\sigma-\frac{\partial}{\partial t}(\boldsymbol{E}\times\nabla\varepsilon),\tag{5.8.1}$$

$$\nabla(\nabla\cdot\boldsymbol{E})-\nabla^2\boldsymbol{E}=-\sigma\mu\frac{\partial\boldsymbol{E}}{\partial t}-\mu\varepsilon\frac{\partial^2\boldsymbol{E}}{\partial t^2}+\frac{\partial}{\partial t}(\boldsymbol{H}\times\nabla\mu).\tag{5.9.1}$$

不出所料，和麦克斯韦方程(5.1)一样，电场和磁场所满足的方程是耦合在一起的．若介质均匀，则式(5.8.1)和式(5.9.1)简化为：

$$\nabla^2\boldsymbol{B}=\sigma\mu\frac{\partial\boldsymbol{B}}{\partial t}+\mu\varepsilon\frac{\partial^2\boldsymbol{B}}{\partial t^2},\tag{5.8.2}$$

$$\nabla^2\boldsymbol{E}=\sigma\mu\frac{\partial\boldsymbol{E}}{\partial t}+\mu\varepsilon\frac{\partial^2\boldsymbol{E}}{\partial t^2}.\tag{5.9.2}$$

对于地球介质，通常μ，ε可视为均匀，从式(5.8.1)可以看出，式(5.8.2)成立则介质必须均匀或满足

$$\boldsymbol{E}\times\nabla\sigma=0,\tag{5.10}$$

而式(5.9.2)成立要求方程(5.7)有效，除导电率σ 均匀外，从方程(5.5)可知，如果

$$\boldsymbol{E}\cdot\nabla\sigma=0\tag{5.11}$$

成立，则(5.9.2)亦成立．即方程(5.8.2)成立的条件是要么介质均匀，要么电流流动方向与介质电导率的梯度方向一致；而方程(5.9.2)成立的条件则是介质均匀或者电流流动方向与电导率梯度方向垂直．于是，若要求方程(5.8.2)，(5.9.2)同时成立，则电导介质必须是均匀的．电导均匀，方程(5.8.2)，(5.9.2)成立，电场和磁场各自的方程不再相互耦合．但切不可误以为，电场和磁场各自所满足的方程(5.8.2)，(5.9.2)相互独立，电场和磁场可各自独立求解，它们的边界条件式(5.3)一般情况依然是耦合的，其物理实质与方程(5.8.1)，(5.9.1)一样，是麦克斯韦方程(5.1)电场和磁场相互耦合所决定的．

若σ=0 或式(5.8.2)，(5.9.2)右边第一项可以忽略，则方程简化为：

$$\nabla^2\boldsymbol{B}=\mu\varepsilon\frac{\partial^2\boldsymbol{B}}{\partial t^2},\tag{5.12}$$

$$\nabla^2\boldsymbol{E}=\mu\varepsilon\frac{\partial^2\boldsymbol{E}}{\partial t^2}.\tag{5.13}$$

这正是电磁场的波动方程．在真空中，$\mu_0\varepsilon_0=1/c^2$，c 为光速，μ_0，ε_0 分别为真空介质的磁导率和介电常数，地球介质除特别指出外，与真空相差无几．反之，若方程(5.8.2)，(5.9.2)右边第二项可以忽略，则方程成为：

$$\nabla^2\boldsymbol{B}=\sigma\mu\frac{\partial\boldsymbol{B}}{\partial t},\tag{5.14}$$

$$\nabla^2\boldsymbol{E}=\sigma\mu\frac{\partial\boldsymbol{E}}{\partial t}.\tag{5.15}$$

方程(5.14)，(5.15)称为电磁场的扩散方程．很显然与有限电导率σ相联系的扩散过程，必然伴随电磁能量的耗损．因此，方程(5.8.2)，(5.9.2)正是电磁场在导电介质中既传

播又扩散和衰减全过程的总和，称为扩散(阻尼)波动方程.我们下面将讨论方程(5.12)，(5.13)和方程(5.14)，(5.15)成立的条件，即在什么条件下电磁过程以传播为主，在什么条件下以扩散为主．这对于麦克斯韦电磁方程在地球电磁学中的应用是重要的，也是基本的.

比较方程(5.8.2)或(5.9.2)右端的两项，可以得到第一、第二两项之比的量级为$\sigma/(\varepsilon\omega)$，这里$\omega$代表电磁场时间变化的特征圆频率，若

$$\frac{\sigma}{\varepsilon\omega}\gg 1, \tag{5.16.1}$$

则方程(5.14)，(5.15)成立，电磁过程以扩散为主．反之，若

$$\frac{\sigma}{\varepsilon\omega}\ll 1, \tag{5.16.2}$$

则方程(5.12)，(5.13)成立，电磁过程以传播为主．从方程(5.1.1)不难看出，条件(5.16.1)相当于方程(5.1.1)中传导电流(σE)远大于位移电流($\varepsilon\omega\sigma E$)，即在电导介质中与传导电流相比，位移电流可以忽略．这等价于在电磁过程中，不考虑电场变化的磁效应．我们知道正是电磁场变化可以相互激励，即，位移电流存在，电磁波动过程才得以维持，条件(5.16.1)既然等价于电场变化的磁效应可以忽略，波动过程自然不复存在，这正是条件(5.16.1)的物理本质所在．在地球电磁学中，所涉及的电磁变化都是缓慢的，即使对于电导性能最差的干燥岩石(σ~10^{-4} S/m)，当电场变化每秒到 10 周或 100 周时，条件(5.16.1)仍然成立．因此，扩散方程(5.14)，(5.15)是当电导介质静止时地球电磁学中的主要方程.

与扩散方程，即忽略位移电流相应，由方程(5.1.1)得，在导体的分界面，电流的垂直(与界面)分量连续，这样，边界条件(5.3)增加为 5 个，即

$$\boldsymbol{n}\cdot\left(\sigma_1\boldsymbol{E}_1-\sigma_2\boldsymbol{E}_2\right)=0, \tag{5.3.5}$$

(5.3.5)成立，是分界面上面电荷堆积的结果，由(5.3.4)可得：

$$\boldsymbol{n}\cdot\boldsymbol{E}_1\left(\varepsilon_1-\frac{\varepsilon_2\sigma_1}{\sigma_2}\right)=\rho_S,$$

若忽略介质ε的差异，则有：

$$\boldsymbol{n}\cdot\varepsilon\boldsymbol{E}_1\left(\frac{\sigma_2-\sigma_1}{\sigma_2}\right)=\rho_S,$$

即界面两侧电导率的差异和电场垂直分量 $E_\perp$(E_1 或 E_2)决定界面上面电荷ρ_s 的分布，这在物理上不难理解.

温度扩散方程是热过程能量守恒的表现；同样，电磁扩散方程(5.14)，(5.15)是电磁过程能量守恒的表现．与电磁方程相应的能量过程，是地球电磁学的重要内容，在§6.3.2(2)第(iii)小节“电磁张量、能量和焦耳热”，以及§6.3.3(1)第(i)小节“液核中的能量方程”中有详尽的讨论．这里所及仅是扩散方程(5.14)，(5.15)电磁能量过程的简单情形，包括①由静止导体电磁方程导出扩散方程(5.14)；②扩散方程所描述的电磁场的扩散和衰减．方程(5.14)表明，场的扩散率与场的空间二次梯度相联系，即$\propto\nabla^2\boldsymbol{B}$；而磁

场梯度的存在，必然在导体中伴随有电流[方程(5.1.1)]；而电流，即电荷移动，电荷在电磁场作用下移动，则电磁场做功；而电磁场做功必伴随有电磁能量的耗损；单位体积，单位时间介质内的能量的耗损，即通常所说的焦耳热：

$$J_L = -\boldsymbol{j} \cdot \boldsymbol{E} = -\frac{j^2}{\sigma},$$

导体通过界面单位面积的能量交换，即玻印廷(Poynting)矢量：

$$S_E = \boldsymbol{E} \times \boldsymbol{H} = \frac{1}{\mu_0}(\boldsymbol{E} \times \boldsymbol{B}),$$

而单位体积电磁能：

$$U_E = \frac{1}{2}(\boldsymbol{E} \cdot \boldsymbol{D} + \boldsymbol{B} \cdot \boldsymbol{H}) = \frac{1}{2}\left(\varepsilon E^2 + \frac{B^2}{\mu}\right),$$

则由能量守恒可得：

$$\iiint_{\Sigma} \frac{\partial U_E}{\partial t} \mathrm{d}V = -\oint\!\!\oint_{\partial\Sigma} S_E \cdot \boldsymbol{n} \mathrm{d}s - \iiint_{\Sigma} J_L \mathrm{d}V, \tag{5.17}$$

即：

$$\iiint_{\Sigma} \left(E\frac{\partial \varepsilon E}{\partial t} + \frac{B}{\mu}\frac{\partial B}{\partial t}\right)\mathrm{d}V = -\oint\!\!\oint_{\partial\Sigma} \frac{1}{\mu}(\boldsymbol{E} \times \boldsymbol{B}) \cdot \boldsymbol{n}\mathrm{d}s - \iiint_{\Sigma} \frac{j^2}{\sigma}\mathrm{d}V, \tag{5.17.1}$$

式中，Σ 为体积，$\partial\Sigma$ 为界面，$\boldsymbol{n}$ 为导体界面$\partial\Sigma$ 法向(向外)．式(5.17.1)为静止导体电磁能量方程，即：导体内单位时间电磁能量的增加(左端)等于单位时间导体通过界面输入的能量(右端第1项)和焦耳热耗损之代数和(右端第2项)．进一步，由方程(5.1.2)，(5.1.1)不难估计：式(5.17.1)左端第 1 项量级为 $\omega\varepsilon E^2$, 第 2 项量级为 $HE/L \approx \sigma E^2$, 后者与前者之比与(5.16.1)相当，即若与传导电流(σE)相比，位移电流($\omega\varepsilon E$)可以忽略，则能量方程(5.17.1)中电场能量变化率与磁场能量变化率相比，可以忽略，物理上，即相当扩散方程(5.14)成立．这样，式(5.17.1)简化为：

$$\iiint_{\Sigma} \frac{1}{\mu}\boldsymbol{B} \cdot \frac{\partial \boldsymbol{B}}{\partial t}\mathrm{d}V = -\oint\!\!\oint_{\partial\Sigma} \frac{1}{\mu}(\boldsymbol{E} \times \boldsymbol{B}) \cdot \boldsymbol{n}\mathrm{d}s - \iiint_{\Sigma} \frac{j^2}{\sigma}\mathrm{d}V. \tag{5.17.2}$$

利用微分关系$\iint \cdot \mathrm{d}s = \iiint \nabla \cdot \mathrm{d}V$, $\nabla \cdot (\boldsymbol{a} \times \boldsymbol{b}) = \boldsymbol{b} \cdot (\nabla \times \boldsymbol{a}) - \boldsymbol{a} \cdot (\nabla \times \boldsymbol{b})$，(5.17.2)右侧第一项可分解为两项：

$$\nabla \cdot (\boldsymbol{E} \times \boldsymbol{H}) = \frac{1}{\sigma}\nabla \cdot \left[(\nabla \times \boldsymbol{H}) \times \boldsymbol{H}\right] = -\frac{1}{\sigma\mu^2}\boldsymbol{B} \cdot \nabla^2 \boldsymbol{B} - \frac{j^2}{\sigma},$$

其中 j^2/σ 与式(5.17.2)第 2 项，即焦耳热耗损恰好抵消，则式(5.17.2)成为：

$$\iiint_{\Sigma} \frac{1}{\mu}\boldsymbol{B} \cdot \frac{\partial \boldsymbol{B}}{\partial t}\mathrm{d}V = \iiint_{\Sigma} \frac{1}{\mu}\boldsymbol{B} \cdot \frac{1}{\sigma\mu}\nabla^2 \boldsymbol{B}\mathrm{d}V.$$

以上积分在电导率 σ 均匀区域 Σ 内处处成立，因此有：

$$\frac{\partial \boldsymbol{B}}{\partial t}=\frac{1}{\sigma\mu}\nabla^2\boldsymbol{B},$$

即扩散方程(5.14)成立，而这里扩散方程是由能量方程(5.17)导出的，因此，扩散方程(5.14)，(5.15)是电磁能量过程的一种表现形式．进一步，将以上方程两侧点乘 $\boldsymbol{B}/\mu$，可得：

$$\frac{1}{2}\frac{\partial}{\partial t}(\boldsymbol{B}\cdot\boldsymbol{H})=-\nabla\cdot(\boldsymbol{E}\times\boldsymbol{H})-\boldsymbol{j}\cdot\boldsymbol{E}$$

或

$$\frac{\partial U}{\partial t}=-\nabla\cdot\boldsymbol{S}-\boldsymbol{j}\cdot\boldsymbol{E}, \tag{5.17.3}$$

式(5.17.3)即能量方程(5.17)的微分形式，它意味着扩散方程的扩散项包含两种能量过程：由外输入电磁能量和焦耳热耗损，而系统能量的变化以磁场为主，与磁场相比，电场能量的变化可以忽略．

当σ=0 时，例如空气中，或条件(5.16.2)成立，即位移电流远大于传导电流，电磁场应满足波动方程(5.12)，(5.13)，但当地球电磁现象变化非常缓慢，传播过程的时间效应可以忽略时，即方程(5.12)中

$$\lambda=cT\gg L,$$

λ 为电磁波长，L 为导体的线度，方程(5.12)成为：

$$\nabla^2\boldsymbol{B}=0. \tag{5.18}$$

从上面的推导可知，方程(5.18)是当麦克斯韦方程(5.1)，(5.3)满足

$$\nabla\times\boldsymbol{B}=0,\quad \nabla\cdot\boldsymbol{B}=0$$

的特殊条件下得到的．这时可定义磁势 W，

$$\boldsymbol{B}=-\nabla W, \tag{5.19.1}$$

且 W 满足

$$\nabla^2 W=0, \tag{5.19.2}$$

即磁势 W 满足拉普拉斯方程．但必须指出虽然方程(5.19)和电磁学中的静磁势的拉普拉斯方程相同，但这里一般是指随时间缓慢变化的电磁场——似稳电磁场．因此方程(5.19)是忽略传播效应时，似稳电磁场在绝缘介质中的表现形式，静磁场仅仅是它的一个特例．

导电介质中的方程(5.14)，(5.15)，非导电介质中的方程(5.18)或(5.19)以及边值关系(5.3)是在介质静止不动时研究地球电磁场的空间分布、时间变化以及电磁场和电导介质互相感应和作用的基本方程．

这里还需指出，如前所述，若方程(5.14)，(5.15)同时成立，则导电介质必须是均匀的．表面看来，这种条件似乎非常苛刻，很难有具体实用价值．其实不然，因为一般说来，总可以把不均匀的介质分成许多元区域，在每一元区域或分层地球的每一层，其电导率可视为均匀的，可用解析的或数值的方法求解方程(5.19)，(5.20)，而在层

或元区域间用边界条件(5.3)衔接定解．同样理由，上述关于在导体内电荷密度ρ=0的假定在每一层或元区域内也总可以成立，只在区域的分界面上通常将有电荷聚积．但是在必须考虑电导率的连续分布时，例如σ是半径 r 的函数$\sigma(r)$，则必须考虑条件(5.16)．若(5.16.1)成立，则利用方程(5.14)和边界条件(5.3)先求解 $\boldsymbol{B}$，再用方程(5.1)求出电场 $\boldsymbol{E}$；反之，若(5.16.2)成立，则须利用方程(5.15)先求解电场 $\boldsymbol{E}$，再通过方程(5.2)求得磁场 $\boldsymbol{B}$．

5.1.2 运动介质的电磁方程和动力学方程

当导电介质运动时，方程(5.2.3)，广义欧姆定律将增加与运动相联系的一项$\sigma\boldsymbol{V}\times\boldsymbol{B}$，这时方程(5.14)也必须做相应的改变，若介质均匀，可得

$$\frac{\partial \boldsymbol{B}}{\partial t}=\eta\nabla^2\boldsymbol{B}+\nabla\times(\boldsymbol{V}\times\boldsymbol{B}), \tag{5.20}$$

式中，$\eta=(\mu\sigma)^{-1}$即扩散方程(5.14)中的磁扩散率．方程(5.14)是(5.20)当介质静止时的特例．这时，由于焦耳热损耗，磁场在扩散过程中将逐渐衰减，通过量纲比较可以近似估计其衰减时间$\tau'=\mu\sigma L^2$．下面我们考察方程(5.20)第二项的物理意义．若介质的电导率为无穷大，则方程(5.20)简化为：

$$\frac{\partial \boldsymbol{B}}{\partial t}=\nabla\times(\boldsymbol{V}\times\boldsymbol{B}). \tag{5.21}$$

在运动介质中，取如图 5.1 所示和介质一起运动的任一回路 l，我们考察与回路 l 相应的截面 S，运动前后，磁通量变化

$$\Delta\phi=\iint\limits_{S_{t+\mathrm{d}t}}B_n(t+\mathrm{d}t)\mathrm{d}s-\iint\limits_{S_t}B_n(t)\mathrm{d}s,$$

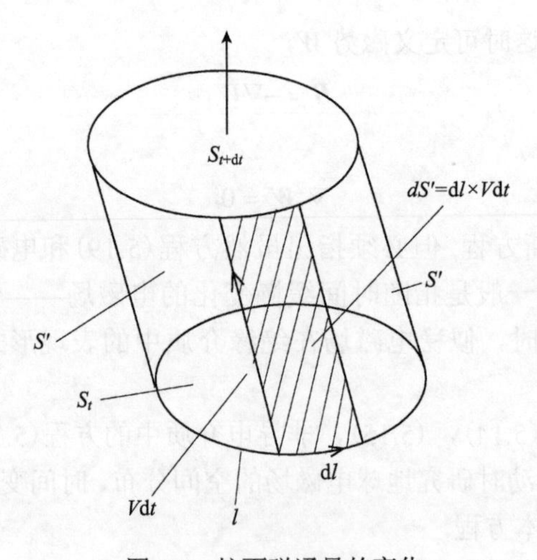

图 5.1 柱面磁通量的变化

S_t 为时刻 t 回路的截面，$S_{t+\mathrm{d}t}$ 为 $t+\mathrm{d}t$ 时的截面，B_n 为磁场的法线分量，S_t 和 $S_{t+\mathrm{d}t}$ 的法线 $\boldsymbol{n}$ 都取为回路 l 的正方向(右手法则)．$\Delta\phi$可以分解为两项，一项是回路截面不动，由于时间不同所产生的通量变化$\Delta\phi_1$，

$$\Delta\phi_1 = \mathrm{d}t\iint_{S_t}\frac{\partial B_n}{\partial t}\mathrm{d}s, \tag{5.22}$$

第二项是场不变，由于回路运动所产生的变化$\Delta\phi_2$，

$$\Delta\phi_2 = \iint_{S_{t+dt}} B_n\mathrm{d}s - \iint_{S_t} B_n\mathrm{d}s.$$

根据方程(5.1.3)，即磁感应强度 $\boldsymbol{B}$，通过如图 5.1 所示介质运动所扫过体积的表面的磁场的总通量为零，即

$$\iint_{S_{t+\mathrm{d}t}} B_n\mathrm{d}s - \iint_{S_t} B_n\mathrm{d}s + \mathrm{d}t\int_l \boldsymbol{B}\cdot\left(\boldsymbol{dl}\times\boldsymbol{V}\right) = 0,$$

则

$$\Delta\phi_2 = -\mathrm{d}t\int_l(\boldsymbol{V}\times\boldsymbol{B})\cdot\mathrm{d}\boldsymbol{l} = -\mathrm{d}t\iint_{S_t}\nabla\times(\boldsymbol{V}\times\boldsymbol{B})\cdot\mathrm{d}\boldsymbol{s}. \tag{5.23}$$

由方程(5.22)，(5.23)得出回路磁通量的变化

$$\Delta\phi = \mathrm{d}t\iint_S\left[\frac{\partial\boldsymbol{B}}{\partial t} - \nabla\times(\boldsymbol{V}\times\boldsymbol{B})\right]\cdot\mathrm{d}\boldsymbol{s}. \tag{5.24}$$

由式(5.24)可以看出，方程(5.21)的物理意义在于，当介质运动时，任一介质回路磁通量的变化为零，即磁通量守恒．这是容易理解的，因为介质的电导率为无穷大，则任何运动回路磁通量的变化将产生无穷大的感应电流，这显然是不可能的，因此其磁通量必须守恒．磁通量守恒意味着介质运动时，通过介质的磁力线不发生任何变化，犹如磁力线与介质“黏固”在一起，介质携带磁力线一起运动．这就是电磁流体力学中重要的磁力线“冻结”现象．方程(5.21)称为磁场的“冻结方程”．

当方程(5.20)中，扩散与冻结两项都存在时，磁感应强度 $\boldsymbol{B}$ 随时间的变化由两部分构成，一是磁力线在被运动物质带动的同时，又在物质中扩散，所以方程(5.20)称为“冻结扩散方程”．为了比较在实际问题中两种效应的量级，与流体力学的雷诺数($R = LV/\nu$，ν 为流体黏滞系数)相似，引入一个无量纲的磁雷诺数 R_M，

$$R_M = \frac{LV}{\eta}, \tag{5.25}$$

L 为介质的特征线度，V 为介质的特征速度．由方程(5.20)右端两项的量纲比较可以看出，当

$$R_M \gg 1 \tag{5.26.1}$$

时，方程(5.20)近似为方程(5.21)，“冻结”现象是主要的．反之，当

$$R_M \ll 1 \tag{5.26.2}$$

时，方程(5.20)近似为方程(5.14)，电磁场的扩散将是主要的. 这里需要指出，由于地球物理现象，特别是宇宙现象，其介质的广延度 L 较普通物理现象要大得多，因此在条件(5.26)中 L 一般将起主导作用.

以上仅仅涉及了运动介质对磁场的影响，很自然，与此同时，介质的运动状态也将受到电磁场的作用. 因此运动介质与电磁场的相互作用的完整解答，必须同时考虑电磁场方程和介质的动力学方程. 两者相互偶合的媒介是库仑安培力密度公式，由(5.2.3)得：

$$\boldsymbol{f} = \rho \boldsymbol{E} + \boldsymbol{j} \times \boldsymbol{B}. \tag{5.27}$$

上节已经讨论，在我们所涉及的问题中，在导体内电荷密度ρ=0，因此式(5.27)简化为

$$\boldsymbol{f} = \boldsymbol{j} \times \boldsymbol{B}. \tag{5.28}$$

考虑到电磁力，则介质的运动方程为

$$\rho_m \frac{\partial \boldsymbol{V}}{\partial t} + \rho_m (\boldsymbol{V} \cdot \nabla) \boldsymbol{V} = -\nabla P + \rho_m \boldsymbol{g} + \boldsymbol{F} + \boldsymbol{j} \times \boldsymbol{B}, \tag{5.29}$$

介质的连续方程为

$$\frac{\partial \rho_m}{\partial t} + \nabla \cdot (\rho_m \boldsymbol{V}) = 0, \tag{5.30}$$

式中，ρ_m 为介质的质量密度，P 为保守力密度(例如压力)的位势，$\rho_m \boldsymbol{g}$ 为重力密度，$\boldsymbol{F}$ 为黏滞力密度，对于不可压缩的流体，

$$\boldsymbol{F} = \rho_m \nu \nabla^2 \boldsymbol{V}.$$

方程(5.20)与(5.29)联立，研究电磁场与运动介质的相互耦合，是地核内部和磁层电磁现象的基本方程.

5.1.3　矢量亥姆霍兹方程和贝塞尔函数

地球电磁学中一类重要方程，拉普拉斯方程(5.19)的解以及与其相联系的缔合勒让德函数已在第二章“势论简述”一节中叙述. 导体介质中扩散方程(5.14)，(5.15)，扩散波动方程(5.08)，(5.09)都可转化为矢量亥姆霍兹方程. 这一节将介绍这一类方程的求解方法以及与其相联系的另一类特殊函数——贝塞尔函数.

若方程(5.14)，(5.15)中的磁场 $\boldsymbol{B}$ 或电场 $\boldsymbol{E}$ 用 $\boldsymbol{C}$ 表示，设

$$\boldsymbol{C}(\boldsymbol{r},t) = \boldsymbol{R}(\boldsymbol{r})T(t),$$

则方程(5.14)，(5.15)转化为

$$\frac{\partial T(t)}{\partial t} + \lambda^2 T(t) = 0, \tag{5.31}$$

$$\nabla^2 \boldsymbol{R}(\boldsymbol{r}) + k^2 \boldsymbol{R}(\boldsymbol{r}) = 0, \tag{5.32}$$

$$k^2 = \frac{\lambda^2}{\eta},$$

方程(5.32)即矢量亥姆霍兹方程. 其中λ^2是分离变量常数，由场矢量 $\boldsymbol{C}(\boldsymbol{r}, t)$ 的时间变化性质确定，例如当时间因子是 $e^{i\omega t}$ 时，$\lambda^2 = -i\omega$.

(1)矢量亥姆霍兹方程的解

设标量函数ψ满足

$$\nabla^2\psi + k^2\psi = 0, \tag{5.33}$$

则方程(5.32)中矢量$\boldsymbol{R}(\boldsymbol{r})$三个独立的解可表示为

$$\left.\begin{aligned} \boldsymbol{R}_l &= \nabla\psi \\ \boldsymbol{R}_T &= \nabla\times\boldsymbol{i}\psi \\ \boldsymbol{R}_s &= \frac{1}{k}\nabla\times\nabla\times\boldsymbol{i}\psi \end{aligned}\right\} \tag{5.34}$$

式中，$\boldsymbol{i}$为空间任一单位常矢量. 不难证明解(5.34.1)满足方程(5.32)，只要标量函数ψ满足方程(5.33)；而如果解(5.34.2)满足方程(5.32)，则解(5.34.3)一定满足方程(5.32)，这就是说只要证明解(5.34.2)满足方程(5.32)，则式(5.34)是矢量亥姆霍兹方程(5.32)的解. 将解(5.34.2)代入方程(5.32)左端，得

$$\begin{aligned} \nabla\times(\nabla^2(\boldsymbol{i}\psi) + k^2\boldsymbol{i}\psi) &= \nabla\times[\nabla(\nabla\cdot(\boldsymbol{i}\psi)) + k^2\boldsymbol{i}\psi] \\ &= \nabla\times\{\nabla[(\nabla\psi)\boldsymbol{i} + \psi\nabla\boldsymbol{i}] + k^2\boldsymbol{i}\psi\} \\ &= \nabla\times\{\boldsymbol{i}\nabla^2\psi + 2\nabla\psi\nabla\boldsymbol{i} + \psi\nabla^2\boldsymbol{i} + k^2\boldsymbol{i}\psi\} \\ &= \nabla\times\{\boldsymbol{i}(\nabla^2\psi + k^2\psi)\}. \end{aligned}$$

由于ψ满足方程(5.33)，则上式恒等于零，即解(5.34.2)满足方程(5.32). 容易看出式(5.34)三个解是线性无关的. 因为任何一个矢量场都可以用空间三个独立的基矢量完全描述，因此解(5.34)作为空间的基矢量对于矢量$\boldsymbol{R}(\boldsymbol{r})$的描述也是完全的. 特别的，解(5.34.1)$\boldsymbol{R}_l$是矢量$\boldsymbol{R}(\boldsymbol{r})$的纵场部分，用标量场$\psi$的梯度，完全描述一个纵场是读者所熟悉的，例如静磁场、静电场、重力场等；而对于$\boldsymbol{R}(\boldsymbol{r})$的横场部分$\boldsymbol{R}_t$，因满足$\nabla\cdot\boldsymbol{R}_t=0$，故只需空间两个独立的矢量$\boldsymbol{R}_T$，$\boldsymbol{R}_s$，即可做完全地描述. 因此只要标量函数$\psi$是满足方程(5.33)和边界条件的完备解，则(5.34)必然是满足矢量亥姆霍兹方程(5.32)$\boldsymbol{R}(\boldsymbol{r})$的完全解答. 即解(5.34)，将矢量亥姆霍兹方程(5.32)简化为求解标量亥姆霍兹方程(5.33)的问题.

显然对于磁场$\boldsymbol{B}$，解只含有(5.34)中的横场部分(5.34.2)，(5.34.3). 对于地球电磁学问题，条件(5.7)，即$\nabla\cdot\boldsymbol{D}=0$，除边界处，导体内无自由电荷堆积，一般能够满足，因此电场$\boldsymbol{E}$同样也只含有(5.34.2)，(5.34.3)，即横场形式的解.

(2)柱坐标系中的亥姆霍兹方程和贝塞尔函数

在柱坐标系中，标量亥姆霍兹方程(5.33)写作

$$\frac{1}{r}\frac{\partial}{\partial r}\left(r\frac{\partial\psi}{\partial r}\right) + \frac{1}{r^2}\frac{\partial^2\psi}{\partial\varphi^2} + \frac{\partial^2\psi}{\partial z^2} + k^2\psi = 0, \tag{5.35}$$

用分离变数法，令$\psi(r,\varphi,z)=R(r)\,\phi(\varphi)\,Z(z)$，得到$Z$，$\phi$，$R$所满足的常微分方程

$$\frac{\partial^2 Z}{\partial z^2} + \alpha^2 Z = 0, \tag{5.36}$$

$$\frac{\partial^2\phi}{\partial\varphi^2} + \nu^2\phi = 0, \tag{5.37}$$

$$\frac{1}{r}\frac{\mathrm{d}}{\mathrm{d}r}\left(r\frac{\mathrm{d}R}{\mathrm{d}r}\right)+\left(\beta^2-\frac{v^2}{r^2}\right)R=0, \tag{5.38}$$

其中，

$$\beta^2=k^2-\alpha^2, \tag{5.39}$$

α^2，v^2 是分离变量常数，由边界条件确定，例如，方程(5.37)和自然的周期条件构成本征值问题，本征值和本征函数是

$$v=m \quad (m=0,1,2,\cdots),$$
$$\phi(\varphi)=A\cos m\varphi+B\sin m\varphi.$$

对于方程(5.36)，如果问题的边界条件全是齐次的，那就排除了$\alpha^2\leqslant 0$ 的可能，由具体边界条件的类型可确定本征值α，相应的本征函数为

$$Z(z)=C\cos\alpha z+D\sin\alpha z.$$

经自变量的代换，$x=\beta r$，则方程(5.38)成为

$$\frac{\mathrm{d}^2R}{\mathrm{d}x^2}+\frac{1}{x}\frac{\mathrm{d}R}{\mathrm{d}x}+\left(1-\frac{v^2}{x^2}\right)R=0. \tag{5.40}$$

方程(5.40)即为 v 阶贝塞尔方程，式中，v 和 x 都可以是任何复数．由方程(5.40)的级数解法可以得到贝塞尔函数 $J_v(x)$ 的级数表达式：

$$\begin{aligned}J_v(x)&=\sum_{k=0}^{\infty}(-)^k\frac{1}{k!}\frac{1}{\Gamma(v+k+1)}\left(\frac{x}{2}\right)^{2k+v},\\J_{-v}(x)&=\sum_{k=0}^{\infty}(-)^k\frac{1}{k!\,\Gamma(k+1-v)}\left(\frac{x}{2}\right)^{2k-v},\quad 0<\left|\arg x\right|<\pi,\end{aligned} \tag{5.41}$$

式中，$\Gamma(x)$ 是Γ函数，对于整数 n，$\Gamma(n+1)=n!$．当 v 不是整数时，$J_v(x)$ 和 $J_{-v}(x)$ 是方程(5.40)的两个线性无关的解，$J_v(x)$ 相应级数的收敛范围是 $0\leqslant|x|<\infty$，$J_{-v}(x)$ 相应级数的收敛范围是 $0<|x|<\infty$．当 $v=n$（$n=0$，1，2，…）时，

$$J_n(x)=\sum_{k=0}^{\infty}(-)^k\frac{1}{k!}\frac{1}{(n+k)!}\left(\frac{x}{2}\right)^{n+2k}. \tag{5.42}$$

容易证明，

$$J_{-n}(x)=(-)^nJ_n(x).$$

因此，$J_{-n}(x)$ 不再是与 J_n(5.42)线性无关的解，需要另求方程(5.40)的第二解．贝塞尔方程(5.40)的第二解在应用上常采用函数

$$N_v(x)=\frac{\cos v\pi J_v(x)-J_{-v}(x)}{\sin v\pi}, \tag{5.43}$$

并称之为第二类贝塞尔函数或诺埃曼(Neumann)函数．当 v 不是整数时，解 $N_v(x)$ 与 $J_v(x)$ 线性无关是显然的．当 $v=n$ 时，方程(5.43)右方是一个不定式，其极限存在，而且是贝塞尔方程的解，与 $J_n(x)$ 线性无关．$v\to n$ 时，由方程(5.43)右方的极限可得到 $N_v(x)$ 的级

数表达式(见郭敦仁，1978，《数学物理方法》17.8 节)，

$$N_n(x)=\frac{2}{\pi}J_n(x)\ln\frac{x}{2}-\frac{1}{\pi}\sum_{k=0}^{n-1}\frac{(n-k-1)!}{k!}\left(\frac{x}{2}\right)^{2k-n}$$
$$-\frac{1}{\pi}\sum_{k=0}^{\infty}(-)^k\frac{1}{k!(n+k)!}[\psi(n+k+1)+\psi(k+1)]\left(\frac{x}{2}\right)^{2k+n}, \tag{5.44}$$
$$\left(n=0,1,2,\cdots;\quad 0<|\arg x|<\pi\right),$$

当 n=0 时，须去掉右方第 2 有限和项，其中 $\psi(z)=\Gamma'(z)/\Gamma(z)$，$\psi(1)=-C=-0.577216$，$C$ 为欧勒常数.

有时取下列两个函数作为贝塞尔方程的两个线性独立的解：

$$H_\nu^{(1)}(x)=J_\nu(x)+iN_\nu(x),$$
$$H_\nu^{(2)}(x)=J_\nu(x)-iN_\nu(x), \tag{5.45}$$

$H_\nu(x)$ 称为第三类贝塞尔函数或汉克尔(Hankel)函数.

为了以后应用的方便，现将贝塞尔函数的主要性质摘录如下：

① x=0 时的贝塞尔函数

由 $J_\nu(x)$ 和 $N_\nu(x)$ 的级数表达式不难看出，对于小的 x，

$$J_0(x)\approx 1-\frac{1}{4}x^2,\ J_\nu(x)\approx\frac{1}{\Gamma(\nu+1)}\left(\frac{x}{2}\right)^\nu,$$

$$N_0(x)\approx\frac{2}{\pi}\left(\ln\frac{x}{2}+C\right),\ N_n(x)\approx-\frac{(n-1)!}{\pi}\left(\frac{x}{2}\right)^{-n},$$

$$J_{-\nu}(x)\approx\frac{1}{\Gamma(-\nu+1)}\left(\frac{x}{2}\right)^{-\nu},\qquad(\nu\neq 0,\nu\neq n),$$

当 $x\to 0$ 时，

$$J_0(x)=1,\qquad J_\nu(x)=0,$$
$$N_\nu(x)\to\infty,\quad J_{-\nu}(x)\to\infty.$$

因此，如果所研究的区域包含 r=0 的圆柱体轴在内，解只能取第一类贝塞尔函数 $J_\nu(x)$，即

$$R(r)=AJ_\nu(\beta r); \tag{5.46}$$

如果所研究的问题不包含 r=0，例如同心圆柱间的区域，或者问题的物理情况需要具有奇异性的解，例如线电流、线电荷的情形，则必须同时考虑两种解，即

$$R(r)=AJ_\nu(\beta r)+BN_\nu(\beta r). \tag{5.47}$$

② 贝塞尔函数的递推公式

由 $J_\nu(x)$ 的级数表达式(5.41)两边乘上 x^ν 对 x 求微商，得

$$\frac{\mathrm{d}}{\mathrm{d}x}(x^\nu J_\nu)=x^\nu J_{\nu-1},$$

类似方法可得

$$\frac{\mathrm{d}}{\mathrm{d}x}(x^{-\nu}J_\nu) = -x^{-\nu}J_{\nu+1}.$$

由以上两式分别消去 J'_ν 和 J_ν，得递推关系

$$\left.\begin{aligned} J_{\nu-1} + J_{\nu+1} &= \frac{2\nu}{x}J_\nu \\ J_{\nu-1} - J_{\nu+1} &= 2J'_\nu \end{aligned}\right\} \tag{5.48}$$

特别的，当 $\nu=0$ 时，$J'_0=-J_1$.

容易证明，$N_\nu(x)$ 和 $H_\nu(x)$ 有与 $J_\nu(x)$ 相同的递推公式.

③ $J_n(x)$ 的母函数、积分表示和加法公式

把 $\mathrm{e}^{\frac{1}{2}xz}$ 和 $\mathrm{e}^{-\frac{x}{2}\frac{1}{z}}$ 分别展成为绝对收敛级数，然后逐次相乘可以得到

$$\mathrm{e}^{\frac{1}{2}x\left(z-\frac{1}{z}\right)} = \sum_{n=-\infty}^{\infty} J_n(x)z^n, \quad (0<|z|<\infty), \tag{5.49.1}$$

$\mathrm{e}^{\frac{1}{2}x\left(z-\frac{1}{z}\right)}$ 称作 $J_n(x)$ 的母函数．令 $z=\mathrm{e}^{\mathrm{i}\zeta}$，则式(5.49.1)成为

$$\mathrm{e}^{\mathrm{i}x\sin\zeta} = \sum_{n=-\infty}^{\infty} J_n(x)\mathrm{e}^{\mathrm{i}n\zeta}. \tag{5.49.2}$$

若令 $\zeta = \psi - (\pi/2)$，式(5.49.2)可改写为

$$\mathrm{e}^{\mathrm{i}x\cos\psi} = \sum_{n=-\infty}^{\infty} (-\mathrm{i})^n J_n(x)\mathrm{e}^{\mathrm{i}n\psi}, \tag{5.49.3}$$

方程(5.49)诸式是彼此等价的.

若把式(5.49.2)右方看作复数形式的傅里叶级数，则

$$J_n(x) = \frac{1}{2\pi}\int_{-\pi}^{\pi} \mathrm{e}^{\mathrm{i}x\sin\zeta}\mathrm{e}^{\mathrm{i}n\zeta}\mathrm{d}\zeta = \frac{1}{2\pi}\int_{-\pi}^{\pi} \mathrm{e}^{\mathrm{i}x\sin\zeta - \mathrm{i}n\zeta}\mathrm{d}\zeta, \tag{5.50.1}$$

又，$\mathrm{e}^{-x\sin\zeta - \mathrm{i}n\zeta}=\cos(x\sin\zeta-n\zeta)+\mathrm{i}\sin(x\sin\zeta-n\zeta)$，故

$$\begin{aligned} J_n(x) &= \frac{1}{2\pi}\int_{-\pi}^{\pi} \cos(x\sin\zeta - n\zeta)\mathrm{d}\zeta \\ &= \frac{1}{2\pi}\int_{-\pi}^{\pi} \cos(n\zeta - x\sin\zeta)\mathrm{d}\zeta \\ &= \frac{1}{2\pi}\int_{-\pi}^{\pi} \mathrm{e}^{\mathrm{i}n\zeta - \mathrm{i}x\sin\zeta}\mathrm{d}\zeta, \end{aligned} \tag{5.50.2}$$

方程(5.50)即为 $J_n(x)$ 的积分表示.

根据式(5.49.1)，

$$\sum_{n=-\infty}^{\infty} J_n(a+b)z^n = \mathrm{e}^{\frac{1}{2}a\left(z-\frac{1}{z}\right)}\mathrm{e}^{\frac{1}{2}b\left(z-\frac{1}{z}\right)} = \sum_{k=-\infty}^{\infty} J_k(a)z^k \sum_{m=-\infty}^{\infty} J_m(b)z^m,$$

比较两边的 z^n 的系数，即得加法公式

$$J_n(a+b) = \sum_{k=-\infty}^{\infty} J_k(a)J_{n-k}(b). \tag{5.51}$$

④ 渐近表达式

在有些物理问题中，当宗量 x 较大时，贝塞尔函数的近似表达式有重要的实用价值．当$|x|\to\infty$时，

$$\left.\begin{aligned}J_{\nu}(x)&=\sqrt{\frac{2}{\pi x}}\cos\left(x-\frac{\nu\pi}{2}-\frac{\pi}{4}\right)+O\left(x^{-\frac{3}{2}}\right)\\N_{\nu}(x)&=\sqrt{\frac{2}{\pi x}}\sin\left(x-\frac{\nu\pi}{2}-\frac{\pi}{4}\right)+O\left(x^{-\frac{3}{2}}\right)\\H_{\nu}^{(1)}(x)&=\sqrt{\frac{2}{\pi x}}\mathrm{e}^{\mathrm{i}\left(x-\frac{\nu\pi}{2}-\frac{\pi}{4}\right)}+O\left(x^{-\frac{3}{2}}\right)\\H_{\nu}^{(2)}(x)&=\sqrt{\frac{2}{\pi x}}\mathrm{e}^{-\mathrm{i}\left(x-\frac{\nu\pi}{2}-\frac{\pi}{4}\right)}+O\left(x^{-\frac{3}{2}}\right)\end{aligned}\right\}\tag{5.52}$$

式(5.52)的证明读者可参见《特殊函数概论》7.10 节(王竹溪和郭敦仁，2000)．

⑤ 贝塞尔函数的零点

当 x 为实变量时，$J_n(x)$ 是一个衰减振荡函数，有无穷多个实数零点，而且只有实数零点．图 5.2 中画出了 $J_0(x)$ 和 $J_1(x)$ 在 $x\geqslant 0$ 时的图形．由式(5.49)可得，

$$J_n(-x)=(-1)^n J_n(x).$$

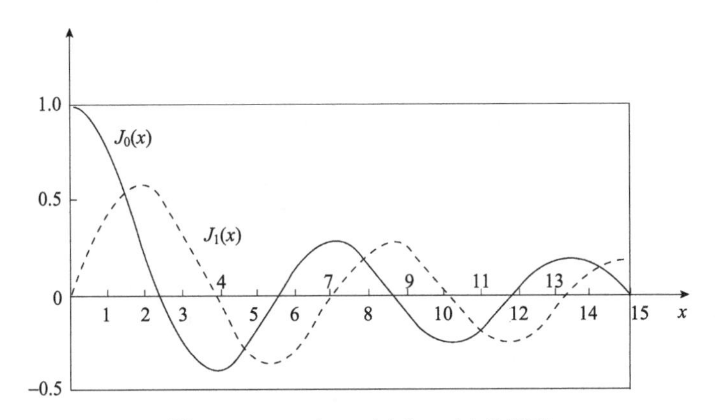

图 5.2 $x\geqslant 0$ 时，$J_0(x)$ 和 $J_1(x)$ 的图形

因此 $J_n(x)$ 的零点正负成对．当 $n\geqslant 1$ 时，除 $x=0$ 是 $J_n(x)$ 的 n 阶零点外，其余零点都是一阶的；因 $J_0(0)=1$，故 $J_0(x)$ 的零点都是一阶的．

当 x 很大时，可由式(5.52)估计 $J_n(x)$ 的零点，在一般情况下，可由下列公式估计 $J_n(x)$ 的零点 $x_m^{(n)}$：

$$x_m^{(n)}=A-\frac{B-1}{8A}\left(1+\frac{C}{3(4A)^2}+\frac{D}{5(4A)^4}+\frac{E}{105(4A)^6}+\cdots\right),$$

$$A=\left(n-\frac{1}{2}+2m\right)\frac{\pi}{2},$$

$$B=4n^2,$$

$$C=7B-31,\ D=83B^2-982B+3779,$$

$$E=6949B^3-153855B^2+1585743B-6277237,$$

由贝塞尔函数或其导数的零点，可求得 $r=a$ 齐次边界条件的本征值β. 例如，对于第一、二、三类齐次边界条件

$$\left[g\left(\frac{\mathrm{d}R}{\mathrm{d}r}\right)+hR(r)\right]_{r=a}=0,$$

式中 g，h 为不同时为“0”的非负实数，$g=0, h\neq 0$; $h=0, g\neq 0$; $g\neq 0, h\neq 0$ 分别对应于第一、二、三类边界条件，则方程(5.40)对于本征值 $\nu=m$ ($m=0$，1，2，…)，得

$$g\beta J_m'(\beta a)+hJ_m(\beta a)=0.$$

可以证明，满足方程的根有无穷多个，都是单根，记作 β_n，即方程的本征值 $\beta_n^{(m)}=x_n^{(m)}/a$，相应本征函数 $R_n(r)=J_m\left(\frac{x_n^{(m)}}{a}r\right)$，其中 $J_m'(\beta r)=\frac{\mathrm{d}J_m(x)}{\mathrm{d}x}\Big|_{x=\beta r}$.

容易证明，本征函数 $R_n(r)$ 在区间 $0\leqslant r\leqslant a$，带权重 r 正交，即

$$\int_0^a R_i(r)R_j(r)r\mathrm{d}r=\int_0^a J_m(\beta_i r)J_m(\beta_j r)r\mathrm{d}r=0,\ i\neq j \tag{5.53}$$

其归一因子

$$\begin{aligned}N_i&=\int_0^a R_i^2(r)=\int_0^a J_m^2(\beta_i r)r\mathrm{d}r\\&=\frac{a^2}{2}\left\{[J_m'(\beta_i a)]^2+\left(1-\frac{m^2}{\beta_i^2 a^2}\right)J_m^2(\beta_i a)\right\}.\end{aligned} \tag{5.54}$$

既然 $J_m(\beta_i r)$ 在区间 $0\leqslant r\leqslant a$ 为完备的正交函数族，故在同样区间满足狄里希利(Dirichlet)条件(连续，只有有限个极值)的函数 $f(r)$ 可展开为傅里叶-贝塞尔函数，

$$\left.\begin{aligned}f(r)&=\sum_{i=1}^{\infty}b_iJ_m(\beta_i r)\\b_i&=\frac{1}{N_i}\int_0^a f(r)J_m(\beta_i r)r\mathrm{d}r\end{aligned}\right\} \tag{5.55}$$

当 $a\to\infty$时，则有傅里叶-贝塞尔积分

$$f(r)=\int_0^{\infty}F(\omega)J_m(\omega r)\omega\mathrm{d}\omega,$$

$$F(\omega)=\int_0^{\infty}f(r)J_m(\omega r)r\mathrm{d}r. \tag{5.56}$$

根据式(5.54)不难写出第一、二、三类齐次边界条件相应本征函数 $J_m(\beta_i r)$ 的归一关系.

⑥ 虚宗量贝塞尔函数

有时在一些边值问题中会出现下列微分方程：

$$\frac{\mathrm{d}^2R}{\mathrm{d}x^2}+\frac{1}{x}\frac{\mathrm{d}R}{\mathrm{d}x}-\left(1+\frac{v^2}{x^2}\right)R=0. \tag{5.57}$$

若令 $Z=\mathrm{i}x$，则式(5.57)将转变为式(5.40)，故称式(5.57)为虚宗量(或变型)贝塞尔方程，当 v 不是整数时，式(5.57)两个线性无关的解

$$I_{\pm v}(x)=\sum_{K=0}^{\infty}\frac{1}{k!}\frac{1}{\Gamma(\pm v+k+1)}\left(\frac{x}{2}\right)^{2k\pm v}, \tag{5.58}$$

式中，$0<|\arg x|<\pi$，不难验证

$$I_v(x)=\mathrm{i}^{-v}J_v(\mathrm{i}x), \tag{5.59}$$

$I_v(x)$ 称为第一类虚宗量贝塞尔函数．显然当 $v=n\,(n=0, 1, 2,\cdots)$ 时，$I_n(x)$ 与 $I_{-n}(x)$ 相关，

$$I_{-n}(x)=I_n(x)$$

通常将另一个线性无关的解记做 $K_v(x)$，

$$K_v(x)=\frac{\pi}{2\sin v\pi}[I_{-v}(x)-I_v(x)],$$

其级数表达式为($v=n$ 时)

$$K_n(x)=\frac{1}{2}\sum_{K=0}^{\infty}\frac{1}{k!(n+k)!}\left[\ln\frac{\pi}{2}-\frac{1}{2}\psi(n+k+1)-\frac{1}{2}\psi(k+1)\right]\cdot\left(\frac{x}{2}\right)^{2k+n}.$$

当 $x=0$ 时，

$$K_0(x)\sim-\ln\frac{x}{2},\ K_n(x)\sim\frac{(n-1)!}{2}\left(\frac{x}{2}\right)^{-n},\qquad(n\geqslant 1),$$

$$I_0(0)=0,\ I_n(0)=0,\qquad(n\geqslant 1).$$

与 $J_n(x)$ 和 $N_v(x)$ 相似，对于包含 $r=0$ 的区域，解只能取 $I_v(x)$，若在区间 $0<r\leqslant a$，则需同时考虑 $I_v(x)$ 和 $K_v(x)$．当 $x\to\infty$时，

$$I_v(x)=\frac{e^x}{\sqrt{2\pi x}}[1+O(x^{-1})],$$

$$K_v(x)=\sqrt{\frac{\pi}{2x}}e^{-x}[1+O(x^{-1})]. \tag{5.60}$$

所以，当 $x\to\infty$时，$K_v(x)$ 有界，而 $I_v(x)$ 趋于无穷．图 5.3 给出了低阶虚宗量贝塞尔函数 $I_n(x), K_n(x)$ 的图形(a)，和下一节球贝塞尔函数 $j_n(x), n_n(x)$ 的图形(b)表示．

由式(5.59)可以看出，当 x 为实数时，与 $J_v(x)$ 不同，$I_v(x)$ 没有实的零点．

(3) 球坐标系中的亥姆霍兹方程和球贝塞尔函数

在球坐标系中，标量亥姆霍兹方程(5.33)写作

$$\frac{1}{r^2}\frac{\partial}{\partial r}\left(r^2\frac{\partial\psi}{\partial r}\right)+\frac{1}{r^2\sin\theta}\frac{\partial}{\partial\theta}\left(\sin\theta\frac{\partial\psi}{\partial\theta}\right)+\frac{1}{r^2\sin^2\theta}\frac{\partial^2\psi}{\partial\lambda^2}+k^2\psi=0. \tag{5.61}$$

设解可分离变量，

$$\psi(r,\theta,\lambda)=R(r)\Theta(\theta)\Lambda(\lambda),$$

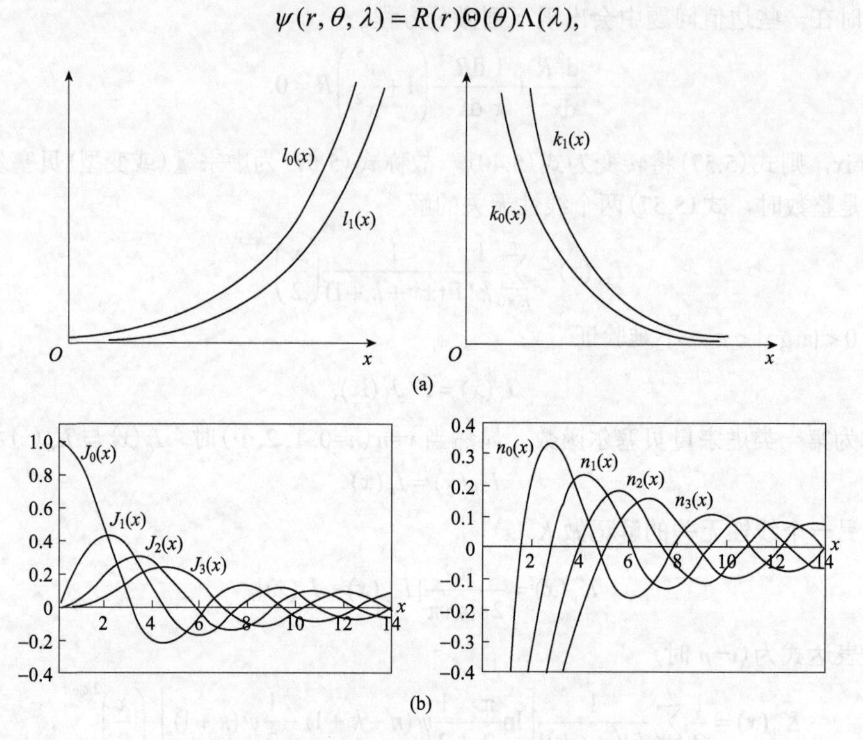

图 5.3　低阶虚宗量贝塞尔函数(a)和球贝塞尔函数(b)

代入式(5.61)，得

$$\left.\begin{aligned}&\frac{\mathrm{d}^2\Lambda}{\mathrm{d}\lambda^2}+m^2\Lambda=0\\&\frac{1}{\sin\theta}\frac{\mathrm{d}}{\mathrm{d}\theta}\left(\sin\theta\frac{\mathrm{d}\Theta}{\mathrm{d}\theta}\right)+\left(\mu-\frac{m^2}{\sin^2\theta}\right)\Theta=0\\&\frac{1}{r^2}\frac{\mathrm{d}}{\mathrm{d}r}\left(r^2\frac{\mathrm{d}R}{\mathrm{d}r}\right)+\left(k^2-\frac{\mu}{r^2}\right)R=0\end{aligned}\right\}\tag{5.62}$$

式中，m^2, μ为分离变量常数，由 $0\leqslant\lambda\leqslant 2\pi$，$\Lambda(\lambda)$的单值自然边条件可知，$m=0, 1, 2, \cdots$；式(5.62.2)即为连带勒让德方程，为使$\theta=0$ 和π时，$\Theta(\theta)$有界，必须取

$$\mu=n(n+1),\quad n=0,1,2,\cdots$$

则式(5.62.2)中$\Theta(\theta)$的解

$$\Theta(\theta)=P_{n,m}(\cos\theta),$$

式(5.62)前两个方程的解即为球面谐函数，记作

$$Y_{n,m}(\theta,\lambda)=\begin{cases}Y_{n,m}^{c}=P_{n,m}(\cos\theta)\cos m\lambda\\Y_{n,m}^{s}=P_{n,m}(\cos\theta)\sin m\lambda,\end{cases}\tag{5.63}$$

$Y_{n,m}(\theta,\lambda)$的性质已在第二章介绍，这里我们着重讨论方程(5.62.3)．

令 $x=kr$，并作变换

$$R(r)=x^{-\frac{1}{2}}y(x), \tag{5.64}$$

则(5.62.3)成为

$$\frac{\mathrm{d}^2 y(x)}{\mathrm{d}x^2}+\frac{1}{x}\frac{\mathrm{d}y(x)}{\mathrm{d}x}+\left[1-\frac{\left(l+\frac{1}{2}\right)^2}{x^2}\right]y(x)=0. \tag{5.65}$$

与方程(5.40)比较，可知方程(5.65)即为 $l+1/2$ 阶的贝塞尔方程．与其相联系的方程(5.62.3)称为 l 阶球贝塞尔方程，其相应解称为 l 阶球贝塞尔函数，记作

$$\left.\begin{aligned} j_l(x)&=\sqrt{\frac{\pi}{2x}}J_{l+\frac{1}{2}}(x)\\ n_l(x)&=\sqrt{\frac{\pi}{2x}}N_{l+\frac{1}{2}}(x)\\ h_l^{(1)}(x)&=\sqrt{\frac{\pi}{2x}}H_{l+\frac{1}{2}}^{(1)}(x)\\ h_l^{(2)}(x)&=\sqrt{\frac{\pi}{2x}}H_{l+\frac{1}{2}}^{(2)}(x) \end{aligned}\right\} \tag{5.66}$$

当 l 为整数时，球贝塞尔函数可以用初等函数表示，

$$\left.\begin{aligned} &j_0(x)=\frac{\sin x}{x},\ j_{-1}(x)=\frac{\cos x}{x}\\ &\frac{j_{l+1}(x)}{x^{l+1}}=\frac{\mathrm{d}}{x\mathrm{d}x}\left\{\frac{j_l(x)}{x^l}\right\}\\ &n_l(x)=(-1)^{l+1}j_{-l-1}(x) \end{aligned}\right\} \tag{5.67}$$

由贝塞尔函数的递推关系(5.48)不难得到球贝塞尔函数的递推公式，

$$\left.\begin{aligned} &R_{l-1}+R_{l+1}=\frac{2l+1}{x}R_l\\ &lR_{l-1}-(l+1)R_{l+1}=(2l+1)R_l \end{aligned}\right\} \tag{5.68}$$

由式(5.66),(5.67)不难将以上所述贝塞尔函数的各种性质外推到球贝塞尔函数，这里不再赘述．

在本节开头曾经指出，若磁场的时间因子为 $\mathrm{e}^{\mathrm{i}\omega t}$，标量亥姆霍兹方程(5.33)中

$$k^2=\frac{\mathrm{i}\omega}{\eta}=-\mathrm{i}\sigma\mu\omega,$$

则方程(5.62.3)成为

$$\frac{1}{r^2}\frac{\mathrm{d}}{\mathrm{d}r}\left(r^2\frac{\mathrm{d}R}{\mathrm{d}r}\right)-\left(\mathrm{i}h^2+\frac{l(l+1)}{r^2}\right)\mathrm{R}=0, \tag{5.69}$$

式中，$h^2=\sigma\mu\omega$. 令 $x=\sqrt{-\mathrm{i}}\ hr$，并作变换

$$R(r)=x^{-\frac{1}{2}}y(x),$$

则方程(5.69)同样可化成$(l+1/2)$阶的贝塞尔方程(5.65)，只是这里宗量 z 为复数，相应贝塞尔函数的值也是复数，因此方程(5.69)是复宗量的球贝塞尔方程. 这是在地球电磁学中经常遇到的一类方程.

利用方程(5.41)，(5.43)可将复数球贝塞尔函数分成虚、实两部分. 对于

$$j_l\sqrt{-\mathrm{i}hr},$$

由方程(5.41)和(5.66)可得

$$j_l(\sqrt{-\mathrm{i}hr})=\frac{\sqrt{\pi}}{2^{l+1}}(\sqrt{-\mathrm{i}hr})^l\left\{\sum_{k=0}^{\infty}(-1)^k\frac{1}{(2k)!}\frac{1}{\Gamma\left(l+2k+\frac{3}{2}\right)}\cdot\left(\frac{hr}{2}\right)^{4k}+l\sum_{k=0}^{\infty}(-1)^k\frac{1}{(2k+1)!}\frac{1}{\Gamma\left(l+2k+\frac{5}{2}\right)}\left(\frac{hr}{2}\right)^{2(2k+1)}\right\}, \tag{5.70}$$

式(5.70)右边花括号中已写成虚、实两部分，当 l 确定后，由复数因子$(\sqrt{-\mathrm{i}hr})^l$即可将 j_l 分为

$$j_l=\mathrm{Re}\,j_l(\sqrt{-\mathrm{i}hr})+\mathrm{i}\,\mathrm{Im}\,j_l(\sqrt{-\mathrm{i}hr}).$$

例如，具体写出 j_0 的虚、实两部分，

$$\mathrm{Re}\,j_0(\sqrt{-\mathrm{i}hr})=1-\frac{2^2}{5!!}\left(\frac{hr}{2}\right)^4+\frac{2^2}{9!!}\left(\frac{hr}{2}\right)^8-\cdots+(-1)^k\frac{2^{2k}}{(4\mathrm{k}+1)!!}\left(\frac{hr}{2}\right)^{4k}+\cdots\cdots,$$

$$\mathrm{Im}\,j_0(\sqrt{-\mathrm{i}hr})=1-\frac{2}{3!!}\left(\frac{hr}{2}\right)^2-\frac{2^3}{7!!}\left(\frac{hr}{6}\right)^6-\cdots+(-1)^k\frac{2^{(2k+1)}}{(4\mathrm{k}+3)!!}\left(\frac{hr}{2}\right)^{2(2k+1)}+\cdots\cdots,$$

式中，$(2k+1)!!=1\times3\times5\times7\cdots\times(2k+1)$.

到此标量亥姆霍兹方程(5.33)在柱坐标和球坐标系中的求解问题已经解决. 当将求得的标量场ψ由方程(5.34)求解矢量场 $\boldsymbol{R}(\boldsymbol{r})$时，还有常矢量 $\boldsymbol{i}$ 的选择问题. 对于柱坐标系，选沿 z 方向的单位矢量 $\boldsymbol{e}_z$ 作为常矢量 $\boldsymbol{i}$ 显然是适宜的. 但在球坐标系中的三个单位矢量 $\boldsymbol{e}_r$，$\boldsymbol{e}_\theta$，$\boldsymbol{e}_\lambda$，都不满足常矢量的条件，因此对于球坐标还必须选择适当的矢量，以使方程(5.34)形式的解满足方程(5.32). 可以证明，在球坐标系中用 $\boldsymbol{r}$ 代替 $\boldsymbol{i}$，解(5.34)仍然有效. 因这种形式的解还具有新的物理内容，在下节将做更进一步的讨论.

5.1.4 "环型"和"极型"电磁场

在矢量亥姆霍兹方程的解(5.34)中，令常矢量 $\boldsymbol{i}=\boldsymbol{e}_r u(r)$，试图寻找适当的 $u(r)$使

$\boldsymbol{R}_T=\nabla\times(\boldsymbol{e}_r u(r)\,\psi)$仍满足矢量亥姆霍兹方程(5.32)．容易得

$$R_T\cdot\boldsymbol{e}_r=0,\quad R_T\cdot\boldsymbol{e}_\theta=\frac{1}{r\sin\theta}\frac{\partial}{\partial\lambda}(u\psi),\quad R_T\cdot\boldsymbol{e}_\lambda=-\frac{1}{r}\frac{\partial}{\partial\theta}(u\psi),\tag{5.71}$$

将方程(5.71)代入方程(5.32)，并改写为

$$\nabla\times\nabla\times\boldsymbol{R}_T-k^2\boldsymbol{R}_T=0.\tag{5.72}$$

利用公式

$$\begin{aligned}\nabla\times\boldsymbol{f}=&\frac{1}{r\sin\theta}\left[\frac{\partial}{\partial\theta}(\sin\theta f_3)-\frac{\partial f_2}{\partial\lambda}\right]\boldsymbol{e}_r\\&+\frac{1}{r}\left[\frac{1}{\sin\theta}\frac{\partial f_1}{\partial\lambda}-\frac{\partial}{\partial r}(rf_3)\right]\boldsymbol{e}_\theta+\frac{1}{r}\left[\frac{\partial}{\partial r}(rf_2)-\frac{\partial f_1}{\partial\theta}\right]\boldsymbol{e}_\lambda,\\ \boldsymbol{f}=&f_1\boldsymbol{e}_r+f_2\boldsymbol{e}_\theta+f_3\boldsymbol{e}_\lambda,\end{aligned}$$

将方程(5.72)展成为$\boldsymbol{e}_r$，$\boldsymbol{e}_\theta$，$\boldsymbol{e}_\lambda$三个分量，其中径向($\boldsymbol{e}_r$)分量恒等于零，满足方程(5.72)，$\boldsymbol{e}_\theta$，$\boldsymbol{e}_\lambda$两个分量满足方程

$$\frac{\partial^2}{\partial r^2}(u\psi)+\frac{1}{r^2\sin\theta}\frac{\partial}{\partial\theta}\left[\sin\theta\frac{\partial}{\partial\theta}(u\psi)\right]+\frac{1}{r^2\sin^2\theta}\frac{\partial^2}{\partial\lambda^2}(u\psi)+k^2u\psi=0.\tag{5.73}$$

若取$u(r)=r$，标量函数ψ满足方程(5.33)，则不难看出方程(5.73)成立，即证明了当$u(r)=r$时R_T满足方程(5.72)．因此，

$$\left.\begin{aligned}&\boldsymbol{R}_l=\nabla\psi\\&\boldsymbol{R}_T=\nabla\times(\boldsymbol{r}\psi)\\&\boldsymbol{R}_S=\frac{1}{k}\nabla\times\nabla\times(\boldsymbol{r}\psi)\end{aligned}\right\}\tag{5.74}$$

是球坐标系中满足矢量亥姆霍兹方程的三个独立的解．

解(5.74.2)，(5.74.3)写成分量形式为

$$\boldsymbol{R}_T=\begin{cases}0 & \boldsymbol{e}_r\\ \dfrac{1}{\sin\theta}\dfrac{\partial\psi_l}{\partial\lambda} & \boldsymbol{e}_\theta\\ -\dfrac{\partial\psi_l}{\partial\theta} & \boldsymbol{e}_\lambda\end{cases}\tag{5.75}$$

$$\boldsymbol{R}_S=\begin{cases}\dfrac{\partial^2(r\psi_l)}{k\partial r^2}+kr\psi_l=\dfrac{l(l+1)}{kr}\psi_l & \boldsymbol{e}_r\\ \dfrac{1}{kr}\cdot\dfrac{\partial^2(r\psi_l)}{\partial r\partial\theta} & \boldsymbol{e}_\theta\\ \dfrac{1}{kr\sin\theta}\dfrac{\partial^2(r\psi_l)}{\partial r\partial\lambda} & \boldsymbol{e}_\lambda\end{cases}\tag{5.76}$$

式中，ψ_l为相应本征值l的本征函数，即式(5.75)，(5.76)完整的表示应分别为$\boldsymbol{R}_T^l$，$\boldsymbol{R}_S^l$．可以证明，$\boldsymbol{R}_l$，$\boldsymbol{R}_T$，$\boldsymbol{R}_S$三者有如下关系：

$$\left.\begin{aligned} \boldsymbol{R}_S &= \frac{1}{k}\nabla\times\boldsymbol{R}_T \\ \boldsymbol{R}_T &= \boldsymbol{R}_l\times\boldsymbol{r} = \frac{1}{k}\nabla\times\boldsymbol{R}_S \end{aligned}\right\} \tag{5.77}$$

除 $\boldsymbol{R}_T=\frac{1}{k}\nabla\times\boldsymbol{R}_S$ 外，式(5.77)其余关系式都可一目了然．由式(5.72)得

$$\nabla\times\nabla\times\boldsymbol{R}_T=k^2\boldsymbol{R}_T.$$

利用(5.77)关系式(1)，

$$\nabla\times\nabla\times\boldsymbol{R}_T=\nabla\times k\boldsymbol{R}_S.$$

若 k 为常数，则

$$\boldsymbol{R}_T=\frac{1}{k}\nabla\times\boldsymbol{R}_S,$$

即式(5.77)中的关系式(2)成立．

可以看出，与解 $\boldsymbol{R}_T(\boldsymbol{r})$ 相应的磁场(或电场)没有径向分量，称为“环型”(toroidal)磁场(或电场)，记作 $\boldsymbol{B}_T(\boldsymbol{E}_T)$，而与解 $\boldsymbol{R}_S(\boldsymbol{r})$ 相应的磁场称为“极型”(poloidal)场，记作 $\boldsymbol{B}_S(\boldsymbol{E}_S)$．下面我们进一步讨论“环型”场和“极型”场的性质：

① 与环型磁场(电场)相应的电场(磁场)是极型场，反之亦然．

由麦克斯韦方程(5.1.1)，(5.1.2)和(5.77)不难证明上述结论．特别是对于静止介质，电磁场的这种关系是一一对应的，但当介质运动时，关系 $j=\sigma\boldsymbol{E}$ 不再成立，这时对应关系仍然维持，但不再是一一对应的了．

② 环型磁场只存在于球形导体内部，在导体外，处处为零．

设在球形导体内部环型磁场 $\boldsymbol{R}_T=\nabla\times(\boldsymbol{r}\psi)$，为了了解 $\boldsymbol{B}_T$ 在导体外部的分布，我们首先考察 B_T 在导体边界上的情况．考虑电流 $\boldsymbol{j}$ 法线分量的连续，在球形导体的边界 $r=a_-$ 时应有

$$\left\{(\nabla\times\boldsymbol{B})\cdot\boldsymbol{n}\right\}_{r=a_-}=0.$$

对于环型磁场

$$\nabla\times\boldsymbol{R}_T=\nabla\times\nabla\times(k\psi),$$

设

$$\psi=R(r)\Theta(\theta)\Lambda(\lambda),$$

则由式(5.75)作矢量运算，得

$$(\nabla\times\boldsymbol{R}_T)\cdot\boldsymbol{n}=-\frac{R(r)}{r}\left[\frac{\Lambda(\lambda)}{\sin\theta}\frac{\partial}{\partial\theta}\left(\sin\theta\frac{\partial\Theta}{\partial\theta}\right)+\frac{\Theta}{\sin^2\theta}\frac{\partial^2\Lambda}{\partial\lambda^2}\right],$$

或由关系式(5.77)，并利用式(5.75)，得

$$\nabla\times\boldsymbol{R}_T=\frac{l(l+1)}{kr}R(r)\Theta(\theta)\Lambda(\lambda).$$

从 $\nabla\times\boldsymbol{R}_T$ 两个表达式不难判断，当 $r=a_-$ 时，对于任何时刻 t，以及 θ，λ 的任何取值，要，

$\nabla\times\boldsymbol{R}_T=0$，除本征函数$\Theta$和$\Lambda$为常数（相应$(\nabla\times\boldsymbol{R}_T)\cdot\boldsymbol{n}=0$的本征函数$\psi$）外，其充分必要条件是

$$R(a)\equiv 0,$$

而环型磁场

$$B_T=-\boldsymbol{r}\times\nabla\psi=R(r)T(t)\left[\Theta\frac{\partial\Lambda}{\sin\theta\partial\lambda}\boldsymbol{e}_\theta-\left(\Lambda\frac{\partial\Theta}{\partial\theta}\right)\boldsymbol{e}_\lambda\right].$$

因此，在球面上

$$(\boldsymbol{R}_T)_{r=a_-}=0.$$

考虑磁场的连续条件，在导体外边界$r=a_+$，$\boldsymbol{R}_T$也必然为零，即

$$(\boldsymbol{R}_T)_{r=a_+}=0,$$

而在导体外，由麦克斯韦方程，

$$\nabla\cdot\boldsymbol{B}_T=0,\quad \nabla\times\boldsymbol{B}_T=0,$$

既然在导体外，边值为零，场的旋度、散度处处为零，那么在导体外的整个空间场必然处处为零.

环型磁场的这种性质，在地球电磁学中有重要的意义. 因为在自由空间不存在环型磁场，故当考虑球内外电磁场的关系时，例如第七章中的地球电磁感应问题，可不考虑式(5.74)中的环型磁场，这样将使定解问题简化.

从以上分析不难相信，尽管式(5.33)，(5.34)是求解矢量亥姆霍兹方程时得到的，但对于任何无源矢量场，即横场($\nabla\cdot\boldsymbol{u}=0$)，都可分解为“环型”矢量和“极型”矢量两部分. 这种场的划分对地球电磁场的许多问题的处理是方便的. 但需要指出，环型和极型电磁场之间所满足的关系式(5.77)，只有当k是常数时才成立. 当k不是常数时，虽然仍可将其分解为环型、极型两部分，但一般情况下，环型场、极型场的标量函数ψ将满足不同的标量方程.

5.1.5　带电粒子在电磁场中的运动

(1)洛伦兹变换

这一节将简要介绍狭义相对论及洛伦兹变换，原因有：第一，和经典物理学的牛顿(Isaac Newton)定律，电磁学中麦克斯韦(Jemas Clerk Maxwell)方程，量子力学中薛定谔(Erivik Schrodinger)方程一样，爱因斯坦(Albert Einstein)相对论是物理学划时代的发展，而这种发展正是源于作为地球电磁学物理基础的电磁学；第二，相对论中电磁场的变换较之麦克斯韦方程更深刻地揭示了电场和磁场的统一性，例如在最后一小节(§5.1.5(8))将会看到：联系电荷与电场的库仑(Chartes Augustin Coulomb)定律，与联系电流与磁场的毕奥(Jean-Baptiste Biot)-萨发尔(Felix Savart)定律是完全相通的；第三，虽到目前，在地球电磁学物理中尚无需考虑相对论效应，但带电粒子在磁场和电场(或其他力场)中的回转和漂移运动(§5.1.5(4),(5))，是磁层物理的基础，而这些漂移运动，只有考虑相对论效应，才可能有全面而完整的理解，而且采用洛伦兹变换，带电粒子在电磁场中复杂的回转和漂移运动将容易获得解析解答. 与全书均采用国际单位制(SI)不同，在相对

论以及带电粒子在磁场中的运动各小节都将采用高斯单位系统(Gaussian System)，在以下论述中不难发现，这里采用高斯单位是方便的.

(ⅰ)四维坐标变换

相对论有两条其本假定：一，相对论假设：一切物理规律在所有惯性参考系中都有相同的形式，即物理规律相对论不变性；二，光速不变假设：光速在任何参考系，包括非惯性，都是恒定不变的常数，通常用 c 表示，或者说，光速与光源运动无关，这条假定彻底颠覆了经典物理的时空观，在那里时间是绝对的，而在相对论中，时间是相对的.

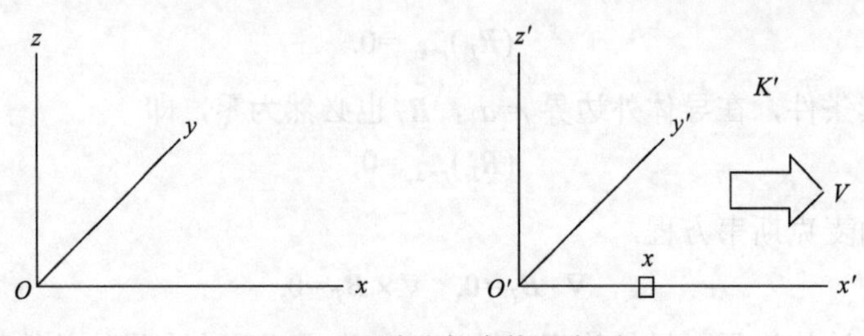

图 5.4　四维坐标变换示意图

如图 5.4 所示，设 $K'(x', y', z', t')$ 相对 $\boldsymbol{K}(x, y, z, t)$ 以匀速 V 沿 x 方向运动，当 $\boldsymbol{K}$，$\boldsymbol{K}'$ 原点 O，O'重合时，两系统对钟，设 $t=t'=0$，则由 O，O'发出光的波振面方程在 K 和 K' 分别为

$$c^2t^2 - \left(x^2 + y^2 + z^2\right) = 0 \tag{5.78.1}$$

和

$$c^2t'^2 - \left(x'^2 + y'^2 + z'^2\right) = 0. \tag{5.78.2}$$

由假设一，物理规律相对论的不变性，可得：

$$c^2t^2 - \left(x^2 + y^2 + z^2\right) = f^2(V)\left[c^2t'^2 - \left(x'^2 + y'^2 + z'^2\right)\right],$$

式中，$f(V)$ 为 K，K'相对运动速度 V 的线性函数．由不同惯性系统，例如 K''，函数 $f(V')$，以及假定二，光速 c 的相对论不变性，不难证明：$f(V)=1$，即有：

$$c^2t^2 - \left(x^2 + y^2 + z^2\right) = c^2t'^2 - \left(x'^2 + y'^2 + z'^2\right). \tag{5.78.3}$$

若 K 到 K'的坐标变换写作：

$$x' = \gamma\left[x - \beta(ct)\right], \quad y'=y, \quad z'=z, \quad ct' = \gamma(ct - \beta x), \tag{5.78.4}$$

把以上变换代入式(5.78.3)，可得参量 β，γ 的关系：$1-\beta^2 = 1/\gamma^2$；而 β，γ 在以上变换中仅可能与 V 有关，又均为无量纲量，可得：

$$\beta = V/C, \ \gamma = \frac{1}{\sqrt{1-\dfrac{V^2}{c^2}}}, \tag{5.78.5}$$

则最后得 K 到 K'的坐标变换为：

$$x' = \frac{x - Vt}{\sqrt{1 - \frac{V^2}{c^2}}}, \quad y'=y, \quad z'=z, \quad t' = \frac{t - V\frac{x}{c^2}}{\sqrt{1 - \frac{V^2}{c^2}}}. \tag{5.79.1}$$

由空间的对称性和运动的相对性，可知，只需把式(5.79.1)中的 V 改为“−”号，即得由 K'到 K 的变换：

$$x = \frac{x' + Vt'}{\sqrt{1 - \frac{V^2}{c^2}}}, \quad y=y', \quad z=z', \quad t = \frac{t' + V\frac{x}{c^2}}{\sqrt{1 - \frac{V^2}{c^2}}}. \tag{5.79.2}$$

式(5.79)即物理学中有名的洛伦兹(Hendrik Lorentz)变换．在相对论中，四维坐标矢量(t, x, y, z)，常表示为(x_0, x_1, x_2, x_3)，特别是：“时间”分量 x_0 取做 $x_0=ct$，这样四维坐标矢量 $\boldsymbol{x}$ 的四个分量都具有长度的量纲，则式(5.79.2)成为：

$$x_0 = \frac{x_0' + \frac{V}{c}x_1'}{\sqrt{1 - \frac{V^2}{c^2}}}, \ x_1 = \frac{x_1' + \frac{V}{c}x_0'}{\sqrt{1 - \frac{V^2}{c^2}}}, \ x_2 = x_2', \ x_3 = x_3'. \tag{5.79.3}$$

如采用(5.78.5)的 β，γ，则式(5.79.3)成为：

$$x_0 = \gamma(x_0' + \beta x_1'), \ x_1 = \gamma(x_1' + \beta x_0'), \ x_2 = x_2', \ x_3 = x_3', \tag{5.79.4}$$

(5.78.3)成为：

$$x_0^2 - \left(x_1^1 + x_2^2 + x_3^2\right) = x_0'^2 - \left(x_1'^2 + x_2'^2 + x_3'^2\right).$$

与三维矢量内(标)积为伽利略变换下的不变数相同，由式(5.78.3)不难证明，四维矢量内积为洛伦兹变换下的不变量，即对于坐标矢量 $\boldsymbol{x}=(x_0, x_1, x_2, x_3)$，$\boldsymbol{y}=(y_0, y_1, y_2, y_3)$有：

$$x_0 y_0 - (x_1 y_1 + x_2 y_2 + x_3 y_3) = x_0' y_0' - (x_1' y_1' + x_2' y_2' + x_3' y_3') \tag{5.80.1}$$

或

$$x_0 y_0 - \boldsymbol{x} \cdot \boldsymbol{y} = x_0' y_0' - \boldsymbol{x}' \cdot \boldsymbol{y}'. \tag{5.80.2}$$

定义在同一坐标系中事件 1，2 的距离(或称间隔)为

$$S_{12}^2 = (x_0 - y_0)^2 - [(x_1 - y_1)^2 + (x_2 - y_2)^2 + (x_3 - y_3)^2], \tag{5.81.1}$$

或当两个事件无限靠近时，有

$$\mathrm{d}s^2 = \mathrm{d}x_0^2 - (\mathrm{d}x_1^2 + \mathrm{d}x_2^2 + \mathrm{d}x_3^2), \tag{5.81.2}$$

事件距离 S_{12}^2 的物理内涵在下一小节“光锥”中将有进一步讨论．由式(5.78.4)，(5.80)可以证明：事件间隔 S_{12}^2 为洛伦兹变换下的不变量，即 $S_{12}^2 = S_{12}'^2$．如前所述，由式(5.81)事件间距的定义不难相信：式(5.78.3)所表示的正是 K 和 K'中坐标(或事件)(x_0, x_1, x_2, x_3)，(x_0', x_1', x_2', x_3')分别与原点 O，O'的距离．到此，已有式(5.78.3)，(5.80)和(5.81)为四维坐标中洛伦兹变换的不变量，分别为：事件与原点事件的距离，矢量内(标)积，和任意两事件的距离．这些不变量，以及洛伦兹变换式(5.79)都是爱因斯坦相对论第二

条假定——光速不变的直接结果.

(ii)光锥

在相对论中，事件发生的时间和位置，即事件的四维空间坐标是相对的，随惯性坐标系的不同而改变，但这并不意味着相对论中不存在因果，不分过去、现在和将来，光锥就是相对论中这种时空逻辑关系的几何表述. 图 5.5 为立体光锥的二维图示，图 5.5 绕纵轴 ct 旋转 360°， 即可得立体光锥. 不失一般性，下面就平面“光锥”讨论相对论事件的划分. 与坐标轴成 45°角的两条锥线，即立体图的锥面，光锥的几何特性可概括为：一点，两线(一面)，三区；一点: 即原点，锥顶 O；两线: 即锥线(立体锥面)；三区: 锥顶以上，锥线(或锥面)以内的上锥区，锥顶以下，锥线(或锥面)以内的下锥区和锥线(或锥面)以外的区域. 以下概要介绍与一点，两线(一面)，三区几何相应的物理，即相对论特性.

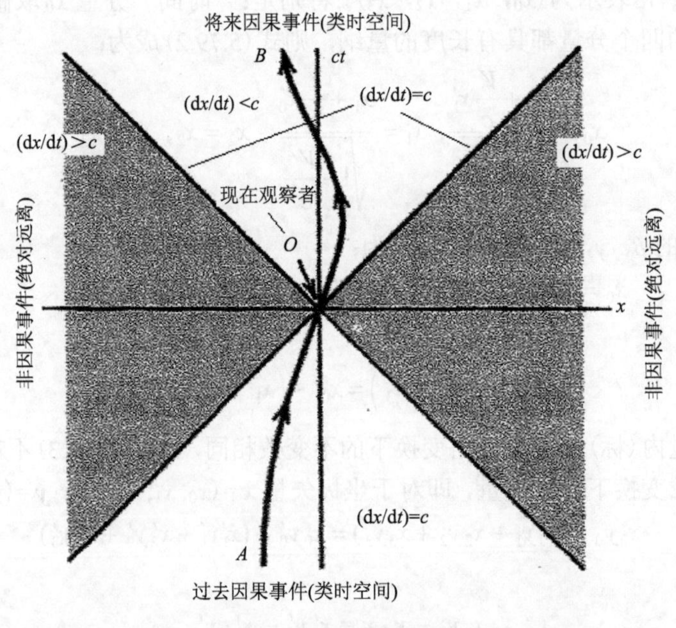

图 5.5　平面光锥示意图

在坐标系 K，光锥原点，t=0, x=0, 由式(5.81.1)可得，在以 V 沿 x 方向运动的坐标系 K'中，t'=0, x'=0，即 K 中原点转换为 K'后，仍然是 K'坐标系的原点. 锥线方程为 $ct=x$, 即在锥线上，有：$\mathrm{d}x/\mathrm{d}t=c$, 这意味着，在锥线的事件以光速 c 传播. 进一步，锥线上任一点(ct, x)，代入方程(5.81.1)，求得 K'中相应坐标(ct', x')，则可得，ct', x'仍满足锥线方程 $ct'=x'$，即和原点 O 一样，锥线 $ct=x$ 在洛伦兹变换后仍然是 K'坐标系的锥线. 原点“O”，时间 t=0, 为现在事件的观察者；而上锥区，由于 t>0，则应是将来要发生的事件；相反，在下锥区，t<0，则对应过去已发生的事件. 锥线内这两个区，有一共同点，即区域内，不论过去或将来，在坐标系 K 中，任一事件(ct, x)，任意两个事件，1：$(ct_1, \boldsymbol{x}_1)$，2：$(ct_2, \boldsymbol{x}_2)$，关系式

$$\left|\frac{x}{t}\right| < c, \quad V = \frac{x_1 - x_2}{t_1 - t_2}, \quad |V| < c \tag{5.82}$$

成立，即在上、下锥区，无论过去或将来事件信息传播速度 V 都小于光速 c．现在考察 $t>0$ 上锥区任一将来事件(ct, x)，是否存在坐标系 K'，相应事件(ct', x')经式(5.79.1)变换后，有可能落入下锥区，即 $t'<0$? 由式(5.79.1)不难判定：$t'<0$ 的充要条件是

$$V>0, \quad \frac{Vx}{c^2} > t,$$

式 $Vx/c^2>t$ 显然与关系式(5.82)矛盾，既然式(5.82)成立，则条件 $Vx/c^2>t$ 不能成立，即在 K'中, $t'<0$ 不可能．因而在静止坐标系中，位于上锥区的任何坐标点，或任何事件(ct, x)，$t>0$，在任何惯性参考系 K'中都无例外地落入上锥区(ct', x')，$t'>0$．同样的论证，对下锥区也适用，即下锥区的任何坐标点，或任何事件(ct, x)，$t<0$ 在任何惯性参考系 K'中都无例外地落入下锥区(ct', x')，$t'<0$．上、下锥区这种属性，显然符合逻辑伦理规范，是相对论科学性的必然：即还没发生(将来)的事件，在任何空间不可能在已经发生(过去)的事件中出现；而已经发生(死去)的事件，在任何空间不可能又重新复活．下面再看上、下锥区由共性式(5.82)延伸而来的另一重要共性．

设坐标系 K'沿 x 轴相对静止坐标系 K，以速度 V 运动，K 中上或下锥区事件 1，2，$(ct_1, \boldsymbol{x}_1)$，$(ct_2, \boldsymbol{x}_2)$，由变换(5.79.1)可得，只要 $V=(x_2-x_1)/(t_1-t_2)$，则在 K'中，事件 1，2 空间坐标：$x_1' = x_2' = x'$，坐标分别为(ct_1', x')，(ct_2', x')，即在上或下锥区，发生在不同时间，t_1，t_2，不同地点，x_1，x_2的两个事件，总能找到一个坐标系 K'，以速度 V 运动，在 K'中两个事件，发生在同一地点 x'，但不同时间 t_1', t_2'．因此，具有这种性能的区域，即上下锥区，任何两个事件的特征，因在 K'中有共同的空间坐标(或同一物体)，可用时间来描述，称为“类时”(timelike)四维空间．既然事件发生在同一物体，不同时间，因而可能有因果关系，因此“类时”四维空间，又称作“因果”空间．“类时”或因果空间，还有另外两项特性：一，在 K'中事件距离

$$c^2\left(t_1' - t_2'\right)^2 = S_{12}^2 > 0,$$

而事件距离 S_{12} 为洛伦兹变换的不变量，因而 $S_{12}>0$ 在任何惯性坐标系都成立，即两事件的间距 S_{12} 在上、下锥区均为实数，这由条件$(Vx/c^2)<(x/c)<t$ 同样可直接予以证明；二，上或下锥区所有事件，在任何惯性坐标系都无一例外地落入上或下锥区，因而类时空间无论如何演化永远都是类时的．特别的，如若取：$\tau = t_1' - t_2'$，则有：

$$c^2\tau^2 = S_{12}^2,$$

S_{12} 既为洛伦兹变换的不变量，则 τ 亦为洛伦兹变换的不变量，因而在坐标系 K 中，事件 1，2 的间距为：

$$c^2\tau^2 = c^2\left(t_1 - t_2\right)^2 - \left(\boldsymbol{x}_1 - \boldsymbol{x}_2\right)^2. \tag{5.83.1}$$

由 $x_1' = x_2' = x'$，$t_1' = 0, t_2' = \tau$，则变换(5.79.2)给出：

$$\left(\boldsymbol{x}_1 - \boldsymbol{x}_2\right)^2 = \frac{(\boldsymbol{u}\tau)^2}{1 - \dfrac{\boldsymbol{u}^2}{c^2}},$$

将 $\boldsymbol{x}_1 - \boldsymbol{x}_2$ 代入式(5.83.1)可得：

$$\Delta t = t_1 - t_2 = \frac{\tau}{\sqrt{1-\dfrac{u^2}{c^2}}} = \gamma\tau, \tag{5.83.2}$$

式中，由(5.78.5)所定义的 $\gamma>1$，$\boldsymbol{u}$ 为 K' 相对于 K 的运动速度，K 坐标系中事件 1，2，在 K' 中发生在同一地点，$x_1' = x_2' = x'$，不同时间，$t_1' = 0, t_2' = \tau$．同样，将式(5.82)中速度 V 的公式，即

$$x_1 - x_2 = u(t_1 - t_2) = u\Delta t \tag{5.83.3}$$

代入式(5.83.1)也可得式(5.83.2)．式(5.83.3)表明：在 K 坐标系中时间间隔Δt，在以速度 $\boldsymbol{u}$ 相对 K 运动的坐标系 K' 中时间间隔缩小为 τ，$\Delta t>\tau$，缩小因子为 γ，即$\Delta t/\tau=\gamma$，这就是相对论有名的结论：运动中的时钟变慢．又，式(5.83.3)中，当 $\Delta t=\tau$，即在 K' 中，$x_1 - x_2 = \Delta x = 0$，$u=0$；而事件 1，2 除 K' 外，所有其他可能的坐标系 K，$|u|>0$，按式(5.83.2)，τ 为事件 1，2 所有可能时间间隔中最短的一个，前已指出，时间间隔 τ 也是洛伦兹变换的不变量，因此 τ 为事件时间间隔的基本量度，所有其他坐标系 K 的时间间隔Δt 都可由 τ 决定，称作“原时”（proper time)，或“基时”“最短时”．当事件 1，2 无限靠近时，式(5.83.1)和(5.83.2)的微分形式为：

$$\mathrm{d}s^2 = c^2\mathrm{d}\tau^2 = c^2\mathrm{d}t^2 - |\mathrm{d}\boldsymbol{x}|^2, \tag{5.84.1}$$

$$\mathrm{d}\tau = \mathrm{d}t\sqrt{1-\frac{u^2}{c^2}} = \frac{\mathrm{d}t}{\gamma}. \tag{5.84.2}$$

微分形式(5.84)可应用于 u 为非匀速运动时，即 $\gamma = \gamma(t)$，这时有：

$$t_1 - t_2 = \Delta t = \int_{t_1}^{t_2} \gamma(\tau)\mathrm{d}\tau. \tag{5.84.3}$$

再来看锥体外的区域，在这里，$\mathrm{d}x/\mathrm{d}t>c$，则不同地点发生的事件因信号无法传递，而无法联系，现时观察者“O”也无法与这个区域的事件沟通，因而称这个区域的事件为“绝对远离”；进一步，在区内，任意两事件(ct_1, $\boldsymbol{x}_1$)，(ct_2, $\boldsymbol{x}_2$)，关系式

$$\left|\frac{x}{t}\right| > c, \quad A = \frac{x_1 - x_2}{t_1 - t_2} > c \tag{5.85.1}$$

成立，由式(5.85.1)可得：

$$V = c\left(\frac{c}{A}\right) < c. \tag{5.85.2}$$

选取相对静止坐标系以速度 V(式(5.85.2))运动的坐标系 K'，则由式(5.79.1)时间 t 到 t' 的变换不难证明：$t_1' = t_2' = t'$，坐标分别为(ct', x_1')，(ct', x_2')，即锥区外，发生在不同时间，t_1，t_2，不同地点，x_1，x_2 的两个事件，总能找到一个坐标系 K'，以速度 V 运动，在 K' 中两个事件，发生在不同地点(x_1', x_2')，但同一时间 t'．因此，具有这种性能的锥外区域，任何两个事件的特征，因有共同的时间坐标，可用空间坐标来描述，称为“类空”(spacelike)四维空间．既然事件发生在同一时间，但不同物体，因而不可能有因果关系，

因此“类空”四维空间，又称作“非因果”空间. 同样，“类空”或非因果空间，还有另外两项特性：一，在 K' 中事件距离

$$-(\boldsymbol{x}_1-\boldsymbol{x}_2)^2=-(\Delta\chi)^2=S_{12}^2<0,$$

而 $S_{12}<0$ 在任何惯性坐标系都成立，即两事件的间距 S_{12} 在锥外区域均为虚数；二，不难预料锥外区域所有事件，在任何惯性坐标系都无一例外地落入锥外区域，因而类空事件无论如何演化永远都是类空的. 与“类时”(5.83.1)中 τ 为不变数相同，这里 $\Delta\chi$ 亦是洛伦兹变换的不变量，即对“类空”事件，在坐标系 K 式(5.83.1)成为：

$$-(\Delta\chi)^2=c^2(t_1-t_2)^2-(\boldsymbol{x}_1-\boldsymbol{x}_2)^2. \tag{5.86.1}$$

由式(5.85)可得，$|t_1-t_2|=\dfrac{u|x_1-x_2|}{c^2}$，代入式(5.86.1)，得:

$$|x_1-x_2|=\frac{\Delta\chi}{\sqrt{1-\dfrac{u^2}{c^2}}}=\gamma\Delta\chi. \tag{5.86.2}$$

式(5.86.2)表明：$|x_1-x_2|>\Delta\chi$，即在运动坐标系 K' 长度 $\Delta\chi$ 较 K 中同样事件的长度 $|x_1-x_2|$ 变小，这就是相对论中有名的运动物体在运动方向长度缩短.

(iii)速度的加法

设坐标系 K' 以速度 V 沿 x 轴相对坐标系 K 作惯性运动，一粒子以速度 $\boldsymbol{u}(u_x，u_y，u_z)$ 在 K 中运动，求在 K' 中粒子运动速度 $\boldsymbol{u}'$？由式(5.79.1)得：

$$\mathrm{d}x'=\frac{\mathrm{d}x-V\mathrm{d}t}{\sqrt{1-\dfrac{V^2}{c^2}}},\qquad \mathrm{d}y'=\mathrm{d}y,\qquad \mathrm{d}z'=\mathrm{d}z,\qquad \mathrm{d}t'=\frac{\mathrm{d}t-\dfrac{V}{c^2}\mathrm{d}x}{\sqrt{1-\dfrac{V^2}{c^2}}},$$

以最后方程除前三个，再以 dt 除方程右侧分子、分母，得：

$$u_x'=\frac{u_x-V}{1+u_x\dfrac{V}{c^2}},\qquad u_y'=\frac{u_y\sqrt{1-\dfrac{V^2}{c^2}}}{1+u_x\dfrac{V}{c^2}},\qquad u_z'=\frac{u_z\sqrt{1-\dfrac{V^2}{c^2}}}{1+u_x\dfrac{V}{c^2}}, \tag{5.87}$$

式(5.87)即三维速度变换公式，特别若粒子在 K 中沿 x 方向运动，即 $u_y=u_z=0$，则 u_x 的变换(略去角标 x)

$$u'=\frac{u-V}{1+u\dfrac{V}{c^2}}. \tag{5.88}$$

由式(5.88)不难验证，任何速度相加，即使趋近光速，都仍小于光速 c. 当 $c\to\infty$，式(5.87)成为：

$$u_x'=u_x-V,\qquad u_y'=u_y,\qquad u_z'=u_z,$$

即经典力学中的伽利略变换.

(iv) 动量和能量以及场的变换

经典力学动量和能量常表示为:

$$\boldsymbol{P}=m\boldsymbol{u},\quad \varepsilon=\varepsilon(0)+1/2\,mu^2, \tag{5.89.1}$$

式中,m 为运动粒子的质量,矢量 $\boldsymbol{u}$ 为运动速度,$\varepsilon(0)$ 为粒子静止时所具有的能量,因与速度无关,从而与坐标系也无关,而是只与粒子有关的常数,在该粒子能量过程中,总是出现在平衡方程的两侧,故在经典物理中常常被忽略. 而在相对论中,质量 m,$\varepsilon(0)$ 将与速度有关,即:

$$\boldsymbol{P}=m(u)\boldsymbol{u},\quad \varepsilon=\varepsilon(u), \tag{5.89.2}$$

动量 $\boldsymbol{P}$,能量 ε 相对论形式的严格证明读者可参阅 J. D. Jackson 著《经典电动力学》(Jackson,2001,§11.5,pp533–539). 这里试图通过更直接的方式,求得式(5.89.2)的具体形式. 不难理解,无论动量 $\boldsymbol{P}$,能量 ε 式(5.89.2)取何种形式,当 $\beta=u/c\to 0$ 时,必须过渡为(5.89.1),即:

$$F(u)=F(u)_{\beta\to 0}+\frac{\partial F(u)}{\partial\beta}_{\beta\to 0}=\frac{m\boldsymbol{u}}{\varepsilon(0)+1/2\,mu^2},\quad F(u)=\frac{m(u)\boldsymbol{u}}{\varepsilon(u)}, \tag{5.89.3}$$

四维坐标矢量(x_0,x_1,x_2,x_3)满足(5.78.3),即任何事件与原点的距离为洛伦兹变换的不变量,因而以不变量“原时”τ 除(5.78.3)两侧,方程仍然维持,则新的四维矢量,仍满足方程(5.78.3). 下面将会看到,这个矢量即为坐标系 K 中的四维速度矢量

$$\boldsymbol{S}_u^4=(U_0,\boldsymbol{U})=(\gamma_u c,\gamma_u\boldsymbol{u}), \tag{5.90.1}$$

γ_u 即式(5.83.2)中的 γ,u 为“原时”τ 坐标系 K' 相对 K 的运动速度. 当以 τ 除式(5.78.3)时,利用关系式(5.83.2),$\tau=(t_1-t_2)/\gamma$,式(5.82),$u=(x_1-x_2)/(t_1-t_2)$,经整理,可求得四维速度式(5.90.1). 容易证明,与(5.78.3)相应四维速度(5.90.1)的不变量为:

$$U_0^2-\boldsymbol{U}\cdot\boldsymbol{U}=\gamma_u^2\left(c^2-\boldsymbol{u}\cdot\boldsymbol{u}\right)=c^2\gamma_u^2\left(1-\frac{u^2}{c^2}\right)=c^2,$$

则可得,式(5.78.3)四维坐标矢量(x_0,x_1,x_2,x_3)的不变量为 $c^2\tau^2$. 若定义 m 为粒子静止时的质量,则 m 为一常(不变)量. 进一步,与经典动量相同,以 m 乘四维速度(5.90.1)各分量,得又一四维矢量,即四维动量:

$$P^4=(P_0,\boldsymbol{P})=\left(\frac{\varepsilon}{c},\boldsymbol{P}\right)=(\gamma_u mc,\gamma_u m\boldsymbol{u}), \tag{5.90.2}$$

式中,ε 为 $\varepsilon(u)$. 可以预料,式(5.78.3)相应动量式(5.90.2)的不变量为 m^2c^2,即

$$P_0^2-\boldsymbol{P}\cdot\boldsymbol{P}=\gamma_u^2m^2c^2\left(1-\frac{u^2}{c^2}\right)=m^2c^2,$$

最后将四维动量式(5.90.2)分量中的动量 $\boldsymbol{P}$,能量 ε 可独立表示为:

$$\boldsymbol{P}=\frac{m\boldsymbol{u}}{\sqrt{1-\dfrac{u^2}{c^2}}}, \tag{5.91.1}$$

$$\varepsilon=\frac{mc^2}{\sqrt{1-\frac{u^2}{c^2}}},\tag{5.91.2}$$

当 $u/c\to 0$ 时，将式(5.91)代入方程(5.89.3)，(5.91)即过渡到动量 $\boldsymbol{P}$，能量 ε 经典形式(5.89.1)，只要：

$$\varepsilon(0)=mc^2.\tag{5.91.3}$$

(iv.1)四维矢量

以上动量 $\boldsymbol{P}$ 和能量 ε 的讨论，固然由于它们都属重要的物理量，同时也为了了解构成四维矢量的充要条件：即任意四维矢量 A^α，$A^\alpha=(A_0, A_1, A_2, A_3)$，如若满足式(5.78.3)，

$$A_0^2-\left(A_1^2+A_2^2+A_3^2\right)=A_0'^2-\left(A_1'^2+A_2'^2+A_3'^2\right),$$

则构成相对论中的四维矢量. 而凡满足式(5.78.3)的矢量一定遵从洛伦兹变换式(5.79)，即有：

$$A_1'=\frac{A_1-\frac{V}{c}A_0}{\sqrt{1-\frac{V^2}{c^2}}},\quad A_2'=A_2,\quad A_3'=A_3,\quad A_0'=\frac{A_0-\frac{V}{c}A_1}{\sqrt{1-\frac{V^2}{c^2}}},\tag{5.92}$$

且不变量(5.80)，矢量内积(5.81)，事件距离，同样成立. 除四维动量 $\boldsymbol{P}^A$(5.90.2)，再如电磁学中的四维电流矢量 $J^\alpha=(c\rho, \boldsymbol{J})$，$\rho$ 为电荷密度，$\boldsymbol{J}$ 为电流密度，则四维电流矢量 $\boldsymbol{J}^\alpha$ 在坐标系 K 和 K' 中满足式(5.78.3)，有

$$c^2\rho^2-\left(J_x^2+J_y^2+J_z^2\right)=c^2\rho'^2-\left(J_x'^2+J_y'^2+J_z'^2\right).\tag{5.93}$$

虽电荷密度 ρ，电流密度 $\boldsymbol{J}$ 随运动速度变化，但可证，式(5.93)中 c^2q^2(q 为带电粒子的电荷)为洛伦兹变换下的不变量，是为实验所验证的结果.

(iv.2)场矢量的变换

场矢量可以是磁场的矢量势 A，和电场的标量势 Φ，大家熟悉，两者一起构成一个四维电磁势 $\boldsymbol{A}^\alpha=(\Phi, A_1, A_2, A_3)$，$\boldsymbol{A}=(A_1, A_2, A_3)$为矢量的空间部分，$A_0=\Phi$ 为四维矢量的时间部分，则由磁感应强度 $\boldsymbol{B}$，电场强度 $\boldsymbol{E}$ 与磁势 $\boldsymbol{A}$ 和电场标量势 Φ 的关系可求得电磁张量 $F^{\alpha\beta}$. 需要强调的是，如前所述，这里电磁场的麦克斯韦方程要用高斯单位制. 电磁张量 $F^{\alpha\beta}$ 也可由带电粒子在电磁场中的运动方程出发. 例如，假定带电粒子质量 m，电量 q 以速度 $\boldsymbol{u}$ 在电场 $\boldsymbol{E}$ 磁场 $\boldsymbol{B}$ 中运动，有：

$$\frac{\mathrm{d}\boldsymbol{P}}{\mathrm{d}t}=q\boldsymbol{E}+\frac{q\boldsymbol{u}}{c}\times\boldsymbol{B},\tag{5.94.1}$$

$$\frac{\mathrm{d}\varepsilon}{\mathrm{d}t}=q\boldsymbol{E}\cdot\boldsymbol{u},\tag{5.94.2}$$

式中，$\boldsymbol{P}=m\boldsymbol{u}$ 为动量，式(5.94.2)为能量方程，即电磁场中，只有电场与运动相互作用能改变带电粒子的能量. 前已指出，$P=(\boldsymbol{P}, \varepsilon/c)$，构成动量–能量四维矢量，当用变分法，即最小作用量原理，由方程(5.94)左侧求得动量–能量四维矢量的同时，方程右侧则得到电磁场四维张量 F_{mn}，

$$F_{mn}=\begin{pmatrix}0, & B_z, & -B_y, & -\mathrm{i}E_z\\ -B_z, & 0, & B_x, & -\mathrm{i}E_y\\ B_y, & -B_x, & 0, & -\mathrm{i}E_x\\ \mathrm{i}E_z, & \mathrm{i}E_y, & \mathrm{i}E_x, & 0\end{pmatrix}. \tag{5.95}$$

可以看出，电磁四维二阶张量是反对称张量，$F_{mn}=-F_{nm}$，反对称张量对角元素一定为“0”，即 $F_{ii}=-F_{ii}=0$；而磁场 B 三维二阶张量又独立地构成电磁张量的空间部分.

由式(5.95)可得电磁场由 $F\to F'$的变换，

$$F_{ik}=\alpha_{im}\alpha_{kn}F'_{mn},\quad i,m,n,k=1,2,3,4, \tag{5.96}$$

式中，α_{im} 为洛伦兹变换张量：

$$\alpha_{im}=\begin{pmatrix}\gamma, & 0, & 0, & -\mathrm{i}\gamma\beta\\ 0, & 1, & 0, & 0\\ 0, & 0, & 1, & 0\\ \mathrm{i}\gamma\beta, & 0, & 0, & \gamma\end{pmatrix}, \tag{5.97}$$

式中，$\beta=V/C$，$\gamma=(1-V^2/c^2)^{-1/2}$，其中坐标系 K'相对于 K 以速度 V 沿 x 轴方向运动. 注意式(5.96)中哑求和规则. 可得场的变换：

$$E_x=E'_x,\ E_y=\frac{E'_y+\dfrac{V}{C}B'_z}{\sqrt{1-\dfrac{V^2}{c^2}}},\ E_z=\frac{E'_z-\dfrac{V}{C}B'_y}{\sqrt{1-\dfrac{V^2}{c^2}}}, \tag{5.98}$$

以及

$$B_x=B'_x,\ B_y=\frac{B'_y-\dfrac{V}{c}E'_z}{\sqrt{1-\dfrac{V^2}{c^2}}},\ B_z=\frac{B'_z+\dfrac{V}{c}E'_y}{\sqrt{1-\dfrac{V^2}{c^2}}}. \tag{5.99}$$

除电荷不变外，这里还有两个不变量，即

$$B^2-E^2=B'^2-E'^2, \tag{5.100.1}$$

$$\boldsymbol{E}\cdot\boldsymbol{B}=\boldsymbol{E}'\cdot\boldsymbol{B}'. \tag{5.100.2}$$

前者为四维矢量事件间距不变量式(5.93)的直接结果，而式(5.100.2)则不难由变换(5.98)，(5.99)得到.

这里不直接由四维电磁矢量–标量势，即 $A=(\boldsymbol{A},\ \mathrm{i}\Phi)$ 求得场 $\boldsymbol{B}$ 和 $\boldsymbol{E}$ 的变换，而从运动–能量方程(5.94)出发，因前者结果只适用电磁场之间的变换，这是变换的实质所在，即电场和磁场是相通的，这在这一节的最后还要进一步说明；而从方程(5.94)出发，则在方程中与作用力 $q\boldsymbol{E}$ 相同性质的力，假设用 $\boldsymbol{F}$ 表示，如重力、压力等，则 F/q 有与 E 相同的洛伦兹变换(5.98)，(5.99)，这一结果为以下磁场中带电粒子在电场和其他力场作用下的漂移运动的比较，提供了方便.

(2)均匀电场中带电粒子的运动

(i)经典力学

方程(5.94)中，B=0，若均匀电场 $\boldsymbol{E}$ 在 y 轴方向，则有：

$$\begin{aligned} P_y &= mu_y = P_{y0} + qEt, \\ P_x &= mu_x = P_{x0}, \end{aligned} \tag{5.101}$$

式中，P_{x0}，P_{y0}，t=0，x，y 方向的动量，假定 P_{y0}=0，方程(5.101)成为

$$\frac{\mathrm{d}y}{\mathrm{d}t} = \frac{qE}{m}t,$$

$$\frac{\mathrm{d}x}{\mathrm{d}t} = u_{x0},$$

积分后，消去 t，得粒子在 xy 平面内的运动轨迹，即 y 作为 x 的函数：

$$y = y_0 + \frac{qE}{2mu_{x0}^2}x^2. \tag{5.102}$$

式(5.102)已假定 t=0，x_0=0，若假定 y_0=0，粒子运动轨迹绘于图 5.6，粒子沿抛物线轨迹运动，若初始动量 $P_{y0}\neq 0$，则式(5.102)以及图 5.6 将增加一线性变化项．由图和方程可以看出，粒子运动速度随时间直线增加，若时间足够长，需考虑相对论效应．

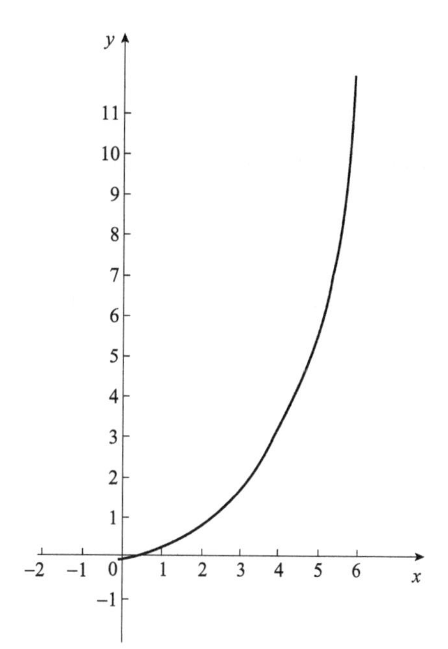

图 5.6　经典力学中带电粒子在恒定电场中的运动

(ii)相对论力学

由洛伦兹变换可得，以速度 $\boldsymbol{u}$ 运动的粒子，动量 $\boldsymbol{P}$ 和总能量 ε，有：

$$\begin{aligned} P &= \frac{mu}{\sqrt{1-\dfrac{u^2}{c^2}}}, \\ \varepsilon &= \frac{mc^2}{\sqrt{1-\dfrac{u^2}{c^2}}}. \end{aligned} \tag{5.103}$$

由式(5.103)，得粒子运动速度

$$\boldsymbol{u}=c^2\boldsymbol{P}/\varepsilon, \tag{5.104}$$

由四维动量−能量矢量 P=($\boldsymbol{P}$，iε/c)事件“间距”不变量，

$$-(p_4^2 + \sum_1^3 P_i^2) = \frac{\varepsilon^2}{c^2} - \sum_1^3 p_i^2 = m^2c^2,$$

得能量−动量关系：

$$\varepsilon^2 = m^2c^4 + c^2p^2. \tag{5.105}$$

由式(5.104)，(5.105)，以及方程(5.101)可得：

$$\frac{\mathrm{d}y}{\mathrm{d}t}=\frac{c^2qEt}{\sqrt{\varepsilon_0^2+(cqEt)^2}},\tag{5.106}$$

式中，(5.106)已假定 $\boldsymbol{u}_{y0}=0$，$\varepsilon_0=\sqrt{m^2c^4+c^2p_0^2}$，为 t=0 时粒子的能量．对式(5.106)积分，可得：

$$y=\frac{1}{qE}\sqrt{\varepsilon_0^2+c^2q^2E^2t^2},\tag{5.107}$$

式(5.107)中已取 y_0=0．同样，x 方向，

$$\frac{\mathrm{d}x}{\mathrm{d}t}=\frac{p_0c^2}{\sqrt{\varepsilon_0^2+(cqEt)^2}}.$$

利用反双曲正弦函数微分，$\mathrm{dsh}^{-1}x/\mathrm{d}x=1/(1+x^2)^{1/2}$，则积分可得：

$$x=\frac{p_0c}{qE}\mathrm{sh}^{-1}\left(\frac{cqEt}{\varepsilon_0}\right),\tag{5.108.1}$$

式(5.108.1)可改写为：

$$\mathrm{sh}\frac{qEx}{P_0c}=\frac{cqEt}{\varepsilon_0}.\tag{5.108.2}$$

将式(5.108.2)代入式(5.107)，得：

$$y=\frac{\varepsilon_0}{qE}\sqrt{1+\mathrm{sh}^2\frac{qEx}{P_0c}}.\tag{5.109}$$

由式(5.109)可以看出：任何时间，y>0，这与非相对论结果根本不同，粒子轨迹不再随 x 呈抛物线式上升，随时间 t 直线上升，而是随 x 和 t 上下摆动；这里关键是式(5.106)与式(5.101)的不同，式(5.106)中速度的变化不再仅仅由外力 $q\boldsymbol{E}$ 决定，还与分母上粒子能量 ε 有关，当 $c\to\infty$，即光速时，将式(5.109)在 x 有限的点展开，$P_0=mu_{x0}$，$\varepsilon_0=mc^2$，有：

$$y=\frac{mc^2}{qE}\left(\left(\frac{qEx}{\sqrt{2}mcu_{x0}}\right)^2+O\left(\frac{1}{c^3}\right)\right),$$

略去 $1/c$ 和高阶次项，取 y_0=0，相对论结果即退化到经典力学结果式(5.102)．

(3)均匀磁场中带电粒子的运动

若只有磁场，粒子运动方程(5.94)成为：

$$\frac{\mathrm{d}\boldsymbol{P}}{\mathrm{d}t}=\frac{q\boldsymbol{u}}{c}\times\boldsymbol{B},\tag{5.110.1}$$

$$\frac{\mathrm{d}\varepsilon}{\mathrm{d}t}=0.\tag{5.110.2}$$

因(5.110.1)右侧，磁场对粒子的作用力永远与运动方向 $\boldsymbol{u}$ 垂直，不对粒子做功，故有(5.110.2)，粒子能量守恒，$\varepsilon=\varepsilon_0$，运动没有相对论效应．

设磁场空间均匀，不随时间变化，有

$$\frac{\mathrm{d}u_x}{\mathrm{d}t}=\omega_G u_y,\quad \frac{\mathrm{d}u_y}{\mathrm{d}t}=-\omega_G u_x,\quad \boldsymbol{\omega}_G=-\frac{q\boldsymbol{B}}{mc}=-\frac{qc\boldsymbol{B}}{\varepsilon},\tag{5.111.1}$$

$$\frac{\mathrm{d}u_z}{\mathrm{d}t}=0,\tag{5.112.2}$$

(5.111) 中第 2 个方程乘以 i，加到第一个方程，得：

$$\frac{\mathrm{d}}{\mathrm{d}t}(u_x+\mathrm{i}u_y)=\mathrm{i}\omega_G(u_x+\mathrm{i}u_y),$$

即

$$u_x+\mathrm{i}u_y=a\mathrm{e}^{-\mathrm{i}\omega_G t},$$

式中，常数 a 为复数，决定 xy 平面内运动 $u_\perp$ 幅度和相位 α，即

$$\begin{aligned}u_x&=u_\perp\sin(\omega_G t+\alpha),\\ u_y&=-u_\perp\cos(\omega_G t+\alpha).\end{aligned}\tag{5.112}$$

对方程 (5.112) 积分，得：

$$x=x_0-r_G\cos(\omega_G t+\alpha),\tag{5.113.1}$$

$$y=y_0-r_G\sin(\omega_G t+\alpha),\tag{5.113.2}$$

$$r_G=\frac{u_\perp}{\omega_G}=\frac{cP_\perp}{qB},\quad \boldsymbol{u}_\perp=\boldsymbol{\omega}_G\times\boldsymbol{r}_G,\tag{5.113.3}$$

粒子在 xy 平面做回转运动，回转圆频率为 ω_G，半径为 r_G，相应磁矩

$$\mu=\frac{q\omega_G r_G^2}{2c}=\frac{cmu_\perp^2}{2B}.\tag{5.114}$$

再看 z 方向，由 (5.111.2)，得：

$$z=z_0+u_{/\!/}t.\tag{5.115}$$

(5.113)，(5.115) 即为粒子的运动方程 (5.110) 的解，(x_0, y_0, z_0) 为粒子 t=0 时的初始位置，除在 xy 平面的回转运动，粒子在磁场方向，沿 z 轴做匀速运动 (图 5.7)．如果图中带正电荷的粒子为质子沿顺时针，则电子将沿相反方向回转，因 m_p=2000m_e，按 (5.102) 第 3 个方程，ω_e=2000ω_p，如若初始速度 u_c 相等，则电子与质子回转半径，2000r_{0e}=r_{0p}．在与磁场平行方向，两者速度不变，完全取决于初始速度 $u_{/\!/}$．

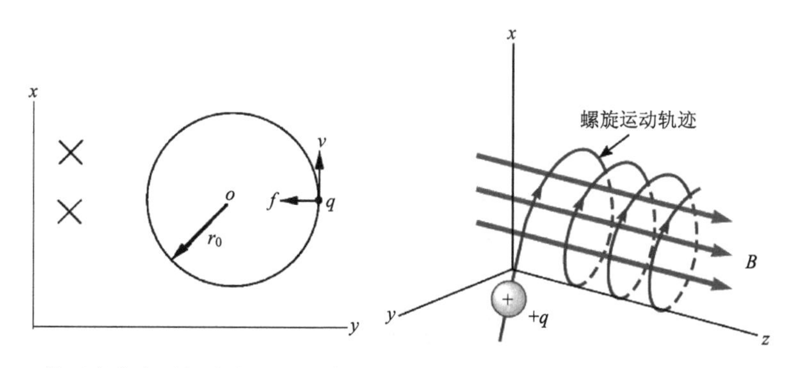

图 5.7 粒子在均匀磁场中的运动：在 xy 平面做回转运动，沿磁场方向 (z 轴) 匀速运动

(4) 均匀磁场、电场和其他力场中带电粒子的漂移运动

在均匀磁场和电场中，粒子运动由方程(5.94)决定. 若取

$$\boldsymbol{u}_d = c\frac{\boldsymbol{E}\times\boldsymbol{B}}{B^2}, \tag{5.116}$$

不失一般性，设 $E_x=E_z=0$，$B_x=B_y=0$，即 $\boldsymbol{E}$ 沿 y 轴方向，$\boldsymbol{B}$ 沿 z 轴方向. 坐标系 K'，相对于方程(5.94)坐标系 K 以速度 $\boldsymbol{u}_d$ 运动($\boldsymbol{u}_d$~沿 x 轴方向)，则由式(5.98)和(5.99)得：

$$E'_y = 0\,,\quad B'_z = B_z\left(1-\frac{E_y^2}{B_z^2}\right). \tag{5.117}$$

由式(5.116)，$u_d<c$，则必有 $B>E$；特别是，若 $B\gg E$，一般情况，磁层和太阳大气满足这一条件，因而有 $u_d\gg c$，相应式(5.117.2)有 $B'_z = B_z$，这应在预料之中，因大多情况，那里不存在相对论效应. 因此在 K'坐标系运动方程与式(5.110)相同，即带电粒子在均匀恒定磁场中的运动，解为式(5.113)和(5.114). 若 $u_z=0$，即粒子没有沿磁场 B_z 方向的运动，则仅有解(5.113)，即粒子的回转运动，记作 $\boldsymbol{u}_\omega$. 当返回 K 坐标系时，粒子运动，除 $\boldsymbol{u}_\omega$ 外，还应加上沿 x 轴既与磁场垂直，又与电场垂直的漂移运动 $\boldsymbol{u}_d$(图 5.8)，即

$$\boldsymbol{u}=\boldsymbol{u}_\omega+\boldsymbol{u}_d. \tag{5.118}$$

式(5.116)中 $\boldsymbol{u}_d$ 只决定于 $\boldsymbol{B}$，$\boldsymbol{E}$，而与电荷 q 无关，则如图 5.8 所示，正、负电荷将沿相同的方向漂移.

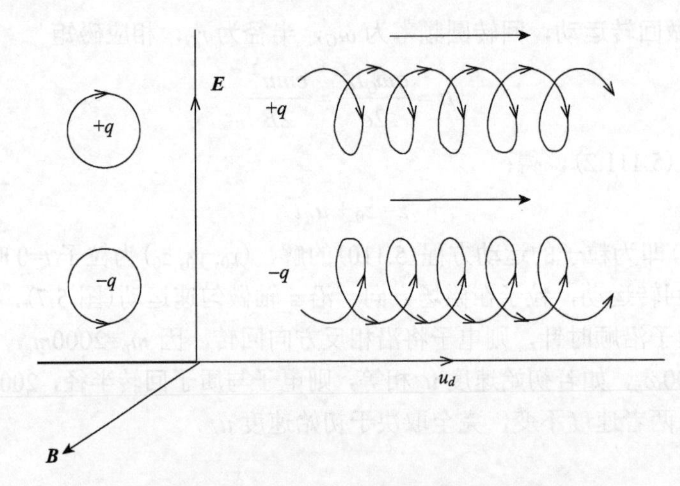

图 5.8 带电粒子在均匀恒定磁场 $\boldsymbol{B}$ 和电场 $\boldsymbol{E}$ 中的运动

$\boldsymbol{E}$ 沿 y 方向，$\boldsymbol{B}$ 沿 z 方向，$\boldsymbol{u}_d$ 沿 x 方向，粒子：①在 xy 面内做回转运动：$+q$~顺时针方向，$-q$~反时针方向；②以速度 $\boldsymbol{u}_d$ 漂移，$+q$，$-q$ 方向相同

若在运动方程(5.94)中，电场 E 被其他力场 F，诸如重力 $\rho\boldsymbol{g}$，压力∇P，所取代，有：

$$\begin{aligned}\frac{\mathrm{d}P}{\mathrm{d}t} &= \boldsymbol{F}+\frac{q\boldsymbol{u}}{c}\times\boldsymbol{B},\\ \frac{\mathrm{d}\varepsilon}{\mathrm{d}t} &= \boldsymbol{F}\cdot\boldsymbol{u}.\end{aligned} \tag{5.119}$$

在场的变换一节曾经指出，运动方程中这些力与 qE 在变换中的相似性，由方程(5.94)

和(5.119)可知，只要用 $\boldsymbol{F}/q$ 替代 E，做与(5.116)相同的变换，即

$$\boldsymbol{u}_d^F = c\frac{\boldsymbol{F}\times\boldsymbol{B}}{qB^2}, \tag{5.120}$$

经与式(5.116)相同的变换过程，可得与式(5.118)相同的解：即带电粒子在与磁场垂直，即 xy 面内的回转运动，以及沿与 $\boldsymbol{F}$ 和 $\boldsymbol{B}$ 垂直，即 x 轴方相的漂移运动，与(5.118)不同的是：因变换(5.120)与 q 有关，因而正、负带电粒子漂移方向相反(图 5.9).

到此我们已熟悉，带电粒子在均匀磁场和电场中有两种运动分量，在与磁场垂直平面内的回转运动以及沿与电场和磁场垂直方向的漂移运动，前者与磁场和粒子的运动状态($\boldsymbol{u}_\perp$)有关而与电场无关，后者则仅取决于电场和磁场的大小和方向，与粒子的运动状态无关. 为进一步了解图 5.8 和图 5.9 所示粒子运动轨迹的物理，图 5.10 以正电荷为例，给出了粒子在 3 种状态下，带电粒子不同的运动轨迹. 假定这样选择(5.113)粒子的初始位相α，和初始位置(x_0, y_0)，方程(5.113)可表示为：

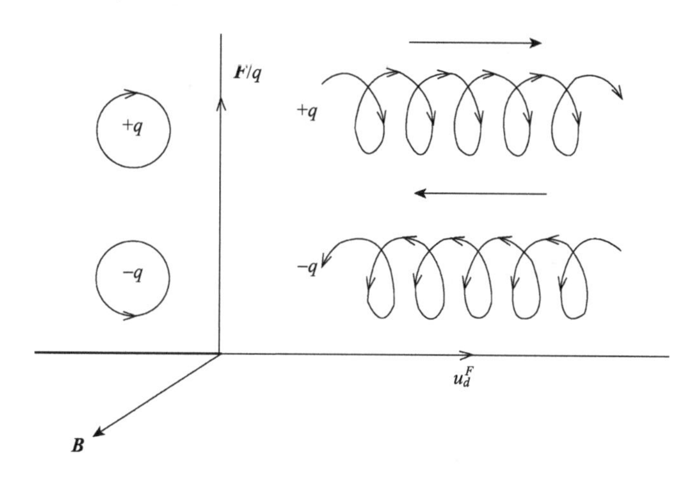

图 5.9　带电粒子在力场 $\boldsymbol{F}$ 与磁场 $\boldsymbol{B}$ 中的运动

与图 5.8 相同，即粒子除在与磁场垂直的平面做回转运动外，还沿与 $\boldsymbol{F}$ 和 $\boldsymbol{B}$ 垂直方向漂移，但正、负电荷漂移运动方向相反

$$\begin{aligned} x &= -r_0 \sin\omega t + c\frac{E_y}{B_z}t, \\ y &= r_0(1-\cos\omega t), \end{aligned} \tag{5.121}$$

其中，r_0 为回转半径，由式(5.113.3)决定，$r_0=\boldsymbol{u}_\perp/\omega$，$\omega = qB/(mc)$ 与电场无关，cE_y/B_z 为粒子沿 x 方向的漂移速度 u_d. 3 种不同状态为：

$$u_\perp = c\frac{E_y}{B_z} \tag{5.122.1}$$

$$u_\perp > c\frac{E_y}{B_z} \tag{5.122.2}$$

$$u_\perp < c\frac{E_y}{B_z}, \tag{5.122.3}$$

即相对回转运动速度 $\boldsymbol{u}_\perp$，漂移运动速度 u_d 的不同取值.

由图 5.8 直观地看，不难判断，当回转运动 $\boldsymbol{u}_\perp$ 不变，随着漂移速度的增加，必将伴随有：一，图 5.8 中回转环间的距离将逐渐增加；二，在回转运动与漂移运动有相同 x 方向分量的半周内，原圆周运动的曲率减少，曲线有被拉“平”的趋势；三，在两者具有反 x 方向运动的半周，则原圆周运动的曲率增加，半径减小，封闭环将逐步变小，反 x 方向的运动将逐渐减少；因而可以想象，必定存在一个临界漂移速度，在这个速度，粒子刚好不再有沿 $-x$ 方向的运动，这一速度即方程(5.122.1) $\boldsymbol{u}_d=\boldsymbol{u}_\perp$，与图 5.10c，d 相当；当 $u_d<\boldsymbol{u}_\perp$，与图 5.10a 和图 5.8、图 5.9 相对应，$-x$ 回转运动存在，但伴随漂移速度的增加，回转环逐渐变小；当 $u_d>\boldsymbol{u}_\perp$，粒子不但不再有 $-x$ 方向的回转，如图 5.10b 所示，粒子运动被 x 方向的“强”漂移运动(与 $u_\perp$ 相比)较“早”拉向 x 方向.

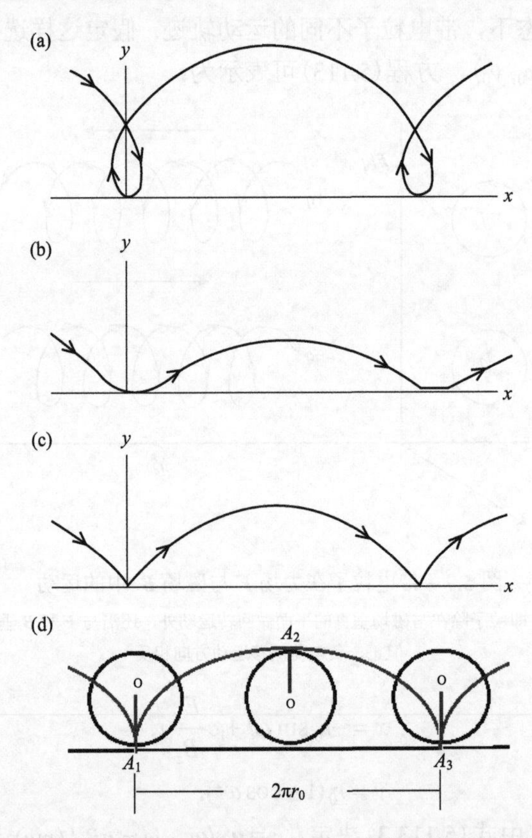

图 5.10　带电粒子在均匀磁场 B_z，电场 E_y 中的回转运动和漂移运动

(a) $u_\perp>cE_y/B_z$，回转粒子先到达点 $(x=2\pi r_0, y=0)$，因而有“时间”在这里继续作回转运动，以“等待”漂移粒子到达后一同前行；(b) $u_\perp<cE_y/B_z$，漂移粒子先到达点 $(x=2\pi r_0, y=0)$，回转粒子“没时间”继续回转，就必须和漂移粒子一起前行；(c，d) $u_\perp=cE_y/B_z$，回转与漂移粒子同时到达点 $(x=2\pi r_0, y=0)$，并一同前行

定量地讲，回转与漂移同向的 1/2 周，回转粒子将沿 x 轴运行 $x_r=2r_0$，相应漂移粒子运行 $x_d=u_d\times\pi/\omega$，而反向的 1/2 周，回转运行 $x_r=-2r_0$，漂移粒子与前半周运行距离相同，则一周内，粒子沿 x 方向净运行距离

$$x = 2c\frac{E_y}{B_z} \times \frac{\pi}{\omega} = c\frac{E_y}{B_z} \times \frac{2\pi r_0}{u_\perp},$$

即回转运动 x 方向正和负的运行距离相互抵消，结果净等于粒子沿 x 方向漂移运动的距离. 当然物理上，回转运动 x 方向正和负的运行发生在不同时间，不可能相抵，能与之相抵的只能是与之同时存在的沿 x 方向的漂移运动. 可以想象，如图 5.10d 所示，回转环上位于点 $A_1(0, 0)$的粒子，满足方程(5.121)的解，即在回转和漂移双重运动作用下粒子的滚动轨迹，假定一周后粒子恰好落在点 $A_3(2\pi r_0, 0)$，即一周内粒子总运行距离为 $2\pi r_0$，代入上式，得

$$u_d = c\frac{E_y}{B_z} = u_\perp,$$

即方程(5.122.1)所示粒子的运动状态，与图 5.10c，d 相对应，粒子回转速度与滚动速度相等，为无滑动的滚动，粒子在回转$-x$ 方向的运动刚好被漂移运动相抵. 当 $u_{\mathrm{d}}< \boldsymbol{u}_\perp$时，与(5.122.2)相当，可以理解，与状态(5.122.1)相比，粒子漂移运动不足以抵消粒子回转一周$-x$ 方向的运动，$-x_r^- = 2u_{\mathrm{d}}\pi/\omega - 2\pi r_0$，可求得与之相应的时间 $t(T/2$ 至 $T/2+t(-x_r'))$和 y 值，这一时段(x, y)的示意图绘于图 5.10a，正如所料，粒子的运动轨迹除相对回转圆变小的曲率，仍存在沿$-x$ 方向曲率加大，回转环缩小的运动，$|-x_r'|$越小，回转环越小，$|-x_r'|=0$，即过渡为状态(5.122.1). 到此已不难理解状态(5.122.3)，$u_d > \boldsymbol{u}_\perp$，粒子不但没有$-x$ 方向的回转，粒子在还没返回到“0”(y=0)点前，已被漂移运动拉向 x 方向(图 5.10b)，图 5.10a, b 粒子运动同为有滑动的滚动，前者滑向$-x$ 方向，图 5.10b 则滑向 x 方向.

至于式(5.117.2)中若条件 $E/B \ll 1$ 不满足，或变换(5.116)中 $E/B<1$ 不满足，则坐标变换中新坐标系的运动(5.116)可取 $\boldsymbol{u}_d = c\boldsymbol{E}\times\boldsymbol{B}/E^2$，并考虑相对论效应，这就是说：要全面而完整地理解带电粒子在磁场和电场中的运动，考虑相对论效应是必须的. 由§5.1.1(3)，(4)，(5)各节求解带电粒子在磁场，磁场和电场，以及磁场和其他力场作用下的回转和漂移运动，即使考虑相对论效应全部过程仍然有效，只需要场的变换(方程(5.116))中采用洛伦兹四维场矢量变换，式(5.98)，(5.99)，或与之等价的式(5.117)，而在新坐标系(变换(5.116))求得的回转运动，变换到原坐标系时，需采用洛伦兹变换. 可以预期，变换后回转将呈椭圆运动，且不再与电场无关，图 5.10 所示粒子漂移运动和粒子回转速度不同状态间关系依然存在，但将变得更为复杂. 这也是我们在这一节开始所说，了解、研究地球电磁学，特别是磁层电磁学，具备相对论，特别是其中洛伦兹变换的基本原理不仅有益，而且是必要的.

(5)非均匀磁场中带电粒子的漂移运动

这一节仅讨论两类非均匀磁场，①梯度∇B 与均匀场 $\boldsymbol{B}_0$ 垂直，记作$\nabla_\perp B$；②磁力线弯曲，记作$\nabla_c \boldsymbol{B}$. 梯度∇B 与均匀场 $\boldsymbol{B}_0$平行，即$\nabla_{/\!/} B$ 则放在下一小节.

(i)$\nabla_\perp B$ 非均匀磁场

设磁场 B 沿 z 轴方向，∇B 与 B 垂直沿 x 轴方向，即$\partial B/\partial x \neq 0$，$\nabla B/B \ll 1$，把粒子在均匀恒定磁场中的回转运动(5.111)写成矢量形式：

$$\frac{\partial \boldsymbol{u}_{\perp}}{\partial t} = \boldsymbol{u}_{\perp} \times \boldsymbol{\omega}, \tag{5.123}$$

$\nabla B/B \ll 1$，则磁场对均匀场 B_0 的偏离是小量，把正离子回转运动 $\boldsymbol{\omega}$(5.111.3) 在均匀磁场 B_0 中的回转运动 $\boldsymbol{\omega}_0$ 附近展开，只保留一级小量，有：

$$\boldsymbol{\omega}(x) = \frac{qB(x)}{mc} = \omega_0[-1 - \frac{1}{B_0}\left(\frac{\partial B}{\partial x}\right)_{B=B_0}(x - x_0)]\boldsymbol{k}, \tag{5.124}$$

式中，$\boldsymbol{k}$ 为 z，即 $\boldsymbol{B}$ 方向的单位矢量，离子回转 $\boldsymbol{\omega}_0$ 与 $\boldsymbol{B}$ 反向，$\nabla \boldsymbol{B}$ 沿 $\boldsymbol{i}$ 方向．不难得出，$\nabla \boldsymbol{\omega}$方向，即 $\boldsymbol{\omega}$ 与 $\boldsymbol{k}$ 的夹角$\Delta\alpha \cong (\Delta B/B)^2$，为二级小量，即若只保留一级小量，$\Delta\omega$ 与 $\boldsymbol{\omega}_0$ 同向，都在$-\boldsymbol{k}$ 方向，即如方程(5.124)所示，$\boldsymbol{\omega}_0$ 数量变化$\Delta\omega$，随$\nabla \boldsymbol{B}$ 的增加(减少)而增加(减少)．设相应 $\boldsymbol{u}_{\perp}=\boldsymbol{u}_0+\boldsymbol{u}_1$，将 $\boldsymbol{u}_{\perp}$和(5.124)代入(5.123)，保留一级小量，取回转中心 $x_0=0$，有

$$\frac{\partial(\boldsymbol{u}_0 + \boldsymbol{u}_1)}{\partial t} = -(\boldsymbol{u}_0 + \boldsymbol{u}_1) \times \omega_0 \boldsymbol{k} - \boldsymbol{u}_0 \times \boldsymbol{k}\left[\omega_0 x \frac{1}{B_0}\left(\frac{\partial B}{\partial x}\right)_{B=B_0}\right],$$

式中，$\partial \boldsymbol{u}_0/\partial t = -\boldsymbol{u}_0 \times \omega_0 \boldsymbol{k}$，则上式简化为

$$\frac{\partial \boldsymbol{u}_1}{\partial t} = -\boldsymbol{u}_1 \times \omega_0 \boldsymbol{k} - \boldsymbol{u}_0 \times \boldsymbol{k}\left[\omega_0 x \frac{1}{B_0}\left(\frac{\partial B}{\partial x}\right)_{B=B_0}\right]. \tag{5.125}$$

按(5.125)，$\boldsymbol{u}_1$ 的变化由右侧两项决定，其中第一项，可表示为

$$\frac{\partial \boldsymbol{u}_1^1}{\partial t} = -\boldsymbol{u}_1^1 \times \omega_0 \boldsymbol{k},$$

由方程(5.123)可知，$\boldsymbol{u}_1^1$ 与以速度 $\boldsymbol{u}_1^1$，圆频率 ω_0 绕磁场 $\boldsymbol{B}_0$ 的离子回转运动相当，若取回转一周的平均，$\overline{\boldsymbol{u}_1^1} = 0$；而第二项，其中 ω_0，$\boldsymbol{B}_0$ 为常量，$\partial B/\partial x$，即$\nabla \boldsymbol{B}$，$\nabla \boldsymbol{B} \ll \boldsymbol{B}$，随时间，即随 $\boldsymbol{B}$ 的变化为二级小量，而 $x = r_0 \cos\theta$，θ 为 x 轴与回转矢径 $\boldsymbol{r}_0$ 的夹角，粒子在 (x, y) 面内回转，在不同位置随 θ 的改变，x 取值不同；其中 $\boldsymbol{u}_0 \times \boldsymbol{k}$ 有 x，y 两个方向的投影，分别由 $\boldsymbol{u}_0$ 在 y，x 方向的分量，即

$$\frac{\partial x}{\partial t}\boldsymbol{i} = \boldsymbol{i}u_0 \sin\theta, \quad \frac{\partial y}{\partial t}\boldsymbol{j} = -\boldsymbol{j}u_0 \cos\theta$$

来决定，式中 $\boldsymbol{i}$, $\boldsymbol{j}$ 分别为 x，y 方向的单位矢量．先看方程(5.125)第二项其中 $\boldsymbol{i}$ 分量对 $\boldsymbol{u}_1$ 的贡献，由$\mp \boldsymbol{i} \times \boldsymbol{k} = \pm \boldsymbol{j}$ 可知，与 $\boldsymbol{u}_0$，$\boldsymbol{i}$ 分量相应 $\boldsymbol{u}_1$ 的变化在$\pm \boldsymbol{j}$ 方向．为求得稳定的 $\boldsymbol{u}_1$，对方程(5.125)取一个回转周期的平均，其中第一项 $\boldsymbol{u}_1^1$，如上所述，一周平均为“0”，而第二项，当求平均时，方程(5.125)中随时间变化的量，x，$\partial x/\partial t$，应取在同一时间，显然 x 与$\partial x/\partial t$ 位相差$\pi/2$，因而取 $x = r_0 \cos\theta$，$\partial x/\partial t = -u_0\sin\theta$，加上$\pi/2$ 的位相差，上式$\partial x/\partial t$ 则应取$\partial x/\partial t = u_0\cos\theta$，代入方程(5.125)，可得

$$\boldsymbol{u}_1^2 = \left(\frac{1}{B_0}\left(\frac{\partial B}{\partial x}\right)_{B=B_0} u_0 r_0 \omega_0 \cos^2\theta\right)\boldsymbol{k} \times \boldsymbol{i}.$$

对方程(5.125) $\partial \boldsymbol{u}_1/\partial t$ 和 $\boldsymbol{u}_1^2$ 取平均，由 $\mathrm{d}t\big|_{0-T} = \frac{\mathrm{d}l}{u_0}\big|_{0-2\pi r_0} = \frac{r_0\mathrm{d}\theta}{u_0}\big|_{0-2\pi}$，有

$$\frac{1}{T_0}\oint_{0-T_0}\frac{\partial \boldsymbol{u}_1}{\partial t}\mathrm{d}t = \boldsymbol{u}_d^G,$$

$$\frac{\boldsymbol{j}}{2\pi}\oint_{0-2\pi}\boldsymbol{u}_1^2\frac{r_0}{u_0}\mathrm{d}\theta = \frac{\boldsymbol{j}}{2\pi}\oint_{0-2\pi}\frac{1}{B_0}\left(\frac{\partial B}{\partial x}\right)_{B=B_0} r_0^2\omega_0\cos^2\theta\mathrm{d}\theta,$$

式中，$\boldsymbol{j}=\boldsymbol{k}\times\boldsymbol{i}$，积分后得

$$u_d^G = \frac{r_0^2\omega_0}{2}\frac{1}{B_0}\frac{\partial B}{\partial x}\boldsymbol{k}\times\boldsymbol{i},$$

r_0，ω_0 由式(5.113.3)和(5.111)替换，最后得

$$u_d^G = c\frac{mu_\perp^2}{2}\frac{1}{qB^3}\boldsymbol{B}\times\nabla_\perp B, \tag{5.126}$$

式中，$\nabla_\perp B$ 表示∇B 与 $\boldsymbol{B}$ 垂直. 到此，方程(5.125)中第二项只考虑了 $\boldsymbol{j}$ 方向分量对 $\boldsymbol{u}_1$ 的贡献. 与以上求解 $\boldsymbol{j}$ 方向过程相同，但其中 $\boldsymbol{u}_0$，$\boldsymbol{i}$ 分量，$\boldsymbol{u}_0\sin\theta$，将由 $\boldsymbol{j}$ 分量，$-\boldsymbol{u}_0\cos\theta$ 所取代，则结果以上积分号下的函数，$\cos^2\theta$，将变为 $\sin\theta\cos\theta$，积分结果为“0”，即与方程(5.125)中第一项相同，第二项 $\boldsymbol{i}$ 方向分量一个回转周期的平均对 $\boldsymbol{u}_1$ 的贡献为“0”. 因此最后可得，带电粒子在非均匀磁场中的运动，由式(5.126)来描述. 如图 5.11 所示，带正电荷粒子的回转中心的漂移运动既和磁场 $\boldsymbol{B}$ 垂直又与$\nabla_\perp B$ 方向垂直，因与电荷 q 有关，带负电荷的粒子将沿反方向漂移，因$\nabla B/B<<1$，u_d 相对 $u_\perp$ 很小，回转中心缓慢地移动；这种漂移物理上不难理解，设带正电荷粒子在磁场 $\boldsymbol{B}_0$ 中沿 $\boldsymbol{z}$ 方向回转，当粒子回转由 B_0 进入 $B<B_0$ 的区域，按方程(5.113.3)和(5.111)，粒子回转半径 r_0 有增加的趋势，相当于受到一附加力，方向与$\nabla_\perp B$ 相反($\nabla B<0$，$\nabla r>0$)；当粒子由弱磁场区往强磁场区回转时，则回转半径有变小的趋势，相当于的附加力也与$\nabla_\perp B$ 相反($\nabla B>0$，$\nabla r<0$)，这意味着，当带电粒子在非均匀磁场中做回转运动时，将伴随有一与$\nabla_\perp B$ 反向的附加力 $\boldsymbol{F}_{\mathrm{ad}}$，由方程(5.120)力与漂移速度的关系，可以预料，粒子将沿 $\boldsymbol{B}\times\nabla_\perp B$ 方向漂移，$\boldsymbol{F}_{\mathrm{ad}}$ 随粒子回转位置而变化，式(5.126)与(5.120)比较，不难得出，一个周期的平均，有

$$\boldsymbol{F}_{\mathrm{ad}} = -\frac{mu_\perp^2}{2}\frac{1}{qB}\nabla_\perp B.$$

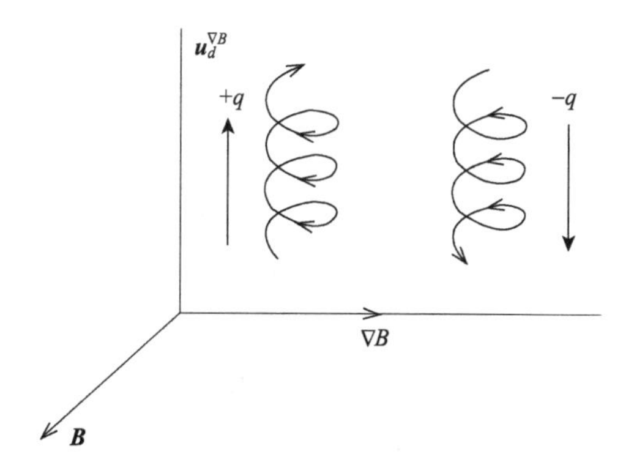

图 5.11 正、负电荷在 $\boldsymbol{B}+\nabla_\perp\boldsymbol{B}$ 非均匀磁场中的漂移运动，$B\gg\nabla_\perp B$

(ii) $\nabla_c \boldsymbol{B}$ 非均匀磁场

$\nabla_c \boldsymbol{B}$ 指磁力线弯曲引起的磁场相对均匀磁场 $\boldsymbol{B}_0$ 的偏离．进一步，与$\nabla_\perp B$ 相同，$\nabla_c \boldsymbol{B}/\boldsymbol{B}_0 \ll 1$，即相应磁力线的曲率 $C=1/R\ll 1$，R 为磁力线的曲率半径．为方便，以下都采用$\nabla \boldsymbol{B}$，省略角标 c.

如图 5.7 所示，粒子 q 在均匀磁场 $\boldsymbol{B}_0$ 中以 ω_{B} 回转的同时，回转中心沿磁场方向(z)以速度 $u_{/\!/}$运动(重绘于图 5.12a)．假定，注意，到现在为止，还纯属假定，在弯曲的磁场中，粒子回转中心仍沿弯曲的磁场运动，若如是，则这里一定有一向心力，沿曲率半径 $\boldsymbol{R}$ 反方向作用于粒子，这个力可表示为:

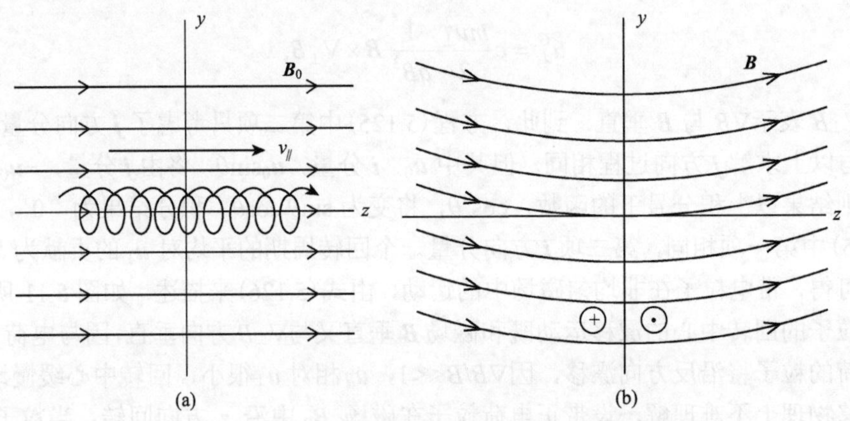

图 5.12 ∇B 非均匀磁场中带电粒子的漂移运动

(a)粒子在均匀恒定磁场中的运动；(b)当$\nabla B/B_0\ll 1$，粒子的漂移：正电荷垂直纸面向外、负电荷向内漂移

$$\boldsymbol{F}_c = -mu_{\mathrm{P}}^2 \frac{\boldsymbol{R}}{R^2}, \tag{5.127}$$

这里，式(5.127)是只保留一级小量的结果，曲线切向速度仍取 $u_{/\!/}$．按照式(5.120)，粒子将随 F_c 有相应的漂移运动:

$$\boldsymbol{u}_d^c = -c\frac{mu_{\mathrm{P}}^2}{q}\frac{\boldsymbol{R}\times\boldsymbol{B}_0}{R^2 B_0^2}, \tag{5.128}$$

式(5.128)表明，正、负电荷沿反方向漂移，正电荷垂直纸面向外($-\boldsymbol{x}$)，负电荷向内(图 5.12b)．

这节开头，当引进离心力时，曾强调那纯属假定，因当时并未说明当磁力线弯曲时，与均匀磁场一样，粒子将仍然沿磁力线运动．实则，那样的假定，是“本”“末”倒置．你可尝试，若没有漂移运动，物理上能否找到作用于粒子的力，能使其由原沿 z 轴方向以速度 $u_{/\!/}$的直线运动，变成曲线运动？答案是否定的，因为正是漂移运动，u_d^C 与磁场 $\boldsymbol{B}_0$ 相互作用，即

$$\boldsymbol{F}_c = q\boldsymbol{u}_d^C \times \boldsymbol{B}_0,$$

粒子才有可能做曲线运动，将式(5.128)代入上式，即可证明，这里 $\boldsymbol{F}_c$ 即为式(5.127)所示向心力，这就是为什么前面说“先”有离心力，“后”有漂移运动是所谓“本”“末”倒置．当然，先后顺序的改变，并不影响结果的正确，但物理上有必要强调，那仅仅是

假定，而且第一，$\nabla \boldsymbol{B}/\ \boldsymbol{B}_0 \ll 1$，这是结果成立的必要条件，第二，尽可能从物理上做定性和定量分析，以判断结果是否正确．图 5.13a 中，力线弯曲，磁场不再均匀，邻近两点 A_1，A_2，相应磁场 B_1，B_2，

$$\nabla B = \frac{\mathrm{d}\boldsymbol{B}}{\mathrm{d}s} = \frac{B_0 \mathrm{d}\theta}{R\mathrm{d}\theta} = \frac{B_0}{R}\frac{\nabla B}{|\nabla B|}，或 \ \frac{1}{\boldsymbol{R}} = \frac{\nabla B}{B_0}.$$

不难相信，曲率的变化 $\nabla(1/\boldsymbol{R}) = 1/B_0^2(B_0\nabla^2 B - B\nabla B_0) = \nabla^2 B/B_0$，为$\nabla B$ 的二级小量，如若只保留一级小量，则如图 5.13 所示，曲率方向与∇B 同向，与 $\boldsymbol{B}_0$ 垂直，在 y 轴，即 $\boldsymbol{j}$ 方向，B 的数值沿 $\boldsymbol{B}$ 方向不变；图 5.13a 即磁场沿 $\boldsymbol{B}$ 方向数值不变，但方向改变，曲率与∇B 同向，与图 5.13b，即磁场沿 k 方向，∇B 沿 $\boldsymbol{j}$ 方向等效．把 $1/\boldsymbol{R}$ 代入式(5.128)，得：

$$\boldsymbol{u}_d^C = c\frac{mu_{\mathrm{P}}^2}{qB^3}\boldsymbol{B} \times \nabla_{\perp} B \tag{5.129}$$

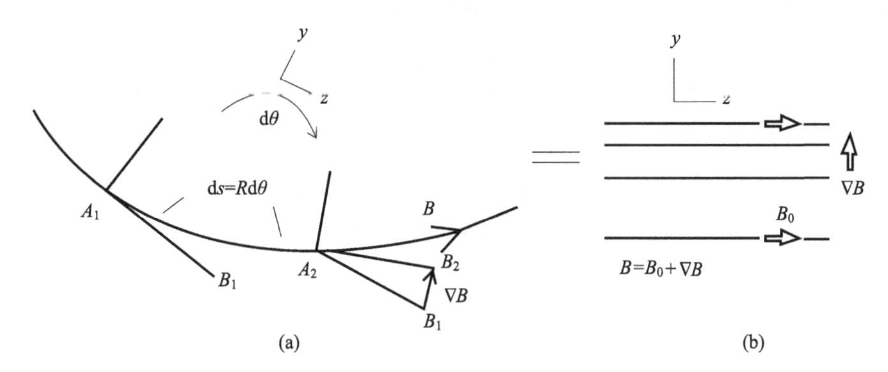

图 5.13 (a)磁场沿 B 方向数值不变，但方向改变，曲率与∇B 同向；(b)磁场沿 k 方向，∇B 沿 $\boldsymbol{j}$ 方向，两者产生的漂移运动等效

解(5.129)也可由式(5.128)经严格的推导得出．按曲率的定义，

$$\frac{1}{\boldsymbol{R}} = \frac{\mathrm{d}}{\mathrm{d}s}\left(\frac{\boldsymbol{B}}{B}\right) \tag{5.130.1}$$

式中，ds 为磁力线的长度元，$\boldsymbol{B}/B$ 为磁力线单位矢量．而

$$\frac{\partial}{\partial s}\left(\frac{\boldsymbol{B}}{B}\right) = \frac{1}{B}\frac{\partial \boldsymbol{B}}{\partial s} - \frac{1}{B^2}\left(\boldsymbol{B}\cdot\frac{\partial B}{\partial s}\right),$$

其中，右侧第 2 项，$\boldsymbol{B}$ 的数值 B 沿力线的变化为二级小量，$B\partial\boldsymbol{B}/\partial s = (\boldsymbol{B}\cdot\nabla)\boldsymbol{B}$．按矢量微分运算：$(\nabla\times\boldsymbol{B})\times\boldsymbol{B} = (\boldsymbol{B}\cdot\nabla)\boldsymbol{B} - \nabla(B^2/2)$．对如图 5.13 所示二维场，有$\nabla\times\boldsymbol{B}=\nabla\times(\boldsymbol{B}_0+\nabla\boldsymbol{B})=0$，则$(\boldsymbol{B}\cdot\nabla)\boldsymbol{B} = B\nabla B$，$\partial\boldsymbol{B}/\partial s = \nabla B$，则式(5.130)成为：

$$\frac{1}{\boldsymbol{R}} = \frac{\partial}{\partial s}\left(\frac{\boldsymbol{B}}{B}\right) = \frac{1}{B}\nabla B. \tag{5.130.2}$$

将式(5.130.2)代入式(5.128)，则得解(5.129)，即式(5.128)与(5.129)等价．如若带电粒子既有沿磁力线方向的运动 $\boldsymbol{u}_{/\!/}$，也有在磁场垂直平面内的回转运动 $u_{\perp}$，则带电粒子的漂移运动

$$\boldsymbol{u}_d = \boldsymbol{u}_d^G + \boldsymbol{u}_d^C = c\frac{mu_\perp^2 + 2mu_{/\!/}^2}{2}\frac{1}{qB^3}\boldsymbol{B}\times\nabla_\perp B, \tag{5.131}$$

式(5.131)为离子的漂移，电子漂移则与离子方向相反.

(6)带电粒子在磁场中运动小结

小结包括两部分：第一，求解带电粒子在电磁场中的漂移运动；第二，粒子的各种运动.

(ⅰ)带电粒子运动的求解

以上带电粒子的运动，除绕磁场的回转外，都未直接求解运动方程(5.94)，而是采用特殊技巧得出各类漂移运动的解答. 例如，电场漂移采用洛伦兹变换(5.98)，求得漂移速度 $\boldsymbol{u}_d^E = c\boldsymbol{E}\times\boldsymbol{B}/B^2$（见式(5.116)），求解过程和解的形式都突出显示，解 $\boldsymbol{u}_d^E$ 成立，必须满足 $E \ll B$，解 $\boldsymbol{u}_d^E$ 与 q 无关，离子、电子以同样速度运动，不会产生宏观电流；而在其他力场 $\boldsymbol{F}$ 中的漂移，$\boldsymbol{u}_d^F$，因有 $\boldsymbol{F}=q\boldsymbol{E}$，则只需用 $\boldsymbol{F}/q$ 置换 $\boldsymbol{E}$，即得 $\boldsymbol{u}_d^F = c\boldsymbol{F}\times\boldsymbol{B}/qB^2$（见式(5.120)），同样要求 $F/q \ll B$，与 $\boldsymbol{u}_d^E$ 不同，$\boldsymbol{u}_d^F$ 与电荷有关，正、负电荷反向运动，将伴随有宏观电流；在非均匀磁场 $\nabla_\perp B$ 中则采用微扰(5.124)，而曲率 ∇B 漂移则以曲线运动的向心力(5.129)求得相应漂移速度，两者合并表示于式(5.131)，同样式(5.131)成立要求 $\nabla_\perp B$，$\nabla B \ll B$，也伴随有宏观电流. 毋庸置疑的是，带电粒子在电磁场中各种运动都可由运动方程(5.94)直接求解，当然必要时，要考虑非电磁力 $\boldsymbol{F}$，而非均匀场，则必须采用微扰近似.

(ⅱ)带电粒子的运动图像

除电场外，带电粒子在磁场中的运动图像如图 5.14 所示，由上到下：(a)在均匀恒定磁场中的回转，正电荷顺时针，负电荷则反时针；(b)在均匀恒定电和磁场中，除回转

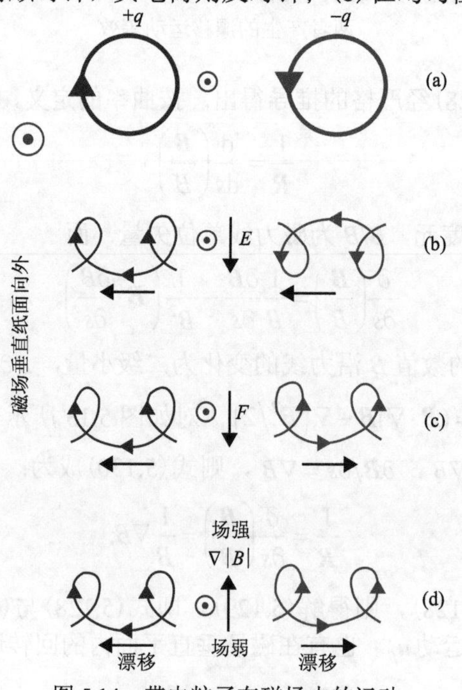

图 5.14　带电粒子在磁场中的运动

外，正、负电荷沿同一方向漂移；(c)其他力场 $\boldsymbol{F}$ 中，$\boldsymbol{F}/q$ 替代电场 $\boldsymbol{E}$，正、负电荷沿相反方向漂移；(d)在非均匀磁场中，包括弯曲磁力线，正、负电荷沿相反方向漂移.

还有最重要的，即各种运动的成立条件. 总的讲，这些条件就是保证粒子运动速度远小于光速 c，即 $u \ll c$. 我们只讨论了带电粒子在电场运动中的相对论效应，虽然文中提到要考虑相对论效应，原则上，并不困难，但又一再强调，各种运动的成立条件，这是因为，一般讲，都很复杂，而我们只涉及简单，但很重要的运动，它们只在特定条件下成立. 例如，如上所述，带电粒子在均匀恒定电磁场中的运动，成立条件，$E/B \ll 1$，物理上，这相当于粒子绕磁场回转运动占绝对优势，从而控制其他“辅助”运动，产生漂移 $\boldsymbol{u}_d$，沿与 $\boldsymbol{E}$ 和 $\boldsymbol{B}$ 垂直方向($\boldsymbol{E}\times\boldsymbol{B}$)运动，但没有电场 $\boldsymbol{E}$ 方向的运动；如若 E 与 B 可相比拟，则不仅一定会出现 $\boldsymbol{E}$ 方向的运动，漂移运动也有可能被破坏，甚而回转运动都不稳定. 如果你熟悉力学中的回转陀螺的回转，就不难理解粒子在电磁场运动的这类变化. 当陀螺转速很快，陀螺沿回转轴稳定转动，当外来力矩，远小于回转惯量矩时，除回转外，转动轴增加辅助运动，进动，即陀螺有绕辅加力矩的扰动；但若，辅加力矩足够大时，陀螺的稳定回转和进动将被破坏. 这就是这里反复强调各种运动成立条件的原因，条件变化，运动可能完全不同.

(7)带电粒子在磁场中的镜点反弹

(ⅰ)绝热不变量

热力学过程的绝热不变量是熵. 一个热力学系统，只要过程，与热量传递相比进行得足够快，可视为期间没发生热交换；又在过程中系统熵 s 作为(P, T)，(P, V)或(V, T)的函数(P 是压力，V 是体积，T 是温度)，当任何系统变量 P, V 或 T 发生变化时，其变化与系统达到平衡状态所需时间相比足够慢，以保证热力学过程，时时、处处都处于平衡状态，熵函数 s 有定义，则熵为这一过程的不变量. 从这一描述，可看出构成绝热不变量的条件：首先必须有一个系统：热力学，一个过程：绝热过程，在这里构成过程的必要条件至少有：①变化，没有变化就无所谓过程，也无所谓不变量，绝热过程则指 P, V 或 T 的变化；②时间，过程的起始时间 t_1，结束时间 t_2，或用状态参数 P, V, T 表征的起始和结束状态；③则是对变化的要求：一快，一慢，快是不变量的要求，慢则是系统平衡，即不变量有定义的需要. 把这一概念，延伸到热力学外的其他系统，例如力学系统，具体地讲，带电粒子在磁场中的运动，如若除系统外，还有其余两条，即过程，与其相联系的变化参量和时间，和对变化快和慢的要求. 下面看绝热不变量在带电粒子在磁场中运动的具体应用.

§5.1.5(3)带电粒子在均匀磁场中的运动，在(x, y)面内，有解(5.112)或(5.113)，即带电粒子的回转运动，回转速度 $u_\perp$；沿 z 轴有解(5.115)，粒子以匀速 $u_{/\!/}$运动；其中包含有运动参数：回转圆频率 ω_{G}，由式(5.111)决定，回转半径 r_{G}，由式(5.113.3)决定，以及与回转电流相应的回转磁矩 μ_{G}，由式(5.114)决定. 如若磁场 $\boldsymbol{B}$ 不再均匀，但变化足够缓慢，以保证在运动过程中，粒子的运动速度 $u_\perp$，$u_{/\!/}$和位置(x, y)以及相应运动参数 ω_{G}，r_{G} 能够随磁场 $\boldsymbol{B}$ 的变化做出调整，在一级近似条件下，时时、处处有定义，满足方程(5.110)，问题是相应的解和相应参量将如何变化?下面我们首先确认与运动过程相联系的不变量. 由式(5.111.3)，有

$$\mathrm{d}\omega_{\mathrm{G}}=\frac{q}{mc}\mathrm{d}B, \tag{5.132}$$

ω_{G}与B呈线性变化；由式(5.113.3)，有

$$\mathrm{d}r_{\mathrm{G}}=\frac{mc}{qB}\mathrm{d}u_{\perp}-\frac{mcu_{\perp}}{qB^{2}}\mathrm{d}B, \tag{5.133.1}$$

由式(5.114)，有

$$\mathrm{d}\mu_{\mathrm{G}}=\frac{mcu_{\perp}}{B}\mathrm{d}u-\frac{mcu_{\perp}^{2}}{2B^{2}}\mathrm{d}B. \tag{5.134.1}$$

再看$\mathrm{d}u_{\perp}$与$\mathrm{d}B$，$u_{\perp}\mathrm{d}u_{\perp}=u_x\mathrm{d}u_x+u_y\mathrm{d}u_y$，由式(5.111)有，$\mathrm{d}u_x=\omega_{\mathrm{G}}\mathrm{d}y$，$\mathrm{d}u_y=\omega_{\mathrm{G}}\mathrm{d}x$，由式(5.113)和(5.112)可得：

$$\mathrm{d}u_{\perp}=\frac{u_{\perp}}{2B}\mathrm{d}B,$$

分别代入式(5.133.1)和(134.1)，最后得：

$$\mathrm{d}r_{\mathrm{G}}=-\frac{mcu_{\perp}}{2qB^{2}}\mathrm{d}B=-\frac{r_{\mathrm{G}}}{2B}\mathrm{d}B, \tag{5.133.2}$$

$$\mathrm{d}\mu_{\mathrm{G}}=\left(\frac{mcu_{\perp}^{2}}{2B}-\frac{mcu_{\perp}^{2}}{2B^{2}}\right)\mathrm{d}B=0, \tag{5.134.2}$$

式(5.133.2)表明：r_{G}与B呈反对数直线关系，磁场B增加，回转半径r_{G}减小．而式(5.134.2)则表明：如若只保留一级小量，当磁场空间变化足够缓慢时，带电粒子在磁场中运动，其回转磁矩

$$\mu_{\mathrm{G}}=\frac{cmu_{\perp}^{2}}{2eB}$$

为一绝热不变量．如前所述，任何过程存在所谓绝热不变量，一定有一慢，一快，这里带电粒子在非均匀磁场中运动，绝热不变量μ_{G}成立，磁场时空变化要足够缓慢，无疑是其中的一慢，而一快，从物理上不难理解，则要求粒子回转运动参量$u_{\perp}$，ω_{G}，与磁场时空变化相比，要足够快，以保证磁矩μ_{G}时时、处处有定义，与之相应，$u_{\perp}\gg u_{/\!/}$，即粒子的回转运动占主导地位，则在下一小节“带电粒子在磁场中的镜点反弹”运动中，$u_{\perp}$和$u_{/\!/}$运动可以相互转换，$u_{/\!/}$可以趋于零，并朝反向运动，而$u_{\perp}$不但不能趋于零，还必须永远满足条件：$u_{\perp}\gg u_{/\!/}$．

式(5.114)μ_{G}为不变量，则可以断定，通过回转圆r_{G}的磁通量$\pi r_{\mathrm{G}}^{2}B=\left(\pi m^{2}c^{2}/q^{2}\right)u_{\perp}^{2}/B$，当相对论效应可以忽略时($u<<c$，$\gamma_u m\approx m$)为绝热不变量，自然$u_{\perp}^{2}/B$为另一不变量．当只有磁场存在时，$u_{\perp}^{2}+u_{/\!/}^{2}$为守恒量，即$u_{\perp}^{2}+u_{/\!/}^{2}=u_{0\perp}^{2}+u_{0/\!/}^{2}=u_{0}^{2}$．但必须指出，守恒量和不变量间质的区别，前者为绝对不变量，后者只是近似不变量．

(ii)带电粒子在磁场中的镜点反弹

这是应用“不变量”概念很好的实例．如图5.15所示，当磁场绕z轴旋转对称，力线沿z方向收缩，即存在r方向分量，则在磁场足够强的一点，粒子将被反“弹”，改向

相反方向运动，当然要满足粒子回转快和磁场变化慢，一快一慢的要求，而磁场变化慢则一定有：

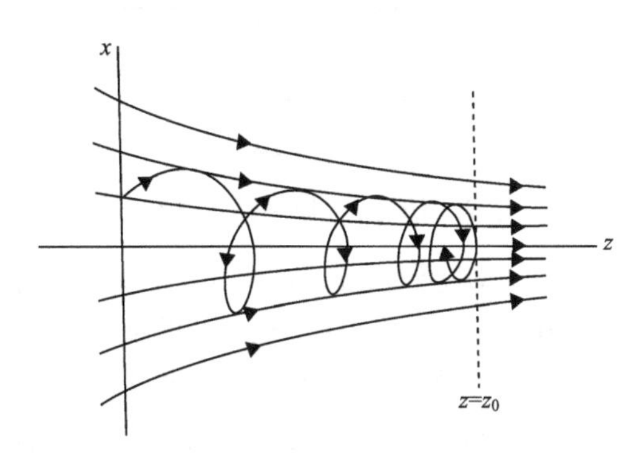

图 5.15 磁场的镜点结构和带电粒子在镜点的反弹

$$\left|B_r\right|/B_Z \ll 1, \tag{5.135.1}$$

因能量为守恒量，即

$$u_{\perp}^2(Z)+u_{\mathrm{P}}^2(Z)=u_0^2, \tag{5.135.2}$$

式中，u_0为粒子初始速度．磁通量不变，有：

$$\frac{u_{\perp}^2(Z)}{B(Z)}=\frac{u_{0\perp}^2}{B_0}, \tag{5.135.3}$$

仍设磁感应强度 $\boldsymbol{B}$ 沿 z 轴方向．由式(5.135.2)，(5.135.3)可得，z 轴上任一点，有：

$$u_{/\!/}^2(z)=u_0^2-u_{0\perp}^2\frac{\boldsymbol{B}(z)}{\boldsymbol{B}_0}, \tag{5.136}$$

式中，u_0，$u_{0\perp}$，$\boldsymbol{B}_0$为常数．式(5.136)表明：随着 $\boldsymbol{B}(z)$沿 z 轴的增加，$u_{/\!/}$将逐渐减少，而 $u_{\perp}$则逐渐增加，平行运动能量转化为回转运动的能量，若有一点，$z=z_{\mathrm{m}}$，$\boldsymbol{B}(z)$足够强，以致 $u_{/\!/}=0$，粒子开始朝沿与磁场平行的反方向运动，这一点，$z=z_{\mathrm{m}}$，即粒子运动的镜点．在镜点，$u_{\perp}(z_{\mathrm{m}})=u_0$，$u_{/\!/}=0$，$\boldsymbol{B}(z)=\boldsymbol{B}_{\mathrm{m}}$．

式(5.136)只是镜点反弹运动运动学的结果，并未解释镜点反弹的动力学，即力的来源，特别是，在镜点，当 $u_{/\!/}=0$ 时，粒子为何会朝反方向运动？下面再看粒子镜点反弹的动力学．式(5.136)$\boldsymbol{B}(z)$沿 z 轴变化，采用柱坐标(r,φ,z)，由$\nabla\cdot\boldsymbol{B}=0$，可得：

$$\frac{\partial}{r\partial r}\left[rB_r(r,z)\right]=-\frac{\partial}{\partial z}B_z(r,z),$$

坐标原点取在粒子的回转中心，则 $r=r_{\mathrm{G}}$．由式(5.135.1)，可假定$(\partial/\partial z)B_z(r,z)$与 r 无关，上式两侧对 r 从 $0\to r$ 积分，有

$$B_r(r,z)\cong-\frac{1}{2}r\frac{\partial B(z)}{\partial z}, \tag{5.137.1}$$

则由于 $q\boldsymbol{u}_{\perp}\times\boldsymbol{B}_r$的附加力的作用，即带电粒子在 z 方向不再是匀速运动，由式(5.110)可得：

$$\frac{\partial^2 z}{\partial t^2}=\frac{\partial u_{\mathrm{P}}}{\partial t}=-\frac{q}{m}\left(r\frac{\partial\varphi}{\partial t}B_r\right)\cong\frac{q}{2m}r^2\frac{\partial\varphi}{\partial t}\frac{\partial}{\partial z}B(z). \tag{5.137.2}$$

由式(5.113.3)和磁通量不变，有关系式

$$r^2\frac{\partial\varphi}{\partial t}=-r_{\mathrm{G}}^2\omega_{\mathrm{G}}=-\frac{mu_{\perp}^2}{qB}=-\frac{mu_{0\perp}^2}{qB_0},$$

$$\frac{\partial^2 z}{\partial t^2}=\frac{\partial u_{\mathrm{P}}}{\partial t}=-\frac{u_{0\perp}^2}{2B_0}\frac{\partial B(z)}{\partial z}, \tag{5.138}$$

由 $\mathrm{d}z=u_{/\!/}\mathrm{d}t$，可得 $u_{\mathrm{P}}\mathrm{d}u_{\mathrm{P}}=\left(u_{0\perp}^2/2B_0\right)\mathrm{d}B(z)$，则式(5.138)的一次积分结果，即式(5.136).

式(5.138)即动力学的结果，附加力 $q\boldsymbol{u}_{\perp}\times\boldsymbol{B}_r$ 在 $u_{/\!/}$ 方向．若磁场沿 z 轴两端汇集，则 $z>0$，$\partial B(z)/\partial z>0$，$q\boldsymbol{u}_{\perp}\times\boldsymbol{B}_r<0$，即附加力 $f_{/\!/}<0$ 在 $-z$ 方向；$z=0$，$\partial B(z)/\partial z=0$，$q\boldsymbol{u}_{\perp}\times\boldsymbol{B}_r=0$；$z<0$，$\partial B(z)/\partial z<0$，$q\boldsymbol{u}_{\perp}\times\boldsymbol{B}_r>0$，即附加力 $f_{/\!/}>0$ 在 $+z$ 方向．由此不难了解带电粒子的镜点反弹：设 $z=0$，为磁赤道，从磁赤道带电粒子沿 $B(z)$ 方向运动，即 $u_{/\!/}>0$，因 $f_{/\!/}<0$，则 $u_{/\!/}$ 减速，直到 $z=z_{\mathrm{m}}$，$u_{/\!/}=0$，这时 $f_{/\!/}<0$，粒子获得 $-z$ 方向的速度，$u_{/\!/}<0$，粒子朝反方向运动，在 $-f_{/\!/}$ 作用下加速并在磁赤道 $z=0$ 达到极大；当跨过 $z=0$ 后，附加力反向，$f_{/\!/}>0$，粒子开始减速，直到 $z=-z_{\mathrm{m}}$，$-u_{/\!/}=0$，后又转向反向运动．当粒子带有负电荷 $-q$ 时，因回转反向，附加力 $f_{/\!/}$ 方向与 $+q$ 相同，故正、负电荷有同样的镜点反弹运动.

粒子在磁场中的反弹表明：特定的磁场结构，有可能捕获带电粒子，物理上，例如，在受控热核反应以及空间物理中都有重要应用．图 5.16a 即磁场捕获粒子的原理图，磁场在 z 轴两个方向聚合，两端形如瓶颈，称为磁瓶颈．与粒子捕获相对的就是粒子逃逸，定义：粒子运动方向，即 $\boldsymbol{u}=u_{/\!/}+u_{\perp}$，与磁场 $\boldsymbol{B}$ 所构成的角度，称作粒子的“投射角”(pitch angle)，记作 α，显然，若 $u_{\perp}=0$，则 $\alpha=0$，只要 $u_{/\!/}\neq 0$，则粒子一定逃逸，粒子能够逃逸磁瓶颈的最大角度，称作相应磁结构的逃逸角，记作 α_l，$180°-\alpha_l\leqslant\alpha\leqslant\alpha_l$ 所构成的锥体，称作“损失锥”(loss cone)(图 5.16b)．图 5.17 为被地磁场捕获的带电粒子在磁场中的运动，以偶极子为主要特征的地磁场，越近两极磁场越强，力线越密集，构成天然磁瓶，粒子在南北对称的镜点往复运动是地磁(磁层)脉动的重要成分；图中还显示粒子由磁场 $\boldsymbol{B}$ 和曲率梯度 $\nabla B_{\perp}(\boldsymbol{B}\times\nabla B_{\perp})$，式(5.131)形成的质子向西，电子向东的漂移运动，是磁层电流的组成部分，在磁层一节中将有进一步的介绍.

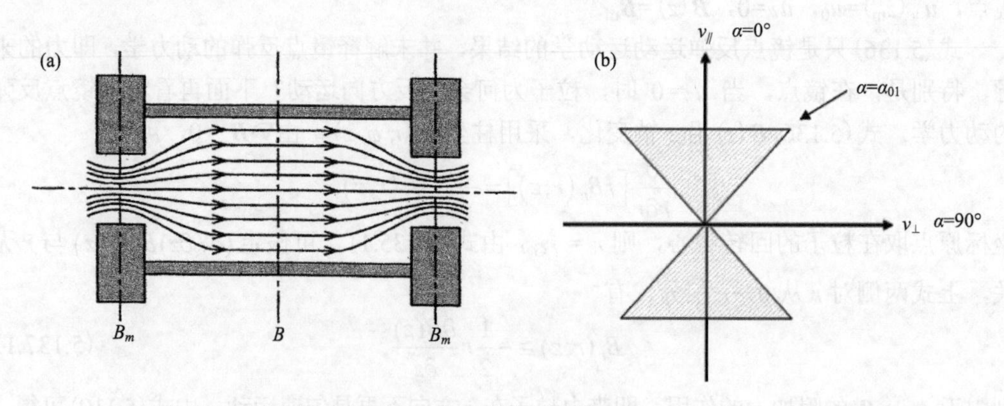

图 5.16 (a)磁瓶结构原理图；(b)带电粒子的投射角 α 和损失锥：$\alpha=90°$，$v=v_{\perp}$，粒子运动与磁场垂直；$\alpha=0°$，$v=v_{/\!/}$，粒子运动与磁场平行；α_{01} 为离子逃离瓶颈磁场结构的最大角度，影区：损失锥，$\alpha_{01}\geqslant\alpha\geqslant 180°-\alpha_{01}$，锥内粒子将全部逃离磁场；非影区：被磁场捕获的粒子区

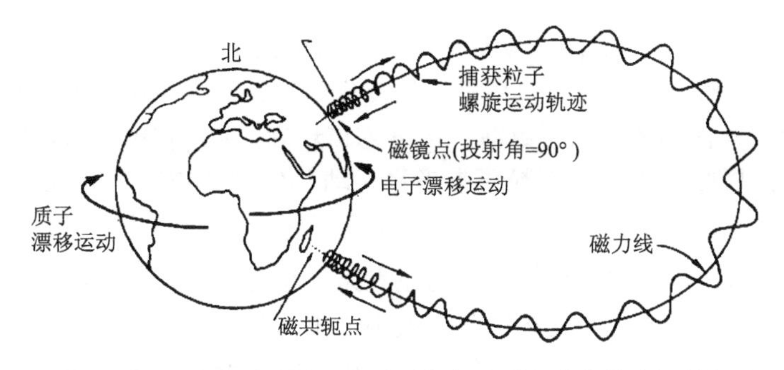

图 5.17 被地磁场捕获的带电粒子在地磁偶极子磁场南北镜点间的往返运动，以及在磁场和磁场曲率梯度作用下，质子和电子的漂移运动

(8) 库仑和毕奥-萨伐尔定律的对称性

库仑定律，电荷如何产生电场，毕-沙定律，电流如何产生磁场，构成为电磁学的基础性法则，在相对论中，两者是相通的. 相对论较之经典物理更能揭示电磁场的对称性，和统一性. 通过以下的例子，我们更能体会相对论的奇妙之处.

图 5.18 显示：一试验电荷 q 以速度 u 相对实验室参考系运动，等价一强度 $I_1=qu$ 的电流由左向右流动；而一导线电流强度为 I_2，与试验电荷同向流动；图中正、负电荷各以速度 u_0 沿相反方向运动，即 $I_2=2\lambda u_0$，λ 为正、负电荷(单位长度)的线密度：大家熟悉，在实验室参考系，两平行电流相互作用为横向吸引力，

$$f_{12}=\frac{2I_1I_2}{r}=\frac{4\lambda quu_0}{r}, \tag{5.139}$$

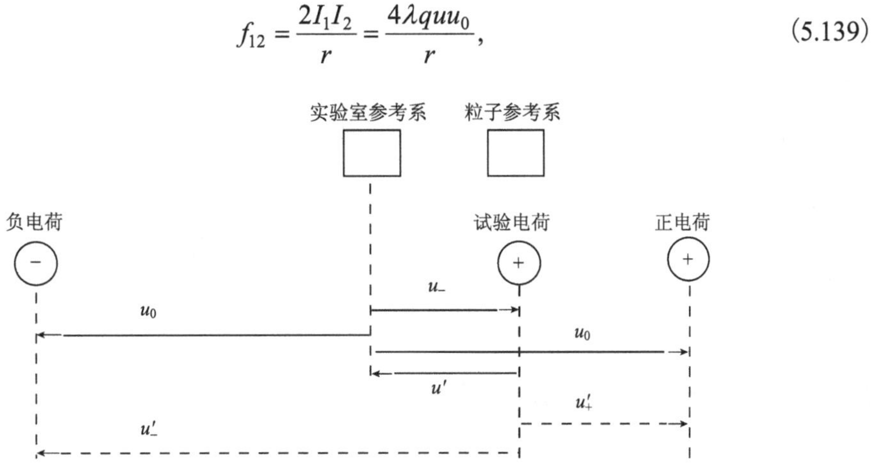

图 5.18 在实验室参考系，一正电荷 q 以速度 u 从左向右运动，电流 $I_1=qu$，在与 I_1 平行，正负电荷密度各为λ的导线中，正负电荷以速度 u_0 分别向右和左运动，$I_2=2\lambda u_0$，按毕-沙定律，I_1，I_2 以力 f_{12} 相互吸引；而在以速度 u 运动的粒子参考系中，电荷 q 静止，$I_1'=0$，原以速度 u_0 分别向右和左运动的正负电荷速度不再等同，$u'_{0-}>u'_{0+}$，因而在导线中有净负电荷 $-q'_0$，与电荷 q 按库仑定律相互吸引力为 f'_{12}，f'_{12} 按洛伦兹变换返回实验室参考系为 F_{12}，$F_{12}=f_{12}$

式中，r 为试验电荷 q 与导线 I_2 的垂直距离. 又，因导线上正负电荷密度相等，净带电量为“0”，故试验电荷 q 的电场对导线无作用力，即在实验室参考系中，式(5.139)是试验电荷 q 与导线的唯一作用力.

在试验电荷参考系(图中粒子参考系)中，q 静止不动，只产生电场，与导线电流，即使有，也无相互作用，那它如何与导线相互作用呢？原来在粒子坐标系看来，实验室以等速 u_0 向右、左运动的正、负电荷，速度不再相同. q 与正电荷运动同向，与电子背向，则直观地可以判断：电子相对粒子参考系运动(u'_-)比正电荷(u'_+)要快，图中也显示，$u'_- > u'_+$，这是问题的关键. 我们熟悉，按洛伦兹变换，相对静止参考系，运动越快，运动方向长度收缩越大，因此，在粒子参考系看来，相对正电荷，原实验室参考系单位长的线度，电子变得更短了. 而在洛伦兹变换中，电荷是不变量，决定密度的两个量，一个不变，一个变短，结论很显然：在导线中，电子密度增加，导线净带负电荷，因而与静止的 q 按库仑定律相互吸引. 这样，定性的已经看出，实验室与粒子参考系，虽然一个是磁场，一个是电场，但表征场的作用力却有可能相通.

为定量求得正、负电荷的线密度，必须利用加法公式(5.89)，首先由 u 和 u_0 求出它们相对粒子参考系的运动速度 u'_+，u'_-. 已知在实验室参考系，导线中的正负电荷线密度为 λ，则不难得到，在正负电荷各自静止的参考系中，分别测量自己的电荷密度，为 $\lambda'=\lambda/\gamma_0$，$\gamma_0=(1-u_0^2/c^2)^{1/2}$，即实验室由于相对正负电荷的运动 u_0，在运动方向的长度收缩，密度要比它们各自静止的系统要大，即 $\lambda=\gamma_0\lambda'$；因此，只要求得，$\gamma'_+=(1-u_+'^2/c^2)^{1/2}$，以及 $\gamma'_-=(1-u_-'^2/c^2)^{1/2}$，则在粒子参考系中，导线净电荷密度：

$$\lambda'_p=\lambda'_+-\lambda'_-=\frac{\lambda}{\gamma_0}(\gamma'_+-\gamma'_-), \tag{5.140}$$

经繁琐但简单的运算，得 $\lambda'_p=2\gamma\lambda uu_0$，其中 $\gamma=(1-u^2/c^2)^{1/2}$. 由库仑定律延伸的高斯定理，容易求得均匀线密度 λ'_p (为负)对电荷 q 的横向吸引力：

$$f'_{12}=\frac{4\gamma\lambda quu_0}{r}.$$

当返回到实验室参考系时，由力的洛伦兹变换，$F_{12}=f'_{12}/\gamma$，以及 $2\lambda u_0=I_2$，则最后得到 $F_{12}=f_{12}$，即由毕–沙定律所决定的电流磁场与电流相互作用(实验室参考系)，与库仑定律所决定的电荷电场与电荷相互作用(粒子参考系)完全等价，充分表明：电和磁在场的理论中的对称性.

5.1.6 电磁流体(等离子)介质中的波

(1)阿尔芬(Alfvén)波数学–波动方程

电磁流体介质中磁场满足安培定理和冻结扩散方程，即

$$\nabla\cdot\boldsymbol{B}=0, \tag{5.141}$$

$$\frac{\partial\boldsymbol{B}}{\partial t}=\nabla\times(\boldsymbol{V}\times\boldsymbol{B})+\frac{1}{\mu_0\sigma}\nabla^2 B, \tag{5.142}$$

而运动则满足纳维(Navier)–斯托克斯(Stokes)(动力学)和连续性(质量守恒)方程：

$$\frac{\partial\boldsymbol{V}}{\partial t}+(\boldsymbol{V}\cdot\nabla)\boldsymbol{V}=-\frac{1}{\rho}\nabla P-\frac{1}{\mu_0\rho}\boldsymbol{B}\times(\nabla\times\boldsymbol{B})+\nu\nabla^2 V, \tag{5.143}$$

$$\frac{\partial \rho}{\partial t}+\nabla\cdot(\rho \boldsymbol{V})=0, \tag{5.144}$$

式(5.143)右侧第 3 项为作用于单位质量的黏滞力，v 为运动学黏滞系数，如若考虑重力，则需增加$(1/\rho)\nabla\psi$ 项(ψ 为重力势)，而第 2 项，洛伦兹力，可分解为电磁压强和电磁张量：

$$\boldsymbol{B}\times(\nabla\times\boldsymbol{B})=\nabla\left(\frac{B^2}{2}\right)-\nabla(\boldsymbol{BB}). \tag{5.145}$$

对于理想、不可压缩和完全电导流体(v=0，$\sigma\to\infty$)，并假定系统处于静压平衡状态，即

$$\nabla\left(P+\frac{B^2}{2\mu_0}\right)=0, \tag{5.146}$$

则方程(5.142)，(5.143)和(5.144)分别成为

$$\frac{\partial \boldsymbol{B}}{\partial t}=\nabla\times(\boldsymbol{V}\times\boldsymbol{B}), \tag{5.147}$$

$$\frac{\partial \boldsymbol{V}}{\partial t}=\frac{1}{\rho\mu_0}\nabla\cdot(\boldsymbol{BB}), \tag{5.148}$$

$$\nabla\cdot\boldsymbol{V}=0, \tag{5.149}$$

方程(5.147)即磁场的冻结方程，磁场随流体一起运动，磁力线犹如一条被张力 B^2/μ_0 拉紧、但柔软、没有重量的弦(方程(5.148))．假定某一时刻，系统发生一微小横向(即垂直磁场)扰动，设原磁场 $\boldsymbol{B}_0$ 均匀、沿 $\boldsymbol{z}$ 轴方向，而扰动沿 $\boldsymbol{x}$ 方向，则有：

$$\begin{cases}\boldsymbol{V}\to V_x(z,t)\\ \boldsymbol{B}\to\boldsymbol{B}_0+B_x(z,t).\end{cases} \tag{5.150}$$

将方程(5.150)代入方程(5.147)和(5.148)，只保留一级小量，得

$$\frac{\partial B_x(z,t)}{\partial t}=\boldsymbol{B}_0\frac{\partial V_x(z,t)}{\partial z}, \tag{5.151}$$

$$\frac{\partial V_x(z,t)}{\partial t}=\frac{\boldsymbol{B}_0}{\mu_0\rho}\frac{\partial B_x(z,t)}{\partial z}. \tag{5.152}$$

方程(5.151)两端对时间 t 取微商，再将$\dfrac{\partial V_x(z)}{\partial t}$用方程(5.152)代替，立得：

$$\frac{\partial^2 B_x}{\partial t^2}=\boldsymbol{V}_{\mathrm{A}}^2\frac{\partial^2 B_x}{\partial z^2}, \tag{5.153.1}$$

式中，

$$\boldsymbol{V}_{\mathrm{A}}=\frac{\boldsymbol{B}_0}{\sqrt{\mu_0\rho}}. \tag{5.154.1}$$

方程(5.153.1)即为阿尔芬波动方程，$\boldsymbol{V}_{\mathrm{A}}$ 为阿尔芬波速，由(5.154.1)决定．同样，方程(5.152)两端对时间 t 取微商，再将$\dfrac{\partial B_x(z)}{\partial t}$用方程(5.151)代替，可得微扰量 V_x 的波动方程：

$$\frac{\partial^2 V_x}{\partial t^2} = \boldsymbol{V}_{\mathrm{A}}^2 \frac{\partial^2 V_x}{\partial z^2}, \tag{5.153.2}$$

式(5.153)表明，扰动 B_x，V_x 以波的形式沿 z 轴正和负的方向传播，波函数 B_x，V_x 只依赖 z，在(x, y)面上处处相等，为一平面波，即

$$V_x(z,t) = V_x^0 \mathrm{e}^{\mathrm{i}(kz-\omega t)} = V_x^0 \mathrm{e}^{\frac{2\pi i}{\lambda}(z-V_A t)}, \tag{5.155.1}$$

$$B_x(z,t) = B_x^0 \mathrm{e}^{\mathrm{i}(kz-\omega t)} = B_x^0 \mathrm{e}^{\frac{2\pi i}{\lambda}(z-V_A t)}, \tag{5.155.2}$$

式中，V_x^0 为波动幅度，k 为圆波数，λ 为波长，k=2π/λ，ω 为圆频率．平面波(5.155)并非波动方程(5.153)的通解，我们熟悉，通解可表示为

$$V(z,t) = f(z - V_A t) + F(z + V_A t), \tag{5.156}$$

式中，f 为由初始点(t=0，z=0)沿 z 正方向传播的波，当 $t=z/V_{\mathrm{A}}$，波传至点 z；F 为沿 z 负方向传播的波，当 $t=z/V_{\mathrm{A}}$，波传至点$-z$．按一般解(5.156)不难理解，平面波(5.155)也应沿 z 和$-z$ 两个方向传播．比较阿尔芬波速(5.154.1)和弹性波剪切波速可得，电磁流体介质中

$$G = \frac{B_0^2}{\mu_0}, \tag{5.157}$$

即 B_0^2/μ_0 为与磁场冻结在一起流体介质的切变模量 G，描写电磁流体介质应力应变关系．

(2)阿尔芬波物理

所谓阿尔芬波物理即阿尔芬波传播及其参量波速 $\boldsymbol{V}_{\mathrm{A}}$，波数 k，时间频率 ω 的物理．

(ⅰ)平面波和相速度 V_{p}

波速只取决于介质的物性和惯性．例如，弹性波，纵波物性即体变模量 E，横波物性即切变模量 G；惯性即质量 m，或密度 ρ．而波的存在，纵波要求，波矢量，例如位移 $\boldsymbol{u}$ 的散度($\nabla\cdot\boldsymbol{u}$)不能为“0”，横波则旋度($\nabla\times\boldsymbol{u}$)不能为“0”．因此，可以预期，满足方程(5.141)和(5.149)的电磁流体介质只存在横(旋转)波，而无纵(膨胀)波．将波动方程(5.153)的特解(5.155)代入方程(5.141)和(5.149)可得：

$$\boldsymbol{B}_x \cdot \boldsymbol{K} = 0, \quad \boldsymbol{V}_x \cdot \boldsymbol{K} = 0, \quad \boldsymbol{K} = k\boldsymbol{n},$$

其中，$\boldsymbol{n}$ 为波传播方向的单位矢量，则上式结果表明：波动方程(5.153)的解(5.155)，其扰动矢量 $\boldsymbol{B}_x$，V_x 必与波的传播方向 $\boldsymbol{n}$ 垂直，为横波，与上述预期一致．

以上讨论了阿尔芬波物理。①与弹性波相同，波速 $\boldsymbol{V}_{\mathrm{A}}$ 由电磁流体介质的物性磁感应强度 $\boldsymbol{B}$，磁导率 μ 和惯量 ρ 两者决定(5.154.1)；②电磁流体介质中，只存在横(旋转)波，而无纵(膨胀)波，这是电磁流体介质不可压缩，满足方程(5.141)，(5.149)的必然结果．至于波的振动特性，频率谱分布$\Omega(\omega)$，空间谱分布 $K(k)$，则取决于扰动源，即初始条件 $V(z, o)$，$\partial V(z,t)/\partial t|_{t=0}$，

$$K(k) = \frac{1}{\sqrt{2\pi}} \int_{-\infty}^{\infty} \mathrm{e}^{-ikz} \left(V(z,0) + \frac{\mathrm{i}}{\omega(k)} \frac{\partial V}{\partial t}(z,0) \right) \mathrm{d}z, \tag{5.158}$$

式(5.158)即初始条件 $V(z, o)$，$\partial V(z,t)/\partial t|_{t=0}$，由空域($z$)到波数($k$)域的傅里叶变换；

而相应通解(5.156)的波函数，

$$V(z,t)=\frac{1}{2\sqrt{2\pi}}\int_{-\infty}^{\infty}K(k)\mathrm{e}^{-\mathrm{i}\omega(k)t}\left(\mathrm{e}^{\mathrm{i}kz}+\mathrm{e}^{-\mathrm{i}kz}\right)\mathrm{d}k,\tag{5.159}$$

即 $k\to z$ 的反变换．平面波(5.155)有单一的 k 和 ω，记作 k_0，ω_0．将 $V(z,0)$，$\partial V/\partial t(z,\ 0)$ 代入方程(5.158)，由广义函数 $\delta(k)$ 的奇异积分特性 $\int_{-\infty}^{\infty}\mathrm{e}^{\mathrm{i}kz}\mathrm{d}z=\delta(k)$ 可得：

$$K(k)=\frac{V_z^0}{\sqrt{2\pi}}\int_{-\infty}^{\infty}\mathrm{e}^{\mathrm{i}(k-k_0)z}\mathrm{d}z=\sqrt{2/\pi}V_x^0\delta(k-k_0).$$

以上积分即周期函数 $V_x^0\mathrm{e}^{\mathrm{i}k_0z}$，沿 z 方向传播的波函数的傅里叶变换，其结果示于图 5.19a 右图，$\Delta k\to 0$, $k\to k_0$；若加上 $\mathrm{e}^{\mathrm{i}k_0z}$ 的复共轭 $\mathrm{e}^{-\mathrm{i}k_0z}$，即沿$-z$ 方向传播的波函数，则波数谱 $K(k)$ 增加相应的解$-k_0$，与 k_0 相应的波函数示于 5.19a 左图，$\Delta z\to\infty$，$\Delta z\times\Delta k$ 有限；5.19a 左图即在 $t=0$ 前的瞬间，波 $\mathrm{e}^{\mathrm{i}k_0z}$ 和 $\mathrm{e}^{-\mathrm{i}k_0z}$ 分别从负正方向移向原点，在 $t=0$ 时合成的波形．单一频率、单一波数的平面波沿正和负 z 两个方向传播，但传播的是位相，并非介质的运动，因此波速 V_A 又称相速度 V_p(图 5.19b)．电磁流体介质虽无伴随波传播沿 z 方向的运动，但介质中在传播方向 z 固定的一点，与传播方向垂直的扰动量(V_x, B_x)随时间有沿 x 方向周期性的振动(变化)(图 5.19b 中 $A_x\to A_x'$，$B_x\to B_x'$)，其振动参量与波函数(5.155)一致，由(5.155)可得

$$\omega=V_\mathrm{A}k,\quad \text{或}\quad V_\mathrm{A}=V_\mathrm{p}=\frac{\omega}{k},\tag{5.154.2}$$

进一步，由解 5.155 $V_x(z,\ t)$与 z 有关，可以预料，与弹性介质相同，运动快的一侧，将有一剪切力作用于运动慢的一侧，力的大小与速度梯度成正比，比例常数为剪切模量 G (5.157)，即

$$\rho\frac{\partial^2\boldsymbol{x}}{\partial t^2}=G\frac{\partial V_x}{\partial z},\tag{5.160}$$

(5.160)表明，电磁流体介质沿 x 方向的运动与扰动 $B_x(z,\ t)$，$V_x(z,\ t)$一样有和波(5.155)同样的振动特性(5.154.2)，但幅度和位相不同．三者，电磁流体介质沿 x 方向运动；扰动 $B_x(z,\ t)$，$V_x(z,\ t)$在 x 方向的变化和波函数(5.155)有相同的振动特性，是电磁流体介质运动和磁场冻结在一起的必然结果(5.147)．

(ii)有限宽度脉冲波和群速度 V_g

单一波数、单一频率波，如图 5.19a 所示，$\Delta k\to 0$, $\Delta z\to\infty$, 相应频率和时间域，$\Delta\omega\to 0$，$\Delta t\to\infty$，是理想情况，实际发生的波，无论是空间、波数，还是时间，频率都是有限的．为显示“有限”与“理想”的不同，不失一般性，如图 5.19c 左图所示，取宽度 $2L$ 高斯衰减振荡空间波函数，即

$$V(z,0)=\mathrm{e}^{z^2/2L^2}\cos k_0z$$

为空间 z 的偶函数，包括波包 $\mathrm{e}^{-z^2/2L^2}$ 和振荡 $\cos k_0z$ 两部分，图中$\Delta z=2L$；并假定

$$\frac{\partial V}{\partial t}(z,0)=0,$$

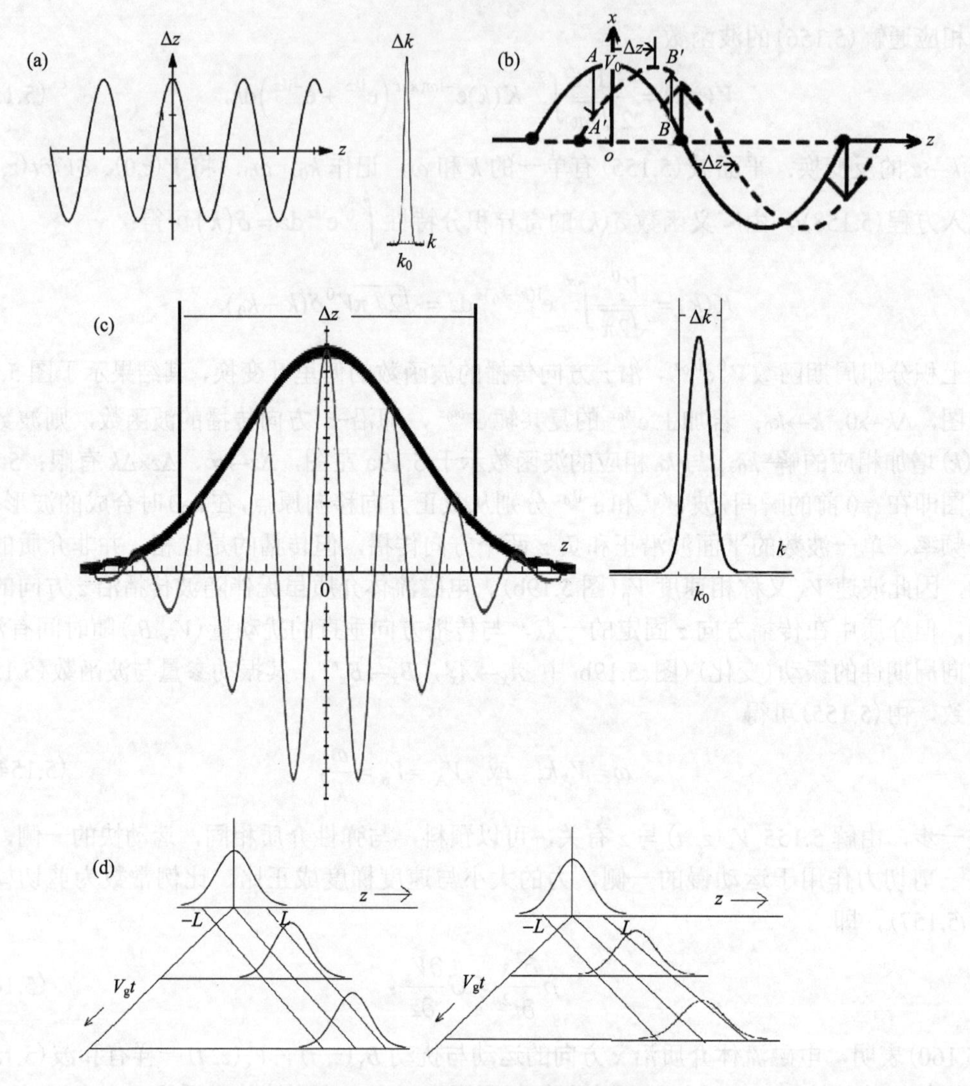

图 5.19　阿尔芬波物理过程示意图

(a) 理想单一频率、单一波数波在电磁流体中的传播，左为空间波函数 $V(z,0)$，$\Delta z\to\infty$，右为波数 k 的分布，$\Delta k\to 0$；(b) 扰动 $B_x(z,t)$，$V_x(z,t)$ 沿 z 轴以相速度 $dz/dt=V_p=V_A$ 传播，沿 x 轴以与波动 (5.155) 同样的振动特性振动（变化），如 $A\to A'$，$B\to B'$；(c) 左为有限脉冲空间波函数 $V(z,0)$，Δz 有限，右为有限脉冲波的波数分布，Δk 有限；(d) 左为有限脉冲波函数以群速度 $V_g=V_A=V_p$ 传播，在传播过程中，波函数 $V(z,t)$ 保持完整不变，右为 $V_g<V_p$，在传播过程中，波包加宽、幅度减小，直至消失，物理上称作介质对波的“色散”

这意味着 $V(z,t)$ 也将是 t 的偶函数．将 $V(z,0)$，$\partial V/\partial t\,(z,0)$ 代入方程 (5.158)，积分可得如图 5.19c 右图所示以 k_0 为中心的波数分布

$$K(k)=\frac{L}{2}\left[\mathrm{e}^{-\frac{L^2}{2}(k-k_0)^2}+\mathrm{e}^{-\frac{L^2}{2}(k+k_0)^2}\right],\tag{5.161}$$

图中 $\Delta z=2L$．将 (5.161) 代入方程 (5.159)，如若函数 $\omega(k)$ 已知，即得与 (5.161) 空间波数分布 $K(k)$ 相应的波函数 $V(z,t)$．假定 ω 接近 ω_0，若只保留一级小量，则有

$$\omega(k) \simeq \omega_0 + (k - k_0)\frac{\partial \omega}{\partial k}\Big|_{k=k_0},$$

与(5.161)一起代入方程(5.159)，得

$$V(z,t) = V_0(z,t)\frac{1}{\sqrt{2\pi}}\int_{-\infty}^{\infty}\frac{L}{2}\mathrm{d}k\left\{\mathrm{e}^{-(L^2/2)(k-k_0)^2}\left(\mathrm{e}^{\mathrm{i}(k-k_0)(z-t\partial\omega/\partial k)_{k_0}}\right)+\right.$$
$$\left.+\mathrm{e}^{-(L^2/2)(k+k_0)^2}\left(\mathrm{e}^{\mathrm{i}(k+k_0)(z-t\partial\omega/\partial k)_{k_0}}\right)\right\},$$

式中，

$$V_0(z,t) = \frac{1}{2}\left(\mathrm{e}^{\mathrm{i}k_0 z - \mathrm{i}w_0 t} + e^{-\mathrm{i}k_0 z + \mathrm{i}w_0 t}\right) = \cos\left[k_0\left(z - V_\mathrm{p}t\right)\right]. \tag{5.162.1}$$

这里把波函数 $V(z, t)$ 分成两部分，① $V_0(z, t)$，即(5.162.1)，为图 5.19a 空间波函数 $V(z, 0)$ 振荡部分相应的波函数，以相速度 $V_\mathrm{p}=V_\mathrm{A}$(5.160)沿 z 轴传播；②积分号内，显然与 $V(z, 0)$ 的衰减部分，即与波包相联系，记作 $V_{\mathrm{envelop}}(z, t)$．前已指出，波函数 $V(z, t)$ 是关于空间 z 和时间 t 的偶函数，则 $V_{\mathrm{envelop}}(z, t)$ 可表示为

$$V_{\mathrm{envelop}}(z,t) = \frac{1}{\sqrt{2\pi}}\int_0^{\infty}L\mathrm{d}k\left\{\left(\mathrm{e}^{-(L^2/2)(k-k_0)^2}\cos\left[(k-k_0)(z-t\,\partial\omega/\partial k)_{k_0}\right]\right)+\right.$$
$$\left.+\left(\mathrm{e}^{-(L^2/2)(k+k_0)^2}\cos\left[(k+k_0)(z-t\,\partial\omega/\partial k)_{k_0}\right]\right)\right\},$$

积分后得

$$V_{\mathrm{envelop}}(z,t) = \mathrm{e}^{-\frac{\left[z-(\partial\omega/\partial k)_{k_0}t\right]^2}{2L^2}}, \tag{5.162.2}$$

波函数波包部分 $V_{\mathrm{envelop}}(z, t)$ 的相速度，称波函数的群速度，由(5.162.2)可得

$$V_\mathrm{g} = \frac{\mathrm{d}z}{\mathrm{d}t}\Big|_{V_{\mathrm{envelop}}} = \frac{\partial\omega}{\partial k}\Big|_{k=k_0}, \tag{5.163.1}$$

当ω，k 满足关系(5.160)时，即$\omega=V_\mathrm{A}k$，V_A 为常数，则有

$$V_\mathrm{g} = V_\mathrm{p} = V_\mathrm{A} = \frac{\partial\omega}{\partial k}\Big|_{\omega=V_\mathrm{A}k_0} = \frac{\omega_0}{k_0}. \tag{5.163.2}$$

这样，波函数

$$V(z,t) = V_0(z,t)\times V_{\mathrm{envelop}}(z,t) = \mathrm{e}^{-(z-V_\mathrm{A}t)^2/2L^2}\cos\left[k_0\left(z-V_\mathrm{A}t\right)\right] \tag{5.164.1}$$

的两部分，振荡 $V_0(z, t)$ 和波包 $V_{\mathrm{envelop}}(z, t)$ 以相同的相速度 V_A 沿正、负 z 方向传播．因而可以预料，整体波函数 $V(z, t)$ 在传播过程中将保持完整无畸变．图 5.19d 左图仅以波包显示波的传播，为与后面 $V_\mathrm{g}\neq V_\mathrm{p}$ 的传播相比较，特将相速度和群速度的传播放在相互垂直的两个方向：在 z 轴上，沿扰动 x 方向以单一频率 ω_0 振荡的波以相速度 $V_\mathrm{p}=V_\mathrm{A}$ 向正、负方向传播；在 $V_\mathrm{g}t$ 轴上，波包以群速度 $V_\mathrm{g}=V_\mathrm{A}$ 向正、负方向传播．

如若 ω 与 k 的线性关系 $\omega=V_\mathrm{A}k$ 不再成立，则振荡 $V_0(z,t)$ 和波包 $V_{\mathrm{envelop}}(z, t)$ 的相速度不再相同，波函数 $V(z, t)$ 也将与(5.164.1)不同，而成为

$$V(z,t)=V_0(z,t)\times V_{\text{envelop}}(z,t)=\mathrm{e}^{-\left[\left(z-V_{\mathrm{g}}t\right)\right]^2/2L^2}\cos\left[k_0\left(z-V_{\mathrm{A}}t\right)\right]. \tag{5.164.2}$$

这时，一般情况 $V_{\mathrm{g}}=(\partial\omega/\partial k)_{k=k_0}<V_{\mathrm{A}}=V_{\mathrm{p}}$，则数学上，波包由当 $z-V_{\mathrm{g}}t=0$ 时的最大幅度衰减为原幅值的 1/e，较图 5.19d 左图 $V_{\mathrm{g}}=V_{\mathrm{A}}=V_{\mathrm{p}}$ 所示波的传播，需要较长的时间，因而以 $V_{\mathrm{A}}=V_{\mathrm{p}}$ 相速度沿 z 轴传播的波将走较长的距离，无疑，波包将被拉宽；物理上，ω 与 k 的线性关系(5.163.2)不再成立，意味着，由不同波长、不同频率构成的波函数(5.164.2)以快、慢不同的相速度传播，可以预料，包有这些波的波包，必将随时间而逐渐加宽；而这里介质是理想导体，不存在黏滞摩擦，系统总能量不变，则与波包宽度增加的同时，幅度则不断变小，直至消失，$(\partial\omega/\partial k)_{k_0}$ 与 V_{A} 差别越大，消失越快，这在物理上称作介质对波的色散．图 5.19d 右图示意地表示，伴随波的传播，波包不断扩展，波包幅度则逐渐变小．

到此所涉及波的减弱或消失，都是介质对波的色散所引起的波能量的扩散，如若磁场冻结方程(5.147)，增加扩散项(5.148)，纳维-斯托克斯(动力学)方程(5.148)包括黏滞项，则波在介质中色散的同时，还必将伴有能量的耗损．

(3) 均匀磁场可压缩完全电导流体中的波

除可压缩外，与上节条件完全相同．具体地说，电磁方程(5.142)和纳维-斯托克斯方程(5.143)中仍分别忽略扩散(完全电导导体)和黏滞项，而由于可压缩，方程(5.146)，(5.149)不再成立，条件(5.150)，除 $\boldsymbol{B}_1$，$\boldsymbol{V}_1$ 小扰动外，还要增加压力 P 以及密度 ρ 的扰动，代替(5.150)，全部扰动量可表示为：

$$\begin{aligned}&\boldsymbol{V}_1\to\boldsymbol{V}_1(\boldsymbol{x},\ t),\\&\boldsymbol{B}\to\boldsymbol{B}_0+\boldsymbol{B}_1(\boldsymbol{x},\ t),\\&P\to P_0+P_1(\boldsymbol{x},\ t),\\&\rho\to\rho_0+\rho_1(\boldsymbol{x},\ t),\end{aligned} \tag{5.165}$$

式中，角标 0 为平衡状态，1 为扰动量，$\boldsymbol{x}=(x_1,\ x_2,\ x_3)$ 为空间一点的坐标．上节中因流体(包括气体)不可压缩，当微扰发生时，只产生与扰动方向垂直，以速度 $\boldsymbol{V}_{\mathrm{A}}$ 沿磁场方向传播的横向阿尔芬波．对可压缩流体，则除横向阿尔芬波外：①在扰动方向将产生沿扰动方向传播的纵波，即声波；②磁压也发生扰动，因而纵向也将产生与磁场扰动相联系的纵波，即阿尔芬波．同样，忽略二级和二级以上小量，则电磁方程、纳维-斯托克斯方程和连续性方程可分别写作：

$$\frac{\partial \boldsymbol{B}_1}{\partial t}=\nabla\times(\boldsymbol{V}_1\times\boldsymbol{B}_0), \tag{5.166}$$

$$\frac{\partial \boldsymbol{V}_1}{\partial t}=-\frac{1}{\rho_0}\nabla P_1-\frac{\boldsymbol{B}_0}{\mu_0\rho_0}\times(\nabla\times\boldsymbol{B}_1), \tag{5.167}$$

$$\frac{\partial \rho_1}{\partial t}+\rho_0\nabla\cdot\boldsymbol{V}_1=0, \tag{5.168}$$

因流体的可压缩性，除以上 3 个方程外，系统的完备解，还要引入热力学状态方程：

$$P=P(\rho,T), \tag{5.169}$$

式中，T 为绝对温度．假定扰动发生如此之快，以至可视为绝热(等熵)过程，则由(5.169)得：

$$\nabla P_1=(\partial P/\partial \rho)_s \nabla \rho_1, \tag{5.170}$$

下角标 s 意为等熵过程．将(5.170)代入方程(5.167)得：

$$\frac{\partial \boldsymbol{V}_1}{\partial t}=-\frac{S^2}{\rho_0}\nabla \rho_1-\frac{\boldsymbol{B}_0}{\mu_0\rho_0}\times(\nabla\times\boldsymbol{B}_1), \tag{5.171}$$

式中，大写 S 为声速：

$$S^2=(\partial P/\partial \rho)_s, \tag{5.172}$$

在方程(5.171)两端对时间 t 取微商，并以式(5.166)，(5.168)分别取代微商后的$\partial \boldsymbol{B}_1/\partial t$ 和 $\partial \boldsymbol{V}_1/\partial t$，得：

$$\frac{\partial^2 \boldsymbol{V}_1}{\partial t^2}=S^2\nabla(\nabla\cdot\boldsymbol{V}_1)-\frac{\boldsymbol{B}_0}{\mu_0\rho_0}\times\{\nabla\times[\nabla\times(\boldsymbol{V}_1\times\boldsymbol{B}_0)]\}, \tag{5.173}$$

式(5.173)即为均匀磁场 $\boldsymbol{B}_0$，可压缩理想完全电导流体中扰动速度 $\boldsymbol{V}_1$ 所满足的波动方程．设平面波

$$\boldsymbol{V}_1(\boldsymbol{x},t)=\boldsymbol{u}_1\mathrm{e}^{\mathrm{i}(\boldsymbol{k}\cdot\boldsymbol{x}-\omega t)} \tag{5.174}$$

为方程(5.173)可能的解，其中 $\boldsymbol{k}$，ω 分别为空间波矢量和圆频率．把(5.174)代入方程(5.173)，经繁琐但不困难的矢量微分运算(建议读者自己演算，提示：$(\boldsymbol{B}_0\cdot\nabla)\boldsymbol{V}_1=(\boldsymbol{B}_0\cdot k)\boldsymbol{V}_1$，$\nabla(\nabla\cdot\boldsymbol{V}_1)=(\boldsymbol{k}\cdot\boldsymbol{V}_1)\boldsymbol{k}$，以及$\nabla\times(\boldsymbol{a}\times\boldsymbol{b})$，$\nabla(\boldsymbol{a}\cdot\boldsymbol{b})$，$\nabla\times(\varphi\boldsymbol{a})$等矢量微分)，可得：

$$\omega^2\boldsymbol{V}_1=(S^2+V_{\mathrm{A}}^2)(\boldsymbol{k}\cdot\boldsymbol{V}_1)\boldsymbol{k}+(\boldsymbol{V}_{\mathrm{A}}\cdot\boldsymbol{k})[(\boldsymbol{V}_{\mathrm{A}}\cdot\boldsymbol{k})\boldsymbol{V}_1-(\boldsymbol{V}_{\mathrm{A}}\cdot\boldsymbol{V}_1)\boldsymbol{k}-(\boldsymbol{k}\cdot\boldsymbol{V}_1)\boldsymbol{V}_{\mathrm{A}}], \tag{5.175}$$

式中，V_{A}为沿 $\boldsymbol{B}_0$ 方向传播阿尔芬波波速．(5.175)包括与 $\boldsymbol{B}_0(\boldsymbol{V}_{\mathrm{A}})$，$\boldsymbol{V}_1$，$\boldsymbol{k}$ 之间三种不同几何关系有关的两类波，即纵向声波和横向阿尔芬波．其中声波又分为磁声波，又称快速波，以及纯声波．三种波分别表示如下：

$$\omega^2=\begin{cases}(S^2+V_{\mathrm{A}}^2)k^2, & \boldsymbol{B}_0\perp\boldsymbol{k}\,/\!/\,\boldsymbol{V}_1\\ S^2k^2, & \boldsymbol{B}_0\,/\!/\,\boldsymbol{k}\,/\!/\,\boldsymbol{V}_1\\ V_{\mathrm{A}}^2k^2, & \boldsymbol{V}_1\perp\boldsymbol{B}_0\,/\!/\,\boldsymbol{k}\end{cases}, \tag{5.176}$$

需要指出，(5.174)中 $\boldsymbol{k}$ 取 z 方向为阿尔芬波或纯声波，对磁声波，$\boldsymbol{k}$ 则应取 x 方向．

(5.176.1)中，$\boldsymbol{B}_0$，因而 $\boldsymbol{V}_{\mathrm{A}}$与波矢量 $\boldsymbol{k}$ 垂直，则(5.175)右侧第二大项为零，又 $\boldsymbol{k}$ 与扰动 $\boldsymbol{V}_1$ 平行，方程(5.175)退化为(5.176.1)，扰动矢量 $\boldsymbol{V}_1$ 以速度$\boldsymbol{V}_{\mathrm{p}}=\boldsymbol{V}_{\mathrm{g}}=(S^2+V_{\mathrm{A}}^2)^{1/2}$ 沿 $\boldsymbol{k}$ 方向传播，因 $\boldsymbol{k}$ 与扰动 $\boldsymbol{V}_1$ 平行，故为纵波，即上述预料中的磁声波．图 5.20 显示，纵向磁声波，是在与磁场 $\boldsymbol{B}_0$ 方向垂直的波矢量 $\boldsymbol{k}$，即扰动 $\boldsymbol{V}_1$ 方向，流体介质与磁场同时被压缩的结果．数学上：$\boldsymbol{V}_1$ 为沿 $\boldsymbol{k}$，即 x 轴方向传播的平面波，即当 x 确定，则(y，z)平面上 $\boldsymbol{V}_1$ 处处相等，仅仅是(x，t)的函数 $\boldsymbol{V}_1(x，t)$；而方程(5.166)中 $\boldsymbol{V}_1\times\boldsymbol{B}_0=-V_1B_0\boldsymbol{y}/y$，在 y 轴负方向，与之相应的 $\boldsymbol{B}_1$ 在 z 轴方向，方程(5.166)可表示为：

$$B_1=\nabla\times(\boldsymbol{V}_1\times\boldsymbol{B}_0)=\frac{1}{-\mathrm{i}\omega}\frac{\partial}{\partial x}[B_0V_1(x,t)]\frac{\boldsymbol{z}}{z}=\frac{k}{\omega}B_0V_1\frac{\boldsymbol{z}}{z},$$

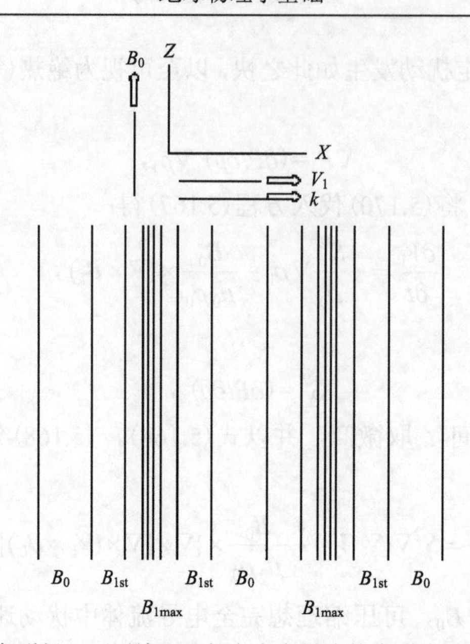

图 5.20　均匀磁场、可压缩、理想完全电导流体中磁声波产生的示意图

扰动 $\boldsymbol{V}_1$ 与 $\boldsymbol{B}_0$ 垂直，与波矢量 $\boldsymbol{k}$ 一致，如同普通声波的产生，当扰动 $\boldsymbol{V}_1$ 使介质发生密疏变化的同时，与介质冻结在一起的磁力线将出现与之相应的密疏变化，两者合一，而产生磁声波

即 $\boldsymbol{B}_1$ 与 $\boldsymbol{B}_0$ 同向，扰动使磁场加强，表现为图中磁力线加密；物理上：(5.166)是我们所熟悉的磁场冻结方程，因而当 $\boldsymbol{V}_1$ 扰动发生时，在纵向波矢量方向，流体被压缩，介质密度交替发生密疏变化，可以预料，与介质冻结在一起的磁力线也出现相应的密疏变化，两者合一，而有所谓的磁声波；从另一角度，即，当 $\boldsymbol{V}_1$ 扰动发生时，介质内一定会产生与 $\boldsymbol{V}_1$ 方向相反的恢复力 $\boldsymbol{f}_\mathrm{r}$，以企图阻止介质的运动，$\boldsymbol{f}_\mathrm{r}$ 即洛伦兹力，$\boldsymbol{f}_\mathrm{r}= \boldsymbol{J}_\mathrm{i} \times \boldsymbol{B}_0= -\boldsymbol{B}_0\times\nabla\times(\boldsymbol{B}_1/\mu_0)$，不难看出，只有，也只有，当 $\boldsymbol{B}_1$ 与 $\boldsymbol{B}_0$ 在同一方向，且沿波矢方向(x 轴方向)增加，$\boldsymbol{f}_\mathrm{r}$ 才可能与 $\boldsymbol{V}_1$ 反向.

当 $\boldsymbol{B}_0$ 与波矢量 $\boldsymbol{k}$ 平行，即波沿磁场方向传播，这时扰动矢量 $\boldsymbol{V}_1$ 又可分成与磁场 $\boldsymbol{B}_0$ 和波矢量 $\boldsymbol{k}$ 平行或垂直两种类型. 对三者平行一类，即如方程(5.176.2)所示：$\boldsymbol{B}_0 /\!/ \boldsymbol{k} /\!/ \boldsymbol{V}_1$，则不难发现：方程(5.175)右侧第二项中括号内后两项相互抵消，而第一项又与第一大项中的 V_A 项抵消，方程(5.175)退化为(5.176.2)，流体中仅有沿磁场 $\boldsymbol{B}_0$ 方向传播的纯声波.

至于扰动矢量 $\boldsymbol{V}_1$ 与磁场 $\boldsymbol{B}_0$，波矢量 $\boldsymbol{k}$ 垂直时，方程(5.175)只剩第二大项中的第一项，即方程(5.176.3)，这正是上一节所讨论的横向阿尔芬波：介质中扰动量 $\boldsymbol{V}_1$，以及扰动引起的磁场变化 $\boldsymbol{B}_1$ 以速度 $\boldsymbol{V}_\mathrm{A}$ 沿与其垂直的方向，即 $\boldsymbol{B}_0(\boldsymbol{k})$ 方向传播(图 5.19). 因扰动 $\boldsymbol{V}_1$ 与波矢量 $\boldsymbol{k}$ 垂直，此时不再有任何形式的声波，仅有所谓阿尔芬横波.

由以上讨论可以发现，当扰动发生后，与之相应的磁场扰动 $\boldsymbol{B}_1$ 与 $\boldsymbol{V}_1$, $\boldsymbol{k}$ 的几何关系，决定着波的性质，由方程(5.166)可以得出，与方程(5.176)相应三种波中，磁场扰动 $\boldsymbol{B}_1$ 的大小和方向：

$$\boldsymbol{B}_1 = \begin{cases} \dfrac{k}{\omega} V_1 \boldsymbol{B}_0, & \boldsymbol{B}_0 \perp \boldsymbol{k} \mathbin{//} \boldsymbol{V}_1 \\ 0, & \boldsymbol{B}_0 \mathbin{//} \boldsymbol{k} \mathbin{//} \boldsymbol{V}_1 \\ -\dfrac{k}{\omega} \boldsymbol{V}_1 B_0, & \boldsymbol{V}_1 \perp \boldsymbol{B}_0 \mathbin{//} \boldsymbol{k} \end{cases} . \tag{5.177}$$

(4) 均匀磁场一般电导流体中的波

一般电导流体，即有限电导率，黏滞流体，系统将由方程(5.141)—(5.144)来描述，即电磁场的冻结方程，将由冻结扩散方程取代，而纳维-斯托克斯方程则包括有黏滞项. 如若假定相对冻结项而言，方程(5.142)扩散项为小量，相对洛伦兹力，方程(5.143)中黏滞力亦为小量，与上述各节一样，计算中只保留一级小量. 可以预料，这样线性化的结果，除由于磁场扩散、焦耳热和黏滞等能量耗损，波动能量将随传播而衰减外，系统中所有波依然是无色散的，相速度和群速度仍然相等，即 $k/\omega=\mathrm{d}k/\mathrm{d}\omega$.

与方程(5.142)和(5.143)分别包括扩散项和黏滞项相应，波动方程(5.171)将增加两项，成为：

$$\frac{\partial^2 \boldsymbol{V}_1}{\partial t^2} = \frac{S^2}{\rho_0} \nabla(\nabla \cdot \boldsymbol{V}_1) - \frac{\boldsymbol{B}_0}{\mu_0 \rho_0} \times \nabla \times \{\nabla \times [(\boldsymbol{V}_1 \times \boldsymbol{B}_0)]\} - \frac{\boldsymbol{B}_0}{\mu_0 \rho_0} \times \nabla \times (\eta \nabla^2 \boldsymbol{B}_1) + \nu \nabla^2 \frac{\partial}{\partial t} \boldsymbol{V}_1, \tag{5.178}$$

其中，$\eta=1/\sigma\mu_0$，为磁扩散系数. 设平面波(5.168)仍是方程(5.178) $\boldsymbol{V}_1$ 的解，但需注意，其中的波矢量 $\boldsymbol{k}$ 不再是实数，而是复数，包含实部 $\boldsymbol{k}_1$ 和虚部 $\boldsymbol{k}_2$ 两部分：

$$\begin{cases} k = k_1 + \mathrm{i} k_2 \\ k^2 = k_1^2 - k_2^2 + 2\mathrm{i} k_1 k_2 \end{cases}, \tag{5.179}$$

可以预料：当把(5.174) $\boldsymbol{V}_1$ 代入方程(5.142)，求解 $\boldsymbol{B}_1$ 时，除(5.177)所示 $\boldsymbol{B}_1$ 外，还将增加与扩散项相应的修正项$\Delta\boldsymbol{B}_1$，$\Delta\boldsymbol{B}_1 \propto \eta$. 而方程(5.178)中，$\boldsymbol{B}_1$ 项已含系数 η，即 $\boldsymbol{B}_1$ 的修正项$\Delta\boldsymbol{B}_1$，对(5.179)的贡献将是 η^2 量级的二级小量，可以忽略. 因而如若(5.179)只保留与 η，ν 相应的一级小量，$\boldsymbol{B}_1$ 取(5.177)已足够精确，当然其中 k 应为复数.

对于阿尔芬波，将(5.177.3) $\boldsymbol{B}_1$，(5.174) $\boldsymbol{V}_1$，代入波动方程(5.178)，得：

$$\omega^2 = V_{\mathrm{A}}^2 k^2 - \mathrm{i} k^2 (\eta\omega + \nu\omega),$$

则有：

$$k^2 = \frac{\omega^2}{V_{\mathrm{A}}^2} + \mathrm{i} \frac{k^2 \omega}{V_{\mathrm{A}}^2} (\eta + \nu) = \frac{\omega^2}{V_{\mathrm{A}}^2} + \mathrm{i} \frac{\omega^3}{V_{\mathrm{A}}^4} (\eta + \nu),$$

由(5.176)可求得 k_1，代入 k^2 求得 k_2，则有：

$$\begin{cases} k = \dfrac{\omega}{V_{\mathrm{A}}} + \mathrm{i} \dfrac{\omega^2}{2V_{\mathrm{A}}^3} (\eta + \nu) \\ \boldsymbol{V}_1(z, t) = \boldsymbol{V}_1 \mathrm{e}^{-k_2 z + \mathrm{i}(k_1 z - \omega t)} \end{cases}, \tag{5.180}$$

式中，仍假定 V_{A}，k，B_0 沿 z 轴方向，$\boldsymbol{V}_1$ 沿 x 轴方向. 正如所料，扰动流体除仍保持原

有的以圆频率 ω 横向振动，并沿与其垂直的 $\boldsymbol{B}_0$ 方向以速度 V_A 传播外，还以速率 k_2 沿传播方向衰减．衰减速度除与磁扩散系数 η，运动黏滞系数 ν 呈正比外，还与 V_A(相应 $\boldsymbol{B}_0$)和 ω 有关，V_A 越快，衰减越慢，ω 越大，衰减越快．容易理解，k_2 为波传播单位距离，扰动量 $\boldsymbol{V}_1$，$\boldsymbol{B}_1$ 衰减程度的量度，具体说，即衰减为初始量的 1/e，其量纲为长度的倒数，例如，$[\mathrm{m}]^{-1}$．磁场和速度随磁扩散系数 η，运动黏滞系数 ν 的衰减遵从相同的规律，可分别由方程(5.142)，(5.143)决定：

$$\boldsymbol{b}=\boldsymbol{b}_0\mathrm{e}^{-\frac{\zeta}{L^2}t} \tag{5.181.1}$$

式中，$\boldsymbol{b}$，$\boldsymbol{b}_0$ 分别代表 $\boldsymbol{V}_1$ 或 $\boldsymbol{B}_1$ 及其初始值，ζ 则可以是 η 或 ν，L 为系统的特征尺度，对应波动问题可视为波长 λ．k_2 即为波传播单位距离，扰动量衰减程度的量度，波速 V_A 越大，波传播单位距离所耗时间越短，按方程(5.181.1)，则扰动量衰减越小，即方程(5.174)中 k_2 随 V_A 增大而变小；式(5.180)中 $L/\lambda=V_AT$，当 V_A 固定，ω 大，则相应 T 和 L 变小，而 L 变小等价方程(5.181.1)中相应ζ增大，因而衰减加快，即方程(5.180)中 k_2 随 ω 增大而增加；同样，V_A 对衰减的作用，也可由 V_A 与 L 的关系得到解释．至于 ω，V_A 在方程(5.180.1)中的幂次，不是这种定性分析可以得出的，但由量纲比较，η，ν 量纲为 L^2/T，则 ω，V_A 的最低幂次只有 2，3 组合，才可保证 k_2 量纲为 $1/L$．有兴趣的读者可参看黏滞介质中声波传播的斯托克斯(Stokes)定理，它给出了在各向同性介质中，平面声波的衰减系数(相当于 k_2)α：

$$\alpha=\frac{2\omega^2\nu}{3S^3}, \tag{5.181.2}$$

和(5.180.1)ω，V_A 幂次相同，而常系数差异，则是由于两者波矢量维数的不同．

以与阿尔芬波同样的步骤，可分别求得 $\boldsymbol{V}_1$，$\boldsymbol{k}$，$\boldsymbol{B}_0$ 同一方向传播的纯声波以及 $\boldsymbol{V}_1$，与 $\boldsymbol{k}$，$\boldsymbol{B}_0$ 垂直的磁声波的数值，把三种波共同列出如下：

$$\boldsymbol{k}=\begin{cases}\dfrac{\omega}{(S^2+V_A^2)^{1/2}}+\mathrm{i}\dfrac{\omega^2}{2(S^2+V_A^2)^{3/2}}\left(\dfrac{\eta}{1+S^2/V_A^2}+\nu\right), & \boldsymbol{B}_0\perp\boldsymbol{k}\,/\!/\,\boldsymbol{V}_1\\ \dfrac{\omega}{S}+\mathrm{i}\dfrac{\omega^2\nu}{2S^3}, & \boldsymbol{B}_0\,/\!/\,\boldsymbol{k}\,/\!/\,\boldsymbol{V}_1\\ \dfrac{\omega}{V_A}+\mathrm{i}\dfrac{\omega^2}{2V_A^3}(\eta+\nu), & \boldsymbol{V}_1\perp\boldsymbol{B}_0\,/\!/\,\boldsymbol{k}\end{cases} \tag{5.182}$$

将(5.176)各种波 k_1，k_2 代入(5.180.2)，即得相应波的传播和衰减．由以上阿尔芬波传播和衰减物理的讨论，(5.182)所示各种波的结果则不难理解，这里只对(5.182.1)，即磁声波稍做说明：不难发现，当 S=0，即无声波存在，(5.182.1)过渡到(5.182.3)，即阿尔芬横波；当 V_A=0，即无磁场存在，(5.182.1)过渡到(5.182.2)，即纯声波．至于(5.182.1)中，与黏滞耗损比，磁扩散耗损要小，如果(5.182.3)中阿尔芬纯电磁型横波 η，ν 对衰减贡献是对称的，则(5.182.1)增加声波后，打破这种平衡，与声波相应的黏滞耗损有较多贡献就不难理解了．实则，磁声波中(5.182.1)，η 对耗损贡献较小，是源于与 η 相应有关项中保留有 $\boldsymbol{B}_0$，与 $\boldsymbol{V}_A$ 相当，如前所述，而 $\boldsymbol{V}_A$ 的作用，将减少耗损率．

至此，有关均匀磁场中，流体介质中的波已讨论完毕，需要说明的是：通常多数情况声速 S 远大于阿尔芬波速 $\boldsymbol{V}_{\mathrm{A}}$，其因则源于介质密度大，如方程(5.182)所示，$\boldsymbol{V}_{\mathrm{A}}\propto 1/\rho^{1/2}$，例如，在液核中，纵向压缩(P)波，$S\sim10^4$—$10^5$ m/s，而 $\boldsymbol{V}_{\mathrm{A}}\sim0.01$—$0.1$ m/s．同样，在与地磁场起源相关的液核动力学中，阿尔芬波作用也远小于洛伦兹和柯里奥利力．但在地球、其他行星磁层动力学和太阳大气动力学中，等离子密度稀薄，阿尔芬波则扮演重要角色，地球电磁脉动则源于磁层等离子中波动的结果．

5.2　地磁场的高斯理论

5.2.1　地磁场的数学表述

图 5.21 中 z 轴为地理轴，指向北极，(x, y) 为赤道平面，x 轴过格林尼治子午线．θ 为观测点 P 的余纬，λ 为经度．若假定空气为绝缘体，则 $r>a$ 为自由空间，$\sigma=0$，地球电磁场应满足方程(5.19)，即磁感应强度 $\boldsymbol{H}=-\nabla W$，磁势 W 满足拉普拉斯方程

$$\nabla^2 \mathrm{W}=0.$$

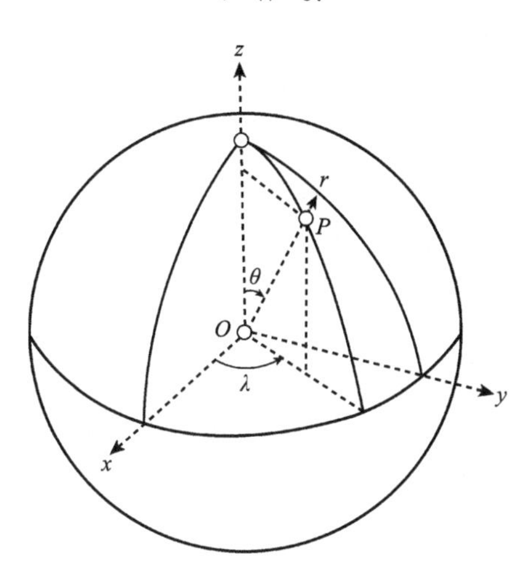

图 5.21　球极坐标

在球极坐标系中，可表示为

$$\frac{1}{r^2}\frac{\partial}{\partial r}\left(r^2\frac{\partial W}{\partial r}\right)+\frac{1}{r^2\sin\theta}\frac{\partial}{\partial\theta}\left(\sin\theta\frac{\partial \mathrm{W}}{\partial\theta}\right)+\frac{1}{r^2\sin^2\theta}\frac{\partial^2 W}{\partial\lambda^2}=0, \tag{5.183}$$

方程(5.183)的解在地磁学中通常写作

$$\begin{aligned}W(r,\theta,\lambda,t)=a\sum_{n=1}^{\infty}\sum_{m=0}^{n}\Bigg\{\left(\frac{a}{r}\right)^{n+1}\Bigg[&(g_{ni}^m(t)\cos m\lambda+h_{ni}^m(t)\sin m\lambda)\\&+\left(\frac{r}{a}\right)^n(g_{ne}^m(t)\cos m\lambda+h_{ne}^m(t)\sin m\lambda)\Bigg]P_n^m(\cos\theta)\Bigg\},\end{aligned} \tag{5.184}$$

或改写为

$$W(r,\theta,\lambda,t)=a\sum_{n=1}^{\infty}\sum_{m=0}^{n}\left\{\left(\frac{a}{r}\right)^{n+1}[g_{ni}^{m}(t)Y_{nc}^{m}(\theta,\lambda)+h_{ni}^{m}(t)Y_{ns}^{m}(\theta,\lambda)]\right.$$
$$\left.+\left(\frac{r}{a}\right)^{n}[g_{ne}^{m}(t)Y_{nc}^{m}(\theta,\lambda)+h_{ne}^{m}(t)Y_{ns}^{m}(\theta,\lambda)]\right\},\tag{5.185}$$

式中，

$$\left.\begin{aligned}Y_{nc}^{m}(\theta,\lambda)&=P_{n}^{m}(\cos\theta)\cos m\lambda\\Y_{ns}^{m}(\theta,\lambda)&=P_{n}^{m}(\cos\theta)\sin m\lambda\end{aligned}\right\}\tag{5.186}$$

为球面谐函数.

下面对解(5.184)做几点说明：

(1)在(5.184)和(5.185)中，不包含 n=0 的项，这是磁场与静电场及重力场拉普拉斯方程解的不同之处．这是因为不存在单一磁荷，磁感应强度 $\boldsymbol{B}$ 的散度处处为零，方程(5.1.3) $\nabla\cdot\boldsymbol{B}=0$ 的直接结果.

(2)§5.1.1 中已经指出，方程(5.183)不仅适用于静磁场，也适用于随时间缓慢变化的似稳磁场，因此(5.184)中的系数 g，h 一般应是时间 t 的缓变函数.

(3)常系数 g_i，h_i 和 g_e，h_e 分别代表球内场源($r<a$)和球外场源所产生的磁场．设场源只存在于球内，则当 $r\to\infty$时，场势 W 应趋于零，这时(5.183)中应只保留～$1/r^{n+1}$ 的项，自然，与它相应的系数 g_i，h_i 与球内源场相对应．同样论断可知，g_e，h_e 与球外源场相对应．关于待定常系数的确定，则留待下一节讨论.

(4)在解(5.184)，(5.185)中，常系数中引入了一个特定的因子(地球半径)a，这样可使常系数 g，h 有与磁场相同的量纲，特别在地球表面(r=a)，内外场系数之比可直接代表内外场自身强度之比．函数 $P_{n,m}$ 对于相同的 n，当 m 不同时差异很大，例如 $P_{4,1}$ 与 $P_{4,4}$ 在单位球面上的平方平均值之比为(5！/3！)/(8!/1!)=1/2016，这在实际计算时颇为不便，为此，1895 年施密特(Schmidt)引入了不同形式的缔合勒让德函数，记作 P_n^m，它与普通 $P_{n,m}$ 的关系为：

$$\left.\begin{aligned}P_{n}^{m}(\cos\theta)&=P_{n,m}(\cos\theta), & m&=0\\P_{n}^{m}(\cos\theta)&=\left[\frac{2(n-m)!}{(n+m)!}\right]^{\frac{1}{2}}P_{n,m}(\cos\theta), & m&\geqslant 1\end{aligned}\right\}\tag{5.187}$$

由 $P_{n,m}$ 的正交关系可直接得出：

$$\int_0^{\pi}P_n^m(\cos\theta)P_{n'}^m(\cos\theta)\sin\theta d\theta=\begin{cases}0, & n\neq n'\\ \dfrac{4}{\delta_m(2n+1)}, & n=n'\end{cases}\tag{5.188}$$

$$\delta_m=\begin{cases}2, & m=0\\1, & m\geqslant 1\end{cases}$$

相应面谐函数的正交关系和模为：

$$\frac{1}{4\pi}\int_0^{\pi}\int_0^{2\pi} Y_n^m(\theta,\lambda)Y_{n'}^{m'}(\theta,\lambda)\sin\theta \mathrm{d}\lambda = \begin{cases} 0, & n\neq n' \text{或} m\neq m' \\ \dfrac{1}{2n+1}, & n=n' \text{或} m=m' \end{cases} \tag{5.189}$$

虽然 P_n^m 仍不是标准归一化的正交函数，但已经改变了相应常系数对于 m 的显著依赖. 在分析中施密特也曾试用过在球面上完全归一化的函数 R_n^m，由(5.187)可得它与函数 P_n^m 的关系：

$$R_n^m = (2n+1)^{1/2} P_n^m(\cos\theta). \tag{5.190}$$

高斯最早采用的函数与以上几种形式不同，为了区别，施密特把它记作 $P^{n,m}$，

$$P^{n,m} = \frac{(n-m)!}{(2n-1)!!}P_{n,m}, \quad (2n-1)!! = 1\cdot3\cdot5\cdot\cdots\cdot(2n-1) \tag{5.191}$$

因常数 g, h 与所选用的函数形式有直接关系，以上我们特别介绍了几种函数形式的特点和对 g, h 的影响. 在实际分析或运用已有结果时，必须注意具体函数形式的差别. 考虑到这种影响，国际地磁地电协会在 1939 年华盛顿会议上，推荐在球谐分析中使用施密特函数. 但由于是高斯在 1893 年最先把(5.184)用于地磁分析的，人们通常仍称系数 g, h 为高斯系数或高斯-施密特系数. 称这种分析为高斯分析或球谐分析. 正是高斯的分析方法奠定了地磁学的数理基础，至今仍在地磁学中广泛应用.

5.2.2 地磁场的高斯(球谐)分析

在上节已将拉普拉斯方程的解表示成适于地磁分析的“高斯形式”(5.184)，剩下的是定解问题，即根据已知条件，确定解中的待定常数. 地磁场的球谐分析就是如何根据地磁场的观测值确定(5.184)中的高斯系数 g 和 h.

设某一时间 t_0，地球表面($r=a$)的场势 W 已知. 由(5.184)得：

$$\begin{aligned} W(a,\theta,\lambda,t_0) = a\sum_{n=1}^{\infty}\sum_{m=0}^{n}\Big\{\Big[&(g_{ni}^m(t_0)+g_{ne}^m(t_0)\cos m\lambda) \\ &+(h_{ni}^m(t_0)+h_{ne}^m(t_0))\sin m\lambda\Big]P_n^m(\cos\theta)\Big\}, \end{aligned} \tag{5.192}$$

由(5.192)利用球面函数的正交性(5.189)可得：

$$\left.\begin{aligned} g_{ni}^m(t_0)+g_{ne}^m(t_0) &= \frac{2n+1}{4\pi a}\int_{\theta=0}^{\pi}\int_{\lambda=0}^{2\pi} W(a,\theta,\lambda,t_0)P_n^m(\cos\theta)\cos m\lambda\sin\theta \mathrm{d}\theta \mathrm{d}\lambda \\ h_{ni}^m(t_0)+h_{ne}^m(t_0) &= \frac{2n+1}{4\pi a}\int_{\theta=0}^{\pi}\int_{\lambda=0}^{2\pi} W(a,\theta,\lambda,t_0)P_n^m(\cos\theta)\sin m\lambda\sin\theta \mathrm{d}\theta \mathrm{d}\lambda \end{aligned}\right\} \tag{5.193}$$

式(5.193)表明，即使在边界 $r=a$ 处 $W(a,\theta,\lambda,t_0)$ 为已知，由(5.193)也只能确定内外场系数之和 g_i+g_e 及 h_i+h_e，还不能最后确定全部高斯系数. 这是不难理解的，因为拉普拉斯方程已知边值的定解问题，即第一边值(Dirichlet)问题，只有当满足方程的场所定域的空间的全部边界的场值已知时，方程的解才能唯一确定. 解(5.184)既然包括外源场部分，那么方程(5.183)所定域的空间除了内部边界($r=a$)，还必然存在一个外部边界($r_{外}=a+h$)，而这里的定解条件仅仅是其内部边值，因此，解当然不能唯一确定. 容易看出，若外部边值已知，则由(5.184)和球面函数的正交性，可以得到关于 g_i，g_e 和 h_i，h_e 的另一组方

程，它和(5.193)一起就可以唯一确定全部常系数. 这样的定解条件，即除内部边值外，还要已知外部边值，不仅在19世纪30年代不可能做到，就是在空间探测技术高度发展的今天也是困难的. 人们对地磁场的观测始于地球表面，对地面上磁场的观测和认识也是较为充分的. 因此，如何由地面和近地面卫星磁场的观测，唯一确定解(5.184)的全部常系数，从而认识场在整个空间的全貌，是定解问题的关键所在. 正是高斯从理论和实践上解决了这一问题. 作为高斯分析的基础知识，这里先概要介绍一下地面测点上地磁场的描述和观测.

(1)地磁要素及其测量

地磁场是一个矢量场，所以需要三个独立的分量描述. 这种分量可以有多种方式的选择，在地磁学中把这种用来确定某一观测点地磁场的各独立分量称为地磁要素. 如图5.22所示，O为观测点，OXY为地平面，OX指向地理北极，OZ垂直地面，向下为正，OF为地磁场矢量$\boldsymbol{F}$，它的模OF称为地磁场的总强度，通常用F表示；OF可分解为向北、向东、向下三个分量OA，OB，OC，用X，Y，Z表示；最常用的另一组分量是：OF在水平面上的投影OG，叫作水平分量(H)；OG与正北方向的夹角D，叫作地磁偏角. 水平分量H，磁偏角D，连同垂直分量Z一起构成一组描写观测点O地磁矢量OF的独立分量；还有OF对于水平面的倾角I，叫作地磁倾角. 总强度F，偏角D和倾角I构成另一组独立的分量系统. 当然还可以有其他的组合方式. 以上7个常用的可供选择的分量F，X，Y，Z，H，D和I通称作地磁要素. 它们之间有如下简单关系：

$$\begin{aligned} &F^2 = X^2 + Y^2 + Z^2; \quad H^2 = X^2 + Y^2; \\ &Y = H\sin D; \quad Z = H\tan I. \end{aligned} \tag{5.194}$$

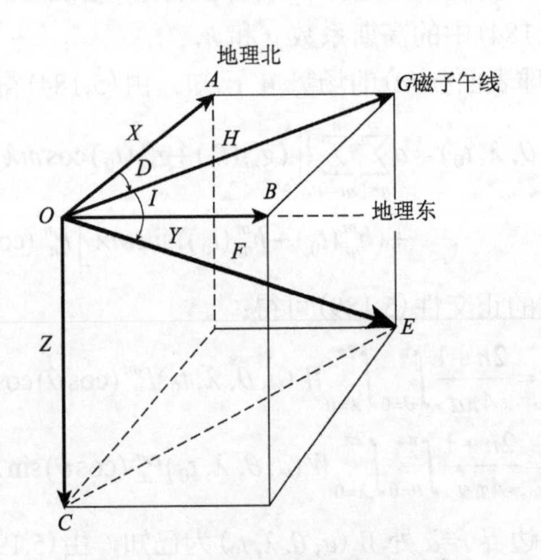

图5.22　地磁场矢量和地磁要素

如果已知其中独立的三个，其他四个要素即可以计算出来.

地磁测量就是应用地磁仪器观测某一测点独立的地磁三要素. 完成这种观测任务的测点通常分成两类，一类是能连续记录地磁场随时间变化的测点，叫作地磁台. 一般台站都装备两套观测系统，一套叫作磁变仪，用来连续记录地磁场随时间的相对变化，通

常选用 H，Z，D 三个要素．经典的记录方式是把地磁变化转换为光点的移动，用照相的方法把这种变化记录下来，这种记录叫作磁照图．图 5.23 为我国某地磁台世界日一天的磁照图，图中三条曲线即为 H，Z，D 三要素随时间的变化，H_B，Z_B，D_B 分别是 H，Z，D 三条曲线的基线．现在通常已采用数字化仪器和记录系统．另一套是测定地磁要素绝对值的仪器，叫作磁强计或磁力仪，其中用来测定偏角和倾角的经典仪器又叫作地磁经纬仪．磁强计不做连续记录，而是在特定的时间(一般每周两次)进行观测，目的是用来标定相对记录的磁变仪．两套仪器配合把地磁台站的磁场绝对值及其随时间的变化连续地确定下来．除地磁台站外，另一类是野外磁测点．野外磁测点不能连续测定地磁场随时间的变化，而是间断地(例如 3—5 年)进行地磁要素的绝对测量．但不同磁测点的观测不可能都在同一时刻进行，为了便于分析，还必须将各测点不同时间的观测值，按照地磁场的时间变化规律，归算到同一指定时刻．野外磁测点和地磁台相互补充，构成全球性或局部地区的地磁测网．此外，还有航空测量(一般测 F)、近地面空间卫星测量和海洋磁测，地磁台站和野外磁测点所取得的特定时刻地磁场各要素的数值和它们随时间的变化，构成了地磁场分析研究的基础资料，是进行高斯分析的边值条件．

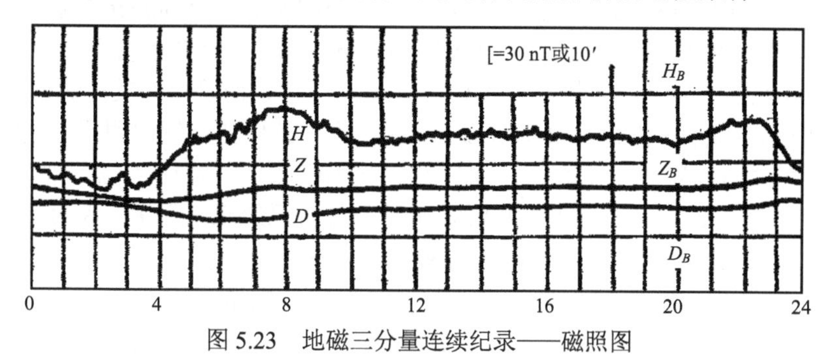

图 5.23　地磁三分量连续纪录——磁照图

(2) 高斯系数的确定和内外源场的区分

地磁 7 个要素中，每三个独立分量的组合，虽都能等价地有效地表征地磁矢量 $\boldsymbol{H}$，但它们各具特点，在使用上又各有便利之处．例如，以角度为主的组合 D，H，I 和 D，F，I 能够直观地表征磁场矢量的方向，而在分析计算中则多采用 X，Y，Z 三个要素的组合．这里高斯系数的确定所要回答的中心问题有两个，一是当内边界(即地球表面 $r=a$)那些条件已知时，才能唯一确定全部高斯系数 g_i，g_e 和 h_i，h_e；二是如何根据实测点的观测结果，计算各级常系数 g_{ni}^m，g_{ne}^m 和 h_{ni}^m，h_{ne}^m．

设除已知 W 在内边界($r=a$)的分布外，还知道 W 在界面上的法向导数，由(5.184)可得：

$$
\begin{aligned}
Z=\frac{\partial W}{\partial r}=\sum_{n=1}^{\infty}\sum_{m=0}^{n}\Bigg\{\Bigg[\left(\frac{r}{a}\right)^{n-1}&(ng_{ne}^m(t)\cos m\lambda+nh_{ne}^m(t)\sin m\lambda)\\
-\left(\frac{a}{r}\right)^{n+2}&((n+1)g_{ni}^m(t)\cos m\lambda+(n+1)h_{ni}^m(t)\sin m\lambda)\Bigg]P_n^m(\cos\theta)\Bigg\},
\end{aligned}
\tag{5.195}
$$

当 $r=a$ 时，对于特定时刻 t_0，

$$Z(a,\theta,\lambda,t_0)=\frac{\partial W}{\partial r}\bigg|_{\substack{r=a\\t=t_0}}$$

$$=\sum_{n=1}^{\infty}\sum_{m=0}^{n}\Big\{\Big[(ng_{ne}^m(t_0)-(n+1)g_{ni}^m(t_0))\cos m\lambda+(nh_{ne}^m(t_0)-(n+1)h_{ni}^m(t_0))\sin m\lambda\Big]P_n^m(\cos\theta)\Big\}, \tag{5.196}$$

与(5.193)相似，由球面函数正交性(5.189)和地面垂直分量 Z 的分布(5.196)可得：

$$\left.\begin{aligned}ng_{ne}^m(t_0)-(n+1)g_{ni}^m(t_0)&=\frac{2n+1}{4\pi}\int_{\theta=0}^{\pi}\int_{\lambda=0}^{2\pi}Z(a,\theta,\lambda,t_0)P_n^m(\cos\theta)\cos m\lambda\sin\theta d\theta d\lambda\\nh_{ne}^m(t_0)-(n+1)h_{ni}^m(t_0)&=\frac{2n+1}{4\pi}\int_{\theta=0}^{\pi}\int_{\lambda=0}^{2\pi}Z(a,\theta,\lambda,t_0)P_n^m(\cos\theta)\sin m\lambda\sin\theta d\theta d\lambda\end{aligned}\right\} \tag{5.197}$$

若在内边界(r=a)，W 及其法向导数 Z 已知，则方程(5.193)和(5.197)右端为已知量. (5.193)和(5.197)构成一组关于 g_e，g_i和h_e，h_i四个未知量的四个线性独立的方程组，这个方程组可以唯一确定全部高斯系数 g_e，g_i 和 h_e，h_i. 需要指出，这里给出的定解条件既不同于一般椭圆方程已知全部边界场值的第一边界条件(Dirichlet 问题)，也不同于已知全部边界场的法向导数的第二边界条件(Neumann 问题)，当然更不是混合边界条件(已知场和场的法向导数的线性组合)的劳平(Robin)问题，而是仅在其内边界上独立给出第一、第二种边界条件. 由以上分析可以知，这种边界条件的定解问题同样是唯一的. 这种唯一性连同球面函数的正交性可以保证在用(5.193)和(5.197)确定某一阶(或级)常系数 g_{ni}^m，g_{ne}^m 和 h_{ni}^m，h_{ne}^m时，与其他阶(或级)常系数是否已经求出无关. 因而在(5.184)中，取项数多少只影响解的精确程度，而与级数各项本身无关，这种性质对于解的收敛快慢尚未确定之前，根据已经取得的结果研究场的性质有特别重要的意义.

在实际计算中，由于场势 W 无法直接观测，还不能由(5.193)和(5.197)直接确定高斯系数. 设在地球表面(r=a)除已知垂直分量 Z(5.196)外，北向分量 X 和东向分量 Y 也已给定. 由(5.184)，得：

$$X(r,\theta,\lambda,t)=\frac{\partial W}{r\partial\theta}$$

$$=\sum_{n=1}^{\infty}\sum_{m=0}^{n}\left\{\left[\left(\frac{a}{r}\right)^{n+2}(g_{ni}^m(t)\cos m\lambda+h_{ni}^m(t)\sin m\lambda)+\left(\frac{r}{a}\right)^{n-1}(g_{ne}^m(t)\cos m\lambda+h_{ne}^m(t)\sin m\lambda)\right]\frac{\mathrm{d}P_n^m(\cos\theta)}{d\theta}\right\}, \tag{5.198}$$

$$Y(r,\theta,\lambda,t)=-\frac{\partial W}{r\sin\theta\partial\lambda}$$

$$=\frac{1}{\sin\theta}\sum_{n=1}^{\infty}\sum_{m=0}^{n}\left\{\left[\left(\frac{a}{r}\right)^{n+2}(mg_{ni}^m(t)\sin m\lambda-mh_{ni}^m(t)\cos m\lambda)+\left(\frac{r}{a}\right)^{n-1}(mg_{ne}^m(t)\sin m\lambda-h_{ne}^m(t)\cos m\lambda)\right]P_n^m(\cos\theta)\right\}, \tag{5.199}$$

当 r=a 时，对于特定时刻 t_0，

$$X(a,\theta,\lambda,t_0)=\left(\frac{\partial W}{r\partial\theta}\right)_{\substack{r=a\\t=t_0}}$$

$$=\sum_{n=1}^{\infty}\sum_{m=0}^{n}\left\{\left[(g_{ni}^m(t_0)+g_{ne}^m(t_0))\cos m\lambda\right.\right.\tag{5.200}$$

$$\left.\left.+(h_{ni}^m(t_0)+h_{ne}^m(t_0))\sin m\lambda\right]\frac{\mathrm{d}P_n^m(\cos\theta)}{d\theta}\right\},$$

$$Y(a,\theta,\lambda,t_0)=\left(-\frac{\partial W}{r\sin\theta\partial\lambda}\right)_{\substack{r=a\\t=t_0}}$$

$$=\sum_{n=1}^{\infty}\sum_{m=0}^{n}\left\{\left[(g_{ni}^m(t_0)+g_{ne}^m(t_0))\sin m\lambda\right.\right.\tag{5.201}$$

$$\left.\left.+(h_{ni}^m(t_0)+h_{ne}^m(t_0))\cos m\lambda\right]\frac{m}{\sin\theta}P_n^m(\cos\theta)\right\}.$$

由(5.200)和(5.201)可以看出，与(5.192)场势 W 一样，北向分量 X 和东向分量 Y 也是与关于高斯系数的内外场之和 g_i+g_e，h_i+h_e 相联系．数学上不难理解，正是界面上水平分量 X 或 Y 的路线积分决定了界面磁势 W 的分布，即由关系

$$W(a,\theta,\lambda)=a\int_0^{\theta}X(a,\theta,\lambda)\mathrm{d}\theta,\tag{5.202}$$

$$W(a,\theta,\lambda)=-a\sin\theta\int_0^{\lambda}Y(a,\theta,\lambda)\mathrm{d}\lambda+W(a,\theta,\lambda)_{\lambda=0}\tag{5.203}$$

可知，北向分量 X 或东向分量 Y 与 W 是等效的，但(5.203)尚有一依赖于 $X(a,\theta,\lambda)|_{\lambda=0}$ 的项 $W(a,\theta,\lambda)|_{\lambda=0}$，即仅由 Y 还不能完全确定场势 W(除允许差一任意常数外)．将(5.203)代入(5.193)，由

$$\int_0^{\pi}\int_0^{2\pi}W(a,\theta,\lambda)_{\lambda=0}P_n^m(\cos\theta)\begin{matrix}\cos m\lambda\\ \sin m\lambda\end{matrix}\sin\theta\mathrm{d}\theta\mathrm{d}\lambda=0$$

可知，依赖于 $X|_{\lambda=0}$ 的项 $W|_{\lambda=0}$ 的存在与高斯常系数的确定无关．这就证明了 X(或 Y)与 W 的上述等效性．因此在地球表面，与 W，Z 一样，已知强度 X(或 Y)，Z 的分布也能唯一确定全部高斯系数．这种等效性和唯一性也可以由 X，Y 分量的级数表达式(5.200)，(5.201)直接证明．对于 Y 分量，由(5.201)可以得出：

$$Y(a,\theta,\lambda,t_0)\sin\theta=\sum_{n=1}^{\infty}\sum_{m=0}^{n}[(g_{ni}^m+g_{ne}^m)\sin m\lambda-(h_{ni}^m+h_{ne}^m)\cos m\lambda]mP_n^m(\cos\theta)\tag{5.204}$$

由 P_n^m 的正交性容易得到：

$$\left.\begin{aligned}g_{ni}^m+g_{ne}^m&=\frac{2n+1}{4m\pi}\int_{\theta=0}^{\pi}\int_{\lambda=0}^{2\pi}Y(a,\theta,\lambda)\sin m\lambda P_n^m(\cos\theta)\sin^2\theta\mathrm{d}\theta\mathrm{d}\lambda\\h_{ni}^m+h_{ne}^m&=-\frac{2n+1}{4m\pi}\int_{\theta=0}^{\pi}\int_{\lambda=0}^{2\pi}Y(a,\theta,\lambda)\cos m\lambda P_n^m(\cos\theta)\sin^2\theta\mathrm{d}\theta\mathrm{d}\lambda\end{aligned}\right\}\tag{5.205}$$

式(5.205)与(5.193)等效，即与场势 W 一样，已知分量 Y 的面值分布，可唯一确定内外场高斯系数之和. 对于 X 分量，利用公式(Chapman and Bartels, 1940)

$$\frac{2n+1}{n(n+1)}\sin\theta\frac{\mathrm{d}P_n^m}{\mathrm{d}\theta}=\frac{\{(n+1)^2-m^2\}^{\frac{1}{2}}}{n+1}P_{n+1}^m-\frac{(n^2-m^2)^{\frac{1}{2}}}{n}P_{n-1}^m$$

可得:

$$X(a,\theta,\lambda,t_0)\sin\theta=\sum_{n=1}^{\infty}\sum_{m=0}^{n}[(g_{ni}^m+g_{ne}^m)\cos m\lambda+(h_{ni}^m+h_{ne}^m)\sin m\lambda]\cdot\left\{\frac{n[(n+1)^2-m^2]^{\frac{1}{2}}}{2n+1}P_{n+1}^m-\frac{(n+1)(n^2-m^2)^{\frac{1}{2}}}{2n+1}P_{n-1}^m\right\}\tag{5.206}$$

由 P_n^m 的正交性，不难由(5.206)北向分量 X 的观测值，求得内外场之和的高斯系数，从而与地磁场垂直分量 Z 的观测值一起，求得内、外场的高斯系数. 特别是分别取 $n+1=l$ 和 $n-1=l$，将(5.206)改写为:

$$X(a,\theta,\lambda,t_0)\sin\theta=\sum_{l=1}^{\infty}\sum_{m=0}^{l}(b_l^{m,c}\cos m\lambda+b_l^{m,s}\sin m\lambda)P_l^m,\tag{5.207}$$

$$b_l^{m,c}=\frac{(l-1)(l^2-m^2)^{\frac{1}{2}}}{2l-1}(g_{(l-1)i}^m+g_{(l-1)e}^m)-\frac{(l+2)[(l+1)^2-m^2]^{\frac{1}{2}}}{2l+3}(g_{(l+1)i}^m+g_{(l+1)e}^m),\tag{5.208}$$

$$b_l^{m,s}=\frac{(l-1)(l^2-m^2)^{\frac{1}{2}}}{2l-1}(h_{(l-1)i}^m+h_{(l-1)e}^m)-\frac{(l+2)[(l+1)^2-m^2]^{\frac{1}{2}}}{2l+3}(h_{(l+1)i}^m+h_{(l+1)e}^m).\tag{5.209}$$

利用球谐函数的正交性，由(5.207)立得

$$b_l^{m,c}=\frac{2l+1}{4\pi}\int_{\theta=0}^{\pi}\int_{\lambda=0}^{2\pi}X(a,\theta,\lambda)P_l^m\cos m\lambda\sin^2\theta\mathrm{d}\theta\mathrm{d}\lambda,\tag{5.210}$$

$$b_l^{m,s}=\frac{2l+1}{4\pi}\int_{\theta=0}^{\pi}\int_{\lambda=0}^{2\pi}X(a,\theta,\lambda)P_l^m\sin m\lambda\sin^2\theta\mathrm{d}\theta\mathrm{d}\lambda,\tag{5.211}$$

即当 X 分量的地面分布值已知时，式(5.208)，(5.209)中的 $b_l^{m,c}$，$b_l^{m,s}$ 为已知量. 不难看出，与待定量高斯系数 g_n^m 和 h_n^m 有关的方程(5.208)和(5.209)是彼此独立的，其中任何一组奇数和偶数阶内和外源高斯系数之和已知，不难由式(5.208)和(5.209)用递推办法求解全部内和外源高斯系数之和，即与 Y 分量一样，X 分量也与场势 W 等价.

到此我们已经从理论上解决了拉普拉斯方程(5.183)的普遍解(5.184)的定解问题，肯定了能够由地面磁场强度的分布唯一确定(5.184)中内外场的全部高斯系数，并且给出了可供实际应用的方程(5.197)，(5.205)，以及(5.210)，(5.211)，为地磁场的分析奠定了

理论基础．但在高斯系数的实际计算中多是把地面地磁场的强度的观测值 $X(a,\theta,\lambda,t_0)$，$Y(a,\theta,\lambda,t_0)$，$Z(a,\theta,\lambda,t_0)$ 分别直接代入(5.200)，(5.201)和(5.196)求解 g_{ni}^m，g_{ne}^m 和 h_{ni}^m，h_{ne}^m 的线性代数方程组，来确定高斯系数 g_i，h_i，g_e，h_e．但需注意，这并不意味着其他公式没有意义，我们清楚，这诸多数学演变，是在解析地球磁场拉普拉斯方程(5.183)解的存在和维一性，也只有证明了解的存在和唯一性，直接利用观测值求解方程组，才成为可能，求得的解才有意义．有些地磁方面的著作，就是直接给出诸如方程(5.200)，(5.201)和(5.196)，以求解 g_{ni}^m，g_{ne}^m 和 h_{ni}^m，h_{ne}^m，严格讲这是不对的，或者说至少是不全面的，因此在此有强调的必要．有关无穷多个未知数的线性方程组的存在和唯一性的严格理论，读者可参阅斯米尔诺夫著《高等数学教程》三卷一分册第二章第 48 节和五卷二分册第四章第 1 节．

进一步，当地面观测点的数目足够多，特别是在同一纬度圈上测点足够多时，还可采取如下具体计算步骤：首先对地球表面同一纬度的观测值 X，Y，Z 进行关于经度λ的傅里叶分析，即

$$X(a,\theta,\lambda,t_0)=\sum_{m=0}^{\infty}\left(x_{mg}^{(\theta)}\cos m\lambda+x_{mh}^{(\theta)}\sin m\lambda\right), \tag{5.212}$$

$$\left.\begin{aligned}x_{og}^{(\theta)}&=\frac{1}{2\pi}\int_0^{2\pi}X(a,\theta,\lambda,t_0)\mathrm{d}\lambda\\x_{mg}^{(\theta)}&=\frac{1}{\pi}\int_0^{2\pi}X(a,\theta,\lambda,t_0)\cos m\lambda\mathrm{d}\lambda\\x_{mh}^{(\theta)}&=\frac{1}{\pi}\int_0^{2\pi}X(a,\theta,\lambda,t_0)\sin m\lambda\mathrm{d}\lambda\end{aligned}\right\}, \tag{5.213}$$

对于 Y，Z 有相同的公式，相应系数分别记作 $y_{mg}^{(\theta)}$，$y_{mh}^{(\theta)}$ 和 $z_{mg}^{(\theta)}$，$z_{mh}^{(\theta)}$，与此相应 X，Y，Z 在地球表面的表示式(5.200)，(5.201)和(5.196)则改写为

$$\begin{aligned}X(a,\theta,\lambda,t_0)=&\sum_{n=1}^{\infty}a_n^0X_n^0(\theta)+\sum_{m=1}^{\infty}\left\{\left(\sum_{n=m}^{\infty}a_n^mX_n^m(\theta)\right)\cos m\lambda\right.\\&\left.+\left(\sum_{m=n}^{\infty}b_n^mX_n^m(\theta)\right)\sin m\lambda\right\},\end{aligned} \tag{5.214}$$

$$\begin{aligned}Y(a,\theta,\lambda,t_0)=&\sum_{n=1}^{\infty}a_n^0Y_n^0(\theta)+\sum_{m=1}^{\infty}\left\{\left(\sum_{n=m}^{\infty}a_n^mY_n^m(\theta)\right)\cos m\lambda\right.\\&\left.+\left(\sum_{n=m}^{\infty}b_n^mY_n^m(\theta)\right)\sin m\lambda\right\},\end{aligned} \tag{5.215}$$

$$\begin{aligned}Z(a,\theta,\lambda,t_0)=&\sum_{n=1}^{\infty}a_n^0P_n(\theta)+\sum_{m=1}^{\infty}\left\{\left(\sum_{n=m}^{\infty}a_n^mP_n^m(\theta)\right)\cos m\lambda\right.\\&\left.+\left(\sum_{n=m}^{\infty}\beta_n^mP_n^m(\theta)\right)\sin m\lambda\right\},\end{aligned} \tag{5.216}$$

式中，

$$X_n^m(\theta)=\frac{1}{n}\frac{\mathrm{d}P_n^m(\cos\theta)}{\mathrm{d}\theta},\quad Y_n^m(\theta)=\frac{m}{n}\frac{P_n^m(\cos\theta)}{\sin\theta},\tag{5.217}$$

$$a_n^m=n(g_{ni}^m+g_{ne}^m),\quad b_n^m=n(h_{ni}^m+h_{ne}^m),\tag{5.218}$$

$$\alpha_n^m=ng_{ne}^m-(n+1)g_{ni}^m,\quad \beta_n^m=h_{ne}^m-(n+1)h_{ni}^m,\tag{5.219}$$

$X_n^m(\theta)$，$Y_n^m(\theta)$与连带勒让德函数的关系读者可参阅 *Geomagnetism*（Chapman and Bartels, 1940）. 为了使用方便，施密特给出了 $X_n^m(\theta)$ 和 $Y_n^m(\theta)$ 的函数表. 比较（5.212）（包括相应的 Y，Z 的公式）和（5.214），（5.215），（5.216）可以得到

$$x_{og}^{(\theta)}=\sum_{n=1}^{\infty}a_n^0X_n^0(\theta),\quad x_{mg}^{(\theta)}=\sum_{n=m}^{\infty}a_n^mX_n^m(\theta)\quad(m>0)\tag{5.220}$$

$$y_{og}^{(\theta)}=\sum_{n=1}^{\infty}a_n^0Y_n^0(\theta),\quad y_{mg}^{(\theta)}=\sum_{n=m}^{\infty}a_n^mY_n^m(\theta)\quad(m>0)\tag{5.221}$$

$$x_{mh}^{(\theta)}=\sum_{n=m}^{\infty}b_n^mX_n^m(\theta)\quad(m>0)\tag{5.222}$$

$$y_{mh}^{(\theta)}=\sum_{n=m}^{\infty}b_n^mY_n^m(\theta)\quad(m>0)\tag{5.223}$$

$$z_{o\alpha}^{(\theta)}=\sum_{n=1}^{\infty}a_n^0P_n(\cos\theta),\quad z_{m\alpha}^{(\theta)}=\sum_{n=m}^{\infty}a_n^mP_n^m(\cos\theta)\quad(m>0)\tag{5.224}$$

$$z_{n\beta}^{(\theta)}=\sum_{n=m}^{\infty}\beta_n^mP_n^m(\cos\theta)\tag{5.225}$$

由 X，Y，Z 的地面观测值公式（5.213）求出不同纬度关于经度λ的傅里叶系数 $x_{mg}^{(\theta)}$，$x_{mh}^{(\theta)}$，$y_{mg}^{(\theta)}$，$y_{mh}^{(\theta)}$ 和 $z_{mg}^{(\theta)}$，$z_{mh}^{(\theta)}$，再应用线性方程组（5.220）—（5.225）求解 a_n^m，b_n^m，α_n^m，β_n^m，最后利用（5.218），（5.219）就可将内外场系数区分开，从而得到各级高斯常系数 g_{ni}^m，g_{ne}^m 和 h_{ni}^m，h_{ne}^m. 实际计算中，无论是由场强的观测值直接代入方程（5.214），（5.215），（5.216），还是先由观测值求出关于经度λ的傅里叶系数，再利用方程组（5.220）—（5.225）来求解高斯常系数，各公式中的 n 及相应的 m 都不可能是无限的. 这相当于用有限项级数代替关于场的无穷级数. 显然这种近似的可能性，这里再一次强调，理论上取决于拉普拉斯方程（5.183）解的存在和唯一性，实用上则取决于场的级数展开式（5.184）的收敛性. 实际分析表明，级数（5.184）收敛是迅速的，n=1 的级数项约占 80%—85%. 正是这种迅速的收敛性，保证了理论上完备的高斯分析能够用于地磁场的分析实际. 若级数最高阶数取为 n，则全部高斯系数的个数为 $2n(n+2)$，系数 a_n^m，b_n^m 和 α_n^m，β_n^m 的个数相同，各为 $n(n+2)$，每个测点可以提供两个关于 a_n^m，b_n^m 的方程（X，Y），一个 α_n^m，β_n^m 的方程（Z），因此要确定全部 $2n(n+2)$ 个高斯系数至少必须有 $n(n+2)$ 个三分量的测点. 实际计算中，观测点的数目必须远大于上述极限数目，这固然是因为观测点数够多，可以提供较多的方程，利用最小二乘法解有关方程组，可以保证常系数的精度；容易证明，若每个测点以所代表的面积加权，则利用加权最小二乘法求解有关方程组等效于用求和代替积分（5.193），（5.197），因此足够的测点和全球合理的分布可以近似满足球谐函数的正交关系，以尽可

能保证实际计算中各阶高斯系数的独立性，对保证球谐分析的精度和物理意义都十分重要．为对球谐函数的空间变化有直观的了解，图 5.24 给出了直到 $P_n(\cos\theta)$ (n=5) 随纬度的分布(图 5.24a)，以及 P_n^m ($n=7$，$m=0, 4, 7$) 的空间形态．关于球谐分析中，函数正交的必要性，有时会被人忽视，他们把高斯分析仅仅理解为求解方程组(5.214)，(5.215)和(或)(5.216)，这里有特别强调之必要．设在地球表面某一区域 S 有足够多的测点，(5.214), (5.215) 和 (5.216) 总共有 n 个待定系数．设正则化后的线性方程组为：

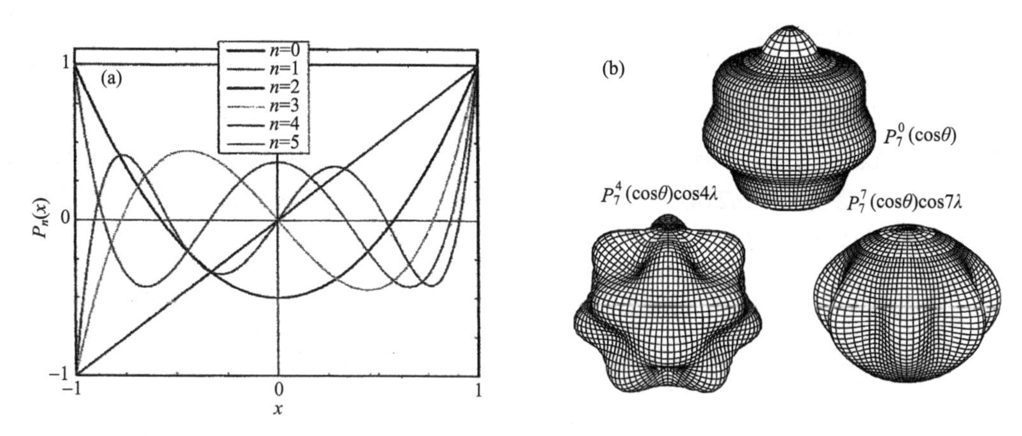

图 5.24　(a) 直到 $n=5$ 函数 $P_n(\cos\theta)$ 随余纬 θ 的分布；(b) $P_n^m, n=7, m=0$, 带谐(zonal harmonic)项，m=4，田谐(tesseral harmonic)项，$m=n=7$，扇谐(sectoral harmonic)项等的空间形态

$$(\alpha_{ij})\begin{pmatrix}x_1\\x_2\\\vdots\\\vdots\\x_n\end{pmatrix}=\begin{pmatrix}b_1\\b_2\\\vdots\\\vdots\\b_n\end{pmatrix},$$

式中，常数 b_n 为测点磁场值 X 或 $Y(a, \theta, \lambda, t_0)$，$Z(a, \theta, \lambda, t_0)$，$x_n$ 为待定系数 a_n^m，b_n^m 或 α_n^m，β_n^m，(a_{ij}) 为 n 阶系数矩阵，其元素 a_{ij} 由 $\begin{matrix}\cos m\lambda\\\sin m\lambda\end{matrix}P_n^m(\cos\theta)$，$\begin{matrix}\cos m\lambda\\\sin m\lambda\end{matrix}X_n^m(\cos\theta)$ 和 $\begin{matrix}\cos m\lambda\\\sin m\lambda\end{matrix}Y_n^m(\cos\theta)$ 确定，λ，$\theta\in S$，设在区域 S，系数矩阵 (a_{ij}) 中第 l 列和第 n 列元素近似相等(或线性相关)，即

$$a_{il}\approx a_{in},\ (i=1, 2, \cdots, n), \tag{5.226}$$

其余列(或行)线性无关．若测点的分布不满足球谐函数正交关系(5.189)，特别是测点限于地面的某一局部区域，则(5.226)一定发生，当然相关程度将依赖观测点的具体分布．例如，如图 5.25 所示，在区间 $0\leqslant\theta\leqslant60°$，$P_2^2$ 和 P_2^3，$X_3^0(\theta)$ 和 $X_2^0(\theta)$ 差别不大，因此对同一经度，方程(5.214)中待定常数 a_2^2 和 a_2^3 的系数以及 b_2^2 和 b_2^3 的系数近似相等；方程(5.216)中 α_2^0，β_2^0 分别与 α_3^0，β_3^0 项的系数近似相等．若(5.227)成立，则线性方程组系数行列式$|a_{ij}|$=0，矩阵(a_{ij})的秩为 $n-1$，方程组有解的充分必要条件是其特征行

列式

$$\begin{vmatrix} a_{11} & a_{12} & \cdots & a_{1,n-1} & b_1 \\ a_{21} & a_{22} & \cdots & a_{2,n-1} & b_2 \\ & & \cdots & & \\ a_{n-1,1} & a_{n-1,2} & \cdots & a_{n-1,n-1} & b_{n-1} \\ a_{n,1} & a_{n,2} & \cdots & a_{n,n-1} & b_n \end{vmatrix} = 0, \tag{5.227}$$

线性方程组解的存在定理表明，只有，也只有当常数(已知)项为真值(没误差)时，方程(5.227)才能成立. 很显然，这是不可能的，因此，当(5.226)发生时，由(5.214)，(5.216)计算所得全部系数，无论与实测值符合多好，磁场表达式(5.214)，(5.215)，(5.216)只能是一种插值表示方法，而不再具有上述高斯分析的意义. 换句话说，这样求得的“高斯系数”只在二维空间(5.214)，(5.216)中才有意义，而在三维公式(5.184)，(5.188)，(5.189)中不再具有任何意义了.

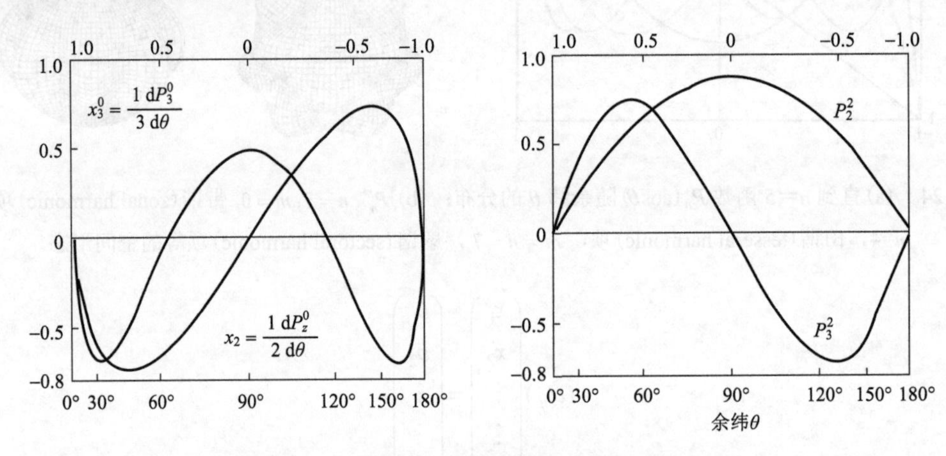

图 5.25　球谐函数不适宜用于局部地区磁场分析

如前所述，高斯系数 g_i，h_i 和 g_e，h_e 具有明确的物理意义，分别代表地球内部和外部场源所产生的磁场，地磁场高斯分析的结果表明，在地球表面地磁场的绝大部分来源于地球内部，外源部分仅占万分之几到千分之几，偶尔可达百分之几. 因此高斯理论的成功，除了给出地磁场严格的数学表述，还在于它把几百年来人们只能猜测的关于地磁场来源所在地的问题，变成了可以通过分析做出客观判断的现实. 高斯理论的建立和实际分析的结果，证实了早在 1600 年吉尔伯特关于地球是一个大磁体的论断. 地磁场还随时间不断地变化，因此不同时间的地磁场所确定的高斯系数是不同的，即高斯系数是时间 t 的函数. 地磁场随时间的变化有缓慢变化和较快速变化两类. 来源于地球内部，基本上稳定，只随时间非常缓慢变化的成分，是地磁场的“基本”部分，称为地球的“基本磁场”；来源于高空，随时间变化较快的成分，称为地球的“变化磁场”. 下面将分述基本磁场和变化磁场时空变化的基本形态.

5.3　地球基本磁场及其长期变化

5.3.1　地球基本磁场

(1)基本磁场的高斯分析和地磁图

基本磁场是地磁场中的稳定部分，地球变化磁场还不到全部磁场的 1%，在现有的精度范围内，可以认为地球基本磁场全部来源于地球内部. 这样，上述球谐分析各公式中与外源场有关的高斯系数 g_e 和 h_e 全部为零. 省略表示内源场的脚标 i，则公式(5.184)，(5.195)，(5.198)，(5.199)简化为

$$W(r,\theta,\lambda)=a\sum_{n=1}^{\infty}\sum_{m=0}^{n}\left[\left(\frac{a}{r}\right)^{n+1}(g_n^m\cos m\lambda+h_n^m\sin m\lambda)P_n^m(\cos\theta)\right] \tag{5.228}$$

$$\left.\begin{aligned}X(r,\theta,\lambda)&=\sum_{n=1}^{\infty}\sum_{m=0}^{n}\left[\left(\frac{a}{r}\right)^{n+2}(g_n^m\cos m\lambda+h_n^m\sin m\lambda)\frac{dP_n^m(\cos\theta)}{d\theta}\right]\\Y(r,\theta,\lambda)&=\sum_{n=1}^{\infty}\sum_{m=0}^{n}\left[\left(\frac{a}{r}\right)^{n+2}(g_n^m\sin m\lambda+h_n^m\cos m\lambda)\frac{m}{\sin\theta}P_n^m(\cos\theta)\right]\\Z(r,\theta,\lambda)&=-\sum_{n=1}^{\infty}\sum_{m=0}^{n}\left[(n+1)\left(\frac{a}{r}\right)^{n+2}(g_n^m\cos m\lambda+h_n^m\sin m\lambda)P_n^m(\cos\theta)\right]\end{aligned}\right\} \tag{5.229}$$

关于高斯系数 g，h 的确定，以上有关高斯分析的理论和方法全部适用. 只是这里，W，X，Y 和 Z 之中任何一个量在地球表面的分布已知，都可唯一确定(5.228)或(5.229)中的全部高斯系数. 这相应于拉普拉斯方程第一边值(已知 W 或 X，Y)和第二边值(已知 Z)问题，与上述定解问题的这种差异，是因为这里没有外源场，相应外部边界条件为无穷远点，而无穷远点的自然边界条件，解(5.229)已经自然满足. 实际计算中，当最高阶数取为 n 时，这里球谐系数的总数为 $n(n+2)$，只要有 $n(n+2)$ 个独立的方程，就能确定全部高斯系数. 地磁场的球谐分析除采用上述球极坐标外，施密特和亚当斯(Adams)等人还曾考虑地球扁率的影响. 但计算结果两者差异并不显著.

地磁场模型是地面和空间磁场的基础数据，是导航，包括地面、海上、航空和航天，以及钻井不可缺少的资料，在地球物理、地质、高空物理，包括电离层、磁层、太阳活动、日地关系等科学研究中有重要应用. 但因使用的数据不同和处理方法的差异，世界各国，不同作者从高斯分析中所得到的高斯系数并不尽相同. 为此，国际地磁学和高空大气学协会(IAGA)除成立世界磁测(WMS)的国际协调机构外，还于 1968 年 10 月在华盛顿专门会议上提出并通过了 1965.0 年代的国际地磁参考场，缩写为 IGRF，作为全世界通用的正常地磁场模型. 1965.0 年代的 IGRF 取 n=8 共 80 个高斯系数，有效期是 1955.0—1975.0 年，这被称为第一代 IGRF. 1975 年 8 月又通过了 1975.0 年的国际地磁参考场，使用期是 1955.0—1980.0 年，为第二代 IGRF. 这时 IGRF 的发展主要是绘制导航图的需要，但模型的精度、空间分辨率都满足不了导航的要求. 随着计算机、计算技术的发展，磁测资料地理覆盖率的提高，除地面、海上、航空测量，还发展了近地球轨道卫星磁

表 5.1a　第 12 代国际地磁参考场(IGRF)高斯系数(n=5，1965—2015)(NOAA, 2015)
(最后一列 2015—2020 为 2015 年代长期变化，nT/a)　　单位：nT

年代			1960.0	1970.0	1980.0	1990.0	2000.0	2010.0	2015—2020
g/h	*n*	*m*	−30421	−30220	−29992	−29775	−29619.4	−29496.57	10.3
g	1	0	−2169	−2068	−1956	−1848	−1728.2	−1586.42	18.1
g	1	1	5791	5737	5604	5406	5168.1	4944.26	−26.6
h	1	1	−1555	−1781	−1997	−2131	−2267.7	−2396.06	−8.7
g	2	0	3002	3000	3027	3059	3068.4	3026.34	−3.3
g	2	1	−1967	−2047	−2129	−2279	−2481.6	−2708.54	−27.4
h	2	1	1590	1611	1663	1686	1670.9	1668.17	2.1
g	2	2	206	25	−200	−373	−458.0	−575.73	−14.1
h	2	2	1302	1287	1281	1314	1339.6	1339.85	3.4
g	3	0	−1992	−2091	−2180	−2239	−2288.0	−2326.54	−5.5
g	3	1	−414	−366	−336	−284	−227.6	−160.40	8.2
h	3	1	1289	1278	1251	1248	1252.1	1232.10	−0.7
g	3	2	224	251	271	293	293.4	251.57	−0.4
h	3	2	878	838	833	802	714.5	633.73	−10.1
g	3	3	−130	−196	−252	−352	−491.1	−537.03	1.8
h	3	3	957	952	938	939	932.3	912.66	−0.7
g	4	0	800	800	782	780	786.8	808.97	0.2
g	4	1	135	167	212	427	272.6	268.48	−1.3
h	4	1	504	461	398	325	250.0	166.58	−9.1
g	4	2	−278	−266	−257	−240	−231.9	−211.03	5.3
h	4	2	−394	−395	−419	−423	−403.0	−356.83	4.1
g	4	3	3	26	53	84	119.8	164.46	2.9
h	4	3	269	234	199	141	111.3	89.4	−4.3
g	4	4	255	−279	−297	−299	−303.8	−309.72	−5.2
h	4	4	−222	−216	−218	−214	−218.8	−230.87	−0.2
g	5	0	362	359	357	353	351.4	357.29	0.5
g	5	1	16	26	46	46	43.8	44.58	0.6
h	5	1	242	262	261	245	222.3	200.26	−1.3
g	5	2	125	139	150	154	171.9	189.01	1.7
h	5	2	−26	−42	−74	−109	−130.4	−141.05	0
g	5	3	−117	−139	−151	−153	−133.1	−118.06	−1.2
h	5	3	−156	−160	−162	−165	−168.6	−163.17	1.4
g	5	4	−114	−91	−78	−69	−39.3	−0.01	3.4
h	5	4	−63	−56	−48	−36	−12.9	−8.03	3.9
g	5	5	81	83	92	94	106.3	101.04	0
h	5	5	46	43	48	61	72.3	72.78	−0.3

表 5.1b 第 12 代国际地磁参考场(IGRF)高斯系数(n=5，1965—2015) 单位：nT

年代			1965.0	1975.0	1985.0	1995.0	2005.0	2015.0	2015—2020
g/*h*	*n*	*m*	−30334	−30100	−29873	−29692	−29554.63	−29442.0	10.3
g	1	0	−2119	−2013	−1905	−1784	−1669.05	−1501.0	18.1
g	1	1	5776	5675	5500	5306	5077.99	4797.1	−26.6
h	1	1	−1662	−1902	−2072	−2200	−2337.24	−2445.1	−8.7
g	2	0	2997	3010	3044	3070	3047.69	3012.9	−3.3
g	2	1	−2016	2067	2197	−2366	−2594.5	−2845.6	−27.4
h	2	1	1594	1632	1687	1681	1657.76	1676.7	2.1
g	2	2	114	−68	−306	−413	−515.43	−641.9	−14.1
h	2	2	1297	1276	1296	1335	1336.3	1350.7	3.4
g	3	0	−2038	−2144	−2208	−2267	−2305.83	−2352.3	−5.5
g	3	1	−404	−333	310	−262	−198.86	−115.3	8.2
h	3	1	1292	1260	1247	1249	1246.39	1225.6	−0.7
g	3	2	240	262	284	302	269.72	244.9	−0.4
h	3	2	856	830	829	759	672.51	582.0	−10.1
g	3	3	−165	−223	−297	−427	−524.72	−538.4	1.8
h	3	3	957	946	936	940	920.55	907.6	−0.7
g	4	0	804	791	780	780	797.96	813.7	0.2
g	4	1	148	191	232	262	282.07	283.3	−1.3
h	4	1	479	438	361	290	210.65	120.4	−9.1
g	4	2	−269	−265	−249	236	−225.23	−188.7	5.3
h	4	2	−390	−405	−424	−241	−379.86	−334.9	4.1
g	4	3	13	39	−69	97	145.15	180.9	2.9
h	4	3	252	216	170	122	100.00	70.4	−4.3
g	4	4	−269	−288	−297	−306	305.36	−329.5	−5.2
h	4	4	−219	−218	−214	−214	−227.00	−232.6	−0.2
g	5	0	358	536	355	352	354.41	360.1	0.5
g	5	1	19	31	47	46	42.72	47.3	0.6
h	5	1	254	264	253	235	208.95	192.4	−1.3
g	5	2	128	148	150	165	180.25	197.0	1.7
h	5	2	−31	−59	−93	−118	−136.54	−140.9	0
g	5	3	−126	−152	−154	−143	−123.45	−119.3	−1.2
h	5	3	−157	−159	−164	−166	−168.05	−157.5	1.4
g	5	4	−97	−83	−75	−55	−19.75	16	3.4
h	5	4	−62	−49	−46	−17	−13.55	4.1	3.9
g	5	5	81	88	95	107	103.85	100.2	0
h	5	5	45	45	53	68	73.60	70.0	−0.3

表 5.2　各代国际地磁参考场(IGRF)年代和有效期(Macmillan，2007)

全称	简称	有效期	DGRF 年代
第 12 代 IGRF	IGRF-12	1900.0–2020.0	
第 11 代 IGRF	IGRF-11	1900.0–2015.0	
第 10 代 IGRF(2004 修改)	IGRF-10	1900.0–2010.0	1945.0–2005.0
第 9 代 IGRF(2003 修改)	IGRF-9	1900.0–2005.0	1945.0–2000.0
第 8 代 IGRF(1999 修改)	IGRF-8	1900.0–2005.0	1945.0–1990.0
第 7 代 IGRF(1995 修改)	IGRF-7	1900.0–2000.0	1945.0–1990.0
第 6 代 IGRF(1991 修改)	IGRF-6	1945.0–1995.0	1945.0–1985.0
第 5 代 IGRF(1987 修改)	IGRF-5	1945.0–1990.0	1945.0–1980.0
第 4 代 IGRF(1985 修改)	IGRF-4	1945.0–1990.0	1965.0–1980.0
第 3 代 IGRF(1981 修改)	IGRF-3	1965.0–1985.0	1965.0–1975.0
第 2 代 IGRF(1975 修改)	IGRF-2	1955.0–1980.0	
第 1 代 IGRF(1969 修改)	IGRF-1	1955.0–1975.0	

测，例如，Magsat(1979—1980)，POGS(1990—1993)，Orsted(1999—)，CHAMP(2000—)．IAGA 决定，自 2000 年起，第 8 到 12 代 IGRF 球谐系数阶数取到 n=13，相应长期变化 n=8，很大程度上扩展了磁场模型全球空间分布的分辨率，至 2015 年，已有共 12 代国际地磁参考场，第 12 代 IGRF 有效期：1900—2020 年，2020 是由 2015.0 年代的高斯系数和长期变化推算的结果，因篇幅的限制，表 5.1 只给出其中 1960—2020 的结果，且分为 a，b 两页，为了能看出表中高斯系数随年代的变化趋势，表 5.1a：自 1960 开始，10 间隔，至 2010；表 5.1b：自 1965 开始至 2015；2015—2020，a，b 表中最后一列，为 2015 年代的长期变化．表 5.2 列出了 1-12 代 IGRF 的有效期，这里有两点说明：①各年代 IGRF，如有可能，IAGA 下的 IGRF 工作小组会进行多次修正(Peddie, 1982)，直到已不可能再有改善，这被称作最后的参考场(Definitive Geomagnetic Reference Field，缩写为 DGRF)； ②IGRF 是国际合作的结果：以第 11 代为例，2009 年 IGRF 工作小组从世界征得共 8 个磁场模型，其中美、法各 2 个，英、丹麦、德、俄各 1 个，小组经反复比较计算，确定不同模型的权重，最后对所有模型加权平均，求得第 11 代 IGRF，有效期 1900.0—2015.0．

以上关于地磁场的数学表述，把空间分布复杂的地磁场，成功地统一于一个数学解析表达式(5.228)，(5.229)，这对于实际应用和理论计算都是很方便的．但这种抽象的描述不能给出地磁场分布和变化的直观图像，地磁图就是地磁场直观图像的一种表示方法．

把第 5.2 节所述地磁台和已归算到特定时刻的野外测点各地磁要素的数值，标绘于地图上，再把数值相等的点用曲线连起来构成一幅相应要素的等值线图，通常称作地磁图．它包括等偏图(偏角 D)、等倾图(倾角 I)和等强度图(X，Y，Z，H，F)．图 5.26、图 5.27 分别为总强度和偏角的全球地磁图[为了清晰，这里采用的图分辨率较低，且未标明年代，例如 2015，各分量，离分辨率地磁图，读者可参阅 NOAA(2015)]图中显示，两极附近地磁场总强度约为赤道处的 2 倍，近两极磁偏角可取任意值．地磁图也可以由高斯系数，按公式(5.229)计算编绘而成．鉴于地磁场有缓慢的长期变化，地磁图每5年编绘一次．

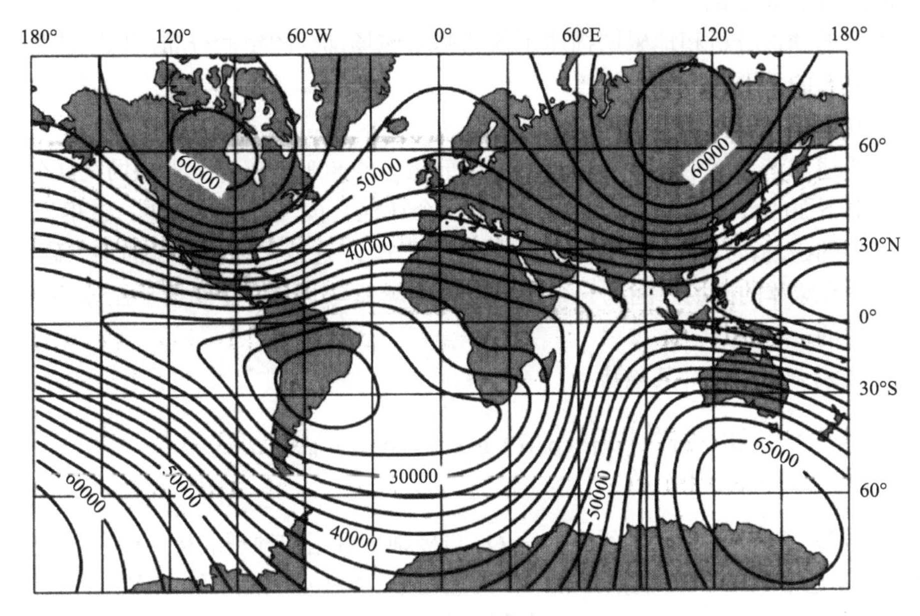

图 5.26 地磁场总强度 F 等值线图

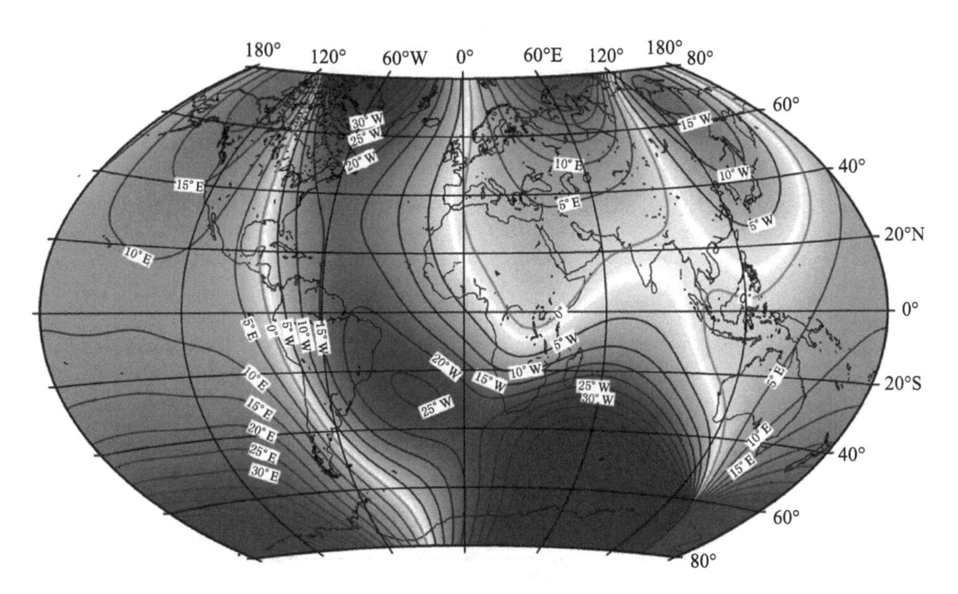

图 5.27 地磁场偏角 D 等值线图

地磁图上倾角为 90°，水平强度为零的点，实际上是一个小的区域，称为磁极(magnetic pole)．由偏角的定义可知，等偏线将汇集于磁南北极和地理南北极四个点．2015.0 年代的北磁极和南磁极分别位于 75.7667°N，99.7833°W；80.08°S，107.79°E．

倾角为零的等值线称为磁倾赤道．由各地磁倾角按偶极场模式

$$\tan \Phi = \frac{1}{2}\tan I \tag{5.230}$$

所计算的纬度Φ称为磁倾纬度.

地磁场的球谐分析和地磁图描述了地球基本磁场部分的空间分布，以下我们将分述这种空间分布的主要特征.

(2) 中心偶极子和地磁坐标

如前所述球谐分析中 n=1 的项，约占全部磁场的 80%，代表了地磁场空间分布的主要特征. 由下面的分析可以看出，它相当于一个在地心按一定方位放置、磁矩为 M 的偶极子所产生的磁场，这个偶极子称为“中心偶极子”. 这就是通常所说的均匀磁化(总磁化强度为 M)球体的磁场，因为一个均匀磁化的球体与一个中心偶极子在球外所产生的磁场是一样的.

由(5.228)，取 n=1，其磁势

$$W = a\left(\frac{a}{r}\right)^2 (g_1^0 \cos\theta + g_1^1 \sin\theta\cos\lambda + h_1^1 \sin\theta\sin\lambda). \tag{5.231}$$

取如图 5.28 所示坐标系，O 为地心，Oz 与极轴重合指向地理北极，xy 为赤道平面，Ox 指向格林尼治子午圈. 考察 O 点一轴向偶极子 M_z 在观测点 $P(r, \theta, \lambda)$ 所产生的磁场，设其磁势 W_p 为

$$W_p = \frac{M_z \cos\theta}{r^2}, \tag{5.232.1}$$

与(5.231)比较可得：

$$M_z = a^3 g_1^0. \tag{5.232.2}$$

因此，(5.232.1)与 g_1^0 有关的项相当于一个地心轴向偶极子的磁场，其磁矩与 g_1^0 的关系由(5.232.2)确定.

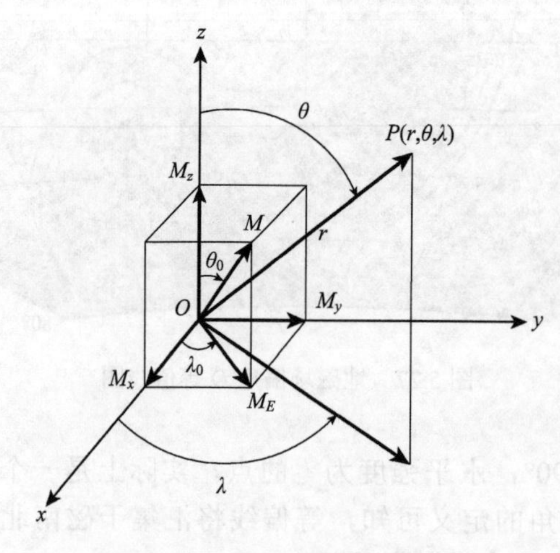

图 5.28　地心偶极子 M 和地面观测点 P

xy：赤道面，Oz：指向地理北，Ox：本初子午线方向，Oy：地理东

设在地心沿赤道平面放置一偶极子 M_E，则其磁势 W_E 为

$$W_E = \frac{\boldsymbol{M}_E \cdot \boldsymbol{r}}{r^3} = \frac{M_x x + M_y y}{r^3},$$

x，y 为观测点 $P(r,\ \theta,\ \lambda)$ 的矢径 $\boldsymbol{r}$ 的坐标分量(图 5.28)，由坐标关系

$$x = r\sin\theta\cos\lambda, \qquad y = r\sin\theta\sin\lambda$$

得：

$$\dot{W}_E = \frac{M_x}{r^2}\sin\theta\cos\lambda + \frac{M_y}{r^2}\sin\theta\sin\lambda, \tag{5.233.1}$$

与(5.231)比较可得：

$$W_x = a^3 g_1^1,\ \ W_y = a^3 h_1^1, \tag{5.233.2}$$

即(5.231)中与 g_1^1 和 h_1^1 有关的项相当于一个在赤道平面放置的中心偶极子的磁场，其偶极子强度与高斯系数的关系由式(5.233.2)确定.

综合(5.232.1)，(5.233.1)可以看出，与球谐分析 n=1 相应的磁场(5.231)等效于一个中心偶极子的磁场，偶极子的磁矩

$$M = a^3[(g_1^0)^2 + (g_1^1)^2 + (h_1^1)^2]^{\frac{1}{2}}, \tag{5.233.3}$$

偶极子的方位(θ_0，λ_0)满足

$$\left.\begin{aligned} \tan\theta_0 &= \frac{[(g_1^1)^2 + (h_1^1)^{1/2}]}{g_1^0} \\ \tan\lambda_0 &= \frac{h_1^1}{g_1^1} \end{aligned}\right\}. \tag{5.233.4}$$

当由观测值的球谐分析(5.229)，(5.230)确定了高斯系数 g_1^0，g_1^1 和 h_1^1 后，便可由(5.233.3)和(5.233.4)计算中心偶极子的强度和方向. 由 O 到(θ_0，λ_0)的连线 OM 叫作磁轴，磁轴与地面的交点叫作地磁极(geomagnetic pole). 必须注意，这里所说的地磁极与由地磁图所定义的磁极(magnetic pole)位置和名称都不相同. 由地磁极的定义可知，地磁南北极一定是球对称的，磁北极和磁南极则一般不具有这种对称性. 根据 2015.0 年代国际地磁参考场的高斯系数 g_1^0，g_1^1 和 h_1^1 按式(5.233.4)计算的地磁极的位置是：地磁北极 86.29°N，160.06°W.

许多与地磁场有关的物理现象不是相对于地理轴而是相对于地磁轴有明显的对称性，这种现象用地磁坐标描述更为方便. 地面一点地磁坐标的定义是：观测点的矢径与地磁轴的夹角定义为地磁余纬 Θ，过观测点和地磁极的子午面与过地磁极和地理极的子午面的夹角定义为地磁经度 Λ. 若已知地磁极 M 的地理坐标(θ_0，φ_0)和观测点 P 的地理坐标(θ，φ)，由图 5.29 所示球面三角形 NMP 可求出 P 点的地磁坐标(Θ，Λ)，在球面三角形 NMP 中：

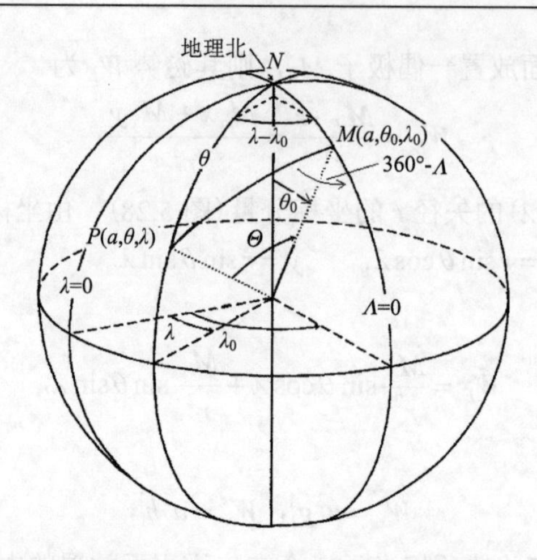

图 5.29 测点地理坐标 $P(a, \theta, \lambda)$ 转换为地磁坐标 (a, Θ, Λ)

地磁极北极坐标为 $M(a, \theta_0, \lambda_0)$

$$\overset{\frown}{NM} = \theta_0, \quad \overset{\frown}{NP} = \theta,$$
$$\overset{\frown}{MP} = \Theta, \quad \angle MNP = \lambda - \lambda_0,$$
$$\angle PMN = 180° - \Lambda.$$

由球面三角余弦和正弦定理

$$\left.\begin{aligned} \cos\Theta &= \cos\theta\cos\theta_0 + \sin\theta\sin\theta_0\cos(\lambda-\lambda_0) \\ \sin\Lambda &= \frac{\sin\theta\sin(\lambda-\lambda_0)}{\sin\Theta} \end{aligned}\right\} \tag{5.234}$$

便可计算出 P 点的地磁坐标 (Θ, Λ)．这样计算的地磁纬度和由式(5.231)所定义的磁倾纬度不同，磁倾纬度是由实测倾角值计算得到的．

和地磁坐标相应可定义地磁时，太阳两次经过观测所在磁子午面的时间(上中天，下中天)定义为地磁午夜和正午的时间．磁时常用角度表示，即某一时刻太阳所在磁子午面与过观测点的磁子午面的夹角为这一点该时刻的地方磁时．若采用地磁坐标，则(5.232)简化为

$$W(r,\Theta,\Lambda) = a\left(\frac{a}{r}\right)^2 G_1^0\cos\Theta, \tag{5.235}$$

其中，G_1^0 是新坐标系中的高斯系数．由(5.235)可得

$$\left.\begin{aligned} Z &= \frac{\partial W}{\partial r} = -2\left(\frac{a}{r}\right)^3 G_1^0\cos\Theta \\ X &= \frac{\partial W}{r\partial\Theta} = -\left(\frac{a}{r}\right)^3 G_1^0\sin\Theta \\ Y &= \frac{-\partial W}{r\sin\Theta\partial\Lambda} = 0 \end{aligned}\right\} \tag{5.236}$$

式中，Z，X，$Y(=0)$ 分别为偶极磁场垂直、磁北和磁东分量．由(5.236)即可得到方程

(5.230)，但须注意那里倾角 I 是实测或由地磁倾角图所定义的．而这里的 I，是由一阶高斯系数计算的中心偶极子的倾角．式(5.230)，即当地磁场可视为偶极子磁场时，磁倾角和磁倾纬度的关系，是偶极子磁场的重要公式，决定了古地磁学的基本原理．

(3)非偶极子磁场和偏心偶极子

地磁场除去与 n=1 项相联系的中心偶极子的磁场后，剩下部分称为非偶极子磁场．非偶极磁场约占总磁场的 10%—20%．图 5.30 是 1990.0 年代的非偶极子磁场图，它是间隔为 2000 nT 的垂直强度(Z)等值线图，图中显示，地磁非偶极子磁场有几个正负中心，其中以亚洲(蒙古)、非洲和南极大陆的中心最为明显．为了比较，图 5.30 同时给出了 1930.0 年代非偶极子磁场垂直分量(Z)的分布，1990 年代与 1930 年代对比，可以发现，非洲中心明显向西移动，1930 年代中心位于西部海岸，1990 年代已移出非洲大陆．有关地磁场西向漂移，将在下节基本磁场长期变化中讨论．

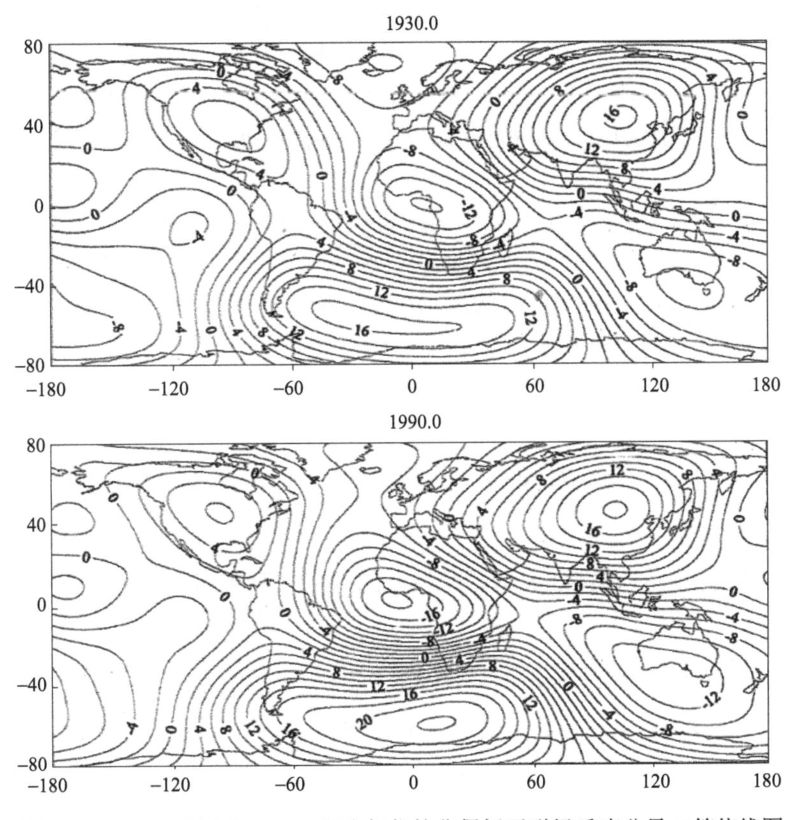

图 5.30　1930.0(上)和 1990.0(下)年代的非偶极子磁场垂直分量 Z 等值线图

图 5.31 所显示的，地球表面平均非偶极子磁场能量与高斯系数的阶数呈对数直线关系，具有统计和动力学双重意义，在§6.4.2(1)(图 6.56)有详细讨论，这里只就动力学做简要说明．图中显示，偶极子强度明显偏离非偶极子所定义的能量与球谐阶数的对数直线关系

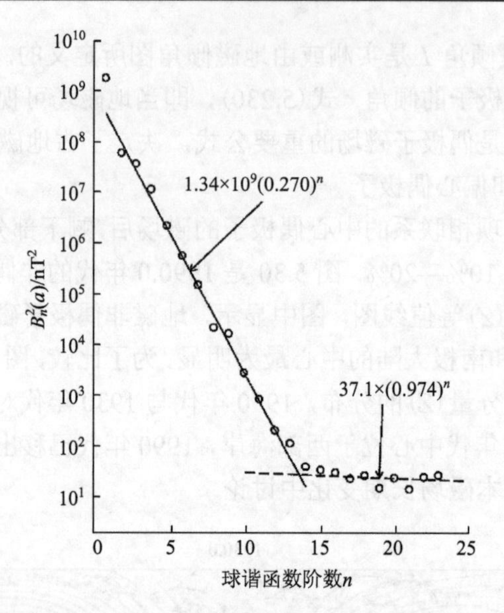

图 5.31　地面$(r=a)$平均地磁场能量与高斯系数阶数 n 的关系图

空心圆为 GSFC1980 资料(Constable and Parker, 1988; Backus et al., 1996)

$$\overline{B}_n^2(r)=\left(\frac{a}{r}\right)^{2(n+2)}(n+1)\sum_{m=0}^{n}\left[(g_n^m)^2+(h_n^m)^2\right],\tag{5.237}$$

式中，$\overline{B}_n^2$ 即表征与 n 阶高斯项相应的磁场能量，B 上的横杠表示在半径 r 球面上的平均值．鉴于(5.237)在地磁学理论上的重要性，特推导如下：

$$\left\langle \boldsymbol{B}_l^*\cdot\boldsymbol{B}_n\right\rangle_{s(r)}=\left\langle\nabla_r W_l^*(r,\theta,\lambda)\cdot\nabla_r W_n\right\rangle_{s(r)}+\left\langle\nabla_h W_l^*(r,\theta,\lambda)\cdot\nabla_h W\right\rangle_{s(r)}\tag{5.238}$$

式中，$\langle f\rangle_{s(r)}=\dfrac{1}{4\pi}\displaystyle\int_0^{\pi}\int_0^{2\pi}f\sin\theta\mathrm{d}\theta\mathrm{d}\lambda$，即函数 f 在半径为 r 球面上的均值，$W(r,\theta,\lambda)$为磁势，由(5.228)决定，$\nabla_r W=Z(r,\theta,\lambda)$, $\nabla_h W=X(r,\theta,\lambda)+Y(r,\theta,\lambda)$，为地磁场的垂直和水平分量，由(5.229)决定，角标*表示复共轭，因这里只有实函数，故以下都省略*号．关系式

$$\left\langle\nabla_h\left(W_l\nabla_h W_n\right)\right\rangle_{s(r)}=\left\langle\nabla_h W_l\cdot\nabla_h W_n\right\rangle_{s(r)}+\left\langle W_l\nabla_h^2 W_n\right\rangle_{s(r)}\tag{5.239}$$

成立，其中左侧磁势 W_l 和磁场水平分量$\nabla_h W_n$，无论 $n=l$, 或 $n\neq l$，按球谐函数的正交性，球面积分都为“0”，右侧第二项，$\nabla_h^2 W_n=-\nabla_r^2 W_n=-\left(1/r^2\right)n(n+1)W_n$，因而有

$$\left\langle\nabla_h W_l\cdot\nabla_h W_n\right\rangle_{s(r)}=-\left\langle W_l\nabla_h^2 W_n\right\rangle=\left(1/r^2\right)n(n+1)\left\langle W_l W_n\right\rangle_{s(r)},$$

而(5.238)左侧第一项，

$$\left\langle\nabla_r W_l^*(r,\theta,\lambda)\cdot\nabla_r W_n\right\rangle_{s(r)}=\left(1/r^2\right)(l+1)(n+1)\left\langle W_l W_n\right\rangle_{s(r)},$$

以上两方程合并，可得

$$\langle \boldsymbol{B}_l \cdot \boldsymbol{B}_n \rangle_{s(r)} = \left(1/r^2\right)(n+1)(l+n+1)\langle W_l W_n \rangle_{s(r)}$$

$$= \begin{cases} 0, & l \neq n \\ \left(\dfrac{a}{r}\right)^{2(n+2)}(n+1)\left[\displaystyle\sum_{m=0}^{n}\left(g_n^m\right)^2 + \left(h_n^m\right)^2\right], & l = n \end{cases} \tag{5.240}$$

即(5.237)得证.

(5.237)和图 5.31 显示，第一，在地球表面，磁场平均能量随球谐阶数 n 呈对数直线下降，则能量随阶数 n 呈指数下降，这与地磁场球谐分析结果，磁场强度随阶数 n 增加球谐级数迅速收敛一致；第二，随着球面向内移动，对数直线斜率下降，则不难相信，这里存在一个球面 $r=r_0$, 在那里对数直线将成为斜率为“0”的直线，这意味着不同阶球谐项能量相等，可以推断，只有，也只有在这些非偶极子场的发源地才有可能；若如是，则由数学，即方程(5.237)，和物理，即地球内适于发电机的场所，可得，这一球面应在核幔边界，$r_0=r_c$，液核一侧(见§6.4.2(1)).

中心偶极子磁场作为地磁场的近似描述是成功的，这为与地磁有关的物理现象的理论研究和计算都提供了方便. 为提高这种描述的近似程度，巴特尔(Bartel，1936)提出了偏心偶极子的描述方法. 所谓偏心偶极子是指强度和方向与中心偶极子相同(Fraser-Smith, 1987; Finlay, 2012)，但偏离地心放置的偶极子，从以下证明将会看到，这样的偶极子所产生的磁场，在地心球极坐标系中，n=1 的项与中心偶极子完全相同，而 n=2 项的高斯系数与偶极子的位置有关. 偏心偶极子的位置是这样确定的，使得它的 n=2 项的高斯系数与地磁场 n=2 阶高斯系数的差的平方和为最小.

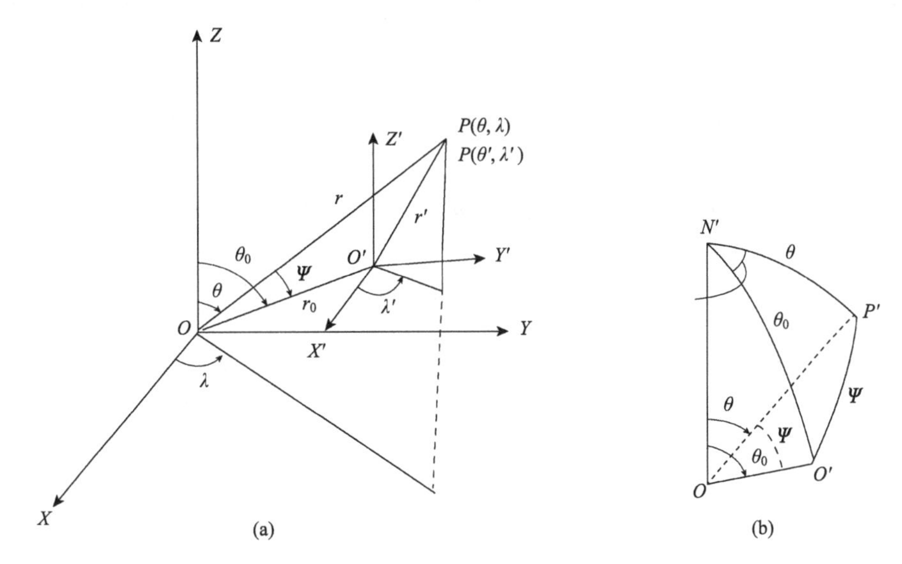

图 5.32　地心 O 和偏心 O'的球极坐标

如图 5.32a 所示，设 O 为地心，OZ 为地球自转轴，XY 为赤道面，OX，OY 分别为 $\lambda=0$，$\lambda=90°$的方向，$O'X'$，$O'Y'$，$O'Z'$与 OX，OY，OZ 平行，观测点 P 在两个坐标系中的坐标分别为 $P(r，\theta，\lambda)$，$P(x，y，z)$和 $P(r'，\theta'，\lambda')$，$P(x'，y'，z')$，O'点的坐标为

$(r_0, \theta_0, \lambda_0)$或$(x_0, y_0, z_0)$. 若将一偶极子放于$O'$，其强度和方向与(5.233.3)所定义的中心偶极子相同，由(5.235)和(5.238)不难看出，这样的偶极子所产生的磁势在以O'为中心的球极坐标系中，可表示为

$$W(r', \theta', \lambda') = a\left(\frac{a}{r'}\right)^2 [g_1^0 \cos\theta' + g_1^1 \sin\theta' \cos\lambda' + h_1^1 \sin\theta' \sin\lambda'], \tag{5.241}$$

由关系式

$$x' = x - x_0, \quad y' = y - y_0, \quad z' = z - z_0,$$

将(5.241)改写为

$$W = \left(\frac{a}{r'}\right)^2 [(g_1^0 z + g_1^1 x + h_1^1 y) - (g_1^0 z_0 + g_1^1 x_0 + h_1^1 y_0)]. \tag{5.242}$$

由图(5.32)可得：

$$r'^2 = r^2 + r_0^2 - 2rr_0\cos\psi,$$

$$\frac{1}{r'^3} = \frac{1}{r^3}\left\{1 - \frac{3}{2}\left[\left(\frac{r_0}{r}\right)^2 - 2\left(\frac{r_0}{r}\right)\cos\psi\right] + \cdots\right\} \tag{5.243}$$

将(5.243)代入(5.241)，则场势W在球极坐极标系(r', θ', λ')的表达式(5.241)将转换到球极坐标系(r, θ, λ)，其中$O(1/r^4)$代表阶数$n \geqslant 4$的其余各项. 由(5.244)可以看出，中心偶极子沿径向平移后与$1/r^2$相应的偶极项确实不变，与(5.231)所示地磁中心偶极子的场完全相同. 这就证明了本节开始所说偏心偶极子的第一个论断：强度和方向与中心偶极子相同，但偏离地心放置的偶极子在地心坐标系中n=1的项与中心偶极子的场完全相同.

$$\begin{aligned} W(r, \theta, \lambda) &= a\left(\frac{a}{r}\right)^2 [g_1^0 \cos\theta + g_1^1 \sin\theta\cos\lambda + h_1^1 \sin\theta\sin\lambda] \\ &\quad + \left(\frac{a}{r}\right)^3 [-g_1^0 z_0 + g_1^1 x_0 + h_1^1 y_0] + 3r_0\cos\psi[g_1^0\cos\theta \\ &\quad + g_1^1 \sin\theta\cos\lambda + h_1^1 \sin\theta\sin\lambda] + O\left(\frac{1}{r^4}\right) \end{aligned} \tag{5.244}$$

下面由与$1/r^3$有关的项来确定偏心偶极子的坐标. 将北极N和观测点P投影到以O为球心以r_0为半径的球面上，相应投影点为N'，P'，则由球面三角$O'N'P'$(图 5.32b)可以得出：

$$\begin{aligned} \cos\psi &= \cos\theta\cos\theta_0 + \sin\theta\sin\theta_0\cos(\lambda - \lambda_0), \\ r_0\cos\psi &= z_0\cos\theta + x_0\sin\theta\cos\lambda + y_0\sin\theta\sin\lambda. \end{aligned} \tag{5.245}$$

将(5.245)代入(5.244)，并将(5.242)中与$1/r^3$有关的项记作W_2，

$$\begin{aligned} W_2(r, \theta, \lambda) = a\left(\frac{a}{r}\right)^3 &(A_0 + A_1\cos 2\theta + A_2\sin 2\theta\cos\lambda + A_3\sin 2\theta\sin\lambda \\ &+ A_4\sin^2\theta\cos 2\lambda + A_5\sin^2\theta\sin 2\lambda), \end{aligned} \tag{5.246}$$

式中，A_i为与x_0，y_0，z_0和g_1^0，g_1^1和h_1^1有关的常系数，

$$\left.\begin{aligned}&A_0=\frac{1}{2}g_1^0z_0-\frac{1}{4}g_1^1x_0-\frac{1}{4}h_1^1y_0\\&A_1=3A_0,\quad A_2=\frac{3}{2}(g_1^0x_0+g_1^1z_0)\\&A_3=\frac{3}{2}(g_1^0y_0+h_1^1z_0),\quad A_4=\frac{3}{2}(g_1^1x_0-h_1^1y_0)\\&A_5=\frac{3}{2}(g_1^1y_0+h_1^1x_0)\end{aligned}\right\}\tag{5.247}$$

进一步由二阶缔合勒让德函数

$$\left.\begin{aligned}&P_2(\cos\theta)=\frac{1}{4}(3\cos2\theta+1)\\&P_2^1(\cos\theta)=\frac{\sqrt{3}}{2}\sin2\theta\\&P_2^2(\cos\theta)=\frac{\sqrt{2}}{2}\sin^2\theta\end{aligned}\right\}\tag{5.248}$$

将(5.246)改写为球函数形式

$$\begin{aligned}W_2=a\left(\frac{a}{r}\right)^3&[g_2'^0P_2(\cos\theta)+g_2'^1\cos\lambda P_2^1(\cos\theta)+h_2'^1\sin\lambda P_2^1(\cos\theta)\\&+g_2'^2\cos2\lambda P_2^2(\cos\theta)+h_2'^2\sin2\lambda P_2^2(\cos\theta)],\end{aligned}\tag{5.249}$$

式中，

$$\begin{aligned}&ag_2'^0=4A_0,\quad ag_2'^1=\frac{2}{\sqrt{3}}A_2,\quad ag_2'^2=\frac{2}{\sqrt{3}}A_4,\\&ah_2'^1=\frac{2}{\sqrt{3}}A_3,\quad ah_2'^2=\frac{2}{\sqrt{3}}A_5.\end{aligned}\tag{5.250}$$

在地磁场球谐函数表达式(5.229)中，n=2的高斯系数为g_2^0，g_2^1，h_2^1，g_2^2和h_2^2．为使偏心偶极子磁场尽可能与(5.229)中n=1，2的场相近，上面已经证明n=1的场是完全相同的，那么必须使(5.249)中W_2的系数与(5.229)中n=2的相应高斯系数的差的平方和为最小，即

$$\sum G_2=(g_2^0-g_2'^0)^2+(g_2^1-g_2'^1)^2+(g_2^2-g_2'^2)^2+(h_2^1-h_2'^1)^2+(h_2^2-h_2'^2)^2\tag{5.251}$$

为最小．由(5.251)为最小的条件便可确定偏心偶极子的坐标：

$$\left.\begin{aligned}x_0&=a(L_1-g_1^1E)/3H_0^2\\y_0&=a(L_2-h_1^1E)/3H_0^2\\z_0&=a(L_3-g_1^0E)/3H_0^2\end{aligned}\right\}\tag{5.252}$$

式中，

$$\left.\begin{aligned}&H_0^2=(g_1^0)^2+(g_1^1)^2+(h_1^1)^2\\&L_0=2g_1^0g_2^0+\sqrt{3}(g_1^1g_2^1+h_1^1h_2^1)\\&L_1=-g_1^0g_2^0+\sqrt{3}(g_1^0g_2^1+g_1^1g_2^2+h_1^1h_2^2)\\&L_2=-h_1^1g_2^0+\sqrt{3}(g_1^0h_2^1-h_1^1g_2^2+g_1^1h_2^2)\\&E=(L_0g_1^0+L_1g_1^1+L_2h_1^1)/4H_0^2\end{aligned}\right\}\tag{5.253}$$

根据 1955.0 年代地磁资料求得偏心偶极子的位置为 15°41′N，150°49′E，离开地心的距离 r_0=436km.

除偶极项和 W_2 外，(5.244)中还有高阶项 $O(1/r^4)$．由(5.243)和(5.242)不难看出，这些高阶项中都含有 $(r_0/r)^n$ $(n\geqslant 2)$ 的因子，当偏心偶极子的位置 $r_0\ll r$ 时，(5.244)中 $O(1/r^4)$ 与 n=1，2 项相比为高阶小量，因此可以忽略.

图 5.33 给出了中心偶极子和偏心偶极子地面磁场的比较，正如所料，中心偶极子相对磁轴(图中虚线)对称，偏心偶极子则显示明显的非对称性，而偏心一侧则略强于另一侧．但因偏心距地心 r_0 仅约 400 km，两者在地面的磁场并无大的差异．偏心偶极子仅可能是磁场的一种描述方式，并不具有真正的物理意义．但需要说明，曾有人提出(Fraser-Smith, 1987; Finlay, 2012)，由于固体核演化的非对称性，地核内发电机过程可能是偏心的．还有人用偏心偶极子模型研究磁层对宇宙辐射的屏蔽效应(Nevalainen et al., 2013)，但那里考虑的是磁层的非对称性.

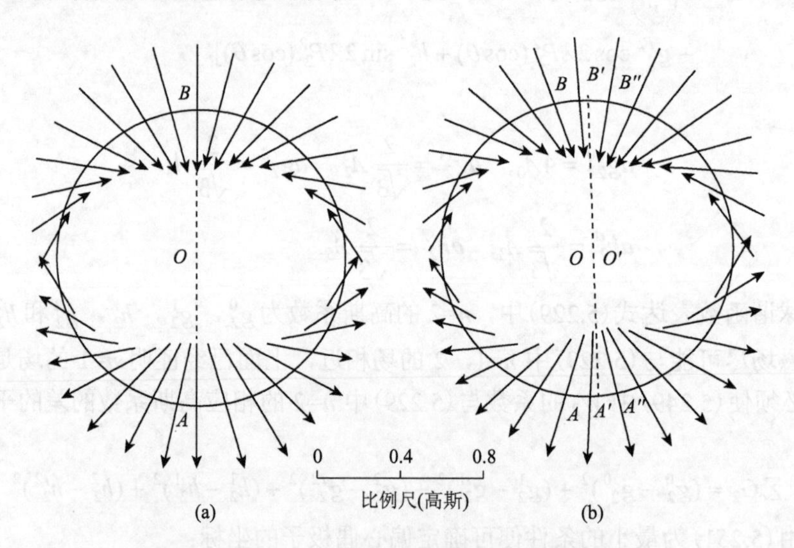

图 5.33　中心(a)和偏心(b)偶极子地面磁场的分布

其中虚线示意中心和偏心偶极子磁轴，两者方向相同，但一个在地心，另一个偏离地心，前者磁轴与球形地面垂直，磁场分布相对磁轴对称，而偏心偶极轴则不与球形地面垂直，也无相对磁轴的对称性

5.3.2　地球(基本)磁场的长期变化

观测和分析都表明，地球基本磁场随时间呈缓慢变化，称为地磁场或基本磁场的长期变化．长期变化现象，最早是由英国吉利布兰德(Gellibrand)于 1635 年从伦敦地区磁

偏角变化中发现的．长期变化是全球性大尺度的地磁现象，通常认为其场源应在地球液核的上层．长期变化常用等变线图来表示，IGRF 即编制地磁场等变图，每 5 年一次．

长期变化现象也表现在不同年代地磁场的高斯系数上，即高斯系数的年变率(nT/a)．从 2015.0 年代的高斯系数年变率可以看出(表 5.1 最后一列)，和基本磁场 n=1 项占绝对优势不同，在地面 n=1 项与 n=2 相当．这表明，非偶极子磁场的长期变化更为显著．由于地磁长期变化缓慢，而有可靠记录的历史很短，不足以揭示长期变化现象的规律性．虽古地磁的结果对长期变化，诸如磁极移动、偶磁矩变化，特别是磁场极性的倒转等，毫不夸张地说，做出了巨大贡献，一定程度上弥补了这种不足，但结果还存在不同程度的不确定性．长期变化现象包括：①磁极移动，例如，约 200 年北磁极沿西北方向线性移动约 1600 km；②偶极子磁矩的变化，自有近代记录始，磁矩一直在减少，近 100 年来衰减约 8%；③非偶极子磁场的西向漂移，速度约为每年 0.2°．长期变化现象中，最短的是地磁场“突变”(jerk)，最长者当属地磁场倒转．前者持续时间仅 1—2 年，但有重复性，间隔约 10—12 年；后者发生时间是随机的，平均约 45 万年一次，与现代磁场相同的极性已持续约 78 万年，但可靠记录显示，在漫长的地质时期，也曾存在过以 1 亿年前为中心，前后各有长达约 1500 万—2000 万年与现代磁场极性相同的时期，称为白垩纪磁场极性“平静期”．

长期变化将分为两处讲述，这里以有地磁仪器记录的近代长期变化为主，史前，特别是地质时期则放在第 6 章(§6.4)．

(1)长期变化现象

地磁场长期变化是英国人 Gunter 和 Gellbran 于 1635 年最先发现的，他们汇集了 1580 年至 1634 年伦敦的磁偏角记录．图 5.34 同时绘出了伦敦和波兰格但斯克但泽(Dazig)市偏角的变化，两者有类似的趋势，350 年期间变化达几十度之多，先由 11°E，向西于 1820 年到 24°W，后回转向东．继偏角变化之后，也发现其他地磁要素有性质类似的长趋势变化．

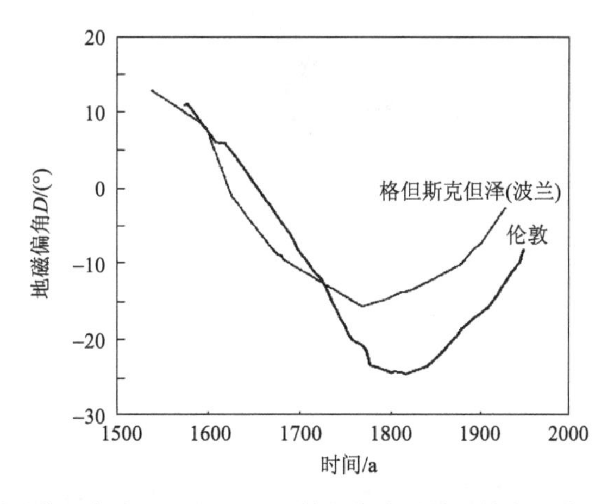

图 5.34　伦敦和波兰格但斯克但泽(Danzig)(格但斯克是波罗的海一港口)偏角(350 年记录)随时间的变化(Wardinski，2007)

和地磁图一样，也可以把各要素长期变化的等值线绘于地图上，图 5.35 上图为 2000.0 年代总强度等值线图. 下图为 1980.0 至 2000.0 年代总强度(F)长期变化等值图，由图 5.35 下图可以看出，地磁长期变化有几个变化较大的中心，例如：在大西洋赤道附近的中心总强度变化可达−120 nT/a，非洲东印度洋中有约同等强度的正的长期变化；同时还可以看到，在太平洋中部长期变化很小的事实. 观测表明，长期变化中心还有缓慢向西移动的趋势. 有关长期变化的西向漂移下面将有进一步的讨论.

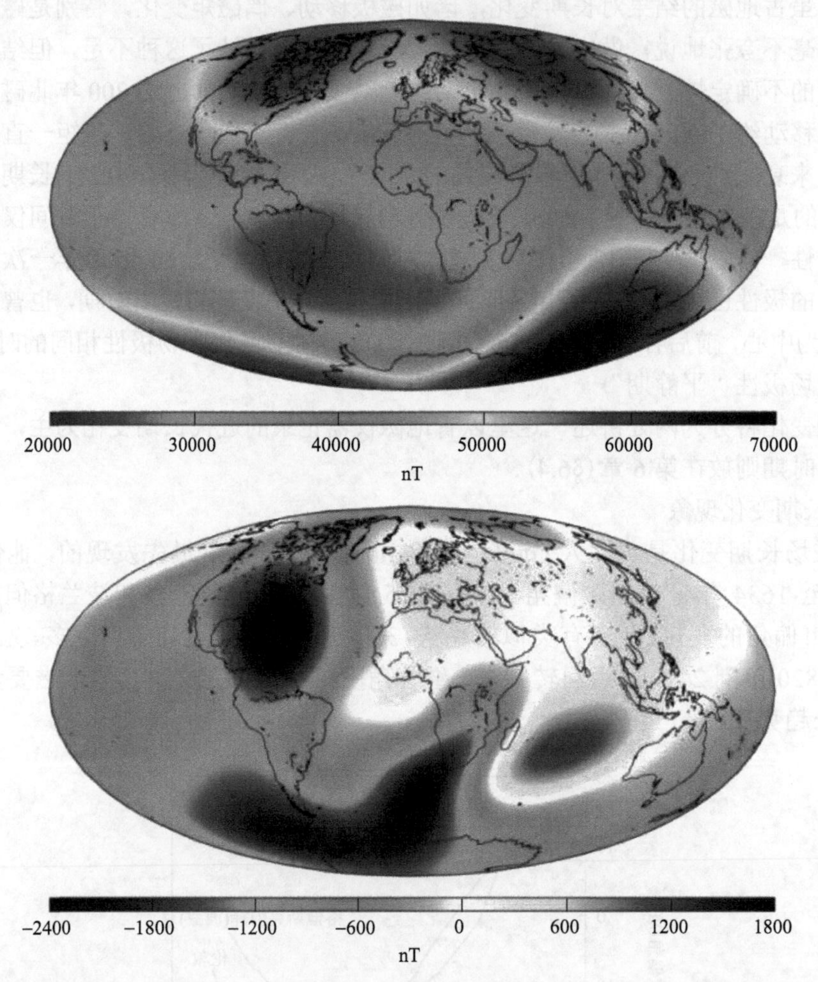

图 5.35　1980.0 至 2000.0 年代(下)总强度 F(nT/a)长期变化等值图，为比较上图同时给出 2000.0 年代总强度等值线图(见彩插)

长期变化的事实也表现在不同年代地磁场球谐分析高斯系数的变化上. 这种高斯系数随时间的变化可以由不同年代按公式(5.229)计算得到的高斯系数 g_n^m，h_n^m 得出. 若如此，则包括有两次球谐分析的误差(系统误差，例如，测点的非均匀分布). 因此，通常不采用这种直接比较方法，而是首先计算出各测点磁场年变率(nT/a)，由年变率资料，做球谐分析，这样，则仅要一次球谐分析. 表 5.1 所列 2015.0 年代高斯系数的年变率就是这种球谐分析的结果(取至 n=8)．作为例子，图 5.36 给出了高斯系数 g_1^0，g_2^1 随时间的变化(Jackson，2007)，每个系数变化分了两个有重叠的时段，左列：1600—1990，右列：1960—2002.5，跨度分别为 390 年和 42 年．其中，g_1^0 是偶极磁场的主要部分，约 400 年来，绝对值几近呈直线下降，幅度达 20%，每 100 年 5%，从 1960—2002.5 时段可以看出，自 20 世纪 80 年代末，下降有加速的趋势，这与下一节磁偶极矩的变化一致；g_2^1 在上升中有波动，400 年变幅有 30%，特别是 h_2^1，400 年由 2000 变到−2000 nT，变幅达 200%，这就是我们一再强调的，长期变化中非偶极场比偶极场更为主要．

(2)偶极子磁矩的衰减

根据不同年代地磁场球谐分析 n=1 阶的高斯系数，由公式(5.233.3)可以算出各年代的偶极子的磁矩．其结果如图 5.37 所示．与图 5.36 中 g_1^0 变化相近，400 年间下降约 20%，每 100 年下降约 5%(Cain, 1979; Merrill et al., 1998)．若假定这种衰减趋势今后一直持续，大约 2000 年后，偶极子磁场即将消失，因此有人指出，地磁场极性有可能反转．岂不知磁场偶极矩上升或下降的时间尺度是以几千年来计的，图 5.37b 给出约 10000 年来(考古)地磁偶极矩的变化，可以看到，在约 3000 年之前磁偶极矩是上升的(McElhinny and Senanayake, 1982; Merrill et al.,1998)．

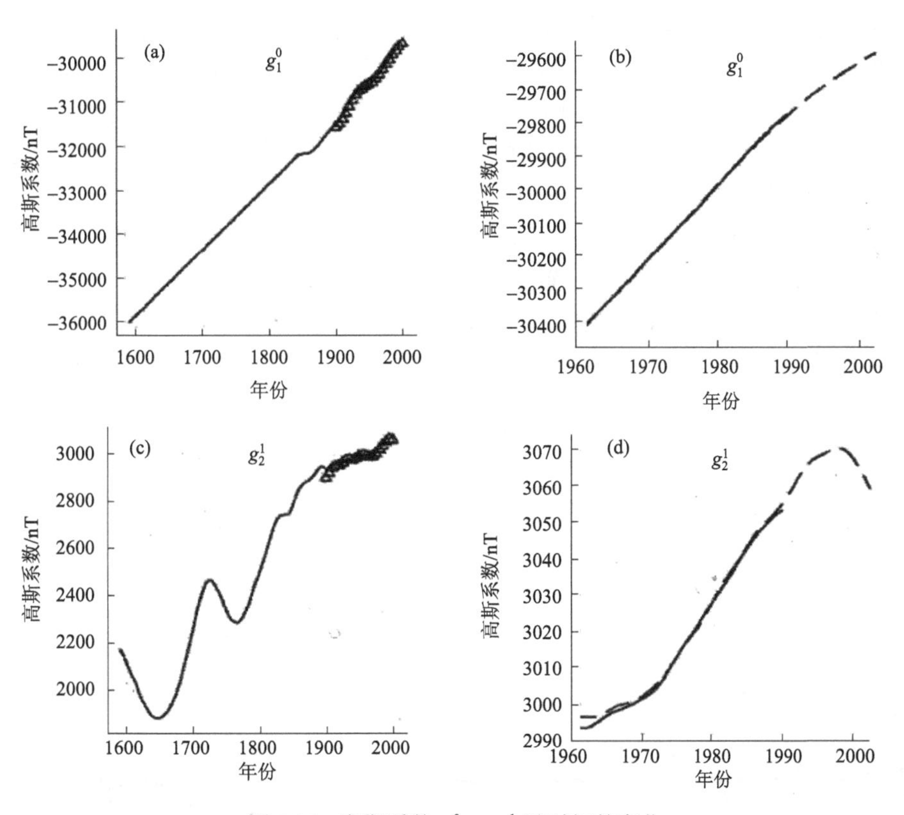

图 5.36　高斯系数 g_1^0，g_2^1 随时间的变化

左：1600—1990，右：1960—2002.5(Jackson，2007)

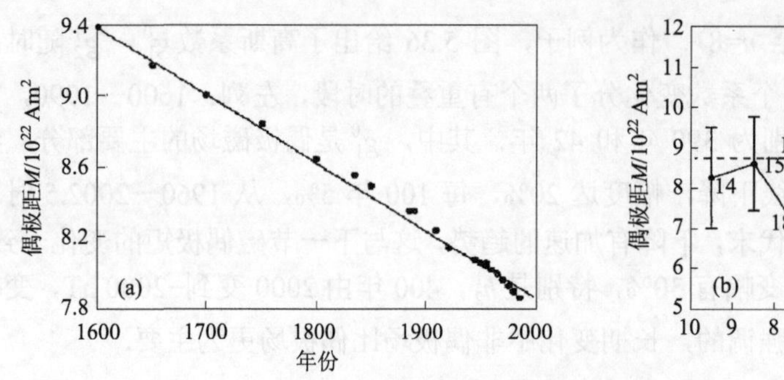

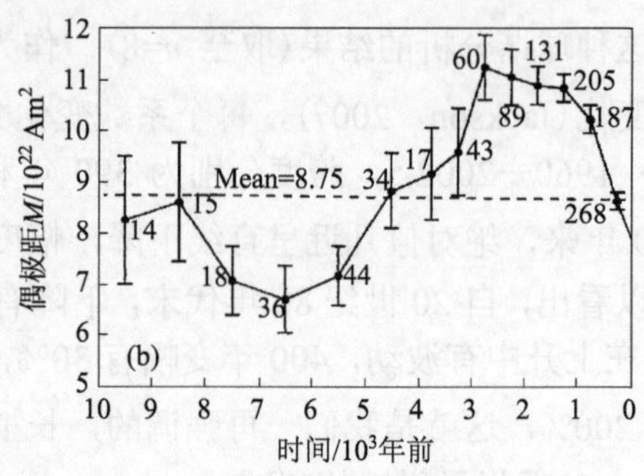

图 5.37　地球磁偶极矩的变化

(a) 1600—2000 年的近代记录；(b) 10000 年前至今考古地磁结果（McElhinny and Senanayake，1982，Merrill et al., 1998）

(3) 地磁极的移动

偶极子磁场的长期变化，除 g_1^0 和磁矩 M 随时间的变化外，还有磁极的移动．如前所述，磁极有两种定义：一为由倾角为“0”所确定的南、北各一个小的区域，称作磁极；一为按 (5.236) 由偶极子 g_1^0，g_1^1，h_1^1 定义的，称作地磁极．需要特别指出的是，磁极，即前者，可由地磁图定义，也可由实测值确定．笔者认为，考虑磁极位置是磁场全球特征的一种描述，由全球资料，例如 IGRF 相应的倾角图，确定更为合宜，因测量包含局部磁场的影响，特别是极区，太阳活动、极光，地磁扰动极为强烈．图 5.38 给出了两种方法确定的磁北极和地磁北极，1900—2020 (实测至 2007) 年代磁极的移动．1900—2020 (2007) 实测和地磁图结果基本一致，在 120 年期间，由南向东北移动，由纬度约 18°，经度约 75°，行程约 3000 km；1600—1831 由北向南 200 年行程仅约 1900—2020 行程的一半．磁南极由北向南，已移出南极大陆，行程约 2000 km．地磁极则移动很小，不足 250 km，与偶极矩相比，地磁极位置较为稳定．磁极与地磁极移动的不同，反映非偶极磁场对磁极位置的变化有较大贡献．在较长，特别是漫长的地质时期，磁极还曾经历过许多次大角度 (≥45°) 的极移，称作地磁场的“远足” (geomagnetic excusions)，将在§6.4 中讨论．

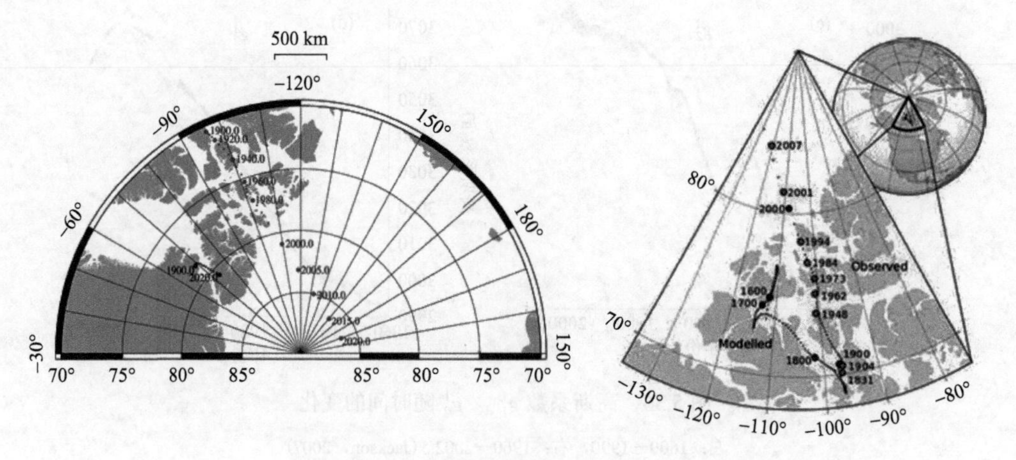

图 5.38　磁北极和地磁北极的移动

右侧极移为实测结果（British Geological Survey，2012, 2015）

(4) 非偶极子磁场的西向漂移

早在 17 世纪英国天文学家哈利(E. Halley)在分析地磁偏角的变化时就曾指出，地磁场的分布图形有缓慢向西移动的事实．但西向漂移比较系统的研究却是在 20 世纪 50 年代才开始，分析结果表明，西向漂移的主要成分是非偶极子磁场．

与流体中的物理场相似，地磁场的时间变化，即磁场对时间的全微分，包括两部分：一，测点场的时间变化率；二，时间固定，场的空间变化．若以 X_i 表示磁场的各分量或磁势，则有

$$\frac{\mathrm{d}X_i}{\mathrm{d}t}=\frac{\partial X_i}{\partial t}+(\boldsymbol{u}\cdot\nabla)X_i \tag{5.254}$$

式中，$\boldsymbol{u}$ 即为场 X_i 的运动速度，$\boldsymbol{u}$ 为沿纬圈的分量，$-u_\lambda$ 即为西向漂移速度．倘若假定西向漂移是非偶极子磁场长期变化的主要部分，则按(5.254)可由观测数据确定西向漂移速度．

将公式(5.228)改写为：

$$\left.\begin{aligned} &W=a\sum_{n=2}^{\infty}\sum_{m=0}^{n}P_n^m(\cos\theta)G_n^m\cos m(\lambda+\lambda_n^m)\\ &(G_n^m)^2=(g_n^m)^2+(h_n^m)^2,\quad \tan m\lambda_n^m=\frac{-h_n^m}{g_n^m}\end{aligned}\right\} \tag{5.255}$$

因只考虑非偶极子磁场，计算中应除去 n=1 项．(5.255) 中相位角 λ_n^m 随时间的变化 $\partial\lambda_n^m/\partial t$，即为高斯分析中相应各阶磁场的西向漂移速度．进一步，为研究不同纬度非偶极磁场的西向漂移，可将同一纬度不同经度处的非偶极磁场做关于经度 λ 的傅里叶变换，即

$$W=\sum C_m\cos(\lambda+\lambda_m), \tag{5.256}$$

同样 $\partial\lambda_m/\partial t$ 即为该纬度非偶极子磁场的西向漂移速度．(5.256) 中傅里叶系数 C_m 和 λ_m 与高斯系数的关系为：

$$\left.\begin{aligned} &(C_m)^2=\left[\sum_{n=m}^{\infty}g_n^mP_n^m(\cos\theta)\right]^2+\left[\sum_{n=m}^{\infty}h_n^mP_n^m(\cos\theta)\right]^2\\ &\tan m\lambda_n^m=-\frac{\sum\limits_{n=m}^{\infty}h_n^mP_n^m(\cos\theta)}{\sum\limits_{n=m}^{\infty}g_n^mP_n^m(\cos\theta)}\end{aligned}\right\} \tag{5.257}$$

行武毅(Yukutake，1962)利用(5.257)研究了 1829—1955 年间 λ_m 的平均变化，其结果列于表 5.3．由表 5.3 可以看出，$\partial\lambda_m/\partial t$ 取正值，这意味着磁场确实向西漂移，$\partial\lambda_1/\partial t$ 的平均值约为 0.224°/a．若上述计算中不除去偶极子磁场(与轴向偶极子无关)，则 $\partial\lambda_1/\partial t$ 的平均值仅为 0.062°/a．这说明地磁场的西向漂移中，非偶极子磁场确实是主要的．

按西向漂移的定义，由场的时间变化率和经度变化率亦可求得西向漂移速度 u，计算公式为：

$$\int_0^{2\pi}\left[\frac{\partial W}{\partial t}-u\frac{\partial W}{\partial\lambda}\right]^2\mathrm{d}\lambda=\text{极小}, \tag{5.258}$$

$$\int_0^t \left[\frac{\partial H_p}{\partial t} - u \frac{\partial H_p}{\partial \lambda} \right]^2 \mathrm{d}t = \text{极小}, \tag{5.259}$$

(5.258)，(5.259)成立，与式(5.255),(5.256)相同，其前提是假定西向漂移是非偶极子磁场的主要部分，至少与时间变化相当．(5.258)要求已知同一纬度圈各处的磁势 W 及其时间变化率，它决定了同一纬度不同经度各测点的平均漂移速度；(5.259)是已知某观测点 P 磁场的时间变化率和经度变化率，求得 P 点漂移速度 u 的时间平均值．前者不能显示漂移速度的经度差异，后者不能反映漂移速度的时间变化．行武毅(Yukutke，1962)利用(5.258)和(5.259)计算所得西向漂移速度分别列于表 5.4 和表 5.5．

表 5.3　不同纬度场势经度位相 λ_m (5.256) 的年变率 (Yukutake, 1968a, b, c)　　单位：°/a

纬度	$\partial\lambda_1/\partial t$	$\partial\lambda_2/\partial t$	$\partial\lambda_3/\partial t$
80°N	0.097	0.000	–0.012
60°N	0.275	0.050	–0.060
40°N	0.370	0.115	–0.384
20°N	0.318	0.216	0.295
0°N	0.075	0.339	0.250
20°N	0.391	0.580	0.230
40°N	0.168	0.970	0.188
60°N	0.146	1.11	0.165
80°S	0.180	1.10	0.148

表 5.4　由(5.258)式计算的漂移速度 u (Yukutake and Tachinake, 1969)　　单位：°/a

纬度	1922.5	1942.5	1957.5
80°N	0.345	0.176	0.115
60°N	0.187	0.093	0.200
40°N	0.154	0.009	0.266
20°N	0.236	0.188	0.275
0°	0.353	0.196	0.208
20°S	0.402	0.240	0.272
40°S	0.145	0.243	0.226
60°S	0.092	0.205	0.228
80°S	0.075	0.181	0.246
平均	0.221	0.180	0.226

表 5.5　34 个台站不同要素西向漂移速度的平均值 (Yukutake and Tachinake, 1969)

地磁要素	漂移速度 u/(°/a)
X	0.125±0.016
Y	0.192±0.006
Z	0.236±0.013

由表 5.3、表 5.4、表 5.5 可以看出，用不同方法求得的结果，其漂移速度都接近 0.2°/a. 这种结果支持非偶极子磁场整体向西漂移的论断. 从西向漂移的定义和相应计算公式可知，不管怎样，在一定条件下的漂移速度总是可以计算的，问题的关键在于，这样计算的漂移速度有意义，必须是在空间上具有整体的规律性，在时间上有一定的持续性. 关于后者因地磁场全球可靠的记录时间不长，已有的分析结果还难以断言. 而空间整体的规律性，虽然如上所述平均漂移速度都接近 0.2°/a，但不同纬度分散较大，且没有显示任何明显的规律性(表 5.3，表 5.4)，表 5.5 所得平均结果中原各测点的漂移速度分散可达 0.1°—0.4°，特别还存在少数测点有完全相反的漂移趋势. 因此，尽管目前多数学者都相信地磁场有西向漂移的趋势(Vestine, 1953; Vestine and Kahle, 1968)，但仍有人认为它并没有什么实质意义(Stacey, 1977; Matsushita and Campbell, 1967). 我们在了解上述计算结果时必须充分注意到这种事实.

上述事实在非偶极子磁场的地磁图上也反映出来. 我们在前面已经指出，非偶极子磁场存在几个强度较大的正负中心(图 5.30). Bullard 等(1950)追踪这些中心的动向发现，有的中心呈现出西向漂移，而有的却没有明显的变位. 图 5.39 是非洲负中心和蒙古正中心的位置和强度随时间的变化. 图中显示: 非洲中心位置以大约 0.28°/a 的速度向西移动，在 350 年间强度变化了 50%. 但蒙古中心虽然强度有显著增强，但中心位置似乎没有变化，此外，位于太平洋的两个正负中心位置和强度都没有显示出明显的变化. 是非偶极子磁场西向漂移并无全球性特征，还是有些地区这种特征被其他因素所掩盖，或者需要重新探索地磁长期变化的规律性，这正是地磁长期变化研究所面临的课题. 行武毅假定，

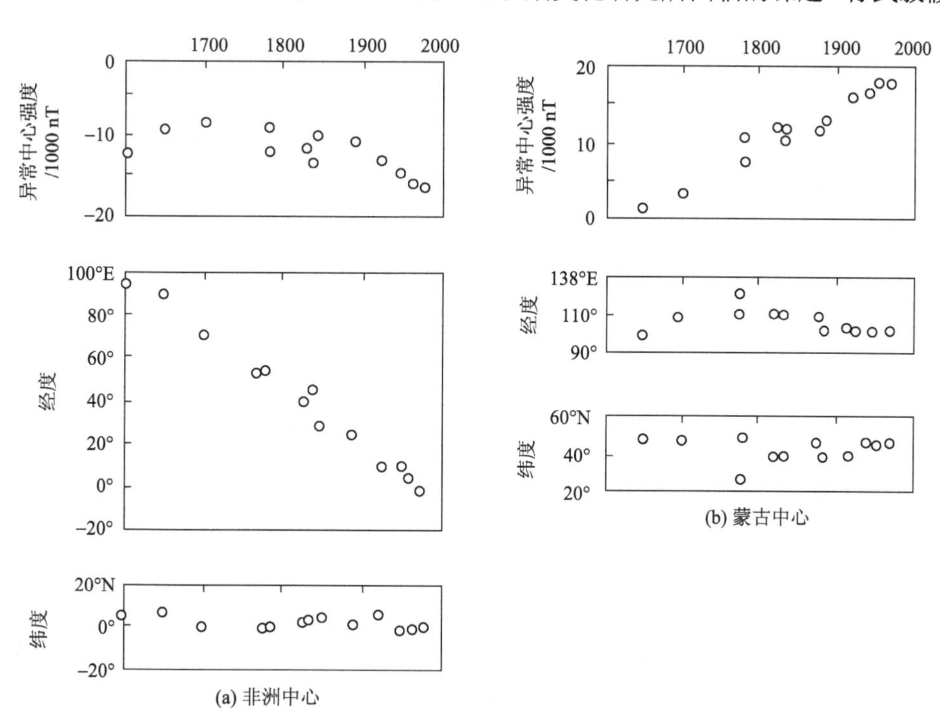

图 5.39　非偶极磁场非洲和蒙古中心位置和强度随时间的变化(Bullard et al., 1950)

地磁场除去球谐分析中 m=0 的各项后，其余部分可区分为停滞部分和移动部分(Yukutake and Tachinake, 1969)．他认为上述关于漂移速度在不同地区的差异是由于被磁场停滞部分掩盖的结果．最后需要指出，无论是上述的偶极矩的衰减部分，还是非偶极场的西向漂移，都没包含长期变化相当显著的高斯系数 g_2^0 的变化．图 5.40 显示，g_2^0 取负号，绝对值在继续增大，400 年间增加超过 3000nT.

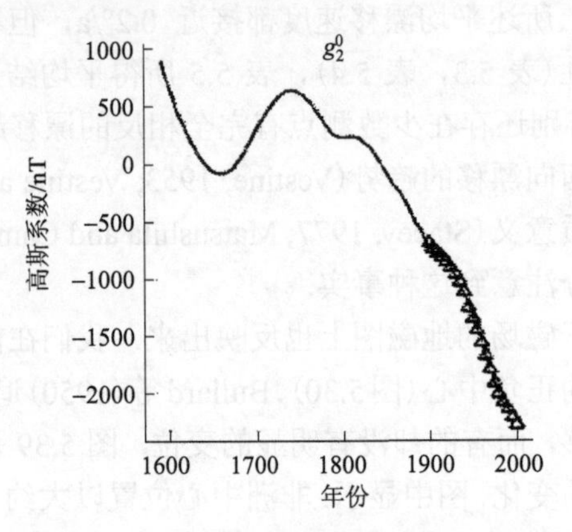

图 5.40　高斯系数的 g_2^0 时间变化(McElhinny and Senanayake, 1982，Merrill et al., 1998)

西向漂移从一开始就存在争议，问题的症结固然是可靠记录时间有限，但方法也不无问题，有人就认为西向漂移把问题过于简单化．笔者的看法是，西向漂移现象虽说存在这样那样的问题，但应持肯定的态度，原因主要有两点，第一是观测事实：如前所述，无论图 5.27 的基本磁场，还是图 5.30 的非偶极磁场，都显示有西向漂移趋势，这些资料，不是图中的十数年，而是已长达 400 余年，图 5.39 非洲非偶极子磁场，不仅有漂移，而且是 400 年以 0.28°/a 速度稳定地移动，这么大范围、长时间的表现，能用偶然或局部来解释么？第二则是物理：多数学者都不会否认，液核存在对流运动，液核和固体核依然在演化，由于角动量守恒，液核运动和演化结果，则液核上部较下部，固体核和地幔转动要慢，即通常所说的差速转动，长期变化源既然在液核表面，则源相对于观测者(地幔)必然向西移动．此外分析方法也不无问题，作为西向漂移的定义，方程(5.254)没错，但以此为基础的具体计算，式(5.255)—(5.259)可行，则要西向漂移是非偶极子磁场长期变化的主要成分，或至少与长期变化的时间变化成分相当，否则两者混在观测和分析结果中，西向漂移很有可能被时间分量所掩盖；更何况(5.258)，(5.259)由磁势 W，或磁场 H 计算，还包括只有时间变化的成分，例如 g_2^0，在内，无疑，将影响西向漂移的计算．可以想象，如若能把这些非漂移变化成分去除，诸如图 5.29 太平洋中心的漂移就有可能显现出来么，当然寻找除漂移外的长期变化规律并非易事，可以一试的方法，例如：尝试可能合理的漂移速度和时间变化模型，再利用适当的统计方法，寻找两者全球性和规律性的变化．当然源场仍有可能还存在如方程(5.254)所定义的，除西向漂移外，其他空间(在液核表面)运动，这可能与表 5.5 中不同分量的漂移速度不同有关，但液核动力学表明，与差速转动相比，这种非漂移空间移动，如果存在，应是随机性的．当然如前所说，长期资料的积累仍然是问题的关键.

(5) 地磁长期变化的突变(Jerk)

(ⅰ) 突变的定义和现象

突变是指地磁场对时间的一次导数呈“V”字形的变化，正“V”字：磁场长期变化率，即磁场一次导数曲线的斜率由负变为正，而“Λ”则是斜率由正变为负(图 5.41a)，而相应磁场对时间的二次微分即磁场变化的加速度则由负值(正值)变为正值(负值)，其跃变点即磁场突变(Jerk)发生的年代(图 5.41b)，而磁场对时间的三次微分，则呈如图 5.41c 所示的脉冲形式，即狄拉克(δ)分布(Dirac distribution). 换句话说，磁场的突变发生在磁场长期变化率由下降(上升)变为上升(下降)的转折时期，磁场二次时间微分，即磁场变化加速度的跃变时段，磁场三次微分，即磁场的加速度的脉冲点.

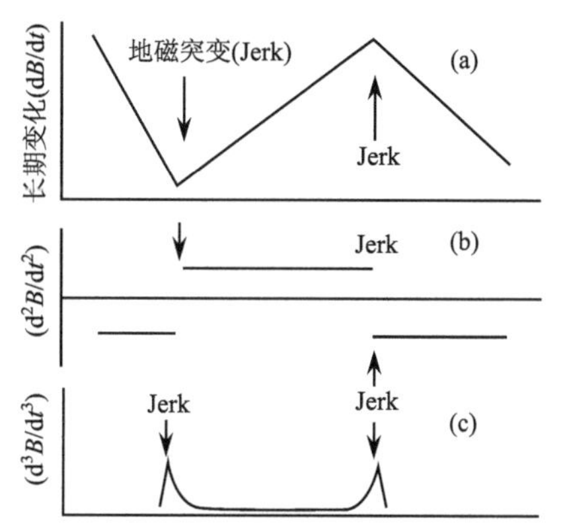

图 5.41　地磁场突变(Jerk)发生过程示意图

(a) 呈正“V”或“Λ”字形的磁场长期变化(磁场一次微分)；(b) 磁场变化的二次微分，即磁场变化加速度的突变；(c) 三次微分呈狄拉克(δ)分布(Dirac distribution)

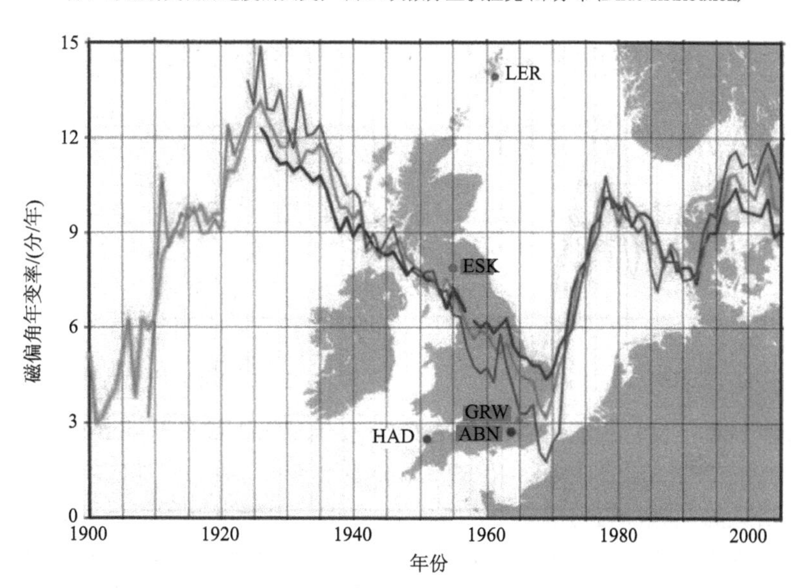

图 5.42　英国地区四个台站(LER，ESK，GRW，HAD)观测到的磁场突变(Jerk)事件

包括 1925，1969，1978，1992 年东向分量的变化(British Geological Survey，2012)

图5.42为英国地区由北到南四个台站地磁场东向分量1900至2010年的长期变化.图中可清楚地观察到1925，1969，1978和1992年形如图5.41所定义的地磁场突变(Jerk)(British Geological Survey，2012). 这一时段观测到的磁场突变还有1901，1913，1932，1949，1958，1986，1991和1994年，加上英国地区共约11次之多，可以看出磁场突变事件有约10年左右的重复性. 值得注意的是，突变事件出现的时间，不同地区并不尽相同，可有1—2年的差异，而其相位也有不同. 图5.43是法国和美国两个台站观测到的磁场突变. 可以看出，法国台站与图5.42相位一致，但与美国台站相位相反，而美国台站发生的1932，1949和1958年事件，法、英台站却未出现，或变化不显著.

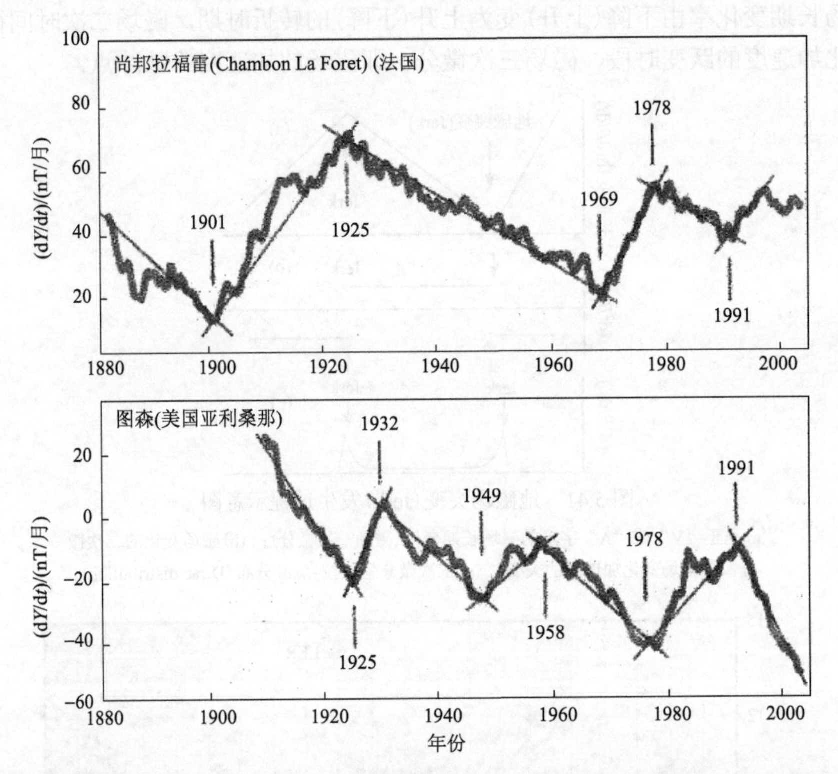

图5.43　法国(尚邦拉福雷台，纬度48.02°N，经度2.27°E)、美国(亚利桑那图森台，纬度32.25°N，经度249.17°E)观测到的磁场突变(jerk)事件

包括1925，1969，1978，1991年；而美国台站发生的1932，1949，1958年东向分量突变事件，法国台站(包括英国，见图5.42)没有出现，或变化不显著；同时看到，法、美台站发生的1925，1978共同事件其位相相反(De Michelis et al., 2005)

(ⅱ)突变的分析和结果

自20世纪80年代初观测到欧洲台站1969年地磁突变事件(Courtillot et al., 1978; Malin et al., 1983; Malin and Hodder, 1982; Golovkov et al., 1989)，地磁场的突变便成为地磁研究最为活跃的领域，它与液核运动学、动力学、地幔电导率，以及其他地球物理现象，例如地球转动、地幔黏弹性等密切相关. 但至今，地磁场突变现象，包括起始时间，持续时段，全球或局部性，以及起源等仍没有确定性的结论. 我们必须以这样的观点看待至今为止突变现象的研究结果.

磁场变突分析方法包括分段直线回归、短时间窗口傅里叶变换(short window Fourier transfouns，SWFT)、小波分析(wavelet analysis)和球谐分析．前三者用于磁场长期变化时间序列，以确定突变发生的确切时间，而球谐分析则是为了确定突变源于地球内部还是外部．

鉴于图5.41所示地磁场长期变化的形态，直线回归常用来确定地磁突变发生的年代(图5.43)(Pinheiro et al., 2011；Stewart and Whaler，1992)，与之相应的地球液核的运动，包括稳定(与长期变化的直线部分相对应)和随时间变化(与突变相对应)两部分，且随时间变化部分呈与地球转动轴和赤道对称的空间分布(Bloxham et al., 2002)．

这里介绍一个直线回归的典型实例(Le Huy et al., 1998)．设 t_0 为磁场突变发生的时间，$t_1<t_0<t_2$，t_1 至 t_2 时段足够长，但这一时段只在 t_0 发生过一次突变．Le Huy 等人选取全球160个台站，1960—1969磁场三分量，$\bar{X}$(北向)，$\bar{Y}$(东向)和 $\bar{Z}$(向下)的年均值，分析1969，1978，1992三个突变事件．其中1969年事件仅有96个台站．他们选取东向分量决定突变发生的时间 t_0，并假定：① t_0 为三分量发生突变的时间；② 全球各台站发生突变的时间相同，均为 t_0．定义直线：

$$\dot{B}_y = \begin{matrix} a_1 t + b_1, & t \leqslant t_0 \\ a_2 t + b_2, & t \geqslant t_0 \end{matrix} \tag{5.260}$$

式中，B_y 为磁场东向分量，$\dot{B}_y = \mathrm{d}B_y/\mathrm{d}t$．确定 t_0 的步骤包括：

① 以公式

$$B_y(k) = \frac{1}{4}(B_y(k-1) + 2B_y(k) + B_y(k+1)), \tag{5.261}$$

对各台 B_y 进行滑动平均，其中 k=1，2，…为年均值时间序列；

② 以公式

$$\dot{B}_y(k) = B_y(k+1) - B_y(k), \tag{5.262}$$

求得逐年长期变化．图5.44为欧洲37个台站东向分量的长期变化；

③ 取 t_1=1960，t_0=1970，t_2=1978，按式(5.260)求各台站常系数 a^i 和 b^i，i=1，2，…，N，N 为台站总数；

④ 以 a，b 值求得台站 i，年代 k 的 $\dot{B}_y^i$ 的计算值 $\dot{B}_{yc}^i(k)$，实测值 $B_y(k)$ 与计算值 $B'_{yc}(k)$，$\dot{B}_y^i(k) - \dot{B}_{yc}^i(k) = r_i(k)$，称为残差．以式

$$\overline{r}(k) = \frac{1}{N}\sum_{i=1}^{N}(r_i^2(k))^{1/2}, \tag{5.263}$$

求得全球方均根残差 $\overline{r}(k)$，$\overline{r}(k)$ 最低值即突变发生的年代，结果 t_{01}=1969．取 t_1=1978，t_0=1991，t_2=1996，重复以上步骤，求得全球残差最低点发生于1992，即 t_{03}=1992．再取 $t_1=t_{01}$，即1969，t_0=1978，$t_2=t_{03}$，即1992，求得 t_{02}=1978．以上三个时段磁场东向分量全球残差绘于图5.45，可明显看出，最低值分别发生于1969，1978和1992．

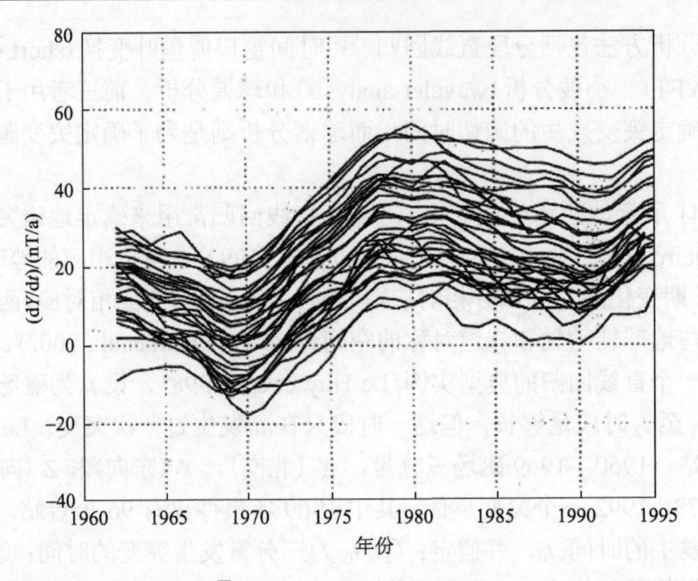

图 5.44　欧洲 37 个地磁台由 $\bar{Y}$ 分量三点流动平均求得各台 1960—1995 年代长期变化

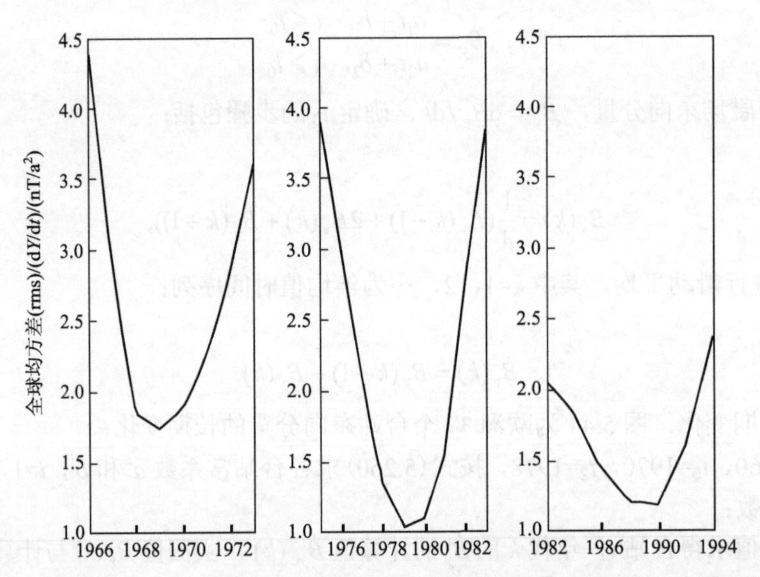

图 5.45　1960—1978，1978—1992，1992—1996 三个时段 $\bar{Y}$ 分量部分时段全球残差图

明显看出，最低值分别出现在 1969，1978 和 1992

最后对于上述分析做两点说明，第一，之所以选取磁场东向分量分析确定磁场突变发生时间，原因有：① 在所有磁场三分量中，磁层和电离层电流体系分布所产生的地面磁场扰动，东向分量最小；② 从下一小节磁场突变源的分析可以看到，物理上突变的东向分量应占主导．第二，Le Hay 等人没有说明，为何磁场突变会出现在(5.263)所定义的“全球残差”的最低点．虽然如图 5.45 所示，突变确实发生在最低点，但残差是由式(5.260)所定义的直线来计算的，而(5.260)中包含有突变发生的年代 t_0，这样定义的直线其物理意义是值得商榷的，以此直线为基础所得残差是否合理，有必要进一步推敲．事

实上，磁场长期变化的东向分量包括两个组成部分，稳定的上升或下降，以及由上升(下降)转为下降(上升)期间的磁场突变．很显然，图 5.41 所示突变在瞬间发生，只是稳定部分的持续时间τ_s远大于持续时间τ_J，即$\tau_s \gg \tau_J$理想化的抽象，物理上，突变不可能在瞬间发生，而是有一个过程，这由图 5.44 可以看出，这一过程的持续时间τ_J也是磁场突变研究的重要内容，虽至今尚无确切结论．但一般认为应在 1—2 年期间，而这一时段不具有表示长期变化稳定部分的直线特征，因而包含这一时段所得直线，不具有准确的物理意义．事实上，因式(5.260)含有 t_0，每一直线都包含两个突变过程τ_J的影响；设图 5.46 中 AB 和 CD 分别代表除去τ_J部分，仅包含磁场稳定变化部分回归所得直线，如图所示，倘若包含非稳定τ_J部分，直线 AB 一端 A 将“下沉”，另一端 B 则上跷，成为 A_1B_1，同样直线 CD 将成为 C_1D_1．不难理解，正是这种“跷跷板”作用，使直线向τ部分倾斜，从而使这部分残差变小，只有，也只有当τ_J部分，特别是其最低(或高)点作用足够大，直线 AB(CD)被跷至 A_1B_1(C_1D_1)时，最低点 B_1 才有可能“残差”最小．说“可能”是因为仍有一点 E(F)成为最小，但考虑 E 出现的年代对各台来说，统计上是随机的，而跷跷板作用使τ_J部分残差变小对各台是一致的，特别若统计上残差不取 t_1 至 t_2 时段全部，而只考虑 t_τ和附近邻域(图 5.45)，则残差最低点为突变年代仍然成立．但毋庸置疑的是，直线 AB 被跷将比 A_1B_1 更甚，则将有更高概率突变年代落在残差最低点．因此用残差最低点确定突变年代，存在 1—2 年的误差仍然是可能的．

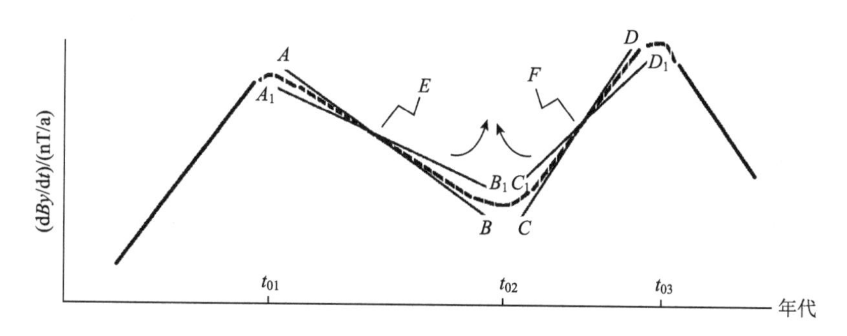

图 5.46 直线回归残差分析含或不含突变时段τ_J示意图

可以预料，倘若以地磁长期变化稳定时段拟合的直线 AB 为准，来计算残差，$\bar{r}$ 在稳定时段τ_s应呈随机分布，在突变时段τ_J因观测值不在直线 AB 上，则会有序变大，极大值即为突变时间 t_0．这样结果，物理意义明确．若考虑年均值τ_s，τ_J不够长，可用月均值替代年均值，并对月均值时间序列，取一年为期的逐月流动平均，按公式(5.261)求得三点逐月流动平均，再以式(5.262)求得年均值逐月变化率(nT/月)，以逐月变化率，时间序列做直线回归(不含τ_J)和残差分析，有望突出磁场突变时间过程τ_J.

除直线回归确定磁场突变发生时间 t_0 外，还有人用小波分析(wavelet transformation)(Duka et al., 2012；Alexandresu et al., 1995，1996)．小波分析是短时间窗口傅里叶变换(short window Fourier transformation，SWFT)的发展．傅里叶变换是大家熟悉的数据(时间)序列分析方法，有完整的数理理论和成熟的数字技术．时间序列 $f(t)$ 的傅里叶变换 $F(\omega)$ 是频率域ω的一维函数与时间无关，这寓意在时间的定义域各时段具有相同的频率特征，因此原则上傅里叶变换只适用于平稳随机过程．平稳随机过程的定义包括：①只要时间足够长，时间序列的均值 $\overline{f(t)}$ ，与取均值的时间终止点 t_1 无关，即 $\bar{f}(t_0,t_1)=\bar{f}(t,t_n)$ ，n=1，2，…；②只要时间足够长，时间序列的自相关函数 $C_s(t)$ 与计算自相关函数 $C_0(t)$ 的终止时间 t_1 无关．很显然许多实际发生的随机过程是非平稳的，不同时段有着不同的频率特性．为显示过程频率的时间特性，从而发展了"短时间窗口傅里叶变换"(SWFT)，$F(\omega,\tau)$，即

$$F(\omega,\tau)=\int_{-\infty}^{\infty}f(t)w(t-\tau)\mathrm{e}^{-\mathrm{i}\omega t}\mathrm{d}t \tag{5.264}$$

式中，$f(t)$ 为时间序列，$w(\tau)$ 为窗函数，定义于局部区域，可以是矩形窗(图 5.47)，或高斯型衰减函数．正因为 $w(\tau)$ 的局部性，尽管 $f(t)$ 定义域 t 从 $-\infty$ 到 $+\infty$，当 τ 给定后，(5.264)的积分仅由 τ 至 $\tau+2\tau_0$ 时段的 $f(t)$ 对积分有贡献(图 5.47)，因此"短时窗傅里叶变换"(SWFT)又称短时傅里叶变换(STFT)，与平稳时间序列 $f(t)$ 傅里叶变换 $F(\omega)$ 仅仅是频率 ω 的函数不同，短时窗傅里叶变换是时间 τ 和 ω 的二维函数，即显示非平稳过程频率成分随时间的变化．$|F(\omega,\ \tau)|^2$ 称为短时窗功率谱．

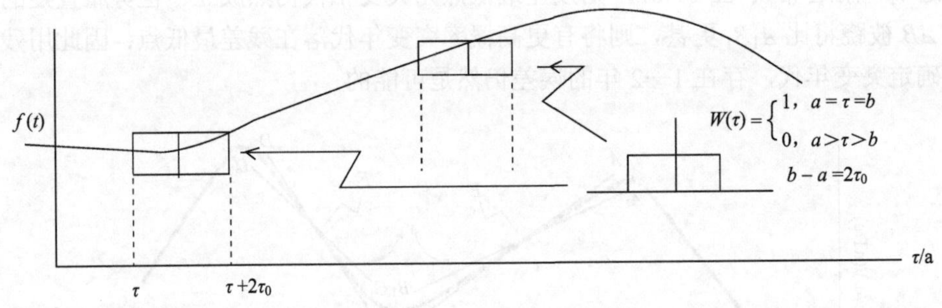

图 5.47　"短时窗傅里叶变换"(SWFT)，短时窗局部特性在公式(5.264)积分变换中的作用

我们熟悉时间序列 $f(t)$ 与窗函数 $w(t)$ 的折积

$$g(\tau)=\int_{-\infty}^{\infty}f(t)w(t-\tau)\mathrm{d}t \tag{5.265}$$

的傅里叶变换

$$G(\omega)=\int_{-\infty}^{\infty}g(\tau)\mathrm{e}^{-\mathrm{i}\omega\tau}\mathrm{d}\tau=F(\omega)W(\omega), \tag{5.266}$$

式中，$F(\omega)=\int_{-\infty}^{\infty}f(t)\mathrm{e}^{-\mathrm{i}\omega t}\mathrm{d}t$ ，$W(\omega)=\int_{-\infty}^{\infty}w(t)\mathrm{e}^{-\mathrm{i}\omega t}\mathrm{d}t$ ，即分别是函数 $f(t)$ 和 $w(t)$ 的傅里叶变换．$F(\omega)$ 与 $F(\omega,\ \tau)$ 不同，后者是时间 τ，$f(t)$ 部分时段的傅里叶变换．可以证明，$F(\omega,\ \tau)$ 的傅里叶变换，即等于 $F(\omega)W(\omega)$，

$$\int_{-\infty}^{\infty}F(\omega,\tau)\mathrm{e}^{-j\omega\tau}\mathrm{d}\tau=G(\omega)=F(\omega)W(\omega), \tag{5.267}$$

式(5.267)，$f(t)$ 与窗函数的折积 $g(\tau)=\int_{-\infty}^{\infty}f(t)w(t-\tau)\mathrm{d}t=C_{fw(\tau)}$ ，即表明，在时间域，折积函数 $g(\tau)$ 是时间序列 $f(t)$ 与窗函数 $w(-t)$ 相关(相似)程度的一种量度．而(5.266)，

(5.267)表明，在频率域，窗函数 $w(t)$ 是时间序列 $f(t)$ 的滤波函数；由于 $w(t)$ 的局部性特征，折积和短时窗傅里叶变换有可能突出时间序列的局部特性．但遗憾的是，短时窗只提取了 $f(t)$ 与时间窗有关的时间，频率特性不是 $f(t)$ 的大部更不是全部时间域的频率特性，为此在短时窗傅里叶变换的基础上又发展了小波分析方法(wavelet transform)．

(iii)小波变换

显然，上述"短时窗傅里叶变换"的局限，只要选取多种不同窗函数 $w(t)$ 就能解决．原则上这种思路是对的，问题是如何选择这许多不同窗函数，使分析具有解析性，又不遗漏原时间序列 $f(t)$ 的时间频率特性，小波变换则既能显示非稳定时间序列不同时间的频率特性，即函数 $f(\omega, t)$，又保证了不同窗函数 $w(t)$ 选择的解析性和完整性．

时间序列 $f(t)$ 的小波变换

$$W(s,\tau)=\int_R f(t)\frac{1}{\sqrt{s}}\psi\left(\frac{t-\tau}{s}\right)\mathrm{d}t. \tag{5.268}$$

与式(5.266)比较，除参量 s 外，完全相同，即小波变换(5.268)同样是时间序列 $f(t)$ 与窗函数 $\psi(t)$ 的卷积．由(5.268)可以看出，参量 S 取值不同，时间尺度发生伸或缩，因此 S 称为时间"尺度"参数(scaling parameter)．若 $S=1$，窗函数 ψ 为 $\psi_0(t)$，相应傅里叶变换为 $\hat{\psi}_0(\omega)$，则当 $S=s$ 时，函数 $\psi(s/\tau)$ 的傅里叶变换为 $\hat{\psi}_0(s\omega)$，即 s 取不同值，$\psi(t)$ 的频率内容不同，原则上，S 取不包括零的正实数集 R^+ 的任何值，常记作 $S\in R^+/(0)$，或 $R^+_{\{0\}}$，则经由(5.268) $f(t)$ 和 $\psi(t)$ 卷积滤波后，可以提取 $f(t)$ 的所有局部时段的频率含量及其随时间 τ 的变化．与(6.265)，(6.266)，(6.267)相同，称 τ 为"时移"参数．$\psi(t)$ 与短时窗傅里叶变换窗函数 $w(t)$ 一样，只定域于局部时段，例如 2τ．而两者同为时间的函数，随时间波动，只包含待定的频率，因而 $\psi(t)$ 称为小波(wavelet)，$s=1$，$\psi(t)=\psi_0(t)$ 称为"基小波"(mother wavelet)，$s\neq1$，$\psi(t)=\psi(t/s)$，称为子小波(daughter wavelet)．小波变换中一般取

$$\begin{cases} s=2^{-j}, \\ \tau=k2^{-j}, \end{cases} \quad j,k=0,1,2,\cdots \tag{5.269}$$

J, k 取正整数，常记作 $j, k\in Z^2$．这样小波变换(5.268)成为

$$w_{jk}=\int_R f(t)2^{j/2}\psi(2^j t-k)\mathrm{d}t. \tag{5.270}$$

一般选择小波 ψ 对于 j，k 具有正交性，即

$$\int_R \psi_{j,k}(t)\psi_{j',k'}(t)\mathrm{d}t=\delta_{jj'}\delta_{kk'}, \tag{5.271}$$

式中，δ 为狄拉克函数(Dirac function)．为使小波变换 $\psi_{j,k}$ 对于不同时间尺度，在时域或频率域具有可比性，小波函数应满足

$$\int_R 2^j|\psi(2^j t)|^2\,\mathrm{d}t=1, \quad j=0,1,2,\cdots \tag{5.272}$$

相应频率域

$$\int_R 2^{-j} |\hat{\psi}(2^j \omega)|^2 \, \mathrm{d}\omega = 1, \quad j = 0, 1, 2 \cdots \tag{5.273}$$

由于小波函数$\psi_{j,k}$的正交性(5.271)，变换函数$w_{j,k}$解是唯一的，则保证了可由$w_{j,k}$完全恢复原函数$f(t)$，即

$$f(t) = \sum_j \sum_k w_{j,k} 2^{j/2} \psi(2^j t - k), \tag{5.274}$$

(5.274)表明，小波变换函数$w_{i,j}$是在以小波群$\psi_{j,k}$为基矢量空间，对时间序列$f(t)$的完全描述，这就是前面说的小波变换的完整性. 极易理解，小波变换$w_{i,j}$的存在，要求$f(t)$和$\psi(t)$的傅里叶变换$F(\omega)$，$\psi(sw)$存在，由于$\psi(t)$的时间局部性，即只包含有限能量，对于$f(t)$则要求满足

$$\int_R |f(t)| \, \mathrm{d}t < \infty. \tag{5.275}$$

这与傅里叶变换存在条件(狄里希利条件)中的函数绝对积分有限，即能量有限相对应，至于其他条件，f和ψ都不难满足.

(iii.1)小波变换的频率特性

小波变换式(5.270)表明，变换系数w_{jk}显示小波时间尺度$j(s)$随时间$k(\tau)$的变化. 我们晓得卷积变换(5.270)是时间序列$f(t)$的滤波过程，滤波的频率特性由小波函数$\psi(t/s)$决定. $\psi(t/s)$与傅里叶变换$\hat{\psi}(Z^j\omega)$，或$\hat{\psi}(s\omega)$相对应. 因此不同j(或s)相应提取$f(t)$的不同频率成分；与短时窗傅里叶变换(5.264)，(5.265)只提取$f(t)$部分频率不同，选取足够多的j(或s)，小波变换(5.270)可以提取$f(t)$的全部频率信息. 对小波变换的频率特性做如下说明：

① 小波变换(5.270)系数$w_{j,k}$仅表明时间尺度j随时间k的变化，虽然j包含有频率的信息，但毕竟不是频率ω随时间的变化. 要显示不同频率随时间的变化，与短时窗傅里叶变换式(5.264)一样，先对卷积(5.270)做傅里叶变换，即

$$w_{\omega,k} = \int_R f(t) 2^{j/2} \psi(2^j t - k) \mathrm{e}^{-\mathrm{i}\omega t} \mathrm{d}t, \tag{5.276}$$

容易证明，式(5.270)w_{jk}和(5.276)$w_{\omega,k}$的傅里叶变换相等，即

$$\int_R w_{s,\tau} \mathrm{e}^{-\mathrm{i}\omega\tau} \mathrm{d}t = \int_R w_{\omega,\tau} \mathrm{e}^{-\mathrm{i}\omega\tau} \mathrm{d}t = F(\omega)\hat{\psi}(s\omega).$$

这与短时窗傅里叶变换(5.264)$F(\omega, \tau)$与卷积函数(5.265)$g(\tau)$有相同的傅里叶变换一致，这就意味着，小波变换有两种表示方法：一是对于固定k，时间尺度$s=2^j$，$j=0$，1，2，…的不同取值，随时间k(或τ)的变化，即式(5.270)，$w_{j,k}$；二是对于固定k，频率$w_{\omega,k}$随时间k的变化相应于式(5.276)，两者对时间系列$f(t)$的描述是等效的.

② 与傅里叶变换存在统一固定的变换基函数$\mathrm{e}^{-\mathrm{i}\omega t}$或$\cos n\omega t$，$\sin n\omega t$不同，小波变换则有变换的基函数；小波函数群没有固定的形式，这是小波变换理论上的非完备性. 但这种非完备性，也为应用小波变换根据函数$f(t)$的特点，选择适宜的小波函数群提供了方便. 除小波函数$\psi_{j,k}$局部性外，$f(t)$小波变换存在的充分(非必要)条件与傅里叶变换相同，即满足狄里希利条件，其主要条件是(5.275)，即能量有限. 小波函数群满足(5.272)，

(5.273)，即一个单位的总能量．小波变换的灵活性，即根据函数 $f(t)$ 选择小波函数基群，这里举两个简单例子．例如呈波动变化的 $f(t)$ 可选择 Morlet 小波群[见图 5.48 和式(5.285)]；而如图 5.42、图 5.43 所示地磁场突变(jerk)，较长时间呈平稳变化(磁场的长期变化)，突然转向(突变)后又呈反向的平稳变化，选择 Daubechies 小波群(图 5.48)为宜．

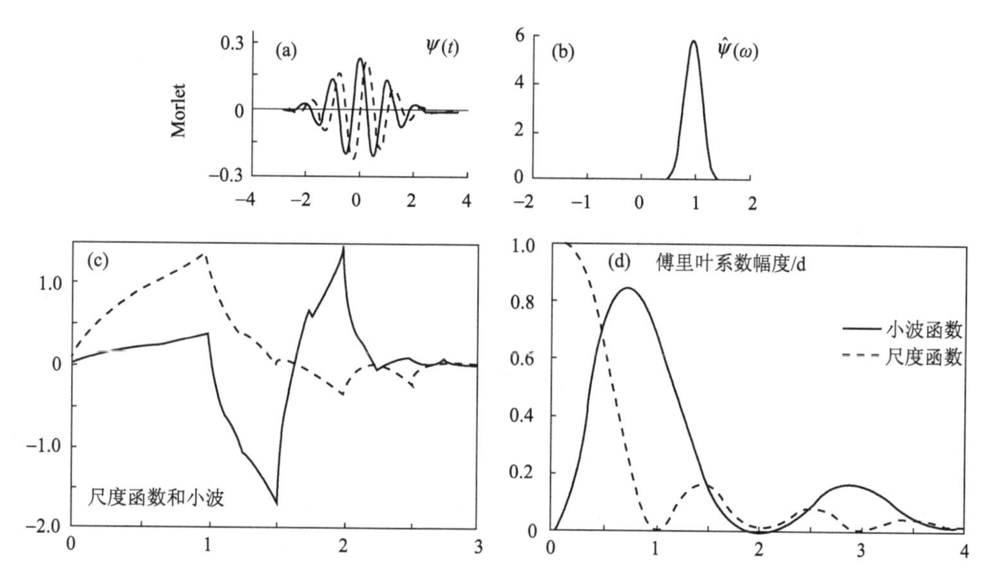

图 5.48 (a) Morlet 小波，实线和虚线分别为实部和虚部；(b) Morlet 的频率分布，归化到 $\psi(\omega-\omega_0)$ [式(5.286)]；(c) Daubechies 小波尺度函数 $\Phi(t)$ (间断) 和小波函数 $\psi(t)$；(d) 函数 $\Phi(t)$，$\psi(t)$ 的频率分布

③ 傅里叶变换中，若对函数等距 (Δt) 采样，则基函数 $e^{-i\omega t}$，或 $\cos n\omega t$，$\sin n\omega t$ ($\omega = 2\pi / N\Delta t$，$n=1, 2, \cdots, N$，$N$ 为数据点数)，正交，变换系数是唯一的．但也可随机取样，这时采样点不再是等距的，基函数不再正交，傅里叶系数不再是唯一的，但只要 N 足够大，即基群足够多，傅里叶分析结果，仍可充分描述函数 $f(t)$ 在频域的性质 $F(\omega)$．小波变换中的小波基群 $\psi_{j,k}$ 也可以是不具有正交性(5.271)，只要伸缩系数 $s=z^j$ 中 j 取值足够多，虽小波变换系数 w_{ij} 不再唯一，但 w_{ij} 对于 $f(t)$ 在 s, τ(或 j, k) 空间或 $s\omega$, k 即频率时间空间的描述仍然是充分的．

(iii.2) 离散小波变换

在实际应用或计算机计算中，小波变换总是取离散形式，只要应用采样定理，不难得到离散小波变换．小波变换(5.270)的离散形式为

$$w_{j,k} = \sum_{n=0}^{N-1} f_n 2^{j/2} \psi(2^{-j} n - k) \delta t, \tag{5.277}$$

式中，δt 为等距采样时间间隔；$n=1, 2, \cdots, N-1$ 为采样点；j, $k=1, 2, \cdots, N-1$．式(5.276)相应离散形式

$$w_{(s\omega),k}=\sum_{m=0}^{N-1} f2^{j/2}\psi(2^j-k)\delta t\mathrm{e}^{-\mathrm{i}\omega_n\eta\delta t}, \tag{5.278}$$

$$\omega_m=\begin{cases}\dfrac{2\pi m}{N\delta t}, & m\leqslant\dfrac{N}{2}\\ -\dfrac{2\pi m}{N\delta t}, & m>\dfrac{N}{2}\end{cases} \tag{5.279}$$

式中，$1/(2\delta t)$是采样定理所决定的最高截止频率，$1/(N\delta t)$为最低基频．(5.277)的傅里叶变换

$$\hat{w}_{\omega_m}=\sum_{k=0}^{N-1} w_{j,k}\mathrm{e}^{-\mathrm{i}\omega_m k\delta t}, \tag{5.280}$$

如前所述，有

$$\hat{w}_{\omega_m}=\sum_{m=0}^{N-1} F(\omega_m)\hat{\psi}(s\omega_m), \tag{5.281}$$

由小波变换的傅里叶变换(5.281)可得小波变换

$$w_{j,k}=\sum_{m=0}^{N-1} F(\omega_m)\hat{\psi}(s\omega_m)\mathrm{e}^{-\mathrm{i}\omega_m k\delta t}. \tag{5.282}$$

这样小波变换 $w_{j,\,k}$ 的计算途径可有，一是按(5.270)在时域由原函数 $f(t)$和小波函数群$\psi(t)$的折积来求；二是按(5.282)，由原函数$f(t)$的傅里叶变换 $F(\omega_k)$和小波$\psi(t)$的傅里叶变换，在频率域计算．后者因可利用快速傅里叶变换(FFT)计算，快速简便．与(5.272)，(5.273)相应的离散形式有

$$\sum_{n=0}^{N-1} 2^j\,|\,\psi(2^j n\delta t)\,|^2=1, \tag{5.283}$$

$$\sum_{n=0}^{N-1} 2^j\,|\,\hat{\psi}(2^j\omega_m)\,|^2=1. \tag{5.284}$$

(iii.3) 小波函数$\psi(t)$

小波函数$\psi(t)$最主要特点是它的局部性，即在小波定义域内，例如时间或空间，只限于局部区间，局部性也保证小波函数具有有限能量．其他性质包括零均值(5.283)，(5.284)所示单位能量．小波函数群ψ_j，j=0，1，2，ψ_0称小波母函数，$j\geqslant1$ 称子函数．母函数和子函数(ψ_0，ψ_1，…，ψ_{N-1})构成小波函数基矢量，任意函数f_n即按式(5.277)，在此基矢量空间展开，即得小波变换 $C_{j,\,k}$.

图 5.48 给出 Morlet 和 Daubechies 两种小波．Morlet 小波因具波动特性，有着广泛的应用，

$$\psi_0(t)=\pi^{-1/4}\mathrm{e}^{\mathrm{i}\omega_0 t}\mathrm{e}^{-t^2/2}, \tag{5.285}$$

傅里叶变换

$$\hat{\psi}_0(\omega)=\pi^{-1/4}H(\omega)\mathrm{e}^{-(\omega-\omega_0)^2/2},\quad H(\omega)=\begin{cases}1, & \omega>0\\ 0, & \omega\leqslant0\end{cases} \tag{5.286}$$

(5.285) Morlet 小波是一个被高斯衰减函数(钟形)调制的余弦波($\cos\omega_0 t$)(图 5.48a，b)，这里取$\omega_0=1$，$\psi_0(t)$不满足小波函数均值为零的条件，但差异很小，引起的误差小于计算过程中数值进位(取)或舍引起的误差. 小波母函数$\psi_0(t)$的傅里叶变换，$\psi_0(\omega)$也是高斯衰减函数，最大值发生在$\omega=\omega_0$，带宽为$2\sqrt{2}$.

与 Morlet 小波只有一道滤波函数不同，Daubechies (DB) 小波含有低高两道滤波函数. 而每一滤波函数拥有各自的滤波系数$\{h_k\}_{k=0}^{L-1}$，$\{g_k\}_{k=0}^{L-1}$. Daubechies 小波没有如式(5.285) Morlet 小波的解析形式，只有数值解，DB 小波的尺度函数$\Phi(x)$是方程

$$\Phi(x)=\sqrt{2}\sum_{k=0}^{L-1}h_k\Phi(2x-k) \tag{5.287}$$

的解. $H=\{h_k\}$，$k=0$，1，…，$L-1$是滤波系数，$\int_{-\infty}^{\infty}\Phi(x)\mathrm{d}x=1$，即均值为单位函数. 小波函数$\psi(x)$由尺度函数$\Phi(x)$和滤波系数$G=\{g_k\}$组成.

为显示小波函数群的滤波特性，图 5.49 给出了小波母函数ψ_0和子函数$\psi_{j,k}$的关系. 图 5.49a 显示在母函数的定义域(−1，1)内，依次$j=1$，即尺度参量$s=2$，见式(5.269)，有 2 个子函数，$j=2$ ($s=4$)，有 4 个子函数，$j=3$ ($s=8$)，有 8 个子函数等，而(5.268)则显示由$j=1$，…，3，母、子函数群各自的空间长度. 不难看出，正如以前所述，j越大，小波函

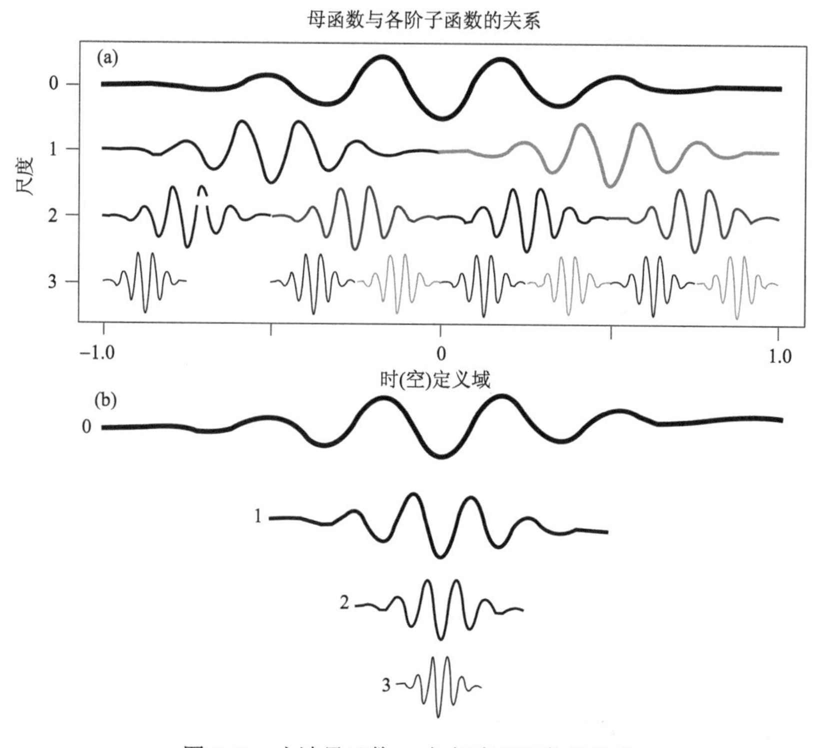

图 5.49 小波母函数ψ_0与相应子函数的关系

(a) 由上而下依次为ψ_0(第一排)；$\psi_{1,0}$，$\psi_{1,1}$(第二排)；$\psi_{2,0}$，$\psi_{2,1}$，$\psi_{2,2}$，$\psi_{2,3}$(第三排)；$\psi_{3,0}$至$\psi_{3,7}$共 8 个子波的空间相对位置. (b) ψ_0，$\psi_{1,0}$，$\psi_{2,0}$，$\psi_{3,0}$的相对长度，可明显看出，随j的增加(5.269)，波函数频率增高，因而具有不同的滤波效应

数$\psi_{j,k}$的频率越高．图 5.50 显示$\psi_{j,k}$中时移参量j的作用．图中采用 DB 滤波函数中的一阶滤波 D_2，即 Haar 小波，原因是 Haar 小波起止点清晰，容易显示小波的时移．图中看出，Haar 母函数定义域(0，1)，即j=0，时移τ=0(式(5.269))，j=1,子小波，$\psi_{1,0}$定义域(0，1/2)，而$\psi_{1,1}$则向右移至(1/2，0)，即前移 1/2(即式(5.269)时移$\tau=kz^{-1}$=1/2)，而 $\psi_{2,0}$定义域(0，1/4)，$\psi_{2,1}$至 $\psi_{2,4}$则时移分别为 1/4，2/4，3/4．由此可见，(5.268)时间序列$f(t)$如何与小函数群$\psi_{j,k}$进行卷积运算．

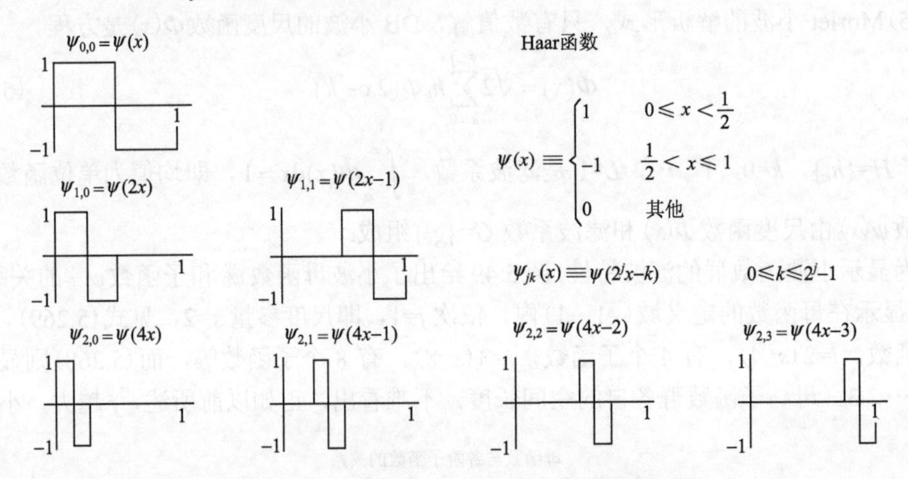

图 5.50　时移参量 k，$j=k2^{-j}$与小波群的位置

为清楚起见，这里采用 D2，即 Haar 小波(见图中公式)，第一排：母波 ψ_0，定义域(0，1)；第二排：$\psi_{1,0}$(0，1/2)，$\psi_{1,1}$(1/2，1)；第三排：$\psi_{2,0}$(0，1/4)，$\psi_{2,1}$(1/4，1/2)，$\psi_{2,2}$(1/2，3/4)，$\psi_{2,3}$(3/4，1)．对比图 5.49，则更易理解图 5.49 中小波位置

(iii.4) 双道镜像滤波

结束小波变换，最后简单介绍小波变换中的一种相对于ω=π/2 镜像对称的双道小波滤波(quadrature mirror filter，缩写为 QMF)．

DB 小波两道滤波系数 $H=\{h_k\}$，$G=\{g_k\}$，k=0，…，L−1，满足关系

$$g_k=(-1)^k h_{L-(k+1)}. \tag{5.288}$$

下面将证明，凡两道滤波系数(序列)满足关系(5.288)，即为 QMF．对 h_k，k=0，1，…，L−1 作傅里叶变换，有

$$\hat{H}(\omega_n)=\sum_{k=0}^{L-1}h_k\mathrm{e}^{-\mathrm{i}\omega_n k},\quad \omega_n=\frac{\pi n}{2(L-1)},\quad n=0,1,\cdots,L-1,$$

改写上式

$$\hat{H}_n=\sum_{k=0}^{L-1}h_k\mathrm{e}^{-\mathrm{i}\pi nk/2(L-1)}=\sum_{k=0}^{L-1}h_k\cos\left(\frac{\pi nk}{L-1}+\varphi_k\right),$$

反序 h_k，即 $h_{L-(k+1)}$序列的傅里叶变换

$$\hat{H}_k^-=\sum_{k=0}^{L-1}h_{L-(k+1)}\cos\left(\frac{\pi nk}{L-1}+\varphi_k\right), \tag{5.289}$$

而 $\hat{H}(\pi-\omega_n)$ 的傅里叶变换为

$$\hat{H}(\pi-\omega_n)=\sum_{k=0}^{L-1}h_k\cos\left[\left(\pi-\frac{\pi n}{L-1}\right)k+\varphi_k\right], \tag{5.290}$$

由余弦函数的性质，立得

$$\hat{H}(\pi-\omega_k)=\sum_{k=0}^{L-1}(-1)^k h_k\cos\left(\frac{\pi nk}{L-1}+\varphi_k\right). \tag{5.291}$$

比较(5.289)与(5.291)，得

$$g_{L-(k+1)}=(-1)^k h_k,$$

即当(5.288)成立时，有

$$\hat{G}(\omega_k)=H(\pi-\omega_k).$$

图 5.51 显示双道滤波系数 H 和 G 的频率响应 $\hat{H}(\omega)$ 和 $G(\omega)$，图中可以看出 $\hat{H}$ 和 $\hat{G}$ 相对于π/2，−π/2 的镜像对称性(QMF)，其中一道 $\hat{H}(\omega)$ 为低通滤波，另一道 $\hat{G}(\omega)$ 为高于 $\hat{H}$ 截止频率的带通滤波．一般 $\hat{H}$ 和 $\hat{G}$ 不可能在π/2 处陡然截止，因而 $\hat{H}$ 和 $\hat{G}$ 在π/2 域有重叠，会给原函数 H_k，G_k 带来虚假的信息(alias)，$\hat{H}(\omega)$，$\hat{G}(\omega)$ 振幅也不会是平直的，因而给原函数造成振幅和相位畸变，谱分析中对如何减少虚假成分和振幅相位畸变有详细的论述．

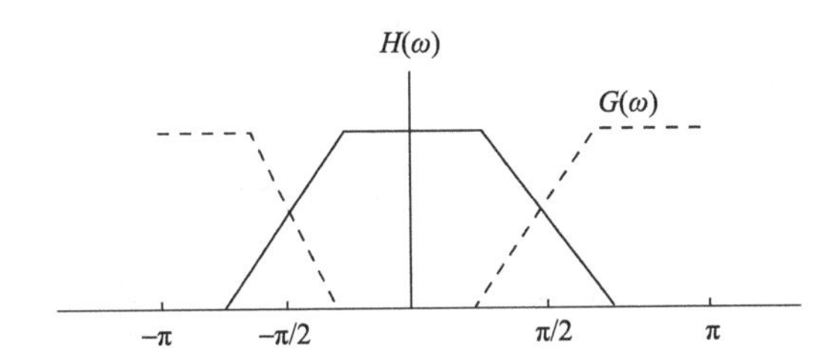

图 5.51 相对于ω=±π/2 镜像对称，双道滤波(QMF)示意图

$\hat{H}(\omega)$ 为低通，$\hat{G}(\omega)$ 为频率特性高于 $\hat{H}(\omega)$ 的带通滤波，H_k，G_k 序列由 $g_k=(-1)^k h_{L-(k+1)}$，$k=0, 1, \cdots, L-1$ 相联系

以上介绍了小波变换的基础知识，小波函数群，包括母函数 $\psi_0(t)$ 和子函数 $\psi_{j,k}$．小波函数 $\psi_{j,k}$ 的均值为零，对于 j, k 正交(5.271)．小波变换是数据序列，例如时间 $f(t)$ 或空间序列，和小波函数群的折积(5.278)，在频率域是以小波群的频率特性 $\hat{\psi}_{i,j}$ 对序列 $f(t)$ 的多重滤波(5.276)，$\psi_{j,k}$ 尺度参量 $s=2^{-j}$，j 愈大，$\psi_{j,k}$ 的频率含量越高．小波函数 $\psi_{j,k}$ 在时域和频率域的局部特性，保证小波变换可以提取数据序列 $f(t)$ 的局部性，因而适于非稳定数据序列的分析，时域参量 $\tau=k2^{-j}$，又保证可以显示数据序列局部特性，例如频率含量随时间的变化．小波变换中，也可利用非正交的小波函数群，但(5.268)中的小波变换系数 $w(s,\tau)$(或 $w_{j,k}$)不再是唯一的．小波变换结果有两种表示方法，一种 $w_{j,k}$，纵坐标是尺度量 j 或 s，横坐标为 k 或τ，即序列 $f(t)$ 局部不同尺度 j 或 s 随时间的变化，因 j 或 s 是频率低高的量度，因此 j 或 s 随 k 的变化也表征序列 $f(t)$ 频率含量随时间的变化；另一种 $w(\omega,k)$ (5.276)则直接显示频率含量随时间的变化．

(iv) 应用小波变换于磁场突变(jerk)

(iv.1) 突变发生时间

小波变换主要用来确定磁场突变发生的时间．比较图 5.48c 和图 5.42、图 5.43 可以发现，在时间域 DB 小波 D_4 有和磁场突变一样，一段较长时段稳定的变化，后在较短时间“突然”改变稳定变化的方向进入另一段较长时间方向相反的稳定变化；在频率域 D_4 两道滤波(图 5.48d)，一道带通 $\phi_{j,k}(t)$ 可获取短时间高频突变特征．因此 Duka 等人用 DB 小波研究了 4 个台站磁场东向分量 $\overline{y}$．台站的地理位置列于表 5.6，其中 NGK(52°4.2′, 12°40.8′)位于北半球较高纬度，KAK(36°13.8′，140°11.4′)位于北半球中纬度，HER(−34°25.2′，19°13.8′)位于南半球中纬度，API(−13°48′，188°13.2′)位于南半球低纬度．他们对数据序列的处理，包括取得各台 $\overline{y}$ 分量月均值，记作 $\overline{y}(k_m)$，k_m=1，2，…，K，为月序列数；对月均值作 12 个月的逐月流动平均，记作 $\overline{y}_{\text{year}}(n_m)$，$n_m$=0，1，…，$N_m$−1，$N_m$=$K_m$−11，为年均值月序列总数；最后，每月 $\overline{y}_{\text{year}}(n_m)$ 减去一年前 $\overline{y}_{\text{year}}(n_m-12)$，求得逐月年度变化率，记作 $\overline{y}_{\text{year}}(l_m)$，$l_m$=0，1，…，$L_m$，$L_m$=$N_m$−11．全部过程可表示为

$$\overline{y}_{\text{year}}=(n_m)\frac{1}{12}\sum_{m_m=(1+n_m)}^{n_m+12}\overline{y}(k_m),\ k_m=1,2,\cdots,K_m,\ \ n_m=0,1,\cdots,N_m-1 \tag{5.292}$$

式中，$N_m=K_m-11$，

$$\dot{\overline{y}}_{\text{year}}(n_m)=y_{\text{year}}(n_m+12)-y_{\text{year}}(n_m),\quad n_m=0,1,\cdots,L_m \tag{5.293}$$

其中，$L_m=N_m-11$，为年度率月序列的总个数．

表 5.6　各台站的地理位置

台站名	IAGA 缩写	纬度	经度	海拔/m
Apia	API	−13°48′	188°13.2′	4
Hermanus	HER	−34°25.2′	19°13.8′	26
Kakioka	KAK	36°13.8′	140°11.4′	36
Niemegk	NGK	52°4.2′	12°40.8′	78

不同地理位置 4 个台站的 DB 小波分析结果绘于图 5.52(Duka et al., 2012)．图中可以看出，年变率逐月序列 $\dot{y}_{\text{year}}(n_m)$ 频率含量随时间的变化，其中各台都显示明显的共性：包括很强的低频成分，以及作为磁场突变的标志：频谱的间断和除极低频成分外，所有频率幅度相等的分布．这两点共性是可以预期的，因较长时间平稳变化是长期变化的主要部分，除突变外，低频成分应占主导，而突变是脉冲(pulse)型变化，理想的脉冲理论上频率域就是“白”谱．但很遗憾并非各个台对全部突变事件都有频谱标识．主要结果可概括为：

① 以突变发生的时间为序

1901 事件：NGK 台时间序列和频谱都有显著标识，其他台无数据；

1913：NGK 时间序列有标识，但幅度较小，频谱无标识，其他台无数据；

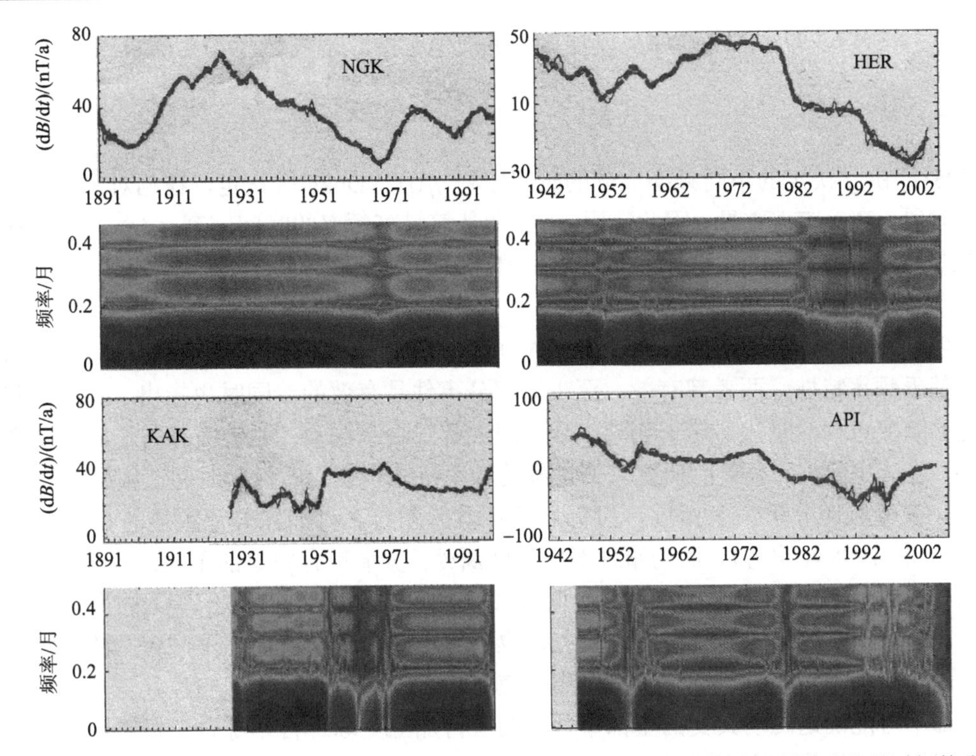

图 5.52 NGK，KAK，HER，API 4 个台站，长期变化序列 $f(t)$ 小波变换结果频谱成分随时间的分布

图中台站纬度和经度见表 5.6，时间序列为逐月年变率，单位：nT/a， 频率单位：$1/y_{\mathrm{month}}$(Duka et al., 2012)

1925：NGK 时间序列显著，但频谱无标识，其他台无数据；

1932：有资料的两台，KAK 频谱有标识，NGK 无；

1952：API，KAK，HER 频谱有明显标志，NGK 无；

1969：对于这一全球著名事件 NGK，KAK 有显著标识，HER，API 有标识，但不明显；

1978：API 谱标识显著，HER，KAK 无频谱标识，特别是 NGK 时间序列标识明显，但无频谱标识；

1990：API 谱标识显著，HER 有标识，NGK 不显著，KAK 很不显著.

② 对台站而言

对台站而言，即对地理位置而言. NGK 位于北部高纬度，只 1901 和 1969 两个事件有明显的频谱标识，而 1925 事件，时域有标识，频谱没有. API 处于南半球低纬度，时域信号较弱，但频谱标识多于其他台，且大多标识显著.

除图 5.52 所列小波分析综合结果外，Duka 等人还试图提取特定尺度 j 的信号，观察这些信号与磁场突变事件的关系. 小波变换的反变换式(5.274)，即由小波变换系数 $w_{j,k}$ 和小波函数群 $\psi_{j,k}$ 反演原函数 $f(t)$. 式(5.274)中，尺度参量 j 与频率相联系，j 对应较高频，而时移 k 与频谱信息无关. 对于 N 个测点间距为 δt 的时间序列，其最低频率为 $1/(N\delta t)$，最高频率为 $1/(2\delta t)$，相应的时间尺度 $s=2^{-j}$，j 的取值分别为 $j=0$ 和 $j=J$，

$$J = \log_2(N/2), \tag{5.294}$$

j=0，1，…，J，即小波变换中尺度参量 j 的取值范围．若式(5.294)对 k 求和，得

$$f_j(t)=\sum_{k=1}^{N2^j} w_{j,k}\, 2^{j/2}\psi(2^j t-k), \tag{5.295}$$

(5.295)即由 j 决定的不同频率成分的时间序列 $f_j(t)$．Duka 等认定，在相对平静时期，突变时段，高频应占主导，因此选用 j=J，即计算最高频率的时间序列 $f_J(t)$，结果发现，NGK 台与图 5.52 总频谱分辨率不同，$f_J(t)$高于均值的峰值与所有突变事件似乎都有对应关系．

以上介绍了两类确定磁场突变发生时间的方法，一种基于长期变化时域特点，另一种则基于频率特性，两者都有效，至少对部分事件是有效的．同时也指出，直线回归应不包含突变过程的时段，这在物理上和实践上都较合乎逻辑；小波变换方法除确定突变时间，进一步分析还有可能研究突变过程的频率特性和突变的持续时间，从图 5.52 可以发现，突变频谱分析大多相近，但仍显示各自的差异，有的差异还很显著(例如，API 的 1990 和 1998 年事件)，而与事件对应的间断处，宽窄也有明显的不同．至于小波变换方法中，式(5.295)所示提取高频部分时间序列确定突变时间，Duka 等人也发现，不同台站需选取不同的 J，这就说明，只有，也只有当发现不同事件，不同台站的频率特性与 J 的对应关系，这种方法才具有实用价值．但无论如何，直线回归也好，小波变换也罢，都不可能确定磁场突变的全部事件，两者再加上全球各台站综合分析对比，才有可能较好较全面地确定突变的发生时间．

最后还要指出一点，企图每个台站都观测到全部突变事件是不现实的．除事件自身的空间分布外，主要是地核地幔的屏蔽效应．这一节开始就已指出，源于液核运动的地磁场长期变化，我们都熟悉，由于电导地幔的屏蔽效应，时间特征小于一年的变化，地面是观测不到的，而磁场突变的时间常数约数月至 2 年，正处于 1 年临界值附近，有些事件有的台站观测不到，或很不明显是正常的．

(iv.2)磁场突变发生时间的全球分布

De Michelis 和 Tozzi 研究全球近 30 个台站磁场突变发生的时间，结果发现，地理位置由北向南，突变时间有逐渐延迟的趋势，其中两个事件，1969 和 1978 的结果绘于图 5.53．图中白色地区两个事件发生时间分别为 1970 和 1979，白区以北地区要早于 1970 和 1979，而以南地区则发生在 1970 和 1979 以后，南部较北部落后约 1—2 年，图中由白向北和南黑色越重到达时间差别越大(De Michelis and Tozzi，2005)．

突变事件出现时间区域性差别，可解释为下地幔区域电导率的不同，和其他长期变化一样，磁场突变也提供人们研究地幔电导率的信息(Nagao et al., 2003)，长期变化电磁感应的理论方法将在第七章讨论，这里仅对突变到达时间与地幔电导率的关系做定性的分析．

当源于核内的信号 $f(t)$ 经过地幔电导层 M_c 时，输出信号为 $g(\tau)$，

$$g(\tau)=\int_0^{\infty} f(t)h(t-\tau)\mathrm{d}t,$$

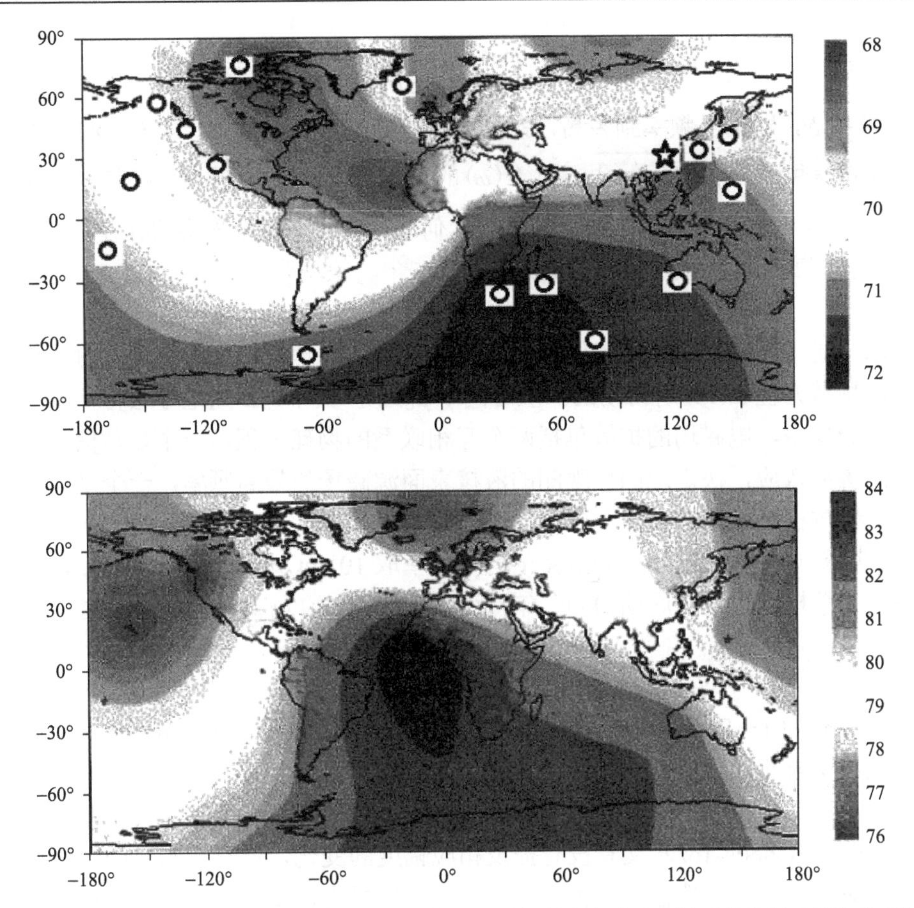

图 5.53 1969(上)，1978(下)两个磁场突变事件出现时间的空间分布图中小圆圈(五星为北京)表示除欧洲以外的观测台站，总共有 30 余个，欧洲占 2/3，过于密集，图中没有标出；白色地区突变时间分别为 1970 和 1979，向北早于 1970 和 1979，向南迟于 1970 和 1979，黑色越深，到达时间差别越大(De Michelis and Tozzi，2005)

式中，$h(t)$ 为 M_c 层的脉冲响应，即地幔电导层对于输入信号 $f(t)$ 相当于低通滤波器，滤波函数由 $H(\omega)$ 决定，$H(\omega)$ 为 $h(t)$ 的傅里叶变换．设

$$f(t)=\sum_{k=0}^{\infty}\cos(\omega_k t-\varphi_k^0), \tag{5.296}$$

物理上不难相信，$H(\omega)$ 仅仅与地幔电导率和几何有关，而几何可视作不变，故假定 $H(\omega)$ 仅仅由电导率σ决定，则滤波结果可表示为

$$g(t)=\sum_{k=0}^{N}g(\sigma)\cos[\omega_k t-(\varphi_k^0+\varphi_k(\sigma))], \tag{5.297}$$

即电导地幔改变了输入信号的幅度($g(\sigma)$)和位相($\varphi_k(\sigma)$)，结果，除幅度减少外，位相将延后，即：

$$g_k(\sigma)=g_k \mathrm{e}^{-a_k(\sigma)},\quad \frac{\partial\varphi_k(\sigma)}{\partial\sigma}>0,\quad \varphi_k(0)=0 \tag{5.298}$$

$$\varphi_k^0 + \varphi_k(\sigma) = \varphi_k^0 \mathrm{e}^{\Phi_k(\sigma)}, \quad \frac{\partial \Phi_k}{\partial \sigma} > 0, \quad \Phi(0) = 0 \tag{5.299}$$

式(5.297)中 N，即信号频率到多高，就再也不能穿越地幔电导层，即 $H(\omega)$ 的截止频率，由信号穿透深度 $\delta = \sqrt{2/(\mu_0\sigma\omega)}$，即 $H(\omega)$ 的截止频率 ω，取决于电导层的电导 σ 和厚度 δ，至于非电导地幔和地壳，则信号只伴有几何衰减．而地幔电导层的存在，将使源于液核表面的长期变化幅度减小，相位延迟．

因此，图 5.53 中磁场突变南部较北部要晚，合理的判断应该是：南部地幔电导率 σ 高于北部．进一步，我们还可以做些半定量的估算．物理上不失一般性，对于静止电导介质磁场扩散方程(5.14)所得场的扩散时间 $\tau = \mu_0\sigma L^2$，其中，L 为电导层特征尺度．这说明，静止导体中，电磁场的扩散包括两个互相联系的物理过程，一个是与信号变化快慢 ω 相应的屏蔽效应，决定地面可观测的液核表面源磁场的最高频率，一个是与信号延迟相应的扩散过程；而两者都与介质电导率 σ 有关，因此，屏蔽和扩散都为人们提供了研究介质(地幔)电导率的途径；如地幔平均电导率取 10^2 mΩ/m，L 取 2000 km，可得地面可观测到的液核磁场最快周期约为一年，而扩散时间 τ 约为 3—4 年，由关系

$$\frac{\mathrm{d}\sigma}{\sigma} = \frac{\mathrm{d}\tau}{\tau}, \tag{5.300}$$

按图 5.53，$\delta\tau$ 为 1—2 年；可得地幔南半球 σ 约比北半球高 40 mΩ/m．当然也可能是南部地幔电导层较北部要厚．

最后，还需指出：(5.298)表明伴随与较高电导率 σ 时间延迟，应该有相应幅度 f_n 的减少．De Michelis-Tozzi 文章没有提及相应幅度的变化，但有无与时间延迟伴随的幅度变化，对结果的可靠性也是一种佐证，这也是这里为何要讨论地幔电导层如何修正液核信号的原因．

(iv.3)突变强弱的量度

定义突变强度并非易事，磁场强度虽含有突变信息，但用来定义突变绝无可能；磁场的一次微分，如图 5.42、图 5.43 所示，突变虽很明显，但与长期变化的稳定成分混在一起，用来定义突变强度也有困难；而磁场二次微分，即磁场变化的加速度，如图 5.41 所示，是一阶跃函数，可视为已将长期变化的稳定与突变部分分开；倘若式(5.260)中直线不包含突变部分，则 $|a_2-a_1|$ 的大或小可定义为突变强度；磁场三次微分，则只保留了突变信息，可用近似脉冲信号的绝对幅度 A_j 定义突变强度(图 5.54)．实则，下一节将会看到，$|a_2-a_1|$ 已有人把它视为突变强度在使用．突变强度可用三分量的平方和再开方，或只用 y 分量．

(v)磁场突变的几何源

几何源指突变源于地球内或外．磁场突变源于地球内或地球外，自 20 世纪 70 年代中期，发现 1969 事件后就有争论，特别是因它的重复时间约为 10 年，与太阳黑子 11 年的重复周期相近，而太阳黑子活动会伴有很强的地磁场扰动，则更易让人相信外源的可能性．当然，一直是内源观点居多数．

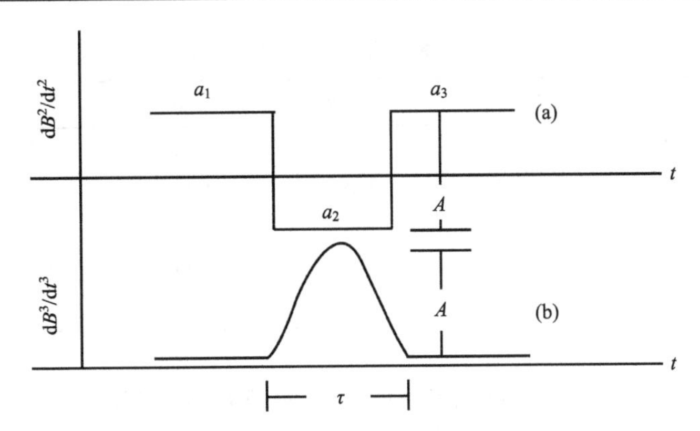

图 5.54 磁场突变可用磁场二次微分的阶跃幅度(a)或三次微分的脉冲幅度(b)定义

大家熟悉，区分地面磁场观测事件内外源最有效的方法就是球谐分析，条件是地面有足够多的台站和适当的全球覆盖率．Le Huy 等人选取全球 160 个台站，1969，1979 和 1992 三个突变事件进行了球谐分析．继 Le Huy 等人由公式(5.260)对每个事件利用 $\bar{y}$ 分量求得两直线，并由残差确定事件发生时间后，再对 x，z 两分量同样作直线回归求得三分量的 a_2，a_1．Le Huy 等(1998)：选取磁场对时间的二次微分，即磁场的加速度，即前节所说阶跃函数的突变定义为突变强度，

$$\delta \ddot{B}_i = a_2^i - a_1^i, \quad i = x, y, z \tag{5.301}$$

即把三分量的二次微分 $\delta\ddot{x}$，$\delta\ddot{y}$，$\delta\ddot{z}$ 定义为磁场突变．把各台 $\delta\ddot{B}_i$ 值代入式(5.204)—(5.206)，用最小二乘法，取球谐级数 N=4，求得内源场球谐系数 $\delta\ddot{g}_n^m$，$\delta\ddot{h}_n^m$，外源 $\delta\ddot{q}_n^m$，$\delta\ddot{s}_n^m$，n=1，2，…，N，m=0，1，…，n，由总系数个数 M=2N(N+2)，N=4，共 48 个系数，内、外各 24，单位为 nT/a^2．台站分布及球谐系数结果请参阅 Le Huy 等人的文章，这里仅列出磁场突变空间能量谱的结果，以便了解由(5.301)所定义的突变强度，以及内、外源场的大小．定义内、外场空间能量谱分别为

$$R_i = \sum_{n=1}^{N} R_i(n) = \sum_{n=1}^{N} \left[(n+1) \sum_{m=0}^{n} \left[(\delta\ddot{g}_n^m)^2 + (\delta\ddot{h}_n^m)^2 \right] \right], \tag{5.302}$$

$$R_e = \sum_{n=1}^{N} R_e(n) = \sum_{n=1}^{N} \left[n \sum_{m=0}^{n} \left[(\delta\ddot{q}_n^m)^2 + (\delta\ddot{s}_n^m)^2 \right] \right], \tag{5.303}$$

$R_i(n)$，$R_e(n)$ 列于表 5.7a，表 5.7b，其中表 5.7a 是全球 160 台的计算结果，表 5.7b 是 89 个台站的结果．

表 5.7a 1969，1979，1992 突变事件的空间能谱 单位：(nT/a^2)^2

n	$R_i^{1969}(n)$	$R_e^{1969}(n)$	$R_i^{1979}(n)$	$R_e^{1979}(n)$	$R_i^{1992}(n)$	$R_e^{1992}(n)$
1	3.23	0.49	0.41	0.16	1.32	1.68
2	21.42	1.84	15.87	0.29	8.56	2.37
3	12.39	0.56	11.58	0.92	14.13	3.23
4	5.49	2.48	5.64	1.23	10.60	0.94
总和	42.53	5.36	33.51	2.60	34.62	8.23

表 5.7b　1969，1979，1992 突变事件的空间能谱(只选用 89 个台站)　　单位：$(nT/a^2)^2$

n	$R_i^{1969}(n)$	$R_e^{1969}(n)$	$R_i^{1979}(n)$	$R_e^{1979}(n)$	$R_i^{1992}(n)$	$R_e^{1992}(n)$
1	4.41	1.40	2.57	0.52	1.14	0.74
2	20.22	4.10	14.84	0.30	15.06	6.22
3	19.60	1.94	20.49	4.45	15.75	6.91
4	9.53	3.47	7.19	2.20	6.83	2.68
总和	53.74	10.91	45.08	7.47	38.77	16.56

从表中可以看出，三个事件内源强度约为 34 至 $42(nT/a^2)^2$，外源为 2.6 至 $8.23(nT/a^2)^2$；89 个台站的结果有约内源 20%的差异，外源 50%的差异，说明台站分布对结果有不可忽视的影响；内源较外源场显著增强，除去 1992 事件，内、外场约为 5/1.

Le Huy 用式(5.301)定义磁场突变是可取的，由此对全球台站资料球谐分析结果，给出了突变定量的描述，即上面指出的约 $34(nT/a^2)^2$ 的能谱强度，但以此为定义的球谐分析定义突变事件的内、外源场，数学上则是一悖论. 式(5.301)中突变事件 $\delta\ddot{B}_i$ 是由 a_2^i 和 a_1^i 来定义并计算的，按式(5.260)，a_2，a_1 所代表的是长期变化稳定部分，即长期变化本身. 无论是数学或物理上，科学界早已确认，基本磁场及其长期变化源于液核内部发电机过程. 既然 a_2，a_1 都起源于地球内部，它们的差无疑也必然源于地球内部，因此用公式(5.301)定义的突变，做球谐分析，结果并不能代表突变事件的内、外源场，这就是我们所说悖论. 当然，要再次强调，用这个差表征突变强度无疑是正确的.

可反过来，一个事件可以用如(5.301)形式的内部场来表征，或者说仅仅是内部场的函数，逻辑上这类事件应该是来源于地球内部；物理上，如图 5.42 所示，突变事件是把两个方向相反相似两直线的物理过程连接起来的过程，理应是同一物理过程的一部分，稳定过程源于地球内部，连接两个部分的过程的部分却来源于外部，则是匪夷所思的. 因此，从数学和物理逻辑考虑，无疑突变事件来源于地球内部，且只可能源于地球内部. 这也是为什么自始多数学者坚信，磁场突变源于地球内部的原因所在. 既然“突变”源于液核，则应是全球性的. 至于有的事件有些地方观测不到或不明显，有多种因素的影响，特别是地幔的屏蔽效应.

我们一再强调，图 5.54a 用阶跃函数定义突变，是长期变化稳定时段远大于突变时段的一种抽象，它视突变为阶跃，意味着忽略了突变的实际过程. 但用图 5.54b，即用场对时间的三次微分描述突变，仅把稳定过程三次微分视为零，而保留突变在时段 τ 的变化，则有可能研究突变的时间过程，必要时可对多个事件进行统计分析. 用三次微分所定义的突变，做球谐分析，则真实反映突变事件的内、外源场，而球谐不同阶次 g_n^m，h_n^m，也真实反映突变的空间谱，当用突变反演地幔电导率时，空间谱分布是必须考虑的参量.

(vi) 磁场突变的物理源

既然磁场突变源于地球内部，接下来就要寻找液核内可能的运动和动力，物理上，它们有可能产生磁场突变.

(vi.1) 磁场突变的运动学

图 5.55 列出了两个我们都很熟悉的简谐运动，一个是悬挂质量的摆动，一个是弹簧

悬挂质量的伸缩．两者运动学的特点，它们的简谐，即往复性，一段“较长”时间的稳定运动，后经较短时间的转折后又是另一段反向稳定运动，为了强调，图上也画了两条直线，有如方程(5.260)的直线回归．这绝不是牵强，而是事实．这里不是和图 5.41 比较，那是理想的抽象，也不和图 5.42、图 5.43 相比，那里时间尺度太小，而是和图 5.44 相比，那里突出了突变过程，看到了突变“缓慢”的变化，就能发现它们之间的相似性；运动的重复或称往复性，或称作“振荡”(oscilation)．图中用了特征时间τ，而不是周期，但要注意，特征时间τ相当于发生两次突变事件．与之模拟的两类运动的特征时间τ分别为：摆$\tau=2\pi\sqrt{L/g}$，弹簧伸缩$\tau=2\pi\sqrt{m/k}$，L，m 是反映系统对外来作用，类似“惯性”的自身特性，越大，对外来作用反应越迟钝，特征时间 τ 越长；g，k 是外来作用力，统称恢复力，摆是重力 mg，弹簧是 kx，恢复力与运动方向相反，越大，特征时间 τ 越短．

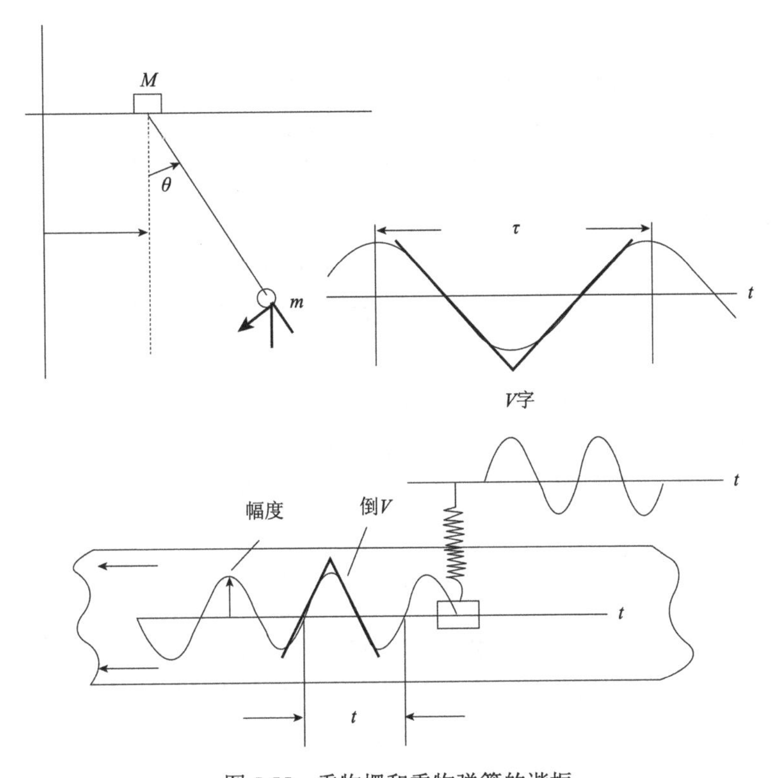

图 5.55 重物摆和重物弹簧的谐振

液核内也有似摆和弹簧伸缩的运动，称为液核振荡或泰勒振荡(Taylor oscilation)，是泰勒 20 世纪 60 年代初首先提出的，在液核动力学中有重要作用．如图 5.56 所示，这种振动发生在液核内与地球转动轴平等的柱体上、下与核幔边界相交，半径 $s\geqslant r_i$，r_i为内核半径，其中 $s=r_i$的柱体外侧面与内核相切，称为“相切柱体”(tangent sylinder)，具有特殊的动力学性能，在第六章地磁场起源有专门一节(§6.3.3(4))讲述，这里仅谈 $s>r_i$的柱体．图 5.56b 标出了柱体的振动，这种振动是似刚体一样的振动，下面一节将讨论这种振动的缘由和特性．

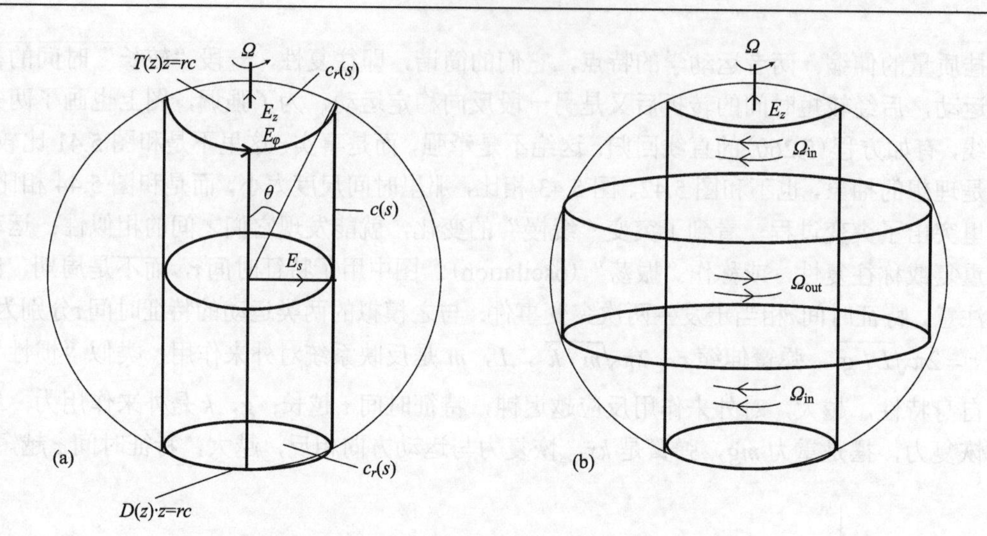

图 5.56　液核内平行柱体和平行柱体的泰勒振荡

(a) 柱体坐标 (s, φ, z)，以及柱体轴与地球转轴重合，柱面半径 $s \geqslant r_i$，r_i 为内核半径，$s=r_i$ 称作相切柱；(b) 液核平行柱体的泰勒振荡

(vi.2) 磁场突变的动力学

液核内，标志惯性力与科里奥利力之比的 Rolley 数约为 10^{-7}—10^{-9}，黏滞力与科里奥利力之比的埃克曼数约为 10^{-9}—10^{-12}，若在运动方程中忽略惯性力与黏滞力，则得

$$2\rho\boldsymbol{\Omega}\times\boldsymbol{V} = -\nabla P + \rho\boldsymbol{g} + \boldsymbol{J}\times\boldsymbol{B} + \rho\beta g T'\hat{\boldsymbol{r}}, \tag{5.304}$$

式中，ρ 为液核密度，$\boldsymbol{\Omega}$ 为地球自转角速度，$\boldsymbol{g}$ 为重力，$\boldsymbol{J}\times\boldsymbol{B}$ 为洛伦兹力，$\rho\beta gT'\hat{\boldsymbol{r}}$ 为浮力，$\hat{\boldsymbol{r}}$ 为 $\boldsymbol{r}$ 方向单位矢量，T' 为坐标点与液核顶部的温差，β 为液核热膨胀系数，P 为流体静压力，包括离心力 f_r，

$$f_r = -\frac{1}{2}\nabla\left[(\boldsymbol{\Omega}\times\boldsymbol{r})\cdot(\boldsymbol{\Omega}\times\boldsymbol{r})\right] = \frac{1}{2}\nabla(\Omega^2 s^2), \tag{5.305}$$

其中 s 为 r 点离开转轴的垂直距离 (图 5.56)．很显然，方程 (5.304) 为科里奥利力与液核中电磁力、压力、重力以及浮力相平衡的运动方程，运动速度 V 只包含在科里奥利项中．

为进一步显示运动与电磁力的关系，对方程 (5.304) 取旋度 ($\nabla\times$)，除科里奥利力和电磁力外，其他三项旋度为零，得

$$-2\rho\Omega\frac{\partial\boldsymbol{V}}{\partial z} = \nabla\times(\boldsymbol{J}\times\boldsymbol{B}), \tag{5.306.1}$$

或用磁场 B 代换 J，

$$-2\rho\Omega\frac{\partial\boldsymbol{V}}{\partial z} = \frac{1}{\mu_0}\nabla\times\left[(\nabla\times\boldsymbol{B})\times\boldsymbol{B}\right], \tag{5.306.2}$$

(5.306) 即电磁力与液核运动所满足的方程，其中已假定液核不可压缩，即 $\nabla\cdot\boldsymbol{V}=0$．方程 (5.306.2) 对 z 积分，得

$$V_M=\frac{1}{2\mu_0\rho\Omega}\int\nabla\times[(\nabla\times\boldsymbol{B})\times\boldsymbol{B}]\mathrm{d}z, \tag{5.307}$$

V_M 即与电磁力相联系的液核运动，满足方程(5.306)，在液核动力学中通常称作“电磁风”(elecro-magnetic wind)，是液核运动的重要组成部分.

进一步，对(5.304)中各项取柱坐标$(s,\ \varphi,\ z)$的φ向分量，并对柱体侧面积分，显然，$-\nabla P, \rho g, \rho\beta g\boldsymbol{r}$都在子午面内，无$\varphi$分量，而科里奥利力项柱坐标系中的三分量为$(-2\rho\Omega V_\varphi,\ 2\rho\Omega V_s,\ 0)$，即得

$$\iint\limits_{C(s)}2\rho\Omega V_s s\mathrm{d}\varphi\mathrm{d}z=\iint\limits_{C(s)}\frac{1}{\mu_0}[(\nabla\times\boldsymbol{B})\times\boldsymbol{B}]_\varphi s\mathrm{d}\varphi\mathrm{d}z, \tag{5.308}$$

方程(5.308)左侧是运动速度的柱体径向分量对柱体侧面的积分，图 5.56a 中，柱体侧面$C(s)$项及两底与液核球面相交形成的球冠面$T(z)$和$D(z)$，与柱侧面一起构成封闭柱面，液核液体不可压缩，$\nabla\cdot\boldsymbol{V}=0$，而$V_\varphi$对散度无贡献，则有

$$\iint\limits_{C(s)}V_s\mathrm{d}C(s)=\iint\limits_{T(z)}V_z\mathrm{d}T(z)+\iint -V_z\mathrm{d}D(z)=0,$$

而在柱冠面上，属核幔边界$V_z=0$，因而得

$$\iint\limits_{C(s)}V_s\mathrm{d}C(s)=0, \tag{5.309}$$

即方程(5.308)左端为零，最后得到

$$\iint\limits_{C(s)}\frac{1}{\mu_0}[(\nabla\times\boldsymbol{B})\times\boldsymbol{B}]_\varphi s\mathrm{d}\varphi\mathrm{d}z=0. \tag{5.310}$$

方程(5.310)是泰勒(Taylor, J. B.)1963 年首先提出的，它表明，一个密度ρ均匀、非黏滞、不可压缩、转动$(\boldsymbol{\Omega})$液体中，电磁力$(\nabla\times\boldsymbol{B})\times B$的$\boldsymbol{\varphi}$分量，在与转轴平行柱体侧面的积分为零，满足式(5.310)的液核状态，称为泰勒状态(Taylor state)、泰勒条件(Taylor condition)或泰勒约束(Taylor constrain).

我们看泰勒状态(5.310)所蕴含的物理. 首先它成立的前提，物理上，密度均匀，不可压缩，液核都能成立，这里要强调的是惯性力和黏滞力的忽略，几何上，是发生在与转轴平行柱体的侧面$C(s)$；第二，式(5.310)中电磁力φ分量是以转轴为中心，垂直柱体半径s，作用于柱体侧面的切向力，本质上是力矩；第三，运动方程(5.304)中，除洛伦兹力$(\nabla\times\boldsymbol{B})\times\boldsymbol{B}$外，其他力，压力$\nabla P$，重力$\rho g$，浮力$\rho\beta g T\boldsymbol{r}$，科里奥利力$2\rho\boldsymbol{\Omega}\times\boldsymbol{V}$都没有$\varphi$方向分量，对(5.310)侧面积分均无贡献，亦即没有其他力矩作用于柱体侧面，以平衡洛伦兹力矩，则物理上，它必须为零，否则柱体将不停地转、加速，直至转速无穷大，这显然是不可能的. 因此液核中，必须满足泰勒状态，只有，也只有满足泰勒状态(5.310)，液核运动方程和电磁方程才会有解；最后，满足泰勒状态(5.310)时，运动解$\boldsymbol{V}$仍可有无穷多个. 假定泰勒状态满足，在运动速度满足方程(5.309)的解，加上任何运动$V_g(s)\boldsymbol{e}_\varphi$，仍可作为运动方程的解，并满足泰勒状态，其中$V_g(s)\boldsymbol{e}_\varphi$沿柱面切向方向$(\boldsymbol{e}_\varphi)$，仅仅与质点到轴线的垂直距离$s$有关，与$\varphi$和$z$都无关. 首先，与$V_g(s)$有关的科里奥利力的三个

分量 $2\rho\,\boldsymbol{\Omega}\times V_g(s)\,\boldsymbol{e}_\varphi=(-2\rho\Omega V_g(s),\ 0,\ 0)$，无$\varphi$方向的分量，因而对(5.310)积分无贡献，加上运动 $V_g(s)$，泰勒状态仍然维持；再有 $V_g(s)\,\boldsymbol{e}_\varphi$ 只是柱体径向坐标 s 的函数，$\partial V_g(s)/\partial z=0$，加上 $V_g(s)$，方程(5.306)仍然成立，因而表明，$V_g(s)$是与电磁力相连接的运动方程的解电磁风 V_M 的组成部分，又因与 $V_g(s)$ 有关的科里奥利力只有 $\boldsymbol{e}_s$ 分量，增加 $V_g(s)\,\boldsymbol{e}_\varphi$，也可满足运动方程(5.304)．运动 $V_g(s)\,\boldsymbol{e}_\varphi$在液核动力学中扮演重要角色，称作地转运动(geostrophic)．

泰勒状态(5.310)是在忽略惯性和黏滞力的情况下得到的，两者虽小，但若有$\boldsymbol{\varphi}$分量，与其他力的“零”贡献相比，对泰勒状态的作用就不可忽略了．例如，与回转运动 $V_g(s)\,\boldsymbol{e}_\varphi$ 相应的惯性力，即有$\boldsymbol{\varphi}$分量，但仅和坐标 s 有关，因此在柱面 $C(s)$ 上为常数，在柱面积分，即 $V_g(s)$ 与 $C(s)$ 总面积相乘，得

$$I(s)\frac{\mathrm{d}V_g(s)\boldsymbol{e}_\varphi}{\mathrm{d}t}=\frac{1}{\mu_0}\iint_{C(s)}[(\nabla\times\boldsymbol{B})\times\boldsymbol{B}]\mathrm{d}C(s), \tag{5.311}$$

式中，$I(s)=4\pi\rho s r_o\cos(\theta)$，$r_o$ 为外核半径．前面曾经指出，(5.310)或(5.311)中，泰勒积分，实质上电磁力作用于液核平行柱体的力矩，因而左端惯性力项用了转动惯量 $I(s)$，而 $I(s)=4\pi\rho s r_o$，正是转动惯量的量纲，所差的只剩方程(5.311)左边 $V_g(s)$ 是回转速度，并非角速度，右边是力而不是力矩，即每一侧都差一个柱体半径 s．因此，方程(5.311)仍然是液核柱刚体运动方程．

假设因某种扰动(激发)，液核内柱体偏离了泰勒状态，即偏离“零”状态，激发了回转运动 $V_g(s)\,\boldsymbol{e}_\varphi$，这时与以上泰勒状态下运动会发散不同，这时有惯性力(方程左侧)，运动将遵从方程(5.311)，而不再是(5.310)．方程(5.311)表明，当液核偏离平衡状态(即泰勒状态)，液核柱体产生回转运动 $V_g(s)\,\boldsymbol{e}_\varphi$，运动 $V_g(s)$ 反抗电磁力作功，电磁力将反作用于液核柱体，企图把柱体拉回到原平衡状态，这样惯性力与电磁力相互作用激发了液核柱体的刚体振荡，即泰勒振荡．以上悬挂摆和重物弹簧的运动是外来因素激发的结果，液核运动也是外部激发，前者恢复力分别是重力和弹力，而泰勒振荡恢复力则是电磁力，与摆和弹簧由于空气阻力，最终又回到各自的平衡状态(静止)一样，液核如图 5.56b 所示的振荡，因焦耳热损耗，最后也会回到泰勒状态．这样，再激发，再振荡，往复不止，振荡与磁场相互作用，因磁场突变时间尺度与扩散时间相比很短，磁场冻结扩散方程(5.26)中忽略扩散项，即磁场满足冻结方程

$$\frac{\partial\boldsymbol{B}}{\partial t}=\nabla\times(\boldsymbol{V}\times\boldsymbol{B}), \tag{5.312}$$

方程(5.312)与运动场即电磁风 $V_g(s)$ 相应的解，即磁场突变．液核柱体的振荡，时间特征值τ，用量纲比较法可做粗略的估计，方程(5.311)右端

$$\frac{1}{\mu_0}\iint_{C(s)}[(\nabla\times\boldsymbol{B})\times\boldsymbol{B}]\mathrm{d}C(s)\approx\frac{4\pi r_0^2\,\overline{B^2}}{\mu_0 r_0}\approx\frac{\overline{B^2}I(s)}{\mu_0\rho r_o},$$

式中，$\overline{B^2}$ 代表 B^2 值在柱面 $C(s)$ 的平均值．左端

$$I(s)\frac{\mathrm{d}V_g(s)}{\mathrm{d}t}\approx\frac{r_o I(s)}{\tau^2},$$

得

$$\tau \cong r_o\left(\frac{\mu_0\rho}{B^2}\right)^{1/2} = \frac{r_0\sqrt{\mu_0\rho}}{B}. \tag{5.313}$$

若取 $B\approx0.5$ mT=5G（$[M]^{1/2}[L]^{-1/2}[T]^{-1}$），其他量见液核几何、物理参量表 6.2，为计算方便，这里采用高斯单位，$\mu_0=1$，$\rho\approx10$ g/cm^3 ($[M][L]^{-3}$)，$r_0\approx3.5\times10^9$ cm ($[L]$)，估算$\tau\approx20$a，如前所述，τ包括两个磁场突变事件，即$\tau/2$ 约 10a 左右为磁场突变重复发生的时间间隔，与观测结果符和较好，因此说，液核内柱体振荡有可能是磁场突变的动力源.

(vi.3) 日长变化与磁场突变

这里一再强调，任何地球内部的推断、反演都不是唯一的，需要多种可能的有关现象的验证. 液核平行柱体的泰勒振荡也应寻找有关地球物理乃至天文观测结果的支持.

日长(length of day)是地球、地壳、地幔自转一周所需时间. 地核与地幔是相互耦合在一起的，耦合机制包括电磁耦合和力学耦合，这里只关注电磁耦合. 下地幔是导电的，特别越近液核电导率越高，则液核内磁场的变化，例如磁场突变，将在下地幔产生感应电磁场，因而两者产生电磁耦合，地幔电导率越高，电磁耦合越强，甚至有人认为，下地幔近液核边界处有一薄层，电导率与液核相近(Holme and de Viron, 2005; Bloxham et al., 2002; Wardinski, 2007; Jault, 2007).

既然地幔与液核耦合在一起，即相互有力矩作用，当磁场发生突变时，液核作用于地幔的力矩发生相应变化，使地幔跟随液核转动，则日长应产生相应的变化. 因此如果存在泰勒振荡，通过核幔电磁耦合，地幔转动，日长应有与液核相当的变化，倘若液核振荡是磁场突变的动力源，则磁场突变与日长变化应能找到适当的对应关系. Home 和 de Viron 详细分析了日长与磁场突变多个突变事件，结果绘于图 5.57. 从图上可以看到，多数日长突变后 3—5a 出现磁场突变，两者有很好的对应. 至于磁场突变事件落后于日长变化，这与前面“突变发生时间全球分布”中分析地球南部较北部突变到达时间晚 1—2a 的分析(5.300)相符，即电导地幔对液核突变信号的延迟. §6.3.3(2)中也有泰勒振荡与日长关系的讨论.

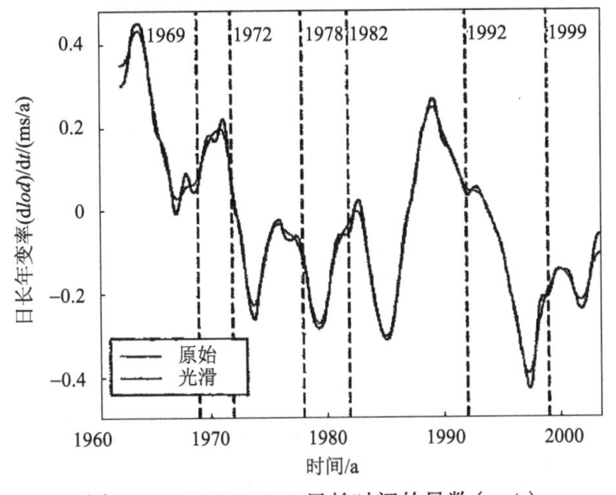

图 5.57 1960—2005 日长时间的导数(ms/a)

细(原始)粗(光滑)两条实线代表日长年变率(ms/a)垂直虚线为磁场突变发生年代

5.4　地球的变化磁场

除稳定的基本磁场及其缓慢的长期变化外，地磁场还存在各种类型的短期变化，叫作地球的变化磁场．与基本磁场不同，变化磁场主要来源于地球外部．在地球表面这种变化磁场比基本磁场要小得多，通常约为万分之几到千分之几，偶尔可达百分之几．变化磁场在地面上的数量虽小，但由于它来源于高空，因此其空间分布和时间变化能够反映高空各种电磁过程，对于研究高空物理现象，空间介质的性质和运动状态是很重要的．正如本章开始所说，地球变化磁场和空间电磁过程的关系，是地磁学迅速发展的一个分支领域，构成了空间物理的部分研究内容．

变化磁场包括非常复杂的多种类型．根据时间和干扰程度可以划分为平静变化和干扰变化两类．平静变化是指时间上连续存在的周期性变化，它包括太阳静日变化(S_q)和太阴日变化(L)；所谓干扰变化是偶尔出现，持续时间有长有短的各类变化的总称，它包括太阳扰日变化(S_D)，磁暴场(D)，钩扰(C_r)和地磁脉动P．磁暴场(D)又可区分为暴时变化(D_{st})，暴时扰日变化(D_s)和极区亚暴(D_p)．其中D_p在中低纬度又称为湾扰(B)，暴时日变化(D_s)是通常扰日变化(S_D)在磁暴时的特殊形式.以上各种变化除静日变化S_q，太阴日变化L，湾扰B和钩扰C_r与地方时有关外，其他变化场都与世界时有关，在全球各地依照同一的时间规律发生和演变．以上各类变化场δH的分类可概括为：

$$\partial H = \partial H_q + \partial H_D, \qquad \partial H_q = S_q + L,$$

$$\partial H_D = S_D + D + C_r + P, \qquad D = D_{st} + D_s + D_p(\text{或}B).$$

变化磁场的产生与太阳活动有关．太阳活动又有粒子辐射和光辐射之分．按照这种辐射源的不同，地磁学中又常将变化磁场分为“K”变化和非“K”变化两类．所谓“K”变化，是指由于太阳辐射的高速等离子体到达地球与地磁场相互作用而产生的变化磁场；而非“K”变化则是由于太阳紫外辐射使高空大气电离，这种电离的大气在地磁场中运动所产生的附加磁场．除太阳静日变化、太阴日变化和钩扰是非“K”一类变化外，其余均为“K”变化．

从上述简要叙述已经可以看出，各种变化磁场不仅来源各异，其时间和空间变化规律也是相当复杂的．详细叙述各种变化的规律和理论远远超出了本书的范围．下面仅对其中较为重要的类型和概念，诸如地磁指数、太阳日变化、磁暴和磁亚暴等分别逐一介绍．

5.4.1　地磁指数、国际磁静日和磁扰日

既然地磁场存在干扰变化，那么“干扰程度”的度量标准在地磁学中就应是必不可少的．地磁场的干扰与太阳活动有关．这种干扰程度与太阳活动的统计相关性是日地关系研究的重要内容，也是探讨造成各种干扰具体太阳活动源的基础．但很显然，由于干扰在地磁场中的表现千差万别，具体磁场数值的罗列很难直观反映这种干扰程度，在统计计算中也不方便．为此，国际地磁和高空物理协会(IAGA)及其前身国际地磁和地电协会(IAME)规定了各种地磁指数，作为地磁干扰程度的度量标准．这种地磁指数不下十

多种，鉴于地磁指数在地磁学中经常遇到，是建立地磁扰日的基础，在这里就其中常用的几个地磁指数做简要介绍．

(1) 磁情记数 C 和 C_i

磁情记数 C 是逐日静扰情况的量度，以 0，1，2 三个数字表示干扰程度．对于每个地磁台由世界时 0″至 24″，即一个整世界日的地磁记录，凭经验做出判断：若干扰程度适中，处于该地的平均状态，C 记做"1"，平静记做"0"，干扰强则记做"2"．磁情记数 C 虽然粗糙，但却是干扰程度一种方便而迅速的量度．

各个国际合作台站把所得磁情记数 C 迅速寄往荷兰德俾尔 (De Bilt) 中心台，然后将各台 C 取算术平均保留一位小数，这样得到的指数称为国际磁情记数，用 C_i 表示．C_i 由 0 到 2 共 21 个等级，表示各世界日全球扰动的程度．

(2) 磁情指数 K 和行星性指数 K_p

对于小于一天的各不同时段扰动程度的区分，磁情记数 C 和 C_i 是无能为力的．因此，国际地磁和地电协会于 1939 年又确定了新的磁情指数 K．与凭经验选取的记数 C 不同，磁情指数 K 是太阳粒子辐射引起的地磁扰动的一种较为精确的量度．K 的标度为从 0 至 9 的所有整数，共 10 级，每一级对应一定的干扰幅度 R．将各台一个世界日水平强度的磁照图按每三小时为一个时段，共划分为 8 段，消去非 K 变化 S_q 和 C_r 后，按每时段的扰动幅度 R 求得对应的指数 K．由于扰动幅度 R 随纬度有显著差异，而指数 K 是同一扰动源的客观量度，因此不同纬度的台站，幅度 R 与 K 的对应有不同的标度．关于各台对应标度的选取，老的台站是由 1938 年每个台的 R 值与相应时段标准台的 R 比较而统一建立的．新的台站可通过与同纬度各台的比较统计得出．并且规定 K=9 的下限幅度 R 应与国际地磁和高空物理协会协商确定．表 5.8 为国际标准地磁台和我国北京地磁台的 K 与 R 的对应关系．

表 5.8　国际标准地磁台和我国北京地磁台的 K 与 R 的对应关系

标准台 (Niemegk, 52°04′N, 12°40′E)																				
K=	0		1		2		3		4		5		6		7		8		9	
R=		5		10		20		40		70		120		200		330		500		(nT)
北京台																				
K=	0		1		2		3		4		5		6		7		8		9	
R=		3		6		12		24		40		70		120		200		300		(nT)

尽管 K 与 R 的对应考虑了干扰的地理分布的影响，但这仅仅是统计意义上的，对于具体的一个台站，每个世界日 8 个具体的数 K 仍包含有局部因素．为此又选取全球分布适当的 12 个台站，将每日 K 指数汇集平均，得到消除局部影响的所谓行星性磁情指数 K_p (planetary index)．当 12 个台站 K 值取平均时，将每一级又分为三级，如 K=4 分成 4_-，4_0，4_4，而 0 和 9 只有 0_0，0_+，9_-，9_0，这样指数 K_p 从 0 至 9 共 28 级．

(3) 指数 a_k 和 a_p

由于记数 C 和 C_i 作为逐日扰动程度的量度比较粗糙，不能完全满足统计研究的要求，人们又选择了量度逐日扰动程度的新指数．能否采用 3 小时指数 K 或 K_p 一天 8 个数的总和作为新的逐日干扰的量度呢？从下面例子容易理解，这显然是不合适的．例如，某日 K 为 1 1 1 1 1 1 1 1，另一天为 0 0 0 0 0 0 0 8，两天 K 的总和全为 8，但前者相当平静，而后者最后三小时却存在很强的扰动．这种弊病的产生是由于 K 指数的级数和磁场扰动幅度为准对数关系，直接相加等权求和是不适宜的．为克服这种弊病，可以把 K 恢复为扰动量的磁场数，这与前面所说直接使用磁场数值量度干扰程度的不方便并不矛盾，这里采用的是已经按扰动规范化了的磁场数值．恢复的办法是按表 5.9a 所定规范把 K 与磁场幅度联系起来．

表 5.9a　K 与等价幅度 a_k 的转换表

K	0	1	2	3	4	5	6	7	8	9
a_k	0	3	7	15	27	48	80	140	240	400

不同台站的 a_k 的单位因子不同，由台站 K=9 的下限幅度 R 除以 250 来定．例如，标准台(Niemegk) K=9，R=500，则 a_k 单位为 2nT．这样由表 5.9a 和 K= 9 的下限幅度 a_k 已变为线性尺度，则指数 a_k 不仅可作为逐日干扰程度的量度，同样可以由 a_k 的月、季或年均值来量度逐月或逐年的干扰程度．

同样方式亦可将三小时 K_p 指数按一定规范转换成扰动幅度得到指数 a_p，其转换标准如表 5.9b 所示．

表 5.9b　K_p 与等价幅度 a_p 的转换表

K_p	0_0	0_4	1_-	1_0	1_4	2_-	2_0	2_+	3_-	3_0	3_+	4_-	4_0	4_+
a_p	0	2	3	4	5	6	7	9	12	15	18	22	27	32
K_p	5_-	5_0	5_+	6_-	6_0	6_+	7_-	7_0	7_+	8_-	8_0	8_+	9_-	9_0
a_p	39	48	56	67	80	94	111	132	154	179	207	236	300	400

注：对于世界标准台 a_p 的单位为 2nT．

此外还有 15 分钟指数 Q 和用来反映赤道环电流的月指数 u 等，这里不再逐一介绍．

(4) 国际地磁静扰日

地磁静扰日的划分对于变化磁场的许多研究是必须的．划分的标准是以 K_p 指数为基础，根据世界日每天①8 个 K_p 指数的和；②8 个 K_p 指数的平方和；③8 个 K_p 指数中最大的一个；求出这三个数的平均．其中每月这个平均数最大的五天定为国际磁扰日，由最小的 10 天再选出五天即为国际磁静日．从这种选择方式可以看出，静扰日并不表示绝对的静扰程度，它有赖于每月实际扰动的强弱．

5.4.2　太阳静日变化 S_q

太阳静日变化是以太阳日(24 小时)为周期的平静日变化，由每月 5 天磁静日统计得出，通常记作 S_q．静日某一时刻 S_q 的数值为该时刻磁场值减去 S_q 为零的基线值．零基线一般采用当天的日均值．查普曼(S. Chapman)和普赖斯(A. T. Price)都曾先后提出，选用夜间值作为S_q基线比起日均值更为适宜．但随后发现，即使在夜间与S_q相联系的高空电流体系也并不为零．因此至今S_q的基线标准还无定论，通常仍沿用简便的日均值基线(Matsushita and Campell，1967)．磁静日并非绝对的平静，还会包含一定的干扰成分，这种干扰的多数随机部分可由许多静日相同时刻的数值统计叠加消除之，而磁暴之后地磁场缓慢恢复的所谓“扰后效应”对磁静日的影响，则要通过非周期改正消除．其改正值是把每日地方时 24^h 和 0^h 的差值线性分配在每一时刻．为了反映S_q场的季节差异，上述统计经常按天文季节进行，通常分为冬季(1，2 月和 11，12 月)，春秋季(3，4 月和 9，10 月)和夏季(5，6，7，8 月)三个季节．图 5.58 即为我国部分台站按上述计算步骤所得的S_q变化．

(1)S_q的形态和纬度变化

S_q除随地方时变化外，在空间不同的地方有不同的特征．不过在同一纬度的各处，其周日变化差异较小，主要是随纬度而变化．图 5.59 为全球各纬度不同季节的水平分量(*H*)、偏角(*D*)和垂直分量(*Z*)的S_q变化．由图 5.58、图 5.59 不难看出，S_q的周日变化，不同分量规律不同，北向分量 *X* 或 *H* 和垂直分量 *Z* 在地方时 11^h 和 12^h 附近有一个明显的极值，而另一个极值则不明显；偏角 *D*(或 *Y*)形似正弦波，有两个明显的极值，分别在 9^h 和 15^h 附近．S_q的纬度变化主要表现在，*X* 分量南北半球呈反对称分布(春秋季)，在南北纬度 30°变幅最小，30°南北两侧极值反向，在 30°N 和 30°S 之间，11^h 附近有极大值，30°N 以北和 30°S 以南两侧 11^h 则为极小值；与此相对应 *Z* 分量南北半球为对称分布(春秋季)，在赤道附近极值反向，南北 30°线变幅随纬度变化不显著，偏角 *D* 与 *Z* 一样在赤道处反向，南北半球呈对称分布(春秋季)，但变幅则是从赤道向南北两侧逐渐增加．从上述S_q场的时空分布可以看出，南北纬度 30°和地方时 11^h 附近具有特殊的意义．下面将会看到，这正是S_q高空电流体系焦点的位置．S_q的季节变化主要是幅度的不同，冬季变幅最小，夏季和春秋相差不大．太阳活动的高年和低年，S_q场不仅是幅度变化，其相位也有移动．从图 5.58 可以看出，我国地区的S_q场的时空变化和全球特征是一致的．

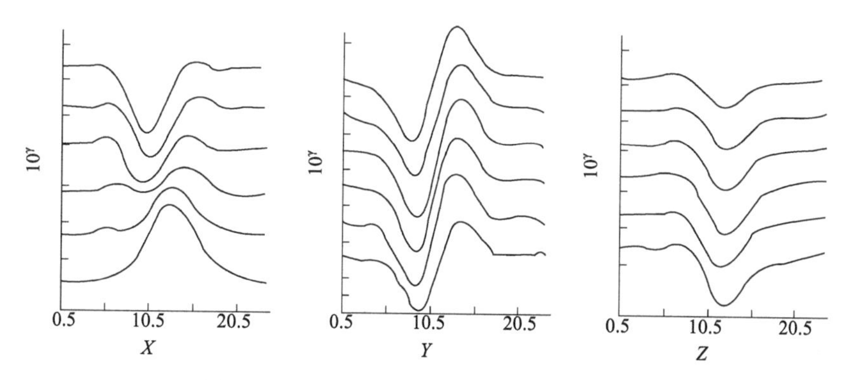

图 5.58 我国六个台站 1959 年平均日变化 S_q

自上至下：长春，北京，兰州，佘山，拉萨，广州

(2) S_q 场的球谐分析

与基本磁场不同，S_q 场的球谐分析同时包括内源场和外源场两部分，且式(5.185)中高斯系数 g, h 将为时间 t 的周期函数．因此可将它展成傅里叶级数，即

$$(g_n^m \cos m\lambda + h_n^m \sin m\lambda) = \sum_{s=0}^{\infty}[(g_{na}^{ms} \cos st' + g_{nb}^{ms} \sin st')\cos m\lambda + (h_{na}^{ms} \cos st' + h_{nb}^{ms} \sin st')\sin m\lambda], \tag{5.314}$$

g_{na}^{ms}，g_{nb}^{ms}，h_{na}^{ms} 和 h_{nb}^{ms} 分别为 g_n^m 和 h_n^m 的傅里叶系数，t' 为世界时．若采用日均值作为日变场的基线，则(5.314)中 s 从 1 开始．利用关系式

$$t = \lambda + t'$$

将(5.314)中世界时 t' 换成地方时 t，得

$$\begin{aligned} g_n^m \cos m\lambda + h_n^m \sin m\lambda &= \sum_{s=1}^{\infty}[g_{na}^{ms} \cos s\lambda \cos m\lambda - h_{nb}^{ms} \sin s\lambda \sin m\lambda \\ &\quad - g_{nb}^{ms} \sin s\lambda \cos m\lambda + h_{na}^{ms} \cos s\lambda \sin m\lambda]\cos st + [g_{na}^{ms} \sin s\lambda \cos m\lambda \\ &\quad + h_{nb}^{ms} \cos s\lambda \sin m\lambda + h_{na}^{ms} \sin s\lambda \sin m\lambda + g_{nb}^{ms} \cos s\lambda \cos m\lambda]\sin st \\ &= \sum_{s=1}^{\infty}[p_{na}^{ms} \cos(m+s)\lambda + q_{na}^{ms} \sin(m+s)\lambda + r_{na}^{ms} \cos(m-s)\lambda \\ &\quad + k_{na}^{ms} \sin(m-s)\lambda]\cos st + [p_{nb}^{ms} \cos(m+s)\lambda + q_{nb}^{ms} \sin(m+s)\lambda \\ &\quad + r_{n,b}^{m,s} \cos(m-s)\lambda + k_{n,b}^{m,s} \sin(m-s)\lambda]\sin st, \end{aligned} \tag{5.315}$$

由(5.315),可求得傅里叶系数 g, h 与 p, q, r, k 之间的关系，例如，$g_{na}^{ms} = p_{na}^{ms} + r_{na}^{ms}$，$h_{nb}^{ms} = -p_{na}^{ms} + r_{na}^{ms}$．考虑到 S_q 的空间分布主要是随纬度变化，作为近似，假定它与经度无关，则(5.315)只有一种可能的选择，即 $m=s, p=q=0$．这样(5.315)简化为

$$g_n^m \cos m\lambda + h_n^m \sin m\lambda = \sum_{m=1}^{n} r_{n\cdot a}^m \cos st + r_{n\cdot b}^m \sin st. \tag{5.316}$$

将(5.316)代入(5.184)并仍沿用符号 g，h，得

$$\begin{aligned} W = a\sum_{n=1}^{\infty}\sum_{m=1}^{n}\Bigg\{&\left[\left(\frac{a}{r}\right)^{n+1} g_n^{mi} + \left(\frac{r}{a}\right)^n g_n^{me}\right]\cos mt \\ &+ \left[\left(\frac{a}{r}\right)^{n+1} h_n^{mi} + \left(\frac{r}{a}\right)^n h_n^{me}\right]\sin mt\Bigg\} P_n^m(\cos\theta) \end{aligned} \tag{5.317}$$

虽然(5.317)与(5.84)形式相似，但两者系数的意义不同，这里 g，h 是高斯系数的傅里叶系数，已不再是时间 t 的函数，特别是这里和(5.316)与(5.315)一样有关系 $s=m$．在地球表面(5.317)简化为

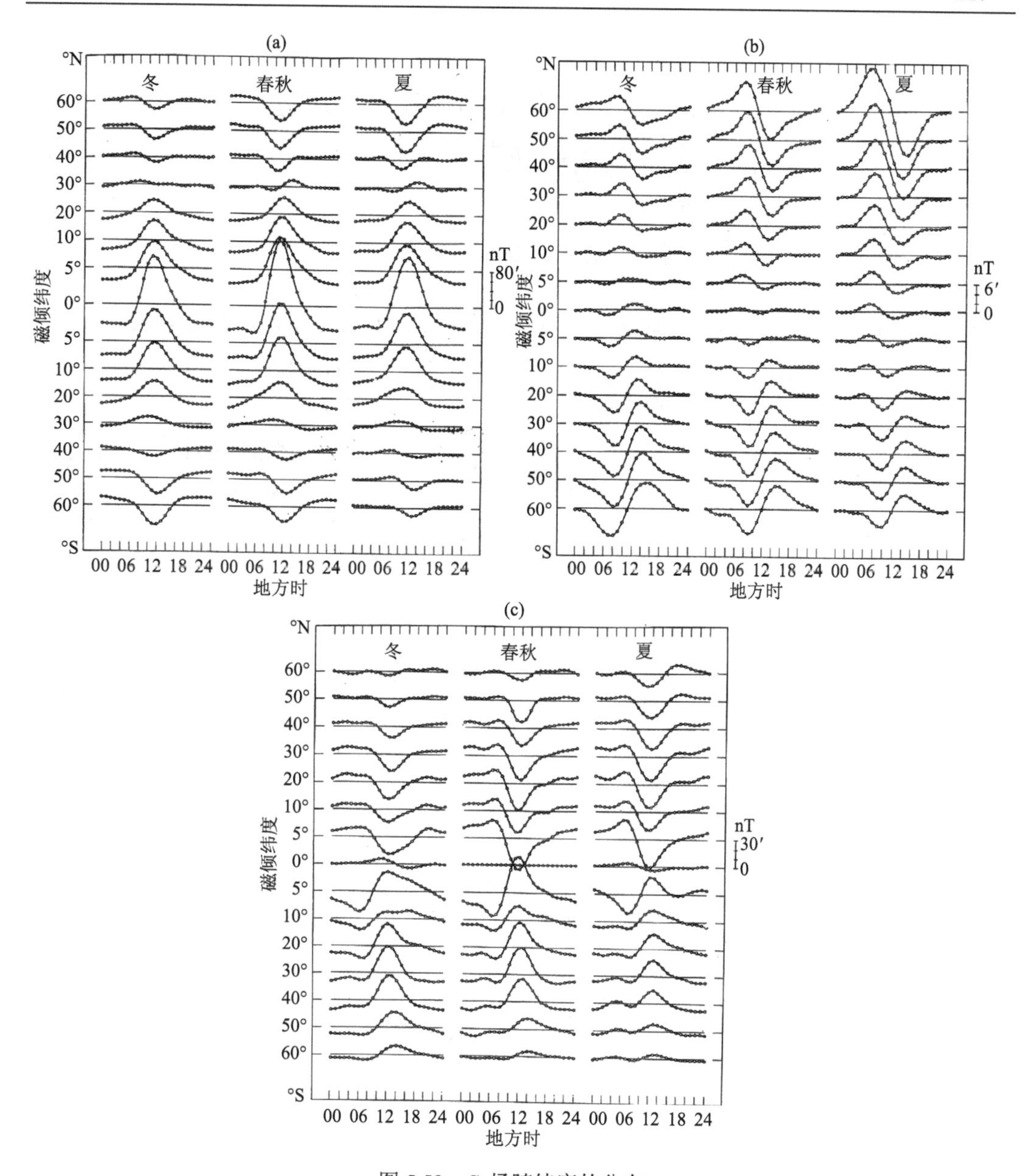

图 5.59 S_q 场随纬度的分布

(a) H; (b) D; (c) Z. 左列：冬季；中列：春秋季；右列：夏季(Matsushita and Campell, 1967)

$$
\begin{aligned}
W|_{r=a} &= a\sum_{n=1}^{\infty}\sum_{m=1}^{n}(a_n^m \cos mt + b_n^m \sin mt)P_n^m(\cos\theta) \\
&= a\sum_{n=1}^{\infty}\sum_{m=1}^{n}[E_n^m \cos(mt+\varepsilon_n^m) + I_n^m \sin(mt+\gamma_n^m)]P_n^m(\cos\theta) \\
&= a\sum_{n=1}^{\infty}\sum_{m=1}^{n}[C_n^m \cos(mt+\delta_n^m)]P_n^m(\cos\theta),
\end{aligned} \tag{5.318}
$$

式中，

$$\left.\begin{aligned}&a_n^m = g_n^{mi} + g_n^{me};\quad b_n^m = h_n^{mi} + h_n^{me}\\&(E_n^m)^2 = (g_n^{me})^2 + (h_n^{me})^2;\quad (I_n^m)^2 = (g_n^{mi})^2 + (h_n^{mi})^2\\&\tan\varepsilon_n^m = \frac{h_n^{me}}{g_n^{me}};\quad \tan\gamma_n^m = \frac{h_n^{mi}}{g_n^{mi}}\\&(C_n^m)^2 = (a_n^m)^2 + (b_n^m)^2;\quad \tan\delta_n^m = \frac{b_n^m}{a_n^m}\end{aligned}\right\}\tag{5.319}$$

北向分量(X)，东向分量(Y)和垂直分量(Z)，可由(5.317)微分求出，在地球表面

$$\left.\begin{aligned}&X = \left.\frac{\partial W}{r\partial\theta}\right|_{r=a} = \sum_{n=1}^{\infty}\sum_{m=1}^{n}(a_n^m\cos mt + b_n^m\sin mt)\frac{\partial P_n^m(\cos\theta)}{\partial\theta}\\&Y = -\frac{1}{r\sin\theta}\left.\frac{\partial W}{\partial\lambda}\right|_{r=a} = \sum_{n=1}^{\infty}\sum_{m=1}^{n}(a_n^m\sin mt - b_n^m\cos mt)\frac{mP_n^m(\cos\theta)}{\sin\theta}\\&Z = \left.\frac{\partial W}{\partial r}\right|_{r=a} = \sum_{n=1}^{\infty}\sum_{m=1}^{n}(\alpha_n^m\cos mt + \beta_n^m\sin mt)P_n^m(\cos\theta)\end{aligned}\right\}\tag{5.320}$$

式中，

$$\left.\begin{aligned}\alpha_n^m &= ng_n^{me} - (n+1)g_n^{mi}\\\beta_n^m &= nh_n^{me} - (n+1)h_n^{mi}\end{aligned}\right\}\tag{5.321}$$

(5.320)可改写为

$$\begin{aligned}X &= \sum_{m=1}\left[\left(\sum_{n=m}^{\infty}a_n^m\frac{\partial P_n^m(\cos\theta)}{\partial\theta}\right)\cos mt + \left(\sum_{n=m}^{\infty}b_n^m\frac{\partial P_n^m(\cos\theta)}{\partial\theta}\right)\sin mt\right]\\&= \sum_{m=1}^{\infty}(a_m^x\cos mt + b_m^x\sin mt)\end{aligned}\tag{5.322}$$

式中，a_m^x，b_m^x是X分量的傅里叶系数：

$$\begin{aligned}a_m^x &= \sum_{n=m}^{\infty}\left(a_n^m\frac{\partial P_n^m(\cos\theta)}{\partial\theta}\right),\\b_m^x &= \sum_{n=m}^{\infty}\left(b_n^m\frac{\partial P_n^m(\cos\theta)}{\partial\theta}\right).\end{aligned}\tag{5.323}$$

对于Y, Z分量有与(5.322)，(5.323)相似的结果，相应的傅里叶系数为a_m^Y，b_m^Y，a_m^Z，b_m^Z，它们与球谐系数的关系为：

$$\left.\begin{aligned}a_m^Y &= -\sum_{n=m}^{\infty}b_n^m\frac{mP_n^m(\cos\theta)}{\sin\theta}\\b_m^Y &= \sum_{n=m}^{\infty}a_n^m\frac{mP_n^m(\cos\theta)}{\sin\theta}\end{aligned}\right\}\tag{5.324}$$

$$
\left.\begin{aligned}
a_m^Z &= \sum_{n=m}^{\infty} \alpha_n^m P_n^m(\cos\theta) \\
b_m^Y &= \sum_{n=m}^{\infty} \beta_n^m P_n^m(\cos\theta)
\end{aligned}\right\} \tag{5.325}
$$

分析工作就是根据(5.322)，首先求出各不同纬度台站日变场 S_q 的相应分量的傅里叶系数 a_m, b_m，再由(5.323)—(5.325)用最小二乘法解出球谐系数 a_n^m， b_n^m 和 α_n^m， β_n^m，并可根据(5.319)，(5.321)将内外场区分开来．实际分析表明，日变场的傅里叶分析取 m=4 已足够精确．图 5.60 为我国长春台取 m=4 的 X 分量的计算值与观测值的比较，可以看到，除个别点稍有偏离外，两者几近一致．

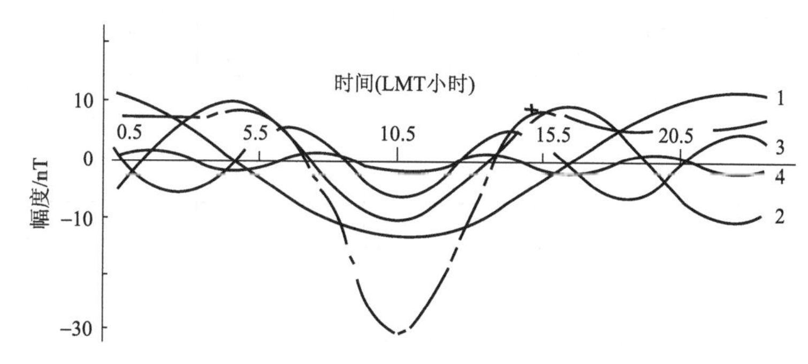

图 5.60　长春台 1959 年全年平均 S_qX 分量观测值与傅里叶分析计算值的比较(取 m=4)

实线：日变傅里叶系数各次谐波；虚线：4 次谐波叠加值和实测值，+偏离叠加值的实测值

1889 年舒斯特(A. Schuster)首先把高斯球谐分析用于 S_q 场，随后查普曼、长谷川(M. Hasegawa)等人应用舒斯特方法获得了全球 S_q 场分析的重要结果．表 5.10 为各个研究者所得不同年代 S_q 场的球谐系数 C_n^m， δ_n^m (5.318)，外场与内场幅度之比 E_n^m / I_n^m 和位相差 $\varepsilon_n^m - \gamma_n^m$．由表 5.10 看出，在地球表面 S_q 外场与内场之比约为 3:1，内场势相落后外场约一小时．在表 5.11 中，春秋季和冬夏季平均的 S_q 仅包含 n+m 为奇数之球谐函数，这表明与其相联系的场势相对于赤道呈对称分布，分析结果还显示(Matsushita and Campbell, 1967)夏、冬两季之差则仅有 n+m 为偶数之球谐系数，即场势相对于赤道是反对称的，这与上述 S_q 场的纬度变化特征相符．

(3) S_q 场的电流体系和电离层

观测已经证明，S_q 的电流体系位于电离层的 E 区．大约在 50km 高度以上，大气由于太阳紫外光的(还有 X 射线)辐射而被电离，部分中性原子分解为正离子和电子，从而形成所谓电离层．因电离过程、离子成分和电子密度的区别，电离层分为 D，E，F，氦和质子等五个区．D 区又分为 C，D 两层，E，F 也各自分为 E_1，E_2 和 F_1，F_2 两层(图 5.61)．各层高度并不完全确定，其典型高度和主要成分为：C 层最低，C，D 层分界约在 70km，D 层上界约在 85km，该区正离子大部分是 N_0^+，负离子是电子和 O_2^-，虽然这一层离地面最近，但因对电磁波的吸收很强，粒子自由程短，不易观测；E 区约由 85km 至 140km，F 层与氦层与质子层界面高度各自约为 500km 和 800km，其粒子成分，各层

表 5.10　S_q场球谐系数的内外场幅度比和相位差(Matsushita and Campbell, 1967)

年　代 黑子数 台站数			1902 5(低) 21		1905 64(高) 21		1923 6(低) 5		1932－1933 8(低) 46		1958 185(高) 69	
	m	n	E_n^m / I_n^m	$\varepsilon_n^m-\gamma_n^m$ (度)	E_n^m / I_n^m	$\varepsilon_n^m-\gamma_n^m$ (度)	E_n^m / I_n^m	$\varepsilon_n^m-\gamma_n^m$	E_n^m / I_n^m	$\varepsilon_n^m-\gamma_n^m$	E_n^m / I_n^m	$\varepsilon_n^m-\gamma_n^m$ (度)
冬、夏季平均	1	2	3.0	−20	2.8	−0.3			2.3	−09	2.7	−13
	2	3	2.2	−18	2.3	−19			2.4	−10	2.3	−15
	3	4	2.4	−21	2.7	−20			2.2	−14	2.2	−09
	平均		2.5	−20	2.6	−14			2.3	−11	2.4	−12
	加权平均*		2.6	−20	2.6	−10			2.3	−10	2.5	−13
春、秋季平均	1	2	2.7	−23	2.9	−0.5	2.4	−21			2.8	−13
	2	3	2.0	−17	2.4	−18	2.1	−13			2.3	−13
	3	4	2.5	−21	2.4	−21	1.9	−02			2.2	−11
	平均		2.4	−20	2.6	−15	2.1	−12			2.4	−14
	加权平均*		2.5	−21	2.7	−11	2.2	−16			2.6	−13

* 加权平均系数对于 n=2，3，4 分别为 4，2，1．

(D 除外)主要负离子均为电子，E，F 层正离子为O_2^+，N_0^+，F_2层为O^+，氦层和质子层分别为He^+和H^+．各层电子浓度(粒子数/cm^3)以 D 区最低，白天时段随高度的变化如图 5.61a 所示．图中还标出日照最强(实线)和最弱(虚线)时段的差异，自然，夜间(Matsushita and Compbell，1967)与白天也不同，F 层前者约为后者的 50%，而 E 层则有高达超过一个量级的差异．图 5.61b 同时给出离子、电子和中性粒子的密度分布，可以看到电离层为部分电离的气体，电离度随高度增强，500 km 电子和离子密度接近中性粒子，但在 200 km 以下中性粒子密度要高出带电粒子两个数量级或更高，以 E 层导电性能最高．由于太阳、月亮的潮汐作用以及压力温度的变化，电离层将产生以水平向为主的运动，这种运动和地磁场相互作用即产生涡电流，这就是通常所说的“发电机”效应．S_q 电流体系正是电离层这种发电机效应的结果．从图 5.61 可见，E，F 层都有较高的电子浓度，为什么 S_q 的电流体系不在 F 区而在 E 区呢？这主要是由于两层电导率的差异．电离气体的电导率不仅取决于电子浓度，还与各种离子质量、电荷自由程以及周围磁场的强度和方向有关．沿磁场的方向电导率较大，而在磁场的垂直方向电导率较小．这由方程(5.27)磁场的“冻结”效应不难理解．正是由于磁场的存在，电离层的电导率将是各向异性的．若忽略电离层的厚度，这种各向异性电导率可用一阶张量表示．为了便于比较，表 5.11 列出了 E，F 两层不同地磁纬度的电导率．由表 5.11 明显看出，在 E 层其电导率要较 F 层高一个量级或更多．因此，S_q 电流体系处于 E 层就不难理解了．这里我们不准备叙述 S_q 发电机效应的数学理论，只重点介绍如何由地面 S_q 场的实际分析确定该电流体系的分布．

表 5.11 球谐系数 C_n^m，δ_n^m

年代 黑子数 台站数			1887 139(高) 4		1884—1896 混合 18		1902 5(低) 21		1905 64(高) 21		1933 6(低) 46		1932—1933 8(低) 46		1958 185(高) 69							
季节			A_n		$(A_n+A_s)/2$		$(A_n+A_s)/2$		$(A_n+A_s)/2$		$(A_n+W_s)/2$		$(A_n+A_s)/2$		$(E_n+E_s)/2$		$(Y_n+Y_s)/2$		$(A_n+A_s)/2$		$(\Delta_n+\Delta_s)/2$	
	m	n	$C_n^m(\gamma)$	$\delta_n^m(0)$	$C_n^m(\gamma)$	$\delta_n^m(0)$	$C_n^m(\gamma)$	$\delta_n^m(0)$	$C_n^m(\gamma)$	$\delta_n^m(0)$	$C_n^m(\gamma)$	$\delta_n^m(0)$	$C_n^m(\gamma)$	$\delta_n^m(0)$	$C_n^m(\gamma)$	$\delta_n^m(0)$	$C_n^m(\gamma)$	$\delta_n^m(0)$	$C_n^m(\gamma)$	$\delta_n^m(0)$	$C_n^m(\gamma)$	$\delta_n^m(0)$
奇	1	2	15.4	024	10.2	030	7.0	035	10.1	024	7.5	019	10.5	014	21.8	358	19.5	002	18.4	004	0.1	056
	2	3	7.1	211	4.8	205	4.5	215	5.9	207	4.2	209	5.2	198	11.3	190	9.7	192	8.9	193	1.2	129
	3	4	3.2	067	2.1	035	2.1	047	2.7	207	040		1.6	040	4.5	012	3.7	025	3.3	034	0.7	304
季节			Δ_n		$(\Delta_n+\Delta_s)/2$		$(\Delta_n+\Delta_s)/2$		$(\Delta_n+\Delta_s)/2$		$(s_n+w_s)/2$		$(\Delta_n+\Delta_s)/2$		$(E_n-E_s)/2$		$(Y_n-Y_s)/2$		$(A_n-A_s)/2$		$(\Delta_n+\Delta_s)/2$	
	m	n	$C_n^m(\gamma)$	$\delta_n^m(0)$	$C_n^m(\gamma)$	$\delta_n^m(0)$	$C_n^m(\gamma)$	$\delta_n^m(0)$	$C_n^m(\gamma)$	$\delta_n^m(0)$	$C_n^m(\gamma)$	$\delta_n^m(0)$	$C_n^m(\gamma)$	$\delta_n^m(0)$	$C_n^m(\gamma)$	$\delta_n^m(0)$	$C_n^m(\gamma)$	$\delta_n^m(0)$	$C_n^m(\gamma)$	$\delta_n^m(0)$	$C_n^m(\gamma)$	$\delta_n^m(0)$
偶	1	1	5.4	027	5.9	028	4.3	023	4.7	027	5.0	039	3.8	005	2.9	281	2.3	320	2.2	310	6.5	064
	1	3	2.5	311	1.5	247	2.1	344	2.8	337	0.8	318	0.9	339	2.7	267	2.1	258	1.8	251	0.9	076
	2	2	3.9	255	2.9	242	2.1	343	3.0	243	2.8	244	0.9	198	5.1	246	3.2	239	2.3	232	3.4	246
	2	4	0.9	162	1.0	186	1.1	205	0.9	210	0.9	194	0.4	203	0.9	148	0.4	141	0.1	113	0.9	201
	3	3			1.4	088	1.2	091	1.4	104					3.4	082	2.0	078	1.3	072	2.0	067

注：s—夏季，w—冬季，E—春秋季；下标 n，s 指南北半球；$A\sim(s+w)/2$，$\Delta\sim(s-w)/2$，奇~$n+m$ 为奇数，偶~$n+m$ 为偶数.

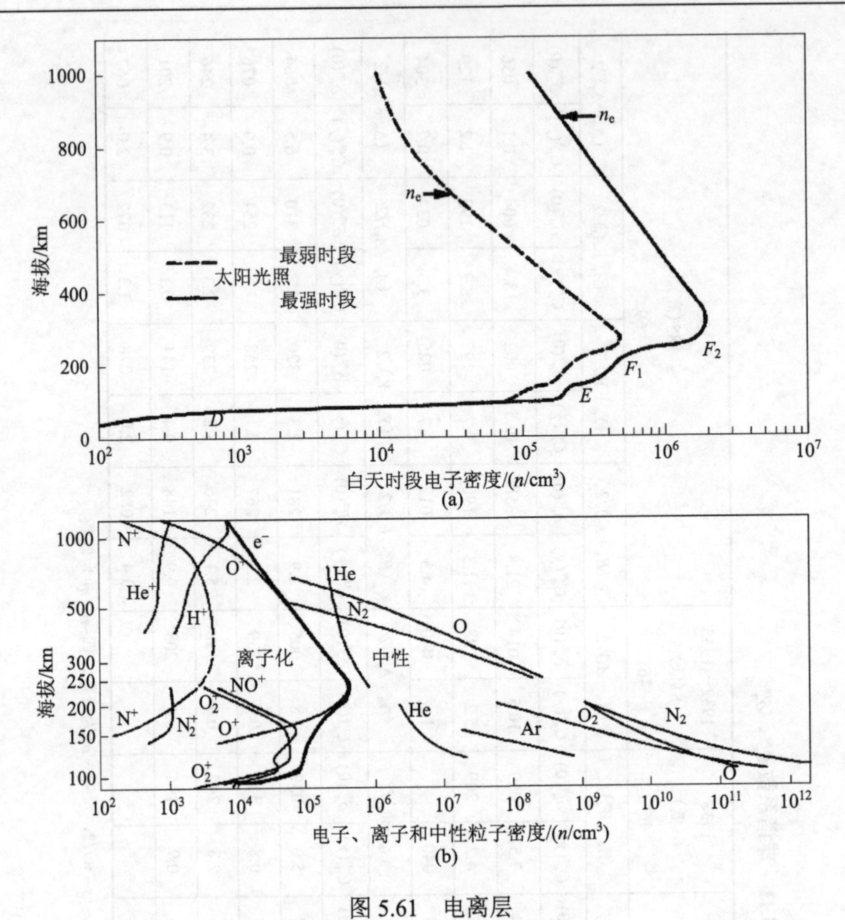

图 5.61　电离层

(a) 电离层分区和电子浓度的高度变化图；(b) 同时给出离子、电子和中性粒子的密度分布 (Matsushita and Compbell, 1967；Richmond, 2007；Reinisch, 2014；Aikio and Nygen, 2008)

设电离层 E 为与地心 O 同心、半径为 R 的球层(图 5.62). 层内电流密度为 $\boldsymbol{j}(\theta',\lambda')$，考虑 $\boldsymbol{j}(\theta',\lambda')$ 为无源场，$\nabla\cdot\boldsymbol{j}=0$，可定义电流函数 $\psi_e(\theta',\lambda')$，

$$\boldsymbol{j}=\nabla\psi_e\times\boldsymbol{e}_r,$$

即

$$\left.\begin{aligned}\frac{\partial\psi_e(\theta',\lambda')}{r\sin\theta'\partial\lambda'}&=\boldsymbol{j}\boldsymbol{e}_\theta\\ -\frac{\partial\psi_e(\theta',\lambda')}{r\partial\theta'}&=\boldsymbol{j}\boldsymbol{e}_\lambda\end{aligned}\right\}\tag{5.326}$$

$\psi_e(\theta,\lambda)$ 的等值线有两个重要性质：①等值线与电流密度 $\boldsymbol{j}$ 的流线重合. 这由图 5.62 所示等值线 $\psi_e(\theta,\lambda)=c_1$ 上任一点 P 的切线

$$\tan\alpha=\left.\frac{\partial\psi}{r\sin\theta\,\partial\lambda}\right|_P\Bigg/\left.\frac{\partial\psi}{r\partial\theta}\right|_P$$

正好等于 $-\boldsymbol{j}\boldsymbol{e}_\theta/\boldsymbol{j}\boldsymbol{e}_\lambda$ 不难证明；②相邻两等值线 ψ 的差，即为流过等值线的电流强度. 设 $\psi(\theta,\lambda)=C_1$ 和 C_2 的两等值线间流过的电流强度(图 5.62)

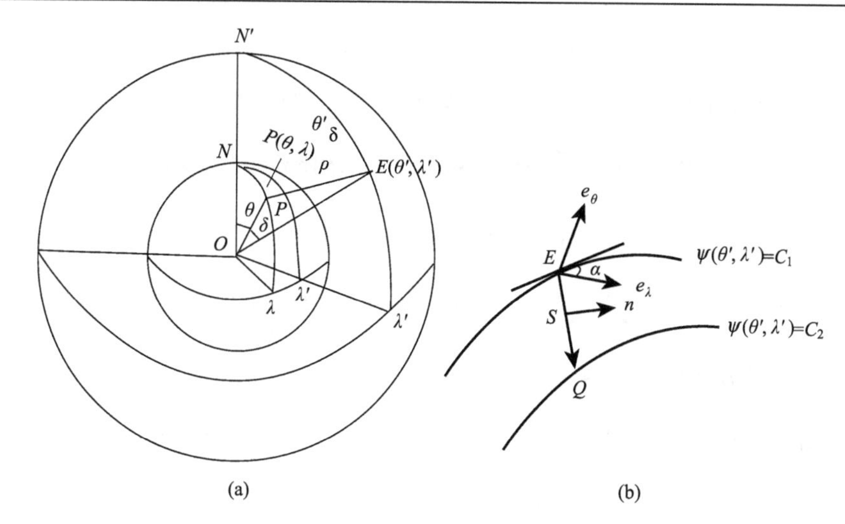

图 5.62 球面坐标(a)和电流等值线几何(b)示意图

$$I=\int_P^Q \boldsymbol{j}\cdot\boldsymbol{n}\mathrm{d}S,$$

$\boldsymbol{n}$ 为 S 的法线，取 $\boldsymbol{s}\times\boldsymbol{n}$ 与矢量 $\boldsymbol{r}$ 为右手螺旋，则

$$\boldsymbol{j}\cdot\boldsymbol{n}=\frac{\partial\psi}{\partial S}.$$

于是

$$I=\int_P^Q\frac{\partial\psi}{\partial S}\mathrm{d}S=\int_P^Q\mathrm{d}\psi=C_2-C_1,$$

I 为相邻 ψ 等值线的差. 由 ψ_e 的上述性质不难得出 $\psi(\theta',\ \lambda')$ 所定义的电流 $\boldsymbol{j}$ 在地面观测点 $P(\theta,\ \lambda)$ 的磁势

$$W_e(\theta,\lambda)=\iint\psi_e(\theta',\lambda')\frac{\partial}{\partial r}\frac{1}{\rho}\mathrm{d}S', \tag{5.327}$$

积分遍及半径为 r 的球面(图 5.62)，由图 5.62 三角形 OPE 可以得出

$$\rho^2=r^2+a^2-2ar\cos\delta=r^2\left[1-2\left(\frac{a}{r}\right)\cos\delta+\left(\frac{a}{r}\right)^2\right],$$

$$\frac{1}{\rho}=\frac{1}{r}\left[1-2\left(\frac{a}{r}\right)\cos\delta+\left(\frac{a}{r}\right)^2\right]^{-1/2}. \tag{5.328}$$

(5.328)方括号部分是关于 $\cos\delta$ 的勒让德函数的母函数，即

$$\left.\begin{aligned}&\frac{1}{\rho}=\sum_{n=1}^{\infty}\frac{a^n}{r^{n+1}}P_n(\cos\delta)\\&\frac{\partial}{\partial r}\left(\frac{1}{\rho}\right)=-\sum_{n=1}^{\infty}(n+1)\frac{a^n}{r^{n+2}}P_n(\cos\delta)\end{aligned}\right\} \tag{5.329}$$

利用关系式

$$\cos\delta = \cos\theta\cos\theta' + \sin\theta\sin\theta'\cos(\lambda' - \lambda),$$

将 $P_n(\cos\delta)$ 转变为对于极轴 ON，即关于 θ，θ'，λ，λ' 的球面函数，

$$P_n(\cos\delta) = \sum_{m=0}^{n} P_n^m(\cos\theta')P_n^m(\cos\theta)\cos m(\lambda' - \lambda). \tag{5.330}$$

同样，流函数 $\psi(\theta', \lambda')$ 亦可展成关于 θ'，λ' 的球面函数，

$$\psi_e(\theta', \lambda') = \sum_{l=1}^{\infty}\sum_{k=0}^{l}\psi_e^{kl} = \sum_{l=1}^{\infty}\sum_{k=0}^{l}(a_l'^k\cos k\lambda' + b_l'^k\sin k\lambda')P_l^k(\cos\theta'). \tag{5.331}$$

由(5.327)，(5.330)和(5.331)可得

$$\begin{aligned} W_e(\theta, \lambda) = \iint \Bigg\{ & \sum_{n=1}^{\infty}\sum_{m=0}^{n}\left[-(n+1)\frac{a^n}{r^{n+2}}P_n^m(\cos\theta')P_n^m(\cos\theta)\cos m(\lambda' - \lambda)\right] \\ & \times -\sum_{l=1}^{\infty}\sum_{k=0}^{l}\Big[(a_l'^k\cos k\lambda' + b_l'^k\sin k\lambda')P_l^k(\cos\theta')\Big]\mathrm{d}s'\Bigg\} \end{aligned} \tag{5.332}$$

由球面函数的正交性(5.89)不难相信，(5.332)只有当 $l=n$，$k=m$ 时才不为零. 积分遍及 $r=R$ 电流所在的球面，结果可得：

$$\begin{aligned} W_e(\theta, \lambda) &= -\sum_{n=1}^{\infty}\sum_{m=0}^{n}\frac{4\pi(n+1)}{2n+1}\left(\frac{a}{R}\right)^n[a_n'^m\cos m\lambda + b_n'^m\sin m\lambda]P_n^m(\cos\theta) \\ &= -\sum_{n=1}^{\infty}\sum_{m=0}^{n}\frac{4\pi(n+1)}{2n+1}\left(\frac{a}{R}\right)^n\psi_n^{me}(\theta, \lambda). \end{aligned} \tag{5.333}$$

由磁势 $W(\theta, \lambda)$ 在地球表面的球谐分析结果(5.317)，(5.318)中外源场部分和(5.333)比较，可得

$$\begin{aligned} \psi_e(\theta, t) &= \sum_{n=1}^{\infty}\sum_{m=0}^{n}\psi_{ne}^m(\theta, t) \\ &= -\frac{a}{4\pi}\sum_{n=1}^{\infty}\frac{2n+1}{n+1}\left(\frac{r}{a}\right)^n\sum_{m=0}^{n}[g_{ne}^m\cos mt + h_{ne}^m\sin mt]P_n^m(\cos\theta) \\ &= -\frac{a}{4\pi}\sum_{n=1}^{\infty}\frac{2n+1}{n+1}\left(\frac{r}{a}\right)^n\sum_{m=0}^{n}E_{ne}^m\cos(mt + \varepsilon_{ne}^m), \end{aligned} \tag{5.334}$$

或简化为

$$\psi_{ne}^m(\theta, t) = -\frac{1}{4\pi}\frac{2n+1}{n+1}\left(\frac{R}{a}\right)^n W_{ne}^m(\theta, t), \tag{5.335}$$

式中，$r=R$, R 为电离层 S_q 电流所在地的球面半径. 若在地球表面的外源场球谐系数 g_{ne}^m，h_{ne}^m 或 E_{ne}^m，ε_{ne}^m 已知，则由(5.334)，即可求出相应外源场的电流函数，$\psi_l(\theta', t)$，ψ_l 的等值线即为电流线，流线方向由(5.326)决定，ψ_e 相邻两等值线之差就是在它们之间通过的电流强度. (5.334)各量均为 e.m.u.(电磁单位). 若 ψ 以安培为单位，则需要乘以因子 10，即

$$\psi_{ne}^{m}=-\frac{10}{4\pi}\frac{2n+1}{n+1}\left(\frac{R}{a}\right)^{n}W_{ne}^{m},\tag{5.336}$$

式(5.336)中W_{ne}^{m}，若 a 以 km，g_{nl}^{m}，h_{nl}^{m} 以 nT 为单位，则ψ单位为 A．同样可以得出相应内源场的电流函数ψ_{ni}^{m}，

$$\psi_{ni}^{m}=\frac{10}{4\pi}\frac{2n+1}{n+1}\left(\frac{a}{r_0}\right)^{n+1}W_{ni}^{m}\tag{5.337}$$

式中，r_0为内部电流体系的球层半径．内部电流正是与外部电流产生的磁场，S_{qe}为在电导地幔中的感应电流．图 5.63 为国际地球物理年(IGY)期间 S_q 场的外源电流体系．电流体系有四个涡流中心，南北各两个．夜间的强度远小于白天．最强的涡旋中心约在南北地磁纬度 30°和地方时 11^h，12^h 附近，这与 S_q 场的时空规律相一致．但在春秋季南北半球电流体系并不完全对称；内源场电流约为外源的三分之一，涡流方向与外源电流反向．

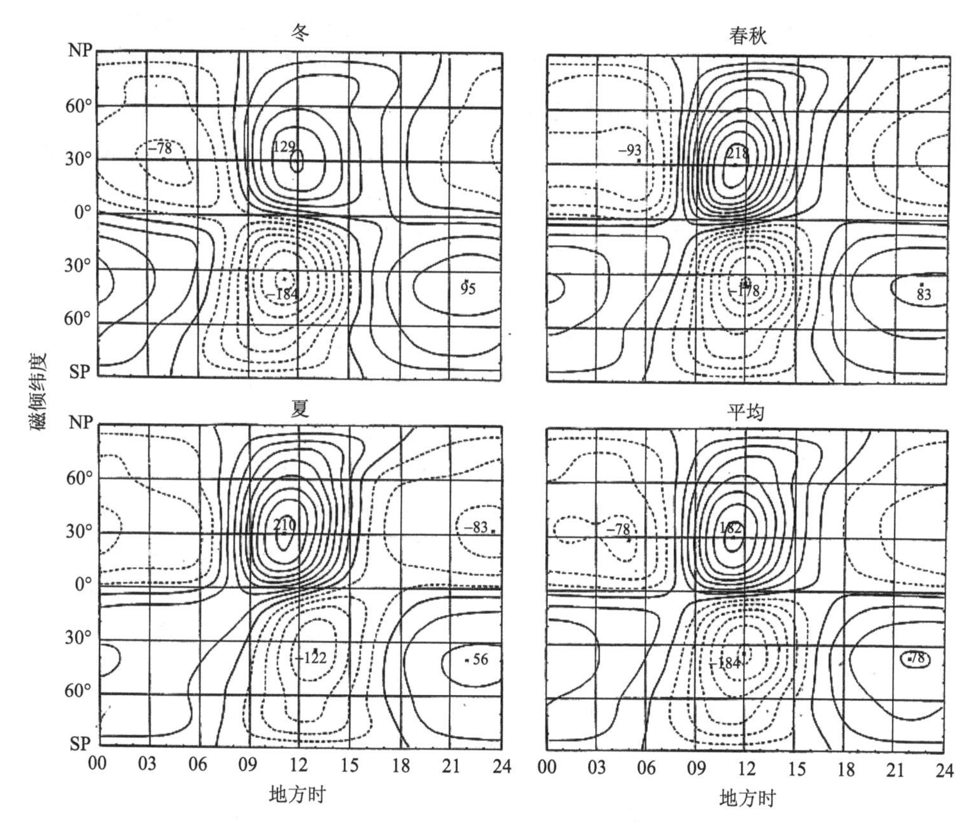

图 5.63 S_q 位于电离层的外源电流体系(Matsushita and Campbell, 1967)

相邻流线间电流强度为 25×10^5 Am，实线为反时针方向，虚线顺时针方向；粗实线为零线，涡旋中心总电流强度单位为 10^3 Am

(4) S_q 场的经度效应和赤道异常

方程(5.317)，(5.318)是在假定同一地方时 S_q 场与经度无关的条件下确立的．这一

假定抓住了 S_q 场性质的主要方面，简化了分析方法，揭示了 S_q 场空间分布的基本规律．但 S_q 仍然存在着经度差异，即除随地方时变化外，还有与世界时有关的部分．本科娃(N. P. Benkova)首先研究了全球 S_q 的经度效应，指出了 S_q 的经度变化约占总变化的 20%．这里不详细介绍这一方法的技术细节，读者可参阅有关文献(Benkova, 1940; Matsushita and Compbell, 1967)．Matsushita 和 Compbell 在分析 1958 年(IGY) S_q 的变化时把全球按地磁经度分成三个区，第一区为欧(洲)非(洲)带，磁经度在 45°E 和 165°E 之间，第二区为亚澳带，165°E 和 285°E 之间，第三区为南北美带，285°E 和 45°E 之间，分析结果显示出明显的经度差异，并给出了反映这一差异主要特征的三个经度带外空电流体系焦点的位置和强度，全年平均欧非带强，亚澳与南北美带，亚澳带稍强．

除上面所述 S_q 的正常变化规律外，在磁赤道两侧南北约±15°的狭长条带地区，S_q 有显著的异常变化．当 1922 年在靠近磁赤道的秘鲁胡安·卡约(Juan Cuyo)地磁台首次观测到这种出乎意料的异常变化时，人们甚至怀疑记录的真实性．后来磁赤道附近相继观测到同样现象，才相信了这是磁赤道附近的规律性异常变化．现在已经清楚，这是由狭长范围内自西向东的强电流引起的．这股西东向强电流，因由电子运动而形成，故称为“赤道电(子)射流”．图 5.64 为电离层 E 区西东向电流的相对强度图．从图上可以看出，磁赤道附近的电流强度显著增强，由“赤道电射流”的强度和方向不难了解赤道附近 S_q 场各分量的变化特征：在南北磁纬 10°附近，北向分量 X 的变幅迅速增加，在磁赤道达到极大；垂直分量 Z 的变幅开始迅速增加，然后急剧下降，在磁赤道下降为零，赤道两侧位相相反；东向分量 Y 则影响不大．由图 5.65 S_q 全日波幅度和位相随磁纬的分布，明显可以看出赤道 S_q 异常的这种空间分布规律．

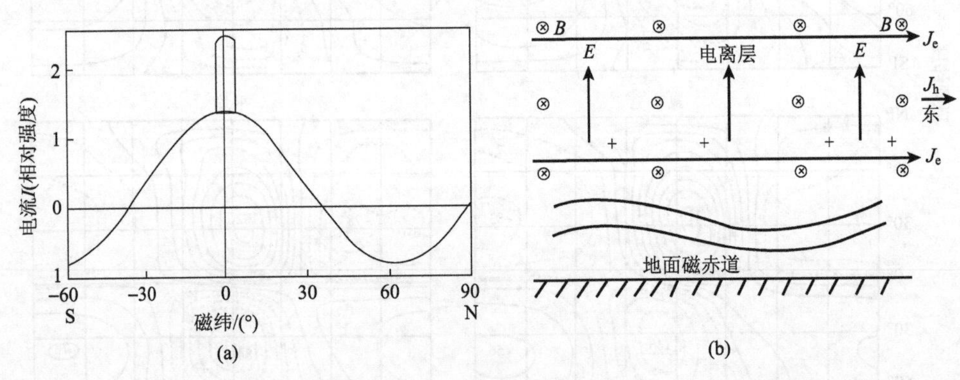

图 5.64　(a) E 层自西向东的电流分量随磁倾纬度的变化(相对强度)；(b)霍尔电场及电子 $E\times B$ 产生漂移方向示意图 E

S_q 电流体系在磁赤道附近显著增强，主要原因是产生 S_q 变化的东西向运动的电子与磁场相互作用使原西东方向电流增强，而由于磁赤道倾角为零，即磁场方向与球面平行，指向磁北，与电子运动方向垂直，作用力 $-e\boldsymbol{V}\times\boldsymbol{B}$ 最强的缘故．这种增强可由图 5.64b 所示简单物理图像定性地说明：原 S_q 电流体系在磁赤道附近为西东向的(j_0)(图 5.63)；地磁场垂直纸面向里(向北)，用⊕表示；$\boldsymbol{j}_0$ 主要的载流电子在与其运动方向(东西方向)与其垂直的磁场作用下($-e\boldsymbol{V}\times\boldsymbol{B}$)将向上(垂直球面向上)，形成如图 5.64b 所示的极化电场

E；由电导介质中霍尔效应不难理解，与极化电场 E 相应的霍尔电流强度与 $\boldsymbol{E}\times\boldsymbol{B}$ 呈正比，但为西东方向($\boldsymbol{J}_{\mathrm{h}}$)．这就说明极化电场 $\boldsymbol{E}$ 的存在等效于增加了西东向的电导率．进一步分析不难了解，只有在磁赤道处上述极化电场最强，因为只有垂直于边界层(即上下方向)的电荷移动才能使介质极化．很显然，除磁赤道外，这种上下方向电荷的运动将有磁场方向的分量，这样运动的电荷将部分或全部沿磁力线漏掉．因此，只有在磁赤道附近(倾角为 0°)上述西东向电导率的增强才是显著的(表 5.12)．

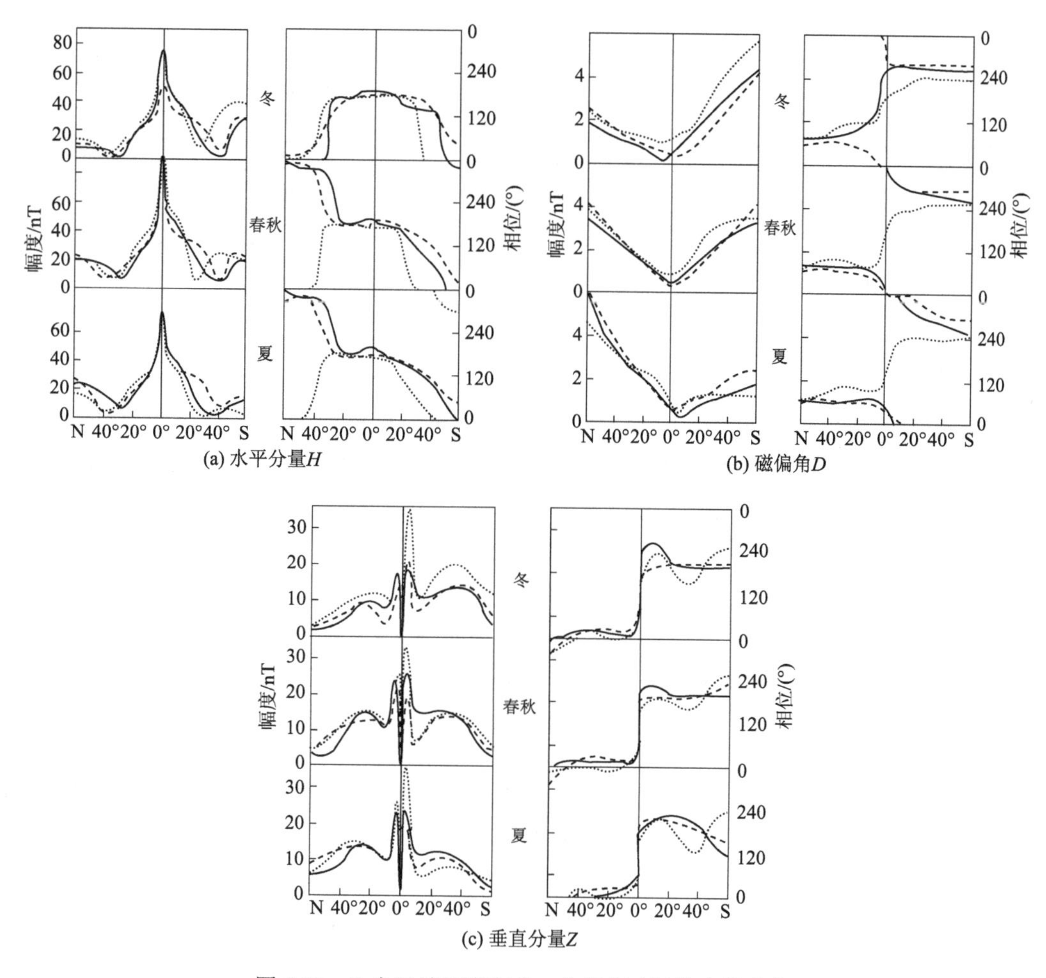

图 5.65　S_q 全日波幅度(左)、位相(右)随纬度的分布

(a) H；(b) D；(c) Z (Matsushita and Compbell, 1967)．虚线：经度第一区；实线：二区；点线：三区

平静变化除 S_q 外还有太阴日变化 L．太阴日变化是以太阴日为周期、强度较小的地磁变化，其变幅只有 1—2nT，一个太阴日等于太阳时的 24 小时 50 分 28 秒，因 S_q 与 L 周期不同，可将地磁记录按太阴日时序排列，并把相同时刻磁场叠加统计得出太阴日变化 L．因 L 强度较小，与 S_q 周期较为接近，这种统计必须使用足够多的数据．

表 5.12 **D, E, F**层不同地磁纬度的积分电导(单位：mho=1/Ω，见§5.6.1(3))

磁纬/(°)	区	Σ_{yy}	Σ_{xy}	Σ_{xx}
0°	F	43.0×10^{8}	0	8.81×10^{1}
	E	6.90×10^{2}	0	7.58×10^{3}
	D	7.78×10^{1}	0	7.97×10^{1}
30°	F	3.52×10^{2}	2.14×10^{0}	8.81×10^{1}
	E	2.16×10^{3}	1.89×10^{3}	5.64×10^{2}
	D	5.47×10^{1}	2.95×10^{1}	5.46×10^{1}
60°	F	1.17×10^{2}	1.24×10^{0}	8.81×10^{1}
	E	7.21×10^{2}	1.09×10^{3}	5.44×10^{2}
	D	3.91×10^{1}	2.99×10^{1}	3.91×10^{1}
90°	F	8.81×10^{1}	1.07×10^{0}	8.81×10^{1}
	E	5.45×10^{2}	9.44×10^{2}	5.45×10^{2}
	D	3.58×10^{1}	3.26×10^{1}	3.58×10^{1}

注：Σ_{xx}，Σ_{xy}，Σ_{yy}为各向异性积分电导的一阶张量元素，x向北，y向东.

5.4.3 磁暴

所谓磁暴是指全球同时发生磁情指数 $K\geqslant5$ 的强烈磁扰．通常用 D 表示磁暴场，它是太阳活动喷发出来的等离子粒子流(太阳风)与地磁相互作用的结果．磁暴发生时往往同时出现极光、电离层骚扰和宇宙线暴．

如前所述，磁暴场可分为规则变化与不规则变化部分：

$$D = D_{st} + D_s + D_p(B)$$

$$\text{磁暴场}(D)\begin{cases}\text{规则变化}\begin{cases}\text{暴时变化}D_{st}\\ \text{扰日变化}D_s\end{cases}\\ \text{不规则变化：极区亚暴}D_p(B)\end{cases}$$

式中，极区亚暴 D_p(或称磁层亚暴)在中低纬度称为湾扰(B)，属形态规则的变化．图 5.66 是 5 个中低纬度台站 1957 年 9 月 13 日的磁暴记录，它是国际地球物理年(IGY)期间最强的一次磁暴．图中所显示的各台形态相似的较大变化即为磁暴时变化 D_{st}．在 D_{st} 上叠加的许多强度不同的正负脉冲即为不规则变化 D_i，它是由与磁暴时相联系的极区电流体系所产生的，一般称为极区亚暴．下面重点介绍暴时变化 D_{st}，扰日变化 D_s 和极区亚暴 D_p．

(1) 暴时变化 D_{st}

暴时变化 D_{st} 又称为非周期变化，是磁暴场 D 的主要部分，反映了磁暴场的基本形态．由图 5.66 可以看出，D_{st} 是全球同时出现的与世界时有关的规则变化．因此，若以磁暴开始的小时记为零时，将磁暴时各地磁要素的时均值按磁暴零时顺序排列，许多不同磁暴相同时序叠加平均，若磁暴数目够多，磁暴零时又均匀分布在各地方时，则这种统计，可消除不规则成分 D_i 和以地方太阳日为周期的 S_q，S_D 变化，从而得到暴时变化 D_{st}．查普曼(S. Chapman) 1919 年首先做了磁暴场的这种统计分析，他选择了全球 11 个台站 40 年强度适中的磁暴，其结果如图 5.67 所示．图 5.67 明显地显示出 D_{st} 水平分量的规则形态，D 和 Z 的变化不仅强度小，且形态也不规则，典型的 D_{st} 可分为初相、主相和恢复期三个阶段(图 5.67a)．

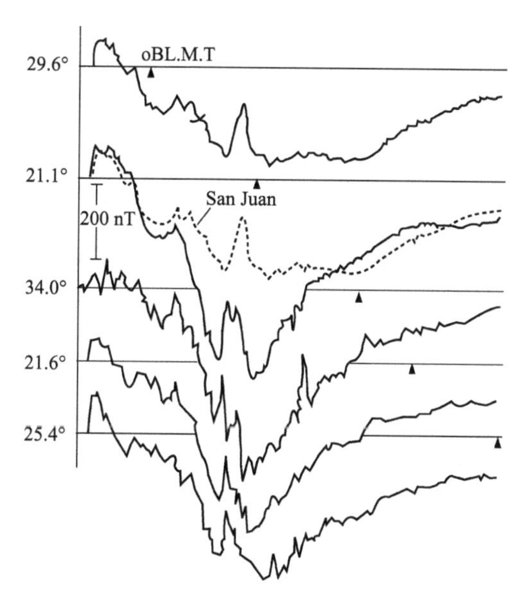

图 5.66 1957 年 9 月 13 日 5 个中低纬度台站的磁暴记录

纵坐标的数字为台站磁纬(Akasofu and Chapman，1972)

(ⅰ)初相 D_c

图 5.67 清楚地显示，磁暴开始时地磁场水平分量一般总是增加的．这种开始阶段磁场增强的过程称为磁暴的初相．强烈的磁暴，初相往往在一两分钟内在全球同时开始，在几分钟内上升到最大值，这种现象称为急始(SC)，相应磁暴称为急始型磁暴．若磁暴开始水平强度是缓慢上升，则称为缓始型磁暴(GC)．初相持续时间平均约 2—4h，短的只有半小时，长的可达 6—8h，平均变幅约 15 nT 左右．除磁赤道外，大小磁暴初相变幅差别不大．磁暴的急始和初相是由于太阳等离子粒子流和磁场作用、地磁场被压缩的结果．

(ⅱ)主相 D_R 和恢复期

继磁暴初相后磁场水平强度降低的部分称为磁暴主相，主相持续期约一两天．主相达到最低点后，磁场开始缓慢恢复，这个过程称为恢复期．磁暴主相是由于引起磁暴初相的粒子被磁场俘获而形成所谓赤道环电流的缘故．环电流和磁赤道平行自东向西，这种电流分布决定了磁暴空间分布的主要特征，如图 5.67 所示：D_{st} 变化的矢量主要呈南北向，因而偏角和垂直分量变化很小；水平分量 $\boldsymbol{H}$ 在赤道处强度最大，主要随磁纬变化．磁暴按强度大小可分为：中常磁暴(m)，相应 K 指数为 5；中烈磁暴(ms)，K=6，7；强烈(s)磁暴，K=8，9．图 5.66 所示磁暴即为强烈磁暴．

许多磁暴具有 27 天(太阳平均自转周期)重现性，统计表明，重现型磁暴多为缓始型磁暴．磁暴的季节分布也不是均匀的，一般说来，春、秋居多，冬、夏较少．但非重现型磁暴的这种季节性差异不显著．磁暴频次随太阳活动还有明显的 11 年变化，太阳活动高年磁暴频次增多．

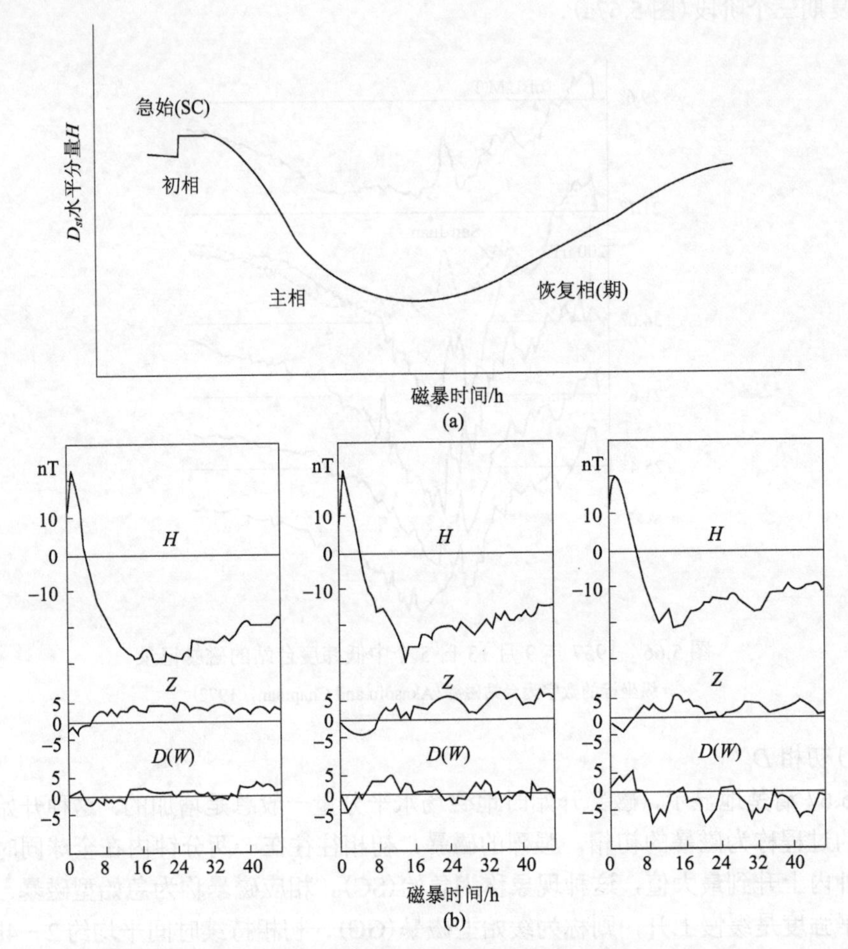

图 5.67　三个纬度带 D_{st} 的统计结果（Akasofu and Chapman，1972）

自左至右：平均纬度 22°，40°，51°

(2) 扰日变化 S_D 和 D_S

S_D 是以太阳日为周期的干扰变化，与 S_q 的统计方法相同，可由每月 5 天磁扰日统计所得日变化减去 S_q，或由通日（即所有日期）统计所得日变化 S 减去 S_q 得出，后者通常用 S_d 表示．图 5.68 为不同纬度 $S_D(H)$，$S_D(Z)$ 和 $S_D(D)$ 的统计结果．为了比较，同时绘出了同纬度 S_q 的变化．查普曼首先分析了 S_D 的变化，并建立了与其相应的理想的等效电流体系．S_D 等效电流体系在 F_2 层，是太阳粒子流从极区侵入而形成的．图 5.69 为理想电流体系的示意图．由图可见，电流主要集中在极光带（磁纬 67°）内，早晚各有一个涡，涡旋中心处于 6 时和 18 时．在中心南侧，电流集中于极光带边缘的狭长区域，称为极区“电射流”．早晨电流自西向东，晚上自东向西，这与图 5.68 中 55°N 以北 $S_D(H)$ 早晨下降（极值出现在 6 时），下午上升（极值在 18 时）的正弦波的形态一致；早晨和晚上的东西向电射流全部流过极盖区，形成两个涡旋回路(总强度约为 275000 Am)．因此，$S_D(Z)$在极光带边缘，$S_D(H)$在极光带反相．电射流流过极盖区的电流中心约在纬度 55°和地方时 6 时、18 时，这与 $S_D(H)$的另一反相带相对应．由图 5.68 S_D的形态不难相信，S_D的全日波远超过半日波，这也是与 S_q的显著不同之处．

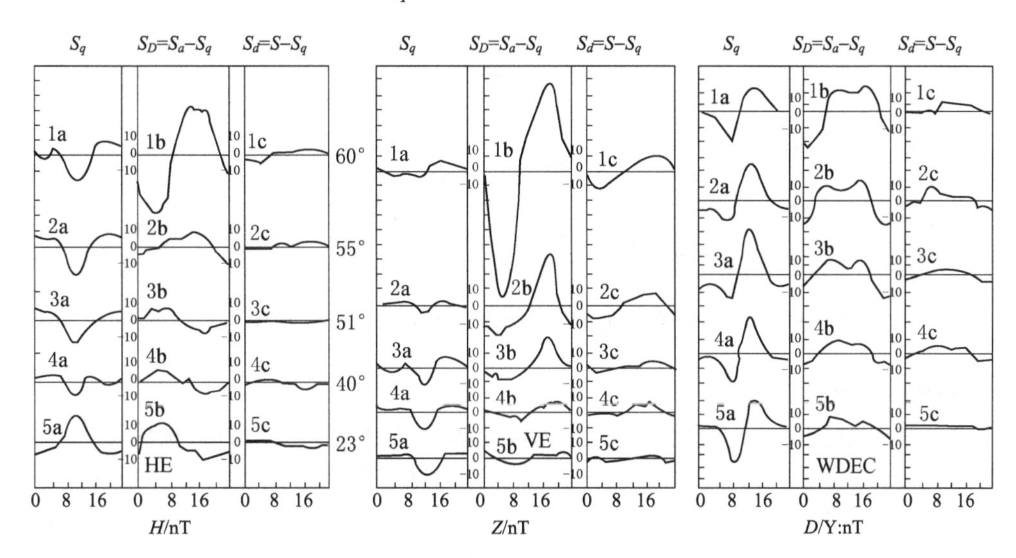

图 5.68　不同纬度 S_D的统计结果

自左至右分别为 H, Z, D

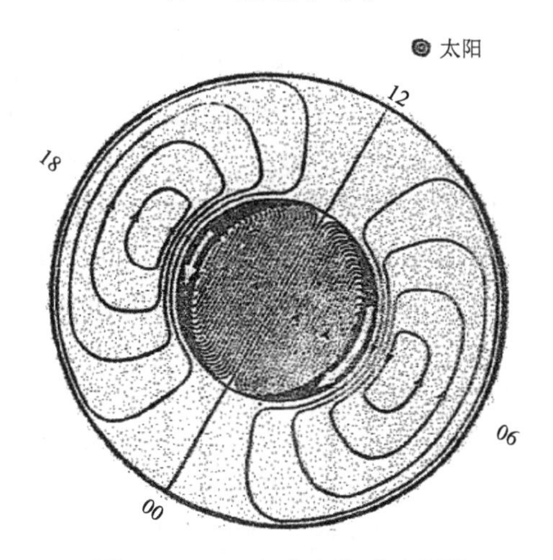

图 5.69　S_D理想电流体系示意图

北极俯视

D_S是磁暴时的扰日变化，产生的机制和时空变化规律与 S_D相同．图 5.70 为弱、中、强不同强度 D_{st}和相应 $D_S(H)$的全日谐波幅度(2A)随磁暴时间的变化，图中明显地显示出 D_S随磁暴的强弱有显著的变化，开始 D_S随 D_{st}变幅成比例地增加，但 D_S变幅增加较快，约在两小时达到极值，D_S的恢复也较 D_{st}迅速．

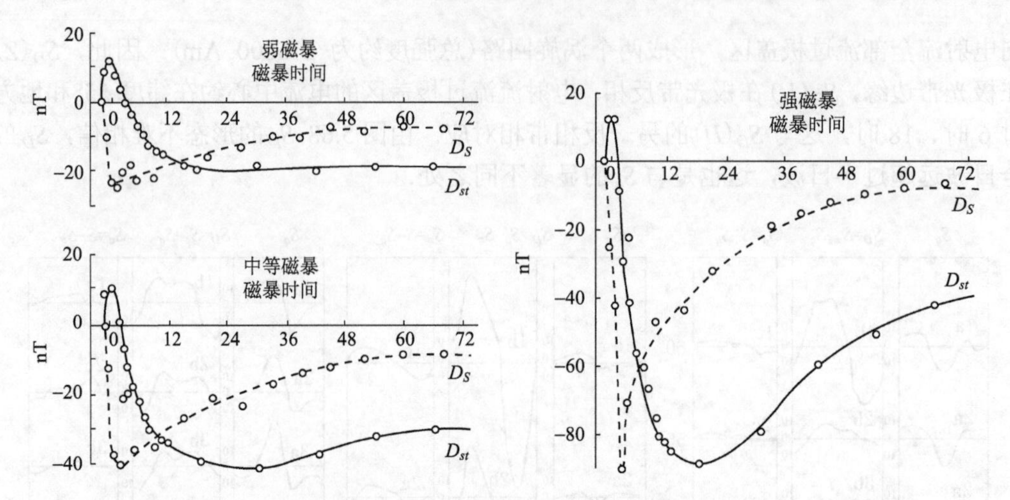

图 5.70　平均磁纬 30°处不同强度磁暴 D_{st} 和 $D_S(H)$ 随磁暴时间的变化（Akasofu and Chapman，1972）

(3) 极区亚暴

磁亚暴场 D 的不规则变化，早先称为极区暴 D_p 和不规则变化 D_i. 极区暴是一种延续时间较 D_{st} 主相要短（数小时）的一种扰动. 与 $D_{st}(H)$ 在赤道处最强不同，极区暴 D_p 则在极区最强. 极区暴不仅在磁暴过程中出现，就是在比较平静的日子，有时也能出现. 极区亚暴出现的频次很高，强度也大，远远超过规则的 D_S 变化. 极区暴 D_p 在中低纬度变幅一般较小，形似海湾，因此又称作湾形磁扰（B）. 由图 5.66 可以明显看出，在磁暴 D_{st} 主相过程中常伴生许多几分钟至几小时延续时间较短的干扰，这就是不规则变化 D_i. 很显然，因在极区 D_{st} 变化形态已不明显，这种不规则变化和 D_p 很难区分.

自国际地球物理年（IGY，1957—1958）和国际太阳宁静年（IQSY，1958）以后几十年中，地面、火箭和人造卫星的地磁场观测取得了丰硕的资料和有关磁暴场的研究结果，但直到 20 世纪 60 年代末对于高空各种现象仍缺乏综合性的统一认识. 20 世纪 60 年代末期，查普曼和 Akasofu 磁层亚暴或极区亚暴概念的建立和发展，对统一认识高层大气和磁层许多复杂的现象做出了重要贡献（Akasofu and Chapman，1972；Akasofu，1968，1977）.

磁层间歇性的不稳定性和向极区高层大气投射大量的粒子这一特殊的现象称为磁层亚暴. 磁层亚暴在极区的表现，如壮观的极光显示、X 射线爆发、电离层和磁场扰动等，它包括极光亚暴、X 射线亚暴、电离层亚暴和极区磁亚暴. 上述经典概念中的极区暴 $D_p(B)$ 和不规则变化 D_i 都是磁层亚暴不同阶段的表现形式.

(ⅰ) 极区磁亚暴的形态和地理分布

图 5.71 是 1964 年 12 月 16 日为极光带或接近极光带的台站所记录的磁层亚暴的水平分量 H 和偏角 D. 由图可见，扰动最强的时间为世界时 14 时；在极区的干扰变化，无论是形态还是地理分布都比较复杂. 偏角 D 除个别台站外，多数形态很不规则，但水平分量（H）仍能呈现出正或负的湾形特征，变化幅度较大，随纬度降低，变幅变小. 图 5.72 为我国北方台站亚暴期间记录的湾扰变化，可以看到形态非常规则，起始和中止时间都很清楚.

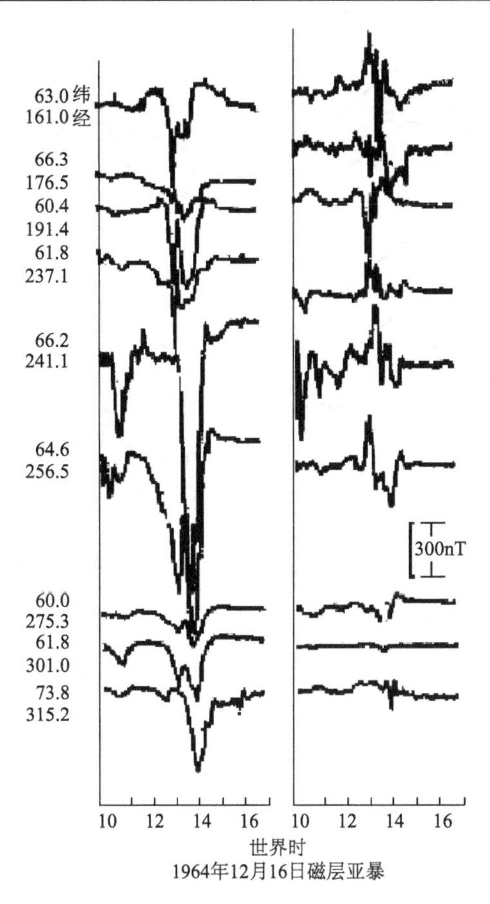

图 5.71　极光带或接近极光带的台站 1964 年 12 月 16 日磁层亚暴记录(Akasofu，1968)

图中横坐标数字为世界时(UT)，左侧标出 9 个台站的坐标，自上而下：63.0 161.0, 66.3 176.5, 60.4 191.4, 61.8 237.1, 66.2 241.1, 64.6 256.5, 60.0 275.3, 61.8 301.0, 73.8 315.2；左列为水平分量 H，虽形态复杂，但仍可清晰看到湾形结构和世界时(UT) 14 时扰动取极值；右列为偏角 $D(y)$,形态极不规则

(ii)磁层亚暴三期(相)物理过程

和磁暴时变化 D_{st} 一样，极区亚暴是太阳风强烈活动引起的磁层、电离层、极光及地磁场，特别是极区磁场等的剧烈扰动. 磁层、电离层、极光、极区亚暴，其中“亚”字源于如图 5.66 所示，开始记录的亚暴多伴随磁暴发生，当人们对磁层亚暴全过程有了初步但较全面了解后，应该说，除具体细节外，至少有两点认识较过去更加明确：一，亚暴与磁暴的磁层电磁过程存在基本的差异，二者并无“主”、“亚”之分，这在以后，特别是§5.6 磁层物理一节的分析会逐步深入；二，这诸多以“亚暴”冠名的电磁现象，并非相同，应概说，与太阳风直接相关的磁层亚暴是基本的，其他，如电离层、极光和磁场都属次生，是磁层亚暴物理过程在不同阶段、地球空间不同区域的表现形式，而按时序，电离层在先，极光几乎与电离层同时，磁场最后，是电离层电流体系的直接效应.

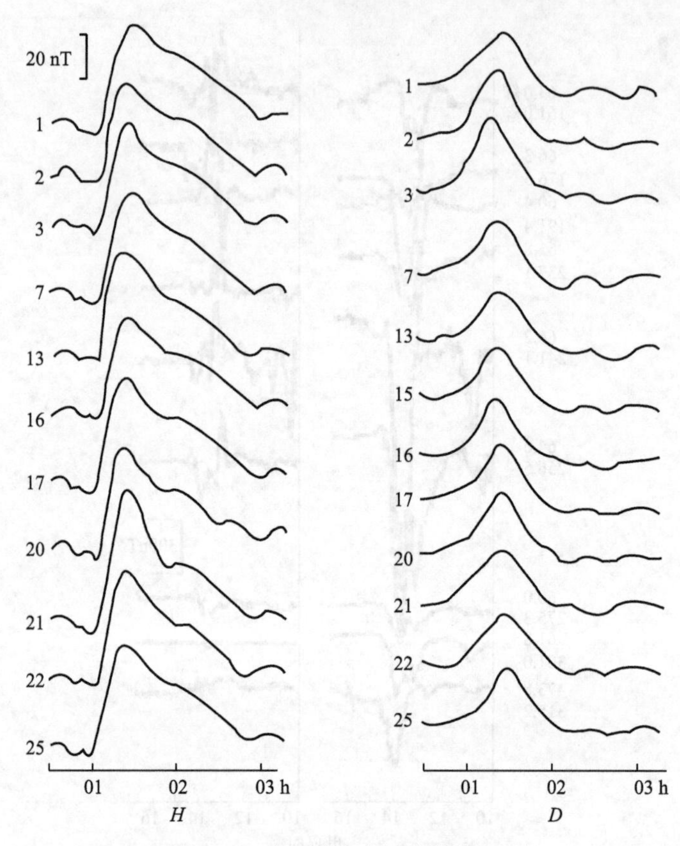

图 5.72　我国北方台站的湾扰记录

亚暴物理过程将在§5.6 磁层物理一节中讨论，这里作为地球变化磁场的一部分，仅做梗概的介绍．当太阳风在磁层顶与磁场相遇，若太阳风中磁场(IMF)与当地地磁场反向，因而具备磁场“重联”的必要条件，反向磁场相遇(见§5.6.1(1))；太阳风与磁场相互作用，太阳风中等离子体、磁场以及磁层中的磁场和等离子体都被极大地压缩，“重联”发生，亚暴过程开始；太阳风携带高温、高能(>100 keV)带电粒子通过重联开放的磁力线，进入磁层，越过极隙，进入磁尾；这时，磁层中磁力线有三种：①力线两端全在地球，为地磁场力线；②一端在地球、一端在太阳为重连磁力线；③两端均在太阳，为太阳风中行星际磁场(IMF)．与之相应，在磁尾发生三类相互联系又有区别的物理过程：一是从运动学角度看，粒子的对流运动，即太阳风与磁层中粒子由磁尾指向地球方向为主的运动；二是磁尾能量的增加和储备，伴随粒子的对流运动，与磁尾磁场相互作用，磁尾磁场能量大大增加，并储备于磁尾；三是磁尾(中性带)电流部分地中断，场向电流(FAC)形成：伴随磁尾对流，大量粒子涌向地球方向，磁尾北、南两瓣从两侧压向中性带，开始磁尾电流增强并向两侧扩展，随着压力继续增加，其结果是高度非线性过程的发生，一是中性带两侧反向磁场的重联，释放大量能量，二是部分磁尾电流中断，沿磁力线由磁尾流入电离层，再由电离层返回磁尾，称场向电流(图 5.73)；场向电流形成，标志着亚暴增长期的结束，扩展期(expanding phase)的开始；其时，磁尾还有一个重要物理过程：即与磁尾电流中断相应，磁尾偶极子位形磁场的复原(dipoilize)，波及区域由起始的 5—10 R_E，可扩展到 20 R_E，亚暴的增长期约持续 1—2h，其过程主要局限于磁尾；场向电流把磁层与电离层连在一起，磁尾在增长期积累的能量通过电离层暴、极光暴、极区磁暴而释放，后进入恢复期(recovery phase)，磁尾电流逐步恢复，磁场又复原尾状位形(tailize)，整个过程持续约 3h.

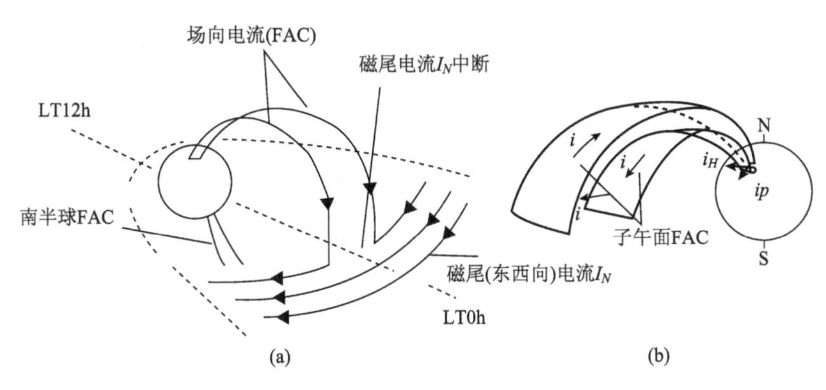

图 5.73　磁层亚暴三维电流模型

(a) 一般模型；(b) Bostrom 模型；Akasofu 在他的磁层亚暴模型(图 5.75)中利用 Bostrom 模型

(iii) 极区亚暴可能的三维电流模型

图 5.73 为极区亚暴三维电流体系的示意图，其中场向电流(FAC)，又称 Birkeland 电流，是挪威物理学家 K. Birkeland 于 1908 年在极区发现并测试的，主要载流子是电子，在磁层亚暴成长期最后，增强的磁尾电流中断，电子由磁尾西侧沿磁力线进入电离层，与电离层西东向电(子)射流一起形成东西向彼德森电流，电子再从电离层东侧沿力线返回磁尾，与原中断的磁尾电流一样，与磁层顶电流形成闭合回路．§5.6.1(1)中除讨论场向电流的形成外，还会证明：Birkeland 和彼德森电流在地球表面的磁效应将相互抵消，而在地面观测不到．幸而电(子)射流与电离层磁场作用形成的霍尔(Hall)电流与 Birkeland 电流垂直，地面可以观测，从而可以反演与极区亚暴相应的电离层电流体系．而电离层电流，即霍尔电流是彼德森电流与电离层磁场作用的结果，因而由霍尔电流可推

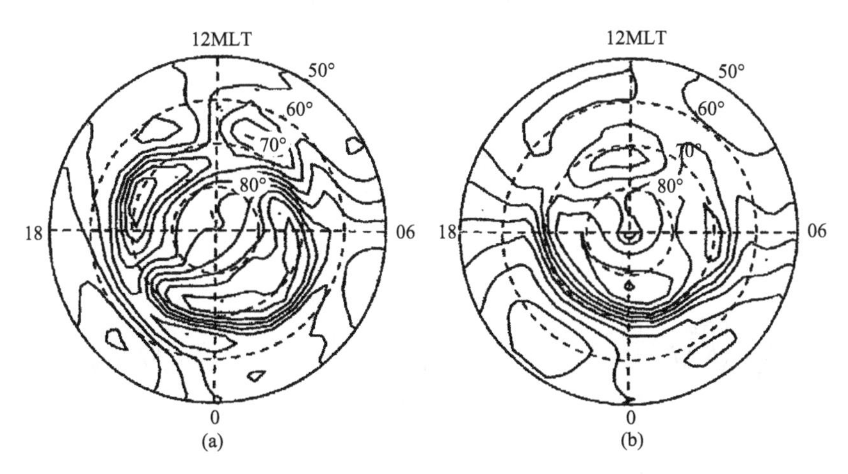

图 5.74　电离层极区亚暴电流体系(Akasofu，2013)

算彼德森电流，从而推算场向电流．图 5.73b 所示为 Bostrom 三维电流体系子午面内的循环(Bostrom，1964)，它与 Akasofu 提出的极区亚暴电流体系相符(Akasofu，2013)；图 5.74 即由地面观测到的霍尔电流磁效应反演所得电离层霍尔电流(图 5.74a)和极盖区晨昏向电射(彼德森电流)(图 5.74b)．

(iv)电离层亚暴电流体系

图 5.75 为电离层 Akasofu 双模型亚暴电流体系：一个称为"直接驱动"分量(directly driven component，DD 分量)，一个称为"没载入"分量(unloading component，UL 分量)，即与图 5.73b Bostrom 三维电流模型相对应，或者说，UL 是 Bostrom 电流在电离层的霍尔(Hall)电流部分(图 5.73b 中 i_H)．图 5.75 所示 Akasofu 磁层亚暴电路模型(Akasofu，

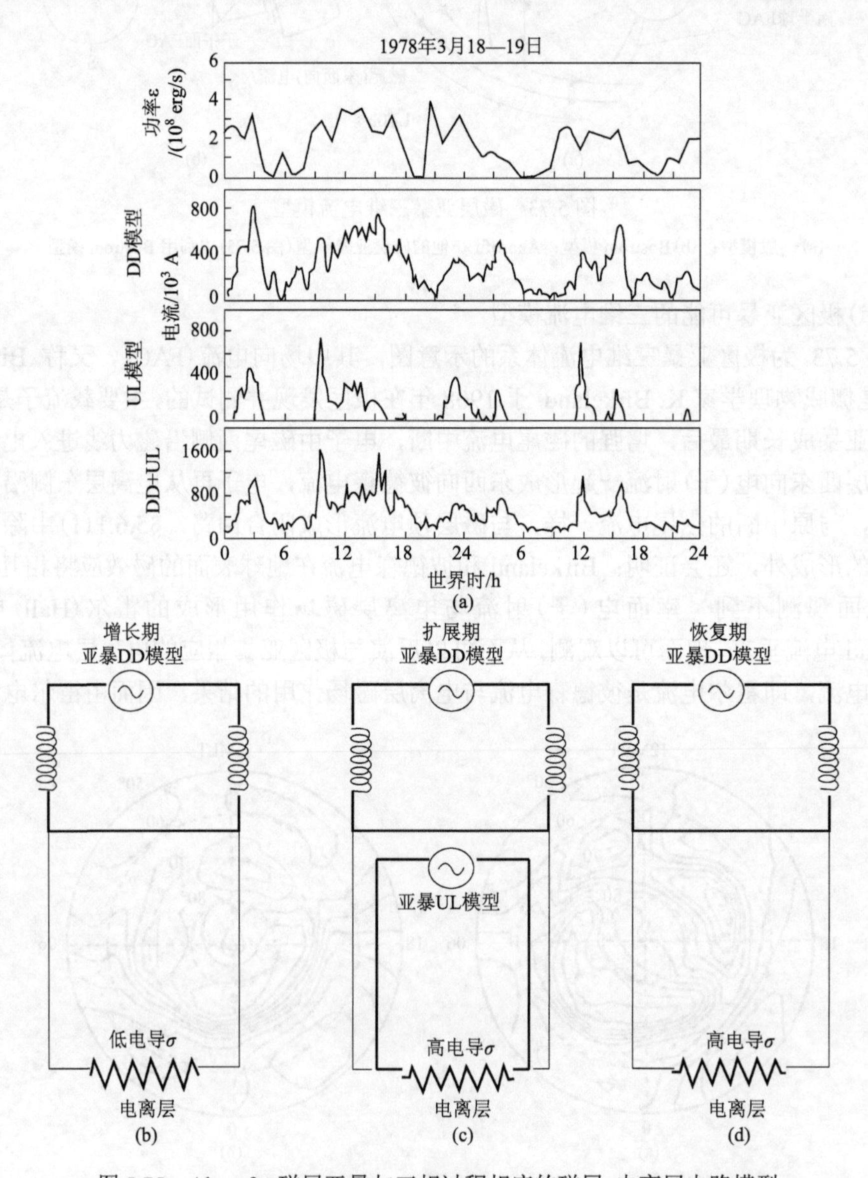

图 5.75　Akasofu 磁层亚暴与三相过程相应的磁尾-电离层电路模型

2013)由平行的两部分组成，磁尾电路和电离层电路：磁尾电路中有两个对称的电感，而电离层电路是一个电(导)阻，与磁尾电路并联；与磁层亚暴三相模型相对应，Akasofu电路模型也有三阶段．在亚暴增长期，磁尾电路电感储藏能量，这期间，电离层电路阻抗很大，几乎没有电流通过，但与CC分量对应的电压，还是加在了电离层电路“低电导σ”的两端(图5.75b)；当磁层回路电感中能量已经饱和，开始放(能量)电，亚暴进入扩展期，电离层回路变成高电导，DD和UL电流分量同时加在具有“高电导σ”的电离层回路，因而成为有高能量输入，有高能量消耗的电离层(DD+UL，图5.75c)；当储藏于磁尾回路电感中的能量消耗殆尽，系统最后进入恢复期，DD和UL都再无能量(电流)供给电离层(图5.75d)．全过程能量随时间的变化标识于图5.75a：最上为总能量随时间的演化，第二排为DD回路(磁层)的电流，后两排为UL(电离层)回路以及DD+UL(≈总能量)电流随时间的变化．电路电流，特别是能量过程是人们所熟悉的物理过程，把复杂的磁层亚暴物理抽象为电路模型，无疑会有助于人们理解磁层亚暴的物理，主要是能量过程．但坦白讲，这里所谓电离层，“低”和“高”电导的转换概念并不可取，这应是模型的关键部分，与三维模型中的场向电流(图5.73)相对应，用电压(与能量相当)阀门所取代会更贴切，另外如再把极光放电回路也与电离层回路并联，并把极光暴能量观测结果也加在图5.75a中，会构造一幅不错的亚暴电路模型．

5.5 地磁场的空间形态

5.5.1 近地面和核内磁场

如前所述，地球表面磁场的观测和球谐分析结果表明，地磁场的主要部分来源于地球内部，近似为一个地心偶极子的磁场，其磁轴和地球转动轴的夹角为11.5°，磁矩M约为8.0×10^{22} Am^2(8.0×10^{25} e.m.u.)，磁感应强度$\boldsymbol{B}$在南北磁极约为6×10^4 nT(0.6高斯)．以偶极子磁场为主要特征(在地面约占80%)的地磁场的高斯级数(5.184)是拉普拉斯方程的解，地球表面磁场高斯分析的结果，对于满足方程的全部空间将都能适用．因此，可以预期，地面分析的上述结果，表征了近地面空间地磁场的主要形态，其中偶极子磁场可用示意图5.76近似描述．若忽略地壳和地幔的电导率，则这样的描述(5.184)在地壳和上地幔也将是适宜的．

在地核内，电导率较高，特别是液体外核，这里是地磁场起源的“发电机”场所，拉普拉斯方程已不再适用．因此，在核内磁场的空间形态将不同于自由空间．在§5.1.4已经证明，如方程(5.75)和(5.76)所示的极型场和环型场将是导体内磁场的可能解．上述核外偶极子磁场正是核内一阶极型场S_1在核外的表现．由连续条件可知，核内极型场将与核幔边界偶极磁场是同量级的，一般估计约为(1.0−2.5)$\times10^6$ nT(10−25高斯)．与极型场不同，环型场则仅仅是核内所特有的．据“发电机”理论的推测(第六章)，其主要成分是二阶环型场T_2^0，强度可达几百高斯，它决定了核内磁场的主要形态．T_2^0示意绘于图5.76．

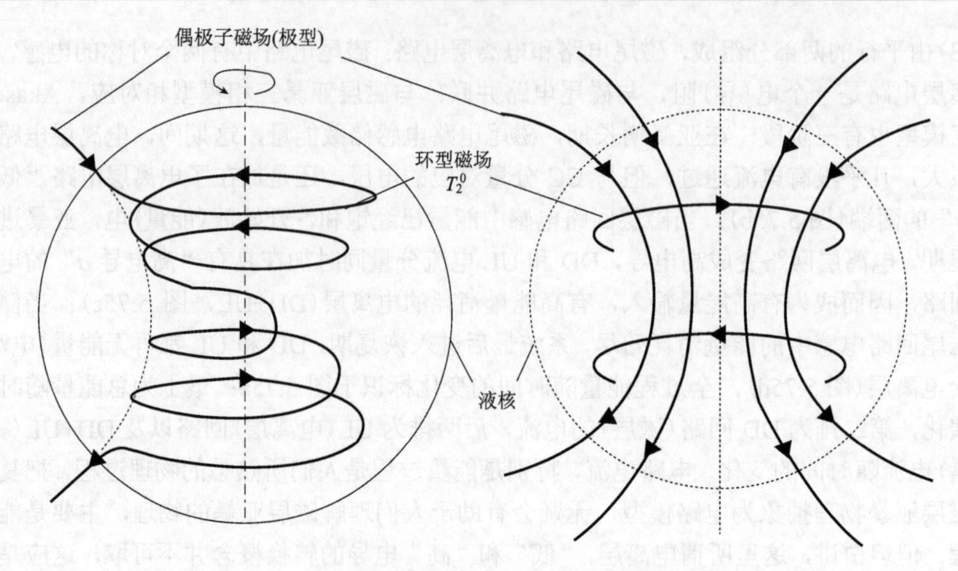

图 5.76　近地面空间偶极子磁场的形态和核内环型场

这里有两点需要说明：第一，图 5.31 是地面地磁场的全面描述，除图 5.76 所示约占 80%的偶极子场外，还有非偶极子场；第二，图 5.77 为近地面(420km 高)卫星磁测地磁场高斯分析结果(Cain et al., 1974; Merrill et al., 1998)，与图 5.31(图 6.56)一致，那里讨论地磁场液核起源的部分，认为，n=1 的偶极子场源于液核内，而非偶极子场($1<n<13$)则源于核幔边界液核一侧，其根据即图中两部分随球谐阶数 n 下降速率的不同；不难看出 n=13—15，曲线斜率有一转折，这一随阶数 n 下降极大放缓的部分，其源应更接近地面，多数认为应来源于地壳岩石磁性. 图 5.78 即上述 420 km 高空磁测球谐级数 n=15—60 磁场的地面分布. 可以看出，强度在地面空间几近随机的分布(Arkani-Hamed et al., 1994; Arkani-Hamed, 2007)，而图中 n>60 则可视为测量和分析的噪声.

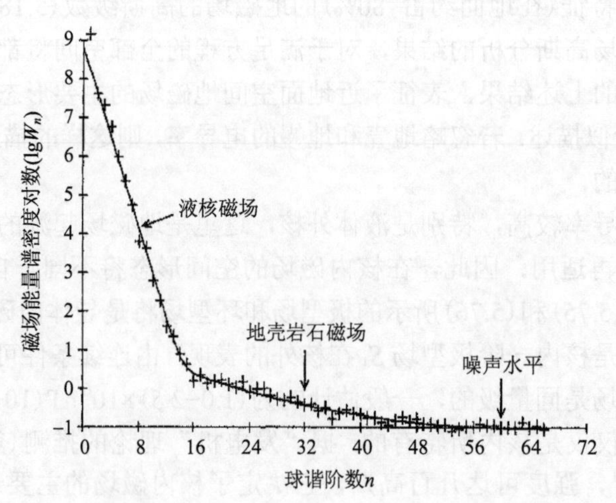

图 5.77　归一化球谐阶数能量密度 $W_n=(n+1)(a/r)^{2n+4}\sum_m\left[\left(g_n^m\right)^2+\left(h_n^m\right)^2\right]$ (见方程(5.237))

对数 $\lg W_n$ 随阶数 n 的衰减，n=15—60 为来自地球岩石层的磁性

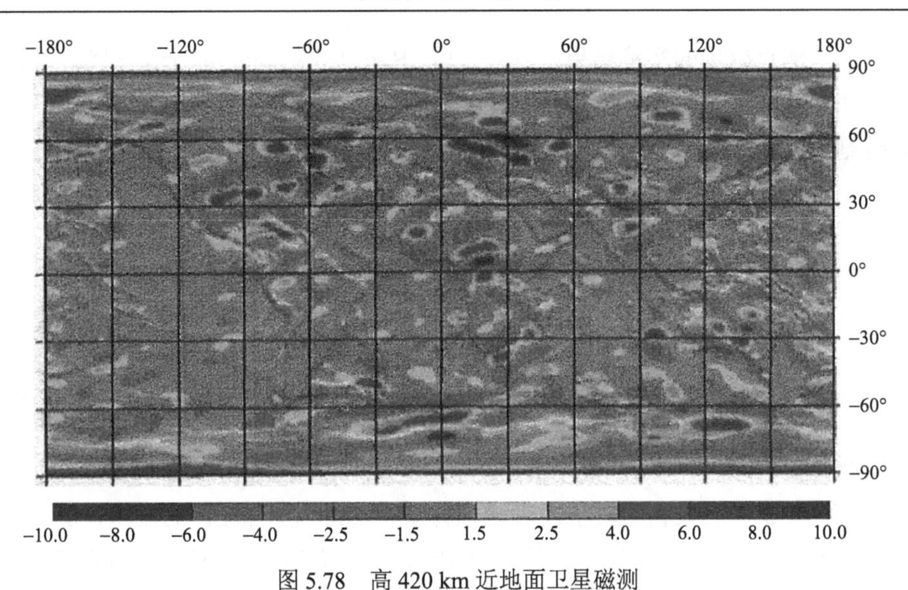

图 5.78 高 420 km 近地面卫星磁测

n=15—60 球谐级数(图 5.77)所得磁场的地面分布(见彩插)

5.5.2 高空磁场

关于近地面空间磁场的形态，上面只笼统地说仍可由式(5.184)表示，和地面磁场有相同性质(图 5.76)．究竟式(5.184)适用范围如何？更远空间磁场的形态又是怎样的？空间技术的发展回答了这些问题．空间磁场的测量除矢量外，总强度标量(F)是早期测量的主要地磁量．这里介绍如何利用 F 测量验证式(5.184)的适用性或用它修正地面高斯分析的结果．先简要介绍 F 场的分析技术．

因为 $F^2=X^2+Y^2+Z^2$，故与各分量场不同，F 和高斯系数 g_n^m，h_n^m 是非线性关系，在计算中不像分量公式那样，便于用最小二乘法技术，以得到最小的计算误差．为此，可先将 F^2 展成为泰勒级数，只取它的线性项，即

$$F^2 = F_0^2 + \sum_{i=1}^{3} 2B_i \sum_{n,m} \left(\frac{\partial B_i^{n,m}}{\partial g_n^m} \delta g_n^m + \frac{\partial B_i^{n,m}}{\partial h_n^m} \delta h_n^m \right) = F_0^2 + 2\sum_{n,m} [G_n^m(\delta g_n^m) + H_n^m(\delta h_n^m)], \quad (5.338)$$

式中，$B_1=Z_0$，$B_2=X_0$，$B_3=Y_0$，

$$\left.\begin{aligned} G_n^m &= \left(\frac{a}{r}\right)^{n+2} \Big[Z_0(n+1)(\cos m\lambda) P_n^m(\cos\theta) \\ &\quad - X_0 \cos m\lambda \frac{dP_n^m(\cos\theta)}{d\theta} + Y_0(m\sin m\lambda) \frac{P_n^m(\cos\theta)}{\sin\theta} \\ H_n^m &= \left(\frac{a}{r}\right)^{n+2} \Big[Z_0(n+1)(\sin m\lambda) P_n^m(\cos\theta) \\ &\quad - X_0 \sin m\lambda \frac{dP_n^m(\cos\theta)}{d\theta} - Y_0(m\cos m\lambda) \frac{P_n^m(\cos\theta)}{\sin\theta} \end{aligned}\right\} \quad (5.339)$$

F_0，X_0，Y_0，Z_0 是由地面分析所得高斯系数按式(5.339)计算所得高空测点处的相应磁场

值．F 为同一测点磁场的实测结果．式(5.338)中 F 与 δg_n^m 和 δh_n^m 已经是线性关系．因此，可利用最小二乘法求得最适合实测值 F 的高斯系数改正量 δg_n^m 和 δh_n^m．这是利用卫星空间磁测(标量 F)进行高斯分析常用的方法．

定义

$$E=(F^2-F_0^2)/2F,$$

因

$$F^2-F_0^2=(F-F_0)(F+F_0),$$

则

$$E=(F^2-F_0^2)/2F\cong F-F_0, \tag{5.340}$$

即 E 是观察值与计算值的误差量．很显然式(5.340)成立，则可直接由式(5.338)计算误差量 E．先驱者 3 号卫星利用质子旋进磁强计所得 2800 次磁场 F 的测量，其误差 E 的分布如图 5.79 所示．其中仪器测量误差为 10nT，E 的均值为 8nT，均方根值(RMS)为 21nT，相应正态分布的方差σ为 12nT．RMS 与σ的差异，即 E 对正态分布的偏离，是由于测量包括了磁场扰动的时间，它反映在图 5.79 中存在一个较大的负值尾巴(Matsushita and Campbell，1967)．因式(5.338)中忽略了外源场，再要提高上述分析精度已很少可能．先驱者 3 号的飞行高度低于 0.6 个地球半径($0.6R_E$)，测量范围从 400 km 至 4000 km．因此，图 5.79 的结果表明，约在 0.6 个地球半径处，空间磁场仍有与地面磁场相同的分布形态．

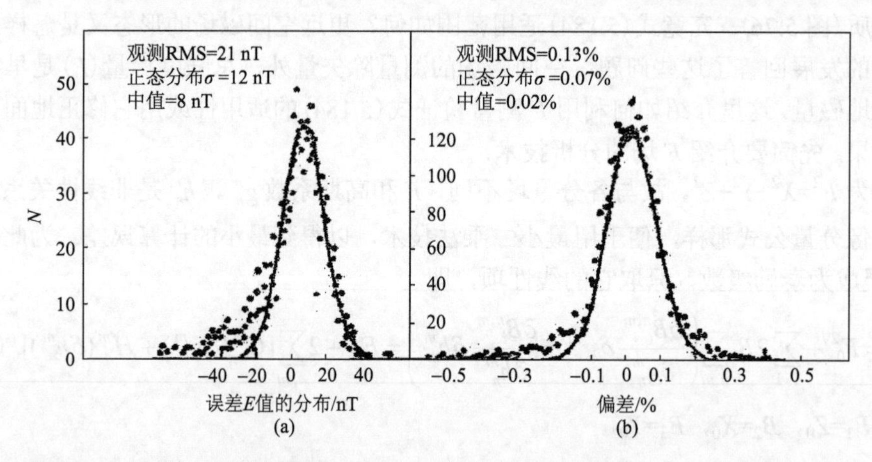

图 5.79　先驱者 3 号测量结果ΔF 和$\Delta F/F$ 的分布(Matsushita and Campbell，1967)

(a) $\Delta F=F-F_0$，高斯级数 $n\leqslant 7$，图中纵坐标 N，横坐标 E，nT；(b) 偏差 0.1%间隔所落入的观测次数

5.5.3　磁层

如果扣除外源场的影响，$0.6R_E$ 以外，5—$6R_E$ 磁场分布仍与地面相近，但到如此远的距离，非偶极子磁场已无贡献，可以说全部为偶极子磁场．超过 5—$6R_E$ 的高层空间，地磁场的高斯级数(5.229)已经不再适用，其主要成分偶极子磁场不再像近地面空间那样，随高度以 r^{-3} 的规律向外无限延伸，而是被局限在空间一定的范围之内．这个磁场存

在的空间称为磁层．磁场是地球空间环境的组成部分，在空间许多自然现象中有特殊作用．因此，磁层研究是空间科学的一个重要领域．由于自 20 世纪 60 年代以来空间探测技术的进展，磁层的观测和研究也获得迅速发展，取得了极其丰硕的成果．

太阳连续不断地向外发射等离子体，即太阳风．太阳风是良导体，当它吹向地球时，由于如方程(5.27)所示磁场的冻结效应，地磁场向太阳的一面将被压缩，背阳面将被拉伸，最外面形成一个包体，包体之外没有地球磁力线．所以地磁场只局限在一个空洞之内，形成了上面所定义的磁层．正是由于太阳风与磁层相互作用，在太阳风等离子体的表面形成感应电流，大大改变了原来偶极子磁场的结构，形成了如图 5.80 所示的磁场的复杂形态．

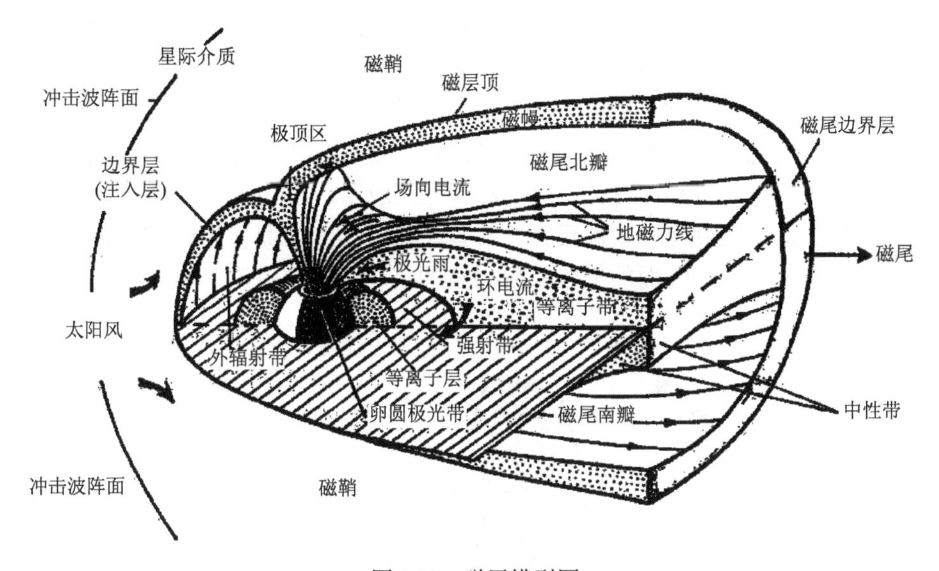

图 5.80 磁层模型图

磁层的外边界为磁层顶．磁层随着地球在空间运行．朝着太阳的那一边，磁层顶离地心的距离为 8—11 个地球半径远，随着太阳风的风速和离子密度而变化．背着太阳的那一边，磁层顶延伸得很远，形成一个磁尾，宽度约有 15—30R_E，粗略地讲，月球位于磁尾长度 1/3–1/2(中部)的位置，长约 120—150R_E，可能达到一百多万余千米．太阳风相对于地球的速度约 300—600 km/s，但这个等离子体内部扰动的传播速度(阿尔芬波)只有 25—90 km/s．如同物体在空气中以超音速运动时在它前面产生冲击波一样，磁层顶相对于太阳风的运动在它前面也将产生一种类似于冲击波的波阵面．在磁层顶与冲击波之间的区域叫作磁鞘．在地球和太阳的连线上，磁鞘的厚度约有 2—4R_E．磁尾部分南北半球的磁力线是相反的，中间有一个中性带，在中性带的两侧磁场反向，太阳风等离子体进入磁层，越过极隙，从北南两侧压向中性带上下的等离子带，在约距地球 10R_E 处，等离子带进入北南极光区．最早极光带被理想化为以磁极为中心半径、角距为 23°的圆．但近代的观测发现，极光相对磁极呈偏心分布，向阳面纬度很高，背阳面纬度较低，为了和原极光带(auroral zone)的意义相区别，特称极光的这种实际分布为卵圆极光带(auroral oval)．极光的这种偏心分布，正是磁层结构相对于磁轴非对称性的表现．

5.6 磁 层 物 理

5.6.1 磁层物理基础

磁层物理基础最基本的无疑是§5.1.1 麦克斯韦方程，在电磁场冻结扩散方程中，因磁层和太阳风中等离子介质的高导性，冻结方程(5.27)将适用于磁层全部电磁过程. 然而，但要磁层物理过程完整的解答还必须应用§6.3.2 中电磁流体动力学完备方程组中的全部方程,包括热力学状态方程.考虑这里所谓“磁层物理基础”多是定性的论述,§5.1.5“带电粒子在磁场中的运动”，主要总结于§5.1.5(6)小节中，包括：质子和电子分别反时针和顺时针方向的回转运动(方程(5.113))；质子和电子在电场和磁场中相同方向的漂移(方程(5.116))；质子和电子在其他力场(例如重力 ρg，压力$-\nabla P$)中相反方向的漂移(方程(5.120))；质子和电子在非均匀磁场($\nabla_{\perp}B, \nabla_{c}B$(曲率))相反方向的漂移(方程(5.131))；质子和电子在磁场镜点的反弹运动(§5.1.5(7))，以及§5.1.6“电磁流体(等离子)介质中的波”，即阿尔芬(Alfén)波等在磁层物理中都有直接应用．这些运动在磁层物理中常用的有三种，回转运动、镜点间周期性反弹、垂直于磁场梯度的漂移等(图 5.81)．在这一节还需要补充的有：弓击波阵面的形成、磁力线的重联、场向电流、电离层彼德森电流和霍尔电流以及动力压强等 5 个小节．

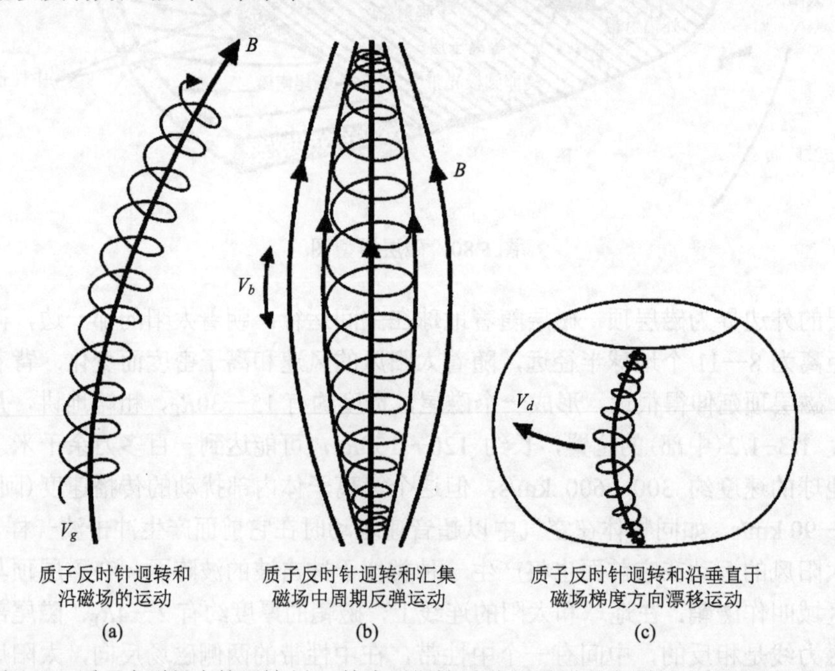

图 5.81 质子在磁场中的回转(a)、镜点周期性反弹(b)和非均匀磁场中的漂移运动(c)

(1) 弓击波阵面的形成

大家熟悉，当飞机飞行速度超过声速时，飞机前沿将形成一个弧形波阵面(图 5.82)，快速行进的游艇，艇前水中可清楚看到类似的水纹，还有磁层和太阳风相互作用磁层前也有同样的波形，因其状如弓，通称为弓击波阵面(bow shock)．从§5.1.1(3)中方程(5.175)—(5.176)我们了解，磁流体(等离子)中有3种波：介质和磁场同时被压缩产生的快速波 $V=V_{\mathrm{F}}=\sqrt{V_{\mathrm{A}}^2+V_{\mathrm{S}}^2}$ ；只有介质被压缩，即纯声波，速度最慢 $V=V_{\mathrm{S}}$；磁场横向扰动，即阿尔芬波，速度在两者中间，$V=V_{\mathrm{A}}$. 在太阳风中，三种波波速量级约40—80 km/s. 典型太阳风速 V_{SW}=450 km/s，远大于上述三种波速. 因此，太阳风与"障碍物"，即磁层间必产生弓击波．弓击波物理，特别是弓击波阵面内是高度非线性过程，很多细节至今尚不清楚，我们必须以这样的认识看待以下的讨论．图5.83的4张图有可能帮助我们理解弓击波阵面的形成．

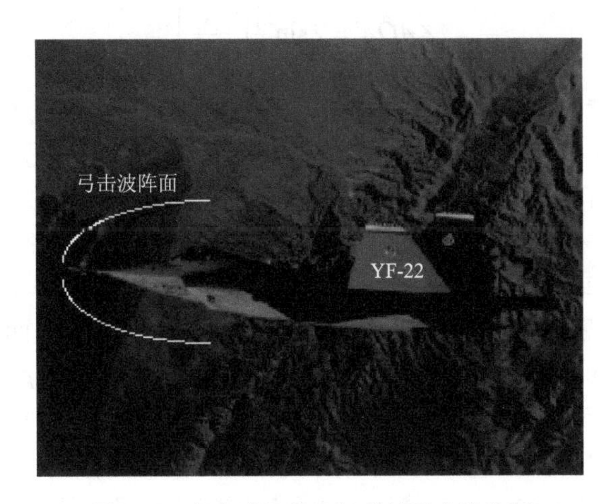

图5.82　超音速飞行飞机前的弓击波阵面

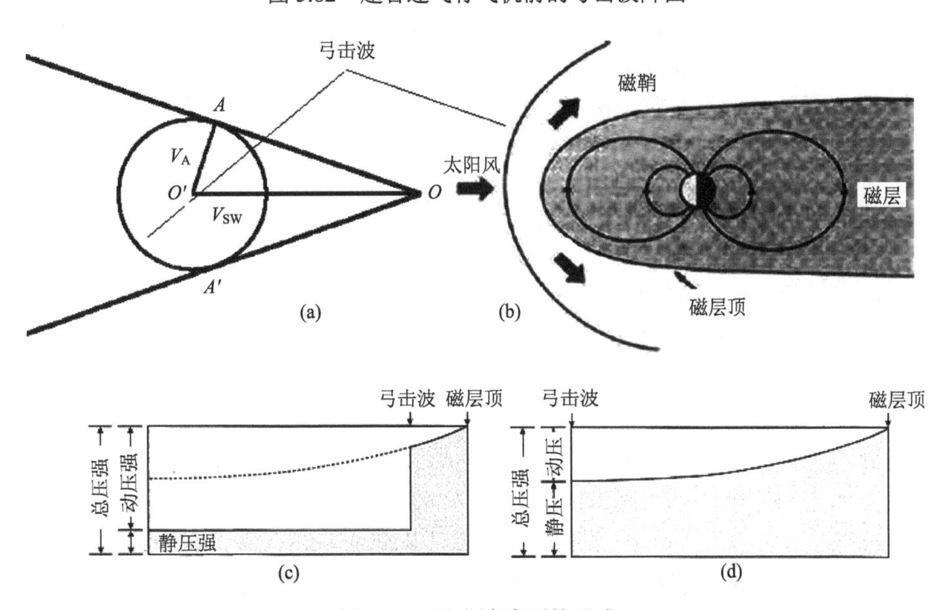

图5.83　弓击波阵面的形成

(a)马赫数和接收角；(b)太阳风动压和磁层磁压的平衡；(c)太阳风内动压和静压的分布(实线)；(d)太阳风到达磁层顶时，动压必须调整为"0"

图 5.83a，当扰动(例如障碍物)发生在点 O(与磁层顶位置相当)，扰动传播速度由两部分组成，一是太阳风速 V_{sw}，二是波速(例如 V_A)，即 $\boldsymbol{V}=V_{sw}+V_A(\boldsymbol{n})$，$\boldsymbol{n}$ 为球面单位法矢量. 如图 5.83a 所示，由障碍、障碍与运动体连线 OO'和信号传播的几何关系，可知：当 $V_{sw}<V_A$，即通称亚“声”速运动，则扰动点 O 将落在以 O'为中心、V_A 为半径的球内，O'四周球面都可收到扰动信号，运动体与障碍尚有一段距离，可调整路线绕过障碍；而若 $V_{sw}>V_A$，即通称超“声”速运动，扰动点 O 将落在球外，这时扰动已越过 AA'前球面(AA' 为由点 O 与球面相切的圆)，而到达 AA' 后球面，圆锥角$\angle AOA'$称为接收角，有：

$$\angle AOA' = 2\sin^{-1}\left(\frac{V_A}{V_{sw}}\right) \tag{5.341}$$

$M_A=V_A/V_{sw}$，称为马赫数(Mach number)，M_A 为阿尔芬波的马赫数，与此相应：$M_s=V_s/V_{sw}$，$M_F=V_F/V_{sw}$，分别为声波和快速波马赫数，这里 AA'后球面，即为弓击波阵面. 和亚声速不同，在到达弓击波阵面前，超声运动体根本不晓得障碍物的存在，将继续前行，直到与弓击波阵面相碰，才接到障碍扰动信号，但已无时间调整运动路线，从而与弓击波阵面硬碰，或被反弹，或穿越. 弓击波阵面是间断面，越过间断面，太阳风等离子体有关物理量，如压强 p，密度 ρ，速度 $\boldsymbol{V}_{sw}$，温度 T，都发生跃变，但两侧，质量流(ρV_x)、能量流($V_x^2/2+w$)(w 为与温度有关单位质量的内能)、动量流($p+\rho V_x^2$)则守恒(即连续). 其中，$\boldsymbol{x}$ 为波阵面的法向方向，弓击波阵面是法向间断，切向各物理量连续.

至于弓击波的位置，则主要由 3 个因素控制：一是太阳风动压与磁层磁压(图 5.83b)；二是接收角$\angle AOA'$(图 5.83a)；三是弓击波和磁层间要有足够的距离，以保证太阳风由波阵面到达磁层顶时，V_{sw} 能降为“0”，后可沿层顶顶点(nose of the magnetopuse)向东、西、北、南四周运动(图 5.83c, d).

与动压 $P_{sw}=\rho V_{sw}^2$ (ρ 为粒子密度)相比，太阳风中电磁压很小，而磁层则主要是磁压 $P_{MP}=B^2/2\mu_0$，太阳风与磁层顶在向阳面相遇，当平衡时，有

$$\rho V_{sw}^2 = \frac{B^2}{2\mu_0}, \tag{5.342}$$

取太阳风的典型值，$V_{sw}=4.5\times10^5$m/s，$\rho=nm$，n 为单位体积质子数，$n=5\times10^6/\text{m}^3$，m 为质子质量，$m=1.68\times10^{-27}$ kg，$\mu_0=1.256\times10^{-6}$ H/m. 按(5.342)，磁场 B~52 nT，考虑磁层顶电流，则地磁偶极磁场只需贡献 26nT，由方程(5.239.3)可求得日地连线上磁层顶位置：$r_{MP}=10R_E$，R_E 为地球半径. 不难理解，当磁层顶的位置确定后，弓击波阵面应位于磁层顶前不远处，有多远？由以下因素决定.

第一，图 5.83c 示意：太阳风由远而近，到达磁层顶前，内部动压和静压调整，以保证到达磁层顶时，动压为“0”. 这里包有两层含义：一，在运动体到达波阵面前因不晓得障碍物的存在，不可能调解内部动压，因而波阵面的存在是降低太阳风动压所必须的；二，波振面和层顶留有距离，则可保证动压调整过程的最后完成. 第二，由式(5.341)不难判断，太阳风速越小，即马赫数越小，则接收角$\angle AOA'$ 越大，即波阵面曲率越小，形状越钝；马赫数小还有另一结果：方程(5.342)决定磁层顶的位置，是太阳风与磁层动

态平衡的需要，波阵面以及磁层顶和波阵面之间的磁鞘是太阳风结构的一部分. 因此，可以说(5.432)决定了磁层与波阵面、磁鞘间的动力平衡. 当太阳风速降低时，按(5.342)，磁层(顶)向外扩展，则波阵面除有相应的扩展外，因动力平衡的需要，还应有较多的移动，即相应磁鞘厚度应该加大. 因此，当太阳风速降低时，弓击波阵面除变钝外，还要离磁层顶更远些，这与图 5.83b 击波面形状一致：由太阳与地球的连线到磁层顶腰部，与磁层顶垂直的风速越来越低，可明显看到，波振面变得越来越钝，距磁层顶越来越远.

(2)磁力线的重联

(i)磁场重联

磁场重联(magnetic reconnection)是磁场等离子介质内非线性电磁过程，后果之一是磁场烟灭释放大量能量，加热、加速与磁场相联系的等离子粒子；可造成磁力线开放，为磁场外，如太阳风、行星际磁场(IMF)、等离子流进入磁层敞开门户；还可能形成等离子畴(plasmoid)：一个被磁力线约束、高能量、不稳定的等离子体元(见§6.2.3(2)). 无疑，磁场重联以及与之相联系的磁场开放、等离子畴的形成，在太阳物理、太阳风和磁层动力学过程中，具有特殊的意义. 磁场重联也可在实验室中实现，受控热核反应中可观测到重联(Kowal et al., 2012; Priest and Forbes, 2000; Biskamp, 1993).

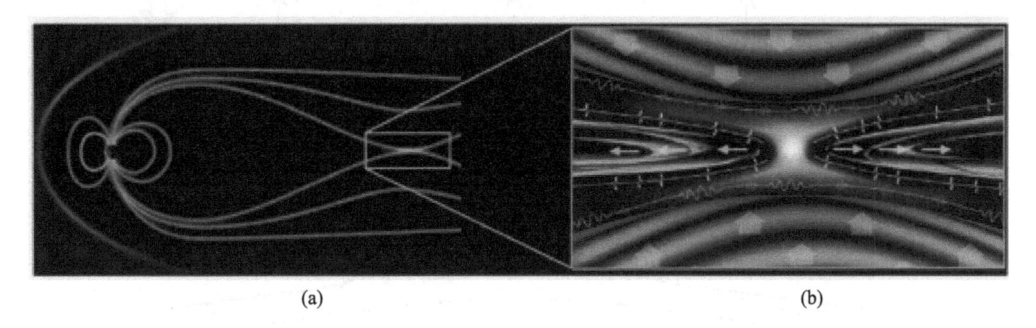

图 5.84 磁尾中性带磁场指向地球(a)、背向地球(b)反向磁场重联示意图(Russell et al., 1990; Nagai et al., 2005)(见彩插)

磁场重联有两个必要条件，一是邻近但方向相反的磁场，二是外来的冲量(作用力). 按安培定律，邻近反向磁场存在中间必有电流相隔，而要磁场重联，两反向磁场必须相遇，这就要求有足够强的动量做功，因而要有必要条件二，外来冲量. 磁层日地连线磁层顶磁场由南向北，当行星际磁场(IMF)取北南向时，加上足够强的太阳风，则 IMF 和地磁场在磁层顶有可能重联；磁尾中性带电流隔离了中性带上下等离子带的反向磁场，而在磁层亚暴期间，有足够强的太阳风携带等离子进入磁尾，中性带上下反向磁场有可能重联. 图 5.84a 显示，在约离开地球 40—50R_E，磁尾中性带发生磁场重联，图 5.84b 是这一重联区域的放大，图中中性带上磁场指向地球，中性带下背向地球；图中箭头显示，太阳风动压从上和下压迫中性带，指向左和右的箭头表示和磁场冻结在一起的中性带粒子的外逸. 下面将会看到，当中性带有粒子向两侧流动时，即标志重联即将发生. 图 5.85 是 5.84 磁尾中性带重联过程的物理描述：一个二维磁场重联模型，属斯维特-帕克(Sweet-Paker)模型(Sweet, 1958; Parker, 1957)，称 S-P“隔离”重联(separator reconnection)；与图 5.84 重联相同，磁场被隔分为上下两区，图中间虚线即称作“隔离”(separator)，它把方向相反的磁场以及与磁场紧密相连的等离子体隔开；在“隔离”两侧，磁场相近但反向，以及高能等离子(如太阳风)的存在构成了磁场重联的必要条件. 因重联属极端非线性物理过程，不存在所谓的解析解. 图 5.85 采用逐次、多步逼近方法，以图描绘从磁场的初始状态始，重联非线性过程的演化，到最后磁场湮灭的重联全过程.

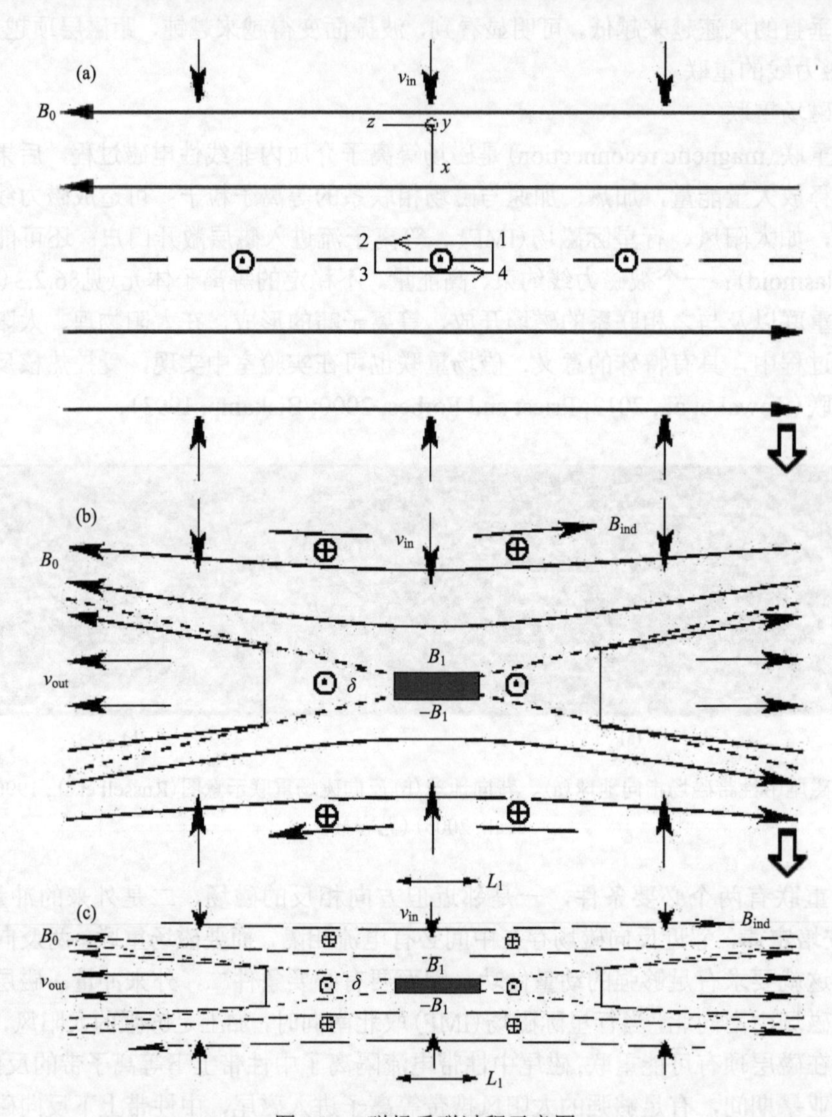

图 5.85　磁场重联过程示意图

重联前时间 t_0 磁场等离子体的临界状态：薄层电流在系统内上下两侧产生相等但反向磁场，Lundquist 数 $S \gg 1$，从而 $\sigma \to \infty$ 的等离子电导介质，以及在太阳风作用下系统等离子介质磁场增强，但只要条件(5.345)有效，介质 $\sigma \to \infty$ 与磁场冻结在一起，则无论太阳风有多强，重联不可能发生；当外来作用尺度 L 不能再视为“无限”广延，出现局部特征 L_1，在薄层邻近磁场扩散，$V_{in}=0$ 不再成立，则重联发生

图 5.85 最上层显示系统的初始状态：这时系统应是“稳定”的，但存在重联发生的可能. 这样，我们只要弄清维持系统“稳定”的物理条件，则可以预计，系统怎样的演

化，磁场重联才有可能发生．如图所示，一条“隔离”(居中虚线)把磁场和等离子分为两区，在虚线以上，磁场 $\boldsymbol{B}_0$ 沿 $\boldsymbol{z}$ 方向，虚线以下沿 $-\boldsymbol{z}$ 方向，中间被电流相隔，与磁尾中性带分布的磁尾电流体系相当．图 5.85 绘出了与磁场分布相应的电流在“隔离”带垂直图面向外，沿 $\boldsymbol{y}$ 方向分布．把安培定律 $\nabla\times\boldsymbol{B}=\mu_0\boldsymbol{J}$ 用于图中 12341 边界处的“微环线”，即平行于界面，但与电流垂直，且环线线度为无穷小量，l_0=12=34，23=41=δ_0，$l_0>>\delta_0$，可得：

$$\boldsymbol{B}_0=\mu_0\boldsymbol{j}_y/2, \tag{5.343}$$

式中，$\boldsymbol{j}_y$ 为单位元长线电流线密度，用 $\boldsymbol{j}$ 表示，以便与体电流密度 $\boldsymbol{J}$ 相区别．(5.343)是邻近边界无限小区域的结果，可推广至整个区域，假定电流在 yz 平面沿 y 方向，在无穷薄层面上均匀分布，则可证明：一，磁场沿 $\boldsymbol{x}$ 方向分量为零；二，环路 12341，无论 l_0，即线 12，34 的线度有多长，点 1 和 2，或 3 和 4，磁场 $\boldsymbol{B}$ 都相等，且与线 23，41 长度无关，或一句话：当 x 固定时，磁场沿 z 方向均匀．这样，积分回路 12341 不管放在何处，只要保持 23，41 与界面垂直，12 与 34 相对于界面对称，则结果与(5.343)相同，磁场分布也与 x 无关，磁场 $\boldsymbol{B}$ 在上下半无穷空间均匀，分别为 $\boldsymbol{B}_0$，$-\boldsymbol{B}_0$，电流薄层中间为中性带，$\boldsymbol{B}$=0，为“奇异”薄层．按安培定律，在奇异层邻近应满足关系：

$$\boldsymbol{j}_y\approx\frac{2B_0}{\mu_0\delta_0}, \tag{5.344}$$

方程(5.344)意味着，磁场在 $\delta_0/2$ 线度内发生跃变．

等离子或电磁流体介质中磁场遵从“冻结扩散”方程(5.26),(5.31)无量纲磁雷诺数

$$R_M=LV/\eta,$$

式中，$\eta=1/\sigma\mu_0$，称磁扩散率，σ 为介质电导率，L 为介质特征线度，$\boldsymbol{V}$ 为介质特征速度．阿尔芬速度 $\boldsymbol{V}_{\mathrm{A}}$ 无疑是等离子中的特征速度，与磁雷诺数 R_M 相当，在等离子物理中常采用 Lundquist 数(Lundquist number)，用 S 表示，有：

$$S=LV_{\mathrm{A}}/\eta. \tag{5.345}$$

我们熟悉：当 R_M 或 $S>>1$ 时，等离子中磁场将遵从冻结方程．磁层、太阳和宇宙空间都具有大尺度特征，而等离子又具高电导性，一般应满足 $R_M\sim S>>1$. 例如，太阳风，磁层空间 S 可达 10^{20}，实验室中等离子介质 S 也达 10^2—10^8 的量级．因此，图 5.85 等离子磁场遵从冻结方程，即 $\sigma\to\infty$，介质与磁场一起运动．电磁场的欧姆定律：

$$\frac{\boldsymbol{J}}{\sigma}=\boldsymbol{E}+\boldsymbol{V}\times\boldsymbol{B},$$

当 $\sigma\to\infty$，有：

$$\boldsymbol{E}=-\boldsymbol{V}\times\boldsymbol{B}, \tag{5.346}$$

(5.346)表明：当运动与磁场相互作用，企图把动量转化为磁场能量，或相反，必伴随有静电场 $\boldsymbol{E}$ 的产生，以阻止这种转换，而(5.346)是 $\sigma\to\infty$ 的必然结果．因此，图 5.85 电导无穷大的等离子和磁场属动量、能量过程的保守系统．但宏观上，相信磁场与等离子运动冻结的同时，也要看到：这里毕竟存在局部性的奇异薄层 δ_0 以及薄层邻近的反向磁场．冻结过程能量、动量的保守，意味着重联难以发生；但奇异薄层和反向磁场又为重

联准备了条件. 从以上讨论不难了解，两者可否转换的关键是系统的电导率；下面将会看到，基本物理事实是：倘若 $\sigma\to\infty$，则重联绝无可能发生，倘若 σ，哪怕局部区域，若电导不能再视为无穷大，则重联有可能发生.

到此关于图 5.85 上图重联的初始状态，只谈了“系统”自身，包括薄层 δ 及其电流 j_y，薄层上下反向磁场 B_0 以及与高电导和巨大广延度 L 系统相联系的 $\sigma\to\infty$ 的等离子介质，还没涉及重联必要条件之一的外来动力，太阳风. 关于太阳风，这里强调以下几点，一，重联前直至初始状态 t_0，包括 t_0，太阳风与系统相互作用，假定太阳风变化(增强)是如此缓慢，以致两者时时处处处于平衡状态，以保证系统物理状态，例如，薄层电流 j_y，线度 δ，磁场 B_0，时时处处有定义，满足关系

$$\frac{B_0^2}{2\mu_0}+P=\rho V_{\text{sw}}^2, \tag{5.347}$$

其中左侧为系统磁压和流体静压力之和，右侧为外来(太阳风)动压. 一般情况，如太阳风和磁层中，P 可以忽略，(5.347) 简化为方程(5.342). 如是，则不管太阳风有多强，方程(5.372)或(5.347)成立，系统和太阳风粒子处于平衡状态，整体(宏观)运动速度为 0. 不难相信，这期间图 5.85 上图 $V_{\text{in}}=0$，V_{in} 为太阳风等离子进入系统的速度，只有，也只有重联发生，$V_{\text{in}}\neq 0$ 才有可能. 二，重联前直至初始状态 t_0，包括 t_0，太阳风及其等离子与系统接触的边界，在太阳风作用下，不管如何移动，由于系统和太阳风相对薄层的对称性，则满足方程(5.342)或(5.347)的系统内，只可能有薄层电流 j_y 产生的薄层上下相等但方向相反的磁场 B_0 存在，例如，磁层远离地球磁尾一侧仅有中性带电流产生的上下反向的尾状磁场. 三，不管太阳风如何变化，系统内电流及相应磁场 B_0 将随之调整，以确保方程(5.347)成立. 四，最后，不管太阳风有多强，只要保持有与系统同样巨大的广延度 L，则系统内奇异薄层 δ_0 不可能掌控系统内电磁过程，(5.345) $S>>1$ 依然有效，介质 $\sigma\to\infty$，与磁场冻结在一起，重联绝无可能发生. 因此磁场重联的关键是太阳风是否出现局部增强，若如是，则过程发展到图 5.85 中图所示状态，出现局部区域 L_1，在这里将产生局部磁场 B_{L1}，即在局部，磁场有

$$B_1=B_0+B_{L1},$$

下面将会看到，这时，只有在这时重联才有了发生的可能，但还仅仅是可能.

在 t_0 后，假定太阳作用出现局部性，图 5.85 中和下图用 L_1 标出，$L>>L_1\approx\delta$. 如图所示，在局部 L_1 区域，太阳风作用 V_{in} 较周围要强，可以看到，图 5.85 中和下图同时标出了与太阳风和等离子介质局部作用产生的局部$-y$ 方向的电流和磁场，记作 j_{L1}^{-y} 和 B_{L1}，只局限于局部 L_1 及其邻近，远离 L_1，j_{L1}^{-y}，$B_{L1}\to 0$，不难得出，在 L_1 及其邻近，有 $B_1=B_0+B_{L1}$，在外来作用下，等离子被压缩，磁场局部增强过程在磁场反向薄层邻近区域开始出现，并不断重复. 图 5.85 中图示意地标出了与局部过程相联系的局部感应磁场 B_{L1} 以及沿$-y$ 方向的局部感应电流，空间的压缩以及磁场的增强，则有 $B_1>B_0$. 倘若 $\sigma\to\infty$ 仍然成立，磁场与介质冻结在一起，磁场和介质将继续被压缩，则图中介质以 V_{out} 向两侧流动不可能发生，直到 $\sigma\to\infty$ 在局部 L_1 不再成立，即当过程发展到中图的状态，特别是下图，奇异薄层的局部特性无论是几何和物理上都不可能不发挥作用，甚至是决定

性作用. 下图与中图相比，只是过程更向前发展，系统无论是几何，还是物理局部性都更强而已. 这里之所以给出中图和上图，仅仅为了显示重联这种极端非线性、复杂过程如何发展而已，这也是开始称它为逐步逼近重联过程模型的原因.

在薄层邻近，几何上，特征尺度 $\delta \ll L$，物理上，(5.344)成立，即表明在 δ 的几何线度内，磁场已发生显著变化. 因此，在薄层邻近区域，图 5.85 中图，特征尺度不应再是 L，而是 δ_0. 因此，$S \ll 1$，$\sigma \to \infty$ 不再成立，磁场将向外扩散，等离子不再与磁场冻结在一起. 进一步，由于磁场的增强和介质的压缩，则有关系：

$$\frac{B_1^2}{2\mu_0} + P_1 \gg \frac{B_0^2}{2\mu_0} + P_0, \tag{5.348}$$

式中，角标 1 为薄层区，0 则表示薄层区外. 当区内等离子不再与磁场冻结时，在强大磁压作用下，粒子将被推出区外，薄层上下反向磁场重联，几乎释放出全部动力学过程积累的巨大能量，加热、加速等离子，并形成如图中 X 形状的区域. X 交点为中性点，这就是前面所说的极端非线性过程.

重联发生的非线性过程无法用解析方法来表达，我们来看重联还没发生，但即将发生时过程的近似描述. 假定我们关注的区域 σ 有限，为区别，记作 σ_1，则图中 $\boldsymbol{V}_{\text{in}}$ 与磁场 B_1 作用产生的感应电流，由广义欧姆定律(5.2.3)，可近似表达为

$$-j_y \approx \sigma_1 V_{in} B_1, \tag{5.349}$$

如方程(5.344)，假定 B_1 在 $\delta/2$ 的线度有显著变化，则按安培定律，有

$$|j_y| \approx \frac{2B_1}{\delta\mu_0}, \tag{5.350}$$

可得：

$$V_{\text{in}} \approx \frac{2\eta}{\delta}, \tag{5.351}$$

由质量守恒，得：

$$V_{\text{in}} L_1 \approx V_{\text{out}} \delta, \tag{5.352}$$

(5.348)忽略流体静压力，可得：

$$\frac{B_1^2}{2\mu_0} \approx \rho V_{\text{out}}^2. \tag{5.353}$$

由(5.352)，(5.353)得：

$$V_{\text{out}} \approx B_1 / \sqrt{2\mu_0 \rho} = 1.4 V_{\text{A}}, \tag{5.354}$$

最后得：

$$\frac{V_{\text{in}}}{V_{\text{out}}} = \frac{\eta}{\delta V_{\text{A}}} \approx \frac{1}{S_1}, \tag{5.355}$$

式中，S_1 为(5.345)所定义的薄层区的 Lundquist 数. 虽 $L_1 < L$，但 $L_1 \approx \delta$，由(5.352)可得 $V_{\text{A}} < V_{\text{in}}$. 式(5.355)定义为重联率. 斯维特–帕克重联是二维，准静态简化模型，它忽略了三维更复杂过程的影响. 图 5.86 示意地给出了太阳风在磁层顶多处，如日地连线、极

隙、磁尾等与地磁场碰撞在磁层内形成的多区磁场以及一端在太阳、一端在地球重联后的磁力线.

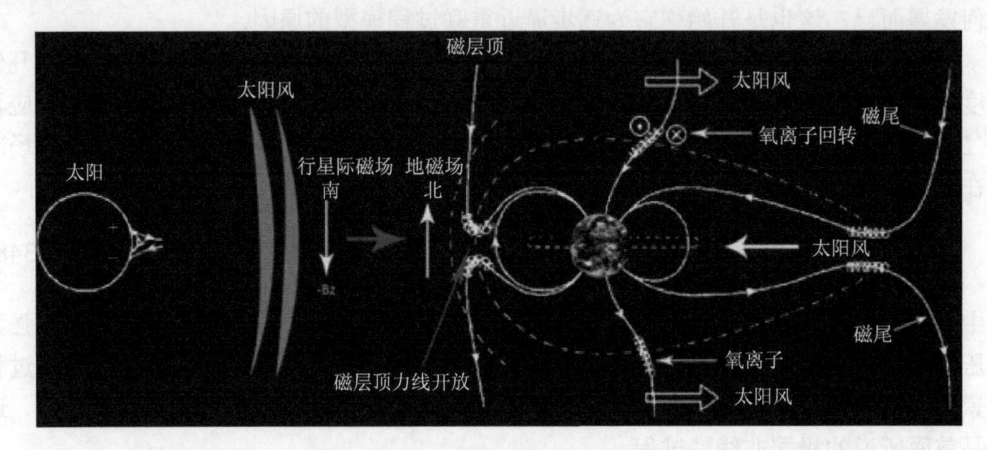

图 5.86　太阳风 IMF 与磁场在磁层顶日地连线、极隙和磁尾与地磁场碰撞重联形成的多区磁场和一端在太阳、一端在地球重联后的磁力线(Russell et al., 1990; Nagai et al., 2005; Lukianova and Kozlovsky, 2011)

2000 年“POLAR”卫星第一次观测到磁场重联，2008 年 THEMIS 用 5 个探测器中的 3 个在约三分之一日月距离磁尾处，捕捉到磁场重联，96 s 后观测到磁层亚暴和极光强度达到最大. 探测项目的领导人，美国洛杉矶加州大学(UCLA)教授 Angelopoulos 说“这是第一次现场观测到磁场重联引发磁层亚暴和极光增强”(Angelopoulos et al., 2008).

(ii)磁力线的开放

磁力线是封闭的，要么首尾相连，要么一端从北极出来走到南极. 正是磁场的封闭性，把诸如太阳风、宇宙电磁、粒子等辐射屏蔽于磁场之外，无法穿越到达近地面高空，保护了地球，保护了人类. 但磁场重联破坏了磁场的封闭性，例如上述重联形成的 X 点，即为中性，很不稳定，不仅外来如太阳风等极易通过，而且可以开放，为“入侵者”大开方便之门. 幸好，无论是太阳风，还是其他辐射源都没有足够高的能量，磁场的重联和开放，仅限于磁层和行星际空间，还无法到达近地面高空和地球.

邻近反向磁场是磁场重联的必要条件，地磁场由磁南极出，到磁北极，都朝向同一方向，只有，也只有和太阳风相互作用，太阳风中的磁场，即行星际磁场(IMF)与地磁场相遇，重联才有可能发生. 地磁场是朝北方向，可以预计，倘若行星际磁场朝南与地磁场相遇，则重联的概率必将增加，甚而地球向太阳一侧，都可为太阳风打开门户，地磁活动指数无疑将会加强，磁扰、电磁脉动也随之更加活跃，这就是为什么人们说：行星际磁场及其方向是磁层动力学中第一重要要素. 图 5.87 分别为南向(图 5.87a)、北向(图 5.87b)行星际磁场与地磁场的重联、地磁场力线开放的示意图(Russell et al., 1990). 图中(包括图 5.86)明显标出了当行星际磁场朝南时，磁场向太阳一侧，X 线和中性 N 点的形成. 图中可明显看出行星际磁场南、北两向磁层动力学的差异.

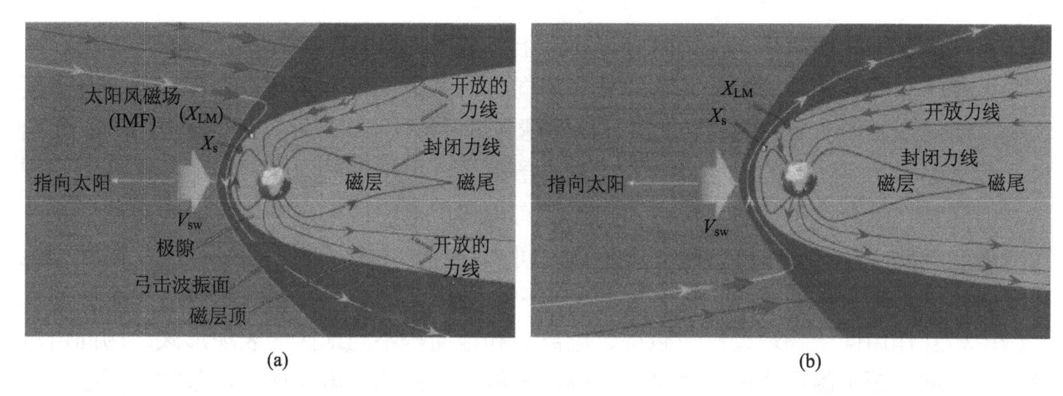

图 5.87 南向(a)、北向(b)行星际磁场与地磁场的重联、地磁场力线开放的示意图(Russell et al., 1990; Nagai et al., 2005)

(iii)等离子畴

图 5.88 显示一个在磁层磁尾中性带附近，大约远在超过 15 个地球半径的地方，磁场重联后形成的等离子畴(plasmoid). 在太阳风、太阳大气、实验室中也有等离子畴存在. 等离子畴是一个封闭磁场和等离子构成的特殊单元：具有可测量的磁矩、横向电场、等离子气压和磁压形成的内部压力，以及可测量的平移速度. 等离子畴与等离子畴之间可以相互作用，甚至可以碰撞而毁灭，当与内压平衡的外部压力减小或不存在时，磁畴也将破碎或迅速消失. 可以看出等离子畴(McPherron, 2005; Baker, et al., 2005)是一种在封闭磁场内的等离子单元. 在磁层亚暴 D_p 和不规则电磁脉动 P_i 中将会看到它的运动、消失等能量过程.

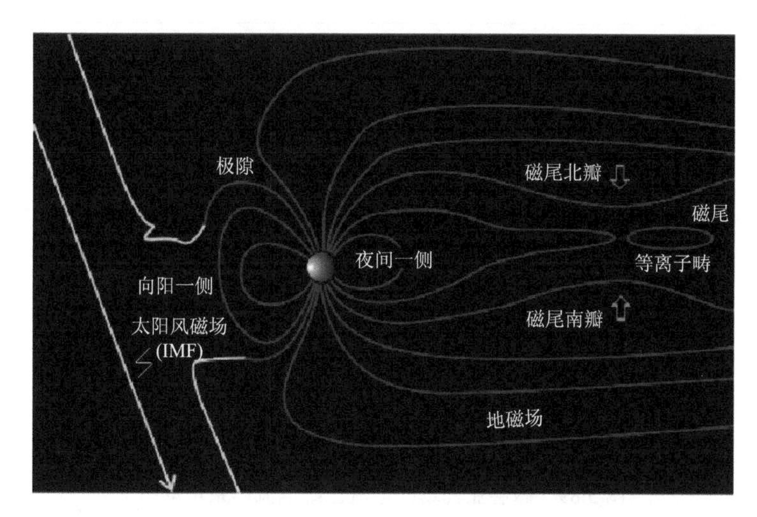

图 5.88 磁层磁尾中性带磁场重联后在 X 点外形成的等离子畴(Baker et al., 2005)

(3)场向电流

场向电流(field-aligned currents, FAC)指磁层中沿磁力线流动的电流 $\boldsymbol{j}_{/\!/}$，它从与磁场垂直的电流体系 $\boldsymbol{j}_{\perp}$ 分流，沿磁力线进入高纬度电离层，在电离层南北极区沿晨(东)昏(西)方向流动，称作电离层(或极光)电射流，再由电离层黄昏一侧沿磁力线返回原磁层 $\boldsymbol{j}_{\perp}$ 电流体系．由此不难相信，一，场向电流实际上是磁层$\boldsymbol{j}_{\perp}$电流的分支，它与磁层电流、电离层电流一起构成完整的闭合回路；二，场向电流把磁层与电离层耦合在一起，在磁层和电离层物理中扮演着重要角色；在远离地球约6—7个地球半径以外的磁层空间，太阳风、行星际磁场所产生的磁层扰动，通称磁层亚暴，由于远离地球，在地面是观测不到的，但这种扰动会产生场向电流，从而伴随有电离层电流的相应变化，即电离层亚暴，距电离层仅约100—200 km的地面地磁台站可观测到与之相应的地磁场的变化，称作地磁亚暴．这意味着磁层亚暴、极光亚暴、电离层亚暴、地磁亚暴是太阳风、行星际磁场与磁层相互作用同一物理过程在磁层、电离层和地面等不同地区的表现形式．场向电流分三个区域，源于磁层顶电流体系，由晨时一侧流入高纬度电离层，沿昏时一侧磁力线返回磁层顶电流体系，称1区场向电流；由(部分)环电流沿昏时一侧磁力线流入较低纬度电离层，再由晨时一侧沿磁力线返回环电流，称2区场向电流；由横跨磁尾的中性带电流沿晨时一侧磁力线进入电离层，再沿昏时一侧返回中性带电流，称磁层亚暴场向电流．1区场向电流总强度，当行星际磁场IMF指北向时约为1.6MA，2区约1.1MA；IMF南向时，1区约2.7MA，2区约2.5MA；或者用单位面积表示，典型的FAC 1区为0.5—2μA，2区略小．这三大FAC体系将在§5.6.3中讨论．作为例子，图5.89给出了磁层亚暴场向电流三维示意图．需要指出，还有人从1区场向电流中独立分出一支称作“极隙场向电流”(cusp FAC)或直称“极隙电流”(cusp current)．作为磁层物理基础的这一小节，将着重讨论场向电流形成的物理机制，而电流本身，包括分类、空间分布、性能以及在磁层动力学中所扮演的角色，则将在§5.6.3磁层物理结构，以及§5.6.5磁层电流体系中讲述．

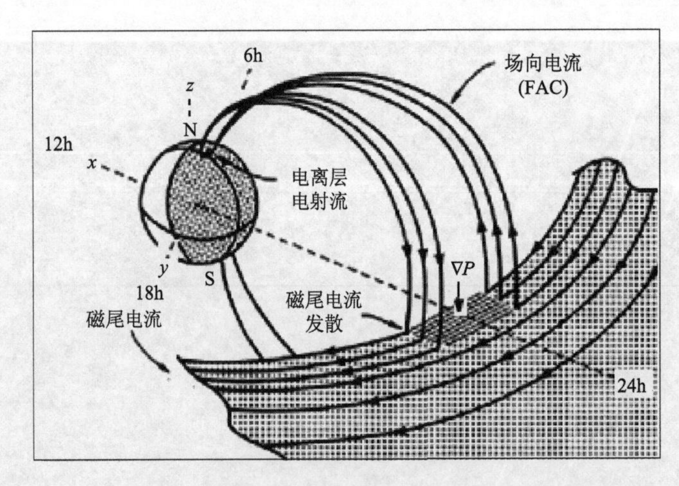

图5.89　磁层亚暴场向电流三维电流体系示意图

横跨磁尾沿晨-昏方向流动的中性带(磁尾)电流与场向电流和电离层所形成的闭合电流回路，因中性带电流犹如一把楔子沿晨-昏方向插入磁层，故又称“电流楔”

无疑，场向电流的存在必有与电荷分布相联系的沿磁场方向的静电场$E_{/\!/}$，即

$$\frac{\partial V_{/\!/}}{\partial t}=\frac{eE_{/\!/}}{m_e}, \tag{5.356.1}$$

式中，$V_{//}$，m_e，e 分别为带电粒子沿磁场方向的运动速度、质量和带电量．同时，带电粒子的运动必然改变原电荷的分布，即 $E_{//}$，$E_{\perp}$满足：

$$\nabla \cdot \boldsymbol{E} = \frac{\rho_e}{\varepsilon_0}, \tag{5.356.2}$$

而电荷重新分布的结果，应趋向减少电场 $E_{//}$以阻止带电粒子沿磁场方向的运动．其直接结果有：一，与磁场平行的电场 $E_{//}$应较小，且有趋于零的趋势；二，即使维持较小的 $E_{//}$，即场向电流，也必须有相应物理过程存在，以不断输入能量．观测表明，$E_{//}$确实微弱，但粒子中电子质量 m_e 与离子质量 m_i 相比很小，即 m_e/m_i<<0，即使 $E_{//}$微弱，也足以加速电子，维持一定的速度，产生有效的场向电流．因此，场向电流以电子运动为主，有：

$$j_{//} = n_e e V_{//} \tag{5.356.3}$$

式中，n_e 为电子密度．而问题二，$E_{//}$是如何维持的？正是这一小节要讨论的重点．

磁层中存在很强的，在磁层物理中具有重要作用的与磁场 $\boldsymbol{B}$ 垂直的电流体系 $j_{\perp}$，例如上面提到的磁层顶电流体系、环电流体系以及磁尾或称中性带电流体系．如在§5.6.3中所说，这些电流虽物理过程有异，但无一例外，电流方向都与磁场垂直；这里以沿晨-昏方向横跨磁尾的中性带电流为例，解析与磁层亚暴相应场向电流维持的物理过程．

在磁尾中性带(neutral sheet)上、下的等离子带(plasma sheet)等离子的运动方程(5.29)，当重力可以忽略时，有：

$$\rho_m \frac{\mathrm{d}\boldsymbol{V}}{\mathrm{d}t} = -\nabla P + \boldsymbol{j} \times \boldsymbol{B}, \tag{5.357}$$

用磁感应强度 $\boldsymbol{B}$ 矢量(×)乘方程两侧，注意 $\boldsymbol{B}\times(\boldsymbol{j}\times\boldsymbol{B}) = \boldsymbol{j}_{\perp}B^2$，得：

$$\boldsymbol{j}_{\perp} = \frac{\boldsymbol{B}}{B^2} \times \rho_m \frac{\mathrm{d}\boldsymbol{V}}{\mathrm{d}t} + \frac{\boldsymbol{B}}{B^2} \times \nabla P, \tag{5.358}$$

即以(5.357)中惯性力($-\rho_m \mathrm{d}\boldsymbol{V}/\mathrm{d}t$)，压力梯度($-\nabla P$)取代方程(5.120)中的外力 $\boldsymbol{F}$，(5.358)与(5.120)结果一致，即正、负带电粒子沿相反方向运动，形成与磁场 $\boldsymbol{B}$ 和压力梯度$-\nabla P$，惯性力$-\rho_m\partial \boldsymbol{V}/\partial$t 垂直的电流 $\boldsymbol{j}_{\perp}$．磁尾等离子带从太阳风捕获的带电粒子在平静时期以质子(H^+)和电子(e^-)为主，兼有少量氦(He^+)．如图 5.89 所示，压力∇P 由上(沿$-\boldsymbol{z}$ 方向)、下(沿$+\boldsymbol{z}$ 方向)两侧指向中性带，而磁场 $\boldsymbol{B}$ 在中性带上方沿 $\boldsymbol{x}$ 方向、下方沿$-\boldsymbol{x}$ 方向，则由方程(5.358)可知，与之相应的电流 $\boldsymbol{j}_{\perp}$将由晨时(东)流向昏时(西)方向，而等离子运动，即惯性力$-\rho_m\partial \boldsymbol{V}/\partial t$ ，正是产生等离子带压力梯度∇P 的动力源，其方向应与∇P 一致，同样产生相同方向 $\boldsymbol{j}_{\perp}$，通称磁尾电流．磁层亚暴期间，特别是当太阳风行星际磁场 IMF 指南向时，在磁层顶与地磁场重联，磁层磁力线开放，大量太阳风等离子进入等离子带，甚至低空大气电离层中粒子，如 O^+，Ne^+也被等离子带俘获，结果磁尾等离子带动压$-\rho_m\partial \boldsymbol{V}/\partial t$ 和静压$-\nabla P$ 以及与之相应的磁尾电流 $\boldsymbol{j}_{\perp}$都极大地增强．

地球，包括磁层，电磁现象时间变化一般比较缓慢，方程(5.1.1)位移电流可以忽略，传导电流 $\boldsymbol{j}$ 应满足方程$\nabla\cdot\boldsymbol{j}=0$．则(5.358)中 $\boldsymbol{j}_{\perp}$要么满足

$$\nabla_{\perp} j_{\perp} = 0, \tag{5.359.1}$$

要么有

$$\nabla_{\perp} j_{\perp} + \nabla_{/\!/} j_{/\!/} = 0, \tag{5.359.2}$$

即若(5.359.1)不成立，则由(5.359.2)可以判断，一定存在 $\boldsymbol{j}_{/\!/}$，且有

$$\nabla_{/\!/} j_{/\!/} = -\nabla_{\perp} j_{\perp},$$

$$j_{/\!/}(B_{/\!/}^{\text{location}}) = -\int_{B_N}^{B_{/\!/}^{\text{location}}} \nabla_{\perp} j_{\perp} \mathrm{d}l_{/\!/}, \tag{5.359.3}$$

式中，$\mathrm{d}l_{/\!/}$ 为沿磁力线的积分线元，B_N 为积分由相应磁力线中性点(neutral point)始，$B_{/\!/}^{\text{location}}$ 为沿 $B_{/\!/}$ 积分直至感应强度 $B_{/\!/}^{\text{location}}$ 处. 例如，若取 $B_{/\!/}^{\text{ion}}$，即积分至电离层，一般磁尾电流主要分布于磁层中性带上、下的等离子带，则积分至等离子带边界 $B_{/\!/}^{\text{PLB}}$，$B_{/\!/}^{\text{PLB}}$ 至 $B_{/\!/}^{\text{ion}}$ 贡献很小. 式(5.359)表明：磁层中与磁场垂直的电流 $j_{\perp}$ 的发散量即维持场向电流 $j_{/\!/}$ 的场源.

利用矢量运算公式 $\nabla\cdot(\boldsymbol{a}\times\boldsymbol{b})=\boldsymbol{b}\cdot(\nabla\times\boldsymbol{a})-\boldsymbol{a}\cdot(\nabla\times\boldsymbol{b})$，由 $\nabla_{\perp}$ 作用于(5.358)右侧第一项，假定粒子质量密度 ρ_m 均匀，得

$$-\nabla_{\perp}\left(\frac{\boldsymbol{B}}{B^2}\times\rho_m\frac{\mathrm{d}\boldsymbol{V}}{\mathrm{d}t}\right)=\frac{\boldsymbol{B}}{B^2}\cdot\rho_m\frac{\mathrm{d}\boldsymbol{\Omega}}{\mathrm{d}t}-\rho_m\frac{\mathrm{d}\boldsymbol{V}}{\mathrm{d}t}\cdot\left(\nabla\times\frac{\boldsymbol{B}}{B^2}\right), \tag{5.360.1}$$

式中，$\boldsymbol{\Omega}=\nabla\times\boldsymbol{V}$ 为等离子带内带电粒子的运动(涡)旋量，由(5.358)右侧第二项，得

$$-\nabla_{\perp}\left(\frac{\boldsymbol{B}}{B^2}\times\nabla P\right)=-\nabla_{\perp}P\cdot\left(\nabla\times\frac{\boldsymbol{B}}{B^2}\right),$$

以上两式中含 $\nabla\times\boldsymbol{B}/B^2$ 项合并，由带电粒子运动方程(5.357)，得

$$\left(\rho_m\frac{\mathrm{d}\boldsymbol{V}}{\mathrm{d}t}+\nabla P\right)\cdot\left(\nabla\times\frac{\boldsymbol{B}}{B^2}\right)=(\boldsymbol{j}\times\boldsymbol{B})\cdot\left(\nabla\times\frac{\boldsymbol{B}}{B^2}\right), \tag{5.360.2}$$

利用矢量运算公式 $\nabla\times(\varphi\boldsymbol{a})=\nabla\varphi\times\boldsymbol{a}+\varphi\nabla\times\boldsymbol{a}$，$\boldsymbol{a}\cdot(\boldsymbol{b}\times\boldsymbol{c})=\boldsymbol{b}(\boldsymbol{c}\times\boldsymbol{a})$，可得

$$(\boldsymbol{j}\times\boldsymbol{B})\cdot\left(\nabla\times\frac{\boldsymbol{B}}{B^2}\right)=\frac{2}{B}(\boldsymbol{j}_{\perp}\cdot\nabla B), \tag{5.360.3}$$

最后得 $\boldsymbol{j}_{\perp}$ 在 $\boldsymbol{j}_{\perp}$ 方向的散度 $\nabla_{\perp}\boldsymbol{j}_{\perp}$，共两项，分别与运动旋量 $\boldsymbol{\Omega}$ 和 ∇B 有关，将这两项代入方程(5.359.3)，得

$$j_{/\!/}=-\int_{B_N}^{B_{/\!/}^{\text{location}}}\left[\left(\frac{\boldsymbol{B}}{B^2}\cdot\rho_m\frac{\mathrm{d}\boldsymbol{\Omega}}{\mathrm{d}t}\right)+\left(\frac{2}{B}(\boldsymbol{j}_{\perp}\cdot\nabla B)\right)\right]\mathrm{d}l_{/\!/}. \tag{5.361.1}$$

如上所述，积分沿磁力线 $l_{/\!/}$，由 B_{N}，即相应磁力线中性点(neutral point)始，至 $B_{/\!/}^{\text{location}}$；$B_{/\!/}^{\text{location}}$ 取 $B_{/\!/}^{\text{ion}}$，即积分至电离层或等离子带边界 $B_{/\!/}^{\text{PLB}}$，结果无显著不同. (5.361.1)表明：只要磁层内磁尾晨昏向电流 $\boldsymbol{j}_{\perp}$ 区域，等离子带粒子运动旋量 $\partial\Omega/\partial t$ 有磁场 $\boldsymbol{B}$ 方向的投影，或(和)磁场 $\boldsymbol{B}$ 的梯度 ∇B 有 $\boldsymbol{j}_{\perp}$ 方向的投影，则 $\nabla_{\perp}\boldsymbol{j}_{\perp}\neq 0$，即晨昏向电流 $\boldsymbol{j}_{\perp}$ 发散，从而形成场向电流 $\boldsymbol{j}_{/\!/}$. 进一步，我们来看(5.361.1)磁尾电流 $\boldsymbol{j}_{\perp}$ 两项发散量的物理意义 $B_{/\!/}^{\text{location}}$；直观地讲，磁尾等离子带，$\rho_m$ 可视为均匀，只要方程(5.358)产生 $\boldsymbol{j}_{\perp}$ 的磁场 B，运动 $\partial V/\partial t$，任何量(压力 ∇P 除外)沿 $\boldsymbol{j}_{\perp}$ 方向存在不均匀性，则 $\boldsymbol{j}_{\perp}$ 发散；容易理解，

(5.361.1)第二项$\boldsymbol{j}_\perp\cdot\nabla B$，即磁场$B$沿$\boldsymbol{j}_\perp$方向的不均匀性对$\boldsymbol{j}_\perp$散度的贡献；但方程(5.361.1)的第一项，与(5.358)中产生$\boldsymbol{j}_\perp$的第一项相应，则不如此直观，无须考虑ρ_m，有$(\boldsymbol{B}/B^2)\times(\partial\boldsymbol{V}/\partial t)$. 不失一般性，设$\boldsymbol{B}$沿$\boldsymbol{x}$方向，$\boldsymbol{V}$为$-\boldsymbol{z}$方向，$\boldsymbol{j}_\perp$为$\boldsymbol{y}$方向，则有

$$-\nabla_\perp\left(\frac{\boldsymbol{B}}{B^2}\times\frac{\mathrm{d}\boldsymbol{V}}{\mathrm{d}t}\right)=\frac{\boldsymbol{B}}{B^2}\frac{\mathrm{d}}{\mathrm{d}t}\left(\frac{\partial\boldsymbol{V}}{\partial y}\right)+\frac{\mathrm{d}\boldsymbol{V}}{\mathrm{d}t}\frac{\partial}{\partial y}\left(\frac{\boldsymbol{B}}{B^2}\right).$$

注意方程右侧全是标量，用矢量表示只为区别两者微分意义的不同. 例如，其中$\partial\boldsymbol{V}/\partial y$即沿$\boldsymbol{z}$方向的运动$\boldsymbol{y}$方向的旋量，与$\Omega$相当. 不难看出，以上结果与(5.360.1)相当，而右侧第一项即(5.361.1)第一项，是运动，即惯性力沿$\boldsymbol{j}_\perp$方向不均匀性与磁场相互作用而引发的$\boldsymbol{j}_\perp$量的发散；而压力P，设∇P沿$-\boldsymbol{z}$方向，则$\partial\nabla P/\partial y=\nabla\times(\nabla P)=0$，即与惯性力$\partial\boldsymbol{V}/\partial t$和磁场$\boldsymbol{B}$不同，$\nabla P$不存在沿$\boldsymbol{j}_\perp$方向不均匀性对$\boldsymbol{j}_\perp$散度的贡献；同样，对(5.358)产生$\boldsymbol{j}_\perp$的第二项取散度，与上式右侧第二项合并，得

$$\left(\frac{\mathrm{d}\boldsymbol{V}}{\mathrm{d}t}+\nabla P\right)\left(\frac{\partial}{\partial y}\left(\frac{\boldsymbol{B}}{B^2}\right)\right)=\frac{2\boldsymbol{j}_\perp}{B}\frac{\partial B}{\partial y}.$$

不难看出，这与(5.360.2)，(5.360.3)相当，它更进一步说明，(5.361.1)第二项$\boldsymbol{j}_\perp\cdot\nabla B$是磁场$B$沿$\boldsymbol{j}_\perp$方向不均匀性与惯性力$\mathrm{d}\boldsymbol{V}/\mathrm{d}t$和压力$\nabla P$两项相互作用对$\boldsymbol{j}_\perp$散度的贡献.

以上讨论场向电流物理，即磁层中为何存在$\boldsymbol{j}_{/\!/}$，以及何处存在$\boldsymbol{j}_{/\!/}$，下面将讨论如何测量(Nenovski, 2008)和计算$\boldsymbol{j}_{/\!/}$. 方程(5.1.1)，即安培定律，有

$$\begin{aligned}\boldsymbol{j}&=\frac{1}{\mu_0}\nabla\times\boldsymbol{B},\\ \boldsymbol{j}_{/\!/}&=\boldsymbol{j}\cdot\boldsymbol{B},\end{aligned}\tag{5.361.2}$$

式(5.361.2)表明：测量磁层磁尾磁场B的空间分布，即可计算求得$\boldsymbol{j}_{/\!/}$，但只有较长时间的统计平均，才有可能求得规律性的FAC分布. 图5.90作为测量实例，给出了磁尾等离子带，$-30<x<-10R_\mathrm{E}$，$|z|>1R_\mathrm{E}$区域三维$\boldsymbol{j}_{/\!/}$分布的部分结果(Kaufmann et al.，2003)：(a)等离子层取4年平均，由中性带(z=1R_E)始，直至等离子带边界(z=6R_E)，$y=-10.5R_\mathrm{E}$(左图)，y=10.5R_E(右图)，$x=-10$至$-30R_\mathrm{E}$区间8条磁力线的分布；(b)与上图(a)同样区间内$y=\pm10.5R_\mathrm{E}$各磁力线$\boldsymbol{j}_{/\!/}$强度(nA/m^2)的分布，之所以选取$y=\pm10.5R_\mathrm{E}$，因为在$y=\pm10.5R_\mathrm{E}$附近$\boldsymbol{j}_{/\!/}$趋于极大，可以看出，在$x=-16R_\mathrm{E}$处$\boldsymbol{j}_{/\!/}$达到极大，且昏时(y=10.5R_E)较晨时($y=-10.5R_\mathrm{E}$)为强，这可能是昏时等离子带厚度较晨时要薄(图5.90(a))的缘故；(c)与(b)相同，但纵坐标$\boldsymbol{j}_{/\!/}$不再是面密度(nA/m^2)，而是$\boldsymbol{j}_{/\!/}/B$，即单位磁感应强度的电流密度(mA/web)，两者的不同在于，因磁力线并非相互处处平行，仅由$\nabla\cdot\boldsymbol{j}_{/\!/}$不能判断$\boldsymbol{j}_{/\!/}$是源于邻近磁力线$\boldsymbol{j}_{/\!/}$的发散，还是$\boldsymbol{j}_\perp$的发散，而$\nabla\cdot(\boldsymbol{j}_{/\!/}/B)\neq0$，则按方程(5.359.2)一定有$\boldsymbol{j}_\perp$与$\boldsymbol{j}_{/\!/}$间的转换，$\nabla\cdot(\boldsymbol{j}_{/\!/}/B)=0$，则可以断定已无$\boldsymbol{j}_\perp$的发散量转换为$\boldsymbol{j}_{/\!/}$，这种判断对研究$\boldsymbol{j}_{/\!/}$的物理源是重要的. 例如，Kaufmann等人对图中所示资料的分析发现，由等离子带边界(PSB)至电离层$\boldsymbol{j}_\perp$，对$\boldsymbol{j}_{/\!/}$的贡献已很微弱；图5.90(d)给出中性带上(B_x>0)、下(B_x<0)$\boldsymbol{j}_{/\!/}$沿$\boldsymbol{z}$方向的变化，可以看出，其一，无论上、下，$|z|\geqslant4R_\mathrm{E}$，$\boldsymbol{j}_{/\!/}$已趋平稳，其二，中性带上下$\boldsymbol{j}_{/\!/}$呈对称分布. 除以上图中所示$\boldsymbol{j}_{/\!/}$的性能，Kaufmann等人还指出：$\boldsymbol{j}_{/\!/}$晨昏两侧强度的非对称性，与行星际磁场(IMF)指南，从而与扰动较强时段相联系，而中性带上、下

$j_{//}$的对称性则发生在 IMF 指南或北时段，当 IMF 指东或西则测不到晨昏和中性带上、下$j_{//}$的上述性能.

(4) 电离层彼德森电流和霍尔电流

磁层 $j_{//}$与电离层构成闭合回路的电流称为彼德森(Pedersen)电流，而 $j_{//}$与彼德森电流派生的电流称为霍尔电流.

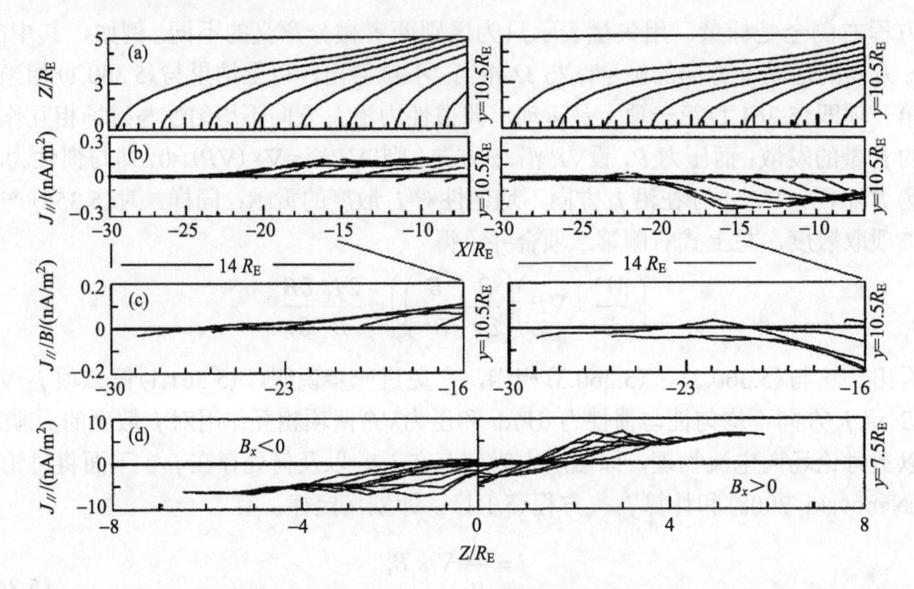

图 5.90 (a) 等离子带由中性带(z=1)始，直至等离子带边界(z=6R_E)，y=±10.5R_E，x 在区间−10>x>−30R_E 区域 4 年平均 8 条磁力线的分布；(b) 8 条磁力线 $j_{//}$强度(nA/m²)的分布；(c) 8 条磁力线 $j_{//}/B$ 强度(nA/web)分布；(d) 中性带上(B_x>0)下(B_x<0)$j_{//}$ 沿 z 方向的变化

(i) 彼德森电流和场向电流地面磁效应相抵

因磁层远离地球，磁层 $j_{//}$可视为垂直投射到高纬电离层. 倘若没有其他回路且电离层可视为各向同性，则场向电流 $j_{//}$在高导电离层将如图 5.91a 所示，必将向四周扩展直至无穷远，与来自无穷远处的直线电流 I 会合；图中 $j_{//}$电流总强度为 I，垂直流入电离层，后如图所示流向四周，电流线用带箭头的矢径表示，矢径所在平面，即电离层平面，与 I 垂直，与地面平行，则电离层平面内电流密度为 di=(I/2π) dφ，φ 为电离层上任一点与 I 和电离层交点构成的圆心角，图中 O'位于电离层上方场向电流 I 上任意一点，O 为电离层下方电流 I 延长线上，直至地面任意一点，ABC 为以 O 为圆心，半径为 $OA=OB=OC=r_0$ 的任意圆，由 O 以及圆周各点相对场向电流 I 和电离层电流 i 的对称性，可以推断，圆周 ABC 上磁感应强度 $\boldsymbol{B}$ 大小相等，如若存在，只可能沿圆周切线方向；电离层上方电流 I 上任一点 O'，与电离层下方 I 延长线上圆周 ABC 构成的锥面 $O'ABC$，流入的总电流为场向电流 I，而沿电离层面向四周流出的总电流 $\oint_{2\pi} i\mathrm{d}\varphi=\oint_{2\pi}(I/2\pi)\mathrm{d}\varphi$，也等于 I，即流过锥面的电流总通量为 0，因而按安培定律(5.1.1)，忽略位移电流，有

$$\oint \boldsymbol{B}\cdot \mathrm{d}\boldsymbol{l}=2\pi r_0 B=\iint_{O'ABC} \boldsymbol{j}\cdot \mathrm{d}\boldsymbol{s}=0,$$

积分遍及 $O'ABC$ 锥面，只要 O'落在 I，O 落在 I 的延长线上，ABC 落在以 O 为圆心，r_0 为任意长半径的圆周上，则上述积分为 0 成立. 这就证明，磁场 $\boldsymbol{B}$ 在电离层下直至地面空间处处为零. 不难理解，若 O 落在电离层上方，磁通量不为 0，则上述积分不再成立，即在电离层上方垂直进入电离层的半无穷直线电流磁效应不为零. 由稳定电流激发磁场的毕-沙定理同样可以证明以上结论，I 作为半无穷直线，计算简易，而沿电离层扩展的电流 di 要考虑对称、方向，需要用些技巧，作为积分练习读者不妨一试.

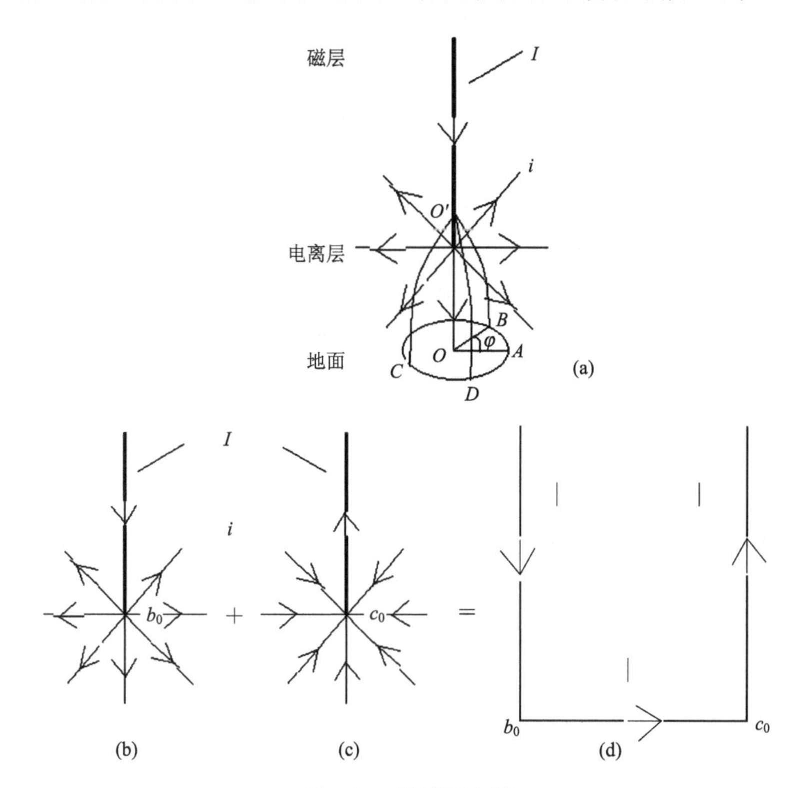

图 5.91 彼德森电流

(a) 场向电流 I 由无穷远垂直进入电离层，后向电离层四周辐射至无穷远的电流体系在地面无磁效应，O'，O 分别为 $\boldsymbol{I}$ 和 $\boldsymbol{I}$ 延长线上的任意两点，$ABCD$ 为任意长半径 r_0 圆周上的 4 点，(b) 与 (a) 电流相同，(c) 与 (a) 中电流强度相同，但反向，(d) = (b) + (c)，即彼德森电流

图 5.91b 与图 5.91a 相同，而图 5.91c 电流强度与图 5.91a 相同，但反向. 同样可证，图 5.91c 电流地面磁效应与图 5.91a 相同，因而图 5.91b 加图 5.91c 电流，与图 5.91a 相同，在电离层以下，至地面间的磁效应处处为零；数学上，图 5.91b 加图 5.91c=图 5.91d；物理上，图 5.91b 加图 5.91c，则图 5.91b 中四周辐射至无穷远，总强度为 I 的电流，将由无穷远会聚于图 5.91c，则可预料，图 5.91b 中位于电离层的 b_0 处，有高于图 5.91c 中位于 c_0 处的电势，或者说，这里有由 b_0 指向 c_0 方向的电场，而 b_0 和 c_0 间是具有良好电导性能的电离层介质，则图 5.91b 加图 5.91c 的结果将如图 5.91d 所示，图 5.91b 中四周

辐射的总电流 I，将直接由 b_0 流到 c_0，后沿图 5.91c 由电离层返回磁层. 图 5.91d 所示电离层中由 b_0 流到 c_0，晨昏方向的电流称作彼德森电流. 到此已经证明，场向电流 $\boldsymbol{j}_{/\!/}$ 和电离层彼德森电流在电离层以下直至地面空间的磁效应相互抵消. b_0 和 c_0 间的电场与磁场 $\boldsymbol{B}$ 垂直，记作 $E_\perp$，而相应电导率记作 σ_P，按方程(5.116)，电离层带电粒子将有 $\boldsymbol{E}\times\boldsymbol{B}$ 方向的漂移运动，若无与中性粒子的碰撞，这种漂移无宏观电流产生. 下面可以看到由于电子与离子回转和碰撞频率的不同，$\boldsymbol{E}\times\boldsymbol{B}$ 方向粒子漂移将在电离层产生宏观电流，称为霍尔(Hall)电流，相应电导率记作 σ_H.

(ii)彼德森和霍尔电导率

因磁场的存在，电离层电导呈各向异性，可用二阶张量表示，记作

$$\boldsymbol{j}=\begin{pmatrix}\sigma_P & -\sigma_H & 0\\ \sigma_H & \sigma_P & 0\\ 0 & 0 & \sigma_{/\!/}\end{pmatrix}\begin{pmatrix}E_x\\ E_y\\ E_{/\!/}\end{pmatrix} \tag{5.362}$$

式中，$E_{/\!/}$，$\sigma_{/\!/}$ 为沿磁场方向的电场和电导，如若只考虑(x，y)面，则(5.362)中 σ 退化为一阶张量，只与电场 E_x，E_y 有关.

不失一般性，设 z 沿磁场方向，y 向西与 E 方向一致，x 为 $\boldsymbol{E}\times\boldsymbol{B}$ 方向，xy 面为电离层，z 垂直电离层向下，则带电粒子在电、磁场中的运动方程有

$$\begin{aligned} m\frac{\mathrm{d}V_y}{\mathrm{d}t}&=eE_y-V_xB_z,\\ m\frac{\mathrm{d}V_x}{\mathrm{d}t}&=V_yB_z, \end{aligned} \tag{5.363.1}$$

式中，m，e 为带电粒子的质量和电量. 方程第一式对时间微分，E_y，B_z 可视为常数，得

$$\frac{\mathrm{d}^2V_y}{\mathrm{d}t^2}=-\frac{B_z^2}{m^2}V_y, \tag{5.363.2}$$

有解：

$$\begin{aligned} V_y&=A\sin(\omega t+\psi),\\ V_x&=-A\cos(\omega t+\psi)+\frac{eE_y}{\omega m}, \end{aligned} \tag{5.363.3}$$

式中，ω 为粒子在磁场中的回转圆频率(5.111.3)，$\omega=eB/m$，A，ψ 为待定常数，由初始速度 $\boldsymbol{V}(0)$ 和相位决定，假定带电粒子运动与中性粒子碰撞，粒子将失去原有的速度，因此 $\boldsymbol{V}(0)$，ψ 取任何值对问题的结果并无影响，这里取 $V(0)=\psi=0$，则(5.363.3)中 $A=a_y/\omega$，$a_y=eE_y/m$，(5.363.3)最后取：

$$\begin{aligned} V_y&=\frac{a_y}{\omega}\sin\omega t,\\ V_x&=-\frac{a_y}{\omega}\cos\omega t+\frac{a_y}{\omega}, \end{aligned} \tag{5.363.4}$$

解(5.363.4)即(5.112)带电粒子在(x，y)面的回转运动和(5.116)带电粒子沿 x，即($\boldsymbol{E}\times\boldsymbol{B}$)方向的漂移运动；如前所述，若不考虑粒子碰撞，带电粒子的这种回转和漂移运动不会

伴有宏观电流，但下面将会看到，在海拔 80—200 km，即电离层 E，F 层，正是由于热运动引起的粒子碰撞，(5.363.4) 中 y 方向的运动将产生彼德森电流，而 x 方向则产生霍尔电流.

在高度 100—250 km 电离层 E,F 层，电子、离子密度远小于中性粒子密度(图 5.61b)，而电子质量、体积都很小，容易在离子和中性粒子间穿行，故考虑碰撞效应时，可忽略电子与离子的碰撞；图 5.92 示意地给出，由于粒子的热运动的随机性，只要时间足够长，碰撞次数足够多，离子由碰撞获得的速度统计平均为零；特别是 u_{H} 远大于离子在电磁场作用下的运动 $V(u_{\mathrm{H}}\gg V)$，这样，中性粒子与离子的碰撞，可以假定：一，离子将完全失去碰撞前它在电磁场作用下已获得的运动 V，即每次碰撞后，离子的初始速度都为零，在电磁场作用下加速，直至发生另一次碰撞，获取的速度在 $t=\tau_{n+1}-\tau_n$ 由 (5.363.4) 决定；二，不难相信，只要时间足够长，平均碰撞时间间隔 $\underline{\tau}$ 将趋于稳定，设分布函数为 $p(\tau)=(1/\underline{\tau})\exp(-\tau/\underline{\tau})$，即假定碰撞发生的机率随时间间隔长度 τ 呈指数下降；三，图中求平均速度 $\underline{V}$ 的求和公式中 V_n 自然应为碰撞时段 τ_n 的平均，由 (5.363.4) 得

$$\underline{V}_y^n=\frac{a_y}{\omega\tau}\int_0^\tau\sin\omega t\mathrm{d}t=\frac{a_y}{\omega^2\tau}\left(1-\cos\omega\tau\right). \tag{5.364.1}$$

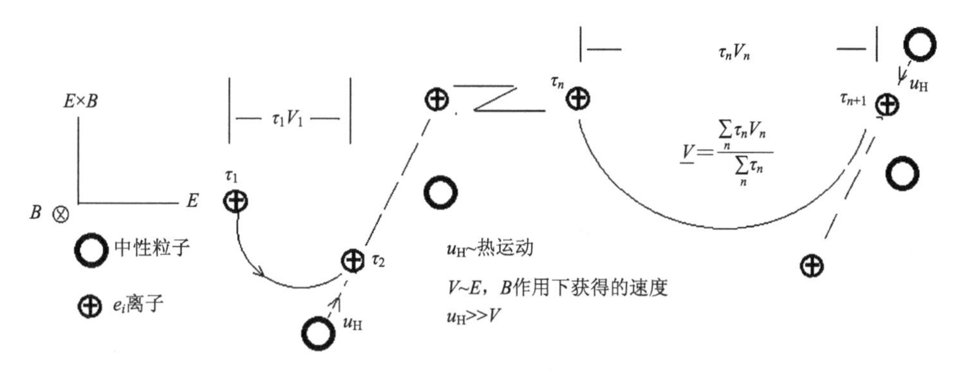

图 5.92　电离层中离子与中性粒子碰撞示意图

由于热运动的随机性，不难相信，离子由碰撞，例如 $t=\tau_2$ 获得速度 V，则有相同的概率，例如 $t=\tau_{n+1}$，获得速度 $-V$；由 $u_{\mathrm{H}}>>V$，u_{H} 为粒子热运动平均速度，可以假定：一，当碰撞发生时，离子将失去碰撞前已获得的运动 V_n；二，离子在电磁场作用下加速，直至发生另一次碰撞，$t=\tau_{n+1}-\tau_n$ 时段获得的平均速度 V_n 由 (5.364.1) 决定，而全部 n 个时段离子的平均速度 $\underline{V}$，当 $n\to\infty$ 时，由 (5.364.2) 决定

但不同时间间隔 τ 发生碰撞的概率不同，则利用分布函数 $P(\tau)$ 对 $\underline{V_y^i}$ 可求得 τ 由 0→∞时间，离子在电磁场作用下获得最大可能的平均速度为

$$\underline{V_y}=\frac{1}{\underline{\tau}}\int_0^\infty\exp\left(-\frac{\tau}{\underline{\tau}}\right)\tau\underline{V_y^i}(\tau)\,\mathrm{d}\tau=\frac{a_y\underline{\tau}}{1+\omega^2\underline{\tau}^2}. \tag{5.364.2}$$

将 $a_y=eE_y/m$，$B_z=m\omega/e$，碰撞频率 $\nu=1/\tau$ 等代入 (5.364.2)，省略 V，τ 等变量的平均符号，得

$$V_y^i=\frac{e\nu_i}{m_i\left(\nu_i^2+\omega_i^2\right)}E_y, \tag{5.364.3}$$

式中，各量附标 i 指方程(5.364)是对离子而言．方程对电子同样成立，只要把附标 i 换成 e．由 V_y^i，V_y^e 可得在 E_y 方向电离层中产生的电流：

$$j_y = ne^2\left(\frac{\nu_i}{m_i\left(\nu_i^2+\omega_i^2\right)}+\frac{\nu_e}{m_e\left(\nu_e^2+\omega_e^2\right)}\right)E_y = \sigma_P E_y, \tag{5.365.1}$$

式中，n，e 为电子、离子的密度(n/cm^3)和带电量，E_y 前所有量即电离层彼德森电导率，由电子、离子的密度、带电量、质量以及回转和碰撞频率决定，j_y 即彼德森电流．因电子和离子 m，v，ω 的差异，如(5.365.1) j_y 的表达形式，难以判断它们各自对 j_y 的贡献，故(5.365)又常表示为

$$j_y = ne\left(\frac{\dfrac{\nu_i}{\omega_i}}{1+\left(\dfrac{\nu_i}{\omega_i}\right)^2}+\frac{\dfrac{\nu_e}{\omega_e}}{1+\left(\dfrac{\nu_e}{\omega_e}\right)^2}\right)\frac{E_y}{B_z}. \tag{5.365.2}$$

下面将会看到，因在电离层 E/B 可视为常量，故可由电子和离子 ν/ω 的值，判断它们对 j_y 贡献的不同．

对方程(5.363.4)中 V_x 做与以上 V_y 同样处理，可得

$$V_x^i = \frac{e\omega_i}{m_i\left(\nu_i^2+\omega_i^2\right)}E_y, \tag{5.366.1}$$

同样可表示为

$$V_x^i = \left(\frac{\omega_i^2}{\nu_i^2+\omega_i^2}\right)\frac{E_y}{B_z} = \left(-\frac{\nu_i^2}{\nu_i^2+\omega_i^2}+1\right)\frac{E_y}{B_z}, \tag{5.366.2}$$

与之相应电子的运动有

$$V_x^e = \left(-\frac{\nu_e^2}{\nu_e^2+\omega_e^2}+1\right)\frac{E_y}{B_z}, \tag{5.366.3}$$

为了解(5.366.1)的物理，特将它表示为如(5.366.2)，(5.366.3)的形式．$\boldsymbol{x}$ 沿 $\boldsymbol{E}\times\boldsymbol{B}$ 方向，故 V_x，包括与之相应的电流，既垂直磁场 $\boldsymbol{B}$，又垂直电场 $\boldsymbol{E}$；(5.366.2)，(5.366.3)来源于方程(5.363.4)中第二个方程，即粒子沿 $\boldsymbol{x}$ 方向的运动，它由两部分组成，其中，$a_y/\omega_i = E_y/B_z$，为粒子在电磁场 E_y，B_z 中的漂移运动(5.116)，$\boldsymbol{u}_d = \boldsymbol{E}\times\boldsymbol{B}/B^2$，因这里假定在所考虑的空间范围 E_y，B_z 为常量，故正、负粒子，在碰撞过程前、后漂移速度 $\boldsymbol{u}_d$ 保持不变，可以看到，解(5.366.2)，(5.366.3)右侧第二项正好与(5.363.4)中的第二项 qy/ω，即 E_y/B_z 相对应，正、负粒子沿 $\boldsymbol{E}\times\boldsymbol{B}$ 方向的漂移运动，如§5.1.5(3)所料，因电子和离子以同样速度沿相同的方向运动，没有漂移伴随的宏观电流产生；而(5.363.4)另一项，$-(E_y/B_z)\cos\omega t$，为离子回转运动在 $\boldsymbol{x}$，即 $\boldsymbol{E}\times\boldsymbol{B}$ 方向的投影，由方程(5.363.4)可以看到，它与粒子在 y 方向的投影位相差 $3\pi/2$，故与(5.364.3)取正相反，(5.366.2)，(5.366.3)中这一项取负，虽 $\boldsymbol{x}$ 方向正、负电荷也沿同一方向运动，但与 $\boldsymbol{E}\times\boldsymbol{B}$ 漂移不同，正、负电荷因碰撞的差异，速度大小不同，因而将伴有宏观电流产生，负电荷贡献为正，正电荷

贡献为负，由(5.366.1)得

$$j_x = ne^2\left(-\frac{\omega_i}{m_i\left(\nu_i^2+\omega_i^2\right)}+\frac{\omega_e}{m_e\left(\nu_e^2+\omega_e^2\right)}\right)E_y = \sigma_H E_y, \tag{5.367.1}$$

式中，E_y前即电离层霍尔电导率，j_x即霍尔电流．图 5.93 为电离层电导率 σ_P，σ_H随高度的变化，可以看出，彼德森、霍尔电流主要分布在 100—150 km 的高度范围．由(5.366.2)，(5.366.3)，霍尔电流(5.367.1)还可以表示为

$$j_x = ne\left[\frac{\left(\dfrac{\nu_e}{\omega_e}\right)^2}{1+\left(\dfrac{\nu_e}{\omega_e}\right)^2}-\frac{\left(\dfrac{\nu_i}{\omega_i}\right)^2}{1+\left(\dfrac{\nu_i}{\omega_i}\right)^2}\right]\frac{E_y}{B_z}. \tag{5.367.2}$$

由图 5.94 不难看出，电子ν_e/ω_e在约 80 km 高度已小于 1，随高度增加迅速变小；而对于离子，在约 125 km 高度，$\nu_i/\omega_i\approx 1$，在约 100—150 km 高度，与离子相比，电子$\nu^2/\omega^2\to 0$，可以忽略，即在 100—150 km 高度，我们所考虑的高度范围，(5.367.2)简化为

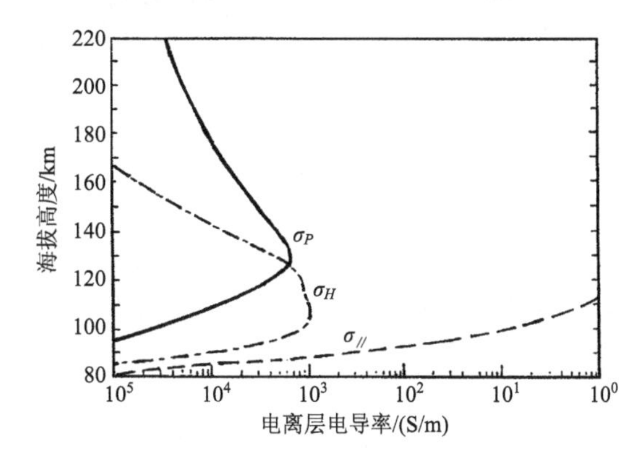

图 5.93　磁层中电导率 σ_P，σ_H，$\sigma_{//}$随高度的变化(Campbell，1997)

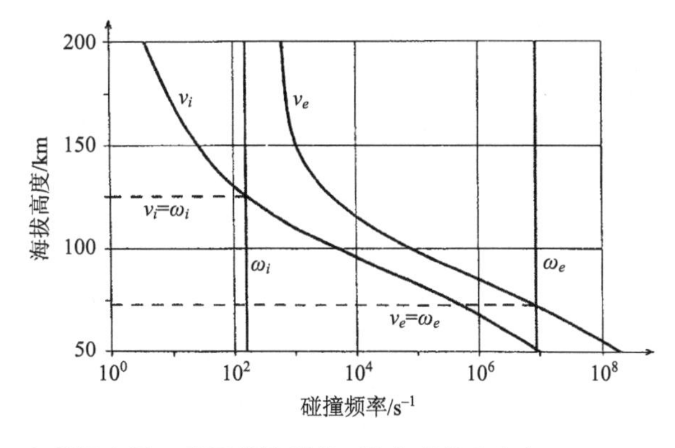

图 5.94　电离层电子、离子碰撞频率 ν 随高度的分布(Kertz，1989；Maus, 2006)

其中断线同时标出电子、离子碰撞频率 ν 与回转频率 ω 相等时的相应高度

$$j_x = \frac{-ne}{\left[1+\left(\frac{\nu_i}{\omega_i}\right)^2\right]}\left(\frac{\nu_i^2}{\omega_i^2}\right)\frac{\boldsymbol{E}\times\boldsymbol{B}}{B^2}. \tag{5.367.3}$$

同样，(5.365.2)中电子对 j_y 的贡献也可以忽略，而在电离层 j_y，j_x 都与磁场垂直，可表示成如下矢量形式：

$$j_\perp = \frac{ne\left(\frac{\nu_i}{\omega_i}\right)}{1+\left(\frac{\nu_i}{\omega_i}\right)^2}\left[\frac{\boldsymbol{E}}{B}-\left(\frac{\nu_i}{\omega_i}\right)\frac{\boldsymbol{E}\times\boldsymbol{B}}{B^2}\right] = \sigma_P\boldsymbol{E}+\sigma_H\widehat{\boldsymbol{B}}\times\boldsymbol{E}, \tag{5.368}$$

式中，$\widehat{\boldsymbol{B}}$ 为矢量 $\boldsymbol{B}$ 的单位矢量，(5.368)取矢量形式，以强调彼德森电流沿 $\boldsymbol{E}$ 方向，而霍尔电流则沿 $\boldsymbol{E}\times\boldsymbol{B}$，即带电粒子在电场 $\boldsymbol{E}$，磁场 $\boldsymbol{B}$ 中的漂移方向；其次，表示为 $\boldsymbol{E}/B$，因电离层中 E 远小于 B，故可预料，σ_P，σ_H 在电离层彼德森、霍尔电流中，有举足轻重的作用；至于取因子 ν/ω，从以上分析可知，那是因为碰撞频次的多和少，是相对回转频次而言．除 σ_P，σ_H 外，图 5.93 还包含 $\sigma_{/\!/}$，即沿磁场方向的电导率，因带电粒子仅在电场 $\boldsymbol{E}_{/\!/}$ 的作用下，故电子在碰撞间隔 τ 内，可获得平均速度(1/2)e$E_{/\!/}\tau$，则得沿磁场方向统计平均电流

$$j_{/\!/} = ne^2\left(\frac{1}{m_i\nu_i}+\frac{1}{m_e\nu_e}\right)E_{/\!/} = \sigma_{/\!/}E_{/\!/}. \tag{5.369}$$

上述极区高纬度电离层电流体系，电场 $\boldsymbol{E}$ 方向彼德森电流，$\boldsymbol{E}\times\boldsymbol{B}$ 方向霍尔电流是在太阳风作用下，磁尾与电离层耦合的直接结果，是磁层动力学的重要组成部分．如前所述，若无碰撞，带电粒子的运动方程(5.363.1)的解(5.363.4)，包括粒子在(x, y)平面围绕磁场的回转运动，以及离子和电子沿 $\boldsymbol{E}\times\boldsymbol{B}$，即 $\boldsymbol{x}$ 方向的漂移运动，不伴随有宏观电流产生，而彼德森电流(5.368) j_y 正是离子绕磁场回转运动 V_y^i 分量，在碰撞过程中，统计平均的结果；但对霍尔电流的产生却有不同理解或说法．这里，即本书采用离子和电子在 x 方向(即霍尔电流方向)运动，V_x^i，V_x^e 的解(5.366.2)，(5.366.3)，离子和电子，各包含两类运动，$\boldsymbol{E}\times\boldsymbol{B}$ 方向的漂移运动和围绕磁场的回转运动；我们熟悉，前者因电子和离子一起运动不产生宏观电流，而后者则为电和离子回转运动沿 $\boldsymbol{E}\times\boldsymbol{B}(\boldsymbol{x})$ 方向的分量，合成后的净电流，即霍尔电流；因在这里所考虑电离层范围，高约 80—120 km，有 $\nu_e \ll \omega_e$，电子可视为无碰撞，电子绕磁场回转运动的 $\boldsymbol{x}$ 分量在一周内的统计平均为“0”，对霍尔电流将无贡献，最后解(5.367.2)只剩一项，离子绕磁场回转运动的 $\boldsymbol{x}$ 分量在碰撞过程中一周内的统计平均；在约 80—120 km 高霍尔电流为主的电离层，$\nu_i \gg \omega_i$，则霍尔电流的解(5.367.2)简化为

$$j_x \approx -ne\frac{E_y}{B_z} = -ne\frac{\boldsymbol{E}\times\boldsymbol{B}}{B^2}. \tag{5.367.4}$$

不难看出，这正好等于电子在电和磁场中的漂移运动所产生的电流，又因 $\nu_i \gg \omega_i$，离子碰撞如此频繁，因而有人，甚至是权威人士说：碰撞束缚了离子的漂移，则电子在电磁场中漂移产生霍尔电流．以上两种说法孰是孰非读者可自行判断，作为参考，这里作如

下提示，实际上，在以上条件，$\nu_e \ll \omega_e$，$\nu_i \gg \omega_i$ 成立的前提下，霍尔电流(5.367.2)，(5.367.3)由三项组成，即

$$j_x \approx ne\left[-\left(\frac{\boldsymbol{E}\times\boldsymbol{B}}{B^2}\right)_{\mathrm{i}\omega_x}+\left(\frac{\boldsymbol{E}\times\boldsymbol{B}}{B^2}\right)_{iEd}-\left(\frac{\boldsymbol{E}\times\boldsymbol{B}}{B^2}\right)_{eEd}\right],$$

式中，ω_x 为离子回转运动 x 分量，iEd 为离子的漂移速度，eEd 为电子的漂移速度，按本书，三项中的后两项，即电子与离子的漂移运动相互抵消，而所保留的离子回转运动 x 分量一周内的统计平均即霍尔电流；按其他说法，则前两项，概因 $\nu_i \gg \omega_i$，都为“0”，仅后一项，即电子在电磁场中的漂移运动产生霍尔电流，但两种说法都导致结果(5.357.4)．读者不难发现，判断两者是或非的关键是，当 $\nu_i \gg \omega_i$ 成立，上式第二项，离子的漂移运动还是否存在？笔者认为，考虑碰撞的瞬时性($\Delta t_p \to 0$)和随机性，在足够长，但有限时间 τ 内，因碰撞次数 n 有限，则离子历经碰撞的时间 $t_p = n\nu_i \Delta t_{\mathrm{p}} \to 0$，获取的平均速度 $\bar{V}_p \to 0$，而漂移运动的时间 $t_d^i \to \tau$，则漂移运动速度不是 0，而是 $V_d^i = \boldsymbol{E}\times\boldsymbol{B}/B^2$，即离子在电子场中有与无碰撞运动相同的漂移运动，所不同的只是如若无碰撞，离子历经的路线是一直线，而考虑碰撞，则原则上讲，只要 ν_i 足够高，时间足够长，离子可历经空间任何地方(参看图 5.92)．

(iii) 中低纬度电导率

以上 σ_P，σ_H，$\sigma_{/\!/}$ 属高纬度(60°—90°)电离层电导率，这里磁场 B 与电离层界面垂直或接近垂直，σ_P，σ_H，以及相应电流与磁场垂直，$\sigma_{/\!/}$ 和 $j_{/\!/}$ 沿磁场方向．在中低纬度电离层与磁场关系与高纬度不同，但这种关系中，起控制作用的是磁场的方向，如若在中低纬度向太阳一侧采用如图 5.95 所示(x，y，z)坐标系：z 沿磁场方向，x 指磁北，y 水平指磁东，则电流 j，电导率 σ_P，σ_H，$\sigma_{/\!/}$，电场 E 三者的关系(5.362)依然有效，但不难理解，这里电流，电导与电离层复杂的几何关系，给计算和分析都会带来极大的不便. 例如，与高纬度不同，中低纬度不存在与电离层界面垂直的电流，在如(x, y, z)的坐标系中很难写出电流的定解条件．选与电离层几何关系简单的坐标系(x'，y'，z')：x' 指磁北，y' 指磁东，z' 指向地心；则沿磁场方向原 z 坐标轴与 x' 的夹角为当地的磁倾角 I，这样不难借助矩阵旋转，由(5.362)二阶电导率矩阵[σ]，求得(x', y', z')中相应矩阵[σ']．如图 5.95 所示，y 与 y' 重合作为转动轴，$x \to x', z \to z'$ 转动角度($\pi/2$)$-I$，得转动矩阵

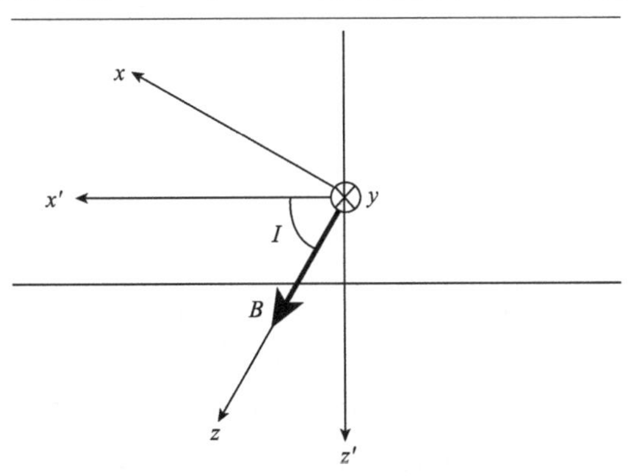

图 5.95　坐标(x，y，z)以 y 为转轴，转动($\pi/2$)$-I$ 到(x'，y'，z')坐标系，I 为磁倾角，z 沿当地磁场方向，x 指磁北，y 指磁东

$$\mathbf{U}=\begin{pmatrix}\sin I & 0 & \cos I\\ 0 & 1 & 0\\ -\cos I & 0 & \sin I\end{pmatrix}, \tag{5.370.1}$$

相应逆矩阵

$$\mathbf{U}^{-1}=\begin{pmatrix}\sin I & 0 & -\cos I\\ 0 & 1 & 0\\ \cos I & 0 & \sin I\end{pmatrix}, \tag{5.370.2}$$

则原$(\boldsymbol{x},\boldsymbol{y},\boldsymbol{z})$中电流$\boldsymbol{j}$到$(\boldsymbol{x}',\boldsymbol{y}',\boldsymbol{z}')\boldsymbol{j}'$的转换为

$$\boldsymbol{j}'=\boldsymbol{U}\cdot\boldsymbol{j}=\boldsymbol{U}\cdot(\boldsymbol{\sigma}\cdot\boldsymbol{E}),$$

$$\boldsymbol{E}=\boldsymbol{U}^{-1}\cdot\boldsymbol{E}'\Rightarrow\boldsymbol{j}'=\boldsymbol{U}\cdot\boldsymbol{\sigma}\cdot\boldsymbol{U}^{-1}\cdot\boldsymbol{E}',$$

于是，

$$\begin{aligned}\boldsymbol{\sigma}'&=\boldsymbol{U}\cdot\boldsymbol{\sigma}\cdot\boldsymbol{U}^{-1},\\ \boldsymbol{j}'&=\boldsymbol{\sigma}'\cdot\boldsymbol{E}',\end{aligned} \tag{5.371}$$

如前所述，在中低纬度，电离层电流$\boldsymbol{j}'$只在水平面(x', y')内流动，垂直方向$\boldsymbol{j}'_{z'}=0$，则由(5.371)可解得

$$E'_{z'}=\frac{E_x(\sigma_{/\!/}-\sigma_P)\sin I\cos I+E_y\sigma_H\cos I}{\sigma_P\cos^2 I+\sigma_{/\!/}\sin^2 I}, \tag{5.372}$$

$E'_{z'}$为电荷运动在电离层上下边界积累所产生的极化电场．最后得(5.371)$(\boldsymbol{x}', \boldsymbol{y}')$面内的解，因以后全部结果都在$(x', y', z')$坐标系，为简便省略所有物理量上的“′”，于是有

$$\begin{pmatrix}j_x\\ j_y\end{pmatrix}=\begin{pmatrix}\sigma_{xx} & \sigma_{xy}\\ \sigma_{yx} & \sigma_{yy}\end{pmatrix}\begin{pmatrix}E_x\\ E_y\end{pmatrix}, \tag{5.373.1}$$

其中，

$$\begin{aligned}\sigma_{xx}&=\frac{\sigma_{/\!/}\sigma_P}{\sigma_{/\!/}\sin^2 I+\sigma_P\cos^2 I},\\ \sigma_{xy}&=-\sigma_{yx}=-\frac{\sigma_{/\!/}\sigma_H\sin I}{\sigma_{/\!/}\sin^2 I+\sigma_P\cos^2 I},\\ \sigma_{yy}&=\sigma_P+\frac{\sigma_H^2\cos I}{\sigma_{/\!/}\sin^2 I+\sigma_P\cos^2 I}.\end{aligned} \tag{5.373.2}$$

容易得到，当I=π/2 时，即与极区相当，有 $\sigma_{xx}=\sigma_{yy}=\sigma_P$，$\sigma_{xy}=-\sigma_{yx}=\sigma_H$，不出所料，即(5.362)中极盖区一阶电导率张量的所有元素(不包括 $\sigma_{/\!/}$)．当 I=0 时，即磁赤道区域，$\sigma_{xx}=\sigma_{/\!/}$，这与$\boldsymbol{x}$沿磁场方向一致；$\sigma_{xy}=-\sigma_{yx}=\sigma_{xz}=0$，与(5.362)中 σ_{xy} 霍尔电导为非“0”元素不同，是因为那里 x，y 方向$(\boldsymbol{x}', \boldsymbol{y}', \boldsymbol{z}')$的运动都与磁场相垂直，两者通过磁场而“耦合”，而在磁赤道，x 方向的运动与磁场无相互作用，因而与 y 方向无关，故交叉项 σ_{xy}=0，可以看到，在(5.362)中与 $\sigma_{/\!/}$ 方向相交叉的所有元素也均为“0”一致；而在磁赤道 σ_{yy} 有

$$\sigma_C = \sigma_{yy} = \sigma_P \left(1 + \frac{\sigma_H^2}{\sigma_P^2}\right), \tag{5.374}$$

σ_C即磁赤道附近面向太阳一侧电导率，称作柯林(Cowling)电导率，取代表值 σ_H/σ_P=10(图 5.93)，则 σ_C=100σ_P，这意味着，在磁赤道区，即使很弱的东向电场，也会产生足够强的电流，这就是有名的分布于磁赤道北、南各约 3°宽的“赤道电射流”(equatorial electrojet)，与之相应的赤道 S_q 异常分布在赤道±15°范围内(图 5.64).

方程(5.373.1)中，电场 $\boldsymbol{E}$ 随高度不变，对(5.373.2)电导一阶张量各元素沿高度 h_{i1}−h_{i2} 积分，例如取高度 80—150 km，记作 Σ_{xx}，Σ_{xy}，Σ_{yy}，称高度积分电导，即

$$\Sigma_{ij} = \int_{h_{i1}}^{h_{i2}} \sigma_{ij} \mathrm{d}h, \quad i = x, y; j = x, y \tag{5.375}$$

图 5.96 为积分电导随磁纬的分布，可以看出，在极区 Σ_{xx}= Σ_{yy}~σ_P 的积分电导，Σ_{xy}~σ_H 的积分电导高于 Σ_{xx}~σ_P，与图 5.93 一致；因磁纬取对数坐标，磁赤道 I=0 无法严格表示，但 Σ_{xx} 最大，Σ_{xy}→0 的趋势依然可见，特别是表 5.12 纬度分区的结果更为详尽.

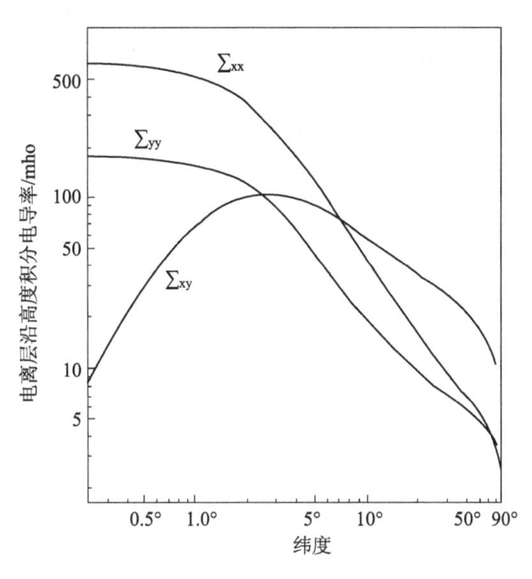

图 5.96 电离层沿高度积分电导随磁纬的分布(mho=1/Ω)(见表 5.12)

(5) 动力压强

流体动压(dynamic pressure) P_d 与通常意义上的流体静压 P 相对，由流体运动速度 $\boldsymbol{u}$ 决定，

$$P_\mathrm{d} = \frac{1}{2}\rho \boldsymbol{u}^2, \tag{5.376}$$

式中，ρ为质量密度. P_d 与压强单位同，在 SI 国际标准单位制中，为 Pa(帕)，量纲为 $[\mathrm{kg}]\cdot[\mathrm{m}]^{-1}\cdot[\mathrm{s}]^{-2}$ (N m^{-2})，但动压 P_d 与通常意义上的压力完全不同，因其在磁层动力过程中的重要性，特做如下简要分析.

(5.376)可由动量守恒的运动学方程得出，也可由能量守恒的伯努力(Benoulli)方程

得到，我们采用运动学方程，对于沿 $\boldsymbol{x}$ 方向只包含惯性力和流体静压力的理想流体，有

$$\rho\frac{\mathrm{d}\boldsymbol{u}}{\mathrm{d}t}=-\frac{\mathrm{d}P}{\mathrm{d}x},$$

方程中运动 $\boldsymbol{u}$ 为沿 $\boldsymbol{x}$ 方向的稳流运动，由 $x=u\mathrm{d}t$，可得

$$\rho\boldsymbol{u}\frac{\mathrm{d}\boldsymbol{u}}{\mathrm{d}x}=-\frac{\mathrm{d}P}{\mathrm{d}x},$$

进一步，得

$$\frac{\mathrm{d}}{\mathrm{d}x}\left(P+\frac{\rho\boldsymbol{u}^2}{2}\right)=0\Rightarrow P+\frac{\rho\boldsymbol{u}^2}{2}=常量=P_0,\tag{5.377}$$

(5.377)方程右侧第二项，即(5.376)所定义的动压 P_{d}. (5.377)即忽略重力条件下的伯努力方程，其中 P_0 为常量，等于流体静压强 P 与动力压强 P_{d} 之和，流体在运动过程中，两者可以互换，但总量保持不变. 前已指出，动压 P_{d} 完全不是压强意义下的物理量，而仅仅是为单位体积流体“动能” $\rho u^2/2$ 量所取的“别名”而已. 由方程(5.377)不难了解，只有，也只有当理想稳定流动，不管何因，例如，太阳风与地磁场相遇，流体运动速率 u 发生改变时，动压的变化将转化为流体的静压 P，特别当 u=0 时，流体的压强 P 将达到最大，$P=P_0$，这一点，即 u=0，流体力学中称作“Stagnation 点(Point)”，同样可以说，流体中动压 P_{d} 的存在，是以减少流体静压为代价的，就是说，动压 P_{d} 作为积极意义下“压强”，是它可以转化为流体静压，或消极意义上，它以减少静压为代价. 为理解动压 P_{d} 的物理内涵，图 5.97 给出与(3.577)相应两项，流体静压 P 和动压 P_{d}，在运动中可能的转换(也见图 5.83). 图中理想流体无论以速度 $\boldsymbol{u}$，和在 O 点反弹后以速度 $-\boldsymbol{u}$ 运动，都是沿 A_AO(x 轴)的流动，但图中把它分为上($\boldsymbol{u}$)、下($-\boldsymbol{u}$)两道. 从远处直至点 B(实际点 A)，流体以速度 $\boldsymbol{u}$ 运动，始终包含(5.377)中 P 和 P_{d} 两项，而由 A(B)到 O，如图所示，假定在 $\Delta t=\tau$ 时间段，速度呈线性下降，在 O，u=0，和一半路程，在点 C，由方程(5.377)有

$$\Delta t=0\Rightarrow P_{\mathrm{d}}^b=\frac{\rho u^2}{2},P^b=P$$

$$\Delta t=\frac{\tau}{2}\Rightarrow P_{\mathrm{d}}^c=\frac{\rho u^2}{4},P^c=P+\frac{\rho u^2}{4}\tag{5.378.1}$$

$$\Delta t=\tau\Rightarrow P_{\mathrm{d}}^o=0,P^o=P+\frac{\rho u^2}{2}$$

(5.378.1)显示，在点 O，u=0，按(5.376)动压 P_{d}=0，则在点 O 与邻近介质作用于流体压力相平衡的力是流体在点 O 的静压 P^o，而不可能是动压 P_{d}. 进一步，当 $\tau\to0$，则 $B\to O$，这时人们可以说在点 B，亦即点 O，流体动压 $P_{\mathrm{d}}=\rho u^2/2$，只有在这个意义上，即在点 O，$P_{\mathrm{d}}=\rho u^2/2$，才可能说与外力平衡的力等于 P_0，即静压 P 与动压 P_{d} 之和；但显然，在同一点 O，动压 P_{d} 不可能有两个取值，0，$\rho u^2/2$，只是 P_{d} 由 $\rho u^2/2$ 转化为 0，时间 $\tau\to0$ 而已；严格讲，在点 O，P_{d}=0，是流体静压与外来压力的平衡，或者说，与外界压力平衡的力是流体的静压，而在这一点的静压在数量上等于流体中原静压 P 与原动压

P_{d}之和.

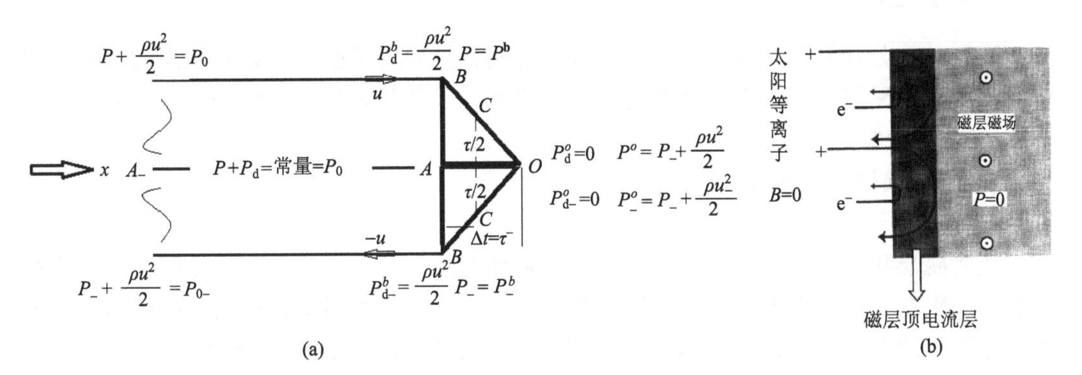

图 5.97 理想流体在由无穷远沿 A_AO 轴至点 O 过程中流体静压 P 和动压 P_{d} 间的转换为不致混淆，图中特将 $\boldsymbol{x}$ 方向，和沿$-\boldsymbol{x}$ 方向的运动人为地分成上、下两道，图中点 C 为线 BO 的中点(a)；太阳风与磁层碰撞的一维模型，在层顶即满足平衡方程(5.379)(b)

倘若流体在点 O 被反弹，以速度$-\boldsymbol{u}$ 向反方向运动，方程(5.377)依然有效，为区别，图 5.97 中用 $u_$表示．既然(5.377)有效，则对反向运动，方程(5.378.1)成立，只是时间顺序需做相应变化．若以 O 为时间起点，则流体运动至下道 B，$\Delta t=\tau$, 当 $\tau\to 0$，上、下道点 B 都将趋于点 O，即 B(上)$\to O$，B(下)$\to O$，则在点 O 有

$$
\begin{aligned}
P^{o} &= P+\frac{\rho u^{2}}{2}, P_{\mathrm{d}}^{o}=0; P^{b}=P, P_{\mathrm{d}}^{b}=\frac{\rho u^{2}}{2} \\
P_{-}^{o} &= P+\frac{\rho u_{-}^{2}}{2}, P_{\mathrm{d}-}^{o}=0; P_{-}^{b}=P, P_{\mathrm{d}-}^{b}=\frac{\rho u_{-}^{2}}{2}
\end{aligned}
\tag{5.378.2}
$$

(5.378.2)“；”右侧前后时间间隔为 τ，$\tau\to 0$．考虑图 5.97 右图太阳风粒子与磁层弹性碰撞的一维模型，这里不采用静压和动压守恒方程，而直接应用动量和能量守恒，可解得太阳风粒子(s)、磁层(m)运动速度(u)、动量(M)、动压(P^{d})和能量(W)为

$$
\begin{aligned}
&u_{s}=-u\ M_{s}=-\rho u\ P_{s}^{\mathrm{d}}=1/2\,\rho u^{2}, W_{s}=1/2\,\rho u^{2}; \\
&u_{m}=0\ M_{m}=2\rho u\ P_{m}^{\mathrm{d}}=0, W_{m}=0.
\end{aligned}
\tag{5.379}
$$

方程(5.379)表明，太阳风粒子与磁层弹性碰撞，粒子反弹后沿$-x$ 方向运动($-u$)，与(5.378.2)中反弹速度一致，不仅满足方程(5.377)，还满足动量和能量守恒．

到此我们只谈了方程(5.377)，太阳风粒子静压 P 与动压 P^{d}之和守恒，两者之间可以转换，但并没指出转换何以发生？为此，作为实例我们回到图 5.83 所示两种情况：①当 $u>V_{\mathrm{A}}$，结果如图 5.83c 实线所示，粒子在到达击波振面前动压不变，闯过波振面动压陡降，后逐渐调整，到达障碍物时调整到 0；②$u>V_{\mathrm{A}}$，如虚线所示，粒子早得知障碍物的存在，得以逐渐调整动压到 0．图 5.97 所示转换则属后者，粒子在点 A 得知障碍物的信息．

5.6.2　磁层几何结构

磁层结构分几何和物理结构两项，几何结构包括磁层顶的形状以及磁层的分区，物理结构则包括磁层等离子大尺度的运动、对流运动以及与之相应的电场，而作为磁层物理重要内容的磁层电流体系，将单独一节放在§5.6.3 中讲述.

(1) 磁层顶的形状和尺度

(i) 磁层顶形状

谈到磁层我们常会听到，由于太阳风与磁场相互作用，原本可空间无限延伸的地磁场将被局限在大但有限的空腔内，这一腔体即磁层，腔体边界即磁层顶，磁层顶把地磁场与太阳风隔开，磁层顶外无地磁场存在，层顶形状，即空腔的形状. 由于太阳风携带的等离子电导 $\sigma\to\infty$，即使速度超过声速，也只能压缩而无法穿过地磁场，磁层顶形状正是高速太阳风与无法穿透的磁场相互作用取得“平衡”的结果，“平衡”加引号，因它将随太阳风变化而变化，甚至有时是剧烈变化的动态平衡. 不难看出这其中的两层含义：一，磁层顶即地磁场边界，因而磁场与磁层顶相切；二，太阳风风速 $V_{\rm sw}$ 与层顶地磁场强度决定层顶位置和形状.

设磁层顶的三维曲面方程为

$$x = f(y,z), \tag{5.380}$$

取地心太阳黄道坐标(GSE)，x 为日地连线指向太阳，z 垂直黄道面向上，y 为晨昏方向(图 5.98). 曲面(5.380) $x=f(y,z)$ 在点 (x,y,z) 法向单位矢量 $\boldsymbol{N}(x,y,z)$ 为

$$\begin{aligned} \boldsymbol{N}(x,y,z) &= \left(-1,\frac{\partial f}{\partial y},\frac{\partial f}{\partial z}\right)\Big/A, \\ A &= \left(1+\left(\partial f/\partial y\right)^2+\left(\partial f/\partial z\right)^2\right)^{1/2}. \end{aligned} \tag{5.381}$$

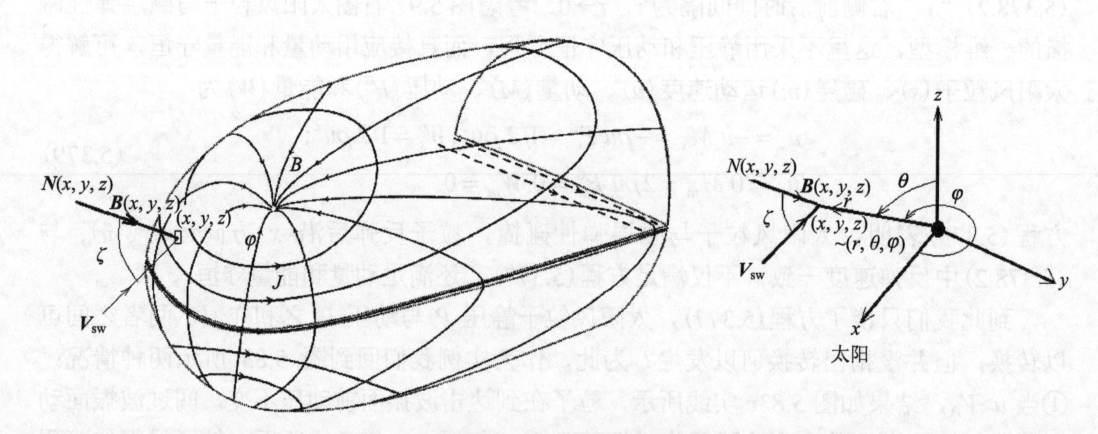

图 5.98　三维磁层顶模型

$x=f(y,z)$，$\boldsymbol{N}(-1,\ \partial f/\partial y,\ \partial f/\partial z)$ 为层顶法向，x 为日地连线指向太阳，y 为晨昏方向，z 与转动轴重合，或球极坐标 (r,θ,φ)，$V_{\rm sw}$ 为太阳风速，沿 $-\boldsymbol{x}$ 方向

(5.381.1) 中右侧 3 项为法向 $\boldsymbol{N}$ 的方向余弦，无疑，当曲面法向确定后，则该点曲面确定，其中包含有两个待定量，$\partial f/\partial y$, $\partial f/\partial z$，加上地心到点 (x,y,z) 的距离 $r=(x^2+y^2+z^2)^{1/2}$，共 3 个待定量，需要有 3 个独立方程确定．而曲面形状 $x=f(y,z)$ 是太阳风 $\boldsymbol{V}_{\rm sw}$ 与磁场 $\boldsymbol{B}$ 相互作用的结果，这 3 个方程应是这 3 方，$x=f(y, z)$，$\boldsymbol{V}_{\rm sw}$，$\boldsymbol{B}$，几何和物理关系的体现．其中地磁场 $\boldsymbol{B}$ 与曲面 $x=f(y, z)$ 相切，可提供两个方程，

$$\boldsymbol{B}(x,y,z)\cdot\boldsymbol{N}(x,y,z)=-B_x+B_y\frac{\partial f(y,z)}{\partial y}+B_z\frac{\partial f(y,z)}{\partial z}=0 \tag{5.382.1}$$

以及

$$\left|\boldsymbol{B}(x,y,z)\times\boldsymbol{N}(x,y,z)\right|=|\boldsymbol{B}|,$$

展开为分量形式，有

$$\left(B_y\frac{\partial f}{\partial z}-B_z\frac{\partial f}{\partial y}\right)^2+\left(B_z-B_x\frac{\partial f}{\partial z}\right)^2+\left(B_x\frac{\partial f}{\partial y}+B_y\right)^2=\sum_{i=x,y,z}B_i^2, \tag{5.382.2}$$

太阳风与地磁场在磁层顶点 (x, y, z) 压力平衡，可提供第 3 个方程

$$nm\left(\boldsymbol{V}_{\rm sw}\cdot\boldsymbol{N}(x,y,z)\right)^2=\frac{nmV_{\rm sw}^2}{A^2}=\frac{1}{2\mu_0}\sum_{i=x,y,z}B_i^2, \tag{5.382.3}$$

式中，m 为太阳风单个离子质量，n 为单位体积离子个数，A 为 (5.381) 中归一因子，方程右端即层顶点 (x, y, z) 与磁感应强度 B 相应的磁压．与所有微（积）分方程一样，仅这 3 个方程，解并不能唯一确定，与微分方程初始条件相当，方程 (5.382) 需要给定一点，例如，(x_0, y_0, z_0) 的法向 $\boldsymbol{N}$，则在点 (x_0, y_0, z_0)，$\partial f/\partial y$，$\partial f/\partial z$，A，$V_{\rm sw}$ 已知，由给定地磁场模型 $B(x, y, z)$，从点 (x_0, y_0, z_0) 起，利用数值积分可求得 (5.380) $x=f(y,z)$，即图 5.97 的数值解．实际上给定点 (x_0, y_0, z_0) 通常选在日地连线 x 轴上，如若磁场 $\boldsymbol{B}$ 采用偶极子，特别是轴向偶极子模型，则有

$$\begin{aligned}B_r&=-\frac{2}{R_{\rm mp}^3}B_{\rm E}\cos\theta,\\B_\theta&=-\frac{1}{R_{\rm mp}^3}B_{\rm E}\sin\theta,\end{aligned} \tag{5.383}$$

式中，$R_{\rm mp}=r_{\rm mp}/R_{\rm E}$, $R_{\rm E}$ 为地球平均赤道半径，$r_{\rm mp}$ 为地心至磁层顶的距离，$B_{\rm E}$ 为赤道上地磁场感应强度，θ 为地球余纬．太阳风沿 $-\boldsymbol{x}$ 方向运动，相对赤道面和 12h 和 0h 子午面对称，而 (5.383) 磁场 B 相对 z 轴旋转对称，则磁层顶相对赤道面和 12h 和 0h 子午面对称，只要磁层顶 (x, y, z) 象限几何 $x=f(y,z)$ 确定，则磁层顶形状完全确定．由图 5.98 坐标系 (x, y, z)，(r, θ, φ) 不难由磁场分量 B_r, B_θ 求得 B_x, B_z $(B_y=0)$．在坐标 $(x=r_{\rm mp}, 0, 0)$ 或 $(r_{\rm mp}, \pi/2, 0)$，有

$$\begin{aligned}B_z(r_{\rm mp},0,0)&=B_\theta\left((r_{\rm mp},\pi/2,0)\right)=\frac{B_{\rm E}}{R_{\rm mp}^3},\\\boldsymbol{N}(r_{\rm mp},0,0)&=(-1,0,0).\end{aligned} \tag{5.384}$$

将(5.384)代入方程(5.382.3)，得

$$R_{\mathrm{mp}}=\left(\frac{(2B_{\mathrm{E}})^2}{2\mu_0 nmV_{\mathrm{sw}}^2}\right)^{1/6}, \tag{5.385}$$

R_{mp} 即以地球半径为单位量度的在 $\boldsymbol{x}$ 轴上地心至层顶的距离，相应坐标($x=-R_{\mathrm{mp}}R_{\mathrm{E}}$, 0, 0)，($r_{\mathrm{mp}}=R_{\mathrm{mp}}R_{\mathrm{E}}$，$\pi/2$，0)，其中磁场 B_{E} 旁因子 2 是因层顶电流附加磁场必将导致层外磁场为“0”，而层内磁场加倍．若取太阳风速 $V_{\mathrm{sw}}=400$ km/s, $n=5\times10^6/\mathrm{m}^3$, $m=1.68\times10^{-27}$ kg, $\mu_0=4\pi\times10^{-7}$ H/m, $B_{\mathrm{E}}=0.3\mathrm{T}$, 可得 $R_{\mathrm{mp}}=r_{\mathrm{mp}}\approx10R_{\mathrm{E}}$，磁层顶这一点称作“层顶鼻(nose of the magnetopuse)”，也称“太阳潜伏点(subsolar point)”．当 $\boldsymbol{x}$ 轴上层顶位置($10R_{\mathrm{E}}$，0, 0)和形状 $\boldsymbol{N}(1,0,0)$ 确定后，即可利用方程(5.383)，(5.382)计算求得层顶三维形状 $x=f(y,z)$．例如，计算求得磁层顶某处 $\boldsymbol{N}(0.06，0，0.998)$，即太阳风几乎与层顶法向垂直，或者说，近似与层顶面相切，则由(5.382.3)得，$R_{\mathrm{mp}}=r_{\mathrm{mp}}\approx-16R_{\mathrm{E}}$，在背太阳方向磁层可被太阳风拖伸远至约 $1000R_{\mathrm{E}}$．从这一例子以及方程(5.385)不难相信，第一，层顶形状 $x=f(y,z)$ 对磁场 B 模型，如轴向或非轴向，太阳风方向，如是否与赤道面重合，并不灵敏；第二，层顶形状很大程度依赖太阳风，特别是太阳风中磁场(IMF)方向，有时磁场重连，层顶磁力线开放等都将改变，甚而极大地改变层顶的形状，因此层顶形状 $x=f(y,z)$ 是几乎不可能精确确定的几何量．因磁层背太阳方向拖着长长的尾巴，故常形容磁层形状像彗星(commet-like)；又如前所说，磁层顶形状相对赤道面对称，上、下半球 yz 截面犹如“D”字，北半球 D 反时针，南半球顺时针转 $\pi/2$，对在一起，与磁层形状大致相当；还有，因其几近圆柱形结构，说它像子弹，如此种种，都一定程度上形象地描绘了磁层顶的形状特征．

若采用方程(5.385)作为磁层顶形状的结果，即 $x=R_{\mathrm{mp}}$，为通常所说一维磁层顶形状模型(图 5.99a)；若(5.380)退化为 $x=f(z)$，则 $f(z)$ 为二维磁层顶模型(图 5.99b)，这时方程(5.382.1)，(5.382.3)成为

$$\begin{aligned}\frac{\partial f(z)}{\partial z}&=\frac{B_x}{B_z},\\ nm(V_{\mathrm{sw}}\sin\varsigma)^2&=\frac{B_x^2+B_z^2}{2\mu_0},\end{aligned} \tag{5.386}$$

式中，ς 为太阳风方向($-\boldsymbol{x}$)与层顶切线的夹角(图 5.99)，不难验证，(5.386)成立，则(5.382.2)自然满足．磁场仍采用(5.383)，则(5.386)与(5.385)构成求解二维层顶模型 $x=f(z)$ 完备的方程组．

(ii) 磁层尺度

条件足够，由方程(5.383)，(5.382)固然可求得磁层顶的形状和尺度，但如上所述，精确计算磁层形状不仅不可能，也没必要，因而可在简化条件下，粗略估算磁层尺度，下面即其中一例．假定，当 $x\leqslant-20R_{\mathrm{E}}$ 时，如图 5.99 所示，磁尾北瓣内磁场 $\theta\leqslant15°$，与极盖区地球磁场相对应，由(5.383 取 $R_{\mathrm{mp}}=1$)极盖区磁通量的一半，

$$\Phi_{PC}=\frac{1}{2}\int_0^{\theta_{PC}}\mathrm{d}\theta\int_0^{2\pi}\mathrm{d}\varphi B_{\mathrm{E}}R_{\mathrm{E}}^2\cos\theta\sin\theta=\pi B_{\mathrm{E}}\left(R_{\mathrm{E}}\sin\theta_{PC}\right)^2, \tag{5.387.1}$$

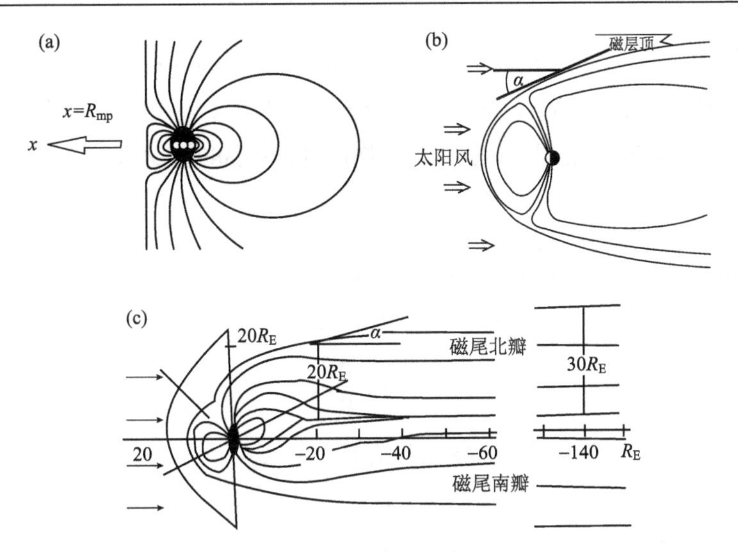

图 5.99 (a) 一维磁层顶模型，x=R_{mp}；(b) 二维磁层顶模型，x=$f(z)$，$\boldsymbol{N}(-1, \partial f/\partial z)$，$x$ 为日地连线指向太阳，z 与转动轴重合，ς − α 为太阳风 V_{sw} (沿$-\boldsymbol{x}$方向) 与层顶曲面 x=$f(z)$ 切线的夹角；(c) 磁层尺度估算

而磁尾北瓣磁通量可近似为

$$\Phi_{CT}=\frac{1}{2}\pi R_{CT}^{2}B_{CT}, \tag{5.387.2}$$

由 Φ_{PC}=Φ_{CT} 立得

$$\frac{R_{CT}}{R_{\rm E}}=\left(\frac{2B_{\rm E}}{B_{CT}}\right)^{1/2}\sin\theta_{PC}, \tag{5.388}$$

即如若磁尾平均磁场 B_{CT} 已知，则由 (5.388) 可估算磁尾尺度 R_{CT}. 例如，x=$-20R_{\rm E}$，取 B_{CT}=15nT，得 R_{CT}~$20R_{\rm E}$ (图 5.99)．进一步，如图所示，背离地球足够远，磁尾磁层顶可视为喇叭形，其 (x, z) 截面外切线与太阳风方向的夹角为 α，则有关系

$$\frac{{\rm d}R_{CT}}{-{\rm d}x}=\tan\alpha. \tag{5.389.1}$$

若α可视作或分段可视作常数，则由磁尾喇叭圆柱半径 R_{CT} 通过 (5.389) 积分，可求得在圆柱轴相应点的位置$-x$．求解夹角α的途径有：①由方程 (5.385) 和 (5.386)，即已知日地连线磁层顶处磁场 $B_{\rm mp}$ 和磁尾磁层顶处磁场 B_{CT}，B_{CT} 可由 (5.388) 求得；②直接由太阳风估算，即在磁尾某点 (x，R_{CT}) 有

$$nm\left(V_{\rm sw}\sin\alpha\right)^{2}=\frac{B_{CT}^{2}}{2\mu_{0}},$$

则由式 (5.154.1) 阿尔芬 (Alfvén) 波速 $V_{\rm A}=B\big/\sqrt{\mu_0\rho}$，$nm=\rho$，(5.389.1) 积分，得

$$x-x_{0}=\frac{V_{\rm sw}}{V_{\rm A}}\left(\frac{\sqrt{2}R_{CT}^{x}}{2}-\frac{\sqrt{2}R_{CT}^{0}}{4}\left(\frac{R_{CT}^{0}}{R_{CT}^{x}}\right)^{2}\right), \tag{5.389.2}$$

即由磁尾足够远的两点，(x_0, R_{CT}^0)，$\left(x, R_{CT}^x\right)$，$x < x_0$，则 x_0, R_{CT}^0, R_{CT}^x 已知，可求解 x．例如，图 5.99 中两点 $x_0\left(-20R_{\mathrm{E}}, 20R_{\mathrm{E}}\right), x\left(x, 30R_{\mathrm{E}}\right)$，求得 $x = -130R_{\mathrm{E}}$．其实，两种途径并无不同，只有，也只有当磁层顶附近 V_{A} 可测定时，(5.389.2)才具实际意义．

(2)偶极磁场位形

虽说磁层结构是非对称的，但内磁层却几近偶极子位形，许多磁层物理研究即常用这种简化的模型．图 5.100 为地球偶极力线结构，其中 L 为力线参数，赤道上力线至地心距离 $r_{\mathrm{eq}} = LR_{\mathrm{E}}$，力线切向即磁场方向，因而有

$$\frac{\mathrm{d}r}{B_r} = \frac{r\mathrm{d}\theta}{B_\theta},$$

将(5.383) B_r，B_θ 代入上式，积分后得力线方程

$$r = r_{\mathrm{eq}}\sin^2\theta = LR_{\mathrm{E}}\sin^2\theta. \tag{5.390}$$

力线有两个重要参量：一是与地球交点(余)纬度；二是力线改变方向的(余)纬度．前者由(5.390)令 $r = R_{\mathrm{E}}$，立得，$\sin^{-1}\theta = \cos^{-1}\lambda_{\mathrm{E}} = 1/\sqrt{L}$，即由力线参数 L 完全确定；至于后者，因 B_z 由正转变为负，则由 $B_z = B_r\sin\theta - B_\theta\sin\theta = 0$，立得，$\cos^{-1}\theta = \sin^{-1}\lambda_{\mathrm{tr}} = 1/\sqrt{3}$，即力线方向的转折纬度与 L 无关，为一常量，对所有力线都成立(图 5.100)．

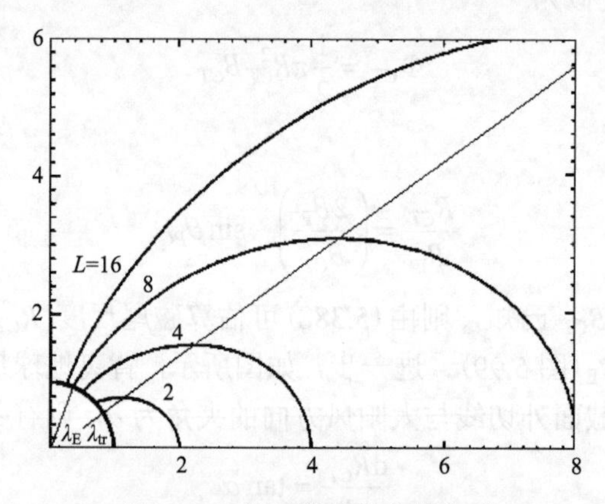

图 5.100　地球偶极磁力线位形

由方程(5.390)确定，其中 $\lambda_{\mathrm{E}}=1/\sqrt{L}$ 为力线与地球相交的纬度，λ_{tr} 为力线方向转折的纬度，对所有力线都成立

(3)磁层的分层(区)

讲磁层不能不讲作为磁层活动之源的“邻居”．弓击波和磁鞘，§5.6.1(1)中叙述了弓击波物理，是速度远高于阿尔芬波速的太阳风遭遇“静止”磁层的必然结果，而穿越击波阵面的太阳风携带等离子和行星际磁场(IMF)与磁层相遇，形成界于波阵面与磁层间的磁鞘；磁层紧邻层顶为边界层，由等离子幔(plasma mantle)、极隙区(cusp)、注入层(entry layer)和低纬边界层(low-latitude boundary layer(LLBL))等 4 部分组成；磁层内又分内磁层(inner magnetosphere)和磁尾(tail)，内磁层位于 8—10R_{E} 以内，包括内、外辐射带(Van Allen radiation belts)和等离子层(plasmasphere)，磁尾分北、南两瓣(lobes)，赤

道面附近为中性带(neutral sheet)以及位于中性带上和下，分别处于北南半球的等离子带(plasma sheet)．图 5.80、图 5.101a 和 b 示意地给出磁层各层(区)的相对位置和分布，图 5.80 试图描绘磁层的立体结构，图 5.101a 为 12—0 h 剖面内的磁层，而图 5.101b 中磁尾有较远的伸展，各图对照，才有可能对磁层复杂的分层结构有总体的了解．

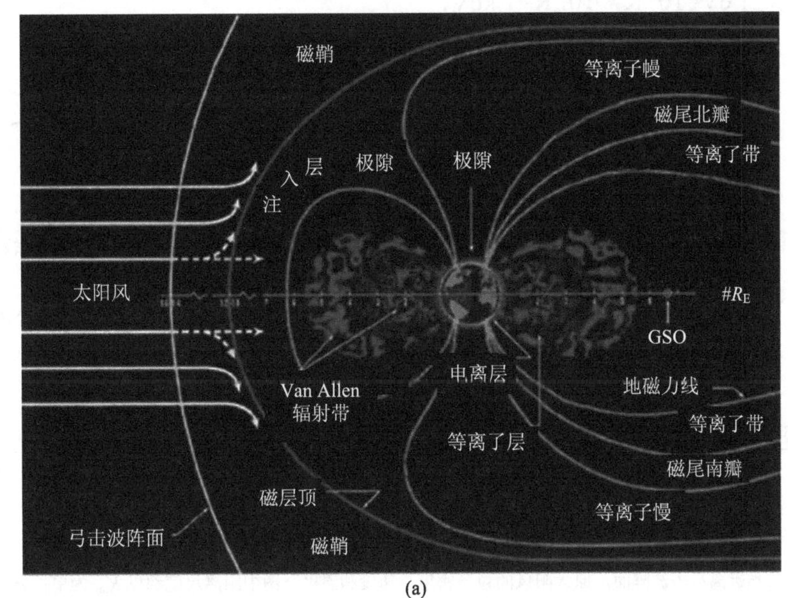

(a)

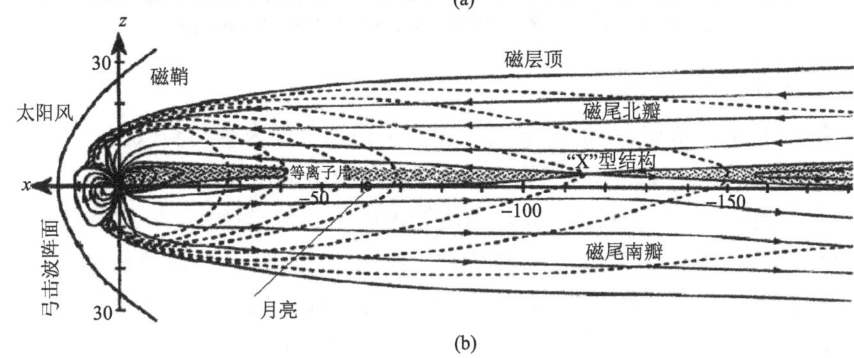

(b)

图 5.101 磁层分层结构(见彩插)

(a)紧连磁层顶的边界层：等离子幔、极隙、注入层和低纬边界层；内磁层：Van Allen 辐射带和等离子层；磁尾：北、南磁尾瓣、等离子带和中性带(位于北和南等离子带间约 $2R_E$ 极薄的片状体)；(b)磁尾伸展超过 $150R_E$，图中同时标识出磁场重联形成的“X”型结构(§5.6.1(2))

(i) 磁鞘

磁鞘中等离子主要源于太阳风，成分以质子 H^+、电子为主，含有少量 α 粒子，其中少量重元素氧 O^+，氮 N^+，则通过极隙直接来源于电离层，或是通过磁层顶与磁层粒子交换而来．太阳风经击波阵面高度非线性过程(§5.6.1(1))，被减速、压缩和加热而进入磁鞘，其密度、速度以及温度如图 5.102 所示，在 x 轴 $x=R_{mp}$，密度压缩到原太阳风的 4.23 倍，若采用通常太阳风粒子密度 $5/cm^2$，则在磁鞘可达 $20/cm^2$，离开 x 轴至磁层腰部，密度逐渐减少，当 $z>2\ R_{mp}$，密度已开始低于原太阳风；而风速，我们晓得，在 x 轴 $x=R_{mp}$，$V_{sw}=0$，离开 x 轴至磁层腰部，逐渐加速，与之相应，粒子通过击波阵面被加热，可达原太阳风温度的 22 倍之多，若采用日冕(solar corona)温度 10^6 K，则磁鞘内温度可达 10^7K. 这里需要说明，温度是热运动能量的一种表述，因而同样可采用 eV(电子伏特)单位，1 eV=10^4 K，10^7 K=1 keV.

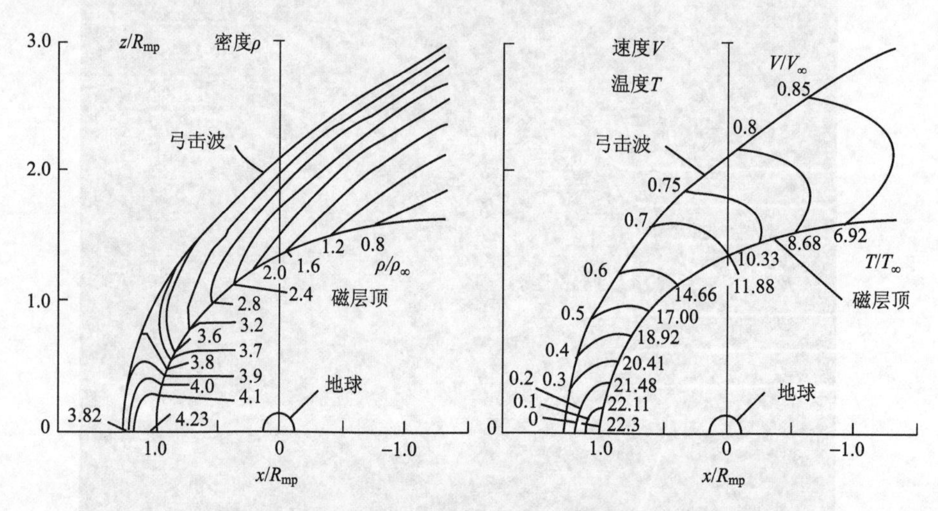

图 5.102　磁鞘内粒子密度 ρ、速度 V 和温度 T 的分布

其中 ρ_∞，V_∞，T_∞ 指远离弓击波阵面，原太阳风的粒子密度、速度和温度，图中距离尺度都以 R_{mp} 为单位量度，$x=R_{mp}$ 为在 x 轴，太阳风与磁场平衡处的坐标(Spreiter et al., 1966, Cravens, 1997)

(ii)磁层顶和磁层边界层

磁层顶：一个电流薄层，电流是磁层各部分结构的重要内容，将在§5.6.3 专题讲述. 据空间探测器 ISEE1 和 ISEE2 测量结果(Berchem and Russell，1982；Olson, 1969；Alaska, 2015)，层顶厚度仅约 400—1000 km，与磁鞘内质子回转半径相当，磁赤道附近较薄，平均只 500 km，温度高达 10^6K；观测还发现，磁层顶经常经历快速和不规则的运动，80%情况在 10 km/s 到 80 km/s 间；我们晓得，正是分布于磁层顶的电流把磁鞘内的太阳风与磁层隔离，使地面、近地面空间免遭太阳风高速粒子的侵袭，保护了近地面空间环境，保护了人类. 下一小节可以看到这种隔离不是绝对的，仍有太阳风离子穿过层顶进入磁层，不难估算，地球向阳一面，赤道面上下，12 h—0 h 子午面左右各约 $15R_E$ 的面上，接收到的太阳总能量约 10^4 GW，但观测表明，即使在扰动期间也仅有 5%，500GW，能进入磁层，即层顶确实尽到了它的保护之责；不管如何，构成磁层动力主要来源的这 5%，除极少量通过极隙外，全部都经由层顶进入磁层，足见层顶在磁层，特别是磁层动力学中所扮演的重要角色.

磁层边界层：磁层内紧邻磁层顶的区域通称磁层边界层，包括等离子幔(plasma mantle)，南、北极隙(polar cusps)，注入层(entry layer)和低纬度边界层(low-latitude boundary layer, LLBL)；磁层边界层除有与磁鞘相同的粒子成分外，边界并不完全确定，甚至，例如注入层的存在也有人质疑. 边界层是磁层内部粒子成分，分布和动力过程与近邻磁鞘显著不同的必然结果，如若磁层顶电流能把磁鞘和磁层严格地分离，则边界层不必存在，但事实是磁层和磁鞘不仅不完全隔离，而且有时，例如磁层顶(地球)磁力线与太阳风中磁力线(IMF)发生重联，磁层大门完全敞开，磁鞘(太阳风)中带电粒子可“自由”进入磁层，这样磁层边界层的存在就是自然和必要的了，以缓冲并进而保证有显著差异的磁层和邻居磁鞘“和谐”共处，当然边界层既然已经存在，作用就不再仅限于被动角色，下面将会看到它在磁层动力过程中所扮演的积极作用.

等离子幔：最早由 Rosenbauer 等(1975)所确认，其粒子来源有：①磁鞘；②极隙；③电离层. 因极隙粒子也以磁鞘等离子为主，不用说，除少量来自电离层的重粒子 O^+，N^+外，和磁鞘成分相同，以 H^+为主，可预料，密度应小于磁鞘，但大于磁尾瓣，约 0.1—1/cm^3，温度与磁鞘相当，或略降低到约 10^{5-6} keV, 磁场高于磁鞘约 25 nT，背向太阳流速 100—200 km/s. 图 5.103 给出极隙及其邻近的等离子幔，从图 5.103、图 5.101 和图 5.80 可以看出，等离子幔占据了大部磁尾高纬度区域.

极隙：最早由 Chapman 和 Ferraro 于 1931 年提出，40 年后才逐步被观测确认(Heikkila and Winningham，1971；Frank，1971；Kivelson and Russell，1973；Tsyganenko，2009). 极区地球磁力线分成两部分，偶极型的磁场在垂直进入地球高空大气电离层前，磁力线“两两”方向相反，在诸多相互反向力线中间存在一狭小磁场为“0”，或近似为“0”的区域，称作“极隙”(图 5.103)；极隙范围，纬度小于 1°，处于经度约 37°白天一侧，跨地方时 2—2.5 h(平均地方时约 11—13 h)；通过极隙磁鞘中带电粒子可以直接进入磁层，进而可进入电离层，与高层大气中性粒子碰撞，观测表明，有少量粒子能量可高达 10^6 eV(Chen et al., 1997，1998)，足以使中性粒子电离，激发光子，是向日面极光来源之一(Reiff, et al., 1977；Marklund et al., 1990；Yamauchi et al., 1996)；随着高度的降低，磁场强度增强，在镜点，大部进入极隙的粒子将被反弹，部分速度较快的粒子(图 5.103 中实心圆)返回磁鞘，部分速度较慢者落入等离子幔(图 5.103 中空心圆)；除带电粒子外，磁鞘内涡流和各种波(magnetosheath turbulence and waves)也可通过极隙进入电离层；既然极隙磁场为“0”，则周围必然存在电流，称极隙电流，是磁层顶电流的一部分(§5.6.3).

注入层：最早由 Rosenbauer 等(1975)提出，粒子成分和密度几乎与磁鞘相同，可延伸与深部极隙相连(图 5.103)，几无指向磁尾方向的粒子运动.

低纬边界层：位于赤道附近低纬边界区域的等离子层(plasma layer，注意，不是内磁层的 plsmasphere)，在白天一侧通过注入层与磁隙、电离层，甚而极盖区相耦合，向磁尾方向延伸与磁尾边界(等离子幔)层相接(图 5.103)；低纬边界层为双层结构，外层(outer boundary layer，OBL)和内层(inner boundary layer，IBL)，外层粒子成分和密度(约 5/cm^3)与太阳风相同，内层粒子显著稀薄，可与磁层等离子带(plasma sheet)密度(约 0.1—1/cm^3)相比拟. 当发生重联时，白天一侧低纬边界层(LLBL)外层(OBL)磁场重联，磁力线开放，但内层(IBL)则无论白天和磁尾一侧磁力线都处于封闭状态(Heikkila, 2011；Kazue et al., 1991; Russell et al., 2013).

(iii) 内磁层

位于$|x|<10R_E$和中低纬度，磁场仍以偶极子场为主，包括范艾仑(Van Allen)内外辐射带和等离子层.

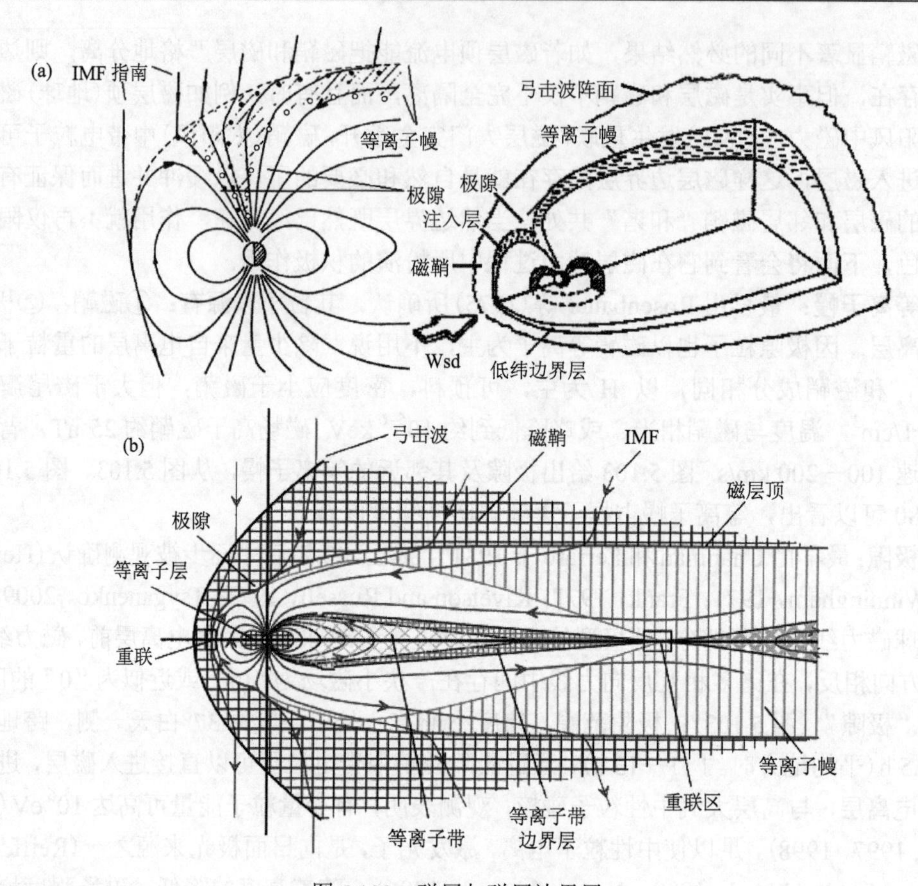

图 5.103　磁层与磁层边界层

(a) 左：磁层中午–子夜剖面，突出极隙附近的边界层，即极隙、等离子幔和注入层；右：中午–子夜加赤道剖面 1/4 磁层立体图，突显低纬边界层(LLBL)；
(b) 中午–子夜剖面，显示磁层边界层占据磁层很大一部分，是由具有显著差异的磁鞘过渡到磁层内必有的结构；三图对照，可了解磁层边界层与磁层各部分的几何关系

范艾仑辐射带：于 1958 年早期美国 NASA 发射探险者(Explorer) I 和 III 后被爱荷华(Iowa)大学 James Van Allen 确认，形似圆环(图 5.104)，由高能量的带电粒子组成，分外和内两层，中间夹有等离子层，且三者相邻两层有部分交集．位形如偶极强磁场才有可能捕获高能量的带电粒子，因而内外辐射带位于内磁层，而在太阳大气因无固定形状的磁场，不可能存在高能量的辐射带．

外辐射带：位于距地心 4—11R_E，4—6R_E 强度最强，高能电子能量达 10^5—10^7 eV，高能质子回转半径(与动量成正比，式(5.113.3))可达地球大气层，与中性粒子碰撞而消失，因此外辐射带以高能电子为主体，正离子以质子 H^+为主，兼有少量 α 粒子，来自电离层的重离子，例如 O^+．外辐射带外围还存在：在晚间呈西向、白天一侧呈东向环绕地球的电流，称作“环电流”，是产生地磁磁暴的源电流，将在§5.6.3 介绍．外辐射带获得并加速电子的过程包括“径向扩散”和局部作用两类．

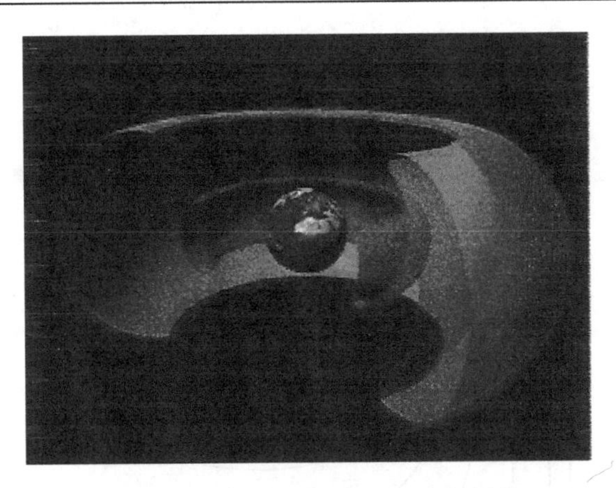

图 5.104 形似圆环状的外和内辐射带

图 5.105 示意并夸大地给出电子回转运动可能引发的径向扩散机制，其中 A 和 B 为磁层内两条邻近磁力线，通常层内电子将各自绕 A 或 B 作严格的圆形回转运动，回转半径由式(5.113.3)决定，与磁感应强度 B 成反比；图中细回转圆表示两个电子在太阳平静时期的回转运动，和绕 A，B 回转的所有电子一样，图中两个电子回转一周将返回各自的起始点；但当太阳活动增强时，磁场扰动，强度增强或减少，粒子将不再返回原起始点，而是落后或超越起始点，犹如粒子在该点发生散射，散射后粒子的位置取决于磁场强度以及粒子运动和磁场扰动的位相；不难相信，由于太阳活动以及相应磁场变化的随机性，若粒子均匀分布，则磁场扰动所产生的电子散射，不会改变层内电子的统计分布；但倘若层内粒子存在非均匀性，如图 5.105 所夸张显示的 A，B 两条邻近磁力线，假定 $n_B>n_A$，n 为粒子密度，特别当磁场变化与电子回转运动发生谐振，且位相适宜，如图粗线所示电子回转轨迹，$B(A)$ 区粒子落入 $A(B)$ 区，结果 $A(B)$ 区粒子密度将净增加(减少)，即沿密度梯度反方向(向内)扩散；同样．如式(5.116)所示电子磁场不均匀绕磁轴的漂移运动(图 5.17，图 5.81c)；当磁扰时，也同样可能有如图 5.104 所示的径向扩散发生，因沿半径向内磁场强度增加，则由(5.111)可以预料，电子回转加速，能量增加．观测表明，仅径向扩散，辐射带不足以维持现有的电子密度和能量，还必须有其他机制，其中主要来自外磁层的等离子带(plasma sheet)，还有来自电离层的冷(低能)粒子，沿磁力线被加速进入辐射带，还有磁层内的电磁噪声，例如空中闪电(lightning)过程产生称作“哨声”(whistlers)的甚低频(VLF)电磁波与辐射带粒子作用，即“波–粒”作用，当位相适当时，电子可获取能量(Russel et al., 2013; Elkington et al., 2001; Shprits and Thorne, 2004; Shprits et al., 2008a, b)．外辐射带带电粒子损失机制包括：一，与电离层和高层大气中性粒子碰撞；二，上述粒子径向扩散中沿半径向外方向的扩散．

内辐射带：距地心 1—2.5R_E(地面以上 1000—10000 km)，内辐射带磁场强度远高于外辐射带，因而能俘获更高能量的带电粒子，其中电子能量集中在约几百 keV，高能质子可超过 100 MeV，与外辐射带以电子为主不同，内辐射带则以质子为主．内辐射带获取粒子的途径为$-\beta$ 衰变($-\beta$ decay)，源于高能宇宙射线(cosmic rays)与高层大气中子作用，中子发生衰变，其中$-\beta$ 衰减产生电子和离子，例如：

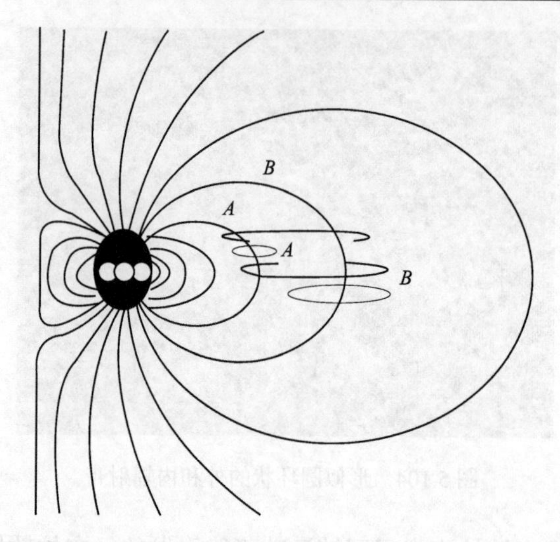

图 5.105　电子绕磁场回转和绕磁轴漂移运动沿半径方向扩散运动示意图

在磁场没有扰动的情况下，电子首尾相接，一周后严格返回起始点，倘若在运动过程中磁场发生扰动，则电子不再回到原起始点；当 A 和 B 区存在密度差异，特别磁场扰动与电子回转或与漂移运动同步且位相适宜，则电子发生沿半径方向的扩散

$$n^0 \rightarrow P^+ + e^- + \bar{\nu}_e,$$

即中子 (n^0) 在宇宙线作用下，衰变为质子 (P^+)、电子 $(e-)$ 和反中微子 (antineutrinc)，新生的质子和电子有可能被磁层俘获，$-\beta$ 衰变过程又称作“中子反照” (Albedo of Neutrons)．内磁层粒子寿命约 1 年之久，粒子损失主要通过回转粒子沿磁力线反弹运动在损失锥内落入高空大气．

粒子流通量密度：当太阳风增强，特别当 IMF 南向时，通量密度最大，通量密度随能量增加而急剧下降．例如在磁赤道上，电子能量超过 0.5 MeV 的通量密度 1.2×10^6 $-9.4\times10^9/\mathrm{cm^2\,s}$，而当能量超过 5 MeV 时，通量只有 3.7×10^4—$2\times10^7/\mathrm{cm^2\,s}$；图 5.106 为太阳活动平静期间质子全方位通量密度：能量超过 0.1 MeV (a) 和 1 MeV (b) 两个能级的结果，可以看到，通量随能量的急剧下降，这里省略了能量超过 400 MeV 的结果，这时通量在磁赤道也仅有约 1—500/cm² s，超过 $2R_{\mathrm{E}}$ 通量已趋于 0.

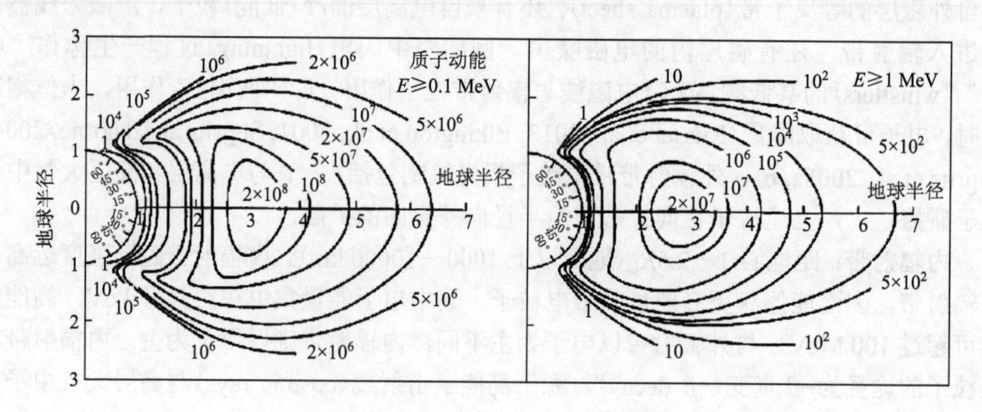

图 5.106　辐射带内全方位质子通量密度

最后关于辐射带再补充三点：第一，辐射带能量 0.1 MeV 的质子可穿过 0.6 μm 的铅，而 400 MeV 则可穿透 143 mm 厚的铅板，足见辐射之强，就是空间探测器通过辐射带也必须有特殊材料的屏蔽，以确保舱内设备不被辐射伤害；第二，2013 年 2 月 28 日美国 NASA 宣布在范艾仑(Van Allen)辐射带探测中发现位于外辐射带外的第三个辐射带，并指出它是太阳日冕(coronal ejection)大量粒子抛射的结果，与外辐射带有如刀切的分界，存在仅一个月后被外辐射带俘获；第三，2011 年研究确认辐射带“反物质”(antimatter)的存在，与宇宙射线高层大气作用中子衰变产生的质子不同，观测到的有限“反质子”通量流能量高达 60—750 MeV(NASA, 2013；Adriani et al., 2011).

等离子层：位于外和内辐射带中间，因而同样有围绕地球的环状结构，同时与两者都有交集，因此可以说等离子层位于地球高层大气电离层之上，外以“等离子停(顶)”(plasmapuse，见图 5.107)为界；等离子层粒子来源于电离层，当太阳扰动增强时，电离层粒子沿磁场向上运动，这种过程可持续几小时或几天(Goldstein et al., 2005)，上升的带电粒子被磁层地球偶极磁场俘获，而在内磁层形成冷(低能约 1—10 eV)、高密度(100—600/cm^3，图 5.107)等离子层(plasmasphere). 按电磁流体动压方程(5.376)，高密度但冷粒子是等离子层与邻周高能但低密度辐射带以及等离子带(plasmasheet)能“和平”共处的必要条件；而冷粒子强磁场背景下的弱回转运动(式(5.114.3))，其结果①粒子沿磁场分布，②与磁场紧密结合共同绕地球一起转动，即所谓“共转”，共转的磁层动力学效应将在“磁层物理结构”一节讨论；正是这种冷粒子强磁场的结构背景，使等离子层粒子较为稳定，有较长，约 1 年左右的寿命. 需要指出的是，近期观测表明，等离子层并不是总与地球一起共转(Goldstein et al., 2005). 除粒子进入损失锥，等离子层伴随太阳活动，发生的粒子“剥蚀”(erosion)是等离子层粒子损失的另一重要机制：当太阳风增强，IMF 指南时，在日地连线磁层停与地磁场发生重联，地磁场力线开放，约数小时后，等离子停发生凹陷，并向太阳方向扩展，与之相应等离子层粒子呈现羽状(plume)分布，边缘发生剥蚀，并逐次扩展；鉴于等离子停与等离子层诸如此类物理过程的内在联系，以及所处位置介于密度(400–1/cm^3)、能量(1–1 000 eV)具有巨大反差的等离子层和等离子带(或辐射带)之间，有人提出，“等离子停”应称作等离子层的边界层(缩写为 PSB)(Carpenter and Lemaire, 2004；Goldstein et al., 2005).

(iv)外磁层

包括磁尾(magnetotail)和等离子带(Magnetosheet).

磁尾：形似彗星拖有长达1000个地球半径的尾巴而得名，分北南两瓣，充有稀薄(0.01—0.1/cm^3)、中低能量(温度)(10—100 eV)的等离子体，除质子外，有少量 O^+，来自电离层；赤道北南有磁场反向的“等离子带”(plasmasheet)，是磁层最为活跃的区域；反向磁场中间，即赤道附近称为“中性带”(neutralsheet)，内有东西向电流，称中性带(或磁尾)电流，在赤道附近的磁尾边界与北向(北半球)和南向(南半球)磁层顶电流构成闭合回路. 外磁层因远离地球，源于液核内的地球偶极磁场已很微弱，正是磁尾东西向中性带电流，才形成了中性带上沿 x 正向、下沿 $-x$ 方向长达 $1000R_E$ 的尾形磁场.

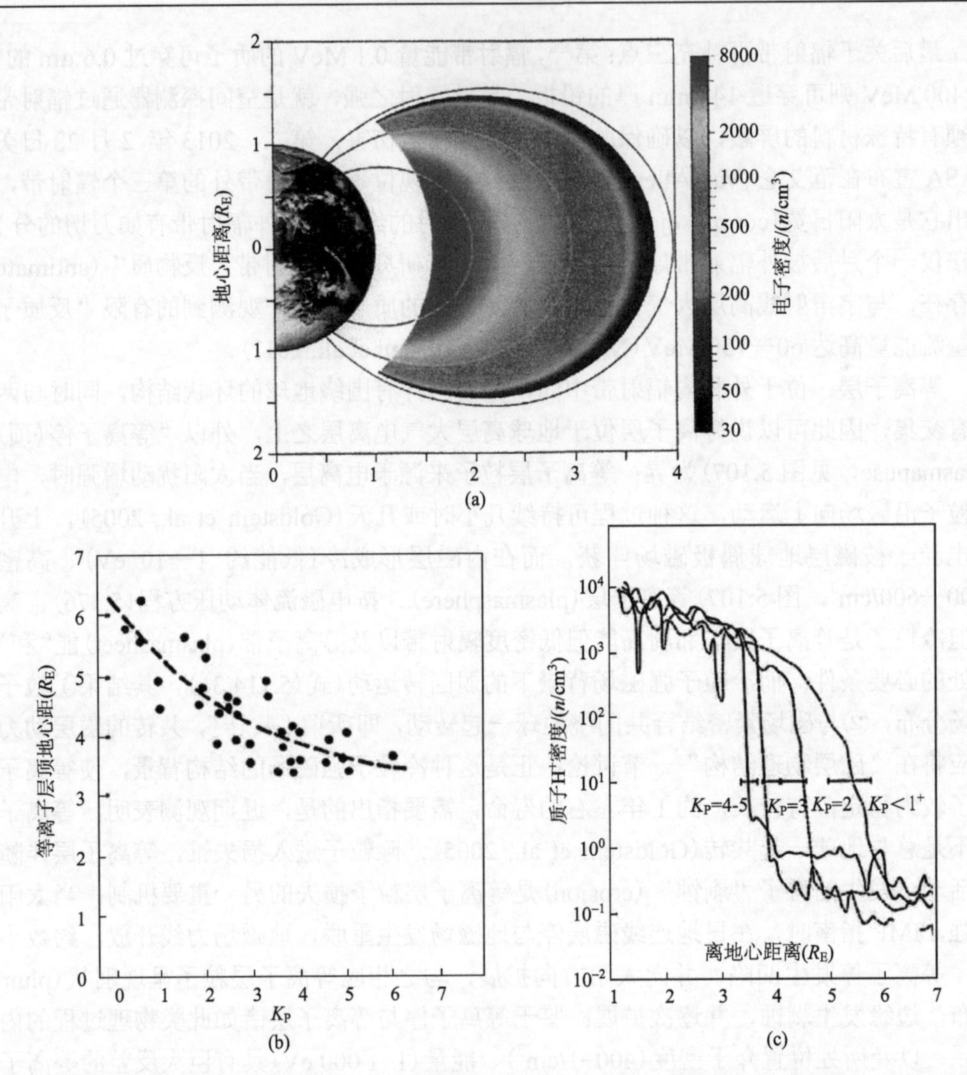

图 5.107　(a)等离子层电子密度分布；(b)等离子层停(顶，或称边界层)至地心的距离(以 R_E 为单位)与磁扰(K_P 指数)的关系；(c)粒子密度随地心距和磁扰的变化；可以看出，①粒子密度随地心距增加而减少，②但在等粒子边界层(停或顶)有一陡峭下降，③磁扰增加，等离子层密度增加，边界层向地球方向移动且密度变化更加陡峭

等离子带：位于磁尾近赤道面，向北、南延伸约 2—3R_E(图 5.103b)，是磁层最活跃的区域，粒子密度 0.1—1/cm^3，来源于太阳风，以质子为主，有少量源自电离层的 O^+(图 5.108)，能量 100—1000 eV．等离子带中间夹有厚约 1R_E 的中性带(neutralsheet)．因等离子带与磁尾瓣离子密度有约 1 个数量级的差异，作为过渡，带外有 1—2R_E 的等离子带边界层(图 5.103b)，边界层粒子密度和能量介于两者中间．这里等离子带采用等离子带而非等离子片，皆因“片”只可能是二维结构，带则可三维，也可二维，而等离子带及其边界层应考虑为三维结构．

5.6.3 磁层物理结构

实际上，以上“磁层几何结构”一节已超越了几何的范畴，其中至少包括了不同区域等离子粒子的物性：成分、密度和能量，这正是这一节物理结构要讲的“磁层粒子运动学和动力学”的背景环境，特将其要点综合绘于图 5.108．图中断线和点线(- - -)为太阳风和源于太阳风的粒子，以质子 H^+，电子 e^-为主，有少量 α 粒子，符号+ 为源于电离层的粒子，以 O^+为主，点(...)为来自磁尾成分，以太阳风粒子为主，部分源于电离层，线、点、+的密或稀表征粒子密度稠或稀；图中还标出了磁层的基本分区及各区磁力线(实线加箭头)的基本特征(箭头表示磁力线方向)．分区包括，太阳风和磁鞘:密度 5—10/cm^3，速度 500 km/s, 温度高达 10^6 K；等离子幔(磁层边界层)：密度 0.1—1/cm^3，能量低到约 100 eV，背向太阳流速 100—200 km/s；极隙：磁场为 0，或几乎为 0，太阳风粒子可容易进入，因随高度降低磁场强度增强，在镜点粒子可被反弹返回磁鞘或等粒子幔，也有部分粒子进入电离层与大气中性粒子碰撞产生极光；磁尾瓣：密度 0.01—0.1/cm^3，能量约 100 eV；等离子带：磁层最活跃的区域，密度 0.1—1/cm^3，能量可达 1000 eV；等离子幔、极隙、磁尾瓣和等离子带的粒子主要来自太阳风，少量源自电离层，磁隙因与电离层“相通”，有较多粒子来自电离层；等离子层：密度最高，可达 6 000/cm^3，能量最低，仅 1—10 eV，因而也是磁层最稳定的区域，粒子主要来自电离层，少部分源自太阳风．在以下磁层粒子运动和动力学的讨论中有两点不难接受，一是因粒子自由程远大于磁层尺度，粒子间碰撞可以忽略(collision-free)，这一性质使单粒子理论和磁流体力学同样适用于层内等离子；二是粒子重力作用可以忽略，太阳风只有在日球附近，地球周围只有在高层大气，包括电离层，重力才有作用．

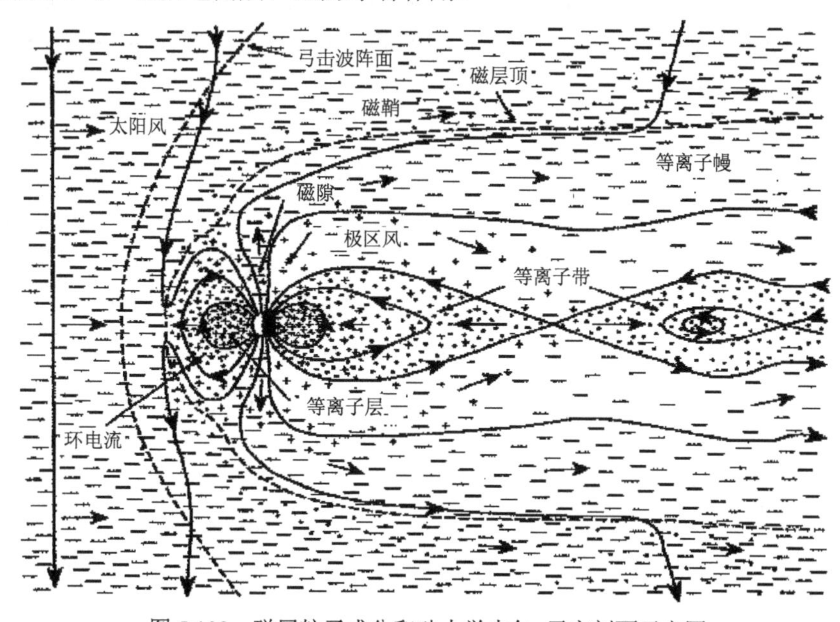

图 5.108 磁层粒子成分和动力学中午–子夜剖面示意图

图中虚线(- - -)为太阳风和源于太阳风的粒子，符号+ 为源于电离层的粒子；点(...)为来自磁尾以太阳风粒子为主，部分源于电离层；图中还标出了太阳风方向(箭头)、磁层的基本分区及各区磁力线(实线加箭头)的基本特征

(1) 磁层粒子的运动学

(i) 绕磁场回转和沿磁场镜点反弹运动

磁层粒子围绕磁场的回转运动是磁层内粒子最基本的运动，离子顺时针，电子反时针，回转圆频率 $\omega_G=qB/m$(式(5.111))，与磁场 B 成正比，与粒子惯量 m 成反比，因此电子较离子有高频次的回转运动；回转半径 $r_G=mu_\perp/qB$(式(5.114))，与粒子动量 $mu_\perp$ 成正比，与磁场 B 成反比，因此在磁层离子通常有较电子很大的回转半径；与其他运动和磁层尺度相比粒子回转运动尺度非常小，但却是有决定性作用的运动，即在一定程度上决定了磁层内其他全部运动的性质，因此我们称回转运动为磁层最基本的运动，没有回转运动，下面要讲的其他运动都不复存在.

第二类运动即带电粒子在偶极子磁场北南镜点间的反弹往复运动，如§5.1.5(7)和图 5.17 所示，由于地球偶极子磁场从赤道至北南两极，磁场强度增加，粒子有绕磁场 $u_\perp$ 和沿磁场 $u_{/\!/}$ 两种运动分量，因磁场作用于带电粒子的力永远与运动垂直，对运动不做功，粒子运动能量守恒，$u_\perp^2+u_{/\!/}^2=u_0^2$，$u_0$ 为常量；而运动变化与磁场回转运动相比足够缓慢，这相当于 $u_{/\!/}\ll u_\perp$，则回转磁矩 $\mu_G=mu_\perp^2/2B$ (式(5.114))可视为绝热不变量，因此当粒子由赤道沿磁力线向北、南两极运动时，方程(5.136)表明：随强度 B 增加，$u_\perp$ 将伴随有相应的增加，而能量守恒 $u_\perp$ 的增加，必然以 $u_{/\!/}$ 的减少为代价，当磁力线在北和南某一点，磁场足够强，$u_{/\!/}=0$，这样的点称为镜点，从北，南镜点粒子被反弹向赤道方向运动，正是磁力线的这种镜点结构，使磁层可以捕获太阳风内的带电粒子，从而在具有不同力线位形的磁层不同区域形成不同的等离子结构；粒子偶极子磁场的反弹运动有两个重要参量，镜点 λ_m 和反弹周期 τ_b，除偶极磁场结构外，前者与粒子赤道投射角，记作 $\alpha_{\rm eq}$，有关，后者则决定于粒子的投射角和运动能量. 这里不打算做繁琐的推导，留给读者作为练习，由磁力线方程(5.390)和粒子沿力线反弹运动方程(5.136)，求解投射角 $\alpha_{\rm eq}$ 与镜点 λ_m 的关系式

$$\sin^2\alpha_{\rm eq}=\frac{B_{\rm eq}}{B_m}=\frac{\cos^6\lambda_m}{1+3\sin^2\lambda_m}, \tag{5.391}$$

式中，$B_{\rm eq}, B_m$ 分别为磁力线在赤道和镜点处的磁感应强度. 图 5.109a 给出 $\alpha_{\rm eq}$ 与 λ_m 的关系图，图中可见，$\alpha_{\rm eq}$ 为 90°，即粒子只有垂直分量 $V_{o\perp}$，λ_m 为 0°，随 $\alpha_{\rm eq}$ 增加，相应 $V_{/\!/}$ 变大，λ_m 逐渐北移，当 $\alpha_{\rm eq}$ 接近 0°，粒子将逃离磁场约束，进入高层大气，但需注意，此时，方程(5.136)，(5.391)已不再成立. 同样，作为练习，读者可由(5.136)，$\tau_b=4\int_0^{\lambda_m}{\rm d}s/V_{/\!/}$，　${\rm d}s=\left(({\rm d}r)^2+(r{\rm d}\lambda)^2\right)^{1/2}=r_{\rm eq}\cos\lambda\sqrt{1+3\sin^2\lambda}{\rm d}\lambda$，求解

$$\tau_b=4\frac{r_{\rm eq}}{V_0}\int_0^{\lambda_m}\cos\lambda\sqrt{1+3\sin\lambda}\left(1-\sin^2\alpha_{\rm eq}\frac{\sqrt{1+3\sin^2\lambda}}{\cos^6\lambda}\right)^{-1/2}{\rm d}\lambda, \tag{5.392.1}$$

数字积分可得

$$\tau_b=\frac{LR_{\rm E}}{(W/m)}\left(3.7-1.6\sin\alpha_{\rm eq}\right), \tag{5.392.2}$$

式中，W 为粒子能量，$W = mV_0^2/2$，m 为粒子质量，R_E 为地球半径．图 5.109b 给出能量 1 keV，α_{eq} 为 30°，不同磁力线离子和电子镜点反弹运动周期；可以看到，电子约几到 10 s，质子 2 到 6 分钟的运动周期，由于电子质量 m 远小于质子，同样能量 W，质子反弹周期远大于电子，但需注意，α_{eq} 为 30°，方程(5.136)，(5.392)，特别是对于质子，已不再成立．还需强调的是，解(5.391)，(5.392)和图 5.109 只对偶极磁场有效，因而只适用于内磁层．

磁层偶极子结构可捕获带电粒子，同样，也不可避免地伴随有粒子损失．例如，当粒子回转运动 $u_\perp$ 不够强，而 $u_{/\!/}$ 相对较强，当粒子落入损失锥，即“镜”点落入电离层或更低，则粒子逃出磁层进入高层大气，与中性粒子碰撞而失去电荷和能量．我们说，磁层内，粒子间无碰撞，只是相对而言，只要时间足够长，不同能量粒子总有机会发生能量交换，从而作镜点反弹运动的离子有可能失去能量，落入高层大气，因此磁层内的粒子都有各自的寿命，不同区域粒子的寿命，取决于磁场结构、粒子能量和密度．

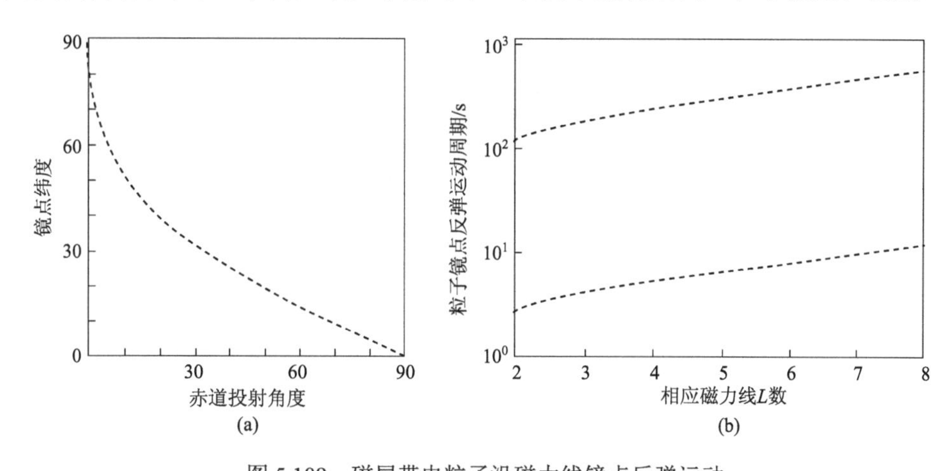

图 5.109 磁层带电粒子沿磁力线镜点反弹运动

(a) 赤道投射角与镜点纬度；(b) 赤道投射角 α_{eq}=30°，能量 ε=1 keV 的质子(上)和电子(下)沿磁力线反弹运动的周期 τ_b

(ii) 粒子的漂移运动

漂移运动分两类：第一，不均匀磁场，包括磁场梯度∇B 与 $\boldsymbol{B}$ 垂直、磁力线弯曲$\nabla_c B$，两者都可用$\nabla_\perp B$ 表示，粒子的漂移运动方向由 $\boldsymbol{u}_d \propto \boldsymbol{B}/q \times \nabla \boldsymbol{B}$ 决定，由地球磁场偶极子结构特征，可以断定带电粒子将绕地磁轴运动(图 5.17，图 5.81)，大小由式(5.131)决定；因$\nabla_\perp \boldsymbol{B} \ll B$，则漂移速度 $\boldsymbol{u}_d$ 远小于 $u_\perp$ 和 $u_{/\!/}$，因正负带电粒子漂移方向相反，带电粒子的漂移将产生宏观电流，与磁暴相联系的磁层“环电流”就是粒子这类漂移运动的结果，将在§5.6.4“磁层对流运动”一节讨论，但需注意，磁层带电粒子的漂移电流，不仅取决于磁场 B 和$\nabla_\perp B$，更重要的是粒子的能量(u)和密度(n)．而粒子漂移的同时，还伴有反弹运动，在赤道与镜点间，不但 $V_\perp$，$V_{/\!/}$在变，$\nabla_\perp B$ 也变化，因此一般情况下，带电粒子漂移运动速度 $\boldsymbol{u}_d$ 及相应反弹周期，即使在偶极子磁场中也无解析解，只能用数值解求得一个反弹周期的近似平均速度，再求得近似的漂移运动周期．但在赤道面可有解析解(读者可自行练习)，由(5.131)容易求得

$$u_d^{\text{eq}} = \frac{mV^2}{2qB_{\text{eq}}^3}\left(1+\cos^2\alpha_{\text{eq}}\right)\boldsymbol{B}_{\text{eq}} \times \nabla_{\perp} B_{\text{eq}}. \tag{5.393.1}$$

但需注意，只有也只有投射角 α_{eq} =90°，解(5.393.1)才成立，α_{eq} =0°或落入损失锥的粒子将逃离磁场，而不落入损失锥，但 $\alpha_{\text{eq}} \neq 90°$ 的粒子，如上所述，不存在解析解. 图 5.110 给出了 L=1，5 处不同能量粒子漂移运动的周期.

第二，在电场和磁场共同作用下粒子的漂移由方程(5.116)描述，其非相对论形式为

$$\boldsymbol{u}_d^E = \boldsymbol{E} \times \boldsymbol{B} / B^2. \tag{5.393.2}$$

如§5.1.5(4)所述，$\boldsymbol{u}_d^E$ 即与磁场 $\boldsymbol{B}$ 又与电场 $\boldsymbol{E}$ 垂直，磁层内 $\boldsymbol{E} = -\boldsymbol{u} \times \boldsymbol{B}$，则容易证明 $\boldsymbol{u}$ 即 $\boldsymbol{u}_d^E$，$\boldsymbol{u} = \boldsymbol{u}_d^E$，$\boldsymbol{u}$，$\boldsymbol{E}$，$\boldsymbol{B}$ 三者两两相互垂直，$\boldsymbol{u}_d^E$ 因与电荷 q 无关，离子与电子以同样速度运动，在磁层内将不伴随有宏观电流，但却是磁层内大尺度对流运动的主要成分，在磁层动力学中扮演举足轻重的角色.

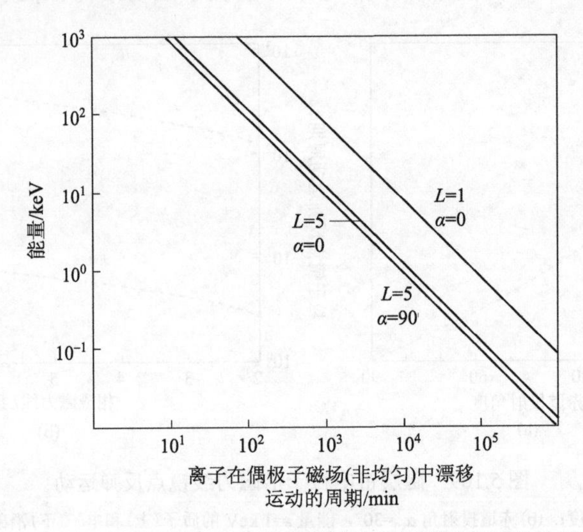

图 5.110　不同能量质子在地球偶极子磁场中漂移运动的周期

(iii) 等离子层的共转运动

共转现象：观测表明，内磁层等离子层与地球一起转动，运动速度

$$\boldsymbol{u}_{cor} = r\cos\lambda\Omega\boldsymbol{e}_z = r_R\Omega\boldsymbol{e}_z,$$

式中，r 为观测点到地心的距离，λ 为测点纬度，Ω 为地球自转角速度，r_R 为测点到球转动轴的垂直距离，$\boldsymbol{e}_z$ 为地球转动方向单位矢量. 分析还发现，与地球上空大气不同，尽管等离子层密度较大，但与粒子碰撞相应的摩擦不足以维持与地球共转，现已确认，维持共转的动力来源于电场，称"共旋电场" $\boldsymbol{E}_{cor}$，若如是，则

$$\boldsymbol{E}_{cor} = -\boldsymbol{u}_{cor} \times \boldsymbol{B} = -r_R\Omega\hat{e}_z \times \boldsymbol{B}, \tag{5.394}$$

式中，$\boldsymbol{B}$ 即等离子层内相应 $\boldsymbol{E}_{cor}$ 点的磁场. 如等离层内有(5.394)所示电场 $\boldsymbol{E}_{cor}$ 存在，$\boldsymbol{E}_{cor}$ 和相应磁场 $\boldsymbol{B}$ 所产生的磁层等离子粒子的漂移

$$\boldsymbol{u}_{cor}^d = \boldsymbol{E}_{cor} \times \boldsymbol{B} = r_R\Omega\hat{e}_z = \boldsymbol{u}_{cor}, \tag{5.395}$$

式(5.394)，(5.395)表明，只要磁层等离子层内存在如(5.394)所示电场 $\boldsymbol{E}_{cor}$，则与 $\boldsymbol{E}_{cor}$ 和地球偶极子磁场 $\boldsymbol{B}$ 所对应的粒子漂移运动将等于地球自转速度，因此等离子层与地球共转物理，即等离子层内 $\boldsymbol{E}_{cor}$ 产生的物理.

共转物理：首先，我们晓得，地球高空大气直至电离层，由于有足够高的粒子密度和碰撞频率，在地球引力作用下，作为地球的组成部分，与地球一起转动；第二，表 5.12 和图 5.96(§5.6.1(4))显示，电离层的等离子是良导体，而中低纬度(–60°—60°)的积分电导要高过高纬度极区两个或更高量级，可视为完全良导体，$\sigma\to\infty$. 则在这一区域，由于冻结效应，电离气体将带动磁场一起运动，即一同绕地球共转；第三，磁场(力线)是不可分割的，电离层中低纬度磁场随电离气体绕地球共转，则电离层外与之相应的磁场(力线)必将“无可选择”地一同绕地球共转，最后冻结效应又必将“迫使”这一区域，即等离子层($\sigma\to\infty$)的粒子一起与地球共转，因此，等离子层与地球共转物理，即磁场与完全电导导体冻结在一起的物理，图 5.111 给出了与地球共转的等离子层在磁层内所处位置，下面磁层动力学将会看到，低能量等离子层正是共转电场和低纬度磁层对流电场与地球偶极子磁场共同作用的结果. 从这里可以了解，也正是同样的原因，由于高纬度电离层较低的电导，其中磁场(力线)不随电离层共转，因而不能带动与高纬度对应的磁层，主要是外磁层，包括磁尾瓣和等离子带的磁场(力线)和粒子与地球共转.

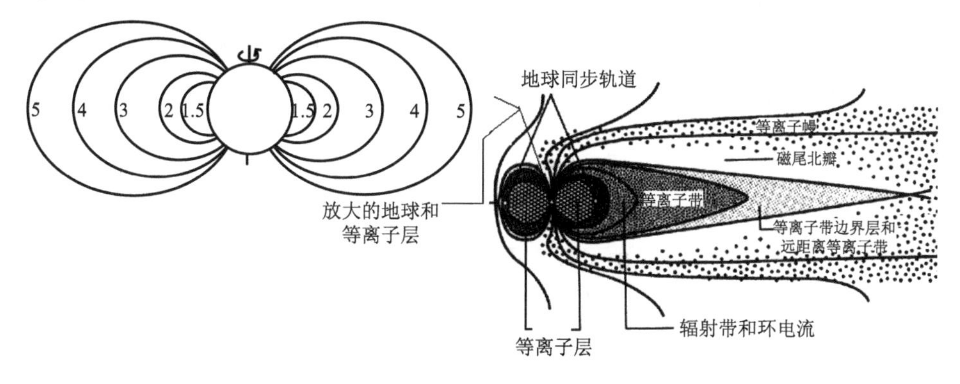

图 5.111 与地球共转的等离子层在磁层的位置

左图是共转部分的放大

这里用了“无可选择”“迫使”等似乎非“专业”用语，其实不然，这是为强调一个有可能被忽略的物理. §5.1.2 中方程(5.12)，即通常所称的“冻结”方程，那里强调的是方程的物理内涵：磁场与介质一起运动，而没有说明，两者有无“主”或“被”动之分，而这里正是为了说明，这种区分事实上是存在的. 例如，在中低纬度电离层粒子与磁场绕地球共转，粒子共转在“先”，而在等离子层，则是磁场转动在“先”；再如，在太阳风中由于等离子运动的高能量和弱磁场，其动力效应，通常运动在“先”，而在磁层，恰好与太阳风相反，是“强”磁场，“弱”运动，则通常磁场主动在“先”.

(2)绝热不变量

完整地说应该是“粒子运动的绝热不变量”，而这里又仅限于“带电粒子在磁场中运动的绝热不变量”. §5.1.5(7)仅给出了与 $u_\perp^2/B$ 相应的第一不变量，带电离子绕磁力线回

转运动磁矩 μ_G (5.114) 或磁通量 $B\pi r_G^2$. 鉴于“绝热不变量”在磁层动力过程中的重要性，将在这里作简单但较完整的阐述，包括绝热不变量一般定义和第一、第二和第三不变数的物理及其证明. 因绝热不变量源自哈密尔顿(Hamilton)力学，这一小节开始将先简要介绍有关从牛顿(Newton)到拉格朗日(Lagrange)再到哈密尔顿(Hamilton)力学最基本的概念，这不仅仅是绝热不变量的需要，也是阅读文献所必备的基本知识，当然由于篇幅所限，应该说还远远不够，读者还应自行作进一步的补充.

(i) 牛顿-拉格朗日-哈密尔顿

这一节将通过带电粒子在电磁场中运动的牛顿、拉格朗日和哈密尔顿方程，了解三者的异同. 首先将牛顿方程(5.94.1)重写如下：

$$\frac{\mathrm{d}\boldsymbol{P}}{\mathrm{d}t} = q(\boldsymbol{E} + \boldsymbol{u} \times \boldsymbol{B}), \tag{5.396}$$

式中，$P_i = mu_i$，i=1，2，3(或 x，y，z)，为带电粒子的动量，q 为粒子的带电量，通常与动量 P_i 对应的坐标用 q_i 表示，为避免与电量 q 混淆，这里坐标变量用 $\boldsymbol{x}$=x_i 表示. 与(5.396)牛顿方程对应的拉格朗日方程为

$$\frac{\mathrm{d}}{\mathrm{d}t}\left(\frac{\partial L(x_i, \dot{x}_i, t)}{\partial \dot{x}_i}\right) = \frac{\partial L(x_i, \dot{x}_i, t)}{\partial x_i} \tag{5.397}$$

式中，$\dot{x}_i$=dx_i/dt，i=1，2，…，n，(5.396)，(5.397)为 n 维二阶微分方程，当给定 $2n$ 个初始条件，$x_i(t), \dot{x}_i, t = 0$, 则方程解 $x_i(t)$ 唯一确定，当然其中电磁场 $\boldsymbol{E}, \boldsymbol{B}$ 由麦克斯韦方程(5.1)和相应边界条件确定. 与牛顿方程不同，拉格朗日方程 L 并无统一表达方式，通常有

$$\frac{\partial L(x_i \dot{x}_i, t)}{\partial \dot{x}_i} = P_i, \qquad L = T - U, \tag{5.398}$$

式中，$T = (1/2)m\dot{x}_i^2$ 为粒子运动能量；一般牛顿方程(5.396)右侧记做 $\boldsymbol{F}$，即系统所受外力，对于保守力，例如静电场或重力，则 U 为静电势或重力势，则有 $\boldsymbol{F} = -\nabla U$，(5.398)拉格朗日方程 L 为系统动能(T)和势能(U)之差；但磁力(5.396)右侧 $\boldsymbol{F}$ 与速度有关，则方程 U 的具体形式为

$$F_i = -\frac{\partial U}{\partial x_i} + \frac{\mathrm{d}}{\mathrm{d}t}\left(\frac{\partial U}{\partial \dot{x}_i}\right), \tag{5.399}$$

静电场和感应电场($\nabla \times \boldsymbol{E} = -\partial \boldsymbol{B}/\partial t$)两部分可表示为

$$\boldsymbol{E} = -\nabla\varphi - \frac{\partial \boldsymbol{A}}{\partial t}, \tag{5.400.1}$$

式中，φ 为静电势，$\boldsymbol{A}$ 为磁场矢量势；由矢量运算，

$$\nabla(\boldsymbol{a} \cdot \boldsymbol{b}) = \boldsymbol{a} \times (\nabla \times \boldsymbol{b}) + (\boldsymbol{a} \cdot \nabla)\boldsymbol{b} + (\boldsymbol{b} \cdot \nabla)\boldsymbol{a} + \boldsymbol{b} \times (\nabla \times \boldsymbol{a}).$$

设 $\boldsymbol{a} = \boldsymbol{u} = \dot{x}, \boldsymbol{b} = \boldsymbol{A}$，且 $\boldsymbol{P}(t) = m\boldsymbol{u}(t)$ 作为与 x 平行的独立变量，不显含 x，则有

$$\boldsymbol{u} \times \boldsymbol{B} = \nabla(\boldsymbol{u} \cdot \boldsymbol{A}) + (\boldsymbol{u} \cdot \nabla)\boldsymbol{A}, \tag{5.400.2}$$

相应分量形式为

$$(\boldsymbol{u}\times\boldsymbol{B})_i=\frac{\partial}{\partial x_i}(\dot{x}_jA_j)-(\dot{x}_j\frac{\partial}{\partial x_j})A_i, \tag{5.400.3}$$

其中右侧第一项 $\dot{x}(t)$ 不显含坐标 x，可表示为 $\dot{x}_j\partial A_j/\partial x_i$．需要申明哑求和规则，即任何一项下角标 i，j，k 重复出现，包括平方项，例如 x_iA_i，x_j^2，$(aP_i+bA_i)^2$，意味着对角标求和，即 $\sum_i$．由(5.400) 3 个方程，由方程(5.399)可解得

$$U=q\varphi-qA_i\dot{x}_i, \tag{5.401}$$

立得拉格朗日函数 L 为

$$L(x,\dot{x},t)=\frac{1}{2}m\dot{x}_i^2-q\varphi+qA_i\dot{x}_i, \tag{5.402}$$

由(5.398)，得

$$P_i=m\dot{x}_i+qA_i, \tag{5.403}$$

引进哈密尔顿函数，定义

$$H(x,P,t)=\dot{x}_iP_i-L(x,\dot{x},t), \tag{5.404}$$

与之相应哈密尔顿方程为

$$\begin{aligned}&\frac{\partial H(x,P,t)}{\partial P_i}=\dot{x}_i,\quad \frac{\partial H(x,P,t)}{\partial x_i}=-\dot{P}_i,\\&\frac{\partial H}{\partial t}=-\frac{\partial L}{\partial t}.\end{aligned} \tag{5.405}$$

不难看出，与拉格朗日不同，哈密尔顿方程有 $2n$ 个独立变量，为 x_i,P_i 的一阶微分方程，为突出哈密尔顿方程对变数 x_i,P_i 的对称性，(5.400)仍用了 $\dot{x}$，而非哈密尔顿的独立变量 P．将(5.402)，(5.403)代入(5.404)，立得粒子在电磁场中运动的哈密尔顿函数：

$$H=\frac{1}{2}m\dot{x}_i^2+q\varphi, \tag{5.406.1}$$

即系统的总能量：动能加静电势能，磁场 $\boldsymbol{B}$ 或势 $\boldsymbol{A}$ 对能量的贡献隐含于运动能量中．由(5.403)，用哈密尔顿的独立变量 P 替代 $\dot{x}$，得

$$H(x,P)=\frac{(p_i-qA_i)^2}{2m}+q\varphi, \tag{5.406.2}$$

由定义(5.404)，得哈密尔顿 H 对 t 的全微分

$$\mathrm{d}H(x,P,t)=\frac{\partial H}{\partial x}\dot{x}+\frac{\partial H}{\partial P}\dot{P}+\frac{\partial H}{\partial t},$$

把(5.405)哈密尔顿方程代入上式，得

$$\mathrm{d}H(x,P,t)=\dot{P}\dot{x}-\dot{x}\dot{P}+\frac{\partial H}{\partial t}=\frac{\partial H}{\partial t}, \tag{5.407}$$

(5.407)表明，如若哈密尔顿函数不显含时间 t，即 $H=H(x,P)$，则 $\partial H/\partial t=0$，哈密尔顿函数 H 为常量，若 H 为粒子总能量，如(5.406.1)，则意味着能量守恒，这与(5.406.2)不显含时间 t 一致．

将拉格朗日和哈密尔顿函数(5.402)，(5.406.2)分别代入相应方程(5.397)和(5.405)，

只要注意 $\mathrm{d}/\mathrm{d}t=\partial/\partial t+(\boldsymbol{u}\cdot\nabla)$，不难证明，拉格朗日和哈密尔顿方程与牛顿方程(5.396)等价，即三者虽形式不同，但物理内涵一致，并导致相同的物理结果．主要的不同之处包括：牛顿方程以作用于系统的外力矢量 $\boldsymbol{F}$ 来求解系统的运动，而拉格朗日和哈密尔顿则以标量函数 L，H 来求解系统的运动，特别是两者可以表达为能量或与能量有关的函数，当系统能量较系统所受外力容易解析时，L-H 力学将远较牛顿力学优越；至于标量和矢量，一般讲标量较矢量简单，特别要指出的是，带电粒子运动牛顿方程(5.396)以电场 $\boldsymbol{E}$ 和 $\boldsymbol{B}$ 描述外力，共 6 个分量，而 L-H 以标量势 φ 和矢势 A 描述电磁场，只有 4 个分量．当然，哈密尔顿方程对广义坐标的 x,P 的“对称”性，只要不显含时间 t，哈密尔顿即为不变量(5.407)等特有的性能都会给使用带来方便．

(ii) 绝热不变量的一般形式

所谓一般形式是指哈密尔顿广义坐标 $x(t),P(t)$ 的积分

$$J=\oint\boldsymbol{P}(t)\cdot\mathrm{d}\boldsymbol{x}(t).\tag{5.408.1}$$

只要粒子运动轨迹 $x(t)$ 是周期性的，$x(t),P(t)$ 随时间的变化与运动周期 T 相比足够缓慢，即 $\tau\gg T$，τ 为 $x(t),P(t)$ 变化的时间常数，则 J 为不变量．证明如下，(5.408.1)可表示为

$$J=\int_0^T\boldsymbol{P}\cdot\dot{x}\mathrm{d}t=\int_0^T\boldsymbol{P}\cdot\frac{\partial H}{\partial\boldsymbol{P}}\mathrm{d}t,\tag{5.408.2}$$

可得

$$\frac{\mathrm{d}J}{\mathrm{d}t}=\int_0^T\left(\frac{d\boldsymbol{P}}{dt}\cdot\frac{\partial H}{\partial\boldsymbol{P}}+\boldsymbol{P}\cdot\frac{d}{dt}\left(\frac{\partial H}{\partial\boldsymbol{P}}\right)\right)\mathrm{d}t,$$

对第二项积分应用部分积分，得

$$\frac{\mathrm{d}J}{\mathrm{d}t}=\int_0^T\left(\frac{d\boldsymbol{P}}{dt}\cdot\frac{\partial H}{\partial\boldsymbol{P}}-\frac{d\boldsymbol{P}}{dt}\cdot\frac{\partial H}{\partial\boldsymbol{P}}\right)\mathrm{d}t=0,$$

即封闭积分(5.408)为绝热不变量，对于满足周期运动，变化足够缓慢的任何力学系统都成立．下面介绍带电粒子在磁场中运动的三个绝热不变量．

(iii) 带电粒子运动的绝热不变量

§5.1.5(7)讨论并证明了第一不变量，这里将从不变量的一般形式(5.408)出发，讨论带电粒子在磁场中运动的全部三个不变量．将(5.403)动量 $\boldsymbol{P}$ 代入(5.408)，有

$$J=\oint(m\boldsymbol{u}+q\boldsymbol{A})\cdot\mathrm{d}\boldsymbol{x},$$

将其中第二项封闭曲线积分转换为面积分，得

$$J=\oint m\boldsymbol{u}\cdot\mathrm{d}\boldsymbol{x}+\iint_s q\boldsymbol{B}\cdot\mathrm{d}\boldsymbol{s},\tag{5.409}$$

其中积分第一项为粒子动量 $m\boldsymbol{u}$ 在粒子运动轨迹 $\boldsymbol{x}$ 方向投影一个周期的总和，第二项则代表粒子一个周期运动轨迹所包围面积 s 的磁通量．将(5.409)应用于带电粒子在磁层中运动的三项周期运动，绕磁场的回转运动、沿磁力线镜点反弹运动以及环绕地球的漂移运动，即得相应三个不变量的具体表现形式和物理内涵．为对这三种周期运动形式和尺度有直观的了解，图 5.112 同时绘出了同一 10 MeV 粒子在 L=2，4 处三种真实运动轨迹．

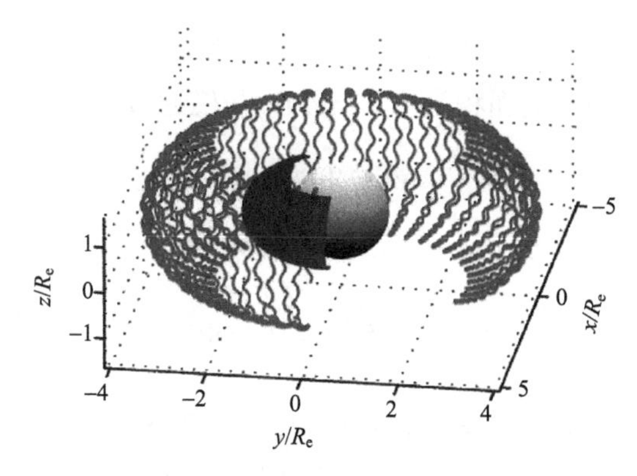

图 5.112 10 MeV 的带电粒子在地球偶极磁场（L=2，4）的回转、反弹和漂移运动（Ozturk, 2011）

第一不变量 J_1：第一不变量指带电粒子绕磁场的回转运动，则(5.409)的具体形式为

$$J_1=\int_0^{2\pi} mu_\perp r_G \mathrm{d}\theta+\iint_s qB\mathrm{d}s,$$

由(5.113.3)，(5.111.3)，(5.114)，即回转半径 r_G，圆频率 ω_G，以及磁矩 μ_G，可得

$$J_1=qB\pi r_G^2=2\pi m\left(\frac{mu_\perp^2}{2qB}\right)=2\pi m(\mu_G), \tag{5.410.1}$$

§5.1.5(7)中已经证明，磁矩 μ_G 为不变量，与(5.410.1)结果一致．可以看出，去除常量，第一不变数 J_1 以 $u_\perp^2/B$ 为基本不变量，由此可导出三个物理量，回转圆磁通量 Φ_G，回转磁矩 μ_G 以及回转能量 W_G 与磁场 B 的比为不变量，即

$$J_1\approx \begin{matrix}\Phi_G=B\pi r_G^2\\ \mu_G=\dfrac{mu_\perp^2}{2qB}=\dfrac{1}{q}\dfrac{W_G}{B}.\end{matrix} \tag{5.410.2}$$

虽然(5.410.2)三个物理量均为 $u_\perp^2/B$ 不变量的直接结果，这里仍给出了三种不同形式，以便于不变量在磁层动力学中的具体应用．例如，当磁场 B 增强，由磁通量 Φ_G 不变，则可立即判断，回转半径 r_G 将缩短，$r_G\propto 1/\sqrt{B}$；而 r_G 缩短，由磁矩 μ_G 不变，则可立得，回转变快，频率 ω_G 增加，$\omega_G\propto 1/r_G^2$；由能量 W_G 的关系式，不难推断，当磁场 B 增强时，粒子能量亦将增加，$W_G\propto B$．最后还需指出，如前所述，不变量成立还必须满足条件：一，系统变化，这里是磁场 B，要足够缓慢；二，周期运动，即粒子运动轨迹是闭合的．磁场变化时间尺度约有大于小时的量级，$\tau_m>h_s$，而粒子回转，以质子为例，在内磁层磁赤道 T_G~1/1000 s(5.111.3)，即就磁场时间变化而言，前者应能满足；至于后者，严格讲，粒子运动轨迹并不是闭合的，这是因为回转的同时，粒子还有沿磁力线的镜点反弹运动，但反弹运动时间常数，以辐射带 1 MeV 的质子为例，τ_b 约有秒的量级，则由 T_G/τ_b 的量级计，不难估算：一，若粒子一周运动尺度以 r_G 计，粒子起始与终点间距离约为 $r_G/1000$，当可视为几近闭合；二，$\tau_b\gg T_G$，则粒子反弹运动所伴随的磁场空间变化也足够缓慢，也满足条件一．

第二不变量 J_2：第二不变量指粒子(回转运动中心)的镜点反弹运动，因回转中心沿磁力线反弹运动轨迹所涵盖的面积为零，(5.409)与磁通量相关的一项对 J_2 没贡献，则有

$$J_2 = \oint m u_{/\!/} \mathrm{d}l \tag{5.411.1}$$

式中，$\mathrm{d}l$ 为粒子运动轨迹长度元，由(5.392.1)不难得出，

$$J_2 = 2mu_0 r_{\mathrm{eq}} \int_{-\lambda_m}^{\lambda_m} \cos\lambda \sqrt{1+3\sin\lambda} \left(1 - \sin^2\alpha_{\mathrm{eq}} \frac{\sqrt{1+3\sin^2\lambda}}{\cos^6\lambda}\right) \mathrm{d}\lambda, \tag{5.411.2}$$

式中，$\sin^2\alpha_{\mathrm{eq}}$ 由镜点纬度 λ_m 确定(方程(5.391))，则(5.411.2)积分由 λ_m 完全确定，与(5.411.1)被积函数 $u_{/\!/}$ 无关，积分号外，m 为常量，u_0 为守恒量，r_{eq} 对于固定力线也不变，故得，J_2 对于固定力线为不变量．由上述 $\tau_m \gg \tau_b$，可以相信，不变量条件一，系统变化足够缓慢应可满足，至于条件二闭合轨迹，由于粒子绕地球的漂移运动，虽不能满足，但能量 1 MeV 粒子漂移运动时间常数 τ_d 约为小时量级，与反弹时间 τ_b 秒之量级相比，则闭合点的误差当在 $l_b/3600$ 的范围，l_b 为反弹运动磁力线长度，应可视为近似闭合，J_2 为不变数成立．

第三不变量 J_3：第三不变量指粒子绕地球的漂移运动，这里特指回转中心反弹运动平均点的漂移轨迹，考虑到偶极磁场相对轴和赤道的对称性，平均点当位于赤道，漂移轨迹应是与力线相应 r_{eq} 所围大圆，漂移速度由(5.131)决定，则与(5.409)相应的第三不变数为

$$J_3 = \int_0^{2\pi} m u_d r_{\mathrm{eq}} \mathrm{d}\theta + \int_0^{r_{\mathrm{eq}}} \mathrm{d}r \int_0^{2\pi} qBr\mathrm{d}\theta, \tag{5.412.1}$$

积分可得

$$J_3 = m u_d 2\pi r_{\mathrm{eq}} + qB\pi r_{\mathrm{eq}}^2, \tag{5.412.2}$$

由(5.131)得，$u_d \approx \dfrac{m u_\perp^2}{2qB^2} \dfrac{B}{r_{\mathrm{eq}}}$，式中，$B/r_{\mathrm{eq}} \approx \nabla B$，可得(5.412.2)右侧两项的比

$$\frac{m u_d 2\pi r_{\mathrm{eq}}}{qB\pi r_{\mathrm{eq}}^2} \approx \frac{m^2 u_\perp^2}{q^2 B^2 r_{\mathrm{eq}}^2} \approx \left(\frac{r_G}{r_{\mathrm{eq}}}\right)^2 \tag{5.413}$$

式中后一项回转半径 r_G 由式(5.113)给出．$r_G \ll r_{\mathrm{eq}}$，因此，与第二项相比，(5.412.2) J_3 第一项可以忽略，则最后得

$$J_3 = qB\pi r_{\mathrm{eq}}^2 = q\Phi_d, \tag{5.414}$$

即粒子环绕地球漂移轨迹所包围面积的磁通量 Φ_d 为第三不变数．再检验不变量的两个必要条件，前已引述，1 MeV 粒子漂移运动时间尺度约为小时之量级，磁场变化时间尺度 τ_m 要远超过小时，这对相当多的地磁场变化应能满足，因此第三不变量成立；同样由于反弹运动，漂移轨迹有可能不完全闭合，但如前所示两者时间常数之比约 1/3600，统计来讲，偏离尺度与不变量 J_2 相近，即约为 $l_b/3600$．

不变量的动力学意义：前已涉猎有关第一不变量的动力学意义，包括回转不变，磁场 B 增强将伴随回转半径 r_G 的减小，以及与之相应，磁矩 μ_G 不变所导致的回转 ω_G 变快，

还有与磁场增强伴有的粒子运动能量的增加. 例如，当太阳活动加强，粒子由磁尾靠近地球运动时，粒子运动加快，按不变量，有关系式

$$\frac{B_2}{B_1}=\frac{W_2}{W_1}, \tag{5.415}$$

常被称作粒子的“加热”效应. 当然，第一不变量最重要的动力学意义应属带电粒子沿磁力线的反弹运动，我们晓得，反弹是 J_1 不变量和能量守恒两者的必然结果.

第二不变量，即粒子反弹运动沿磁力线的分量，一个周期运动量的总和不变，犹如“冻结”效应，把粒子与磁力线连在一起，其结果：第一，由于磁场并非完全对称，粒子漂移运动轨迹将不是上述赤道面上的大圆，但不变量的结果，粒子漂移将几近大圆；第二，一周后粒子将返回原力线，因此磁层辐射带有较稳定的几何结构.

第三不变量，有

$$\frac{\bar{B}_1}{\bar{B}_2}=\frac{r_{2d}^2}{r_{1d}^2}, \tag{5.416}$$

这里 $\bar{B}$ 表示漂移轨迹所覆盖面内磁场的均值，以 r_d 替代(5.413)的 r_{eq} 以显实际磁场的非对称性. 由第三不变量，或(5.416)成立可知，当太阳风与磁层作用，磁层内磁场增强时，带电粒子将向地球方向运动以维持磁通量不变，反之当太阳活动变弱，或趋于平静时，磁场强度降低，粒子将向外扩展.

(3)磁层与电离层的耦合

除上述绝热不变量，另一决定磁层动力学的重要因素是磁层与电离层的耦合，即当考虑磁层动力过程时，必须把磁层和地球高空电离层看作是一个整体，一个统一的系统. 这一小节就是回答两者物理上是怎样耦合在一起的. 而作为磁层动力学重要内容的磁层对流，准确地说应是“磁层-电离层对流运动”则放在下一小节讲述.

磁层与电离层是由磁力线连在一起的，因此两者的耦合是由磁场力线性能所决定的，包括以下四个方面.

(i)磁力线是等势线

倘若有沿磁力线的电场存在，则必有相应带电粒子的分离和与原电场反向的二次电场的产生，直至两者相互抵消，因而磁层-电离层内电场与磁场(力线)垂直，即磁力线是等势线. 若如是，则系统必须稳定，无感应电流存在，按法拉第电磁感应定律(5.1.2)，$\partial \boldsymbol{B}/\partial t=-\nabla\times\boldsymbol{E}=0$，则有

$$\boldsymbol{E}=-\nabla\phi, \boldsymbol{E}\cdot\boldsymbol{B}=0, \tag{5.417}$$

式中，ϕ 为电场 $\boldsymbol{E}$ 的标量势，则如图 5.113a 所示，有

$$\phi_{Ai}=\phi_{Amp}, \phi_{Bi}=\phi_{Bmp}, \tag{5.418}$$

式中，角标 i 为电离层，mp 为磁层. 按(5.116)，带电粒子在电场和磁场作用下的漂移运动为

$$\boldsymbol{u}_d^E=\frac{\boldsymbol{E}\times\boldsymbol{B}}{B^2}, \tag{5.419}$$

(5.419)两侧叉乘矢量 $\boldsymbol{B}$，得

$$\boldsymbol{E} = -\boldsymbol{u}_d^E \times \boldsymbol{B}, \tag{5.420}$$

请注意，(5.420)与方程(5.2.3)当电导 $\sigma \to \infty$时，所得$\boldsymbol{E} = -\boldsymbol{u} \times \boldsymbol{B}$一致，两者虽同样满足方程(5.94) $\mathrm{d}m\boldsymbol{u}/\mathrm{d}t = e(\boldsymbol{E} + \boldsymbol{u} \times \boldsymbol{B}) = 0$，但导致结果(5.420)的原因不同，前者是电导 $\sigma \to \infty$的必然，而非运动解$\boldsymbol{u}$的直接结果，后者则完全是运动解$\boldsymbol{u}$，即(5.419)所决定的，适用任何电导介质，有限或无穷.

(ii)磁力线管是等通量管

如图 5.113a 简化所示，假设$A_{mp}A_i$和$B_{mp}B_i$为连接磁层与电离层的磁力线管，设为方形，边长在磁层为l_{mp}，在电离层为l_i，由麦克斯韦方程(5.1.3) $\nabla \cdot \boldsymbol{B} = 0$可得

$$\Phi_m = B_{mp} l_{mp}^2 = \Phi_i = B_i l_i^2,$$

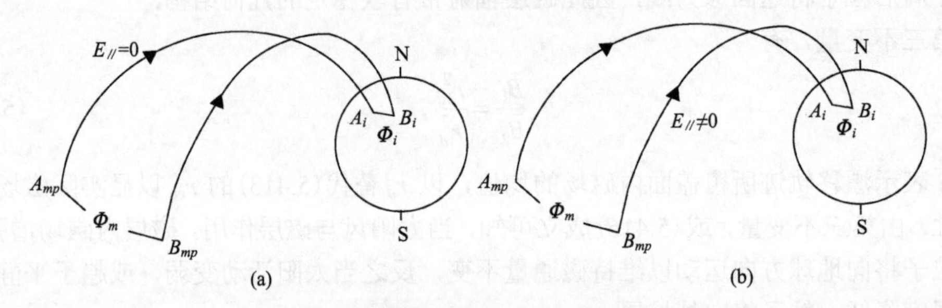

图 5.113　连接磁层和电离层的力线 $A_{mp}A_i, B_{mp}B_i$

(a)磁力线是等势线，即(5.418)成立；力线管是等通量管，(5.421.2)成立；(b)沿力线$B_{mp}B_i$，$E_{//} \neq 0$，沿力线的场向电流把磁层和电离层耦合成一体

则有

$$\frac{l_i}{l_{mp}} = \sqrt{\frac{B_{mp}}{B_i}}. \tag{5.421}$$

倘若磁力线管足够小，则l_{mp}两端与l_i两端电势差$\Delta\phi$相等，否则连接电离层和磁层的磁力线是等势线不再成立，则由$\Delta\phi$可得磁层电离层电场$\boldsymbol{E}$和带电粒子漂移速度$\boldsymbol{u}_d$，

$$E_i = \Delta\phi / l_i, E_{mp} = \Delta\phi / l_{mp}, u_d^i = E_i / B_i, u_d^{mp} = E_{mp} / B_{mp}.$$

由(5.421)，立得

$$\begin{aligned} \frac{E_i}{E_{mp}} &= \frac{\Delta\phi / l_i}{\Delta\phi / l_{mp}} = \sqrt{\frac{B_i}{B_{mp}}}, \\ \frac{u_d^i}{u_d^{mp}} &= \frac{E_i / B_i}{E_{mp} / B_{mp}} = \sqrt{\frac{B_{mp}}{B_i}}. \end{aligned} \tag{5.422}$$

例如，由$u_d^i = 1\,\mathrm{km/s}, B_i = 4 \times 10^{-5}\,\mathrm{T}, B_{mp} = 10^{-8}\,\mathrm{T}$，可得

$$l_i / l_{mp} = 1/60, u_d^{mp} = 60\,\mathrm{km/s}, E_i = 40\,\mathrm{mV/m}, E_{mp} = 0.7\,\mathrm{mV/m}.$$

(iii)场向电流

场向电流即由磁层沿力线流入电离层，再由电离层沿力线返回磁层的电流(见§5.6.1(3))，不言而喻，场向电流把磁层和电离层紧紧地连在了一起. 场向电流必伴有$E_{//}$，

以及与之相应的电势 ϕ 的下降，因而有场向电流的区域，磁力线不再是等势线，力线管也不再是等通量管，即方程(5.417)和(5.421)不再成立，而(5.418)变成

$$\phi_{Bmp} - \phi_{//} = \phi_{Bi}, \tag{5.423}$$

并有 $E_{//} = -\nabla \phi_{//}$.为突出场向电流存在与否磁层和电离层耦合物理的不同，图 5.113b 特别给出磁力线 $A_i A_{mp}$，$E_{//} = 0$，从而方程(5.417)仍然有效，而力线 $B_i B_{mp}$ $E_{//} \neq 0$，必伴有场向电流，(5.417)将由(5.423)取代．必须强调：一，如§5.6.1(3)所述，磁层中 $E_{//}$ 及与之相应的 $\phi_{//}$ 非常微弱，大多数情况，上述“等势线”、“等通量管”原理仍然成立，或几近成立；二，在磁层、电离层动力过程中场向电流具有举足轻重的作用，例如，地面观测不到的太阳风对磁层的扰动，如磁层亚暴等，就是通过场向电流耦合到电离层，而与之相应的电离层物理过程，如电流或波动，则产生地面可观测的电磁效应、地磁亚暴、地磁脉动等．

(iv) 共转耦合

如前所述，中低纬度电离层和磁层等离子介质的电导 $\sigma \to \infty$，因而与磁场冻结在一起，导致中低纬度磁层随电离层一起与地球共转．下面将会看到，磁层与电离层的共转耦合极大程度上改变了内磁层，主要是等离子层对流运动的图像，是中低纬度电离层和内磁层动力学不可忽视的因素．

5.6.4 磁层对流运动

(1) 高纬度磁层对流运动

“对流运动”原本出自流体，特别是气体，有热源存在时分子的运动，这里磁层物理所谓“对流”则专指磁层和电离层等离子在电和磁场共同作用下粒子较大规模的整体运动，即事实上的“$\boldsymbol{E}\times\boldsymbol{B}$”漂移运动(方程(5.393.2))，下面将会看到，磁层、电离层粒子的“$\boldsymbol{E}\times\boldsymbol{B}$”漂移运动，确似气体的热运动，有“对”流．

磁层动力学有两种不同的模型，一是大家所熟悉的 Chapman-Ferraro 模型(Chapman and Bartels, 1940)，二是 Dungey 模型，两者都以太阳风与磁层相互作用为基点，前者发展了磁层顶电流系统，称作“Chapman-Ferraro”电流，沿磁层顶并与地磁场垂直流动，其附加磁场使电流(磁层顶)外磁场为零，内磁场加倍，从而磁压与磁层外太阳风“动压”平衡．“Chapman-Ferraro”电流的作用有：一，把太阳风与磁层隔离；二，把磁层局限在有限的空间，形成了我们所说的磁层(见§5.6.2(1),(2))；在这一点，C-F 是成功的，但很遗憾，C-F 模型把太阳风隔离在磁层外，磁层内没有粒子运动，$\boldsymbol{u}$=0，没有能量交换($\boldsymbol{J}\cdot\boldsymbol{E}=0$)，对磁层内的动力学则无能为力了．Dungey 于 1961 年提出了全新的磁层动力模型(Dungey, 1961)，他保留了 C-F 模型磁层顶电流平衡太阳风，形成磁层基本结构积极的一面，首次提出行星际磁场(IMF)与地磁场在太阳风作用下发生重联(reconnection)的新概念；重联后的磁层磁力线开放，太阳风连同 IMF 和等离子进入磁层，从而引发磁层内带电粒子的对流，场向电流和磁层电流体系的形成，较完整地解释了磁层，电离层和地磁场等动力学过程．这里首先讲述磁层带电粒子的对流，这是磁层动力学的基本，下一小节将进一步讨论对流过程中磁层内力的平衡和能量转换，而作为动力

过程重要标志和结果的磁层电流体系则放在了最后一节§5.6.5.

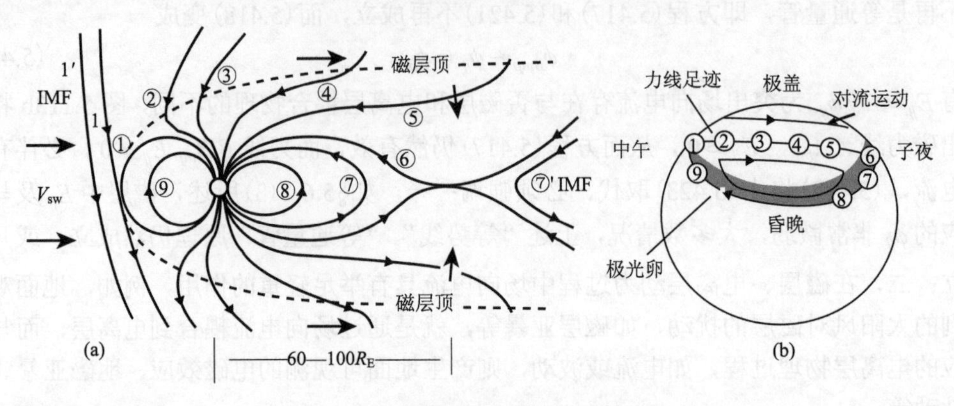

图 5.114　磁层和电离层的对流运动

(a)力线 1′代表 IMF，为南向，在向日面与北向地磁场重联，重联后的磁场用力线 1 表示，重联力线将随进入磁层开放区的太阳风带电粒子对流运动而由位置移动①到⑥，在⑥北南磁瓣开放力线再次重联，磁层和太阳磁场分离，层内磁场⑦"重偶极化"，由⑦至⑨；(b)磁层与电离层耦合的"等通量"原则，磁层力线①—⑨在电离层的足迹

图 5.114a 太阳风 IMF 南向，力线用 1′代表，与地磁场发生重联，重联后的磁场用力线 1 表示，IMF 力线 1′两端都在太阳，而重联力线 1 则一端在太阳，一端在地球. 太阳风与等离子及其中电场则通过开放的力线一同进入磁层开放区. 电场 $\boldsymbol{E}=-\boldsymbol{u}_{sw}\times\ \boldsymbol{B}_{IMF}$，$\boldsymbol{E}$ 由东向西(y 方向)，记作 E_{conv}^{y}. 但注意，这里 $\boldsymbol{u}_{sw}$ 已不同于重联前磁层外的太阳风 V_{sw}；容易理解，原 V_{sw} 能量几被重联过程消耗殆尽，这里 $\boldsymbol{u}_{sw}$ 即磁层带电粒子对流速度 u_{conv}；$u_{conv}=\boldsymbol{E}_{conv}^{y}\times\boldsymbol{B}_{IMF}/B_{IMF}^{2}$，$u_{sw}=u_{conv}\ll V_{sw}^{out}$，$V_{sw}^{out}$ 为磁层外，包括磁鞘内的太阳风速. 但需注意，这时中低(例如，纬度 $\lambda<65°$)纬度地磁场(力线)仍然是封闭的，因而沿 $-x$ 方向漂移(u_{conv})的太阳风带电粒子将被地磁场反弹，改向北、南极隙区运动；从 $\boldsymbol{E}\times\boldsymbol{B}$ 对流运动的角度看，这种方向改变则是封闭地磁场北(使粒子反弹)水平向(赤道北$-x$，南 x 方向)与东西向 E_{conv}^{y} 电场共同作用的结果；同时由于冻结效应，IMF 力线必将与粒子一起运动，如图 5.114a 所示，力线 1 将运动至位置②，图 5.114b 同时标出了相应力线在电离层的足迹，足迹位置由上述磁层与电离层耦合"等磁通量"原理决定，而运动速度则由方程(5.422)决定，例如，磁层对流速度 60km/s, 则电离层约仅 1km/s. 到达②后，东西向电场与电离层极盖区以南向(即由上而下)为主的磁场作用，粒子对流 $\boldsymbol{u}_{conv}$ 再次背离太阳，指向 $-x$ 方向. 如图所示，力线从②移至⑤，同时由于层顶外磁鞘太阳风速(图中短实线箭头→，~200 km/s)远大于磁层对流速度，无疑 IMF 力线将被拉平，物理上，这与开放的力线管与太阳风和层内对流一起运动通量加大相当；当对流至力线⑤区，对流发生转折，在这里磁尾北瓣被拉平的磁场转向 x 方向，南瓣沿 $-x$ 方向，与电场 $\boldsymbol{E}_{conv}^{y}$ 作用，对流在磁尾北南两瓣都将转为指向赤道方向，再一次，与之相应，伴随磁鞘太阳风继续运动，力线磁通量大大加大，因而南北两侧力线向赤道移动，如图所示，从⑤到⑥，至磁尾中性带；在中性带上下，即北和南磁层等离子带(plasmasheet)磁场反向，当由于粒子密度的增加，由北和南等离子带指向中性带的压力 ∇P 足够强时，磁场约在远离地

球(例如~100R_E)再次发生重联，形成如图所示“⋈”型力线等离子结构(见§5.6.1(3))，可以预料，这时在磁鞘与太阳风一起运动的粒子和 IMF 已到了约 100R_E 远的磁尾；“⋈”结构两侧磁场 z 分量方向相反，“外”侧向下($-z$)，“内”则向上($+z$)，因而内外粒子反向运动，将“⋈”力线分割，分别运动至⑦和⑦′，其中⑦′原磁鞘中的重联力线，分割后两端都在太阳，即 IMF，而⑦两端则位在地球，形似偶极磁场，因而这一过程，称为磁层磁场的“重偶极化”(redipolezition)；容易理解，磁尾中性带电流，特别是近地球中性带电流的中断就是切断了磁场尾形化的物理源，因而磁场又得以重偶极化．在磁层亚暴期间确曾观测到磁尾中性带电流的中断(Greene and Strangeway, 1992)．这时由 7 向太阳方向运动的粒子被重偶极化的封闭力线阻挡，改向晨和夜晚方向绕过封闭力线继续朝太阳方向运动，即图中⑦—⑨．这样，正如图 5.114b 所示电离层的对流，绕行的粒子运动将在高纬磁层形成双涡图像．以上对流运动，背离太阳，相应图中力线①—⑤，改向赤道，力线⑤—⑦，转换为较低纬度朝向太阳的运动，力线⑦—⑨，共 4 个转折区，I: ①—②, 重联和对流起始；II: ④—⑤, 由背离太阳转为向赤道方向；III: ⑦，磁场重联并转为朝太阳运动；IV: ⑨, 对流终止．图 5.114a 所示磁层对流仅限于 $x-z$ 剖面，为此图 5.115 给出了从北俯视磁层和电离层(x, y 剖面)对流示意图，图中清晰地显示了高纬极区磁层和电离层双“涡”(double cells)对流图像，双涡恰好位于开放磁层(≥65°)和封闭磁层(<65°)交界带，因为这里正是磁场方向发生变化的地带，即高纬 IMF 磁场以南向为主，而在较低纬向北和 x(或$-x$)方向的转换．需要强调的是，不仅电离层对流存在向日面和背阳面的不对称性，磁层的非对称性可以说简直无法用图形显示，例如向日面重联约发生在约 10R_E，而在磁尾对流的转向可发生在远至 100R_E．

(i) 对流运动动力学

剪切运动和剪切力：无疑图 5.114 和图 5.115 所示磁层和电离层带电粒子的对流运动，特别是它们的双涡图像清楚地显示了运动的剪切特性，重写对流运动，

$$u_{\text{conv}} = \boldsymbol{E}_{\text{conv}}^{y} \times \boldsymbol{B}/B^2 \tag{5.424}$$

式中，$\boldsymbol{E}_{\text{conv}}^{y}$ 为太阳风内电场，可视为不变，因而对流运动 u_{conv} 的变化将取决于磁场 B，假定与对流运动 u_{conv} 相比，磁场 B 随时间变化足够缓慢，则两者的空间分布有

$$\nabla u_{\text{conv}} = -2\boldsymbol{E}_{\text{conv}}^{y} \times \boldsymbol{B}\left(\nabla B/B^3\right), \tag{5.425}$$

其分量形式为

$$\partial u_{\text{conv}}/\partial x_i = 2(-1)^i \left(\boldsymbol{E}_{\text{conv}}^{y} \times \boldsymbol{B}/B^3\right)\left(\partial B/\partial x_i\right), \quad i = 1, 2 \tag{5.426}$$

式中，$x_1 = x$，$x_2 = y$，方程(5.426)正是图 5.115 所示磁层电离层对流图像．例如，在极顶区 $B \approx B_z$，$\partial B_z/\partial x \approx 0$，则 $\partial u/\partial x \approx 0$；而 $\partial B_z/\partial y \sim 0$，有 $\partial u/\partial y \approx 0$，当 y=0; 后随$|y|$增加，$|\partial u/\partial y|$ 递增，当 $y \to \pm y_v$，y_v 为对流涡点，$|\partial u/\partial y|$ 取极大，后反向．

下面看与剪切运动相应的剪切力．假定对流为稳定流动，即 $\partial \boldsymbol{u}/\partial t = 0$，如若不特别指明，以下 $\boldsymbol{u}$ 都代表对流运动 u_{conv}，则运动方程(5.357)成为

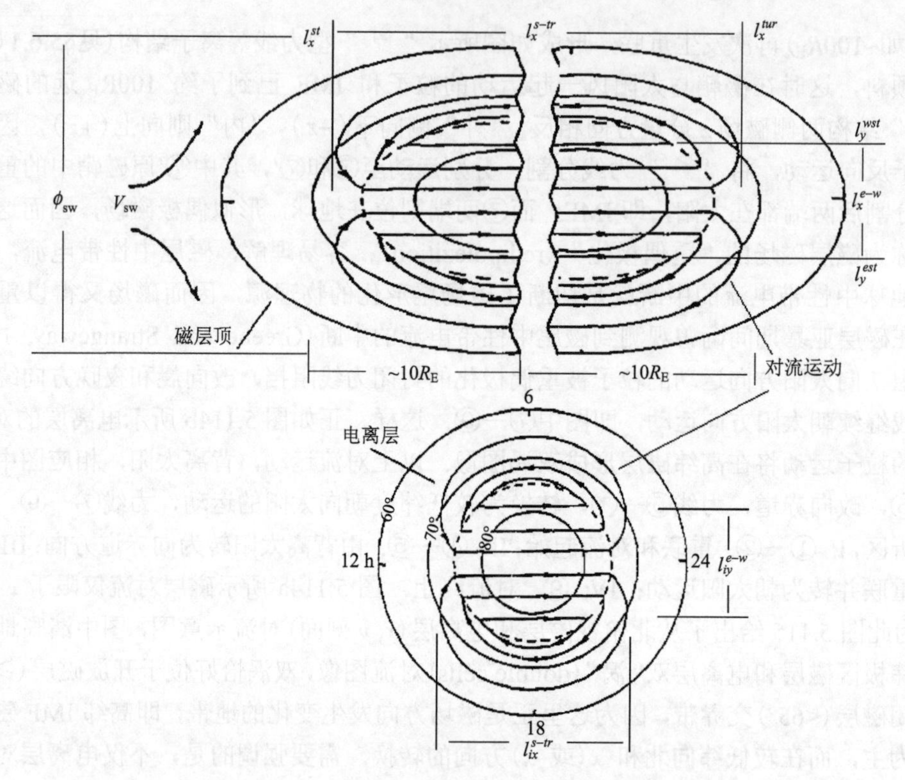

图 5.115　由北俯视磁层和电离层的对流图像

图中点线为磁层开放区的边界，l_x^{st} 为对流起始区，l_x^{tur} 为 对流转折区；l_x^{e-w} 为东-西对流尺度，l_x^{s-tr} 为对流由起始到转折的尺度

$$\rho_m(\boldsymbol{u}\cdot\nabla)\boldsymbol{u} = -\nabla P + \boldsymbol{J}\times\boldsymbol{B}, \tag{5.427}$$

应用矢量公式 $\nabla(\boldsymbol{a}\cdot\boldsymbol{a}) = 2(\boldsymbol{a}\cdot\nabla)\boldsymbol{a} + 2\boldsymbol{a}\times(\nabla\times\boldsymbol{a})$ 和电磁场安培定律(式(5.1.1)，忽略位移电流)，电磁张量的磁场分量(5.145)，$\alpha,\beta = x, y$，注意哑求和以及 $\delta_{\alpha\beta}$ 的“0，1”规则．假定(5.427)磁压 $1/(2\mu_0)B^2\delta_{\beta\alpha}$ 与热压 ∇P 平衡，则方程(5.427)成为

$$\frac{\rho_m\partial}{\partial x_\beta}u_\alpha u_\beta = \frac{\partial}{\mu_0\partial x_\beta}B_\alpha B_\beta. \tag{5.428}$$

这里，已假定磁层介质不可压缩，$\nabla\cdot\boldsymbol{u}=0$，下面将会看到，对于对流运动，这一假定是合理的．方程(5.428)，即高纬磁层内磁场剪切张力所决定的剪切运动，是磁层和电离层对流运动图 5.114，图 5.115 的数学表述．其实，图 5.114，图 5.115 所示对流图像物理上并不难理解：在高纬磁层东西向对流电场 $\boldsymbol{E}_{\text{conv}}$ 几乎不变，在极盖区与南向磁场作用，对流背离太阳，而对流运动转向，那是因为在极光带磁场转向；而在电离层则是磁场南向可视为不变，对流转向是在极光带电场改变方向．

(ii) 能量输送和转换

无疑磁层和电离层能量源自太阳风的运动(机械)能量．如上所述，磁层和电离层对流运动速度很低，机械能量密度很小，因而与对流运动相应的能量过程主要是电磁能量和带电粒子内(热)能的转换和输送．因带电粒子运动速度与磁场垂直，磁场对粒子不做功，电场做功为$q\boldsymbol{E}\cdot\boldsymbol{V}\mathrm{d}t$，则可立得，电场对体积$v$内等离子介质单位时间所做功为

$$\frac{\mathrm{d}W}{\mathrm{d}t}=\iiint_v \boldsymbol{J}\cdot\boldsymbol{E}\mathrm{d}v. \tag{5.429}$$

(5.429)表明，若在介质区域v $\boldsymbol{J}\cdot\boldsymbol{E}>0$，则电磁场对介质做功，电磁能将转化为介质的运动能(如果可能)或内能；反之，$\boldsymbol{J}\cdot\boldsymbol{E}<0$，则介质运动或热运动(即压力)做功(电磁场做负功)，介质的运动能(如果可能)或内能将转化为电磁能. 进一步，直接由方程(5.17)，或由方程(5.1.1)消去方程(5.429)中的$\boldsymbol{J}$，并应用矢量公式$\nabla\cdot(\boldsymbol{a}\times\boldsymbol{b})=\boldsymbol{b}\cdot(\nabla\times\boldsymbol{a})-\boldsymbol{a}\cdot(\nabla\times\boldsymbol{b})$得

$$-\iiint_v \boldsymbol{J}\cdot\boldsymbol{E}\mathrm{d}v=\iiint_v \frac{\partial U_{EB}}{\partial t}\mathrm{d}v+\oiint_s\left(\boldsymbol{E}\times\frac{\boldsymbol{B}}{\mu_0}\right)\mathrm{d}s, \tag{5.430}$$

式中，

$$U_{EB}=\frac{1}{2}\left(\boldsymbol{E}\cdot\boldsymbol{D}+\boldsymbol{B}\cdot\boldsymbol{H}\right)$$

为电磁能量密度，(5.430)与方程(5.17)电磁能量守恒方程相当，只是磁层内等离子介质$\sigma\to\infty$，因而不伴随有焦耳热损耗而已. (5.430)的微分形式为

$$-\boldsymbol{J}\cdot\boldsymbol{E}=\frac{\partial U_{EB}}{\partial t}+\nabla\cdot\boldsymbol{S}, \tag{5.431}$$

式中，$\boldsymbol{S}$为坡印廷向矢量，即

$$\boldsymbol{S}=\boldsymbol{E}\times\boldsymbol{H}=\boldsymbol{E}\times\frac{\boldsymbol{B}}{\mu_0}, \tag{5.432.1}$$

特别是对流电场，即太阳风内电场E_y可视为常量，因而可用势场ϕ表示，即$\phi=-E_y y$，则(5.432.1)可表示为

$$\boldsymbol{S}=-\nabla\times\left(\frac{\phi\boldsymbol{B}}{\mu_0}\right)+\phi\boldsymbol{J}, \tag{5.432.2}$$

进一步，有

$$\nabla\cdot\boldsymbol{S}=\nabla\cdot\left(-E_y y\boldsymbol{J}\right)=-E_y J_y. \tag{5.433}$$

(5.433)表明，J_y的+或−决定磁层局部电磁能量是汇集，$\nabla\cdot\boldsymbol{S}<0$，或发散，$\nabla\cdot\boldsymbol{S}>0$，而能流方向和密度则由(5.432.1)决定.

图5.116同时标出对流方向(实线箭头)和大小(箭头线长或短)，$\boldsymbol{J}\times\boldsymbol{B}$(虚线箭头)，$\boldsymbol{J}\cdot\boldsymbol{E}$以及$\nabla\cdot\boldsymbol{S}$；其中图5.116a和图5.116b分别代表两种不同的磁层对流模型，图5.116a为非稳态对流，可能加速或减速，即图中实线箭头可长可短；图5.116b为稳态对流；可以看出，IMF与地磁场在磁层向阳一侧重联、磁层力线开放，图中用方框标示，与电离层高纬极盖区和极光带相对应，其中带电粒子和力线背离太阳方向的对流运动，与图5.114中力线1—5相当；如图所示，在对流开始的区域，$\boldsymbol{J}$(磁层顶或极隙电流，图5.116c)与$\boldsymbol{E}$同向，$\nabla\cdot\boldsymbol{S}<0$，即有电磁能量汇集，$\boldsymbol{J}\cdot\boldsymbol{E}>0$，电磁场对等离子介质做功，电磁能量转化为介质的运动能量，对流加速，当对流至磁尾约相当图5.114力线4–5的区域，$\boldsymbol{J}$(磁层顶电流)与$\boldsymbol{E}$反向，则$\boldsymbol{J}\cdot\boldsymbol{E}<0$，运动介质对电磁场做功，对流运动减速，运动能量转化为电磁能，$\nabla\cdot\boldsymbol{S}>0$，对外输送电磁能，这就是以上所说非稳态对流，电磁场对运

动介质做(+)功，或相反(-)，运动加速或减速；由于磁层等离子介质足够稀薄，是可压缩($\nabla\cdot\boldsymbol{V}\neq 0$)的，若对流仅限于磁层，显然非稳态运动是可能的；但与磁层不同，电离层介质是不可压缩($\nabla\cdot\boldsymbol{V}=0$)的，两者又是耦合的同一整体，磁层内加速或减速必然伴随的介质压缩或膨胀，电离层的反作用，不难想象，一定是被动的“抑制”，因此，时间足够长，两者耦合在一起的谐调运动一定是稳态，或趋于稳态的. 因此，磁层对流不可能是图 5.116a 模型，而只能是图 5.116b 中的模型，即向阳一侧电磁场做功，不再转换为运动能，而是内(热运动)能，磁尾一侧则是内能转换为电磁能；此外，图 5.116b 还标示出介质内 $-\nabla P$，可以看出与图 5.116a $\boldsymbol{J}\times\boldsymbol{B}$ 方向相反，大小几近等同，两者相互几乎抵消，即如方程(5.427)，(5.428)所示，作用力必将由剪切力主导，对流以剪切运动为主(图 5.116c).

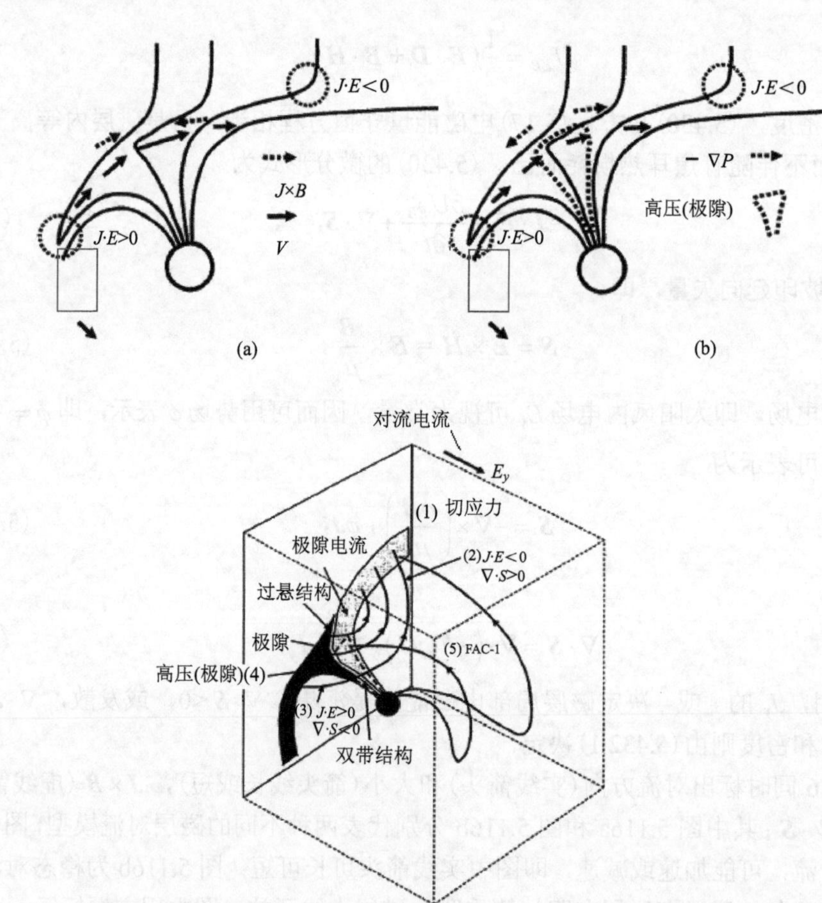

图 5.116 磁层对流的能量过程

(a)磁层非稳态对流：在高纬较低纬度极隙白天一侧对流开始，电磁场做功，电磁能量转化为粒子内能和运动能量，加速粒子，粒子背离太阳对流越过极隙，在较高纬度，粒子运动做功，运动能量转化为电磁能，粒子减速；(b)稳态对流：由于电离层等离子介质不可压缩，非稳态对流粒子加速和减速运动不能与电离层耦合，结果对流最终趋于稳定；(c)与稳态对流相应，作用于粒子的电磁力只能是麦克斯韦张量的剪切分量；电磁场做功不能加速粒子，则全部转化为粒子热运动能量，结果：一，在极隙形成高压区；二，在极隙高纬度与磁场作用，热运动能量转化为电磁能，形成局部区域磁层顶电流和 FAC-1(Tanaka，2002；Cowley et al.，2003)

图 5.116c 主要显示极隙的形成、结构特点以及与磁层对流的关系．要点有二：一，高压极隙，如上所述，在极隙白天一侧电磁能转化为热能，因而粒子具有较高的热运动和压力，当对流到极隙，部分粒子沿力线进入极隙，尽管大部分粒子将被反弹而流入磁尾，但仍有相当数量的粒子栖身于此，形成高压极隙；二，双带(two ribbon)结构，指极隙白天和磁尾两侧物理结构的不同，除上述粒子在两侧一进一出外，主要不同如在图 5.116a，b 中所见，一侧(白天)电磁场做功，介质热运动能量增加，电磁能量汇集，另一侧介质热运动，即压力做功，电磁能量增加，向外输送电磁能量，而这一过程正是磁层顶电流分流到电离层形成 FAC-1 的能量来源(见§5.6.3(2))．与图 5.116a，b 所示背离太阳对流能量过程相比，由磁尾向太阳方向对流能量过程可说是相似相反，相似指：一，前者发生在高纬极盖区，后者则发生在较低但仍然属高纬度的极光带；二，能量过程物理相同，仍然由 $\boldsymbol{J}\cdot\boldsymbol{E}$ 和 $\nabla\cdot\boldsymbol{S}$ “定量”地描述；相反，则指物理过程磁层白天和磁尾两侧呈反向“对称”，反指对流方向相反，白天一侧对流背离太阳，磁尾自区 6 始面向太阳；对称则指在磁尾区域 6，与图 5.116 对流开始区域 1，2 物理过程相同，包括力线重联，两侧电流 J, 一为层顶电流，一为环电流与对流电场 $\boldsymbol{E}$, 同向，因而 $\nabla\cdot\boldsymbol{S}<0$，电磁能量汇集，$\boldsymbol{J}\cdot\boldsymbol{E}>0$，电磁场对介质做功，介质热运动能量增加；直至图 5.114 力线 7，粒子绕过重偶极化的力线封闭区，沿晨时和夜晚两侧继续向太阳方向运动至力线 9 所在位置，在这里，环电流沿 $-y$ 方向，能量过程与图 5.114 中背向太阳对流力线 4 区相同，$\boldsymbol{J}\cdot\boldsymbol{E}<0$，$\nabla\cdot\boldsymbol{S}>0$，电磁场做负功，介质热运动能量转化为电磁能，与上述力线 4 区能量过程与磁层顶电流和 FAC-1 关系类似；这里，在外辐射带环电流区的能量过程，则是“(部分)环电流”(图 5.124)和 FAC-2 形成的能量来源．下面还将进一步讨论磁层对流与 FAC-1，FAC-2 的形成．

以上仅从方程(5.433)出发，由 J_y + 或 – 讨论磁层对流 4 个典型区域电磁能量的发散或汇集，而没涉及电磁能流方程(5.432)．之所以讨论能流，除它的重要性，还因为仍有值得商榷之处，希望引起读者注意．例如，Tanaka(2002)认为，以上所述图 5.114 对流起始，即我们所谓与图 5.114 力线 1，2 相应区域，电磁能量来源于与力线 4 对应的区域；不错，力线区域 1，2，$\nabla\cdot\boldsymbol{S}<0$，是电磁能量汇聚区；区域 4，5，$\nabla\cdot\boldsymbol{S}>0$，属电磁能量输出区域，但由此并不能如 Tanaka 那样，断定 1 区能量一定源于 2 区，理由包括：一，前者，即区域 1，2 电磁能量汇集区，能量过程先于区域 5 电磁能量发散区，物理上后发生的过程不可能给以前早已发生的过程提供能量；二，方程(5.432)表明电磁能量流方向与粒子对流方向一致，即同为$-x$，对流方向是由 1 到 2, 2 到 4 和 5 区，能流则不可能反其道从区域 4，5 到区域 2 和 1．笔者认为，除以上关于磁层 4 个区域能量过程外，与对流过程相应的能量流，包括热运动能流可概括为，电磁能流沿粒子对流，由向阳一侧高纬背离太阳向磁尾方向，即区域 1，2，到区域 4，5，而在磁尾较低纬度，即区域 6 转为向太阳方向由磁尾再返回向阳一侧，但在较低纬度，即区域 4；而热运动能量，即内能，粒子是其载体，不言而喻，能流方向与对流同向，在这里，对流开始和中途，即区域 1 和区域 6，磁场发生重联，电磁能量转化为带电粒子热运动能量，能流则和电磁能流一样，沿粒子对流方向传送．可以这样说，区域 1 和 6 的物理过程，即磁场重联，是磁层动力学的能量源头和关键，这就是我们一开始就强调的，磁层一切动力过程，能量都来源于太阳风；而区域 2 和 9 的物理过程，则分别是区域 1 和 6 能量过程或直接说磁场重联的结果，即磁层对流把粒子所获得的热运动能量带到这里与磁场作用，即方程(5.358) ∇P（热运动）产生的粒子漂移，转化为电磁能，其结果则分别产生局部区域的磁层顶电流 $\boldsymbol{J}_T$ 和 FAC-1，以及磁层等离子带和外辐射带的部分环电流 $\boldsymbol{J}_{R-P}$ 和 FAC-2.

这一节开始就曾指出，磁层动力学 Dungey 模型较查普曼–费拉罗模型成功的基点，在于它的全新物理，即磁场重联. 鉴于磁场重联在磁层物理中的重要性，读者除参看§5.6.1(2)较详细的论证外，这里再次强调，重联前和重联时的能量过程. 为讨论方便，特将图 5.85c 和图 5.114a 复制成图 5.117，上图除用罗马数字标示对流过程中的 4 个区域，还用方框示意 I 和 III 两个重联区，下图则显示磁场重联过程. 重联能量过程可分为重联发生前和发生两个阶段：发生前，如图所示，除电导 $\sigma\to\infty$ 的等离子介质，系统还包括 y 方向薄层电流 J_{mp} 和电场 E_y，电流与电场方向一致，沿 $-z$ 和 z 薄层电流上下宏观磁场 B_0 与局部尺度 L_1 相应的局部磁场 B_1 和局部电导 σ_1 有限，不言而喻，这些电流和磁场，不管是宏观和局部，全是系统等离子介质与外来太阳风作用的结果. 因此，重联发生前能量过程，即太阳风对介质做功，磁场被极大地压缩，运动能量转化为系统的电磁能；而所谓重联，即当局部 L_1，σ_1 有限，等离子介质不再与磁场冻结在一起，同时还满足方程(5.348)，局部 L_1 内磁压远超过周围宏观区域的磁压，

$$\frac{B_1^2}{2\mu_0}+P_1\gg\frac{B_0^2}{2\mu_0}+P_0,\tag{5.348}$$

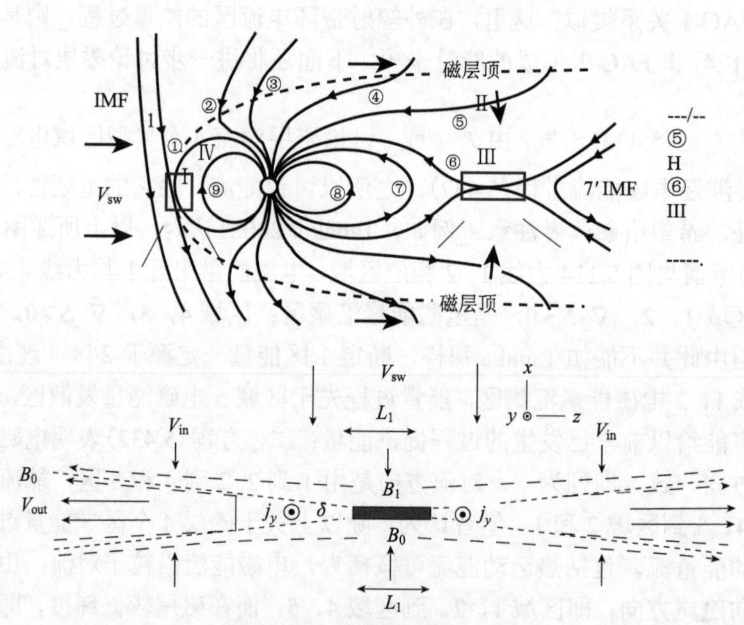

图 5.117 磁层磁场重联过程

由图 5.85c 和图 5.114a 复制而成，上图除用罗马数字标示磁层对流过程的 4 个区域，方框表示 I 和 III 两个重联区域，下图则显示磁场重联过程(参看图 5.85)

则在强大磁压作用下，带电粒子迅速外逸，磁场向外扩散，薄层上下反向磁场相碰，重联发生，局部区域积累的电磁场能转化为带电粒子热运动能量，重联时能量过程是电磁

场做功，电磁能转化为粒子热运动能量. 由以上系统物理状态参量，不难估算相应能量过程的物理量，包括电磁场做功 $\boldsymbol{J}\cdot\boldsymbol{E}>0$，$\nabla\cdot\boldsymbol{S}<0$，电磁能量汇集，电磁能流 $\boldsymbol{S}$ 沿对流方向，与上述对流Ⅰ和Ⅲ区能量过程物理状态参量完全一致，进一步表明，前面对流运动中所讨论的Ⅰ和Ⅲ区物理过程即图 5.117 下所示磁场重联物理过程.

图 5.114—117 所示磁层对流和能量过程全属示意、定性甚至局部性的表述，为对磁层对流，特别是能量过程能稍有整体和定量，哪怕是很粗略的近似，图 5.118 给出了磁层对流过程电磁流体力学数值模拟结果(Tanaka，2002)，图中以颜色不同和深浅显示电场 E_y 在磁层子午$(x,\ z)$面，中午–昏晚–子夜一侧赤道$(x,\ y)$面的分布；黑线条表示由①磁隙电离层，②极盖区中心，③极盖夜间区域起始的三组磁力线及其在电离层的投影；在子午$(x,\ z)$面，可以清楚地看到，以极隙中线为分界包括极隙本身在内的白天一侧 $\boldsymbol{J}\cdot\boldsymbol{E}>0$，夜间 $\boldsymbol{J}\cdot\boldsymbol{E}<0$ 的分布. 如前所述，极隙的这种分布称“双带结构”(Two Ribbon Structure)，在 $\boldsymbol{J}\cdot\boldsymbol{E}>0$ 区，有两处最强的分布(白色)，为图 5.117 所示Ⅰ区，即重联区，二为极隙内部，这与进入极隙高能粒子流，因而有高电磁能流的结果一致；与此相对，在极隙夜间一侧由于磁场反弹，粒子向磁尾运动，则有 $\boldsymbol{J}\cdot\boldsymbol{E}<0$ 最强(绝对值)分布，而图 5.117Ⅱ区 $\boldsymbol{J}\cdot\boldsymbol{E}<0$ 的最强值，和 $\boldsymbol{J}\cdot\boldsymbol{E}>0$Ⅲ区的重联区，则因位于远磁尾，超出了图 5.118 所示范围；在子午面白天中低纬绿和浅绿则对应Ⅳ区，与Ⅱ区物理过程相同，但强度较Ⅱ区为弱；而在午后-昏晚-子夜一侧赤道面内，属 $\boldsymbol{J}\cdot\boldsymbol{E}<0$ 分布；而在磁层顶外，弓击波和磁鞘区则是太阳风与磁场作用，因而 $\boldsymbol{J}\cdot\boldsymbol{E}<0$. 最后左上图电离层，除与磁层相对应的三组磁力线，主要标出电势的分布，由白、红、黄(–值)、绿(+值)、蓝到黑以序递增，从晨时(西)到晚(东)电势约由+50 减至–50 kV，总势差约 100 kV，与图 5.115 所示磁层

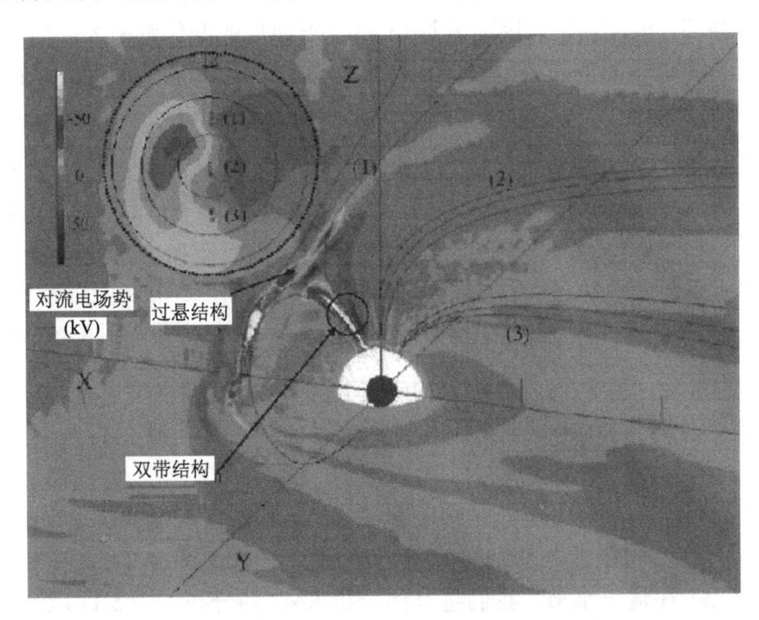

图 5.118　磁层对流三维电磁流体力学数值模拟结果(见彩插)

$\boldsymbol{J}\cdot\boldsymbol{E}$ 在 x，$+z$(子午)面，x，$+y$(下午晚上一侧赤道)面的分布，$\boldsymbol{J}\cdot\boldsymbol{E}>0$，以黄、红、白顺序递增，$\boldsymbol{J}\cdot\boldsymbol{E}<0$，则以黑、绿、蓝顺序递增；三组磁力线(黑线)：起始于①磁隙电离层，②极盖区中心，③极盖区夜间区域；左上图对流和能量过程在电离层的投影，颜色由白、红、黄(–值)、蓝(+值)，以递增顺序表示电势分布(Tanaka，2002)

和电离层对流所产生的力线管磁通量变化相对应，磁力线从 1 到 5，单位时间磁通量的变化，按法拉第电磁感应定律方程(5.1.2)，感应电动势可表示为

$$\boldsymbol{E}_{\text{ind}} = -\nabla\phi_{l_y^{E-W}} = -\frac{\partial^2}{\partial l_y \partial t}\int_{l_x} \mathrm{d}x \int_{l_y} B_z^{\text{IMF}} \mathrm{d}l_y, \tag{5.434}$$

式中各量，如图 5.115 所示，同时已假定 $u_{\text{conv}}^{-x} = \partial x/\partial t$，太阳风磁场在磁层极盖区均匀. 这里有两个基本概念虽说简单，但却可能混淆：第一，(5.434)通量及其变化，因而电势 $\phi_{l_y^{E-W}}$，是在没有转动的地球坐标系内的量度，高纬对流带电粒子与磁场冻结在一起，没有磁通量的变化，但磁层等离子却以 $-u_{\text{conv}}^{-x}$ 相对磁场运动，因而有如方程(5.434)所表示的通量变化率；第二，这里还有另一电势，与方程(5.346)所定义的对流电场相当，记作 $\boldsymbol{E}_{\boldsymbol{E}\times\boldsymbol{B}}$，

$$\boldsymbol{E}_{\boldsymbol{E}\times\boldsymbol{B}} = -u_{\text{conv}}^{-x} \times B_z^{\text{IMF}}. \tag{5.435}$$

可以看出感应电势与对流电势相等，但方向相反，即

$$\begin{aligned} \boldsymbol{E}_{\boldsymbol{E}\times\boldsymbol{B}} - \boldsymbol{E}_{\text{ind}} &\to 0, \\ \boldsymbol{E}_{\boldsymbol{E}\times\boldsymbol{B}} - \boldsymbol{E}_{\text{ind}} &\neq 0, \end{aligned} \tag{5.436}$$

即总电势趋于 0，但不等于 0；因而磁层(所有 $\sigma\to\infty$ 的介质)内有两类电势：一，是(5.350)所表示的电导介质与磁场相对惯性坐标系运动而产生感应电动势 $\boldsymbol{E}_{\text{ind}}$；二，是感应电动势引起介质内正负电荷分离而产生的电场 $\boldsymbol{E}_{\boldsymbol{E}\times\boldsymbol{B}}$，两者满足(5.436)以保证磁层内电导∞的等离子介质内电流有限(广义欧姆定律(5.2.3))，这里所讨论的磁层对流，即方程(5.424)中的电场，相应电荷分离所产生的电场，因此(5.435)中电场称对流电场，记作 $\boldsymbol{E}_{\boldsymbol{E}\times\boldsymbol{B}}$. 这与当介质 $\sigma\to\infty$时，由广义欧姆定律所得 $\boldsymbol{E} = -\boldsymbol{V}\times\boldsymbol{B}$ 一致，$\boldsymbol{E}$ 即对流电场.

我们一再强调，磁层对流，因而方程(5.434)磁通量的变化都是太阳风与磁场相互作用的结果，或者说，是磁场重联的结果，因此与对流相应的通量的变化，即感应电动势 $\phi_{l_y^{E-W}}$，是太阳风能量转化到磁层的一种量度. 因方程(5.436)成立，则 $\phi_{l_y^{E-W}}$ 无法直接测量，但也正是(5.436)为人们提供了间接测量途径，即利用地面雷达台站测量极区电离层粒子的运动，当 IMF 取南向，强度 5—10 nT 时，结果即图 5.118 所示 100 kV 的电离层东西电势差，相当 100 kweb/s (5.350)磁通量变化率；而太阳风扫过磁层在太阳风内产生的电势约 5 倍磁层内的电势，这意味着 20%扫过磁层的 IMF 与地球磁场发生了重联，80%绕过了地球，重联“效率”约 20%；这同时也意味着，图 5.117(同样图 5.85)局部尺度 $\phi_{l_y^{E-W}}$ 约为磁层直径的 20%，测量还表明，当 IMF 处于平均方向，即在黄道面内与地球太阳连线成 45°角，电动势约降至 50 kV，而指北时则要降到 20 kV，甚至更低.

(iii) 磁层对流与场向电流

前已指出，对流运动把带电粒子在 I 和 III 区重联过程获得的热运动能量带往 II 和 IV 区，在那里转化为电磁能，分别在 II 区产生磁层顶电流和 FAC-1，在 IV 区产生部分环电流和 FAC-2. 在这一小节，我们将具体分析 FAC 的分布. 图 5.119 给出电离层对流运动的同时，也给出 FAC-1，FAC-2 分布集中的区域，恰好位于对流运动的转折带，图中还显示，FAC-1 在电离层晚上一侧由电离层流出进入磁层，与图 5.116c 所示磁层对流 II 区电磁过程一致；在 IV 区 FAC-2 则由磁层进入电离层. §5.6.1(3) 曾指出，场向电流 $j_{/\!/}$

是由磁层主电流 $j_\perp$，例如磁层顶电流，或部分环电流分流而成，两者满足电荷连续(守恒)方程，即

$$\nabla_\perp \cdot j_\perp + \nabla_{/\!/} j_{/\!/} = 0.$$

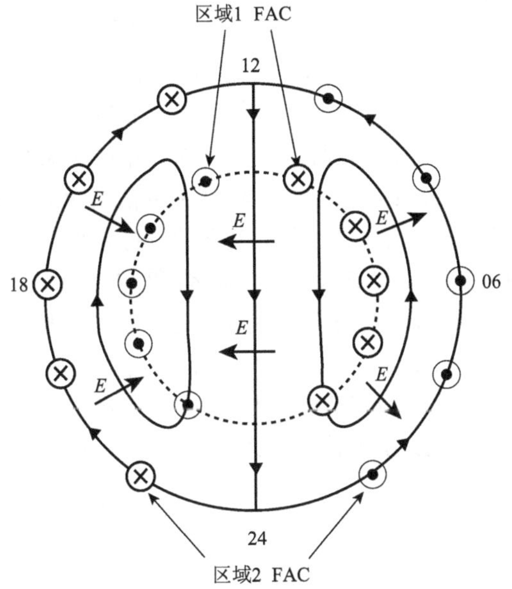

区域1 FAC
12
18
06
24
区域2 FAC

图 5.119 与磁层高纬度对流相对应的电离层极盖和极光带(纬度 φ>65°)对流运动、电场和场向电流 FAC-1，FAC-2 分布示意图

点线 φ≥75°为磁层开放区，晨-昏(y)方向电场，与图 5.118 电离层约 100 kV 势区域相当

方程(5.361.1)显示，$j_{/\!/}$ 由一，运动旋转量 $\boldsymbol{\Omega}$ 的全微分在 $\boldsymbol{B}$ 方向的投影，$\boldsymbol{\Omega}=\nabla\times\boldsymbol{u}_{\text{conv}}$，二，磁场梯度$\nabla B$ 在 $j_\perp$方向的投影累积(积分)的结果，若磁场可视为偶极子，则后者为 0，或很小，只有旋转量 $\boldsymbol{\Omega}$，即(5.361.1)右侧第一项对 $j_{/\!/}$ 有贡献，省去积分号，对于稳态对流，由方程(5.361.1)，$j_{/\!/}$ 可表示为

$$j_{/\!/} \propto -\frac{\boldsymbol{B}}{B^2}\cdot\rho_m\frac{\mathrm{d}\boldsymbol{\Omega}}{\mathrm{d}t}. \tag{5.437}$$

由图 5.115 和图 5.119 磁层和电离层对流运动不难发现，在晨时一侧，$\boldsymbol{\Omega}$ 为“右”旋，晚上一侧为左旋，而磁场为南(左旋)向，则由方程(5.437)可以断定，晨时 FAC-1 从磁层流入电离层，晚上则由电离层返回磁层；而对流运动在转向区域梯度最大，因而如方程所示，与图 5.119 一致，在反向区 FAC 最为集中．至于 FAC-2，由图 5.120 将会看到，图 5.119 中 FAC-2 集中区域也是对流运动转向区域，但 $\boldsymbol{\Omega}$ 与 FAC-1 反向，因而在晨时由电离层流入磁层，而晚上则由磁层进入电离层.

(2) 赤道面内的磁层对流

(i) 低能粒子的对流运动

图 5.120 为赤道面内带电粒子对流运动图像，与图 5.114-5 重联后高纬度开放磁力线区域磁层对流运动相对，其中图 5.120a 为磁层赤道面内的对流运动，可视为中低纬封闭

磁力线区域磁层对流运动在赤道面的投影．图中除边缘区域外，与磁层偶极场相应，中低纬，包括赤道，磁场向北，或以北向为主，则可预期，$\boldsymbol{E}\times\boldsymbol{B}$ 对流将朝太阳方向．但问题是，为何同样北向磁场，图中显示，在赤道边缘对流却朝背离太阳方向？实际上，多年来，与 Dungey 重联同时并存的磁层对流还有另一机制，称作“似黏滞”(viscous-like) 作用(Axford and Hines，1961)，只是目前大多认为，重联，特别是当 IMF 取南向时，是太阳风把等离子、动量和能量输入磁层，从而发生诸如对流等磁层动力现象的主要途径，但也不排除黏滞效应作为太阳风与磁层相互作用的一种补充机制．图 5.120 磁层中低纬度在磁层顶或磁层边界层背向太阳的对流即是黏滞作用的结果(Kennel，1995；Cowley，1982；Mozer，1984；Axford，1964)．当太阳风在磁鞘以 200—500 km/s 高速流过磁层顶时，虽因粒子稀薄相互不存在通常力学意义下的摩擦，但只要有大尺度不稳定性，在边界，例如发生粒子的扩散(diffusing)、波动和粒子相互作用、K-H 不稳定性(Kelvin-Helmhiltz instability)等，太阳风都有可能与重联一样把等离子、动量和能量输入磁层(Haaland et al., 2014；Scholer et al., 1997)，这些过程通称“似黏滞”作用．正是通过似黏滞作用，太阳风施加切应力于磁层边界，在边界产生如图所示背离太阳的对流运动，而图 5.120b 所示，则是 $\boldsymbol{E}\times\boldsymbol{B}$ 漂移和等离子层与地球共转的合成运动．

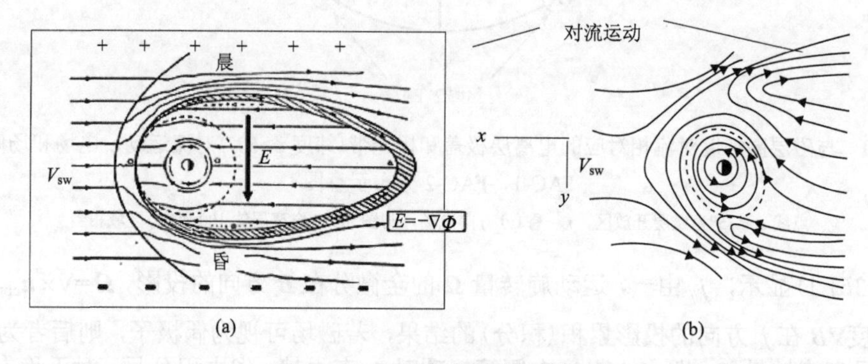

图 5.120　磁层赤道面的对流运动

(a)赤道面内 $\boldsymbol{E}\times\boldsymbol{B}$ 对流，因磁场指北，则 $\boldsymbol{E}\times\boldsymbol{B}$ 将朝太阳方向，在赤道边缘，因太阳风与磁层顶的“似黏滞”作用，对流将朝背离太阳方向；(b) $\boldsymbol{E}\times\boldsymbol{B}$ 漂移和等离子层与地球共转的合成运动

因共转只限于等离子层，即约 $r\leqslant 6R_E$ 的范围，赤道边缘远离太阳方向的对流与共转几无交集，则可预料，与共转合成的对流只限于远离边缘的赤道面，即 $\boldsymbol{E}\times\boldsymbol{B}$ 对流区域．前已指出，由于太阳风尺度远大于磁层，在磁层内太阳风与南向 IMF 对应的 y 方向电场 E_y 可视为均匀场，有位势

$$\phi_{\mathrm{conv}}^{\mathrm{eq}}=-\int_{l_{y0}}^{y}E_y\mathrm{d}y=-E_y y=-E_y r\sin\lambda. \tag{5.438}$$

图 5.121a 左图即赤道面内势 $\phi_{\mathrm{conv}}^{\mathrm{eq}}$ 的等势线，λ 为赤道面方位角，与经度相当．磁层内对流为稳定流动，且 $\nabla\cdot\boldsymbol{u}_{\mathrm{conv}}=0$，则有

$$\boldsymbol{u}_{\mathrm{conv}}=-\nabla\psi_{\mathrm{conv}}(y)\times\hat{\boldsymbol{e}}_{E\times B}/B, \tag{5.439}$$

式中，ψ_{conv} 为对流运动 $\boldsymbol{u}_{\mathrm{conv}}$ 的流函数，只是 y 的函数，则由(5.438)可得

$$\psi_{\text{conv}}(y)=\frac{\phi_{\text{conv}}^{\text{eq}}}{B}\hat{\boldsymbol{e}}_{\boldsymbol{E}\times\boldsymbol{B}},\tag{5.440}$$

方程(5.439)中，电场 $\boldsymbol{E}$ 沿 y 方向，$\boldsymbol{B}$ 沿 z 方向，则在赤道面 $\boldsymbol{u}_{\text{conv}}$ 为 $\hat{\boldsymbol{e}}_{\boldsymbol{E}\times\boldsymbol{B}}$，即 x 方向，而 $\boldsymbol{E}_{\text{conv}}$，即 E_y 为常量．若(5.439)成立，即保持沿 $\boldsymbol{u}_{\text{conv}}$ 方向不变，则要么 $\boldsymbol{B}$ 在赤道面内不变，要么 $\boldsymbol{B}$ 只有沿 y 方向的变化；很显然，后者要求是不合理的，因而是不可能的，因此只能认定(5.440)中 $\boldsymbol{B}$ 为常量．幸好，作为偶极场近似，$\nabla B/B\approx 0$ 成立，则在远离赤道边缘的“局部”区域，$\boldsymbol{B}$ 可视为均匀，从而电场 E_y，对流运动 $\boldsymbol{u}_{\text{conv}}$ 可视作均匀是合理的、可以接受的．事实上，在整个赤道面，有背离太阳和向太阳方向截然相反的运动存在，$\boldsymbol{u}_{\text{conv}}$ 不可能是均匀的，只是无论 B，ψ_{conv} 还是 $\boldsymbol{u}_{\text{conv}}$ 在赤道面变化都很缓慢而已．磁场 B 均匀，则有

$$\phi_{\text{conv}}^{\text{eq}}=B\psi_{\text{conv}}.\tag{5.441}$$

(5.438)－(5.441)表明，图 5.121a 左图同样为对流运动 $\boldsymbol{u}_{\text{conv}}$ 的流函数 ψ_{conv}，只要原等位势 $\phi_{\text{conv}}^{\text{eq}}$ 被 $B\psi_{\text{conv}}$ 取代，流线与 $\boldsymbol{u}_{\text{conv}}$ 沿 $\hat{\boldsymbol{e}}_{\boldsymbol{E}\times\boldsymbol{B}}$ 方向．

共转运动势(5.395)在赤道面，有

$$\phi_{\text{cor}}^{r_R}=-\int_{\infty}^{r_R}E_{\text{cor}}\mathrm{d}r=-\int_{\infty}^{r_R}r_R\Omega B\mathrm{d}r,\tag{5.442.1}$$

积分自∞始，$r\to\infty$, $\boldsymbol{E}_{\text{cor}}\to 0$, B 取偶极磁场，积分得

$$\phi_{\text{cor}}^{r_R}=\frac{\Omega B_E R_E^3}{r_R}.\tag{5.442.2}$$

图 5.121a 中图即共转运动位势 $\phi_{\text{cor}}^{r_R}$ 在半径 r_R 处的等势线，对于共转运动，方程(5.439)—(5.441)同样成立．

进一步，可得

$$\psi_{\text{cor}}^{r_R}=\frac{\phi_{\text{cor}}^{r_R}}{2B}=\frac{\Omega r_R^2}{2}.\tag{5.443}$$

同样，图 5.121a 中图也同样为共转 $\boldsymbol{u}_{\text{cor}}$ 的流函数 $\psi_{\text{cor}}^{r_R}$，只要由 1/2 $\phi_{\text{conv}}^{\text{eq}}$ 取代原位势 $\phi_{\text{conv}}^{\text{eq}}$．这里与(5.440)对流运动不同，不再要求磁场 B 均匀，因为这里 $\phi_{\text{conv}}^{\text{eq}}$，$\psi_{\text{cor}}^{r_R}$ 和 $\boldsymbol{u}_{\text{cor}}$ 都只是 r 的函数．

到此，磁层赤道面内远离边缘带电粒子的两类运动：面向太阳的对流与地球共转运动，已表示为一，位势分布 $\phi_{\text{conv}}^{\text{eq}}$，$\phi_{\text{cor}}^{\text{eq}}$，二，流函数 ψ_{conv}，$\psi_{\text{cor}}^{r_R}$，分别绘于图 5.121a 左，中两图，而右图为两者合成的结果，即带电粒子在对流和共转电场共同作用下，在赤道面内运动速度 $\boldsymbol{u}_{\text{eq}}$，相应位势为 ϕ_{eq} 和流函数 ψ_{eq}．其中对流运动 $\boldsymbol{u}_{\text{conv}}$ 面向太阳，近乎均匀，共转运动 $\boldsymbol{u}_{\text{cor}}$，即地球自转速度，是以地球中心为圆心的同心圆轨迹，与地心距离 r 呈正比，沿反时针方向，在地方时晨 6 时，两者同向，即面向太阳方向，因而带电粒子在对流与共转电场共同作用下，运动速度将大于地球自转速度，即 $\boldsymbol{u}_{\text{eq}}>\boldsymbol{u}_{\text{cor}}$；当运动超过 6 时，如图所示，由于共转运动的 y 分量，粒子运动转向，但过 12 时，共转运动开始出现 $-x$ 方向分量，合成运动 $\boldsymbol{u}_{\text{eq}}$ 开始减速，若由 12—18 时，在任何时刻，$\boldsymbol{u}_{\text{eq}}$ 有 $-x$ 分量存在，则运动呈闭合轨迹，粒子仍处于内磁层等离子层内，否则，即任何时刻，$u_{\text{eq}}^{x}=0$，则运

动轨迹不再闭合，粒子将逃离等离子层；在昏晚 18 时，对流和共转运动反向，则不难相信，这里存在一点 $r=r_s$，有 $u_{\text{eq}}^x=0$，由方程(5.438)，(5.442.2)，可得

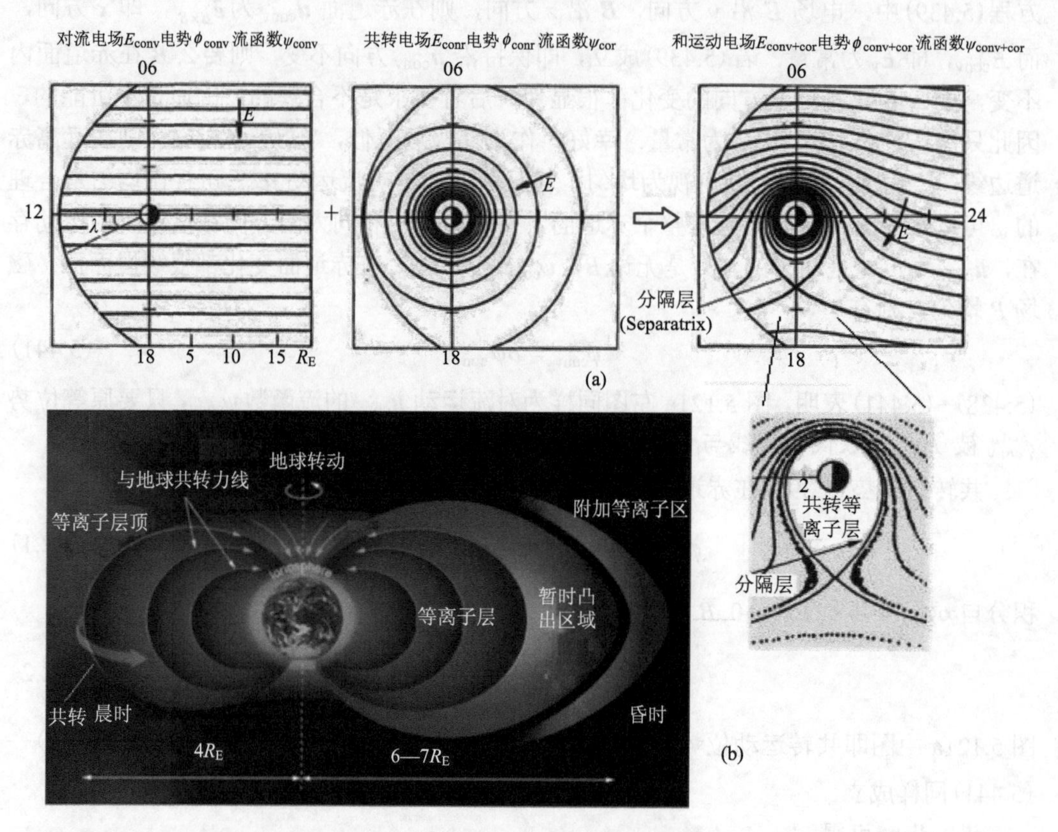

图 5.121　远离边缘赤道面内带电粒子的对流和共转运动

(a)左图，与对流运动相应的等势线 $\phi_{\text{conv}}^{\text{eq}}$，电场 $\boldsymbol{E}_{\text{conv}}$ 和流函数 ψ_{conv}，中图，共转运动的等位线 $\phi_{\text{cor}}^{\text{eq}}$，电场 $\boldsymbol{E}_{\text{cor}}$ 和流函数 ψ_{cor}，右图为对流和共转合成运动的等势线、电场和流函数．r_s 为“分隔层”，可以看出，内磁层等离子运动和结构相对 x 轴的不对称性，(a)图右下角为分隔层邻近区域的放大；(b)图为等离子层和等离子(顶)边界层三维模型

$$r_s = r(r_s, \lambda = \pi/2) = \left(\frac{\Omega B_E R_E^3}{E_y}\right)^{1/2}, \tag{5.444}$$

r_s 为常数，图中与之相应的封闭等势线，称作“分隔线”(separatrix)(相应磁层内立体结构则为“分隔层”)，线(层)内只有等离子层粒子，层外在对流电场作用下粒子沿 x 方向运动，不能进入线(层)内．由(5.438) $\phi_{\text{conv}}^{\text{eq}}$，(5.442.2) $\phi_{\text{cor}}^{r_R}$，当 $r=r_s$，有

$$\phi(r_s) = -E_y r_s - \frac{\Omega B_E R_E^3}{r_s} = A_{r_s},$$

则图中与 r_s 相应的等势线位势均为常数 A_{r_s}，即可得与之相应的等势线满足方程

$$f_s(r,\lambda) = -E_y r\sin\lambda - \frac{\Omega B_E R_E^3}{r} = A_{r_s}. \tag{5.445}$$

由(5.445)不难判断，分隔线 $f_s(r)$ 相对晨(6 时)($\lambda=3\pi/2$)-昏(18 时)轴($\lambda=\pi/2$)，即 y 轴对

称，而相对午(12 时)-子夜(24 时)轴，即 x 轴则不对称. 对于图 5.121a 右图任一等势线，包括闭合和不闭合，等势线方程则有

$$f(r,\lambda)=-E_y r\sin\lambda-\frac{\Omega B_E R_E^3}{r}=A, \tag{5.446}$$

与(5.445) $f_s(r,\ \lambda)$ 相同，方程(5.446)所描述的全部等势线 $f(r,\ \lambda)$ 相对 y 轴都对称，而相对轴 x 都不对称.

由“分隔层” s 为界的等离子层内外，与以前所述粒子成分、密度、动量和能量的截然不同相应，电势结构，从而对流运动也有基本差异，层内等势线闭合，层外则发散. 与之对应，数学上，前者有最大和最小值存在，而层外发散等势线则要么有极值，但为局部极值，要么不存在极值. 对方程(5.446)取微分，可得

$$\frac{\mathrm{d}x}{\mathrm{d}y}=\frac{2E_y y^2+Ay+E_y x^2}{E_y xy+Ax}. \tag{5.447}$$

求解曲线(5.447) $\mathrm{d}x/\mathrm{d}y=0$ 与等势线(5.446)交点 $(x_i,\ y_j)$ 的方程，是关于 x 的四阶方程，与图 5.121 右图等势线类型相应，方程的解分为三类：一，分隔层内，有两实根 (i=1，2，j=1)，即有切线 $x_1=a$，$x_2=-x_1$，$y=y_1$，在交点分别取最大和最小，这正是层内等势线之所以闭合的数学判据；二，层外紧邻分隔层，有四个实根，但为局部极值；三，层外与第二类相邻，无实根，因而不存在交点；而在交点取局部极值或没有交点正是等势线发散的数学判据.

对较为复杂的四实根解，第二类稍作分析也许是有益的. 为此，图 5.121 给出了层外紧邻分隔层稍微放大的图形，图中不难看出相对 y 轴两两对称，与四实根相应的四个极点和四条切线，$(x_i,\ y_j)$，$(-x_i,\ y_j)$，i=2，j=2，而其中两个解，即 $y_2\to r_s$，而 x 分别从左(0+)和右趋于 0，即 $x_2\to0^+$，$-x_2\to0^-$，则是仅第二类独有的极值 $x_2=0^+$，$-x_2=0^-$，则由方程(5.447)的解，

$$y=\frac{\dfrac{A}{E_y}\pm\sqrt{\left(\dfrac{A}{E_y}\right)^2-4x^2}}{4},$$

可以证明，只有，也只有当

$$y=\to y_s=r_s, \tag{5.448}$$

即在极点 (x_2,y_2)，$(-x_2,y_2)$，$f(r,\ \lambda)$ 趋于“分隔线” $f_s(r_s,\ \pi/2)$ 时，才是方程(5.446)，(5.447)的交点. 进一步，不难判断，在极点上，下斜率反向，在 0^+ 一侧，上，$\mathrm{d}x<0$，下，$\mathrm{d}x>0$，即随 y 增加，x 增加，因而这里是极点，但不是最大，等势线发散；同样，0^- 一侧也仅仅是极点，但不是最小. 第二类全部等势线都满足方程(5.448)，因而可以看到，图中等势线聚集似一“粗”线. 虽说如这节开头所述，物理上共转与对流运动在晨时一侧同向，在昏时一侧反向，从而有方程(5.445)决定了“分隔层” $f_s(r,\ \lambda)$，即决定了内磁层等离子层边界，即等离子层顶的位置. 但只有，也只有数学上确认三类等势线有封闭与发散之分，才算完整地证明了“分隔层”的存在，以及层内只有低能等离子层粒子，较高能

量的对流粒子绝无进入分离层内的物理事实. 到此，这里所讨论的仅仅是等离子层内低能量的带电粒子，而与能量有关的磁场梯度所产生的粒子漂移运动还远没有涉及，故图5.120,图 5.121 常称作低能粒子的运动；可以预料，当太阳活动增强，对流电场 $\boldsymbol{E}_{\text{conv}}$ 增加，则“分隔层”线度将缩小，当太阳活动极强，例如磁层亚暴期间，等离子层有时几乎可以消失，这时磁层赤道面的对流运动则必须考虑高能粒子的磁场梯度漂移.

(ii) 高能粒子的对流运动

带电粒子的梯度漂移分垂直梯度$\nabla_{\perp}B$ 和曲率$\nabla_{c}B$ 漂移两类(§5.1.5(5))，由式(5.114)，在赤道面内$\nabla_{c}B$=0，则只有$\nabla_{\perp}B$ 漂移，以绝热不变量粒子回转磁矩

$$\mu_G = \frac{mu_{\perp}}{2eB}$$

代入粒子漂移运动(5.126)，得

$$\boldsymbol{u}_{d\nabla} = -\frac{\mu_G}{B^2}\nabla_{\perp}B \times \boldsymbol{B}, \tag{5.449}$$

式中，回转磁矩μ_G与电荷有关，因此(5.449)离子为顺时针左旋运动，电子则作反时针右旋运动，相应的等效电场 $\boldsymbol{E}_{d\nabla} = -\boldsymbol{u}_{d\nabla} \times \boldsymbol{B}$ ，由矢量运算 $\boldsymbol{a} \times (\boldsymbol{b}\times\boldsymbol{c}) = (\boldsymbol{a}\cdot\boldsymbol{c})\,\boldsymbol{b} - (\boldsymbol{a}\cdot\boldsymbol{b})\,\boldsymbol{c}$, 得

$$\boldsymbol{E}_{d\nabla} = \mu_G \nabla_{\perp} B = \frac{3\mu_G B_E R_E^3}{r^4}\boldsymbol{e}_{\nabla B}, \tag{5.450}$$

则相应电势为

$$\phi_{\nabla} = -\frac{\mu_G B_E R_E^3}{r^3}, \tag{5.451}$$

式中，$\boldsymbol{e}_{\nabla B}$ 为∇B 方向单位矢量，不难发现，与共转运动相当，漂移电场 $\boldsymbol{E}_{d\nabla}$也沿半径指向地心，而ϕ_{∇}也只是 r 的函数，随 r 的增加而增加，则与对流电势合成的总位势有

$$\phi_{\text{eq}}^{\Sigma} = \phi_{\text{conv}} + \phi_{\nabla} = -E_y r \sin\lambda - \frac{\mu_G B_E R_E^3}{r^3}, \tag{5.452}$$

但要注意梯度漂移离子和电子漂移方向相反，离子顺时针，电子反时针. 因此与共转相反，离子在昏晚漂移速度与对流同向，在晨时反向，则“0”速度点，将在晨 6 时方向，可得

$$r_{A+} = \left(\frac{3\mu_G B_E R_E^3}{E_y}\right)^{1/4}, \tag{5.453}$$

而电子“0”速度点，r_{A-}在 18 时，只需把方程中μ_G置换为相应电子的不变量. 与方程(5.452)相应的等势线$\phi_{\text{eq}}^{\Sigma}$ 以及流函数$\psi_{\text{eq}}^{\Sigma}$ 绘于图 5.122，左为离子，右为电子；可以看到，离子与对应的凸“轮”在晨时一侧，电子在昏晚一侧，图中“分隔层”称作阿尔芬(Alfvén)层，与图 5.121 对流与共转运动相同，层内只有梯度漂移粒子，对流粒子绝不能进入层内；等势线的几何结构与图 5.121 相似；物理上，方程(5.453)有与(5.444)一样对对流电场 E_y 的依赖关系，因而当太阳活动增强时，离子和电子所形成的阿尔芬层(图 5.122)也将收缩，但不同的是，(5.444)所决定的“分隔层”与粒子能量无关，而(5.453)中阿尔芬层尺度与粒子能量相关联，太阳活动增强，粒子能量加大，则将导致阿尔芬层膨胀，收缩和膨胀双重作用下阿尔芬层的尺度则只能由方程(5.453)决定；最后，两者间还有一项不

同，即分离层内共转运动的带电粒子呈中性状态，而在阿尔芬层内漂移的正负带电粒子在凸“轮”部位所经受的物理和运动状态不同. 不难相信，在正离子凸“轮”处(左图)将有过剩的电子，相反，在右图同样部位则有过剩的离子，因而形成沿$-y$方向的电场，与对流电场 E_y反向，因此对对流电场有抵消(屏蔽)作用.

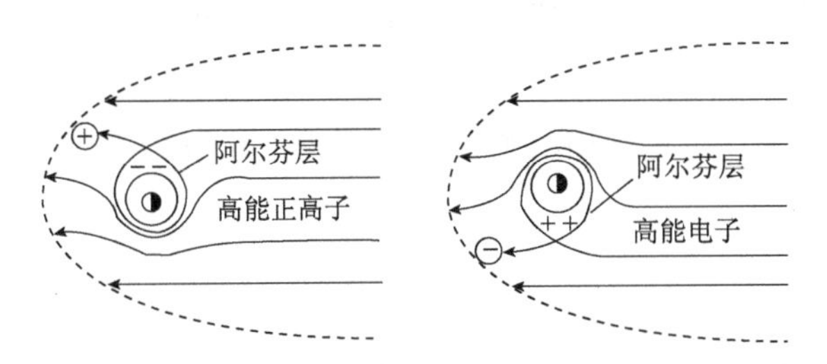

图 5.122 磁层赤道面内对流与磁场梯度漂移的合成运动

左为离子运动，右为电子运动，分别为离子和电子对流和漂移粒子的阿尔芬层，与图 5.121 相似，层内只有漂移粒子，对流粒子无法进入层内

5.6.5 磁层电流体系

磁层电流体系是磁层几何和物理结构的直接结果，是磁层物理的重要组成部分，但下面将会看到它并非与磁层几何和物理各部分相平行. 例如，正是图 5.123 中层内磁层顶电流、磁尾和中性带电流以及环电流等三类电流决定了磁层几何和物理基本结构，考虑磁尾和中性带电流与磁层顶电流属同一体系，因此把磁层电流分为三小节：①磁层电流的形成；②磁层顶电流系统，包括磁层顶电流、磁尾和中性带电流、一区场向电流(FAC-1)、亚暴场向电流和磁层亚暴；③环电流系统，包括环电流、部分环电流和二区场向电流(FAC-2).

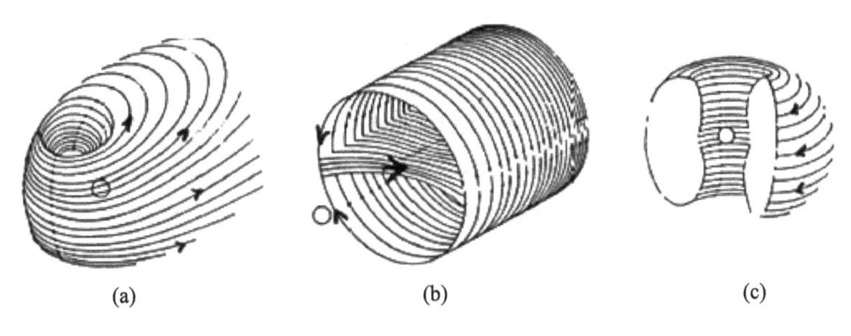

图 5.123 磁层电流

(a)磁层顶电流呈东西向(反时针)流动；(b)磁尾和中性带电流：绕桶状磁尾两个闭合回路，上半环反时针，下半环顺时针；(c)环电流：绕地球东西向流动，构成磁层的基本电流系统，决定了磁层几何和物理的基本结构，其他电流都由三者派生而来

(1)磁层电流的形成

(ⅰ)磁层顶、磁尾和环电流

太阳和磁层等离子介质运动方程，当忽略重力时，有

$$\rho_m \frac{\mathrm{d}\boldsymbol{V}}{\mathrm{d}t} = -\nabla P + \boldsymbol{j} \times \boldsymbol{B}, \tag{5.454}$$

式中，ρ_m 为粒子的质量密度，以与电荷密度ρ_e相区别，$\boldsymbol{V}$ 为粒子运动速度，在磁层顶为太阳风速 V_{sw}，在磁层内为对流运动速度 $\boldsymbol{u}_{\mathrm{conv}}$．考虑我们主要关注最基本的物理过程，假定太阳风与磁层顶、对流运动与磁场都处于动力平衡状态，则方程(5.454)成为

$$\boldsymbol{j} \times \boldsymbol{B} = \nabla P, \tag{5.455}$$

即磁层内电磁力与运动介质热压相平衡．用磁感应强度 $\boldsymbol{B}$ 矢量叉乘(×)方程两侧，或应用方程(5.120)，可得

$$\boldsymbol{j}_{\perp} = \frac{\boldsymbol{B} \times \nabla P}{B^2}, \tag{5.456}$$

式中，$\boldsymbol{j}_{\perp}$表示与磁场垂直的电流．(5.456)表明，当系统与“外来”作用相平衡时，电流$\boldsymbol{j}_{\perp}$由当地的压强分布∇P和磁场 $\boldsymbol{B}$ 决定，对图 5.123 磁层三大电流，磁层顶和磁尾电流完全适用，对环电流中主要部分“形式”上成立．

环电流是带电粒子在磁层磁场 $\boldsymbol{B}$ 和磁场梯度$\nabla_{\perp}B$ 作用下的漂移运动(方程(5.131))，记作 $\boldsymbol{j}_d$. 容易得出，若磁场可视为偶极场，则漂移运动方向 $\boldsymbol{B} \times \nabla_{\perp} B = (-3B^2 / r)\hat{\boldsymbol{e}}_{\lambda}$，为指西向圆环，故而得名“环电流”. 由(5.131)，若只考虑赤道面和能量远超过投射角 α_{eq}=90°的离子运动，立得

$$\boldsymbol{j}_d = \frac{nw}{B^3} \boldsymbol{B} \times \nabla B, \tag{5.457.1}$$

式中，$w = m_i u_{\perp}^2 / 2$ 为单一离子运动能量，n 为离子密度．如果假定

$$\boldsymbol{F} = -\nabla P = -\frac{nw}{eB^3} \nabla B,$$

则(5.456)形式上对环电流仍然适用．若取偶极近似，则(5.457.1)成为

$$j_d^r = -\frac{3nwr^2}{B_{\mathrm{E}} R_{\mathrm{E}}^3} \hat{e}_{\lambda}, \tag{5.457.2}$$

式中，R_{E}，B_{E} 分别为地球赤道半径和赤道边缘地球偶极磁场，j_d 附一角标 r，以强调它与地心距有关．利用关系 $j_d \mathrm{d}v = J_R^r \mathrm{d}l$，$\mathrm{d}v$ 为赤道半径 r 处介质体积元．假定在赤道半径 r 处有一截面为ΔS 绕地球的圆环，ΔS 如此之小，在环内磁场 $\boldsymbol{B}$，∇B 可视作均匀，则对 j_d 积分，由(5.457.2)得环内总电流

$$I_t^r = -\frac{3W_r r^2}{B_{\mathrm{E}} R_{\mathrm{E}}^3},$$

式中，$W_r = \iiint_{V_{\nabla s}} nw\mathrm{d}v$ 为圆环ΔS 内的离子总能量，由$\int \mathrm{d}l$=2πr，则可得，在半径 r 处通过圆环截面ΔS 电流强度（$I_t^r / 2\pi r$）为

$$J_r = \frac{3W_r r}{2\pi B_{\mathrm{E}} R_{\mathrm{E}}^3} = \frac{3W_r L}{2\pi B_{\mathrm{E}} R_{\mathrm{E}}^2}, \tag{5.458}$$

方程(5.458)表明，赤道面半径 r 圆环漂移运动单位元长度电流密度 J_r 与 L，即 r 成正比．

（ii）磁层电流的磁效应

前已指出，正是在太阳风作用下形成的磁层顶和磁尾电流 $J_{\perp}$，改变了原以偶极磁场为主要特征的地磁场，从而形成如图 5.101b 所示磁层位形和夜间一侧延伸可远到超过 1000 余 R_E 的尾状几何；而环电流 J_r 则是在内、外磁层交界区域形成，是§5.4.3(1)地磁场磁暴时变化 D_{st} 的物理源．在§5.6.1(5)图 5.97b 中，曾讨论磁层顶电流，称为"平面"模型，不要看它与图 5.213a 磁层顶电流几无相同之处，实则它确是亚太阳点磁层顶，及其邻域很大范围电流和磁场以及两者关系的很好描述．道理很简单，磁层顶任一点，例如亚太阳点磁层顶，向四周延伸可达至少 $30R_E$ 远，把邻近，例如几个地球半径范围视作平面，应是可以接受的近似．这样，§5.6.1(5)图 5.97b 平面模型及其所有结果对磁层顶和磁尾中性带电流都适用．例如，如图 5.124 所示，薄层厚度为 δ，单位长强度为 $J_{\perp}$的磁尾中性带面电流，应用安培定律于薄层两侧，可得

$$J_{\perp}=\frac{2B}{\mu_0}, \tag{5.459}$$

即磁层顶电流 J_{mp}，磁尾磁层顶电流 J_T，以及磁尾中性带电流 $J_N(=J_{\perp})$ 可由当地的磁场估算．但需注意，式(5.459)中 B 仅仅是与之相应的电流所产生的磁场，J_{mp} 和 J_T 所在地的磁场还含有原地磁场．而电流的磁效应，在磁层顶外抵消原偶极磁场，在层内则原磁场加倍，而中性带上(北)下(南)两侧磁场相等相反，即在磁层顶穿过电流(边界)薄层，磁场跃变为当地磁场的两倍，即 $2B$；而如图 5.213b 所示，上、下磁尾磁层顶电流与中性带电流构成闭合回路，因此 $J_N\simeq 2J_T$，磁尾磁层顶内侧与中性带两侧有几近等同的磁场强度．

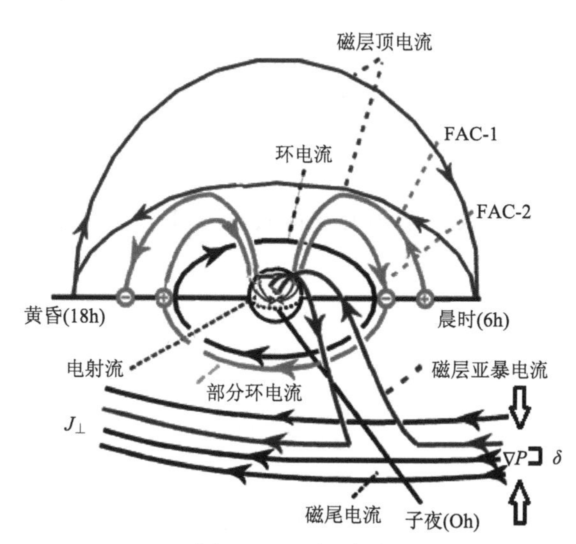

图 5.124　磁层电流

磁层 $J_{\perp}$电流总是伴随有 $J_{/\!/}$，即场向电流 FAC：磁层顶电流和 FAC-1；环电流，部分环电流和 FAC-2；磁尾中性带电流和亚暴场向电流

与磁层顶和中性带可视作面电流不同，环电流为圆环状．由(5.458)可得，电流 J_r 在地心产生的磁场扰动

$$\delta B_d = -\frac{\mu_0 J_r}{2r} = -\frac{3\mu_0}{4\pi}\frac{W_r}{B_E R_E^3}\hat{e}_z, \tag{5.460.1}$$

而方程(5.458)表明，$J_r \propto r$，因此由(5.460.1)，赤道面内环电流在地心的磁效应与电流所处圆心距 r 无关，可以漂移电流相应的粒子总能量 U_R 取代(5.460.1)中位于 r，ΔS 圆环内的能量 W_r，则可得全部环电流在地心产生的磁场扰动

$$\Delta B_d = -\frac{3\mu_0}{4\pi}\frac{U_R}{B_E R_E^3}\hat{e}_z, \tag{5.460.2}$$

式中，“−”号意味着西向环电流磁效应倾向于减少原偶极磁场. 带电粒子除漂移运动外，还有绕磁场的回转运动，与之相应的磁矩 μ_g 在地心产生的磁场

$$\delta B_\mu = \frac{\mu_0}{4\pi}\frac{\mu_g}{r^3},$$

将 $\mu_g = mu^2/2B$ 代入，则与单个粒子回转相应的磁扰

$$\delta B_\mu = \frac{\mu_0}{4\pi}\frac{W}{B_E R_E^3}, \tag{5.461.1}$$

同样全部粒子磁效应，有

$$\Delta B_\mu = \frac{\mu_0}{4\pi}\frac{U_R}{B_E R_E^3}. \tag{5.461.2}$$

与环电流减少原偶极场不同，回转效应则加强原磁场，两者相加，有

$$\Delta B_\mu = -\frac{\mu_0}{2\pi}\frac{U_R}{B_E R_E^3}, \tag{5.462}$$

总效应(5.462)取负，即电流扰动将减少原偶极场，主要表现在水平分量，§5.4.3(1)地磁场磁暴时变化 D_{st} 主相期间地磁场的下降，即带电粒子漂移(环电流)和回转运动共同的磁效应.

(iii) 场向电流

§5.6.1(3)对场向电流有较多讨论，这里简要概括如下：传导电流 $\boldsymbol{j}$ 应满足方程 $\nabla\cdot\boldsymbol{j}=0$，则(5.459) $\boldsymbol{j}_\perp$，要么满足

$$\nabla_\perp j_\perp = 0, \tag{5.463.1}$$

要么有

$$\nabla_\perp j_\perp + \nabla_{/\!/} j_{/\!/} = 0, \tag{5.463.2}$$

即若(5.463.1)不成立，则由(5.463.2)一定存在 $\boldsymbol{j}_{/\!/}$，且有

$$\begin{aligned} \nabla_{/\!/} j_{/\!/} &= -\nabla_\perp j_\perp, \\ j_{/\!/} &= -\int_0^\delta \nabla_\perp j_\perp \mathrm{d}l_{/\!/} = J_\perp. \end{aligned} \tag{5.464}$$

如图 5.124 所示，$j_\perp$ 薄层电流厚度，(5.463.1)成立，已假定在薄层 $\nabla_\perp j_\perp$ 沿力线在厚度 δ 内不变. 观测和分析都表明，即使在太阳活动平静时期，(5.463.1)成立或近似成立，当太

阳活动增强，特别是 IMF 取南向时，伴随太阳风和磁层对流强度，或粒子密度增加，(5.463.1)不可能成立，因此在磁层内总有场向电流(FAC)存在，可以这样说，磁层内凡有$j_{\perp}$的地方，一定有 FAC. 图 5.124 显示，磁层顶电流$j_{\perp}$伴随有一区场向电流，FAC-1；环电流 $j_{\perp}$伴随有二区场向电流，FAC-2；中性带电流 $j_{\perp}$伴随有磁层亚暴场向电流. 但沿磁力线方向的电场很弱，因此场向电流的载流子通常为电子.

(iv)电离层电流

如§5.6.2(2)所述，电离层与磁层是统一的整体(Kelley, 2009)，两者有多种耦合方式，与这里相关的有：①连接磁层与电离层的磁力线是等势线，因而有如图 5.114a 所示高纬度磁层和电离层的对流运动；②场向电流: 沿力线运动的电子被电场加速，并在电离层产生西东向电子射流，相应电流即东西向彼德森(Pedersen)电流，同时高速电子与大气原子和/或分子碰撞激发不同频率的光辐射发出极光和 X 射线. 图 5.125 左图同时标出 1 区和 2 区场向电流以及电离层彼德森和霍尔电流(§5.6.1(4))，而右图则是左图电离层电流的放大，和图 5.119 相似，但包含更多信息，诸如极隙、等离子层、环电流、等离子带等在电离层的投影，特别是图中标出了“极隙场向电流”，较 1 区场向电流位于更高纬度，在极隙白天上午一侧流入电离层，在下午一侧流出电离层与极隙电流 (图 5.123a)构成闭合回路.

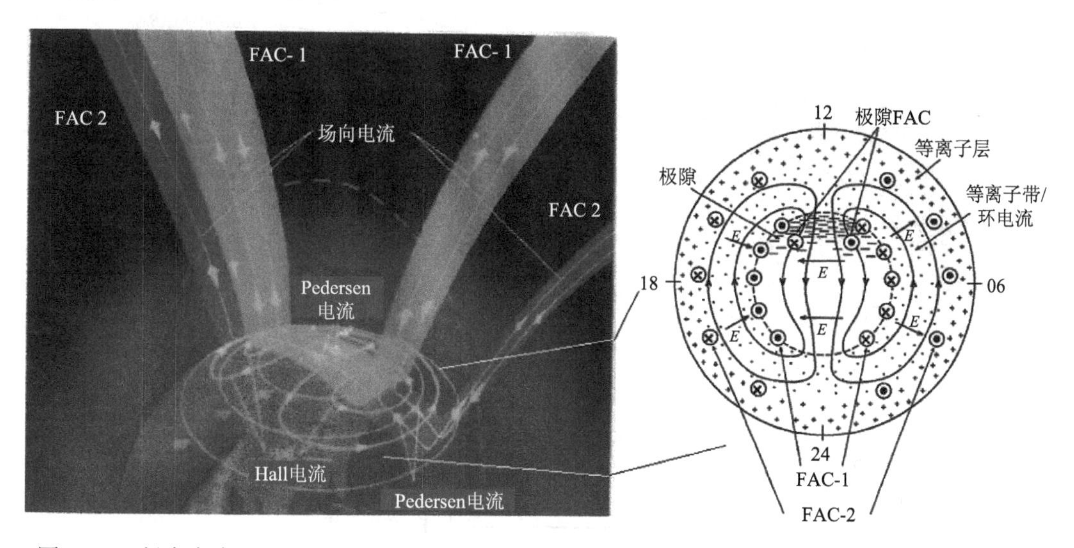

图 5.125 场向电流 FAC-1，FAC-2 和极隙场向电流，以及电离层彼德森(Pedersen)电流和霍尔电流

(2)磁层顶电流系统

(i)磁层顶、磁尾和中性带电流

磁层顶电流即查普曼-费拉罗(Chapman-Ferraro)电流，图 5.126a 与 5.123a 相同，只是少许放大，并同时标出磁场，因正是太阳风和磁场决定了磁层顶电流，太阳风虽是主导，但方向没有变化，而标出磁场，则电流，特别是电流方向就几乎可以确定，何况这些图都是示意的. 图 5.126a 或 5.123a 所示称作磁层顶电流，这部分位于距地球约 30—40$R_{\rm E}$ 以内，其特征是电流在磁层顶闭合；而远离地球 40$R_{\rm E}$ 以外的电流称作磁尾电流，

包括磁尾磁层顶电流和磁尾中性带电流，其特征主要如图 5.126b, c 与图 5.123b 所示，即形几近圆柱状，磁尾磁层顶电流绕圆形柱面流动，在磁尾北瓣沿反时针，磁尾南瓣沿顺时针方向，北、南两瓣电流在近赤道面合流与晨昏向中性带电流构成闭合回路(图 5.126c)．磁层顶电流磁场加磁层原偶极磁场形成如图 5.126 所示的磁层顶几何，是太阳风与磁层相互作用的结果．§5.6.2(1)“磁层顶形状”一节曾说明，太阳风作用于磁场的动压是决定层顶形状的 3 个条件之一，即方程(5.382.3)，其结果如图 5.97b 所示，磁场被压缩，亚太阳(subsolar)点的位置 $r_{\text{mp-s}}$，平均距地球约 $10R_{\text{E}}$，在极区南/北 $r_{\text{mp-p}}$，晨/昏两侧 $r_{\text{mp-d}}$ 将大于 $10R_{\text{E}}$，在磁尾方向 $r_{\text{mp-t}}$ 将远大于 $10R_{\text{E}}$，与之相当，图 5.123a 和 5.126a 显示，磁层顶电流流线在亚太阳点周围最密，向四周扩展，愈见稀疏，磁尾方向更甚；若取太阳风平均速度 400km/s，磁场为偶极场，则由方程(5.459)可得磁层顶电流，单位长度平均强度约 20mA/m；其次，决定磁层顶形状另外两个方程(5.382.1)，(5.382.2)是磁场与层顶相切的数学表述，物理上是电导无穷大的太阳风不能穿越磁场的必然，而电磁力

$$\boldsymbol{j}\times\boldsymbol{B}=\nabla\frac{B^2}{2\mu_0}+(\boldsymbol{B}\cdot\nabla)\boldsymbol{B}, \tag{5.465}$$

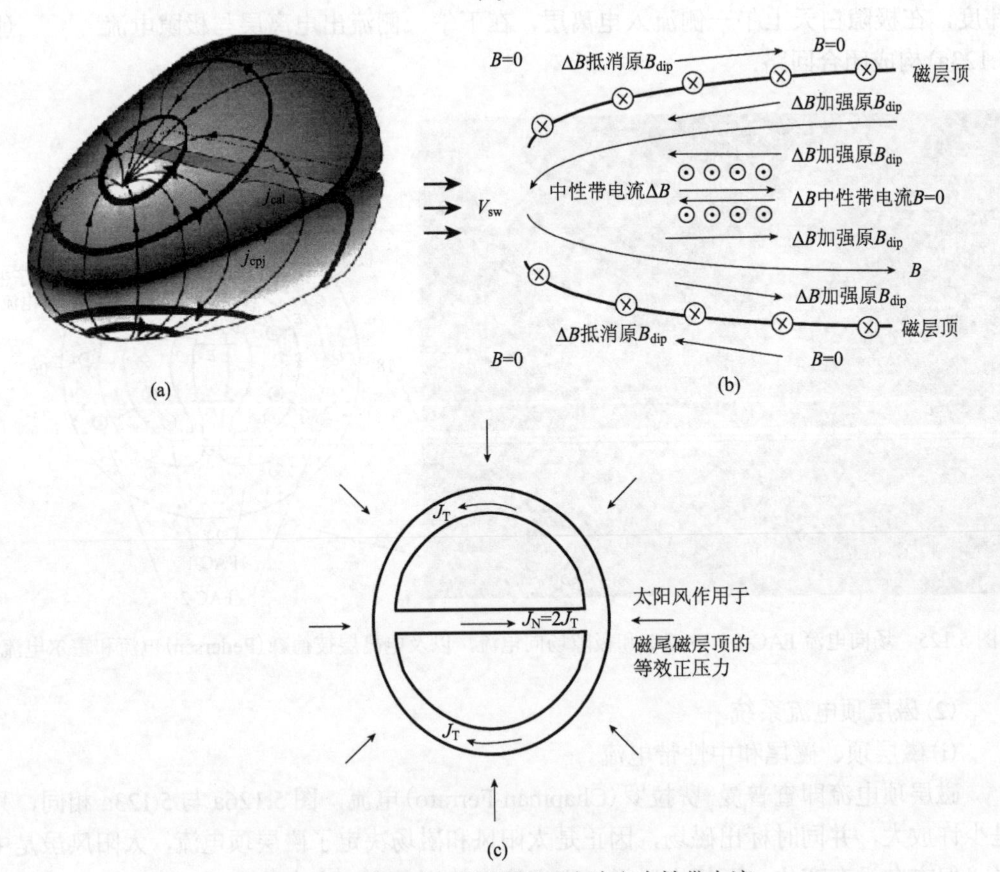

图 5.126 磁层顶、磁尾磁层顶电流和中性带电流

磁层电流系统不仅过程复杂，结构，特别是立体结构，空间分布，相互关系也很复杂，因此这里用多种图形、从不同视角、不同组合来展现磁层电流；图 5.126a 为磁层顶电流图 5.123a，赤道以北反时针，以南顺时针流动，在层顶闭合；图 5.126b,c 为柱状磁尾磁层顶电流以及由晨时一侧流向昏晚一侧的中性带电流，两者在赤道汇聚为闭合回路图 5.123b

式中，右侧第一项即与太阳风动压平衡的磁压，第二项即电磁张力与$-x$方向的拉伸力相平衡. 不难发现，与§5.6.1(5)图 5.97 平面层顶模型不同，那里磁场，即z方向磁场均匀，电磁张量为 0，即使非平面模型，在亚太阳点层顶电磁张量也为 0. 方程(5.465)电磁张力项表明，随着太阳风的拉伸，沿太阳风，即$-x$方向磁场增强，当离开地球足够远时，磁尾即几近柱状，磁场北、南瓣分别沿x和$-x$方向. 如前所述，这时磁尾磁层顶电流，在北瓣将沿反时针，南瓣则沿顺时针方向(图 5.123b，图 5.126b，c)，那反向流动的北南磁层顶电流将如何闭合？进一步，磁尾北瓣层顶电流在层内磁场沿x方向，南瓣指$-x$方向，考虑到太阳风作用以及磁场相对赤道的镜像对称，则在近赤道面北与南瓣磁场应相反，相等，而物理上相反相等磁场中间必有电流相隔；三，但查普曼-费拉罗(Chapman-Ferraro)封闭磁层模型，磁层内无电导介质等离子，因而不可能有电流存在，因而磁层结构和电流都要求有诸如§5.6.2(2)以重联为基础的 Dungey 磁层内对流模型(Dungey, 1961)，即磁尾等离子带或中性带电流的存在，这样磁尾磁层顶电流与中性带电流闭合，中心位于赤道面内的中性带电流北南两瓣磁场相反，相等；同样按式(5.459)，磁尾磁场$B_T \approx 20$ nT，电流密度$J_N \approx 16$ mA/m，磁尾延伸达约$1000R_E$，总电流可达10^8A.

(ii)一区场向电流

一区场向电流，常缩写作 FAC-1,是高纬磁层顶电流式(5.431)$j_\perp(J_{mp})$的分流$j_{//}$，如图 5.124, 图 5.125 和图 5.127 所示，在磁尾晨时一侧沿力线流入电离层，在电离层高纬极盖区由晨时向黄昏，在黄昏一侧再沿磁力线返回磁层顶. 场向电流的主要载流子是电子，沿磁力线被加速的电子与电离层，地球高层大气中原子和分子碰撞是高层大气极光和 X 射线辐射的基本物理过程(图 5.128).

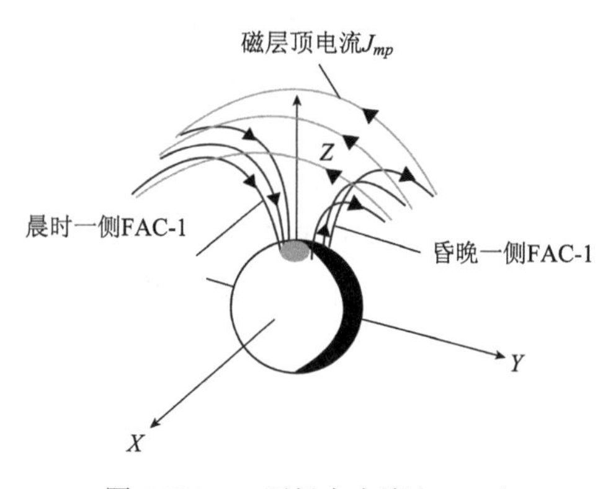

图 5.127　一区场向电流(FAC-1)

高纬度磁层顶电流发散，特别当太阳活动强烈时，由晨时一侧沿磁力线流入电离层，再在电离层，由晨时流向昏晚(彼德森电流)，再沿力线返回与磁层顶电流形成闭合回路，图 5.124，图 5.125 与 FAC-2，电离层对流运动，电场$\boldsymbol{E}$等一起，描绘了 FAC-1 的相对分布

(iii)磁层亚暴和亚暴场向电流

在变化磁场一节§5.4.3(4)已经讨论过磁层亚暴，现在我们已经有了磁层物理的基础常识，应已具备条件对亚暴物理有较完整的认识.

亚暴物理：亚暴物理即高纬度磁层对流运动的物理过程(§5.6.2(2)，图 5.114，图

5.115，图 5.117），图 5.117 把图 5.114-5 所描绘磁层对流过程综合为四个阶段. I: 在太阳风作用下，亚太阳点磁层顶北向磁场与南向 IMF 重联，太阳风运动能量通过电磁能量转化为等离子热运动能量，带电粒子 $\boldsymbol{E}\times\boldsymbol{B}$ 对流沿背离太阳方向运动，在距地球约 30—60R_E，对流改变方向进入阶段 II; II: 这时，磁场由原以南向为主而变为以指向地球(磁尾北瓣)，背离地球(南瓣)为主，$\boldsymbol{E}\times\boldsymbol{B}$ 对流改变方向，北、南两瓣粒子分别向下和向上同时指向磁尾中性带运动，因而磁尾等离子带∇P 增加，导致中性带电流 $J_\perp$和磁场 B 的增强，而方程(5.358)显示，$\boldsymbol{B}$ 的增强将抑制 $J_\perp$的增加，最后系统趋于饱和，满足方程(5.456)，这与图 5.128a 磁层亚暴增长相(growth phase)相对应，其能量过程是粒子运动与磁场作用，磁尾等离子带粒子热运动能量转化为电磁能量，即中性带电流 $J_\perp$，等离子带磁场的增加，并储备于磁尾，直至$\nabla\cdot J_\perp$不再等于“0”($\nabla\cdot J_\perp\neq 0$)，甚至部分中性带电流 $J_\perp$中断，场向电流 $J_{/\!/}$ 形成，磁层对流至阶段 III，相应亚暴进入“扩展相”(expansion phase)(图 5.128b)；III：除场向电流的形成， 向下和向上同时指向磁尾中性带∇P 的增加，另一直接结果就是中性带上下反向磁场相遇，重联发生，磁尾“尾”状磁场重偶极化，$\boldsymbol{E}\times\boldsymbol{B}$ 对流由 III 到 IV，一个周期结束，持续约 4—6 小时；这一阶段，即从场向电流形成到对流一周，磁尾系统在阶段 II 积累的电磁能量，通过电离层彼德森电流和磁场重联而消耗，直至殆尽，转化为粒子热运动能量，亚暴进入恢复相(recovery phase)，中性带电流及其相应的尾状磁场恢复.

亚暴场向电流：磁尾中性带电流发散形成场向电流是亚暴进入扩展相的标志(图 5.128b). 亚暴场向电流与前述 FAC-1 并无不同，只是 FAC-1 是磁尾磁层顶电流发散的结果，而亚暴场向电流是中性带电流发散的结果(图 5.124)，而磁尾磁层顶电流和中性带电流是同一闭合电流的不同部位而已，两者都是由磁尾晨时一侧流入，从昏晚一侧再返回原电流系统，同样在电离层将产生彼德森和霍尔电流. 前者 $J\cdot E>0$，相应焦耳热耗损是亚暴进入扩展相能量释放，即卸载的主要途径之一，在 Akasofu 亚暴模型称卸载(UL)分量(见§5.4.3(3))，因是亚暴场向电流的直接结果，故只在亚暴扩展相存在；而霍尔电流 $\boldsymbol{J}\cdot\boldsymbol{E}=0$，无能量耗损，是磁层高纬度对流的直接结果，故在亚暴三相过程中都存在，在 Akasofu 模型中称作直接驱动(direct driving，缩写为 DD)分量.

极光亚暴：所有场向电流，包括下节 FAC-2，载流电子在沿磁场方向电场 $E_{/\!/}$作用下加速，当到达高层大气与中性原子、分子碰撞，当能量足够强时，激发出光和 X 射线辐射，称极光亚暴和 X 射线亚暴(Swift, 1979). 图 5.128c 示意地显示在高速电子的轰击下，极光亚暴和 X 射线亚暴的形成.

(3) 磁层环电流

(i) 环电流和部分环电流

环电流是内磁层高能量带电粒子在非均匀(近偶极场)磁场中漂移运动所产生的西东向电流，因与粒子能量成正比，故低能量粒子，如等离子层粒子和电子几无贡献；因偶极场及其梯度相对地球极轴的旋转对称性，如若假定内磁层带电粒子及其能量同样也具轴对称性，则可假定$\nabla\cdot\boldsymbol{J}_R=0$ 成立，这与环电流的对称部分相对应；对称环电流即使在太阳平静期间也存在，这时环电流粒子主要源于内磁层外辐射带. 但当太阳活动增强，特

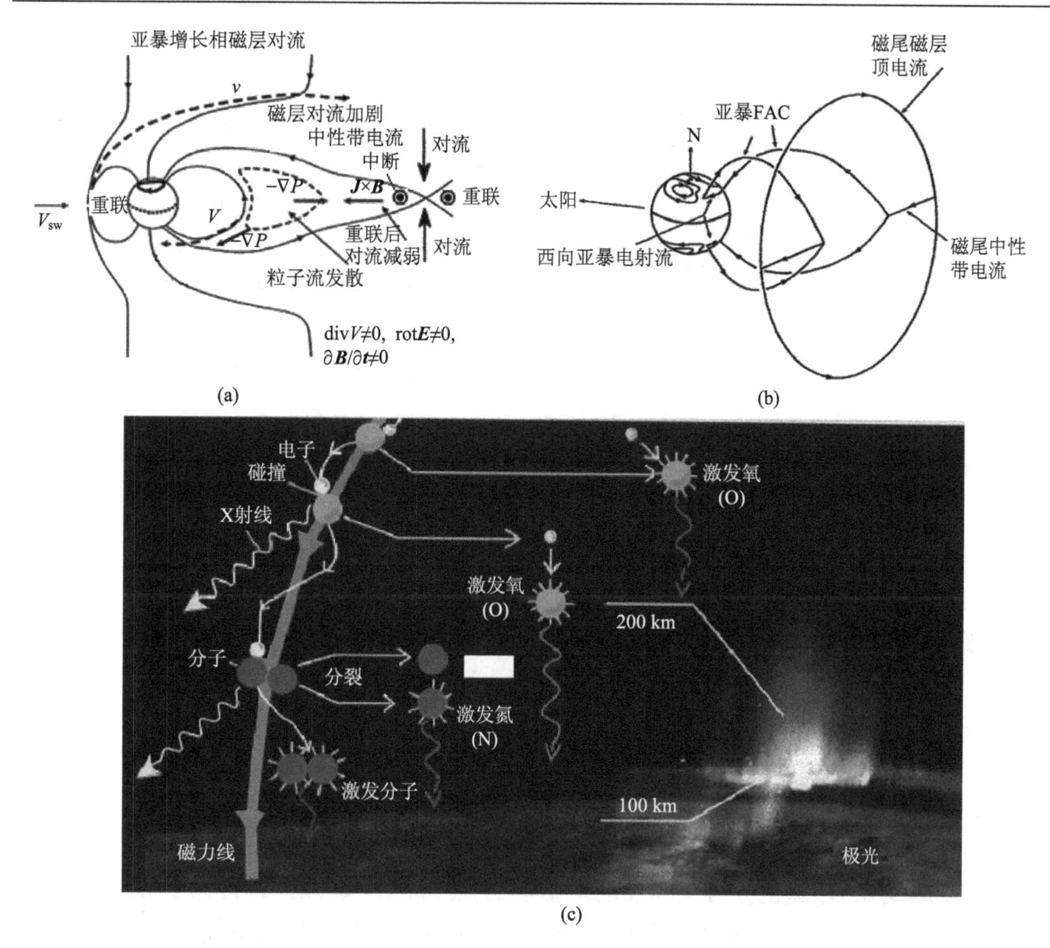

图 5.128　磁层亚暴、亚暴场向电流和极光亚暴示意图

(a) 亚暴增长相：从对流背离太阳转向磁尾中性带方向始，至亚暴场向电流形成前；(b) 亚暴扩展相：自场向电流形成始至电离层彼德森和霍尔电流形成，后进入恢复相；(c) 场向电流载流电子在沿磁场方向电场 $E_{//}$作用下加速，当到达高层大气，与中性原子、分子碰撞而激发极光亚暴、X 射线亚暴

别是 IMF 取南向时，与地磁场重联，太阳风携太阳等离子越过极盖，进入磁尾，转向磁尾等离子带，等离子带粒子及其热运动能量将极大增加，并向近地球方向运动，部分注入原已存在的对称环电流，形成部分环电流，主要位于磁尾，即夜间一侧(图 5.129)，因而不再相对极轴对称，$\nabla\cdot \boldsymbol{J}_R\neq 0$；发散的环电流将沿磁力线流动，形成场向电流，称二区场向电流，记作 FAC-2，与部分环电流构成闭合回路(图 5.129)，环电流多集中在 2—6R_E，以 4R_E 最强(Walt, 2005)，强烈扰动时可更近地球，可到 1.5R_E，而远可达 9R_E. 到此已不难看出，环电流，包括部分环电流，粒子主要来源于磁尾等离子带，少部分是来自外辐射带，成分有：H^+，α，来自太阳风；O^+，He^+，来自电离层；平静时对称环电流以 H^+为多，扰动时 O^+极大增加，有时可超过 H+(Merrill, 2010；Kozyra and Liemohn, 2003).

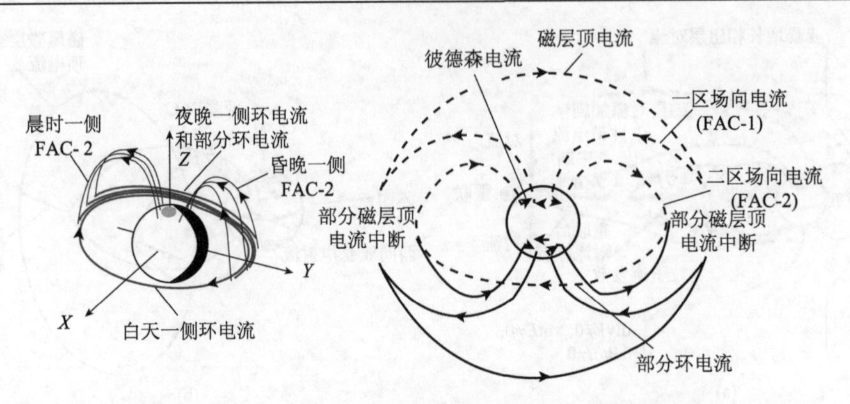

图 5.129　环电流、部分环电流和二区场向电流示意图

为了比较右图同时绘出一区和二区场向电流，二区场向电流是较一区场向电流纬度要低的部分环电流发散，而沿磁力线在昏晚一侧流进电离层，在晨时一侧流出再和部分环电流形成闭合回路，在电离层内，与一区场向电流一样，与彼德森和霍尔电流“汇聚”

(ii) 二区场向电流

部分环电流发散，形成二区场向电流，常记作 FAC-2，在昏晚一侧流入电离层，在晨时一侧返回部分环电流，图 5.129 示意地标出环电流、部分环电流以及 FAC-2 在磁层的分布，其中右图同时给出 FAC-1；可以看到，FAC-1 分布在极盖区，约纬度 70°以上，FAC-2 纬度较低，分布在极光带约 65°以上；当太阳活动强烈时，两者都会下移，有时 FAC-2 可低到 40° (Ganushkina et al., 2012; Daglis et al., 1999).

(iii) 磁暴时变化 D_{st}

磁暴时变化 D_{st} 随世界时全球性的地磁场的强烈扰动，§5.4.3 (1) 讨论了 D_{st} 的时空分布并指出，其源来自太阳强烈活动所伴随的磁层赤道环电流．现已讲述了环电流的产生和分布，作为实例，这里给出 2000 年 4 月 (图 5.130)，2009 年 7 月 (图 5.131) 两个 D_{st} 和相应磁层电流观测和分析结果：一，图 5.130 上图按强弱顺序给出了 2000 年 4 月 6—13 日磁层电流，包括中性带电流，部分环电流，FAC-1，对称环电流以及 FAC-2 电流总强度；下图相应 4 月 6—7 日磁暴时 D_{st} 随时间的演变，最低达近 300 nT 的下降，为最烈磁暴；不难推测，虽部分环电流和磁尾电流峰值分别达 11MA 和 24MA，为对称环电流约 5MA 的 2 和 5 倍之多，但由于几何分布，前者要较对称环电流远离地面，对称环电流仍然是 D_{st} 相对主要来源，图中还可以看出，在磁暴急始后 6—7 小时几乎全部电流都趋于极大；由于 IMF 由原南向改为朝北，除对称环电流外，其他电流几乎在同样 6—7 小时，迅速衰减到最低；而对称环电流却用了几天的时间；这一则由于几何位置的不同，对称环电流位于内磁层，离磁层最活跃的区域等离子带较远，因而较为稳定，还有则是粒子来源和逃逸机制的不同．4 月 11 日还有一起很弱的 IMF 朝南事件，图 5.130 中电流和磁场都有明显的显示．最后还要指出，图中所示均为积分电流，即由电流密度沿厚和宽两维积分而得，而磁尾电流 i_T 可延伸达 $1000R_E$，而如图中所示，这里虽仅限于 $r \geqslant -20R_E$ 的范围，但仍较其他电流要宽很多 (Tsyganenko and Sitinov，2005)．若取磁尾电流宽 $1000R_E$，可估算总电流可达 10^9A，比以前平均仅由磁场强度估算 10^8A 超出一个量级，对于一起最烈事件，这样的差异应属合理范围．

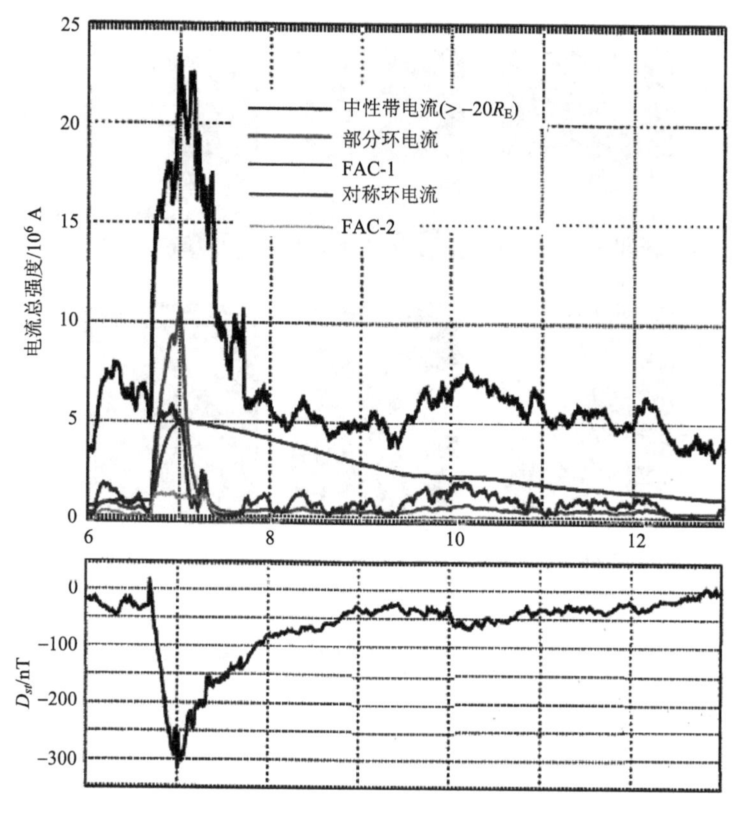

图 5.130 2000 年 4 月 5—10 日磁暴时 D_{st} 和磁层电流

包括(由上而下按强度顺序排列)磁尾电流、部分环电流、一区场向电流、对称环电流和二区场向电流(Tsyganenko and Sitinov, 2005)，由于几何位置，对称环电流离地面最近，虽对称环电流远小于部分环电流和磁尾电流，对称环电流仍然是磁暴时变化 D_{st} 的第一物理源，至于 FAC-1, 2, 第一，如§5.6.1(2)所述将与电离层彼德森电流几近相抵，第二，霍尔电流，则正是磁暴过程所伴随的扰日变化 D_s 的电流源(§5.4.3(2))

在太阳平静周期内，2009 年 7 月 22—23 日发生一起太阳活动和磁层扰动事件，图 5.131 给出电流密度的分布(上图)和相应太阳风参量以及磁暴时 D_{st} 的变化(下图). 与图 5.130 相同，图 5.131 结果也是磁层模型计算的结果(Tsyganenko，2009). 从图 5.131 下图(1)可以看到,21 日 11 时 UT 始,太阳风 IMF 取南向,于 22 日 03:30UT 达到极值−17nT，12 时趋于 0，直至结束；与之相应，上图显示：环电流于 22 日 0 时已有增强并显现不对称性，04:00UT 对称环电流显著增强，部分环电流达到极大，到 06:00 已见减弱，08:00, 09:15 则显著减弱，到 18:00 完全恢复到平静时期对称环电流的水平；其他参量不再一一详述，只强调两个时间点：一，04—06UT 几与电流极值对应，太阳风粒子增加到极大 46/cm^3, K_P 指数取极值 6，AL 取极大 1200 nT, D_{st} 取极小为 90 nT; 二，太阳风由约 320 km/s，00UT 突然增强，12:00 到最强 500 km/s，D_{st} 急始不明显，00UT 开始下降，除上述 04—06UT−90nT 极小值外，后波动，在约 11UT 取另一极小−90 nT. 从这里不难看出，太阳风速、IMF、粒子密度等与磁层电流和地磁扰动间的复杂关系. 可以预期，由现有空间飞船和地面观测拟合所发展的磁层磁暴动力模型(Tsyganenko，2009)还存在诸多不确定性，研发太阳风与磁层相互作用本构物理仍然是当今以及未来很长时间的第一要务.

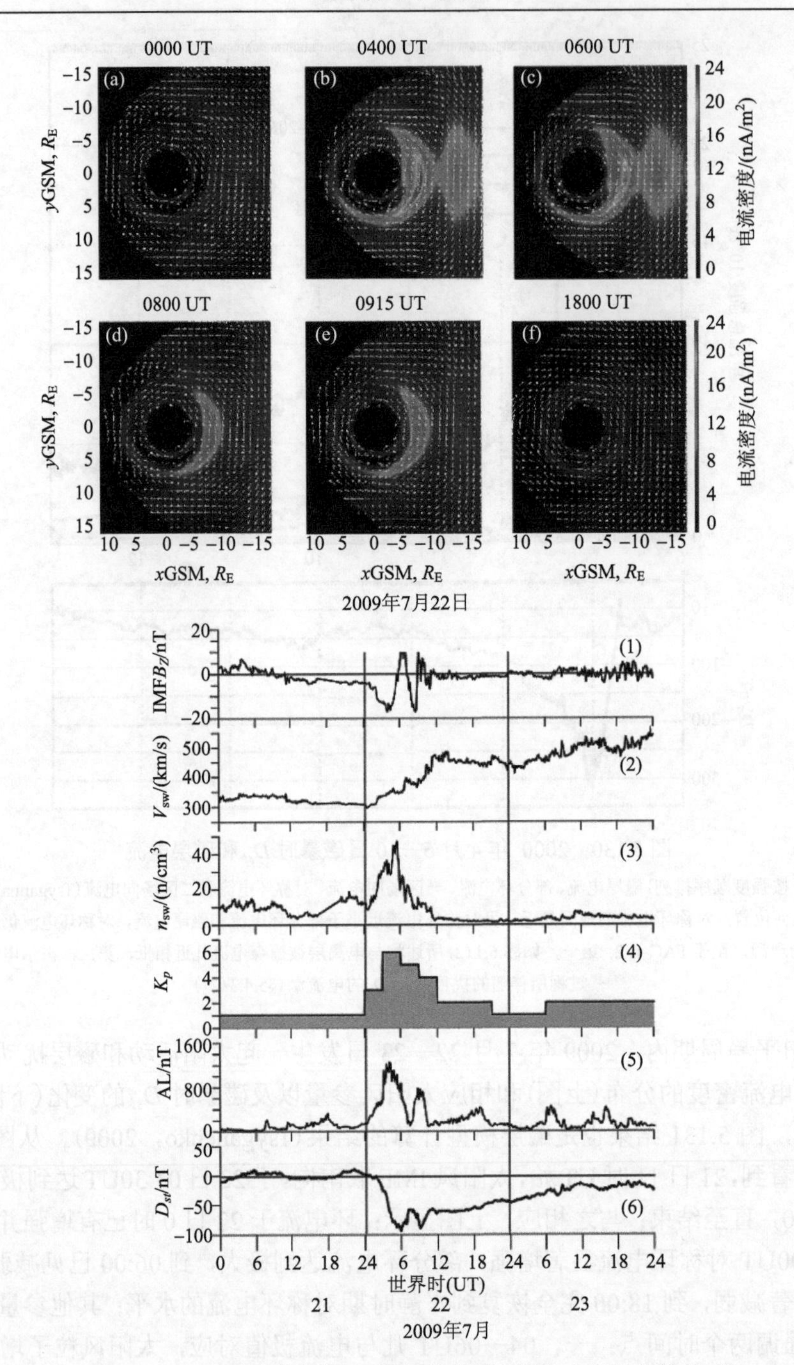

图 5.131　2009 年 7 月 21—23 日磁暴时变化 D_{st} 期间的磁层电流和太阳风参数(包括 IMF，速度，粒子密度等的变化)

图中显示：第一，因太阳风从上升始(7 月 22 日，00UT)到极大(11-12UT)费时 12 个小时，可以预期，与之相应的 D_{st} 无或无明显急始；第二，D_{st} 随时间的演化，起始，到最低，回升等时间与太阳风参量和电流随时间的变化仍大致对应，留意其中时间的差异，对磁暴分类和改进磁层模型是有益的；第三，这里电流以 nA/m^2 为单位，选用适当的厚和宽度积分电流可与图 5.130 磁暴时电流相比拟，虽两事件同属最烈(K_P≥6)磁暴，但后者 D_{st} 幅度要小于前者，电流也应较弱

参 考 文 献

傅承义. 1976. 地球十讲. 北京: 科学出版社.

郭敦仁. 1978. 数学物理方法. 北京: 人民教育出版社.

力武常次. 1972. 地球电磁気学. 东京: 岩波书店.

祁贵仲, 詹志佳, 侯作中. 1981. 渤海地区地磁场短周期变化异常和上地幔高导层的分布. 中国科学, **7:** 869-879.

王振铎. 1948. 司南、指南针与盘罗经. 考古学报, **3**: 119-230+23.

王振铎. 1949. 司南、指南针与盘罗经. 考古学报, **4**: 185-223.

王振铎. 1951. 司南、指南针与盘罗经. 考古学报, **0**: 101-176.

王竹溪, 郭敦仁. 2000. 特殊函数概论. 北京: 北京大学出板社.

Adriani, O., Barbarino, G. C., Bazilevskaya, G. A., et al. 2011. The discovery of geomagnetically trapped cosmic-ray antiprotons. *The Astrophysical Journal Letters*, **737**: L29.

Aikio, A., Nygen, T. 2008. *Ionosphere Physics.* Oulu: Univesity of Oulu Press.

Akasofu, S. 1968. *Polar and Magnetospheric Substorms*. D. Reidel Publ. Co. Pordrecht Holland.

Akasofu, S. 1977. *Physics of Magnetospheric Substorms.* D. Reidel Publ. Co. Pordrecht Holland.

Akasofu, S. 2013. The relationship between the magnetosphere and magnetospheric/auroral substorm. *Ann. Geophys*, **31:** 387-394.

Akasofu, S., Chapman, S. 1972. *Solar-Terrestrial Physics.* London: Oxford at the Clarendon Press.

Alexandrescu, M., Gibert, D., Hulot, G., et al. 1995. Detection of geomagnetic jerks by using wavelet analysis. *J. Geophys. Res.*, **100**: 12557-12572.

Alexandrescu, M., Gibert, D., Hulot, G., et al. 1996. Worldwide wavelet analysis of geomagnetic jerks. *J. Geophys. Res.*, **101**: 21975-21994.

Angelopoulos, V., McFadden, J. P., Larson, D., et al. 2008. Tail reconnection triggering substorm onset. *Science*, **321**: 931-935.

Arkani-Hamed, J. 2007. Magnetic anomaly modeling. In: Gubbins, D., Herrero-Bervera, E. (eds.). *Encyclopedia of Gemagnetism and Paleomagnetism.* Heidelberg: Springer. 485-490.

Arkani-Hamed, J., Langel, R. A., Purucker, M. 1994. Scalar magnetic anomaly maps of Earth derived from POGO and Magsat data. *J. Geophys. Res.*, **99**: 24075-24090.

Axford, W. I. 1964. Viscous interaction between the solar wind and the earth's magnetosphere. *Planet Space Sci.*, **12**: 45.

Axford, W. I., Hines, C. O. 1961. A unified theory of high-latitude geophysical phenomena and geomagnetic storm. *Can. J. Physis.*, **39**: 1633.

Backus, G., Parker, R., Constable, C. 1996. *Foudation of Geomagnetism*. New York: Cambridge University Press.

Baker, D. N., McPherron, T., Dunlop, W. 2005. Cluster observation of magnetospheric behavior in near and mid-tail region. *Adv. Space Revs.*, **36**(10): 1802-1817.

Bartel, J. 1936. The eccentric dipole approximating the Earth's magnetic field. *J. Geopys. Res.*, **41**: 225-250.

Benkova, N. P. 1940. Sphercal harmonic analysis of the Sq variations, May-August 1933. *Terrest. Magn.*

Atmosph. Electr., **45**: 425-432.

Berchem, J., Russell, C. T. 1982. The thinkness of the mahnetopuse current layer. *J. Geophys. Res.*, **87**(4): 2108-2114.

Biskamp, D. 1993. *Nonlinear Magnetohydrodynamics*. Monographs on Plasma Physics, vol.**1**. Cambridge: Cambridge University Press.

Bloxham, J., Zatman, S., Dumberry, M. 2002. The origin of geomagnetic jerks. *Nature*, **420**: 65-58.

Bostrom, R. 1964. A model of the auroral electrojet. *J. Geophys. Res.*, **69**: 4983-4999.

British Geological Survey. 2012. The magnetic field overview. http://www.geomag.bgs.ac.uk.

British Geological Survey. 2015. Magnetic Poles. http://www.geomag.bgs.ac.uk/education/poles.html.

Bullard, E. C., Freedman, C., Gellman, H., et al. 1950. The westward drift of the Earth's magnetic field. *Phil. Trans. Roy. Soc.*, A, **243**: 67-92.

Cain, J. C. 1979. Main field and secular variation. *Revs. Geophys. Space Phys.*, **17**: 273-277.

Cain, J. C., Davis, W. M., Regan, R. D., et al. 1974. An n=22 model of the geomagnetic field. *EOS Trans. Amer. Geophys. Union*, **56**: 108.

Campbell. W. 1967. *Introduction to Geomagnetic field*. Cambridge University Press.

Carpenter, D. L., Lemaire, J. 2004. The plasmasphere boundary layer. *Annales Geophysicae*, **22**: 4291-4298.

Chambodut, A., Panet, I., Mandea, M., et al. 2005. Wavelet representation of potential field. *Geophys. J. Int.*, **163**(3): 875-899.

Chapman, S., Bartels, J. 1940. *Geomagnetism*. London: Oxford Univ. Press.

Chen, J, Fritz, T. A., Sheldon, R. B., et al. 1997. A new temporarily confined population in the polar cap during the August 27, 1996 geomagnetic field distortion period. *Geophys. Res. Lett.*, **24**: 1447.

Chen, J., Fritz, T. A., Sheldon, R. B., et al. 1998. Cusp energetic particle events: Implications for a major acceleration region of the magnetosphere. *J. Geophys. Res.*, **103**: 69-78.

Constable, C. G., Parker, R. L. 1988. Statistics of the geomagnetic secular Variation for the past 5 M.y. *J. Geophys. Res.*, **93**: 11569-11581.

Courtillot, V., Ducruix, J., Le Mouël, J. L. 1978. Sur une acceleration recente de la Variation Seculaire du champ magnetique terrestre. C. R. *Acad Sci Paris*, **287**: 1095-1098.

Cowley, S. W. H. 1982. The causes of convection in the Earth's magnetosphere: A review of developments during the IMS. *Rev. Geophys.*, **20**: 3 531-545.

Cowley, S. W. H. 2000. Magnetosphere-ionosphere interactions: A tutorial review. *Magnetospheric Current System*. Geophysical Monograph, **118**: 91-99.

Cowley, S. W. H. 2007. Magnetosphere of the Earth. In: Gubbins, D., Herrero-Bervera, E. (eds.). *Encyclopedia of Gemagnetism and Paleomagnetism*. Heidelberg: Springer. 656-664.

Cowley, S. W. H, Davies, J. A., Grocott, A., et al. 2003. Solar wind-magnetosphere-ionoaphere interractions in the Earth's plasma environment. *Phil. Trans. Roy. Soc.*, A, **361**: 113-126.

Cravens, T. E. 1997. *Physics of Solar System Plasmas*. Cambridge: Cambridge Press.

Daglis, I. A., Thorne, R. M., Baumjohann, W., Orsini, S. 1999. The terrestrial ring current: Origin, formation, and decay. *Rev. Geophys.*, **37**: 407-438.

De Michelis, P., Tozzi, R. 2005. A Local Intermittency Measure (LIM) approach to the detection of geomagnetic jerks. *Earth Planet. Sci. Lett.*, **235**: 261-272.

De Michelis, P., Daglis, I. A., Consolini, G. 1997. Reconstruction of the terrestrial ring current derived from AMPTE/CCECHEM. *J. Geophys. Res.*, **102**: 14103-14111.

De Michelis, P., Tozzi, R., Meloni, A. 2005. Geomagnetic jerks: Observation and theoretical modeling. *Joural of the Italian Astronominal Society*, **76**: 957-960.

Duka, B., De Santivs, A., Mandel, M., et al. 2012. Geomagnetic jerks characterization via spectral analysis. *Solid Earth*, **3**: 131-148.

Dungey, J. W. 1961. Interplanetary magnetic field and the auroral zones. *Phys. Rev. Lett.*, **6**: 47.

Elkington, S. R., et al. 2001. Enhanced radial diffusion of outer zone electrons in an asymmetric geomagnetic field. American Geophysical Union, Spring Meeting, Washington, D. C.: *Geomagnetic Field.* http://adsabs.harvard.edu/abs/2001AGUSM..SM32C04E.

Finlay, C. C. 2012. Earth's eccentric magnetic field. *Nature Geosciences*, **5**: 523-524.

Frank, L. A. 1971. Plasma in the Earth's polar magnetosphere. *J. Geophys. Res.*, **76**: 5202-5211.

Fraser-Smith, A. C. 1987. Centered and eccentric geomagnetic dipoles and their poles 1600-1985. *Review Geophys.*, **25**: 1-16.

Ganushkina, N. Y., Dubyagin, S., Kubyshkina, M., Liemohn, M., Runov, A. 2012. Inner magnetosphere currents during the CIR/HSS storm on July 21-23, 2009. *J. Geophys. Res.*, **117**: 1029-1039.

Goldstein, J., Samdel, B. R., Forrester, W. T., et al. 2005. Global plasmasphere evolution 22-23 April 2001. *J. Geophys. Res.*, **110**: 12218.

Golovkov, V. P., Zverivo, T. I., Simonyan, A. O. 1989. Common features and differences between "jerks" of 1947, 1958 and 1969. *Geophys. Astrophys. Fluid Dyn.*, **49**: 81-96.

Greene, E. M., Strangeway, R. 1992. Current disruptions in the near-Earth neutral sheet region. *J. Geophys. Res.*, **97**: 1461-1480.

Haaland, S., Runov, A., Forsyth, C. 2014. *Dawn-Dusk Asymmetries in Planetary Plasma Environments*. John Wiley & Sons.

Heikkila, W. J. 2011. *Earth's Magnetosphere*. 1st Edition. Elsevier Science.

Heikkila, W. J., Winningham, W. D. 1971. Penetration of magnetosheeth plasma to owaltitude htrough the dayside magnetic cusps. *J. Geophys. Res.*, **76**: 883-891.

Holme, R., de Viron, O. 2005. Geomagnetic jerks and a high-resolution length-of-day profile for core studies. *Geophys. J. Int.*, **160**(2): 435-439.

Jackson, A. 2007. Time-dependent model of the gepmagnetic field. In: Gubbzns, D., Herrero-Bervera, E. (eds.). *Encyclopedia of Gemagnetism and Paleomagnetism*. Heidelberg: Springer. 346-350.

Jackson, J. D. 2001. *Classical electrodynamics*. 3rd Edition. John Wiley and Sons, Inc.

Jault, D. 2007. Core-mantle coupling, topographic. In: Gubbzns, D., Herrero-Bervera, E. (eds.). *Encyclopedia of Geomagnetism and Paleomagnetism*. Heidelberg: Springer. 135-136.

Kaufmann, R. L., Paterson, W. R., Frank, L. A. 2003. Birkeland currents in the plasm sheet. *J. Geophys. Res.*, **108**(7): 1299-1307.

Kelley, M. C. 2009. *The Earth's Ionosphere*: *Plaasma Physics*, *and Electrodynamics*. 2nd ed. San Diego: Academic Press.

Kennel, C. F. 1995. *Convection and Substorm*. International Series Astronomy and Astrophisics. London: Oxford Univerisity Press.

Kertz, W. 1989. Einfiihrung in die Geophysik II, BI Hochhultsbenbucher. http://engineering.dartmouth.edu/spacescience/wl/pub/Melanson07.pdf.

Kivelson, M. G., Russell, C. T. 1973. Dependence of the polar cusp on the north-south component of the interplanetary magnetic field. *J. Geophys. Res.*, **78**(13): 1112-1119.

Kowal, G., Lazarian, A., Vishniac, E., et al. 2012. Reconnection studies under different types of turbulence driving. *Nonlinear Processes in Geophysics*, **19**: 297-314.

Kozyra, J. U., Liemohn, M. W. 2003. Ring current energy input and decay. *Space Science Reviews,* **109**(1-4): 105-131.

Le Huy, Alexandrescu, M., Hulot, G., et al. 1998. On the characteristics of successive geomagnetic jerks. *Earth Planets Space*, **50**: 723-732.

Lukianova, R., Kozlovsky, A. 2011. IMF by effects in the plasma flow at the polar cap boundary. *Ann. Geophys.*, **29**: 1305-1315.

Macmillan, S. 2007. International Geomagnetic Reference Field(IGRF). Gubbins, D., Herrero-Bervera, E. (eds.). *Encyclopedia of Gemagnetism and Paleomagnetism*. Heidelberg: Springer. 411-413.

Malin S R, Clark A D. 1974. Geomagnetic secular variatin 1962.0-1967.5. *Geophys J R astr Soc*, **36**: 11-20.

Malin, S. R. C., Hodder, B. M. 1982. Was the 1970 geomagnetic jerk of internal or external origin? *Nature*, **296**: 726-728.

Malin, S. R. C., Procock, S. B. 1969. Geomagnetic spherical hatmonic analysis. *Pure and Applied Geophys*, **75**: 117-132.

Malin, S. R. C., Hodder, B. M., Barraclough, D. R. 1983. Geomagnetic Secular variation: A jerk in 1970. In: Cardus, J. R. (ed.). *75th Anniversary Volume of Ebro Observatory*. Ebro Obseruatory, Tarragona, Spain, 239-256.

Marklund, G. T., Blomberg, L. G., Fälthammer, C.-G., et al. 1990. Signatures of the high-altitude polar cusp and dayside auroral regions as seen by the Viking electric field experiment. *J. Geophys. Res.*, **95**: 5767-5780.

Matsushita, S., Campbell, W. H. 1967. *Physics of Geomagnetic Phenomena*. New York and London: Academic Press.

Maus, S. 2006. Conductivity of the ionosphere, University of Colorado, January 19, pp1-15. http://geomag.org/info/Geomag_tutorials/Maus_ionospheric_conductivity.pdf.

McElhinny, M. W., Senanayake, W. E. 1982. Variation in the geomagnetic dipole.1. the past 50000 years. *J. Gemag. Geoelect.*, **34**: 39-51.

McPherron, R. L. 2005. Magnetic pulsations: Their sources and relation to solar wind and geomagnetic activity. *Surv. Geophys.*, **26**: 545-592.

Merrill, R. T. 2010. *Our Magnetic Earth: The Science of Geomagnetism*. Chicago: University of Chicago Press.

Merrill, R. T., McElhinny, M. W., McFadden, P. L. 1998. *The magnetic field of the Earth*. San Diego: Academic Press.

Mozer, F. S. 1984. Electric field evidence on the viscous interaction at the magnetopause. *Geophys. Res. Lett.*, **11**(2): 135-138.

NASA. 2013. NASA's Van Allen Belts Probes. https://www.youtube.com/watch?v=yLw9a5t-sUs.

Nagai, T., Fujimoto, M., Nakamura, R., et al. 2005. Solar wind control of the radial distance of the magnetic reconnection site in the magnetotail. *J. Geophys. Res.: Space Physics*, **110**(A9): 9208-9219.

Nagao, H., Lyemori, T., Higuchi, T., et al. 2003. Lower mantle conductivity anomalies estimated from geomagnetic jerks. *J. Geophys. Res.*, **108**: 254.

Nenovski, P. 2008. Comparison of simulated and observed large-scale, field-aligned current structures. *Ann. Geophys.*, **26**: 281-293.

Nevalainen, J., Usoskin, I. G., Mishev, A. 2013. Eccentric dipole approximation of the geomagnetic field: Application to cosmic ray computations. *Advances in Space Research*, **52**(1): 22-29.

NOAA. 2015. http://www.ngdc.noaa.gov/geomag/maps/SouthPole1590_2010.pdf.

Olson, W. P. 1969. The shape of the tilted magnetopause. *J. Geophys. Res.*, **74**: 5642-5651.

Ozturk, M. 2011. Trajectories of charged particles trapped in Earth's magnetic field. *Space Physics*, **14**: 1112-1122.

Parker, E. N. 1957. Sweet's mechanism for merging magnetic fields in conducting fluids. *J. Geophys. Res.*, **62**: 509.

Peddie, N. W. 1982. International Geomagnetic Reference Field 1980, A Report by IAGA Division I, Working Group I. *Geophysics*, **47** (5) : 841-842.

Pinheiro, K. J., Jackson, A., Finlay, C. C. 2011. Measurements and uncertainties of the occurrence time of the 1969, 1978, 1991 and 1999 geomagnetic jerks. *Geochem. Geophys. Geosyst.*, **12**: 10015-10029.

Priest, E. R., Forbes, T. G. 2000. Magnetic reconnection: MHD theory and applications. *J. Plasma. Phys.*, **66** (05) :363-367.

Reiff, P. H., Hill, T. W., Burch, J. L. 1977. Solar wind plasma injection at the dayside magnetospheric cusp. *J. Geophys. Res.*, **82**: 479.

Reinisch, B. 2014. Ionosphere and plasmasphere electron density profiles. http://www.ursi.org/Proceedings/ProcGA14/papers/ursi_paper2632.pdf.

Richmond, A. D. 2007. Ionosphere. In: Gubbins, D., Herrero-Bervera, E. (eds.). *Encyclopedia of Geomagnetism and Paleomagnetism*. Heidelberg: Springer. 452-454.

Rosenbauer, H., Grunmwaldt, H., Montgomery, M. D., Paschmann, G., Sckopke, N. 1975. Helios 2 plasma observations in the distant polar magnetosphere: The plasma mantle. *J. Geophys. Res.*, **80**: 2723-2731.

Russell, C. T., Priest, E. R., Lee, L. C. 1990. *Physics of Magnetic Flux Ropes*. Washington, D. C.: American Geophysical Union.

Russell, C. T., Priest, E. R., Lee, L. C. 2013. Imbedded open flux tubes and "viscous interaction" in the low-latitude layer. American Geophysical Union, Wiley, 489-492.

Scholer, M., Kucharek, H., Jayanti, V. 1997. Waves and turbulence in high Mach number nearly parallel collisionless shocks. *Journal of Geophysical Research*, **102**: 0148-0227.

Shprits, Y. Y., Thorne, R. M. 2004. Time dependent radial diffusion modeling of relativistic electrons with realistic loss rates. *Geophysical Research Letters*, **31**(8): L08805.

Shprits, Y. Y., El Kington, S. R., Mekedith, N. P. 2008a. Review of modeling of losses and sources of relativistic electrons in the outer radiation belt I: Radial transport. *Journal of Atmospheric and Solar-Terrestrial Physics*, **70** (14) :1679- 1693.

Shprits, Y. Y., Subbotin, D. A., Meredith, N. P., et al. 2008b. Review of modeling of losses and sources of relativistic electrons in the outer radiation belt II: Local acceleration and loss. *Journal of Atmospheric and Solar-Terrestrial Physics*, **70**(14):1694-1713.

Spreiter, J. R., Summers, A. L., Alksne, A. Y. 1966. Hydromagnetic flow around the magnetosphere. *Planet. Space Sci.*, **14**: 223.

Stacey, F. D. 1977. *Physics of the Earth.* 2nd edition. John Wiley and Sons, Inc.

Stewart, D. N. 1991. *Geomagnetic impulses and the electrical conductivety of the lower mantle*. Ph D thesis, The University of Leeds, Department of Earth Science.

Stewart, D. N., Whaler, K. A. 1992. Geomagnetic disturbance fields: An analysis of observatory monthly means. *Geophys. J. Int.*, **108**: 215-223.

Sweet, P. A. 1958. The Neutral Point Theory of Solar Flares. In: Lehnert, B. (ed.). IAU Symposium 6, Electromagnetic Phenomena in Cosmical Physics. Dordrecht: Kluwer, 123.

Swift, D. W. 1979. Auroral mechanisms and morphology. *Res. Geophys. Space Phys.*, **17**: 681-696.

Takahashi, K., Sibeck, D. G., Newell, P. T., et. al. 1991. ULF waves in the low-latitude boundary layer and their relationship to magnetospheric pulsations: A multisatellite observation. *J. Geophys. Res.: Space Physics*, **96**(6): 9503-9519.

Tanaka, T. 2002. Generation of convection in the magnetosphere-ionosphere coupling system. *Journal of the Communications Research Laboratory*, **49**(3): 75-101.

Tsyganenko, N. A. 2009. Magnetic field and electric currents in the vicinity of polar cusps as inferred from Polar and Cluster data. *Ann. Geophys.*, **27**: 1573-1582.

Tsyganenko, N. A., Sitnov, M. I. 2005. Modeling the dynamics of the inner magnetosphere during strong geomagnetic storms. *J. Geophys. Res.*: *Space Physics*, **110**(A3): A03208.

Vestine, E. H. 1953. On variations of the geomagnetic field, fluid motions and the rate of the Earth's rotation. *J. Geophys. Res.*, **58**: 127-145.

Vestine, E. H., Kahle, A. 1968. The westward drift and geomagnetic secular change. *Geophys. J. R. astr. Soc.*, **15**: 29-37.

Walt, M. 2005. *Introduction to Geomagnetically Trapped Radiation*. New York: Cambridge Press.

Wardinski, I. 2007. Geomagnetic secular variation. In: Gubbins, D., Herrero-Bervera, E. (eds.). *Encyclopedia of Gemagnetism and Paleomagnetism.* Heidelberg: Springer. 346-350.

Yamauchi, M., Nilsson, H., Eliasson, L., et al. 1996. Dynamic response of the cusp morphology to the solar wind: A case study during passage of the solar wind plasma cloud on February 21, 1994. *J. Geophys. Res.*, **101**: 24675-24687.

Yukutake ,T. 1962. The westward drift of the magnetic field of the Earth. *Bull. Earthq. Res. Inst., Tokyo Univ.*, **39**: 467-476.

Yukutake, T. 1968a. The non-dipole part of the Earth's magnetic field. *Bull. Earthq. Res. Inst., Tokyo Univ.*, **46**: 1027-1074.

Yukutake, T. 1968b. The westward drift of the geomagnetic secular variation. *Bull. Earthq. Res. Inst., Tokyo Univ.*, **46**: 1075-1102.

Yukutake, T. 1968c. The drift velocity of the geomagnatic secular variation. *J. Geomag. Geoelec.*, **20**: 403-414.

Yukutake, T. 1973. Fluctrations in the Earth's rate of rotation related to changes in the geomagnetic depole field. *J. Geomag. Geoelec.*, **25**: 195-212.

Yukutake, T., Tachinake, H. 1969. Separation of the Earth's magnetic field into the drifting and standing parts. *Bull. Earthq. Res. Inst., Tokyo Univ.*, **47**: 65-97.

第六章　古地磁场及其成因

古地磁学是地磁学的一个分支，它是通过测定岩石剩余磁化强度来研究史前和地质时期地磁场及其演化规律的一门学科．古地磁学还包括人类历史时期焙烧物剩余磁化方向的测定和历史时期地磁场的研究，这一部分又称为考古地磁学．

古地磁学是20世纪50年代兴起的一门年轻学科，在20世纪60年代和20世纪70年代获得了迅速发展．板块学说的诞生，很重要的基础就是古地磁学的研究成果．因此有人说，近年来地球物理学中最令人鼓舞的成就是在古地磁学领域取得的．遍布全球各地的岩石，古代原始的焙烧物记录了其形成时期地磁场的方向乃至强度，就好像大自然为我们在全球建造了成千上万的史前和史期的“地磁台”或“磁测点”．地磁场的现代记录充其量只有400年，这种古“地磁台”在相当程度上弥补了地磁场现代记录的不足，扩大了人们地磁学研究的时间视野，为地磁场长期变化和地磁场起源的研究提供了丰富的资料．随着地壳的变动，这种古“地磁台”也随之运动，但它的“原始记录”有时却可完整地保留下来．利用古地磁场的规律可以追溯这种“地磁台”的原生地和运动过程．因此，古地磁学对于构造运动的研究也具有直接的意义．这也是近年来古地磁学迅速发展的原因所在．

古地磁学的物理基础是岩石磁性和地磁场轴向偶极子的假定．古地磁学的主要结果都是在这样的基础和前提下得到的．尽管古地磁记录有着重要的意义和应用，但测量的磁场精度和时间精度与现代记录是不能相提并论的．因此，对于其结果的判断和应用，必须慎重考虑古地磁学的上述基础前提，注意它的条件和精度．这一点在目前古地磁学迅速发展和广泛应用的情况下，有特别强调之必要．

6.1　岩 石 磁 性

大多数岩石都含有少量(0.1%—10%)铁磁性或亚铁磁性矿物．例如磁铁矿(Fe_3O_4)、磁赤铁矿(γFe_2O_3)以及赤铁矿的固熔体——钛铁矿(Fe_2TiO_4)等．岩石磁性本质上是岩石中这种铁(亚铁)磁性矿物磁化的结果．因此，岩石磁性的物理基础是铁磁学．古地磁研究感兴趣的是那些磁性稳定并在漫长的地质时期能够保留初始磁化的岩石．岩石磁性的稳定取决于获得磁性的方式和岩石中磁性矿物的成分和结构．下面我们从岩石磁性的物理基础、岩石磁性的获得、岩石磁性的稳定性三个方面概述岩石磁性的部分内容．

6.1.1　岩石磁性的物理基础

物质有抗磁性、顺磁性和铁磁性之分．物质磁性的这种差异是由于微观原子结构的不同．原子因电子绕原子核运转而获得轨道磁矩，当没有外磁场时，物体内原子轨道磁矩无序排列，宏观上显示不出磁性．在外磁场作用下，电子轨道偏转，偏转的取向趋于反抗外加磁场，因而物体获得反向磁性，称为抗磁性．很显然，所有物质都具有抗磁性，只是有些物质的抗磁性被其他性质淹没罢了．许多常见的矿物，例如石英和长石，都具有明显的抗磁性．

除轨道磁矩外，电子还具有自旋磁矩，在原子各壳层(能级)内，电子成对出现，自旋相反，自旋磁矩互相抵消．然而，在一个原子的不同壳层中，也有可能存在若干非成对的电子，这种非成对电子的自旋磁矩称为玻尔磁子．在外磁场中，玻尔磁子顺外场方向排列，这种性质称为顺磁性．因此存在这种非成对电子的物质就是顺磁质．常见的顺磁性矿物有 Mn^{+2}，Fe^{+3}，Fe^{+2}．外磁场使自旋取向，而热运动则将阻碍这种趋向．居里首先发现，顺磁磁化率与温度成反比．抗磁性与顺磁性物质都是弱磁性，磁化率约为 0.1—0.01 A/m(10^{-4}—10^{-5} e.m.u.)．有些含有非成对电子的物质，相邻原子间非成对电子相互作用导致强的自发磁化，在外场作用下，这种物质沿外磁场磁化加强，外场取消后仍能保持这种磁化．这种具有自发磁化和保留外场磁化的特性称为铁磁性．铁磁性物质原子间非成对电子(玻尔磁子)的相互作用称为“交换耦合”．铁磁性比抗磁性、顺磁性要大几个数量级．这种原子间的直接交换耦合由于原子间距离不同有正有负，有些负交换耦合可通过中间原子传递，又称为超交换耦合．根据交换耦合性质的不同，铁磁性可分为铁磁性、亚铁磁性、反铁磁性和斜反铁磁性四种．铁磁性是原子间直接正的平行耦合，玻尔磁子有很强的自发磁化，金属 Fe，Co，Ni 就具有这种性质．这类金属的氧化物的晶格可分为 A，B 两个亚晶格，每个晶格有相同方向的自旋磁矩，但两个亚晶格间的金属离子(例如 Fe^{3+}和 Fe^{2+})，形成超距离耦合，自旋磁矩彼此逆平行．如果 A 的总的自旋磁矩大于 B，则仍具有较强的自发磁化，这就是亚铁磁性，磁铁矿(Fe_3O_4)就属于这一类；如果 A，B 的自旋磁矩相等，净自发磁化为零，则称为反铁磁性，例如 MnO，NiO；有些物质 A，B 自旋磁矩虽然相等，但并不完全逆平行，而有一个小的角度，形成微弱的自发磁化，赤铁矿(γFe_2O_3)就是如此，称为斜反铁磁性．四种原子磁矩这种交互作用的排列状况如图 6.1 所示．铁磁性物质的自发磁化和温度有关，高于某一临界温度(T_c)，自发磁化消失，铁磁性变成简单的顺磁性，T_c 称为居里点．

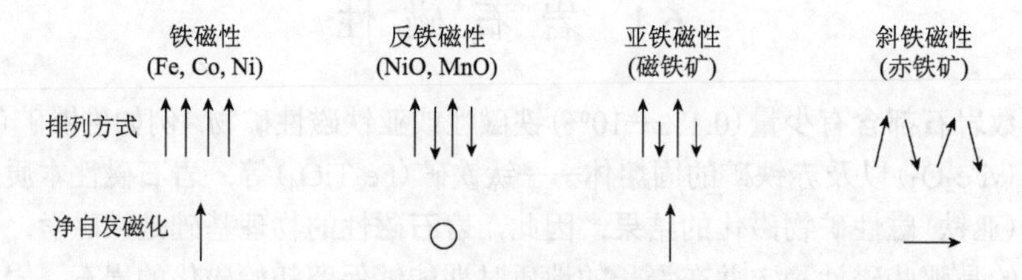

图 6.1　原子间交互耦合形成的原子磁矩的基本排列(Stacey, 1977)

铁磁性物质原子间的交互耦合使自旋磁矩规则排列，产生较强的自发磁化．自发磁化所产生的净磁作用，将阻碍自旋磁矩的这种规则排列，以使总能量达到最小．这种矛盾相互作用的结果，物质被分成许多小的区域，同一区域有相同方向较强的自发磁化，而不同的区域则可能有不同方向的磁化．

这种被分割的小的区域单元称为磁畴．相邻磁畴被磁畴壁分割，磁畴壁附近还存在一些未被定向排列的自旋磁矩．正是这种磁畴形成的结果使得总能量尽可能达到最小．因此，尽管单个磁畴有着很强的磁化，但铁磁性物质可能没有或只有很弱的自发磁化．磁性物质由于颗粒尺度的不同，将有单磁畴、双磁畴和多磁畴等不同的磁畴结构（图 6.2）．铁磁性物质的磁畴理论以及不同尺度的结晶颗粒磁畴结构的特性构成岩石磁学的主要物理基础．

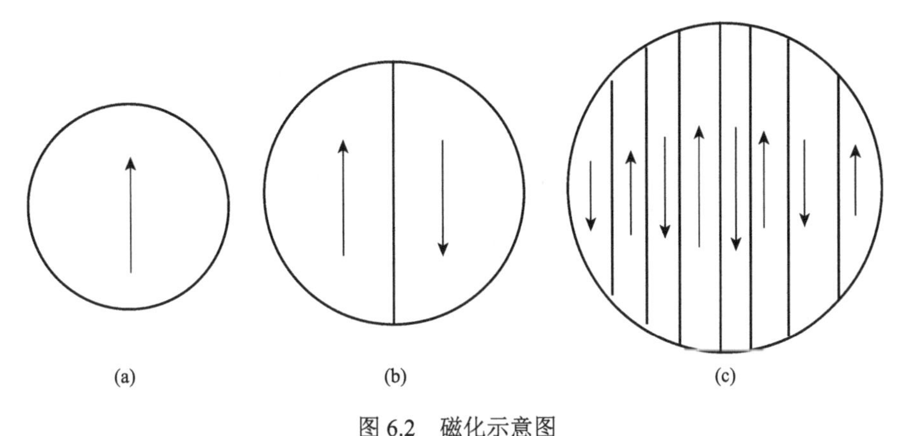

图 6.2　磁化示意图

(a) 单磁畴；(b) 双磁畴；(c) 多磁畴

6.1.2　岩石天然剩余磁化强度（NRM）

岩石可以通过许多不同的途径获得天然剩余磁性，其主要途径有以下几方面．

(1) 等温剩磁（IRM）

处于能量最小状态的铁磁性物质，在外磁场的作用下，磁畴壁发生移动，自发磁化与外场同方向的磁畴将扩大，物体获得外磁场方向的宏观磁化．当外磁场很弱时，磁畴只能超过由于晶体缺欠所形成的畴壁附近的低能级势垒（图 6.3，畴壁由 1→2），只有少量畴壁附近处于中间状态（未完全定向排列）的自旋磁矩沿外场磁化，当外场移去后，在静磁能作用下，畴壁又恢复原来位置，过程是可逆的．当外场够强时，磁畴壁越过了更高能级的势垒（图 6.3 由 1→3），去掉外场后，畴壁不能复原，物体获得了剩余磁化．只有施加适当强度的反向磁场，畴壁才能克服高能级的势垒，恢复到原来位置，这个反向磁场 B_c 称为矫顽力．若外场继续增强，所有移动的磁畴壁都越过了高能级势垒，磁化达到饱和．这种过程所获得的剩余磁性（饱和或非饱和）称为等温剩磁．

磁化达到饱和后，若外场继续加大，则外场将把自发磁化与外场不同向的磁畴内的单个自旋磁矩也拉向外场方向，转动这些自旋体的能量比推动磁畴壁所需要的能量要大得多，去掉强外磁场，标本仍将恢复其饱和数值．单磁畴粒子没有如图 6.3 所示畴壁移动的过程，因此它的磁化犹如上述多磁畴饱和后的磁化，只有在强磁场作用下，才能使自旋与外场方向不同的磁畴发生转动，沿外场方向定向排列，当外场一经撤掉，单磁畴粒子仍恢复原来取向．这种单磁畴的特性在岩石磁学中特别重要．斯泰西（Stacey，1977）指出，在岩石中，直径小于 15 μm 的多磁畴铁磁性颗粒，由于其磁化的稳定犹如单磁畴，称为“准单磁畴”，在古地磁研究中有特别重要的意义．可用图 6.4 示意说明准单磁畴磁化的稳定：因颗粒很小，被磁化的双磁畴有可能处于如图所示的磁化状态，“零”磁化位置处于高能级的不稳定状态，因此系统不能退磁，磁化像单磁畴一样是稳定的．磁畴颗粒大小对于岩石磁性的影响仍然是近代岩石磁学研究的重要内容(Day, 1979)．

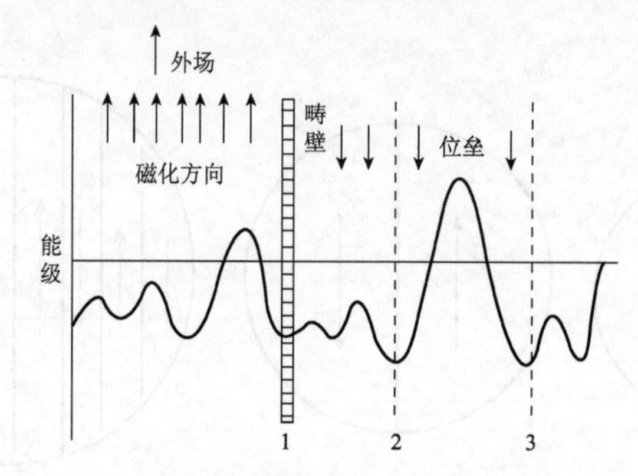

图 6.3　磁畴壁越过势垒的移动示意图(塔林, 1978)

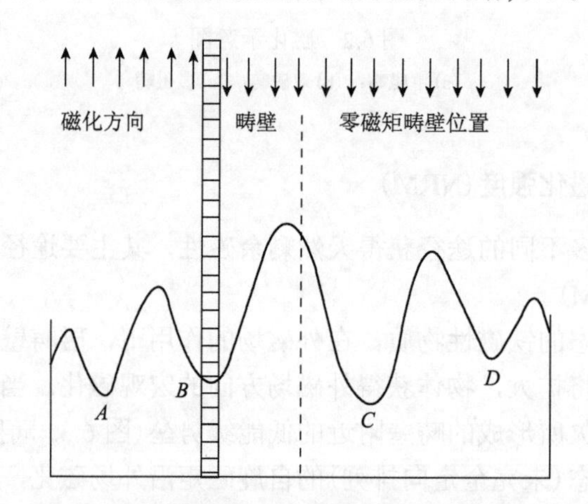

图 6.4　准单磁畴磁化稳定性示意图(Stacey, 1977)

(2) 热剩磁(TRM)

岩浆岩在外磁场中冷却到居里点(T_c)时，铁磁性成分开始出现自发磁化．当温度低于居里点后，磁畴逐渐形成，并在外磁场作用下磁化．这种冷却过程所获得的剩余磁性称为热剩磁．已经证实，岩石在冷却过程中获得的总的剩余磁化强度，等于每一温度区间所获得的剩余磁化强度的总和．热剩磁的这一规律称为部分剩余磁性(PTRM)定律(图 6.5)．热剩磁具有强度大、稳定性强的特殊性质，在古地磁研究中占有十分重要的地位．而热剩磁的起源则是岩石磁学研究所关注的重要问题(Day, 1979)．

(3) 沉积剩磁(DRM)

某些沉积物中含有少量的微小的铁磁性颗粒，在沉积过程中沿着外磁场的方向排列，从而获得沉积剩磁．沉积剩磁是沉积过程中的等温度磁化。如上所述，小于 15 μm 的铁磁性沉积颗粒具有稳定的剩余磁性．沉积剩磁远小于热剩磁的强度．

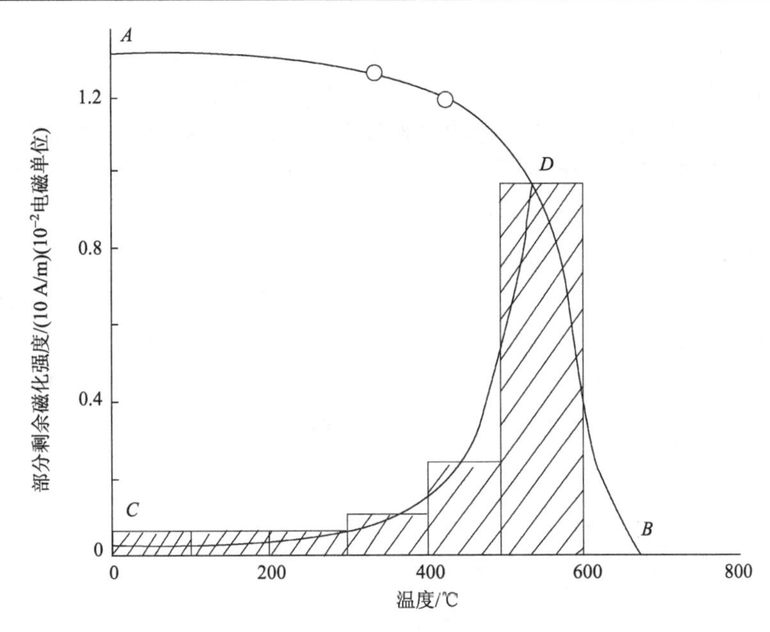

图 6.5　各温度区间所获得的部分剩余磁化强度(PTRM)

阴影部分的总和等于总的剩余磁化强度(OA)

(4)化学剩磁(CRM)

某些沉积物的铁磁性矿物，在沉积过程或沉积后期经历化学变化(如氧化作用)，随之产生的磁化称为化学剩磁．红色砂岩的磁性就是来源于化学剩磁．

(5)黏滞剩磁(VRM)

黏滞剩磁实质上是同时间相联系的等温剩磁．把磁性物质放在磁场中，只要时间很长，即使磁场很弱，也会被外磁场慢慢磁化．具有显著黏滞剩磁的岩石在漫长的地质时期破坏了初始磁化的剩磁，不适于古地学的研究．

岩石由以上各种方式所获得的天然剩磁有强弱很宽的强度范围，可从 10^{-4}—10 A/m(10^{-7}—10^{-2} e.m.u.)．

6.1.3　岩石磁性的稳定性

我们已经看到，由于岩石中含有少量铁磁性(严格讲应是亚铁磁性)矿物，在其形成过程中，受到地磁场的作用，获得了不同性质不同强度的天然剩磁(NRM)，确实起到了记录地磁场的效果．但很显然，在古地磁研究中有意义的是那些在漫长地质时期保留了形成时期初始磁化的岩石．因此，这里必须回答两个问题，第一，岩石初始磁化的稳定性；第二，即使初始磁化是稳定的，在岩石形成后的漫长地质年代中，由于黏滞效应、化学作用、其他强电磁场(例如雷电)的干扰等原因，也难免遭遇再磁化．因此，如何消除这些在古地磁研究中没有意义的再磁化，恢复稳定的初始磁化是很重要的．这种消除再磁化、恢复初始磁化的过程称为岩石的“净化”．

初始磁化的稳定，包括外磁场和时间两个因素的作用．上面已经讨论，岩石中直径小于 15 μm 的铁磁性颗粒，具有单磁畴磁化稳定的特性(图 6.4)，磁化后不易再受到地磁场等较弱磁场的影响．因此，在外磁场中这类岩石的磁化是稳定的．所谓时间效应是指由于电子的热运动等因素的作用，岩石所获得的磁性随着时间总是要衰减的．这种衰减是岩石磁化与衰减“张弛”全过程的“弛豫”部分．岩石剩磁的弛豫时间有长有短，具有很宽的谱．研究得出，弛豫时间$\tau \propto \exp(V/T)$，V是磁性颗粒的体积，T是温度，即颗粒越大，弛豫时间越长，温度则相反，越高，弛豫时间越短．图 6.6 给出了不同颗粒尺度和不同温度的弛豫时间τ，图中 A 区弛豫时间已接近或超过 10^9a．显然，具有这种特性的岩石在漫长的地质年代中，能够完整地保留它所获得的初始磁化．从以上分析不难了解，颗粒小，具有对外磁场作用稳定的特性，颗粒大则在时间效应上是稳定的．斯泰西(Stacey，1977)所说直径小于 15 μm 的铁磁性颗粒在古地磁研究中的特殊意义，正是考虑了外磁场作用和时间效应两个矛盾因素的结果．

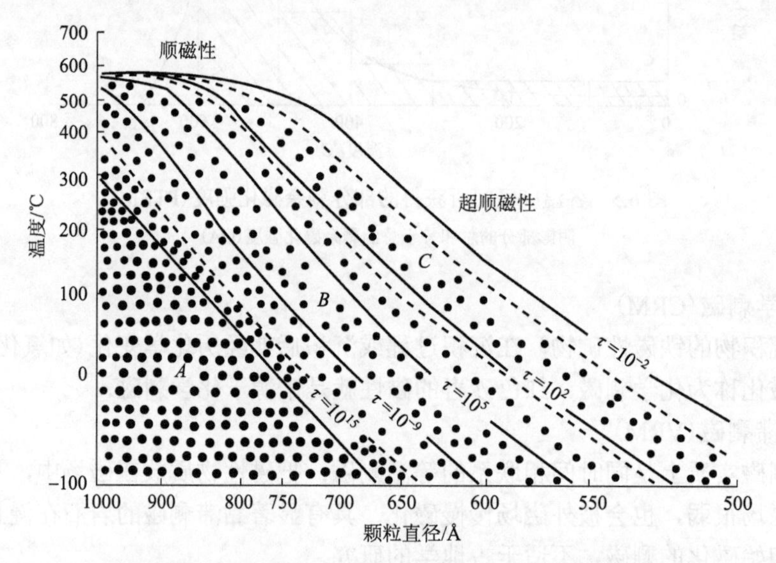

图 6.6　磁铁矿温度和颗粒尺度(Å)对弛豫时间τ(年)的影响(塔林, 1978)

A区的τ与地质时期相对应，C区与实验室的时间尺度相对应

初始磁化的稳定性是岩石净化的前提，在大多数情况下，黏滞磁化、雷电、低温加热、冷却等获得的再磁化比起稳定的初始磁化来是“软”的，具有较小的矫顽力．因此，利用交变电磁场或在零磁空间(即除去地磁场和外界干扰磁场的实验空间)适当加温等退磁办法，可以去掉这种“软”的再磁化，而保留下稳定的初始磁化．图 6.7 为岩石净化前后磁化方向的比较，净化后磁化方向明显集中．很显然，再磁化强度较大，较为稳定的岩石不适于古磁学的研究．

最后还必须强调，由于铁磁矿物性质的差异、磁化过程的复杂以及漫长地质年代的变化，即使做了上述各种实验与分析，在古地磁研究中岩石磁性的选择与分析仍需要十分谨慎．

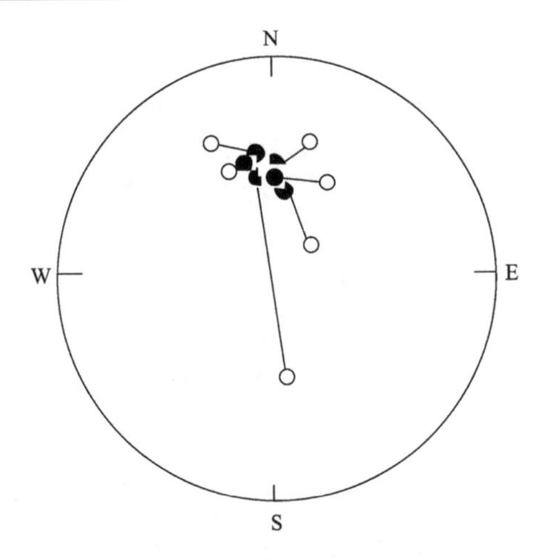

图 6.7　净化前后岩石标本磁化方向的比较(Stacey, 1977)

○净化前；●净化后

净化方法：300 奥斯特交变电磁场退磁

6.2 古 地 磁 场

6.2.1 史前和史期地磁场的长期变化

年代较为准确的熔岩、沉积系列、烘烤过的黏土以及焙烧文物等剩余磁性的测定，为地球长期变化的研究提供了有价值的资料．下面从地磁场方向和强度的变化两个方面简要介绍其中主要结果．

(1) 地磁场方向的变化

当标本的产状、方位已知时，由标本的剩余磁化方向就能容易地确定标本产地的地磁场的倾角和偏角(相对于现代的地理北极)．因此，已有许多史前和史期地磁场方向的测定结果．其中最早见于 1925 年薛瓦利埃(R. Chevallier)的论述．他测定了西西里埃特纳火山(Mt. Etna)熔岩流的剩余磁化，确定了直至 12 世纪的地磁场方向．结果表明，由熔岩确定的地磁场方向与附近的地磁场直接测定的结果相当一致，肯定了古地磁方法的有效性．随后，约翰逊(E. A. Johson)、道尔(R. R. Doell)和考克斯(A. Cox)等人相继测定了不同地区熔岩的剩磁(Matsushita and Campbell, 1976)，把地磁场的变化追溯到了几万年前，甚至史前．这些结果都表明，至少在几百万年内地磁场的方向与现在地磁场差别不大，它围绕地理北极连续地摆动．关于地磁极的移动将放到下节叙述．

行武毅 1962 年系统分析了日本地区用古地磁和考古地磁方法测定的磁偏角和倾角结果(Matsushita and Campbell, 1976)．图 6.8 是行武毅、渡边等所得近 2000a 来磁偏角和倾角的变化，图 6.9 分别为澳洲和英国由沉积层测得约 10000a 前磁倾角和偏角的变化，可以看出，不同地区测得的长期变化趋势是相近的．这说明结果有一定可靠性．行武毅根据日本地区资料的谱分析，提出偏角和倾角变化占主导的周期有 700，1200，1800 和 7000a；与现代资料比较，行武毅认为，1200 和 1800a 的周期像是非偶极子磁场的变化，而 7000 年则可能是赤道偶极子的运动周期. 在§5.2.2 地球基本磁场的长期变化一节中已经指出，现代观测所得非偶极子磁场的西向漂移和赤道偶极子的运动尚有许多疑点，考虑到古磁场能够达到的精度，行武毅结论的真实性是需要推敲的. 图 6.9 所示英、澳地区所得偏角和倾角的变化也看不出明显的这种周期性趋势.

我们说行武毅结论的可靠性值得推敲，绝不是否认古地磁(考古)方法在长期变化研究中的意义. 诚然，要古地磁方法的精确度有较大提高，那是不现实的. 可行的办法是在同一地区系统采集标本，和全球多地区的测量有目的地配合，并发展完善的数理统计方法. 这样才有可能在长期变化规律的研究上取得较好的结果.

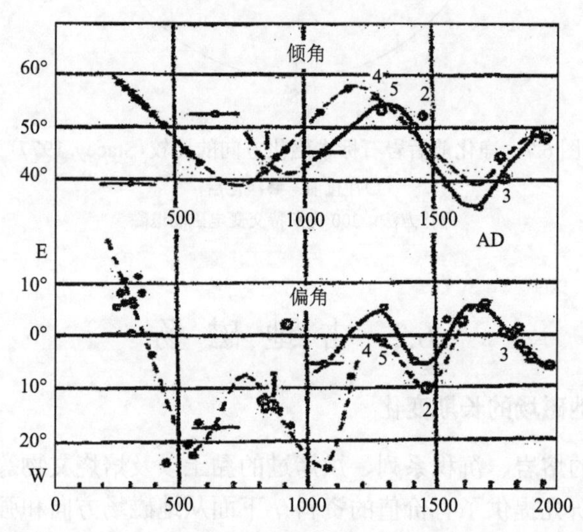

图 6.8　日本近 2000a 来地磁偏角和倾角的变化(Matsushita and Campbell, 1976)

—— 渡边结果　—— 行武结果

(2) 地磁场强度的变化

与地磁场方向的测定不同，利用古地磁和考古地磁方法不能直接测定地磁场的强度. 必须用实验方法和现代地磁场比较才能完成这种强度的间接测量. 迄今能够用来做地磁场强度测量的标本(NRM)仍主要限于热剩磁(TRM). 其测定原理首先是由法国 E. Thellier 确定的. 虽有人企图探索用沉积岩(DRM)或其他非热剩磁性岩石测量磁场强度的可能性(Levi and Banerjee, 1976; Banerjee and Mellema, 1974)，但结果仍不是令人满意的(Dodson et al., 1977; Levi and Merrill, 1976)，但由沉积岩测定的相对强度，对长期变化研究也很重要.

当外磁场较弱时，热剩余磁化强度与外场成正比:

$$J_T = F \cdot f(T_1, T_2; T_0),$$

F 是外磁场，函数 f 的形式决定于样品的铁磁性成分和结构，T_1，T_2 是标本在外场中磁化开始和终了的温度，T_0 是室温. 若标本是在地磁场中由居里点 T_c 冷却至室温 T_0，则上式成为

$$J_T = F \cdot f(T_c, T_0; T_0), \tag{6.1}$$

同样把样品加热(超过 T_c)退磁，并在现今地磁场 F_0 中冷却至室温 T_0，如若样品的磁性颗粒在退磁过程中物理化学性质不变，则样品获得的新的剩磁

$$J_T^0 = F_0 \cdot f(T_c, T_0; T_0), \tag{6.2}$$

式(6.1)，(6.2)表明，通过测定同一样品初始磁化 J_T 和在现今实验室地磁场中的磁化 J_T^0，

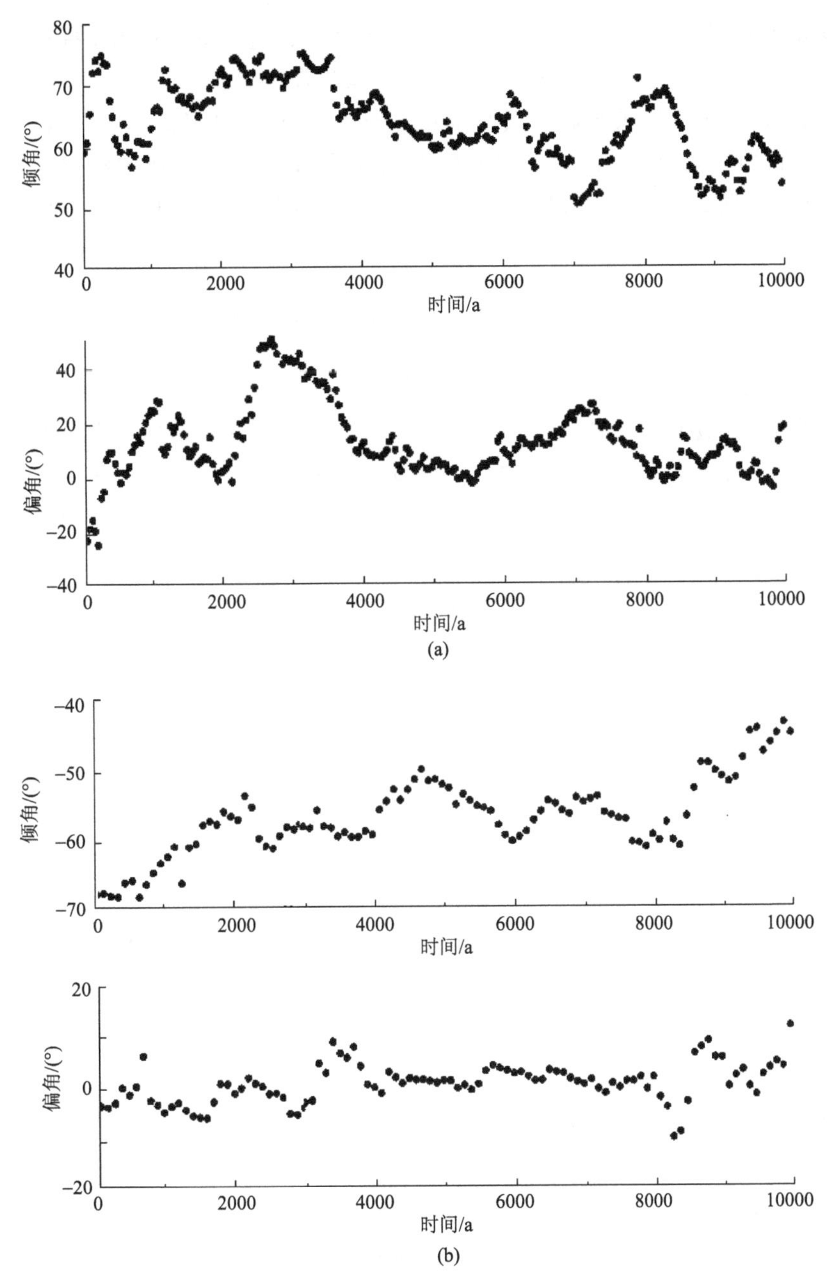

图 6.9　10000 年前(B.P.)澳洲东南部(a)和英国(b)偏角和倾角的长期变化

(a) Turner 和 Thompson (1981, 1982); (b) Barton 和 McElhinny (1981); Merrill 等 (1998)

即可确定古代磁场

$$F = \frac{J_T}{J_T^0} F_0. \tag{6.3}$$

考虑到岩石的初始热剩磁 J_T，由于黏滞效应、低温加热等原因，不可避免地会受到磁性污染，直接测定 J_T 是不准确的．同时这种测定办法，每块标本从 J_c 至 T_0 一次加温和冷却，只能按(6.3)提供一个方程，F 的计算误差也较大．为此 E. Thellier 提出了“逐步加热”的方法，即把 T_0 至 T_c 分成 n 个温度区间，首先在零磁空间将样品由 T_0 加热至 T_1，则标本在 T_0–T_1 温度间隔被退磁，其残留磁化为 $J_T(n–1)$；测定 $J_T(n–1)$ 后，再将样品在零磁空间重新加热至 T_1，并在地磁场 F_0 中冷却至 T_0，在地磁场中获得的新的剩磁为 $J_T^0(1)$．逐步重复上述过程，分别测定了 $J_T(n–i)$，$J_T^0(i)$，i=0, 1, ⋯,n．根据部分热剩磁定理可得

$$J_T(n-i) = J_T - \left(\frac{F}{F_0}\right) \cdot J_T^0(i), \qquad i = 0, 1, \cdots, n. \tag{6.4}$$

$J_T(n–i)$ 与 $J_T^0(i)$ 为一直线方程，直线斜率即为 $-F/F_0$．图 6.10a 为原热剩磁(J_T)被退磁，又在地磁场或已知磁场 F_0 中重新磁化(J_T^0)的过程，图 6.10b 为标本逐步加热的实测结果．由图看出，实测结果线性关系很好．若某些标本实测结果线性关系不好，则或者是由于标本有稳定性较强的磁性污染，或者是实验过程中标本磁性矿物发生了物理化学变化．这样的标本不适宜磁场强度的测量．可以看出，逐步加热法既收标本净化之效，又可增加测点数目，由多点斜率的测量(6.4)代替了单点比值的测定(6.3)，提高了 F 的测量精度，同时还提供了标本取舍的实验依据．因此，逐步加热法的应用大大促进了古地磁场强度的研究．

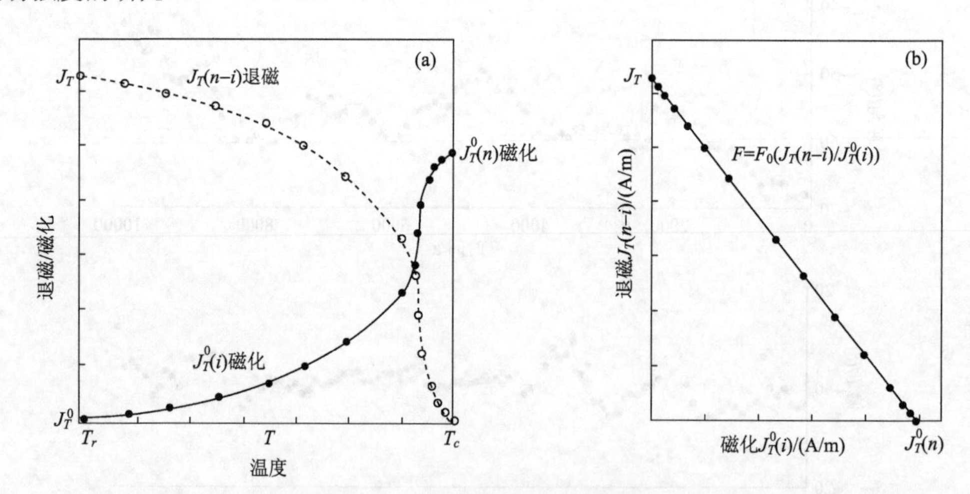

图 6.10　标本逐步加热实测曲线

(a) 标本退磁和磁化曲线；(b) $J_T(n-i)$ 与 $J_T^0(i)$ 关系曲线

若假定地磁场为中心偶极子磁场，则不同地区测量的古地磁强度 F 可换算到同一参考点，以便于不同地区测量结果的比较．参考点的换算值

$$F_R = F(1+3\cos^2 P_R)^{1/2} / (1+3\cos^2 P)^{1/2}, \tag{6.5}$$

其中 P 和 P_R 分别为测点和参考点相对于古磁极的极距．利用关系

$$\frac{1}{2}\tan I = \cot P,$$

可以将(6.5)用倾角 I 表示：

$$F_R = F(1+3\cos^2 I)^{1/2} / (1+3\cos^2 I_R)^{1/2}. \tag{6.6}$$

若参考点在磁赤道上，则(6.5)，(6.6)简化为

$$F_E = F / (1+3\cos^2 P)^{1/2}, \tag{6.7}$$

$$F_E = \frac{1}{2} F / (1+3\cos^2 I)^{1/2}, \tag{6.8}$$

同时也可以求出相应磁偶极子的磁矩

$$M = a^3 F / (1+3\cos^2 P)^{1/2}, \tag{6.9}$$

式中，a 为平均地球半径．

将 F 换算到同一参考点所得 F_R 或 F_E，进行不同年代的比较时，还必须考虑到磁极移动的影响，对于历史时期和近地质年代可以认为磁极位置与现代磁极一致，若更远地质年代则必须进行极移校正(古磁纬校正)．此外，考虑到非偶极子磁场的影响，同一年代的 F_R，F_E 或 M，只有全球许多地区的统计结果才有意义．那种由单一或少数几个测点的测量结果来论述磁矩 M 或 F_E 变化，是不可靠的．因为无论是磁矩 M 或 F_E，所反映的是作为偶极子磁场的全球特征，个别测点虽然包含有偶极子磁场的成分，但却不可避免地要受到区域性或局部磁异常的污染．

图 6.11 为全球不同地区 F 测量结果换算到现代磁赤道处的磁场强度 F_E 和磁矩 M 的变化．图 6.11a 是距离相当远的法国、苏联和日本不同地区的测量结果，它们总的变化趋势一致，从统计意义上讲有可能是反映了全球偶极子磁场的变化．从图 6.11 可以看出，约 2000 年前(公元初)地磁场强度(偶极矩)有一极大值，约为现代地磁场强度的 1.5 倍，而公元前 2000 年过后，地磁场强度有与现代地磁场同样的低值，但最低值约在公元前 4000 年左右．因此，估计地球偶极子磁场的变化周期约为 8000—10000a．但总的看来，测点仍嫌太少，其结果的真实性还有待更多资料的积累．此外，还有更古时期地磁场强度的测量结果，§6.4 将会看到，时间系列已不再适用，而只能用统计分布来表示．

(3) 地磁场的“远足”(geomagnetic excursion)

地磁场远足，指有的测点磁场方向发生大的变化，与之相应的磁极将远离现代位置，角距可达 45° 之遥的现象．全球不少沉积和熔岩地区观测到“远足”事件，图 6.12 为大西洋西北部沉积岩层约 4 万年前发生的一次远足，因时间与在法国中南部 Clermont-Fewand 地区熔岩层最早测到的称作拉香普事件的一次磁场短暂(约 8000a)倒转相近，这次远足，又称为拉香普“远足”．除磁场方向大而“突然”的变化，像图 6.12 一样，远足多伴有强度大的衰减，这里突然加“ ”，那是与长可达上百万年平静期相比，远足一般持续约几万到几十万年．容易理解，远足后可发生磁场极性倒转，称为倒转远足，图 6.12 就是一次“全球性”倒转远足．这里指出它的全球性，因为至今，多数远足还未从测量

上确认为“全球”事件，时间上多数仍然是孤立的，所以自始就伴随有远足事件是否地磁场整体变化的争议．当然持续时间万年的尺度与磁场倒转过程时间相当，至今倒转过程“细节”仍无法被古地磁测量所揭示，相信与倒转过程时间尺度相近的远足事件的测量也处在古地磁“分辨率”的边缘，但一旦远足事件的全球性不能被测量所证实，则远足是否为磁场全球性变化就不会有最终结论．

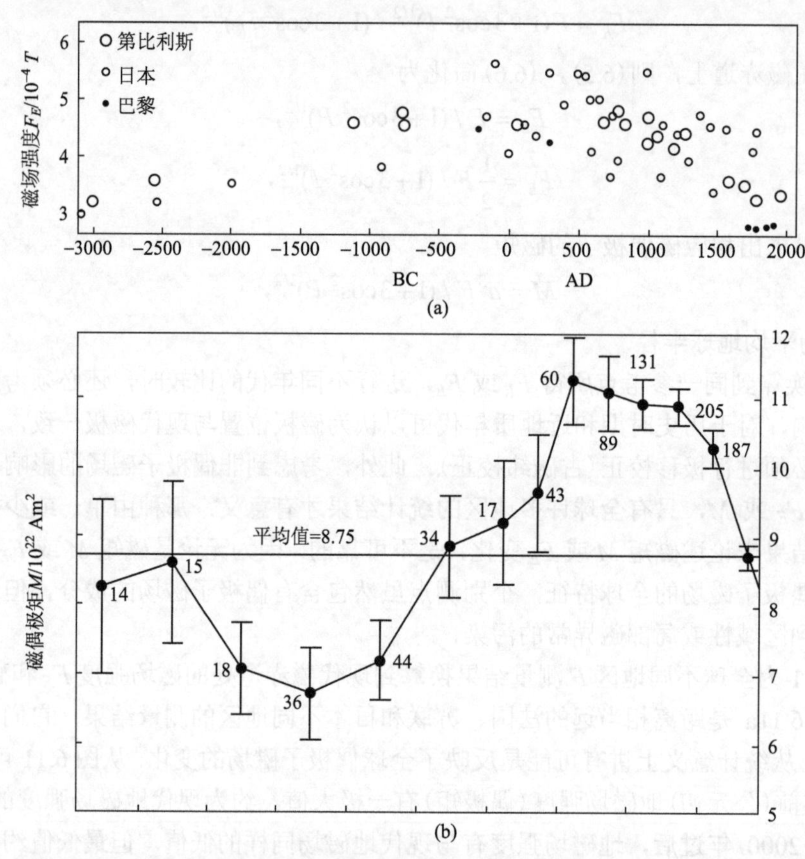

图 6.11　由逐步加热法测定的赤道处古地磁场强度的变化(a)(Matsushita and Campbell, 1976, Merrill et al., 1998)和全球平均偶极子磁矩的变化(b)

图中数字是用来平均的资料数，竖杠表示均方差(σ)

(4) 古磁场的功率频谱分布

这里包括古磁场强度和向量的时间谱，而向量指偏角和倾角功率谱规一化的平均，称单位向量(unit-vector)谱，为方向谱．图 6.13 给出大西洋西北部大于 50 ka 沉积层磁场谱分析结果．从图上可以看出，第一，在 50 ka 的时间尺度内，磁场的时间谱是连续的，没发现明显证据，这里存在任何截止频率；第二，这里存在明显的频率拐点 f_c，$f \leqslant f_c$ 为平稳的白噪声谱，$f > f_c$ 功率谱随频率指数下降；第三，强度谱与“方向”谱拐点不同，强度谱拐点在约 12 ka，方向谱在 5 ka，这可解释为，强度是轴向偶极子磁场的时间变化，而方向则表征赤道偶极子的时间变化．当然看待这些结果时，必须充分考虑它的局限性，除了资料，主要是时间尺度测量的局限．图中标出了三种时间尺度结果：一是碳十四，

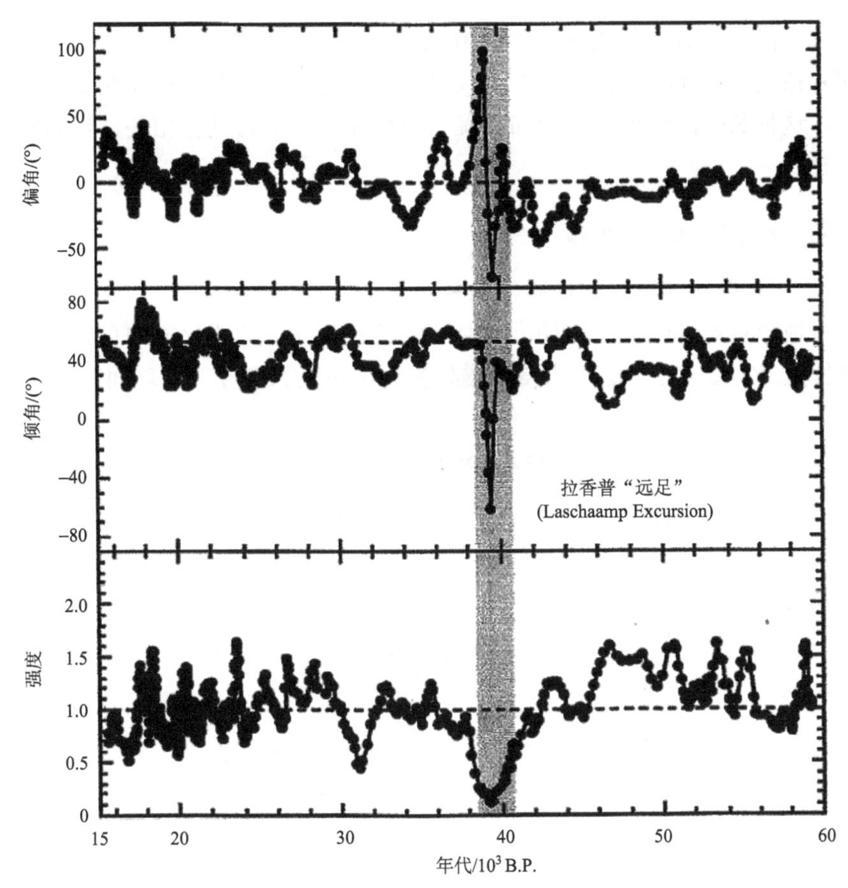

图 6.12　大西洋西北部冰河时期(第四纪)的沉积层磁场向量(偏角、倾角和相对强度)测量

年代由碳十四测定，B.P.为现代年代前，坐标越向左，离现代越远，拉香普系法国中南部熔岩地区，因在熔岩层发现约 4 万年前短期磁场反向，在地磁反转极性年表中作为地质时代的标识而得名：拉香普事件(Lund et al., 2001, 2005；Lund, 2007)

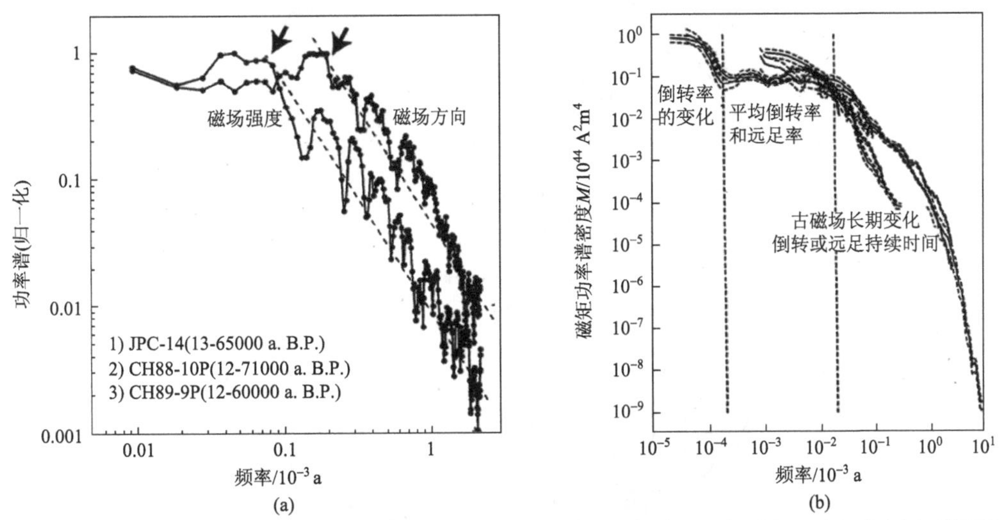

图 6.13　古磁场强度和“方向”规一化的功率谱(a)大西洋西北超过 5 万年时间尺度沉积层古磁场强度和方向测定，其中碳十四和两种氧同位素时间测定标于图中；100a—50Ma 时间跨度的磁矩功率谱密度(b)(Lund et al., 2001，2005；Lund, 2007；Constable，2007)

误差为 10^2a，而两种氧同位素方法则达 10^3a．除北美外，全球各地都有古磁场频谱分析结果，图 6.13b 给出跨越约 50 Ma 时间尺度的功率谱密度，古磁场长期变化的频谱及其空间分布。这种长时间跨度的谱分布无疑与地核和地幔动力过程相关，当然需要有更多资料的积累．

6.2.2 轴向偶极子的假定和极移

(1) 虚地磁极的统计分析和地磁极的移动

若假定地球磁场为偶极子磁场，则由采样点 $P(\lambda_s, \Phi_s)$ 的磁化方向 (D_m, I_m) 可以确定地磁极的位置 $V(\lambda_p, \Phi_p)$．这样求得的磁极称为虚磁极(VGP)．由球面三角形(图 6.14)可以得出

$$\sin\lambda_p = \sin\lambda_s\cos\theta + \cos\lambda_s\sin\theta\cos D_m,$$
$$\sin\beta = \frac{\sin\theta\sin D_m}{\cos\lambda_p}, \qquad (-90° \leqslant \beta \leqslant 90°), \tag{6.10}$$

θ 为测点的磁极距，

$$\text{ctg}\,\theta = \frac{1}{2}tgI_m,$$

其中，

$$\Phi_p = \Phi_s + \beta, \qquad 当\ \cos\theta \geqslant \sin\lambda_s\sin\lambda_p,$$

或者，

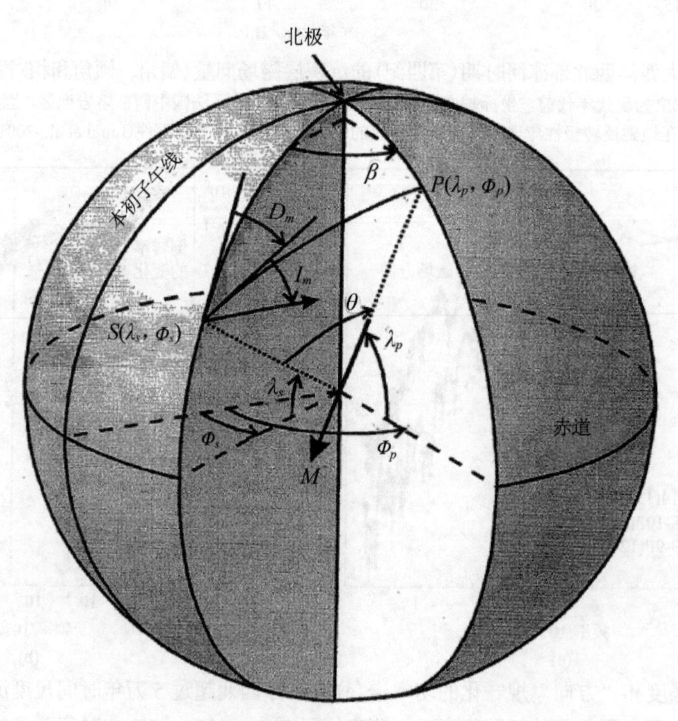

图 6.14　岩石标本地理坐标(λ_s, Φ_s)、磁化方向(D_m, I_m)和虚磁极位置(λ_p, Φ_p)

$$\Phi_p = \Phi_s + 180° - \beta, \qquad \text{当} \cos\theta < \sin\lambda_s \sin\lambda_p,$$

式(6.10)中 D_m，λ_s，Φ_s 为已知，θ 可由 I_m 计算. 因此，由(6.10)可以求得虚地磁极的位置(λ_p, Φ_p).

菲舍尔(R. A. Fisher)给出了由标本实测磁化方向所确定的平均磁化方向和地磁极的可信程度的统计表示. 设实测标本数 N 是由总体样本中随机抽出的子样本，样本的磁化方向可用单位球上的点来表示，即 N 个样本对应球上 N 个点，由球心到各方向点的单位径向即为各样本的磁化方向. 设 N 个单位向量的和为 $\boldsymbol{R}$，若测点足够多，则 N 个点相对于 $\boldsymbol{R}$ 在球面上应呈对称分布. 菲舍尔(Fisher, 1953)给出，每个向量点(ψ, λ)落入单位球上与 $\boldsymbol{R}$ 角距为ψ的单位面积上的概率密度 p,

$$p \propto \mathrm{e}^{k\cos\psi}.$$

若 $k>0$，测量点落在 $\boldsymbol{R}$ 方向，即 $\psi=0$ 的概率最大，随偏离角度 ψ 增加，概率逐渐减少，在 $\boldsymbol{R}$ 反方向概率最小. 概率密度 P 在单位球面的积分，

$$\int_0^{2\pi} \mathrm{d}\lambda \int_0^{\pi} \mathrm{e}^{k\cos\psi} \mathrm{d}\psi = \frac{2\pi}{k}\left(\mathrm{e}^k - \mathrm{e}^{-k}\right),$$

则规一化的概率密度为

$$p = \frac{k}{4\pi \sinh k} \mathrm{e}^{k\cos\psi}, \tag{6.11}$$

式中，sinh 为双曲正弦函数，k 为精度参数，当 $k>3$ 时，

$$k = \frac{N-1}{N-R},$$

与高斯分布的方差 σ^2 相比，$k\propto 1/\sigma^2$，k 值愈大，表示向量点愈集中；$k\to\infty$，全部向量共线，汇集于与 $\boldsymbol{R}$ 方向对应的单位球面一点；$k=0$ 相当于向量点在单位球面上均匀分布. 概率密度函数 p(6.11)在整个球面上的积分为 1. 显然子样本 N 的平均方向 $\boldsymbol{R}$ 就是总体平均方向的最佳估计. 设总体平均方向(即磁化方向的真值)以 $1-p$ 的概率落入以 $\boldsymbol{R}$ 为轴线以α_{1-p}为半顶角的圆锥面内，则

$$\cos\alpha_{1-p} = 1 - \frac{N-R}{R}\left\{\left(\frac{1}{p}\right)^{\frac{1}{N-1}} - 1\right\}. \tag{6.12}$$

若实际计算取 $p=0.05$,则磁化方向的真值落在以$\alpha_{0.95}$为半顶角的圆锥外的概率是 1/20. 由各样本的方向余弦(l_i, m_i, n_i)，$i=1$，…，N，向量 $\boldsymbol{R}$ 的方向余弦 R，即

$$R^2 = \sum_1^N \left(l_i^2 + m_i^2 + n_i^2\right),$$

半顶角为$\alpha_{0.95}$圆锥体与单位球的交线称为磁化方向的置信圆. 当磁化方向换算为虚地磁极时，置信圆将变成一个椭圆. 由与磁化方向置信圆$\alpha_{0.95}$相应的平均倾角 $\bar{I}$ 和偏角 $\bar{D}$ 的置信区间δ_I和δ_D,

$$\delta_I = \alpha_{0.95}, \quad \delta_D = \frac{\alpha_{0.95}}{\cos\bar{I}},$$

可求出与虚地磁极相应的置信椭圆的长短半轴δ_m和δ_p,

$$\delta_m = \alpha_{0.95}\frac{\sin P}{\cos \bar{I}},\quad \delta_p = \frac{1}{2}\alpha_{0.95}(1+3\cos^2 P), \tag{6.13}$$

式中，P 为采样点与虚磁极的角距．严格讲置信椭圆的中心并非虚地磁极，但α较小时，两者差别不大.

(2) 地心轴向偶极子(geocentric axial dipole, GAD)的假定

由以上古地磁场方法所测定的虚地磁极的移动，可以按其时间尺度分为两类．一类是 10^3—10^4a 较短时间间隔的运动，一类是 10^4—10^6a 的平均磁极所反映的更长时期的移动.

较短时间间隔虚磁极的运动，首先由薛瓦利埃提出(Matsushita and Campbell, 1976)，他由埃特纳山熔岩流的观测注意到虚磁极绕地球转轴顺时针方向的运动．随后冰岛第四纪玄武岩的测量也得到同样性质的运动，永田等人由日本第四纪 11 处熔岩的测定也有类似结果(Matsushita and Campbell, 1976).

若假定这种环绕转动轴的顺时针的运动已接近一周，则由熔岩覆盖的时间估计，这种周期约为 10000 年．这与行武毅所得 7000 a 的变化周期相近．对于 10^7a 前较老的岩石也观测到同样性质顺时针的运动，但似乎其周期更长(10^5~10^6 a) (Currie et al., 1963)．由于相对短(<10^5 a)间隔的地磁场方向的资料较少，地磁极相对于地球转动轴的这种运动是否反映了地磁场持续的基本的特性，现在仍难以断言．但无疑这一性质的深入研究对于与地磁发电机学说有关的地核内部的动力学理论具有重要价值.

若上述关于虚磁极的运动是真实的，则由岩石磁化方向所确定的虚磁极在较长时间内(10^4—10^5 a)的平均应和地理极相一致，或者换句话说，地磁场较长时间的平均可以认为是一个地心轴向偶极子，与地理转轴重合，图 6.15 为直至 20 Ma 前虚磁极的分布.

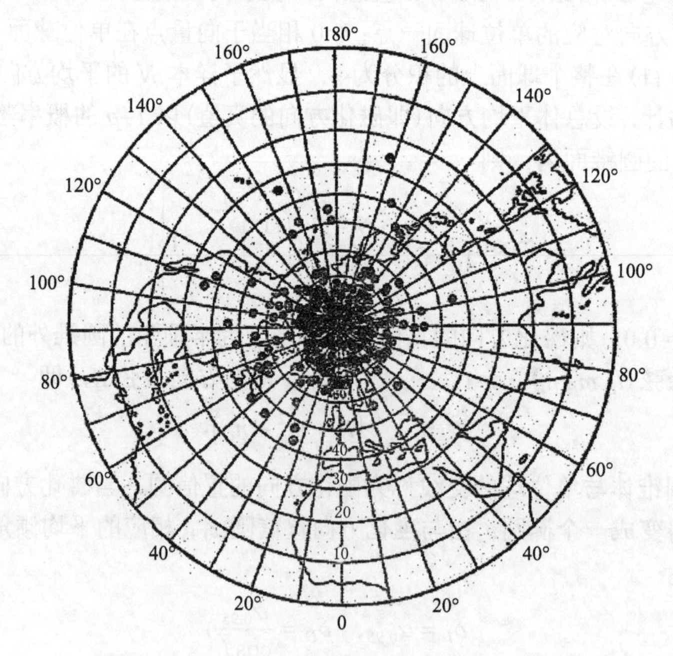

图 6.15　近 20 Ma 来虚磁极的分布(Stacey, 1977)

图 6.15 清楚地显示出地磁极围绕地理极形成一个圆团，其分布相对于现代地理极基本上是对称的．因此，即使上述地磁极的顺时针运动的规律不存在，地磁场较长时间的平均仍可认为是一个地心轴向偶极子，这至少对于 10^5—10^6 a 的时间尺度是真实的．把地磁场的这一性质外推到各地质时期，就是所谓轴向偶极子的假定．这个假定已成为古地磁学方法的一个基本原理．下面将会看到，这一原理的意义是深远的．正因为它的重要性，20 世纪 50 年代至今，一直被地磁学者所关注，多数结果都肯定这一假定，特别是大于 10^6 a 的资料(McElhinny，2007)．如若仅有古磁场资料还不足以令人完全信服地心轴向偶极子的假定，而古气候学研究所确定古纬度分布与古地磁资料确定的古地理极位置的吻合则是地心轴向偶极子又一强有力的科学佐证(Merrill et al., 1998；Cook and McElhinny, 1979；Irving, 1964；Opdydek, 1961)；由古地磁极移所推断各地球板块构造运动的科学性无疑也证明地心轴向偶极子假定的可信性．

(3) 古代极移

轴向偶极子的假定说明，岩石磁化方向在 10^4—10^5a 的平均，决定了地理极的位置．在 2×10^7a 内这一位置与现在地理极重合．但更老(3×10^7a 前)的岩石标本的测定却显示出与现代地理极的明显偏离．这种偏离不是杂乱的，年代愈老偏离愈大．对于同一地块，不同地点岩石标本所测定的磁极位置，形成一条相近的按年代有序的迁移路线．这种移动的距离之大，是出乎人们想象的．在大约 5 亿—6 亿年期间移动的距离竟达 90°之多．各个地块极移细节的讨论可参阅厄尔文(E. Irving)等人的著作(Irving, 1964；McElhinny, 1973)．

若如上所述，轴向偶极子的假定是正确的，则可相信，上述结果所反映的在漫长地质年代中古地极的迁移就应该是真实的．不难相信，若地球所受外力矩(太阳、月亮)可以忽略，它的角动量矩的方向在空间应是固定不变的．地球整体相对于这一固定方向的运动是真正的极移成分．上述地极的迁移可以是地极的运动，也可能是大陆漂移或者两者联合的结果．由同一极移路线是无法把这些成分区分开的．但比较各个地块不同的极移路线，则各地块之间的相对运动可以被区分．因此，古磁极移动路线为大陆漂移提供了有力的证据．图 6.16 显示欧洲和北美两大地块极移路线(Merrill et al., 1998)，其中图 6.16 右图为从早期志留纪(470 Ma)至早期侏罗纪(175 Ma)约 3 亿年地质时期两大地块各自的极移路线，而图 6.16 左图则是欧洲地块不动，北美反时针转动约 38°，可以看到，两地块极移路线重合很好，这就表明，在约 3 亿年的地质时期，欧洲和北美相对移动约 38°．

6.2.3　地磁场的倒转和地磁年表

岩石磁性的测定很早就发现，许多岩石有与现今地磁场相反方向的磁化．但这种反向磁化的原因被肯定下来却有较长的经历．早期主要争论的焦点是，这种反向磁化是起因于地磁场极性的倒转，还是岩石本身有时获得与周围磁场方向相反磁化的自发反向？现已肯定，尽管有的岩石在特殊条件下的磁化方向有可能自动转向，但这种情况是很罕见的；特别是岩石反向磁化的测定表明：全球各地大量反向磁化的不同类型的岩石，在时间上是一致的．这样，怀疑、争论很长时间的地磁场极性倒转的事实终于被肯定下来．古地磁学的这一重要发现对于地磁场成因理论的探讨具有十分重要的意义．据此编制的地磁年表，还可以估计新生代某些地壳运动的时间(傅承义, 1976)．

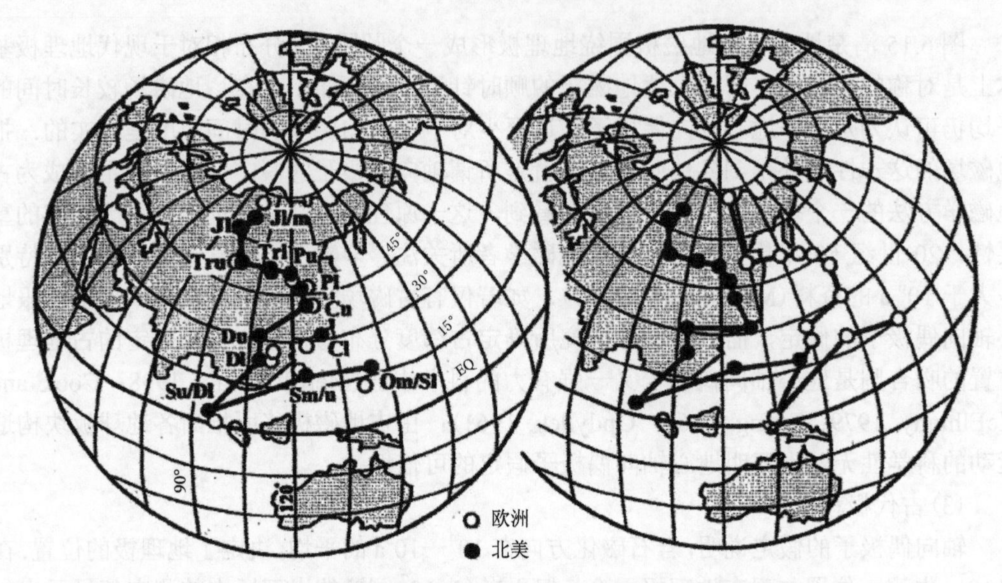

图 6.16 欧洲和北美极移路线(字母为地质时期的通用符号)

从早志留纪(470 Ma)至早侏罗纪(175 Ma)地质时期极移路线；左：转动 38°(去除大西洋)后的极移路径；右：没转动，按现代地理坐标(Merrill et al., 1998; Van der Voo, 1993)

(1)自发反向和地磁场极性反转

自发反向可以有不同的机制，但所有自发反向的机制都要求物质含有两种相反的磁化成分．例如，设想在一种结晶物质内存在着亚晶格 A 和 B，晶格 B 中所有原子的自旋磁矩与 A 相反．如果两个亚晶格中磁矩 J_A 和 J_B 随温度有不同的变化，则 J_A+J_B 在某一温度可能反向(图 6.17)．虽然在实验室可以合成具有这种性质的物质，但迄今在自然界还没发现同类性质的岩石；自发反向的另一种可能的机制如图 6.18 所示．物质含有两种不同的磁性颗粒 A 和 B，其中 A 有较高的居里点 T_A 和较低的磁化强度 J_A，而 B 则刚好相反．当这种物质从高温冷却时，A 首先在外场中磁化，方向与外场相同．当温度下降到 T_B 以下时，因 B 是在外场与 A 的双重作用下磁化，则在有利的条件下 B 有可能获得与外场相反的磁化．当到达室温时，因 $J_B>J_A$，所以最后总的效果会使 J_A+J_B 与外场反向．1951 年永田在榛名山英安岩石中观测到了这种机制的反向磁化．但同类现象并不多见．因此，即使这种自发反向机制存在，由此产生的反向磁化也是偶然的．显然不能解释天然岩石频繁出现的反向磁化现象．

人们还注意到，某些物理化学作用能否引起岩石磁化的自发反向？例如，在一些熔岩系列中，曾经发现岩石的极性和它们的氧化状态有一定的相关性．大不列颠五千万到六千万年的熔岩和冰岛小于二千万年的磁化岩石的测定发现，处于氧化状态的标本，10%有反向的极性，而非氧化状态的 90%有正向极性(塔林, 1978)．这种结果很有力地支持了自发反向的机制．虽然这种现象至今没能得到圆满的解释，但进一步的观测发现，这种相关关系并没有全球范围的普遍意义．

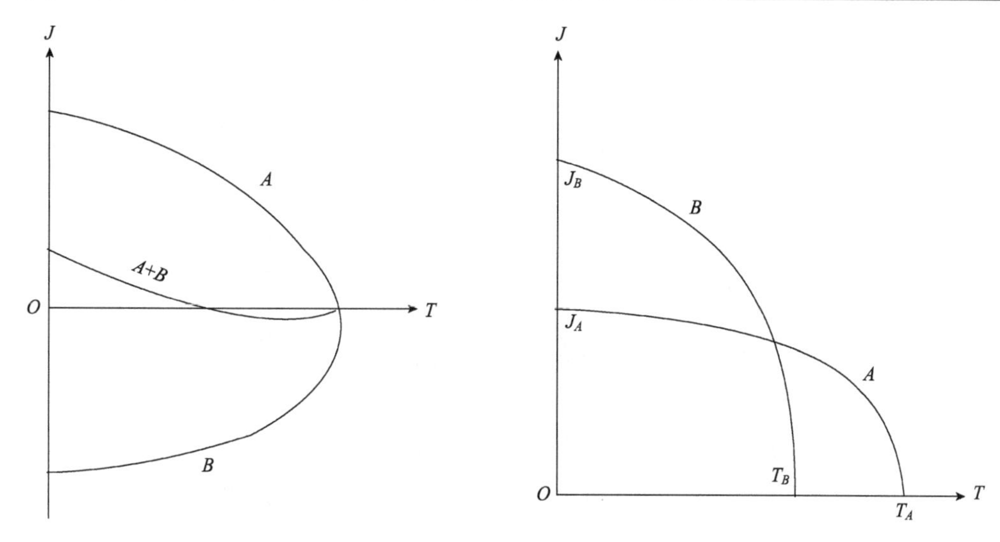

图 6.17　结晶物质内存在着亚晶格 A 和 B，晶格 B 中所有原子的自旋磁矩与 A 相反

图 6.18　物质含有两种不同的磁性颗粒 A 和 B，晶格 B 中所有原子的自旋磁矩与 A 相反

与上述自发反向机制相反，岩石反向磁化的许多事实却有力地支持地磁场极性反转的结论．已观测到许多反向磁化的熔岩流，它们横穿熔岩层，这里熔岩的极性与被烘烤冷却的围岩的极性完全一致，而与同一地层未被加热的围岩的极性无关．这说明在同一年代被磁化的岩石，即使岩石性质、成分完全不同，也具有同样的磁化方向，而在不同年代获得磁性的岩石的极性则相互无关．这除了用独立于两者之外的场的反转解释外，其他解释是困难的．

加利福尼亚熔岩和远海沉积剩余磁性的测定表明，尽管它们生成的地点不同，形成机制和条件也相差悬殊，但其反向磁化现象却是完全相同的．图 6.19 给出了不同深海岩心正反向磁化的分布．

图 6.19 清楚地显示，不同地区正反向磁化系列时间上的一致性．这些事实说明，必须是全球同一因素的作用，才可能是这种反向磁化的原因．可供选择的唯一可能是地磁场的倒转．这样，人们就不能不接受整个地磁场的极性可以倒转的事实了．虽然上述事实只是在较年轻的岩石中观测到的，更古老的岩石由于测量精度不高，做这样精度的对比目前还不可能，但没有理由认为，较为年轻的岩石反向磁化起因于地磁场的倒转，而古代岩石应是其他的机制．

(2) 地磁场倒转的性质和地磁年表

观测到的地磁场的倒转开始于前寒武纪(600 Ma 前)，在以后所有地质年代都观测到了．地磁场的极性无疑是循环性地变化．没有证据说明正反极性的出现哪一个应该系统地长些，哪一个应该系统地短些．从统计角度讲，两者的概率应该是均等的．地磁场极性的这种统计特性已被小于 10 Ma 较为年轻看出，正反极性的数目和平均时间间隔都是相同的(0.22 Ma)．不仅如此，而且整个时间间隔从 0—3.32 Ma 和 3.32 Ma—10.6 Ma 两段的统计特性也极为类似(表 6.1)．当然，上述时间间隔只具有统计意义，任何具体事件的间隔是不规则的．对于更老的岩石则可能有完全不同的统计特性(塔林，1978)．

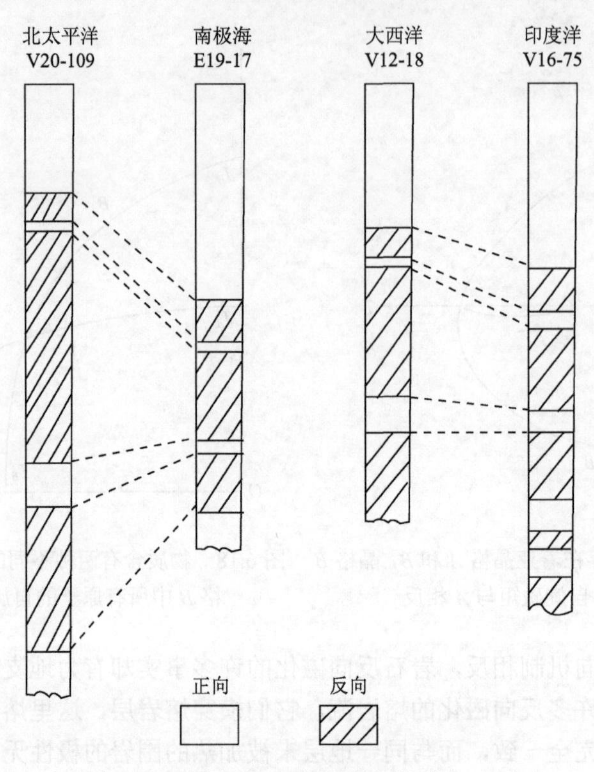

图 6.19　深海沉积岩心的极性(塔林，1978)

表 6.1　过去 10.6 Ma 中极性时间间隔的统计性质(Cox, 1969)

时间范围正常极性时段/Ma	0—3.32	3.32—10.6	0—10.6
正常场时间/Ma	1.66	3.90	5.56
占总时间的百分数	50	53	52
正常场时段的数目	8	17	25
正常场时间间隔平均长度/Ma	0.21	0.23	0.22
反转极性时段反转场时间/Ma	1.66	3.46	5.12
占总时间的百分数	50	47	48
反转场时段的数目	7	17	24
反转时间间隔平均长度/Ma	0.24	0.20	0.21
整个极性时段极性数目	15	34	49
平均长度/Ma	0.22	0.22	0.22

地磁场倒转的一个重要问题是正反向中间过渡带．达格莱关于冰岛熔岩的研究对此做出了重要的贡献．他发现至少有 55 个熔岩流既非反向又非正向磁化，这说明地磁场极性的反转可能并不是偶极子方向瞬时的转向，而是有个过程．一般认为，极性的反转，首先是场强的衰减，在几千年内场强衰减为原来的三分之一，同时偶极子轴有约 30°左右的摆动，然后沿不规则的途径移到相反的极性，场强开始上升．其时间间隔约为 10^3—10^4a．过渡时期地磁场是否仍具有偶极场特性，还不能肯定．图 6.20 为大西洋北部

海底快速沉积记录到的约在 0.78 Ma 磁场由松山(Matuyama)反向期向布容正极性过渡期间的虚磁极(VGP)位置，可以清楚地看到：开始虚磁极在南极周围摆动，然后向北，在几近北极时，又折回南半球，后最终到达北极，并在北极周围徘徊，最后稳定(Channel and Lehman, 1997)，有人称倒转过渡期间这种非稳态过程为“停-走”形态(stop and go behavior)，如图 6.20 所示的资料已有数起(Mazaud，2007；Clement，2007)，但远不能揭示过渡期的规律，目前观测资料的积累仍是第一位的.

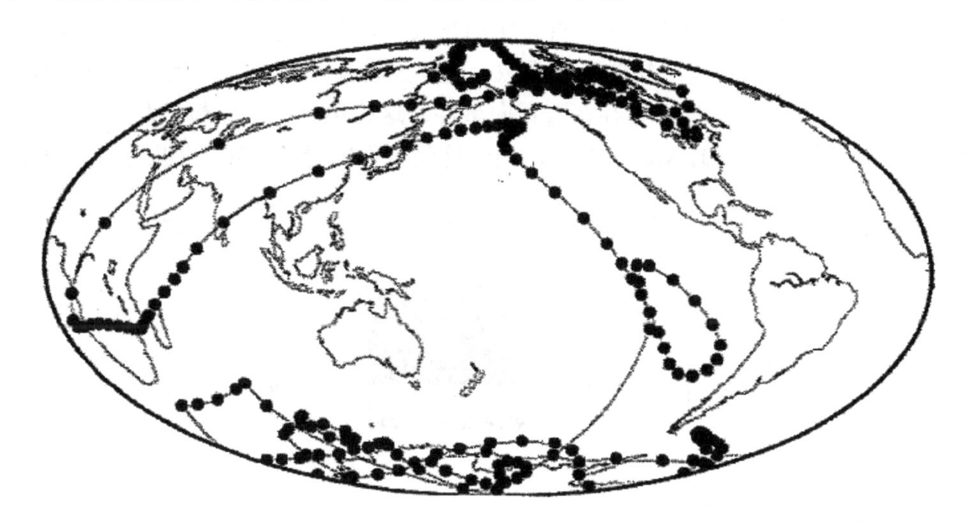

图 6.20　大西洋北部海底快速沉积记录到的约在 0.78 Ma 磁场由松山反向期向布容正极性(见图 6.22)过渡期间的虚磁极(VGP)位置

开始虚磁极在南极周围摆动，然后向北，在几近北极时，又折回南半球，后最终到达北极，并在北极周围徘徊，最后稳定(Channel and Lehman, 1997)，有人称倒转过渡期间这种非稳态过程为“停-走”形态

图 6.21 是磁场反转一种可能的模型. 在该模型中，除偶极矩的衰减外，非偶极子磁场“激”发了倒转的发生. 但迄今过渡期的观测资料还不足以判明这种性质的真实性. 无疑这种过渡时间特征的研究，对地磁倒转机制和地磁场成因的研究是十分有价值的.

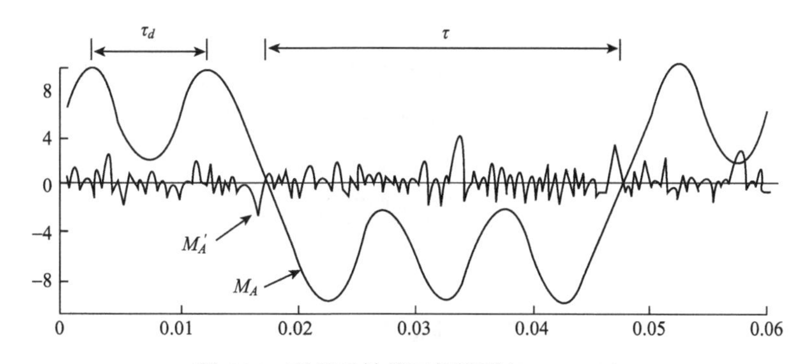

图 6.21　磁场反转的可能模型(Cox, 1969)

τ_d 是偶极子场的周期；τ 是一次极性时间间隔的长度. 当 $(M_A+M'_A)$ 改变符号时，极性发生变化；M_A 是偶极场的磁矩，M'_A 是非偶极场的量度

岩石反向磁化既然是全球性的，这样就可以用岩石的磁化方向作为标志，建立一个岩石相对年龄的时间表，叫作地磁极性年表．岩石正反磁化具体事件的间隔是不规则的．要标定这些时间间隔，必须准确地测定绝对年代和精选足够多的岩石标本．由于较老岩石绝对测年的困难，所以现在这个年表只达到几百万年(图 6.22)．人们最初发现，在最近四百万年期间，地磁场经历过三次转向．以人名命名，最近的正向时间定名为布容(Brunhes)时期，在它之前是反向的松山时期，正向的高斯时期和反向的吉尔伯特(Gilbert)时期．这些时期的长短约为百万年的量级．以后通过更精确的观测又发现，在这些“时期”之内还存在着更短的反转现象，被称为转向“事件”．于是在正向时期中存在着反向事件，在反向时期中也存在着正向事件．这些事件一般以最初发现这种现象的地点命名，其长短约为 0.01 Ma—0.1 Ma．由于这些事件的寿命较短，有些至今仍有争论．

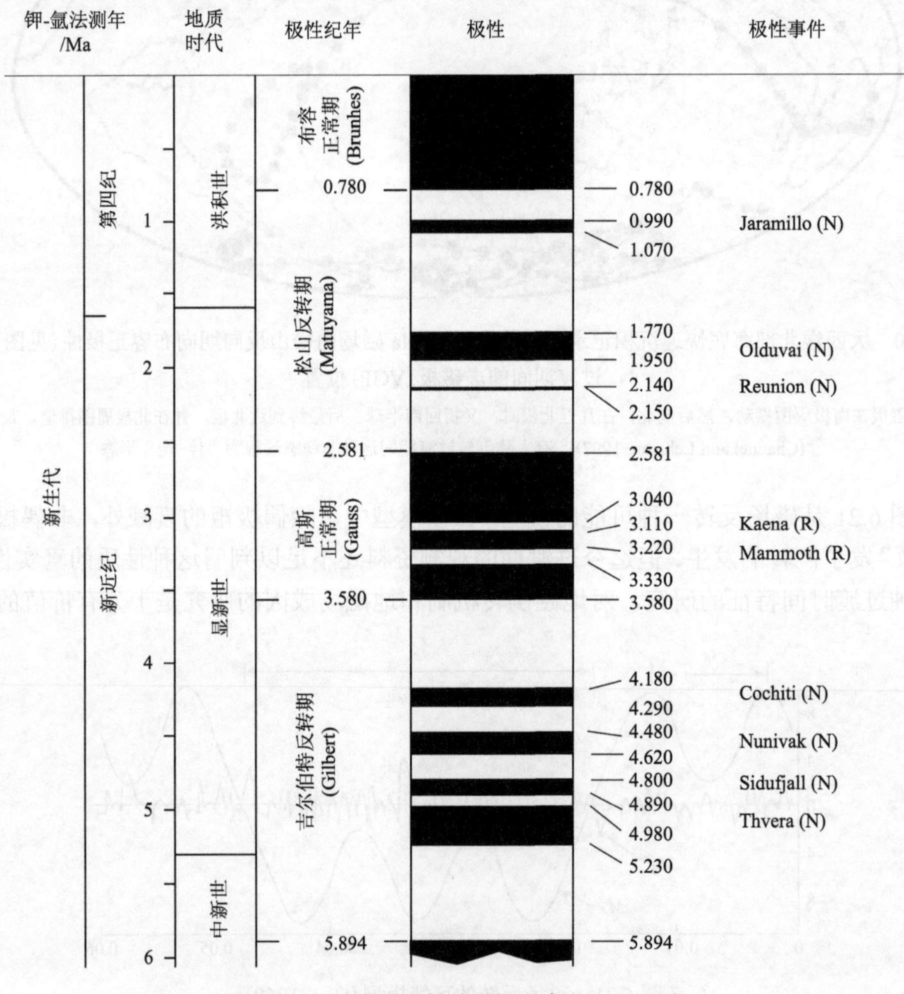

图 6.22 地磁场反转的时间尺度(Cox, 1969)

短水平线表示用钾-氩法测得的年龄和相应地质年代的磁极性(正向的和反向的)．“正常场”一栏的黑色部分表示正向极性的时段．“反转场”一栏黑色部分表示反转极性的时段

地磁极向年表的长度，受到绝对测年精度的限制，常用的钾-氩法精度约为5%，对于5 Ma的岩石，误差达到250 ka，比一个“事件”的持续时间还要长．所以要延长这种年表，还必须借助于其他更灵敏的方法．新兴的海底扩张学说提供了这种方便．目前，根据海岭两侧由于海底不断扩张的地磁场的转向所形成的正负磁异常的条状分布，并假定4 cm/a的均匀扩张速度，已将这个年表延长了46 Ma(傅承义, 1976)．借助于岩石磁化的极性和这个年表可以估计新生代某些地壳运动的时间．

地磁场倒转的统计特性、反转过渡时间的性质以及正反转向“时期”的极性事件等地磁场倒转的课题，都与倒转模式的建立密切相关．相信随着测量方法的改进，更多地区和岩石短暂反向磁化的测定，将为地磁成因的研究提供重要的线索．

6.3　地磁场的成因

地磁场成因是地球物理学，也是物理学的重大理论难题．爱因斯坦早在1905年，也是他发表相对论的同一年代，就曾指出：“地磁场起源是物理学中重大科学难题之一”；它与地球演化、地球内部的能量和运动以及天体磁场的来源密切关联，至今尚无圆满的结果．

地磁场的高斯分析从理论上肯定了地磁场的源在地球内部，否定了任何由外部原因解决地磁场起源的企图．而地磁场的冻结扩散方程则是地磁场起源的理论基础．地球内部的结构、物质组成和运动状态以及地磁场的时空特征为地磁场成因理论提供了几何和物理的约束．而在时间上稳定的空间偶极子特征以及在漫长的地质时期偶极子磁场曾经历过多次反向，从统计意义上讲，正、反极性的概率相等，没有哪一种极性在地磁场的历史上有什么特殊性，则是地磁场起源理论必须解释的主要现象．至于地磁场倒转的短期的或过渡时期的特征还没有较为确切的结果，只可作为参考．但无疑，这些现象最后被肯定下来，将是对地磁场成因理论的重要检验．人们最先认识的是地球偶极子磁场，即均匀磁化球体磁场的特征．所以早期地磁场成因的学说多以此为前提，但都因不能经受时间的考验而被舍弃．随着人们对于地球内部结构和物质组成认识的深化，揭示了液体外核铁镍成分所可能具有的高导电性能，提供了由物质运动和磁场相互作用维持地磁场的有利场所．而地磁场长期变化规律，特别是它相对于地球运动的成分——例如，西向漂移现象提供了估计液核运动状态和量级的一种可能，于是大约在20世纪40年代至20世纪50年代，人们开始从地球内部物质的运动和磁场的相互作用来探讨地磁场的成因，通常被称为“发电机”学说．“发电机”学说刚问世的时候，有关磁场倒转的事实还没有被肯定下来．但是很幸运，这个学说中，第一，恰好磁场冻结扩散方程有正、反极性两个解；第二，在所谓非稳定的发电机过程中，恰恰有可能发生磁场的倒转．这在很大程度上提高了这个学说的可信性．目前，发电机学说被公认是地磁场成因理论中最为合理的和最有希望的，甚至可以说是唯一的一个．

由第五章，导体中磁场所满足的扩散方程(5.14)，可得磁场的自由衰减时间

$$\tau \simeq \mu\sigma L^2,$$

对于地核，$\tau \simeq 3\times10^{11}\mathrm{s} \simeq 10^4\mathrm{a}$. 而古地磁的研究表明，已经测定的最老的磁性岩石，其年代远到 $10^9\mathrm{a}$ 前，因此，地球的磁场起码已经维持近 $10^9\mathrm{a}$ 之久. 从这个意义上说，地球偶极子磁场在漫长的地质年代里是稳定的. 显而易见，因磁场的自由衰减时间τ远小于 $10^9\mathrm{a}$，维持这样一个稳定的磁场就必须不断提供能量. 这是发电机学说所面临的第一个问题. 第二才是这种能量提供怎样的运动，与磁场相互作用才能获得所观测到的偶极子磁场. 很遗憾，由于人们对于地球深部的知识还了解得很少，关于能量的提供还不能找到满意的结果. 这恐怕也是这个学说提出几十年至今未能获得最后结果的原因之一. 开始曾认为地核内放射性元素，或固体内核形成所放出的潜热可以提供这种能量，但根据现有的知识计算，它们的数量级还是不够. 近来有人认为，地核内部的运动可能来源于地球的进动. 地球的进动和地球的扁率有关，但地球的扁率和地核的扁率不同，这就在地核内部产生速度差异，从而维持了地核内部的电磁流体力学效应. 对此，也有人提出异议.

有关发电机学说的多数论著，大都主要回答上述关于运动和磁场相互作用如何能获得偶极子磁场的问题，这一内容的物理基础就是第 5.1 节中电磁方程(5.20)和流体动力学方程(5.29)的耦合. 无疑这是相当复杂的非线性数学问题. 这一节将从这些基本方程出发，概括地讨论发电机学说的物理图像，然后在简化的条件下给出这种图像的数学描述及其数值解(Elsasser, 1950, 1956; Hide and Roberts, 1961; 力武常次, 1972; Gubbins, 1974, 1975, 1976; Levy, 1979).

6.3.1 历史上有关地磁场成因的假说

在叙述发电机学说之前，我们先简单回顾一下历史上有关地磁成因的假说.

最早和最自然的地磁场成因假说是设想地球内部是一块均匀磁化的大磁铁. 当地球物理学家提出地核是由铁镍合金组成的时候，这个假说似乎得到了支持. 可惜地球内部的温度太高，远远超过了铁的居里点，即使考虑到居里点随压力的变化也无济于事，所以铁磁成因说不能成立.

有人曾企图借助于电荷的旋转、回转磁效应、温差电流、感应电流等物理效应来解释地磁场，但数量级都远远不够. 电荷旋转说也是人们容易想到的一种磁效应. 若地球带有负电荷，或地球内部产生电荷分离，外部为负电荷，则随地球一起转动的电荷将产生磁场. 显然这样的电荷将产生很强的静电场，由观察到的电势梯度远不能产生地面观测到的磁场. 因此，尽管曾有人企图修正库仑定律以找到维持电荷分离的机制，也无法弥补电荷旋转说的先天缺陷. 旋转着的磁性物体，在旋转轴方向上将被磁化，物理学上称为回转磁效应. 按回转效应计算，地球由于自转获得的磁化强度约为 10^{-13}A/m, 这比地球均匀球体的磁化强度 7.2×10^{-5}A/m 约小 9 个数量级. 因此，借助物理学的回转磁效应产生地磁场也是毫无希望的. 至于感应电流和温差电流说，因与已有的观测事实不符，也未能被人们接受.

上述各种假说都是以现有物理定律为基础的. 与此不同，英国物理学家布莱克特(P. M. S. Blackett)提出了新的物理规律——巨大转体说，来解释地磁场的成因. 布莱克特发现，太阳、室女星座 78 号星和地球三个天体的磁矩及其角动量矩 $\boldsymbol{P}$，具有下述关系：

$$M = \beta \frac{\sqrt{G}}{2c} \boldsymbol{P},$$

式中，G 为万有引力常数，c 为光速，β为比例常数，约等于 0.25．布莱克特把它设想为物理学的一个规律．由于有三个天体的支持，这个假说曾一度引起广泛的注意．为此，布莱克特专门设计了一种测弱磁性的高灵敏度的仪器，这就是在以后古地磁学的测量中被广泛采用的无定向磁力仪．他把一个巨大铁棒，设置于地球上，随地球一起旋转，尽管仪器灵敏度高达 0.1 A/m(10^{-4} 电磁单位)，也未观测到由旋转棒所产生的任何附加磁场．此外，按这一规律，磁场的水平分量应随深度减小，实际上矿井、坑道的精确测量并没有观测到这样的现象．特别是后来太阳磁场的新的测定结果以及陆续观测到不少星体的磁场并没有显示出同样的规律．于是连布莱克特自己也放弃了这种学说．布莱克特的转体说是失败了，但是他为此而设计的仪器，却在古地磁学的研究中做出了重要贡献．

6.3.2　电磁流体动力学完备方程组

(1)方程组

电磁流体动力学完备方程组，即地磁场、星体磁场发电机理论的完备方程组．当电导介质在磁场内运动时，就会在介质内产生电场，从而产生电流．磁场作用于电流的力，即洛伦兹力将改变介质的运动，电流产生的磁场也必然修改原来的磁场．因此，运动与磁场的相互作用形成一幅复杂的物理图像，通常是非线性的．描述这种图像的数学物理完备方程包括电磁方程、运动方程、质量守恒，即连续性方程、热传导方程以及热力学状态方程．

(ⅰ)电磁方程

$$\nabla \cdot \boldsymbol{B} = 0, \tag{6.14}$$

$$\frac{\partial \boldsymbol{B}}{\partial t} = \nabla \times (\boldsymbol{V} \times \boldsymbol{B}) + \eta_B \nabla^2 \boldsymbol{B}, \tag{6.15}$$

即麦克斯韦方程(5.1.3)和磁场冻结扩散方程(5.20)，其中 $\eta_B = 1/\sigma\mu_0$，即(5.20)中的磁扩散系数η，为与下面黏滞扩散系数η_v 区别，而改用η_B．由广义欧姆(Ohm)定律(5.2)，可得

$$\boldsymbol{E} = \frac{\boldsymbol{J}}{\sigma} - \boldsymbol{V} \times \boldsymbol{B},$$

式中，σ为介质的电导率，可以看到，(6.15)右侧是法拉第定律$\nabla \times \boldsymbol{E}$ 的直接结果，第一项与介质在磁场中运动产生的感应电场相对应，作用是积极的，而第二项与有限电导介质中的电流相联系，因而将伴随有焦耳热耗损和与场的梯度有关的扩散效应，作用是消极的．

(ⅱ)运动方程

纳维-斯托克斯(Navier-Strokes)方程

$$\rho\left(\frac{\partial}{\partial t} + \boldsymbol{V} \cdot \nabla\right)\boldsymbol{V} = -\nabla P - 2\rho(\boldsymbol{\Omega} \times \boldsymbol{V}) + \boldsymbol{J} \times \boldsymbol{B} + \rho \boldsymbol{g} + \eta_v \nabla^2 \boldsymbol{V} + \left(\varsigma + \frac{\eta}{3}\right)\nabla(\nabla \cdot \boldsymbol{V}), \tag{6.16}$$

其中，P 为流体静压力(包括离心力$\boldsymbol{\Omega} \times (\boldsymbol{V} \times \boldsymbol{\Omega})$)，$\rho$为介质密度，$\boldsymbol{\Omega}$ 为介质整体转动角速

度，$\boldsymbol{g}$ 为重力加速度，η_v，ς分别为第一(即黏滞扩散系数)、第二黏滞系数，(6.16)左侧为速度场 $\boldsymbol{V}$ 的全微分 $\mathrm{d}\boldsymbol{V}/\mathrm{d}t$：为单位体积的流体在外力作用下产生的速度改变，即加速度．而$\rho\mathrm{d}\boldsymbol{V}/\mathrm{d}t$即作用于单位体积流体的外力，即右侧各项的总和，包括：第一项，压力 P，指向梯度∇P 减少的方向；第二项，$2\rho(\boldsymbol{\Omega}\times\boldsymbol{V})$，科里奥利(Coriolis)力，方向与转动$\boldsymbol{\Omega}$和运动 $\boldsymbol{V}$ 两者垂直；第三项，$\boldsymbol{J}\times\boldsymbol{B}$，洛伦兹力；第四项，$\rho\boldsymbol{g}$，重力；第五项为黏滞力，与速度梯度相联系，由速度快的一方施加于速度慢的一方，因而实质上是黏滞张力；而第六项黏滞力，与$\nabla\cdot\boldsymbol{V}$ 有关，因而与介质的膨胀和收缩的空间梯度相联系；电磁力、黏滞力以及与热膨胀相联系的对流运动，将在下面各节分别叙述．

若流体是不可压缩的，有

$$\nabla\cdot\boldsymbol{V}=0. \tag{6.17}$$

通常液体，包括地球液核，除伴随热膨胀的浮力而产生的对流运动外，(6.17)式成立，方程(6.16)简化为

$$\rho\left(\frac{\partial}{\partial t}+\boldsymbol{V}\cdot\nabla\right)\boldsymbol{V}=-\nabla P-2\rho(\boldsymbol{\Omega}\times\boldsymbol{V})+\boldsymbol{J}\times\boldsymbol{B}+\rho\boldsymbol{g}+\eta_v\nabla^2\boldsymbol{V}, \tag{6.18}$$

方程(6.18)仅包含第一黏滞系数η_v，可见第二黏滞系数ς仅与运动相伴随的液体的膨胀或压缩有关，称为体(Bulk)黏滞系数，η_v为动力黏滞系数，而$\nu=\eta_v/\rho$称运动学黏滞系数．

(iii) 质量守恒

连续性方程

$$\frac{\partial\rho}{\partial t}+\nabla\cdot(\rho\boldsymbol{V})=0, \tag{6.19}$$

其中，第一项为单位时间、单位体积流体质量的变化率，增加为正，第二项为单位体积内单位时间流入液体的质量，向量$\rho\boldsymbol{V}$称为质量流密度．方程(6.19)的物理过程表明，当流体运动时质量必须守恒．

(iv) 热传导方程

热传导方程实质上是运动流体中能量转换并守恒的方程，有

$$\rho T\left(\frac{\partial S}{\partial t}+\boldsymbol{V}\cdot\nabla S\right)=$$

$$\nabla(K\nabla T)+\frac{\eta_v}{2}\left(\frac{\partial V_i}{\partial x_K}+\frac{\partial V_K}{\partial x_i}-\frac{2}{3}\delta_{ik}\frac{\partial V_l}{\partial x_l}\right)^2+\varsigma(\nabla\cdot\boldsymbol{V})^2+\frac{1}{\sigma\mu_0^2}(\nabla\times\boldsymbol{B})^2, \tag{6.20.1}$$

其中，S 为热力学的熵函数，K为流体的导热系数，μ_0 为真空中的磁导率，多数电导流体磁导率μ与μ_0相差无几，可视为常数．方程的左端为ρT与熵的时间全导数$\mathrm{d}s/\mathrm{d}t$的乘积，由热力学关系

$$\mathrm{d}S=\frac{\mathrm{d}Q}{T}$$

可知，$\rho T\mathrm{d}s/\mathrm{d}t$即为流体单位体积单位时间热量的增加，其中 Q 为单位质量所具有的热量；右侧第一项是由热传导液体得到的热量，第二、三项为黏滞热耗损，最后一项为焦耳热耗散．方程(6.20.1)意味着，单位体积流体得到的热量等于热传、黏滞和焦耳热三部

分之和，若流体还包含有热源 q，则(6.20.1)还要增加一项 q，q 为单位体积单位时间所产生的热量．关于热传导方程(6.20.1)下节还要做进一步讨论．

对不可压缩流体，方程(6.17)成立．如前所述，多数流体只要运动速度远小于声速，都可视为不可压缩的．但需要说明的是，因流体中温度差的存在，即使(6.17)成立，仍可存在密度ρ的变化，但只要运动速度足够小(与声速相比)，则由于运动产生的压力变化可以忽略，即满足方程(6.17)的流体可视为等压过程，此时热量传递方程可大大简化．由热力学关系：

$$\frac{\partial S}{\partial t}=\left(\frac{\partial S}{\partial T}\right)_P\frac{\partial T}{\partial t},\quad \nabla S=\left(\frac{\partial S}{\partial T}\right)_P\nabla T,$$

而 $T(\partial S/\partial T)_P=C_P$，$C_P$ 即单位质量液体的热容量，称定压热容比．将以上关系代入方程(6.20.1)，有

$$\rho C_P\left(\frac{\partial}{\partial t}+\boldsymbol{V}\cdot\nabla\right)T=\nabla(k\nabla T)+\frac{\eta_v}{2}\left(\frac{\partial V_i}{\partial x_K}+\frac{\partial V_K}{\partial x_i}\right)^2+\frac{1}{\sigma\mu_0^2}(\nabla\times\boldsymbol{B})^2+q. \quad (6.20.2)$$

若流体温差不大，热导系数 k 可视为常量，则(6.20.2)进一步简化为

$$\left(\frac{\partial}{\partial t}+\boldsymbol{V}\cdot\nabla\right)T=\chi\nabla^2T+\frac{\nu}{2C_P}\left(\frac{\partial V_i}{\partial x_K}+\frac{\partial V_K}{\partial x_i}\right)^2+\frac{1}{\rho\sigma C_P\mu_0^2}(\nabla\times\boldsymbol{B})^2+\frac{q}{\rho C_P}, \quad (6.20.3)$$

其中，$\chi=k/\rho C_P$，称为热扩散常数，ν即为运动黏滞系数．这时方程(6.20.3)左端为单位质量液体温度的变化率，右端各项分别为单位质量液体由于热传、黏滞和焦耳热和热源所产生的温度变化．特别当液体静止时，(6.20.3)则退化为牛顿或傅里叶热传导方程：

$$\frac{\partial}{\partial t}T=x\nabla^2T+\frac{q}{\rho C_P}.$$

和电磁方程(6.14)—(6.19)，运动方程(6.16)一样，完备的热传导方程还必须给定必要的初始条件或(和)边界条件，其中边界条件可以是温度 T，即第一类边界条件；或热流量，即第二类边界条件；或部分给定温度、部分给定热流量，即第三类混合边界条件．

(ⅴ)热力学状态方程

热力学状态方程，即决定流体压力 P，密度ρ(体积 V)和温度 T 关系的方程：

$$P=P(\rho,T). \quad (6.21)$$

方程(6.14)—(6.21)即为电磁流体动力学完备方程组，当液体不可压缩时，方程(6.16)由(6.18)所取代．方程(6.14)—(6.21)加上初始条件和相应的边界条件，即可求得磁场、运动、电流完全的解答．由于磁场与运动相互作用，即方程(6.15)与(6.16)的耦合，系统将成为非线性的，在严格的意义上说，解将不是唯一的．但若磁场与运动不够强，则方程(6.15)与(6.16)，即磁场与运动的相互作用，可用通常解非线性问题逐次迭代的方法，化非线问题为线性问题，仍可逼近磁场和运动的真实解，广义上说，解仍然是唯一的，或在严格的意义上说，解收敛．

如上所述，由于磁场与流体运动相互作用将形成一幅复杂的物理图像，为把握这些

复杂过程和图像的物理，正确应用这些方程，详细了解这些方程的来源、成立条件，是重要和必须的，这些方程包括电磁方程、黏滞流体运动、热传导和与热膨胀相联系的对流运动.

(2) 电磁方程

(i) 静止电导介质的电磁方程

除电磁方程(5.1)外，介质的本构关系和欧姆定律有

$$\boldsymbol{B} = \mu_0 \boldsymbol{H},$$

$$\boldsymbol{D} = \varepsilon \boldsymbol{E},$$

$$\boldsymbol{J} = \sigma \boldsymbol{E},$$

其中，$\boldsymbol{J}$ 为传导电流面密度. 方程(5.1.1)是安培(Ampere)定理加上麦克斯韦的修正，前者揭示了传导电流产生磁场的规律，而第二项变化的电场同样可以激发磁场则是麦克斯韦对安培定律的补充. 这一补充在电磁学的发展中极为重要，它所揭示的变化电场可以激发磁场不仅与方程(5.1.2)变化的磁场可激发感应电场在物理上更加对称，而且正是电磁场的相互激发所导致的电磁波，揭示了光的电磁波本质. 方程(5.1.2)为法拉第(Faraday)电磁感应定律，即闭合迴路磁通量的变化将在迴路中产生感应电动势. 方程(5.1.3)，(5.1.4)是磁场和电场的高斯(Gauss)定律：电场的高斯定理描述电荷与其在周围空间所产生电场的关系，即通过空间任意封闭曲面的电场通量等于曲面所包围的空间(体积)内所有电荷的代数和；而磁场的高斯定律则表明：这种封闭曲面的磁通量永远为零，即与电场不同，磁场是无源场，这是自然界不存在单一磁极的直接结果.

方程(5.1.1)—(5.1.4)是微观(原子尺度)麦克斯韦方程

$$\nabla \times \boldsymbol{b} = \mu_0 \boldsymbol{j} + \mu_0 \varepsilon_0 \frac{\partial \boldsymbol{e}}{\partial t}, \quad \nabla \times \boldsymbol{e} = \frac{-\partial \boldsymbol{b}}{\partial t},$$

$$\nabla \cdot \boldsymbol{b} = 0, \quad \nabla \cdot \boldsymbol{e} = \frac{\rho_{tot}}{\varepsilon_0}$$

时间平均的结果，其中小写 $\boldsymbol{b}$，$\boldsymbol{e}$，$\boldsymbol{j}$ 分别为微观磁场、电场和电流，ρ_{tot} 为自由电荷和束缚电荷密度之和，μ_0，ε_0 为真空中的磁导率和介电常数，因此(5.1.1)—(5.1.4)，即宏观领域麦克斯韦方程成立，要求磁场 $\boldsymbol{B}$，电场 $\boldsymbol{E}$ 的变化周期必须远大于微观电子的平均自由程时间，换句话说，场的变化频率必须远小于导体中电子平均自由程时间(mean free time of the electrons)的倒数.

在导体以外的自由或非电导空间，方程(5.12)成立，即

$$\nabla^2 \boldsymbol{B} = \mu_0 \varepsilon_0 \frac{\partial^2 \boldsymbol{B}}{\partial t^2}, \tag{6.22}$$

其中，$\mu_0\varepsilon_0 = 1/c^2$，$c$ 为电磁波即光的传播速度. (6.22)即为电磁波动方程. 为比较方程(6.22)两侧的量级，(6.22)可写作

$$\frac{|B|}{L^2}=\frac{|B|}{c^2T^2}=\frac{\omega^2|B|}{4\pi^2c^2},$$

$$|B|\subset\frac{\omega^2L^2}{4\pi^2c^2}|B|,$$

其中 L 为导体特征尺度，ω，T 分别为磁场时间变化的圆频率和周期．当

$$\frac{\omega^2L^2}{4\pi^2c^2}\ll 1, \tag{6.23.1}$$

或

$$\lambda\gg L,$$

$$\frac{\omega}{2\pi}\ll\frac{c}{L}, \tag{6.23.2}$$

(6.23.2)两项等效，若成立，则方程(6.22)与左端相比右端可以忽略，(6.22)简化为

$$\nabla^2\boldsymbol{B}=0, \tag{6.24}$$

若磁场在自由空间满足方程

$$\nabla\cdot\boldsymbol{B}=0,\quad \nabla\times\boldsymbol{B}=0,$$

则同样可得方程(6.24)，且磁场 $\boldsymbol{B}$ 可由标量势 W 确定，即

$$B=-\nabla W,$$

$$\nabla^2W=0, \tag{6.25}$$

即在自由空间，标量磁势 W 满足拉普拉斯方程．在方程(6.23.2)中 λ 为电磁波的波长，$\lambda\gg L$，即若方程(6.24)或(6.25)成立，电磁波的波长 λ 必须远大于磁场的空间特征尺度 L，即与场的空间变化相比，电磁波的空间传播效应可以忽略；我们熟悉，如在 § 5.1.1 所述，修正的安培定律(5.1.1)中的位移电流，$\partial\boldsymbol{D}/\partial t$，即随时间变化的电场可以激发磁场，和法拉第定律(5.1.2) $\partial\boldsymbol{B}/\partial t$，变化的磁场可以激发电场，电磁波正是电磁场间相互激发和耦合才得以存在和传播，既然 $\lambda\gg L$ 意味着电磁波的传播效应可以忽略，则位移电流可以忽略，场的时间变化与电磁波的传播相比足够缓慢，$\omega\ll 2\pi c/L$，这就意味着，数学上所得方程(6.24)成立条件(6.23.2)两项，物理上也是等效的．

在导体内，若忽略位移电流，设电导率为σ，而磁导率μ与自由空间μ_0相差无几，且均匀分布，则由方程(5.1.1)，(5.1.2)可得

$$\frac{\partial\boldsymbol{B}}{\partial t}=-\frac{1}{\sigma\mu_0}\nabla\times(\nabla\times\boldsymbol{B}), \tag{6.26}$$

方程(6.26)可化作

$$\frac{\partial\boldsymbol{B}}{\partial t}=-\frac{1}{\sigma\mu_0}\nabla^2\boldsymbol{B}, \tag{6.27}$$

方程(6.27)和方程(5.1.3)，则磁场 $\boldsymbol{B}$ 完整的方程组加上边界条件则解完全确定，对于磁场由边界条件(5.2)，立得

$$\boldsymbol{B}_n^1=\boldsymbol{B}_n^2, \tag{6.28}$$

$$B_t^1 = B_t^2. \tag{6.29}$$

需要注意的是(6.29)磁感应强度的切向分量连续条件要求没有面电流，这对多数电磁问题是适用的．但有些电磁感应问题，例如地球液核很可能存在与长期变化相应的面电流，则(6.29)不再成立．若(6.28)，(6.29)成立，在导体的自由界面和内部不同导体的分界面，(6.28)，(6.29)简单变成磁感应强度连续，即

$$B_1 = B_2. \tag{6.30}$$

如若忽略位移电流，则在自由表面导体内 J_n=0，由电流的垂直分量连续，立得

$$E_n^i = 0, \tag{6.31}$$

式中，角标 i 表示在自由表面导体一侧．式(6.31)成立是导体表面自由电荷重新分配的结果；若有面电荷存在，则边界条件(5.2.4)意味着极化电场 D_n 和电场 E_n(即使导体内外介电常数ε相等)不再连续．

边界处条件(6.30)，即磁感应强度连续并不足以确定有不同电导界面存在时场的解，还需要电场 E 的连续条件．按边条件(5.3.2)，E 的切向分量连续，由电场 E 切向分量连续，有

$$(\nabla \times B)_t^1 / \sigma_1 = (\nabla \times B)_t^2 / \sigma_2, \tag{6.32}$$

其中角标表示区域 1 和 2 边界上$\nabla\times B$ 的水平分量，方程(6.32)与 E 的切向分量连续相当．这里再一次提醒读者，在§5.1.1 中所强调的，当电导均匀时，方程(5.8)，(5.9)成立，电和磁场各自的方程(波动扩散方程)不再相互耦合，但切不可误以为，电和磁场可各自独立求解，因为它们的边界条件(5.3)一般情况依然是耦合的，其物理实质是麦克斯韦方程(5.1)电和磁场相互耦合所决定的，毫无疑问，这对电和磁场的冻结扩散方程(6.15)同样有效．

不难看出，方程(6.27)与无热源的热传导方程相同，只要视热扩散系数为 $x=1/\sigma\mu$，(6.27)即为磁场 B 的扩散方程．求解扩散方程的通解和特解是大家所熟悉的数学物理问题，即所谓本构方程(6.27)的本征值问题．设解

$$B = B_m(x, y, z)\mathrm{e}^{-\nu_m t}, \tag{6.33}$$

式中，ν_m 即为本征值，为正实数，相应 $B_m(x, y, z)$，即本征函数，是一组完整正交的函数组，由导体的形状和边界条件决定．由(6.27)得

$$\frac{1}{\sigma\mu_0}\nabla^2 B_m = -\nu_m B_m. \tag{6.34}$$

设在某一时刻 t_0，施加一外磁场 $B_0(x, y, z)$，后突然撤掉，$B_0(x, y, z)$ 可按正交函数 $B_m(x, y, z)$ 展开，即

$$B_0(x, y, z) = \sum_m b_m B_m(x, y, z), \tag{6.35}$$

式中，b_m 为常数，当 b_m 由初始条件 $B_0(x, y, z)$ 确定后，则解(6.33)完全确定．很显然，扩散方程的解是由初始值 b_m 所定义的随时间扩散，即衰减的场，而衰减是焦耳热耗损的结果．衰减的特征时间由$\tau=1/\nu_1$ 决定，其量级为

$$\tau = \mu_0 \sigma L^2, \tag{6.36}$$

L 为导体的特征尺度．例如，地球液核 $L \approx 2900$ km，τ约为 10^4a．方程(6.27)解对导体的穿透深度，即趋肤效应，将在第七章电磁感应中介绍．

(ii)运动导体中的电磁方程

在运动导体中取如图 5.1 所示和导体一起运动的回路 l，考察与回路 l 相应截面磁通量的变化$\Delta\phi$，

$$\Delta\phi = \iint\limits_{S_{t+\mathrm{d}t}} B_n(t+\mathrm{d}t)\mathrm{d}S - \iint\limits_{S_t} B_n(t)\cdot\mathrm{d}S,$$

$S_{t+\mathrm{d}t}$ 为时间 t+dt 时刻回路的截面，S_t 为 t 时刻回路截面．B_n 为磁感应强度的法向分量，取回路方向为右手法则的正方向．与所有随介质一起运动的物理量一样，$\Delta\phi$ 由两部分组成，一部分为回路不动，即 S_t，但由于时间不同所产生的通量变化，一部分是场不变，由回路运动所引起的通量变化，则可得回路总通量变化方程(5.24)，即

$$\Delta\phi = -\mathrm{d}t \iint\limits_{S_t} \nabla\times(\boldsymbol{E}+\boldsymbol{V}\times\boldsymbol{B})\cdot\mathrm{d}\boldsymbol{S}. \tag{6.37}$$

由格林积分公式，(6.37)可变为

$$\frac{\mathrm{d}\Phi}{\mathrm{d}t} = -\oint \boldsymbol{E}+\boldsymbol{V}\times\boldsymbol{B}. \tag{6.38}$$

按照法拉第电磁感应定律，(6.38)即回路的感应电动势

$$\varepsilon = -\frac{\partial\phi}{\partial t}$$

对导体内任意回路成立，则有

$$\boldsymbol{J} = \sigma(\boldsymbol{E}+\boldsymbol{V}\times\boldsymbol{B}). \tag{6.39}$$

由于$\boldsymbol{J}$ 较静止导体方程增加与运动有关的一项$\boldsymbol{V}\times\boldsymbol{B}$,扩散方程(6.20)同样增加一项，即得到运动导体的冻结扩散方程(6.15)．方程(6.15)，(6.14)和边界条件(6.28)，磁感应通量$\boldsymbol{B}$连续，考虑在电导率σ不同的分界面速度$\boldsymbol{V}$与$\boldsymbol{B}$连续，则容易证明，电场$\boldsymbol{E}$水平分量连续的边界条件(6.32)对运动导体同样成立.对于给定速度场$\boldsymbol{V}$的分布，方程(6.15)，(6.14)以及必要的边界条件，构成运动导体电磁场的完备方程组．

(iii)电磁张量、能量和焦耳热

运动方程(6.16)中的电磁力，即洛伦兹力

$$\boldsymbol{f_M} = \boldsymbol{J}\times\boldsymbol{B} = \frac{1}{\mu_0}(\nabla\times\boldsymbol{B})\times\boldsymbol{B}.$$

利用向量微分公式

$$\nabla(\boldsymbol{a}\cdot\boldsymbol{b}) = \boldsymbol{a}\times(\nabla\times\boldsymbol{b})+\boldsymbol{b}\times(\nabla\times\boldsymbol{a})+(\boldsymbol{a}\cdot\nabla)\boldsymbol{b}+(\boldsymbol{b}\cdot\nabla)\boldsymbol{a},$$

有

$$\boldsymbol{B}\times(\nabla\times\boldsymbol{B}) = \frac{1}{2}\nabla(B^2)-(\boldsymbol{B}\cdot\nabla)\boldsymbol{B},$$

得电磁力

$$f_M = \frac{1}{\mu_0}(\boldsymbol{B}\cdot\nabla)\boldsymbol{B} - \frac{1}{2\mu_0}\nabla(B^2).$$

定义张量

$$\Pi_{ik}^B = \frac{1}{\mu_0}(\boldsymbol{B}_i\boldsymbol{B}_k - \frac{1}{2}\delta_{ik}B^2), \tag{6.40}$$

有

$$f_M^i = \frac{1}{\mu_0}\left[\frac{\partial}{\partial x_K}(B_iB_k) - \frac{1}{2}\delta_{ik}\frac{\partial}{\partial x_K}(B^2)\right] = \frac{\partial \Pi_{ik}^B}{\partial x_K}, \tag{6.41}$$

(6.41)利用了方程(6.14)，$\nabla\cdot\boldsymbol{B}=0$，并采用了哑指标下的求和约定，即如果某一下角标出现两次，就等于该指标依次取 1，2，3 即 x, y, z 的值而后相加．$\delta_{ik}=1$，$i=k$，$\delta_{ik}=0$，$i\neq k$，f_M^i 为 f_M 的 i 分量．Π_{ij}^B 即为电磁张量．电磁力写成(6.41)的张量形式，下面将会看到，对于研究由电磁力引起导体动量变化是方便的．

设导体内仅有电磁力的作用，则在导体内引起的 i 方向单位时间动量变化

$$\frac{\partial}{\partial t}\iiint \rho V_i \mathrm{d}\tau = \iiint f_M^i \mathrm{d}\tau = \iiint \frac{\partial \Pi_{ik}^B}{\partial x_K}\mathrm{d}\tau,$$

利用高斯积分关系，立得

$$\frac{\partial}{\partial t}\iiint_\tau \rho V_i \mathrm{d}\tau = \oiint_S \Pi_{ik}^B \cdot \boldsymbol{n}_k \mathrm{d}S, \tag{6.42}$$

式中，$\mathrm{d}\tau$为体积元，$\mathrm{d}S$ 为包围导体体积τ封闭曲面 S 的面元，$\boldsymbol{n}$ 为面元 $\mathrm{d}S$ 的单位法向量，$\boldsymbol{n}_k$ 为 $\boldsymbol{n}$ 在 k 方向的投影．(6.42)左端为单位时间区域τ内动量的变化，右端为单位时间通过曲面 S 的动量流．因此电磁张量Π，又称为电磁动量流密度张量．

磁场能量是大家所熟悉的，单位体积的磁能

$$W_B = \frac{1}{2}(\boldsymbol{H}\cdot\boldsymbol{B}) = \frac{B^2}{2\mu_0}.$$

由能量守恒，不难得

$$\iiint_\Sigma \text{反抗电磁力的功}\mathrm{d}\tau = \iiint_\Sigma \left(\frac{\partial W_B}{\partial t} + \text{耗损}\right)\mathrm{d}\tau + \oiint_S \boldsymbol{S}_E \cdot \mathrm{d}\boldsymbol{S}, \tag{6.43.1}$$

式中，Σ表示曲面$\partial\Sigma$所包围的体积．$\boldsymbol{S}_E$ 为单位时间流过曲面 S 单位面积的能量，即玻印廷向量：能流密度，向外为正，功和能量耗损均为单位体积的量度．单位体积流体运动反抗电磁力，即洛伦兹力所做的负功

$$W = -\boldsymbol{V}\cdot(\boldsymbol{J}\times\boldsymbol{B}), \tag{6.44}$$

单位体积电磁能量耗损，即焦耳热损耗

$$W_j = \frac{j^2}{\sigma}, \tag{6.45}$$

而电磁能量流密度，即玻印廷(Poynting)向量

$$S_E = \boldsymbol{E}\times\boldsymbol{H} = \frac{1}{\mu_0}(\boldsymbol{E}\times\boldsymbol{B}).$$

把以上各项代入方程(6.43.1)，则得

$$-\iiint_{\Sigma}\boldsymbol{V}\cdot(\boldsymbol{J}\times\boldsymbol{B})\mathrm{d}\tau = \iiint_{\Sigma}\left(\frac{\partial W_B}{\mu_0\partial t}+\frac{j^2}{\sigma}\right)\mathrm{d}\tau + \oiint_{\partial\Sigma}\frac{1}{\mu_0}(\boldsymbol{E}\times\boldsymbol{B}), \tag{6.43.2}$$

(6.43.2)即Σ体积内导体运动反抗电磁力所做的功(方程左侧)，部分转换为体积内的电磁能(右侧体积分中的前一项)，部分补偿体积内的焦耳热耗损，部分用来对外输送电磁能(右侧第二项)．下面将对电磁能量流密度 $\boldsymbol{S}_E$ 和焦耳热做进一步讨论．由(6.39)得

$$\boldsymbol{E} = \frac{\boldsymbol{J}}{\sigma} - (\boldsymbol{V}\times\boldsymbol{B}), \tag{6.46}$$

则能流密度

$$\boldsymbol{S}_E = \frac{1}{\sigma\mu_0}(\boldsymbol{J}\times\boldsymbol{B}) - \frac{1}{\mu_0}(\boldsymbol{V}\times\boldsymbol{B})\times\boldsymbol{B}. \tag{6.47}$$

利用向量分析公式 $\boldsymbol{a}\times(\boldsymbol{b}\times\boldsymbol{c})=\boldsymbol{b}(\boldsymbol{a}\cdot\boldsymbol{c})-\boldsymbol{c}(\boldsymbol{a}\cdot\boldsymbol{b})$，式(6.47)第二项，即与流体运动 $\boldsymbol{V}$ 相联系的一项，可表示为

$$\begin{aligned}\frac{1}{\mu_0}\boldsymbol{B}\times(\boldsymbol{V}\times\boldsymbol{B}) &= \boldsymbol{V}\left(\frac{B^2}{\mu_0}\right) - \frac{\boldsymbol{B}}{\mu_0}(\boldsymbol{B}\cdot\boldsymbol{V})\\ &= \boldsymbol{V}\left(\frac{B^2}{\mu_0}\right) - \frac{1}{\mu_0}\boldsymbol{V}\cdot(\boldsymbol{BB}),\end{aligned}$$

若把其中第一项一分为二，可得

$$\frac{1}{\mu_0}\boldsymbol{B}\times(\boldsymbol{V}\times\boldsymbol{B}) = \frac{\boldsymbol{V}}{2\mu_0}(B^2) + \left[\frac{\boldsymbol{V}}{2\mu_0}(B^2) - \frac{\boldsymbol{V}}{\mu_0}\cdot(\boldsymbol{BB})\right], \tag{6.48}$$

(6.48)右侧后两项正是速度$-\boldsymbol{V}$与电磁张量(6.40)的标量乘积，即在导体任一闭合界面上，单位面积、单位时间介质运动反抗电磁张力所做的功，而第一项则是通过闭合界面单位面积、单位时间物质外流所携带的电磁能．

方程(6.48)即玻印廷能流向量(6.47)中与速度有关项的物理过程．下面再看另一项，$\boldsymbol{J}\times\boldsymbol{B}/\sigma\mu_0$．其中 $\boldsymbol{J}\times\boldsymbol{B}$ 正是电磁力 f_M，即电磁张量的空间梯度(6.41)，写成向量形式为

$$\frac{1}{\sigma\mu_0}(\boldsymbol{J}\times\boldsymbol{B}) = \frac{1}{\sigma\mu_0^2}\left[\nabla\cdot\boldsymbol{BB} - \frac{1}{2}\nabla B^2\right], \tag{6.49}$$

式(6.49)所表示的能量流密度是电磁场所特有的，下一节将会看到，流体静压力 P 和黏滞张力仅有与运动相联系，如(6.48)形式的能流，当液体静止，$\boldsymbol{V}$=0，无能量交换，即无形式如(6.49)类型的能量转移．(6.49)右侧第二项，可表示为 $\boldsymbol{B}\nabla\boldsymbol{B}=(\boldsymbol{B}\partial\boldsymbol{B}/\partial\mathbf{e}_B, \boldsymbol{B}\partial\boldsymbol{B}/\partial\mathbf{e}_{B\perp})$，其中$\partial\mathbf{e}_B$, $\partial\mathbf{e}_{B\perp}$分别为 B 沿磁场 $\boldsymbol{B}$ 和与 $\boldsymbol{B}$ 垂直两个方向的梯度，即能流大小和方向由流体磁(静)压即其梯度决定，是磁场扩散的结果，与热传导中当温度不均匀时的热流相似，当磁场不均匀时，能量由磁场强的地区，向弱的区域扩散，因此在(6.49)中取负号；而第一项，与张应力相应的项，$(\boldsymbol{B}\cdot\nabla)\boldsymbol{B}=B\partial\boldsymbol{B}/\partial\mathbf{e}_B$，只取决于磁场和磁场沿场方向梯度两

个量，能流沿磁场 $\boldsymbol{B}$ 的方向．不难判断，只有，也只有当 $\boldsymbol{B}\partial\boldsymbol{B}/\partial\mathbf{e}_{B\perp}=0$，即磁场只有沿磁场方向的梯度时，(6.49) 两项才相等相反，净能量流为“0”，因而 (6.49) 两项满足

$$\left|\frac{1}{2}\nabla B^2\right| \geqslant \left|\nabla\cdot\boldsymbol{BB}\right|,$$

即 (6.49) 能量过程将以扩散效应为主．

进一步，再看方程 (6.49) 能量流的扩散和衰减物理．方程 (6.27)

$$\frac{\partial\boldsymbol{B}}{\partial t}=\frac{1}{\sigma\mu_0}\nabla^2\boldsymbol{B}$$

是磁场扩散和衰减过程的描述，称作磁场扩散方程；将方程两侧“点”乘磁场强度 $\boldsymbol{H}$，左侧有

$$\boldsymbol{H}\cdot\frac{\partial\boldsymbol{B}}{\partial t}=\frac{1}{2}(\boldsymbol{H}\cdot\boldsymbol{B})=\frac{\partial W_B}{\partial t}, \tag{I}$$

利用向量运算公式，$\nabla\times(\nabla\times)=\nabla(\nabla\cdot)-\nabla^2$，右侧有

$$\frac{1}{\sigma\mu_0}\boldsymbol{H}\cdot\nabla^2\boldsymbol{B}=-\frac{1}{\sigma\mu_0}\boldsymbol{B}\cdot(\nabla\times\boldsymbol{j}), \tag{II}$$

由向量公式，$\nabla\cdot(\boldsymbol{a}\times\boldsymbol{b})=\boldsymbol{b}\cdot(\nabla\times\boldsymbol{a})-\boldsymbol{a}\cdot(\nabla\times\boldsymbol{b})$，(II) 式可变换为

$$\frac{1}{\sigma\mu_0}\boldsymbol{H}\cdot\nabla^2\boldsymbol{B}=-\frac{1}{\sigma\mu_0}\nabla\cdot(\boldsymbol{j}\times\boldsymbol{B})-(\nabla\times\boldsymbol{B})\cdot\boldsymbol{j}, \tag{III}$$

则由 (I) 和 (III) 可得

$$\begin{aligned}&\frac{\partial W_B}{\partial t}+\frac{j^2}{\sigma}=-\frac{1}{\sigma\mu_0}\nabla\cdot(\boldsymbol{j}\times\boldsymbol{B}),\\&\int_{\Sigma}\left(\frac{\partial W_B}{\partial t}+\frac{j^2}{\sigma}\right)\mathrm{d}\tau=-\frac{1}{\sigma\mu_0}\oiint_{\partial\Sigma}\boldsymbol{j}\times\boldsymbol{B}\mathrm{d}s,\end{aligned} \tag{6.50}$$

方程 (6.50) 是与方程 (6.27) 磁场扩散和衰减过程相应的能量描述，这就进一步表明，(6.49) 与电磁力相应的能流物理过程，是磁场扩散和衰减的描述．不难看出，方程 (6.43.2)，当 $\boldsymbol{V}$=0，也可得 (6.50)，与以上所说，方程 (6.49) 是磁场所特有的与介质运动无关的能量过程一致．

综上所述，磁场能量方程 (6.43) 中的玻印廷向量，即通过导体任一封闭曲面的能流密度，由三部分组成：一是通过封闭曲面伴随质量转移携带的电磁能；二是在封闭曲面上电导流体运动反抗电磁张力所做的功；三是与磁场扩散伴随的通过曲面的能量转移．

将 (6.48)，(6.49) 代入方程 (6.43.2)，电流 $\boldsymbol{J}$ 用磁场 $\boldsymbol{B}$ 表示，可得只含磁场 $\boldsymbol{B}$ 的能量方程

$$\begin{aligned}\iiint_{\Sigma}-\boldsymbol{V}\cdot\frac{1}{\mu_0}\left(\nabla\cdot\boldsymbol{BB}-\frac{1}{2}\nabla B^2\right)\mathrm{d}\tau=&\left[\iiint_{\Sigma}\frac{\partial W_B}{\partial t}+\oiint_{\partial\Sigma}\frac{1}{2\mu_0}\boldsymbol{V}B^2\cdot\mathrm{d}\boldsymbol{S}\right]\\&+\left[\oiint_{\partial\Sigma}-\boldsymbol{V}\cdot\left(\frac{1}{\mu_0}\boldsymbol{BB}-\frac{1}{2\mu_0}B^2\right)\mathrm{d}\boldsymbol{S}\right]+\frac{1}{\sigma}\left[\oiint_{\partial\Sigma}\nabla\cdot\left(\frac{1}{\mu_0}\boldsymbol{BB}-\frac{1}{2\mu_0}B^2\right)\mathrm{d}\boldsymbol{S}+\iiint_{\Sigma}\frac{(\nabla\times\boldsymbol{B})^2}{\mu_0}\mathrm{d}\tau\right],\end{aligned} \tag{6.51}$$

(6.51)把与质量流伴随的能流密度和能量的时间导数放在一起，下面将会看到，两项一起正好是磁场能量对时间的全微分 $\mathrm{d}W_B/\mathrm{d}t$；而最后一个方括弧中的两项，则是磁场扩散引起的能流密度和焦耳热耗散．进一步，对右侧第一个方括号中的面积分取散度，即 $1/2\nabla\cdot(\boldsymbol{V}B^2)$，并假定液体不可压缩，则方程(6.51)成为

$$\begin{aligned}\iiint_{\Sigma} -\boldsymbol{V}\cdot(\nabla\cdot\Pi^B)\mathrm{d}\tau &= \iiint_{\Sigma}\left(\frac{\partial W_B}{\partial t}+(\boldsymbol{V}\cdot\nabla)W_B\right)\mathrm{d}\tau \\ &-\oiint_{\partial\Sigma}(\boldsymbol{V}\cdot\Pi^B)\mathrm{d}\boldsymbol{S}+\frac{1}{\sigma}\left[\oiint_{\partial\Sigma}(\nabla\cdot\Pi^B)\mathrm{d}\boldsymbol{S}+\iiint_{\Sigma}\frac{\nabla\times\boldsymbol{B}}{\mu_0^2}\mathrm{d}\tau\right],\end{aligned}\tag{6.52.1}$$

或

$$\begin{aligned}\iiint_{\Sigma} -\boldsymbol{V}\cdot(\nabla\cdot\Pi^B)\mathrm{d}\tau &= \iiint_{\Sigma}\frac{\mathrm{d}W_B}{\mathrm{d}t}\mathrm{d}\tau-\oiint_{\partial\Sigma}(\boldsymbol{V}\cdot\Pi^B)\mathrm{d}\boldsymbol{S} \\ &+\frac{1}{\sigma}\left[\oiint_{\partial\Sigma}(\nabla\cdot\Pi^B)\mathrm{d}\boldsymbol{S}+\iiint_{\Sigma}\frac{(\nabla\times\boldsymbol{B})^2}{\mu_0^2}\mathrm{d}\tau\right],\end{aligned}\tag{6.52.2}$$

式中，Π^B 为(6.40)所示电磁张量．诚如所料，磁场能量方程(6.52)仅含有场量 $\boldsymbol{B}$ 和速度 $\boldsymbol{V}$．(6.52)表明：运动反抗电磁张力所做的功，部分提供磁场随时间和空间能量的增加(即能量对时间的全微分)，部分用于焦耳热损耗，部分用于与周边的能量交换，而交换的方式则是通过边界电磁张力做功和能量扩散两种形式．

进一步，对方程(6.52)中的两项面积分取散度，化为体积分，经过繁琐但并不困难的向量微分运算，(6.52.1)将分为三部分：

$$\left.\begin{aligned}&\iiint_{\Sigma} -\boldsymbol{V}\cdot(\nabla\cdot\Pi^B)\mathrm{d}\tau+\oiint_{\partial\Sigma}(\boldsymbol{V}\cdot\Pi^B)\mathrm{d}\boldsymbol{S}=\frac{1}{\mu_0}\iiint_{\Sigma}\boldsymbol{B}\cdot(\boldsymbol{B}\cdot\nabla)\boldsymbol{V}\mathrm{d}\tau\\ &\frac{1}{\sigma}\iiint_{\Sigma}\frac{(\nabla\times\boldsymbol{B})^2}{\mu_0^2}\mathrm{d}\tau+\oiint_{\partial\Sigma}(\nabla\cdot\Pi^B)\mathrm{d}\boldsymbol{S}=-\frac{1}{\sigma\mu_0^2}\iiint_{\Sigma}(\boldsymbol{B}\cdot\nabla^2\boldsymbol{B})\boldsymbol{V}\mathrm{d}\tau\end{aligned}\right\}\tag{6.53}$$

同时把 W_B 项改写：

$$\iiint_{\Sigma}\frac{\mathrm{d}W_B}{\mathrm{d}t}\mathrm{d}\tau=\frac{1}{\mu_0}\iiint_{\Sigma}\boldsymbol{B}\cdot\left(\frac{\partial\boldsymbol{B}}{\partial t}+(\boldsymbol{V}\cdot\nabla)\boldsymbol{B}\right)\mathrm{d}\tau,$$

把三部分代入方程(6.52)，因积分对导体内任何区域都成立，则可将积分号去掉，得

$$\boldsymbol{B}\cdot\left(\frac{\partial\boldsymbol{B}}{\partial t}+(\boldsymbol{V}\cdot\nabla)\boldsymbol{B}\right)=\boldsymbol{B}\cdot(\boldsymbol{B}\cdot\nabla)\boldsymbol{V}+\frac{1}{\sigma\mu_0}\boldsymbol{B}\cdot\nabla^2\boldsymbol{B}.\tag{6.54}$$

容易看出方程(6.54)正是磁场向量 $\boldsymbol{B}$ 点乘方程

$$\frac{\partial\boldsymbol{B}}{\partial t}+(\boldsymbol{V}\cdot\nabla)\boldsymbol{B}=(\boldsymbol{B}\cdot\nabla)\boldsymbol{V}+\eta\nabla^2\boldsymbol{B}\tag{6.55}$$

的结果，式中，$\eta=1/\sigma\mu_0$，即方程(6.15)中的磁扩散系数．方程(6.55)与磁场冻结扩散方程(6.15)等价，如若流体不可压缩，即

$$\nabla \cdot \boldsymbol{V} = 0$$

成立．这里由能量方程(6.51)导出冻结扩散方程(6.55)，因为能量过程中，玻印廷向量$\oiint (\nabla \cdot \Pi^B) \mathrm{d}\boldsymbol{S}$正是能量扩散的结果．这样除认识磁场冻结扩散方程与能量过程的联系，更重要的是，以下分析将会看到，它所揭示的运动与磁场作用改变磁场的物理内涵，而这种相互作用正是地磁场起源“发电机”理论的基础所在．方程(6.55)左侧正是磁场时间变化与运动引起磁场变化的总和，即磁场对时间的全微分，$\mathrm{d}\boldsymbol{B}/\mathrm{d}t$，而右侧第二项是我们所熟悉的冻结扩散方程中的扩散项，包含磁场扩散和耗损两重意义，除了这两项，方程仅还剩下一项，右侧第一项．可以预料，只有，也只有这一项能为磁场改变和能量耗损提供能量，发挥积极作用．下面对右侧第一项做进一步分析．定义“速度梯度”张量

$$\Pi_{ik}^{V} = \frac{\partial V_k}{\partial X_i}, \qquad i, k = 1, 2, 3, \text{即} x, y, z, \tag{6.56.1}$$

或写成向量形式：

$$\Pi^{\nabla V} = \nabla \boldsymbol{V}. \tag{6.56.2}$$

同样定义“磁场梯度”张量

$$\Pi_{ik}^{\nabla B} = \frac{\partial B_k}{\partial X_i}, \text{ 或}$$

$$\Pi^{\nabla B} = \nabla \mathrm{B}, \tag{6.57}$$

则方程(6.55)可表示为

$$\frac{\partial \boldsymbol{B}}{\partial t} + \boldsymbol{V} \cdot \Pi^{\nabla B} = \boldsymbol{B} \cdot \Pi^{\nabla V} + \eta \nabla^2 \boldsymbol{B}. \tag{6.58}$$

在磁场冻结扩散方程(6.15)中，原只笼统地认为， 起积极作用的是冻结项$\nabla \times (\boldsymbol{V} \times \boldsymbol{B})$，即运动与磁场相互作用．而从方程(6.55)，我们认识到，这种积极作用，源自磁场$\boldsymbol{B}$，或(和)速度场 $\boldsymbol{V}$ 的空间不均匀性，即梯度的存在．而两者在方程(6.55)或(6.58)中又可以分成各自独立的两项．进一步，这种区分不仅仅是数学或形式上的分开，而且包含有重要的物理内涵．不难相信，由于磁场$\boldsymbol{B}$空间不均匀，当介质运动时，磁场将发生变化，但不管是时间变化$\partial \boldsymbol{B}/\partial t$，还是空间变化，都仅仅是$\mathrm{d}\boldsymbol{B}/\mathrm{d}t$变化中的一部分，都只是结果．而与速度梯度有关的项才是在磁场变化中“真正”起积极作用的，也只有这一项，如前所述，为磁场的衰减(扩散项)和磁场的变化，积极地提供补充，即冻结扩散方程(6.15)或(6.55)中速度梯度，才是磁场有可能增强，从而地磁场“发电机”得以维持的动力之源．

图 6.23 示意地解释了速度梯度张量和磁场相互作用，从而改变磁场的过程．在磁场$\boldsymbol{B}$的某一方向，例如B_x，由于同一方向的运动 V_x存在梯度，即速度梯度张量$\partial V_x/\partial x$存在，则运动将拉伸或压缩磁力线，从而改变原来磁场．而运动分量 V_x 将改变磁场分量B_y，即$(B_y + \mathrm{d}\boldsymbol{B})$由于速度梯度张量项$\partial V_x/\partial y$存在，则 $\mathrm{d}\boldsymbol{B}$ 包含有 $\mathrm{d}B_x$，即 B_y与速度梯度张量$\partial V_y/\partial x$的作用改变了磁场 B_x．其他张量元素都可做和图 6.23 同样的解释．

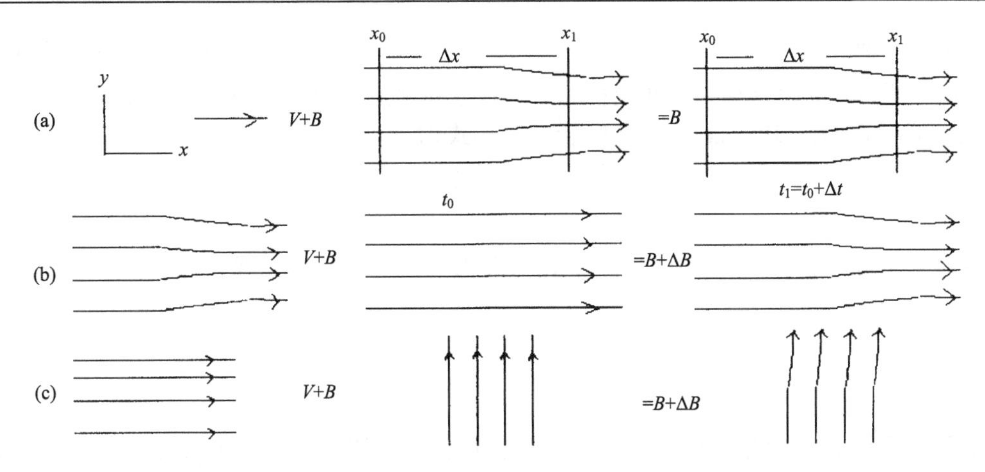

图 6.23　冻结扩散方程中，速度梯度∇V是电磁过程改变磁场唯一的积极因素，当速度梯度存在，运动和磁场相互作用拉伸磁力线，从而改变磁场

示意图分为三列：左为速度 V，中为磁场 $B(t_0)$，右为~$B(t_1)$．(a) 速度 V 均匀，$\Delta x=V\Delta t$，虽$\nabla B\neq 0$，但从 t_0–t_1，只坐标由 x_0 到 x_1，磁场由 $B(t_0)=B(x_0)$ 变为 $B(t_1)=B(x_1)$，$B(x)$ 没改变；(b) $\nabla_x V_x\neq 0$，$\boldsymbol{B}$ 均匀，$\boldsymbol{B}(t_1)=\boldsymbol{B}(t_0)+\Delta\boldsymbol{B}$；(c) $\nabla_y V_x\neq 0$, $\boldsymbol{B}$ 均匀，$\boldsymbol{B}(t_1)=\boldsymbol{B}(t_0)+\Delta\boldsymbol{B}$

最后，关于能量方程(6.51)—(6.52)中的焦耳热．在电磁学中焦耳热 W_j 通常写作

$$W_j = \boldsymbol{E}\cdot\boldsymbol{J},$$

焦耳热是由于处于无序热运动状态的电子在电场的作用下将产生平均上有序的运动，从而形成电流，而有序运动的电子与处于无序热运动的电子和离子(如果存在)碰撞，把电磁力对电子所做的功转变为热，即电场所做的机械功转变为热能，这就是 $\boldsymbol{E}\cdot\boldsymbol{J}$ 的物理内涵．但我们晓得驱动电子运动的力，不仅有电场，只要导体中任何两点有电势差，则可驱动电子产生有序运动，形成电流，因而这里的驱动力，广义上是电动势，可以是电势，化学势等．按方程(6.39)，当导体运动时，总电动势

$$\boldsymbol{\varepsilon} = \boldsymbol{E} + \boldsymbol{V}\times\boldsymbol{B},$$

而不是只有 $\boldsymbol{E}$．因而把焦耳热 W_j 表示为 $W_j=\boldsymbol{E}\cdot\boldsymbol{J}$，只是导体静止时的特例．但若把焦耳热写作

$$W_j = \boldsymbol{j}\cdot(\boldsymbol{E}+\boldsymbol{V}\times\boldsymbol{B}) = \frac{j^2}{\sigma} = \frac{(\nabla\times\boldsymbol{B})^2}{\sigma\mu_0},$$

与方程(6.20)，(6.50)中焦耳热的表现形式相同，则对静止和运动的导体都成立，只是对运动导体，电流 $\boldsymbol{J}$ 由方程(6.39)决定，而不是 $\boldsymbol{J}=\sigma\boldsymbol{E}$.

(3) 黏滞流体的运动

当考虑液体的黏滞性时，运动方程(6.16)将增加与黏滞力有关的两项，即

$$f_v = \eta_v\nabla^2\boldsymbol{V} + \left(\zeta + \frac{n_v}{3}\right)\nabla(\nabla\cdot\boldsymbol{V}). \tag{6.59}$$

显然黏滞摩擦力只有当流动液体内存在相对运动，即存在速度梯度时才会发生．若黏滞力表示为张量形式 σ_{ik}，当速度梯度不大时，可以认为黏滞张量只与速度的空间一级导

数有关，并且是线性的．张量元素 σ_{ik} 正比于 $\partial V_i/\partial x_k$，$i$=1, 2, 3．还有，当流体做整体转动时，虽存在速度梯度，但并无相对运动，这种刚性转动 $\boldsymbol{V}=\boldsymbol{\Omega}\times\boldsymbol{r}$ 不产生黏滞摩擦，即 $\sigma_{ik}=0$．容易证明，$\partial V_i/\partial x_k$ 的可能组合中，形式为

$$\frac{\partial V_i}{\partial x_k}+\frac{\partial V_k}{\partial x_i},$$

满足 $\boldsymbol{V}=(\boldsymbol{\Omega}\times\boldsymbol{r})=(-\Omega_3 x_2,\Omega_3 x_1,0)$ 不产生黏滞摩擦的条件．因此，黏滞张量的一般形式可采用

$$\sigma_{ik}=\alpha\left(\frac{\partial V_i}{\partial x_k}+\frac{\partial V_k}{\partial x_i}\right)+\beta\delta_{ik}\frac{\partial V_l}{\partial x_l}. \tag{I.1}$$

这里引进两个不同的线性系数，是考虑速度的纵向梯度 $\partial V_l/\partial x_l$，$l=i, j, k$，即流体的压缩或膨胀，和横向梯度 $\partial V_i/\partial x_k$，$i\neq k$，与黏滞张量有不同的线性关系，而压缩或膨胀还包含流体自身的本构关系，可或不可压缩，即 $\nabla\cdot\boldsymbol{V}$ 是否为零．不难相信，(I.1)中黏滞系数数 α，β 的选择有其随意性．例如，既然是纵向和横向速度梯度与黏滞张量 σ_{jk} 有不同的线性关系，则最直接的选择有

$$\sigma_{ik}=\begin{cases}\alpha\left(\dfrac{\partial V_i}{\partial x_k}+\dfrac{\partial V_k}{\partial x_i}\right), & i\neq k\\[2ex] \beta\delta_{ik}\dfrac{V_l}{x_l}, & i=k\end{cases} \tag{II}$$

α，β 分别为横向和纵向黏滞张量系数．由哑指标下的求和规则不难得关系式

$$\frac{\partial V_i}{\partial x_k}+\frac{\partial V_k}{\partial x_i}=\frac{2}{3}\delta_{ik}\frac{\partial V_l}{\partial x_l},\qquad i=k \tag{III}$$

由(I.1)可得

$$\sigma_{ik}=\begin{cases}a\left(\dfrac{\partial V_i}{\partial x_k}+\dfrac{\partial V_k}{\partial x_i}\right), & i\neq k\\[2ex] \left(\dfrac{5}{3}a+b\right)\delta_{ik}\dfrac{V_l}{x_l}, & i=k\end{cases} \tag{I.2}$$

则得系数 a，b 与 α，β 的关系为

$$\begin{aligned}a&=\alpha,\\ b&=\beta-\frac{5}{3}\alpha.\end{aligned} \tag{IV}$$

通常黏滞流体中的两个黏滞系数，方程(6.59)中的 η_v 和 ζ 与黏滞张量 σ'_{ik} 的关系为

$$\sigma_{ik}=\eta_v\left(\frac{\partial V_i}{\partial x_k}+\frac{\partial V_k}{\partial x_i}-\frac{2}{3}\delta_{ik}\frac{\partial V_l}{\partial x_l}\right)+\zeta\delta_{ik}\frac{\partial V_l}{\partial x_l}. \tag{6.60}$$

由关系式(III)不难看出，当 $i=k$，(6.60)右侧括号内两项相抵为“0”，立得

$$\sigma_{ik}=\zeta\delta_{ik}\frac{\partial V_l}{\partial x_l},\quad i=k \tag{V}$$

容易得η_v，ζ与α，β的关系为

$$\begin{aligned}\eta_v &= \alpha, \\ \zeta &= \beta.\end{aligned} \tag{VI}$$

以上列举三种等效但形式不同的流体黏滞张量，即诚如所料，它的表现形式有一定的随意性，但无论如何变，式(II)是其宗，即横向和纵向黏滞张量系数不同，分别为α，β，是问题的内容所在；但若直接采用(II)，不难发现与其相应的所有公式，都如(II)式一样要一分为二：一个是，$i\neq k$，另一个是，$i=k$，显然很不方便；若采用式(I)，虽相应公式$i\neq k$，$i=k$都可统一于一个方程，但如(IV)所示，两黏滞系数不再相互独立，也不理想；只有，也只有(6.60)所定义的黏滞系数，既与黏滞力有关的方程都只需一个，横向和纵向黏滞系数η_v和ζ又是相互独立的．这里花费少许笔墨讨论流体黏滞系数内容与形式，是为要读者了解，物理内容固然重要，但形式也要至臻完善，内容与形式的完美统一正是科学的真谛所在．若温度T，压力P在流体所涉及空间变化不大，黏滞系数可视为常量，则黏滞力的i分量

$$\begin{aligned} f_v^i = \frac{\partial \sigma_{ik}}{\partial x_k} &= \eta_v \left(\frac{\partial^2 V_i}{\partial x_k^2} + \frac{\partial}{\partial x_i}\frac{\partial V_k}{\partial x_k} - \frac{2}{3}\frac{\partial}{\partial x_i}\frac{\partial V_l}{\partial x_l} \right) + \zeta \frac{\partial}{\partial x_i}\frac{\partial V_l}{\partial x_l} \\ &= \eta_v \frac{\partial^2 V_i}{\partial x_k^2} + \left(\zeta + \frac{\eta_v}{3}\frac{\partial}{\partial x_i}\frac{\partial V_l}{\partial x_l} \right), \end{aligned}$$

考虑到$\partial V_i / \partial x_i = \nabla\cdot\boldsymbol{V}$，$\partial^2 V_i / \partial x_k{}^2 = \nabla^2 \boldsymbol{V}_i$，不难得到，$f_v^i$的向量形式即方程(6.59)．对于不可压缩流体

$$\left.\begin{aligned} \boldsymbol{f}_v &= \eta_v \nabla^2 \boldsymbol{V} \\ \boldsymbol{f}_v^i &= \eta_v \frac{\partial^2 V_i}{\partial x_k^2} \end{aligned}\right\} \tag{6.61}$$

对应运动方程(6.18)中的黏滞力．

理想流体与固体的分界面上的边界条件为$V_n=0$，即速度与边界垂直分量为零，而黏滞流体其边界条件为

$$\boldsymbol{V} = 0.$$

下面讨论与黏滞力作用相应的流体中的动量流和能量流．系统单位体积单位时间动量的变化为

$$\frac{\partial}{\partial t}(\rho \boldsymbol{V}),$$

而这种变化是由作用于单位体积的力$\boldsymbol{f}$引起的，若只考虑黏滞力$\boldsymbol{f}_v$，则动量i分量的变化

$$\begin{aligned} \iiint_{\Sigma} \frac{\partial}{\partial t}(\rho V_i)\,\mathrm{d}\tau &= \iiint_{\Sigma} \boldsymbol{f}_v^i\,\mathrm{d}\tau = \iiint_{\Sigma} \frac{\partial \sigma_{ik}}{\partial x_i}\,\mathrm{d}\tau \\ &= \oiint_{\partial\Sigma} \sigma_{ik} \cdot \mathrm{d}\boldsymbol{S} = \oiint \sigma_{ik} \cdot n_k\,\mathrm{d}\boldsymbol{S}, \end{aligned} \tag{6.62}$$

式中，n_k 为流体内包围体积Σ的曲面∂Σ的法向 $\boldsymbol{n}$ 的 k 分量，$\boldsymbol{n}$ 向外为正．(6.62)表明黏滞张量 σ_{ik} 即动量张量，也称黏滞动量张量，这是预料之中的，作用于面元 d$\boldsymbol{S}$ 上的张力，正是通过该面元的动量流．

导体Σ中单位时间运动反抗黏滞力做功 W_v，假设流体不可压缩，则由(6.61)得

$$W_v = -\boldsymbol{V}\cdot\boldsymbol{f}_v = -V_i\frac{\partial\sigma_{ik}}{\partial x_k} = \left(-V_i\frac{\partial}{\partial x_k}\right)\cdot\sigma_{ik}. \tag{6.63.1}$$

注意这里利用了张量与张量的点乘(内积)与向量点乘规则相同，即对应元素相乘再相加：

$$(a_{ij})\cdot(b_{ij}) = a_{ij}b_{ij},$$

以及向量与由向量与张量点乘所得向量的点乘，等于由两向量组合的张量与张量相乘：

$$\boldsymbol{a}\cdot[\boldsymbol{b}\cdot(c_{ij})] = (a_i b_j)\cdot(c_{ij}),$$

特别若把算符∇作为向量，即$\nabla=(\nabla_i, \nabla_j, \nabla_k)=(\partial/\partial x, \partial/\partial y, \partial/\partial z)$，则下列关系成立：

$$\nabla\cdot(\boldsymbol{a}\cdot(b_{ij})) = \nabla a\cdot(b_{ij}) = a\nabla\cdot(b_{ij}) - (b_{ij})\cdot\nabla a,$$

或

$$\nabla\cdot(\boldsymbol{a}\cdot(b_{ij})) = \nabla_j a_i\cdot(b_{ij}) = a_j\nabla_i\cdot(b_{ij} - (b_{ij}))\nabla_j a_i,$$

但要注意$\nabla_j a_i(b_{ij})$的算符∇_j是作用于 a_i 和 b_{ij}．这样(6.63.1)可转换为

$$W_v = -\nabla\cdot(\boldsymbol{V}\cdot\boldsymbol{\sigma}) + \sigma_{ik}\frac{\partial V_i}{\partial x_k}. \tag{6.63.2}$$

对(6.63.2)流体任意体积Σ内积分，得

$$\begin{aligned}\iiint_{\Sigma} W_v\cdot\mathrm{d}\tau &= -\iiint_{\Sigma}\left[\nabla\cdot(\boldsymbol{V}\cdot\sigma) - \sigma_{ik}\frac{\partial V_i}{\partial x_k}\right]\mathrm{d}\tau \\ &= \iiint_{\Sigma}\sigma_{ik}\frac{\partial V_i}{\partial x_k}\mathrm{d}\tau - \oiint_{\partial\Sigma}(\boldsymbol{V}\cdot\sigma)\cdot\mathrm{d}\boldsymbol{S},\end{aligned} \tag{6.64}$$

(6.64)右侧第二项为流体在界面运动反抗黏滞张力做功所产生的能量交换，即单位时间通过封闭曲面单位面积的能量流，向外法向方向为正，称黏滞能量流密度，与(6.51)在导体界面运动反抗电磁张力产生的能量流密度相当，即同样是速度向量与动量流张量的内积．如前所述，黏滞张力在界面的能流不包含(6.51)电磁场中的由扩散和剪切力在界面引起的能量交换．而(6.64)右侧第一项，是由黏滞摩擦产生的能量耗损，则与电磁场能量方程(6.51)中的焦耳热相当．

对于不可压缩流体，黏滞张力(6.59)简化为

$$\sigma_{ik} = \eta_v\left(\frac{\partial V_i}{\partial x_k} + \frac{\partial V_k}{\partial x_i}\right), \tag{6.65}$$

则(6.64)中单位时间单位体积能量耗损项记作 W_v^d，

$$
\begin{aligned}
W_v^d &= \eta_v\left(\frac{\partial V_i}{\partial x_k}+\frac{\partial V_k}{\partial x_i}\right)\frac{\partial V_i}{\partial x_k} \\
&= \frac{\eta_v}{2}\left(\frac{\partial V_i}{\partial x_k}+\frac{\partial V_k}{\partial x_i}\right)^2,
\end{aligned}
\tag{6.66}
$$

注意，(6.66)成立，利用了条件$\nabla\cdot \boldsymbol{V}=0$，最后得体积Σ中的能量损耗

$$
\iiint_{\Sigma} W_v^d \,\mathrm{d}\tau = \frac{\eta_v}{2}\iiint_{\Sigma}\left(\frac{\partial V_i}{\partial x_k}+\frac{\partial x_k}{\partial x_i}\right)^2 \mathrm{d}\tau,
\tag{6.67}
$$

(6.67)既然为能量耗损，则永远大于或等于零，而右侧积分号内永远为正(或零)，则黏滞系数η_v 及与之相应的运动黏滞系数$\nu=\eta_v/\rho$永远不小于零，即η_v，$\nu\geqslant 0$，等于零为理想流体.

(4) 热传导方程

热是能量的一种表现形式，热传导方程本质上即能量转换、传递并守恒过程的描述.

(ⅰ)理想流体的能量方程

若不考虑电磁力和重力，理想流体的运动方程为欧拉(Euler)方程，即

$$
\rho\left[\frac{\partial \boldsymbol{V}}{\partial t}+(\boldsymbol{V}\cdot\nabla)\boldsymbol{V}\right]=-\nabla P,
\tag{6.68}
$$

式中，P为流体静压力．连续方程(6.19)不变．流体内单位时间单位体积能量变化为

$$
\frac{\partial}{\partial t}\rho\left(\frac{\boldsymbol{V}^2}{2}+\varepsilon\right),
$$

式中，第一项为单位体积的动能，第二项为单位体积的内能．以速度 $\boldsymbol{V}$ 点乘运动方程(6.68)，并利用连续方程(6.19)，经整理后，得

$$
\begin{aligned}
\frac{\partial}{\partial t}\frac{\rho V^2}{2} &= -\frac{V^2}{2}\nabla(\rho \boldsymbol{V})-\frac{\rho}{2}\boldsymbol{V}\cdot\nabla V^2-\boldsymbol{V}\cdot\nabla P \\
&= -\nabla\cdot\rho\boldsymbol{V}\left(\frac{V^2}{2}\right)-\boldsymbol{V}\cdot\nabla P,
\end{aligned}
\tag{I}
$$

而内能变化

$$
\frac{\partial\rho\varepsilon}{\partial t}=\varepsilon\frac{\partial\rho}{\partial t}+\rho\frac{\partial\varepsilon}{\partial t}.
\tag{II}
$$

利用热力学关系：

$$
\mathrm{d}\varepsilon = T\mathrm{d}S-P\mathrm{d}\tau = T\mathrm{d}S+\frac{P}{\rho^2}\mathrm{d}\rho,
\tag{III}
$$

式中，τ为单位质量的体积，可得

$$
\rho\frac{\partial\varepsilon}{\partial t}=\rho T\frac{\partial S}{\partial t}+\frac{P}{\rho}\frac{\partial\rho}{\partial t},
\tag{IV}
$$

而理想流体中，没有热的产生和交换，即流体运动可视为绝热过程，熵量守恒，$\mathrm{d}S/\mathrm{d}t=0$，则有

$$\frac{\partial S}{\partial t}=-\boldsymbol{V}\cdot(\nabla S). \tag{V}$$

由(II)，(IV)，(V)和质量守恒，即连续性方程可得

$$\begin{aligned}\frac{\partial(\rho\varepsilon)}{\partial t}&=-\left(\varepsilon+\frac{P}{\rho}\right)\nabla(\rho\boldsymbol{V})-\rho T\boldsymbol{V}\cdot\nabla S\\&=-\nabla\left[\rho\boldsymbol{V}\left(\varepsilon+\frac{P}{\rho}\right)\right]+\rho\boldsymbol{V}\cdot\nabla\left(\varepsilon+\frac{P}{\rho}\right)-\rho T\boldsymbol{V}\cdot\nabla S.\end{aligned} \tag{VI.1}$$

由热力学关系

$$Q=\varepsilon+\frac{P}{\rho},\qquad \mathrm{d}Q=T\mathrm{d}S+\frac{1}{\rho}\mathrm{d}P$$

可得

$$\nabla Q=\nabla\left(\varepsilon+\frac{P}{\rho}\right)=T\nabla S+\frac{1}{\rho}\nabla P, \tag{VII}$$

则(VI.1)进一步化为

$$\begin{aligned}\frac{\partial(\rho\varepsilon)}{\partial t}&=-\left(\varepsilon+\frac{P}{\rho}\right)\nabla(\rho\boldsymbol{V})-\rho T\boldsymbol{V}\cdot\nabla S\\&=-\nabla\left[\rho\boldsymbol{V}\left(\varepsilon+\frac{P}{\rho}\right)\right]+\boldsymbol{V}\cdot\nabla P.\end{aligned} \tag{VI.2}$$

把以上能量变化两部分(I)，(VI.2)相加，立得

$$\frac{\partial}{\partial t}\rho\left(\frac{V^2}{2}+\varepsilon\right)=-\nabla\left[\rho\boldsymbol{V}\left(\frac{V^2}{2}+\varepsilon+\frac{P}{\rho}\right)\right], \tag{6.69}$$

在流体任意体积Σ内对(6.69)求积分，得

$$\frac{\partial}{\partial t}\iiint_{\Sigma}\rho\left(\frac{V^2}{2}+\varepsilon\right)=-\oiint_{\partial\Sigma}\rho\boldsymbol{V}\left(\frac{V^2}{2}+\varepsilon\right)\cdot\mathrm{d}\boldsymbol{S}-\oiint_{\partial\Sigma}P\boldsymbol{V}\cdot\mathrm{d}\boldsymbol{S}, \tag{6.70}$$

(6.70)左侧，即任意体积Σ内总能量单位时间的增加，右侧为单位时间通过Σ的封闭界面∂Σ流入(注意负号)Σ内的能量，其中第一项是质量流所携带的动能和内能，第二项则是质量流通过曲面∂Σ时，流体静压力P所做的功，通称能量流密度向量．注意上述推导过程中忽略了$\nabla\rho$，但在考虑对流运动中，这种近似是不允许的．

(ii)黏滞流体的热传导方程

与理想流体推导过程相同，即由运动方程，求单位体积的外力施加于以速度$\boldsymbol{V}$运动流体单位时间所做功，加上流体单位体积、单位时间内能的变化．但与理想流体相比，这里有两点不同，第一，方程(I)中除压力$-\nabla P$外，还有黏滞力所做的功．则将方程(6.63.2)运动反抗黏滞力所做的功取“−”，由方程(I)可立得压力和黏滞力所做功，单位时间所引

起的单位体积内流体动能的增加为，

$$\frac{\partial}{\partial t}\frac{\rho V^2}{2} = -\nabla\cdot\rho \boldsymbol{V}\left(\frac{V^2}{2}\right) - \boldsymbol{V}\cdot\nabla P + \nabla\cdot(\boldsymbol{V}\cdot\boldsymbol{\sigma}) - \sigma_{ik}\frac{\partial V_i}{\partial x_k}, \tag{VIII}$$

第二，对于黏滞流体熵守恒，即方程(V)不再成立，相应流体内能变化方程(VI.1)中，与熵相关的一项，$-V\cdot\nabla S$，将由$\partial S/\partial t$所取代，有

$$\frac{\partial(\rho\varepsilon)}{\partial t} = -\left(\varepsilon + \frac{P}{\rho}\right)\nabla(\rho\boldsymbol{V}) + \rho T\frac{\partial S}{\partial t},$$

进一步，由方程(VII)，上式可化作

$$\frac{\partial\rho\varepsilon}{\partial t} = -\nabla\left[\rho\boldsymbol{V}\left(\varepsilon + \frac{P}{\rho}\right)\right] + \rho T\left(\frac{\partial S}{\partial t} + \boldsymbol{V}\cdot\nabla S\right) + \boldsymbol{V}\cdot\nabla P, \tag{IX}$$

则方程(VIII)，(IX)相加，得黏滞流体单位体积动能和内能的变化率为

$$\rho\frac{\partial}{\partial t}\left(\frac{V^2}{2} + \varepsilon\right) = -\nabla\cdot\left[\rho\boldsymbol{V}\left(\frac{V^2}{2} + \varepsilon + \frac{P}{\rho}\right) - (V\cdot\sigma)\right] + \rho T\left(\frac{\partial S}{\partial t} + \boldsymbol{V}\cdot\nabla S\right) - \sigma_{ik}\frac{\partial V_i}{\partial x_k}. \tag{X}$$

方程右侧方括号中前两项与理想流体相同，即单位时间通过Σ的封闭界面∂Σ流入(注意负号)Σ内的能量，其中第一项是质量流所携带的动能和内能，第二项则是质量流通过曲面∂Σ时，流体静压力P所做的功；而方括号中后一项，则是在界面上流体运动反抗黏滞力做功通过单位面积、单位时间向外(即界面正法向)输出的能量；倒数第二项 ρT 乘以熵函数对时间的全微分为系统单位时间、单位体积热量(内能)的增加，$\sigma_{ik}(\partial V_i/\partial x_k)$是黏滞摩擦引起的单位时间、单位体积的热耗损．前者，即质量转移通过任意体积Σ的界面∂Σ所携带的能量，和液体通过界面时，压力和黏滞张力做功是引起的系统动能和内能的变化，与系统热传导无直接关系；只有方程右侧后两项是直接(或仅)由热传导引起的系统能量变化，即

$$\rho T\left(\frac{\partial S}{\partial t} + \boldsymbol{V}\cdot\nabla S\right) = \sigma_{ik}\frac{\partial V_i}{\partial x_k}. \tag{6.71}$$

式(6.71)即为黏滞流体的热传导方程，从中可以看出，单位体积流体单位时间黏滞摩擦产生的热(方程右端)，由热力学关系，$\mathrm{d}S=(\mathrm{d}Q/T)_P$可知，等于单位体积流体热量$Q$的增加．

若流体内存在温度差，即T不均匀，则有热流由高温向低温处的流动，若温差不大，可视热流(q)与温度梯度∇T为线性关系，即

$$h = -\kappa\nabla T, \tag{6.72}$$

负号表示热流由高向低处流动，h为单位时间流过与∇T方向垂直界面单位面积的热量，κ为热导系数，若(6.72)转换为单位体积单位时间所得到的热量，则对(6.72)取负散度，代入(6.71)，可得

$$\rho T\left(\frac{\partial S}{\partial t} + \boldsymbol{V}\cdot\nabla S\right) = \sigma_{ik}\frac{\partial V_i}{\partial t} + \nabla(\kappa\nabla T). \tag{6.73}$$

需要说明的是，在理想流体中没引进与∇T有关的热流，是考虑若无热源，只要时间足够长，则系统温度会达到平衡，即$\nabla T=0$．

同样道理，若流体中有电磁场存在，则(6.73)中只需加上焦耳热耗损项，同样，能量流只改变磁场能量，与热传无关，由方程(6.50)，得

$$\rho T\left(\frac{\partial S}{\partial t}+\boldsymbol{V}\cdot\nabla S\right)=\sigma_{ik}'\frac{\partial V_i}{\partial t}+\nabla(\kappa\nabla T)+\frac{(\nabla\times\boldsymbol{B})^2}{\sigma\mu_0^2}. \tag{6.74}$$

把方程(6.59) σ_{ik} 代入方程(6.74)则得热传导方程(6.20)；特别是若热传导系数κ在整个流体均匀，又有热源 q，则方程(6.20)成为

$$\begin{aligned}\rho T\left(\frac{\partial S}{\partial t}+\boldsymbol{V}\cdot\nabla S\right)&=K\nabla^2 T+\frac{\eta_v}{2}\left(\frac{\partial V_i}{\partial x_k}+\frac{\partial V_k}{\partial x_i}-\frac{2}{3}\delta_{ik}\frac{\partial V_l}{\partial x_l}\right)^2\\&\quad+\zeta(\nabla\cdot\boldsymbol{V})^2+\frac{1}{\sigma\mu_0^2}(\nabla\times\boldsymbol{B})^2+q.\end{aligned} \tag{6.75}$$

当流体不可压缩，即$\nabla\cdot\boldsymbol{V}=0$，利用热力学关系，$\mathrm{d}Q_P=C_P\mathrm{d}T_P$，则方程(6.75)可大大简化，得方程(6.20.3)，即

$$\frac{\partial T}{\partial t}+\boldsymbol{V}\cdot\nabla T=\chi\nabla^2 T+\frac{\nu}{2C_P}\left(\frac{\partial V_i}{\partial x_k}+\frac{\partial V_k}{\partial x_i}\right)^2+\frac{1}{\rho\sigma\mu_0^2}(\nabla\times\boldsymbol{B})^2+\frac{q}{\rho C_P}, \tag{6.76}$$

式中，C_P为定压比热，$\chi=\kappa/\rho C_P$，ν为运动黏滞系数．与方程(6.75)不同，方程(6.76)左端为单位质量流体内温度 T 对时间的全微分 $\mathrm{d}T/\mathrm{d}t$，右端各项分别为单位质量单位时间流体内由热传导、黏滞摩擦、焦耳热耗损和热源所产生的热量．

(5)对流运动

(i)对流发生的条件

即使处于力学平衡条件，即欧拉方程(7.68)中，

$$\nabla P=\rho g, \tag{6.77}$$

但没达到热平衡，即存在温度梯度∇T的情况下，系统仍可能是不稳定的．当然，若温度梯度只限于热的传递(扩散)，则流体内不发生物质宏观运动，系统的平衡条件(6.77)仍然保持．但若温度差异引起的热膨胀使∇P加大，足以改变平衡方程(6.77)时，流体内将产生宏观运动，即对流运动．对流是大家熟悉的流体的运动，如暖气、空调造成的室内空气对流，烧水引起的水的对流等，都是加热、制冷制造人为的温度差，从而产生对流．若对流仅仅由温差所引起，称为自由对流，若除温差外尚有外力作用，如空调中的风扇，则为非自由对流，那是电动机的电能，转变为扇叶的动能，从而推动空气流动，当然离空调机很远的地方，仍可能以自由对流为主．

图 6.24 示意 Z(垂直)方向发生对流，设在位置 Z，流体基元 $\mathrm{d}\tau$，处于热力学条件下的比容为$\Sigma(P, S, Z)$，这里 P，S 为流体的平衡压力及平衡熵．设想 $\mathrm{d}\tau$由 Z 运动至 $Z+\mathrm{d}Z$，因运动很快，可视为绝热运动，则 $\mathrm{d}\tau$由 Z 运动至 $Z+\mathrm{d}Z$ 后，比容变成$\Sigma(P', S)$，即熵不变．若系统处于热平衡状态，则 $\mathrm{d}\tau$将被 $Z+\mathrm{d}Z$ 处周围邻近介质排斥返回 Z，相反，则对流发生．设 $Z+\mathrm{d}Z$ 热力学平衡比容为$\Sigma(P', S')$，按热力学第二定律，若$\Sigma(P', S')>\Sigma(P', S)$，则事件，即流体元 $\mathrm{d}\tau$的运动不可能发生，将被推回至原来位置，系统是稳定的，相反，即$\Sigma(P', S')<\Sigma(P', S)$，则 $\mathrm{d}\tau$运动至 $Z+\mathrm{d}Z$，对流发生．因此，对流发生的条件为

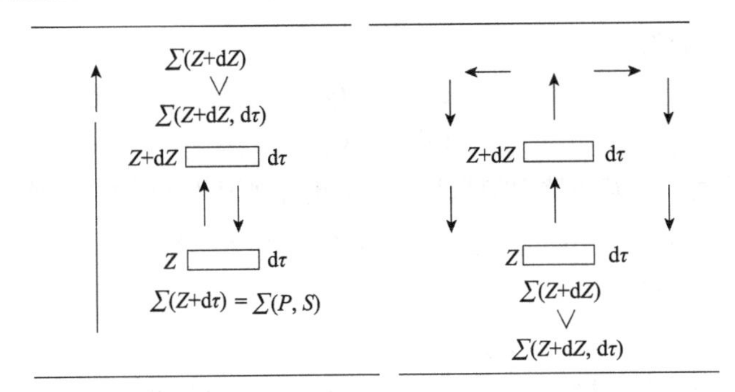

图 6.24　对流运动发生条件示意图

假定对流发生了，介质内处于坐标 Z 处的流体元 $\mathrm{d}\tau$，运动至 Z+dZ，比容 $\Sigma(Z, \mathrm{d}\tau)=\mathrm{d}\Sigma(P, S)$，$\Sigma(Z+\mathrm{d}Z, \mathrm{d}\tau)=\mathrm{d}\Sigma(P', S)$，即运动如此之快，可视为绝热过程，而 Z+dZ 处，原介质比容 $\Sigma(Z+\mathrm{d}Z, \mathrm{d}\tau)=\mathrm{d}\Sigma(P', S')$，但 $\Sigma(Z+\mathrm{d}Z, \mathrm{d}\tau)<\Sigma(Z+\mathrm{d}Z)$，即 $\mathrm{d}\tau$元，较周围介质要重，故被推回原处，对流没发生(左图)；右图 $\Sigma(Z+\mathrm{d}Z, \mathrm{d}\tau)>\Sigma(Z+\mathrm{d}Z)$，即 $\mathrm{d}\tau$元，较周围介质要轻，对流发生

$$\Sigma(P', S') < \Sigma(P', S) \quad 或 \quad \left(\frac{\partial \Sigma}{\partial S}\right)_P \frac{\mathrm{d}S}{\mathrm{d}Z} < 0, \tag{6.78}$$

式中，$(\partial \Sigma / \partial S)_P$ 表示定压(P'=P')条件，即压力不变，单位熵的增加，所引起 $\mathrm{d}\tau$单位质量体积Σ的变化，而

$$\left(\frac{\partial \Sigma}{\partial S}\right)_P = \left(\frac{\partial \Sigma}{\partial T}\right)_P \left(\frac{\partial T}{\partial S}\right)_P. \tag{I}$$

利用热力学关系 $\mathrm{d}S = \partial Q/T$，$C_P = (\partial Q/\partial T)_P$，得

$$\left(\frac{\partial T}{\partial S}\right)_P = \frac{T}{C_P}, \tag{II}$$

将(II)代入(I)，得

$$\left(\frac{\partial \Sigma}{\partial S}\right)_P = \frac{T}{C_P}\frac{\partial \Sigma}{\partial T}, \tag{III}$$

而定压比热 C_P，温度 T，以及 $\partial \Sigma / \partial T$ 永远大于零，则由(6.78)，有

$$\frac{\mathrm{d}S}{\mathrm{d}Z} < 0, \tag{6.79}$$

即对流发生的条件，系统熵随高度的增加而减少．进一步，

$$\frac{\mathrm{d}S}{\mathrm{d}Z} = \left(\frac{\partial S}{\partial T}\right)_P \frac{\mathrm{d}T}{\mathrm{d}Z} + \left(\frac{\partial S}{\partial P}\right)_T \frac{\mathrm{d}P}{\mathrm{d}Z} = \frac{C_P}{T}\frac{\mathrm{d}T}{\mathrm{d}Z} + \left(\frac{\partial S}{\partial P}\right)_T \frac{\mathrm{d}P}{\mathrm{d}Z}. \tag{IV}$$

假设系统处于力学平衡状态，由(6.77)，注意ρg 沿 Z 反方向，可得

$$\frac{\mathrm{d}P}{\mathrm{d}Z} = -\frac{g}{\Sigma}. \tag{V}$$

由热力学关系，

$$\left(\frac{\partial S}{\partial P}\right)_T = -\left(\frac{\partial \Sigma}{\partial T}\right)_P, \tag{VI}$$

而 $\partial \Sigma/\partial T = \beta \Sigma$，其中 β 为介质热膨胀系数，$\beta = (\partial \Sigma/\partial T)_P/\Sigma$，将 β 代入(VI)，(VI)和

(V) 代入 (6.79)，最后得

$$\frac{\mathrm{d}T}{\mathrm{d}Z} < -\frac{\beta g T}{C_P}. \tag{6.80}$$

倘若温度随高度增加，反而下降(地球液核即如此)，则当梯度的绝对值大于 $\beta gT/C_P$ 时，对流一定发生(Landau and Lifshitz，2004)．(6.80) 中 β 为热膨胀系数．对于地核若取平均参量，有 (Gubbins, 2007)

$$\begin{aligned} &\beta = 1.8\times 10^{-5}\,/\,\mathrm{K}, \quad g = 11\,\mathrm{m}/\mathrm{s}^2, \\ &T = 3739\,\mathrm{K}, \quad C_P = 815\,\mathrm{J/kg\cdot K} = 815\,\mathrm{m}^2/\mathrm{s}^2, \\ &\frac{\beta g T}{C_P} \cong 9.1\times 10^{-4}, \quad \frac{\mathrm{d}T}{\mathrm{d}Z} \cong -8.8\times 10^{-4}, \end{aligned}$$

两者接近，有发生对流的条件．

(ii) 对流运动

设流体内温度分布

$$T = T_0 + T',$$

T_0 为系统热平衡的温度，T' 是偏离热平衡时的温度，且 $T_0 > T'$．设流体密度也表示为

$$\rho = \rho_0 + \rho',$$

ρ' 是由于温度 T' 而引起的密度变化，可以表示为

$$\rho' = \left(\frac{\partial \rho_0}{\partial T}\right)_P T' = -\rho_0 \beta T', \tag{6.81}$$

这里 ρ_0 并非恒量，而是处于力学平衡条件下，介质各处的密度，即

$$\begin{aligned} P_0 &= \rho_0 g \cdot \boldsymbol{r} + b, \\ \nabla P_0 &= \rho_0 g, \end{aligned} \tag{6.82.1}$$

(6.82.1) 即所谓力学平衡，其中 ρ_0 即 (6.81) 力学平衡条件下的密度．这样运动方程 (6.16) 中的 ∇P，

$$\nabla P = \nabla P_0 + \nabla P' + \rho g T' \beta, \tag{6.82.2}$$

代入运动方程 (6.16)，可得考虑对流运动的纳维-斯托克斯方程

$$\begin{aligned} \rho\left(\frac{\partial}{\partial t} + \boldsymbol{V}\cdot\nabla\right)\boldsymbol{V} = &-\nabla P' - 2\rho(\boldsymbol{\Omega}\times\boldsymbol{V}) + \frac{1}{\mu_0}(\nabla\times\boldsymbol{B})\times\boldsymbol{B} \\ &+ \eta_\nu \nabla^2 \boldsymbol{V} + \left(\zeta + \frac{\eta_\nu}{3}\right)\nabla(\nabla\times\boldsymbol{V}) - \rho\beta g T', \end{aligned} \tag{6.83.1}$$

式中，(6.16) 中的重力项 ρg，由于考虑力学平衡方程 (6.82.1)，与 ∇P_0 一起由 $-\nabla P'$ 和浮力 $-\beta g T'$ 所取代，其中 P' 是偏离力学平衡压力 P_0 的压力．因此，(6.83.1) 是偏离力学平衡状态下的运动方程．当流体不可压缩时，(6.83.1) 简化为

$$\rho\left(\frac{\partial}{\partial t} + \boldsymbol{V}\cdot\nabla\right)\boldsymbol{V} = -\nabla P' - 2\rho(\boldsymbol{\Omega}\times\boldsymbol{V}) + \frac{1}{\mu_0}(\nabla\times\boldsymbol{B})\times\boldsymbol{B} + \eta_\nu\nabla^2\boldsymbol{V} - \rho\beta g T \boldsymbol{e}_r, \tag{6.83.2}$$

自然，这时热传导方程 (6.68) 或 (6.76) 中的 T 将由 T' 取代．

当然，由于电磁流体动力学完备方程组的复杂，特别是非线性，采取逐次迭代的方法是必须的．例如，流体运动将包括不同的成分，我们可先单独求解力学系统对流运动，然后再代入方程(6.83)，求解其他因素的修正．如此，则运动方程简化为

$$\rho\left(\frac{\partial}{\partial t}+\boldsymbol{V}\cdot\nabla\right)\boldsymbol{V}=-\nabla P'+\eta_v\nabla^2\boldsymbol{V}-\rho\beta gT', \tag{6.84}$$

而对流运动正是由于较大温度梯度(6.80)和热膨胀引起密度变化的结果，因此热传导方程(6.76)中，和速度梯度有关的黏滞热与温度梯度有关的项相比，一般可以忽略，故(6.76)变成

$$\frac{\partial T'}{\partial t}+(\boldsymbol{V}\cdot\nabla)T'=x\nabla^2T', \tag{6.85}$$

方程(6.84)，(6.85)加上$\nabla\cdot\boldsymbol{V}=0$，构成在力学系统中，求解自由对流运动的完备方程组．

到此我们已经给出了电磁流体动力学的完备方程组，包括电磁场三个方程(6.14)，(6.15)和(6.39)，即磁场为无源场、冻结扩散方程和运动导体中的欧姆定律、流体的运动方程，即纳维–斯托克斯方程(6.16)、运动连续方程(6.19)、热传导方程(6.20)、状态方程(6.21)以及待定的场包括磁场$\boldsymbol{B}$三个分量、运动场V三个分量、温度场T和压力P，当考虑对流运动时，运动方程(6.16)由(6.83)给出．全部方程讨论了一般和流体不可压缩两类情况，多数情况，包括液核，流体都可视为不可压缩的．这里还详细讨论了液体黏滞性、电磁场、温度不均匀，即浮力在运动方程中的作用．在实际求解方程时，分析不同因素影响大小是重要的，以便简化计算，特别是非线性迭代过程(Landau and Lifshitz，2007)．

6.3.3　地磁场起源的发电机理论

以上各节，电磁流体动力学完备方程组，即地磁场起源发电机理论完备方程组．现在人们公认：电导液核是地球内部唯一能支持发电机过程的场所．后面将会看到，近来发电机过程最引人注目的成果，人类第一次在计算机上观察到了地磁场的极性倒转，就是在液核中求解这些完备方程组的结果．这许多方程所组成的完备方程组，是地磁场起源的发电机理论的基础、重要的基础，不用说，研究发电机，就是你看懂、了解发电机，都需要把它们的来龙去脉、成立条件、各自的作用、相互关系，弄得一清二楚，或者一句话：它的重要性，在地磁场起源发电机理论中，再怎么强调都不过分．这也是在这里，我们为什么首先简单但较全面反复论述这些方程的原因．当然，这还远远不够，读者还有必要参考有关书籍，确实弄清发电机物理过程的每个细节．

但要在液体地核中应用这些方程，还要和液核实际相联系．比如，液核中有无足够能量，支撑发电机连续的能量消耗？地磁场的形态和物理特征，以及地球液核的几何和物理为这些方程提供了什么样的约束？再如，在求解电磁方程(6.15)与运动方程(6.20)相互耦合复杂的非线性过程前，首先研究方程(6.20)，获得液核中可能存在的运动，再把可能的运动代入方程(6.15)，求解什么样的运动有可能维持地磁场，这在发电机中称作“运动学发电机”，等等．显然，这些都并非发电机的完备解，或称最后解，但无疑是求解发电机完备解的基础．不仅如此，它们本身也是地磁场起源发电机研究的重要组成

部分(Gubbins and Zhang, 2000; Christenden, 2000; Busse, 1977)．

(1)地磁场维持的能量图像

凡是说明“发电机”图像及其维持和加强磁场的可能性，无一不讲均匀发电盘．所谓均匀发电盘是指一个导电的金属圆盘，沿着过盘心垂直于盘面的轴线在磁场中转动.这样盘内将产生感应电动势．若将盘的边缘和转动轴间用电刷和导线连接，只要导线方向适宜，则感应电流产生的磁场有可能加强原来的外加磁场(图 6.25)．图 6.25 所示圆盘，其动力学方程为

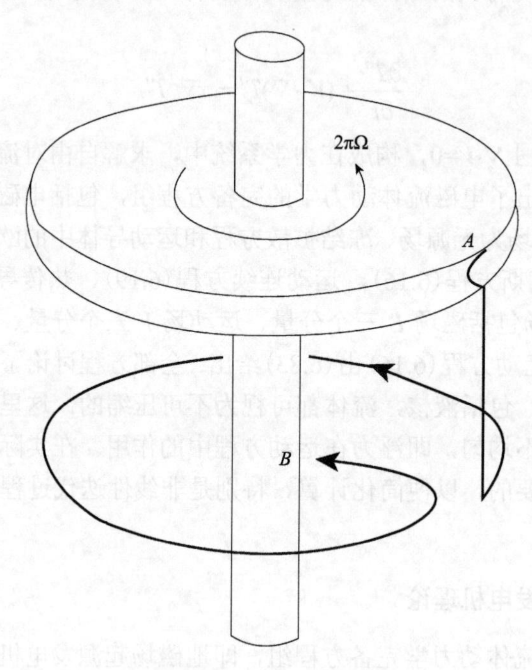

图 6.25 均匀发电盘

$$J\frac{\mathrm{d}\omega}{\mathrm{d}t}=G-MI^2,\tag{6.86}$$

式中，J 为圆盘的转动惯量，ω为转动角速度，G 为施于圆盘的机械转矩，M 为迴路的互感系数．(6.86)中连接线圈内的感应电流 I 又满足

$$L\frac{\mathrm{d}I}{\mathrm{d}t}+RI=MI\omega,\tag{6.87}$$

式中，L，R 分别为线圈的自感和电阻．当系统稳定时，由(6.86)，(6.87)可得

$$I_c=\pm\sqrt{\frac{G}{M}},\quad \omega_c=\frac{R}{M}.\tag{6.88}$$

当ω大于ω_c 时，磁场将持续增强，反之磁场衰减．因此，简单的发电圆盘在磁场内的运动，有可能维持或加强原始的磁场．从能量角度看来，这种维持磁场的过程就是电流做功消耗能量，而机械转矩 G 所提供的机械能量不断补偿这种能量耗损的过程．

在式(6.88)中，若设 R=10 Ω，圆盘半径 a=10 cm，则 M=πa，从而

$$\omega_c = 10^6 - 10^7,$$

这样高速度的转动在实验室是无法想象的. 但若 a 与地核尺度相当，则 ω_c 将大为减少. 因此，大尺度、高电导率的天体或地球内部有可能维持某种自激发电机过程. 很显然，要在地球内部形成与图 6.25 类似的简单结构是不可能的. 就连首先提出这一模型的布拉德 (E. C. Bullard) 本人也承认，这种发电盘和地核内的发电机毫无共同之处. 倒是能量的转换过程两者是相通的，即地磁场是由某种电流体系激发的，电流做功消耗能量，为了维持稳定的地磁场则必须不断提供能量. 我们将从发电机的基本方程出发，讨论这种能量过程的物理图像.

（ⅰ）液核中的能量方程

§6.3.2(3) 中，从电磁力做功和可能的能量交换即能流出发，推导了能量方程，并由能量方程得到，在流体不可压缩，即 $\nabla\cdot\boldsymbol{V}=0$ 条件下，磁场冻结扩散方程(5.26)的新形式，方程(6.55)，从而揭示：在液核发电机过程中，只有也只有具有梯度的速度场是磁场维持的积极因素，这无疑对了解发电机物理过程是重要的. 磁场的冻结扩散方程和液核运动方程是液核发电机完备方程组的核心方程，除了解它的运动学，即冻结和扩散物理外，还要熟悉它在电磁能量转换中的物理. 下面将从(5.26)磁场冻结扩散方程出发，推导液核中的电磁能量过程，作为下节地核可能能量来源的基础.

将方程(5.26)两侧点乘 $\boldsymbol{H}$，并在液体外核区域积分，可得

$$\frac{\partial W_B}{\partial t} = \iiint (\eta \boldsymbol{H}\cdot\nabla^2\boldsymbol{B})\mathrm{d}\tau + \iiint \boldsymbol{H}\cdot\nabla\times(\boldsymbol{V}\times\boldsymbol{B})\mathrm{d}\tau, \tag{6.89}$$

式中，$W_B = \frac{1}{2}\iiint \boldsymbol{H}\cdot\boldsymbol{B}\mathrm{d}\tau$ 是导体液核内总磁能. 右端第一项，

$$\begin{aligned}\iiint \eta \boldsymbol{H}\cdot\nabla^2\boldsymbol{B}\mathrm{d}\tau &= -\eta\iiint \boldsymbol{H}\cdot(\nabla\times\boldsymbol{j})\mathrm{d}\tau \\ &= -\eta\iiint \{\nabla\cdot(\boldsymbol{j}\times\boldsymbol{B}) + (\nabla\times\boldsymbol{B})\cdot\boldsymbol{j}\}\mathrm{d}\tau \\ &= -\iiint\left(\frac{j^2}{\sigma}\right)\mathrm{d}\tau - \eta\oiint(\boldsymbol{j}\times\boldsymbol{B})\cdot\mathrm{d}\boldsymbol{S},\end{aligned} \tag{6.90}$$

方程(6.90)即方程(6.50)，这里面积分为内外核界面. 由向量分析公式，(6.89)右端第二项可以变换为

$$\begin{aligned}\iiint \boldsymbol{H}\cdot\nabla\times(\boldsymbol{V}\times\boldsymbol{B})\mathrm{d}\tau &= \iiint\{\nabla\cdot[(\boldsymbol{V}\times\boldsymbol{B})\times\boldsymbol{H}] + (\boldsymbol{V}\times\boldsymbol{B})\cdot\nabla\times\boldsymbol{H}\}\mathrm{d}\tau \\ &= -\iiint \boldsymbol{V}\cdot(\boldsymbol{j}\times\boldsymbol{B})\mathrm{d}\tau + \oiint[(\boldsymbol{V}\times\boldsymbol{B})\times\boldsymbol{H}]\cdot\mathrm{d}\boldsymbol{S}.\end{aligned} \tag{6.91}$$

将(6.90)，(6.91)中的面积分合并，由广义欧姆定律(5.2.3)得

$$\oiint[(\boldsymbol{V}\times\boldsymbol{B})\times\boldsymbol{H}]\cdot\mathrm{d}\boldsymbol{S} - \frac{1}{\mu_0\sigma}\oiint(\boldsymbol{j}\times\boldsymbol{B})\cdot\mathrm{d}\boldsymbol{S} = -\frac{1}{\mu_0}\oiint(\boldsymbol{E}\times\boldsymbol{B})\cdot\mathrm{d}\boldsymbol{S}, \tag{6.92}$$

将(6.90)，(6.91)代入(6.89)，得

$$\frac{\partial W_B}{\partial t} = -\iiint\left(\frac{j^2}{\sigma}\right)\mathrm{d}\tau - \oiint(\boldsymbol{E}\times\boldsymbol{H})\cdot\mathrm{d}\boldsymbol{S} - \iiint\boldsymbol{V}\cdot(\boldsymbol{j}\times\boldsymbol{B})\mathrm{d}\tau, \tag{6.93}$$

移项后成为

$$\frac{\partial W_B}{\partial t} + \iiint\left(\frac{j^2}{\sigma}\right)\mathrm{d}\tau + \oiint(\boldsymbol{E}\times\boldsymbol{H})\cdot\mathrm{d}\boldsymbol{S} = -\iiint\boldsymbol{V}\cdot(\boldsymbol{j}\times\boldsymbol{B})\mathrm{d}\tau, \tag{6.94}$$

式(6.94)即为液核内的电磁流体动力学能量方程，其中左端第一项为单位时间液核内总磁能的增加；第二项为单位时间的焦耳热损耗；第三项$(\boldsymbol{E}\times\boldsymbol{H})$为玻印廷向量，它的面积分则表示单位时间液核对外输送的电磁能量；而方程右端为单位时间介质运动反抗电磁力所做的功．因此，方程(6.94)揭示了地磁场发电机的能量转换过程，即液核中介质运动的机械能通过反抗电磁力做功，一部分可以增加核内磁场的能量，一部分用来补偿焦耳热损耗，还有可能对外输送电磁能量，使核外磁场加强．当系统稳定后，式(6.94)左端第一项为零，而在液核边界，当稳定时，电场的切线分量为零，故左端第三项积分为零，液核不再对外输送电磁能量．所以对于稳定的发电机，磁场保持不变，介质反抗电磁力所做的功全部用来补偿焦耳热损耗．

方程(6.94)即(6.43)，那里是从玻印廷能流密度向量导致方程(6.48)，(6.49)即方程(6.92)；而方程(6.94)正好相反，是先有(6.92)，再变换到玻印廷向量．这样，我们对玻印廷向量在液核电磁过程中的物理内涵就有了更深一层的理解，即：磁场能量方程中的玻印廷向量，通过导体任一封闭曲面的能流密度，由三部分组成：一是通过封闭曲面伴随质量转移所携带的电磁能；二是在封闭曲面上电导流体运动反抗电磁张力所做的功；第三与磁场扩散伴随的通过曲面的能量转移．而其中第一部分，如若流体不可压缩，$\nabla\cdot\boldsymbol{V}=0$, 当把封闭曲面转换成体积分，则成为电磁能量密度 W_B 随空间的变化，与(6.94)中的$\partial W_B/\partial t$ 项构成 W_B 的全微分，即 $\mathrm{d}W_B/\mathrm{d}t$；若$\nabla\cdot\boldsymbol{V}\neq0$，则除全微分项外，还有一项，流体膨胀、收缩在封闭界面产生的能量交换．

方程(6.94)左侧，运动反抗电磁力做功，无疑表明：运动 $\boldsymbol{V}$ 在电磁过程中改变磁场的积极作用，但并看不出对速度场梯度$\nabla\boldsymbol{V}$的要求；又若磁场 $\boldsymbol{B}$ 均匀，则电磁力为“0”，运动反抗电磁力做功为“0”；这是否与图 6.23 中磁场均匀的假定，以及对速度场梯度的要求相悖？不用说，答案当然是否定的．第一，无论是图 6.23，即方程(6.55)，还是方程(6.94)，若$\nabla\boldsymbol{V}\neq0$，即速度梯度存在，则 $\boldsymbol{B}$ 不可能均匀；第二，若 $\boldsymbol{V}$ 均匀，只有，也只有在无穷大(∞)的空间才有可能；若如是，则(6.94)中运动做功的体积分，由(6.40)或(6.96)所示电磁张量和均匀速度场 $\boldsymbol{V}$，将转换为面积分，即运动反抗电磁力做功只发生在无穷远处的边界，显然，结果对局部能量毫无贡献．这就表明：图 6.23 或方程(6.55)所揭示的，只有，也只有具有梯度的速度场，才是流体，即液核电磁过程的积极因素成立，与能量方程(6.94)一致．

进一步，将电磁力改写为

$$\boldsymbol{j}\times\boldsymbol{B} = \frac{1}{\mu_0}(\nabla\times\boldsymbol{B})\times\boldsymbol{B}, \tag{6.95}$$

或写为张量形式

$$\boldsymbol{j}\times\boldsymbol{B}=-\nabla\left(\frac{B^2}{2\mu_0}\right)+\nabla\cdot\left(\frac{\boldsymbol{BB}}{\mu_0}\right), \tag{6.96}$$

式(6.96)表明，电磁力与一个流体静压强 $B^2/2\mu_0$ 和一个沿磁力线的张力 BB/μ_0 等价. 对于不可压缩流体，流体静压强所做的功为

$$\iiint \boldsymbol{V}\cdot\nabla\left(\frac{B^2}{2\mu_0}\right)\mathrm{d}\tau=\iiint\left[\nabla\cdot\left(\boldsymbol{V}\frac{B^2}{2\mu_0}\right)-\frac{B^2}{2\mu_0}\nabla\cdot\boldsymbol{V}\right]\mathrm{d}\tau$$
$$=\oiint \frac{B^2}{2\mu_0}\boldsymbol{V}\cdot\mathrm{d}\boldsymbol{S},$$

因在边界层 $\boldsymbol{V}$=0，故上述面积分为零. 即在液体不可压缩的情况下，当液体运动时，式(6.96)第一项流体静压强不做功. 这时全部电磁力所做的功等于运动反抗电磁张力所做的功，磁力线的任何伸长都将使磁能增加. 因此，发电机维持磁场的过程就是液体运动拉伸磁力线的过程.

(ii)地核中可能的能量来源

由以上讨论可知，方程(6.92)中速度场在发电机过程中起着主导作用. 但它并没有揭示出在液核中维持发电机过程的机械能的表现形式，所以无法由(6.92)得知液核中能量的可能来源.

液核中机械能的表现形式

如对不可压缩、液核运动学方程(6.18)点乘 $\boldsymbol{\upsilon}$，得

$$-\boldsymbol{\upsilon}\cdot(\boldsymbol{j}\times\boldsymbol{B})=-\rho\boldsymbol{\upsilon}\cdot\frac{\partial\boldsymbol{\upsilon}}{\partial t}-\rho\boldsymbol{\upsilon}\cdot(\boldsymbol{\upsilon}\cdot\nabla)\boldsymbol{\upsilon}-\boldsymbol{\upsilon}\cdot\nabla P+\rho\boldsymbol{\upsilon}\cdot g+\boldsymbol{\upsilon}\cdot\boldsymbol{F}, \tag{6.97}$$

式中，$\boldsymbol{F}$ 为黏滞力，科里奥利力 $\boldsymbol{\upsilon}\cdot(\boldsymbol{\Omega}\times\boldsymbol{\upsilon})$=0, 方程右边第一项

$$\rho\boldsymbol{\upsilon}\cdot\frac{\partial\boldsymbol{\upsilon}}{\partial t}=\frac{1}{2}\frac{\partial}{\partial t}(\rho v^2)-\frac{1}{2}v^2\frac{\partial\rho}{\partial t}.$$

由连续方程(5.37)得

$$\rho\boldsymbol{\upsilon}\cdot\frac{\partial\boldsymbol{\upsilon}}{\partial t}=\frac{1}{2}\frac{\partial}{\partial t}(\rho v^2)+\frac{1}{2}v^2\nabla\cdot(\rho\boldsymbol{\upsilon})$$
$$=\frac{1}{2}\frac{\partial}{\partial t}(\rho v^2)+\frac{1}{2}\nabla\cdot(\rho v^2\boldsymbol{\upsilon})-\frac{1}{2}\rho\boldsymbol{\upsilon}\cdot\nabla v^2$$
$$=\frac{1}{2}\frac{\partial}{\partial t}(\rho v^2)+\frac{1}{2}\nabla\cdot(\rho v^2\boldsymbol{\upsilon})-\rho\boldsymbol{\upsilon}\cdot(\boldsymbol{\upsilon}\cdot\nabla)\boldsymbol{\upsilon},$$

则

$$\rho\boldsymbol{\upsilon}\cdot\frac{\partial\boldsymbol{\upsilon}}{\partial t}+\rho\boldsymbol{\upsilon}\cdot(\boldsymbol{\upsilon}\cdot\nabla)\boldsymbol{\upsilon}=\frac{\partial}{\partial t}\left(\frac{1}{2}\rho\upsilon^2\right)+\frac{1}{2}\nabla\cdot(\rho\upsilon^2\boldsymbol{\upsilon}). \tag{6.97.1}$$

式(6.97)右侧第三、四两项，

$$-\boldsymbol{\upsilon}\cdot\nabla P+\rho\boldsymbol{\upsilon}\cdot\boldsymbol{g}=-\nabla\cdot(\boldsymbol{\upsilon}P)-\rho\boldsymbol{\upsilon}\cdot\nabla W, \tag{6.97.2}$$

式中，W 为重力位. 式(6.97)右侧最后一项由

$$\nabla\cdot(\boldsymbol{\upsilon}\times\nabla\times\boldsymbol{\upsilon})=(\nabla\times\boldsymbol{\upsilon})\cdot(\nabla\times\boldsymbol{\upsilon})-\boldsymbol{\upsilon}\cdot(\nabla\times\nabla\times\boldsymbol{\upsilon})$$
$$=(\nabla\times\boldsymbol{\upsilon})^2+\boldsymbol{\upsilon}\cdot\nabla^2\boldsymbol{\upsilon}$$

得

$$\boldsymbol{\upsilon}\cdot\nu\nabla^2\boldsymbol{\upsilon}=\nabla\cdot(\nu\boldsymbol{\upsilon}\times\nabla\times\boldsymbol{\upsilon})-\nu(\nabla\times\boldsymbol{\upsilon})^2. \tag{6.97.3}$$

将(6.97.1)—(6.97.3)代入(6.97)，并遍及液体外核积分，得

$$-\iiint\boldsymbol{\upsilon}\cdot(\boldsymbol{j}\times\boldsymbol{B})\mathrm{d}\tau=-\frac{\partial K}{\partial t}+F_K+F_P+F_\nu-D+G, \tag{6.98}$$

式中，

$$\left.\begin{aligned}
K&=\iiint\frac{1}{2}\rho v^2\mathrm{d}\tau\\
F_K&=-\oiint\frac{1}{2}\rho v^2\boldsymbol{\upsilon}\cdot\mathrm{d}\boldsymbol{S}\\
F_P&=-\oiint P\boldsymbol{\upsilon}\cdot\mathrm{d}\boldsymbol{S}\\
F_\nu&=\oiint\nu\{\boldsymbol{\upsilon}\times(\nabla\times\boldsymbol{\upsilon})\}\cdot\mathrm{d}\boldsymbol{S}\\
D&=\iiint\nu(\nabla\times\boldsymbol{\upsilon})^2\mathrm{d}\tau\\
G&=-\iiint(\rho\boldsymbol{\upsilon}\cdot\nabla W)\mathrm{d}\tau
\end{aligned}\right\} \tag{6.99}$$

由式(6.99)可以看出，K 为液核中总动能；F_K 则表示单位时间通过液核表面的质量交换液核所获得的动能；F_P 是表面液体静压力 P 做功通过液核表面的能流密度(以下能流均规定向内为正)；对于 F_ν，如图 6.26 所示，$\boldsymbol{t}_1$，$\boldsymbol{t}_2$ 为液核表面两个正交的切向单位向量，$\boldsymbol{n}$ 为界面法线，$\boldsymbol{n}=\boldsymbol{t}_1\times\boldsymbol{t}_2$.

图 6.26 显示，由于速度梯度的存在，面黏滞力做功将产生能量交换. 由于 $\partial\boldsymbol{u}_t/\partial\boldsymbol{n}>0$，表面流动较快的液体由于黏滞力的作用将使内部流动较慢的部分加速，产生动能传递，单位时间单位面积上的传递量为 $u_{t_1}\nu(\partial\boldsymbol{u}_{t_1}/\partial\boldsymbol{n})$；而与 $\partial\boldsymbol{u}_{t_1}/\partial t_2$ 有关的部分，在法线方向则不发生这样的能量传递，因此通过表面任意面元 dS 的能量交换，

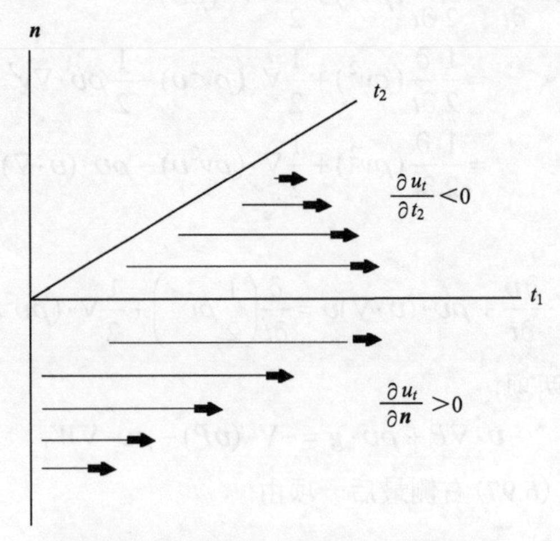

图 6.26　速度梯度所引起的能量交换

$$\mathrm{d}U_1 = -\left(u_{t_1} v \frac{\partial u_{t_1}}{\partial n}(-\boldsymbol{n}) + u_{t_1} v \frac{\partial u_{t_1}}{\partial u_{t_2}} \boldsymbol{t}_2\right) \cdot \mathrm{d}\boldsymbol{S}$$

$$= -u_{t_1} v \frac{\partial u_{t_1}}{\partial n} \mathrm{d}S,$$

不难得出，

$$\mathrm{d}U_1 = v(\boldsymbol{u}_{t_1} \times \nabla \times \boldsymbol{u}_{t_1}) \cdot \mathrm{d}\boldsymbol{S},$$

$$\mathrm{d}U_2 = v(\boldsymbol{u}_{t_2} \times \nabla \times \boldsymbol{u}_{t_2}) \cdot \mathrm{d}\boldsymbol{S},$$

$$\mathrm{d}U_3 = v\boldsymbol{u}_n(\nabla \times \boldsymbol{u}_n) \cdot \mathrm{d}\boldsymbol{S} = 0,$$

将以上三式合并，可得任意速度 $u = \boldsymbol{u}_{t_1} + \boldsymbol{u}_{t_2} + \boldsymbol{u}_n$ 分布通过面元 $\mathrm{d}S$ 的能量通量

$$\mathrm{d}U = (v\boldsymbol{u} \times \nabla \times \boldsymbol{u}) \cdot \mathrm{d}\boldsymbol{S}.$$

由此不难理解，(6.99) 中的 F_v 是表面黏滞力做功通过液核表面的能量通量，$v\boldsymbol{u}\times\nabla\times\boldsymbol{u}$ 为黏滞能流密度；D 为液核中能量的黏滞损耗率；最后，很显然，G 是通过重力做功，势能转换成动能的转换率．G 还可以改写为

$$G = F_G + G_\tau,$$

式中，

$$\left.\begin{aligned} F_G &= -\oiint \rho W \boldsymbol{\upsilon} \cdot \mathrm{d}\boldsymbol{S} \\ G_\tau &= \iiint W \boldsymbol{\upsilon} \cdot \nabla\rho \mathrm{d}\tau \end{aligned}\right\} \tag{6.100}$$

F_G 是在液核表面由于质量交换所产生的重力势能释放的通量，例如地幔物质由于重力分异落入地核产生的能量交换，即属此类；G_τ 是由于沿着介质运动方向密度的不均匀所产生的势能释放率，热对流即属于这一类型．由以上各项物理内容的分析，可以看出，式 (6.98) 所表示的能量转换过程为：系统反抗电磁力做功，以及内部能量的黏滞耗损或者以系统总动能的减少 $(-\partial K/\partial t)$ 为代价，或者由内部重力势能的释放 (G_τ) 来支付，或者由外界的能量通量 $(F_K,\ F_P,\ F_v,\ F_G)$ 来提供，当然也可以是各种因素的综合效果．其中，前者 $(-\partial K/\partial t)$ 是消极的，特别是当稳定时，$\partial K/\partial t=0$．只有内部重力势能的释放，或能量通量才是积极的能量提供方式．因此机械能的表现形式 (6.98) 为我们寻找液核发电机的能量来源提供了理论依据．

将 (6.94) 运动反抗电磁力做功，代入 (6.98)，得

$$\frac{\mathrm{d}W_B}{\mathrm{d}t} + J_\sigma + F_E + D + \frac{\partial K}{\partial t} = F_K + F_P + F_v + F_G + G_\tau, \tag{6.101}$$

式中，J_σ 为焦耳热损耗率，F_E 为电磁能量通量（向外为正）．(6.101) 则表明，液核内重力势能的释放和外部提供的总动能，一部分增加了系统的动能 (K) 和补偿黏滞损耗 (D)，一部分则通过反抗电磁力做功转变为系统的电磁能 (W_B)，补偿焦耳热损耗 (J_σ) 和对外输送电磁能．这就是液核内部发电机的能量图像．当系统稳定时，

$$J_\sigma + D = F_K + F_P + F_v + F_G + G_\tau, \tag{6.102}$$

即提供的总机械能全部用来补偿黏滞和焦耳热损耗，从而构成一幅稳定发电机的能量

图像.

液核中的能量耗损

液核中的能量耗损包括焦耳热(J_σ)和黏滞热(D)两类．对于 J_σ可以这样估计，地球总磁能 M 约 10^{21} J(10^{28} erg)，这个磁场的自由衰减时间$\tau'\approx5\times10^{11}$ s，则

$$J_\sigma\approx\frac{M}{\tau'}\approx10^{16}—10^{17}\ \mathrm{erg/s}\,(10^9—10^{10}\ \mathrm{J}),$$

也有的作者估计为 10^{18} erg/s.

对于 D，由 $D=\iiint\nu(\nabla\times\upsilon)^2\mathrm{d}\tau$ 估计．$\nabla\times\upsilon\approx V/L$，$V$为液核运动的特征速度，由西向漂移，估计 $V\approx0.01—0.1$ cm/s．L为特征尺度，取地核半径为 3×10^8 cm，对于液核的黏滞系数了解得还很少，估计为 $10^{-3}<\nu<<10^9$，由这些参量估计 $10^4<D<<10^{16}$erg/s．由此可见 $D<<J_\sigma$，即在液核中焦耳热损耗是能量耗散的主要形式.

液核中的能量来源

由以上分析可以得出，液核中必须获得量级为 $10^{16}—10^{17}$erg 的能量提供率，才有可能维持地球稳定的磁场．下面由 G 和表面能量通量 F 两种能量提供方式，分析可能的能量来源.

① 热对流

热是地球能源的重要形式．所以早期埃尔萨塞(Elsasser，1950，1956)和布拉德(Bullard and Gellman，1954)地球发电机理论都是以地核中长寿命的放射性元素所放出的热能作为发电机的动力来源．地核中的物质受热膨胀，并产生热对流，则由热能所维持的密度不均匀($\nabla\rho$)和对流以(6.100)中 G_τ的形式提供机械能.

因对流仅局限于液核内部，故 G_τ与式(6.99)中的 G 相等．考虑对流中，物质的升降运动对 G 的贡献相反，系统净获得的运动能，即为体膨胀产生的上升浮力所做的功：

$$G=\iiint\boldsymbol{u}\cdot f_B\mathrm{d}\tau',\tag{6.103}$$

式中，$f_B=(\beta E/c_p)\rho g$ 为因热膨胀液核单位质量的浮力．β是热体膨胀系数，E 是单位质量的生热率，c_p是定压比热.

从上述分析可以看出，液核是通过重力做功，将热能转换为机械能的．若取$\beta\approx4.5\times10^{-6}$，$g\approx8\times10^2$ cm/s^2，$c_p\approx8\times10^6$ erg/g·s，$V\approx0.01—0.1$ cm/s，则要提供与 $J_\sigma\approx10^{16}—10^{17}$ erg/s 相当的能量，液核内单位质量的生热率 $E\approx10—100$ erg/g·s，相应地核总的生热率为 10^{27} erg/s，也有人估算为 2×10^{25} erg/s (Gubbins, 1976).

已经知道地球表面的总热流 2×10^{20} erg/s，其中大部分来源于地壳中放射性元素的衰变．照此估算，地壳中单位质量的生热率 E 约为 $10^{-4}—10^{-1}$ erg/g·s，因此液核中若有足以维持发电机的热源，其放射性物质的含量要远超出地壳．有人认为这是不可能的(Gubbins, 1976).

② 外来引力场的作用

外来引力场，如月亮、太阳引力，将引起地球内部的运动．固体潮、潮汐摩擦、地球进动等就是这种运动的表现形式．它们将通过式(6.99)中的 F_P，F_K和 F_ν 对液核提供能量．其中 F_ν因黏滞系数 ν 很小，可以忽略．而固体潮尽管可引起幔核界面高达 6 cm

的径向运动，但因速度仅 10^{-5}—10^{-6} cm/s，所以相对 F_P，F_K 量级也是很小的．下面我们重点考察地球进动的动力学效应．

如图 6.27 所示，地球进动周期 T=25700a，进动角速度Ω=7.7×10^{-12} rad/s，自转角速度ω=7.2×10^{-5} rad/s，进动轴与自转轴的夹角为 23.5°．可以证明进动角速度Ω与动力扁度(由惯性矩定义)成正比，而整个地球的动力扁度与地核不同，分别为 3.28×10^{-3} 和 2.45×10^{-3}．因此，地核的进动将落后于地幔．结果地幔与地核发生撞击，并通过 F_P(F_v 可忽略)传递能量．有关 F_P 的计算，读者可参阅马尔库斯(W. V. R. Malkus)的著作(Malkus，1968)．这里我们近似给出如下估计．

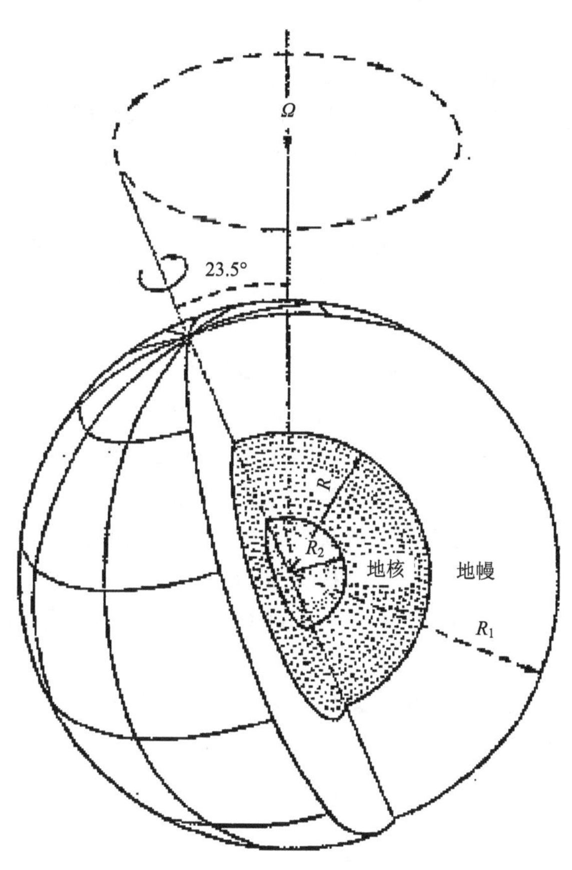

图 6.27　地球的进动

设$\boldsymbol{\Omega}^1$=$\boldsymbol{\Omega}_{外}$−$\boldsymbol{\Omega}_{内}$为地幔与地核的进动角速度差，则地核所受地幔的作用力矩

$$\boldsymbol{\Gamma} = \iiint \boldsymbol{r} \times [(\boldsymbol{\omega} \times \boldsymbol{\Omega}^1) \times \boldsymbol{r}] \rho \mathrm{d}\tau \simeq \pi \rho r^5 \, | \boldsymbol{\omega} \times \boldsymbol{\Omega}^1 \, |,$$

这个力矩将使地核有与地幔相同进动速度的趋势，而力矩Γ正是由地幔施于地核表面的正应力 P 产生的，则 $\boldsymbol{\Gamma}\approx\pi r^2/4\times\boldsymbol{P}\times\boldsymbol{r}$．由此估计 P 的量级为

$$P \sim \frac{1}{4} \rho r^2 \, | \boldsymbol{\omega} \times \boldsymbol{\Omega}^1 \, | \sim 50 - 70 \text{ dyn} / \text{cm}^2, (\rho \sim 10 \text{ g} / \text{cm}^3),$$

代入 $F_P=-\oiint P\upsilon\cdot \mathrm{d}s$，得 $F_P\sim 10^{17}-10^{18}$ erg/s（$\upsilon\sim 0.01-0.1$ cm/s），υ为西向漂移速度，与能量耗散率 J_σ相当. 因此，地球的进动被认为是液核发电机最有希望的能量来源(Malkus, 1968)．但也有人提出异议(Rochester and Jacobs, 1975)．

③ 重力分异

有人主张，若地球深部的化学、重力分异仍在进行，则与热对流一样，核内重力场做功(G_τ)将提供能量．洛珀(D. E. Loper)提出，地球内核由于化学分异，较轻的物质被浮上升进入外核，是液核发电机高效率的能源(Loper, 1978)．但很显然，若稳定的地磁场的能量来源于上述分异作用，则随着分异作用的减弱和结束，地磁场将逐渐减弱并最终消失，这也是难以令人置信的.

通过以上分析可以看出，地球的进动、热对流和物质分异是液核发电机三种可能的能量来源．但由于我们对地球深部的知识还很缺乏，而这些问题无一不涉及地球的演化历史这一更大的疑难问题，所以目前要解决发电机能量来源问题仍然是不现实的.

(2)发电机过程的约束

发电机过程的约束，或称限制条件，包括两类：一类为自然约束，指地磁场的主要特征、性质对发电机过程的要求；另一类为理论约束，即电磁过程、运动方程对发电机过程的限制.

自然约束，虽也可包括长期变化西向漂移等地磁场长期变化现象，但由于资料的限制，这许多特征仍是不确定的，因此自然约束有三项是主要的：偶极子磁场占主导的磁场时空特征，磁场极性倒转，以及地磁场时空变化．地磁场的偶极场是我们所熟悉的地磁场的空间形态，也是最早观测到并在实践中得以利用的地磁现象，因而是磁场发电机理论初期，即20世纪50年代所致力解决的问题．地磁场取正反两种极性，是对发电机理论的挑战，也是限定条件，可以说是检验发电机过程成功与否的标志性条件．目前所揭示的倒转除倒转事实外，还有时间分布的随机性，即正反向极性的概率近乎相等，没哪个方向更具优势，其时间尺度约为 10^5—10^6 a．可以预期，地磁场倒转性能，例如正反极性准确的统计结果，倒转发生与磁场强度的关系，地磁场倒转期间，正到反或反到正过渡时期磁场时空分布性质，都对地磁发电机理论的发展至关重要．最后一项，即磁场时空变化，例如蒙古地区，太平洋内的长期变化集中区域，随时间的移动，“空”磁通量曲线的运动等地磁场时空变化规律都可能对发电机过程提供重要依据．发电机约束还有初始条件，所有发电机过程都无例外地需要初始磁场的存在，不管它多微弱，即初始磁场的存在是发电机过程的必要条件.

发电机的理论约束，即磁场冻结扩散方程(6.15)，运动方程(6.16)所揭示地球液核磁场，运动所应具备的性质．将分四节予以讨论：一是磁场的对称性；二是环型极性磁场和运动场以及磁雷诺数；三是所谓“反”发电机理论(Anti-dynamo theory)，指什么样的磁场和运动，不能维持磁场，即发电机理论“不能”成立；四是地球液核中的柱体，指液核中与地球转轴重合的柱体，特别是柱体侧面与内核表面相切柱体磁场和运动的性质.

（i）磁场的对称性

这里将讨论电磁场冻结扩散方程(6.15)中磁场 $\boldsymbol{B}$ 的两个“对称”性：一个是若 $\boldsymbol{B}$ 为方程(6.15)的解，则$-\boldsymbol{B}$ 也满足方程(6.15)，即也是方程的解；二是磁场 $\boldsymbol{B}$ 的对称不变性，即 $\boldsymbol{B}$ 的对称部分 $\boldsymbol{B}_s$，不会影响其不对称部分 $\boldsymbol{B}_a$，反之亦然.

重新写出方程(6.15)：

$$\frac{\partial \boldsymbol{B}}{\partial t}=\nabla\times(\boldsymbol{V}\times\boldsymbol{B})+\eta_B\nabla^2\boldsymbol{B}, \tag{6.15}$$

假设 $\boldsymbol{B}$ 满足方程(6.15)，代入运动方程(6.16)，得

$$\rho\left(\frac{\partial}{\partial t}+\boldsymbol{V}\cdot\nabla\right)\boldsymbol{V}=F(f_p,f_c,f_v,f_b)+\frac{1}{\mu_0}(\nabla\times\boldsymbol{B})\times\boldsymbol{B}, \tag{6.104}$$

方程(6.16)中除洛伦兹力外的其他力统统放在函数 F 中，分别为静压梯度 f_p，科里奥利力 f_c，黏滞力 f_v 和浮力 f_b. 容易证明，$\nabla\times\boldsymbol{B}$ 一定是 $\boldsymbol{B}$ 的奇函数，即$-(\nabla\times\boldsymbol{B})=\nabla\times(-\boldsymbol{B})$，当 $\boldsymbol{B}$ 改变符号时，

$$[\nabla\times(-\boldsymbol{B})]\times(-\boldsymbol{B})=-(\nabla\times\boldsymbol{B})\times(-\boldsymbol{B})=(\nabla\times\boldsymbol{B})\times\boldsymbol{B},$$

方程(6.104)表明，若其他条件不变，速度 $\boldsymbol{V}$ 仅仅随磁场 $\boldsymbol{B}$ 的变化而改变，即 $\boldsymbol{V}$ 仅作为 $\boldsymbol{B}$ 的函数，$\boldsymbol{V}(\boldsymbol{B})$，当 $\boldsymbol{B}$ 改变符号成$-\boldsymbol{B}$ 时，$\boldsymbol{V}(\boldsymbol{B})$ 不变，$\boldsymbol{V}(-\boldsymbol{B})=\boldsymbol{V}(\boldsymbol{B})$，也就是说，速度 $\boldsymbol{V}$ 是磁场 $\boldsymbol{B}$ 的偶函数. 再回到方程(6.15)，当 $\boldsymbol{B}$ 改变符号，方程(6.15)中，$\partial\boldsymbol{B}/\partial t$，$\nabla^2\boldsymbol{B}$ 无疑将改变符号，即成为$-\partial\boldsymbol{B}/\partial t$，$-\nabla^2\boldsymbol{B}$. 而方程(6.15)中另一项，因 $\boldsymbol{V}$ 是磁场 $\boldsymbol{B}$ 的偶函数，则$\nabla\times[\boldsymbol{V}(\boldsymbol{B})\times\boldsymbol{B}]$是$[\boldsymbol{V}(\boldsymbol{B})\times\boldsymbol{B}]$的奇函数，即

$$-\nabla\times[\boldsymbol{V}(\boldsymbol{B})\times\boldsymbol{B}]=\nabla\times[-\boldsymbol{V}(\boldsymbol{B})\times\boldsymbol{B}],$$

因而当磁场 $\boldsymbol{B}$ 改变符号，方程(6.15)中的三项全部改变符号，也就是说，若 $\boldsymbol{B}$ 满足方程(6.15)，则$-\boldsymbol{B}$ 亦是冻结扩散方程(6.15)的解.

电磁方程(6.15)和运动方程(6.16)所决定磁场解 $\boldsymbol{B}$ 的这一性质，即若 $\boldsymbol{B}$ 满足方程(6.15)，则$-\boldsymbol{B}$ 也是(6.15)的解，对地磁发电机理论的意义显然是积极的，第一，正反地磁场极性可融入统一的理论架构中，第二，这一结果表明，磁场取正或反极性，完全取决于磁场的“初始”条件，我们晓得，所有发电机模型，都无一例外地假定空间原有微弱磁场 $\boldsymbol{B}_0$ 的存在，正是这一微弱磁场 $\boldsymbol{B}_0$ 与液核运动相互作用，在统一的理论架构下，若运动适宜，并有足够的能量，则原始微弱磁场得以加强，$\boldsymbol{B}_0$ 即为磁场的初始条件，$\boldsymbol{B}_0$ 为“正”则磁场极性取正向极性，反之取负，即倒转极性. 这一结果还有另一层意义：既然磁场极性取决于初始磁场 $\boldsymbol{B}_0$ 的方向，则无论机制如何，当磁场倒转的“条件”已经具备时，不难想象，这时磁场取正和反两种方向的概率至少应该相同，即作为“新”发电机的初始磁场取正或反的概率至少应该等同，也就是说，当磁场已经具备极性倒转的条件后，倒转发生或不发生概率仍各为一半. 这不仅无疑增加了倒转的“难”度，延长了同一极性寿命，但由于这对两种相反极性都对等，因而统计上正反极性的概率仍然可能相同. 从这里也可看出这一结果的实际意义：即若无论倒转过渡期的性质如何，当极性由一种至具备条件倒转的时间长度统计上为 T_0，则发生极性倒转的时间长度统计上则为 $2T_0$.

磁场对称性的另一理论结果是磁场 $\boldsymbol{B}$ 对称的不变性，即具有对称性质的磁场，不受反对称磁场的影响，反之亦然.

任意向量 $\boldsymbol{X}$ 对坐标原点 X_0 的对称反射为$-\boldsymbol{X}$，若向量 $\boldsymbol{a}$ 满足 $\boldsymbol{a}(-\boldsymbol{X})=\boldsymbol{a}(\boldsymbol{X})$，则 $\boldsymbol{a}$ 对 $\boldsymbol{X}_0$ 对称；若 $\boldsymbol{a}(-\boldsymbol{X})=-\boldsymbol{a}(\boldsymbol{X})$，则称向量 $\boldsymbol{a}$ 对 $\boldsymbol{X}_0$ 反对称．而任意向量都可分为对称与反对称两部分．假定磁场 $\boldsymbol{B}$ 和速度 $\boldsymbol{V}$ 分成对称(s)和非对称(a)两部分，即

$$\boldsymbol{B}=\boldsymbol{B}_s+\boldsymbol{B}_a,\quad \boldsymbol{V}=\boldsymbol{V}_s+\boldsymbol{V}_a,$$

容易证明，对称性的变化：

$$\begin{aligned}
&(\boldsymbol{a}_a\boldsymbol{b}_s)=(\boldsymbol{a}_a\boldsymbol{b}_s)_a,\quad &&(\boldsymbol{a}_s\boldsymbol{b}_a)=(\boldsymbol{a}_s\boldsymbol{b}_a)_a,\\
&(\boldsymbol{a}_s\boldsymbol{b}_s)=(\boldsymbol{a}_s\boldsymbol{b}_s)_s,\quad &&(\boldsymbol{a}_a\boldsymbol{b}_a)=(\boldsymbol{a}_a\boldsymbol{b}_a)_s,\\
&\nabla\times\boldsymbol{a}_s=(\nabla\times\boldsymbol{a}_s)_a,\quad &&\nabla\times\boldsymbol{a}_a=(\nabla\times\boldsymbol{a}_a)_s,
\end{aligned}$$

简单说，上式第一行，对称与反对称(或相反)相互作用结果成反对称；上式第二行，对称(反)与对称(反)结果对称；而上式第三行，即$\nabla\times$为反对称算符．有了这些基本准备后，再看方程(6.15)，则有：例如 $\boldsymbol{B}_s$ 是对称的，则当 $\boldsymbol{B}_s(\boldsymbol{X})$ 变为 $\boldsymbol{B}_s(-\boldsymbol{X})$，$\boldsymbol{B}_s$ 不变，方程(6.15)中 $\partial\boldsymbol{B}_s/\partial t$，$\nabla^2\boldsymbol{B}_s$ 不变，而$\nabla\times(\boldsymbol{V}\times\boldsymbol{B}_s)$中不管 $\boldsymbol{V}$ 是 $\boldsymbol{V}_a$ 或 $\boldsymbol{V}_s$，$\nabla\times(\boldsymbol{V}_a\times\boldsymbol{B}_s)$都不会变，则方程(6.15)中 $\boldsymbol{B}_s$ 的变化不影响 $\boldsymbol{B}_a$．而当 $B=\boldsymbol{B}_a$ 时，方程(6.15)中当 $\boldsymbol{B}_a(\boldsymbol{X})$ 变为 $\boldsymbol{B}_a(-\boldsymbol{X})$，$\boldsymbol{B}_a(-\boldsymbol{X})$，$\partial\boldsymbol{B}_a(-\boldsymbol{X})/\partial t$，$\nabla^2\boldsymbol{B}_a(-\boldsymbol{X})$都将改变符号，即都为负．而(6.15)中另一项$\nabla\times(\boldsymbol{V}_a\times\boldsymbol{B}_a)$，按上述规则$\nabla\times(\boldsymbol{V}_a\times\boldsymbol{B}_a)$是反对称的，当 $\boldsymbol{B}_a$ 变为$-\boldsymbol{B}_a$时，$\nabla\times(\boldsymbol{V}_a\times\boldsymbol{B}_a)$也变为负，即(6.15)维持不变，对 $\boldsymbol{B}_s$ 无影响.

磁场的对赤道面对称和反对称的不变性，在地磁场的分析和发电机理论中都有实际意义．地磁场经常展开为球面谐函数，其系数即高斯系数 g_n^m，h_n^m．有趣的是展开式的磁场的对称与反对称性完全由展开式的阶 n 和级数 m 决定，凡 $n+m$ 为奇数的成分对赤道面而言均为反对称，$n+m$ 为偶数则为对赤道面的对称部分，中心轴向偶极子即 g_1^0 为反对称的，而赤道偶极子，g_1^1，h_1^1，则为对称的．下面以表格形式列出了反对称、对称分组中，几个典型的代表(表 6.2)．在发电机理论中有的称反对称一族为偶极子族(dipole family)，对称一族为四极子族(quadrupole family)．因赤道偶极子属对称一族，认为称反对称为偶极族，易发生误解，则主张直接用对称族和反对称族为宜.

表 6.2　磁场 $\boldsymbol{B}$ 对赤道对称与反对称的主要成分(高斯系数)

	反对称族	对称族
偶极子	g_1^0	g_1^1, h_1^1
四极子	g_2^1, h_2^1	g_2^0, g_2^2, h_2^2
八极子	g_3^0 g_3^2, h_3^2	g_3^1, h_3^1 g_3^3, h_3^3

（ii）极型场和环型场的划分、磁雷诺数

§5.1.4 由磁场向量亥姆霍兹(Helmholtz)方程解出发，得出磁场的解有三类：势场(potential)，极型场(poloidal)和环型场(toroidal)（见方程(5.74)），前者为纵场，后两类为横场．并指出：任何无源场，即横场都可分解为环型向量和极型向量两部分．需要指出的是散度为零只是无源场的必要条件，但并非充分条件．例如，静电场，重力场遵从 $\boldsymbol{e}_r / r^2$ ($\boldsymbol{e}_r$为 $\boldsymbol{r}$ 方向单位向量)的规律，显然满足 $\nabla \cdot \boldsymbol{e}_r / r^2 = 0$ ，但静电场、重力场是有源势场，而不是无源场．这里不讨论无源场的严格定义，只简单地概括为，无源场在其定义域内，其散度必须处处为零，或者说在其定义域内，任意封闭曲面的积分为零，例如向量场 $\boldsymbol{u}$ 为无源场，则$\nabla\cdot\boldsymbol{u}=0$，且 $\oint\!\!\!\oint_{\partial\Sigma} \boldsymbol{u}\cdot \mathrm{d}\boldsymbol{S} = 0$ ，这里$\partial\Sigma$为定义域内任一封闭曲面．磁场 $\boldsymbol{B}$ 满足方程(5.1.3)，即麦克斯韦方程的微分和积分形式．因此，在那里特别强调，麦克斯韦方程微分、积分两种形式才是电磁场方程的完备内容．

我们说无源场，那是相对于向量场散度而言，即有源(散度不为零)、无源(散度为零)；有旋(旋度不为零)、无旋(旋度为零)．但若单独讨论，$\nabla\cdot\boldsymbol{u}=0$，$\oint\!\!\!\oint \boldsymbol{u}\cdot\mathrm{d}\boldsymbol{S} = 0$ 的向量场，称“无源”场，因中文“源”字的含义，可能引起误解，因为，例如磁场是有“源”的，传导电流 $\boldsymbol{J}$，位移电源 $\partial\boldsymbol{D} / \partial t$ (地球电磁学中常可忽略)即是磁场的“源”．因此无“源”场又被称为“螺线型”(solenoidal)场．“螺”是一种无头无尾，即无起始，也无终止点的几何体，这正是物理上无源场的几何学内涵．

任何螺线型场 $\boldsymbol{u}$，即$\nabla\cdot\boldsymbol{u}=0$，$\oint\!\!\!\oint \boldsymbol{u}\cdot\mathrm{d}\boldsymbol{S} = 0$，可以用两个标量场 P，Q 唯一地描述，或任意向量场 $\boldsymbol{u}$，有$\nabla\cdot\boldsymbol{u}=0$，且

$$\oint\!\!\!\oint_{S(r)} P\mathrm{d}\boldsymbol{S} = \oint\!\!\!\oint_{S(r)} Q\mathrm{d}\boldsymbol{S} = 0, \qquad a < r < b, \tag{6.105}$$

$S(a,\ b)$为向量 $\boldsymbol{u}$ 的定义域，则

$$\boldsymbol{u} = \nabla\times[\nabla\times(\boldsymbol{r}P)] + \nabla\times(\boldsymbol{r}Q), \tag{6.106.1}$$

或

$$\boldsymbol{u} = \nabla\times(\boldsymbol{r}\times\nabla P) + \boldsymbol{r}\times\nabla Q, \tag{6.106.2}$$

即螺线型场 $\boldsymbol{u}$ 可以由两个标量场唯一地描述．容易证明，$\nabla\cdot\boldsymbol{u}=0$ 及条件(6.105)与$\nabla\cdot\boldsymbol{u}=0$，$\oint\!\!\!\oint \boldsymbol{u}\cdot\mathrm{d}\boldsymbol{S} = 0$ 完全等价，即当条件(6.105)成立，$\nabla\cdot\boldsymbol{u}=0$，则 $\oint\!\!\!\oint \boldsymbol{u}\cdot\mathrm{d}\boldsymbol{S} = 0$ 一定成立，即(6.105)成立，则(6.106)所定义的 $\boldsymbol{u}$ 一定是无源场．这里不打算就(6.106)的唯一和完备性做严格的证明，而只就其要点做必要的论述．(6.106)中与标量 q 相应的，即§5.1.4 所定义的环型场 $\boldsymbol{T}$，P 相应的为极型场 $\boldsymbol{P}$，既然 $\boldsymbol{u}$ 定义于球体(a=0)或球壳(0<a)，P 和 Q 展开为球谐级数是方便的，即

$$\begin{matrix} P^s \\ Q^s \end{matrix} = \sum_{n=0}^{\infty}\sum_{m=0}^{n} \begin{matrix} P_n^s(r) \\ Q_n^s(r) \end{matrix} Y_n^m(\theta,\lambda), \tag{6.107}$$

Y_n^m 为球面谐函数，上角标 s 表示不同的螺线型场，例如 $s=B$，代表磁场，$s=V$ 代表速度

场(若速度 V 为螺线型场)．P_n，Q_n 为 $\boldsymbol{B}$ 或 $\boldsymbol{u}$ 的微分方程，当 $r=a$，b 时，$\boldsymbol{B}$ 或 $\boldsymbol{u}$ 的边界条件所决定的本征值相应的本征函数．例如，与磁场 $\boldsymbol{B}$ 相应的本征函数即标量亥姆霍兹方程的本征函数，球贝塞尔(Bessel)函数(见方程(5.61))．由 Y_n^m 的正交性，不难相信，由方程(6.107)所描述的标量场 P，Q 一定满足条件(6.106)．为讨论(6.107)对描述 $\boldsymbol{B}$ 或 $\boldsymbol{u}$ 的唯一性和完备性，我们首先看(6.107)中极型场 $\boldsymbol{P}$ 和环型场 $\boldsymbol{T}$ 的正交性．为此，将式(6.107)展开为分量形式，利用球极坐标系($\boldsymbol{r}$，$\boldsymbol{\theta}$，$\boldsymbol{\lambda}$)中算符∇：

$$\nabla\psi=\frac{\partial\psi}{\partial r}\boldsymbol{e}_r+\frac{1}{r}\frac{\partial\psi}{\partial\theta}\boldsymbol{e}_\theta+\frac{1}{r\sin\theta}\frac{\partial\psi}{\partial\lambda}\boldsymbol{e}_\lambda,$$

$$\nabla\times\boldsymbol{F}=\frac{\boldsymbol{e}_r}{\sin\theta}\left[\frac{\partial}{\partial\theta}(F_\lambda\sin\theta)-\frac{\partial}{\partial\lambda}F_\theta\right]+\frac{\boldsymbol{e}_\theta}{r}\left[-\frac{\partial}{\partial r}\left(rF_\lambda+\frac{1}{\sin\theta}\frac{\partial}{\partial\lambda}F_r\right)\right]$$
$$+\frac{\boldsymbol{e}_\lambda}{r}\left[\frac{\partial}{\partial r}(rF_\theta)-\frac{\partial}{\partial\theta}F_r\right],$$

得：

$$T_n^m=\begin{cases}0 & \boldsymbol{e}_r\\ \dfrac{Q_n^s(r)}{\sin\theta}\dfrac{\partial}{\partial\lambda}Y_n^m(\theta,\lambda) & \boldsymbol{e}_\theta\\ -Q_n^s(r)\dfrac{\partial}{\partial\theta}Y_n^m(\theta,\lambda) & \boldsymbol{e}_\lambda\end{cases}\tag{6.108}$$

$$P_n^m=\begin{cases}\dfrac{-P_n^s(r)}{r\sin\theta}\left[\dfrac{\partial}{\partial\theta}\left(\sin\theta\dfrac{\partial}{\partial\theta}y_n^m(\theta,\lambda)\right)+\dfrac{1}{\sin\theta}\dfrac{\partial^2}{\partial\lambda^2}y_n^m(\theta,\lambda)\right] & \\ =\dfrac{\chi_n}{r}\left[P_n^s(r)y_n^m(\theta,\lambda)\right] & \boldsymbol{e}_r\\ \dfrac{1}{r}\left[\dfrac{\partial}{\partial r}rP_n^s(r)\dfrac{\partial}{\partial\theta}y_n^m(\theta,\lambda)\right] & \boldsymbol{e}_\theta\\ \dfrac{1}{r\sin\theta}\left[\dfrac{\partial}{\partial r}rP_n^s(r)\dfrac{\partial}{\partial\lambda_n}y_n^m(\theta,\lambda)\right] & \boldsymbol{e}_\lambda\end{cases}\tag{6.109}$$

(6.108)，(6.109)对 n，m 求和即得环型、极型场 $\boldsymbol{T}$，$\boldsymbol{P}$，其中χ_n是与本征函数 y_n^m 相应的本征值，例如球面谐函数 y_n^m 满足连带勒让德方程，则$\chi_n=n(n+1)$，对于磁场 $\boldsymbol{B}$，$P_n^s(r)$，$Q_n^s(r)$ 为满足标量亥姆霍兹方程的球贝塞尔函数．

由 $\boldsymbol{T}$ 和 $\boldsymbol{P}$ 的分量形式(6.108)，(6.109)，不难证明

$$\boldsymbol{T}_n^m\cdot\boldsymbol{P}_n^m=\boldsymbol{T}\cdot\boldsymbol{P}=0,\tag{6.110}$$

即环型场与极型场为空间正交向量，与纵场一起，两两正交．我们晓得，任何向量，可用空间正交向量中的投影来唯一地、完全地描述．特别地，在螺线型场 $\boldsymbol{u}$ 的表达式(6.107)中加上任一向量$\nabla\times\boldsymbol{A}$，仍然满足螺线型场$\nabla\cdot\boldsymbol{u}$=0．将$\nabla\times\boldsymbol{A}$ 代入分量表达式(6.108)，(6.109)，容易证明，只有，也只有当$\nabla\times\boldsymbol{A}$=0 时，$\boldsymbol{T}$ 与 $\boldsymbol{P}$ 的正交关系(6.110)才能成立，因此螺线型场分解为环型场和极型场，即式(6.107)是唯一的，也是完备的．

环型场 T 与极型场 P 的性质在 § 5.1.4 中有详细论证，可以概括为以下三项：

① 与环型磁场(电流)相应的电流场(磁场)是极型场，反之亦然；

② 环型磁场只存在于球形导体内部，在导体外，处处为零；

③ 径向分量处处为零的螺线型向量，一定是环型场.

在液核内部，磁场 $\boldsymbol{B}$，$\nabla\cdot\boldsymbol{B}=0$，为螺线型，一般情况运动场 $\boldsymbol{V}$ 可视为不可压缩，$\nabla\cdot\boldsymbol{V}=0$，即螺线型向量场，还有电流 $\boldsymbol{J}$ 同样满足$\nabla\cdot\boldsymbol{J}=0$，而磁场 $\boldsymbol{B}$，运动场 $\boldsymbol{V}$ 和电流 $\boldsymbol{J}$ 是发电机理论中，即磁场扩散方程(6.15)，流体运动方程(6.16)最主要的三个向量场，分解为环型和极型场(6.107)不仅方便，而环型、极型场的特性，对理解发电机过程，运动与磁场相互作用的物理也是极为重要的.

电磁场的冻结扩散方程(6.15)是发电机理论最重要的方程之一，其中冻结项 $\nabla\times(V\times\boldsymbol{B})$，即磁场 $\boldsymbol{B}$ 与运动相互作用，从而加强磁场，是发电机过程中的积极因素，而扩散项$\eta\nabla^2\boldsymbol{B}$ 耗散磁能，是消极的. 因此发电机过程能够维持磁场，必要条件之一是冻结项必须大于扩散项，即方程(5.25)定义的无量纲磁雷诺数 R_M 必须大于 1，即

$$R_M=\frac{LV}{\eta},\quad \eta=(\sigma\mu_0)^{-1}, \tag{5.25}$$

式中，L 为地球液核的特征尺度，V 为特征速度. 磁雷诺数还可定义为

$$R_M=\frac{\tau_d}{\tau_a}, \tag{6.111}$$

τ_d 为磁场最大的衰减时间，由方程(6.36)决定，τ_a 相当于磁场加强过程的特征时间，大约为$\tau_a\approx L/V$. 磁雷诺数是发电机过程重要控制参数之一，不难理解，$R_M>1$，即加强磁场过程所需时间τ_a，应小于磁场衰减时间τ_d，是发电机成立的必要条件.

(iii) 反发电机(Anti-dynamo)理论

所谓反发电机，指什么样的磁场和(或)运动，发电机过程不能维持磁场. 最早的反发电机理论是 1943 年柯林(Cowling)提出的，即所谓“稳定的轴对称磁场，不能被轴对称的运动所维持”. 自柯林起，很多学者致力于研究它的有效性，多数结果肯定柯林反发电机理论，柯林本人 1957 年又做了证明(Cowling, 1957)，也有人指出柯林证明过程的错误，但仍肯定柯林结论的正确性(Merrill et al., 1998). 这里我们不准备做严格的数学论证，但给出物理意义明确的说明. 另一反发电机理论是布拉德和吉尔曼 1954 年提出的(Bullard and Gellman, 1954)，他们证明：“没有径向速度分量的运动，不能维持稳定的磁场”.

这里只讨论柯林理论简单轴对称的情况. 所谓简单轴对称定义为(Merrill et al., 1998)

$$\frac{\partial B_r(r,\theta)}{\partial\lambda}=\frac{\partial B_\theta(r,\theta)}{\partial\lambda}=\frac{\partial B_\lambda(r,\theta)}{\partial\lambda}=0, \tag{6.112}$$

对于运动向量场有同样的表示. 在(6.112)所示对称条件下，磁场 $\boldsymbol{B}$ 的极型场(6.109)蜕化为

$$
\boldsymbol{P}_n^B = \begin{cases} \dfrac{\chi_n}{r} P_n^B(r) y_n(\theta) & \boldsymbol{e}_r \\ \dfrac{1}{r}\left[\dfrac{\partial}{\partial r} r P_n^B(r) \dfrac{\partial}{\partial \theta} y_n(\theta)\right] & \boldsymbol{e}_\theta \end{cases} \tag{6.113}
$$

由$\nabla\times B=\mu_0 \boldsymbol{J}$，与(6.113)磁场相应的电流，有

$$
\boldsymbol{J}_n^B = \begin{cases} 0 & \boldsymbol{e}_r \\ 0 & \boldsymbol{e}_\theta \\ \dfrac{1}{\mu_0} P_n^B(r) \dfrac{\partial}{\partial \theta} y_n(\theta) & \boldsymbol{e}_\lambda \end{cases} \tag{6.114}
$$

这里 $y_n(\theta)$应为$y_n^0(\theta)$，即 $m=0$ 的球面谐函数，当 $m=0$ 时球面谐函数即为勒让德函数.(6.114)表明：(6.112)所示对称条件下，式(6.113)类型的磁场 $\boldsymbol{B}$，是由一系列位于纬度圈内与地球转动轴对称的圆电流产生的，即许多以 $r\sin\theta$为半径的环型 $T_n(r,\theta)$圆电流叠加的结果. 作为一个例子，图 6.28 给出了赤道面内 $r=aT_1$型电流及其相应的中心轴向偶极子磁场. 根据如图所示的电流和磁场的分布，柯林指出(Fayanthan, 1968)：轴对称的磁场就是由这样或更多的环形电流所产生，但在电流所处位置磁场 $\boldsymbol{B}$ 为零($\boldsymbol{B}=0$)，而J不为零($\nabla\times\boldsymbol{B}\neq0$)，按方程(6.15)，则 $\boldsymbol{V}\times\boldsymbol{B}=0$，即磁场$\boldsymbol{B}$和电流$\boldsymbol{J}$无法靠电导流体的运动来维持，又由于对称性的要求，电流$\boldsymbol{J}$也不能靠外来电动势，即电场来维持，因为任何外来电动势的加入，都会破坏系统的对称性，结果只能以扩散方程(6.27)的方式，扩散衰减而消失，即无法维持原来的磁场. 这就是柯林反发电机理论简单的物理图像.

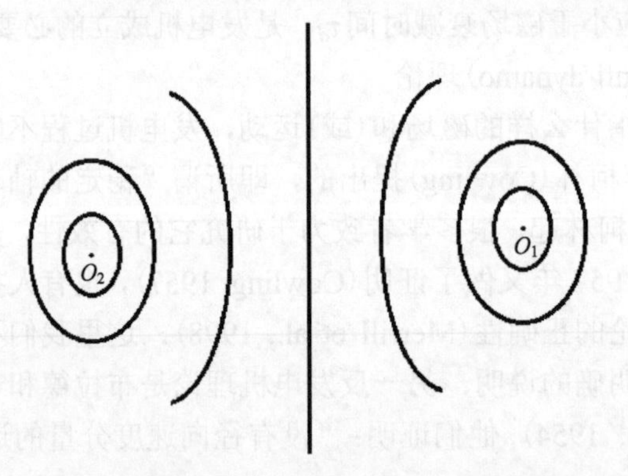

图 6.28　式(6.114)电导流体中 $\boldsymbol{J}_n\boldsymbol{e}_\lambda$ 沿纬圈方向($\boldsymbol{e}_\lambda$)圆电流元及其相应轴对称的磁场，$\boldsymbol{J}_n\boldsymbol{e}_\lambda=\sigma(\nu\times\boldsymbol{B})$，但因圆电流元电流流过的地方，磁场 $\boldsymbol{B}$ 处处为“0”，则 $\boldsymbol{J}=\boldsymbol{0}$，电流、磁场将以扩散形式衰减

这里就柯林理论做两点说明：一是发电机理论的基本概念. 在开始已经指出，发电机模型无一例外都要求有一个初始磁场，我们称它为初始条件，当初始磁场消失时，则由此初始磁场发展的磁场就也不复存在，正如由初始条件所求得的微分方程的解，只对它相应的初始条件有效，因此凡成功发电机模型，都必须能加强原有微弱的初始磁场，这是柯林反发电机理论的一个基本点. 轴对称的初始磁场，必然衰减，最后消失. 第二，柯林理论基本点的前提是如图 6.28 所示的轴对称的圆电流处磁场 $\boldsymbol{B}$=0. 有人认为线电流

所在位置磁场是奇异的，实则和点电荷处电场的奇异性一样．正是考虑了这种奇异性，把电流径向看作有尺度的，电流中心磁场 $\boldsymbol{B}$ 才为“0”．

下面讨论布拉德-吉尔曼(Bullard-Gellman)反发电机理论，即无径向分量(V_r=0)的运动，不能维持磁场.因若无径向磁场(B_r=0)，则发电机过程不能成立，当运动场 V_r=0 时，我们看发电机过程中 B_r 的演化．由矢量微分公式$\nabla\times\nabla=\nabla(\nabla\cdot)-\nabla^2$和$\nabla\cdot\boldsymbol{B}=0$, 可得

$$\eta(\nabla^2\boldsymbol{B})_{e_r}=\frac{\eta}{r}\nabla^2(rB_r).$$

则由方程(6.55)取径向分量，得

$$\frac{\partial B_r}{\partial t}+(\boldsymbol{V}\cdot\nabla)B_r=(B\cdot\nabla)V_r+\frac{\eta}{r}\nabla^2(rB_r).$$

注意，(6.54)成立即已假定$\nabla\cdot\boldsymbol{V}=0$，用 r 遍乘方程两侧，利用关系

$$\frac{\partial r}{\partial t}+(\boldsymbol{V}\cdot\nabla)r=\frac{\mathrm{d}r}{\mathrm{d}t}=V_r=0$$

可得

$$\frac{\partial rB_r}{\partial t}+(\boldsymbol{V}\cdot\nabla)(rB_r)=\eta\nabla^2(rB_r),$$

得

$$\begin{aligned}&\frac{\partial\beta}{\partial t}+(\boldsymbol{V}\cdot\nabla)\beta=\eta\nabla^2\beta,\\&\frac{d\beta}{dt}=\eta\nabla^2\beta,\end{aligned}\tag{6.115}$$

式中，$\beta=rB_r$．方程(6.115)虽不是典型的扩散方程，还包含有场的空间变化，因而伴随流体的运动，系统有能量的传递和交换，但正如§6.3.2(2)方程(6.55)的讨论，这种仅仅依赖场的不均匀性的能量过程是消极的，例如系统，包括边界，没有任何热源的对流运动，当场最后均匀时，这种能量过程最终将不复存在，系统最后将过渡为“纯”扩散过程，即 B_r 随时间衰减并最后消失．当然，这里不排除磁场非 r 分量的存在，但如此，那也是非极型磁场．如前所述，其实按同样的原则，布拉德-吉尔曼反发电机理论的条件 $V_r=0$，$\boldsymbol{V}$ 是螺线型场，r 分量为“0”的螺线型场一定是环型场，而仅有环型运动，不可能产生极型磁场，发电机过程不能维持．

热对流运动，是发电机模型中运动场的主要形式之一，而对流一定有径向分量，因而布拉德-吉尔曼反发电机理论，除作为一种约束条件外，并无实际意义．倒是柯林条件，与诸多运动学发电机模型(kinematic dynamo)相抵触，那里包括了对称磁场和对称运动(如布拉德模型)，当讲到布拉德-吉尔曼发电机模型时，对此再做进一步讨论．上述只是对柯林约束的简单描述，其实柯林约束除对称性外，还要求磁场连续可微，甚至是三次可微(Fayanthan, 1968)．

(iv)泰勒(Taylor)约束和相切柱体(tangent cylmder)

液核内的动力学参数: 液核内的运动方程(6.16)包括惯性力、压力(含离心力)、科里奥利力、重力、洛伦兹力、黏滞力和浮力等多种力学效应，如早已指出，其动力学过

程十分复杂．这许多因素，有大有小，有强有弱，显然不同问题，不同情况，有不同的处理方法，为比较不同效应的量级，在液核内部动力学的研究中定义了几种无量纲参数．除(6.111)所定义的磁雷诺数 R_M 外，主要参数如下．

① 埃克曼数(Ekman)

$E=\nu/\Omega r_0^2$，是黏滞(摩擦)力(量级 $\nu V/r_0^2$)与科里奥利力(ΩV)之比，量级约为 10^{-9}—10^{-12}，即相对于科里奥利力，黏滞力非常小，在许多问题中，可以忽略，但在边界层，则不能忽略；其中 r_0 为液核的特征尺度，取为地核半径 r_c 或 $r_0=r_c-r_2$（r_2 为内核半径），ν 为运动学黏滞系数；E 越小则核幔和内外核边界层越薄，设边界层厚度为δ，则在边界δ的垂直距离内，流体运动由 V_{1i}(水平运动)降低并趋于零；设在边界层黏滞力($\nu V_{1i}/\delta^2$)与科里奥利力(ΩV)相平衡，则 $\delta_E=(\nu/\Omega)^{1/2}=(E)^{1/2}/r_0$，即 $\delta/r_0\approx10^{-5}-10^{-6}$，$\delta$ 称为埃克曼层．若考虑地核内的磁场，即洛伦兹力，黏滞层称为哈特曼(Hartmann)层，若洛伦兹力($\sigma(\boldsymbol{V}\times\boldsymbol{B})\times\boldsymbol{B}\cong\sigma VB^2$)占主导，与黏滞力平衡，则$\delta_H\cong(\rho\nu/\sigma)^{1/2}/B$．液核边界层内的动力学很复杂，这里只简单讨论边界层的存在，及其在不同力作用下边界层厚度的粗略估计，详细讨论可参阅有关文献(Dormy and Soward, 2007; Loper, 1978; Müller and Bühler, 2001; Pedlosky, 1979)．

② 埃尔萨塞数

定义

$$E_l=\frac{\sigma B^2}{\rho\Omega}$$

为埃尔萨塞(Elsasser)数，表征液核动力学中洛伦兹力(约σVB^2)相对于科里奥利力(约$\rho\Omega V$)的重要性．例如，关于核内黏滞边界层的讨论中，若 $E_l\to0$，即忽略洛伦兹力，则边界层为 Ekman 层，其厚度为δ_E；当 $E_l\to\infty$则为 Hartman 层，厚度为δ_H；若液核内 $E_l\cong1$，即洛伦兹力与科里奥利力相当．

③ 雷诺数(Reynols number)

$R=Vr_0/\nu$，表征运动方程中惯性力(V/T，T 为特征时间)相对于黏滞力($\nu V/r_0^2$，$VT\sim r_0$)的重要性．无量纲雷诺数 R 在求解速度分布场时极为方便．假定液体不可压缩，$\nabla\cdot\boldsymbol{V}=0$，若运动场有解为 $\boldsymbol{u}=Vf(\boldsymbol{r}/r_0, R)$，则对同样边界条件的不同运动，除一比例常数外，解形式相同，称为雷诺相似法则．

④ 磁罗斯比数(magnetic Rossby number)

$R_0=V/2\Omega r_0$，表征运动方程中惯性力($\sim\rho V/T$，$T\sim r_0/V$)对科里奥利力($2\rho\Omega V$)的比，量级很小，液核中约为 10^{-9}—2×10^{-7}，即很多场合，惯性力($\rho(\mathrm{d}V/\mathrm{d}t)$)可以忽略，但当考虑初始条件时，以后将会看到，则有时不能忽略．若把特征时间取磁场的扩散时间 τ_d(方程(6.36))为特征时间 T，则罗斯比数还可定义为 $R_0=\eta/2\Omega r_0^2$．

⑤ 瑞利数(Rayleigh number)

$R_a=g\beta T'r_0^3/\chi\nu$，$\chi$ 为热扩散系数，ν为运动学黏滞系数，β为体热膨胀系数，T'为温度 T 与平衡温度 T_0 的差($T'=\Delta T=T-T_0$)．瑞利数是对流运动的重要参数，运动方程(6.84)中的浮力为$\rho\beta gT'$，当对流发生后，黏滞摩擦，热扩散将消耗对流运动的能量，假如考虑浮力与黏滞摩擦处于平衡状态，有$\rho\beta gT'\cong \rho\nu V/r_0^2$ ($\approx\rho\nu\nabla^2 V$)，则 $V\cong \beta gT'r_0^2/\nu$，对流运动液体元由底部上升至核幔边界所需时间$\tau_B\cong r_0/V\sim \nu/\beta gT'r_0$，而相应热扩散的时间常数$\tau_\chi\cong r_0^2/\chi$ (热扩散方程(6.76))，若$\tau_B<\tau_\chi$，则对流运动可以维持，$\tau_B<<\tau_\chi$，则热扩散对对流运动的影响可以忽略，反之，$\tau_B>>\tau_\chi$，则对流运动不能维持. 瑞利数即τ_χ与τ_B的比. 液核中由于温度 T'很难估计，核幔边界的温度差异是对流运动的重要边界条件，也不易准确估计，因此瑞利数较难确定，粗略估计结果约由 7×10^{17}—10^{30}，即热扩散对对流运动的影响可以忽略. 由$\beta T'=\Delta\rho=\rho'$ ((6.82))，瑞利数 R_a 还可以表示为 $R_a=g\rho' r_0^3/\chi\nu$. 若取科里奥利力与浮力平衡，则可定义“修改的瑞利数” $R_a'=\tau_\chi/\tau_\Omega=g\beta T'r_0/(\chi\Omega)$，$R_a'=R_a\times E$.

⑥ 普兰德特数

$P_r=\nu/\chi$ 是黏滞摩擦效应对热扩散效应之比. 瑞利数讨论中，热扩散特征时间$\tau_\chi\cong r_0^2/\chi$，而黏滞摩擦能量扩散特征时间$\tau_\nu\cong r_0^2/\nu$ (运动方程(6.16)). 我们熟悉，特征时间越长，能量传递效应越弱，故 $P_r=\tau_\chi/\tau_\nu=\nu/\chi$，在液核中量级约为 1.4—1，即黏滞摩擦与热传导在液核能量过程中大体相当.

⑦ 磁普兰德特数(the magnetic Prandtl number)

$P_r^m=\nu/\eta$ 是黏滞摩擦效应与磁扩散效应之比. 磁扩散的特征时间$\tau_d\cong r_0^2/\eta$，得 $P_m=\tau_d/\tau_\nu=\nu/\eta$，量级约为 10^{-7}—1，即磁扩散效应较黏滞摩擦，同样较热扩散在液核能量过程中影响要大，但有些情况，例如当涡流(turbulent flow)存在时，则两者有可能相当.

⑧ Peclet 数

有热扩散 Peclet 数(thermal Peclet number) $P_T=Vr_0/\chi$ 和质量扩散 Peclet 数(mass Peclet number) $P_M=Vr_0/D$ 两种，流体动力学中除热扩散外，还有因物质分离引起质量扩散从而发生能量交换. 热扩散 Peclet 数 P_T和质量扩散 Peclet 数 P_M则分别是在液核动力学过程中热扩散效应，质量扩散效应相对对流运动的比. 以上讨论过对流特征时间$\tau_B=r_0/V$，$\tau_T=r_0^2/\chi$，若质量扩散系数为 D，则$\tau_M=r_0^2/D$，不难得出 $P_T=\tau_B/\tau_T=Vr_0/\chi$，$P_M=\tau_B/\tau_M=Vr_0/D$. 两者量级为 5×10^8—200，即在液核动力学过程中，对流运动远超过热扩散和物质扩散.

表 6.3，表 6.4 分别列出了液核主要参量的取值以及无量纲参数的定义和量级；在 § 6.3.3(4)(i)“无量纲化电磁流体力学方程组”一节表 6.7 和表 6.8 还分别给出了液核主要动力过程的特征时间 τ(以年为单位)和特征时间 τ 与表 6.4 相应有关无量纲参数的关系，无疑，这诸多参数的物理，取值或量级在液核动力过程以及地磁场起源“发电机”理论都具特殊意义和应用. 除以上描述的 8 项 10 个，加磁雷诺数共 11 个液核无量纲参数，表 6.4 尚有其余 6 个参数，包括“浮力(Bouyancy)数”：$B_a^B=\tau/\tau_\Omega$ (表 6.8a)，τ_Ω为当浮力($\rho g\beta T'$)与科里奥利力($2\rho\Omega V$)可比拟时，液核质量元由液核底部上浮到顶部的时间，表中显示，τ_Ω约为日长(τ)时间的三分之一；罗伯特(Roberts)数：$P_q=\tau_\eta/\tau_\chi$，即磁场扩散时间与热扩散时间之比，如所预料，热扩散远较磁扩散时间要慢；斯密特(Schmidt)数：$P_s=\tau_D/\tau_\nu$，质量扩散与黏滞扩散时间之比，可以预料，两者大体相当；磁斯密特数：

$P_p = \tau_D/\tau_\eta$，即质量与磁场扩散之比，可以看到，前者远较后者要慢；Lewis 数：$P_L = \tau_\chi/\tau_D$，即热与质量扩散之比，前者略慢，但大体相当；Nusset 数：$N_u = Q\big/\left(4\pi r_0^2 \chi T_a'\right)$，即核幔边界单位时间热流量 Q，与仅热传所产生的热流量 Q_χ 之比，其中 $Q_\chi = 4\pi r_0^2 \chi T_a'$，$T_a'$ 为满足方程(6.80) $\mathrm{d}T/\mathrm{d}Z < -\beta gT/C_P$，对流发生，而 $T_a' = \mathrm{d}T/\mathrm{d}Z = -\beta gT/C_P$，即液核内对流没有发生，但即将发生临界状态条件下的温度梯度；不难理解，这时系统虽有温度梯度存在，但仍处于力学平衡状态，即系统只有热量传递，而无宏观运动发生；但只要温度梯度(绝对值)略有增加，对流，即宏观运动就要发生；表 6.3 下方程 $T' = Q/4\pi r_0^2 \chi - T_a'$，$Q$ 为核慢边界总的热流量，$Q = 4\pi r_0^2 \chi \,\mathrm{d}T/\mathrm{d}Z$，$\mathrm{d}T/\mathrm{d}Z = (T_a' + T')$，特别当 $\mathrm{d}T/\mathrm{d}Z = T_a'$，系统虽有热传，但温度维持不变，而热传相对对流运动产生的热交换如此之慢，对流发生前都可视为绝热过程，因此 T_a' 可视为绝热温度梯度，T' 为系统偏离绝热温度梯度的温度梯度.

表 6.3 液核几何、物理参数(Gubbins, 2007)

参数	符号	分子	湍流
核半径	r_0	3484 km	
液核深度	d	2269 km	
密度	ρ	10^4 kgm^{-3}	
重力加速度	g	0—10 ms^{-2}	
角速度	$\boldsymbol{\Omega}$	7.272×10^{-5} rads^{-1}	
运动学黏滞系数	ν	10^{-6} m^{2}s^{-1}	
电导率	σ	5×10^{-5} sm^{-1}	
热导系数	κ	50 Wm^{-1}K^{-1}	
定压比热	C_P	700 Jkg^{-1}K^{-1}	
磁扩散系数	$\eta=(\mu_0\sigma)^{-1}$	1.6 m^{2}s^{-1}	
热扩散系数	$\chi=\kappa(\rho C_P)^{-1}$	7×10^{-7} m^{2}s^{-1}	1.6 m^{2}s^{-1}
质量扩散系数	D	10^{-6} m^{2}s^{-1}	1.6 m^{2}s^{-1}
热膨胀系数	β	5×10^{-6}K^{-1}	1.6 m^{2}s^{-1}
液核特征速度	$\boldsymbol{V}$	10^{-4} ms^{-1}	
磁场特征值	$\boldsymbol{B}$	1 mT	
绝热温度梯度	T_a'	0.1K km^{-1}	
热流密度	Q_β	5 TW	
温度梯度	T'	0.5K km^{-1}	

注：表中 T' 温度梯度为偏离绝热温度梯度的梯度值，即 $T' = Q/4\pi r_0^2 \chi - T_a'$.

表 6.4 液核无量纲参数(Gubbins, 2007)

参数	定义	分子	湍流
Ekman	$E=\nu/(\Omega r_0^2)$	10^{-15}	10^{-9}
Elsesser	$E_l=\sigma B^2/(\rho\Omega)$	1	1
雷诺(Reynolds)	$R=Vr_0/\nu$	3.5×10^8	

续表

参数	定义	分子	湍流
Rossby	$R_0=V/(2\Omega r_0)$	2×10^{-7}	2×10^{-7}
Rayleigh	$R_a=g\beta T'r_0^3/(\chi\nu)$	10^{30}	7×10^{17}
修改的 Rayleigh	$R_a^m=R_a\times E$	10^{15}	8×10^{8}
Prandtl	$P_r=\nu/\chi$	1.4	1
磁 Prandtl	$P_r^m=\nu/\eta$	6×10^{-7}	1
Peclet	$P_T=Vr_0/\chi$	5×10^{8}	200
Mass Peclet	$P_M=Vr_0/D$	3×10^{8}	200
Buoyancy	$R_a^B=g\nabla\rho/(\Omega^2r_0)$	3	3
Roberts	$P_q=\chi/\eta$	4×10^{-7}	1
Schmidt	$P_s=\nu/D$	1	1
磁 Schmidt	$P_p=\eta/D$	1.6×10^{6}	1
Lewis	$P_L=D/\chi$	1.4	1
磁雷诺	$R_M=\mu_0\sigma Vr_0$	200	200
Nusselt	$N_u=Q/(4\pi r_0^2\chi T_a')$	7	7

泰勒约束(Taylor Constraint)：泰勒约束又称泰勒条件或泰勒状态(Taylor Condition, Taylor State)，在地磁发电机过程中有重要意义．液核罗斯比数约 10^{-9}—10^{-7}，运动方程中惯性力与科里奥利力相比可以忽略，埃克曼数(10^{-9}—10^{-12})显示黏滞摩擦效应也很小，若在运动方程中忽略惯性力和黏滞力，则运动方程(6.16)成为

$$2\rho\boldsymbol{\Omega}\times\boldsymbol{V}=-\nabla P+\rho\boldsymbol{g}+\boldsymbol{J}\times\boldsymbol{B}+\rho\beta gT'\boldsymbol{e}_r, \tag{6.116}$$

最后一项为方程(6.84)中的浮力项($\boldsymbol{e}_r$ 为径向单位向量，向外为正)，离心力($F_c=\boldsymbol{\Omega}\times(\boldsymbol{r}\times\boldsymbol{\Omega})$)包括在压力$\nabla P$中．对方程(6.116)取旋度($\nabla\times$)，$\nabla P$，$\rho\boldsymbol{g}$，$\rho\beta gT'\boldsymbol{e}_r$三项旋度为零，利用向量微分$\nabla\times(\boldsymbol{a}\times\boldsymbol{b})=\boldsymbol{a}(\nabla\cdot\boldsymbol{b})-\boldsymbol{b}(\nabla\cdot\boldsymbol{a})+(\boldsymbol{b}\cdot\nabla)\boldsymbol{a}-(\boldsymbol{a}\cdot\nabla)\boldsymbol{b}$，并假定液核不可压缩，可得

$$-2\Omega\rho\frac{\partial\boldsymbol{V}}{\partial z}=\nabla\times(\boldsymbol{J}\times\boldsymbol{B}), \tag{6.117}$$

式中，z为图6.29所示液核中与转动轴$\boldsymbol{\Omega}$平行的任意柱体的轴，坐标取$(\boldsymbol{s},\boldsymbol{\varphi},\boldsymbol{z})$，$\boldsymbol{s}=\boldsymbol{r}\cdot\sin\theta$．对方程(6.116)各项取方向$\boldsymbol{\varphi}$的分量，并对柱面$C(s)$取积分；同样$\nabla P$，$\rho\boldsymbol{g}\boldsymbol{r}$，$\rho\beta gT'\boldsymbol{e}_r$三向量均在子午面内，$\boldsymbol{\varphi}$分量为零；科里奥利力$2\rho\boldsymbol{\Omega}\times\boldsymbol{V}=(-2\rho\Omega V_\varphi，2\rho\Omega V_s，0)$，假定液核流体不可压缩，则有

$$\oiint\boldsymbol{V}\cdot\boldsymbol{n}\mathrm{d}C_C(s)=\iint_{C(s)}V_s\mathrm{d}C_C(s)+$$

$$\iint_{C_B(s)}V_z\mathrm{d}C_B(s)+\iint_{C_T(s)}V_z\mathrm{d}C_T(s)=0,$$

考虑对称性，有

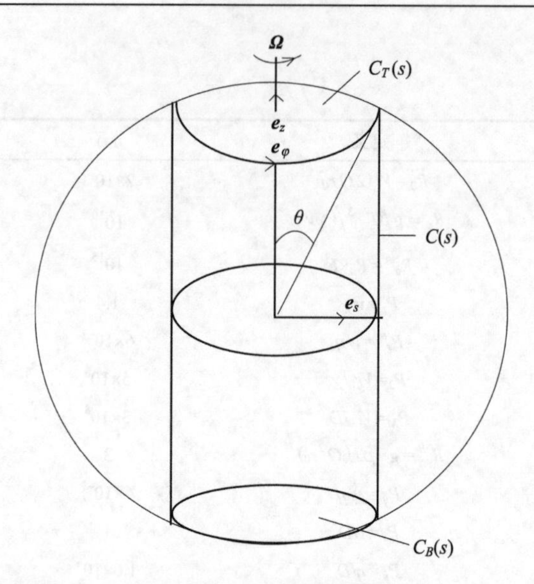

图 6.29　地球液核中与转动轴平行的柱体(s，φ，z)

$e_z//\boldsymbol{\Omega}$, e_z~柱坐标，与地球转动轴 $\boldsymbol{\Omega}$ 平行，z 方向单位向量，$C(s)$为柱体侧面，$C_B(s)$为柱体底部平面, $C_T(s)$为柱体顶部平面

$$\iint_{C_B(s)+C_T(s)} V_z \mathrm{d}C_C(s) = 0,$$

式中，$C_C(s)$为柱体封闭面, $C_B(s)$，$C_T(s)$为柱体 $C(s)$的底部与顶部平面，$C(s)$为柱面的侧面；V_s 的侧面积分为零，则方程(6.116)左侧科里奥利力$\boldsymbol{\varphi}$ 分量($2\rho\Omega V_s$)的侧面 $C(s)$的积分为零，因而方程右侧，洛伦兹力$\boldsymbol{\varphi}$ 分量的柱体侧面 $C(s)$的积分也为零，即

$$\iint_{C(s)} (\boldsymbol{J}\times B)_\varphi \mathrm{d}C(s) = \iint_{C(s)} \frac{1}{\mu_0}[(\nabla\times\boldsymbol{B})\times\boldsymbol{B}]_\varphi e_\varphi s\mathrm{d}\varphi\mathrm{d}z = 0, \tag{6.118}$$

式(6.118)即称泰勒约束：作用于液核内任意平行于地球转动轴的柱体(简称平行柱体)侧面洛伦兹力$\boldsymbol{\varphi}$分量，沿柱体侧面 $C(s)$的积分为零，或表示为

$$\iint_{C(s)} F_\varphi^L(s,\varphi,z) e_\varphi s\mathrm{d}\varphi\mathrm{d}z = 0,$$

式中，$F_\varphi^L(s,\varphi,z) = (\boldsymbol{J}\times\boldsymbol{B})_\varphi$ 即洛伦兹力的$\boldsymbol{\varphi}$分量，相应力矩

$$F_\varphi^L \times \boldsymbol{e}_s = -F_\varphi^L \boldsymbol{e}_\Omega,\ \boldsymbol{e}_\Omega = \boldsymbol{e}_z$$

为$-\boldsymbol{e}_\Omega$方向.

泰勒约束对液核运动，即对发电机的约束是明显的：首先由方程(6.118)可知，泰勒约束相当于洛伦兹力作用于柱面 $C(s)$的力矩，除洛伦兹力外，动量平衡方程(6.116)中还包含有科里奥利力 $2\rho\boldsymbol{\Omega}\times\boldsymbol{V}$，压力$\nabla P$ 和浮力$\rho\beta gT'\boldsymbol{e}_r$，但它们或无$\boldsymbol{\varphi}$分量，或者$\boldsymbol{\varphi}$分量的 $C(s)$面积分为零，即除洛伦兹力外，全部力对作用于柱面 $C(s)$的力矩均无贡献；显然，仅有的洛伦兹力作用于 $C(s)$的力矩(动量)必须为零，否则柱体 $C(s)$将不停地转动，直到速度为无穷大，这在物理上显然是不可能的. 第一，若不满足泰勒约束，则方程(6.116)，(6.15)(即磁场冻结扩散方程)，与$\nabla\cdot\boldsymbol{V}=0$ 中，速度 $\boldsymbol{V}$ 和磁场 $\boldsymbol{B}$ 均无解，只有，也只有

(6.118)，即泰勒约束满足，$\boldsymbol{V}$和$\boldsymbol{B}$，即液核发电机才有解；第二，泰勒约束是对磁场$\boldsymbol{B}$的约束，即若动量方程(6.116)（或(6.117)）和(6.15)有解，则磁场$\boldsymbol{B}$必须满足泰勒约束；第三，满足(6.118)泰勒约束，$\boldsymbol{B}$，$\boldsymbol{V}$有解，但速度V有无穷多个解，任一运动$\boldsymbol{V}_g(s)\boldsymbol{e}_\varphi$，若只有$\boldsymbol{e}_\varphi$分量，只是柱体半径$s$的函数，满足泰勒约束的速度场$\boldsymbol{V}_T$，加上$\boldsymbol{V}_g(s)\,\hat{\boldsymbol{e}}_\varphi$，即$\boldsymbol{V}_T+\boldsymbol{V}_g(s)\,\boldsymbol{e}_\varphi$，仍满足方程(6.117)；$\nabla\cdot\boldsymbol{V}_g=0$，满足不可压缩条件；而$2(\boldsymbol{\Omega}\times\mathrm{V}_g)_\varphi=0$，满足(6.116)左侧科里奥利力$\boldsymbol{\varphi}$分量为零的条件，因而仍然满足泰勒约束(6.118)，即方程(6.118)的解有无穷多个．当然，$\boldsymbol{V}_g(s)\,\boldsymbol{e}_\varphi$可由边界条件和初始条件确定．$\boldsymbol{V}_g\boldsymbol{e}_\varphi$类型的解称为地球回转(geostroplic)形式的解，关于地球回转条件下运动场$\boldsymbol{V}$将在下面一节“液核内与内核相切的柱体”中讨论．

泰勒约束是在运动方程中忽略惯性力和黏滞力得到的，惯性力、黏滞力虽小，但与泰勒约束，即作用于柱体面$C(s)$力矩为零相比则不能忽略．在方程(6.116)中，若保留惯性力、黏滞力，则结果应有显著不同．例如，只考虑惯性力，若仍考虑地球回转运动场的解$V_g(s)\boldsymbol{e}_\varphi$，将$V_g(s)\boldsymbol{e}_\varphi$代入方程(6.118)，则与$V_g(s)$相应的惯性力矩在柱面$C(s)$积分，有

$$I(s)\frac{\mathrm{d}V_g(s)_\varphi}{\mathrm{d}t}=\frac{1}{\mu_0}\iint\limits_{C(s)}[(\nabla\times\boldsymbol{B})\times\boldsymbol{B}]_\varphi\mathrm{d}C(s),\tag{6.119.1}$$

式中，$I=4\pi sr_0(1-s/r_0)$，r_0为液核半径．显然(6.119.1)为“刚体”转动方程，即惯性力的存在，柱体$C(s)$偏离泰勒状态作扭转振动(torsional oscilation)(Dumberry，2007)，其恢复力矩，为(6.119.1)中右侧的电磁力矩(已不再是零)，或者说$\boldsymbol{B}_s$(即$\boldsymbol{B}$的$\boldsymbol{s}$分量)与$V_g(s)_\varphi$相互作用$\nabla\times(V_g(s)_\varphi\times\boldsymbol{B}_s)$为其恢复力矩．若再考虑黏滞力$\nu\frac{\partial^2}{\partial s^2}V_g(s)_\varphi=\nu aV_g(s)_\varphi$ (a为只与s有关的常数)，则方程(6.119.1)成为

$$I(s)\frac{\mathrm{d}V_g(s)_\varphi}{\mathrm{d}t}=\frac{1}{\mu_0}\iint(\nabla\times\boldsymbol{B})\times\boldsymbol{B}\cdot\boldsymbol{e}_\varphi\mathrm{d}C(s)+\nu a(s)V_g(s)_\varphi\mathrm{C}(s),\tag{6.119.2}$$

即除电磁力外又增加了柱体$C(s)$作刚体振荡的黏滞恢复力；同时电磁力和黏滞力也把振荡传递给临近柱体(图6.30)，即当柱体$C(s)$偏离泰勒状态时，柱体绕地球转动轴振荡，电磁力、黏滞力是振荡的恢复力，同时伴随焦耳和黏滞耗损，振动最后恢复到泰勒状态；当柱体再次偏离泰勒状态后，又激发振荡，周而复始．激发柱体作扭转振荡的源至今尚无定论(Hollerbach，2007；Bloxham，1998；Dumberry，2007；Merrill et al., 1998)．自然，液核的这种振荡如果存在，必然反映在地面地磁场的变化上，而通过核幔耦合也把惯量变化传递给地幔，从而产生日长(length of day)的变化．据估计，核内扭转振荡重复率约为10a的量级，§5.3.2(5)，地磁长期变化的重要成分，地磁场“突变”(jerk)，也有约10a的重复性，而且与日长变化有很好的吻合(图5.57)．许多人认为，地磁场突变即液核振荡的结果．图6.31给出了1840—1950年的日长变化，与由液核环型运动所估算的日长变化的对比，可以看到，两者符合较好，特别是1943—1900时段符合很好，两者几近没有位相差．其中小的位相差表明：磁场经地幔的扩散时间仅约1—2a的时间，而液核磁场的扩散时间约10^4a，由此可以推断，地幔电导率要较地核小3—4个量级，

与其他估算结果一致．日长变化与由液核运动模型估算结果较好地吻合，说明液核内泰勒状态的存在，而泰勒状态是对液核发电机的重要约束．

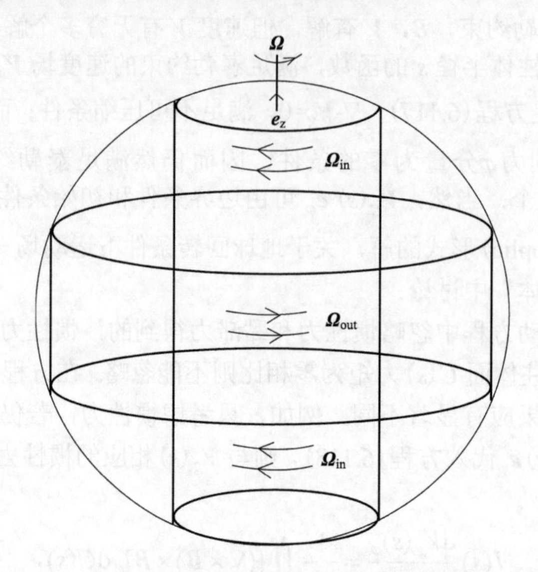

图 6.30　柱体 $C(s)$ 及其临近柱体绕地球转轴振荡示意图

当任何平行柱面，例如，图中外柱面，偏离泰勒条件，则在惯性、黏滞摩擦力矩作用下，将产生“刚体振荡”，由于电磁力和摩擦，内部柱体将产生与之相反的振荡

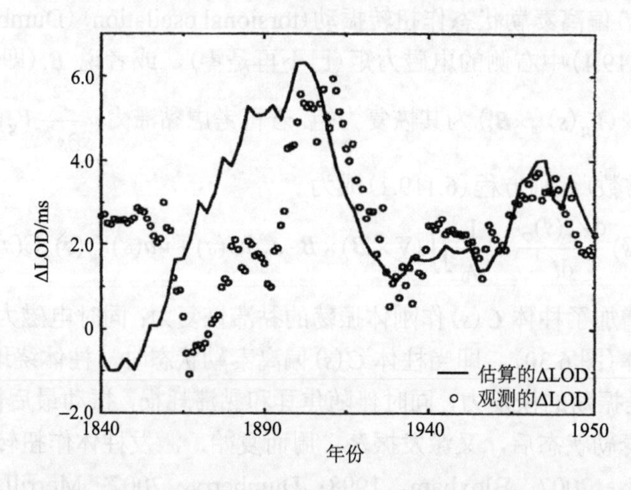

图 6.31　由大地测量(Geodetic)结果所得日长变化(圆圈)与核幔边界液核内运动模型估算的液核转动的变化(实线)(Bloxham，1998；Jackson et al., 1993)

液核内与内核相切的柱体：泰勒约束是转轴与地球转轴重合的任一柱体，当泰勒约束中的柱体侧面与固体内核相切时，即称为液核内与内核的相切柱体(tangent cylinder)．液核内可能的运动和磁场除取决于液核内的运动方程、磁场方程、热传和质量守恒方程外，边界条件，包括边界的几何有重要作用，可以预料，液核内与内核相切柱体特殊的几何条件，将对液核内的运动、磁场有与之相应的影响．

① 回转地球液核内的运动

回转地球液核的运动，即快速旋转($\boldsymbol{\Omega}$)地球在科里奥利力作用下液核内的运动．回转地球指不包括电磁力，仅考虑回转效应，则方程(6.117)成为

$$2\boldsymbol{\Omega}\rho\frac{\partial \boldsymbol{V}}{\partial z}=0, \tag{6.120}$$

方程(6.120)是运动方程(6.116)取旋度(∇×)的结果，即在回转条件下，液核运动必须满足的方程，称为 Proudman-Taylor 定理，可表述为：没有黏滞摩擦、快速旋转的流体的稳定或缓慢运动，是相对 z 轴的二维运动．边界条件包括核幔边界(CMB)、内外核边界(ICB)．运动方程(6.116)忽略黏滞摩擦，在边界上有

$$\boldsymbol{r}\cdot\boldsymbol{V}=0,\quad T=T_{\text{CMB}},\quad T=T_{\text{ICB}}, \tag{6.121}$$

方程(6.120)要求向量 $\boldsymbol{V}(V_s,\ V_\varphi,\ V_z)$ 与 z 无关，考虑边条件(6.121)，则有 $V_z=V_s=0$．以 $V_z(s,\varphi)$ 为例，假定在坐标 $(0,\varphi,z_0)$ 点(图 6.32)，$V_z(0,\varphi,z_0)\neq0$，因 V_z 与 z 无关，则在转动轴上，$V_z=V_z(0,\varphi,r_1)=V_z(0,\varphi,z_0)\neq0$，与边界条件(6.121)不符，即 $V_z=0$ 成立．同样可证 $V_s=0$．若考虑轴对称性，V_φ只能是随 S 变化与φ也无关．因此，在回转条件下，液核内的运动只有旋转分量 $V_\varphi(s)$，即旋转运动不是对流运动．我们一再强调，任何忽略，即近似都是相对的，方程(6.116)忽略惯性力和黏滞力是对科里奥利力而言，但方程(6.120)中科里奥利力的贡献为零，则当应用由此忽略而得的结论时必须谨慎．图 6.32 为回转条件下，由实验和分析所得液核北半球内迴旋运动的示意图．从图中可以看出，运动是由许多与旋转轴平行的迴旋圆柱所组成，回转圆柱(Roll)围绕核内柱体，包括与内核相切的柱体，可以看出 $V_s(s)\neq0$，但 $V_z(s)\approx0$，相邻圆柱迴旋方向相反，这可由角动量守恒得到解释．对运动方程(6.16)取旋度，其中重力、压力、浮力(方程(6.83))等项旋度为零，由向量分析公式$\nabla\times(\boldsymbol{a}\times\boldsymbol{b})$，可得方程右侧科里奥利力 $2\nabla\times\boldsymbol{V}\times\boldsymbol{\Omega}=-2\boldsymbol{\Omega}(\nabla\cdot\boldsymbol{V})+2(\boldsymbol{\Omega}\cdot\nabla)\boldsymbol{V}$，把$\nabla\times$运算用于向量$\nabla(\boldsymbol{a}\cdot\boldsymbol{b})$，方程左侧第二项$(\boldsymbol{V}\cdot\nabla)\boldsymbol{V}$ 取旋度，可得 $\nabla\times(\boldsymbol{V}\cdot\nabla)\boldsymbol{V}=(\boldsymbol{V}\cdot\nabla)\boldsymbol{\xi}-(\boldsymbol{\xi}\cdot\nabla)\boldsymbol{V}$，式中，$\boldsymbol{\xi}=\nabla\times\boldsymbol{V}$，为运动场 $\boldsymbol{V}$ 的涡度(vorticity)，当不考虑电磁力，忽略黏滞力，则运动方程(6.16)成为

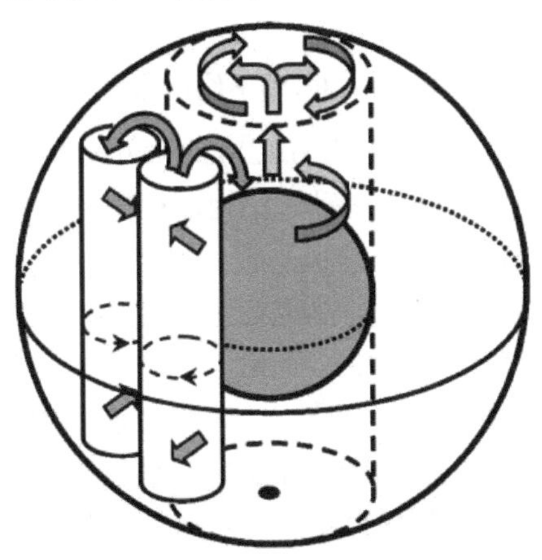

图 6.32　北半球液核内的对流元

许多转轴与 z 轴平行的圆柱(Roll)，每个圆柱绕自身柱轴旋转．有趣的是这些对流元与平行柱体回转运动总体相符：因无外来力矩，系统角动量守恒，则相邻柱体元回转方向相反，可以看出，平行柱体内，$Vz\approx0$ 维持，但 $Vs\neq0$(Buese，1975；Merrill et al.，1998)

$$\frac{\partial \boldsymbol{\xi}}{\partial t}+(\boldsymbol{V}\cdot\nabla)\boldsymbol{\xi}-[(2\boldsymbol{\Omega}+\boldsymbol{\xi})\cdot\nabla]\boldsymbol{V}=0, \tag{6.122.1}$$

$$\frac{\partial \boldsymbol{\Psi}}{\partial t}+\nabla\cdot(\boldsymbol{V}\boldsymbol{\Psi})=0,\quad \boldsymbol{\Psi}=\boldsymbol{\xi}+2\boldsymbol{\Omega}, \tag{6.122.2}$$

(6.122.2)表明，$\boldsymbol{\psi}$守恒，若$\boldsymbol{\psi}$中液核角动量为常量，$\boldsymbol{\psi}$守恒，则运动旋度$\boldsymbol{\xi}$守恒．因没外来作用，液核内角动量和运动旋度应该守恒．

前一节，在平行柱体中，曾论述：满足泰勒约束的运动场解 V，加上任意回转运动 $\boldsymbol{V}_g(s)\boldsymbol{e}_\varphi$，仍满足泰勒约束，其中 $\boldsymbol{V}_g(s)\boldsymbol{e}_\varphi$，即满足方程(6.120)的回转运动．有了这一节，再看 $\boldsymbol{V}+\boldsymbol{V}_g(s)\boldsymbol{e}_\varphi$满足泰勒约束就更容易理解：一，$\boldsymbol{V}_g(s)\boldsymbol{e}_\varphi$满足(6.120)，$\boldsymbol{V}$满足 6.117)，(6.116)，则 $\boldsymbol{V}+\boldsymbol{V}_g(s)\boldsymbol{e}_\varphi$ 一定满足方程(6.117)和(6.116)；二，$\boldsymbol{\Omega}\times\boldsymbol{V}_g(s)\boldsymbol{e}_\varphi$，即回转运动 $\boldsymbol{V}_g(s)\boldsymbol{e}_\varphi$附加的科里奥利力的 $\boldsymbol{\varphi}$ 分量为“0”；三，$V_g\boldsymbol{e}_s=V_g\boldsymbol{e}_z=0$，而 $V_g(s)\boldsymbol{e}_\varphi$ 只与坐标 s 有关，即$\nabla\cdot\boldsymbol{V}_g(s)\boldsymbol{e}_\varphi=0$．回转运动是与所有平行柱体相关的运动，所以平行柱体又称作回转柱体，把回转运动放在相切柱体中，只是在论证回转运动，$V_g\boldsymbol{e}_s=V_g\boldsymbol{e}_z=0$，满足核幔和内外核边界条件(6.121)而已．

② 液核内的热风(thermal wind)运动

方程(6.120)是在(6.116)中浮力 $\boldsymbol{F}_T=\rho g\beta T'$在 $\boldsymbol{r}$ 方向，而温度梯度仅$\partial T'/\partial r\neq 0$，因而有$\nabla\times\boldsymbol{F}_T=0$．若温度或密度存在横向不均匀性，即$\partial T/\partial\theta=1/\beta\partial\rho/\partial\theta\neq 0$，考虑液核的轴对称性，有$\partial T/\partial\varphi=\partial\rho/\partial\varphi=0$，而$\nabla\rho$与$\nabla T$相比为$\beta^2$的量级，对$\nabla\times\boldsymbol{F}_T$的贡献可以忽略，则可得$\nabla\times\boldsymbol{F}_T=-\beta\boldsymbol{g}\times\nabla T$；于是方程(6.120)成为

$$2\boldsymbol{\Omega}\frac{\partial}{\partial z}\boldsymbol{V}=-\beta\boldsymbol{g}\times\nabla T. \tag{6.123.1}$$

因温度(密度)变化主要发生在从南北极至赤道方向，即$\partial T/r\partial\theta\neq 0$，温度梯度主要在 e_θ，即指向赤道方向，则(6.123.1)中浮力 $\boldsymbol{g}\times\nabla T$ 可视作在 φ 方向，(6.123.1)可表示为

$$\frac{\partial V_\varphi}{\partial z}=\frac{\beta g}{2\Omega}\frac{\partial T}{r\partial\theta}, \tag{6.123.2}$$

积分后，得

$$\boldsymbol{V}=[V_T(s,z)+V_g(s)]e_\varphi, \tag{6.124}$$

式中，$V_g(s)\boldsymbol{e}_\varphi$，即方程(6.120)的解，是(6.123)的积分常数．$\boldsymbol{V}_T(s,z)$与 z 有关，是由横向温度不均匀而产生的液核内的回转运动，称为液核内的热风(thermal wind)，与回转运动 $\boldsymbol{V}_g$不同，热风运动随坐标 z 变化．热风与大气、海洋中的热风相似，都是因温度的横向不均匀而引起的流体运动．液核内的热风在地核内部发电机理论中扮演重要角色，特别是在回转运动产生环型磁场的过程中．

以上讨论的回转运动，不包括洛伦兹力，这在液核近地幔的浅处，环型磁场与极型磁场相当，强度较低，可能成立；但液核深层区，环型磁场远高于极型磁场，洛伦兹力将超过科里奥利力，至少与科里奥利力相当，这时，方程(6.120)除热风运动所产生与 z 轴垂直的切向力，还包括电磁力，也将同样会产生随 z 变化的液核运动，称为电磁风(magnetic wind)，无疑，电磁风也将伴生与 z 垂直的切向力．

③ 与内核相切的柱体

若除 T 的横向梯度（$\partial T / r\partial\theta$）外，还包括电磁力，则(6.120)成为

$$2\Omega\rho\frac{\partial \boldsymbol{V}}{\partial z}=\nabla\times(F_T+F_M), \tag{6.125}$$

式中，F_T，F_M分别为“热风”力和电磁力．(6.125)对 z 积分，得

$$\boldsymbol{V}=\boldsymbol{V}_T(s,z)+\boldsymbol{V}_M(s,z)+V_g(s)\hat{\boldsymbol{e}}_\varphi. \tag{6.126}$$

考虑对称性，(6.126)中的解与φ无关．式中，$\nabla\times F_T=(\beta g/2\Omega)(\partial T/r\partial\theta)$（方程(6.123.2)），$F_M=\boldsymbol{J}\times\boldsymbol{B}=1/\mu_0(\nabla\times\boldsymbol{B})\times\boldsymbol{B}$，$V_T$即液核内的热风运动，$V_M$即洛伦兹力产生的电磁风，$V_g(s)\ \hat{\boldsymbol{e}}_\varphi$为与 z 无关的积分常数．

在球体液核中坐标系自然应是球极坐标，但出现了诸如液核平行柱体中的泰勒约束，与内核相切的柱体等以柱坐标为其特征的系统，除液核的转动和几何特征外，数学上取柱坐标是由方程(6.118)，(6.120)以及由其外延的方程(6.123)，(6.125)所决定的．可以预料，这些方程加上与内核相切柱体的几何以及与其相应的边界条件，无疑，运动与磁场将伴随特有的区域性几何特征．

可以想象，相切柱体无形地把液核分成了三个几何条件各异的三个区域，内核上下两个位于相切柱体内的区域，以及柱体外及核幔边界包围的区域(图 6.33a)；进一步，除磁场外，若忽略黏滞力，在核幔(CMB)、内外核(ICB)边界条件由(6.121)决定，即 $\boldsymbol{r}\cdot\boldsymbol{V}=0$，若考虑黏滞摩擦，在边界上 $\boldsymbol{V}=0$，由图 6.33a 可见，柱体内外边界几何条件的不对称性，则可以预料，这种不对称性在柱面 $C(s)$ 附近的运动将有显著效应．例如，因柱面内外边界条件不同，则解 $\boldsymbol{V}$ 将不同，若忽略黏滞力，速度 $\boldsymbol{V}$ 横过柱面 $C(s)$ 时将发生突变，若考虑黏滞摩擦，则运动连续但在 $C(s)$ 面附近速度梯度将很大，即在柱面 $C(s)$ 存在一个边界层，层厚δ_B与埃克曼数$(E)^{1/2}$成比例．在层内速度变化显著，作为例子，图 6.33b 给

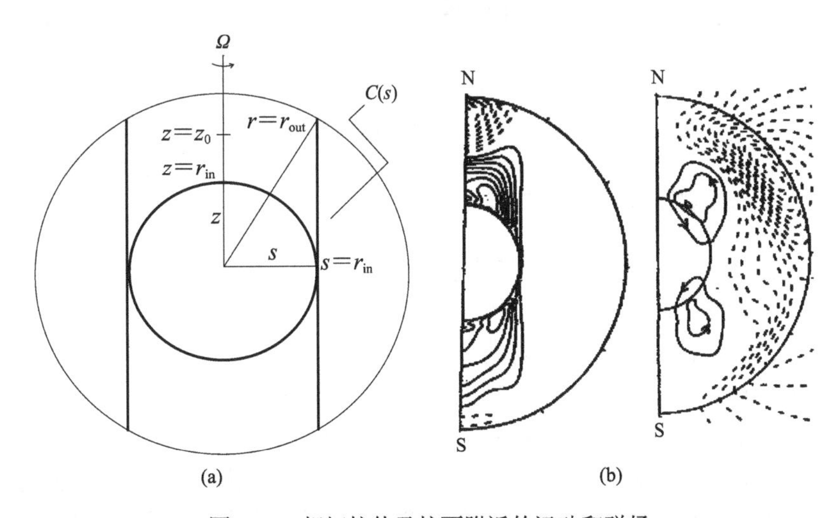

图 6.33　相切柱体及柱面附近的运动和磁场

(a) 与地核转动轴重合、柱侧面($C(s)$)与内核相切的柱体(s,φ,z)．可以看出，柱体侧面把液核分成三个区域，柱面内内核上下两区，柱面与核幔边界包围的区域；(b) 发电机数值模拟结果中，柱面附近液核的旋转运动 V_φ(左)和极型磁场的分布(右) (Glatzmaier and Roberts, 1995b)

出了液核发电机数值模拟结果，即在与地球一起转动的坐标系，$C(s)$边界处的转动速度V_{φ}等值线图．诚如所料，图中明显显示：在柱面$C(s)$邻域液核运动V_{φ}存在很大的梯度，特别在柱体半径 s 方向．图中同时给出了极型磁场数值模拟的结果(Glatzmaier and Roberts, 1995a)，可以看到，相切柱面$C(s)$两侧磁场极性相反，这很可能是磁场极性可能倒转的伏线．正是 Glatzmaier 等人在液核发电机数值模拟中第一次“实现”了地磁场的倒转．

④ 与相切柱体有关的液核内的运动和磁场

图 6.34 给出了液核运动场、磁场数值计算的结果(Christensen et al., 2001)，其中，从左到右：图 6.34a 为温度 T 的等值线图，可以看出，呈明显的 8 极分布，外核、内核各 4 极；图 6.34b 为子午面内对流较长时间平均运动的流线，不难发现，与图 6.33b 一致，在柱面 $C(s)$附近，相应黏滞层存在很强的黏滞切向张力；图 6.34c 为子午面内φ方向运动(即热风)等值线图，可以看到，两极处的涡旋，以及$C(s)$柱面与内核相切南北半球对称的涡旋中心；图 6.34d 为子午面内环型磁场的等值线图，可以看出，无论运动和磁场空间形态都呈现明显的内核相切柱面的几何特征．

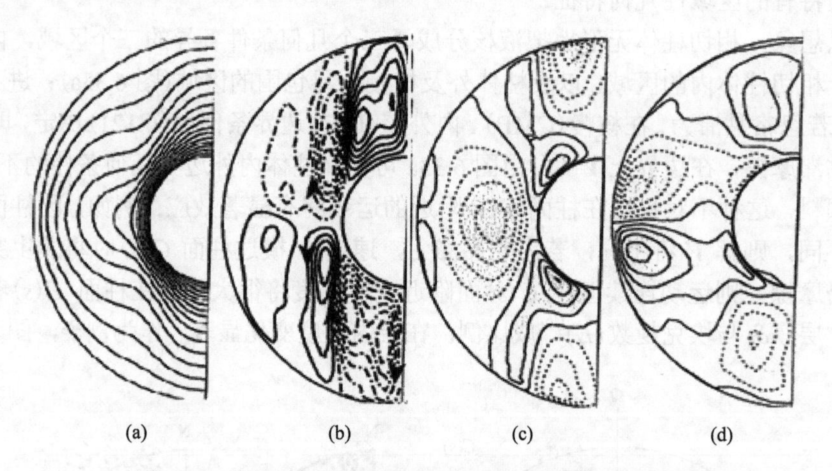

图 6.34　液核内温度、运动 $\boldsymbol{V}$、磁场 $\boldsymbol{B}$ 数值模拟的结果

从左至右：(a)温度等值线图；(b)子午面内流线分布(长时间平均结果)；(c)φ方向运动等值线图；(d)环型磁场等值线(Christensen et al., 2001; Aurnou et al., 2003)

图 6.35 为液核表面 20 世纪 80 年代垂直分量等值线图(从北极俯瞰地球的等面积投影图)．图上极顶处的圆圈，即内核相切柱体侧面与外核的交线，一个以北极为圆心、半径约 20°的圆．令人惊异的是，磁场的分布明显显示出相切柱体的特征．我们熟悉，地磁场是以轴向偶极子为主导的磁场，理应在两极有较强的垂直分量，而图中，在极区，即在相切柱体内磁场反而很弱，而最强的区域落在柱面$C(s)$外，边界张力最强的区域，这样强磁场区域，北半球两叶，与之对称的南半球两叶，共四叶；更加有趣的是：这四叶内磁场较之低纬度的长期变化西向漂移趋势不同，明显的比较稳定，30 余年资料显示，一直没有或只有较少移动，这可能与方程(6.120)，(6.123)中稳定的热风运动一致．

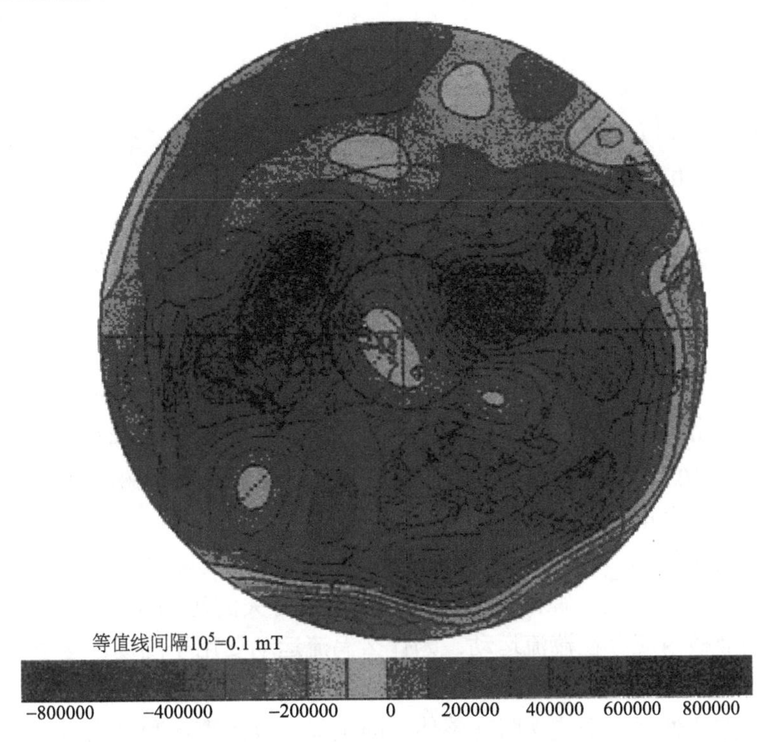

图 6.35　液核表面 20 世纪 80 年代磁场垂直分量等值线的分布(见彩插)

北极俯视，间隔=×10^5nT=0.1 mT，数值范围由−0.9→0→0.9 mT，侧视图见图 6.73．围绕极点的圆为相切柱体与核面交线．图中明显看出在柱面外两叶较强的磁场分布(Hallerbach and Gubbins, 2007)

(3)运动学发电机(kinematic dynamo)

发电机完整的解答是在适当的初始和边界条件下，在地球液核中，求解方程(6.14)—(6.21)，即求解运动 $\boldsymbol{V}$ 与磁场 $\boldsymbol{B}$ 相互耦合的非线性纳维-斯托克斯运动方程和电磁场 $\boldsymbol{B}$ 的冻结扩散方程．运动学发电机指在给定运动 $\boldsymbol{V}$ 的条件下研究运动能否维持微弱的初始磁场，即不考虑磁场 $\boldsymbol{B}$ 对运动 $\boldsymbol{V}$ 的修正，不考虑电磁方程与运动方程的耦合，这样电磁方程对 $\boldsymbol{B}$ 是线性的，可以预料，即使这样的简化，发电机的动力学过程仍然十分复杂．

(ⅰ)弱和强磁场发电机

液核内的磁场无法直接测量，极型场因在液核外的地幔直至地面有测量值，在适当的简化条件下可以做一定程度的估计，但环型场，因液核外处处为零，无法由测量结果估算．正因为如此，发电机发展过程从开始就有核内弱磁场与强磁场不同的分野．这里强弱主要指环型场的强或弱，因此两者给出了核内磁场强度不同的估计，我们这里不去详细介绍发电机过程本身，而是着重对液核内磁场强度的估计．

前面已经定义了无量纲参数埃尔萨塞数 E_e，即洛伦兹力与科里奥利力之比．所谓强磁场，即埃尔萨塞数 $E_e \geqslant 1$，即洛伦兹力要超过或至少与科里奥利力相当，据此可以估计磁场的下限：电磁力

$$\boldsymbol{J}\times\boldsymbol{B}=\frac{1}{\mu_0}(\nabla\times\boldsymbol{B})\times\boldsymbol{B}\approx\frac{B^2}{\mu_0 r_0},\tag{6.127}$$

科里奥利力

$$F_c = 2\rho(\boldsymbol{\Omega}\times\boldsymbol{V}) \approx 2\rho\Omega V, \tag{6.128}$$

由电磁力与科里奥利力平衡，若 $\boldsymbol{V}$ 取为西向漂移速度(约 $4\times10^{-4}\,\mathrm{ms^{-1}}$)，估算液体核环型磁场 B_T 约为 1.3×10^{-1} T(约 3000 高斯).

对于弱磁场，若假定液体处于迴旋平衡状态，即运动方程中科里奥利力 $2\rho(\boldsymbol{\Omega}\times\boldsymbol{V})$ 被压力梯度所平衡，若忽略惯性力 $\rho\partial V/\partial t$ 和黏滞力，则运动方程只保留 $(\boldsymbol{V}\cdot\nabla)\boldsymbol{V}$ 和 $\boldsymbol{J}\times\boldsymbol{B}$，有

$$\boldsymbol{J}\times\boldsymbol{B} = \frac{B^2}{\mu_0 r_0} \approx \rho(\boldsymbol{V}\cdot\nabla)\boldsymbol{V}. \tag{6.129}$$

由此估算的 $B_r \approx 10^{-4}$—10^{-5} T，比强磁场发电机的环型场小 2—3 个量级，若核幔边界磁场为 2 高斯，即 2×10^{-4} T，则弱磁场模型中液核内环型磁场与极型磁场强度相当.

(ii) 平均磁场发电机，α 和 α^2 效应

平均磁场发电机指"湍流"(turbulent)发电机，因无实际测量的证据，液核是否存在湍流，还没有肯定答案，原因是液核内与雷诺数有关的运动黏滞系数 ν 很难确定，但一般还是认为液核内应存在湍流运动．为什么涡流运动要用平均场，这里有两个原因，一个是运动场的"不变性"(守恒)，一个是局部性．这两个特点使运动以及与其联系的磁场宜用平均方法处理．平均着眼在整体，即全局，有了整体和全局后，则剩余部分能更突出局部，但更重要的是平均场发电机中突出的 α 效应，场自身不具有较强局部性特征是不可能的，α 效应即寻找局部场和表现整体趋势的平均场之间的关系．而场的"不变性"，则使平均成为可能．液核角动量守恒方程(6.122.1)是在不考虑电磁力、忽略黏滞力以及不可压缩条件下得到的，若考虑黏滞力以及自转角速度 $\boldsymbol{\Omega}$ 为常量，则方程(6.122.1)成为

$$\frac{\partial}{\partial t}\boldsymbol{\xi} = \nabla\times(\boldsymbol{V}\times\boldsymbol{\xi}) + \nu\nabla^2\boldsymbol{\xi}, \tag{6.130}$$

式中，$\boldsymbol{\xi}=\nabla\times\boldsymbol{V}$ 为运动场 $\boldsymbol{V}$ 的涡度(vorticity)．容易看出，把 $\boldsymbol{\xi}$ 换成 $\boldsymbol{B}$，(6.130)即为磁场的冻结扩散方程(6.15)，即方程(6.130)为运动旋度 $\boldsymbol{\xi}$ 的冻结扩散方程．扩散是由于黏滞耗损即 $\nu\nabla^2\xi$，冻结即涡度 $\boldsymbol{\xi}$ 随流体一起运动时，旋度守恒，冻结与扩散的比由运动液体的雷诺数

$$R = \frac{Vr_0}{\nu} \tag{6.131}$$

决定．因液核内 ν 很小，约为 $10^{-6}\,\mathrm{m^2s^{-1}}$，故旋度守恒是液核运动的主要特征，这就是所谓的"运动不变性".

对场 $\boldsymbol{F}(\boldsymbol{r},t)$ 平均(可以对空间 $\boldsymbol{r}$，也可以对时间 t，或两者同时)，主要原则包括：

$$\boldsymbol{F} = \bar{\boldsymbol{F}} + \boldsymbol{f},\quad \boldsymbol{G} = \bar{\boldsymbol{G}} + \boldsymbol{g};$$

$$\bar{\boldsymbol{f}} = \bar{\boldsymbol{g}} = 0,\quad \overline{\boldsymbol{F}+\boldsymbol{G}} = \bar{\boldsymbol{F}} + \bar{\boldsymbol{G}},\quad \overline{\bar{\boldsymbol{F}}\times\boldsymbol{g}} = \overline{\bar{\boldsymbol{G}}\times\boldsymbol{f}} = 0; \tag{6.132}$$

$$\overline{\boldsymbol{f}\cdot\boldsymbol{g}} \neq 0,\quad \overline{\boldsymbol{f}\times\boldsymbol{g}} \neq 0，\text{除非 } \boldsymbol{f},\ \boldsymbol{g} \text{ 完全不相关}.$$

其中第一式即场 $\boldsymbol{F}$，$\boldsymbol{G}$ 平均场的定义，第二式为残留场，$\boldsymbol{f}$，$\boldsymbol{g}$ 的随机性，第三式即 $\boldsymbol{f}$，$\boldsymbol{g}$，

同样 $\boldsymbol{F}$，$\boldsymbol{G}$ 场的相关性．磁场 $\boldsymbol{B}$，速度 $\boldsymbol{V}$ 满足条件(6.132)，代入电磁方程(6.15)和(6.14)得

$$\frac{\partial}{\partial t}\bar{B}=\nabla\times(\bar{\boldsymbol{V}}\times\bar{\boldsymbol{B}})+\nabla\times(\overline{\boldsymbol{u}\times\boldsymbol{b}})+\eta\nabla^{2}\bar{B},\quad \nabla\cdot\bar{B}=0, \tag{6.133.1}$$

式中，$\boldsymbol{B}=\bar{\boldsymbol{B}}+\boldsymbol{b}$，$\boldsymbol{V}=\bar{\boldsymbol{V}}+\boldsymbol{u}$．可以证明，即使 $\bar{\boldsymbol{V}}=0$，方程(6.133.1)仍能维持稳定的磁场 $\bar{\boldsymbol{B}}$．$\bar{\boldsymbol{V}}=0$，(6.133.1)简化为

$$\frac{\partial}{\partial t}\bar{B}=\nabla\times(\overline{\boldsymbol{u}\times\boldsymbol{b}})+\eta\nabla^{2}\bar{\boldsymbol{B}},\quad \nabla\cdot\bar{\boldsymbol{B}}=0. \tag{6.133.2}$$

设

$$\boldsymbol{\varepsilon}=\overline{\boldsymbol{u}\times\boldsymbol{b}}, \tag{6.134}$$

如果(6.134)满足

$$\boldsymbol{\varepsilon}=\overline{\boldsymbol{u}\times\boldsymbol{b}}=\alpha\bar{\boldsymbol{B}}, \tag{6.135}$$

则只要 α 适当，(6.135)代入方程(6.133.2)，磁场 $\bar{\boldsymbol{B}}$ 有可能加强并维持，α 一般为张量．下面看方程(6.135)有无可能成立．考虑 $\boldsymbol{b}$ 是相对平均场 $\bar{\boldsymbol{B}}$ 的偏离，因而 $\boldsymbol{b}$ 及与之相应的 $\boldsymbol{\varepsilon}$ 可在 $\bar{\boldsymbol{B}}$ 附近展开为泰勒级数，

$$\varepsilon_i=a_{ij}\bar{B}_j+b_{ijk}\frac{\partial\bar{B}_j}{\partial x_k}+\cdots \tag{6.136}$$

式中，张量 a_{ij}，b_{ijk} 由 $\boldsymbol{b}$, $\boldsymbol{u}$ 决定，与 $\bar{\boldsymbol{B}}$ 无关．因 $\boldsymbol{b}$ 的局部性，可以预料，级数(6.136)应收敛很快，但要注意(6.136)中的哑指标下的求和规则．因 $\nabla\cdot\bar{\boldsymbol{B}}=0$，故(6.136)中与 $\partial\bar{B}_x/\partial x$，$\partial\bar{B}_y/\partial y$，$\partial\bar{B}_z/\partial z$ 相关的 b_{ijk} 可以取固定的任意值．

进一步假定，$\boldsymbol{u}$ 是空间均匀各向同性的涡流，换句话说，任何坐标变换包括转动，向量 $\boldsymbol{u}$ 不变，则(6.136)中

$$a_{ij}=\alpha\delta_{ij},\quad b_{ijk}=\beta\varepsilon_{ijk}, \tag{6.137}$$

式中，α，β 为常数，δ_{ij} 为单位矩阵，ε_{ijk} 为 Levi-Civita 张量，27 个元素中只有 6 个不为零，

$$\varepsilon_{123}=\varepsilon_{231}=\varepsilon_{321}=1,\quad \varepsilon_{132}=\varepsilon_{321}=\varepsilon_{213}=-1,$$

即 ε_{123} 按右手顺序者为 1，而非右手顺序者即与左边元素呈镜像反对称的元素为–1，即 ε_{ijk} 为右手旋转张量，例如 $(\nabla\times\boldsymbol{F})_i=\varepsilon_{ijk}\nabla_j F_k$，(6.136)中一阶微分项，即 $-\nabla\times\bar{\boldsymbol{B}}$，由向量微分 $\nabla\times\nabla\times=-\nabla^2+\nabla\nabla$，则(6.136)只取到一阶微分，代入(6.133.2)，得

$$\frac{\partial\bar{\boldsymbol{B}}}{\partial t}=\nabla\times(\alpha\bar{\boldsymbol{B}})+(\eta+\beta)\nabla^{2}\bar{\boldsymbol{B}}. \tag{6.138}$$

与方程(6.133)比较，磁场的扩散(衰减)系数由 η 变为 $\eta+\beta$，即满足条件(6.132)液核内的局部运动与平均磁场 $\bar{\boldsymbol{B}}$ 作用，加快了磁场 $\bar{\boldsymbol{B}}$ 的衰减速度，对维持磁场 $\bar{\boldsymbol{B}}$，即发电机来说是消极的，方程(6.138)能否维持磁场 $\bar{\boldsymbol{B}}$，就要看另一项，$\nabla\times(\alpha\bar{\boldsymbol{B}})$．由向量微分公式，注意 α 为张量，$\nabla\times(\varphi\cdot\bar{\boldsymbol{a}})=\varphi\cdot\nabla\times\boldsymbol{a}+(\nabla\cdot\varphi)\times\boldsymbol{a}$，得

$$\nabla\times(\alpha\cdot\bar{\boldsymbol{B}})=\alpha\nabla\times\bar{\boldsymbol{B}}+(\nabla\cdot\alpha)\times\bar{\boldsymbol{B}}=\mu_0\alpha\cdot\bar{\boldsymbol{J}}+(\nabla\cdot\alpha)\times\bar{\boldsymbol{B}}. \tag{6.139}$$

不难相信，(6.139) 中 $\alpha\bar{J}$ 在 $\bar{B}$ 方向的投影可加强原来的平均磁场 $\bar{B}$，这是平均磁场发电机的基本点，平均磁场发电机也可称作α–发电机(α–dynamo).

(6.139)中的α效应，只是极型场与极型运动相互作用，转变为极型场的过程($\boldsymbol{B}_P$). 环型场($\boldsymbol{B}_T$)一般由ω效应(ω–effect)产生(见下节α–ω发电机). ω效应实际是磁力线的扭转，而方程(6.137)中，ε_{ijk} 恰好是扭转张量，因此若方程(6.139)中，α效应表示为 $\boldsymbol{B}^d$=$\boldsymbol{\alpha}\cdot\bar{\boldsymbol{B}}$，$\alpha$=$u_k\varepsilon_{ijk}$，$u_k$ 为速度场 $\boldsymbol{u}$ 的 k 分量，

$$B_i^d = u_k \varepsilon_{ijk} \bar{B}_j, \tag{6.140}$$

式中，B_i^d 即发电机ω效应产生的磁场(ω– dynamo)，(6.140)的向量形式为

$$\boldsymbol{B}^d = -\boldsymbol{u} \times \bar{\boldsymbol{B}}. \tag{6.141}$$

(6.141)表明：运动场 $\boldsymbol{u}$ 与磁场平均场 $\bar{\boldsymbol{B}}$ 作用，使 $\bar{\boldsymbol{B}}$ 扭转从而产生环型场分量. 图 6.36 示意显示，极型场 $\bar{B}_r$ ($S_2^{s,c}$) 与 u_0 (T_1^0) 相互作用如何产生环型场 $\bar{B}\varphi$ (T_2^0) 和极型场 (S_1^0). 这就表示，当张量α具有形式如ε_{ijk} 张量特性时，α效应可以产生环型场，对于速度场 $\boldsymbol{u}$，平均场 $\bar{\boldsymbol{B}}$ 既能产生极型，又能产生环型场的平均场(mean field)发电机，又称为α^2 效应和α^2 发电机.

(iii) 帕克发电机，α^2 或α–ω发电机

发电机的能量过程包含磁场扩散和焦耳热耗损，当考虑磁场维持的具体过程时，我们可以不考虑(6.15)中的扩散项. 因为这只有提供能量上的差别，对磁场的图像不会有本质影响. 这相当于$\sigma\to\infty$的情况. 这时方程(6.15)，即冻结扩散方程成为冻结方程

$$\frac{\partial \boldsymbol{B}}{\partial t} = \nabla \times (\boldsymbol{V} \times \boldsymbol{B}), \tag{5.21}$$

这时运动反抗电磁张力拉伸磁力线所做的功全部用来加强磁场. 在液核内，无论是径向对流、物质分异或进动等哪种能量提供方式，由于深部物质有较小的角动量，外部有较大的角动量，故径向运动的结果，液核在半径方向将发生不均匀的旋转，越靠内部，速度越快，以维持角动量守恒. 因这里只做定性的讨论，我们不妨把这种差速效应考虑作为内外分别均匀转动的两层，内层角速度(ω_B)大于外层角速度(ω_A). 这种简化称为“刚体”液核差速转动模型，内层有相对于外层的角速度$\boldsymbol{\omega}$=ω_B–ω_A. 这种差速转动，正是地面非偶极子磁场西向漂移的原因. 设在液核中存在原始的微弱磁场. 下面我们将看到：由于径向和差速两种运动形式，与这一微弱磁场相互作用，有加强原始微弱磁场的可能性，即上一小节讨论的平均场中的 α–ω 效应和 α–ω 发电机.

由于冻结效应，原始微弱磁场的磁力线将随液体“内”核相对于“外”核以角速度$\boldsymbol{\omega}$一起运动，于是磁力线被沿经度方向拉长，经度方向磁场分量增强. 图 6.36 第一行为开始转动，经过 t=π/ω(1/2 周)，t=2π/ω(1 周)，磁场被拉伸和加强的过程. 这种过程一直重复直到磁力线张力所产生的恢复力矩

$$\boldsymbol{\Gamma} = \iiint \boldsymbol{r} \times (\boldsymbol{j} \times \boldsymbol{B}) \mathrm{d}\tau' = \iiint \boldsymbol{r} \times \nabla \cdot \left(\frac{\boldsymbol{BB}}{\mu_0} \right) \mathrm{d}\tau' = \frac{1}{\mu_0} \oiint (\boldsymbol{r} \times \boldsymbol{B}) \boldsymbol{B} \cdot \mathrm{d}\boldsymbol{s} \tag{6.142}$$

与由径向运动(V)相联系的科里奥利力所产生的机械转矩

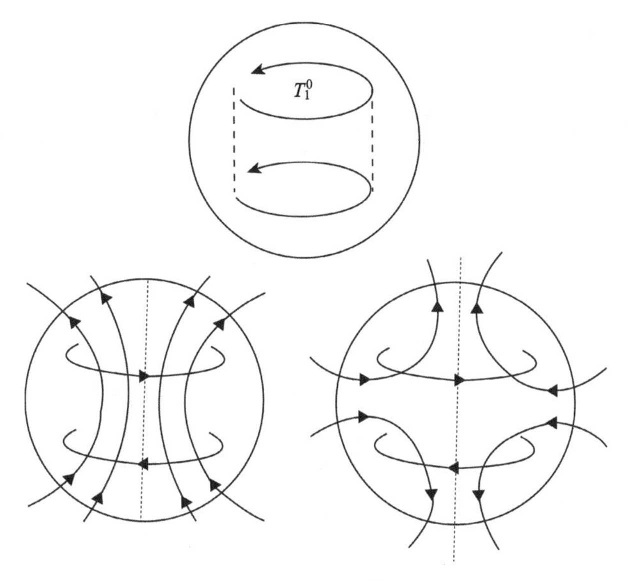

图 6.36　$\boldsymbol{u}$ 与平均场 $\overline{B}_r$ 相互作用改变 $\overline{B}_r$ 并产生局部环型场示意图

第一行，即环型运动 $u_\varphi = T_1^0(s)$，第二行，即极型磁场，左为偶极子磁场 S_1^0 和环型磁场 T_2^0，右为极型磁场 S_2^s，S_2^c，环型运动 $u_\varphi = T_1^0(s)$，$T_1^0(s)$ 与 $S_2^{s,c}$ 相互作用产生环型磁场 $B_\varphi = T_2^0(s)$ 和极型磁场 S_1^0（左），$\partial\omega/\partial r > 0$（差速转动），北半球 $\alpha>0$，南半球 $\alpha<0$（Raedler, 2007）

$$\boldsymbol{\Gamma}_G = \iiint 2\rho \boldsymbol{r} \times (\boldsymbol{V} \times \boldsymbol{\omega}) \mathrm{d}\tau' \tag{6.143}$$

相平衡时，相对角速度ω 即维持一个稳定值，最后形成稳定的环型磁场 B_T^{20}．式中，ρ为液核密度，ω为平衡时液核内外角速度差，力矩(6.143)，即维持差速转动的力矩，但需注意，这里是差速转动快速转动一侧所受力矩，应与对流运动质量流由角动量大的液核上部向下的运动相对应，因而其中 $\boldsymbol{V}$ 应与 $\boldsymbol{r}$ 反向．从以上过程不难理解，这样形成的环型磁场南北半球方向相反(图 6.37 第二行)，其过程可概括为：一，原始微弱磁场能被液核差速转动拉伸的只有图 6.37 第一行 S_1^0 与转动轴垂直的分量，这一分量北南半球方向相反，在赤道面上为“0”；二，T_2^0 场$\propto\sin2\theta$(见式(6.152.2))，而 $\sin2\theta$ 北南半球呈反对称，在赤道为"0"；第三，方程(6.142)应与差速转动轴$\boldsymbol{\omega}$反平行，∇ 点乘(·)磁场(T_2^0)张量在经度反方向($-\boldsymbol{e}_\varphi$)，而向径 $\boldsymbol{r}$ 与转轴垂直分量北南半球方向相同，则虽磁场南北反向，电磁力矩(6.142)仍可在北南产生同样方向的力矩以平衡科里奥利力矩(6.143)．

前已证明，在导体外环型磁场为零(设地幔$\sigma=0$)．上述过程只产生了液核内的环型场，核外原始微弱磁场并未改变．式(6.92)中的电磁能流

$$\begin{aligned} F_E &= \oiint \frac{\boldsymbol{E}\times\boldsymbol{B}}{\mu_0}\cdot \mathrm{d}\boldsymbol{s} = \oiint \frac{-1}{\mu_0}(\boldsymbol{\upsilon}\times\boldsymbol{B})\times\boldsymbol{B}\cdot\mathrm{d}\boldsymbol{s} \\ &= \frac{1}{\mu_0}\oiint [-B_r(B\cdot\boldsymbol{u}) + u_r B^2]\cdot \mathrm{d}\boldsymbol{s}. \end{aligned} \tag{6.144}$$

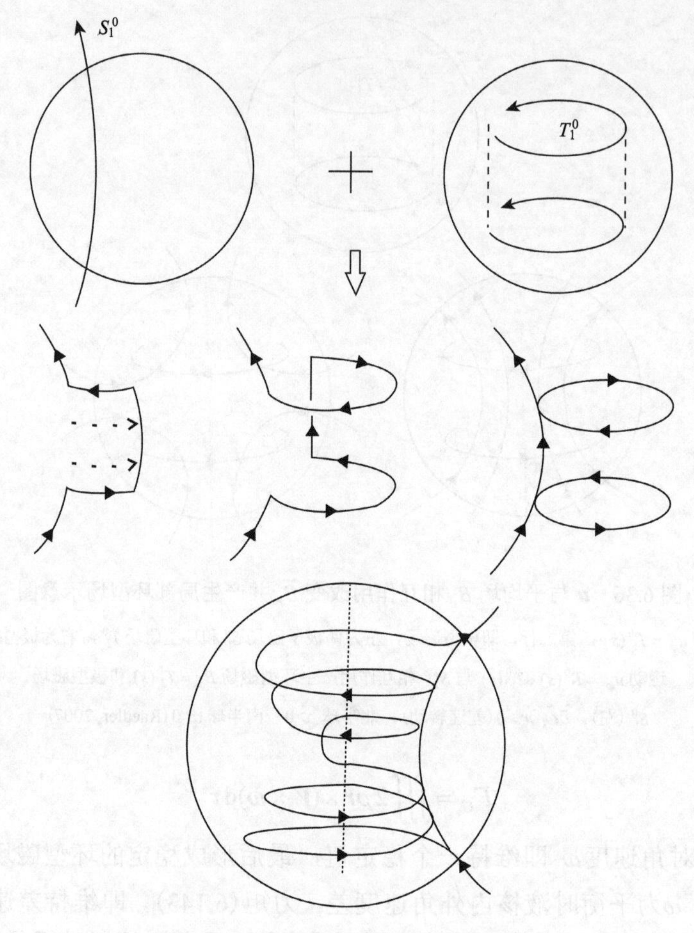

图 6.37　地核内部“环型”场的形成

第一行：极型磁场 S_1^0 与差速转动(即 T_1^0 运动)相互作用；第二行：形成环型磁场 T_2^0 的过程；第三行：洛伦兹力矩与科里奥利力矩平衡时的环型磁场 T_2^0．注意这里磁力线只是直观定性的表示

由于只考虑差速效应，核内 B_r，u_r 皆为零，故电磁能流通量 F_E 为零，差速效应不能对外提供磁场能量，因此核外磁场不会改变．显然这样的过程不能解决地磁场的维持问题．这正是柯林(Cowling, T. G.)早在 1934 年就证明过的：稳定轴对称分布的磁场不能被同样简单的对称运动所维持．上面只考虑了差速转动效应，而没涉及径向运动本身与磁场的相互作用．与环型场形成的同时，径向运动 u_r 将把纬圈(经度)方向的磁力线拖起，如图 6.38a，b 所示；被拖起变形的磁力线，将受到科里奥利力矩的作用．由(6.143)，改用液核整体角速度ω'置换差速ω，得

$$\mathrm{d}\boldsymbol{\Gamma}_G = 2\rho \boldsymbol{r} d\tau' \times (\boldsymbol{\upsilon} \times \boldsymbol{\omega}') = \begin{cases} 0 & \boldsymbol{e}_r \\ 2\rho d\tau' r u_r \omega' \sin\theta & \boldsymbol{e}_\theta \\ 0 & \boldsymbol{e}_\lambda \end{cases}$$

将$\boldsymbol{\Gamma}_G$分解为与ω'平行和垂直两部分，

$$\Gamma_{/\!/} = -2\rho d\tau' r u_r \omega' \sin^2\theta, \qquad \Gamma_{\perp} = \rho d\tau' r u_r \omega' \sin 2\theta.$$

正是由于$\boldsymbol{\Gamma}_G$有平行于ω'的分量，才使液核发生上述的差速转动，而$\Gamma_\perp$将把磁力线扭歪到子午圈方向(图 6.38c, d)．由于$\Gamma_\perp$与 $\sin 2\theta$相联系，因此南北半球子午圈内的磁场方向相同．经这样一周的复杂过程，其最后效果与只有差速转动的情况不同了．磁场不再单单是经向方向的环型磁场，而同时有了纬向$(-\boldsymbol{e}_\theta)$与径向$(\boldsymbol{e}_r)$方向的磁场．这种元过程分布于核内各处，统计平均的效果有可能使原始微弱的磁场得到加强．此时，电磁能流通量(6.144)F_E不再等于零，系统将电磁能量反馈给原始微弱磁场，起到了自激发电机的效果．

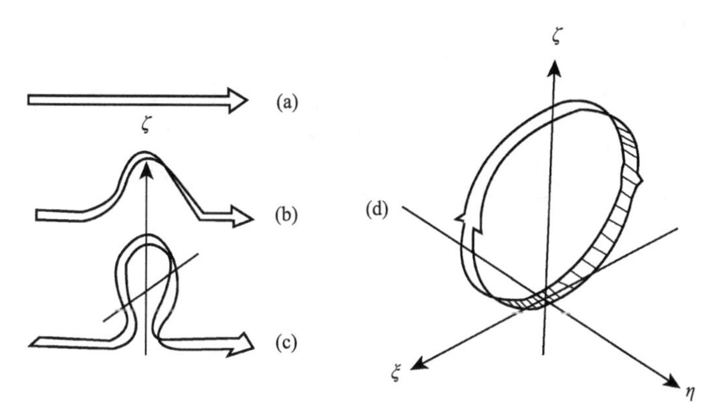

图 6.38　(a, b)环型磁场的形成；(c)环型磁场的变形；(d)子午面内的磁力线环

ζ. 径向；ξ. 向南；η. 向东

上述过程称为埃尔萨塞(W. M. Elsasser)、帕克(E. N. Parker)发电机模型(Elsasser, 1956；Parker，1969)．这个模型还应用于行星、太阳、恒星、银河系、白矮星等天体磁场动力学问题的研究．它的特点是物理过程清楚，图像简单，但最后产生偶极子磁场的过程却不直观．与此相比，布拉德发电机过程则给出了产生偶极子磁场的具体图像(Bullard and Gellman, 1954)．布拉德过程与埃尔萨塞、帕克模型物理实质是相通的．它是考虑地球内部的两种运动与四种类型的磁场相互作用，加强和维持偶极子磁场的过程．图 6.39 给出了这个过程的示意图．

§5.1.4 已经证明，磁场 $\boldsymbol{B}$ 和不可压缩流体的速度场 $\boldsymbol{V}$ 都可分解为环型和极型两种场．布拉德模型考虑了两种运动

$$\boldsymbol{u}_{T_1}=\nabla\times r\psi^u_{T,1},\quad \psi^u_{T,1}=Q_{T_1}(r)P_1(\cos\theta),$$

$$\boldsymbol{u}_{S_2^{2c}}=\nabla\times\nabla\times r\psi^u_{S_2^{2c}},\quad \psi^u_{S_2^{2c}}=Q_2^{2c}(r)P_2^2(\cos\theta)\cos 2\lambda,$$

即随 r 变化的差速转动，T_1^0，四极子型极型运动，S_2^{2c}，以及四种磁场：偶极型 $H_{S,1}$，四极环型三类：$H_{T,2}$，$H_{T,2}^{2c}$ 和 $H_{T,2}^{2S}$．由上述速度场的符号形式，不难了解磁场各符号的意义，例如 $H_{T,2}^{2S}=T_2^2(r)P_2^2(\cos\theta)\sin 2\lambda$，其中 T_1 运动即帕克模型中的差速转动，S_1 磁场与差速运动作用(图 6.39a)产生 S_2 电流(图 6.39b)和 T_2 磁场(图 6.39c)，这相应于帕克过程的第一步(图 6.37)；T_2 磁场又与 S_2^{2c} 运动作用(图 6.39c, d)，将感生($\boldsymbol{j}=\sigma\boldsymbol{\upsilon}\times\boldsymbol{B}$) S_2^{2c} 电流(图 6.39e)和 T_2^{2c} 磁场(图 6.39f)；T_2^{2c} 磁场再和 T_1 运动作用产生 S_2^{2S} 电流(图 6.39g)和 T_2^{2S} 磁场(图 6.39h)；最后，T_2^{2S} 场与 S_2^{2c} 运动作用产生 T_1 电流(图 6.39i)，T_1 电流即与 S_1 磁场

相应的电流源(返回图 6.39a)，原始磁场 S_1 得到加强. 从图 6.39c 和图 6.39d 可以看出，S_2^{2c} 所表示的正是一种热对流的图像，物质沿径向上升，然后向四面水平散开，再沿径向下落，即帕克与布拉德发电机过程中起重要作用的是差速转动和径向对流两种运动. 因此，帕克和布拉德模型，即属α^2 发电机，或称α-ω发电机模型.

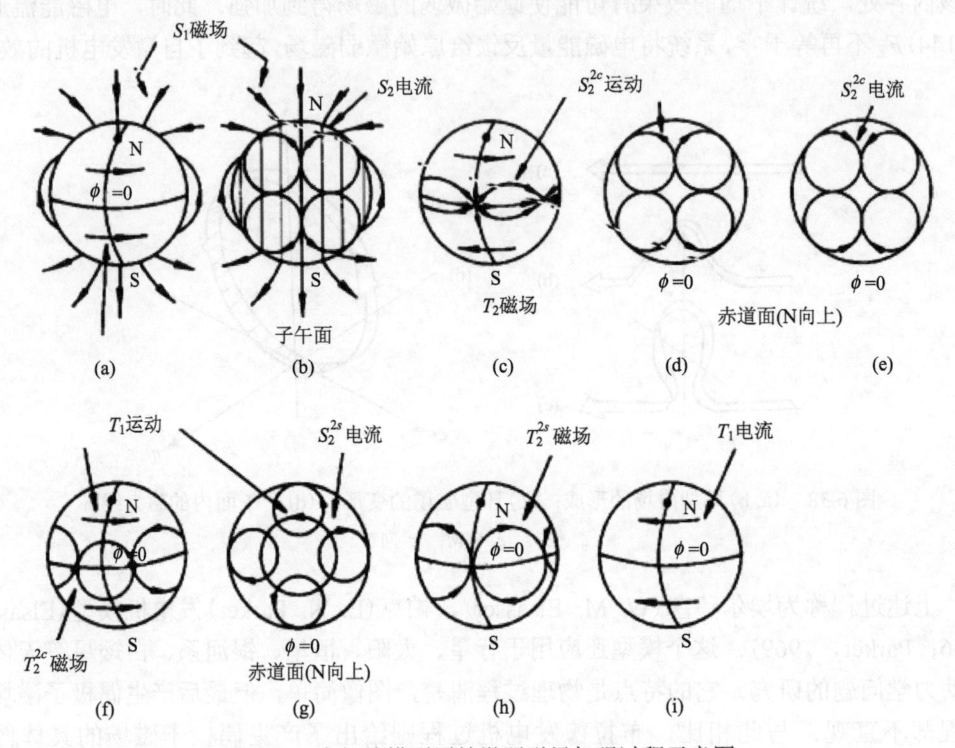

图 6.39　布拉德模型原始微弱磁场加强过程示意图

(iv) 布拉德过程的数学表述

完整的地磁场起源的发电机理论是求解§6.3.2 (1) 小节中完备方程组，因运动方程(6.17) 与磁场方程(6.15) 之间的相互耦合，发电机过程是非线性的(Busse, 1977). 求解非线性方程组的严格解答即解析解，数学上是不可能的. 只在当方程(6.16) 中洛伦兹力对运动的影响可以用微扰处理的情况下，方程变成线性的，可分别求得稳定的磁场和运动的解答，称为“线性发电机”，布拉德过程就是“线性发电机”的一种. 但需指出，在线性发电机过程中，随着磁场的增强，如何保证洛伦兹力对运动的约束不会导致运动稳定性改变，使问题保持线性特征，这是线性发电机理论并没有解决的问题(Levy, 1979).

若长度单位以核半径 a 量度，时间以衰减时间 $\mu_0\sigma a^2$，速度以 $(\mu_0\sigma\alpha)^{-1}$ 量度，引入新的无量纲变量 $t=\mu_0\sigma a^2t'$，$x_i=ax'_i\,(i=1, 2, 3)$，则方程(6.15) 成为

$$\frac{\partial \boldsymbol{B}}{\partial t}=\nabla^2\boldsymbol{B}+V\nabla\times(\boldsymbol{u}\times\boldsymbol{B}). \tag{6.145}$$

这时(6.145) 中 t 和 $\boldsymbol{u}$ 即为 t'，u'，已成为无量纲的量，$\boldsymbol{u}$ 为速度矢量，

$$\boldsymbol{\upsilon}=\frac{V}{\mu_0\sigma a}\boldsymbol{u}, \tag{6.146}$$

V 是表示速度大小的常数，算子∇是相应于变量 x' 的微分运算.

将磁场 $\boldsymbol{B}$ 和速度场 $\boldsymbol{u}$(液体不可压缩)表示为极型向量 $\boldsymbol{B}_S$，$\boldsymbol{u}_S$ 和环型向量 $\boldsymbol{B}_T$，$\boldsymbol{u}_T$. 定义

$$\left.\begin{aligned}\boldsymbol{D}_T&=\nabla\times\boldsymbol{r}\left(\frac{\psi}{r}\right),\\ \boldsymbol{D}_S&=\nabla\times\nabla\times\boldsymbol{r}\left(\frac{\psi}{r}\right),\end{aligned}\right. \tag{6.147}$$

$\boldsymbol{D}$ 代表速度场 $\boldsymbol{u}$ 和磁场 $\boldsymbol{B}$. 式(6.147)中的 ψ 与式(5.74)所定义的 ψ 差一因子 $1/r$, 设

$$\psi_n^m=R_n^m(r,t)P_n^m(\cos\theta)\begin{matrix}\cos m\lambda\\ \sin m\lambda\end{matrix}, \tag{6.148}$$

则将(6.147)在球坐标展开为分量形式，有

$$\left.\begin{aligned}D_{T,n}^m&=\left(0,\frac{1}{r\sin\theta}\frac{\partial\psi_n^m}{\partial\lambda},-\frac{\partial\psi_n^m}{r\partial\theta}\right)\\ D_{S,n}^m&=\left(\frac{n(n+1)}{r^2}\psi_n^m,\frac{1}{r}\frac{\partial^2}{\partial r\partial\theta}\left(\psi_n^m\right),\frac{1}{r\sin\theta}\frac{\partial^2}{\partial r\partial\lambda}(\psi_n^m)\right)\end{aligned}\right\} \tag{6.149}$$

相应于 ψ_n^m 中 $\cos m\lambda$ 和 $\sin m\lambda$ 的不同取法，向量 $\boldsymbol{D}$ 分别有 $\boldsymbol{D}_{T,n}^{m,c}$，$\boldsymbol{D}_{S,n}^{m,c}$ 和 $\boldsymbol{D}_{T,n}^{m,s}$，$\boldsymbol{D}_{S,n}^{m,s}$ 之分. 我们考虑四种磁场，即

$$\boldsymbol{B}=\boldsymbol{B}_{S,1}+\boldsymbol{B}_{T,2}+\boldsymbol{B}_{T,2}^{2c}+\boldsymbol{B}_{T,2}^{2s} \tag{6.150}$$

和三种运动

$$\boldsymbol{u}=\boldsymbol{u}_{T,1}+\boldsymbol{u}_{S,2}^{2c}+\boldsymbol{u}_{S,2}^{2s}, \tag{6.151}$$

按(6.149)将(6.150)，(6.151)中不同的向量分别写成分量形式，得

$$\boldsymbol{B}_{S,1}=\begin{cases}\dfrac{2}{r^2}S_1(r)P_1(\cos\theta) & \boldsymbol{e}_r\\ \dfrac{1}{r}\dfrac{\mathrm{d}S_1(r)}{\mathrm{d}r}\dfrac{\mathrm{d}P_1(\cos\theta)}{\mathrm{d}\theta} & \boldsymbol{e}_\theta\\ 0 & \boldsymbol{e}_\lambda\end{cases} \tag{6.152.1}$$

$$\boldsymbol{B}_{T,2}=\begin{cases}0 & \boldsymbol{e}_r\\ 0 & \boldsymbol{e}_\theta\\ \dfrac{T_2(r)}{r}\dfrac{\mathrm{d}P_2(\cos\theta)}{\mathrm{d}\theta} & \boldsymbol{e}_\lambda\end{cases} \tag{6.152.2}$$

$$\boldsymbol{B}_{T,2}^{2c}=\begin{cases}0 & \boldsymbol{e}_r\\ -2\dfrac{T_2^{2c}(r)}{r\sin\theta}P_2^2(\cos\theta)\sin 2\lambda & \boldsymbol{e}_\theta\\ -\dfrac{T_2^{2c}(r)}{r}\dfrac{\mathrm{d}P_2^2(\cos\theta)}{\mathrm{d}\theta}\cos 2\lambda & \boldsymbol{e}_\lambda\end{cases}\tag{6.152.3}$$

$$\boldsymbol{B}_{T,2}^{2s}=\begin{cases}0 & \boldsymbol{e}_r\\ 2\dfrac{T_2^{2s}(r)}{r}\dfrac{P_2^2(\cos\theta)}{\sin\theta}\cos 2\lambda & \boldsymbol{e}_\theta\\ \dfrac{T_2^{2s}(r)}{r}\dfrac{\mathrm{d}P_2^2(\cos\theta)}{\mathrm{d}\theta}\sin 2\lambda & \boldsymbol{e}_\lambda\end{cases}\tag{6.152.4}$$

式中，$S_1(r)$，$T_2(r)$，$T_2^{2c}(r)$，$T_2^{2s}(r)$相应于(6.147)式中的$R_n^m(r)$，是方程(6.145)中的待解函数．对于速度场，

$$\boldsymbol{u}_{T,1}=\begin{cases}0 & \boldsymbol{e}_r\\ 0 & \boldsymbol{e}_\theta\\ -Q_{T,1}(r)\dfrac{\mathrm{d}P_1(\cos\theta)}{\mathrm{d}\theta} & \boldsymbol{e}_\lambda\end{cases}\tag{6.153.1}$$

$$\boldsymbol{u}_{S,2}^{2c}=\begin{cases}\dfrac{6}{r^2}Q_2^{2c}(r)P_2^2(\cos\theta)\cos 2\lambda & \boldsymbol{e}_r\\ \dfrac{1}{r}\dfrac{\mathrm{d}Q_2^{2c}(r)}{\mathrm{d}r}\dfrac{\mathrm{d}P_2^2(\cos\theta)}{\mathrm{d}\theta}\cos 2\lambda & \boldsymbol{e}_\theta\\ -\dfrac{1}{r}\dfrac{\mathrm{d}Q_2^{2c}(r)}{\mathrm{d}r}\dfrac{2P_2^2(\cos\theta)}{\sin\theta}\sin 2\lambda & \boldsymbol{e}_\lambda\end{cases}\tag{6.153.2}$$

$$\boldsymbol{u}_{S,2}^{2s}=\begin{cases}\dfrac{6}{r^2}Q_2^{2s}(r)P_2^2(\cos\theta)\sin 2\lambda & \boldsymbol{e}_r\\ \dfrac{1}{r}\dfrac{\mathrm{d}Q_2^{2c}(r)}{\mathrm{d}r}\dfrac{\mathrm{d}P_2^2(\cos\theta)}{\mathrm{d}\theta}\sin 2\lambda & \boldsymbol{e}_\theta\\ \dfrac{1}{r}\dfrac{\mathrm{d}Q_2^{2c}(r)}{\mathrm{d}r}\dfrac{2P_2^2(\cos\theta)}{\sin\theta}\cos 2\lambda & \boldsymbol{e}_\lambda\end{cases}\tag{6.153.3}$$

将(6.150)的具体形式(6.152)和(6.151)的具体形式(6.153)代入方程(6.145)，由(6.145)的分量形式，并考虑同阶球谐项的对应部分必须相等，可得方程组：

$$r^2\frac{\partial S_1(r)}{\partial t}=\frac{\partial^2 S_1(r)}{\partial r^2}-2S_1(r)+\frac{216}{5}V(Q_2^{2c}(r)T_2^{2c}(r)-Q_2^{2s}(r)T_2^{2s}(r))\tag{6.154.1}$$

$$
\begin{aligned}
r^2\frac{\partial T_2}{\partial t} = r^2\frac{\partial^2 T_2}{\partial r^2} - 6T_2 + V\Bigg\{&\left[\frac{2}{3}\left(\frac{\mathrm{d}Q_{T,1}}{\mathrm{d}r} - \frac{2}{r}Q_{T,1}\right)S_1\right] \\
&+\frac{72}{7}\left[Q_2^{2c}\frac{\partial T_2^{2c}}{\partial r} + 2\left(\frac{\mathrm{d}Q_2^{2c}}{\mathrm{d}r} - \frac{Q_2^{2c}}{r}\right)T_2^{2c}\right] \\
&+\frac{72}{7}\left[Q_2^{2s}\frac{\partial T_2^{2s}}{\partial r} + 2\left(\frac{\mathrm{d}Q_2^{2s}}{\mathrm{d}r} - \frac{Q_2^{2s}}{r}\right)T_2^{2s}\right]\Bigg\}
\end{aligned}
\tag{6.154.2}
$$

$$
\begin{aligned}
r^2\frac{\partial T_2^{2c}}{\partial t} = r^2\frac{\partial^2 T_2^{2c}}{\partial r^2} - 6T_2^{2c} + V\Bigg\{&-2Q_{T,1}T_2^{2s} \\
&+\frac{6}{7}\left[Q_2^{2c}\frac{\partial T_2}{\partial r} + 2\left(\frac{\mathrm{d}Q_2^{2c}}{\mathrm{d}r} - \frac{Q_2^{2c}}{r}\right)T_2\right] \\
&-\frac{2}{3}\left[3Q_2^{2s}\frac{\partial^2 S_1}{\partial r^2} + \left(\frac{\mathrm{d}Q_2^{2s}}{\mathrm{d}r} - \frac{6}{r}Q_2^{2s}\right)\frac{\partial S_1}{\partial r}\right]\Bigg\} \\
&+\left(\frac{\mathrm{d}^2 Q_2^{2s}}{\mathrm{d}r^2} - \frac{2}{r}\frac{\mathrm{d}Q_2^{2s}}{\mathrm{d}r}\right)S_1\Bigg\}
\end{aligned}
\tag{6.154.3}
$$

$$
\begin{aligned}
r^2\frac{\partial T_2^{2s}}{\partial t} = r^2\frac{\partial^2 T_2^{2s}}{\partial r^2} - 6T_2^{2s} + V\Bigg\{&2Q_{T,1}T_2^{2c} \\
&+\frac{6}{7}\left[Q_2^{2s}\frac{\partial T_2}{\partial r} + 2\left(\frac{\mathrm{d}Q_2^{2s}}{\mathrm{d}r} - \frac{Q_2^{2s}}{r}\right)T_2\right] \\
&+\frac{2}{3}\left[3Q_2^{2c}\frac{\partial^2 S_1}{\partial r^2} + \left(\frac{\mathrm{d}Q_2^{2c}}{\mathrm{d}r} - \frac{6}{r}Q_2^{2c}\right)\frac{\partial S_1}{\partial r}\right]\Bigg\} \\
&+\left(\frac{\mathrm{d}^2 Q_2^{2c}}{\mathrm{d}r^2} - \frac{2}{r}\frac{\mathrm{d}Q_2^{2c}}{\mathrm{d}r}\right)S_1\Bigg\}
\end{aligned}
\tag{6.154.4}
$$

方程(6.154)的推导虽繁琐，但并不困难，只要谨记方程两侧(缔合)勒让德函数阶次必须相同即可. 但方程以及其中各项的意义和物理则是重要的，例如，一，方程左侧即(6.150)中 4 个待求的发电机过程的目标函数；右侧前两项对应方程(6.145)的扩散项，对发电机作用是消极的，表征速度大小的常数 V 以后各项即速度向量 $Q_n^m(r)$ 与磁场 $T_n^m(r)$，相互作用改变和加强磁场的过程，对发电机作用则是积极的；二，在运动和磁场相互作用中，要包括所有可能产生相应磁场的运动和磁场，当然这里仅限于所考虑的三种运动(6.151)和四类磁场(6.150)；例如，方程(6.154.1)所表述的是液核内最占优势的 T_2 环型磁场的产生，除我们在图 6.37 和图 6.39a 已反复讨论的，主要由 T_1 运动与 S_1 磁场相互作用，即方程右侧 V 后的第一项，$u_{S,2}^{2c}$ 与 $B_{T,2}^{2c}$，$u_{S,2}^{2s}$ 与 $B_{T,2}^{2s}$ 相互作用(图 6.39c, d, b)同样可产生环型磁场 T_2；T_1 运动与 $B_{T,2}^{2s}$ 磁场(图 6.39f, h)，$u_{S,2}^{2c}$ 运动与 $B_{T,2}^{2c}$ (图 6.39d, f)相互作用可产生磁场 $B_{T,2}^{2c}$ (方程(6.154.3))；与之相似，则还有磁场 $B_{T,2}^{2s}$ 的产生(方程(6.154.4))；特别，方程(6.154.1)偶极场 S_1 则是对流运动 $u_{S,2}^{2c}$，$u_{S,2}^{2s}$ 分别与环型磁场 $B_{T,2}^{2c}$，$B_{T,2}^{2s}$ 相互作用的结果；三，待求磁场方程(6.150)四项共七个分量，但只要四个标量函数 $S_1(r)$，$T_2(r)$，$T_2^{2c}(r)$ 和 $T_2^{2s}(r)$ 确定后，则由方程(6.152)可决定全部七个分量；方程(6.154)即为由给定运动 $Q_2^{2c}(r)$，$Q_2^{2s}(r)$，$Q_{T,1}$，求解速度本征值 V 相应四个本征函数的联立微分方程组，其中方程(6.154.1) $S_1(r)$ 为径向 $\boldsymbol{r}$ 分量，方程(6.154.2) $T_2(r)$ 为(仅有)经度 $\boldsymbol{\lambda}$ 分量，方程(6.154.3)和(6.154.4)，即 $T_2^{2c}(r)$ 和 $T_2^{2s}(r)$ 则取 $\boldsymbol{\theta}$ 分量，在稳定情况下(6.154)式左端为零，方程成为稳定发电机的微分方程组.

在地核表面(r=1)，核内 S_1 场和核外偶极子磁场的法向、切线分量必须连续，由(6.152.1)和偶极子磁场的分量形式，可得

$$\left.\begin{aligned} S_1(r) &= \frac{g_1^0}{r} \\ \frac{\mathrm{d}S_1(r)}{\mathrm{d}r} &= \frac{-g_1^0}{r^2} \end{aligned}\right\} r=1, \tag{6.155}$$

式中，r 以液核半径 r_c 为单位量度，则(6.155)中 $g_1^0=r_c\,g_{1,E}^0$，$g_{1,E}^0$ 为地球表面中心偶极子的高斯系数．而要使(6.155)成立和地核表面环型磁场为零，则有

$$\left.\begin{aligned} \frac{\mathrm{d}S_1(r)}{\mathrm{d}r} &= \frac{S_1(r)}{r} = 0 \\ T_2(r) &= T_2^{2c}(r) = T_2^{2s}(r) = 0 \end{aligned}\right\} r=1, \tag{6.156}$$

(6.156)即为方程(6.154)中的本征函数 $S_1(r)$，$T_2(r)$，$T_2^{2c}(r)$，$T_2^{2s}(r)$ 所要满足的边界条件.

在地核中维持稳定磁场的发电机是否存在，其数学内容就是是否存在实数本征值 V，使得在稳定情况下 $(\partial/\partial t=0)$，微分方程组(6.154)有满足边界条件(6.156)的非零解 $S_1(r)$，$T_2(r)$，$T_2^{2c}(r)$，$T_2^{2s}(r)$．布拉德在计算中只考虑了(6.151)中的前两项运动(这相当于方程(6.154)中 Q_2^{2s}=0)，并指定

$$Q_2^{2c}=r^3(1-r)^2,\quad Q_{T,1}=\varepsilon r^3, \tag{6.157}$$

式中，ε 为常数，除本征值 V 外，速度场 $\boldsymbol{u}$ 给定.

联立微分方程组(6.154)用解析方法求解是不可能的．布拉德将 r 从 0→1 的区间等分为 10 份，用差分方程代替微分方程(6.154)，求解 r=0.1, 0.2, …, 1.0，$S_1(r)$，$T_2(r)$，$T_2^{2c}(r)$ 和 $T_2^{2s}(r)$ 的代数方程组．结果对于 ε 的不同取值和 Q_2^{2c}，$Q_{T,1}$ 不同的函数形式等多种情况，利用计算机进行数值计算，证明了实数本征值 V 的存在，并求出了相应的本征值和本征函数．这就肯定了稳定发电机维持的可能性.

有关磁场的绝对值，发电机理论并未做任何规定．其量级可由(6.142)，(6.143)电磁力矩和机械转矩(科里奥利力矩)的平衡来估计，若取 V 为 0.01 cm/s，$H_{T,2}$ 大约为 400—500 高斯.

为了考虑(6.154)中忽略 n>2 阶高次项磁场的影响，布拉德算到 n≤4 阶磁场的计算．结果同样证明了实数本征值 V 的存在．已经计算到了 n=4，于是人们乐观地认为布拉德模型成功地解决了稳定发电机的存在问题．即 $u_{T,1}$，$u_{S,2}^{2c}$ 运动与磁场 $\boldsymbol{B}_{S,1}$，$B_{T,2}$，$B_{T,2}^{2c}$，

$B_{S,2}^{2S}$ 相互作用，确实可以维持稳定的偶极子磁场 $B_{S,1}$.

随着 20 世纪 60 年代末高速大型计算机的出现，使人们在方程(6.154)的计算中可以保留更多的高阶项. 于是发现，高阶项的影响是不能忽略的. 随着方程(6.154)中保留阶数的增高，本征值 V 将变得不稳定. 例如，利莱(F. E. M. Lilley)设 $Q_2^{2c}=r^3(1-r)^2$，$Q_{T,2}=10r^2(1-r)$，取不同阶数 n，求得相应本征值 V 列于表 6.5(Lilley, 1970). 表中 d 为半径从 0→1 的分割段数，M 为方程(6.145)的计算中所考虑的磁场类型的个数. 表中清楚地显示出，随着阶数 n 的增加，本征值 V 愈来愈大. 于是一度认为已经解决了的稳定发电机的存在问题再次陷入危机. 但过不久，利莱(Lilley, 1970)经过计算证实，倘若方程(6.154)中保留 $u_{S,2}^{2s}$ 运动(布拉德未考虑这项)，取

$$\left.\begin{aligned} &Q_{T,1}=10r^2(1-r^2),\quad Q_2^{2c}=r^3(1-r^2)^2 \\ &Q_2^{2s}=\begin{cases}1.6r^3(1-4r^2) & 0\leqslant r\leqslant 0.5\\ 0 & 0.5<r\leqslant 1\end{cases}\end{aligned}\right\}, \tag{6.158}$$

即使考虑高阶项的影响，本征值 V 仍然是稳定的(表 6.6). 这样，一度陷入危机的布拉德模型又重新复苏. 图 6.40 绘出了布拉德、利莱计算中所取运动场的图像. 图 6.41 为取 n=5, d=12 相应本征值 V=15.56 的本征函数. 从图 6.41 可以看出，在核内各类磁场中，T_2，T_2^{2s}，T_2^{2c} 三种磁场明显地占据优势，这正是布拉德过程所考虑的环形磁场. 特别是其中以 T_2 环型磁场为最强，它代表了核内磁场的主要成分.

表 6.5　布拉德模型的本征值 V

n	M	$V(d=12)$	$V(d=14)$
2	4	49.3	50.4
3	7	67.3	70.2
4	12	72.8	75.0
5	17	95.3	102.3

表 6.6　利莱修正的布拉德模型的本征值 V

n	M	V								
		d=10	d=12	d=14	d=16	d=18	d=20	d=22	d=24	d=26
2	4	22.66	23.25	24.45	24.12	25.25	25.50	25.70	25.58	25.97
3	7	12.24	15.31	18.63	22.28	26.30	30.58	34.58	37.75	39.91
4	12	11.50	13.72	15.82	17.76					
5	17	12.69	15.56	18.41	21.28					
6	24				20.73					

通过以上简单讨论，我们可以初步了解发电机理论的数学处理方法及其相应的物理内容. 不难看出，即使是相当简单的运动图像，数学计算也是很复杂的. 这也是发电机理论进展迟缓的原因之一. 除了以上两节介绍的物理图像和数学处理方法外，还有人试

图用实验模拟发电机的物理过程，已经取得了一些定性的结果．但由于磁场和模拟相似条件的困难，这方面的工作进展并不显著．

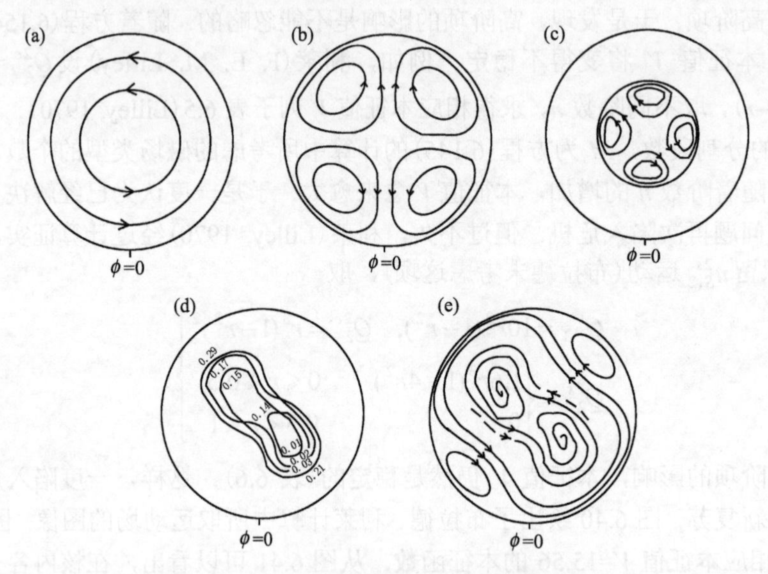

图 6.40　利莱所考虑的速度场的图像

(a) T_1 运动；(b) S_2^{2c} 运动；(c) S_2^{2S} 运动；(d) 上半球合成速度流线在赤道面上的投影；(e) 赤道面内合成速度的流线

(v) 非稳态发电机

如果说布拉德-利莱的稳定发电机模型是成功的，那么考虑到已被古地磁研究所证实的地球偶极子磁场极性倒转的事实，则若将这样的理论扩展到非稳定状态，也必须能解释地磁场的这种不稳定性．随着快速高存储现代计算机的发展，如今已经实现了“非线性”发电机的数值模拟，并验证了地磁场倒转的可能，这将在下一节讨论．有人主张，极性的反转是稳态发电机中运动场被扰动的结果．但事实上这种扰动的源至今仍不清楚，它可能是对流运动固有的无规则属性的表现，也可能是磁场与运动两者非线性耦合、能量不断交换的结果．这里，只从简单的发电盘(图 6.25)和耦合发电盘出发，说明运动与磁场的非线性耦合导致磁场反转的可能性．

均匀发电圆盘的非稳态解

从方程(6.86)，(6.87)中消去ω，得

$$\frac{\mathrm{d}^2}{\mathrm{d}t^2}(\ln I)=\frac{GM}{JL}\left(1-\frac{M}{G}I^2\right), \tag{6.159}$$

令

$$\tau=\left(\frac{2GM}{JL}\right)^{1/2} t,\quad y=\ln(MI^2/G),$$

或

$$\mathrm{e}^{y/2}=\left(\frac{M}{G}\right)^{1/2} I,$$

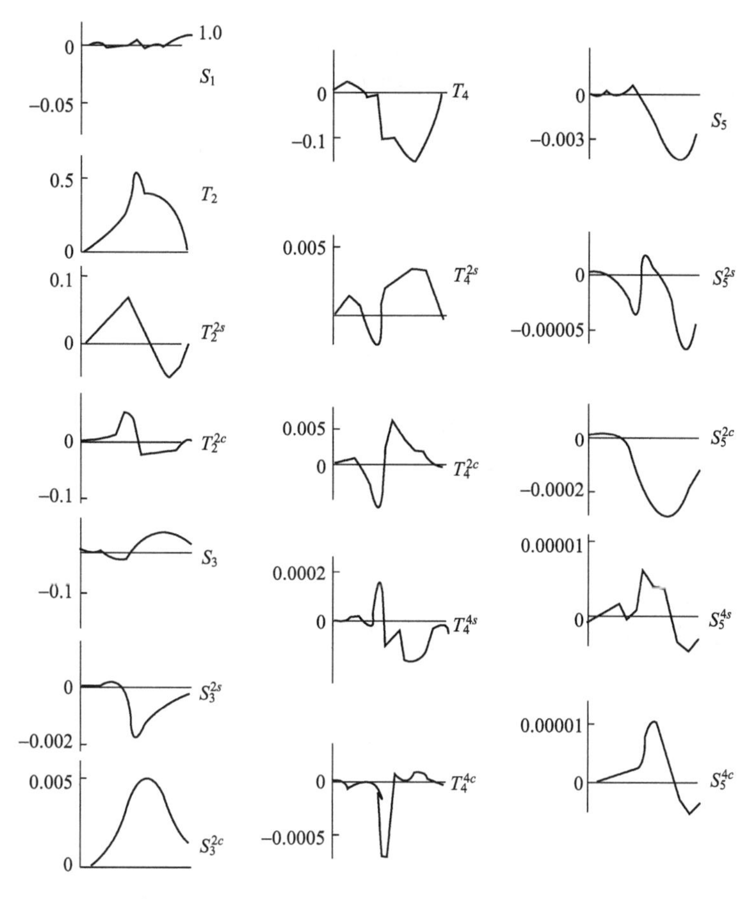

图 6.41　n=5, d=12, V=15.56 的本征函数的分布

横坐标为 r, 端点 r=1

则(6.159)成为

$$\frac{\mathrm{d}^2 y}{\mathrm{d}\tau^2}=1-\mathrm{e}^y, \tag{6.160}$$

对(6.160)做变换，令 $z=\mathrm{d}y/\mathrm{d}\tau$，得

$$z\frac{\mathrm{d}z}{\mathrm{d}y}=1-\mathrm{e}^y, \tag{6.161}$$

积分(6.161)得

$$z^2=A+2(y-\mathrm{e}^y), \tag{6.162}$$

式中，A 为积分常数，由τ=0 时 y 和 z=dy/dτ的初始值 y_0，z_0 确定，

$$A=\left(\frac{\mathrm{d}y}{\mathrm{d}\tau}\right)^2_{\tau=0}-(y_0-\mathrm{e}^{y_0}).$$

对于给定的初始值，(6.162)为 yz 平面的闭合曲线．若 A=2，则 y=0，z=0，相应于方程(6.86)，(6.87)的稳定解(6.88)．图 6.42 给出不同初始值 A，$\mathrm{e}^{y/2}=(M/G)^{1/2}I$ 随τ 的

振动曲线. 由图看出，尽管电流 I 可以有较大的振动，但无论如何系统的电流不会反向. 因此，如图 6.25 所示的圆盘发电机不可能产生倒转.

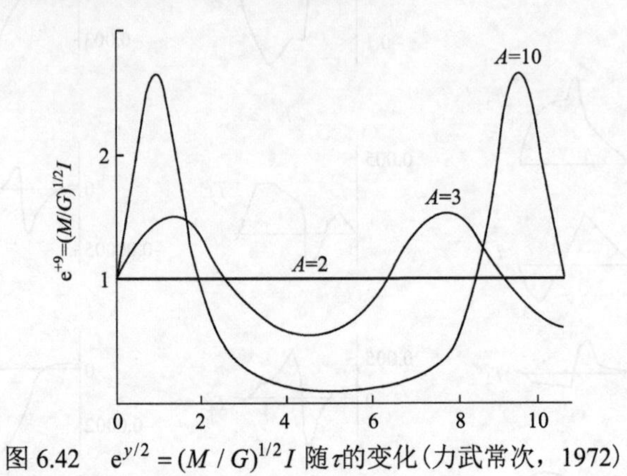

图 6.42　$e^{y/2}=(M/G)^{1/2}I$ 随 τ 的变化（力武常次，1972）

耦合圆盘发电机

若将图 6.25 中的单一圆盘改为如图 6.43a 所示的耦合装置，则系统的振动将有可能导致磁场反向. 耦合圆盘满足的方程为

$$\begin{cases} L_1\dfrac{\mathrm{d}I_1}{\mathrm{d}t}+R_1I_1=\omega_1M_1I_2 \\ L_2\dfrac{\mathrm{d}I_2}{\mathrm{d}t}+R_2I_2=\omega_2M_2I_1 \\ J_1\dfrac{\mathrm{d}\omega_1}{\mathrm{d}t}=G_1-M_1I_1I_2 \\ J_2\dfrac{\mathrm{d}\omega_2}{\mathrm{d}t}=G_2-M_2I_2I_1 \end{cases} \tag{6.163}$$

方程中，各符号的意义与(6.86)，(6.87)相同. 若只考虑两个相同的圆盘，即假定 $L_1=L_2=L$，$R_1=R_2=R$，$M_1=M_2=M$，$G_1=G_2=G$，$J_1=J_2=J$，并做变换，令

$$\begin{cases} I_1=\left(\dfrac{G}{M}\right)^{1/2}x_1,\quad I_2=\left(\dfrac{G}{M}\right)^{1/2}x_2 \\ \omega_1=(GL/JM)^{1/2}y_1,\quad \omega_2=(GL/JM)^{1/2}y_2 \\ t=(JL/GM)^{1/2}\tau',\quad \mu=\left(\dfrac{R}{L}\right)\left(\dfrac{LJ}{GM}\right)^{1/2} \end{cases} \tag{6.164}$$

则(6.163)成为

$$\begin{cases} \dfrac{\mathrm{d}x_1}{\mathrm{d}\tau'}+\mu x_1=y_1x_1 \\ \dfrac{\mathrm{d}x_2}{\mathrm{d}\tau'}+\mu x_2=y_2x_1 \\ \dfrac{\mathrm{d}y_1}{\mathrm{d}\tau'}+\dfrac{\mathrm{d}y_2}{\mathrm{d}\tau'}=1-x_1x_2 \end{cases} \tag{6.165}$$

由(6.165)第三式可得

$$y_1 - y_2 = C, \tag{6.166}$$

C 为积分常数，由圆盘初始角速度决定．(6.166)表明，两个圆盘角速度的差始终保持一个常数．用解析方法求解(6.165)是困难的，图 6.43b 为用数值方法求解(6.165)所得与电流 l_1+l_2 成比例的 X_1+X_2 随时间 τ' 的变化．由图可以看出，由于两个盘之间的电磁耦合，圆盘角速度 ω 将被扰动．与此相应，系统电流也发生变化．当电流扰动加大到一定程度时，系统电流反向，并有可能围绕新的反向后的平衡位置摆动，与之相应，结果磁场有可能发生倒转．

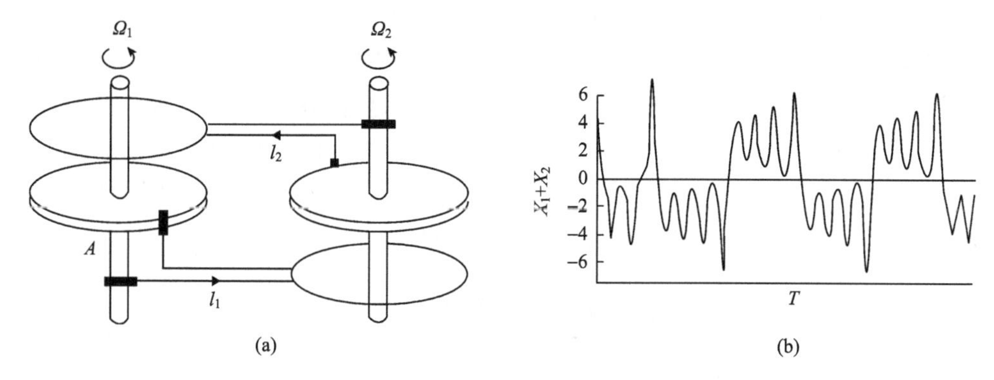

图 6.43　双耦合发电盘(a)和电流 l_1+l_2 随时间 τ' 的变化(b)(Akasofu and Chapman, 1972)

耦合圆盘系统中，磁场倒转的事实，增强了人们对发电机理论的信心．但无论如何，它与地核内部可能的真实过程相差太远．下面将讨论与真实地球接近的非线性发电机．

(4)非线性发电机

上述非稳定发电盘应属非线性发电机，但这里非线性发电机指电磁流体力学方程，即电磁(冻结扩散)方程和纳维–斯托克斯方程(动量方程)联立，磁场和运动相互作用所造成方程的非线性，这较圆盘耦合发电机，更接近真实地球．

(ⅰ)无量纲化电磁流体力学方程组

无量纲化的必要性

电磁流体力学方程组的复杂性由以上运动学发电机可见一斑，何况非线性？可以这样说，其复杂性和难度再高的估计都不为过．而方程本身所处理对象的时空特性更增加了它的难度．上面我们经常使用液核特征尺度一词，这一尺度取为地核半径 r_0 则 $r_0=3.5\times10^6$ m．有时取为液核的深度 $d=r_0-r_c$(r_c 内核半径)$=2.3\times10^6$ m．而地球基本磁场时间变化，小到以年或数年计，为磁场长期变化中的“突变”(magnetic jerk)，以千或数千年计，如西向漂移，以万或数万年计，如磁场强度的衰减和极移，以及以数十万、百万乃至亿年计的地磁场极性倒转，时间跨度之巨，少有其他科学对象能出其右．我们晓得用解析方法求解非线性电磁流体动力学方程组是不可能的，只有实验和电脑数值模拟两途．问题是显而易见的，如此大的尺度如何搬进实验室，如此大的时间跨度如何在计算机中实现？无量纲化是必须采用的措施之一．下面将会看到，即使无量纲化有很大的帮助，但至今要模拟“真实”的地球仍有很大的距离(Kageyama et al., 2008)．这里仅举两个例子，以便了解无量纲化的重要．

例如，磁场冻结扩散方程(6.15)，

$$\frac{\partial \boldsymbol{B}}{\partial t}=\nabla\times(\boldsymbol{V}\times\boldsymbol{B})+\eta\nabla^2\boldsymbol{B},$$

式中，$\eta=(\sigma\mu_0)^{-1}$，假定磁雷诺数 $R_M=r_0V/\eta=\sigma\mu_0Vr_0$ 为方程(6.15)无量化的参数，则控制参数 R_M 不变，但调整参数σr_0，这样选择高电导σ与缩小 r_0 等效，这给在实验模拟中减小液核尺度 r_0 提供了可能，但遗憾的是在实验室可选择的流体中，σ超过铁镍成分(液核)σ的并不多．但这个例子可以看出选择无量纲参数在模拟中的重要性．

再如，选择较大的时间常数，例如选磁场的扩散时间，由方程(6.55)，$\tau_d=\mu_0\sigma r_0^2\approx10^4$a，作为时间单位，则对研究数千至几十万年的磁场变化是有利的，但若着眼于几十万年，百万乃至亿年的磁场倒转，则τ_d 仍然嫌短．有人选择远较磁扩散更缓慢的热扩散作为时间的量度标准$\tau_\chi=r_0^2/\chi$，从表 6.7 可以看出，τ_χ要较τ_d大 6 个数量级，因而τ_χ为时间尺度研究上亿年的变化，例如地磁场的倒转是适宜的．

表 6.7　液核内的时间常数(年) (Gubbins, 2007)

物理量	定义	分子	湍流
磁场扩散(液核)	$\tau_\eta=r_0^2/\eta\pi^2$	25000	25000
磁场扩散(内核)	$\tau_i=r_i^2/\eta\pi^2$ (r_i为内核半径)	3000	
热扩散	$\tau_\chi=r_0^2/\chi\pi^2$	6×10^{10}	25000
黏滞扩散	$\tau_\nu=r_0^2/\nu\pi^2$	4×10^{10}	25000
质量扩散	$\tau_D=r_0^2/D\pi^2$	4×10^{10}	25000
运动传过液核(Ovevturn)	$\tau_V=d/V$	700	
浮力上升	$\tau_B=\nu/(\beta\Delta Tgd)$	2×10^{-19}	3×10^{-13}
科里奥利力上升	$\tau_\Omega=\Omega r_0/(g\beta T')$	10^{-14}	
Day	τ	3×10^{-3}	

无量纲化的尺度选择

从以上讨论不难了解，无量纲尺度的选择并非是唯一的，可以根据研究问题做不同的选择．但我们晓得地磁发电机是磁场形成变化较长时间尺度的过程，所以通常多采用缓慢，即较长的时间常数，例如磁场的扩散时间τ_d作为时间尺度．而空间尺度 r_0(地核半径)或 $d=r_0-r_c$ 差异不大．而时间尺度，则可供选择的窗口差异很大，表 6.7，表 6.8a 分别给出了不同参数的时间窗口，以及常用无量纲数用特征时间的表达方法．虽然空间尺度，即长度的单位不同，但可以看到，它对无量纲化后的方程并无影响，但因时间量度的不同，则无量纲方程将有不同．

表 6.8a 无量纲数的时间比(Gubbins, 2007)

无量纲数	时间常数比
埃克曼	τ/τ_v
埃尔萨塞	τ_η/τ_{Mac}
罗斯比	τ/τ_V
瑞利	τ_χ/τ_B
修正瑞利	τ_χ/τ_Ω
普兰德特	τ_χ/τ_v
磁普兰德特	τ_η/τ_v
Peclet	τ_v/τ_χ
Masspeclet	τ_v/τ_D
浮力	τ/τ_Ω
Roberts	τ_η/τ_χ
斯密特	τ_D/τ_v
磁斯密特	τ_D/τ_η
Lewis	τ_χ/τ_D
磁雷诺数	τ_v/τ_η

注：表 6.7 当液核浮力与黏滞力相同，科里奥利力和浮力相同所决定的速度分别为 u_B, u_Ω, 一质量元分别以速度 u_B, u_Ω, 跨越距离 r_0(或 d)所需时间，即 τ_B，τ_Ω.

无量纲化单位的选择，分基本量和导出量两类(表 6.8b)：

表 6.8b 无量纲化单位的选择

基本量	尺度选择	导出量
长度	r_0(核半径)	$d=r_0-r_c$(内核半径)
时间	$\tau_d=\dfrac{r_0^2}{\eta}$ (磁扩散时间)	$\tau_\chi=\dfrac{d^2}{\chi}$ (热扩散时间)
温度	$T(K^0)=h_T r_0=Q/(c_P\rho\chi r_0)$	$T(K^0)=h_T d=Q/(c_P\rho\chi d)$
磁场(两者相同)	$B=(2\Omega\mu_0\rho\eta)^{1/2}$	
导出量		
速度	$\dfrac{r_0}{\tau_d}=\dfrac{\eta}{r_0}$	$\dfrac{d}{\tau_\chi}=\dfrac{\chi}{d}$
压力	$2\Omega\rho\eta$	$2\Omega\rho\chi$
$\bar{J}\times\bar{B}$ (洛伦兹力)	$(2\Omega\rho\eta)/r_0$	$(2\Omega\rho\chi)/d$
$2\rho\boldsymbol{\Omega}\times V$(科里奥利力)	$(2\Omega\rho\eta)/r_0$	$(2\Omega\rho\chi)/d$
$\rho\beta g T'\hat{e}_r$ (浮力)	$\rho\beta g' h_T r_0=(\beta Q)/(c_P\chi r_0)$	$\rho\beta g' h_T d=(\beta Q)/(c_P\chi d)$
$\nu\nabla^2 \boldsymbol{V}$(黏滞力)	$\nu\eta/r_0^3$	$\nu\chi/d^3$
g(重力加速度)	$g'=g/g_0$	

这里，h_T为内外核边界(ICB)处的温度梯度. 由温度的量度标准 $h_T r_0$，或 $h_T d$，不难判断，温度是以核幔边界液核内的温度作为温度量度的标准. 但需注意，热量 Q 是以

$C_P\rho$~$JT^{-1}m^{-3}$(见表 6.3)为单位量度的；电磁场的量度则由科里奥利力与洛伦兹力平衡，即埃尔萨塞数为“1”来确定的，由表 6.4，$E_l=\sigma B^2/(\rho\Omega)$，若科里奥利力取 $2\rho\Omega V$，$E_l=1$ 得 $B^2=2\rho\Omega/\sigma$，而 $\eta=(\mu_0\sigma)^{-1}$，因而有 $B=(2\Omega\mu_0\rho\eta)^{1/2}$，无论空间尺度是 r_0 或 d，磁场取值不变；而压力则是由 ∇P 与科里奥利力平衡而确定的；还有 g_0 是核幔边界液核内的重力加速度，即重力加速度是以核幔边界的加速度来量度的；其他量度可用同样方法确定.

无量纲化电磁流体动力学方程

仍假定液核内流体不可压缩，除考虑对流时，热膨胀引起的密度变化外，一律不考虑流体密度随时间的变化，这样流体运动的质量守恒(连续)方程将大大简化，流体力学中称为波希温斯克(Boussinesq)近似. 把以上定义的新的量度(时间以 τ_η 量度)代入电磁方程(6.14)，(6.15)，纳维–斯托克斯动量方程(6.83.2)，热传导方程(6.69)，经整理后得(保持原量的符号不变，但量度变了)：

$$\nabla\cdot\boldsymbol{B}=0, \tag{6.14.1}$$

$$\frac{\partial B}{\partial t}=\nabla\times(\boldsymbol{V}\times\boldsymbol{B})+\nabla^2 B, \tag{6.15.1}$$

$$R_0\left(\frac{\partial}{\partial t}+\boldsymbol{V}\cdot\nabla\right)\boldsymbol{V}=-\nabla P+\boldsymbol{V}\times\hat{e}_z+\boldsymbol{J}\times\boldsymbol{B}+R'_\alpha\, gT'\hat{e}_r+E\nabla^2\boldsymbol{V}, \tag{6.16.1}$$

$$\nabla\cdot\boldsymbol{V}=0, \tag{6.17.1}$$

$$\left[\frac{\partial}{\partial t}+(\boldsymbol{V}\cdot\nabla)\right]T=P_q\nabla^2 T+\frac{\alpha_j}{R'_a}|J|^2, \tag{6.76.1}$$

式中，$E=\nu/2\Omega r_0^2$ 为埃克曼数；$R_0=\eta/2\Omega r_0^2$ 为罗斯比数；$\boldsymbol{V}$ 以 η/r_0 量度，$R'_a=g_0\beta h_T r_0^2/2\Omega\eta$ 为修订的瑞利数，但 τ_χ 以 τ_η 取代；$P_q=\chi/\eta$；$\alpha_j=r_0\beta g_0$ 称为焦耳热数. 省略附标 1，(6.14)，(6.15)为电磁方程，(6.16)为动量方程，(6.17)为质量守恒，即连续性方程，(6.76)为热传导方程，但忽略了黏滞摩擦，即不考虑摩擦生热. 不难相信，方程(6.14.1)，(6.17.1)成立，这里仅以方程(6.16.1)为例，证明方程(6.16.1)与(6.16)等效. 重写方程(6.16)，但原方程中物理量加“′”以与(6.16.1)区别，有

$$\left(\frac{\partial}{\partial t'}+\boldsymbol{V}'\cdot\nabla\right)\boldsymbol{V}'=-\frac{1}{\rho}\nabla P'-2(\boldsymbol{\Omega}'\times\boldsymbol{V}')+\frac{1}{\rho}\boldsymbol{J}'\times\boldsymbol{B}'-\beta\boldsymbol{g}'T'\boldsymbol{e}_r+\nu\nabla^2\boldsymbol{V}', \tag{I}$$

式中，(6.16)中的重力 $\rho\boldsymbol{g}$ 被浮力 $-\rho g\beta T'$ 取代，P' 为偏离平衡压力 P_0 的压力(见方程(6.83.2))，$\nu=\eta_\nu/\rho$，即运动学黏滞系数. 将(6.16.1)做尺度变换，方程左侧一项成为

$$R_0\left(\frac{\partial}{\partial t}+\boldsymbol{V}\cdot\nabla\right)\boldsymbol{V}=\frac{\eta}{2\Omega r_0^2}\left(\frac{r_0^2}{\eta}\frac{\partial}{\partial t'}+\frac{r_0}{\eta}\boldsymbol{V}'\cdot r_0\nabla\right)\frac{r_0}{\eta}\boldsymbol{V}'=\frac{r_0}{2\Omega\eta}\left(\frac{\partial}{\partial t'}+\boldsymbol{V}'\cdot\nabla\right)\boldsymbol{V}', \tag{II}$$

而右侧第一项

$$-\nabla P=-r_0\nabla\left(\frac{1}{2\rho\Omega\eta}P'\right)=-\frac{r_0}{2\rho\Omega\eta}\nabla P', \tag{III}$$

右侧第二项

$$\boldsymbol{V}\times\hat{e}_z=\frac{r_0}{\eta}\boldsymbol{V}'\times\hat{e}_z=-\frac{r_0}{2\Omega\eta}(2\boldsymbol{\Omega}\times\boldsymbol{V}'). \tag{IV}$$

同样不难得到，(6.16.1)其余三项，有

$$\boldsymbol{J}\times\boldsymbol{B}+R_\alpha' gT'\hat{e}_r+E\nabla^2\boldsymbol{V}=\frac{r_0}{2\Omega\eta}\left(\frac{1}{\rho}\boldsymbol{J}'\times\boldsymbol{B}'+g\beta T'\hat{e}_r+\nu\nabla^2\boldsymbol{V}'\right),\tag{V}$$

由方程(II)–(V)，可得方程(6.16.1)变换为

$$\frac{r_0}{2\Omega\eta}\left(\frac{\partial}{\partial t'}+\boldsymbol{V}'\cdot\nabla\right)\boldsymbol{V}'=\frac{r_0}{2\Omega\eta}\left(-\frac{1}{\rho}\nabla P'-2(\boldsymbol{\Omega}'\times\boldsymbol{V}')+\frac{1}{\rho}\boldsymbol{J}'\times\boldsymbol{B}'-\beta\boldsymbol{g}'T'\boldsymbol{e}_r+\nu\nabla^2\boldsymbol{V}'\right),\tag{VI}$$

即无量纲方程(6.16.1)与电磁场冻结扩散方程(6.16)等效.

当时间以τ_x量度时，方程(6.14.1)及(6.17.1)不变，其余三个方程成为

$$\frac{\partial B}{\partial t}=\nabla\times(\boldsymbol{V}\times\boldsymbol{B})+P^q\nabla^2\boldsymbol{B},\tag{6.15.2}$$

$$R_0^x\left(\frac{\partial}{\partial t}+\boldsymbol{V}\cdot\nabla\right)\boldsymbol{V}=-\nabla P+\boldsymbol{V}\times\hat{\boldsymbol{e}}_z+P(\nabla\times\boldsymbol{B})\times\boldsymbol{B}+R_a^x g'T'\hat{\boldsymbol{e}}_r+E\nabla^2\boldsymbol{V},\tag{6.16.2}$$

$$\left(\frac{\partial}{\partial t}+\boldsymbol{V}\cdot\nabla\right)T=\nabla^2 T+\frac{\alpha_j}{R_a^\chi}|J|^2,\tag{6.76.2}$$

式中，$R_0^x=\chi/2\Omega_0 d^2$，即罗斯比数中 $V=\chi/r_0$；$R_a^x=g_0\beta h_T d^2/2\Omega\chi=g_0\beta Q/2\Omega c_P\rho\chi^2$，修订的瑞利数；$P^q=1/P_q=\eta/\chi$．注意(6.76.1)，(6.76.2)虽形式没变，但R_a'被R_a^χ取代．同样，方程(6.76.2)经尺度变换，可得

$$\frac{\mathrm{d}}{\chi h_T}\left[\left(\frac{\partial}{\partial t}+\boldsymbol{V}\cdot\nabla\right)T\right]=\frac{\mathrm{d}}{\chi h_T}\left[\chi\nabla^2 T+\frac{1}{\sigma}|J|^2\right],$$

除相同的因子外，方括号内左右两侧即原方程(6.76)，即证明方程(6.76.2)成立.

在地球液核求解方程为(6.14.1)—(6.17.1)，(6.76.1)，在固态内核则只有方程(6.14.1)和(6.15.1)，即只有电磁方程，而电磁方程(6.15.1)中的运动为差速转动，因而可以预料，固态地核内应有较强的环型磁场．在地磁发电机理论中地幔也有不可忽视的作用，多数模型都假定核幔交界处，地幔一侧存在一个电导薄层，其中同样只含有方程(6.14.1)和(6.15.1)．当忽略外力和黏滞摩擦时，内核、外核、地幔还应满足角动量守恒方程.

边界条件一般考虑黏滞层的存在，则在内外核(ICB)，核幔(CMB)边界 $\boldsymbol{V}_B$=0；假定不存在面电流，则磁场 $\boldsymbol{B}_B$ 连续，$\boldsymbol{J}_B$ 法线分量连续；温度 T 在 ICB，CMB 要么给定温度(等温过程)T_B，要么给定热流 Q_B，或有的，例如 ICB 给定热流 Q_B，CMB 给定(地幔一侧)固定温度 T_B，即偏微方程中的第一、第二或第三类边界条件.

(ii)方程组的数值解

无量纲方程时间 t 以τ_x量度，空间线度以 d 量度，即方程(6.14.1)，(6.17.1)和方程(6.15.2)，(6.16.2)和(6.76.2)的解，若(6.16.2)动量方程中忽略惯性力，有

$$O=-\nabla P+R_a^\chi g'T'\boldsymbol{e}_r+V_x\times\boldsymbol{e}_z+P^q(\nabla\times\boldsymbol{B})\times\boldsymbol{B}+E\nabla^2\boldsymbol{V},\tag{6.16.3}$$

边界条件 $\boldsymbol{V}_B$=0，B_B 连续，ICB 取热流 Q_B，CMB T_{MB}=T_0，即 $T_{MB}'=0$.

这是第一个接近真实地球，在地球液核中求解电磁流体动力学完备方程组的数值解，其结果：磁场表现有极性倒转的可能，但仍未倒转，其中包括输入参量的选择、数值方

法和结果，这里只简述方程的输入和数值解答(Glatzmaier and Roberts，1995b).

输入参数包括：r_c/r_0=0.35，R_a^x=5.7×10^7，E=2.0×10^{-6}，P^q=1/P_q=10．为增加核幔边界的电磁耦合，在 CMB 地幔一侧增加厚度为 0.04d，电导率与外核相同的薄层．与以上参数相应，液核内部的实际物理参数取值：β=10^{-5} K^{-1}，c_p=6.70×10^2 J (kg · K)$^{-1}$，d=2.26×10^6 m，g_0=11.0 m · s^{-2}，ρ=1.1×10^4 kg · m^{-3}，Ω=7.27×10^{-5} rad · s^{-1}，η=3.0 m^{2}s^{-1}，χ=0.3 m^{2}s^{-1}，Q_B=5×10^{13} Js^{-1}，其中 Q 除热流外，还包括物质分异所产生的质量交换的能流.

以上取值与表 6.3，表 6.4 比较可以发现，模拟计算中的参量与液核内普通取值范围的差异．这里特别指出：第一，热扩散系数χ与磁扩散系数η的差异不像上一节所说有高达四个数量级的不同，而仅差一个数量级，即χ高于通常取值，从而大大加速热能量的传递，这在液核发电机过程中十分重要，因为热量是发电机过程与对流运动、热风相联系的能量来源．第二，以上参量，E=2.0×10^{-6}，ν=1.5×10^3 m^{2}s^{-1}，这与表 6.3 取值 10^{-6}m^{2}s^{-1}高出几个数量级(通常取值：E=10^{-15} 或 10^{-2} m^{2}s^{-1})，盖因若取值小于 1.5×10^3 m^{2}s^{-1} 的边界层(即 E 取值小于 2.0×10^{-6})，则埃克曼层(Ekman layer)太薄，数值计算中将没有边界黏滞层效应．因此这里的数值模拟夸大了边界层的黏滞摩擦以及相应的内外核、外核与地幔间的黏滞耦合.

计算时间约相当于三倍磁场扩散时间常数τ_d，4×10^4 a，图 6.44 给出了后半期约 2.3 万年—4.0 万年磁场能量(图 6.44a)和运动能量(图 6.44b)．总体说磁场能量约高于动能三个数量级，最大能量比 $E_{\max}^B / E_{\max}^V$ =4000，两者随时间有长短跨度很大的变化，更重要的是：

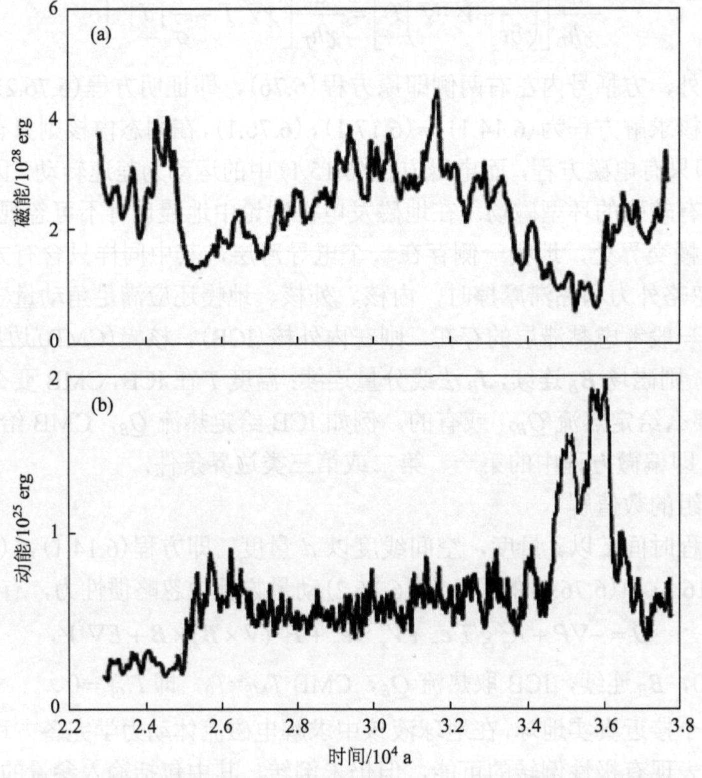

图 6.44　G-R 液核发电机过程总磁能(a)、动能(b)随时间的演化

在约 3.4 万年—3.6 万年期间磁场能量显著下降至仅约为最高能量的 11%，即地磁场有可能发生倒转，但并没有倒转，而是又迅速(约 2000 年内)恢复. 可以看到在磁场能量最低时段，运动能量反而处于最高，这表明：磁场大幅度下降，甚至倒转，并非由于液核能量供应不足，而是源于磁场与运动之间相对关系，特别是相互位相. 地磁场维持的主要能量来源是热，包括质量交换，而这些能量转变为电磁能，只有靠磁场与运动相互作用一途[方程(6.15.2)]，很遗憾这里没有给出热能与焦耳、黏滞热耗损等随时间的变化，以便人们能了解发电机过程全部能量图像，特别是 3.2 万—3.6 万年时段，磁场能量“迅速”下降，运动能量上升. 显示全部能量过程，对发电机物理尤为重要. 当磁能降至最低，几乎发生极性倒转期，能量、运动、磁场等演变细节，不仅对了解发电机，而且对研究古地磁场极性倒转过渡时期的特征都有积极意义.

图 6.45 液核中等深度，温度(偏离平衡温度)(图 6.45a)、速度垂直分量 V_r(图 6.45b)的球面分布以及磁场垂直分量在液核表面的分布(图 6.45c). 图中温度实线为正(相对平衡温度)，虚线为负值，取值范围$+4\times10^{-3}$—-1×10^{-3} K，同样速度等值线 $\boldsymbol{r}$ 方向为实线，$-\boldsymbol{r}$(向下)为虚线，取值$+2\times10^{-3}$—-1×10^{-3} $\mathrm{m\cdot s^{-1}}$，磁场 B_r 实线为正，虚线为负，取值范围：$+3.8\times10^{-3}$—-2.5×10^{-3} T(+38—25 高斯)；速度垂直分量分布与图 6.32 回转柱体运动相似，且上下运动交替的柱体有时西向、有时东向传播，传播速度与水平(φ 方向)运动相近，近赤道区域较近极地要快；总体上无论是磁场 $\boldsymbol{B}$ 还是运动 $\boldsymbol{V}$ 水平方向较强且两者方向一致；相对强的磁场垂直分量与局部运动相联系，平行或反平行，以便运动引起的磁力线扭曲最小. 磁场垂直分量在低纬度较高纬度平坦，对应较低阶的球谐项，在磁极处不存在较大的通量，与实际地磁场结果相符. 图 6.46 中差速转动，如期所料，子午面内的回转运动都清楚显示相切柱体的几何特征.

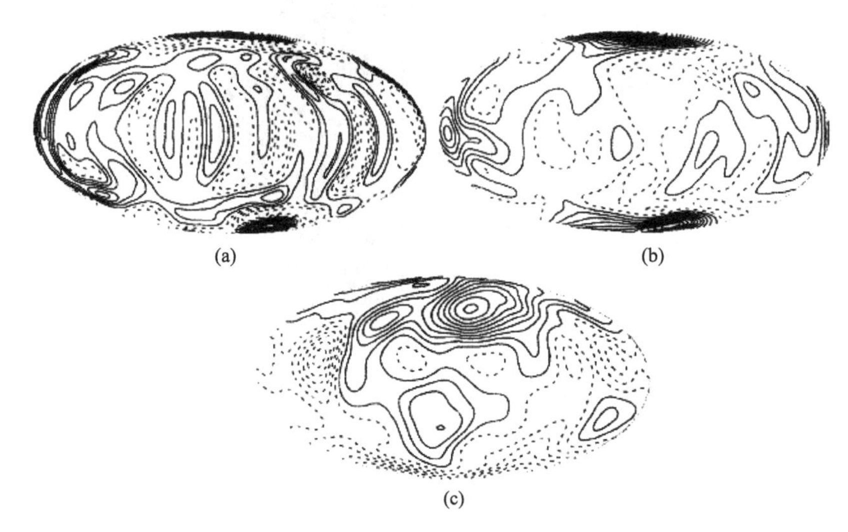

图 6.45　液核中等深度发电机过程瞬间图像

(a)温度(相对于平衡温度 T_0)等值线分布；(b)运动垂直分量 V_r 等值线分布；(c)液核表面(CMB)磁场垂直分量等值线；实线：温度取正，V_r，B_r，$\boldsymbol{r}$ 方向，即向外(实线)；虚线：温度取负值，V_r，B_r，反 $\boldsymbol{r}$ 方向，即向下(虚线). 温度范围：$+4\times10^{-3}$—-1×10^{-3} K；V_r：$+2\times10^{-3}$—-1×10^{-3} $\mathrm{m\cdot s^{-1}}$；B_r：$+3.8\times10^{-3}$—-2.5×10^{-3} T

当温度和速度沿经度取平均后，其轴对称部分，只限于在与内核相切的柱体内，在柱体外除边界层外几乎是等温的，而差速转动在柱体以内相对于外核与地幔是向东方向，而在两极地区是向西的(图 6.46)．$(\boldsymbol{V}\cdot\nabla)\nabla\times\boldsymbol{V}$，即涡流随运动一起运动，称作螺旋(Helicity)运动，由图 6.46b 可以看出：螺旋运动主要在相切柱体内，在北半球为右旋(实线)，南半球左旋(虚线)，当靠近极区时正好相反，北左南右；而在柱体外螺旋运动很弱，只在靠近内外核边界(ICB)，北右南左；子午面内区域环流在相切柱体内外明显不同，顺反时针交替，近 ICB 和柱体内南北反向．而回转运动(图 6.46d)与图 6.34 结果一致，显示显著的相切柱体特征，以及柱面附近很强的切应力．

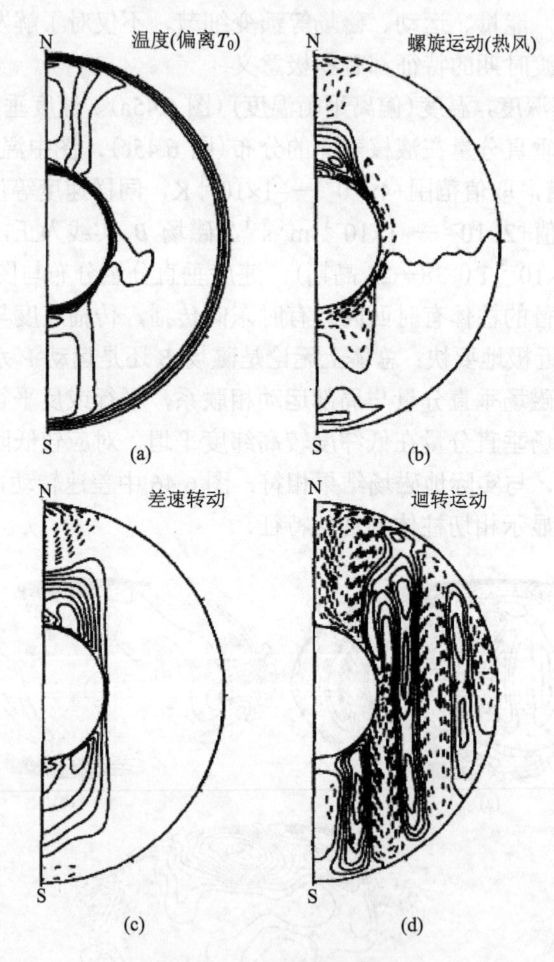

图 6.46 沿经度平均结果

(a) 温度分布(实线为正，虚线为负)；(b) 螺旋运动($\boldsymbol{V}\cdot(\nabla\times\boldsymbol{V})$)；(c) 差速(相对于$\boldsymbol{\Omega}$)转动等值线图(实线：向东，虚线：向西)；(d) 子午面内的环流运动等值线(实线：反时针，虚线：顺时针)．温度变化从 0°(CMB)到 1.8×10^{-2} K(ICB)，螺旋运动：$\pm3\times10^{-11}$ $\text{m}\cdot\text{s}^{-1}$，差速转动 4.8×10^{-9}—5.4×10^{-9} $\text{rad}\cdot\text{s}^{-1}$ ($\boldsymbol{\Omega}=7.3\times10^{-5}$ $\text{rad}\cdot\text{s}^{-1}$)，子午面内环流 3.0×10^{-3}—-1.5×10^{-3} $\text{m}\cdot\text{s}^{-1}$(其中差速转动已在图 6.33 中引用)

与图 6.44—图 6.46 相同时段环型、极性磁场沿经度的平均绘于图 6.47．与图 6.46d 子午面内区域性顺反时针等值线相对应，图 6.47 在相切柱体内北半球靠内核有较强指东向(与图 6.46 反时针相对应)的环型磁场(实线)，南半球指西向(与顺时针对应)，而内核与近地幔边界有较弱，方向相反(北半球向西，南半球向东)的环型场；极型场主要呈轴对称的分布，成分占主导的是偶极子和四极子，靠近内核处近相切柱体与液核大部顺时针极型磁场不同，呈反时针方向，这对应于相切柱体内北半球反时针的螺旋运动(图 6.46b)与东向(反时针)环型场(图 6.47a)相互作用，南半球则是顺时针螺旋(图 6.46b)与西向环型场(图 6.47b)相互作用，结果产生几乎对赤道面呈对称分布，但与绝大部分极型磁场极性相反(反时针)的极型场. 环型场变化幅度约由$+1.3\times10^{-2}$—-1.7×10^{-2} T(130—170 高斯)，而在近内核处，极型和环型场取最大值，分别可达2.1×10^{-2} T(210 高斯)和5.6×10^{-2} T(560 高斯). 特别是，由于相切柱体效应，在近内核处极型磁场南北呈对称分布，但极性与柱体外绝大部分反向. 可以预计，液核内，这种反向极性的存在，有可能为磁场极性倒转提供条件，因为如前所述，磁场极性取正或负，完全取决初始磁场的正或负.

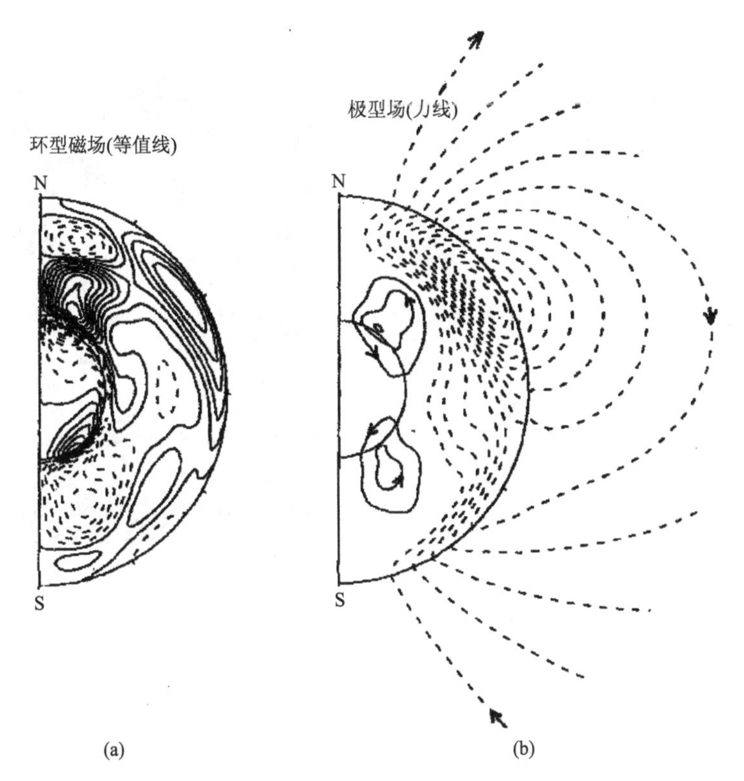

图 6.47　沿经度方向子午面内平均环型磁场等值线(a)，实线为向东，虚线为向西；极型磁场磁力线(b)，实线为反时针，虚线为顺时针(极型场已在图 6.33 中引用)

(iii) 伴有极性倒转的非线性发电机

1995 年在三维接近真实地球非线性地磁发电机的数值模拟中，观察到了磁场极性反转，它的意义是不言而喻的. 这是一座系统工程，两台超高速电脑在两地，一座在美国匹兹堡(Pittsburgh)高速电脑中心，一座位于美国新墨西哥州洛斯·阿拉莫斯国家实验室(Los Alamos National Laboratory)，平行运转，方程运转仅一个时间步长耗时达 15d，总共模拟 300000(30 万)年地磁发电机过程，若地磁场自由扩散时间τ_d取作 20000(2 万)年，则跨越约 15 个地磁场衰变周期，最后不仅得到与地磁场基本结构特征，长期变化一致的结果，而且首次实际观测到地磁场极性反转，显示地球靠自身运动与磁场相互作用的非线性过程可以实现磁场极性的倒转(Glatzmaier and Roberts，1995a，b；Roberts and Glatzmaier, 2000)．模拟计算的基本方程，边界条件与以上无量纲化电磁流体运动学方程数值解，并无原则的不同，这里着重介绍其中主要结果，特别是磁场极性的反转过程．

可以预料，液核内的运动应与图 6.46 相近，特别有意义的是发电机过程瞬间拍下的核内运动的“照片”(图 6.48)，明显呈现出快速转动与地球液核、内核相切柱体周围的运动：在近内核显示很强指东向的剪切运动，而远离柱体的核幔边界则很弱，这也充分显示内核在发电机过程中的重要作用，特别是在环型磁场的产生和演化过程中的作用．图中蓝色网面是液核表面，红色是内核表面，黄色是剪切运动较强的区域，显示出明显的相切柱体的几何形状．

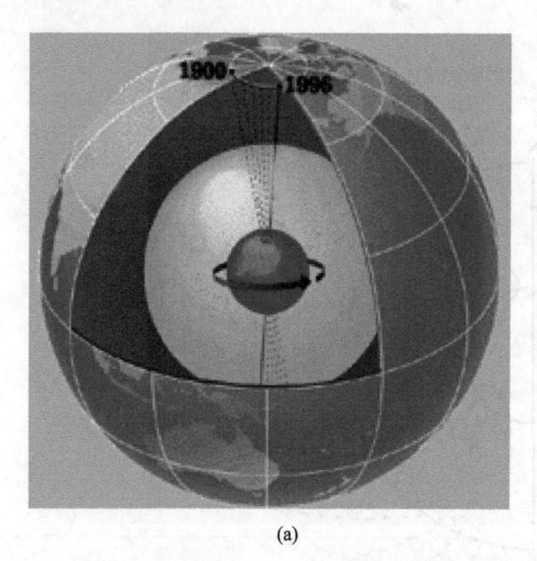

(a)

(b)

图 6.48　内核的重要作用(见彩插)

(a) G–R 发电机过程采用“快速”转动内核：相对地幔 1900—1996 年转动约 90°(1°/a)；(b)瞬间拍下的地球液核内的运动，蓝色网为 CMB，红色为 ICB，黄色为剪切运动较强的区域，呈现明显的液核内相切柱体的几何特征

所有发电机模型，无论是运动学还是非线性，无一例外结果都呈现磁场偶极子特征，格拉兹梅耶-罗伯兹(G–R)非线性数值模型也不例外，没必要就结果偶极子特性做详细讨论，有趣的是 G–R 模型给出了地核内部磁场的三维结构(图 6.49a)，包括放大后的结果(图 6.49b)．从图中看到地核内磁力线，东西、南北、上下、里外纵横交错，可用“混沌”(Chaos)两个字来描述．有趣的是，内部如此混沌的磁场不仅在核外表现为明显偶极子磁场特征，而沿经度平均后，地核内部子午圈内，极型场(图 6.47b)、环型场(图 6.47a)却井然有序．特别这次数值结果，图 6.50，其中最下一行，每张图分左、右两部分，左半侧蓝线表示极型场，在核外以偶极子磁场为主，核内北半球较南部强度要大，赤道附近核幔边界(CMB)强度明显变弱；环型场(图中为等值线)北部相切柱体内以反时针(东向)

为主，南半球以顺时针(西向)为主(这与早年预测的以T_2^0为主的核内环型磁场北南反向一致)，北部强度高于南部，无论极型或环型场南北略呈不对称分布，但倒转后(最后一列)稳定磁场却呈南北对赤道明显的反对称分布.

(a)

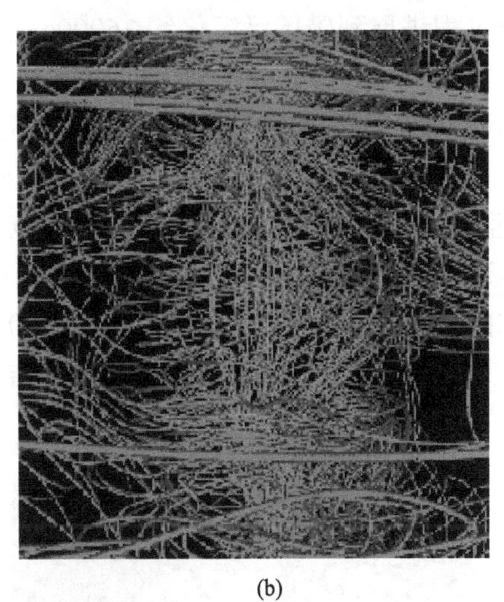

(b)

图 6.49　G–R 发电机结果(见彩插)

瞬间拍下的地磁场的三维结构(a)，蓝色磁力线指向里，黄线向外；地核内放大后的三维结构(b)，蓝色为液核内磁力线，黄色为内核中的磁力线分布

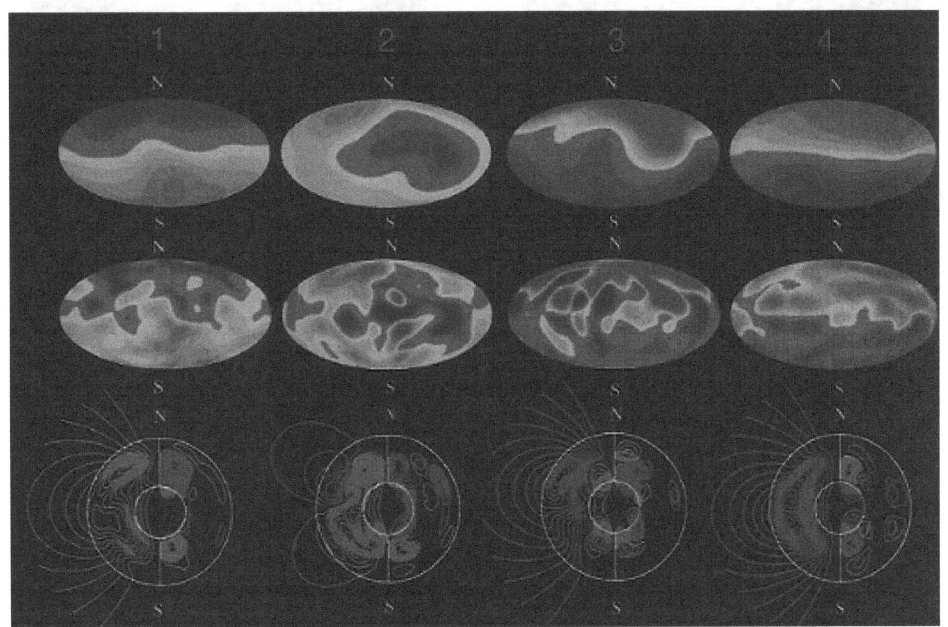

图 6.50　以 3000a 为间隔的 G-R 发电机过程磁场沿经度平均在子午面内的分布(见彩插)

小圆为内外核边界(ICB)，大圆为核幔边界(CMB)，子午面左侧为极型场的磁力线分布，蓝色为顺时针走向，红色为反时针走向；子午面右侧为环型场等值线图，蓝色为西向(顺时针)，红色为东向(反时针)，上图为 CMB 极型场与下图相同时间垂直分量等值线图. 在三个 3000 年间磁场由正常(相对现在而言)极性(左端)到反转极性(右端)；中间和顶部两行，则分别给出各时段核幔边界和地球表面径向分量的等值线. 如期所料，地表的偶极子特征无论倒转前，还是倒转后，都较核幔边界，特别是核内，更为显著

不用说，G–R 发电机模型最重要的成果莫过于观测到了地磁场极性倒转的全过程(图6.50)，不仅如此，而且捕捉到极性几近倒转但最后又恢复原来极性的全过程(图6.51)．毫无疑问，两者，即倒转最后发生，和倒转即将发生，但最终没有发生，同等重要．当模拟过程进展到磁场已演化约 36000a 时，磁场经历了约略多于 1000a 近乎倒转，但最后恢复原极性的过程．图 6.51 给出了这约 1000a 间，前 500a 倒转几近发生(图 6.51a)，后 500a 磁场恢复原极性(图 6.51b)，以及两者之间(图 6.51c)三个时段的磁场三维结构．前 500 年，磁场几近倒转，北略偏西方向磁力线向外(黄色)，180°，即南略偏东磁力线向内(蓝色)，几乎与图 6.49 磁场结构反向，但过 500a 后磁场已近乎没有偶极子特征，似乎呈现四极，500a 后极性又恢复到与图 6.49 一样的极性，这似乎与古地磁结果某些过渡状态的事实吻合．这样的过程在模拟 300000a 的演化中发生多次，但磁场倒转未最后稳定，其原因可以从观测前 500a 的磁场结构找到线索．从图中可以看出，尽管外核磁场反

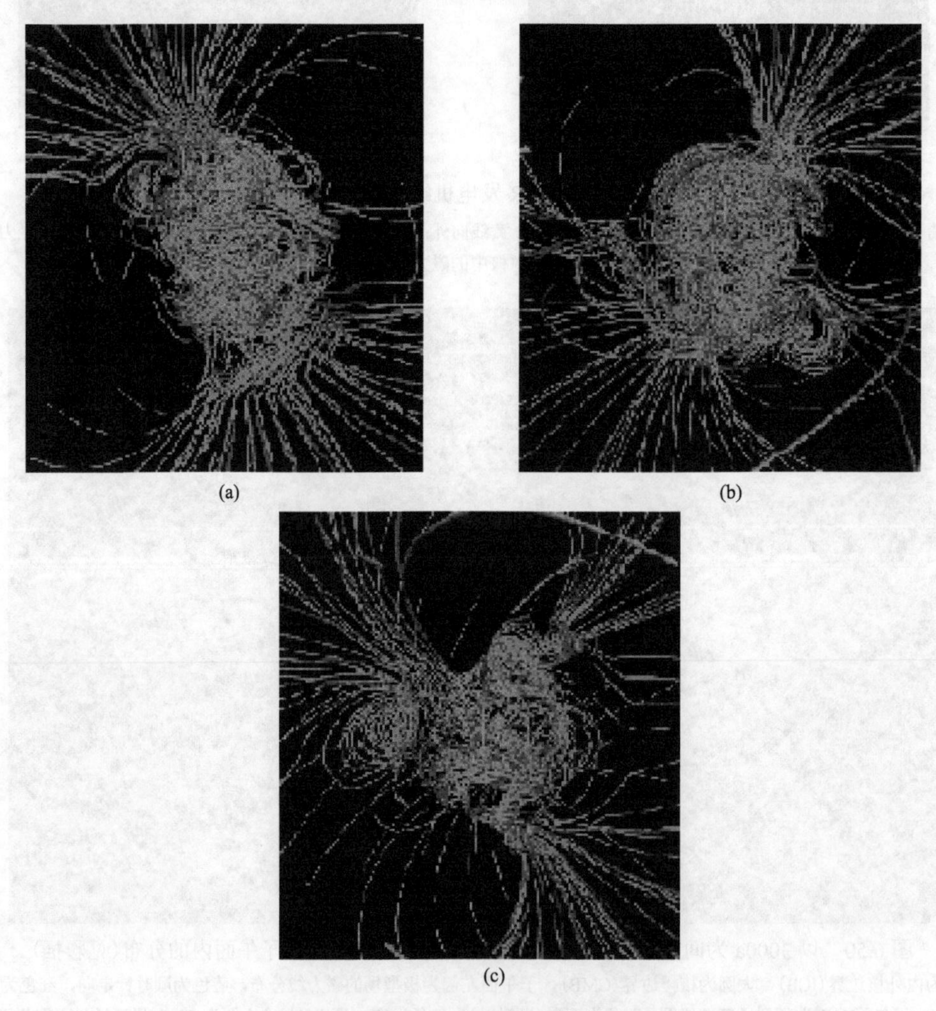

图 6.51　约 1000a 间磁场几近倒转(a)，后又恢复原极性(b)，中间似呈四极子状态的磁场(c)演变立体图(见彩插)

值得注意的是，b 图虽几近反向但内核磁场却无显著变化(与图 6.49 比较)

向，但内核(黄线)磁场与图 6.49 比较并未反向，因为与外核不同，内核磁场演变(方程(6.15.1)中 V=0)，全依赖磁场的扩散衰减，很显然τ_d远大于 1000a 的时间，正因为内核磁场并未反向，从而几近倒转的磁场又恢复到原来的极性．从这里又进一步证实，内核在发电机过程中所扮演的重要角色．正因如此，磁场倒转发生不仅随机，而且时间周期统计结果很长．

虽然如上所述，磁场极性倒转发生很困难，但 G–R 模型模拟过程中，最后终于观测到了磁场极性的倒转．图 6.50 绘出了 3000a 为间隔约 10000a 磁场发生极性倒转的全过程，图中磁场是沿经度平均的结果，极型场磁力线分布绘于子午面的左侧，环型场等值线绘于右侧，极型场蓝线代表磁场极性与现代极性相同(即顺时针方向)，红色表示极性相反(反时针方向)，环型场红色代表向东(反时针)，蓝色表示西向(顺时针)，相应年代磁场垂直分量(B_r)在核幔边界的等值线图绘于上方．从图中可以看到，倒转是从局部极型场开始的，距正常场 3000a 后，北半球一角，极型场已由原来顺时针(蓝线)变为反时针(红线)，同时磁场强度已大大降低，环型场除强度下降外，方向未变；又过 3000a 极型场已经反向，但强度还较弱，环型场极性仍无显著变化，值得注意的是，这时内核极型场并未反向(仍旧蓝色)，但环型场北半球已经反向，又过 3000a 后，极性反转并趋稳定．这次约 300000a 磁场演化过程结束后，改变核幔边界条件又运转了两次，一次边界条件改为均匀的热流密度，即 Q_B=常数(原来模型为等温边值)，结果没发生倒转，另一次取与实际地球更为接近的非均匀热流，即 $Q_B=Q(\theta,\ \lambda)$，极性倒转两次(Glatzmaier，2012)．

G-R 发电机模型多数输入参量是与实际地球相像的，所得结果除偶极子磁场的特征外，诸如近代磁场约每年 0.2°西向漂移，磁场倒转期间磁场行为与古地磁测量结果相符，以及第一次模拟到磁场极性的反转等都表明它的巨大成功．但其中有两项与真实地球相差较大的参量：第一，内核相对于地幔，或者说相对于地球平均转动速度$\boldsymbol{\Omega}$ 的差速转动，G-R 模型中，内核转速较地幔约快 2°/年(按图 6.48，似应为～1°/年)，这较一般可接受的结果高一个数量级(Merrill et al., 1998)．虽然地震波的内外核边界的传播检测到内核有较快的转动，但至今特别是定量的转速并没有肯定的结果，但 2°/年(或 1°/年)肯定远高于地核可能的转速．从地球液核动力学，发电机过程都可以看到，内核扮演着重要角色，而之所以如此，除地核，即液核和外核的几何特征外，重要因素是内核的转速，因此放大了地核差速转动在 G-R 发电机模型的作用．第二，黏滞系数ν 在 G-R 模型中高出液核可以接受的值约三到四个量级，这一点我们在前面已经指出，当今计算机能允许ν的最低值为 2 m^2s^{-1}，这是目前所有发电机数值模拟都存在的技术问题，格拉兹梅耶(G. A. Glatzmaier)自己也说，这个问题的解决要等约 10 年后计算机的发展．增大黏滞等价于阻止尺度较小的涡流的发展(黏滞扩散与 L^2 成比例，L 为运动的特征尺度)，以致目前模拟计算中所模拟的液核内的运动以大尺度的层流(Laminar convection)运动为主，而理论上，小尺度的对流运动是存在的．当ν值减少后，除计算模拟的技术问题外，当小尺度的运动，以及与其相应的小尺度磁场存在时，可能还会带来电磁、流体力学方程解和相应发电机过程的稳定和收敛性的理论问题．

除以上内核转动和黏滞摩擦两项外，还要指出：第一，关于场的对称性，其中也包括两点，即相对于相切柱体和相对于初始条件．图 6.35 中，20 世纪 80 年代地磁场垂直分量 B_r 在 CMB 等值线的分布，南北半球二对四扇叶片显示与相切柱体几何的“对称”性，而且 30 余年来，无论是位置和强度都相对稳定，G-R 模型没有显示相似的结果，但 G-R 模型液核运动却显示明显的相切柱体的特性(图 6.48)；至于初始条件，§ 6.5.2 节在发电机约束一节指出，电磁方程(6.15)，无量纲方程(6.15.1)也同样，若 $\boldsymbol{B}$ 满足方程，则 $-\boldsymbol{B}$ 也是方程的解，磁场取正极性，或反极性完全取决于初始条件，但 G–R 模型则从未谈模型的数值解与初始条件的关系．倒是克里琴申(U. R. Christensen)的数值模拟明确给出了磁场的初始值，偶极子极型场加 T_2 环型场，B_r，B_λ的最大值均等于 5(相对于磁场单位$(\rho\mu\eta\Omega)^{1/2}$)，初值取负，则磁场极性反向．图 6.52 给出了克里琴申等人模拟结果，磁场垂直分量 B_r 在 CMB 等值线和液核一半深度表面速度流线图，图 6.52 显示无论是磁场，还是运动，都显示出与相切柱体和赤道明显的“对称”性，而 G-R 模型图 6.45 结果，两种对称，对相切柱体尚可，但相对赤道，似乎并不明显．

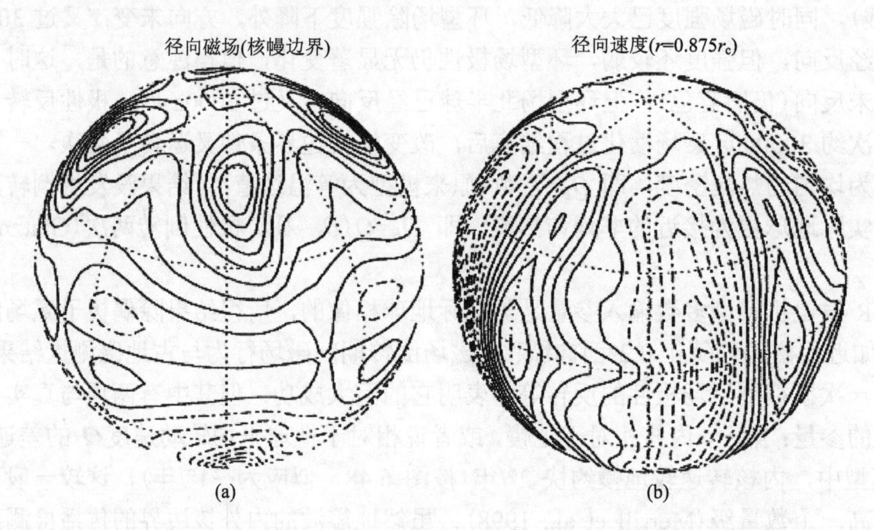

图 6.52　克里琴申(U. R. Christensen)等人非线性发电机数值模型

(a) CMB B_r 等值线图；(b) 液核一半深度(r=0.875r_c)球面运动流线分布(模型时间单位$\tau_\nu=d^2/\nu$，即以黏滞扩散时间常数为时间单位，$d=r_0-r_c$，即液核深度，ν为运动学黏滞系数，速度 $\boldsymbol{V}=\nu/D$)

第二，模拟以偶极子磁场为主要特征的极型场和极性倒转固然是必须的，也是重要的，当有大量模拟结果后，也把模拟结果，磁场的统计分布与已有古地磁场的结果对比找出异同，不仅对改进发电机模型有利，同时也有益于古地磁场的研究．还有倒转前后磁场强度，地理分布包括统计特性，无疑对地磁学、古地磁都有重要意义．

最后，一个思考问题：即正反极性(相对于现代磁场)的概率，目前古地磁资料，关于磁场的极性 160Ma 以来，即中生代侏罗纪中期以后记录都很可靠，330Ma 前，即古生代石炭纪中期以后可说是准可靠，更远时代则不准确；从这些已有的记录看似乎正反极性概率趋于相近，但并无毋庸置疑的结论．正反极性概率应靠更多古地磁资料的积累．但磁场发电机的模拟也能提供有价值的线索；另外，理论上宏观宇宙是以右手法则为主导的空间，地球转动$\boldsymbol{\Omega}$服从右手法则，现代磁场的极性、磁场以及相应的电流是左手，但电流源于电子的反向运动，因此地球的转动与磁场的源，即电子的运动构成右手体系，符合宇宙空间右手规则，从这个角度看地磁场正常极性应否为主？而地球的基本动力学特征是转动，服从右手法则，而地磁场偶极磁场占主导的特征无疑是与这一转动有关，虽然发电机模型中的差速转动是相对于地球转动坐标而言，但若没有地球转动，液核动力学则完全不复存在，更何况所有发电机模型科里奥利力都有举足轻重的作用，地球液核、内核差速转动、剪切运动产生很强的环型场，而正是科里奥利力产生的螺旋运动(helicity)把极型场转变为环型场，而科里奥利力无疑是地球转动的结果，而与地球转动“对称”（或说匹配)的磁场应该是正常极性.

6.4　古代磁场的长期变化

§5.3.2“地球(基本)磁场的长期变化”，包括强度的衰减、磁极位置的移动以及非偶极磁场西向漂移等，均属自约 1840 年后现代地磁测量的结果．由于时间的限制远不能揭示地磁场长期变化的规律．毫不夸张地说，古代地磁场包括考古地磁(史期和史前)、古地磁(地质年代)的测量和研究结果，对于地磁场长期变化的研究做出了巨大贡献，在一定程度上弥补了现代资料的不足．§6.3“地磁场的成因”的发电机理论表明，地磁场的维持及其变化是地球液核内部能量转换，以及运动和磁场相互作用的结果，由于电磁感应，又被地幔，特别是下地幔的电导性和运动所修正．因而可以预期，地磁场的长期变化应可揭示地球内部某些动力学特性，是固体地球物理的重要组成部分．古代地磁场将分三个时间段：一，过去约 3 万年；二，过去五百万年至千万年；三，千万年至四亿年前的地质时期．其中第一时段地磁场没发生过极性倒转，第二时段发生过倒转，但各板块位置与现代无显著差异，故无需对古地磁场测量作古磁纬校正，而第三时段则与极性倒转和大陆板块移动两者都有关系，可以预期，这一时段地磁场的长期变化应与板块动力学有关.

古代地磁场的测量扩展了人们的时间视野，但它的空间覆盖、均匀程度、测量数据的可靠性远不能与现代地磁场的测量相比．这就决定了，通过古代磁场测量研究地磁场长期变化，必须用统计的方法．而地磁场长期变化自身的复杂性，包含偶极子与非偶极子等多种成分，不同性质的变化，特别是变化的长时间特征，需要长达几十年、百年、万年乃至几亿年的资料才有可能揭示其规律，也要求必须用统计的方法．自 20 世纪 50 年代至今，虽然古地磁在资料积累和长期变化研究中取得了可喜的进展，但由于古地磁资料和长期变化两者自身的性质，迄今为止，统计分析得到的所有结果仍存在很大的不确定性．从这个意义上讲，长期变化研究中，更广地区，更多不同地质年代古地磁资料的积累，仍应是第一位的.

与地磁场长期变化相联系的地球内部动力学包括两个方面，一是由长期变化反演核幔边界液核的运动，二是地质时期长期变化与大地板块运动的关系．由于长期变化结果的不确定性，无疑由此所推断的地球内部动力学也同样存在不确定性．减少这种不确定性唯有依靠地球物理场的综合观测和研究，例如地球内部，特别是液体地核的运动都与地球转动相联系. 众所周知，古地磁学在“大地板块”运动学中做出了重要贡献，包括：一，古地磁极的移动；二，地磁场极性的倒转. 两者结合证实了作为板块大地构造学说重要内容的早期“大陆漂移”和“海底扩张”假说的科学性. 而地磁场起源于与整个地球动力学相联系的液核内部动力学，可以断言，假以时日，地球长期变化的研究一定可以对板块构造动力学做出应有的贡献. 当然，与板块大地运动学是 20 世纪 60 年代包括地震、地球重力、地热、海洋地球物理测量等“上地幔”计划综合研究的结果一样，可以预料，地磁长期变化本身和板块构造动力学的突破也必将是这种综合研究的结果.

6.4.1 过去 3 万年古地磁场

(1) 古代地磁场

图 6.53 给出了约 3 万年前古代和现代(1840—1990)地磁场强度的统计分布，表 6.9 和图 6.54 为古代熔岩产地的地理位置. 由各地采集的熔岩样品按 § 6.2.2 所述逐步加热退

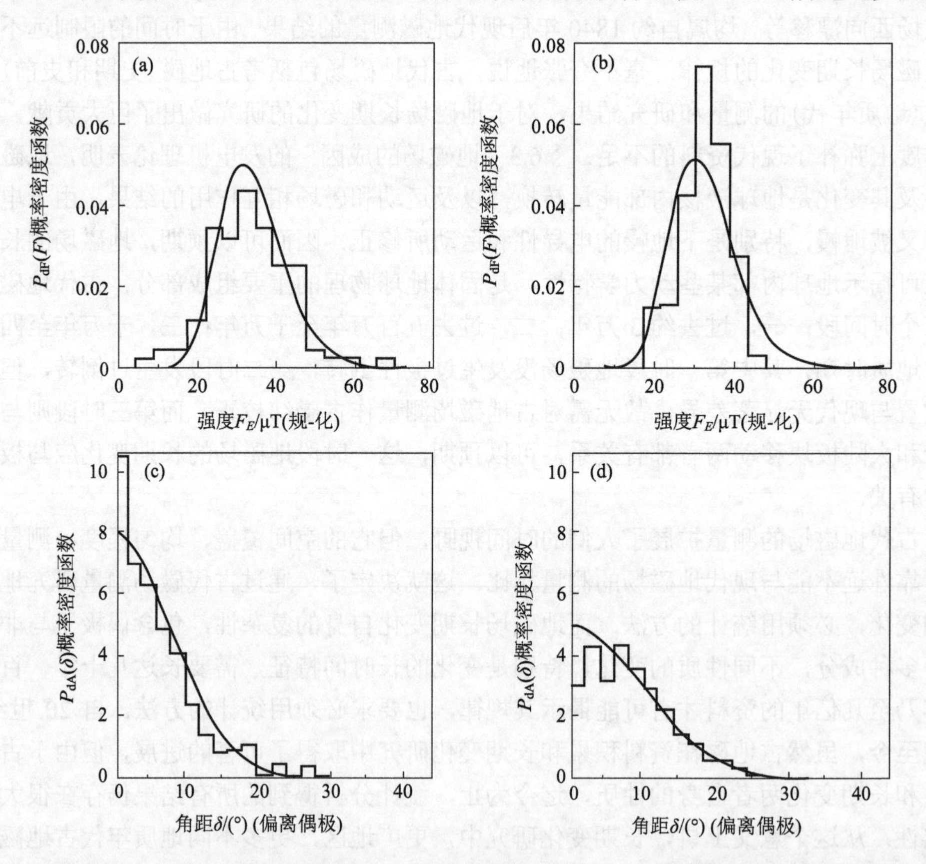

图 6.53 3 万年来古地磁场和近 150 年(1840—1999)地磁场强度 F_E 以及测量标本磁场方向偏离中心偶极点的角距的统计分布(光滑曲线为拟合 x^2 分布)

其均值和均方差为：古代(左图) $\overline{F}_E = \overline{g}_1^0 = 34.0 \pm 10.9\ \mu T$，现代(右图) $\overline{F}_E = 32.0 \pm 5.8\ \mu T$，角距分别为：$\overline{\delta} = 12.4° \pm 9.4°$，$\overline{\delta} = 12.8° \pm 6.2°$. $1\mu T = 10^{-6} T$ (Love, 1999)

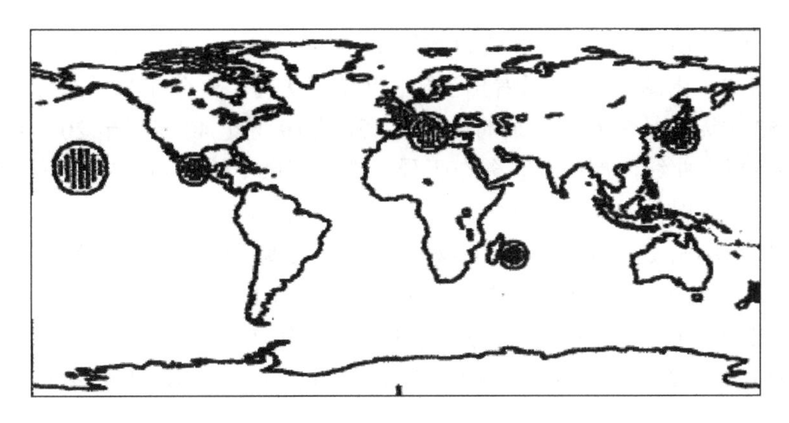

图 6.54　标本采集地的地理分布(Love, 1999)

表 6.9　火成岩标本采集点的地理位置和生成年代(Love, 1999)

地区	纬度/°N	经度/°E	标本数	年代/a
法国	45.7	3.0	6	1.7–12.0
夏威夷	19.5	204.5	22	0.3–13.2
	19.5	204.5	6	13.5–31.1
	19.5	204.5	7	0.8–17.9
日本	36.0	138.5	6	3.0–6.0
	35.5	138.7	6	9.0–13.7
	42.8	141.3	1	14.0
	35.3	133.6	2	17.0–21.0
墨西哥	19.2	260.8	6	4.1–21.9
	19.5	258.0	6	1.9–29.0
新西兰	–38.9	175.8	2	0.0–22.0
	–39.3	175.6	2	0.0–22.0
留尼旺岛(印度洋)	–21.1	55.5	9	4.8–11.0
西西里	–37.6	15.0	22	0.0–0.8

磁和再磁化过程按公式(6.4)求得所在地的磁场强度 F，再由公式(6.8)把不同测点的结果统一归化到同一参考点，例如赤道处的地磁场强度 F_E(F_E 与球谐分析中的高斯系数 g_{10} 相对应)．由各测点的古磁场方向，偏角 D 和倾角 I，按公式(6.10)可求得与其相应的虚磁极位置 $P(\theta_0, \lambda_0)$，其中θ_0，虚磁极与地理极的角距，即为该地所测岩石标本的磁化方向相对于轴向中心偶极子的偏离角距δ．图 6.53 同时给出了磁场强度 F_E与偏离角距δ的统计结果．Love(1999)用 x^2 分布拟合测量结果，即

$$f(x,\nu)=\frac{\left(\frac{1}{2}\right)^{\frac{\nu}{2}}x^{\frac{\nu}{2}-1}}{\Gamma\left(\frac{\nu}{2}\right)}\mathrm{e}^{-\frac{x}{2}},\quad \Gamma\left(\frac{\nu}{2}\right)=\frac{\sqrt{\pi}(\nu-2)!!}{2^{(\nu-1)}/2},\quad 0\leqslant x\leqslant\infty$$

式中，v为自由度，由样本数目 k 和约束数目 m 决定：$v=k-m$，其约束可以是均值或方差，若两者，则 $m=2$．由图 6.55 可以看出当自由度ν够大时，x^2 分布与正态分布 $N(u,\sigma^2)$ 一致，而图 6.53 中无论是 3 万年以来的古磁场，还是 19 世纪 40 年代至 20 世纪 90 年代的现代磁场四条拟合曲线，都与正态分布无异，即使有微小的差异，与岩石标本全球覆盖率、测量误差以及现代磁场仅 150 年的时间跨度相比，也是微不足道的．还有，图 6.53 显示，无论古代磁场，还是现代磁场，相对于轴向中心偶极子的偏离角距δ的最大或然值，即均值都为零，则δ取正和负的概率应该相同．当然，由于现代磁场时间跨度的限制，不可能给出δ取正或负值的全部分布，但跨度达 3 万年的资料应可给出角距δ的完整分布．下面将会看到，这种相对轴向中心偶极子完整的对称分布，较之图中给出的角距δ的均值更有意义．

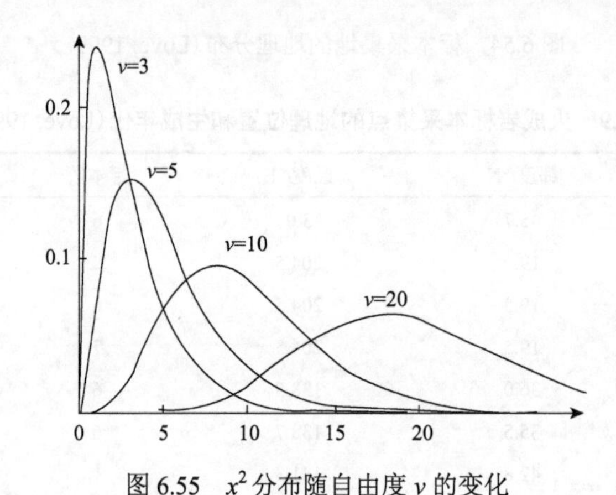

图 6.55　x^2 分布随自由度 v 的变化

由图 6.53 不难看出，过去 3 万年平均磁场强度 F_E=34.0 μT（34000nT），角距δ=12.4°，与现代磁场强度 F_E=32.0 μT，角距δ=12.8°很接近．可以相信，从统计意义上讲，两者可视为相等，而且平均结果应与轴向中心偶极子重合．后者与通常古地磁学原理的基本假定：地磁场足够长时间的平均为一轴向中心偶极子，即地磁偶极子与地理轴重合一致．这也是为什么说，角距最大或然值，即均值为零，较之两者角距δ相近更为重要．

（2）一个值得注意的理论观点

把以上结果推广，Love 假定地磁场由两部分组成：一部分为强度不变与地球转轴重合的轴向中心偶极子，另一部分为随时间变化的非轴向中心偶极子，但时间足够长时，其均值为零，即磁感强度

$$\boldsymbol{B}=\boldsymbol{B}_0+\boldsymbol{B}'(t),\quad \overline{\boldsymbol{B}}'(t)=0\,,\tag{6.167}$$

式中，第一项 $\boldsymbol{B}_0$ 为不随时间变化的常向量，即强度不变的轴向中心偶极子，另一项 $\boldsymbol{B}'(t)$ 为磁场随时间变化的成分．Love 由这一假定，即式（6.167）成立出发，得出：即使当时间 t 与地磁场的自由衰减时间 t_d 相比足够小，磁场冻结果扩散方程（5.26）中的扩散项也不能忽略，从而挑战通常地球液核中，方程（5.26）冻结项为主导的基本概念．而这一概念由地面地磁场的变化，反演地核内部液体的运动，从而研究其动力学的基础．因此，这里将对 Love 理论做较为详细的介绍，以便读者正确把握电磁流体动力学方程冻结和扩散过程在地磁学中的应用．

为了方便，这里不妨重复给出方程(5.20)，即

$$\frac{\partial \boldsymbol{B}}{\partial t}=\eta\nabla^2\boldsymbol{B}+\nabla\times(\boldsymbol{V}\times\boldsymbol{B})\text{，}\tag{5.20}$$

式中，$\eta=(\mu_0\sigma)^{-1}$称为磁扩散率．在§5.2中引入了无量纲的磁雷诺数R_M，

$$R_M=\frac{LV}{\eta},\tag{5.25}$$

若$R_M\gg 1$，方程(5.20)“冻结”效应为主，反之$R_M\ll 1$，则扩散效应为主．因这里讨论地磁场的时间平均结果，用方程(6.111)磁场扩散特征时间τ_d和运动$\boldsymbol{V}$与磁场相互作用加强磁场的特征时间τ_a，来表征磁雷诺数R_M更有意义，即

$$R_M=\frac{\tau_d}{\tau_a}.\tag{6.111}$$

若地核电导率$\sigma=3\times10^5\,(\Omega\text{m})^{-1}$，长度$L=3\times10^6\,\text{m}$(地核半径)，速度$V=0.18°/\text{a}$，与西向漂移相当，磁导率$\mu_0=1.26\times10^{-5}\,\Omega\text{sm}^{-1}$，则$\tau_d$和$\tau_a$的量级分别约$10^4\text{a}$和10a．这样磁雷诺数$R_M=1000$．因各参数取值的不同，$R_M$的估计值差别可达一个量级．但不管取值如何不同，$R_M\gg 1$确是肯定的，即当时间$\tau_g\ll\tau_d$时，方程(5.20)中冻结项将占主导．

进一步，地核内的运动向量$\boldsymbol{V}$，也分成平均和偏离两部分，即

$$\boldsymbol{V}=\boldsymbol{V}_0+\boldsymbol{V}'(t),\quad \bar{\boldsymbol{V}}'=0\tag{6.168}$$

将(6.167)，(6.168)代入方程(5.20)，并对方程两端对时间积分再求平均，注意式(6.167)，(6.168)中$\boldsymbol{B}'$和$\boldsymbol{V}'$对时间的平均为零，可得

$$O=\nabla\times\boldsymbol{\beta}+\eta\nabla^2\boldsymbol{B}_0\text{，}\tag{6.169}$$

方程(5.20)减去方程(6.169)，得

$$\frac{\partial \boldsymbol{B}'}{\partial t}=\nabla\times\boldsymbol{\beta}'+\eta\nabla^2\boldsymbol{B}',\tag{6.170}$$

其中，

$$\boldsymbol{\beta}=\boldsymbol{V}_0\times\boldsymbol{B}_0+\overline{\boldsymbol{V}'\times\boldsymbol{B}'},\tag{6.171}$$

$$\boldsymbol{\beta}'=\boldsymbol{V}_0\times\boldsymbol{B}'+\boldsymbol{V}'\times\boldsymbol{B}_0+\boldsymbol{V}'\times\boldsymbol{B}'-\overline{\boldsymbol{V}'\times\boldsymbol{B}'},\tag{6.172}$$

式中，向量上面横线代表时间平均．可以看出，方程(6.169)和(6.170)不是相互独立的，而是耦合的，这是由于方程(5.20)中的冻结项($\boldsymbol{V}\times\boldsymbol{B}$)不是线性的，而是双线性的．因核幔边界，液核内面电流的存在，只磁场的经向分量B_r连续，即这里只有B_r是可“测”的．故由地磁场的变化反演地核内部的运动时，都只考虑磁场$\boldsymbol{B}$的径向分量B_r，运动$\boldsymbol{V}$是水平方向，即$\boldsymbol{V}=(0,\ v_\theta,\ v_\lambda)$．详细的反演过程将在§6.5“地球内部动力学”中讨论．应用向量公式

$$\nabla\times(\boldsymbol{V}\times\boldsymbol{B})=(\boldsymbol{B}\cdot\nabla)\boldsymbol{V}-(\boldsymbol{V}\cdot\nabla)\boldsymbol{B}+(\nabla\cdot\boldsymbol{B})\boldsymbol{V}-(\nabla\cdot\boldsymbol{V})\boldsymbol{B},$$

则方程(6.169)，(6.170)只取径向分量，即方程在$\boldsymbol{r}$方向的投影

$$[\nabla\times(\boldsymbol{V}\times\boldsymbol{B})]_r=-(\nabla_h\cdot V_h)B_r-(V_h\cdot\nabla_h)B_r,$$

即

$$[\nabla\times(\boldsymbol{V}\times\boldsymbol{B})]_r=-\nabla_h(V_hB_r). \tag{6.173}$$

由(6.173)，可得方程(6.169)，(6.170)在径向($\boldsymbol{r}$ 方向)的方程为

$$O=-\nabla_h\cdot\overline{\beta}_h+\frac{\eta}{r}\nabla^2 r\overline{B}_r, \tag{6.174}$$

$$\frac{\partial B_r'}{\partial t}=-\nabla_h\cdot\beta_h'+\frac{\eta}{r}\nabla^2 rB_r', \tag{6.175}$$

$$\overline{\beta}_h=\overline{V}_h\overline{B}_r+\overline{V_h'B_r'}, \tag{6.176}$$

$$\beta_h'=\overline{V}_hB_r'+V_h'\overline{B}_r+V_h'B_r'-\overline{V_h'B_r'}. \tag{6.177}$$

在球坐标中∇_h=(0，$(1/r\sin\theta)(\partial/\partial\theta)(\sin\theta)$，$(1/r\sin\theta)(\partial/\partial\lambda)$)，且与 V_h 方向一致，即 V_h=(0，v_θ，v_λ)，或(0，v_θ，0)，(0，0，v_λ)，则相应∇_h分别为∇_h=(0，∇_θ，∇_λ)，或(0，∇_θ，0)，(0，0，∇_λ).

若应用条件(6.111)，即 $R_M\gg1$，方程(5.20)只保留“冻结”项，则方程变成

$$\frac{\partial B'}{\partial t}=-\nabla_h\cdot(\overline{\beta}_h+\beta_h'), \tag{6.178}$$

可以看出，即使忽略扩散项，方程(6.175)也不会导致(6.178)，而是多一项$\nabla_h\cdot\overline{\beta}$，即$\nabla_h\cdot\overline{\beta}_h$对磁场的长期变化也做出贡献．前已说明，方程(6.174)和(6.175)是相互耦合的，若按方程(6.175)，(6.174)也忽略扩散项，则

$$\nabla_h\cdot\overline{\beta}_h=0, \tag{6.179}$$

显然(6.179)是错误的．实则(6.174)中，左侧是“0”，与之相比，扩散项绝不可忽略，物理上，(6.174)中的两项是平衡，不能忽略其中任何一项，不论大小，此其一；第二，实际上不难分辨，方程(6.175)与运动有关的诸项中，并不都满足磁雷诺数 R_M>>1，即不满足扩散项可忽略的条件，与方程(6.174)相同，他们之间不是忽略与不忽略的问题，而是在演化过程中，相互作用，彼此平衡．因此，结论无疑是：研究地磁场的长期变化，或用长期变化反演液核内部运动时，通常忽略方程(5.20)的扩散项是错误的.

可以看出，这一结论成立的条件是：第一，地磁场存在一个不变的常向量 $\boldsymbol{B}_0$，它等于地磁场 $\boldsymbol{B}(t)$，在足够长时间 $t\geqslant\tau_d$ 的均值，即 $\overline{\boldsymbol{B}}(t)=\boldsymbol{B}_0$；第二，方程(6.174)与 $\boldsymbol{B}_0$ 相关的冻结项$\nabla_h\overline{\beta}_h$和扩散项$\eta\nabla^2\overline{B}_r$相平衡；第三，偏离磁场 $\boldsymbol{B}_0$ 和运动$\overline{\boldsymbol{V}}$的部分，足够长的时间平均$\overline{\boldsymbol{V}'}=\overline{\boldsymbol{B}'}=0$. 图 6.53 表明，过去 3 万年的古地磁场的平均与现代磁场的平均相近，即 $\boldsymbol{B}_0$ 存在；在 § 6.4.4 中将会看到，不同地质时期 $\boldsymbol{B}_0$ 并非不变，但这种变化的时间尺度 $t\gg\tau_d$，因而考虑这种长时间尺度的磁场变化，方程(5.20)或(6.174)的扩散项也不能忽略；但这种长时间磁场的变化，并不影响 $\boldsymbol{B}_0$ 存在的结论，$\boldsymbol{B}_0$ 存在，则方程(6.174)成立，即条件二成立；至于条件三，图(6.53)中，古磁场与现代磁场都接近正态分布，则$\overline{\boldsymbol{B}'}=0$成立，至于$\overline{\boldsymbol{V}'}$虽无直接测量结果，但与 $\boldsymbol{B}'$相关，则假设$\overline{\boldsymbol{V}'}=0$也是合理的，在 § 6.4.2 中将会看到，更古代古地磁的结果也支持这一假定.

上述结论，即方程(5.20)不能忽略扩散项，从数学物理角度不难理解：数学上，只要磁场在与τ_d可比拟的时间尺度的统计呈正态分布，则方程(6.171)到(6.174)，(6.175)的推导成立，即相应上述结论成立．物理上，方程(5.20)所描述的是磁场生成和变化的

全过程，对地磁场来讲，这一过程的时间尺度τ_s要远大于其扩散的特征时间τ_d，$\tau_s \gg \tau_d$，故(6.111)中磁场演化的特征时间不再是τ_a，而应该是与τ_d可比拟的时间尺度，即R_M近似等于1，方程(5.20)不能忽略扩散项.

但在实践中应用方程(6.169)，(6.170)尚有困难．由方程(5.1.3) $\nabla\cdot\boldsymbol{B}=0$，在核幔边界$B_r$连续，但切向分量$B_h$不连续，故在近地核表面处无法估算扩散项$\nabla^2\boldsymbol{B}$．假定地幔电导率可以忽略，则由地面观测值，由高斯球谐级数展开求得的高斯系数，令$r=a_c$，a_c为地核半径，由公式(5.20)，可得B_r在地核表面处的球面分布．但在地核内，公式(5.20)不再适用，故磁场的垂直梯度无法估计，因而方程(6.174)中的扩散项$\eta\nabla^2\overline{B}_r$同样无法确定，即无法由(6.174)反演平均运动$\overline{\boldsymbol{V}}$．进而也不能由方程(6.175)反演运动$\boldsymbol{V}'$，即使那里扩散项有理由忽略，磁场$B_r$的水平梯度$\nabla_h$可以确定，因为方程(6.174)，(6.175)是相互耦合的．正因为如此，这里说“一个值得注意的理论观点”，至于在实践中，忽略扩散项，所产生的方程(6.178)与(6.175)的差异，即$\nabla_h\overline{\beta}_r$项可能产生的影响，将在§6.5.1(5)中讨论.

6.4.2　过去5Ma和10Ma的古地磁场

选择过去5Ma和10Ma时段，因为这一时期虽历经约20余次极性倒转，但地极位置仍接近现代地理极，故全球各地古地磁资料不需要作极移较正，也便于古地磁的测量结果与现代磁场的比较．这里着重的仍然是古地磁测量结果的统计方法和磁场的统计模型，即强调统计在古地磁场研究中的重要性．当然，任何统计模型都不可避免地包含不同程度的不确定性，因而需要更多资料，包括时间和空间的积累、检验和完善，逐步减少其不确定性.

(1)古地磁长期变化的统计模型

(ⅰ)近代磁场的观测结果

若定义地磁场与n阶球谐系数相应的能量密度为

$$\overline{B}_n^2=\int_0^{\pi}\int_0^{2\pi}(\boldsymbol{B}_n\cdot\boldsymbol{B}_n)\sin\theta\mathrm{d}\theta\mathrm{d}\varphi,$$

式中，$\boldsymbol{B}_n$为n阶球谐项的磁感应强度向量．由公式(5.229)可得

$$\overline{B}_n^2(r)=\left(\frac{a}{r}\right)^{2(n+2)}(n+1)\sum_{m=0}^{n}\left[(g_n^m)^2+(h_n^m)^2\right], \tag{6.180}$$

式中，$B_n(r)$为B_n在地球半径$\boldsymbol{r}$处的取值．式(6.180)表明，当$r<a$时，$(a/r)^{2(n+2)}$项随n增加而增加，而高斯系数随n增加而减少，因此存在一个球面$r=r_0<a$，在这个球面上$\overline{B}_n(r_0)=B_0$，B_0为与n无关的常数，即当$r=r_0$时，高斯系数能量谱在这一球面上为白噪声谱．不难由(6.180)得出，当，也只有当

$$(n+1)\sum_{m=0}^{n}\left[(g_n^m)^2+(h_n^m)^2\right]=\left(\frac{r_0}{a}\right)^{2n}b \tag{6.181}$$

成立时，则r_0为这一高斯系数不依赖n的球面半径，其中，b为常数．若(6.181)成立，则在地球表面$r=a$时，式(6.180)成为

$$\overline{B}_n^2(a)=\left(\frac{r_0}{a}\right)^{2n}b,\tag{6.182.1}$$

(6.182.1) 两边取对数 ($\lg_{10}$)，得

$$\lg\overline{B}_n^2(a)=2\lg\left(\frac{r_0}{a}\right)n+\lg b.\tag{6.182.2}$$

(6.182.2) 表明，若 (6.181) 成立，则在地球表面，与 n 阶球谐系数对应的地磁场的能量谱密度的对数与阶数 n 呈线性关系，因 $r_0/a<1$，直线斜率 $2\lg(r_0/a)$ 为负，即 $\lg\overline{B}_n^2(a)$ 随 n 的增加直线下降．这一结果也表明：利用地面测量结果得到高斯系数 g_n^m 和 h_n^m，即可验证式 (6.182) 是否成立．若 (6.181) 答案是肯定的，则无疑，由直线的斜率 $\lg(r_0/a)$ 可求得这个球面所在位置 r_0．

图 6.56 为地磁场能量密度 $\overline{B}_n^2$ 随高斯系数阶数 n 的变化，资料包括 GSFC1980 (美国宇航局戈达德 (Goddard) 空间发行中心 1980 年的地磁场模型)，可以看出，除 n=1 外，$\overline{B}_n^2(a)$ 的对数与阶数 n 呈良好的线性关系，直线斜率约为 0.53．无疑这一斜率会存在一定的误差，因此不宜直接由斜率的初始值计算半径 r_0，而应以此为基础，加上物理的判断，来确定 r_0 的位置．

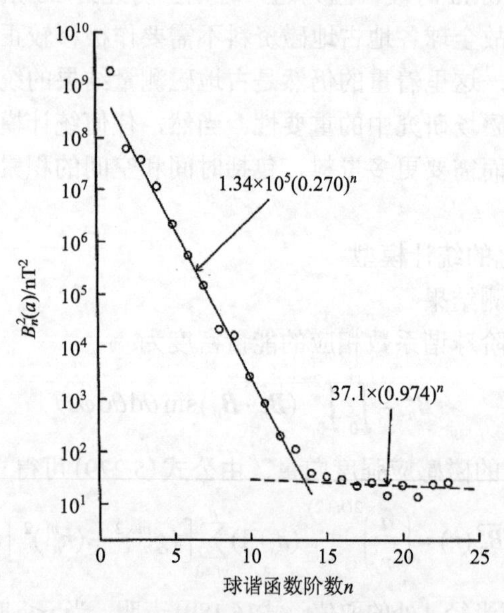

图 6.56　平均地磁场能量谱与高斯系数阶数 n 的关系图

空心圆圈为 GSFC1980 资料 (Constable and Parker, 1988)．其中，直线是由 (6.182.2)，取 r_0 在核幔边界，即地核半径 $r_0=R_c$，拟合 $n\geqslant2$ 资料的直线

以直线斜率误差为 2%，则相应 r_0 的估计误差可达 50—100km，因此不可避免不同资料对 r_0 有不同的估计，范围达 200km 应是允许的．若取 r_0 为地核半径，$r_0=R_c$，R_c/a=0.547，则直线斜率约为 0.524，与 0.53 接近．更为重要的，物理上：无疑在地球内部存在一个半径为 r_0 的球面，在这个球面上，磁场能量密度谱与地球表面 r=a 不同 (图

6.56)，不再与高斯系数阶 n 有关，而是白噪声的谱密度，无疑，这一位置应是 $n \geqslant 2$ 的源场性质决定的，若 r_0 在核外，则在距离 r_0 不远的核内，应有一个物理图像较白噪声谱更为复杂的源场，因 $r_0>R_c$，按(6.182.2)，在源场球面上，将有：$B_{n+1}^2 > B_n^2$，即随 n 增大，能量密度变大，这是不可能的，因磁场的衰减时间 $\tau_{\mathrm{d}} \propto (L_n)^2$，即场的特征线度 L_n 越小，衰减越快；若 r_0 在核内，即 $r_0<R_c$，不仅更多场的变化被屏蔽，而且较源位于 $r_0=R_c$，需要更多能量才能产生同样的磁场分布，这与物理现象的"最小能量原理"相悖．因此从现代磁场的测量，高斯系数 $n \geqslant 2$，即非偶极磁场的功率密度谱在 $r=R_c$ 的地核表面应接近白噪声谱，虽这是统计结果，存在达±100km 的误差，但由物理的考量，r_0 应在地核表面，$r_0=R_c$．这样方程(6.182.1)成为

$$\overline{B}_n^2(a) = \left(\frac{R_c}{a}\right)^{2n} \alpha^2. \tag{6.183}$$

图 6.56 的直线即是根据式(6.183)绘制的．由图上 $n=0$ 的纵轴截距约 2.885，可估计 $\alpha=27.7$ μT(1 μT=10^{-6} T)，$r_0=0.547a \approx R_c$．

在地核表面地磁非偶极场能量密度的白噪声特性除自身深刻的物理内涵外，还具有实际应用．第一，因非偶极磁场是地磁场长期变化的主要成分，由能量谱的白噪声位于地核表面，则可推断长期变化源应处于地核表面；第二，能量谱的白噪声性，决定了磁场的非收敛性，而在地球表面地磁场却随 n 的增加迅速收敛，由于测量误差的影响，地面磁场的高斯系数只能计算到有限项，例如国际地磁参考场(IGRF)目前只取到 $n=13$，这无疑给利用地面长期变化反演地核表面流体的运动带来了困难，在§6.5.1(5)小节中，这种影响称为高斯系数的截断效应；第三，在一定的假设前提下，由方程(6.183)可以外推地磁非偶极磁场长期变化的统计模型．

(ii)非偶极磁场长期变化统计模型

Constable 和 Paker(1988)提出：若假定 $n \geqslant 2$ 的高斯系数 g_n^m，h_n^m 为随时间变化、相互独立的随机变量，且遵从相同的正态分布，分布函数只与 n 有关，即

$$\begin{aligned} &E(g_n^m) = E(h_n^m) = E(g_n^m h_n^m) = E(g_n^m g_l^m) = E(h_n^m h_l^m) = 0, \quad l \neq n \\ &\mathrm{Var}(g_n^m) = \mathrm{Var}(h_n^m) = \sigma_n^2, \end{aligned} \tag{6.184}$$

式中，E 为期望值(均值)，Var 为均方差．由(6.183)，(6.181)，考虑到当 n 确定时，系数 g_n^m，h_n^m 总个数为 $2n+1$，则可求得

$$\sigma_n^2 = \frac{(R_{c/a})^{2n} \alpha^2}{(n+1)(2n+1)}, \tag{6.185}$$

同样可以得出

$$E(\overline{B_n^2}(a)) = 0, \quad \mathrm{Var}(\overline{B_n^2}(a)) = \sigma_n^2. \tag{6.186}$$

注意，(6.182.1)中的 $\overline{B}_n^2$ 是空间，即球面上的平均，而(6.186)中的 E，即期望值是对时间的平均．引入参量 v_n^2：

$$v_n^2 = (n+1)(2n+1)(a/R_c)^{2n},$$

令

$$\overline{g}_n^m = v_n g_n^m, \quad \overline{h}_n^m = v_n h_n^m, \tag{6.187}$$

则有

$$E(\overline{g}_n^m) = E(\overline{h}_n^m) = 0,$$
$$\mathrm{Var}(\overline{g}_n^m) = \mathrm{Var}(\overline{h}_n^m) = \alpha^2, \tag{6.188}$$

即引入式(6.187)的变换后，高期系数 g_n^m，h_n^m 的均方差与式(6.184)不同，成为不依赖于 n 的常数α^2，变换后的 g_n^m，h_n^m 相当于对阶数 n 的加权平均.

既然均值和均方差已经确定，则在正态分布的假定下，非偶极磁场($n \geqslant 2$)高斯系数的统计分布完全确定．若把这一由现代磁场所得结果，推广到历史乃至地质时期，则(6.184)至(6.187)可视为地磁非偶极磁场长期变化的统计分布．不难相信，由高斯球谐系数的统计结果，可以得出相应磁场各分量 B_r，B_θ，B_φ的统计模型．

分量 B_r 的均值

$$E(B_r) = 0, \tag{6.189}$$

均方差

$$\begin{aligned}\mathrm{Var}(B_r) &= E(B_r \cdot B_r)\\ &= \sum_{n=2}^{\infty}\sum_{n'=2}^{\infty}\sum_{m=0}^{n}\sum_{m'=0}^{n'}(n+1)(n+1)P_n^m(\cos\theta')E(G_N^M),\end{aligned} \tag{6.190}$$

其中，

$$E(G_N^M) = E[(g_n^m\cos m\varphi + h_n^m \sin m\varphi)(g_{n'}^{m'}\cos m'\varphi' + h_{n'}^{m'}\sin m'\varphi')],$$

将上式展开，注意算符 E 只作用于时间变化的高斯系数 g 和 h 项，与坐标项φ, φ'无关．再利用式(6.184)，可得

$$E(G_N^M) = \cos(m(\varphi-\varphi'))E(g_n^m g_{n'}^{m'} + h_n^m h_{n'}^{m'})\delta_{nn'}\delta_{mm'}\sigma_n,$$

代入(6.190)，利用式(6.184)，可得

$$\mathrm{Var}(B_r) = \sum_{n=2}^{\infty}\sum_{m=0}^{n}\sigma_n(n+1)^2 P_n^m(\cos\theta)P_n^m(\cos\theta')\cos(m(\varphi-\varphi')).$$

因$(B_r \cdot B_r)$在地面同一点，即$\theta=\theta'$，$\varphi=\varphi'$，则上式成为

$$\mathrm{Var}(B_r) = \sum_{n=2}^{\infty}\sigma_n(n+1)^2\sum_{m=0}^{n}[P_n^m(\cos\theta)]^2, \tag{6.191}$$

球面谐函数的加法公式为

$$P_n(\cos\psi) = \sum_{m=0}^{n}P_n^m(\cos\theta)P_n^m(\cos\theta')\cos m(\varphi-\varphi'), \tag{6.192}$$

当$\theta=\theta'$，$\varphi=\varphi'$，$\psi=0$ 时，(6.192)成为

$$\sum_{m=0}^{n}[P_n^m(\cos\theta)]^2 = 1, \tag{6.193}$$

由(6.191)和(6.185)，最后得

$$\mathrm{Var}(B_r)=\alpha^2\sum_{n=2}^{\infty}\frac{n+1}{2n+1}\left(\frac{R_c}{a}\right)^{2n}. \tag{6.194}$$

不难判断(6.194)中，级数随 n 迅速收敛，取前 6 项，即 n=7，可得

$$\mathrm{Var}(B_r)=0.0753\alpha^2+O(1\%)\cong(7.60)^2(\mu\mathrm{T})^2. \tag{6.195}$$

分量 B_θ的均值

$$E(B_\theta)=0, \tag{6.196}$$

仿照 $\mathrm{Var}(B_r)$的处理，可得

$$\mathrm{Var}(B_\theta)=\sum_{n=2}^{\infty}\sigma_n^2\sum_{m=0}^{n}\left(\frac{\partial P_n^m(\cos\theta)}{\partial\theta}\right)^2,$$

由加法公式(6.192)，利用勒让德函数 $P_n(\cos\psi)$的递推关系，并注意 $P_n(1)=1$，n=0，1，2，…，可得

$$\sum_{m=0}^{n}\left(\frac{\partial P_n^m}{\partial\theta}\right)^2=n(n+1)/2,$$

代入上式，利用公式(6.185)立得

$$\begin{aligned}\mathrm{Var}(B_\theta)&=\frac{\alpha^2}{2}\sum_{n=2}^{\infty}\frac{n}{(2n+1)}\left(\frac{R_c}{a}\right)^{n}\\&=0.0262\alpha^2\cong(4.48)^2(\mu\mathrm{T})^2.\end{aligned} \tag{6.197}$$

毫无疑问，分量 B_φ的均值为零，即

$$E(B_\varphi)=0, \tag{6.198}$$

而 $\mathrm{Var}(B_\varphi)$由于分量 B_φ在两极点的不确定性，即公式(5.101)的因子$(1/\sin\theta)$项，无法用 B_r，B_θ同样的数学处理得到．但考虑非偶极子磁场，即 $n\geqslant2$ 的源场在液核表面的白噪声特性，与式(6.184)相同，即假定 $\mathrm{Var}(g_n^m)=\mathrm{Var}(h_n^m)$，没理由认为 $\mathrm{Var}(B_\varphi)$和 $\mathrm{Var}(B_\theta)$会不相同，即

$$\mathrm{Var}(B_\varphi)=\mathrm{Var}(B_\theta). \tag{6.199}$$

由于各分量 B_r，B_θ，B_φ的相互正交独立性，不难预料，三者两两的互协方差应为零，例如：

$$\begin{aligned}\mathrm{Cov}(B_r,B_\theta)&=E(B_r\cdot B_\theta)\\&=\sum_{n}\sum_{n'}\sum_{m}\sum_{m'}(n+1)P_n^m\frac{\partial P_n^m}{\partial\theta}E[(g_n^m)^2+(h_n^m)^2]\\&=\sum_{n=2}^{\infty}\sigma_n^2(n+1)\sum_{m=0}^{n}P_n^m\frac{\partial P_n^m}{\partial\theta}.\end{aligned}$$

由式(6.193)对余纬 θ 微分，可得

$$\sum_{m=0}^{n}\left(P_n^m\frac{\partial P_n^m}{\partial\theta}\right)=0,$$

因而

$$\mathrm{Cov}(B_r, B_\theta) = 0, \tag{6.200}$$

同样

$$\mathrm{Cov}(B_r, B_\varphi) = \mathrm{Cov}(B_\theta \cdot B_\varphi) = 0. \tag{6.201}$$

至此，磁场三分量B_r，B_θ，B_φ的均值、均方差、互方差，完全确定，则三分量长期变化的正态统计模型完全确定．可以看出，径向分量的均方差 $\mathrm{Var}(B_r)$ 大于水平分量的均方差 $\mathrm{Var}(B_\theta)$，$\mathrm{Var}(B_\varphi)$．这由地磁场高斯级数的展开式(5.229) B_r 分量多一阶数因子$(n+1)$不难理解．

无疑，在古磁场的测量中包括地磁场长期变化的影响．但至今测点的全球覆盖率仍然有限，不可能对测量结果做如上述同样的分析来确定古代磁场长期变化的统计模型．因此，用现代磁场的统计结果外延，是一个合理的可能选择．至少它可以判断古地磁场测量误差中有多少可能是长期变化的结果．上述统计模型的意义就在于此．

(iii) 偶极子和磁场各分量的统计模型

古地磁的测量，包括强度和方向，而方向取决于倾角 I 和偏角 D，三者都可由分量 B_r，B_θ和 B_λ确定．由于资料有限，当利用实测资料发展统计模型时，通常需要作统计估计，柯耐尔(Kernel)是常用的统计方法之一．

概率密度函数的统计估计

设 $f(x)$ 是随机变量的概率密度函数(pdf)，则 x 在区间$(a \leqslant x \leqslant b)$的概率为

$$P(a \leqslant x \leqslant b) = \int_a^b f(x)\mathrm{d}x .$$

所谓概率估计，即是由 x 独立的观测值决定 $f(x)$．若把上式区间(a, b)改写为开区间$(x-h, x+h)$，当 h 够小时，有

$$P(x-h \leqslant X \leqslant x+h) \cong 2hf(x) ,$$

则

$$\hat{f}(x) \cong \frac{1}{2h} P(x-h < X < x+h) ,$$

即 $f(x)$ 的估计值 $\hat{f}(x)$ 可由观测值 x_i，$i=1, 2, \cdots, n$ 在区间$(x-h<x<x+h)$出现的相对频数来决定．因此，上式可以改写为

$$\hat{f}(x) = \frac{1}{n}\sum_{i=1}^{n} W(x-x_i, h) , \tag{6.202}$$

式中，

$$W(x-x_i, h) = \begin{cases} \dfrac{1}{2h}, & |x-x_i| < h , \\ 0 & |x-x_i| \geqslant h. \end{cases}$$

式(6.202)意味着，把一个高为 $1/2h$，宽为 $2h$ 的矩形框放在 x 轴的任一点 x，这一点的概率密度估计值 $\hat{f}(x)$ 等于矩形内涵盖的观测点数除以总观测点数 n．这等同归一化后通常由实测值所绘制的矩形块概率密度图．可以预料，h 越小，$\hat{f}(x)$ 分辨率越高，越能反映

概率分布的局部特征，但过细 $\hat{f}(x)$ 会出现不连续，因为有的区间可能不涵盖任何观测结果；h 大时 $\hat{f}(x)$ 较光滑，但可能漏掉 $\hat{f}(x)$ 的局部细节，因此式(6.202)中的 $W(x-x_i, h)$ 可视为权重函数，称为柯耐尔统计估计的“核”函数，写作 $K(x-x_i, h)$.

核函数 K，可以是任意函数，只要满足

$$\int_{-\infty}^{\infty} K(x-x_i,h)\mathrm{d}x = 1,\quad \int_{-\infty}^{\infty} xK(x-x_i,h)\mathrm{d}x = 0,\quad \int_{-\infty}^{\infty} x^2 K\mathrm{d}x = K_2 < \infty .$$

例如，K 用三角形框替换上述矩形框，只须将三角形高度取为 $1/h$；也可取作高斯正态分布函数，即

$$K(x-x_i,h) = \frac{1}{(2\pi)^{1/2}h}\mathrm{e}^{-(x-x_i)^2/2h^2}\ , \tag{6.203}$$

若采用(6.203)，则称为高斯(Gaussian)概率密度估计.

轴向偶极子的统计模型

假定轴向偶极子的统计分布

$$f_D(x) = \sum_{j=1}^{N} C_j G_j(x)\ , \tag{6.204}$$

式中，

$$G_j(x) = \mathrm{e}^{-\frac{1}{2}\left(\frac{x-\bar{x}_j}{h}\right)^2}\ , \tag{6.205}$$

即未归一化的式(6.203)高斯-核函数；C_j 是与测量相联系的权重归一化因子，满足

$$\sum_{j=1}^{N} C_j h = 1/\sqrt{2}\ , \tag{6.206}$$

N 为测量总数.

轴向偶极子强度由高斯系数 g_1^0 量度，不同测点的地磁强度可借助式(5.236)计算 g_1^0，即式(6.205)中的 $\bar{x}_j$. 利用概率估计方程(6.203)，即高斯分布，则可估计均方差 h，x_j 上加一横，如 $\bar{x}_j$，盖因这里并非单一测点的 x_j，以下同.

磁场垂直和水平分量的统计模型

磁场垂直分量 B_r，水平分量 B_θ，B_φ包括轴向偶极子 g_1^0 (B_φ除外)，非轴向偶极子 g_1^1，h_1^1 以及非偶极子 g_n^m，h_n^m 等三部分. 若假定非轴向偶极子场与非偶极子场遵从相同的概率分布，则 B_φ的分布由式(6.199)，即非偶极子部分，加上 g_1^1，h_1^1 的贡献完全确定.

轴向偶极子对 B_r，B_θ的贡献，可由式(6.204)取

$$\begin{aligned} x' = k_i x，对于B_r^-,\quad k_i = 2\sin\lambda; \\ \overline{x'} = k_i\bar{x}，对于B_\theta,\quad k_i = \cos\lambda. \end{aligned} \tag{6.207}$$

式中，λ 为参量，若取为纬度，由(6.204)中 g_1^0 为 x，则有

$$B_r = 2g_1^0\sin\lambda,\quad B_\theta = g_1^0\cos\lambda.$$

若(6.207)统计变量 x'所描述的是磁场垂直和北向分量 B_r，B_θ，则可得 B_r，B_θ的轴向偶极

子部分的统计分布

$$f_{D_i}(x')=\sum_{j=1}^{N}\frac{C_j}{k_i}\mathrm{e}^{-\frac{1}{2}\left[\frac{x'-\overline{x}_j}{k_i h}\right]^2},\tag{6.208}$$

角标 i 代表 B_r 或 B_θ. 为简便，若无特别声明，以下凡称偶极子，即为轴向偶极子，而非偶极子，包括非轴向偶极子．下面考察 B_i 偶极子部分和非偶极子部分的和，$B_i=B_D^i+B_{ND}^i$. 进一步假定，偶极子部分 B_D^i 和非偶极子部分 B_{ND}^i 是相互独立的随机变量，即 $\mathrm{Var}(B_D^i\cdot B_{ND}^i)=0$．应用随机变量和的分布函数定理，

$$f(z)=\int_{-\infty}^{\infty}f(z-x)f_y(x)\mathrm{d}x,\tag{6.209}$$

式中，$\overline{x}$，$\overline{y}$ 为两个独立的随机变量，$z=\overline{x}+\overline{y}$，

$$f_{\overline{x}}(x)=\frac{1}{\sqrt{2\pi}\sigma_{\overline{x}}}\mathrm{e}^{-\frac{(x-\mu_{\overline{x}})^2}{2\sigma_{\overline{x}}^2}},$$

$$f_{\overline{y}}(y)=\frac{1}{\sqrt{2\pi}\sigma_{\overline{y}}}\mathrm{e}^{-\frac{(y-\mu_{\overline{y}})^2}{2\sigma_{\overline{y}}^2}},$$

由(6.209)得

$$f_z(z)=\frac{1}{(2\pi)^{\frac{1}{2}}(\sigma_{\overline{x}}^2+\sigma_{\overline{y}}^2)^{\frac{1}{2}}}\mathrm{e}^{-\frac{1}{2}\left[\frac{(z-(\mu_{\overline{x}}+\mu_{\overline{y}}))^2}{\sigma_{\overline{x}}^2+\sigma_{\overline{y}}^2}\right]},\tag{6.210}$$

B_D^i，即偶极子部分由式(6.208)决定，非偶极子部分 B_{ND}^i 均值为零，$\mathrm{Var}(B_{ND}^i)=\sigma_i$，取 σ_r 或 σ_θ，由式(6.194)或(6.197)决定．由式(6.209)得

$$f(B_i)=\sum_j\frac{C_j h}{(\sigma_i^2+k_i^2h^2)^{1/2}}\mathrm{e}^{-\frac{1}{2}\left[\frac{(B_i-\overline{x}_j)^2}{\sigma_i^2+k_i^2h^2}\right]},\tag{6.211}$$

式(6.211)即为 $B_i=B_r$ 或 B_θ，偶极子和非偶极子两部分和的统计分布．

水平分量 H：

$$H^2=B_\theta^2+B_\varphi^2,\tag{6.212}$$

B_θ的分布由式(6.211)决定，而 $E(B_\varphi)=0$，$\mathrm{Var}(B_\varphi)=\sigma_\varphi^2$ 由式(6.199)给出，则两个独立随机变量的联合分布函数 $P_{\theta\varphi}$，

$$f_{\theta\varphi}(B_\theta,B_\varphi)=\frac{C_j h}{\sqrt{2\pi}\sigma_\varphi(\sigma_\theta^2+k_\theta^2h^2)^{1/2}}\mathrm{e}^{-\frac{1}{2}\left[\frac{B_\varphi^2}{\sigma_\varphi^2}+\frac{(B_\theta-\overline{x}_j)^2}{(\sigma_\theta^2+k_\theta^2h^2)}\right]},\tag{6.213}$$

而 B_θ，B_φ是水平分量 H 的函数，则 H 也是随机变量．由随机变量函数概率密度函数的定理，

$$f_{\bar{y}}(y) = f_{\bar{x}}(W(y))\left|\frac{\mathrm{d}w}{\mathrm{d}y}\right|, \tag{6.214}$$

式中，$f_{\bar{x}}(x)$为随机变量 x 的统计分布，$\bar{y}=u(\bar{x})$，$W(\bar{y})=u^{-1}(\bar{y})=\bar{x}$．

令

$$B_\theta = H\cos\beta, \qquad B_\varphi = H\sin\beta, \tag{6.215}$$

式中，β是区间(0, 2π)的引入参数，如若把 β，看作偏角，关系式(6.215)自然成立，可以看出，它也满足方程(6.212)，由统计定理(6.214)和式(6.212)，可得，$\mathrm{d}w/\mathrm{d}y = H$，对参量$\beta$积分，得

$$f_H(\hat{h}) = \frac{C_j\mathrm{h}}{\sqrt{2\pi}\sigma_\varphi(\sigma_\theta^2 + k_\theta^2 h^2)^{1/2}}\int_0^{2\pi}\hat{h}\mathrm{d}\beta\mathrm{e}^{-\frac{1}{2}\left[\frac{\hat{h}^2\sin^2\beta}{\sigma_\varphi^2}+\frac{(\hat{h}\cos\beta-\bar{x}'_j)^2}{(\sigma_\theta^2+k_\theta^2h^2)}\right]}, \tag{6.216}$$

式中，$\bar{x}'_j$ 由式(6.207) $\bar{x}'_j = \bar{x}_j\cos\lambda$ 决定，是 B_θ轴向偶极成分的测量值．注意这里：h 为 g_1^0 的均方差，$\hat{h}$ 为磁场水平分量．

磁场方向倾角 *I* 及偏角 *D* 的统计模型

倾角 I，由垂直分量 B_r 和水平分量 B_θ决定．令 t=tan$I$，首先求 t 的分布函数．与上述由 B_θ，B_φ决定水平分量的分布相同，变量 t 应由独立随机变量 B_r 和 B_θ的联合分布决定，即

$$f_{r\theta}(B_rB_\theta) = f(B_r)f_H(\hat{h}), \tag{6.217}$$

分别由式(6.211)和(6.216)给出．应用式(6.216)，仿照上述随机变量函数统计分布的处理方法，不同的是对于 H 与 B_θ，B_φ是通过引入式(6.215)的参数β而联系起来，但对于 t 与 B_r 和 H，无须引入其他参数，而是通过关系

$$B_r = H\tan I = Ht \tag{6.218}$$

相联系．应用函数概率密度分布公式(6.214)，取 dw/dy=1，则由 B_r 的密度函数式(6.211)，求得 Ht 的联合分布函数

$$f(t\hat{h}) = \sum_j \frac{C_j h}{(\sigma_r^2 + k_r^2 h^2)^{1/2}}\mathrm{e}^{-\frac{1}{2}\left[\frac{(\hat{h}t-\bar{x}'_j)^2}{\sigma_r^2+k_r^2h^2}\right]}, \tag{6.219}$$

式中，$\bar{x}'_j$ 由式(6.207)取 K_i=2sinλ，即 $\bar{x}'_j = 2\bar{x}_j\sin\lambda$．把(6.219)，(6.216)代入(6.217)，注意式(6.214) dw/dy=H，并对参数 $\hat{h}$ 积分，即

$$f_T(t) = \int_0^\infty \hat{h}\mathrm{d}\hat{h}2f(t\hat{h})f_H(\hat{h}),$$

经整理后得

$$f_T(t) = C\sum_n C_n\sum_j C_j\mathrm{e}^{-\tau}\int_0^{2\pi}\mathrm{d}\theta\left(\frac{\pi}{2x^3}\right)^{1/2}\mathrm{e}^{\left(\frac{\gamma^2}{\alpha}\right)}\mathrm{erfc}\left(-\frac{r}{\sqrt{\alpha}}\right)\left[\frac{r^2}{\alpha}+\frac{1}{2}\right]+\frac{\gamma}{2\alpha^2}, \tag{6.220}$$

式中，

$$\alpha = \alpha(\beta) = (fg\sin^2(\beta) + eg\cos^2\beta + eft^2) / efg,$$

$$\gamma = \gamma(\beta) = (g\cos\beta\overline{y}_j + ft + z_n) / fg,$$

$$\tau = (g\overline{y}_i^2 + f_n) / fg,$$

$$e = 2\sigma_\varphi^2,$$

$$f = 2(\sigma_\theta^2 + k_\theta^2 h^2),$$

$$g = 2(\sigma_r^2 + k_r^2 h^2),$$

$$C = h^2 / (\sqrt{2\pi}\sigma_\varphi(\sigma_\theta^2 + k_\theta^2 h^2)),$$

$$D_j = \overline{x}_j \cos\lambda,$$

$$z_n = 2\overline{x}_n \sin\lambda,$$

$$\operatorname{erfc}(x) = 1 - \operatorname{erf}(x) = \int_x^\infty \mathrm{e}^{-y^2}\mathrm{d}y,$$

而 erf 即误差函数：

$$\operatorname{erf}(x) = \int_x^\infty \mathrm{e}^{-y^2}\mathrm{d}y.$$

因 $\mathrm{d}t=\cos^{-2}I\mathrm{d}I$，则由(6.220)，$t=\tan I$ 的统计分布，立得

$$f_I(i) = \cos^{-2} i f_T(t). \tag{6.221}$$

而偏角 D，式(6.215)中若参数$\beta=D$，恰好是水平分量 H，B_θ，B_φ与偏角 D 之间水平分量的联合分布函数，由(6.216)可直接得出偏角 D 的累积分布函数(CDF) $P_r(d\leqslant\delta)$，

$$P_r(d \leqslant \delta) = \sum_j \frac{C_j h}{\sqrt{2\pi}\sigma_\varphi(\sigma_\theta^2 + k_\theta^2 h^2)^{1/2}} \int_0^\delta \mathrm{d}\beta \int_0^\infty \hat{h}\mathrm{d}\hat{h}\mathrm{e}^{-\frac{1}{2}\left[\frac{\hat{h}^2\sin^2\beta}{\sigma_\varphi^2} + \frac{(\hat{h}\cos\beta - \overline{y}_j)^2}{(\sigma_\theta^2 + k_\theta^2 h^2)}\right]},$$

$$\begin{aligned} P_D(d) = \frac{\partial P_r}{\partial \beta} &= \sum_j \frac{C_j h}{\sqrt{2\pi}\sigma_\varphi(\sigma_\theta^2 + k_\theta^2 h^2)^{1/2}} \int_0^\infty \hat{h}\mathrm{d}\hat{h}\mathrm{e}^{-\frac{1}{2}\left[\frac{\hat{h}^2\sin^2 d}{\sigma_\varphi^2} + \frac{(\hat{h}\cos d - \overline{y}_j)^2}{(\sigma_\theta^2 + k_\theta^2 h^2)}\right]}, \\ &= C\sum_j C_j \mathrm{e}^{\left(\frac{v^2}{\mu} - \rho\right)} \left[\left(\frac{\pi v}{4\mu^3}\right)^{\frac{1}{2}} \operatorname{erfc}\left(-\frac{v}{\sqrt{\mu}}\right)\right] + \frac{1}{2\mu}\mathrm{e}^{-\left(\frac{-v^2}{\mu}\right)}, \end{aligned} \tag{6.222}$$

式中，

$$\mu = \mu(d) = \frac{\sin^2 d(\sigma_\theta^2 + k_\theta^2 h^2) + \cos^2 \mathrm{d}\sqrt{\varphi}^2}{2\sigma_\varphi^2(\sigma_\theta^2 + k_\theta^2 h^2)},$$

$$v = v(d) = \frac{\cos \mathrm{d}\, \overline{y}_j}{2(\sigma_\theta^2 + k_\theta^2 h^2)},$$

$$\rho = \frac{\overline{y}_j}{2(\sigma_\theta^2 + k_\theta^2 h^2)}.$$

到此，磁场不同要素，偶极子强度，地面各分量 B_r，B_θ，B_φ以及方向，即倾角 I 和

偏角 D 的统计分布已全部给出，其中σ_i由(6.194)，(6.197)，(6.199)决定，k_i与纬度有关，由(6.207)决定，只要给出偶极子 g_1^0 的均值和方差 $E(g_1^0)$，$\mathrm{Var}(g_1^0)$，则各要素的统计模型完全确定，其中倾角 I，偏角 D 的分布，即式(6.220)，(6.222)尚包含数值积分，但并不复杂. 下面的任务就是用过去 5 百万年和 10 百万年的古地磁测量结果，当假定 $E(g_1^0)$和 $\mathrm{Var}(g_1^0)$后，检验和修正给定的模型. 为此必须了解上述模型的假设前提，包括：

① 假定高斯系数当 $n\geqslant 2$ 时，即非偶极子磁场部分 g_n^m，h_n^m 为相互独立的随机变量，并有相同的分布函数，$E(g_n^m)=E(h_n^m)=0, \mathrm{Var}(g_n^m)=\mathrm{Var}(h_n^m)=\sigma_n^2$；

② 把由现代地面磁场观测结果推算到核表面，$n\geqslant 2$，与高斯系数相关的磁场能量谱密度 $\overline{B}_n^2(R_c)$ 与 n 无关，即式(6.183)所描述白噪声谱，以及地面(r=a)空间平均能量谱密度 $\boldsymbol{B}_n^2(a)$ 由式(6.180)决定，推广到古代磁场，即方程(6.180)，(6.183)对古磁场同样成立；

③ 在①和②两个假定条件下，得出 σ_n^2 的关系式(6.185)由 $(R_c/a)^{2n}$ 和 α^2 决定，而当高斯系数 g_n^m，h_n^m 按式(6.187)转换后，g_n^m，h_n^m 的均方差 $\mathrm{Var}\,g_n^m=\mathrm{Var}\,h_n^m=\alpha^2$不再依赖$n$. 进一步由 g_n^m，h_n^m 的均值和均方差，计算得出 σ_r^2，σ_θ^2，σ_φ^2，即式(6.194)，(6.197)，(6.199)等非偶极子磁场统计模型；

④ 由非偶极子磁场的统计分布与轴向偶极子统计分布联合，在假定非轴向偶极子 g_1^1，h_1^1 与非偶极子有相同的分布，从而推导出地面磁场不同要素 B_r，B_θ，B_φ，倾角 I 和偏角 D 的统计模型.

(2) 过去 5Ma 至 10Ma 地磁场长期变化

(i) 现代磁场

地磁场长期变化的统计分布依赖于非偶极子磁场，而非偶极子磁场的分布决定于现代磁场阶级 $n\geqslant 2$ 的高斯系数的统计分布. 因此，有必要检验：现代磁场 $n\geqslant 2$ 的高斯系数统计分布模型与测量结果的实际分布. 利用式(6.187)变换后的高斯系数 $\overline{g}_n^m$，$\overline{h}_n^m$，其统计模型如式(6.188)所示，即均值为零，方差为 a^2 的正态分布. 实测资料的累积分布函数(CDF) $P_0(\gamma\leqslant\nu)$，

$$P_0(\gamma\leqslant\nu)=\frac{1}{N}\sum_{n=-\infty}^{n_\nu} n_\gamma\Delta\gamma\,, \tag{6.223}$$

式中，$\gamma=\overline{g}_n^m,\overline{h}_n^m$，定义域$(-\infty，\infty)$；$n_\gamma$为区间$(\gamma-\Delta\gamma<\gamma<\gamma+\Delta\gamma)$内测量出现的频数，$N=\sum_{n_{-\infty}}^{n_\infty} n_\gamma$. 而理论累积分布函数(CDF) $P_M(\gamma\leqslant\nu)$为

$$P_M(\gamma\leqslant\nu)=\int_{-\infty}^{\nu}\frac{1}{2\pi\alpha}\mathrm{e}^{-\frac{\gamma^2}{\alpha^2}}\mathrm{d}\gamma\,, \tag{6.224}$$

见图 6.57 虚线. 把测量结果计算得到的γ由负到正按递增顺序排列，按(6.223)算得系数γ测量结果的累积α即公式(6.188)，代表实测非偶极子磁场的概率分布(图 6.57 实线). 很显然由高斯系数导出的非偶极子磁场的各分量的模型可靠. 当通过调整古地磁场统计模

型各参数，以符合古磁场的观测结果时，首先考虑的不是调整已与观测符合的非偶极子磁场的统计模型参数，即α^2，否则调整后将不再适用于现代磁场．这也正是这里首先讲现代磁场的原因所在．此外，参数α^2是图 6.56 现代磁场能量谱密度的直线方程(6.183)的直接结果，与能量密度白噪声谱是否位于液核表面有关，改变α，会导致直线斜率即式(6.183)改变，前面已经讨论，改变白噪场谱在地球内部的位置，物理上是不合理的．

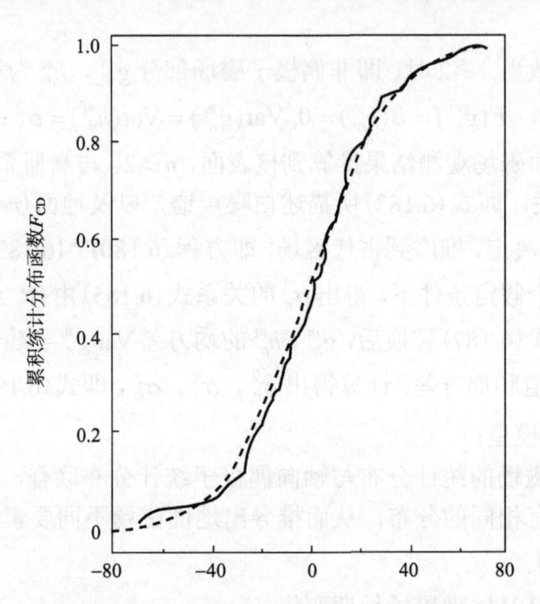

图 6.57　非偶极地磁场实测(实线)与理论(虚线)累积分布函数的比较

GSFC1980 高斯系数经式(6.187)变换后$\gamma(\bar{g}_n^m, \bar{h}_n^m)$，不再与$n$有关，按大小顺序排列后按式(6.223)求得实测累积分布(实线)，与理论(6.224)累积分布(虚线)，明显可见，两者符合很好

(ii)过去 5Ma 古地磁场

过去 5Ma 的古地磁资料

由上述讨论可以看出，古地磁场方向，即倾角I，偏角D的长期变化统计模型，包含了偶极子、非偶极子全部统计参数，还需要数值积分(式(6.220)，(6.221)，(6.222))，是复杂但最具代表性的模型；而倾角I和偏角D又是所有古地磁岩石标本必测的数据．选取过去 5Ma 可以说已足够代表地磁场的长期变化，而这一时段又不需要做古代极移的资料校正．

跨度 5Ma 的古地磁资料，约 1100 个测量结果，经历过达约 20 次极性倒转(Lee 1983; Constable，2007a，b；Korte and Constable，2005)．考虑南北半球的“对称”性，所有资料将归算到纬度φ(0°—90°)，而I和D做变换(包括不同极性资料)：

$$
\begin{aligned}
&i = |I|, \\
&d = \begin{cases} D, & -90^\circ < D \leqslant 90^\circ \\ D+180, & -180^\circ < D \leqslant -90^\circ \\ D-180, & 90^\circ < D \leqslant 180^\circ \end{cases}
\end{aligned}
\tag{6.225}
$$

经I，D到i，d的变换(6.225)，i全为正，而d区间为$(-90^\circ < d \leqslant 90^\circ)$．由$i$和$d$的统计

分布式(6.220)，(6.221)，(6.222)可知，i 和 d 的分布与纬度φ有关，因而测量数据如表 6.10 所示，按纬度分成了不同区间．图 6.58 给出 i 和 d 均方差随纬度的变化，以及倾角 i 的“偏差量”随纬度的分布．“偏差量”(bias)定义为

$$B(i)=E(i)-i_{ax},$$

$$i_{ax}=\tan^{-1}(2\tan\varphi),$$

可以看出，偏差量即实测(变换后)倾角 i 的期望(均)值相对于轴向偶极子场所对应的倾角 i_{ax} 的偏差．

表 6.10　跨度约 5Ma 按(6.225)变换后纬度φ区间和测量数

φ区间	0°—5°	11°—13°	16°—20°	20°—29°	35°—40°	52°—54°	64°—67°
测量数	94	51	212	289	119	62	91

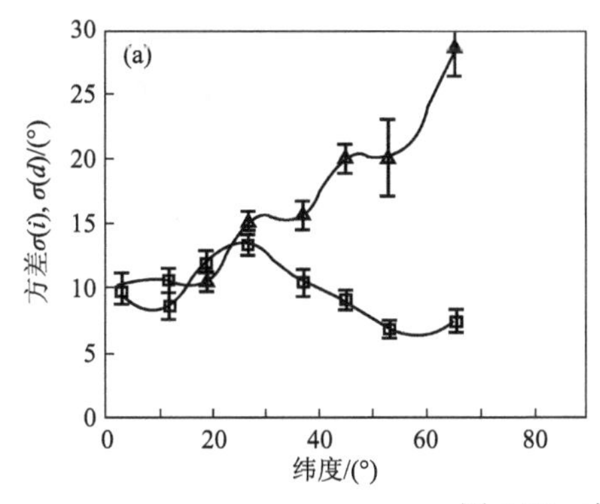

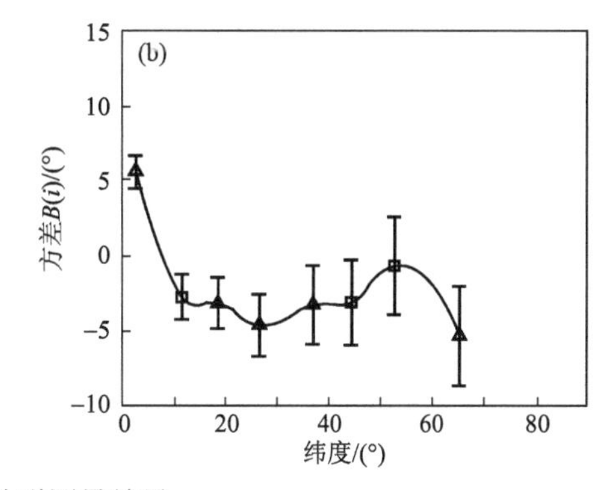

图 6.58　古地磁测量结果

(a) i，d 方差随纬度φ的变化(i：矩形，d：三角形，质量差的两组数据用*标出)；(b) i 的“偏差量”$B(i)$随纬度的变化 (Constable and Parker, 1988)

与统计模型结果的比较

假定古磁场轴向偶极子的强度的均值 $\overline{\gamma}_1^0$ 与现代磁场的均值 $\overline{g}_1^0$ 相同，即 $\overline{g}_1^0=\overline{\gamma}_1^0=$ 30μT，而均方差与非偶极子场相同，即由式(6.185)决定，σ_1=6.21μT，则倾角 I，偏角 D 的统计模型式(6.220)，(6.221)，(6.222)所有参量完全确定，其中，z_j，y_j 由 $\overline{\gamma}_1^0$ 纬度φ按式(6.207)计算，$h=\sigma_1$．图 6.59 为不同纬度，偏角 d 和倾角 i 的统计分布．不难看出，偏角 d 随纬度增加，均方差σ_d增大，而倾角则是随纬度增加，σ_i减小．这与偏角 d 在磁极无确定值，倾角 i 在磁赤道处数值接近零的分布事实有关．

由统计模型计算不同纬度偏角 d，倾角 i 的均方差σ_d，σ_i和倾角 i 的偏离量 $B(i)$与图 6.59 所示实测结果一并绘于图 6.60．容易看出：σ_d，σ_i，$B(i)$模型计算值都大于实测结果，即模型结果的长期变化的均方差超出了实测值，统计参数必须修正．

(iii) 长期变化统计模型的修正

上述统计模型非常简单，只有两个参量，一是均值 γ_1^0，二是方差 σ，在 § 6.4.2.(1)中已经讨论．为与现代磁场 $\overline{g}_1^0$ 吻合，和磁场能量白噪声谱应位于液核表面两点考量，$\overline{\gamma}_1^0$

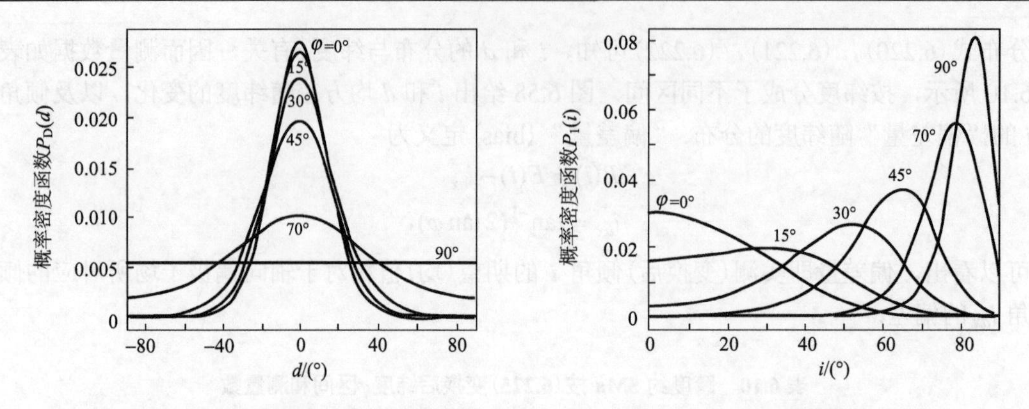

图 6.59 偏角 d 和倾角 i 在不同纬度由式(6.207)，(6.221)，(6.222)计算的统计分布

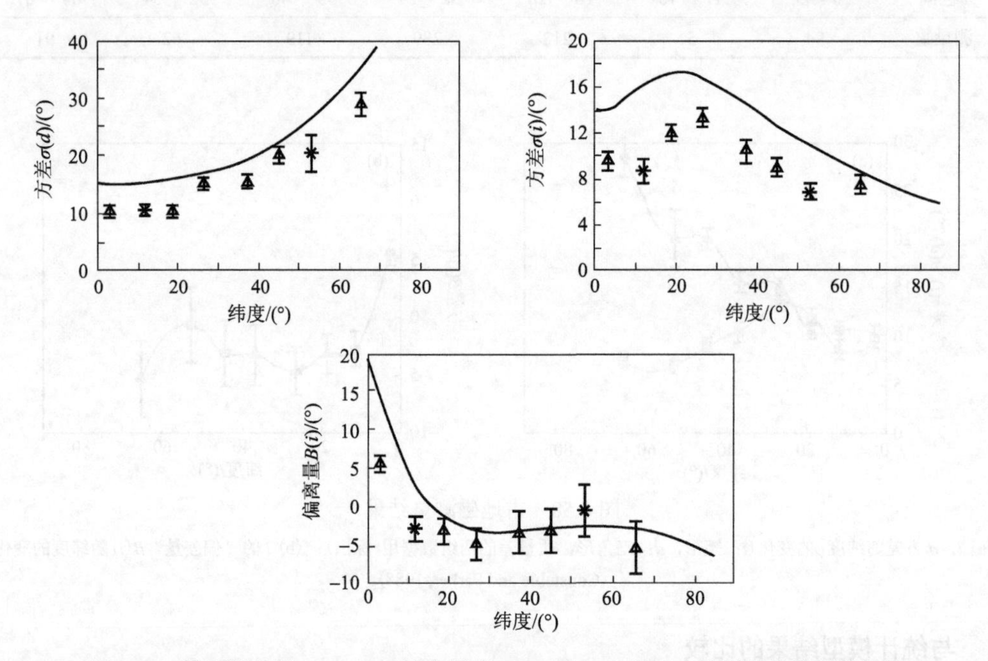

图 6.60 模型计算的σ_d，σ_i，$B(i)$与跨度 5Ma 图 6.58 所示古地磁测量结果的比较

和α值不宜改变．但白噪声谱位于液核表面是高斯系数阶 $n\geqslant 2$，即非偶极子磁场的统计结果，而偶极子，包括轴向(g_1^0)与非轴向(g_1^1，h_1^1)的方差与非偶极子磁场相同．从而与参量α相联系，则纯属假定，可以修正．从图 6.56，即现代磁场密度谱随高斯系数阶数 n 的分布也可以看出，偶极子(g_1^0，g_1^1，h_1^1)明显偏离非偶极子($n\geqslant 2$)的直线分布，这也意味着偶极子与非偶极子的统计分布，即均方差应有不同．按照图 6.60 模型结果和观测结果方差的不同，应减小模型计算的方差，由式(6.220)，(6.221)，(6.222)可以判断，应减少偶极子的方差．例如，假定由原模型 $\sigma_{g_{10}}=6.21\mu\mathrm{T}$，减少一半 $\sigma_{\eta^0}=3.0\mu\mathrm{T}$．由式(6.220)，(6.221)，(6.222)可以断定，减少偶极子的方差 $\sigma_{\eta^0}^2$ 与增加 $\overline{\gamma}_1^0$ 值，从而按式(6.207)增加相应项 z_j 和 $\overline{y}_j$ 的值等效．但前面已经指出：$\overline{\gamma}_1^0$ 不宜改变．上述简单模型还有一个假定，即式(6.191)：$E(g_n^m)=E(h_n^m)=0$，$n\geqslant 2$．其中 $m\neq 0$ 诸项与经度有关，此

假定应无问题，但 m=0 诸项，即所谓带谐项 g_n^0 (zonal hormonics) 的均值则不一定为零. 许多研究结果，例如 Livermore 等(1983, 1984) 指出，g_2^0 的均值 $\bar{g}_2^0$ 即不为零. 不难判断，$\bar{g}_2^0$ 不为零，只要方差 σ_2^2 不变，仍由式(6.185) 决定，则无须调整α值，不影响"白噪声谱"应处于液核表面的物理考量. 而改变 $\bar{g}_2^0$，即中心四极子的强度均值与增加 $\bar{\gamma}_1^0$ 等效，因为资料显示：无论正常极性或倒转后 $\bar{g}_2^0$ 都与 $\bar{g}_1^0$ 取同样方向，而相应的公式(6.207)，利用 g_2^0 对应的球谐函数 P_2^0，

$$P_2^0(\cos\varphi) = \frac{1}{2}(3\cos^2\varphi - 1),$$

应改变为：

$$x' = k_i x, \qquad \text{对于 } B_r, \qquad k_i = 2\sin\varphi + \frac{3}{2}(\sin\varphi^2 - 1); \tag{6.226.1}$$

$$\bar{x}' = k_i \bar{x}, \qquad \text{对于 } B_\theta, \qquad k_i = \cos\varphi + 3\sin\varphi\cos\varphi. \tag{6.226.2}$$

式(6.220)—(6.222) 中的 z_i，$\bar{y}_i$ 应做相应的改变. 需要注意的是，其中假定 g_2^0 与 g_1^0 以及相应的 γ_1^0 是相互独立的随机变量，即 $E(g_2^0,\ g_1^0)=0$. 根据观测资料与 g_2^0 均值 $\bar{\gamma}_2^0$ 取 $\bar{\gamma}_2^0$= 1.8 μT，与之相应式(6.226) 中的 $\bar{x}'$ 将由 g_1^0 和 g_2^0 两者决定，即 $\bar{x}' = (g_1^0 + g_2^0)$.

到此，原来只有两个参量 $\bar{\gamma}_1^0$=30μT，x=27.7μT，已修改为包括四个参量：$\bar{\gamma}_1^0$ 和α取值不变，$\bar{\gamma}_2^0$=1.8μT，σ_1=3.0μT，与之相应由各公式计算的其他参量和磁场不同成分以及分量的统计参数列于表 6.11.

表 6.11　古地磁场长期变化统计模型参数

磁场成分	高斯系数										
	方差/μT					均值/μT					
参数	σ_1	σ_2	σ_3	σ_4	σ_n　$n\geqslant 2$	$\bar{g}_1^0$	g_2^0	g_3^0	g_4^0	g_n^0　$n\geqslant 2$	h_n^m
取值	3.00	2.14	0.86	0.37	$\frac{(c/\alpha)^{2n}\alpha^2}{(n+1)(2n+1)}$	30.0	1.8	0.0	0.0	0.0	0.0

磁场成分	地面磁场分量			非偶极场($n\geqslant 2$)					
				方差/μT			均值/μT		
参数	σ_r	σ_θ	σ_φ	σ_r	σ_θ	σ_φ	$\bar{B}_r$	$\bar{B}_\theta$	B_φ
取值	9.68	5.39	5.39	7.60	4.48	4.48	0.0	0.0	0.0

图 6.61 是相应图 6.59 修改后，偏角 D 和倾角 I 不同纬度的统计分布. 与图 6.59 不同的是，图 6.61 包括南北两个半球，纬度φ在区间(−90°, 90°)，由于南北半球的对称性，D 和 I 的分布也呈对称分布. 可以看出修改后的模型，D 和 I 不同纬度的方差都减少了，图 6.62 是与图 6.60 对应的，修改后模型的σ_i 以及 $B(i)$ 与实际测量结果比较，不难看出，与图 6.60 相比，修改后的模型与实际测量结果较好地吻合，考虑到测量误差，修改后的模型是可以接受的. 由修正后模型计算的 i 和 d 累积概率函数(CPF)，与实测 CPF 的比较，符合也很好.

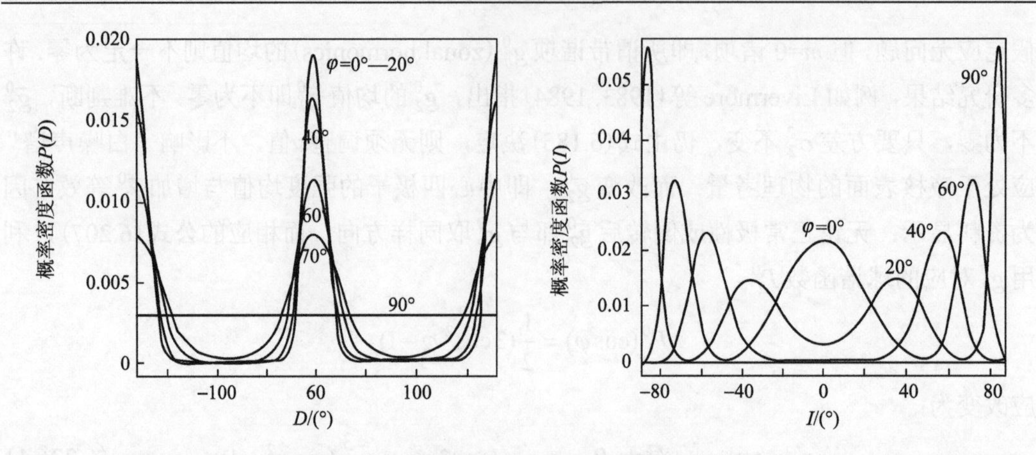

图 6.61 与图 6.59 相同，但 D 和 I 的分布函数是修正后的四参数模型结果，$\sigma_d(\varphi)$，$\sigma_v(\varphi)$ 较初始原二参数模型，在各纬度明显减小，取值区间(−90°—90°)

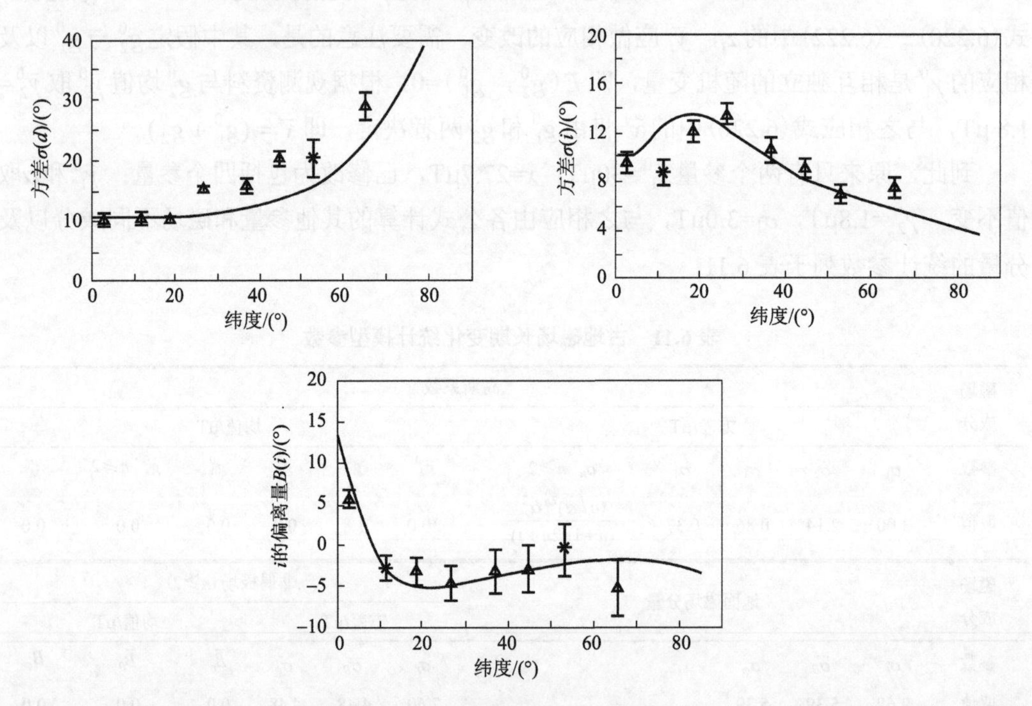

图 6.62 与图 6.59 相同，但这里采用修正后四参数模型，可以看出 $\sigma_d(\varphi)$，$\sigma_v(\varphi)$ 和 $B(i)$ 较原二参数模拟与实测结吻合明显改善

(iv) 0 至 10Ma 的古地磁场

表 6.12 给出了 0 至 10Ma 不同时段的虚偶极矩(VGM)，相应 $\overline{\gamma}_1^0$，和偶极子(DP)，非偶极子(ND)以及 DP+ND 的均方差(σ)．为了比较，除原分析结果(Merril et al., 1998; McElhinny and Senanayake, 1982; McFadden and McElhinny, 1982; Kono and Tanaka, 1995a, b)外，还给出了 0—5Ma(Constable and Parker, 1988)，即 C-P 模型的结果，而 0—10Ma 的正向极性、反向极性，以及正、反极性之和的统计分布绘于图 6.63．

表 6.12 偶极子和非偶极子长期变化对虚地磁极方向分散性的影响

时间跨度	平均偶极矩 $\bar{M}$ /10^{22}Am^2	相应高斯系数 $\bar{g}_1^0$	均方差					
			偶极子(DD)		非偶极子(ND)		DP+ND	
			%*	σ/μT	%	σ/μT	%	σ/μT
现代磁场	7.91	30.67			17.5	5.37		
500—1000 a	12.33	47.82	21.0	10.04				
0—10000 a	8.75	33.93	18.0	6.11	18.6	6.31	25.9	8.79
15—50000 a	4.53	17.57	18.0	3.16	17.5	3.07	16.5	4.66
0—5 Ma	8.67	33.62	37.6	12.64	18.6	6.25	41.9	14.09
0—10 Ma	7.84	30.40	43.7	13.28	18.6	5.65	47.5	14.44
C-D*模型	7.73	30.00	24.5	7.34	33.0	9.90	41.0	12.32

*其中%数为$\sigma/\bar{g}_1^0$，即方差均方根与偶极强度之比.

总体看起来，结果与 C-D 长期变化模型接近，但偶极成分 C-P 模型偏小，非偶子偏大，而偶极子和非偶极子之和则相近. 其中 0—10 Ma 的结果偏离较大，可能更长年代，磁极摆动幅度(即相对于真磁极(TDM)，或地理极)更大的缘故.

最后再强调三点：第一，正如在 § 6.2.3 “地磁场的倒转和地磁年表” 中所强调的：偶极矩或现代磁场强度的衰减并不一定标志着磁场极性的反转. 古代磁场的数据显示：地磁场，包括偶极子、非偶极子的长期变化不具有周期性，但却是在大或小、强或弱之间摆动，从表 6.12 可以看出，约 2000a 前磁场约比现代磁场强度高 50%，而 15000—50000 年间磁场强度只有现代强度的 50%，但磁场并没发生倒转. 第二，表 6.11 第五行 0—5 Ma 的结果，包括 92 个正常极性和 74 个反向极性事件(McFadden and McElhinny, 1982). MeFadden 和 McElhinny 论证了正反极性应属于同样分布后，提出两者的样本分布的左侧截止点不同(图 6.64)：正向截止点 3.11×10^{22}Am^2，反向为 1.84×10^{22}Am^2，因而显示两者统计分布存在差异，但这种差异的意义目前尚不清楚. 作为探讨，笔者提出两种可能但截然相反的解释：反向极性有更小的左侧截止点，说明对反向极性而言，处于较正向极性更小的值也不发生倒转. 这意味着反向极性较正向极性更为稳定；但若换一个角度，正向极性截止点较高，则由高值到低值，再趋于零而倒转则较难，这就意味着正常极性较反向极性更稳定. 需要说明的是，原作者的解释为：“这一现象又可解释为，对于正常极性，当磁极偏离旋转轴较大时仍能维持稳定的极性，这意味着：本质上正常极性较反向极性更为稳定.” 图 6.64 中磁矩、截止点与磁极位置相对于旋转轴的偏离无关，更何况正、反极性事件选择时，凡虚磁极位置低于纬度 45°的事件都已予以舍弃. 当然这种统计性差异的物理意义还需要更多资料进一步的研究. 这里之所以讨论这种正、反极性统计差异可能的物理解释，是因为这种思考对地磁学科本身的重要性. 地磁场起源与地球内部动力学是地磁学的重要课题，两者皆为反演问题，因而存在很大的不确定性，地磁场及其变化规律揭示得越详尽越全面，则给这种反演提出的约束条件越多，越“精确”，则反演结果越能接近真实.

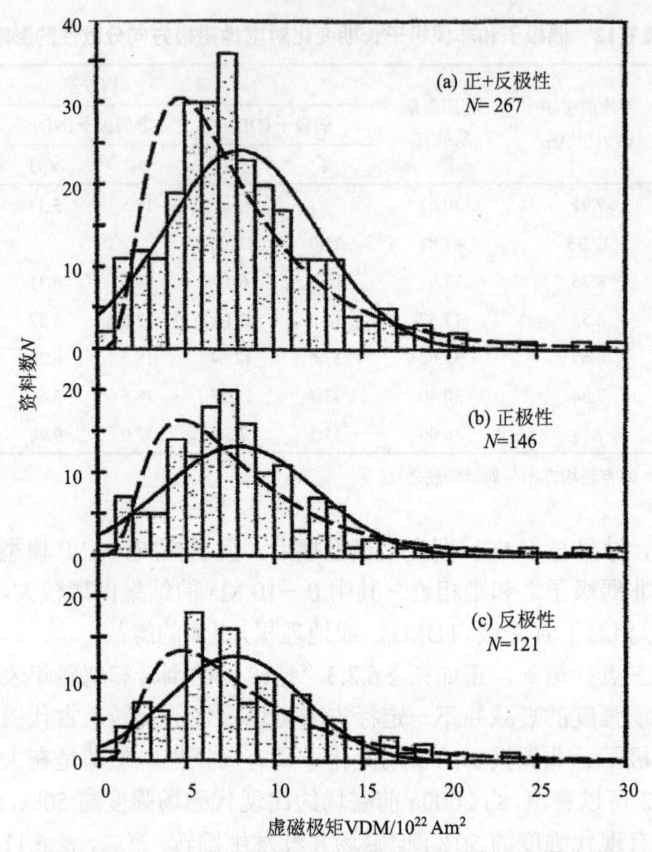

图 6.63 0—10 Ma 虚磁极矩 $\bar{M}$ 的统计分布(表 6.11 第六行)

(a) 正、反向极性共同结果；(b) 正向共 146 个事件；(c) 反向共 121 个事件. 纵坐标是未归一化的标本数量，实线为正态分布，虚线为对数正态分布

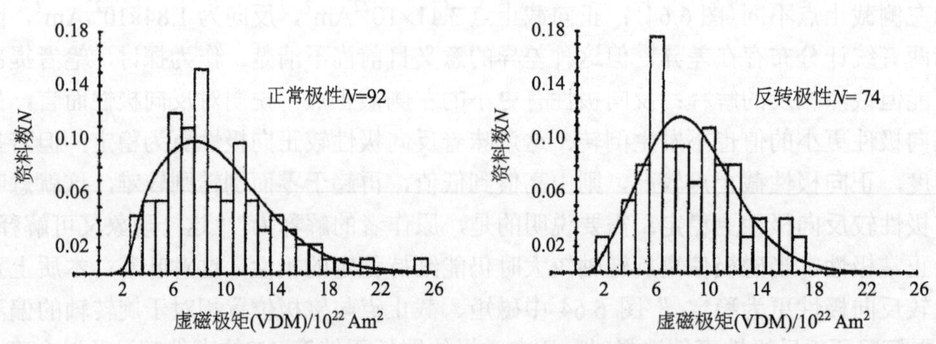

图 6.64 正 (N=92)、反 (N=74) 极性过去 5Ma 的虚磁极矩的统计分布

其中左截止点正常极性约为 $3.11\times10^{22}Am^2$，反向极性约为 $1.84\times10^{22}Am^2$

最后，这一节重点叙述的是近代乃至古地磁场的长期变化的统计模型，即 C-P 模型. 这个模型的特点之一，是它的简单而全面. 简单指它仅包含四个基本参量，而全面则指，这四个参量涵盖了地磁场的全部统计特性，包括偶极子和非偶极子场的各分量 B_r，B_θ，B_φ以及倾角 I 和偏角 D. 特点之二，全部模型仅由现代磁场高斯系数为出发点，有明确的数学、物理依据，数学上，图 6.56 地磁场能量密度谱与高斯系数阶 n 的对数直线

关系；物理上，这一直线关系揭示了，地磁场能量白噪声，即非偶极子长期变化源，应处于液核表面．当然这不是地磁场长期变化仅有的模型，Merrill 等(Merrll et al., 1998)对不同模型有简要但全面的介绍．例如，McFadden 等人的模型也是由现代磁场(IGRF90)和高斯系数出发，把与高斯系数相应磁场分成相对于赤道对称(凡 n-m 为偶数)与反对称(凡 n-m 为奇数)两类，前者包括：g_1^1，h_1^1(赤道偶极子)，g_2^0，g_2^2，h_2^2(四极子)，g_3^1，h_3^1，g_3^3，h_3^3(八极子)；后者有：g_1^0(轴向偶极子)，g_2^1，h_2^1(四极子)，g_3^0，g_3^2，h_3^2(八极子)．可以看出，包括偶极子在内的所有各阶磁场都有对称、反对称两部分．可以预料：这些对称与反对称磁场的长期变化对虚地磁极位置分散性，即统计性的贡献也有对称与反对称两类，即

$$S^2 = S_A^2 + S_S^2,$$

式中，S_A 为反对称(antisymmetry)部分，S_S 为对称(symmetry)部分．既然相对于赤道对称，则对称部分，赤道南北相应纬度的平均 S_S 应为常数，与纬度无关；对于反对称成分，容易证明，在赤道处对虚磁极(VGP)分散性贡献为零．即

$$S_A = 0|_{\varphi=0},$$

作为一级近似，进一步假定 $S_A=a\varphi$，即 S_A 与 φ 为线性关系，则有

$$S^2 = S_A^2 + S_S^2 = (a\varphi)^2 + b.$$

1990 年(IGRF90)磁场资料拟合结果：其中 S_S=13.5°±0.6°，S_A=(0.24±0.02)．

6.4.3　10Ma 至 400Ma 前的古磁场

(1)资料的选取

以上两节涉及 10Ma 前但主要是 5Ma 前的古磁场，最远也仅至新生代(Cenoyou)新近纪(Neogene)的晚期．而这一节时间跨度从 10Ma 到 400Ma 前，即由古生代(Peleoyoic)的泥盆系(纪)(Devonian)(约 419.2 Ma 始)跨越中生代(Mesoyou)，至新生代的新近纪末．因时代久远，这一地质时期的古磁场资料远不如 5Ma 前充分，有许多空白，且越趋于远古，空白时段越多，因而资料的选取、处理、分析也与 5Ma 前不同，存在更多不确定性．但在如此漫长的地质时期，大地构造经历了从古生代早期(约 600 Ma)到中期(约 350 Ma)远古大陆(Pangaea)的聚集，古生代晚期(约 350 Ma)至中生代中期(约 250 Ma)远古大陆(Pangaea)分裂为劳亚(Lauralia)大陆(包括现今南极地区，南美印度等地)和冈瓦纳(Gondwana)大陆以及中生代中期始至今现代大陆板块格局的全过程，因而为研究板块大地构造动力学与地磁场演变的关系提供了可能．此外，它包括了磁场正反极性的不同时段，可研究地磁场正反极性的统计特性．

截至 20 世纪末，熔岩标本共有约 2600 单位(CU，cooling unit)，去除 0—500 Ma，以及高于 400 Ma 前的资料，约有 1167 个单位．考虑年代、古磁场方向、极性事件等重要指标的可靠性，以及磁场强度的测量方法，又由 1167 个单位选取了 865 单位，这一组称为第 1 组．其中，古磁场方向，即倾角以及相应古磁纬度的确定，以保证不同测点的测量结果，可以按式(6.6)或(6.8)换算到同一参考点，极地或赤道；而极性的确认可排除极性过渡(约 10^4a 的过渡)期较弱磁场的混淆；测量方法则应用§6.2.1(2)中描述的强度

测量方法，即利埃(Thellier)或Shaw的方法，以确保古磁场绝对强度测量的可靠性(Biggin and Thomas, 2003)．进一步对第1组的865个单位进行自洽(self-consistency)检验，即同一测点，同一岩层三个或以上标本单位(CU)的平均值均方差应在 10%以内，结果 865 个单位，仅剩 425 个，称为第 2 组．

如§6.2.1(2)古磁场强度测量方法所说，虽然利埃(E. Thellier)或Shaw(J. Shaw)的测量方法，提供了利用熔岩自然剩磁(NRM)测量古磁场强度的可靠基础，但在加热过程中，可能引起岩石内部结构的变化，从而影响强度测量结果，而部分加热法(PTRM)可检验热剩磁(TRM)有无引起这种变化，因而对第2组中的425个单位进行筛选，凡采用PTRM测量的结果共47个单位，作为第3组．第3组中的资料仅为第1组的5%，第2组的11%．以上岩石资料均是从标本单位(Cooling unit)资料的可靠性来区分的．但标本在不同地区分布是不均匀的，若古磁场的性质，以标本单位为准则，标本单位多的区域特性有被夸大的可能，而标本较少地区，则其特性可能被淹没．为此，对各组资料除标以标本单位的数量外，还对经度、纬度在5°间隔内的标本数放在一起称为“岩石组合”(rock suite)．三套资料的平均虚磁矩(μ_{VDM})、根方差(σ_{VDM})、标本数(N_{CU})、岩石组合数(N_{RS})列于表6.13，其统计分布绘于图6.65．

表 6.13 三套资料的基本参数平均虚磁矩(μ_{VDM})、根方差(σ_{VDM})、标本数(N_{CU})、岩石组合数(N_{RS})

组序	$\mu_{\mathrm{VDM}}/10^{22}\ \mathrm{Am}^2$	$\sigma_{\mathrm{VDM}}/10^{22}\ \mathrm{Am}^2$	N_{CU}	N_{RS}
1	5.9	3.5	865	89
2	3.3	3.1	425	44
3	5.8	3.2	47	16

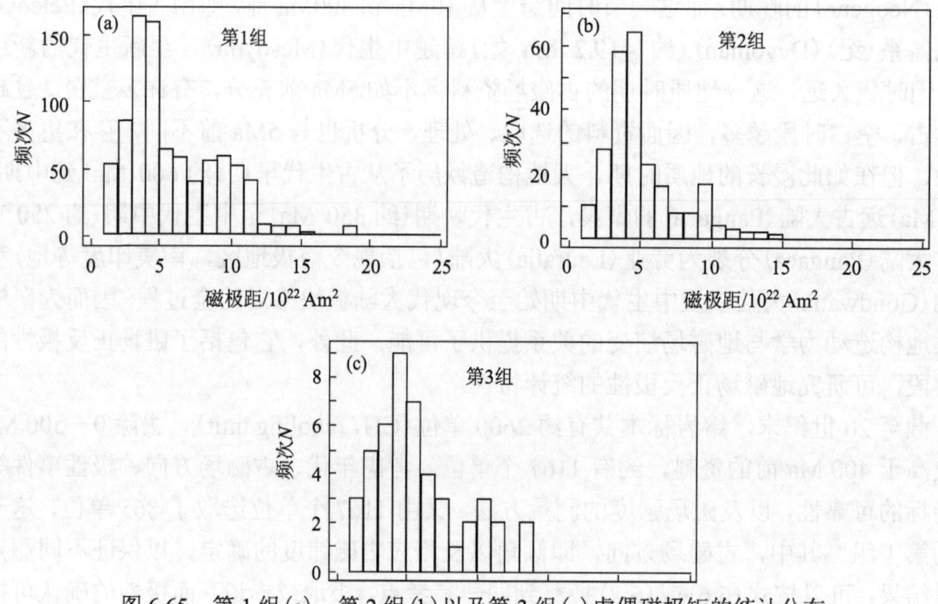

图 6.65 第1组(a)、第2组(b)以及第3组(c)虚偶磁极矩的统计分布

(Biggin and Thomas, 2003)

需要说明的是，第 2 组虚磁极矩的分布为双峰型(bimodality)，而近似为 $10\times10^{22}Am^2$ 的峰是由俄罗斯和阿塞拜疆(乌兹别克斯坦)前和中石炭纪的 RS 编号为 74，81 和 90“岩石组合”，移去这三套资料后，第二个峰消失，图中和以后的统计分析都不包含这三套 RS 数据．在这三套中，虽第 3 组选取严格，但年代空白太多太长，不宜研究古磁场随不同地质年代的统计变化，故分析均以第 1 组和第 2 组资料为准．

(2)资料的处理

资料第 1 组和第 2 组时间跨度约从 400 Ma 前至 10 Ma 前．研究在这一漫长地质年代古磁场随时间变化的统计特性，有两种时间段的选取方式：一是选用固定的时间窗口，二是时间窗口不固定，但每一时间段内有不同于邻近时间 VDM 的统计分布，当然无论固定或非固定的时间窗口，每一时段的时间跨度都必须足够长，例如应不小于百万至 10 Ma．Biggin 和 Thomas(2003)在处理第 1 组和第 2 组资料时所采用的是非固定的时间窗口，但每一窗口内的资料有相对一致的统计特性．

图 6.66 绘出了两套资料(第 1，2 组)全部标本(CU 单位和 RS)10 Ma 至 400 Ma 测定的偶极子磁矩．为对资料划分不同的时间窗口，应用回归分析于给定的时段，随着时标的移动，判断时段内偶极矩(VDM)的变化是随机的，还是以确定的信度(例如 90%以上)，存在变化的“斜率”(上升或下降)，若存在斜率变化，再通过均值 $\bar{\mu}$(VDM)和标准方差

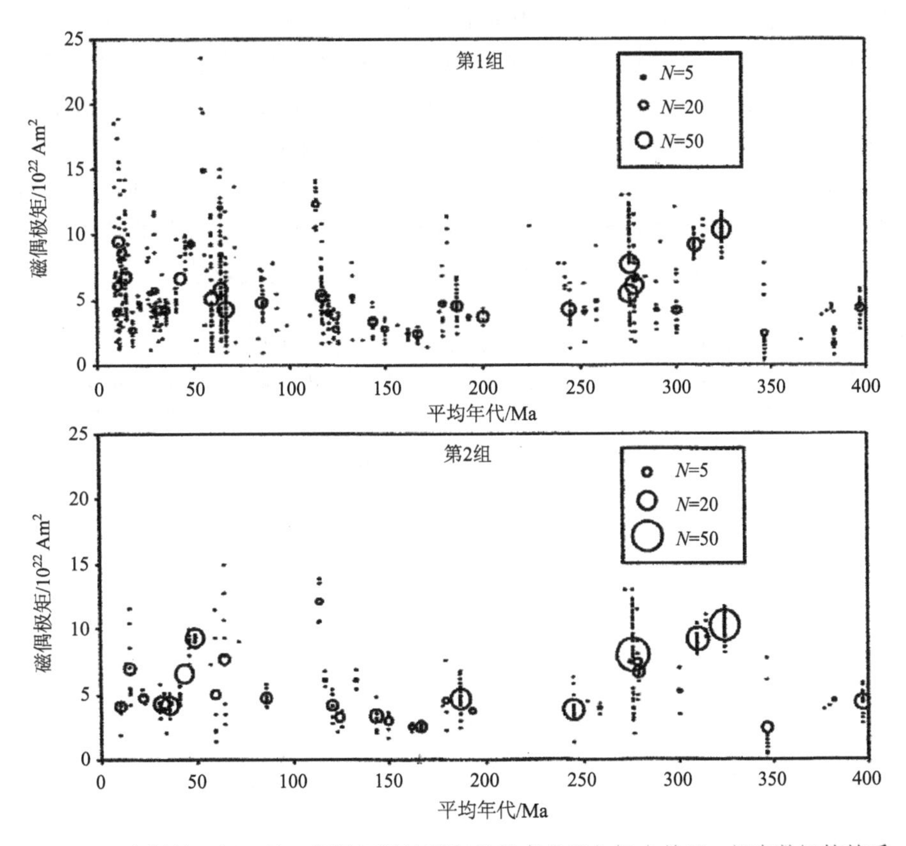

图 6.66　资料第 1 组、第 2 组极矩随地质年代的变化及与标本单元、组套数间的关系

这是图 6.67 统计时段划分的基础

$\bar{\sigma}$(VDM)分析寻找出现斜率变化的时间，作为窗口的分界. 很显然，这种回归和统计分析都要求时段内有足够多的资料. 依据资料数(CU 单位)的多寡，全部资料以中生代中期侏罗纪中(约 170 Ma)为界可分为两段分别处理，一段自 170 Ma 的侏罗纪至约 10 Ma 的新生代中期新近纪中新世(Miocene)后期. 把回归与统计分析用于 170 Ma 至 10 Ma 一段，以 99%的可信度，全段 VDM 随时间的线性回归，其随时间变化斜率不可能是零，即 VDM 随时间的变化不是随机的. 根据均值和方差分析，全段以分为五个时间段为宜，五个时段的年代，VDM 的均值μ和方差σ，以及标本数(CU)N_{CU}，岩石套(RS)数 N_{RS} 列于表 6.14a(第 1 组)和表 6.14b(第 2 组). 两组资料第 1 和第 2 时间段(其中第 1 组，时段 1 从 16.6—10 Ma(即新生代新近纪中新世(Miocene)早期至中新世晚期)，时段 2 从 41.5—17.9Ma(即新生代古近纪始新世晚期至新近纪中新世早期)，起止时间不同，其中第 2 组，时段 1 从 41.5—10.3 Ma(即由新生代古近纪始新世晚期至新近纪中新世晚期)，而时段 2 从 49.5—46.5 Ma(即由新生代显新世(HePaleocene)末至始新世中到晚期))，但统计结果表明，在时段内，VDM 随时间的变化等于或小于$\pm0.01\times10^{22}$ Am^2/a，因此可视为随机变化；时段 3，由于存在较时段 1 和 2 大的时间空白，无法做如时段 1 和 2 那样时间变化的统计回归，但由其边界处(中生代晚期白垩纪中(约 121 Ma)(第 2 组)，117.5 Ma(第 1 组)，和新生代古近纪始新世的早到中期，即约 57.5 Ma(第 2 组)，42 Ma(第 1 组))资料的密集和与邻近时段均值与方差的显著差异(表 6.14)，以任意高的可信度确认，有与邻近时段不同的统计特性. 时段 4 和 5 较之时段 1 至 3 时间覆盖率更低，但由表 6.14 可以确认这种时段的划分统计上是有意义的. 时段由约 400 Ma 至 170 Ma(古生代中期泥盆纪至中生代侏罗纪中期)资料更为稀少，时间空白也较多较大，其分段结果列于表 6.14，可以看出，其时段分界处都落在资料较大的空白处，由表 6.14 可以判断，均值和方差各时段都与邻近时段不同，即各自具有独立的统计特性. 这里需要说明的是资料第 2 组，时段 9 仅有两块标本 N_{CU}=2，N_{RS}=1(表 6.14b)，统计上不具代表性.

表 6.14a　第 1 组各时段的年代，年代均值μ_{AEG}，年代方差σ_{AEG}，偶极矩均值μ_{VDM}，方差σ_{VDM}，标本数(CU)N_{CU}，岩石套(RS)数 N_{RS}，N_{RS}/N_{CU}，非 T$^+$技术测量标本的比例(nonT$^+$)

时段	时间跨度/Ma	μ_{AEG} /Ma	σ_{AEG} /Ma	μ_{VDM} /10^{22}Am^2	σ_{VDM} /10^{22}Am^2	N_{CU}	N_{RS}	N_{RS}/N_{CU} /%	nonT$^+$ /%
1	16.6—10 新生代中新世早期—晚期	12.9	2.0	7.24	4.11	98	13	13	70
2	41.5—17.9 新生代始新世晚—中新世早	31.5	6.5	4.48	1.80	95	16	17	71
3	117.5—42 中生代白垩纪中—新生代始新世早	75.4	22.0	6.13	3.92	247	20	8	65
4	143.5—121 中生代白垩纪早—白垩纪中	131.1	9.5	3.53	1.34	47	8	17	57
5	172—150 中生代侏罗纪中—侏罗纪晚	161.5	7.4	2.43	0.53	35	5	14	97
6	201—178 侏罗纪早—侏罗纪中	187.7	6.2	4.58	1.71	51	6	12	67

续表

时段	时间跨度/Ma	μ_{AEG} /Ma	σ_{AEG} /Ma	μ_{VDM} /$10^{22}Am^2$	σ_{VDM} /$10^{22}Am^2$	N_{CU}	N_{RS}	N_{RS}/N_{CU} /%	nonT$^+$ /%
7	259—240 中生代三叠纪早—三叠纪中	247.2	5.1	4.27	1.54	44	3	7	89
8	285—273 古生代二叠纪早—二叠纪中	277.4	1.6	7.17	3.23	95	4	4	97
9	301—290 古生代石炭纪末—二叠纪早	298.6	4.6	4.55	2.38	19	3	16	5
10	325—310 石炭纪中—石炭纪末	319.8	7.0	9.90	0.98	89	2	2	100
11	397.5—347 古生代泥盆纪中—石炭纪中	377.2	21.1	3.17	1.81	44	8	18	100

表 6.14b　第 2 组各时段的年代，年代均值μ_{AEG}，年代方差σ_{AEG}，偶极矩均值μ_{VDM}，方差σ_{VDM}，标本数(CU) N_{CU}，岩石套(RS)数 N_{RS}，N_{RS}/N_{CU}，非 T$^+$技术测量标本的比例(nonT$^+$)

时段	时间跨度/Ma	μ_{AEG} /Ma	σ_{AEG} /Ma	μ_{VDM} /$10^{22}Am^2$	σ_{VDM} /$10^{22}Am^2$	N_{CU}	N_{RS}	N_{RS}/N_{CU} /%	nonT$^+$ /%
1	4.15—10.3 新生代始新世末—中新世末	28.5	10.9	4.68	1.47	75	9	12	81
2	49.5—46.5 新生代显新世末—始新世中	48.1	1.5	9.08	0.64	19	2	11	100
3	121—57.5 中生代白垩纪中—新生代始新世早	87.1	24.4	6.25	3.54	42	8	19	55
4	143—123 中生代白垩纪早—白垩纪中	137.0	8.8	3.55	1.21	18	3	17	89
5	167—150 中生代侏罗纪中—侏罗纪晚	160.9	7.6	2.61	0.51	20	6	30	100
6	193.5—178 中生代侏罗纪早—侏罗纪中	187.0	3.8	4.44	1.21	33	4	12	85
7	259—245 中生代三叠纪早—三叠纪中	246.2	3.8	3.76	0.88	30	3	10	93
8	280—273 古生代二叠纪早—二叠纪中	277.1	1.3	7.75	3.22	74	4	5	99
9	301 古生代二叠纪早	301.0	-	5.15	2.47	2	1	50	0
10	325—310 古生代石炭纪中—石炭纪末	319.5	7.1	9.85	0.96	83	2	2	100
11	397.5—347 古生代泥盆纪中—石炭纪中	379.5	22.9	3.70	1.82	29	5	17	100

表 6.14，图 6.67 即为研究自 400 Ma，即古生代中期泥盆纪至 10 Ma，即新生代中新近纪中新世晚期，古磁矩变化及其统计特性的基本资料.

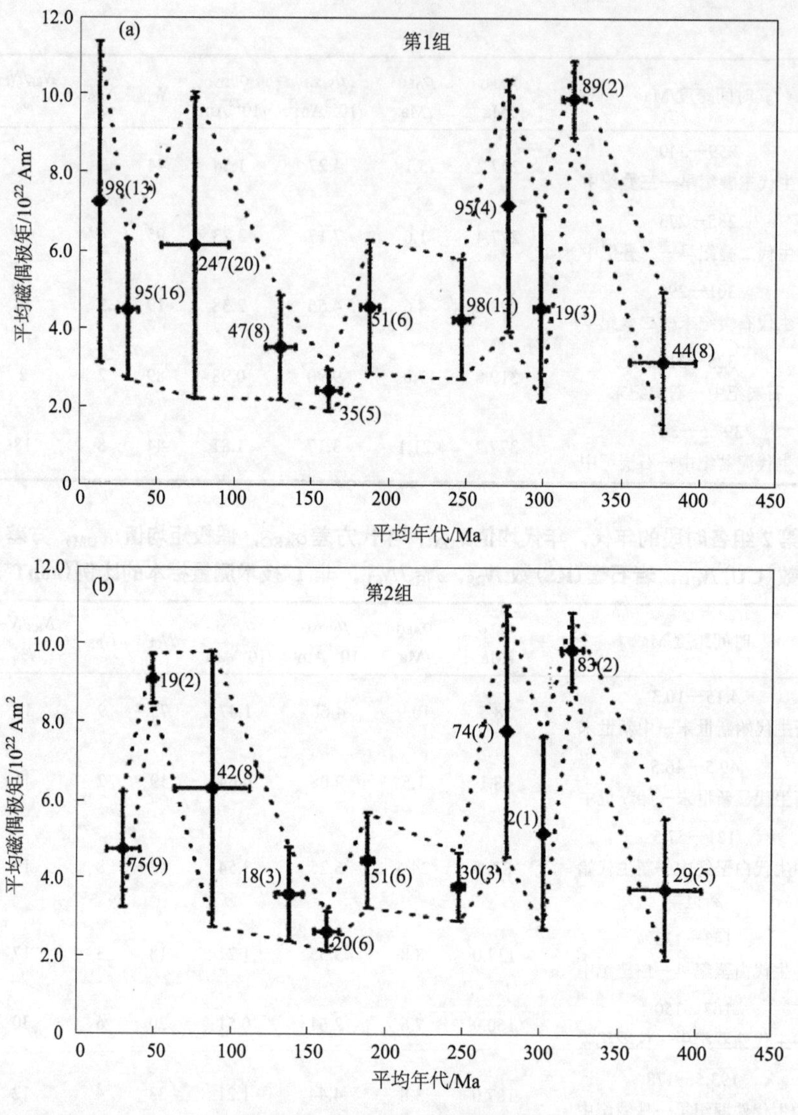

图 6.67　表 6.13a, b 的绘图表示

即 400—10 Ma 地质年代两套资料(a: 第 1 组, b: 第 2 组) 11 个时段平均偶极矩μ_{VDM}的变化；实心圆：μ_{VDM}；竖短线：σ_{VDM}表示偶极矩的变化范围，而非误差；横短线：σ_{AGE}；年代区间；虚线各时段最大值间和最小值间的连线；所标数字为N_{CU}和N_{RS}

(3) 400—10 Ma 年代的古磁场

(i) 古磁场研究的已有结果

重要成果之一当属地磁长期变化不同成分的时间尺度．地磁长期变化源于地球内部动力学过程，虽常用年变率表示，诸如地磁场各要素，方向、偶极子、非偶极子磁场等成分的 5a 或 10a 间隔的平均变化，但这样短的时间尺度，并不能揭示地磁场长期变化的规律．其实地磁长期变化最短时间尺度的成分应为地磁场的“突变”(jerk)，只有大约 1—2a 的持续时间，但有约 10a 的重复性．地磁场自由衰减时间τ_d约为10^4—10^5a，而地核发电机产生磁场的时间尺度应与τ_d同一量级，故古地磁虚磁极10^4—10^5a 的平均应与

地理极重合，即古地磁学中的中心轴向偶极子假定．而地磁极位置的“远足”(excursion)也应有同样的时间尺度．最短地磁极性反转尺度为10^5a，而平均约为2.5×10^6a的量级．地磁场长期变化的统计特性的研究包括约10^3a的现代磁场，30 ka至今，5 Ma至今，10 Ma至今和4 Ma至10 Ma等多个时段．除30 ka时段磁场极性没发生过反转，5 Ma磁场已发生多次反转，但各大陆位置与现代大陆没明显的移动，但至10 Ma前，则大陆位置与现代已有明显移动．5 Ma前磁场的统计特性与现代磁场接近，但远至10 Ma，则其长期变化，特别是偶极磁矩变化较5 Ma明显较大，而所有时期其偶极磁场的变化远较非偶极磁场显著．

地磁场极性反转，160 Ma前以来，即中生代侏罗纪中期以后记录都很可靠．330 Ma前，即古生代末石炭纪中期以后准可靠，更远时代则不准确．主要记录包括6 Ma以后的“极性纪年”，即0.78 Ma后(新生代第四纪中)布伦赫斯(Brunhes)正常期，0.78—2.581 Ma(新生代新近纪末)松山(Matuyama)反向期，2.581—3.580 Ma(新近纪末)高斯(Gauss)正常期和3.580—5.894 Ma(第三纪末)吉尔伯特(Gilbert)反转期；6 Ma更古老的极性事件称为极性辅助纪年(Auperchron)，包括120(中生代白垩纪早期)—80 Ma(白垩纪晚期)白垩纪正常期(CNS)，持续时间长达约40 Ma，称为白垩纪极性“平静期”，以上极性事件都可靠；320(古生代石炭纪中)—260 Ma(古生代二叠纪末)二叠—石炭反向期(PCRS)，为准可靠；此外，还有500(古生代寒武纪末)—460 Ma前(古生代奥陶纪中)奥陶—寒武反转期(OCRS)，但资料分散，已不如以前记录可信．

古磁场除10—0 Ma，较5—0 Ma以及现代磁场变化较大外，最重要的是所谓中生代，250—150 Ma前长期持续的低强度磁偶极矩，缩写为MDL(the Mesozoic dipole low)．在这一漫长的地质时段，绝大部分时间地磁偶极矩只有现代磁场的30%．这与表6.13，图6.66，图6.67的结果一致．

(ⅱ)400—10 Ma年代的古磁场

除上述中生代低偶极矩(DML)外，400—10 Ma地质时期的古磁场还包括：这一地质时期磁偶极矩随时间变化的长期趋势；一个可能有价值的统计规律；偶极矩变化与极性反转．

这一较长地质时期偶极矩的变化趋势大体分为四个时段，即：400—350 Ma，350—250 Ma，250—175 Ma以及175—10 Ma．

400—350 Ma，包括全部古生代泥盆纪和石炭纪早期，磁偶极矩偏低，约$(2—3)\times10^{22}$ Am^2(图6.66，图6.67)．

350—250 Ma，包括古生代石炭纪至二叠纪末，整个时段磁偶极矩较强，约为$(8—10)\times10^{22}$ Am^2，其中325—245 Ma时段，即石炭纪中至二叠纪末，磁偶极矩呈线性下降趋势(图6.66)．

250—175 Ma，即从古生代末至中生代中期，覆盖大部中生代低磁矩(MDL)时期，磁偶极矩较低，小于5×10^{22} Am^2(图6.66)．

而175—10 Ma包括中生代中期至新生代新近纪末，其中，在中生代侏罗纪中，即约170 Ma磁偶极矩达到最低，约小于3.5×10^{22} Am^2，自170 Ma至65 Ma，即到新生代末，偶极矩略有上升，但仍较低，小于5.0×10^{22} Am^2，即属中生代低磁矩(MDL)时期．至新生代早期约 60 Ma，磁偶极矩迅速上升，高达 $(9—10)\times10^{22}$ Am^2，但有 $(3—5)\times10^{22}$ Am^2 的上下波动(图 6.66)．

以上四个时段，时间间隔在 $10^7—4\times10^8$a，地磁场长趋势变化与板块大地构造动力学的关系，将在§6.5.2 中讨论．

(iii) 400—10 Ma 磁偶极矩最小取值

仔细观察图 6.66 和图 6.67，可以发现，尽管不同时段磁偶极矩，即地磁场强度高低起伏很大，但相应各时段的最小值几乎不变，或者说至少变化不大．这意味着，不同时段磁场强度的高或低主要受相应时段极大值控制，与极小值无关，或关系很小．若这一现象属实，取虚磁偶极矩方差，即表 6.14 中 σ_{VDM} 为 y 轴，而虚磁矩的均值 μ_{VDM} 为 x 轴，则容易证明，y，x 图为一直线，即 $y=ax+b$ (图 6.68)．

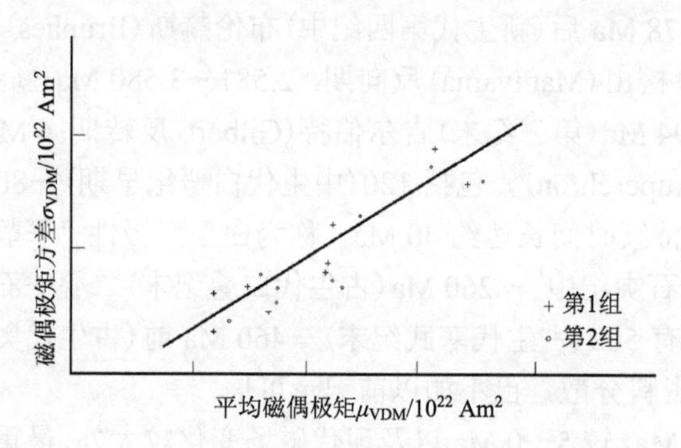

图 6.68　虚磁偶极矩方差，即表 6.14 中 σ_{VDM} 与虚磁矩均值 μ_{VDM} 关系图

地磁场最小取值，在较长的地质年代，不同的平均强度，统计上取值不变或变化很小；其物理意义是显然的．首先地磁场强或弱，按地磁发电机理论，例如按冻结扩散方程(5.20)中速度 $\boldsymbol{V}$，地磁场强或弱，是这种运动强或弱的表现，则相应统计上地磁场“最小取值不变”，液核运动统计的最“弱”取值也应不变，运动的平均强度主要受强运动所控制，与较弱运动无关，这无疑给发电机及液核内部的运动提出了重要的统计约束；第二，不管地磁场极性倒转的机理如何，在§6.4.2.(4) 曾经讨论：它必须经过由大到小，再到“零”的过程，若如此，则当磁场较强时，统计上，极性较为稳定，发生倒转的概率较低，反之亦然．倘若“最小取值不变”成立，则一个时期，磁场统计上强与弱，表明同一时期最高强度大与小，倒转频率与场强统计上应为反相关．下面将讨论磁场极性倒转频率与磁场平均强度的统计关系．

(iv) 极性倒转与磁场平均强度

有人主张极性倒转的频度与磁场强度“反”相关(Glatzmaier, 1999)，这应是最“合理”的直观结果，因为倒转是由正(反)到小，再取“零”后，才可能反(正)向，故当磁场处于“弱”状态时，统计上较易发生倒转．也有人主张，两者并不相关(Gubbins and Zhang, 2000)，这也不无可能，因为理论上，处于任何状态的磁场都有发生倒转的可能，而能否倒转，将只取决于使倒转发生的运动状态自身，而非其他，特别从统计上来讲，任何磁场平均状态，都有足够时间处于低或高强度．还有的说两者为正相关，即磁场越强倒转频次越高，因此说有悖常理而多不被教学者所接受．在两者关系的研究中，还有人从磁场发电机理论出发，例如有人提出，维持磁场和磁场反转属两种不同的动力学过程，因而两者应不相关(Gubbins and Zhang, 2000)．其实磁场发电机理论远没达到可以“预见”磁场行为规律的阶段，即便有“预见”那也要由观测实际来检验，绝不是“指导”或“预测”．因此磁场强度与其倒转频次有无关系，有怎样的关系，只能依靠古磁场资料的统计分析．

Biggin 和 Thomas(2003)利用第 2 组资料做了两项统计．一是取倒转记录可靠的年代 70—10 Ma，每 10 Ma 平均古磁场强度和倒转频次随年代的变化(图 6.69)；二是倒转频次高的年代 30—10 Ma 与频次低的年代 124—30 Ma，倒转频次随磁场强度的统计分布(图 6.70)．

由图 6.69 可以看出，大部时间场强与倒转频次呈反相关趋势，但 90—80 Ma 时段，场的强度偏低，倒转频次也明显偏低．但图 6.66 显示，90—80 Ma 时段第 2 组仅有四个测量资料(CU)．如若排除这一资料少的时段，图 6.69 显示磁场强度与倒转频次很明显的反相关．

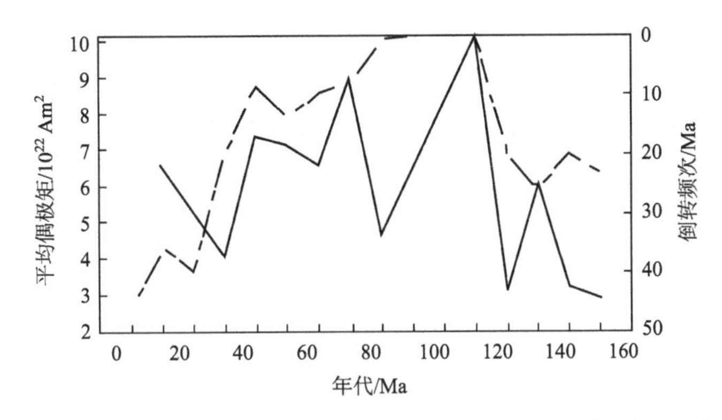

图 6.69　古磁场平均偶极矩(实线)与平均(每 10 Ma)磁场倒转频次分布图

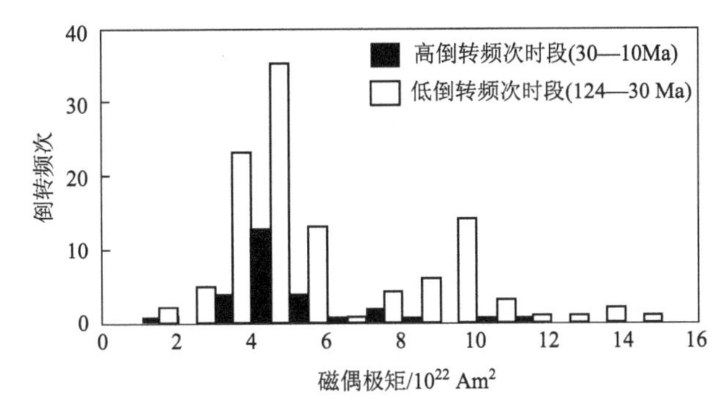

图 6.70　第 2 组不同倒转频次时段(高频次 30—10 Ma，低频次 124—30 Ma)倒转频次随偶极矩的分布图

因为 30—10 Ma 和 124—30 Ma 两时段倒转频次高低不同，Biggin 和 Thomas(2003)试图从中寻找两者倒转频次随磁场强度的统计分布的差异．图 6.70 表明：除 124—30 Ma

低倒转时段，可能在(9—10)×10^{22} Am^2 强度区间存在一个第二低频次峰值外，两时段倒转频次主峰均落在(4—5)×10^{22} Am^2 强度区间，总体分布不存在明显的差异，因而由图6.69和图6.70，总体上支持倒转频次(RF)与磁场强度(GPFI)反相关的结论，但要肯定的结果，则资料仍显不足.

有些年代和地区资料稀少确实是主要问题所在，但仅就倒转频次(RF)与磁场强度(GPFI)的关系，分析方法也不无问题. 例如，由图6.70资料，试图比较高低倒转时段分布的不同就不一定有效. 124—30 Ma 虽说为低倒转频次时段，但时间较高频次时段30—10 Ma为长，两者总体倒转次数并无显著不同，相应的倒转频次(RF)与强度(GPFI)的关系有、无不同，不一定显现得出来. 但若比较不同时段磁场强度的统计分布与倒转频次，则有可能发现强度对倒转频次的影响.

假定，强度均匀分布，磁场倒转频次(RF)与磁场强度(GPFI)反相关，其分布函数为

$$f(x)=\begin{cases}=\dfrac{1}{\sigma}\sqrt{\dfrac{2a}{\pi}}\mathrm{e}^{-\frac{a}{2\sigma^2}x^2}, & x>0\\ =0, & x\leqslant 0\end{cases} \tag{6.227}$$

式中，常系数项$1/\sigma\sqrt{2a/\pi}$为归一化因子，$a>0$，x为磁场强度，不难相信，a为倒转概率与磁场强度x反相关程度的量度，a越大相关越强. 但实际上，强度并非均匀分布，不失一般性，设磁场强度遵从高斯正态分布，即$N(\mu, \sigma)$：

$$f_{\mathrm{GPFI}}(x)=\frac{1}{\sqrt{2\pi}\sigma}\mathrm{e}^{-\frac{(x-\mu)^2}{2\sigma^2}},\qquad -\infty<x<\infty \tag{6.228}$$

则倒转频次(RF)随磁场强度的“实际”分布

$$f_{\mathrm{RF}}(x)=\frac{f(x)f_{\mathrm{GPFI}}(x)}{\int_0^{\infty}f(x)f_{\mathrm{GPFI}}(x)\mathrm{d}x},$$

或

$$f_{\mathrm{RF}}(x)=A\mathrm{e}^{-\frac{1}{2\sigma^2}[(x-\mu)^2+ax^2]}, \tag{6.229}$$

其中，

$$A=\frac{\sqrt{a}}{\pi\sigma^2}\Bigg/\int_{-\infty}^{\infty}f(x)f_{\mathrm{GPFI}}(x)\mathrm{d}x$$

为倒转频次分布函数(6.229)$f_{\mathrm{RF}}(x)$的归一化因子，分布函数的模(mode)，即极值μ_{RF}，可由$\mathrm{d}f_{\mathrm{RF}}(x)/\mathrm{d}x=0$求得：

$$\mu_{\mathrm{RF}}=\frac{\mu}{1+a}, \tag{6.230}$$

式中，μ是分布函数(6.228)的均值，式(6.230)表明，若$a>0$，则$0<\mu_{\mathrm{RF}}<\mu$，即与μ相比，μ_{RF}向磁场小的方向移动，界于0和μ之间，如上所说，a愈大，反转频次(RF)与场强(GPFI)的反相关性愈强，因而与μ相比，μ_{RF}向场强小的方向移动越多. 而当$a\to 0$时，由式(6.227)

可以看出，RF 与 GPFI 不再相关，而由(6.230)，$\mu_{RF}=\mu$，即 $f_{RF}(x)=f_{GPFI}(x)$，磁场倒转频次的统计分布与磁场强度的分布统一，倒转频次的极值，恰好落在磁场强度的极值点. 这不难理解：当 RF 与 GPFI 无关时，RF 频次统计上只取决于时间长短，而强度的极值点恰好是所有强度出现最频繁，因而与磁场最长时段相对应；当 $a\to\infty$，即反相关如此之强，$\mu_{RF}=0$，即分布函数(6.227)的极值，以致(6.227)完全控制磁场倒转频次，而不同时间不同强度出现的多寡，即磁场强度分布函数(6.228)对倒转已毫无影响；还有当 $a<0$，虽说因式(6.227)积分发散，式(6.227)不再具有分布的性质，但此时式(6.230)仍然成立，与反相关不同，$\mu_{RF}>\mu$，即相对于μ，μ_{RF} 向磁场强度正方向移动，这意味着 RF 与 GPFI 为正向关. 图 6.71 为 $f_{RF}(x)$，$f_{GPFI}(x)$ 和 $f(x)$ 三者的相互关系，但仅限于 $a>0$ 的结果.

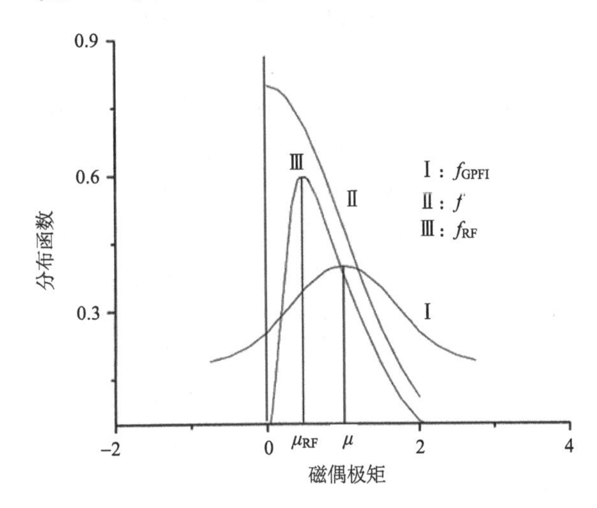

图 6.71　磁场倒转频次 RF 随古磁场强度(GPFI)的分布函数

曲线 I 为磁场强度的分布函数 $f_{GPFI}(x)$；曲线 II 为 $f(x)$；曲线 III 为 RF 与 GPFI 的分布函数 $f_{RF}(x)$，取 $a=1$，$\sigma=1$ ($f_{RF}(x)$ 未归一化)

从以上讨论可以看出，如图 6.71 所示，这个方法简单，只需要比较同样的时段磁场强度(GPFI)统计分布极值(模)对应的磁场强度μ，以及倒转频次(RF)随强度的分布极值对应的磁场强度μ_{RF}，物理意义明确，把强度统计分布考虑在强度对倒转频次的关系中，或者说，在计算强度对倒转的关系时，同时考虑强度不同，出现的频次的不同，$\mu_{RF}=\mu$，RF 与 GPFI 无关，$\mu_{RF}<\mu$，RF 与 GPFI 反相关，两者差别越大，相关越强.

关于上述倒转与磁场强度关系的统计模型，即相关判据(6.230)的应用，因缺少足够资料，无法给出详尽定量的讨论，但就当前已有的数据，做可能的估计还是有可能的. 首先，图 6.70 即倒转频次 RF 随磁场强度的分布函数 $f_{RF}(x)$ 和磁场强度的统计模型，可估计：30—10 Ma，124—30 Ma 两时段，倒转频次的极值 μ_{RF} 约位于(4—5)×10^{22} Am^2. 但 Biggin 和 Thomas(2003)没有给出 124—30 Ma，30—10 Ma 磁场强度分布实际资料数据，无法计算这两时段磁场强度 GPFI 的统计分布的极值μ. 但给出了 400—10 Ma 全部时段的总体统计分布(图 6.65). 由图 6.65 可以看出，三套资料(第 1 组(a)，第 2 组(b)，第 3 组(c))统计分布的极值(模)$\mu\approx$(4—5)×10^{22} Am^2，与图 6.70 磁场倒转频次 f_{RF} 的极值位置μ_{RF}接近，若图 6.65 能代表时段 124—30 Ma 和 30—10 Ma 两时段的统计分布，则按以上判别法则，RF 与 GPFI 无相关关系．为了比较 400—10 Ma 总体分布与 124—30 Ma，30—10 Ma 两时段 GPFI 统计分布的异或同，图 6.67a 包括明显的三个时段：时段 400—124 Ma μ值要比 124—30 Ma，30—10 Ma 两时段偏低，400—10 Ma $\mu\approx(4—5)\times10^{22}$ Am^2，另两时段$\mu\approx(5—6)\times10^{22}$ Am^2，即$\mu>\mu_{RF}$，则按判据(6.230)，这两个时段倒转频次与磁场强度统计上为反相关．若这种判断显得粗糙，可信度不高，图 6.67a,b 两组长达 400—10Ma 资料 70%的测量结果$\mu>(4—5)\times10^{22}$ Am^2，即$\mu>\mu_{RF}$，则结论：倒转频次与磁场强度统计上为反相关，无疑应有一定的可信度．

6.5　地球内部动力学

地球基本磁场及其长期变化，是磁场与液核运动相互作用的结果．偌大地球的磁场极性可以反转，这表明：液体地核与地球大气、海洋一样存在有不同尺度，有时很剧烈的运动．与大气、海洋不同的是，在所有液核的可能运动中，磁场有举足轻重的作用．因而地磁场的变化，提供了人们认识地核内部运动的一个重要窗口．对流是液核内部运动的主要形式，它不仅与磁场作用，产生磁场的变化，还把地核内部由放射性和物质分异所释放的潜能由内部输送到核幔边界，再由核幔边界传到地幔、软流层，从而产生和影响地幔、软流层内部的运动．不难相信，磁场的变化有可能提供地幔和软流层内部运动的有关信息．

与地磁场长期变化相联系的地球内部动力学包括两个方面，一是由长期变化反演核幔边界液核的运动，二是地质时间长期变化与大地板块运动的关系．由于长期变化结果的不确定性，无疑由此所推断的地球内部动力学也同样存在不确定性．减少这种不确定性唯有依靠地球物理场的综合观测和研究，例如，地球内部，特别是液体地核的运动都与地球转动相联系．众所周知，古地磁学在“板块大地构造”运动学中做出了重要贡献，包括：一，古地磁极的移动，二，地磁场极性的倒转，两者结合证实了作为板块大地构造学说重要内容的早期“大陆漂移”和“海底扩张”假说的科学性．而地磁场源于与整个地球动力学相联系的液核内部动力学，不难相信，假以时日地球磁场长期变化的研究一定可以对板块大地构造动力学做出应有的贡献．当然与板块大地构造运动学是 20 世纪 60 年代包括地震、地球重力、地热、海洋地球物理测量等“上地幔”计划综合研究的成果，可以预料地磁长期变化本身和板块大地动力学的突破也必将是这种综合研究的结果．

这一节只提供两个实例，一是地磁场较短期的长期变化，例如 5—10a 与液核表面的水平运动，二是地磁场在漫长地质时期，400—10 Ma，强度的变化和地幔、软流层物质迁移(对流)的关系．

6.5.1　地磁场 5—10a 的变化与液核表面运动

在§6.4.2 中地面磁场高斯系数的功率谱随阶数 n 的衰减规律(图 6.56)，从数学(方程(6.181)，(6.182))和物理两个方面讨论了地磁长期变化的源应位于液核表面．在§6.4.1 以“一个值得注意的理论观点”为题，详细讨论由地磁场长期变化反演液核表面的运动时，指出通常忽略电磁场“冻结扩散”方程(5.20)中的扩散项是错误的，或者说，至少是不全面的．虽仍有的坚持：当反演所涉及的磁场时间尺度不长时，扩散项是可以忽略的(例如，Jackson and Finlay，2007)，笔者认为：这在理论上是站不住脚的．在§6.4.1中也曾指出，如保留扩散项在实践上并不可行，因而可以说忽略扩散项只能说是不得已而为之，由此而引起的误差将在下面“基本方程”一节予以说明．至于§6.4.1所说，由于在核幔边界处磁场水平分量不再连续，只能用磁场的垂直分量 $\bar{B}_r$ 反演液核表面的运动，因在液核边界区域，这里只存在水平方向的运动，磁场垂直分量、水平分量所对应的运动并无区别．只是这里是反演问题，解并不唯一，若水平分量可行，则反演多了一个约束，其结果更趋“唯一”而已，何况因运动为水平方向，磁场垂直与水平分量两者相较，垂直分量则更为合宜．

(1)基本方程

如若所处理磁场与扩散时间相比，足够短，方程(6.175)的扩散项可以忽略，则有

$$\frac{\partial B_r'}{\partial t} = -\nabla_h \cdot \beta_h',$$

与(6.175)相比，方程(6.178)多了一项 $\nabla_h \cdot (\bar{V}_h \bar{B}_r)$，因 $\bar{V}_h$ 是待求量，无法估计其大小，但可以说与 V_h' 应为同等量级，而磁场 $\bar{B}_r$ 可视为轴向偶极子的垂直分量，虽然在地球表面，$r=a$ 的球面上，中心偶极子占绝对优势，但在 $r=r_c$ 的液核球面，由图6.56可以判断，偶极场与非偶极场相比，不再具有绝对优势，何况由§6.5.1(4)可以看到：实际球谐系数已取至 n=13，长期变化取 n=8．在反演计算中又把磁场外延至磁场 n=90，长期变化 n=40(Maus et al., 2008)，更何况式(6.177)中仍保留 $\bar{B}_r$ 与 u' 运动的相互作用项．与众多项(偶极子和非偶极子)的作用相比，是否可以说，仅一项 $\nabla_h \cdot (\bar{V}_h \bar{B}_r)$，应不会带来大的影响．

方程(6.178)重新安排后成为

$$\frac{\partial B_r}{\partial t} = -\nabla_h \cdot (\boldsymbol{V} B_r), \tag{6.231.1}$$

或

$$\frac{\partial B_r}{\partial t} = -B_r(\nabla_h \cdot \boldsymbol{V}) - (\boldsymbol{V} \cdot \nabla_h) B_r, \tag{6.231.2}$$

式中，∇_h 表示水平方向的散度，∇_h=(0，∇_θ，∇_λ)．对方程(6.231.2)两侧取时间的导数．得

$$\frac{\partial^2 B_r}{\partial t^2} = -\frac{\partial B_r}{\partial t}(\nabla_h \cdot \boldsymbol{V}) - B_r\left(\nabla_h \cdot \frac{\partial \boldsymbol{V}}{\partial t}\right) - \left(\frac{\partial \boldsymbol{V}}{\partial t} \cdot \nabla_h\right) B_r - (\boldsymbol{V} \cdot \nabla_h)\frac{\partial B_r}{\partial t}, \tag{6.232}$$

(6.231)和(6.232)即为由磁场垂直分量 B_r，长期变化 $\partial B_r / \partial t$ 和长期变化随时间的变化，即 B_r 的加速度等地面的观测值，反演液核表面运动 $\boldsymbol{V}$ 的基本方程．

(2)液核运动的级数展开

方程(6.231.2)中磁场按IGRF和WMM，通常都展开为球面谐级数，因场势 $W(r, \theta, \varphi)$ 满足拉普拉斯方程，则磁场球面谐函数系数确定后，式(5.229)的级数表达式，是磁场向量的完备解．若液核运动场 $\boldsymbol{V}(r, \theta, \varphi)$ 也存在这种完备的级数表达，则由磁场观测结

果，利用方程(6.231)，(6.232)反演液核表面的运动场 $\boldsymbol{V}$，更为可行.

若假定液核中流体不可压缩，且在液核与地幔的边界(CMB)运动的垂直分量为零，即

$$\nabla \cdot \boldsymbol{V} = 0, \qquad V_{r|r=r_c} = 0, \tag{6.233}$$

在地磁场发电机模型中，也采用过这种近似，很显然，对对流运动而言，这种近似不能成立. 若式(6.233)成立，则速度向量场 $\boldsymbol{V}$ 在外核空间为螺线场(solenoidal)，可由两个标量场完备地描述，一个对应极型场(poloilal)，一个对应环型场(toroidal)(§5.1.4，方程(5.75)，(5.76)). 换个角度也可证明在液核内部(6.233)成立. 由质量守恒(连续性)方程(5.30)，即

$$\frac{\partial \rho}{\partial t} + \nabla \cdot (\rho \boldsymbol{V}) = 0, \tag{5.30}$$

式中，液体密度ρ由状态方程中压力 P 和温度 T 决定，因而ρ仅仅是半径 r 的函数，与时间 t 无关，则(5.30)中

$$\frac{\partial \rho}{\partial t} = 0.$$

利用球坐标系中散度公式

$$\nabla = (\nabla_r, \nabla_h), \quad \nabla_r = \left(\frac{\partial}{\partial r} + \frac{2}{r^2}\right),$$

方程(5.30)左边第二项：

$$\frac{\partial}{\partial r}(\rho V_r) + \frac{2}{r^2}(\rho V_r) + \rho(\nabla_h \cdot V_h) - V_h \cdot (\nabla_h \rho) = 0,$$

考虑液核表面 $V_r=0$，$\nabla_h \rho=0$，则得，$\nabla \cdot \boldsymbol{V}=0$，即式(5.30)成立，液核表面速度场 $\boldsymbol{V}=(0, V_\theta, V_\varphi)$为螺旋场，可由环型、极性两类场完备地描述. 若把与两种场对应的标量场展开为球面谐函数，则两类场可表示为

$$\begin{aligned} V_\theta(\theta, \varphi) &= \sum_{n=1}^{N} \sum_{m=-n}^{n} s_n^m \frac{\partial}{\partial \theta} \beta_n^m(\theta, \varphi) + \frac{t_n^m}{\sin\theta} \frac{\partial}{\partial \varphi} \beta_n^m(\theta, \varphi), \\ V_\varphi(\theta, \varphi) &= \sum_{n=1}^{N} \sum_{m=-n}^{n} \frac{s_n^m}{\sin\theta} \frac{\partial}{\partial \varphi} \beta_n^m(\theta, \varphi) + t_n^m \frac{\partial}{\partial \theta} \beta_n^m(\theta, \varphi), \end{aligned} \tag{6.234}$$

式中，$\beta_n^m(\theta, \varphi)$为 n 阶，m 级面谐函数，s_n^m，t_n^m 分别为相应极型和环型场的常系数，所谓反演，即将运动分量(6.234)代入方程(6.231)，(6.232)，由磁场的观测值求出 s_n^m 和 t_n^m. 所有反演问题解都不是唯一的，但由方程(6.231)，(6.232)反演液核表面的运动场 $\boldsymbol{V}$，还有其方程自身的不确定性. 假定有速度场满足

$$\boldsymbol{u} = \frac{1}{B_r} \boldsymbol{n} \times \nabla_h \psi, \tag{6.235}$$

式中，$\boldsymbol{n}$ 为核幔边界法向单位矢量，$\psi(t, \theta, \varphi)$为任意标量函数. (6.235)表明：速度向量 $\boldsymbol{u}$ 应在水平方向，且与水平向量$\nabla_h \psi$垂直，即∇_h与 $\boldsymbol{n} \times \nabla_h \psi$ 垂直. 把(6.235)代入方程(6.231)，得

$$\frac{\partial B_r(t)}{\partial t} = \nabla_h \cdot (\boldsymbol{n} \times \nabla_h \psi) = 0, \tag{6.236}$$

即满足方程(6.235)的运动场 $\boldsymbol{u}$ 所对应的磁场变化率(长期变化)(方程(6.231))，和变化率随时间的变化，即磁场变化的加速度(方程(6.232))为零，换句话说，满足方程(6.231)，(6.232)的所有速度场 $V(t, \theta, \varphi)$ 加上 $\boldsymbol{u}(t, \theta, \varphi)$，即 $\boldsymbol{V}+\boldsymbol{u}$，仍是方程的解．这就是说方程(6.231)，(6.232)本身的性质决定它的解不可能是唯一的．

(3)空通量曲线

上述所谓反演自身解的不唯一性，也有例外，即在所谓“空通量曲线”(null flux curve)上．空通量曲线是指液核表面磁场垂直分量 B_r=0 的等值线．按空通量曲线的定义，在曲线上，满足方程(6.231)，(6.232)的任意速度场 $\boldsymbol{u}(t,\ \theta,\ \varphi)$，不再有意义．从以下讨论可以看出，与空通量曲线垂直的速度分量 $\boldsymbol{n}_c \cdot \boldsymbol{V}_s$ 是确定的，$\boldsymbol{n}_c$ 是曲线的法向单位矢量．

关于“空通量曲线”有的文章叙述不当，故有必要对“曲线”的基本特性做一较全面但概括的介绍．

设液核表面一空通量曲线Ω，包围的面积记为Σ，则由方程(6.231)得

$$\iint_{\Sigma_{t=t_0}} \frac{\partial \boldsymbol{B}_r}{\partial t} \cdot \mathrm{d}\boldsymbol{S} = -\oint_{\Omega_{t=t_0}} (\boldsymbol{B}_r \times \boldsymbol{V}) \cdot \mathrm{d}\delta,$$

还可以写成

$$\iint_{\Sigma_{t_0}} \frac{\partial \boldsymbol{B}_r}{\partial t} \cdot \mathrm{d}\boldsymbol{S} = -\oint_{\Omega_0} \boldsymbol{B}_r V \sin\alpha \mathrm{d}\delta, \tag{6.237}$$

式中，α为法向单位向量$\boldsymbol{n}_\Omega$与速度向量V的夹角．在Ω上，按定义，B_r处处为0，则由(6.237)得

$$\iint_{\Sigma_{t_0}} \frac{\partial \boldsymbol{B}_r}{\partial t} \cdot \mathrm{d}\boldsymbol{S} = 0. \tag{6.238}$$

需要注意，到目前为止，(6.238)只在 t_0 时刻成立，而(6.238)成立条件是曲线Ω是空通量曲线，在曲线上 B_r 处处为 0．但当曲线Ω随液体运动，任意时间 t，$t \neq t_0$，在Ω_t上，B_r 并不当然处处为 0．因而在未证明，随液核流体一起运动的曲线Ω上，所有时间，B_r 永远为 0 前，式(6.238)只对时间 t=t_0 成立，在方程(6.238)中，Σ和Ω表示为任意时间 t，即记作Σ_t，Ω_t是不适宜的．把(6.238)视为Σ，磁通量守恒，解释为与方程(6.231)忽略扩散项，即液核导电率趋于“∞”，磁场(力线)冻结在Σ上一致也不妥．因此这里特别强调，到目前为止，一切结论仅适于时刻 t=t_0．

当曲线Ω随液核运动，由 $t=t_0$ 至 t_0+dt，因磁场与液体介质冻结在一起，即方程(6.231)成立，时刻 t_0+dt 通过 $\Sigma_{t_0+\mathrm{d}t}$ 的磁通量，与 t_0 时刻通过 Σ_{t_0} 的通量相等，即

$$\iint_{\Sigma_{t_0+\mathrm{d}t}} \boldsymbol{B}_r(t_0+\mathrm{d}t) \cdot \mathrm{d}\boldsymbol{S} = \iint_{\Sigma_{t_0}} \boldsymbol{B}_r(t_0) \cdot \mathrm{d}\boldsymbol{S}, \tag{6.239}$$

方程(6.239)磁通量 $\Sigma_{t_0+\mathrm{d}t}$ 与 Σ_{t_0} 的变化，如果存在，由两部分组成，一为Σ不动仍为 Σ_{t_0}，但时间从 t_0 到 t_0+dt，由于时间变化，磁场改变从而引起 Σ_{t_0} 上磁通量变化，式(6.238)代表这部分，也仅代表这一部分的变化．第二部分为时间不变，但Σ位置改变，从而引起

磁通量变化，即

$$\Delta\phi_2 = \iint_{\Sigma_{t_0+\mathrm{d}t}} \boldsymbol{B}_r(t_0)\cdot \mathrm{d}\boldsymbol{S} - \iint_{\Sigma_{t_0}} \boldsymbol{B}_r(t_0)\cdot \mathrm{d}\boldsymbol{S}.$$

既然第一部分磁通量的变化式(6.238)为 0，总通量$\Delta\varphi_1+\Delta\phi_2=0$，则$\Delta\varphi_2=0$，即

$$\iint_{\Sigma_{t+t_0}} \boldsymbol{B}_r(t_0)\cdot \mathrm{d}\boldsymbol{S} - \iint_{\Sigma_{t_0}} \boldsymbol{B}_r(t_0)\cdot \mathrm{d}\boldsymbol{S} = 0, \tag{6.240}$$

方程(6.240)第二项，即(6.239)右边一项，因而有

$$\iint_{\Sigma_{t_0+\mathrm{d}t}} \boldsymbol{B}_r(t_0)\cdot \mathrm{d}\boldsymbol{S} = \iint_{\Sigma_{t_0+\mathrm{d}t}} \boldsymbol{B}_r(t_0+\mathrm{d}t)\cdot \mathrm{d}\boldsymbol{S}, \tag{6.241}$$

(6.241)右边可展开为

$$\begin{aligned}\iint_{\Sigma_{t_0+\mathrm{d}t}} \boldsymbol{B}_r(t_0+\mathrm{d}t)\cdot \mathrm{d}\boldsymbol{S} &= \iint_{\Sigma_{t_0+\mathrm{d}t}} \left[\boldsymbol{B}_r(t_0) + \frac{\partial \boldsymbol{B}_r}{\partial t}\mathrm{d}t\right]\cdot \mathrm{d}\boldsymbol{S} \\ &= \iint_{\Sigma_{t_0+\mathrm{d}t}} \boldsymbol{B}_r(t_0)\cdot \mathrm{d}\boldsymbol{S} + \iint_{\Sigma_{t_0+\mathrm{d}t}} \frac{\partial \boldsymbol{B}_r}{\partial t}\cdot \mathrm{d}\boldsymbol{S}.\end{aligned} \tag{6.242}$$

由(6.241)，(6.242)，立得

$$\iint_{\Sigma_{t_0+\mathrm{d}t}} \frac{\partial \boldsymbol{B}_r}{\partial t}\cdot \mathrm{d}\boldsymbol{S} = 0, \tag{6.243}$$

与方程(6.238)相同，即 $t=t_0$，Σ_{t_0} 磁通量随时间的变化率，与 $t=t_0+\mathrm{d}t$，$\Sigma_{t_0+\mathrm{d}t}$ 磁通量的变化率均为 0. 这时，也只有这个时候，(6.237)，(6.238)中的特定时刻 t_0，可改写为任意时刻 t，即方程中的积分对任意时间 t 有效，因而有

$$\iint_{\Sigma_t} \frac{\partial \boldsymbol{B}_r}{\partial t}\cdot \mathrm{d}\boldsymbol{S} = 0, \tag{6.244}$$

任意时间 t 和相应Σ_t，Ω_t都在方程(6.231)的定义域内，故方程(6.237)在 t，Σ_t，Ω_t有效，即有

$$\iint_{\Sigma_t} \frac{\partial \boldsymbol{B}_r}{\partial t}\cdot \mathrm{d}\boldsymbol{S} = \oint_{\Omega_t} B_r V \sin\alpha \mathrm{d}\delta, \tag{6.245}$$

由(6.244)立得

$$\oint_{\Omega_t} B_r \boldsymbol{V} \sin\alpha \mathrm{d}\delta = 0. \tag{6.246}$$

封闭曲线在被积函数的定义域处处为 0，只有两种可能，要么被积函数为保守(势)场，要么被积函数等于 0. (6.245)被积函数显然不是保守场，则只有被积函数等于 0，方程(6.246)才成立. 又速度 $\boldsymbol{V}$ 不能处处为 0，则只有 $\boldsymbol{B}_r$ 在积分线上处处为 0，即当空通量曲线随液核流体一起运动时，永远是“空通量曲线”.

在上面论证中“空通量曲线”包围面积磁通量为 0 的条件，显然并非当然成立. 由方程(6.231)有：

$$\frac{\partial}{\partial t}\iint \boldsymbol{B}_r \mathrm{d}s = 0 \tag{6.247}$$

在曲线Ω包围的液核面上成立，因而只要 $t=0$，通量为 0，则当Ω随液核流体一起运动时，

Ω包围曲面内磁通量永远为 0．既然不管何时，只要磁通量曾经为 0，则永远为 0，不难相信，在磁场演化过程起始时刻 $B_r=0$，因而理论上空通量曲线包围面积的通量为 0 成立．但虽理论上成立，实际上是有问题的，这将在随后的讨论中予以说明．

这里从随流体一起运动的磁场的改变，包括时间和空间两部分最基本的概念出发，一步步演绎“空通量曲线”的物理概念和特性，以澄清有关空通量那些不妥或模糊的描述，又把理论和实际明显不符的“0”通量特性放在了最后．实则从方程(6.231)，理论上容易证明，空通量曲线上的任一点 $\boldsymbol{r}$ 的磁场 $B_r(\boldsymbol{r},\ t)$，$t=0$ 时为 0，即 $B_r(\boldsymbol{r}_0)=0$，则随流体一起运动的点 $\boldsymbol{r}$ 在以后任何时刻 t，$B_r(\boldsymbol{r}_t)=0$ 成立，有兴趣的读者不妨一试，这样就直接证明了上述“空通量曲线”上的 B_r 在任何时刻 t，$B_{r,\Omega}(t)=0$ 的结论；由(6.238)也可直接证明，方程(6.244)成立；又或由(6.243)得(6.241)成立，则由(6.241)，(6.239)得

$$\iint_{\Sigma_t} \boldsymbol{B}_r(t)\cdot \mathrm{d}s = 0, \tag{6.248}$$

即“空通量曲线”包围面积的磁通量守恒，且数值为 0．因此结论，即满足方程(6.231)场中的一点，若 $t=0$，$B_r(\boldsymbol{r},\ 0)=0$，则任一时刻 t，$B_r(r,\ t)=0$ 成立．

以上论证了“空通量曲线”的基本特征，包括：

① 空通量曲线Ω随液核流体一起运动时，通过曲面Σ的磁通量守恒．这是液核电导率无穷，方程(6.231)忽略扩散项的直接结果，守恒对所有封闭曲线所包围的面积磁通量都成立，非空通量曲线Ω所独有．

② 当曲线Ω随流体运动时，曲线上任何一点，任何时间 B_r 为 0 不变，即 $B_{r\Omega}(t)=0$，t 为任意时刻．虽性能①，磁通量守恒对液核内任何封闭曲线所包围的面积均有效，但除Ω外，其他曲线上的 B_r 值随着时间在变，在液核外无法由磁场测量跟踪它不同时间所处的位置．空通量曲线Ω上，B_r 时时、处处为 0 的独有特性，提供了在核幔边界(CMB)监视Ω不同时间所处位置的可能，从而可以计算 $\partial\iint_{\Sigma}\boldsymbol{B}_r\mathrm{d}\boldsymbol{S}\Big/\partial t$，检验性质①通量守恒是否成立的可能．当然从下面的讨论可以看到，这种检验也有其时间局限．

③ 除特性①，总通量守恒外，B_r 的时间变化率 $\partial B/\partial t$，即 B_r^{Ω} 的长期变化在曲线Ω所包围面Σ上的通量也守恒(方程(6.244))．这是空通量曲线Ω不同于其他封闭曲线的独有特征之一，与特性②一样，长期变化率在Σ上守恒与否也是检验冻结方程(6.232)在液核成立与否的指标之一．

④ 空通量曲线Ω切向方向液核运动 V_{nt}^{Ω} 不能确定，但法向运动 V_n^{Ω} 为

$$V_n^{\Omega}(t) = -\frac{\partial B_r^{\Omega}(t)}{\partial t}\Bigg/\frac{\partial B_r^{\Omega}}{\partial N}, \tag{6.249}$$

式中，$\partial B_r^{\Omega}/\partial t$ 为 B_r 在Ω上一点的长期变化，N 为Ω 法向 $\boldsymbol{n}$ 的坐标，$\partial B_r^{\Omega}/\partial N$ 为Ω上任一点 B_r^{Ω} 的法向梯度．方程(6.249)证明如下：在曲线Ω上，方程(6.231)成为

$$\frac{\partial B_r^{\Omega}(t)}{\partial t} = -(V_n^{\Omega}\cdot\nabla_h)B_r^{\Omega}(t), \tag{6.250}$$

(6.250)中 B_r^{Ω} 沿Ω 切向梯度等于 0，则方程(6.250)为

$$\frac{\partial B_r^{\Omega}(t)}{\partial t}=-V_n^{\Omega}\frac{\partial B_r^{\Omega}}{\partial N}, \tag{6.251}$$

由(6.251)立得，方程(6.249)成立.

图 6.72 为空通量曲线在 CMB 上的分布，以及液核表面曲线法向速度分量的分布，图 6.73 为 1980 年代核幔边界(CMB) B_r 的等值线图，从图上可以辨认“空通量曲线”的位置.

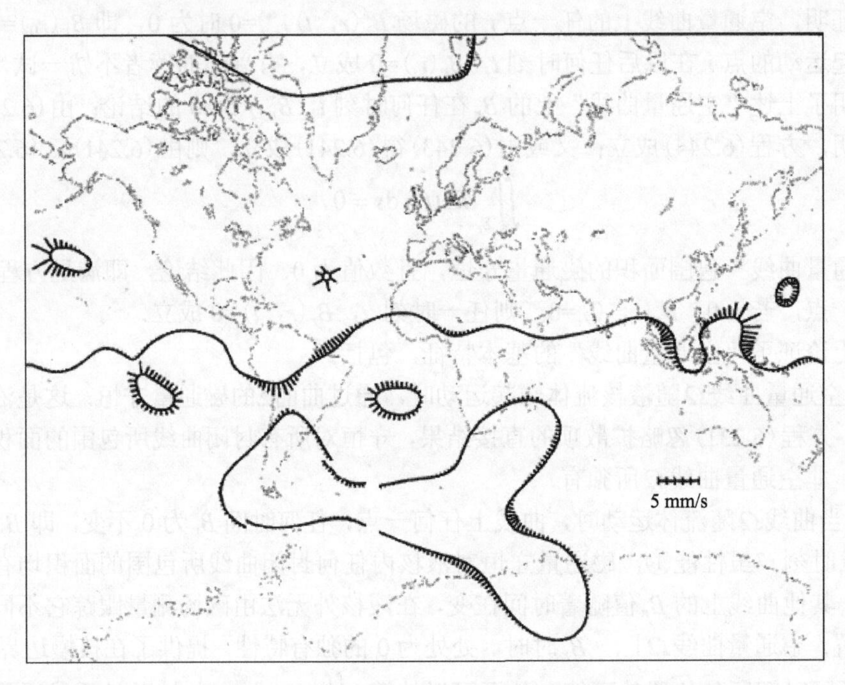

图 6.72 “空通量曲线”及由磁场 B_r 及其长期变化 $\dot{B}_r$ 求得的沿曲线法向的运动(Backus et al., 2005)

由实测倾角为 0 磁赤道的定义，可知，在地磁图上，磁赤道是最大的“空通量曲线”(图 6.72，图 6.73). 除磁赤道外，其他空通量曲线包围的面积都很小，磁通量虽不为 0，但 B_r 的数值都处于接近 0 的较小值，这就是前述所谓理论与实际的不符. 也正由于这种不符，在空通量曲线特性列出通量为 0 这一条. 前面还提到满足方程(6.231)的液核，若 t=0，$B_r(\boldsymbol{r})$=0，则随液核一起运动的点 $\boldsymbol{r}$，任何时间 B_r 都为 0，即 $B_r(\boldsymbol{r}_t)$=0. 这与实际也明显不符. 这种不符皆因无论磁通量为 0，或 B_r 为 0 的初始时间 t=0，距现今时间已足够远，方程(6.231)不再成立. 可以想象，若液核电导率确为无穷大，则通量和 B_r 将维持“0”不变，这就是在 § 6.3.3 所指出的，对电导无穷大的液核，地面观测得到的磁场发电机将不复存在. 实际上这种理论与实际的不符对于“空通量曲线”的所有特性都存在，所不同的是 B_r=0 的等值线，在地磁图上永远存在，若时间不够长，所有特性可以成立而已. 可以肯定的是，图 6.73 中的“空通量曲线”绝不是几万年前的同一曲线.

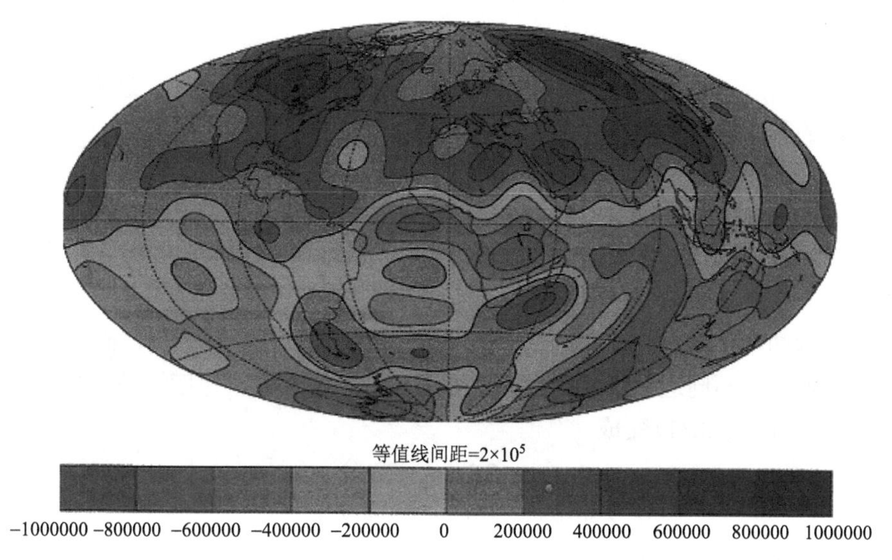

图 6.73　20 世纪 80 年代核幔边界(CMB)地磁场垂直分量 B_r 的等值线

等值线间距 2×10^5nT=0.2 mT(俯视图见图 6.35)(Hallerbach and Gubbins, 2007)(见彩插)

(4)液核表面运动场的选择

由于反演问题解的不确定性，需要对方程施加尽可能的约束，以减少其不确定性. 约束可以是物理的，也可以是数学的. Maus 等(2008)在计算中就对运动做了不同选择，当然在计算过程中还要不断对参量进行调整，以使反演更接近预期的结果. 这些选择包括如下.

(ⅰ)带谐分量φ方向的加速度

由地核发电机模型的物理考量，地核运动中环型场的振荡在 5 至数十年时间尺度扮演重要角色. 而这种振荡主要表现为带谐经度φ方向的加速度，因而对式(6.233.1)取时间导数，得

$$\frac{\partial}{\partial t}V_\varphi(\theta)=-\sum\frac{\partial}{\partial t}t_n^0\frac{\partial}{\partial\theta}\beta_n^0(\theta),\tag{6.252}$$

式中，$\beta_n^0(\theta)$为 n 阶带谐函数，不再与经度φ有关.

(ⅱ)只考虑环型运动场

回转运动在地核动力学和发电机模型中扮演重要角色，因此方程(6.234)中可只选择环型运动场，即

$$\begin{aligned}V_\theta(\theta,\varphi)&=\sum_{n=1}^{N}\sum_{m=-n}^{n}\frac{\partial t_n^m}{\partial\theta}\frac{\partial}{\partial\varphi}\beta_n^m(\theta,\varphi),\\V_\varphi(\theta,\varphi)&=\sum_{n=1}^{N}\sum_{m=-n}^{n}t_n^m\frac{\partial}{\partial\theta}\beta_n^m(\theta,\varphi),\end{aligned}\tag{6.253}$$

以及对式(6.253)取时间导数所得相应 V_θ和 V_φ分量的加速度，即相应环型球谐系数 t_n^m 的导数 $\partial t_n^m/\partial t$.

(iii) 稳定流动

稳定流动指运动包括极性和环型场(式(6.234))，但加速度为 0. 这也是物理约束，即忽略流体的黏滞耗损，为自由流动.

(5) 液核表面运动 $V(\theta,\varphi)$ 的反演

利用方程(6.231)，(6.232)反演液核表层运动场 $\boldsymbol{V}(\theta,\ \varphi)$ 主要包括两个方面：一是方程(6.231)，(6.232)的具体化，即数字化；二是磁场 B_r，长期变化 $\dot{B}_r$，加速度 $\ddot{B}_r$，以及速度场 $\boldsymbol{V}$ 和加速度 $\dot{\boldsymbol{V}}$ 级数表达式中项数的选择，即通常所谓“截止”.

关于方程的数字化，这里仅以方程(6.231)和运动场(6.253)为例，而方程(6.232)考虑磁场的加速度和不同运动场模型原则上并无不同. 假定液核速度场满足(6.233)，即液体不可压缩，方程(6.231)变成

$$\frac{1}{r\sin\theta}\left(V_\theta\frac{\partial B_r}{\partial\theta}+V_\varphi\frac{\partial B_r}{\partial\varphi}\right)=-\dot{B}_r,\tag{6.254}$$

在液核表层，B_r 可以展开为

$$B_r(\theta,\varphi)=\sum_{n=1}^{\infty}\sum_{m=-n}^{n}B_n^m\beta_n^m(\theta,\varphi),\tag{6.255}$$

式中，β_n^m 为施密特(A. Schmidt)部分归一化的球面谐函数，B_n^m 为相应球谐系数，与地面高斯系数的关系为：

$$B_n^m=(n+1)\left(\frac{a}{r_c}\right)^{n+2}\times\begin{matrix}g_n^m, & 0\leqslant m\leqslant n\\ h_n^m, & -n\leqslant m<0\end{matrix}\tag{6.256}$$

长期变化 $\dot{B}_n^m$ 只要用(6.256)中 $\dot{g}_n^m$，$\dot{h}_n^m$ 转换即可，把(6.253)，(6.255)代入方程(6.254)与 B_n^m 相应的方程为

$$\begin{aligned}&\sum_{n',m'}t_{n'}^{m'}\left[\sum_i\frac{\partial\beta_{n'}^{m'}(\theta_i,\varphi_i)}{\partial\varphi_i}\frac{\partial\beta_n^m(\theta_i,\varphi_i)}{\partial\theta_i}-\frac{\partial\beta_{n'}^{m'}(\theta_i,\varphi_i)}{\partial\theta_i}\frac{\partial\beta_n^m(\theta_i,\varphi_i)}{\partial\varphi_i}\right.\\&\left.\times r_c\sin\theta_i\delta_{\theta_i}\delta_{\varphi_i}\right]\frac{B_n^m}{A}=-\dot{B}_n^m,\quad -n<m<n,n=1\cdots N\end{aligned}\tag{6.257}$$

式中，A 是归一化常数：

$$A=\sum_i[\beta_n^m(\theta_i,\varphi_i)r_c^2\sin\theta_i\delta_{\theta_i}\delta_{\varphi_i}]^2,\tag{6.258}$$

$r_c^2\sin\theta_i\delta_{\theta_i}\delta_{\varphi_i}$ 为球面坐标(θ_i，φ_i)点的面积元，按照 Maus 等(2008)地核表面化成为等面积的小区域，这样(6.258)和(6.257)中的有关项为常数. (6.257)即为反演运动场 $t_{n'}^{m'}$ 的数字化方程. 若 $n=N$，则方程数为 $N(N+2)$，加上方程(6.232)，则总方程数为 $2N(N+2)$. 待求运动场 $t_{n'}^{m'}$，若考虑加速度，$n'=M$，则待求运动场系数总个数为 $2M(M+2)$. 若方程(6.257)有解，要求 $N\geqslant M$，但要达到一定的精度则要求 N 比 M 大很多，应用最小二乘法于方程(6.257)得

$$(A^{\mathrm{T}}A+\lambda C_v^{-1})\boldsymbol{m}=A^{\mathrm{T}}\boldsymbol{d},\tag{6.259}$$

式中，A 为 $2N(N+2)\times 2M(M+2)$ 维矩阵，由方程(6.257)中磁场球谐系数 B_n^m 和面谐函数 $\beta_n^m(\theta,\varphi)$ 决定，A^{T} 为 A 的转置，$\boldsymbol{m}$ 为 $2M(M+2)$ 阶列向量或称 $2M(M+2)\times 1$ 阶矩阵，是运动场的球谐系数，t_n^m，t_n^{-m} 为待求的未知数，C_v^{-1} 为附加于待求的 $2M(M+2)\times 2M(M+2)$ 方对角矩阵，λ为阻尼常数，$\boldsymbol{d}$ 为 $2N(N+2)$ 阶列向量，由 $\dot{B}_n^m$ 和 $\ddot{B}_n^m$ 构成.

按 Maus 等(2008)，除 λC_v^{-1} 对待求运动场施以阻尼外，对磁场观测数据构成的矩阵 A 和 d 也施以阻尼，即加权，加权一般与其方差成反比，即取方差矩阵，C_{obs}^{-1}．C_{obs}^{-1} 为 $2N(N+2)$ 阶对角方阵．把 C_{obs}^{-1} 代入方程(6.259)得

$$(A^{\mathrm{T}}C_{obs}^{-1}+\lambda C_v^{-1})\boldsymbol{m}=A^{\mathrm{T}}C_{obs}^{-1}\boldsymbol{d}. \tag{6.260}$$

Maus 等(2008)仿效 Pais 和 Hulot 在 2000 年的工作，取地面长期变化 $\dot{g}_n^m,\dot{h}_n^m$ 参差平方最小得方差矩阵 C_{obs}，有

$$C_{obs}^{-1}=\frac{1}{W_{SV}(n+1)}\left(\frac{r_c}{a}\right)^{2n+4}I, \tag{6.261}$$

式中，W_{SV}为一参数，量纲为$(\mathrm{nT/a})^2$，即年变率的平方，不难看出 C_{obs}^{-1} 的作用在于 $B_n^m,\dot{B}_n^m$ 的阶数越高，在方程(6.260)中的权重越低，对于加速度 $\ddot{B}_n^m$ 的 C_{obs}^{-1} 与(6.261)相似，W_{SV} 换成参数 W_{SA} 量纲为$(\mathrm{nT/a})^4$．对于待求速度向量 n 的阻尼加权，Maus 等人取

$$\lambda C_v^{-1}=\lambda E^{-1}n^{P+1}(n+1)I, \tag{6.262}$$

I 为单位矩阵，E 为参数，量纲为$(\mathrm{km/a})^2$，即速度平方，阻尼矩阵的意义与(6.261)相仿，t_n^m 阶数越低 λC_v^{-1} 越大，等效于低阶运动权重较大．实际运行表明(6.262)，P=3 反演结果较好．

方程(6.260)中测量场 $B_n^m,\dot{B}_n^m,\ddot{B}_n^m$ 和待求量速度场 t_n^m 或 t_n^{-m} 都是级数形式，自然存在这些级数所选项数，即所谓截断问题(truncation effect)．显然项数多少与级数收敛速度有关，从§6.4.2(1)的讨论可以晓得，地磁高斯系数在地核表面的能量密度谱(即方程(6.183)中的(B_n^m)^2)，呈白噪声分布．不管这一结果是否成立，但毋庸置疑的是，磁场 B_r 的面谐系数 B_n^m 以及它的时间变化 $\dot{B}_n^m$，收敛都很慢，与之相应的速度场 t_n^m 收敛也很慢，则是肯定的．这无疑使求解方程(6.262)截断效应更为复杂和严重．

截断效应的处理一般遵循两条原则，一是自恰，二是物理．所谓自恰指当测量场和待求场级数阶增加过程，待求场在一定误差范围收敛．为此，Maus 等人在求解方程(6.630)时，把 B_r 级数(6.255)由实际测量结果 n=13，外延到 n=90，长期变化 $\dot{B}_r$ 处延至 n=40，而待求场 $\boldsymbol{V}$ 和 $\dot{\boldsymbol{V}}$ 则取至 n=40；至于物理，则一是改变(6.261)，(6.262)中的参量 W_{SV}，W_{SA}，λ，E，观察解的收敛和变化，二是所得结果物理的合理性，例如 Maus 等人取(6.262)中，λ=0，即无阻尼的运动，由求得的运动场至阶数 n=16 重新计算磁场 $\dot{B}_r$，$\ddot{B}_r$ 符合都好，但运动速度达每年数千千米，则显然是不合理的．

Maus 等(2008)计算了运动场取不同模型的结果，包括稳定流动，即速度场取式(6.234)(n=16)，加速度 $\dot{V}_h$=0；$\boldsymbol{V}_h$ 取(6.234)，附带谐分量加速度(6.252)；还有只考虑环型运动和加速度，即(6.253)．最后给出了不同速度场模型的计算结果，包括速度场在地

核表面的分布、速度、加速度功率谱密度随阶数 n 的分布；由反演速度场重新计算磁场长期变化 $\dot{B}_r$ 和 $\ddot{B}_r$ 与观测结果的比较；还有利用速度场和磁场长期变化公式(6.231)向后“预报”至20世纪90年代的磁场 B_r(Maus et al., 2008)。

不同运动场的选择所得运动速度 $\boldsymbol{V}_h$ 在核面上的分布，并无大的差异，这里仅给出由环型运动速度和加速度，即式(6.253)模型结果(图6.74)，图中同时给出2005年代，地磁垂直分量($\boldsymbol{B}_r$)年变率，在地面以及核幔边界(MCB)上的分布，不难看出：①直观地，看不出运动与地核和/或地面磁场年变率的关系，北大西洋、西太平洋区域，运动顺时针的迴旋，似乎有可能与核幔边界、地面相应区域的负年变中心相联系；②可以看出，

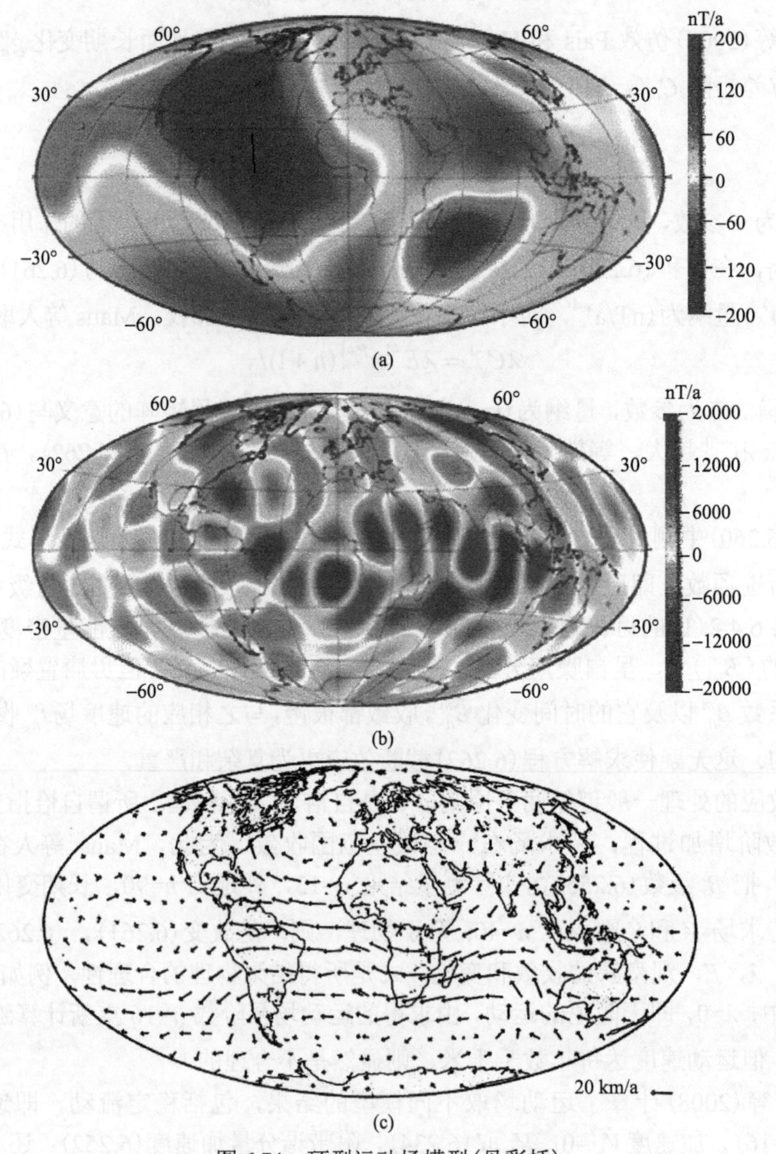

图 6.74　环型运动场模型(见彩插)

即式(6.253)计算所得地核表面2003年代速度 V_h 的分布以及2005年代地面、核幔边界垂直分量 $\boldsymbol{B}_r$ 年变率(nT/a)，(a)为地面 $\boldsymbol{B}_r$ 年变率，(b)为核幔边界 $\boldsymbol{B}_r$ 年变率，(c)为液核顶部环型运动

核幔边界年变率要高出地面两个量级，足见，由地面测量结果，推算核幔边界年变率，再反演液核顶部的运动之误差和难度. B–T 文章(Biggin and Thomas, 2003)还给出了运动 V_h，$\dot{V}_h$ 的功率谱随阶数 n 的分布，可以预料，收敛一定很慢；同时还比较了三种速度模型，稳定流动、稳定流动加经度方向的加速度、环型运动和加速度，结果表明：环型场模型反演结果 V_h，特别是 $\dot{V}_h$ 较其他模型随阶数 n 的分布更为稳定，当重新计算磁场长期变化 $\dot{B}_r$ 时，环型场运动模型也符合较好.

鉴于地磁场在导航、钻井定位、工业等各领域的广泛应用，预报未来 5—10a 的磁场分布，显得极为迫切，Maus 等(2008)利用磁场测量结果反演液核运动的目的就是利用液核运动模型改善预报的结果. 很显然，只有，也只有由磁场测量反演结果确实代表了液核表面真实运动时，才有可能改善磁场的预报. 因此加入核面运动能否改善预报，又可检验方程(6.231)是否有效，即地核内忽略扩散效应在多长的时间范围是可行的，这对液核内部发电机研究，即方程(5.13)在液核中的应用无疑是重要的. 又，这种运动必然是液核能量过程的反映，获取液核表面的真实运动，将是了解液核内动力过程的一个窗口. 为检验预报的可能，Maus 等(2008)向后推算至 1990 年其结果如图 6.75 所示. 其计算程序：(1)起始时间 t_0=2003.0，$g_n^m(t_0)$，$h_n^m(t_0)$和 $V(t_0)=V_0$，(2)由式(6.231)“预报” $t=(t_0-\delta t)$的 $\dot{g}_n^m(t)$，取至 n=13，(3) $g_n^m(t-\delta t)=g_n^m t-\delta t g_n^m(t)$，即由 t 时的磁场 $g_n^m(t)$，利用步骤(2)计算的 $\dot{g}_n^m$ 后推（“预报”）$t-\delta t$ 时的磁场 $g_n^m(t-\delta t)$，(4)计算时的 V，$V(t-\delta t)=V(t)-\delta t V_0$，(5) $t_{\text{new}}=t_{\text{old}}-\delta t$，重复步骤(2)—(5). 在计算中 Maus 等(2008)取$\delta(t)$=1 a，可以看出，环型运动(速度和加速度 $V+A_T$)模型外推结果较好.

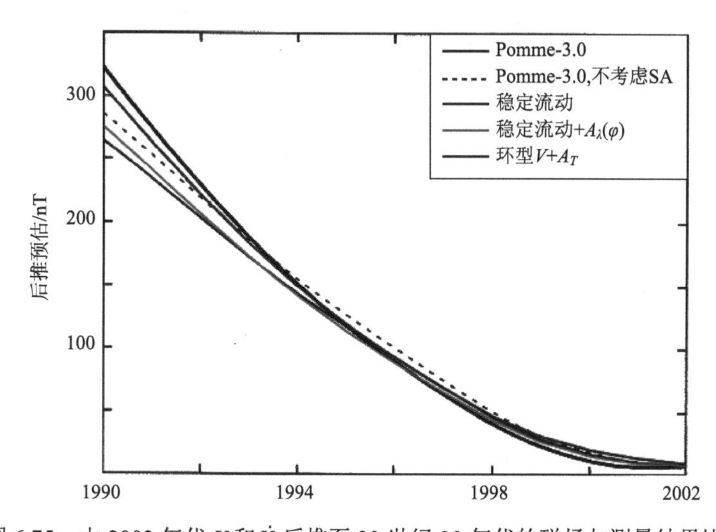

图 6.75　由 2003 年代 V 和 $\dot{V}$ 后推至 20 世纪 90 年代的磁场与测量结果比较

6.5.2　古磁场与大陆板块动力学

Biggin 和 Thomas(2003)在研究 400—10 Ma 地质时期的古磁场(§6.4.3)时，把这一漫长地质年代磁场强度(GPFI)与同一时期大地构造演化联系起来，联系的媒介是已被观测证实的构造消减带(subduction zone)的运动，而联系的物理量，则是地核与地幔内的对流过程．无疑，构造消减带的运动和地球内部的对流过程，与软流层、地幔、液核动力学、物理、化学等多种性质有关，涉及复杂的力学、物理过程．详细、全面论述这一过程远超出本节的内容，这里只能在理想简化的条件下，讨论 Biggin-Thomas 动力模型(以下简称 B-T 模型)的基本物理和模型概要．

图 6.76 为海洋板块俯冲到大陆板块下形成的所谓消减带，图 6.76a，当密度、温度都较低的消减带物质到达约 660 km 上、下地幔相变面，也是地震波速的界面处堆积时，如图所示，对流局限于上、下地幔各自的区域；图 6.76b，在 660 km 处，当消减带物质积累足够多时，穿过界面“雪崩”式下落，直至核幔边界，这时上下地幔对流贯通，成为规模较大的整个地幔物质的运动．前者与较弱的磁场强度(GPFI)对应，后者，即地幔整体对流，与强磁场对应．这就是 B-T 模型的基本点．下面试图回答两个问题：①为什么消减带会冲破上、下地幔边界？②为什么会形成上、下地幔整体对流，又怎样和地磁场强度相联系？

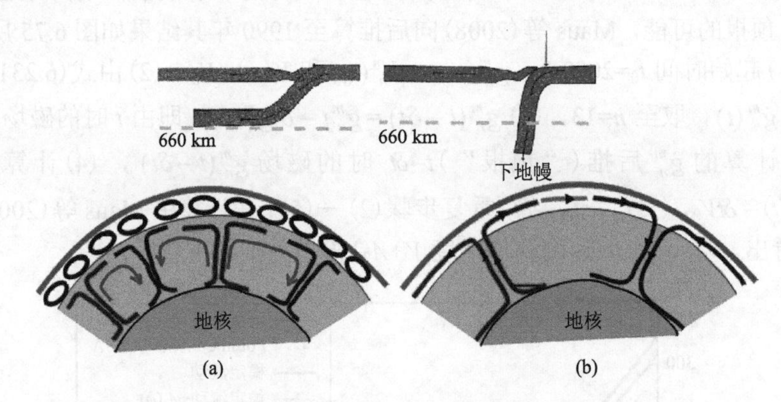

图 6.76　海洋板块的俯冲、消减带的形成和运动

(a)物质在 660 km 上、下地幔相变界面处堆积，上、下地幔各自对流；(b)消减带物质冲破上、下地幔界面，下落直至核幔边界，上、下地幔整体对流

(1)基本方程与地幔对流

当消减带物质插入到 660 km 深上、下地幔分界面时，不能穿越这一界面．究其原因， 除其相变界面的特性外，从力学角度应有

$$(\nabla P)_{660\,\mathrm{km}} \geqslant (\rho)_{\mathrm{sub}}\, g, \tag{6.263}$$

式中，$(\nabla P)_{660\ \mathrm{km}}$是 660 km 处界面下的压力梯度，方向沿 z 向上；$(\rho)_{\mathrm{sub}}$为消减带物质的密度；g 为重力加速度．方程(6.263)即意味着：在 660 km 堆积的消减带物质重力与界面上指向 z 反方向(即半径 r 方向)的力处于力学平衡状态(图 6.76a)．消减带物质不仅密度ρ低，温度也低．随着时间的推移，界面上消减带物质堆积，虽处于力学平衡状态，但热力学非平衡态的两个系统，不可避免地要发生能量交换．对于 660 km 界面以下的系统有热力学方程

$$\mathrm{d}S = \mathrm{d}_e S + \mathrm{d}_i S, \tag{6.264}$$

式中，S为系统熵，(6.264)表明，系统熵的增加 dS，一部分由于邻近系统相互作用所增加的熵 d_eS，一部分由于系统内部的改变而增加的熵 d_iS. 如果 dQ 表示系统从邻近系统吸收的热量，则

$$d_eS = \frac{dQ}{T},$$

由热力学第二定律，

$$d_iS \geqslant 0,$$

$d_iS=0$，为可逆过程，$d_iS>0$ 则过程不可逆. 这里由系统熵入手，是因为熵的变化决定过程进行的方向. 假定边界处地幔系统没有内部变动引起的熵改变，即 $d_iS=0$，对外放出热量$-dQ$，

$$dS = -\frac{dQ}{dT},$$

系统熵减少. 这里讨论的两个系统，下地幔和消减板片，是处于(6.263)力学平衡条件下，可能发生的变化，只要变化还没发生，即系统平衡仍在维持，则可认为系统体积没变，在边界处有

$$\left(\frac{\partial P}{\partial S}\right)_V = \left(\frac{\partial P}{\partial T}\right)_V \left(\frac{\partial T}{\partial S}\right)_V = \frac{T}{C_V}\left(\frac{\partial P}{\partial T}\right)_V, \tag{6.265}$$

式中，T为系统的绝对温度，C_V为定容比热，两者皆为正，$(\partial P/\partial T)_V$ 大多物质也为正，则(6.265)表明，系统压力 P 随系统熵的减少而减少. 到此，关于边界处地幔系统已有两点结果，一是系统压力 P 变小，二是熵 S 减少，这恰好是消减带物质能穿过 660 km 边界所期待的结果(图 6.77). 压力 P 减小，则相应式(6.265)，(6.263)中的$(\Delta P)_{660\,\text{km}}$减小，当

$$(\nabla P)_{660\,\text{km}} < (\rho)_{\text{sub}}\, g \tag{6.266}$$

时，消减带物质冲过 660 km 处的地幔边界；一直下落到核幔边界并在核幔边界向四处分散. 可以想象，消减带直接与地幔接触部分因已与地幔发生了热交换，方程(6.266)中$(\rho)_{\text{sub}}$较未接触地幔部分ρ_{sub}要小，越远离 660 km 处，差异越大，因此当接触部分已满足条件(6.266)，从而冲过 660 km 界面时，后续物质则更“超过”条件(6.266)，将更迅速冲过界面“急速”下落. 这就是消减带发生“雪崩”式下落的力学原因(图 6.76b, 图 6.77).

消减带冷物质下落分布在核幔边界，直接、间接结果有三，直接：核幔边界地幔一侧温度降低；间接：地核内对流运动增强，从而导致磁场强度加大；原在上、下地幔各自进行的对流，有可能上、下连通，对流规模加强(图 6.76b).

任何系统只要存在力学或/和热力学的不均匀，则系统内部物质将发生移动以使系统趋向平衡，因而产生对流. 地幔发生对流的条件：

$$\frac{dS}{dZ} > 0. \tag{6.267}$$

由热力学关系，(6.267)可得

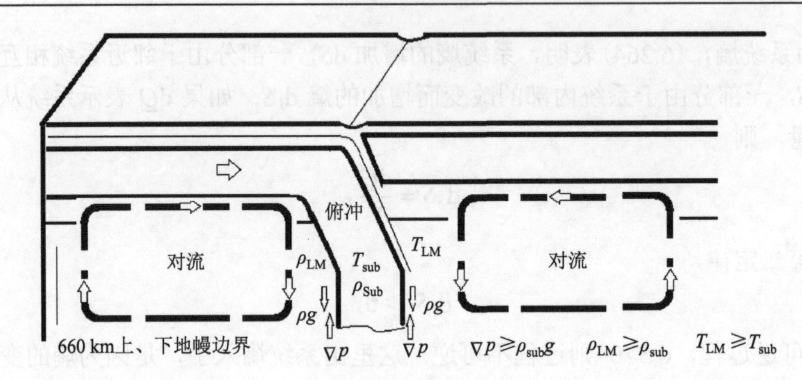

图 6.77　构造运动消减带在上、下地幔边界的力学和热力学平衡以及与之相应的地幔对流

$$\frac{dT}{dZ} > \frac{gT}{C_P}\left(\frac{\partial V}{\partial T}\right)_P = \frac{\alpha g T}{\rho C_p}, \tag{6.268}$$

式中，$\alpha=(\partial V/\partial T)_P$ 为等压热膨胀系数．(6.267)，(6.268) 表明，系统熵，或等价的绝对温度 T 随深度的变化越大，对流越强，又易维持．而对流运动方程(6.84)，(6.85)：

$$\frac{\partial \boldsymbol{V}}{\partial t} + (\boldsymbol{V}\cdot\nabla)\boldsymbol{V} = -\nabla\frac{P'}{\rho} + \eta_v \nabla^2 \boldsymbol{V} - \beta g T', \tag{6.84}$$

$$\frac{\partial T'}{\partial t} + (V\cdot\nabla)T' = \chi\nabla^2 T', \tag{6.85}$$

式中，T' 为偏离平均温度 T° 的温度．方程(6.85)，(6.84)表明，偏离均匀(即平衡状态)温度越远，对流运动 $\boldsymbol{V}$ 越强．系统周围边界，如液核边界为核幔边界地核一侧和内核边界的温度，记作 T_1，T_2，则是热传导方程(6.85)的边界条件，显然温差即 T_2-T_1 越大，则系统内 $\partial T'/\partial Z$ 越大，对流运动越强，维持越久．

对液核而言，内边界 T_2 可视为不变，消减带冷物质落在液核外边界，T_1 下降(核内与核幔边界外温差可达 1000°K)，因而液核内对流加剧，即速度 $\boldsymbol{V}$ 增强．由方程(6.15)，即液核发电机过程

$$\frac{\partial \boldsymbol{B}}{\partial t} = \nabla\times(\boldsymbol{V}\times\boldsymbol{B}) + \eta^2\nabla^2 B, \tag{6.15}$$

正是运动 $\boldsymbol{V}$ 与磁场 $\boldsymbol{B}$ 相互作用使磁场得以维持．不难相信，消减带冷物质在核幔边界的分布带来了液核内对流运动 V 的加强，以及相应磁场强度的增加．

对于地幔而言，大量冷物质的下落本身就带来了系统极大的不平衡，冷物质下降，热物质上升正是对流过程的基本特征．而地幔对流又有内部、外部两个因素．内部而言，则是消减带冷物质与周围地幔系统的相互作用，其基本特征由方程(6.263)—(6.266)描述，而结果，概括讲有两条，即地幔系统熵 S 和压力 P 的消少，从而打破系统的平衡，产生对流，P 下降，消减带物质下落的同时，地幔物质上升，而熵 S 减少则是上下地幔对流能否成为一体的关键．按方程(6.267)，对流能否维持取决于 dS/dZ 的大小，对流限于上下地幔局部，则条件(6.267)在 660 km 处不能满足，当 660 km 处熵下降后就使条件(6.267)有可能满足，从而使上下地幔整体对流成为可能．至于地核对地幔对流的作用则更明显，液核对流本身除加强磁场外，还把地核内部能量携带并传递给地幔，从而使地

幔对流得以维持并加强.

这里同时讨论了两个处于不同状态的体系，液核—液态，地幔—固态的对流. 其实两者时间尺度和运动完全不可比拟，如图 6.74 所示，液核运动 V 约 20 km/a，以消减带物质从 660 km 落至 2900 km 的核幔边界以约 10 Ma 计(从下落至分散于核幔边界共约 50 Ma(Biggin and Thomas，2003)，运动 V 约 2×10^{-4} km/a，因此地幔对流这种缓幔运动称为蠕动(creeping motion). 但这里所涉及的只是基本物理过程，许多问题还存在争议，例如关于地幔对流是层状对流(即上下地幔区域性对流)还是整体对流就有不同的观点，B-T 模型则主张层状和整体对流都存在，取决于消减带物质是在 660 km 上下地幔边界的堆积，还是冲破边界下落于核幔边界，这里则强调，过程的物理：即 660 km 处地幔熵的变化. 实际从与消减带物质运动相联系的火山喷出物的成分，既有上地幔、又有下地幔物质已说明，层状与整体对流都存在，需要研究的应是两者的转换机制，B-T 模型就是这种尝试的一个，且把古磁场强度(GPFI)作为转换是否可能发生的一个指标.

(2) 从(Pannotia)经联合古陆(Pangaea)到冈瓦纳(Gandwana)次大陆

从以上基本物理过程的分析，可以了解到，地幔动力过程之所以能和磁场联系起来，是源于两者的物理过程相通. 它们能够相通盖因：①两者有相同的物理过程，对流；但悬殊的时间尺度，原本它们是不能相通的，幸运的是，②它们有共同的边界，核幔边界(CMB). 共同的边界，既控制液核运动的强弱，又与磁场的强弱相对应，也控制地幔由地核获取能量的多寡，即相应地幔对流，从而与构造运动的强或弱和持续时间的长短相连. 一句话：连接磁场和地幔动力学的是两者有相同的物理过程：对流，和共同的边界：即核幔边界(CMB).

全球具有标志性的构造运动应属超级大陆(suppercontinent)的形成，大陆指全球陆地聚合为一，因而称为超级(supper)大陆；经过一定的地质时期，大陆分裂成几块陆地，称作次大陆(subcontinent)；次大陆再聚合，又形成新大陆，新大陆再分裂，再聚合，在漫长的地质时期周而复始. 但这绝不是简单的重复，大陆、次大陆经过移动、扭转、碰撞、俯冲、消减等复杂、非线性过程，不仅位置、方位、结构，甚至物质成分都发生变化. 我们所感兴趣的当然是这种复杂过程的运动学，即对流运动. 按图 6.76 和图 6.77，对流分为层状，即上下地幔各成系统，和上下贯通，形成地幔整体对流两类，分别与大陆、次大陆构造运动，平静、弱、强相对应. 可以预料，大陆形成直至分裂开始，是大地构造的“平静”期；从分裂至次大陆重新汇聚，构造活动上升，但仍然很弱，称“弱平静”期；次大陆相遇、碰撞，消减带俯冲运动到 660 km 上下地幔边界，并在边界堆积，是构造运动的“活动”期；上下地幔边界消减带物质积累足够多，打破力学平衡，而下落直至核幔边界，核幔边界“热”物质上升形成下、上地幔整体对流，为构造运动的“强烈”期.

这里 B-T 所关注的地质时期从 400 Ma 到 10 Ma，即古生代志留纪早期，直至新生代古近纪早期，主要构造运动跨越约 420 Ma 开始的 Baltica，Larinia, 冈瓦纳联合古陆(Gandwana)等次大陆开始汇集和碰撞，直到约 300 Ma，联合古陆(Pangaea)形成，200 Ma 联合古陆(Pangaea)又分裂为冈瓦纳，Laurasia 次大陆，经历强烈构造运动，直至现代地质时期. 图 6.79a 给出 420 Ma Baltica，Larinia, 冈瓦纳联合古陆(Gandwana)等次大陆的相对位置和运动方向，这一地质时期，构造活动开始，但仍属“弱平静”期；这些次大陆是由 720 Ma 形成的 Pannotia 大陆在约 550 Ma 分裂出来的，图 6.78 给出了它们在 Pannotia 大陆的分布．300 Ma Pangaea 大陆形成，可以预料，前后各推约 50 Ma，即 350—250 Ma 应属“强活动”期；而 250—200 Ma 为“平静”期；200 Ma 联合古陆(Pangaea)又开始分裂，后推约 50 Ma，即约 200—150 Ma 为“活动期”后，即自 150 Ma 构造运动又转为“强活动”期．下一节将讨论 B-T 构造运动与古磁场关系的具体模型．

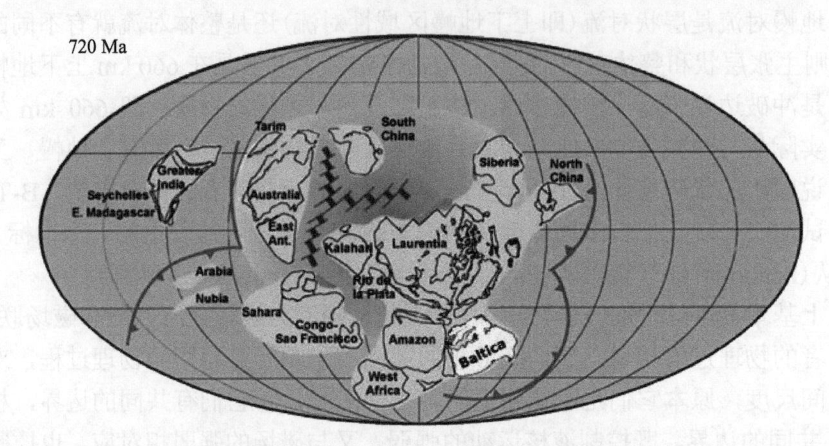

图 6.78　720—600 Ma 形成的 Pannotia 大陆

其中包括图 6.79 全部次大陆和大陆，与图 6.79 对比，可看出从 600 Ma 到 400 Ma 各大陆和次大陆的位置变动和运动

联合古陆(Pangaea)包括现今大陆的绝大部分，周围被 Parthalassa 海环绕，Parthalassa 海即古太平洋(Paleo-Pacific)，老太平洋(Old-Pacific)(图 6.79b)．Pangaea 分裂后的 Gandwana 次大陆包括几乎现今全部南半球：南极大陆、南美洲、非洲、澳洲，以及北半球的印度次大陆、阿拉伯半岛；Laurasia 次大陆则包括现今北半球的北美大陆、(Balica)、西伯利亚和中国(图 6.79c)．

(3) B-T 模型——构造运动与古磁场

§6.4.3 中已介绍了有关 400—10 Ma 地质时期古磁场结果，并概括为四个时期磁场强度的不同变化，即 400—350 Ma 的低强度；350—250 Ma：开始逐渐上升，约在 300 Ma 强度达到最大，约 $11\times10^{22}\ \mathrm{Am^2}$；230—175 Ma 是中生代低强度(MDL)的主要时段；175—10 Ma 由低升高至约 $11\times10^{22}\ \mathrm{Am^2}$(图 6.66，图 6.67)．为了便于比较和叙述，图 6.67 重新复制粘贴到图 6.80，但为与上述四个构造时段一致，时间尺度有所调整．

图 6.80 概括了 B-T 模型的主要内容：(a) 400—350 Ma 即联合古陆(Pangaea)(图 6.79)形成前，Baltica 与劳亚(Laurasia)碰撞(图 6.78)，Baltica 消减带俯冲，在 660 km 上下地幔界面堆积，但未穿过界面，这一时期为“热”下地幔，核幔边界地幔一侧温度较高，液核内对流较弱，磁场强度低，平均约 $2.5\times10^{22}\ \mathrm{Am^2}$；(b) 350—250 Ma，即联合古陆生长最后形成时期，消减带冲破上下地幔边界，下落至核幔边界，从而形成“冷”下地幔和冷核幔边界，形成上下地幔整体对流，因而液核对流增强，相应磁场强度逐渐上升达到极值 $11.0\times10^{22}\ \mathrm{Am^2}$；(c) 250—175 Ma，即联合古陆时期，由于两个因素下地幔温度上

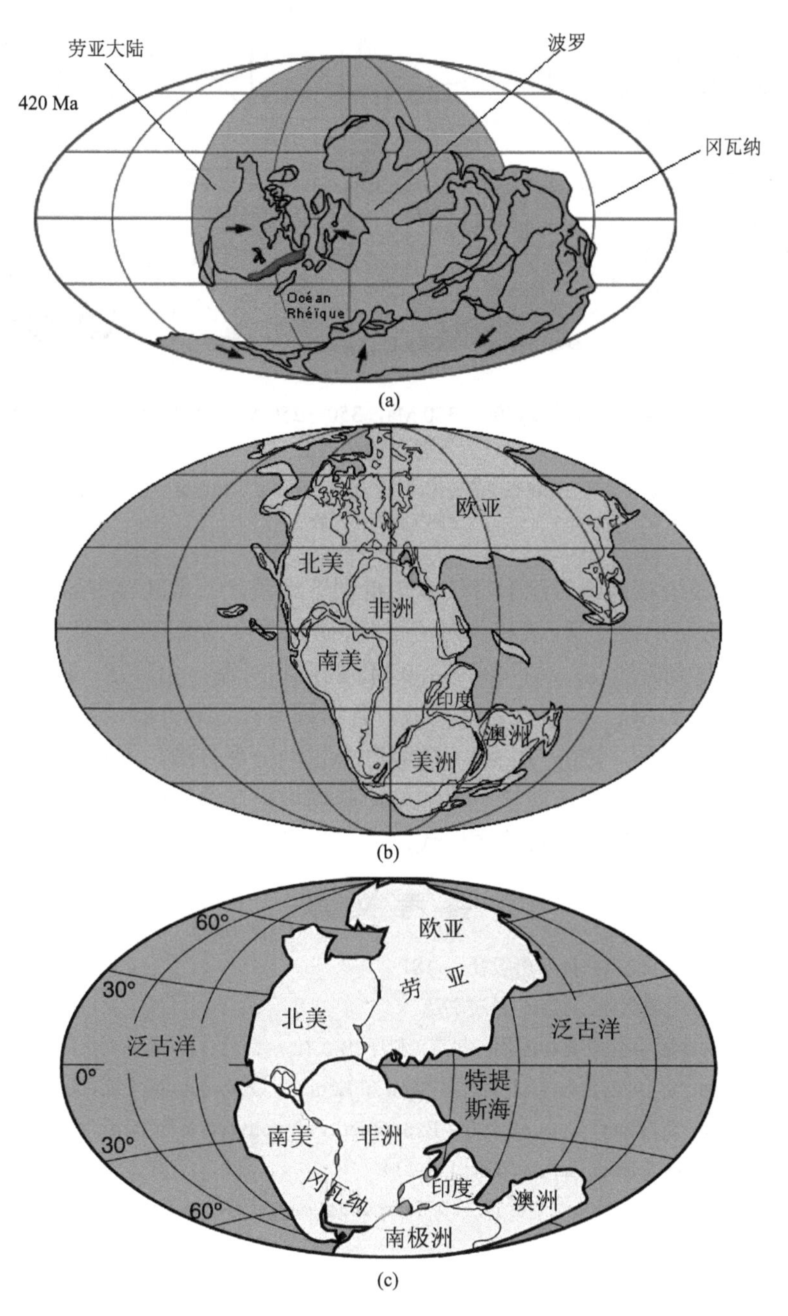

图 6.79　古大陆图

约 488—450 Ma 古生代志留纪早期，各次大陆相对运动方向(a)：约 300Ma 联合古陆(Pangaea)的形成(b)以及约 200Ma 联合古陆分裂为冈瓦纳(Gandwana)和劳亚(Laurasia)次大陆(c)，联合古陆(Pangaea)：全球大陆汇聚，约 320—30 Ma 形成

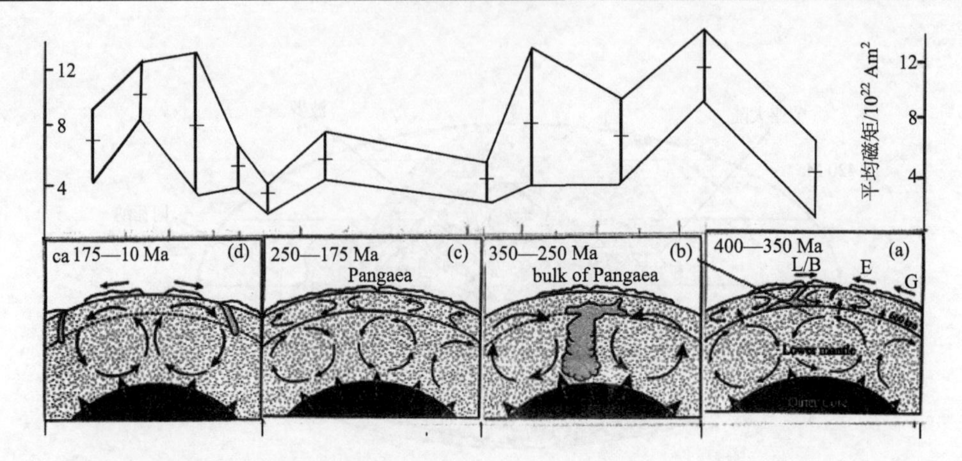

图 6.80 400—10 Ma 四个地质时段(400—350 Ma，350—250 Ma，250—175 Ma 以及 175—10 Ma)主要构造活动

液核，下、上地幔对流运动和古磁场强度的变化，为了在同一图中显示构造运动和磁场变化，不同时期，时间尺度并不一致

升，一是前一阶段液核内强对流携带较多热量到下地幔，二是联合古陆覆盖减少地幔内的散热；结果导致下地幔变暖、液核内对流下降、磁场强度逐渐减少至低值约(3—4)×10^{22} Am^2；地幔又回复到阶段(a)，即 400—350 Ma 的层状对流；(d) 175—10 Ma，分为两个次级阶段：175—120 Ma，因联合古陆分散，各消减带冲过 660 km 至下地幔，导致下地幔冷却，磁场逐渐上升，120—10 Ma，随着联合古陆分离持续，消减带构造运动较为普遍，因而下地幔进一步冷却，液核对流加剧，磁场增强在约 50 Ma 达到 10×10^{22} Am^2，从构造活动看，这种高磁场应持续至现代.

参 考 文 献

傅承义. 1976. 地球十讲. 北京：科学出版社. 1-181.

力武常次. 1972. 地球电磁気学. 东京：岩波书店.

塔林, D. H. 1978. 古地磁学的原理和应用. 北京：科学出版社.

Akasofu, S., Chapman, S. 1972. *Solar-Terrestrtal Physics*. London: Oxford at the Claredon Press.

Aurnou, J., Andreadis, S., Zhan, L., et al. 2003. Experiments on convection in Earth's core tangent cylinder. *Earth and Planetary Science Letters*, **212**: 119-134.

Backus, G., Parker, R., Constable, C, et al., 2005. *Foundations of Geomagnetism.* 1st version. NewYork: Cambridge University Press. 1-255.

Banerjee, S. K., Mellema, S. P. 1974. A new method for the determination of paleointensity from the ARM properties of rocks. *Earth Planet. Sci. Lett.*, **23**: 177-188.

Barton, C. E., McElhinny, M. W. 1981. A 10,000 yr geomagnetic seular variation record from three Astrilian maars. *Geophys. J. Roy. Astron. Soc.*, **68**: 709-724.

Biggin, A. J., Thomas, D. N. 2003. Analysis of long-term variations in the geomagnetic poloidal field intensity and evaluation of their relationship with global geodynamics. *Geophys. J. Int.*, **152**: 392-415.

Bloxham, J. 1998. Dynamics of angular momentum in the Earth core. *Ann. Rev. Earth Planet. Sci.*, **26**:

501-517.

Bullard, E. G., Gellman, H. 1954. Homogeneous dynamo and terrestrial magnetism. *Phil Trans. Roy, A*, **247**: 213-278.

Busse, F. H. 1977. An example of nonlinear dynamo action. *J. Geophys*, **43**: 441-452.

Channel, J. E. T., Lehman, B. 1997. The last two geomagnetic polarity recorded in high-deposition-rate sediment drift. *Nature*, **389**: 712-715.

Christenden, E. 2000. Earth core and geodgnamics. *Science*, **288**: 2007-2012.

Christensen, U. R., Autert, J., Cardin, P., et al. 2001. A numberical dynamo benchmark. *Physics of Fluid*, **14**: 1301-1314.

Clement, B. M. 2007. Geomagnetic polarity reversals. In: Gibbind, D., Herrero-Bervera, E. (eds.). *Encyclopidia of Geomagnetism and Paleomagnetism*. Heidelberg: Springer, 324-328.

Constable, C. G. 2007a. Dipole moment Variation. In: Gubbins D, Herrero-Bervera E(eds). *Encyclopedia of Geomagnetism and Paleomgnetism*. Heidelberg: Springer, 159.

Constable, C. G. 2007b. Gepmagnetic spectrum, temporal. In: Gubbins, D., Herrero-Bervera, E. (eds.). *Encyclopidia of Geomagnetism and Paleomagnetism*. Heidelberg: Springer. 353-355.

Constable, C. G., Parker, R. L. 1988. Statistics of the geomagnetic secular variation for the past 5 m.y. *J. Geophys. Res*, **93**: 11569-11581.

Cook, P. J., McElhinny, M. W. 1979. A re-evaluation of the spatial and temporal distribution of sedimentary phosphate deposites in the light of plate tectonics. *Economic Geology*, **74**: 315-330.

Cowling, T. G. 1934. The magnetic field of sunspcts. *Monthly Notice of the Royal Astronomical Society*, **94**: 39-48.

Cowling, T. G. 1957. *Magnetohydrodynamics*, vii, **115**. New York: Interscience Publishers.

Cox, A. 1969. Geomagnetic reversal. *Science*, **163**: 237-245.

Currie, R. G., Grommé, C. S., Verhoogen, J., et al. 1963. Remanent magnetization of some Upper Cretaceous granitic plutons in the Sierra, Nevada, California. *J. Geophys. Res.*, **68**: 2263-3380.

Day, R. 1979. Recent advances in rock magnetism. *Revs. Geophys. Space Phys.*, **17**: 279-2456.

Dodson, R. E., Fuller, M. D., Kean, W. F. 1977. Paleomagnetic reocords of secular variation from Lake Michtgan sediment cores. *Earth Planet. Sci. Lett.*, **34**: 387-395.

Dormy, E., Soward, A. M. 2007. *Mathematical Aspects of Natural Dynamos*（*The Fluid Mechanics of Astrophysics and Geophysics*）. 1st Edition. Chapman and Hall/CRC.

Dumberry, M. 2007. Oscillations, Torsional. In: Gubbins, D., Herreo-Bervera, E. (eds.). *Encyclopodia of Geomagnetism and Paleomagnetism*. Heidelberg: Springer, 746-748.

Elsasser, W. M. 1950. The Earth's interior and geomagnetism. *Revs. Mod. Phys.*, **22**: 1-35.

Elsasser, W. M. 1956. Hydromagnetic dynamo theory. *Revs. Mod. Phys.*, **28**: 135-163.

Fayanthan, R. 1968. The axisgepmetric dynamo. *Monthly Notice of the Royal Astronomical Society*, **138**: 477-494.

Fisher, R. A. 1953. Dispersion on a sphere. *Proceedings of the Royal Society of London. Series A, Mathematical and Physical Sciences*, **217**(1130): 295-305.

Glatzmaier, G. A. 1999. The role of the Earth's mantle in controlling the frequency of geomagnetic reversals. *Nature*, **401**: 885-890.

Glatzmaier, G. A. 2002. Geodynamo simulations-how realistic are they? *Annual Review of Earth and Planetary Sciences*, **30**: 237-257.

Glatzmaier, G. A. 2007. Geodynamo, numerical simulation. In: Gubbins, D., Herrero-Berevra, E. (eds.). *Encyclopedia of Geomagnetism and Paleomagnetism*. Heidelberg: Springer. 203-305.

Glatzmaier, G. A. 2012. 3D spherical convection dynamo madol, presentation from the Geodynamo Developer Meeting held in Boulder, Colorado, Octoter 8-10, 2012, sponsored by CGS Computational infrastructure for Geodynamics, Univ. of California, Davis, CA 95616.

Glatzmaier, G. A, Roberts, P. H. 1995a. A three-dimensional convective dynamo solution with rotating and finitely conducting inner core and mantle. *Phys. Earth Planet Inter.*, **91**: 63-75.

Glatzmaier, G. A., Roberts, P. H. 1995b. A three-dimensional self-consistent computer simulation of a Geomagnetic field reversal. *Nature*, **377**: 203-209.

Gubbins, D. 1974. Theory of the geomagnetic and solar dynamos. *Revs. Geophys. Space Phys.*, **12**: 137-154.

Gubbins, D. 1975. Numerical solutions of the hydromagnetic dynamo problem (for the Earth). *Geophys. J. R. astr. Soc.*, **42**: 295-305.

Gubbins, D. 1976. Observational constraints on the generation process of Earth's magnetic field. *Geophys. J. R. astr. Soc.*, **47**: 19-39.

Gubbins, D. 2007. Geodynamo, dimensional analysis and time-scales. In: Gubbins, D., Herrero-Berevra, E. (eds.). *Encyclopidia of Geomagnetism and Paleomagnetism*. Heidelberg: Springer. 297-300.

Gubbins, D., Zhang, K. 2000. Lateral variation in heat flax around the geodynamic. *Eos. Trans. Am. Geophys. Un.*, **81** (Fall Meet, suppl.): GP62A02.

Hallerbach, R. 2007. Taylors condition. In: Gubbins, D., Herrero-Berevra, E. (eds.). *Encyclopedia of Geomagnetism and paleomagnetism*. Springer Publisher. 940-942.

Hallerbach, R., Gubbins, D. 2007. Inner core tangent cylinder. In: Gubbins, D., Herrero-Berevra, E. (eds.). *Encyclopedia of Geomagnetism and Paleomagnetism*. Heidelberg: Springer. 430-433.

Hide, R., Roberts, P. H. 1961. The origin of the main geomagnetic field. *Phys. Chem. Earth*, **4**: 27.

Irving, E. 1964. *Paleomagetism*. New York: John Wiley.

Irving, E., Gaskell ,T. F. 1962. Palaeogeographic latitude of oil fields. *Geophys. J. Roy. Astron. Soc.*, **7**: 54-64.

Jackson, A., Finlay, C. 2007. Geomagnetic variation and its application to the core. In: Olson, P., Schubert, G. (eds.). *Geomagnetism Chapter 5*. NewYork: Elsevier. 147-193.

Jackson, A., Lemoue, J., Smylie, D. E., et al. 1993. Time dependent flow at the core surface and conservation of angular momentum in the coupled core-mantle system. In: Mouël, L., Smylie, D. E., Herring, T. (eds.). *Dynamics of the Earth's Deep Interior and Earth Rotation*. AGU/IUGG. 97-107.

Kageyama, A., Miyagoshi, T., Sato, T., et al. 2008. Formation of current coils in geodynamo simulations. *Nature*, **454**: 1106-1109.

Kono, M., Tanaka, H. 1995a. Intensity of the geomagnetic field in geological time: A statistical study. In: Yukutake, T. (ed.). The *Earth's Central past: Its structure and dynamics*. Tokyo: Terra Scientific Company. 75-94.

Kono, M., Tanaka, H. 1995b. Mapping the Gauss coefficients to the pole and the model of paleosecular variations. *J. Geomag. Geoelect*, **47**: 115-130.

Korte, M., Constable, C. G. 2005. The magnetic dipole moment over the last 7000 years—new results from a global model. *Earth Planet Sci Lett*, **236**: 328-358.

Landau, L. D., Lifshitz, E. M. 2004. *Fluid Mechanics*. 2nd ed. Elsevier Ltd.

Landau, L. D., Lifshitz, E. M. 2007. *Electricdynamics of Continuous Media.* 2nd ed. Elsevier Ltd.

Lee, S. A. 1983. Study of the time averaged paleomagnetic field for the past 195 million years. *Ph. D. thesis, Aust. Nat. Unv. Canberra.*

Levi, S., Banerjee, S. K. 1976. On the possibility of obtaining relative paleointensities from lake sediments. *Earth Planet. Sci. Lett.*, **29**: 219-226.

Levi, S., Merrill, R. T. 1976. A Comparison of ARM and TRM in magnetic. *Earth Planet. Sci. Lett.*, **32**: 171-184.

Levy, E. H. 1972. Kinernatic reversal schemes for the geomagnetic dipole. *Astrophys. J.*, **171**: 635-642.

Levy, E. H. 1972. On the state of the geomagnetic field and its reversals. *Astrophys. J.*, **175**: 573-581.

Levy, E. H. 1979. Dynamo magnetic field generation. *Revs. Geophys. Space Phys.*, **17**: 277-281.

Lilley, F. E. M. 1970. On kinematic dynamos. *Proc. Roy. Soc., London, A*, **316**: 153-167.

Livermore, R. A., Smith, G., Vine, J., et al. 1983. Plat motion and the geomagnetic field. I. Quaternary and late Tertiary. *Geophys, J. R. Astron. Soc.*, **73**: 153-171.

Livermore, R. A., Smith, G., Vine, J. 1984. Plat motion and the geomagnetic field. II. Jurassic to Tertiary. *Geophys, J. R. Astron. Soc.*, **79**: 939-962.

Loper, D. E. 1978. Somethermal consequences of a gravitationally powered dynamo. *J. Geophys. Res.*, **83**: 5961-5970.

Love, J. J. 1999. A critique of frozen-flux inverse modeling of a nearly steady geodynamo. *Geophys. J. Int.*, **138**: 353-365.

Lund, S. P. 2007. Paleomagnetic secular variation. In: Gubbins, D., Herrero-Bervera, E. (eds.). *Encyclopidia of Geomagnetism and Paleomagnetism*. Heidelberg: Springer. 766-775.

Lund, S. P., Trevo, P., Williams, R., 2005. High-resolution records of the Laschamp geomagnetic field excursion. *J. Geophys. Res.*, **110**: B04101.

Lund, S. P., Williams, T., Acton, G. D., et al. 2001. Brushes epoch magnetic excursions recorded in ODP Leg 172 sediments. In: Keigvin, L. D., Rio, D., Acton, G. D., et al. (eds). *Proceedings of the Ocean Drilling Program,* Scientific Results. **172**.

Malkus, W. V. R. 1968. Precession of the Eatrh as the cause of geomagnetism. *Science*, **160**: 259-264.

Matsushita, S., Campbell, W. H. 1976. *Physics of Geomagnetic Phenomena*. New York and London: Academic Press.

Maus, S., Silva, L., Hulot, G. 2008. Can core-surface flow models be used to improve the forecast of the Earth's main magnetic field? *J. Geophys. Res.*, **113**: B08102.

Mazaud, A. 2007. Geomahnetic polarity reversals. In: Gubbins, D., Herrero-Bervera, E. (eds.). *Encyclopidia of Geomagnetism and Paleomagnetism*. Heidelberg: Springer. 320-324.

McElhinny, M. W. 1973. *Paleomagnetism and Plate Tectonics*. Cambridge Univ. Press.

McElhinny, M. W. 2007. Geocentric axial dipole hypothesis. In: Gubbins, D., Herrero-Bervera, E. (eds.). *Encyclopidia of Geomagnetism and Paleomagnetism*. Heidelberg: Springer. 281-287.

McElhinny, M. W., Senanayake, W. E. 1982. Variation in geomagnetic dipole I. The past 50000 years. *J. Geomag. Geoelect.*, **34**: 39-51.

McFadden, P. L., McElhinny, M. W. 1982. Variations in the geomagnetic dipole 2: Stanstical analysis of VDMs for the past 5 million years. *J. Geomag. Geoelect.*, **34**: 163-189.

Merrill, R. T., McElhinny, M. W., McFadden, P. L. 1998. *The Magnetic Field of the Eerth.* Academic Press.

Müller, U., Bühler, L. 2001. *Magnetofluiddynamics in Channels and Containers*. Berlin, Heidelberg: Springer.

Opdydek, N. D. 1961. The Palaeoclimatological significance of desert sandstone. In: Nairn, A. E. M. (ed.). *Descriptive Palaeoclimatology*. New York: Wiley Interscience.

Parker, E. N. 1969. The occasional reversal of the geomagnetic field. *Astrophys. J.*, **158**: 815-827.

Pedlosky, J. 1979. Geophysical Fluid Dynamics. New York-Heidelberg-Berlin: Springer-Verlag.

Raedler, K.-H. 2007. Dynamos, mean-field. In: Gubbins, D., Herrero-Bervera, E. (eds.). *Encyclopedia of Geomagnetism and Paleomagnetism*. Heidelberg: Springer. 192-200.

Roberts, P. H., Glatzmaier, G. A. 2000. Geodynamo theory and simulations. *Reviews of Modern Physics*, **72**: 1081-1123.

Rochester, M. G., Jacobs, J. A. 1975. Can precession power the geomagnetic dynamo? *Geophys. J. R astr. Soc.*, **43**: 661-678.

Stacey, F. D. 1977. *Physics of the Earth*. 2nd edition. John Wiley and Sons, Inc.

Turner, G. M., Thompson, R. 1981. Lake sediment record of geomagnetic secular variation in Britain during Holocene times. *Geophys. J. R. astr. Soc.*, **65**: 703-725.

Turner, G. M., Thompson, R. 1982. Determination of the Britain geomagnetic secular variation during Holocene times. *Geophys. J. R. astr. Soc.*, **70**: 789-792.

Van der Voo, R. 1993. *Paleomagnetism of the Atlantic, Tethys and Iapetus Oceans*. Cambridge: Cambridge Univ. Press, 411.

第七章　地电场和地球电磁感应

7.1　地 球 电 场

观测到的地球表面电场可分为大地电场和局部电场．前者是大范围的区域性电场，后者则是由于局部物理化学条件不同形成的局部性电场，例如地形的差异、物质成分的不同、局部电化学作用等均可形成局部电场．局部电场的测定在地球物理勘探工作中有直接的应用，而普通地球物理则主要研究区域性的大地自然电场．

大地电流是在 1840 年由于电报信息被干扰而最早引起了人们的注意．由于无法把电表和大地串联，所以要直接测定地电流是困难的．但如果将电极埋入地下，则可以测定两个电极间的电势差．大地电势差的测量装置比较简单，选用物理化学性质稳定的导电物质，例如铅板、镀金铜板做电极，埋入地下 2—3 m，并用绝缘导线通过高阻抗与检流计相连，即可记录两极间的电势差及其变化．电极间的距离越远越好，一般为几百米至一千米，呈南北和东西两个方向(或由构造走向确定)排列，以同时记录两个互相正交方向的大地电势差．单位通常用 mV/km．中低纬度大地电场的量级约为 10 mV/km．

地电场既有长周期的变化，也有短周期变化．但由于电极易受接触电势、热电势、渗透电势等缓慢变化因素的影响，较为准确地记录区域性大地电场的长周期变化是很困难的．至今，这种长周期地电场变化的全球规律还很不清楚，甚至有人怀疑它是否确有地球物理学的意义．周期为一天以下的地电场短周期变化和地磁变化密切相关．和地磁场一样，地电场也与太阳活动有关，它也包括诸如太阳日变化、地电暴、地电脉动等多种类型的变化．地电场的这种短周期变化绝大部分是外源地磁变化感应的结果．特别是，由于记录地磁快速变化的仪器在技术上难度较大，人们常用观测地电变化作为地球电磁脉动变化的技术手段．因此，在地电学中，电磁脉动的研究占据相当重要的地位．

地电学的另一个重要内容，是所谓“大地电磁测深”方法．由于电磁感应效应，地面电场的水平分量和与其正交方向的磁场的观测相配合，可测定地球内部的电导率，称为大地电磁测深，是 1953 年首先由法国卡尼亚尔(Cagniard，1953)提出的．

7.1.1　地电场的各向异性

(1)基本方程

对平面电磁感应问题(图 7.1)，若介质均匀，分层均匀，或电导率 σ 只随深度 z 变化，则电场 $\boldsymbol{E}$ 在导体内($z>0$)满足扩散方程(5.15)，即

$$\frac{\partial \boldsymbol{E}}{\partial t}=\frac{1}{\mu\sigma}\nabla^2\boldsymbol{E},\qquad z>0, \tag{7.1}$$

而与导体外极型磁场相应的电场，在导体内外都应为环型场，有

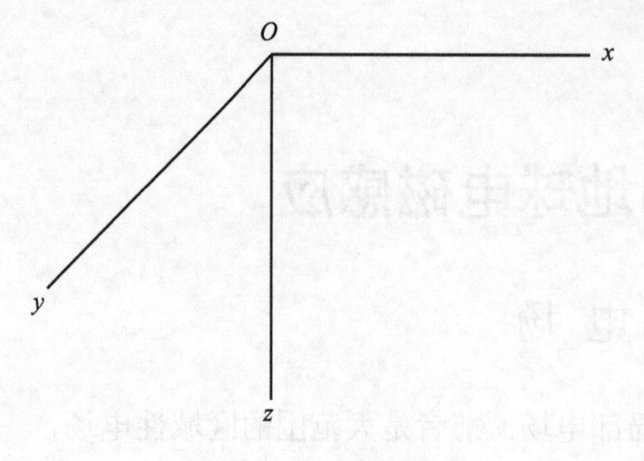

图 7.1　平面电磁感应

$$E=(E_x, E_y, 0), \tag{7.2}$$

而由$\nabla\cdot\boldsymbol{E}=0$，可得

$$\frac{\partial E_x}{\partial x}+\frac{\partial E_y}{\partial y}=0. \tag{7.3}$$

对于周期性电磁场，方程(7.1)左侧为$\mathrm{i}\omega\boldsymbol{E}$，则只有，也只有右侧$\nabla^2\boldsymbol{E}=\mathrm{i}\omega\mu\sigma\boldsymbol{E}$，解$\boldsymbol{E}$才满足方程(7.1)．方程(7.1)平面问题的一般解将在§7.2.2(3)中讨论，这里只考虑最简单，即源场均匀的平面电磁感应，方程(7.1)的解为

$$\boldsymbol{E}(x, y, z, t)=\boldsymbol{E}_0\mathrm{e}^{\mathrm{i}\omega t}Z(z), \tag{7.4}$$

其中，

$$Z(z)=\mathrm{e}^{-z\sqrt{\mathrm{i}\omega\mu\sigma}},$$

$$\sqrt{\mathrm{i}}=\frac{1}{2}(1+\mathrm{i}),$$

$$\boldsymbol{E}_0=(E_{0x}, E_{0y}, 0).$$

由解(7.4)可得，源场的穿透深度为

$$\delta=\sqrt{\frac{2}{\omega\mu\sigma}},$$

由方程(5.2)，即法拉第电磁感应定律$\nabla\times\boldsymbol{E}=-\partial\boldsymbol{B}/\partial t$，得

$$\frac{\partial\boldsymbol{B}}{\partial t}=\sqrt{\mathrm{i}\omega\mu\sigma}(-E_y, E_x, 0)=\frac{1}{2}(1+\mathrm{i})\sqrt{\omega\mu\sigma}(-E_y, E_x, 0), \tag{7.5}$$

以及

$$\frac{E_x}{H_y}=-\frac{E_y}{H_x}=\frac{1+\mathrm{i}}{2}\sqrt{\frac{\omega\mu}{\sigma}}, \tag{7.6}$$

式中，μ为介质磁导率，可视为常数，$\mu=\mu_0=1.2566370\times10^{-6}$ H/m(亨利/米)，$4\pi\times10^{-7}$ H/m=1e.m.u.，ω为已知. (7.6)表明，由地球电场$\boldsymbol{E}$水平分量以及与其垂直的磁场$\boldsymbol{B}$水平分量的测量，可求得地下电导率σ. 这即为大地电磁测深的基本原理，因这里是平面问题，只适用于地下浅层电导率分布局部异常的测量.

(2) 张量阻抗和视电阻率

当电磁波传播由空间入射到地面转化为向地下深部的扩散，定义：地面电场水平分量，E_x和E_y，与其相互垂直的磁场水平分量，H_x和H_y，之比称为地球介质对电磁场的输入阻抗，分别记作Z_{xy}或Z_{yx}. 对于均匀、分层的均匀地球，

$$\boldsymbol{Z}_{xy}=-\boldsymbol{Z}_{yx}, \tag{7.7}$$

$$\begin{bmatrix} E_x \\ E_y \end{bmatrix}=\begin{bmatrix} 0 & Z_{xy} \\ Z_{yx} & 0 \end{bmatrix}\begin{bmatrix} H_x \\ H_y \end{bmatrix}. \tag{7.8}$$

由(7.6)可定义视电阻率

$$\rho_{xy}=\frac{1}{\omega\mu}\left|Z_{xy}\right|^2, \tag{7.9.1}$$

电场和磁场的位相差

$$\varphi_{xy}=\arg(Z_{xy}), \tag{7.9.2}$$

对均匀或分层均匀 $\varphi_{xy}=\pi/4$.
对于一般的电性结构，有

$$\begin{bmatrix}E_x\\E_y\end{bmatrix}=\begin{bmatrix}Z_{xx}&Z_{xy}\\Z_{yx}&Z_{yy}\end{bmatrix}\begin{bmatrix}H_x\\H_y\end{bmatrix}. \tag{7.10}$$

已经发现，有些测点的地电场存在着明显的各向异性．例如，在中国南北地震带甘肃境内观测到的短周期地电场多沿东偏北方向(图 7.2)，这种特定地区地电场沿特定方向分布的现象，称为地电场的线性极化(偏振)．

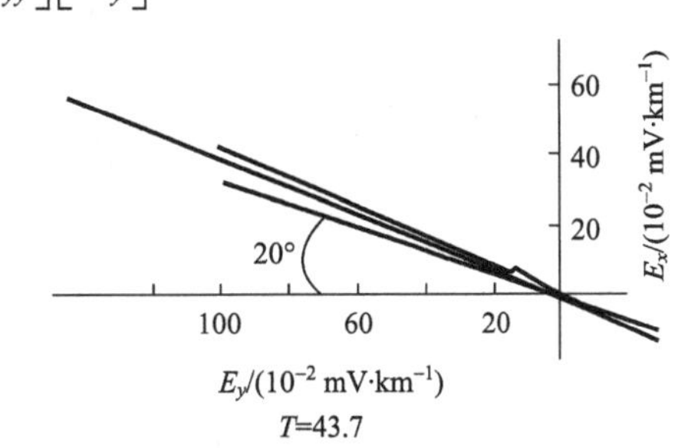

图 7.2　南北地震带甘肃天水 10—100 s 周期范围地电场的线性极化(国家地震局兰州地震大队电磁测深组，1976)

一般认为，地电场的各向异性是由于测点周围或深部电性阻抗的不均匀性造成的．例如，上述线偏振方向常常和山脉走向、河流走向、海岸线相垂直，也可能与地壳或上地幔二维线性构造的走向相垂直．图 7.2 所示电场的线性极化，就是南北地震带地壳、上地幔高导层呈二维分布的结果．对于这种不均匀的电性结构常引入二维张量阻抗

$$Z=\begin{pmatrix}Z_{xx}&Z_{xy}\\Z_{yx}&Z_{yy}\end{pmatrix},$$

式中，Z_{ij} 称为张量阻抗元．

7.1.2　电磁脉动

电磁脉动有三个名称：微脉动(micropulsation)、地磁脉动(geomagnetic pulsation)和超低频脉动(ultra low frequency(ULF) pulsation)，是日地关系、高空物理、空间环境较为活跃的领域．电磁脉动具有很宽的周期和强度谱，周期长的可达 1500 s，短的可到 0.1 s 以下，乃至 10^{-4} s．振幅一般为几十分之一 nT，但有的可低到千分之一 nT，或高达数百 nT．比较强的脉动多伴随磁暴发生．这里所指电磁脉动限于从 0.2 s 至 600 s 的周期范围．更长周期的变化已属 § 5.4 所述的磁暴时变化、S_q 或湾型磁扰；而更高频率，例如 10kHz，则由电离层哨声、磁层内甚低频电磁波的发射所产生．图 7.3 为各类脉动强度和频率谱的统计结果．图中纵坐标表示平均振幅，横坐标为周期，图中清楚地显示出电磁脉动很宽的周期和强度谱的特征．

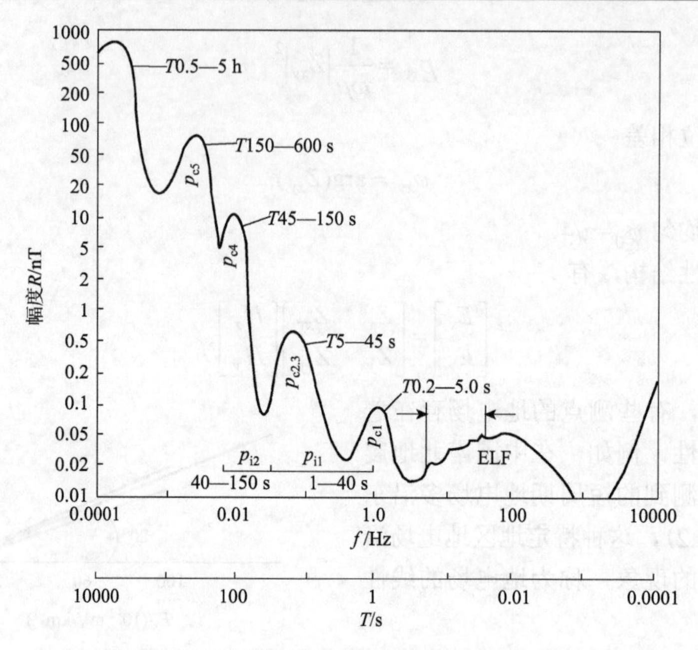

图 7.3　电磁脉动的强度和频率谱(Akasofu and Chapman，1972)

(1) 电磁脉动的分类

按照形态的不同，电磁脉动分为两大类型，一类称为规则脉动，用 P_c 表示，另一类称为不规则脉动，用 P_i 表示．图 7.4 至图 7.7 分别为 P_c 与 P_i 脉动的实际观测结果．由图 7.4，图 7.6 可以看出，P_c 形态比较规则，呈准正弦型变化，周期比较稳定，而 P_i 型脉动不仅形态不规则，变化的周期也不稳定．

根据周期的不同，P_c 与 P_i 脉动又各分为如表 7.1 所示的各种类型．

表 7.1　周期不同的脉动

P_c 类型	周期/s	频率/Hz
P_{c1}	0.2—5	0.2–5
P_{c2}	5—10	0.1–0.2
P_{c3}	10—45	$(22–100)\times10^{-3}$
$P_{c4}(P_g)$	45—150	$(7–22)\times10^{-3}$
$P_{c5}(P_g)$	150—600	$(2–7)\times10^{-3}$
P_i 类型	周期/s	频率/Hz
P_{i1}	10—40	$(25–100)\times10^{-3}$
P_{i2}	40—150	$(6.7–25)\times10^{-3}$

图 7.4 标出了各类脉动的周期界限．下面将会看到，上述脉动类型的划分正是脉动源场不同的表现(Jacobs, 1970; Glabmeier, 2007)．

(2) 各类脉动的形态和时空分布

(i) P_c 型脉动

P_c 型脉动的小写 c 是英文“continuous”的字头，意思是周期和振幅具有持续的稳定性．从图 7.4 可见，随着周期的减小，P_c脉动的幅度明显地变弱，一般周期减少 5 倍，幅度下降 10 倍．当然这是统计的结果，单个脉动则不一定具有这样的规律性．图 7.4 还清楚地显示，在上述随周期减小幅度减弱的总体背景上，每一种脉动都有一相应的幅度峰值，这说明各类脉动按周期的划分，有着更本质的意义(Akasofu and Chapman，1972；Jacobs, 1970)．

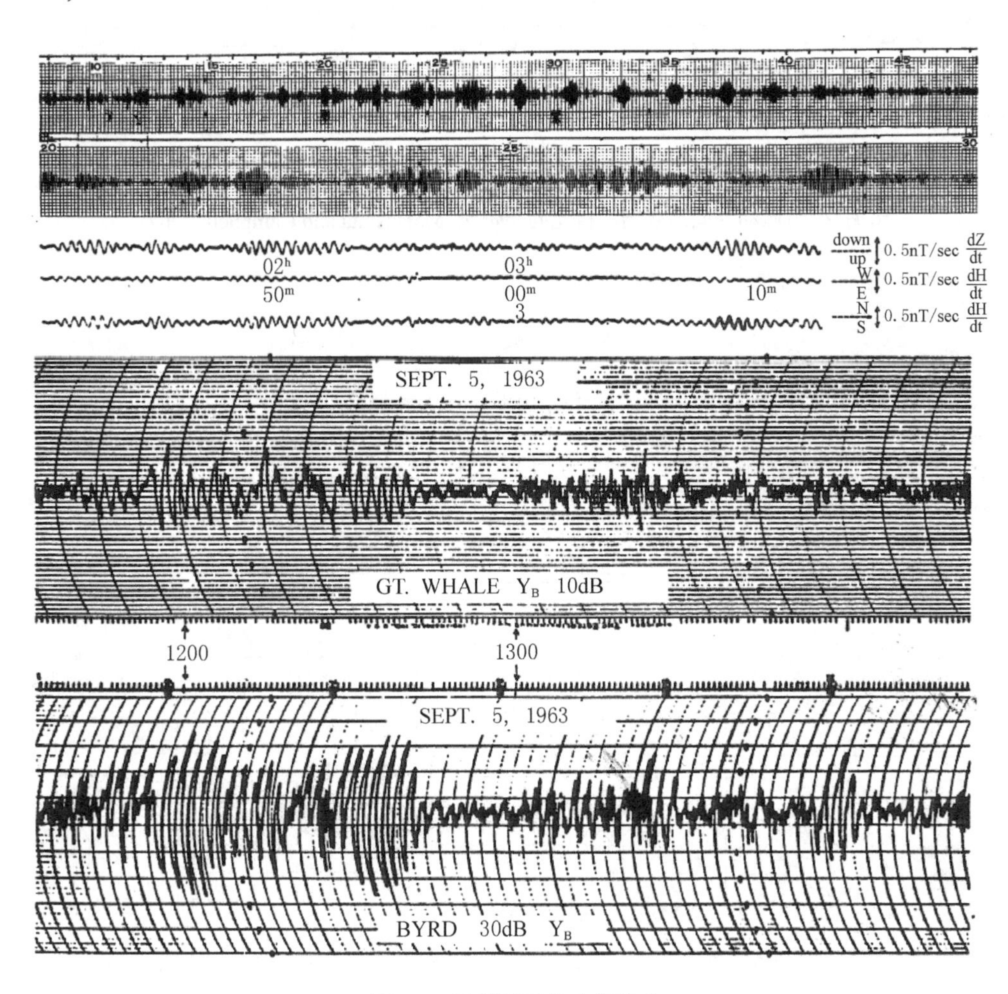

图 7.4　周期不同的各类脉动

自上至下第 1，2 图：Macquarie 岛(54°30S，158°57E) 1962 年 2 月 10 日 0008-0048 UT，记录 P_{c1} 型脉动(时间尺度为 s)；第 3 图日本 Onagawa (38°26′17″N, 141°27′0″E) 1961 年 3 月 5 日记录的 P_{c2}, P_{c3} 型脉动；第 4，5 图在北，Whale, Canada 约 80°N, 南，Byrd, Antarctica 约 80°S 极光带共轭两地同时记录的 1963 年 9 月 5 日 P_{c4}(巨)型脉动(Akasofu and Chapman, 1972；Matsushita and Campbell, 1967)

P_{c1} 型

图 7.4 从上至下第 1，2 图即为典型的 P_{c1} 型脉动．这类脉动形似珍珠，它可以是单个的珍珠，也可能是成串出现．单个珍珠的持续时间约为 1—2 min．串珠持续时间可达 10—20 min．幅度一般较弱，为 0.01—0.1 nT．P_{c1} 脉动出现的时间与纬度有关，在中纬度夜间和早晨即地方时 2^h—4^h 出现频次最高，在磁纬 65°以上则全天都可能出现．P_{c1} 型

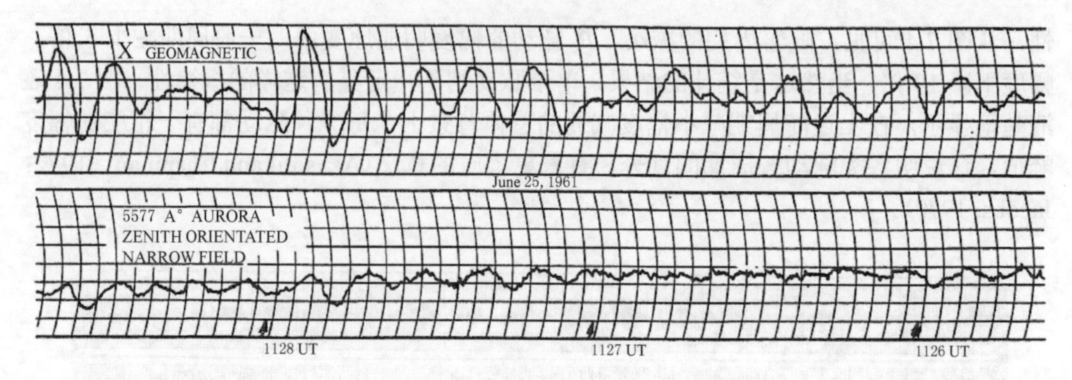

图 7.5　作为图 7.4 图 P_{c2}, P_{c3} 型脉动的补充（时间尺度拉大），南极光带 Byrd, Antarctic, 1961 年 6 月 25 日脉动期间地磁场和极光同步记录（Matsushita and Campbell, 1967）

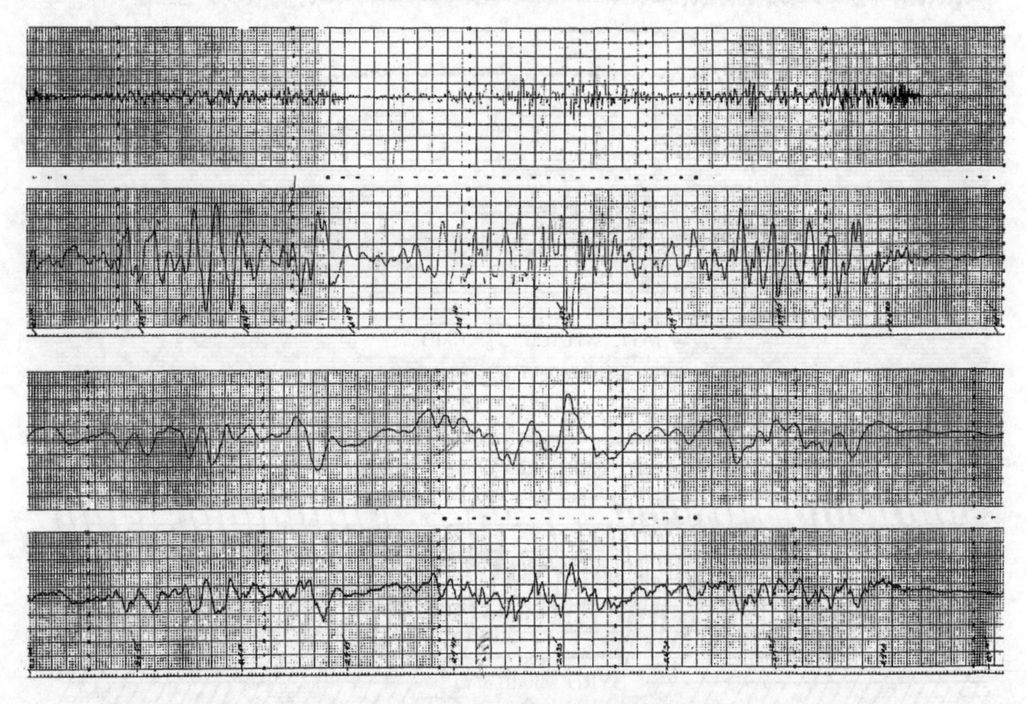

图 7.6　1961 年 6 月 2 日 College, Alaska 四道电感回路天线（induction loop antenna）45min 同步 P_i 脉动记录（Matsushita and Campbell, 1967）

脉动的周期与磁层环电流（磁暴主相电流）处质子绕磁力线的回转周期相近，观测还表明，在磁力线的共轭点处，P_{c1} 型脉动将同时出现．因此，一般认为，P_{c1} 型脉动是磁层环电流等离子体的扰动所产生的流磁波（阿尔芬波）沿磁力线传播的结果（Akasofu and Chapman，1972；Schafer, 2003）.

P_{c2} 和 P_{c3} 型

P_{c2} 和 P_{c3} 是形态最为规则的脉动．图 7.4（从上第 3 图和图 7.5）为 P_{c2}，P_{c3} 型脉动记录．P_{c2}，P_{c3} 脉动持续时间一般为 1—3 h，幅度约 0.5 nT，随着纬度增加，脉动幅度变大（图 7.8，曲线Ⅰ）．P_{c2}，P_{c3} 型脉动多出现在白天，约在地方时中午 12 时出现的频次最高．但在赤道附近(低于 7°)，出现频次变得很不规则．P_{c3} 型脉动的周期和磁层边界磁力线的固有振动频率相近，因此它可能是磁层边界扰动所激发的流磁波沿磁力线传播的结果．

P_{c4}和 P_{c5}型

P_{c4}，P_{c5} 型脉动因其变幅较大，一般称为巨型脉动，记作 P_g．图 7.4 从上至下第 4，5 图，和图 7.7 是典型的 P_{c4} 型脉动，通常幅度约 5—20 nT，随着纬度增高，幅度变大(图 7.8，曲线Ⅱ)．P_{c5} 型则变幅更大，平均约 50—70 nT．P_{c5} 只出现在 50°—70°的纬度带，随着纬度下降，幅度衰减很快(图 7.8，曲线Ⅲ)．脉动的最大振幅一般发生在地方时 3 时至 8 时，图 7.4 显示北、南极光带两共轭台站 P_{c4} 的同步记录，图 7.7 显示，在南北半球扰动相似，但扰动向量的极化方向相反．

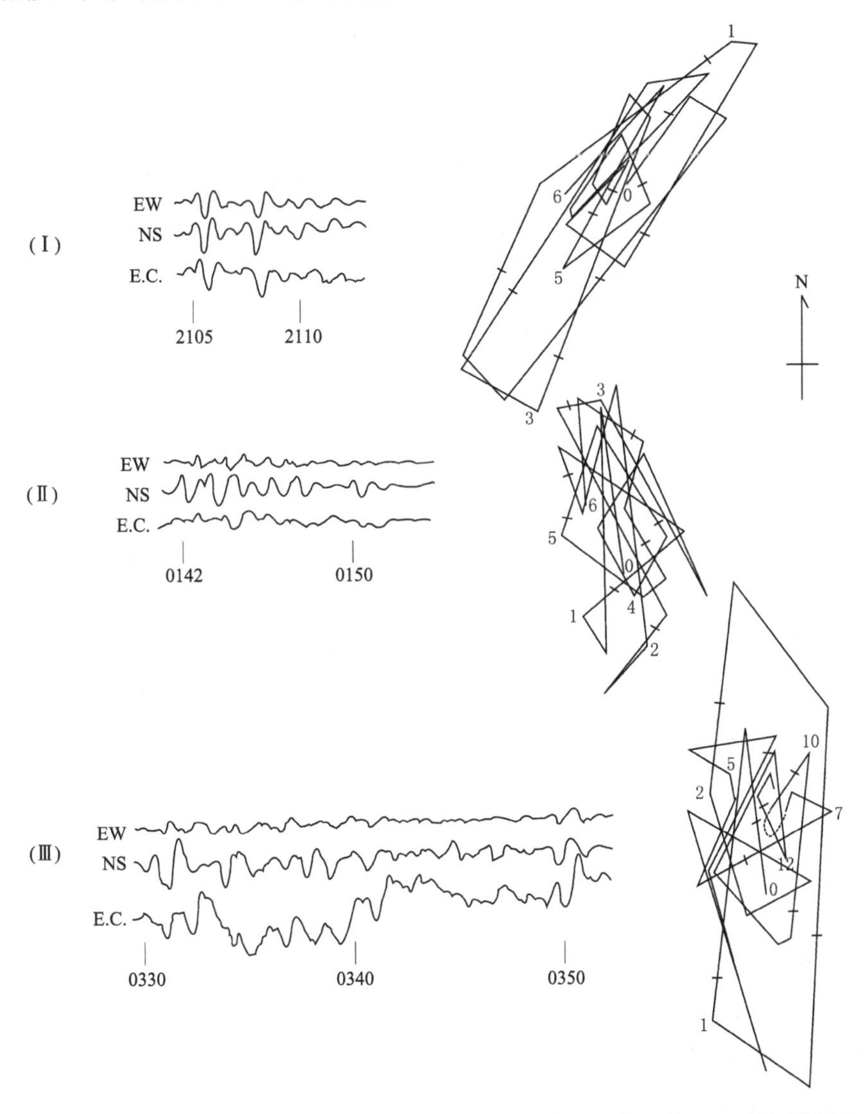

图 7.7　日本本岛 TOTTOR 台站(φ 25.0°N，λ 201.0°E) 1971 年 8 月 1—2 日记录到的 P_{c4} 电磁脉动，图中同时给出了扰动向量的圆型极化方向(Suzuki and Kamel，1971)

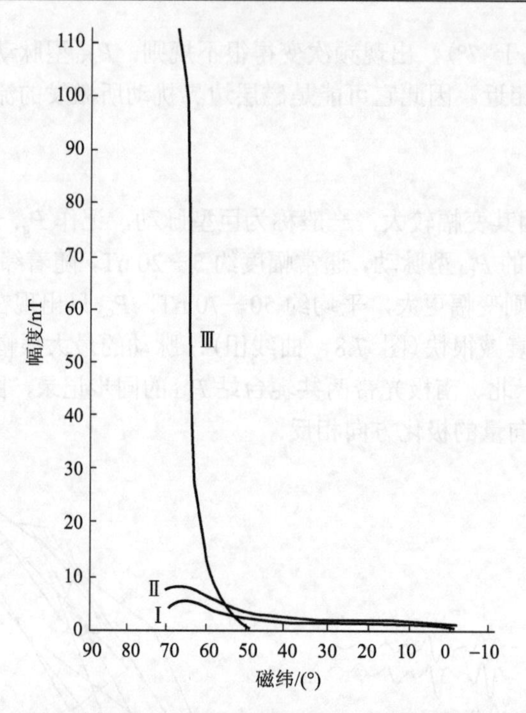

图 7.8　P_c 型脉动水平分量变化幅度随纬度的变化(Matsushita and Campbell，1967)

Ⅰ为 P_{c2}, P_{c3} 型；Ⅱ为 P_{c4} 型；Ⅲ为 P_{c5} 型

(ii) 不规则脉动 P_i

图 7.6 与图 7.9 为 P_{i1} 型脉动的记录．从图上可以看出它与宇宙线辐射的吸收、X 射线亚暴、地磁湾扰密切相关．从图上还明显看到，这里起码含有两种类型的脉动．一类是简单的脉冲式的，常记作 S.I.P.，周期小于 15 s，持续时间约 15 min，振幅较小，约为 0.2 nT．另一类是相继出现的，周期为 5—10 s 的持续性扰动，记作 A.I.P.，它与 X 射线亚暴相联系．与正湾扰相联系的一类 P_{i1} 型脉动常记作 I.P.D.P.S.

图 7.10 为 P_{i2} 型脉动的记录．P_{i2} 脉动周期多为 60—100 s，振幅呈阻尼型，常成串出现，因此又记作 P_t．P_t 最大振幅出现在极光带．图 7.11 同时给出了 P_i 及与其相联系的湾扰幅度随磁纬的分布．从图上看出，与负湾扰相联系的 P_{i2} 型脉动的幅度的纬度差异比较明显．P_{i2} 型脉动全天都可能出现，但以地方时 22 时附近出现的频次最高．

图 7.9—图 7.11 表明，无论是 P_{i1} 还是 P_{i2} 都与湾型磁扰相关，而且在极光带变幅最大，因此不规则脉动实质上是极区亚暴的组成部分(Akasofu and Chapman，1972; Akasofu, 1977)．

7.1.3　电磁脉动与磁层物理过程

(1) 电磁脉动三层模型

如§5.4 所述，地球的变化磁场，诸如太阳静日变化 S_q，太阳日变化 S_L，太阳扰日变化 S_D，磁暴时变化 D_{st}，亚暴 D_P 等，来源位于电离层或磁层中各自的电流体系，由毕奥-萨伐尔(Biot-Savart)定理，可计算地面各处所产生的相应磁场变化，即这些电流体系是

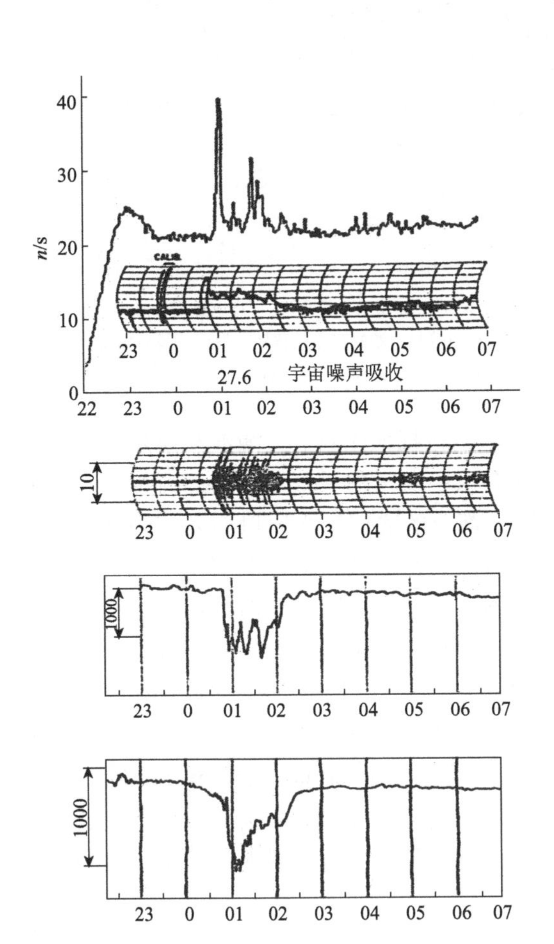

图 7.9　X 射线暴发、宇宙噪声吸收(27 Hz 的辐射计的记录)、P_{i1} 型脉动(周期 5—30 s)和湾扰(第三图：College 台，第四图：Sitka 台)的同时记录(Akasofu, 1968)

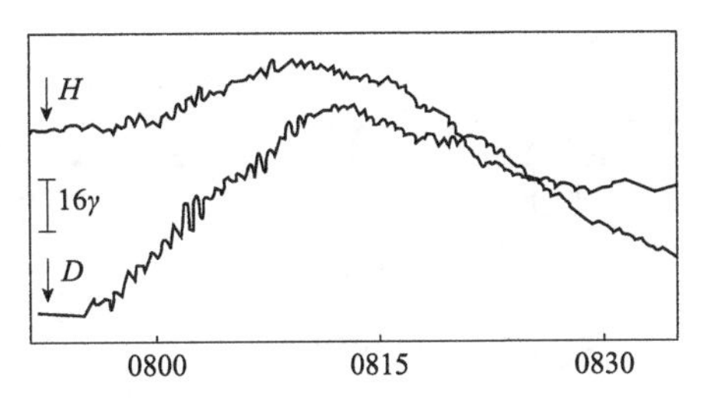

图 7.10　叠加在正湾扰记录上的 P_{i2} 型脉动(Akasofu, 1968)

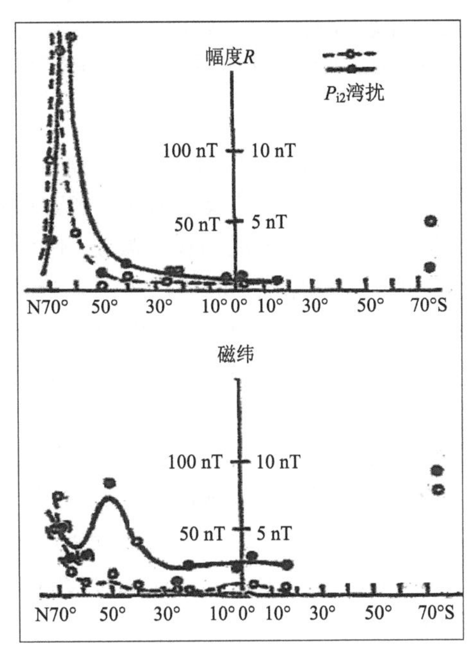

图 7.11　$P_{i2}(P_t)$ 型脉动、湾扰的纬度分布

上图为正湾扰，下图为负湾扰，虚线为 P_i，幅度右坐标；实线为湾扰，幅度左坐标(Akasofu, 1968)

各类变化磁场的直接来源．与变化磁场不同，观测和理论都表明：电磁脉动来源于太阳风，磁层中等离子介质中的等离子(磁流体)波．但与电流不同的是，等离子波只能在等离子或磁流体介质中传播，而太阳风和磁层与地面中间都被高空大气阻隔，而高空大气介质是中性的，不可能传播等离子波，因此太阳风，磁层中的等离子波，不能直接在地面产生与之相应的磁效应．如上所述，各种类型电磁脉动是首先在地面观测到的，因此除太阳风与磁层外，还应有第三者，与太阳风和磁层耦合，把地球外空间等离子波间接传到地面．这第三者，即距地面仅 100 到 200km 的电离层．图 7.12 电磁脉动三层模型可描述与电磁脉动相应等离子波的产生、传播、耦合，最后辐射到地面的全过程．

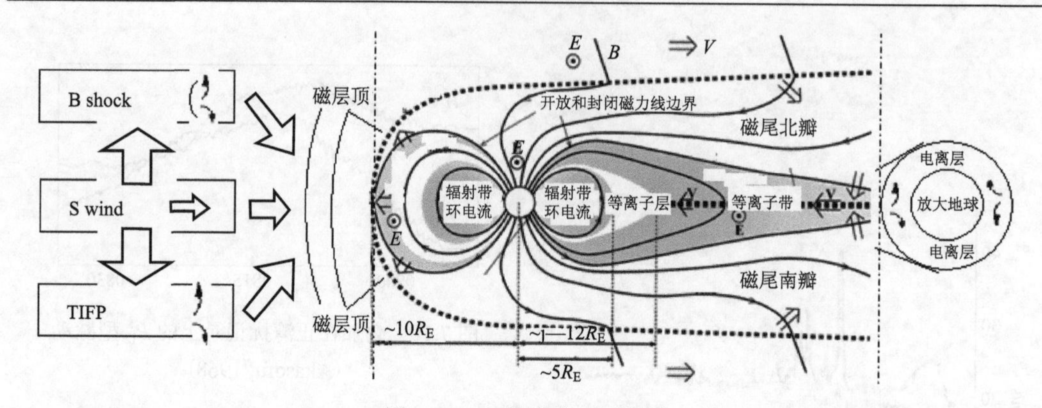

图 7.12　电磁脉动三层模型

包括(1)太阳风、弓激波、磁层顶为外层：纯源层；(2)磁层为中间层：是过渡层，也是源层；(3)电离层为底层：把与磁层等离子波耦合产生的振荡电流辐射到地面．三层模型描述电磁脉动相应等离子波的产生、传播、耦合，最后辐射到地面的全过程．其中：S wind 为太阳风，TIFP 为瞬态离子前激波现象(transient ion foreshock phenomena)，B shock 为弓形激波

图 7.12 左端为最外层，是电磁脉动的纯源区，包括太阳风、弓激波和磁层顶中产生的等离子波，以及瞬态离子前激波(TIFP)：太阳风中离子与弓形激波阵面碰撞、反弹并与磁场相互作用而形成的瞬态激波．作为磁层一部分的磁层顶之所以归入纯源区，原因之一，也是主要原因，和磁层外的太阳风、弓激波、前激波一样，磁层顶不与电离层相邻，所产生的等离子波也无法经电离层到达地面；第二，太阳风、前激波和弓激波中的等离子波必须通过磁层顶才有可能与磁层耦合．但正如图中所强调的，虽说四个源区在产生等离子波以及必须与磁层耦合这两个基本点上，可以说是平行的，但地位并非平行，前激波、弓激波、磁层顶中的等离子波都是与太阳风相互作用的结果，而它们与磁层的耦合也是太阳风，以及太阳风中的磁场，即行星际磁场(interplanetary magnetic field，IMF)，起关键作用．下一节将会看到，在太阳风作用下，行星际磁场与地球磁场的“重联”(reconnection)所造成地球磁力线的开放，在纯源区外层与磁层耦合以及磁层动力学中都是至关重要的．

模型的中间层则包括全部磁层，它在模型中的作用有三：一是前面一再强调的，纯源区的磁流体力学波即是与磁层耦合，经电离层而传至地面的，是名副其实的中间过渡层；二是，纯源层的等离子波不是简单路过，而是与磁层共振从而被放大，下面将讨论，这里说的放大，包括等离子波与地球磁力线，和与磁层内不同尺度空腔两种共振；则不难理解，作为中间过渡层的磁层对磁层外纯源区产生的等离子波有放大和选择(或称滤波)作用；三是，磁层也是等离子波，即电磁脉动的源区：包括磁层内沿磁力线传播的等离子波，伴随磁暴在环电流区等离子波与质子绕力线回转耦合产生的较高频率的等离子波，以及磁层亚暴期间产生的等离子波；但所有这些所谓产生于磁层内的等离子波都无一例外地与太阳风强度、粒子密度、磁场(IMF)强度和方向有关．

最后一层即电离层，经磁层放大的纯源层等离子波，以及磁层内产生的等离子波与电离层耦合在电离层中产生相应的感应电流．与 S_q、S_L、S_D 几近稳定的电流体系不同，等离子波电流是振荡的，其振荡频率，即等离子波的频率 ω．这样，电流振荡辐射的电磁波以频率 ω，光速 c 经高空大气传至地面．

从这一模型：电磁脉动的产生、传播、直到被地面台站捕捉，可以断定，地面脉动记录无疑包含有源区和传播路径的电磁性质以及全部动力过程的信息．因此，电磁脉动是太阳风、磁层物理的重要组成部分，作为空间天气的一部分，在太阳风、磁层活动的预测中也是必不可缺的重要资料．

(2) 磁力线的“重联”、开放和等离子畴

(i) 磁场重联

磁场“重联”(magnetic reconnection) 是等离子介质内的非线性电磁过程，后果之一是磁场湮灭、释放大量能量、加热、加速与磁场相连系的等离子粒子；也可造成磁力线开放，为磁场外，如太阳风、行星际磁场 (IMF)、等离子流敞开门户；还可能形成等离子畴 (plasmoid)：一个被磁力线约束、高能量、不稳定的等离子体元．磁场“重联”也可在实验室中实现，在受控热核反应中可观测到重联现象 (Priest and Forbes, 2000; Biskamp, 1993；Angelopoulos, 2008)．

§ 5.6.1 (2) 中图 5.85 描述了磁场重联的二维模型，即斯维特–帕克 (Sweet-Paker) 模型 (Sweet，1958；Paker，1957)．S–P 模型属“隔离”重联 (scparator reconnection)，即磁场被分隔为上下两区，图中间的虚线即称作“隔离”(separator)，它把方向相反的磁场以及与磁场紧密相连的等离子体隔开；在“隔离”两侧，磁场相等但方向相反，如磁层中磁尾的中性带上下．高能等离子体，如太阳风的存在是磁场重联的必要条件．因重联属极端非线性物理过程，不存在所谓的解析解．图 5.85 采用逐次、多步逼近方法，从磁场的初始状态开始，到非线性过程，以及最后磁场湮灭，以图像形式描绘了重联全过程的物理．

图中最上层为重联发生前系统的物理状态．这时系统是“稳定”的，但存在重联发生的可能．这样，我们只要弄清楚维持系统“稳定”的物理条件，则可以预计，系统怎样演化，磁场重联才有可能发生．如图所示，一条“隔离”(居中的虚线) 把磁场和等离子分为两区，虚线以上，磁场 $\boldsymbol{B}_0$ 沿 z 方向，而虚线以下沿 $-z$ 方向．电流在均匀、无限、薄层 yz 平面沿 y 方向流动，则磁场分布与 x 无关，在上下半无穷空间均匀，分别为 $\boldsymbol{B}_0$，$-\boldsymbol{B}_0$，电流薄层中间为中性，$\boldsymbol{B}=0$，为奇异“层”．按安培定律，在奇异层邻近应满足关系 (5.343)，有

$$\boldsymbol{j}_y \approx \frac{2\boldsymbol{B}_0}{\delta_0},$$

这意味着，在 $\delta_0/2$ 线度内磁场发生显著变化．

等离子或电磁流体介质中磁场遵从“冻结扩散”方程 (5.26)，其中无量纲磁雷诺数

$$R_M = LV/\eta, \tag{5.31}$$

式中，$\eta = 1/\sigma\mu_0$，称为磁扩散率，σ 为介质电导率，L 为介质特征线度，$\boldsymbol{V}$ 为介质特征速度，对于等离子介质可选用阿尔芬波速度 $\boldsymbol{V}_{\mathrm{A}}$ 与之相应的 R_M 记作 S，称为 Lundquist 数．磁层、太阳和宇宙空间都具有大尺度特征，而等离子又具高电导性，一般应满足，$S \gg 1$，方程 (5.26) 中的扩散项可以忽略．因此，图 5.85 中等离子磁场遵从冻结方程，$\sigma \to \infty$，介质与磁场一起运动．电导无穷大的等离子磁场属动量、能量过程的保守系统．宏观上，

相信等离子磁场与运动冻结的同时，也要看到：这里毕竟存在局部性的奇异薄层 δ_0，以及薄层邻近反向磁场．冻结过程能量、动量的保守，意味着重联难以发生，但奇异薄层和反向磁场又为重联准备了条件．从以上讨论不难了解，两者可否转换的关键是系统的电导率．因而基本物理事实是：倘若 $\sigma\to\infty$，则重联绝无可能发生，倘若 σ，哪怕局部区域，电导不再视为无穷大，则重联有可能发生．

图 5.85 中太阳风与等离子介质作用，若方程(5.347)介质中静压 P 可以忽略，则满足关系

$$\frac{B_0^2}{2\mu_0}=\rho V_{\mathrm{sw}}^2. \tag{7.11}$$

假定太阳风速变化如此缓慢，方程(7.11)成立，则如图 5.85a 所示，太阳风与等离子体处于“稳定”状态．当太阳风如此之强，过程发展到图 5.85b，乃至图 5.85c，太阳风不无可能，也仅仅是可能，出现局部增强．若如是，则与之相应的中性带电流，在局部区域，L_1，将产生局部磁场 B_1．在局部区域 $S\gg1$，$\sigma\to\infty$ 不再成立，等离子不再与磁场冻结在一起．磁场向外扩散．特别是，若局部磁场如此之强，关系

$$\frac{B_1^2}{2\mu_0}\gg\frac{B_0^2}{2\mu_0} \tag{7.12}$$

成立，则粒子将被局部强大的磁压雪崩似地推出区外，薄层上下反向磁场重联，几乎释放出全部动力学过程积累的巨大能量，加热、加速等离子，并形成图中所示 X 形状的区域，X 交点为中性点，这就是前面所说的极端非线性过程．图 7.13 为与图 5.85 基本过程相同，但 7.13 图中，重联把初始两个区域的磁场分为四个区域，两个中性 X 点之间，还有一高度不稳定的磁场和等离子的统一单元——等离子畴(plasmoid)．

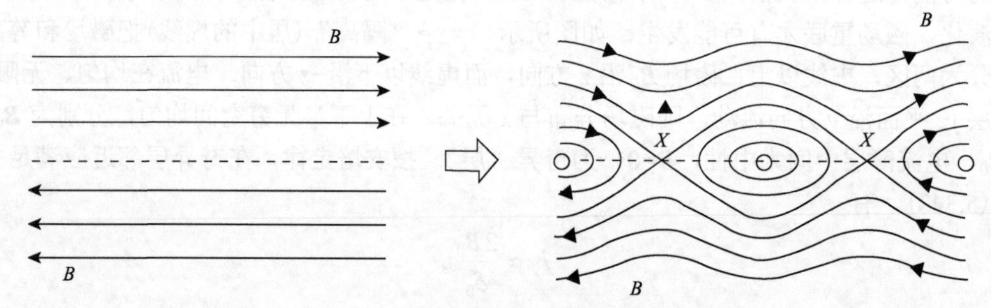

图 7.13　磁场重联形成的多区磁场

包括极不稳定的局部封闭磁场与等离子的统一单元，即等离子畴(plasmoid)

(ii) 磁力线的开放

磁场重联后果之一，即有可能原首尾相连，或北极至南极封闭的磁力线开放．与图 5.87 相同，图 7.14 分别为南向(a)、北向(b)行星际磁场与地磁场的重联，地磁场力线开放的示意图(Russell，1990)．图中“N”，所谓中性点的“点”是理想化的抽象，实际上是一小(相对原系统而言)的区域，太阳风、太阳风中的带电粒子和磁场可以通过这个区域进入磁层，与磁层内磁场相互作用，引发强烈磁层扰动，产生磁暴、磁亚暴和地磁脉

动．图中也显示，行星际磁场南、北两向，磁层动力学的差异：南向行星际磁场可在磁层向太阳一侧与地磁场重联，太阳风几近与地磁场垂直，全部，或大部能量与磁层磁场相互作用，因而可激发强烈的磁层扰动；而北向行星际磁场只可在磁尾一侧与磁层磁场重联，太阳风仅有小部分分量与磁层磁场相互作用，因而只能产生远较南向行星际磁场微弱的磁层扰动．

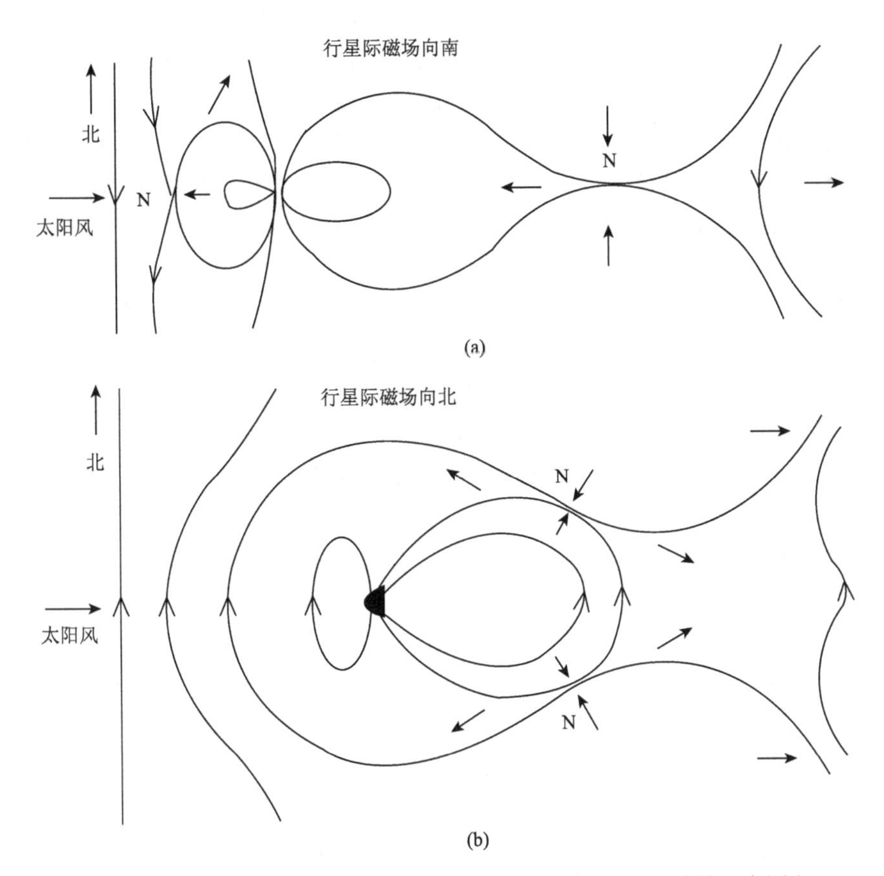

图 7.14　南向(a)、北向(b)行星际磁场与地磁场的重联、地磁场力线开放的示意图(Russell，1990)

(iii) 等离子畴

图 7.13 显示在磁层磁尾中性带附近，大约远在超过 15 个地球半径的地方，磁场重联后形成的等离子畴．等离子畴是一个封闭磁场和等离子构成的特殊单元：具有可测量的磁矩、横向电场、等离子气压和磁压形成的内部压力以及可测量的平移速度．等离子畴与等离子畴之间可以相互作用，甚至可以碰撞而毁灭，当与内压平衡的外部压力减小或不存在时，磁畴也将破碎或迅速消失．等离子畴(McPherron, 2005；Baker et al., 1996)是一种在太阳、磁层乃至所有宇宙磁场等离子体介质中都存在的活跃、极不稳定的封闭磁场等离子单元．在磁层亚暴 D_P 和不规则电磁脉动 P_{i} 中将会看到它的运动、消失和能量的转换．

(3) 源于磁层外的超低频(ULF)波

如图 7.12 电磁脉动三层模型的最外层所示：源于磁层外的超低频(ULF)波区，包括太阳风、离子前激波、弓激波和磁层顶等.

(i) 太阳风

在电磁脉动模型一节我们了解到，超低频波或电磁脉动，虽分直接和间接来源于太阳风两类，但广义地说，全部超低频波都来源于太阳风，因此无论磁层外或磁层内所产生的超低频波，几乎无一例外地与太阳风强度、太阳风中粒子、磁场(IMF)的分布和强度等有关. 这里我们只谈在太阳风中产生的超低频波.

太阳风中的 ULF 波是阿尔芬波，部分产生于太阳内等离子，随太阳风一起脱离太阳大气，部分产生在太阳风行进过程中由于太阳风速、离子密度或磁场(IMF)的扰动，其周期约 1—10min，含盖 P_{c5} 和部分 P_{c4} (McPherron, 2005; Zaqarashvili and Belvedere, 2005; Salem et al., 2012). 图 7.15 显示太阳风速 $\boldsymbol{V}$，磁场 $\boldsymbol{B}_{sw}$ 不同分量的扰动，总磁场 B 和粒子密度 (N/cm^3) 随时间的变化，是太阳风与等离子波的观测结果. 可以看到，风速与磁场完全同步，若坐标尺度适当，两者几乎重合，无法分离，不难理解，这是太阳风中等离子介质与磁场(IMF)冻结在一起的直接结果；而等离子密度和总磁场，则几近常数，特别是，扰动量谱分析结果与图 7.3 吻合，幅度随频率的增加呈指数下降(McPherron, 2005)，这种物理源大尺度特征无疑表明，等离子 ULF 波的太阳风来源.

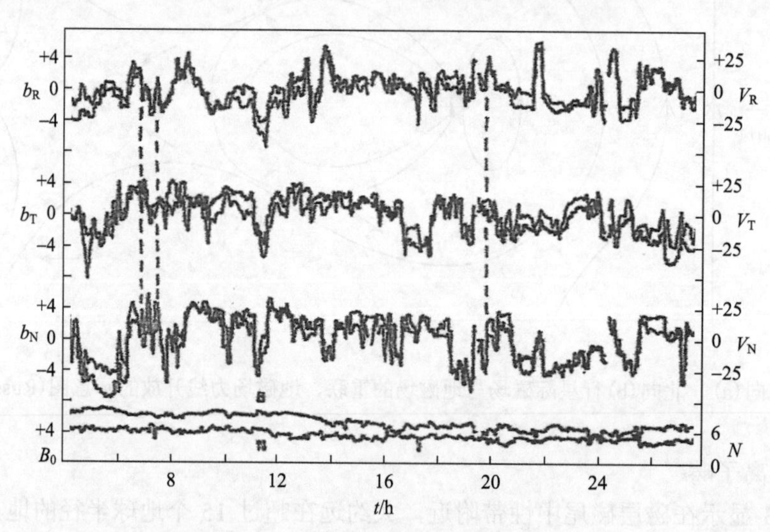

图 7.15 太阳风中的阿尔芬波磁场(左侧)、风速(右侧)各分量的扰动以及太阳风中总磁场 B_0 和太阳风粒子密度 N 等随时间的变化(McPherron, 2005)

(ii) 离子前激波(Foreshock)

顾名思义，前激波应发生在“主”(弓)激波(bow shock)前，但与地震不同，这里的前仅指波的位置，而非时间. 图 7.16 描绘了在赤道面内电子和离子前激波区相对于太阳风、太阳风磁场(IMF)和主(弓)激波面的位置(Le and Russell，1991). 可以看到，前激波发生在太阳风磁场与主激波面相切点 t 以上，即太阳风磁场与主激波面有相交的区域；

而在切点以下区域，磁场则不与主激波面相交，这一区域，与前激波无关. 由磁场对于其冻结的等离子动力学中的主导作用，不难预料，这种前激波和主激波、太阳风、磁场的几何，决定了三者，特别是磁场与前激波产生、传播以及和磁层顶耦合的密切关系；同时，可以看到：正是太阳风与磁场方向的夹角，即太阳风磁场的“锥角”(cone angle, θ_{BW})，或磁场与主激波法线方向的夹角 θ_{BN} 决定了前激波所在位置. 图中前激波内，除太阳风中原有粒子，还有来源于主激波和磁鞘中的粒子. 如图所示，当主激波中粒子沿磁力线运动，将在镜点被反弹，进入太阳风；同样，若磁鞘中粒子沿磁场运动而被反弹，又有足够动量越过主激波势垒，则也可返回太阳风，这种反弹，称为“返流”(back streaming). 返流粒子和所有带电粒子一样，在磁场中有三种运动，回转、漂移以及平行于磁场的运动. 如图 7.16 所示：太阳风中电场 $\boldsymbol{E}_{\mathrm{sw}}$ 应垂直图面向里($-\boldsymbol{V}_{\mathrm{sw}}^{-x}\times\boldsymbol{B}_{\mathrm{sw}}^{z}$)，则离子的电场漂移有

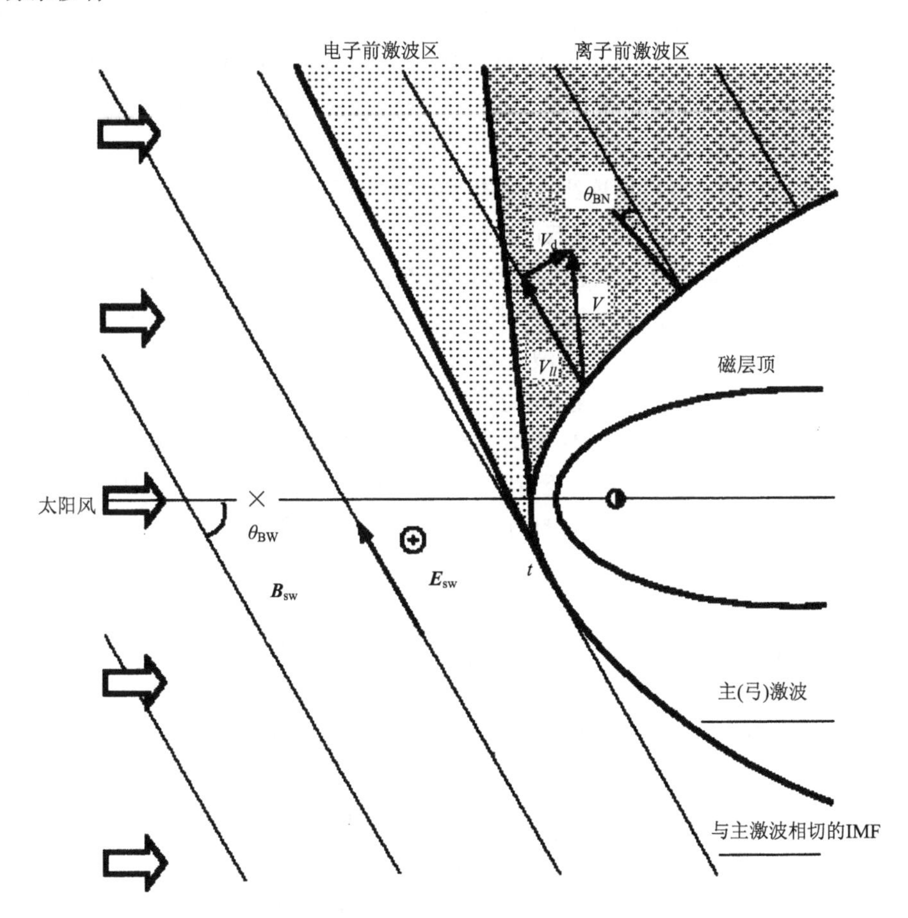

图 7.16　前激波区、太阳风 $\boldsymbol{V}_{\mathrm{sw}}$、太阳风中磁场 $\boldsymbol{B}_{\mathrm{sw}}$、电场 $\boldsymbol{E}_{\mathrm{sw}}$、主(弓)激波间的几何关系

t 为 $\boldsymbol{B}_{\mathrm{sw}}$ 与主激波的切点，t 以上区域，$\boldsymbol{B}_{\mathrm{sw}}$ 与主激波面相交，即为前激波区

$$\boldsymbol{V}_{\mathrm{d}}=\frac{1}{B_{\mathrm{sw}}^{2}}(\boldsymbol{E}_{\mathrm{sw}}\times\boldsymbol{B}_{\mathrm{sw}})=\frac{1}{B_{\mathrm{sw}}^{2}}\boldsymbol{B}_{\mathrm{sw}}\times(\boldsymbol{V}_{\mathrm{sw}}\times\boldsymbol{B}_{\mathrm{sw}}),\tag{7.13}$$

$$\boldsymbol{V}=\boldsymbol{V}_{//}+\boldsymbol{V}_{\mathrm{d}},\tag{7.14}$$

$\boldsymbol{V}$ 即离子回转中心的运动速度，如图所示，在离子前激波区, $\boldsymbol{V}$ 向上，即上行(upstream)离子流. 若太阳风速分解为与磁场 $\boldsymbol{B}_{\text{sw}}$ 平行与垂直两个分量，即 $\boldsymbol{V}_{\text{sw}}=\boldsymbol{V}_{//}+\boldsymbol{V}_{\perp}$，应用向量公式 $\boldsymbol{a}\times(\boldsymbol{b}\times\boldsymbol{c})=(\boldsymbol{a}\cdot\boldsymbol{c})\boldsymbol{b}-(\boldsymbol{a}\cdot\boldsymbol{b})\boldsymbol{c}$，由(7.13)可得

$$\boldsymbol{V}_{\text{d}}=\boldsymbol{V}_{\text{sw}}^{\perp}, \tag{7.15}$$

(7.15)表明，粒子电场 $\boldsymbol{E}_{\text{sw}}$ 的漂移速度 $\boldsymbol{V}_{\text{d}}$，即太阳风 $\boldsymbol{V}_{\text{sw}}$ 垂直于 $\boldsymbol{B}_{\text{sw}}$ 的分量，而(7.14)中太阳风中粒子(电子和离子)回转中心的运动速度即太阳风速，这是电导无穷大的太阳等离子介质与磁场冻结可以预期的结果. 返流离子在太阳风中被加速、加热，具有较高能量和不稳定性，因而密度、磁场极易发生扰动，特别是在与 V 平行与磁场垂直方向传播的磁声波，有

$$V_{\text{ms}}=\sqrt{V_{\text{A}}^{2}+V_{\text{S}}^{2}}, \tag{7.16}$$

式中，V_{ms}，V_{A}，V_{S} 分别为磁声波、阿尔芬波和声波相速度. 因 V 的分布，实际磁声波速应小于公式中 V_{ms}. 分析和观测结果都表明：前激波中的磁声波周期为 20—40 s，中心点落在 30 s，有正弦型、陡峭截止型，属 P_{c3} 型电磁脉冲(Archer et al., 2005, 2014; Turner et al., 2014).

可以想象，图 7.16 绕日地连线 x 轴转 180°，太阳风中磁场 $\boldsymbol{B}_{\text{sw}}$(IMF)，改变方向，返流粒子成为下行，形成新的前激波区，动力学过程与图 7.16 前激波区相同. 当太阳风 $\boldsymbol{V}_{\text{sw}}$ 与磁场 B_{sw} 同向，都沿 x 方向指向地球，则 $\boldsymbol{B}_{\text{sw}}$ 与主激波相交区域，即前激波区，落在主激波前白天时域，$\boldsymbol{E}_{\text{sw}}\cong\boldsymbol{V}_{\text{d}}\cong 0$，返流离子只有沿磁力线的运动(Blanco-Cano et al., 2009；Le and Russell，1991)，磁声波速应与式(7.16)相近.

最后，因前激波区离子的高速、高温和很高的不稳定性，甚至可形成类似等离子畴的磁场等离子气泡，除可激发以 P_{c3} 型为主的超低频等离子波外，其上行(下行)离子流，转换为下行(上行)与磁层顶作用，还可激发磁层顶的不稳定性，为太阳风和主激波中产生的 P_{c4}–P_{c5} 通过磁层顶与磁层耦合打开通道(McPherron, 2005；Le and Russell, 1991；Turner et al., 2014).

(iii) 弓激波

位于磁层顶前约 3–4 个地球半径的弓激波是在厚约 100 km——2 个地球半径(R_{E})太阳风内的磁声(快速)驻波. 从击波振面的空间间断性和厚度较大尺度的显著变化，可以预料，弓激波内有较宽频率的超低频波，但与磁层顶耦合进入磁层的以 P_{c5}，P_{c4} 为主(McPherron, 2005)的前激波一样，根据磁场(IMF)和激波振面法线间的夹角 θ_{BN}，$\theta_{\text{BN}}>45°$ 为准“垂直激波”，$\theta_{\text{BN}}<45°$为准“平行激波”. 图 7.16 中，前激波区即为准“平行激波”区，其余则为准“垂直激波”区. 图 7.17 为金星(Vinus)先锋者在穿过弓激波时记录的磁场变化，观测表明，地球、金星、水星(Mercury)和木星(Jupiter)有相似的弓激波结构. 上图 $\theta_{\text{BN}}=62°$，应属准“垂直激波”区，下图 $\theta_{\text{BN}}=28°$为准“平行激波”区，图中 $\boldsymbol{M}$ 与 $\boldsymbol{N}$，$\boldsymbol{L}$ 垂直，坐标 $\boldsymbol{N}$ 为激波振面法向方向，$\boldsymbol{L}$ 为局部北向，与 $\boldsymbol{N}$ 垂直(见图 7.19)，β 为激波等离子中，等离子的气压 P_{p} 与磁压 P_{m} 之比($\beta=P_{\text{p}}/P_{\text{m}}$). 图中清楚显示平行(下图)和垂直激波区等离子介质不同的动力学过程，平行区产生平稳的超低频(ULF)等离子波，是区内上行激波的结果(Barnes, 1983；McPherron, 2005；Korotova et al., 2015).

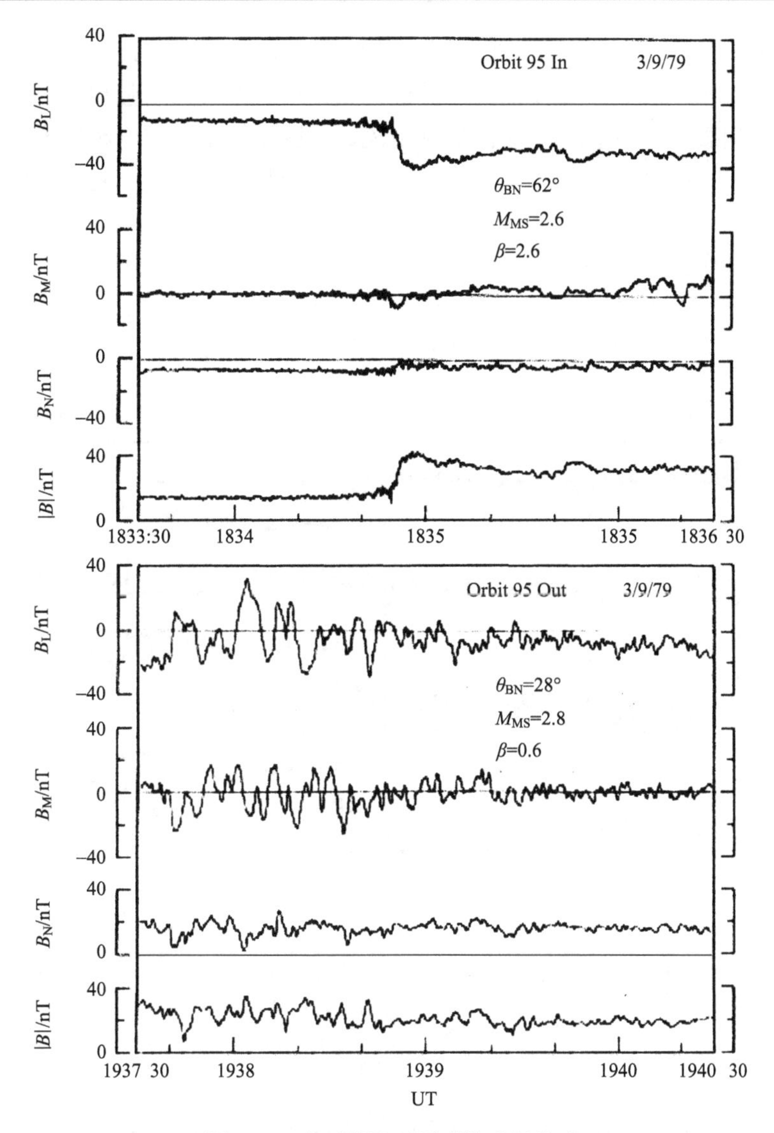

图 7.17　在弓激波观测到的磁场扰动

上图 θ_{BN}=62°为准“垂直激波”区，下图 θ_{BN}=28°为准“平行激波”区，两者都有约 2.8 的马赫(March)数和 0.6 的 β 数，坐标向量见图 7.20，横坐标：世界时(UT)(Barnes, 1983)

(iv)磁层顶

首先，磁层顶(Magnetopause)之形成，完全是为了分隔两个互“不相容”的等离子体，磁鞘和磁层．弓击波与磁层顶之间的磁鞘和磁层都充满磁化，可视为电导率无穷大的等离子，但两者的等离子密度、磁场强度又各不相同．按照磁场冻结的等离子动力学原理，两者必相互排斥而不能为邻，因而有磁层顶相隔．这种存在的理由，就已决定了磁层顶的不稳定性，极易发生诸如 Kelvin-Helmholtz(K-H)等的不稳定性．也正是这种不稳定性，赋予了磁层顶的双重身份，既是源区，可产生超低频波(ULF)，又是过渡层，磁层外产生的超低频波需经磁层顶进入磁层．

磁层顶可产生多种超低频波：伴随太阳风的增强和减弱，磁层顶分别向内（指向地球）和向外（离开地球）的振荡所激发的阿尔芬波；太阳风速的突然增强和减弱，将激发磁层顶电流（包括极隙电流）的扰动，而磁层顶电流、一区场向电流与电离层电流是统一的电流迴路（§5.6.1(3)），因此磁层顶电流的扰动所产生的超低频波将引起电离层电流同样的超低频扰动，这种扰动辐射到地面，在高纬地区可观测到高达 100 nT 的电磁脉动(McPherron, 2005)．图 7.18 是空间两探测器 ISEE-1（粗线），ISEE-2（细线），同时但不同位置，从磁鞘横跨磁层顶到磁层记录到的磁场扰动，图中明显显示磁层顶磁场超低频扰动(Le and Russell，1994)．图中磁层法向坐标如图 7.19 所示．

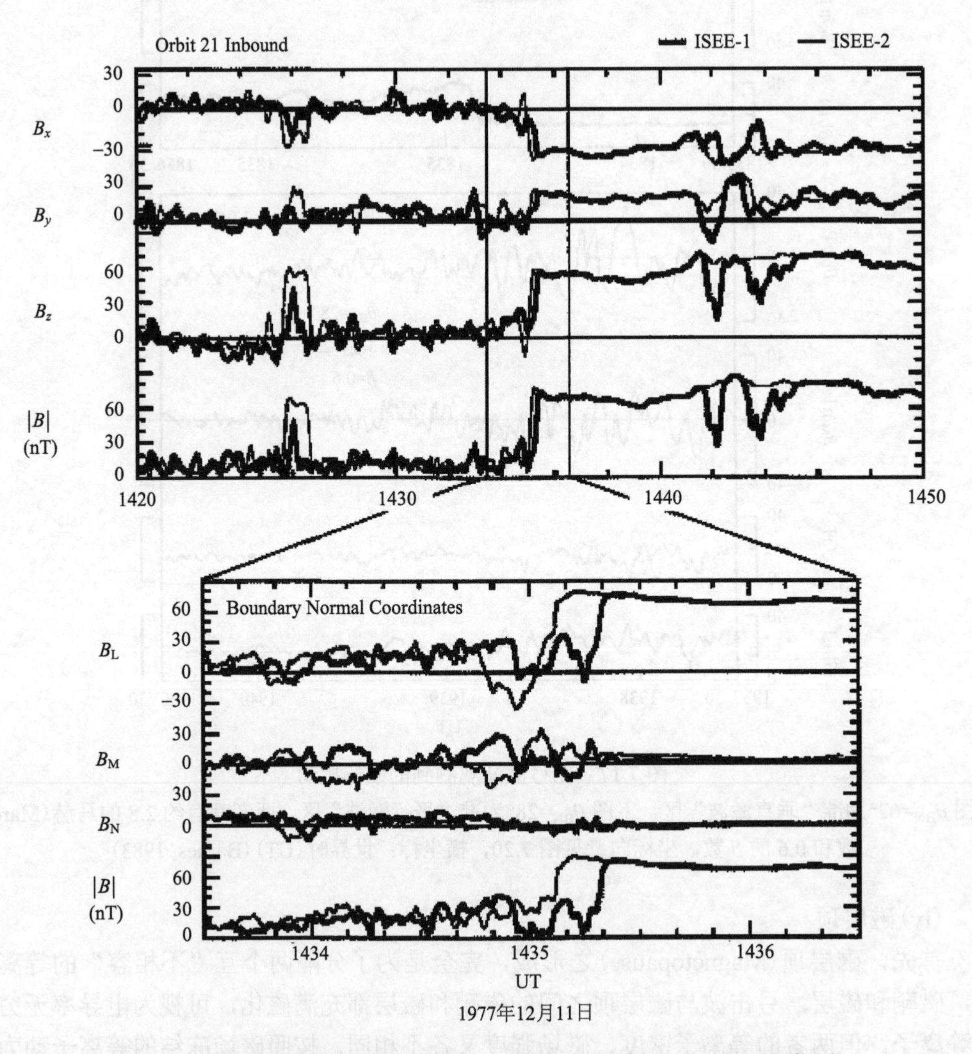

图 7.18　空间两探测器 ISEE-1（粗线），ISEE-2（细线），同时但不同位置，从磁鞘横跨磁层顶到磁层记录到的磁场扰动，图中明显显示磁层顶磁场超低频扰动(Le and Russell，1994)

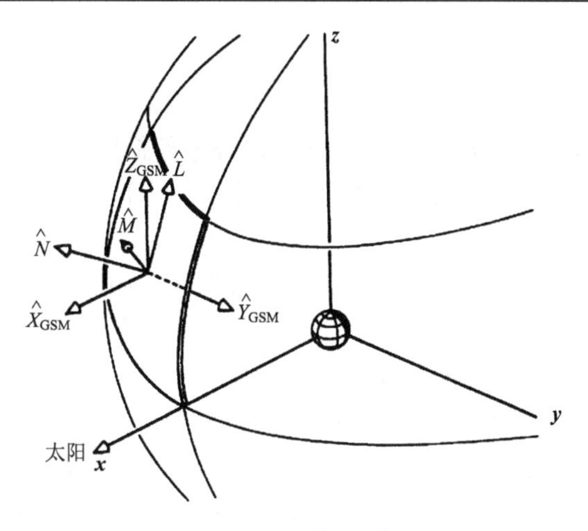

图 7.19　磁层法向坐标系

坐标 ***N***：曲面法向；***L***：局部北向，与 ***N*** 垂直；***M***：与 ***N***，***L*** 垂直；***x***：日地连线指向太阳；***y***：东向；***z***：与 *x*，*y* 正交，两坐标系有关系：***M*= *N*×*z*/l**

外部超低频波如何通过磁层顶进入磁层，至今还没完全弄清，但磁层顶的不稳定性为各种波进入磁层提供了可能则是大家所熟悉的，其中最不稳定因素，自然，是磁层顶磁场与磁鞘太阳风磁场的重联，图 7.20 示意地显示层顶边界的重联．K-H 不稳定性，可把层外扰动耦合到层顶再传入磁层．当风掠过湖面，风与水面的切向作用，会引发水面涟漪，并向外扩展开来．同样，太阳风沿磁层顶流动，可引发如风与水作用而引发水波类似的扰动，称作 K-H 不稳定性，从而可把太阳风中的电磁流体波耦合到磁层顶(Glabmeier, 2007)．

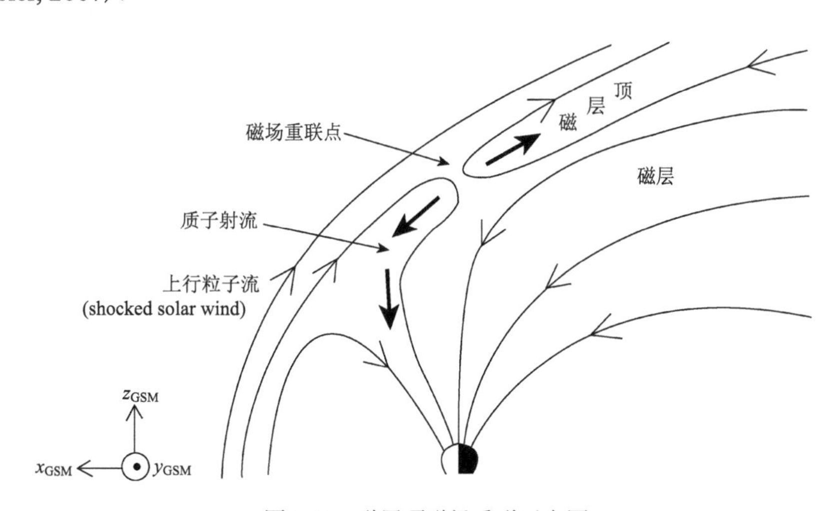

图 7.20　磁层顶磁场重联示意图

正是重联造成磁层顶极大不稳定性，从而可把太阳风中的电磁流体波耦合到磁层顶

(4) 磁层对外来超低频波的放大作用

磁层内存在不同长度的磁力线和各种尺度不同的空腔．前者两端固定于电离层，犹

如具有不同基波和谐波的琴弦，后者从磁层顶到电离层尺度约 10 个地球半径，则如洪钟可激发多种频率悦耳的钟声．当外来超低频波与磁层耦合，凡频率与层内力线，或空腔基频或谐频相同者将发生共振而被放大．磁层对外来超低频波的放大，亦是一种选择(滤波)作用．因磁力线和空腔作用的物理原理并无不同，以下仅对磁力线的放大作用做少许的定性说明．

图 7.21 显示磁力线振动产生基波和谐波的模型(Glabmeier, 2007; McPherron, 2005)：任一磁力线存在两种振动，一是径向膨胀和收缩，如中部一列所示；二是经线水平方位的左右振动，如右列所示；上行为基波，下行为二次谐波；最左两列：虚线为等离子介质的位移 ξ，因电离层的高电导和高密度，两端冻结在电离层的力线，无法移动，位移永远为"0"，$\delta\xi=0$, 无论基和谐波，都是两端固定(节点)的驻波；实线为磁场扰动，$\boldsymbol{\delta B}$．设磁层等离子介质 $\sigma\to\infty$，不可压缩，$\nabla\cdot\boldsymbol{V}=0$, 磁场的冻结扩散方程(6.55)蜕变为冻结方程，即

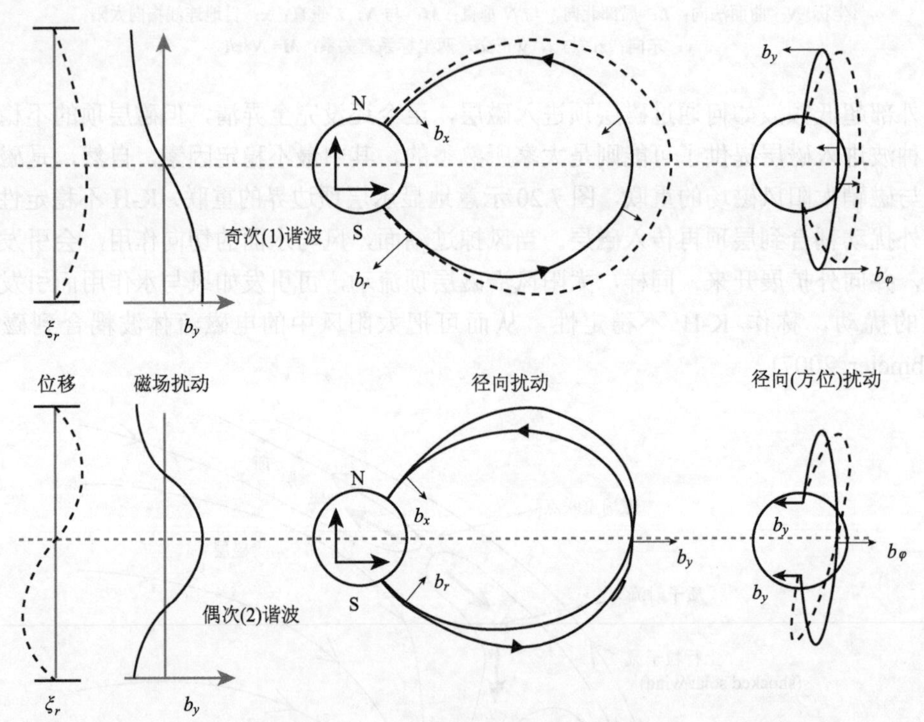

图 7.21 与外来超低频(ULF)波共振的磁力线振动基波和二次谐波模型

磁力线存在两种振动，一是径向膨胀和收缩，如中部一列所示，标为 b_x 或 b_r；二是经线水平方位的左右振动，如右列所示，标为 b_y 或 b_φ；上行为基波，下行为二次谐波；左侧两列：虚线为等离子介质的位移，极型运动：ξ_r，环型运动：ξ_φ；实线为磁场扰动，极型运动：b_r，环型运动：b_φ

$$\frac{\partial \boldsymbol{B}}{\partial t}+(\boldsymbol{V}\cdot\nabla)\boldsymbol{B}=(\boldsymbol{B}\cdot\nabla)\boldsymbol{V}, \tag{7.17}$$

若假定在力线振动的区域内磁场均匀，则有

$$\delta B=b\approx B\nabla(\delta\xi). \tag{7.18}$$

如若图中左列虚线所示位移 $\delta\xi$，表示为 $\delta\xi=\sin(n\pi L/\lambda)$，式中，$\lambda$ 为磁力线长度，L 为沿磁力线量度的力线坐标，从南到北取值 $0-\lambda$，n 为谐波数；则有 $\nabla(\delta\xi)=\pi/\lambda\cos(n\pi L/\lambda)$，在位移的节点 δB 最大，对应磁场扰动的极值，而位移的极值，则对应磁场扰动的节点(0)．图中间一列，即膨胀、收缩振荡、等离子介质和力线移动，无论是收缩或膨胀后，力线长度将变短或长，因而所在位置与原来位置的振荡频率不同，而沿经线水平方位的振荡(图中右列)，则移动前后，频率不变．因此，实际发生的与源于磁层外 ULF 波的共振，多为右列沿经圈方向的振动模式．

磁力线的共振周期 T_0 由

$$T_0=\int_o^l \frac{2}{V_A}\mathrm{d}s \tag{7.19}$$

决定，式中 l 为力线长度，ds 为磁力线长度元，V_A 为阿尔芬波速，由方程(5.154.1)决定，$V_A=B/(\mu_0\rho)^{1/2}$，与磁场强度 B 成正比，与等离子密度 ρ 的平方根成反比．图 7.22 显示从磁层顶经电离层到地心，等离子介质中阿尔芬波速、力线振动频率的变化．图中由右(磁层顶)向左(电离层)，阿尔芬波速和频率显示大趋势的上升，与由高纬到低纬磁力线缩短、偶极子磁场增强相对应；其中两个峰值，是源于上升的大趋势被等离子密度急剧上升而转为下降：第一个下降发生在约 5 个地球半径($5R_E$)处，进入等离子层(plasmasphere)，等离子密度急剧上升，引起阿尔芬波速下降；第二则由于在约 1.1 个地球半径处，进入电离层上层，重量大的氧离子(O^+)的存在．

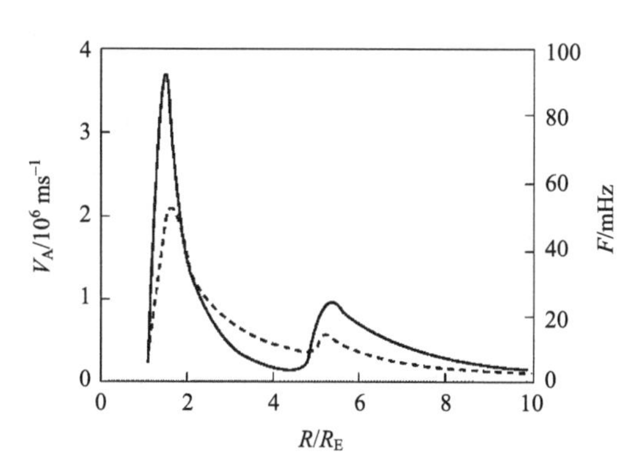

图 7.22　阿尔芬波波速(纵坐标)沿经向(R/R_E)的变化

由远至近，即自右向左在波速上升的大趋势的背景下有 2 个下降，分别与内磁层等离子层密度增加和高层电离层重氧离子(O^+)相联系

最后还要指出：由§5.1.6“电磁流体(等离子)介质中的波”，可以预料，图 7.21 所示两类磁场扰动，无论是径向或水平方向，都与磁力线垂直，结果必将伴随有沿磁力线传播的阿尔芬波，前者称极型阿尔芬波(poloidal Alfven wave)，后者称环型阿尔芬波(toroidal Alfven wave)．环型阿尔芬波源于磁层外，是太阳风与磁层相遇，在早晨和下午两侧以及极区掠过磁层顶与磁场作用，或 K-H 的不稳定性都可产生磁层磁场的横向扰动，当频率适当时与磁力线共振在磁层内所激发的 ULF 波；而极型阿尔芬波则源于磁层内，是内磁层带电粒子镜点反弹和(或)西向漂移运动的扰动所激发的 ULF 波，将在下一

小节第二段[(5)(ii)]中讨论.

(5) 磁层内产生的超低频(ULF)波

除对外来超低频波的放大和选择，磁层内也可产生超低频波，例如，离子绕磁场的回转不稳定性，可激发 P_{c1} 和 P_{c2}；离子在磁场镜点往返反弹不稳定性，可激发 P_{c5}；离子漂移不稳定产生的 P_{c4} 波，以及伴随磁扰而产生的磁尾等离子带离子流不稳定可激发 P_{i1} 和 P_{i2}.

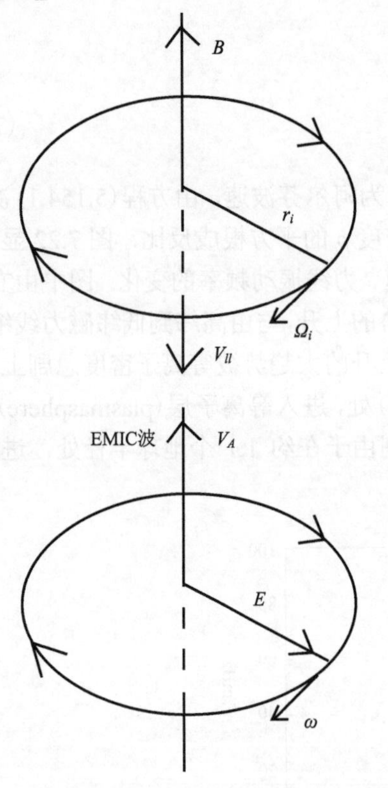

图 7.23　EMIC 波(下)与回转离子(上)相对运动

运动离子感受到 EMIC 波的频率增高，当 $\omega_d=\Omega_i$ 时，离子运动 V，与 EMIC 波中电场 $E(E=B\times(r_i\times\omega))$ 相互作用，将发生共振耦合

(i) 离子回转运动的不稳定性，P_{c1} 和 P_{c2}

电磁场中离子回转(electromagnetic ion cyclotron，缩写为 EMIC)的不稳定性(EMIC instability)，可激发沿磁场传播的阿尔芬波，称为 EMIC 波．在磁暴、磁层亚暴期间，注入磁层外辐射带和环电流区域的离子(H^+和少量 He^+, O^+)，由于温度、密度等的横向不均匀性可产生离子回转运动的扰动，与回转运动相同，扰动也与磁场垂直，由 § 5.1.6(1)可知，这种扰动将伴随有沿磁场传播的阿尔芬(EMIC)波，与离子在磁场中的左旋回转(顺时针)运动相应，波动将是如图 7.23 下图所示的左旋极化．EMIC 波在磁层，主要是外辐射带，带电粒子动力学中扮演重要角色，自 20 世纪 60 年代观测到它的存在(Cornwall, 1965)至今已有丰富的观测和研究成果(Tsintsadze et al., 2010；Omura et al., 2010；Usanova, 2016)，篇幅所限，这里无法全面引述，只能做如下简要定性的说明.

第一，观测表明，EMIC 波发生在磁层赤道南、北约 11° 宽的区域，这与在磁暴、磁层亚暴期间，外辐射带质子通量增加，在近赤道附近最强(§ 5.6.2(1))的磁层分层结构，以及对称环电流和非对称的部分环电流近赤道附近最强(§ 5.6.3(3))的磁层动力过程一致．第二，离子回转运动的能量，

$$\varepsilon_{\text{cyclo}}=m_i(r_i\Omega_i)^2/2,$$

产生 EMIC 波的离子回转运动的扰动能量，

$$\varepsilon_{\text{inst}}=m_i(r_i\omega)^2/2,$$

式中，m_i，r_i 分别为离子质量和回转半径，Ω_i，ω 分别为离子回转和扰动的圆频率，可以预料，扰动能量应小于回转能量，即 $\varepsilon_{\text{inst}}<\varepsilon_{\text{cyclo}}$，因此关系

$$\omega<\Omega_i$$

成立，即 EMIC 波旋转极化的圆频率应小于离子左旋回转的圆频率；倘若如图 7.23 所示，存在有这样的机会：EMIC 波以 V_A 由赤道向北传播，而回转离子以速度 $V_{//}$向赤道方向运动，则在离子坐标系中，波动频率将被多普勒(Doppler)效应修正，结果为

$$\omega_d = \left(1 + \frac{V_{//}}{V_A}\right)\omega, \quad \omega_d > \omega, \tag{7.20}$$

即当 EMIC 波与回转离子相对运动时，运动离子感受到的 EMIC 波频率增高为 ω_d，而当 $\omega_d = \Omega_i$时，回转离子与 EMIC 波中电场 $\boldsymbol{E}$ 相互作用，则波与离子运动共振耦合，将发生能量转换：当运动与电场反向，电场做负功，离子失去能量，运动减速，则波动获得能量；相反，即运动与电场同向，则电场做正功，波将失去能量．不难想象，如若 $\omega_d < \Omega_i$，则 EMIC 波左旋极化与离子回转位相随离子运动而变化，相应波内电场和离子运动相互作用不会发生可观察到的能量交换；而当 $\omega_d = \Omega_i$时，两者位相保持不变，则波内电场和离子运动相互作用完全由“初始”相位决定，若初始离子运动具有与电场反方向的分量，则全过程，波由回转运动获得能量，离子失去能量，投射角减小；相反，则全过程，波动将失去能量，离子获得能量，投射角变大；不难预料，通常的离子分布，回转运动与波内电场取正向或反向机会相等，因而即使当 $\omega_d = \Omega_i$时，离子与波虽发生能量交换，但统计平均结果，离子回转速率和投射角不变，波动无法获得净能量；所幸，观测和分析都表明：带电粒子与波动共振耦合统计平均结果，离子投射角将发生扩散(angle diffusion)；所谓“投射角扩散”即统计上离子投射角变小(McPherron, 2005)，因而 EMIC 波与回转离子共振耦合的结果，波动将获得能量；进一步，在磁层赤道离子投射角的分布，大投射角，特别是近 90°，占主导，有可能给 EMIC 波提供足够能量，可在电离层激发相应的电磁波；与之相应，另一磁层动力学效应则是失去能量的离子，回转速度降低，部分，甚至大部分将进入损失锥而逃离磁层．最后，电离层中产生的电磁波传至地面，地面将观测到与电磁波同频率的电磁脉动，而以上分析表明，只有，也只有当 EMIC 波的频率 ω_d 与离子回转频率 Ω_i 相同时，EMIC 波才可能有足够能量在电离层激发电磁波，因而地面观测到的电磁脉动应与磁层离子回转频率 Ω_i 相同；而 Ω_i 由式(5.11)决定，$\Omega_i = eB/m_i$，则磁层内可产生多种频率的 EMIC 波，但分析与观测都表明，地面观测到的频率范围为 0.1−5 Hz 的 P_{c1}，P_{c2} 地磁脉动则是来源于 4−6(有时可到 8)R_E 内磁层的 EMIC 波，这与外辐射带，环电流，部分环电流的区域相当．

(ii) 离子漂移、反弹不稳定性，P_{c4} 和 P_{c5}

地磁场中离子的反弹、漂移和 ULF 波

磁层内任何带电粒子运动的扰动所产生的 ULF 波都很弱，无一例外地需要与粒子运动发生共振，取得粒子运动的能量，才有可能在电离层激发同样频率的电磁波，经高层大气而传播至地面，从而在地面观测到各种不同频率，空间、时间不同分布，形态各异的地磁脉动．图 7.24 显示磁层中离子的运动，包括绕磁力线的回转 $V_\perp$，与之相应的磁矩 μ 和圆频率 $\boldsymbol{\Omega}_g$；磁镜反弹往复运动 $V_{//}$，相应圆频率 $\boldsymbol{\omega}_b$，以及由磁场梯度$\nabla\boldsymbol{B}$(包括曲率)引发的西向漂移 V_d，将(5.114)离子回转运动的磁矩 μ，代入式(5.126)，得

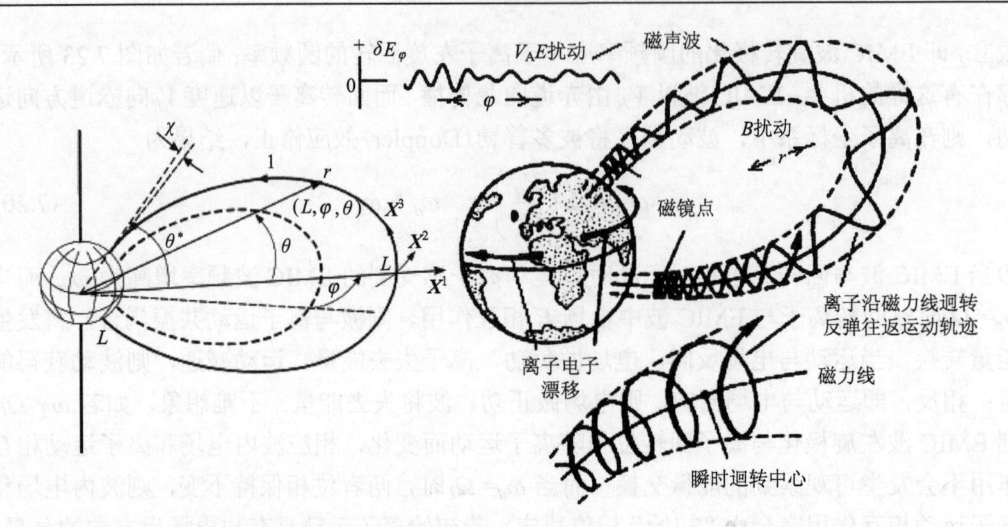

图 7.24　离子漂移和磁镜反弹往返运动共振和磁层内与 P_{c4}，P_{c5} 相应超低频波的激发

左侧显示离子运动和波动的磁偶极子坐标：X^1, X^2, X^3 分别与 L 数、经度 φ、纬度 θ 相对应；右侧显示离子的运动和波动．运动包括：绕力线的回转，磁镜反弹往复运动和圆频率 ω_b，西向漂移和圆频率 ω_d；波动：磁声波 $\lambda \ll 2\pi LR_E$，$V_{ms}\cong V_A$ 沿纬圈切线方向(东为正)

$$V_d = \frac{\mu}{qB^2}(\boldsymbol{B}\times\nabla \boldsymbol{B}),$$

相应圆频率为 $\boldsymbol{\omega}_d$．其中离子反弹、漂移运动的不稳定性，可产生在地面观测到的 P_{c4} 和 P_{c5} 地磁脉动，而与其相应磁层内的 ULF 波，正是前一小节所述沿磁力线传播的极型阿尔芬波．如图 7.25 右侧两列所示：阿尔芬波沿磁力线的结构与图 7.21 相同，等离子介质位移和磁场扰动与磁力线垂直，沿半径方向，分别为 ξ_r 和 b_r，(a)为基波，(b)为二次谐波；与位移相应的运动扰动也沿半径方向，$\boldsymbol{u}_r=\partial\xi_r/\partial t$，而电场

$$\boldsymbol{E}_\varphi = -\boldsymbol{u}_r \times \boldsymbol{B},$$

则沿纬圈东西方向，$\boldsymbol{u}_r$ 为正，$\boldsymbol{E}_\varphi$ 向东，$\boldsymbol{u}_r$ 为负，$\boldsymbol{E}_\varphi$ 向西；图 7.25 左侧第一列为电场 $\boldsymbol{E}_\varphi$ 沿磁力线的结构，与介质位移 ξ_r，速度 $\boldsymbol{u}_r$ 相同，在磁力线北、南两端，电离层介质以及与之冻结的磁力线不动，$\boldsymbol{u}_r=0$，为电场 $\boldsymbol{E}_\varphi$，位移 ξ_r，速度 $\boldsymbol{u}_r$ 的两个节点，而在赤道区域，无论正、负，强度最大，而二次谐波则增加赤道处的节点；图 7.25a, b 第二列显示磁场扰动 b_r 沿磁力线的分布：由麦克斯韦方程(5.1.2) $\partial E_\varphi/r\partial\theta = \mathrm{i}\omega b_r$，可以判断，与 $\boldsymbol{E}_\varphi$ 节点相应，磁场扰动 b_r 取极大，而 $\boldsymbol{E}_\varphi$ 的极值点，与 b_r 的节点相对应；图 7.25a, b 第三列显示电场 $\boldsymbol{E}_\varphi$ 沿纬圈的分布，“+”部分电场向西，“−”部分电场向东，一次谐波正、负相间，二次谐波正负、负正相间．§5.1.6(3)中讨论了均匀磁场可压缩理想电磁流体介质中，当扰动与磁场垂直时的两种波，即沿磁场方向传播的阿尔芬波以及沿扰动方向传播的磁声(高速)波．对于磁层非均匀磁场，按§5.1.6(3)推导波动方程(5.173)同样的过程，但需注意，这时处于平衡状下的系统参量 $\boldsymbol{B}_0$，$\boldsymbol{J}_0$，P_0，ρ_0，空间微分不再是“0”，但满足方程

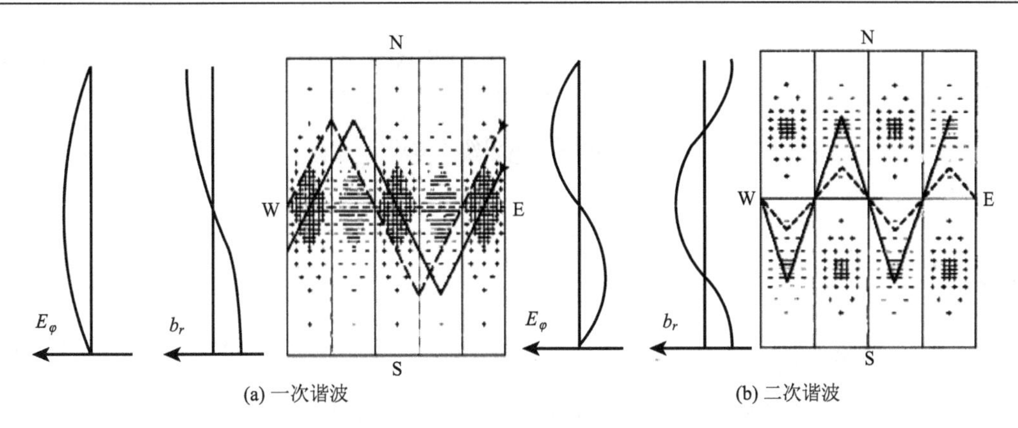

图 7.25　在均匀磁场条件下，当扰动位移 ξ，磁场 b 沿半径 $\boldsymbol{r}$ 方向时，地磁场中极型阿尔芬波和磁力线振动“框形”模型(box model，即均匀磁场地球模型)示意图：图(a)和(b)上 N 为北半球磁力线与电离层的相交处，下 S 为南半球两者的相交处；E，W 则为地球的东和西；(a)为基波，(b)为二次谐波，从左到右第一列为介质扰动位移 ξ_r，电场 E_φ 沿磁力线的结构，基波北、南两端为节点，赤道最强，二次谐波增加赤道处的节点；第二列为磁场扰动沿磁力线的结构；第三列+，−标示电场东或西向，疏和密代表电场弱或强，而实线标示质子镜点反弹和西向漂移的轨迹

$$\nabla P_0 = \boldsymbol{J}_0 \times \boldsymbol{B}_0 = -\frac{1}{\mu_0}\nabla\left(\boldsymbol{B}_0 \cdot \boldsymbol{B}_0\right) + \frac{1}{\mu_0}\nabla \cdot \left(\boldsymbol{B}_0 \boldsymbol{B}_0\right),$$

则可得到适应于非均匀磁场介质的波动方程．下一步，则是在特定边界条件，即磁力线北、南两端与电离层的交界处，$\xi_r^n = E_\varphi^n = 0$，$\xi_r^s = E_\varphi^s = 0$，求解满足波动方程，磁力线振荡本征函数(频率)坐标系的选择，考虑 ULF 波多限于 $r<10R_{\mathrm{E}}$ 的内磁层，可采用偶极磁场近似，显然应用偶极子正交坐标系是适宜的．

磁偶极子坐标系

图 7.24 左侧即通常所采用的偶极子磁场坐标：其中 $\boldsymbol{X}^1$ 为磁力线与赤道交点处至地心的距离，若以地球半径(R_{E})为单位，即通常所说的 $\boldsymbol{L}$ 数，向外为正；$\boldsymbol{X}^2$ 为通常意义下的经度 φ，由西向东为正；$\boldsymbol{X}^3$ 为纬度 θ，与磁力线相切，向北为正；图中所示为一子午面，面上各处 $\boldsymbol{X}^2$，即经度 φ 为常量；与通常正交坐标系相同，任一坐标为常量的面，必包含有另外两个与其正交的坐标轴，其中磁力线为 $\boldsymbol{X}^3$，即纬度 θ 轴，轴上各点 θ 取值不同，但 $\boldsymbol{X}^1$，即 L 取值不变，$\boldsymbol{X}^2$，即经度 φ 为常量的子午面；而 $\boldsymbol{X}^1$，即 L 的等值面则为在赤道面内半径 $r=LR_{\mathrm{E}}$ 的大圆及与其相交的磁力线所构成的北、南对称的壳面，在壳面内各点 $\boldsymbol{X}^1$ 取值 L；而在同一子午面内的 $\boldsymbol{X}^1$ 轴线，即由地心出发与赤道线相切，又与所有磁力线垂直的曲线；由正交坐标系的性质可以判断，$\boldsymbol{X}^1$ 轴线即为 $\boldsymbol{X}^3$ 的等值线，例如，图中赤道上从 0−L，$\boldsymbol{X}^1$ 轴线即经度 $\varphi=\varphi_0$，纬度 $\theta=0$ 的赤道(半径)线，当 θ 由赤道向北南移动时，$\boldsymbol{X}^1$ 轴线即要保持与赤道相切，还要与所有磁力线垂直，则 $\boldsymbol{X}^1$ 轴线必将分别向上(北半球)和向下(南半球)转动，而分为北南对称的两支，离球心越近，转动曲率越大；而在地球转轴，$\theta=\pm\pi/2$，所有磁力线都与之相切，因此 $\boldsymbol{X}^1$ 轴线上、下转动至转动轴时，必将与转轴垂直；到此可以晓得，图示子午面内 $\boldsymbol{X}^1$ 轴线即所有与赤道线相切又与全部磁力线和转动轴垂直的弧线，而离球心越近，弧线曲率半径越小，曲率越大；图中还标示

出，与向径 $\boldsymbol{r}$ 方向对应的偶极磁力线坐标 (L, θ, φ) 及 $\boldsymbol{X}^1$，$\boldsymbol{X}^2$，$\boldsymbol{X}^3$ 坐标轴的方向. 应用偶极子坐标系还有最后一项，即 $\boldsymbol{X}^1$，$\boldsymbol{X}^2$，$\boldsymbol{X}^3$ 坐标尺度因子的确定，由基本关系式

$$\mathrm{d}s^2 = g_1 \mathrm{d}L^2 + g_2 \mathrm{d}\varphi^2 + g_3 \mathrm{d}\theta^2,$$

以及磁力线方程

$$r = L\cos^2\theta,$$

可求得

$$g_1 = \frac{\cos^6\theta}{1+3\sin^2\theta}, \quad g_2 = L^2\cos^6\theta, \quad g_3 = L^2\cos^2\theta\left(1+3\sin^2\theta\right), \tag{7.21}$$

式中，$\mathrm{d}s$ 为两点间距离的微分元，这里不做详细推导，作为练习和今后的应用，建议读者推导非均匀理想导电介质中的波动方程和方程(7.21). 可以预料，即使采用偶极子近似，非均匀理想电导介质中的波动方程也不可能得到与 § 5.1.6(3) 中式(5.175)，(5.176) 类似的解析解，而只能采用数值解，有兴趣的读者可参阅如 Leonovichi and Wazur (1990)，Leonovichi 等(2006)等有关文献.

均匀磁场中电场 $\boldsymbol{E}_\varphi$ 的波动方程和磁力线的振荡

均匀地磁场的假定，称地磁场的“框形”模型(图 7.25)，与之相应，原地球球极坐标 (r, θ, φ) 改用直角坐标：x 为 φ 向西为正，y 即 r 垂直纸面向外为正，z 为地球转(或磁)轴，向上为正. (5.173)即均匀磁场中理想等离子介质的波动方程，$\boldsymbol{B}_0$ 从右侧向量(×)乘方程(5.173)两侧，注意关系 $\boldsymbol{E}_x = -\boldsymbol{V}_1 \times B_0$，$\boldsymbol{V}_1$ 为扰动向量，垂直磁场 $\boldsymbol{B}_0$ 沿 $\boldsymbol{r}(\boldsymbol{y})$ 方向；右侧第一项波向量 $k_y \times \boldsymbol{B}_0$ 沿 $\boldsymbol{x}$ 方向，$k_z \times \boldsymbol{B}_0 = 0$；而第二项则有 k_x，k_z 两个方向的波矢量；可得波动方程：

$$\frac{\partial^2 E_x}{\partial t^2} = \left(S^2 + V_{\mathrm{A}}^2\right)\frac{\partial^2 E_x}{\partial y^2}, \quad E_x = E_x^0(y,z)\mathrm{e}^{k_x\left(x - \sqrt{S^2 + V_{\mathrm{A}}^2} T_N^{SA}\right)}, \tag{7.22.1}$$

$$\frac{\partial^2 E_x}{\partial t^2} = V_{\mathrm{A}}^2 \frac{\partial^2 E_x}{\partial z^2}, \quad E_x = E_x^0(y,z)\mathrm{e}^{k_z\left(z - V_{\mathrm{A}} T_N^{A}\right)}, \tag{7.22.2}$$

式中，方程(7.22.1)为沿 $\boldsymbol{x}$ 即由东向西传播的磁声(或称快速)波，$\boldsymbol{B}_0 \perp \boldsymbol{K}_x // \boldsymbol{E}_x$；方程(7.22.1)与图 7.21 第三列相同，扰动沿半径方向，称为极型阿尔芬波，沿 $\boldsymbol{z}$，即磁力线 $\boldsymbol{B}_0$ 方向传播，$\boldsymbol{B}_0 // \boldsymbol{K}_z \perp \boldsymbol{E}_x$. 方程(7.22)加边界条件，即在北、南电离层电场 $E_x=0$，则可求得磁力线驻波解的本征频率. 如若忽略极型(不同于环型)振动沿半径向外、向内磁力线长度的变化，则力线振动，即 ULF 波的本征频率完全由磁力线的长度 $2\pi L R_{\mathrm{E}}$ 决定. 通常，因磁层等离子介质密度很低，声波速度 S 远小于阿尔芬波速 V_{A}，以下讨论将忽略声波，(7.22)两类波都以速度 V_{A} 传播，但两者性质不同，一为纵波，一为横波.

ULF 波：P_{c4} 和 P_{c5}

假定(7.22)沿西向传播的磁声波绕地球 1 周有 m 个周期，则 ULF 波长和相速度可表示为

$$\lambda = 2\pi L R_{\mathrm{E}} / m,$$

$$V_{\mathrm{A}}^{\varphi} = \frac{\lambda \omega_{\mathrm{A}}}{2\pi} = \frac{\omega_{\mathrm{A}} L R_{\mathrm{E}}}{m},$$

式中，ω_A 即与速度 $\boldsymbol{V}_A$ 相应的阿尔芬波圆频率．前已指出，磁层内扰动激发的 ULF 波都很弱，要在电离层产生相应的振荡并传至地面，则必须由相关的运动粒子吸取能量，与 E_x 东西向传播磁声波相应的粒子运动，即内磁层离子沿磁力线的反弹和东西向的漂移运动．假定波动、漂移和反弹三者满足共振条件，若在波动(V_A^φ)坐标系(注：物理量用“′”表示)中观察离子的漂移运动，则 $V_d' = V_d - V_A^\varphi$，相应相速度

$$\omega_d' = \omega_d - \frac{\omega_A}{m}, \tag{7.23}$$

若 m 是整数，则漂移运动和波动可发生共振，倘若反弹运动的波长是 λ 的整数倍，则反弹、漂移和等离子波三者可发生共振(McPherron, 2005；Yeoman and Wright, 2001)．设 $\lambda_b=2\lambda$，λ_b 为反弹运动的波长，在波动坐标系：

$$T_{2\lambda}' = \frac{2\lambda}{V_d'} = \frac{4\pi}{m\omega_d'}, \tag{7.24}$$

则相应 $\omega_b' = \frac{m}{2}\omega_d'$，最后转换到地球坐标系，有

$$\omega_A - m\omega_d = -2\omega_b.$$

对于更一般情况，任意整数(正或负) N 替换 2，共振都成立，则有

$$\omega_A - m\omega_d = N\omega_b. \tag{7.25}$$

作为例子，图 7.25 给出磁层内电场的分布，其中第三列符号“+”表示电场向东，“−”表示电场向西，符号的疏或密表示电场的弱或强；图 7.25a 为基波，正、负相间，在地球赤道处，无论正与负最强，镜点最弱；图中粗实和虚线代表离子反弹和漂移运动的轨迹，可以看出，如图所示，式(7.25) N=2, 离子运动北→赤道→南→赤道→北一个周期，而波动则由正→负→正→负→正经二个周期；离子运动轨迹取决于离子在赤道的投射角，和在磁层内的分布，假定如图中实线所示，一离子恰好路过赤道电场东向(+)最强处，在磁场中运动的离子，在 ULF 波中电场的作用下 $\boldsymbol{u}_E=-\boldsymbol{E}_x\times\boldsymbol{B}_0$，将沿半径向外运动，而在磁层内离子西向漂移 $\boldsymbol{V}_d$ 随半径增加而减少，因此离子将失去运动能量，相应 ULF 波将获得能量，在北、南镜点，随电场向西，离子漂移沿半径向内，波动将失去能量，但在镜点附近，电场很弱，一个周期下来，波动将获得净能量；图中虚线离子恰好位相较实线离子超前 1/4 周期，不难发现，离子路经波中正或负电场的机会相等，因而平均结果，离子与波没有净能量交换；图 7.25b 二次谐波，其中粗实线离子赤道投射角小，运动将远离赤道，路过西向电场最强的区域，离子在波动电场作用下将沿半径向地球方向运动，结果运动离子由波动获得能量，而虚线离子投射角大，从而反弹发生在近赤道区域，虽也处于西向电场区域，但电场很弱，与波动没或有很少的能量交换．可以看出，波动可否由运动离子获得能量，完全取决于离子在波动电场作用下，离子平均半径方向的净漂移是否向外；所幸，在内磁层近地球区域粒子密度较大，因此运动离子的净漂移将沿半径方向向外，波动将由运动离子获得能量，ULF 波有可能经电离层传送到地面，其中较长周期成分则为地面观测到的地磁脉动 P_{c4}, P_{c5}．

(iii) 磁暴、磁层亚暴，P_{i1} 和 P_{i2}

磁暴和磁亚暴都是强太阳活动引发的磁场扰动，因而在磁暴、亚暴期间，磁层顶磁场与太阳风磁场发生重联，磁层力线开放，太阳风携带高温、高能量的粒子进入磁层，经极隙，到磁尾，磁尾中性带，大大激发了磁层离子的运动，包括粒子回转、漂移、反弹等运动的不稳定性，从而产生包括不同极化的磁声波、阿尔芬波、EMIC 波等多种波. 此期间，因粒子运动和投射角度的多样性，也是以上各种波和离子运动共振容易发生的时期，因此，可以说，以上所讨论的各种磁层内产生的所有超低频波，无一例外，在磁暴和亚暴期间发生概率都会增加. 例如，在磁暴期间，位于 3—10 个地球半径的环电流，会有更多高能粒子注入，从而激发离子绕力线回转运动的不稳定，如前所述，回转运动的不稳定将产生 P_{c1}，P_{c2} 超低频波 (Glabmeier, 2007)；再如，在亚暴期间，太阳风携带大量高能等离子通过重联开放的力线进入磁层，越过极隙，在磁尾远处由北南两侧压向等离子带，近等离子带突然大量增加等离子必将向地球和远离地球方向运动，即所谓亚暴对流运动 (§5.4.3 (3), 5.6.1 (3))，当指向地球运动的高能粒子流在约 8—15 个地球半径处由于磁场强度的增加而受阻，转为绕地球运动，则可激发离子漂移、反弹运动的不稳定性，这也正如上节所讨论的，离子漂移、反弹运动的不稳定性，将激发 P_{c4}，P_{c5} 超低频波 (McPherron, 2005).

同样，在亚暴期间，磁尾中性带上下两侧反向磁场发生重联，形成 X 型中性点和磁畴 (plasmoid). 中性点和磁畴极不稳定，在继续增加的扰动和压力下磁畴破裂，急剧释放的能量和高能粒子，与原本因磁场重联已高度不稳定的粒子混合一起，向地球方向流动，直到约 8—15 个地球半径处，运动受阻，速度变缓，这时磁场扰动产生磁声波. 原本在等离子流中已存在的约 100 s 周期的结构，与当地磁力线共振，激发同样 100 s 周期，即 P_{i2} 型超低频波，并横跨磁力线传播. 可以理解，以上各节，P_{c1}，P_{c2}，P_{c4}，P_{c5}，以及在前激波中产生的 P_{c3}，经磁层顶传入磁层，虽全部都由粒子运动的不稳定所激发，但都属于源离子在磁场中有规律的周期运动，而磁尾指向地球的等离子流虽也是约 100 s 的周期运动，但其高度的不稳定性和无规则性，则远非离子回转、漂移、反弹等运动的不规则性可比，因此由这样的等离子流，产生不规则型 P_i 超低频波就不难理解了. 但要指出，这 100 s 周期的波动如何在等离子流中激发，至今尚无肯定的答案 (McPherron, 2005)，而不规则脉动 P_{i1} 是磁层压暴期间电离层内扰动的结果，电离层在约离地面 100km 处有一波导层，是较高频的超低频波 P_{i1} 的良好通道，在亚暴期间电离层粒子运动的高度不稳定性在这一层有可能激发 P_{i1}.

(6) 电离层

我们知晓，无论磁层外和磁层内产生的超低频波都无法直接传到地面，所幸，有和磁层为邻的电离层，电离层之所以能把电离层外的超低频波传到地面，除和磁层相邻的必不可少的条件外，还有两点：一，高导电性，使它可接受等离子波；二，离地面仅 100—200 km 的距离，使它有能力把波动辐射传到地面.

电离层的电流，包括与场向电流构成闭合迴路的彼德森电流，还有霍尔电流 (见 § 5.6.1 (4)). 电离层还有一个效应就是超低频波波速的变化，电离层约 200 km 高的上层，因氧离子重量的影响，波速急剧下降，而到底部约 100 km 高，离子密度下降，波速可接近光速，但超低频等离子波的频率特性和强度并无改变，这正是我们需要的信息．下面将简要分析，电离层如何把这些超低频等离子波的信息，通过电磁波传到地面．

磁场 B 和电场 E 满足同样的波动方程，以磁场为例，假定满足最简单的一维波动方程，即

$$\left(\frac{\partial^2}{\partial t^2}-C^2\frac{\partial^2}{\partial x^2}\right)B(x,t)=B_0\sin\frac{\pi x}{nR_{\mathrm{E}}}\sin\omega t, \tag{7.26}$$

$$B(x,t)=0,\quad x=0,\quad x=nR_{\mathrm{E}},$$

$$B(x,t)=\frac{\partial}{\partial t}B(x,t)=0,\quad t=0,$$

式中，n 为任意整数，C 为电磁波速，R_{E} 为地球半径．方程有第一类齐次边界条件，两端固定，由接收仪器的结构决定，和齐次初始条件，因而最重要的是非齐次方程右侧的强迫振动项，代表超低频波对电磁波的调制作用，可以看出，它已满足边界条件和初始条件．非齐次方程不满足解的叠加原理，必须首先转化为齐次方程，即

$$\left(\frac{\partial^2}{\partial t^2}-C^2\frac{\partial^2}{\partial x^2}\right)b(x,t)=0,$$

$$b(x,t)=0,\quad x=0,\quad x=nR_{\mathrm{E}},$$

$$b(x,t)=0,\quad \frac{\partial}{\partial t}b(x,t)=B_0\sin\frac{\pi x}{nR_E}\sin\omega\tau,\quad t=\tau+0,$$

当由齐次方程解得 $b(x,t)$ 后，即可由

$$B(x,t)=\int_0^t b(x,\tau)\,\mathrm{d}\tau \tag{7.27}$$

求得 $B(x,t)$．最后可得

$$B(x,t)=\frac{nR_{\mathrm{E}}B_0}{\pi C}\frac{1}{\omega^2-A^2}\left(\omega\sin\frac{\pi C}{nR_{\mathrm{E}}B_0}t-\frac{\pi C}{nR_{\mathrm{E}}B_0}\sin\omega t\right)\sin\frac{\pi x}{nR_{\mathrm{E}}},$$

式中，$A=\pi^2C^2/n^2R_{\mathrm{E}}^2$．可见，解 $B(x,t)$ 包含有超低频波 $B_0\sin\frac{\pi x}{nR_{\mathrm{E}}}\sin\omega t$ 的信息，特别是如若 $C\approx nR_{\mathrm{E}}$，则有

$$B(x,t)=\frac{\pi\omega B_0}{\omega^2-\pi^2}\sin\frac{\pi x}{nR_{\mathrm{E}}}\sin\omega t,$$

解 $B(x,t)$ 和超低频波有简单而直接的关系，约在 45 个地球半径的磁层满足条件 $C=nR_{\mathrm{E}}$．

7.2　地球电磁感应

第五章曾经指出，地球的变化磁场来源于外空电流体系，内源场部分是外源场感应的结果．内源场的变化不仅与外源场的强度和分布有关，而且还取决于地球内部的电导率的分布．由已知的外源场研究内源场及其与地球内部电导率的关系，即地球电磁感应理论．有的变化磁场是全球范围大尺度的变化(例如 D_{st}，S_q 等)，这类变化场的电磁感应，

必须把整个地球作为研究对象，称为球体问题(电磁感应)；还有许多地磁场的异常变化只局限于局部地区，这时往往可以把局部地区视为无穷平面，这类局部异常的电磁感应称为平面问题. 不论是全球性的还是局部性的地球电磁场的变化都还有周期与非周期变化之分，与此相应的电磁感应的理论方法也不相同. 除了源场的时间特性外，它的空间尺度对感应场的影响也是电磁感应理论必须特殊考虑的重要问题，一般称为源场效应. 球体电磁感应、平面电磁感应、周期与非周期电磁感应以及源场效应等四个问题构成了电磁感应理论方法的基础，其他更复杂的问题的处理方法多由此派生而来.

正因为电磁感应是探索地球内部的重要方法，自 20 世纪 60 年代上地幔计划以来，得以迅速发展，取得了丰硕的研究成果，是地球电磁学中较为活跃的一个研究领域.

7.2.1　局部地磁短周期变化异常

地球内部电磁构造研究的早期阶段主要是应用全球范围的变化磁场，研究均匀或分层均匀地球的电导率. 例如由 S_q, D_{st} 场获得了深 300—500 km 处的电导率约为 10^{-3} S/m，远高于地球浅层 10^{-4}—10^{-5} S/m 的初步结果.

20 世纪 60 年代上地幔计划期间，在全球不少地区先后观测到各种类型的短周期地磁异常变化，促进了地壳、上地幔电性结构局部不均匀性的研究，并取得了许多有价值的结果(Filloux, 1979；Schumuker and Jankowski, 1972). 这里介绍部分典型事件，以便对反映构造特征的局部地磁变化能有直观的了解.

(1)海洋、海岛、海岸效应

海水电导率约 3×10^{-2}S/m，而潮湿大地和沉积岩的电导率是 10^{-3}—10^{-4}S/m，干燥花岗岩则小到 10^{-6}S/m. 因此，与海水相联系的特殊区域：海洋、海岛、海岸，将出现与一般陆地不同的电磁效应. 观测发现，这三者各具特点，分别称为海洋效应、海岛效应和海岸效应.

海洋效应由于受观测精度的限制，观测是困难的. 直至 20 世纪 60 年代苏联北极六号工作站报道了在浮冰上的测量结果，才获得了海洋效应的直接观测结果(图 7.26). 由图 7.26 可以看出，$\Delta Z/\Delta H$ 随海水深度和频率增加而显著下降. 这不难理解，对于理想导体，磁力线只能沿导体表面，ΔZ=0.

海岛上的观测结果表明，对于很小的岛屿，相距不远的各地可能出现反向的ΔZ 变化. 例如，夏威夷的瓦胡岛上相距 20 km 的两个测点，对于周期为 24 h 的ΔZ 变化，位相差 30°，对于周期≤1 h 的变化，则完全反向，而水平分量变化不大. 海岛效应可以定性解释为：海岛阻碍了在海水中流动的较强的感应电流，在海岛附近电流密集，在海岛不同侧的观测点上，在有利的条件下可以观测到上述的反向变化.

海岸效应的观测比较普遍，其特点是ΔZ 幅度明显地依赖于离开大陆架前缘的距离. 靠近海岸处ΔZ 迅速增加(Parkinson, 1964). 其效应大小显著地依赖于磁场变化的周期. 但海岸效应和受陆地构造影响所产生的磁效应混杂在一起，一般情况下难以区分. 海岸效应是海岸附近海水中的感应电流沿海岸密集流动的结果.

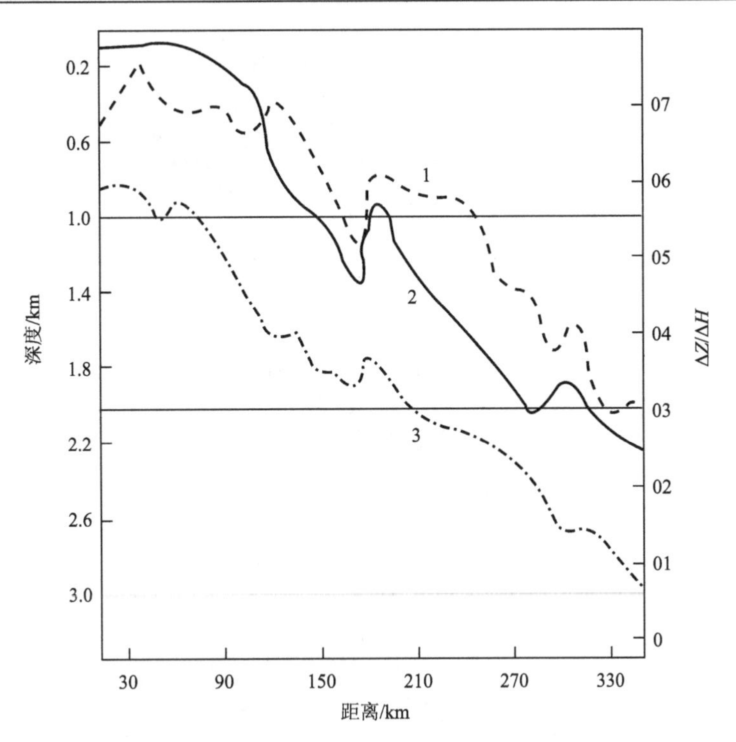

图 7.26　海洋效应的观测结果，$\Delta Z/\Delta H$ 随深度和频率的变化(Matsushita and Campbell, 1967)

1. 海洋深度；2. 1 h $\Delta Z/\Delta H$ 变化幅度的全天平均；3. 小于 10 min $\Delta Z/\Delta H$ 变化幅度的全天平均

(2)一些特殊地区的地磁异常变化

图 7.27 为日本地区湾扰的分布，可以看到，ΔH，ΔD 各地差异不大，而ΔZ 则有明显的不同．其分布规律如图所示，ΔZ 大的变化集中于日本中部的太平洋岸，称为日本中部异常，急始和其他短周期的类湾扰变化也有类似的现象．力武常次等人详细分析了异常的原因，认为并不是海洋电流引起的海岸效应，而是反映了上地幔复杂的电导率分布(力武常次，1972)．

其他各地也先后观测到了与日本相似的异常变化和相应的上地幔电性结构异常．例如德国北部异常(Schumuker and Jankowski, 1972)、美洲西北部异常(Gough, 1974)、苏联贝加尔裂谷带(Berdichevsky et al., 1976)等．这方面的结果力武常次在《地球电磁学》一书中作了详细的报道(力武常次，1972)．我国渤海地区也存在着明显的短周期异常变化(图 7.28)(祁贵仲等，1981)．

7.2.2　电磁感应的理论基础

(1)区分内外源场的面积分方法

将地磁变化场的内外源场区分开，是研究地球电磁感应的基础工作．§5.2.1 所讲的球谐分析对于全球性的地磁变化的内外源场的区分是很有效的方法．但即使是全球变化，当某些地区具有一些局部特征时，应用球谐分析就需要考虑较高的阶次，在实际计算中

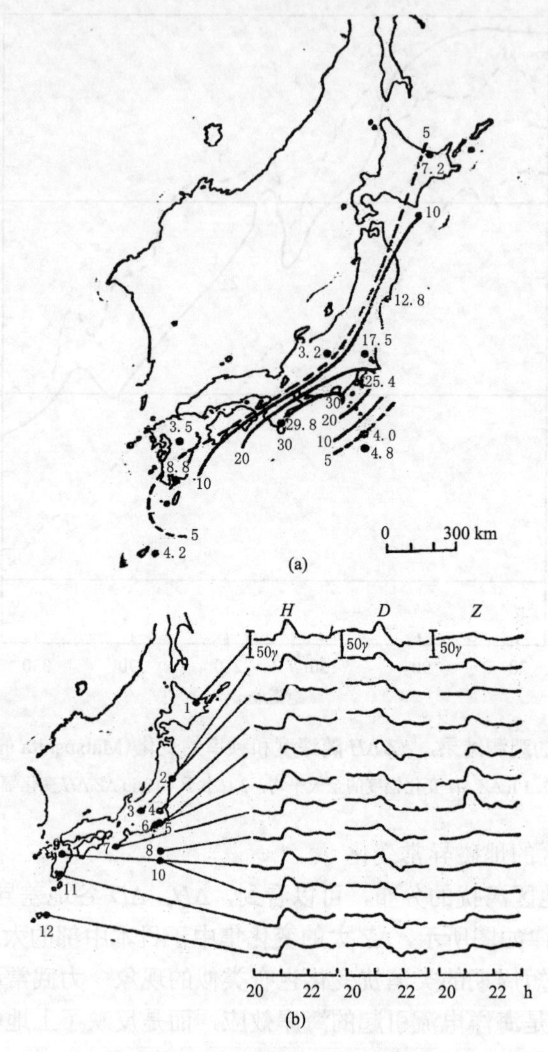

图 7.27　日本地区湾扰分布

(a) 日本地区 1958 年 4 月 8 日湾扰变化的分布；(b) 湾扰变化

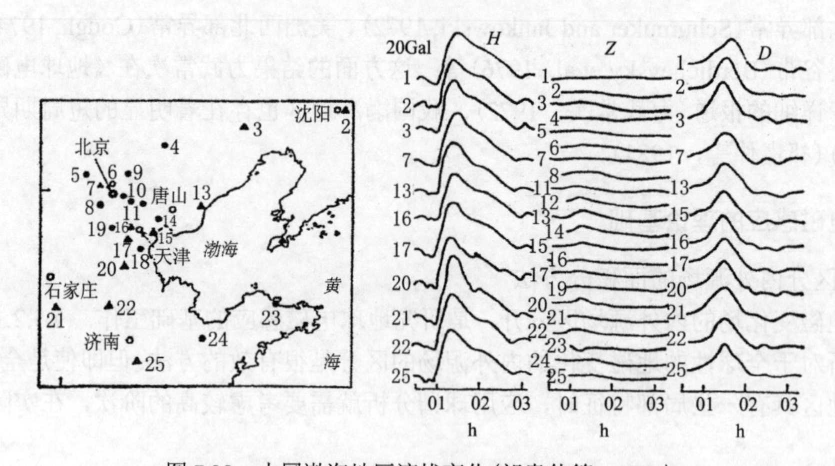

图 7.28　中国渤海地区湾扰变化（祁贵仲等，1981）

也是相当困难的．对于纯属于局部地区的地磁异常变化，原则上球谐分析则完全失去意义．为此魏斯汀首先提出了面积分方法，分为球面和平面面积分两类，后者用于局部地区地磁异常变化的分析．

如图 7.29 所示 S 曲面把空间分成内外两部分，Q 为曲面上的一点 P 和 P' 点的连线与 Q 点的曲面法线平行，P' 与 P 分居曲面内、外．设空间场势为 W，由内 (W_i)、外 (W_e) 两部分组成．应用格林公式

$$\iiint(\Psi\nabla^2 W - W\nabla^2\Psi)\mathrm{d}\tau = \oiint\left(\Psi\frac{\partial W}{\partial \boldsymbol{n}} - W\frac{\partial \Psi}{\partial \boldsymbol{n}}\right)\cdot \mathrm{d}\boldsymbol{S}, \tag{7.28}$$

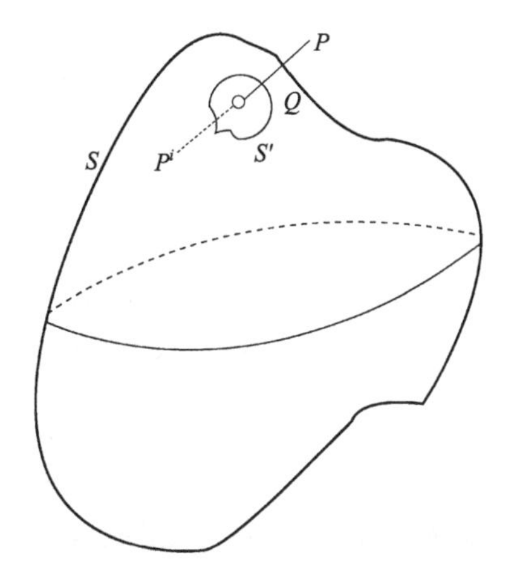

图 7.29　曲面 S 把场分为内外两部分

取函数 Ψ=1/r，r 为观测点 P 到场源的距离，则有

$$\nabla^2\Psi = -\delta(P), \tag{7.29}$$

$\delta(P)$ 为狄拉克 δ 函数．由 δ 函数的性质：

$$\iiint f(x, y, z)\delta(P)\mathrm{d}\tau = f(P),$$

(7.29) 成立，数学上，我们晓得，$\nabla^2\Psi$=0，若≠0；当→0，若 $\nabla^2\Psi$ 极限存在，设为 1，这意味着，数学上 (7.29) 可视为狄垃克函数的定义；物理上，Ψ 为位于空间点 P 的单位磁荷在空间各点的磁势，由方程 (5.1)，(7.29) 成立.从式 (7.28) 可以得到

$$W(P) = -\iiint\frac{\nabla^2 W}{r}\mathrm{d}\tau - \oiint\left[\frac{1}{r}\frac{\partial W}{\partial \boldsymbol{n}} - W\frac{\partial}{\partial \boldsymbol{n}}\left(\frac{1}{r}\right)\right]\cdot \mathrm{d}\boldsymbol{S}. \tag{7.30}$$

上述体积分遍及 S 外的空间 V_e，S 仍取外法向为正．式 (7.30) 的意义在于，S 面外的一点 P 的场势 $W(P)$，一部分由外部场源 $\nabla^2 W$ 产生，内部场源对 $W(P)$ 的贡献则等价于一个分布于 S 面上的强度为 $-\partial W / \partial \boldsymbol{n}$ 的单磁荷，和强度为 $-W\boldsymbol{n}$ 的偶磁层所产生的场．因此，

$$W_i(P) = -\oiint\left[\frac{1}{r}\frac{\partial W}{\partial \boldsymbol{n}} - W\frac{\partial}{\partial \boldsymbol{n}}\left(\frac{1}{r}\right)\right]\cdot \mathrm{d}\boldsymbol{S}. \tag{7.31}$$

由测点 P，P’相对 S 面场源的几何关系可以得出

$$W_e(P') = \oiint\left[\frac{1}{r}\frac{\partial W}{\partial \boldsymbol{n}} - W\frac{\partial}{\partial \boldsymbol{n}}\left(\frac{1}{r}\right)\right]\cdot \mathrm{d}\boldsymbol{S}. \tag{7.32}$$

当 P 和 P' 沿 PP' 分别无限趋向于 Q 时，

$$\begin{aligned} &W_i(P) \to W_i(Q_+) = W_i(Q), \\ &W_e(P') \to W_e(Q_-) = W_e(Q). \end{aligned} \tag{7.33}$$

为研究这种情况下积分 (7.31) 或 (7.32) 的性质，在 S 面上取一个以 Q 为心的小圆 S' (半径为 r_0)，则 (7.31) 可改写为

$$
W_i(P) = -\iint_{S-S'} \left[\frac{1}{r}\frac{\partial W}{\partial \boldsymbol{n}} - W\frac{\partial}{\partial \boldsymbol{n}}\left(\frac{1}{r}\right) \right] \cdot \mathrm{d}\boldsymbol{S}
$$

$$
-\iint_{S'} \left[\frac{1}{r}\frac{\partial W}{\partial \boldsymbol{n}} - W\frac{\partial}{\partial \boldsymbol{n}}\left(\frac{1}{r}\right) \right] \cdot \mathrm{d}\boldsymbol{S}. \tag{7.34}
$$

考查当 $r_0 \to 0$ 时式(7.34)的极限情况：由场的连续性，当 $r_0 \to 0$ 时，在 S' 内 W 和 $\partial W/\partial \boldsymbol{n}$ 可视为均匀的，显然式(7.34)中沿 S' 积分中的第一项应为 0，第二项

$$
\iint_{S'_{r_0 \to 0}} W\frac{\partial}{\partial \boldsymbol{n}}\left(\frac{1}{r}\right) \cdot \mathrm{d}\boldsymbol{S} = W(Q)\iint_{S'} \mathrm{d}\Omega, \tag{7.35}
$$

$\mathrm{d}\Omega$为面积元 $\mathrm{d}\boldsymbol{S}$ 对无限靠近 Q 的 P 点所张的立体角．最后可以得出

$$
W_i(Q_+) = -\oiint \left[\frac{1}{r}\frac{\partial W}{\partial \boldsymbol{n}} - W\frac{\partial}{\partial \boldsymbol{n}}\left(\frac{1}{r}\right) \right] \cdot \mathrm{d}\boldsymbol{S} + \pi W(Q), \tag{7.36}
$$

同样，

$$
W_e(Q_-) = \oiint \left[\frac{1}{r}\frac{\partial W}{\partial \boldsymbol{n}} - W\frac{\partial}{\partial \boldsymbol{n}}\left(\frac{1}{r}\right) \right] \cdot \mathrm{d}\boldsymbol{S} + \pi W(Q). \tag{7.37}
$$

由式(7.36)，(7.37)可得

$$
W_e(Q) - W_i(Q) = 2\oiint \left[\frac{1}{r}\frac{\partial W}{\partial \boldsymbol{n}} - W\frac{\partial}{\partial \boldsymbol{n}}\left(\frac{1}{r}\right) \right] \cdot \mathrm{d}\boldsymbol{S}. \tag{7.38}
$$

式(7.38)意味着，当已知封闭曲面上的场势 W 及其法向微商时，则应用(7.38)和 $W=W_e+W_i$，就可将内外场区分开．若 W 改变一常数 W_0(这是允许的)，$W'=W-W_0$．将 W'分别代入式(7.36)和(7.37)，按照式(7.35)，由于 Q_+在 S 面外，则它对 S 面所张立体角为零．因此 W 改变一常数$(-W_0)$后，式(7.36)积分部分不变．但 Q_-在 S 面内，对 S 面所张立体角为-4π，这样式(7.37)积分项将减小一个常数 $4\pi W_0$，即

$$
W_i'(Q_+) = -\oiint \left[\frac{1}{r}\frac{\partial W}{\partial \boldsymbol{n}} - W\frac{\partial}{\partial \boldsymbol{n}}\left(\frac{1}{r}\right) \right] \cdot \mathrm{d}\boldsymbol{S} + \pi W'(Q), \tag{7.39}
$$

$$
W_e'(Q_-) = \oiint \left[\frac{1}{r}\frac{\partial W}{\partial \boldsymbol{n}} - W\frac{\partial}{\partial \boldsymbol{n}}\left(\frac{1}{r}\right) \right] \cdot \mathrm{d}\boldsymbol{S} - 4\pi W_c + \pi W'(Q). \tag{7.40}
$$

由式(7.39)，(7.40)可得，

$$
W_e' - W_i' = W_e - W_i - 4\pi W_0, \tag{7.41}
$$

再由

$$
W' = W_e' + W_i' = W_e + W_i - 4\pi W_0, \tag{7.42}
$$

可以得出

$$
\begin{cases} W_i' = W_i \\ W_e' = W_e - 4\pi W_0 \end{cases} \tag{7.43}
$$

(7.43)意味着，当场势改变一常数 W_0 后，内源场保持不变，而外源场将改变 $4\pi W_0$，即

按公式(7.38)求场势 W 的内外源场时，外源场 W_e 有一个不确定的常数.

对于球面，(7.38)成为

$$(W_e - W_i)_Q = \oiint [(W + aZ) / ar] \cdot \mathrm{d}\boldsymbol{S}, \tag{7.44}$$

a 为球体半径，因此已知地球表面的场势 W 和垂直分量，即可将内外源场区分开来.

从(7.44)可以看出，因积分函数随 $1/r$ 迅速下降，在计算 $(W_e-W_i)_Q$ 时，贡献最大的是观测点 Q 附近的场. 因此，当一个局部地区有较密的台站或测点时，(7.44)有可能给出这种密集观测所反映的局部地磁场特点，而球谐分析方法则把这种局部特点光滑掉了. 这是面积分方法较球谐分析优越之处. 面积分的缺点是不如球谐分析简便，地磁场的空间分布特征不像球谐分析那样可用物理意义明确的解析形式表达出来.

原则上讲，(7.44)也适用于局部异常的分析，但局部范围能近似为平面时，应用平面面积分方法更为方便. 由(7.44)，令 $a \to \infty$，立即可以得出平面面积分公式

$$(W_e - W_i)_Q = \iint \frac{Z}{r} \mathrm{d}\boldsymbol{S}, \tag{7.45}$$

积分遍及场所定义的平面. 有关球面、平面面积分的应用和其他公式可参考有关文献(Price and Wilkins, 1963；祁贵仲, 1979).

(2)球体地球的电磁感应

电磁感应的基本方程包括：对于自由空间，磁势 W 满足拉普拉斯方程(5.19)，在导体中，如果电导率 σ 均匀或分层均匀电磁场满足扩散方程(5.14)和(5.15)，在界面处，满足边值关系(5.3)；对非均匀导体，一般只能用数值模拟，但若电导率只随深度改变，即球体问题 $\sigma=\sigma(r)$，平面问题 $\sigma=\sigma(z)$，方程(5.11) $\boldsymbol{E}\cdot\nabla\sigma=0$ 成立，电场仍满足扩散方程(5.15)，则先由(5.15)求解电场 $\boldsymbol{E}$，再由方程(5.1.1)，(5.1.2)求解磁场 $\boldsymbol{B}$.

在地球内部，一般情况下，磁导率与真空 μ_0 相差无几，在以下计算中都假定 μ_0 均匀，记作 μ.

采用地心球极坐标系 $(r,\ \theta,\ \lambda)$，则在自由空间，方程(5.19)的解可简化为

$$W_n = a\{e_n(t)\rho^n + i_n(t)\rho^{-n-1}\}Y_n(\theta, \lambda), \tag{7.46}$$

式中，a 为地球半径，$\rho=r/a$，Y_n 为球面谐函数，

$$Y_n(\theta, \lambda) = P_n^m(\cos\theta) \begin{matrix}\cos m\lambda \\ \sin m\lambda\end{matrix}, \tag{7.47}$$

$e_n(t)$，$i_n(t)$ 分别为外源、内源场的球谐系数.

如第五章所述，磁场在导体内外，电场在除边界层外的导体内，满足方程 $\nabla\cdot\boldsymbol{B}=0$ 和 $\nabla\cdot\boldsymbol{E}=0$，为“螺旋型”(solenoidal)场或横场，可以分解为正交独立的环型和极型场两部分. 环型磁场只存在于导体内，在自由空间为零. 因此，与(5.75)相应的环型磁场的解与感应磁场无关，即在电磁感应问题中只需考虑满足电磁方程的极型磁场；在第五章已经证明，极型磁场与环型电场相对应，因此方程(5.15)则只需考虑环型电场. 满足(5.15)的环型电场的解为

$$E = \boldsymbol{r} \times \nabla\psi = -\nabla \times (\boldsymbol{r}\psi), \tag{7.48}$$

标量函数 ψ 满足方程

$$\nabla^2 \psi = \mu\sigma \frac{\partial \psi}{\partial t}, \tag{7.49}$$

式中，μ 为电导介质磁导率，方程(7.49)除有与拉普拉斯方程(5.10)对源场相同的要求，即源场要么呈球面分布，要么若需要考虑源场厚度，不同 r 处应有同样的球面分布外，对电导率均匀，分层均匀或 $\sigma=\sigma(r)$，方程(7.49)是可分离变量的，则解可表示为

$$\psi_n = aR_n(t, \rho)Y_n, \tag{7.50}$$

把(7.50)代入方程(7.49)得，径向函数 $R_n(t,\ \rho)$ 满足

$$\frac{\partial}{\partial \rho}\left(\rho^2 \frac{\partial R_n}{\partial \rho}\right) = \left\{n(n+1) + \mu\sigma a^2 \rho^2 \frac{\partial}{\partial t}\right\} R_n, \tag{7.51}$$

式中，$n(n+1)$ 是分离变量常数，满足球面谐函数 $Y_n(\theta,\lambda)$，在余纬 $\theta=0$ 和 180°时，解有限的要求.将(7.50)代入(7.48)，在导体内有

$$\boldsymbol{E} = aR_n(t, \rho)\boldsymbol{r} \times \nabla Y_n(\theta, \lambda), \qquad r < a, \tag{7.52}$$

在球外，由方程(5.1.2)可得

$$\nabla \times \boldsymbol{E} = \mu_0 \nabla\left(\frac{\partial W}{\partial t}\right), \tag{7.53}$$

容易判断，由磁场变化感应产生的电场 E 只能是环型场，否则，由(7.53)，在球外自由空间，磁场将存在环型场，与环型磁场只可能产生在导体内的结果相矛盾．由(7.53)和(7.46)，经繁琐但简单的运算，利用自由空间，$E_r=0$，$\nabla^2\mu_0 W_n=0$，可得，在球外：

$$\boldsymbol{E} = -a\mu_0 \left\{\frac{\rho^n}{n+1} \cdot \frac{\mathrm{d}e_n(t)}{\mathrm{d}t} - \frac{\rho^{-n-1}}{n} \cdot \frac{\mathrm{d}i_n(t)}{\mathrm{d}t}\right\} \boldsymbol{r} \times \nabla Y_n(\theta, \lambda), \qquad r > a, \tag{7.54}$$

由(7.53)所定义的 $\boldsymbol{E}$，存在一个因子为 $\nabla\varphi$ 的不确定性，φ 为任意标量函数，但电场 $\boldsymbol{E}$ 为环型场，故 $\nabla\varphi=0$．在地球表面 $\rho=1$，$\boldsymbol{E}$ 的切向分量连续，则由(7.52)，(7.54)得

$$R_n(t,1) = \mu_0\left(-\frac{1}{n+1} \cdot \frac{\mathrm{d}e_n(t)}{\mathrm{d}t} + \frac{1}{n} \cdot \frac{\mathrm{d}i_n(t)}{\mathrm{d}t}\right), \tag{7.55}$$

地球表面没有面电流，$\boldsymbol{H}$ 的切向分量连续，由(7.53)，(7.46)，(7.52)得

$$R_n(t,1) + \left\{\frac{\partial}{\partial \rho} R_n(t, \rho)\right\}_{\rho=1} = -\mu\left\{\frac{\mathrm{d}e_n(t)}{\mathrm{d}t} + \frac{\mathrm{d}i_n(t)}{\mathrm{d}t}\right\}, \tag{7.56}$$

条件(7.55)已经可以保证在导体与非导体分界面上，$\boldsymbol{B}$ 的法向分量 $\boldsymbol{B}_r$ 连续．

外源场 $e_n(t)$ 已知，则由方程(7.51)，(7.55)，(7.56)以及自然边界条件 $\rho=0$，$R_n(t, \rho)$ 有限，可唯一确定 $R_n(t,\rho)$ 和 $i_n(t)$，这样导体内外的电磁场即完全确定．

在导体内感应电流为

$$\boldsymbol{j} = a\sigma R_n(t, \rho)\boldsymbol{r} \times \nabla Y_n(\theta, \lambda), \tag{7.57}$$

从(7.57)可以看出，感应电流 $\boldsymbol{j}$ 总是与径向垂直．显然，如上所述，只要电导率 σ 的分布是均匀、分层均匀或只是 ρ 的函数，则条件(5.11)总能满足，可由(5.15)电场的扩散方程出发，求解电场，再由方程(5.1.2)，(5.1.1)求解磁场 $\boldsymbol{B}$．

现在进一步讨论定解问题．设方程(7.51)有解析解，以算符 p 代替 $\partial/\partial t$，设相应 $R_n(t,$

ρ)，$e_n(t)$，$i_n(t)$ 的变换函数为

$$\left.\begin{aligned} R_n(t,\rho) &\risingdotseq C_n(p)F_n(p,\rho) \\ e_n(t) &\risingdotseq E_n(p) \\ i_n(t) &\risingdotseq I_n(p) \end{aligned}\right\} \tag{7.58}$$

可以看到，变换方程(7.58)已假定，$R_n(t,\rho)$ 对变量 t，ρ 的依赖是可以分离的，这意味着假定不同 r 处，$R_n(t,\rho)$ 有相同的时间变化．为了简便，下面省去脚标 n．由边界条件(7.55)，(7.56)可以得到

$$\left.\begin{aligned} I(p) &= \frac{n}{n+1}\left\{1-\frac{(2n+1)\mu F(p,1)}{(n\mu+\mu_0)F(p,1)+F'}\right\}E(p) \\ C(p) &= -\frac{1}{n+1}\cdot\frac{(2n+1)\mu}{(n\mu+\mu_0)F(p,1)+\mu_0 F'}E(p)\cdot p \end{aligned}\right\} \tag{7.59}$$

式中，$F'=\{\partial F(p,\rho)/\partial\rho\}_{\rho=1}$．

式(7.59)中 $E(p)$ 为已知，$F(p,\rho)$ 由方程(7.51)求解，则 $I(p)$ 和 $C(p)$ 唯一确定．再按(7.58)经反变换，即可解出 $R_n(t,\rho)$ 和 $i_n(t)$，$C_n(t)$，原则上，只要方程(7.51)有解析解，外场 $e(t)$ 为时间 t 的已知函数(周期或非周期)，方程(7.51)，(7.52)的定解问题已经解决．下面以均匀电导率分布和周期外源场($\sim e^{i\omega t}$)为例，求解(7.59)的具体形式．非周期场则将在后面另一节讨论．

对于周期场$\sim e^{i\omega t}$和σ均匀分布，则(7.59)中 $p=i\omega$，仿照方程(5.71)，作变换，

$$R_n(t,p)=x^{-2/1}Z_n(x),\quad x=kap, \tag{7.60}$$

其中，

$$k^2=-\sigma\mu i\omega,\quad i=\sqrt{-1}, \tag{7.61.1}$$

$$k=1/2(1-i)(\mu\sigma\omega)^{1/2}, \tag{7.61.2}$$

则方程(7.51)化为

$$\frac{\partial^2}{\partial x^2}z(x)+\frac{1}{z}\frac{\partial}{\partial x}z(x)+\left[1-\frac{\left(n+\frac{1}{2}\right)^2}{x^2}\right]z(x)=0, \tag{7.62}$$

式(7.62)即 $n+1/2$ 阶的贝塞尔方程，相应解(7.60) $R_n(x)$ 为 n 阶球贝塞尔函数(见公式(5.66))，当宗量为复数时，其解将成为复球贝塞尔函数，可分为虚实两部分(见方程(5.70))，若采用贝赛耳函数 $J_n(x)$，$N_n(x)$，最后求得方程(7.51)的解：

$$R_n(t,\rho)=C_n(t)(ka\rho)^{-\frac{1}{2}}J_{n+\frac{1}{2}}(ka\rho)+D_n(t)(ka\rho)^{-\frac{1}{2}}N_{n+\frac{1}{2}}(ka\rho), \tag{7.63}$$

式(7.63)中与 $C_n(t)$ 项相应的为球贝塞尔函数 $j_n(x)$，由图 5.3b 左图可知：在 0 点 $j_n(0)$ 有限，$j_n(0)=0$，若 $n\neq0$, $x>0$，$j_n(x)$ 有无穷多个“0”点；与 $D_n(t)$ 项相应为球贝塞尔函数 $n_n(x)$，由图 5.3b 右图可知：在 0 点发散，$n_n(0)\to-\infty$，当上升超过“0”线后，随 x 增加，绕“0”线上下振荡，幅度逐渐变小，$x\to\infty$，$n_n(x)\to0$．因此，对球体电导一层模型，或多层，包括球心在内的最内层，解(7.63)，$D_n(t)=0$，则解将成为

$$R_n(t,\rho)=C_n(t)\left(ka\rho\right)^{-\frac{1}{2}}J_{n+\frac{1}{2}}(ka\rho), \tag{7.64}$$

外源变化场对电导地球穿透深度有限，当源场尺度无穷、均匀，电导 σ 均匀或分层均匀，源频率为 ω 的源场的穿透深度，

$$\delta=\sqrt{\frac{2}{\mu\sigma\omega}}, \tag{7.65}$$

对于地球 $\mu=\mu_0$. 表 7.2 列出了各类外源变化磁场对导体地球的穿透深度，可以看出，除 11 年太阳黑子周期和年变化外，其他变化磁场，特别是外源场电磁感应中通常应用的磁静日变化 S_q 和磁暴时变化 D_{st}，最大穿透深度都小于 1000 km，只限于上地幔. 11 年太阳黑子周期和年变化虽可获得部分下地幔的信息，但不仅强度小，还和来自核幔边界液核内的长期变及其感应场相混杂，难以从中提取准确的内、外源场信息；赤道电射流日变化(EEJ)和极区亚暴虽有较强幅度，但前者主要分布在南北角距仅约 5°的赤道附近，后者则在高纬度，这种地理分布的局部性，不适宜用球谐分析区分内外源场. 为此，外源场电磁感应上地幔电性结构研究中，常应用磁静日变化 S_q 和磁暴时变化 D_{st}. 鉴于下地幔和地核两层没有作用，因而地球退化为两层，近地面和上地幔各一层，外层 $r_1=a>rb$，电导率 σ_1 远小于内层，可设为不导电层，$\sigma_1=0$；内层 $b>r>0$，可视为向下延伸至地心，代表上地幔，电导率 σ_2 均匀，分层均匀，或仅随 r 变化，$\sigma_2(r)$. 因外层 $\sigma_1=0$，地面 $r=a$ 测量结果，由方程(7.46)，可外推到 $r=b$，为保持一致，以下讨论仍取 $r=a$ 为导体与非导体空间的分界面，即对解有意义的模型仅剩上地幔一层，因第二层包括圆心，$\rho=0$，考虑到$\rho\to0$，R_n 有限，$D_n(t)\equiv0$，则解为(7.64). 将 $p=\mathrm{i}\omega$和(7.64)代入(7.59)，应用贝赛耳函数微分和递推关系，经整理得

表 7.2　变化磁场及其穿透深度(Olsen, 2007)

类别	符号	周期	幅度/nT	穿透深度/km
太阳黑子活动		11a	10—20	>2000
年变化		12mon	5	1500—2000
半年变化		6mon	5	1000—1500
磁暴时变化	D_{st}	数十小时一数十天	50—500	300—1000
静日变化(中纬)	S_q	24, 12, 8, 6h	20—50	300—600
赤道电射流日变(低纬度)	EEJ	同 S_q	50—100	300—600
磁亚暴	DP	10min—2h	100	100—300
超低频磁脉动	ULF	0.2—600s		20—100

$$\left.\begin{aligned}\frac{i_n}{e_n}&=\frac{n}{n+1}\left[1-\mu\left\{\frac{ka\mu_0J_{n-\frac{1}{2}}(ka)}{(2n+1)J_{n+\frac{1}{2}}(ka)}+\frac{n(\mu-\mu_0)}{2n+1}\right\}^{-1}\right]\\ \frac{C_n}{e_n}&=\frac{(2n+1)\mu}{n+1}\left[ka\mu_0J_{n-\frac{1}{2}}(ka)+n(\mu-\mu_0)J_{n+\frac{1}{2}}(ka)\right]^{-1}\end{aligned}\right\}. \tag{7.66.1}$$

考虑大多数情况，$\mu=\mu_0$，则(7.66)简化为

$$\left.\begin{aligned}\frac{i_n}{e_n}&=\frac{n}{n+1}\left(1-\frac{(2n+1)J_{n+\frac{1}{2}}(ka)}{kaJ_{n-\frac{1}{2}}(ka)}\right)\\ \frac{C_n}{e_n}&=\frac{1}{n+1}\left(\frac{(2n+1)}{kaJ_{n-\frac{1}{2}}(ka)}\right)\end{aligned}\right\}. \tag{7.66.2}$$

前已指出，ka 为复数，相应 $J_{n+1/2}$, $J_{n-1/2}$，亦为复数，它决定了球面上内外磁场以及感应电场和外场的幅度比和相位差，则其幅度比和相位差除与阶数 n 有关外，仅仅是介质电导率σ的函数．因此由地球表面的磁场观测，将内外场区分开，或由电场和外磁场即可求解球内介质的电导率，前者(7.66)第一式为磁测深，第二式为电磁测深．因 n 是外源场空间线度，即波长的量度，通常取$\lambda_n=2\pi a/(n+1)\backsimeq 40000/(n+1)\,\text{km}$，测深结果还与源场空间分布有关，这将在后面专题讨论．方程(7.66)与相应(7.59)只与球谐阶数 n 有关，而不依赖级数 m，其原因：数学上，标量亥姆霍兹方程(7.49)分离变量后，球贝赛耳方程，$R(r)$所满足的方程(7.51)，因而$(n+1/2)$阶贝赛耳方程(7.62)，及其解只依赖球谐函数阶数 n；而方程(7.49)可分离变量的前提，如前所述，要么源场呈球面分布，若要考虑源场厚度，则不同 r 应有相似的球面分布，而球体电导率要么均匀，或分层均匀；如是，则不难相信，虽源场与相应感应场可依赖 m，为e_n^m，i_n^m，但两者有相似的球面分布，则i_n^m/e_n^m，同样c_n^m/e_n^m不仅与 m 无关，也应与 n 无关；物理上，既然电导分布只与 r 有关，方程(7.66)与相应(7.59)除常量外只与电导分布有关，则(7.66)与相应(7.59)当然只与 r 有关，不仅和经度，即 m 无关，与纬度，即 n 也无关；这里(7.66)中的 n，只是一个参量，取值不同，从而幅度和沿 r 的变化率(贝赛耳函数)不同，选择够多的 n，足以拟合电导沿 r 的任意分布．当然在“源场效应”一节(§7.2.2(4))将会看到，源场尺度，即不同 n 或 m 对测深结果是有影响的．

进一步，在地面与(7.46)磁势相应的磁场 B_r，B_θ 提供两个独立的方程，可用来求解 $e_n(t)$，$i_n(t)$两个参量，从而得到 $i_n(t)/e_n(t)$的信息．因此与方程(7.66.1)相当，由地面垂直和水平分量 B_r，B_θ 的测量可求解地下电导率．但需注意：仅两个相互垂直的水平分量则不能求解 i_n，e_n．其原因，数学上由方程(7.46)容易判断：两水平分量有与电导率相同的函数关系；物理上，如第五章高斯分析一节所述，已知地面磁场两水平分量与已知磁势等价，只能提供内(i_n)，外(e_n)场之和，即 i_n+e_n 的信息，而垂直分量可提供 e_n-i_n，只有，也只有两者结合，才可求解 $i_n(t)/e_n(t)$的信息，从而获得地下电导率的分布．同样，方程(7.53)电场 $\boldsymbol{E}$ 和方程(7.46)磁场水平分量 $\boldsymbol{B}_H(\boldsymbol{E}\cdot\boldsymbol{B}_H=0)$也可求解 $i_n(t)/e_n(t)$，于是有

$$\begin{aligned}\left(\frac{B_r^n}{B_\theta^n}\right)_{r=a}&=f_B\left(\frac{i_n}{e_n}\right)=F_B(\sigma),\\ \left(\frac{E_{//}^n}{B_H^n}\right)_{r=a}&=f_E\left(\frac{i_n}{e_n}\right)=F_E(\sigma),\end{aligned} \tag{7.67}$$

(7.67)即通常磁测深和电磁测深的基本原理．特别是，如若测深中采用与磁层“环电流”相应的外源场，在磁极坐标系(r_d,θ_d,λ_d)中，方程(7.46)中，$n=1, m=0$，则有

$$
\left(\frac{B_{rd}}{B_{\theta d}}\right)_{r=a}=\frac{\left(2\frac{i_1}{e_1}-1\right)}{\left(\frac{i_1}{e_1}-1\right)}\cot\theta_d,
$$

$$
\left(\frac{E_d}{i\omega B_{Hd}}\right)_{r=a}=\frac{\left(1-2\frac{i_1}{e_1}\right)}{2\left(1+\frac{i_1}{e_1}\right)}. \tag{7.68}
$$

(7.66)中 n=1 阶球贝赛尔函数可表示为初等函数，代入(7.68)可求解 $B_{rd}/B_{\theta d}$，E_d/B_{Hd} 幅度和相位与电导率 σ 的简单关系.

当 $\sigma=\sigma(r)$，方程(7.51)一般不再有解析解，可采用多层地球模型．对于分层地球，原则上没有困难，只是边界条件增多，定解计算较为复杂而已，各层内的解仍可唯一确定．特别是，源场的穿透深度 δ 与频率 ω 有关，只要同一阶数 n 有足够多的不同 ω 的地面资料，由与分层地球相应的方程(7.66) $i_n(\omega)/e_n(\omega)$，$C_n(\omega)/e_n(\omega)$，考虑到 ω 对深度 δ 的非线性关系，调解分层模型，仍可得到与实测资料拟合最好的球内 $\sigma(r)$ 剖面.

查普曼(1919)应用 S_q 的球谐分析，研究了均匀地球的电导率值，并在计算中考虑了地球有厚度为 $d=r_1-r_2$ 的不导电的外壳(Chapman, 1919)(图 7.30)，计算得出，与观测内外场幅度比和位相差符合较好的结果为: $d\approx 250$ km，$\sigma\approx 3.6\times10^{-2}$ S/m(3.6×10^{-13} e.m.u.)．以后基于更多资料的分析，似乎 $d\approx 400$ km，$\sigma\approx 5\times10^{-1}$ S/m(5×10^{-12} e.m.u.)与观测符合得更好．作为实例，图 7.31 给出近几年不同模型结果(Kuvshinov and Olsen, 2006，注：参考文献中并未列出图中所有文献，有兴趣的读者可自行查阅)，除与 20 世纪 60 年代地下 400km 的相同突变面外，600km 附近也有突变，但幅度远小于 400km 界面处的突变，但这两处都与地震波速和地下矿物相变界面一致.

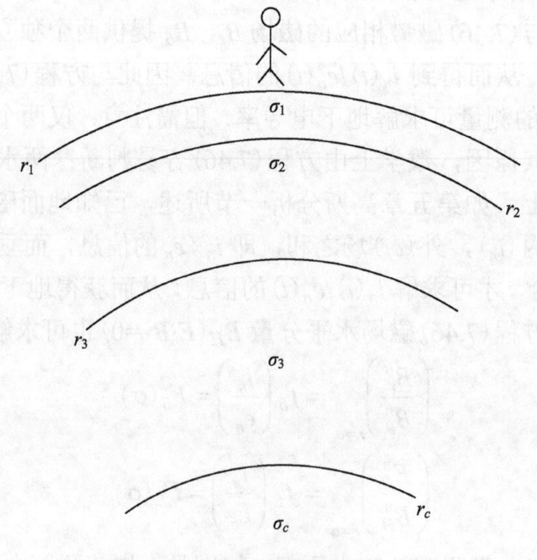

图 7.30　地球电导率模型的分层

第一层 $d_1=r_1-r_2\cong 250—400$ km；第二层 $d_2=r_2-r_3\cong 600—800$ km；第三层 $d_3=r_3-r_c\cong 2000$ km；最深层，地核 $d_4=r_c\cong 3100$ km

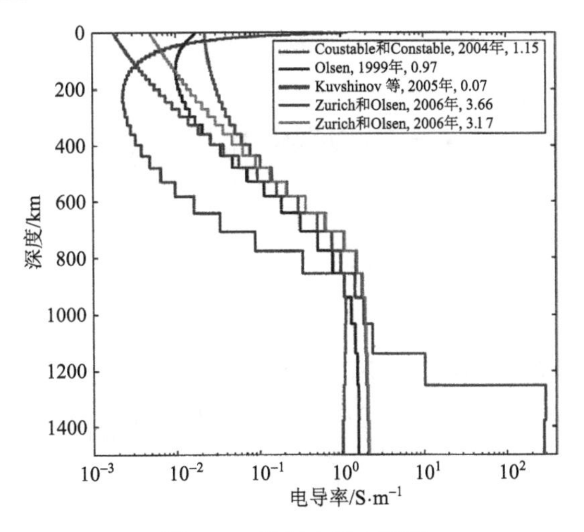

图 7.31　地幔电导率模型

其中年份后的数字表示模型估算与观测资料的符合程度，例如 Kuvshinov 等，2005 年，0.07 意味着，符合程度很低；其中 2006 年最后一结果作了海水不均匀影响较正(Kuvshinov and Olsen, 2006)

(3) 平面地球的电磁感应

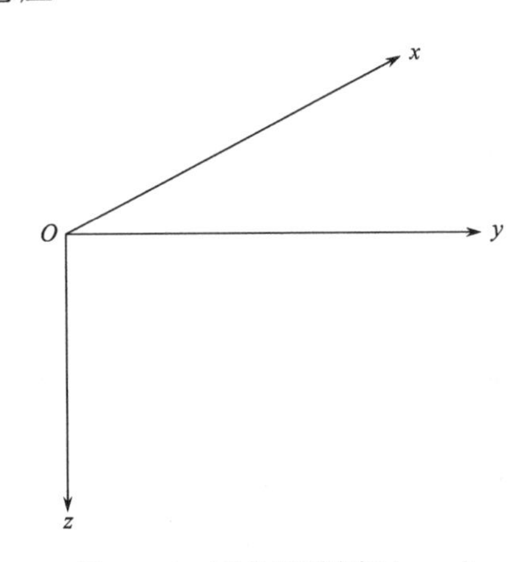

图 7.31.1　直角平面坐标 (x, y, z)

若场定义域仅限于局部区域，则这类变化场的电磁感应可采用平面地球模型(Price，1950)．如图 7.31.1 所示直角坐标系，导体占据 $z>0$ 的半无限空间，设导体σ的分布只与深度 z 有关．在直角坐标系中，导体地球电场 $\boldsymbol{E}$ 扩散方程(5.20)成为

$$\left(\frac{\partial^2}{\partial x^2}+\frac{\partial^2}{\partial y^2}+\frac{\partial^2}{\partial z^2}\right)\boldsymbol{E}=\mu\sigma(z)\frac{\partial \boldsymbol{E}}{\partial t}. \tag{7.69}$$

同样，对感应问题有意义的解应为“环型”电场，则方程(7.69)的解 $\boldsymbol{E}$ 应与 z 轴(单位向量 $\boldsymbol{k}$)垂直，

$$\boldsymbol{E}=\boldsymbol{k}\times\nabla\psi(x, y, z, t),\quad z>0. \tag{7.70}$$

设(7.70) ψ可分离变量，$\psi=Z(z，t)\,\psi'(x，y)$，则

$$\boldsymbol{E}=Z(z,t)\boldsymbol{k}\times\nabla\psi'(x,y). \tag{7.71}$$

令 $\boldsymbol{k}\times\nabla\psi'=\boldsymbol{F}(x,\ y)$，则有

$$\left.\begin{aligned}\boldsymbol{E}&=Z(z,t)\boldsymbol{F}(x,y)\\E_z&=0\end{aligned}\right\},\quad z>0. \tag{7.72}$$

导体内无电荷积累，则有$\nabla\cdot\boldsymbol{E}=0$，得

$$\frac{\partial E_x}{\partial x}+\frac{\partial E_y}{\partial y}=0. \tag{7.73}$$

要满足方程(7.73)，则 $\boldsymbol{E}$ 的解(7.72)中的 $F(x,\ y)$ 可表示为

$$\boldsymbol{F}(x,y)=\left[\frac{\partial P(x,y)}{\partial y},-\frac{\partial P(x,y)}{\partial x},0\right]. \tag{7.74}$$

将(7.72)，(7.74)代入方程(7.69)，可以得到

$$\frac{\partial^2 P(x,y)}{\partial x^2}+\frac{\partial^2 P(x,y)}{\partial y^2}+v^2 P(x,y)=0, \tag{7.75}$$

$$\frac{\partial^2 Z}{\partial z^2}=\left\{v^2+\mu\sigma(z)\frac{\partial}{\partial t}\right\}Z, \tag{7.76}$$

v^2 为分离变量常数，由方程(7.74)，(7.75)，(7.69)不难了解，常数 v 是函数 $P(x,\ y)$ 空间变化率的量度，从而也是 $F(x,y)$, $\boldsymbol{E}(x,y,z,t)$ 的空间变化率，即单位长度的空间波数乘以 2π 为单位，称为空间 2π 波数，若空间呈周期性变化，则与圆频率 ω 相当，v 为空间圆波数．因此，在导体内部：

$$\boldsymbol{E}=Z(z,t)\cdot\left(\frac{\partial P}{\partial y},-\frac{\partial P}{\partial x},0\right),\quad z>0, \tag{7.77}$$

其中 $P(x,\ y)$，$Z(z,\ t)$ 分别满足方程(7.75)和(7.76)．由$\nabla\times\boldsymbol{E}=-\partial\boldsymbol{B}/\partial t$，(7.77)和(7.75)可得，在导体内磁场 $\boldsymbol{B}$ 满足

$$\frac{\partial\boldsymbol{B}}{\partial t}=-\left(\frac{\partial Z}{\partial z}\cdot\frac{\partial P}{\partial x},\frac{\partial Z}{\partial z}\cdot\frac{\partial P}{\partial y},v^2 ZP\right),\quad z>0, \tag{7.78}$$

右侧分别为$\partial\boldsymbol{B}/\partial t$ 在 $\boldsymbol{x},\boldsymbol{y},\boldsymbol{z}$ 各方向的分量．在导体外($-h<z<0$)，其中 $z=-h$ 为源电流所在的平面，电场 $\boldsymbol{E}$ 仍然为环型场，同样有如(7.70)形式的解，$Z(r,t)$ 满足方程(7.76)，但 $\sigma=0$，得

$$Z(z,t)=a(t)\mathrm{e}^{-vz}+b(t)\mathrm{e}^{vz},\ -h<z<0. \tag{7.79}$$

同样，在导体外，(7.78)仍然有效，将(7.79)代入(7.78)，得，在导体外，

$$\frac{\partial\boldsymbol{B}}{\partial t}=-v\nabla\{[-a(t)\mathrm{e}^{-vz}+b(t)\mathrm{e}^{vz}]P(x,y,v)\},\qquad -h<z<0, \tag{7.80}$$

式中，$P(x,\ y,\ v)$ 满足方程(7.75)，

$$P(x,y,v)=\begin{matrix}\cos mx\\ \sin mx\end{matrix}\ \begin{matrix}\cos ny\\ \sin ny\end{matrix},\quad v^2=m^2+n^2. \tag{7.81}$$

由(7.80)，得磁场的标量势 $W(x,\ y,\ z,\ t)$：

$$W=[A(t)\mathrm{e}^{-vz}+B(t)\mathrm{e}^{vz}]\cdot P(x,y,v),\quad -h<z<0, \tag{7.82}$$

式中，$A(t)$，$B(t)$满足：

$$\frac{\partial A(t)}{\partial t}=-va(t),\quad \frac{\partial B(t)}{\partial t}=vb(t), \tag{7.83}$$

考虑到外场源位于 $z<-h<0$ 的区域，则由式(7.82)可以判断，参数 v 不能是纯虚数. 如果场源是与 $z=0$ 平面平行的平面薄壳电流，则 v 应为正或负的实数. 对于电离层电流体系，一般可视为薄壳平面或球面电流. 但若场源是体分布时，一般 v 应取复数. 如果 v 的实部取为负数，则(7.82)中的 e^{vz} 项为外源场，e^{-vz} 项为内源场.

由 $z=0$ 的界面，电场 $\boldsymbol{E}$ 和磁场 $\boldsymbol{H}$ 的切向分量连续，而地球介质与自由空间磁导率相等，$\mu=\mu_0$，因而 $\boldsymbol{B}$ 切向分量连续，由(7.77)，(7.78)，(7.80)和(7.82)可得

$$\left.\begin{aligned} &z(0_+,t)=a(t)+b(t)=v\cdot\frac{\partial}{\partial t}[-A(t)+B(t)] \\ &P(x,y,v)\big|_{z=0^+}=P(x,y,v)\big|_{z=0^-} \end{aligned}\right\}, \tag{7.84}$$

$$\left(\frac{\partial Z}{\partial z}\right)_{z=0^+}=v\{-a(t)+b(t)\}=\frac{\partial}{\partial t}\{A(t)+B(t)\}, \tag{7.85}$$

式中，(7.84.1)已保证磁场垂直分量 B_k 连续. 此外，方程(7.76)还要满足自然边界条件，即

$$Z(z)\to 0,\quad 当z\to\infty\,. \tag{7.86}$$

若已知外源场，则由连续条件(7.84)，(7.85)，自然边界条件(7.86)和方程(7.75)，(7.76)可以唯一确定导体内外的电磁场.

对于均匀导体和周期外源场 $A(t)=A_0\mathrm{e}^{\mathrm{i}\omega t}$，方程(7.76)有解析解：

$$Z=Z_0\mathrm{e}^{-\theta z+\mathrm{i}\omega t},\ z>0, \tag{7.87}$$

$$\theta^2=\mu\sigma i\omega+v^2. \tag{7.88}$$

由边界条件(7.84)和(7.85)得

$$\frac{B}{A}=\frac{\theta-v}{\theta+v}, \tag{7.89}$$

$$\frac{Z_0}{A}=-\frac{2\mathrm{i}\omega\mu}{\theta+v}, \tag{7.90}$$

和球体问题相似，平面电磁感应的内源场系数 B 与外源场系数 A 之比(7.89)，以及导体内部感应场系数 Z_0 与外源场系数 A 之比(7.90)，除与 v 有关外，只决定于导体的电导率 σ，由内外场之比，利用(7.89)可求解导体的电导率，如前所述，其中 v 表征电磁场空间变化，称为空间圆波数，与时间域中的圆频率 ω 相当.

由(7.77)和(7.78)可知，对平面问题，电场与磁场相互垂直：

$$\boldsymbol{E}\cdot\boldsymbol{B}=0, \tag{7.91}$$

在导体表面($z=0$)，电场、磁场的振幅和相位关系，利用$\partial/\partial t=\mathrm{i}\omega$，可得

$$\frac{E_x}{\mathrm{i}\omega B_y}=-\frac{E_y}{\mathrm{i}\omega B_x}=-\frac{Z(0)}{\left(\dfrac{\partial Z}{\partial z}\right)_{z=0}}=\frac{\dfrac{\partial}{\partial t}(A-B)}{\nu\dfrac{\partial}{\partial t}(A+B)},\quad z=0. \tag{7.92}$$

对于均匀导体和周期场，由(7.87)可得

$$\frac{E_x}{\mathrm{i}\omega B_y}=-\frac{E_y}{\mathrm{i}\omega B_x}=-\theta,\ z=0, \tag{7.93}$$

θ是与 ν，ω和σ有关的常数．式(7.93)表明：和球体问题相应，对于平面问题，由导体表面水平分量磁场和电场的观测，同样可以确定导体的电导率，这就是大地电磁测深的基本原理(Cagniard, 1953；Berdichevsky et al., 1976)．

除利用电场与磁场水平分量之间的关系(7.92)，(7.93)作为测深基础的电磁测深外，还有所谓磁测深．由(7.82)可以得出

$$\left(\frac{B_z}{B_x}\right)_{z=0}=\frac{\nu[-A(t)+B(t)]}{A(t)+B(t)}\bigg/\left(\frac{\partial P/\partial x}{P(x,y,\nu)}\right), \tag{7.94}$$

对于 B_y 有类似的结果．由(7.92)和(7.94)还可得

$$E_y=\frac{\partial P/\partial x}{\nu^2 P}(\mathrm{i}\omega B_z), \tag{7.95}$$

(7.95)表明，电场水平分量与磁场垂直分量的复振幅比与导体电导率无关，若已知场的水平分布 $P(x,y,\nu)$，则磁场的垂直分量与电场的水平分量 $E_y(E_x)$ 等效．对于均匀导体和周期场，若 $P(x,y,\nu)=P_0\mathrm{e}^{\mathrm{i}\nu x}$，则(7.94)成为

$$\left(\frac{B_z}{B_x}\right)_{z=0}=\frac{\mathrm{i}\nu}{\theta}, \tag{7.96}$$

即由磁场的垂直分量和水平分量的复振幅比同样可以确定导体的电导率分布．由磁场分量间的关系式求解导体电导率的方法称为磁测深法(Berdichevsky et al., 1976；Lilley and Sloan, 1976)．

除导体电导率均匀情况，方程(7.76)有解析解外，可以证明，对于$\sigma(z)=Kz^2$ 和 $\sigma(z)=K\mathrm{e}^{\lambda z}$($K$，$\lambda$为任意常数)，方程(7.76)有贝赛尔函数形式的解析解．当电导率分层均匀时，上述解法同样适用．

(4) 源场效应

电磁感应的源场效应是指源场的空间分布对于测深结果的影响．考虑这种影响的奠基工作是普赖斯(Price, 1962)完成的，高夫等(Gough and Bannister, 1978)对于源场和地下电性结构不均匀的混合效应的影响做了新的探索.下面分别就平面和球体问题，讨论电磁感应问题中源场效应的重要性以及上述各种测深方法的应用限度．

上述平面电磁感应的解是相应于特定参数 ν 的特解，而通解则是 ν 的各种可能取值所对应的解的线性组合．因此，与特定 ν 值相应的特解，以及由此派生而来的测深公式都应赋予一个脚标 ν．在实际问题中，ν 的可能取值由具体的源场分布确定．例如，我们考虑一个位于 $z=-h$，$x=0$ 处，沿 y 方向流动的无限长线电流 $J\mathrm{e}^{\mathrm{i}\omega t}$ 的平面感应问题．

把这种线电流的磁场及其标量势，按(7.82)外源场的函数形式展开，可得

$$W_e = -2J\mathrm{e}^{\mathrm{i}\omega t}\int_0^\infty \mathrm{e}^{-\nu(z+h)}\sin\nu x\frac{\mathrm{d}\nu}{\nu},\quad 0>z>-h\text{，}\tag{7.97}$$

相应于(7.82)中，

$$P(x,y,\nu)=\sin\nu x,\quad A(t)=-2J\mathrm{e}^{2\omega t-\nu h}\frac{\mathrm{d}\nu}{\nu}.$$

设 $z>0$ 的区域为均匀导体，则由(7.87)—(7.90)可得，

$$W_i = -2J\mathrm{e}^{\mathrm{i}\omega t}\int_0^\infty \frac{\theta-\nu}{\theta+\nu}\mathrm{e}^{\nu(z+h)}\sin\nu x\frac{\mathrm{d}\nu}{\nu},\qquad 0>z>-h,\tag{7.98}$$

感应电流

$$\left.\begin{aligned}&J_{i,x}=0\\&J_{i,y}=-4\sigma\mathrm{i}\omega\mathrm{e}^{\mathrm{i}\omega t}\int_0^\infty\frac{1}{\theta+\nu\mu}\mathrm{e}^{-\nu(\theta z+\nu h)}\cos\nu x\mathrm{d}\nu\end{aligned}\right\}.\tag{7.99}$$

上述结果表明，客观存在的场，将是对参数 ν 的所有可能取值相应特解叠加的结果．ν 的取值由源场的实际分布(7.88)确定．在上述线电流的情况下，由特定参数 ν 所得到的电场、磁场的正交关系(7.91)，对于叠加后的电磁场仍然成立．但这种关系并不总能成立，为了说明这一点，我们考虑一个简单的例子．设源场标量势

$$W_e=(A_1\mathrm{e}^{-\nu_1 z}\cos\nu_1 x+A_2\mathrm{e}^{-\nu_2 z}\cos\nu_2 y)\mathrm{e}^{\mathrm{i}\omega t},\quad 0>z>-h,\tag{7.100}$$

相应感应磁场的标量势

$$W_i=(B_1\mathrm{e}^{\nu_1 z}\cos\nu_1 x+B_2\mathrm{e}^{\nu_2 z}\cos\nu_2 y)\mathrm{e}^{\mathrm{i}\omega t},\quad 0>z>-h,\tag{7.101}$$

B_1，B_2 由式(7.89)确定．在导体表面 z=0，磁场和电场的水平分量

$$\left.\begin{aligned}B_x&=\nu_1(A_1+B_1)\sin\nu_1 x\\B_y&=\nu_2(A_2+B_2)\sin\nu_2 y\end{aligned}\right\},\tag{7.102}$$

$$\left.\begin{aligned}E_x&=\mathrm{i}\omega(A_2-B_2)\sin\nu_2 y\\E_y&=-\mathrm{i}\omega(A_1-B_1)\sin\nu_1 x\end{aligned}\right\},\tag{7.103}$$

$$\boldsymbol{E}\cdot\boldsymbol{B}=\mathrm{i}\omega\{\nu_1(A_1+B_1)(A_2-B_2)-\nu_2(A_1-B_1)(A_2+B_2)\}\sin\nu_1 x\sin\nu_2 y,\tag{7.104.1}$$

(7.104.1)表明，除非对于 ν 的特殊取值：$\nu_1=\nu_2$ 或 $\nu_1=\nu_2=0$(即空间均匀)，以及空间特殊点位，$\nu_1 x$，$\nu_2 y$ 为π的整数倍，$\boldsymbol{E}\cdot\boldsymbol{B}=0$ 可以维持外，一般说来，$\boldsymbol{E}\cdot\boldsymbol{B}\neq 0$．同样，对于与 ν 值有关的测深关系式(7.89)，(7.90)，(7.92)，(7.93)和(7.96)，对于由各种可能的 ν 值叠加合成的真实电磁场，一般情况下，不再成立．这时，无论是内外场之比(相应于(7.89))，电场和磁场水平正交分量的比(相应于(7.92)，(7.93))，还是磁场垂直分量和水平分量的比(相应于(7.94))都不再仅仅是与电导率有关的常数，还与观测点的位置和场源 $A_\nu(t)$ 有关，即测深响应函数依赖于参数 ν，不能再直接作为电导率的响应函数．公式(7.81)显示，参数 ν 是源场水平方向变化线度的量度，特别对于(7.97)，(7.100)，$2\pi/\nu$ 表征水平方向的波长，即 ν 为空间波数．因此，上节所有测深公式(响应函数)，一般说来，只有对单色波，即单一 ν 值，才严格成立．

下面我们由一个简单但具有典型意义的模型，看源场线度 ν 对于 $E_x/\mathrm{i}\omega H_y$ 的影响. 如图 7.32 所示，在 $z>0$ 的半无限空间，有一厚度为 D 的均匀导电层(σ)，$z>D$，$\sigma=0$. 在 $-h<z<0$ 的自由空间，电磁场的解仍由(7.81)，(7.79)和(7.76)确定. 在电导层 $0<z<D$，由方程(7.79)可得

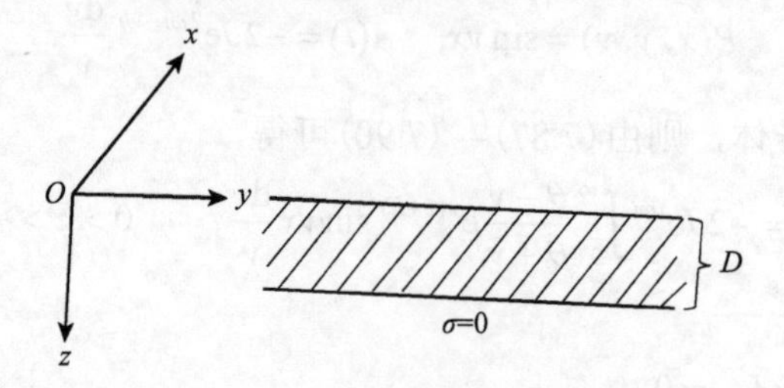

图 7.32　简单模型

$$z=\alpha \mathrm{e}^{-\theta z}+\beta \mathrm{e}^{\theta z},\quad 0<z<D, \tag{7.104.2}$$

其中，θ由(7.88)确定. 当 $z>D$，有

$$Z=c\mathrm{e}^{-\nu z},\quad z>D, \tag{7.105}$$

由 $z=0$，$z=D$ 处的磁场电场切向分量连续可得:

$$\left.\begin{array}{l}\alpha+\beta=a+b\\ \alpha \mathrm{e}^{-\theta D}+\beta \mathrm{e}^{\theta D}=c\mathrm{e}^{-\nu D}\\ \nu(a-b)=\theta(\alpha-\beta)\\ \theta(\alpha \mathrm{e}^{-\theta D}-\beta \mathrm{e}^{\theta D})=\nu c\mathrm{e}^{-\nu D}\end{array}\right\}. \tag{7.106}$$

由(7.92)和(7.106)可得:

$$\frac{E_x}{\mathrm{i}\omega B_y}=-\frac{E_y}{\mathrm{i}\omega B_x}=\frac{a+b}{\nu(a-b)}=\frac{\alpha+\beta}{\theta(\alpha-\beta)}, \tag{7.107}$$

$$\beta=\alpha \mathrm{e}^{-2\theta D}\frac{\theta-\nu}{\theta+\nu}, \tag{7.108}$$

将(7.108)代入(7.107)得到:

$$\frac{E_x}{\mathrm{i}\omega H_y}=\frac{\theta+\nu+(\theta-\nu)\mathrm{e}^{-2\theta D}}{\theta\{\theta+\nu-(\theta-\nu)\mathrm{e}^{-2\theta D}\}}. \tag{7.109}$$

当 $D\to\infty$时，(7.109)即过渡到(7.93)的结果:

$$\frac{E_x}{\mathrm{i}\omega H_y}=\frac{1}{\theta}=\frac{1}{(\nu^2+i\omega\sigma)^{1/2}},\quad D\to\infty, \tag{7.110.1}$$

当 ν 值较小时，$\nu^2<<\mu\omega\sigma$，

$$\frac{E_x}{\mathrm{i}\omega H_y}=\sqrt{\frac{\mathrm{i}\omega}{4\pi\sigma}}\left(1-\frac{\nu^2}{2\mathrm{i}\omega\sigma}\right),\quad D\to\infty, \tag{7.110.2}$$

由式(7.110)，对不同的导电层厚度 D，$|E_x/\omega H_y|$与 ν 的关系如图 7.33 所示. 可以看出，D 愈小，场源线度的影响愈显著. 对同样的 D，场源线度愈小(ν 大)，影响愈大. 当 $D>10\mathrm{km}$，

$\nu<10^{-8}$/cm 时，源场效应已可忽略(Price, 1962).

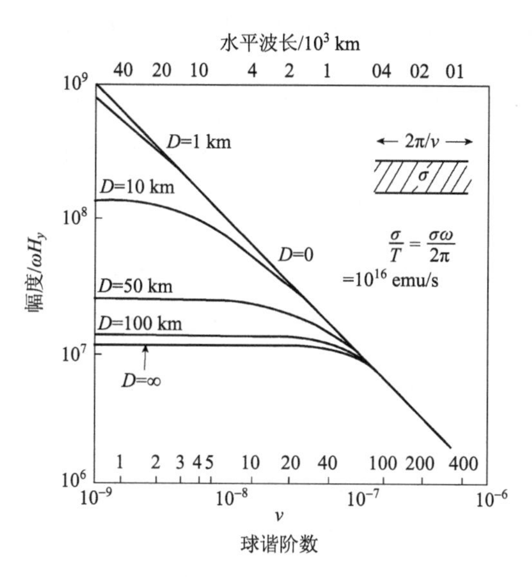

图 7.33　$|E_x/\omega H_y|$随场源线度 ν 的变化

对于地磁变化场，其场源线度可由球谐函数的阶数估计，$P_n(\cos\theta)\sim\cos n\theta$，$\nu\sim n/a$，$a$ 为地球半径．当 $n=1$，$\nu\sim1.57\times10^{-7}$/m．对于实际地球的变化磁场，n 常大于 1．一般说，ν 约为 10^{-6}/m．对于更局部的场，ν 还要大些．例如§5.6.3(1)中所说的赤道电射流，可由(7.97)近似描述．虽然(7.97)是对 ν 从 0 到∞积分，但当 $\nu>\pi/2h$ 时，被积函数迅速下降，对场的贡献已可忽略．其最大值可取 $\nu=\pi/h$，$h\sim100$km，则 $\nu\sim1.57\times10^{-5}$/m．因此可以认为地磁场的场源线度一般约为 $\nu\sim1.57\times10^{-7}$—1.57×10^{-5}/cm．在实际应用时，须对具体场源做出分析，并考虑不同电导率分布场源效应的差异，才能保证电磁感应测深结果的可靠性．

最后，我们简要讨论变化场的穿透深度和源场对穿透深度的影响．由(7.87)，(7.90)和(7.88)可以得到电导率均匀分布的 $z>0$ 半无限空间中的感应电流：

$$j_i=-\frac{2\mu\sigma\mathrm{i}\omega}{\theta+\nu}A\mathrm{e}^{-\theta\pi+\mathrm{i}\omega t}\left(\frac{\partial P}{\partial y},-\frac{\partial P}{\partial x},0\right),\tag{7.111}$$

由(7.88)，$\theta=\mu\omega\sigma+\nu^2$，可以得出：

$$\theta=2^{-1/2}\{[(k^4+\nu^4)^{\frac{1}{2}}+\nu^2]^{\frac{1}{2}}+\mathrm{i}[(k^4+\nu^4)^{\frac{1}{2}}+\nu^2]^{\frac{1}{2}}\}=\tau'+\mathrm{i}\boldsymbol{\tau}',\tag{7.112}$$

其中，

$$\begin{aligned}&k^2=\mu\sigma\omega,\\&\boldsymbol{\tau}'=2^{-\frac{1}{2}}\{(k^4+\nu^4)^{\frac{1}{2}}+\nu^2\}^{\frac{1}{2}}.\end{aligned}\tag{7.113}$$

由式(7.112)和式(7.113)可知，当 $z=1/\boldsymbol{\tau}'$时，感应电流将衰减 1/e，定义 $d=1/\boldsymbol{\tau}'$为穿透深度．当 ν→0，(7.113)将趋于方程(7.65)；但当 $\nu\neq0$，与(7.65)不同，穿透深度除与电导率σ和场的变化频率ω有关外，还依赖于场源线度 ν，当$\sigma=10^{-6}$ S/m，$T=100$ s，$1/\delta=(\mu\sigma\omega/$

2) $^{1/2}$~2.8×10^{-8}/cm，约与 v 同量级，这时 v 将对穿透深度有显著影响.而当σ=10^{-3}S/m 时(大于地壳岩石，小于海水的电导率)，T=10 s，1/δ~2.8×10^{-6}/cm，则穿透浓度受场源影响较小.

(5) 非周期变化场的电磁感应

以上介绍了周期性变化场电磁感应问题的定解方法．地磁变化场还有一类非周期变化，例如“磁暴时变化”D_{st}．对于周期变化场，扩散方程转化为求解无初值的亥姆霍兹方程．而非周期变化，则是按初值定解的扩散方程(5.14)，(5.15)．这里我们以均匀球体电磁感应为例，说明经积分变换求解非周期感应场的方法和步骤.

在自由空间($r>a$)解的形式仍为(7.78)．设非周期变化

$$\left.\begin{aligned} &e_n=\sum_s e_s(1-\mathrm{e}^{-\alpha_s t}), \quad t\geqslant 0\\ &e_n=0, \qquad\qquad\qquad\qquad t\leqslant 0\end{aligned}\right\}, \tag{7.114}$$

相应外源磁场的标量势

$$W_{e,n}^s=ae_s(1-\mathrm{e}^{-\alpha_s t})Y_n(\theta,\lambda)\rho^n. \tag{7.115}$$

为了方便，以下省略脚标 s，即只考虑(7.114)的一个典型项．不言而喻，要研究的地下电导，选择(7.114)中适当的参量 e_s，s，以较好地代表外源场，对测深结果是重要的.

§7.2.2(2)中(7.46)至(7.50)的步骤仍然全部适用.这里的主要任务是用积分变换求解方程(7.51)，利用边界条件(7.55)，(7.56)的定解问题．首先对方程(7.51)作拉普拉斯积分变换，设

$$\overline{R}_n(p,\rho)=\int_0^\infty \mathrm{e}^{-pt}R_n(t,\rho)\mathrm{d}t, \tag{7.116}$$

并记作 $R_n(t,\rho)\fallingdotseq\overline{R}_n(p,\rho)$，利用初始条件(7.82，$t$=0)，方程(7.51)变换为

$$\frac{\partial}{\partial\rho}\left[\rho^2\frac{\overline{R}_n(p,\rho)}{\partial\rho}\right]=\left\{n(n+1)+\mu\sigma pa^2\rho^2\right\}\overline{R}_n(p,\rho), \tag{7.117}$$

对于均匀电导率分布，式(7.117)为 n+1/2 阶球贝赛尔方程，在$\rho\to0$ 时有限的解为

$$\overline{R}_n(p,\rho)=\overline{C}_n\rho^{-1/2}I_{n+\frac{1}{2}}(ka\rho),\quad k^2=\mu\sigma p, \tag{7.118}$$

式(7.118)中 $\rho^{-1/2}$ 项完整的形式应为$(ka\rho)^{-1/2}$，但因附加部分对所有球贝赛尔函数都相同，省掉 ka 对最后结果没有影响，为方便，以下所有球贝赛尔函数都只有 $\rho^{-1/2}$ 项．常系数$\overline{C}_n(p)$ 由场的连续条件(7.55)，(7.56)的积分变换确定，即

$$\overline{C}(p)F_n(p,\rho)|_{\rho=1}=-\frac{1}{n+1}p\overline{e}_n(p)+\frac{1}{n}p\overline{i}_n(p), \tag{7.119}$$

$$\overline{C}(p)F_n(p,\rho)|_{\rho=1}-\overline{C}(p)\left\{\frac{\partial}{\partial\rho}F_n(p,\rho)\right\}=-\mu p[\overline{e}_n(p)+\overline{i}_n(p)], \tag{7.120}$$

式中，

$$\left.\begin{aligned} &F_n(p,\rho)=\rho^{-1/2}J_{n+\frac{1}{2}}(k\alpha\rho)\\ &\overline{e}_n(p)\fallingdotseq e_n(t)\\ &\overline{i}_n(p)\fallingdotseq i_n(t)\end{aligned}\right\}. \tag{7.121}$$

由(7.119)，(7.120)可以解出：

$$\bar{i}_n(p)=\frac{n}{n+1}\left\{1-\frac{(2n+1)\mu F_n(p,1)}{(n\mu+\mu_0)F_n(p,1)+\mu_0 F'}\right\}\bar{e}_n(p), \tag{7.122}$$

$$\bar{C}_n(p)=\left\{-\frac{1}{n+1}\cdot\frac{(2n+1)\mu}{(n\mu+\mu_0)F_n(p,1)+\mu_0 F'}\right\}\bar{e}_n(p), \tag{7.123}$$

(7.122)，(7.123)即(7.59)．由此可见，上述积分变换过程与将时间(t)，空间(r，θ，λ)域中$\partial/\partial t$换成算子p后的时空域中的处理方法完全相同，只要认定其所得结果已变换为新p和空间域就是了．所不同是的，对于周期场，得到(7.59)后，解已完全确定，而非周期场则还要把p，空间域的结果再作反变换到普通的时空域．这正是非周期场问题的关键所在．这种反变换的具体过程概括如下：

$$\bar{e}_n(p)=e_s\int_0^{\infty}\mathrm{e}^{-pt}(1-\mathrm{e}^{-\alpha t})\mathrm{d}t=\frac{e_s\alpha}{(p+\alpha)p}, \tag{7.124}$$

先由(7.114)解出$\bar{e}_n(p)$，再将(7.124)代入(7.122)，求解(7.122)的反变换，即在复平面p积分：

$$i_n(p)=\frac{1}{2\pi i}\int_{\delta-\mathrm{i}\infty}^{\delta+\mathrm{i}\infty}\left[\frac{n}{n+1}\left\{1-\frac{(2n+1)\mu F_n(p,1)}{(n\mu+\mu_0)F_n(p,1)+\mu_0 F'}\right\}\times\frac{e_s\alpha}{(p+\alpha)p}\right]\mathrm{e}^{pt}\mathrm{d}p, \tag{7.125}$$

式中，δ是实数．先取δ，使得p平面上与虚轴平行的积分路线，在被积函数全部奇点的右侧．下面将会看到，其奇点的实部全部小于零，因此积分线可取为$\delta>0$．选取如图7.34所示积分路线Γ，即由与虚轴平行的直线$\mathrm{Re}(p)=\delta$和左侧加一个圆环所构成的围道．其圆弧的圆心位于$D=0$点，半径为R．圆弧上的点$p=R\mathrm{e}^{\mathrm{i}\theta}$，不经过被积函数的任何奇点．由于被积函数的奇点是孤立的，这是可以做到的．可以证明，当$R\to\infty$时，沿如图所示迴路的积分与(7.125)的积分路线等效．而按柯西定理，这个迴路积分，等于被积分函数全部奇点处的残数之和乘以$2\pi i$．因此把(7.125)的积分化成了较简便的求残数和的问题．

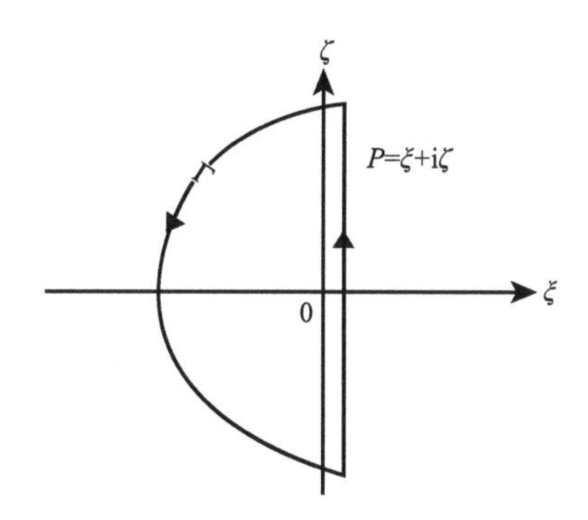

图7.34　拉普拉斯反变换由P到t域的积分路径

由式(7.121)可得：

$$\left.\begin{aligned}&\{F'(p,\rho)\}_{\rho=1}=-\frac{1}{2}J_{n+\frac{1}{2}}(ka)+ka\{J'_{n+\frac{1}{2}}(ka\rho)\}_{\rho=1}\\&J'_{n+\frac{1}{2}}=\frac{\partial}{\partial x}J_{n+\frac{1}{2}}(x),\quad x=ka\rho\\&J'_{n+\frac{1}{2}}=J_{n-\frac{1}{2}}-\frac{\left(n+\frac{1}{2}\right)}{ka}J_{n+\frac{1}{2}}\end{aligned}\right\}. \tag{7.126}$$

将(7.126)代入(7.125)：

$$i_n(t)=\frac{e_s}{2\pi i}\oint_{\Gamma R\to\infty}\left[\frac{n}{n+1}\left\{1-\frac{(2n+1)\mu J_{n+\frac{1}{2}}(ka)}{n(\mu-\mu_0)J_{n+\frac{1}{2}}+ka\mu_0J_{n-\frac{1}{2}}(ka)}\right\}\times\frac{\alpha}{p(p+\alpha)}\right]e^{pt}dp, \tag{7.127}$$

将(7.127)的积分分成两部分：

$$i_{n,1}(t)=\frac{e_s}{2\pi i}\oint_{\Gamma}\frac{n}{n+1}\cdot\frac{\alpha}{p(p+\alpha)}e^{pt}dp=\frac{n}{n+1}(1-e^{-\alpha t})e_s, \tag{7.128}$$

$$i_{n,2}(t)=\frac{-e_s}{2\pi i}\oint_{\Gamma}\left[\left\{\frac{n}{n+1}\cdot\frac{(2n+1)\mu J_{n+\frac{1}{2}}(ka)}{n(\mu-\mu_0)J_{n+\frac{1}{2}}+ka\mu_0J_{n-\frac{1}{2}}(ka)}\right\}\times\frac{\alpha}{p(p+\alpha)}\right]e^{pt}dp, \tag{7.129}$$

(7.129)的被积函数的奇点除$p=0$，$p=-\alpha$外，还包括花括号中分母的全部零点，即

$$n(\mu-\mu_0)J_{n+\frac{1}{2}}+ka\mu_0J_{n-\frac{1}{2}}(ka)=0 \tag{7.130}$$

的全部根．方程(7.130)有无穷多个一重实根$p=\alpha_{n\varsigma}$，

$$(ka)_{p=\alpha_{ns}}=\sqrt{\sigma\mu\alpha_{n\varsigma}}\,a=k_{n\varsigma}a,\quad \varsigma=1,2,\cdots \tag{7.131}$$

考虑到$\alpha_{n\varsigma}$与$e^{\alpha_{n\varsigma}t}$的自由衰减场相对应，$\alpha_{n\varsigma}$只能取负实数．下面分别求出积分(7.129)中被积函数全部极点处的残数(暂不考虑(7.128)，(7.129)中的常数因子：$-ne_s/(n+1)$)．由贝赛耳函数递推关系，

$$kaJ_{n-\frac{1}{2}}(kap)=(2n+1)J_{n+\frac{1}{2}}(kap)-kaJ_{n+\frac{3}{2}}(kap),$$

以及

$$\frac{J_{n+\frac{3}{2}}(kap)}{J_{n+\frac{1}{2}}(kap)}\to 0,\quad p\to 0,$$

当$p=0$，则由方程(7.129)，

$$\mathrm{Re}\,s[f(0)]=\frac{(2n+1)\mu}{n(\mu+\mu_0)+\mu_0}, \tag{7.132}$$

$p=-\alpha$处的残数不难求出，

$$\mathrm{Res}'[f(-\alpha)]=-\frac{(2n+1)\mu\mathrm{e}^{-\alpha t}J_{n+\frac{1}{2}}(k_\alpha a)}{n(\mu-\mu_0)J_{n+\frac{1}{2}}(k_\alpha a)+k_\alpha a\mu_0 J_{n-\frac{1}{2}}(k_\alpha a)} \tag{7.133}$$

式中，$k_\alpha^2=\mu\sigma\alpha$．$p=\alpha_{n\varsigma}$处的残数可借助于(7.130)等式左边函数的微分求出(注意，微分号下 ka, 应为 $k_p a$，$k_p^2=\mu\sigma p$)，

$$\begin{aligned}&\frac{\mathrm{d}}{\mathrm{d}p}\{n(\mu-\mu_0)J_{n+\frac{1}{2}}(ka)+ka\mu_0 J_{n-\frac{1}{2}}(ka)\}_{p=\alpha_{n\varsigma}}\\&=\left\{\frac{ka}{2p}[n(\mu-\mu_0)J'_{n+\frac{1}{2}}(ka)+ka\mu_0 J'_{n-\frac{1}{2}}(ka)+\mu_0 J_{n-\frac{1}{2}}(ka)]\right\}_{p=\alpha_{ns}}\\&=\left\{\frac{1}{2p}\left[\left(n\mu-\frac{1}{2}\right)J_{n-\frac{1}{2}}+\left(-n(\mu-1)\left(n+\frac{1}{2}\right)-(ka)^2\right)J_{n+\frac{1}{2}}\right]\right\}_{p=\alpha_{ns}}.\end{aligned} \tag{7.134}$$

考虑α_{ns}为方程(7.130)的根，则 $J_{n-1/2}$变换为 $J_{n+1/2}$，(7.134)改写为

$$\begin{aligned}&\frac{\mathrm{d}}{\mathrm{d}p}\{n(\mu-1)J_{n+\frac{1}{2}}+kaJ_{n-\frac{1}{2}}\}_{p=\alpha_{n\varsigma}}\\&=\frac{1}{2\alpha_{ns}}\{n(\mu-\mu_0)(n\mu+n+1)-k_{n\varsigma}^2a^2\}J_{n+\frac{1}{2}}(k_{n\varsigma}a).\end{aligned} \tag{7.135}$$

由(7.135)可以得 $p=\alpha_{n\varsigma}$ 处的留数：

$$\mathrm{Res}[f(\alpha_{n\varsigma})]=\frac{2(2n+1)\mu\alpha e^{\alpha_{n\varsigma}t}}{[n(\mu-1)(n\mu+n+1)-k_{n\varsigma}^2a^2](\alpha_{n\varsigma}+\alpha)},\quad \varsigma=1,2,\cdots \tag{7.136}$$

(7.132)，(7.133)和(7.136)即为(7.130)中被积函数在全部奇点处的残数，由此容易得出$i_{n,2}(t)$，再加上(7.128)$i_{n,1}(t)$，最后得

$$\begin{aligned}i_n(t)=\frac{ne_s}{n+1}&\left[-\frac{(n+1)(\mu-\mu_0)}{n\mu+n+1}-\mathrm{e}^{-\alpha t}+\frac{(2n+1)\mu J_{n+\frac{1}{2}}(k_\alpha a)\mathrm{e}^{-\alpha t}}{n(\mu-1)J_{n+\frac{1}{2}}(k_\alpha a)+k_\alpha aJ_{n-\frac{1}{2}}(k_\alpha a)}\right.\\&\left.+2(2n+1)\mu k_\alpha\sum_{\varsigma=1}^{\infty}\frac{\mathrm{e}^{\alpha_{n\varsigma}t}}{\{n(\mu-\mu_0)(n\mu+n+1)-k_{n\varsigma}^2a^2\}(k_{n\varsigma}^2+k_\alpha^2)}\right].\end{aligned} \tag{7.137}$$

根据函数在极点的留数就是函数分解为部分分式后，相应极点分式的系数这一性质，由(7.136)和(7.132)可得

$$\begin{aligned}&\frac{(2n+1)\mu J_{n+\frac{1}{2}}(ka)}{n(\mu-\mu_0)J_{n+\frac{1}{2}}(ka)+kaJ_{n-\frac{1}{2}}(ka)}\cdot\frac{1}{p}=\\&\sum_{\varsigma=1}^{\infty}\left\{\frac{1}{p-\alpha_{n\varsigma}}\times\frac{2(2n+1)\mu\alpha}{\left[n(\mu-\mu_0)(n\mu+n+1)-k_{n\varsigma}^2a^2\right](\alpha_{n\varsigma}+\alpha)}+\left\{\frac{(2n+1)\mu}{n\mu+n+1}\cdot\frac{1}{p}\right\}\right.,\end{aligned} \tag{7.138}$$

由(7.138)，令 $p=-\alpha$，可以得到

$$\frac{(2n+1)\mu J_{n+\frac{1}{2}}(k_\alpha a)}{n(\mu-1)J_{n+\frac{1}{2}}(k_\alpha a)+k_\alpha aJ_{n-\frac{1}{2}}(k_\alpha a)}=\frac{(2n+1)\mu}{n\mu+n+1}$$
$$+\sum_{\varsigma}\left\{\frac{-2(2n+1)\mu\alpha^2}{\{n(\mu-\mu_0)(n\mu+n+1)-k_{n\varsigma}^2a^2\}(\alpha_{n\varsigma}^2+\alpha^2)}\right\}, \tag{7.139}$$

(7.139)左侧即为(7.137)方括号中第二项，因此(7.137)可改写成

$$i_n(t)=\frac{ne_s}{n+1}\left[-\frac{(n+1)(\mu-\mu_0)}{n\mu+n+1}(1-\mathrm{e}^{-\alpha t})\right.$$
$$\left.+\sum_{\varsigma=1}^{\infty}\frac{2(2n+1)\mu k_a^2(\mathrm{e}^{\alpha_{n\varsigma}t}-\mathrm{e}^{-\alpha t})}{\{n(\mu-\mu_0)(n\mu+n+1)-k_{n\varsigma}^2a^2\}(k_{n\varsigma}^2+k_a^2)}\right], \tag{7.140}$$

由(7.140)容易看出，t=0，$i_n(t)$=0，与初始条件(7.114)吻合；由(7.123)，(7.31)按上述处理方法即可求得 $C_n(t)$ 和 $R_n(t, p)$．则与 $i_n(t)$ 一样，在 t=0 时，$C_n(t)$ 将为零，相应感应电流亦为零，与 $i_n(t)$ 相应的磁场标量势

$$W_i=a\rho^{-n-1}i_n(t)Y_n(\theta,\lambda) \tag{7.141}$$

亦为 0；若(7.114)中参量α>0，注意，前已指出，$\alpha_{n\varsigma}$<0, 则当 $t\to\infty$时，$e(t)\to e_s$，即外场趋于稳定值，与之相应的感应场即(7.140)的常数项

$$i_n(t\to\infty)=\frac{n(\mu-\mu_0)}{n\mu+n+1}.$$

这与地下介质静磁感应相当，若介质有铁磁性成分，即磁导率$\mu>\mu_0$(SI 单位)，在感应磁场作用下获得永久磁化(图 7.35)，可以看出，若不存在铁磁性，$i_n(t\to\infty)\to 0$，介质内无静磁感应．

又若$\alpha\to\infty$时，即外场为一单位脉冲，$i_n(t)\to\phi_n(t)$，$\phi_n(t)$ 即为地球介质的脉冲响应，与“急始”型外源感应场相对应，由(7.140)可得

$$\phi_n(t)=\frac{n}{n+1}\left\{2n(2n+1)\mu\sum_{\varsigma=1}^{\infty}\frac{\mathrm{e}^{\alpha_{n\varsigma}t}}{n(\mu-1)(n\mu+n+1)-k_{n\varsigma}^2a^2}\right.$$
$$\left.-\frac{(n+1)(\mu-\mu_0)}{n\mu+n+1}\right\}, \tag{7.142.1}$$

则对于任何外场 $e_n(t)$ 输入，地球介质的响应，即 $i_n(t)$ 为

$$i_n(t)=\frac{\mathrm{d}}{\mathrm{d}t}\int_0^t e_n(t-u)\phi_n(u)\mathrm{d}u=e(t)\phi(0)+\int_0^t e(t-u)\phi'(u)\mathrm{d}u, \tag{7.143}$$

式中，$\phi'=\mathrm{d}\phi/\mathrm{d}t$．但需注意，(7.142)对任意时刻 t 成立，但 t=0 例外，当 t=0，由(7.140)第一项，得，(7.142)最后常数项为 0，即

$$\phi_n(t)=\frac{n}{n+1}\left\{2n(2n+1)\mu\sum_{\varsigma=1}^{\infty}\frac{\mathrm{e}^{\alpha_{n\varsigma}t}}{n(\mu-1)(n\mu+n+1)-k_{n\varsigma}^2a^2}\right\}. \tag{7.142.2}$$

图 7.35 给出了外场(7.114) $e(t)$ 从 0，逐次上升，直至极值 $e(t)=e_s=1$；相应感应场 $i(t)$ 由 0，至极大后衰减，最后趋于与原磁场反向的静磁感应，若地球内部(地壳和上地幔)不存

有铁磁性介质，则最后趋于 0；地球电导介质对脉冲外场作用下的响应函数，即感应场 $\phi(t)$，由 $t\to 0$ 取极大值，后衰减，直至趋于 0（非铁磁性介质）或反向永久磁化的静磁感应（铁磁介质）.

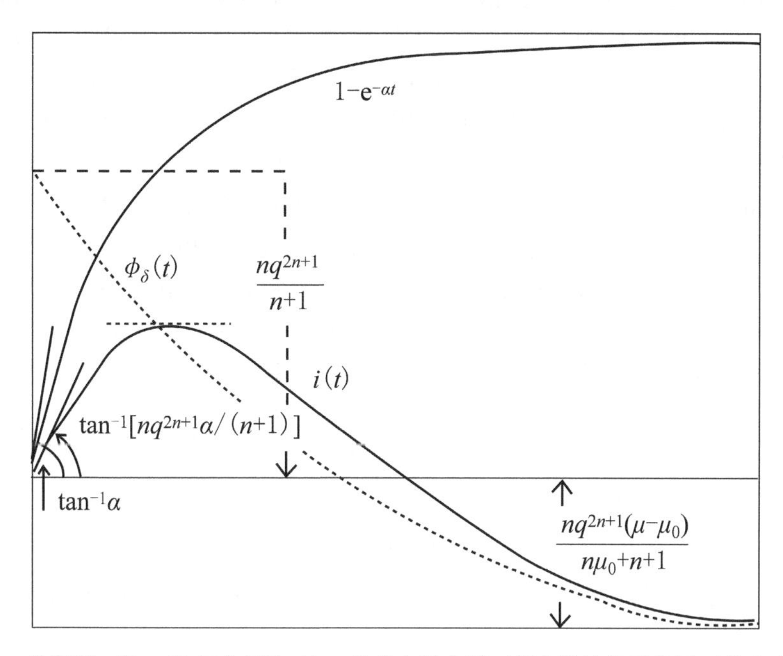

图 7.35　外源场 $e(t)$，相应感应场 $i(t)$，地球电导介质对极大脉冲外场作用下的响应函数，即感应场 $\phi(t)$ 随时间 t 的变化，图中标出了 $t=0$ 时，$e(t)=i(t)=0$，而 $\phi(t)$ 取极大；当 $t\to\infty$，$e(t)\to e_s=1$，而 $i(t)$，$\phi(t)\to 0$，若地下为非铁磁性介质，否则，将趋于如图所示的稳定的负值

若磁层环电流相对地轴旋转对称，则磁暴时变化 D_{st} 在外源场可表示为

$$e_1(t)=a\left[1-\mathrm{e}^{-s^2At}\right]\rho P_1(\cos\theta),\ s=1,2,\cdots$$

即（7.115）球面谐函数取 $n=1$，$m=0$，与 D_{st} 的主要项相当，而（7.114）取 $e_s=1$，$\alpha_s=s^2A$，

$$A=\pi^2/(\sigma\mu\alpha^2),$$

可得与之相应的内场，有

$$i_{Dst}(t)=\frac{3}{\pi^2}\left[\left\{At+\frac{21-2s^2\pi}{12s^2}\right\}\mathrm{e}^{-s^2At}-s^2\sum_{l=1}^{\infty}\frac{\mathrm{e}^{-l^2At}}{l^2(l^2-s^2)}\right],\tag{7.144}$$

式中，参数 l 不同于外场（5.114）中参数 s，但是在 s 外场作用下，与方程（7.140）中 $k_{n\varsigma}$ 相应的“附加”感应场，这里说的“附加”是相对外源 s 而言，即相对（7.144）花括弧中的一项．但 $\alpha_{n\zeta}$ 是方程（7.130）的负实根，k 也是（7.130）的根，但是在 $n=1$，$\mu=1$（在 e.m.u 单位制，在 SI 单位制 $\mu=\mu_0$）条件下（7.130）的根，即

$$J_{\frac{1}{2}}(ka)=\sin(ka)=0$$

的解，可得：

$$ka = l\pi, l = 1, 2, \cdots$$

$$\alpha_{ns,|n=1,\mu=\mu_0} = -l^2\pi^2 / (\mu\sigma a^2) = -l^2 A.$$

最后作两点说明：这里牵涉诸多参量，为不致误解，有再说明的必要，n 为球谐和贝赛尔函数的阶，m 为球谐函数的级；s，α_s 为描写外场的参量；ζ，n_ζ为在外场作用下附加的感应场，即内场的参量；l 为在 n=1，μ=μ_0 条件下的内场参量．需要注意的是，(7.144)的本征值 l，即在 n=1，μ=μ_0 与真空磁导率相同条件下方程(7.130)的根，$s\pi$，s=1，2，….

查普曼和普赖斯最先利用 D_{st} 的内外场系数研究了地球内部电导率的分布(Chapman and Price, 1965)，他们取非电导层的厚度 d 为 350 km，得出σ为 4.4×10^{-1}S/m(4.4×10^{-12} e.m.u)，与观测结果符合较好(表 7.4)．在计算中查普曼和普赖斯取与日变化符和较好的 $\sigma = 3.65\times10^{-2}$ S/m，$d = 0.96a \cong 250$ km，对于 D_{st}，计算和观测符和不差，但不理想．于是，他们把两者调高到上面的数值．D_{st} 的分析结果与 S_q 场结果的差异，不难理解，是由于电导率随深度增加，而 D_{st} 有较深的穿透深度的缘故(表 7.1)．最后还需略加说明的是，在查普曼-普赖斯的公式和计算中设定了一个厚度为d的非电导层，表征d的参数 q=1−a/d．在这节开头已经声明，假定$q=1$的所有结果，推算到q的适当值，原则上并无困难，具体分析如下，由内外场势(7.46)，可得

$$W_{ne|\rho=1} = ae_n(t)\rho^n Y_n \quad W_{zi|\rho=1} = ai_n(t)\rho^{-n-1}Y_n,$$

则利用地球表面$\rho=1$的观测值，可以求得$e_n(t)$, $i_n(t)$;而当界面移至$\rho=q$球面时，磁势成为

$$W_{ne|\rho=q} = ae_n(t)q^n Y_n \quad W_{zi|\rho=1} = ai_n(t)q^{-n-1}Y_n,$$

与$\rho=1$磁势相比，在$\rho=q$球面，外磁势减少，内势增加．这样边值关系(7.119)，(7.120)中的$e_n(t)$，$i_n(t)$必须改用自由空间与电导地球分界面ρ=q 的外内场势 $q^n e_n(t)$, $q^{-n-1}i_n(t)$，则可推得，与原来由$\rho=1$磁势计算得到的结果的关系为

$$\left.\frac{i_n(t)}{e_n(t)}\right|_{\rho=q} = q^{2n+1}\left.\frac{i_n(t)}{e_n(t)}\right|_{\rho=1}.$$

这意味着，原来所有$i_n(t)$的结果，例如，(7.122)，(7.125)，(7.137)和最后结果(7.140)都需乘以因数q^{2n+1}．容易看出，把界面取在地面，$\rho=1$，意味着加大了感应(内)场，从而推算的电导也必相应放大，物理上这不难理解，因为把界面取在地面，等于把厚度为 d 的非电导层看成与地幔一样的导体．

(6) 上地幔电导的横向不均匀性

到此所涉及的地球电导率都为一维模型，即只随深度变化，平面问题随 z 变化，球体问题则只随 r 变化，在数学上多用贝赛尔函数，这固然是因为地球电导率的深度变化确实是第一位的，但技术和资料的困难也不无问题．这里介绍一些结果，一则了解这一方面的进展，也可看到其中依然存在的问题，即资料和技术不能提供足够的分辨率．

任何线性系统输入和输出信息之间关系的数学表述，在一定意义上反映系统的性质，称作系统的响应函数，因多为矩阵形式，又称为响应矩阵，这是大家熟悉的信号处理的基本原则，至于反映系统的什么性质，则取决于输入信号的物理，地震信号反映地球介

质的弹性，电磁信号则是介质的电性，电导和磁导，因地球介质磁导几近常数，故电磁信号输入和输出关系所反映的是地球的电导性. 大地电磁测深，方程(7.10)，或(7.93)，(7.99)，就是这种关系的代表. 覆盖频段较宽的地球的变化磁场是研究地球电导性信息来源的主要部分，如地磁场的记录，包括地面和卫星，在全球有足够的覆盖，则在自由空间，磁势 u 满足拉普拉斯方程，$\nabla^2 u(r,\theta,\lambda)=0$，其解可展开为球面谐函数 $Y_n^m(\theta,\lambda)$，有

$$u(r,\theta,\lambda)=a\sum_{m,n}\left[\varepsilon_n^m\left(\frac{r}{a}\right)^n+i_n^m\left(\frac{a}{r}\right)^{n+1}\right]Y_n^m(\theta,\lambda),$$

式中，a 为地球半径，ε_n^m，i_n^m 是我们所熟悉的外源和内源部分，与§5.3.1(1)基本磁场内源场为主不同，地球的变化磁场则是外源场为主，内源场是外源场与地球介质作用电磁感应的结果，应用信号处理的术语，即外源 ε_n^m 是对地球介质的输入信号，内源 i_n^m 则是输出信息，我们的任务就是应用两者提供的信息，求解响应矩阵，以研究其中所包含的地球介质的电导，这里将着重地幔电导的横向不均匀性. 对于一般情况，即任一外场信号，ε_n^m，原则上可感应(产生)全部内源场项，

$$i_k^l=\sum_{n,m}Q_{kn}^{lm}\varepsilon_n^m,\quad k=1,2,3,\cdots,k;n=1,2,\cdots,m(l). \tag{7.145}$$

对于一维地球模型，即 $\sigma=\sigma(r)$，由于电性结构对于地轴的旋转对称性，与结构相关联的面函数，例如，$Q(\theta,\lambda)$ 可展开，如

$$Q(r,\theta,\lambda)=\sum_n f_n(r)P_n(\cos\theta)$$

与 m 无关. 因而对于一维地球，方程(7.145)退化为

$$i_m^n=Q_k\varepsilon_m^n, \tag{7.146}$$

方程(7.145)，(7.146)由输入 ε_n^m 输出 i_n^m，求解响应矩阵 Q 可以在时间域、也可在频率域进行(Vilinsky，2013，Puth and Kuvshinov，2014)，例如，Q 响应在频率 ω 域的求解，(7.415)可重写为

$$i_k^l(\omega)=\sum_{n,m}Q_{kn}^{lm}(\omega)\varepsilon_n^m(\omega),\quad k=1,2,3,\cdots,l;n=1,2,\cdots,m(l). \tag{7.147}$$

虽原则上外部输入信息，任何一个 ε_n^m，可感应无穷多输出，即 i_k^l，k=1，2，…，∞；l=1，2，…，k，但实际上不可能，也没必要，例如，对于方程(7.146)一维问题，ε_n^m 和 i_n^m 是一一对应的，即一个 ε_n^m 只能产生唯一一个输出 i_n^m，因此，输出信息 i_k^l，k, l 的取值，取值多少取决于介质横向不均匀的程度，当然实际应用时还要看信号的空间分辨率能有多高. 下面将会看到，如上所述，地球内部电导分布，除近地面约 10 km 外，随深度的变化是第一位的，即是说，与 ε_n^m 相应的输出 i_k^l，$k=n, l=m$ 最强，不同于 n, m 的 k, l, i_k^l 不仅小于 i_n^m，而且收敛很快，例如，这里要介绍的由磁层环电流所产生的地磁场磁暴时变化 D_{st}，研究地球上地幔电导分布，只取 k，l≤5，至于探测深度则按方程(7.64)，取决于信号频率 ω，这也是方程(7.147)在频率域求解响应函数 Q 较时间域优势所在，即其信号对应的深度“单一”有限. 还需要指出，变化磁场的源场大多远离地球，地球介质的感应电磁场对源场的反作用可以忽略，则方程(7.147)中外源 ε_n^m 的时空分布与地球介质

无关，完全取决于信号自身的时空特性，例如，下面将会看到，与环电流对应的外源信息，ε_1^0 项，即占绝对优势.

由(7.147)求解响应矩阵 Q_{kn}^{lm}，因 Fourier 展开基函数的正交性，原则上可以在单一频率进行，也可在全部 N_ω 频段内进行，但考虑计算量和有误差存在，以及下面求解第二步的需要，笔者以为，求解还是在单一频率 ω_i，i=1，2，…，N_ω 进行为上. 若有较多资料，可用最小二乘法求得较好的结果. 求解虽在频域进行，但操作上，还是把单一频率 ω_i 的内，外场系数反变换到时域 t_{ij}, t_{ip}，其中 i 与频率 ω_i 相应，j, p=1, …，N_d 或 N_s，N_d 或 N_s 为时段，这样，方程(7.147)改写为

$$I_k^l(t_{ij}) = E_n^m(t_{ip})Q_k^l + \delta I_k^l, \tag{7.148}$$

式中，$I_k^l(t_{ij})$ 为具有 N_d 个元素的列向量，由外源场 $i_k^l(\omega_i)$ 时间序列构成，按采样定理，取 $\Delta t N_d > 2\pi/\omega_i$，$\Delta t$ 为采样间距；$E_n^m(t_{ip})$ 为 $N_d \times N_s$ 矩阵，由内源场系数 $E_n^m(t_{ip})$ 的时间序列构成，由方程(7.147)成立，不难相信，$I_k^l(t_{ij})$，$E_n^m(t_{ip})$ 时间序列起始和终止点可任意选择，不同行和列的元速允许重复；Q_k^l 为长度为 N_s 的待求列向量，其中包括全部 Q_{kn}^{lm}，共 N_q 个，则 N_d, $N_s > N_q$, 而最小二乘法求解的需要，N_d, N_s 至少要几倍的 N_q. 方程(7.148)最小二乘法的形式，可一般表示为

$$\overline{Q_k^l} = \frac{1}{E_n^m (E_n^m)^T}\left[(E_n^m)^{\mathrm{T}} I_k^l\right], \tag{7.149}$$

式中，$\overline{Q_k^l}$ 为 Q_k^l 的计算值，角标 T 意为转置. 最小二乘法的求解还有诸多技术细节，例如计算值 $\overline{Q_k^l}$ 协方差 $C_k^l(\omega)$ 的估算，外源矩阵 E_n^m 对角元素的加权，如何迭代求解等，读者可参阅 Puthe 和 Kuvshinov(2014)等有关信息处理文献.

当 $Q_{kn}^{lm}(\omega)$ 求得后，下一步即如何提取 $Q_{kn}^{lm}(\omega)$ 中所包含的地球电导率，特别是地球电导率的横向不均匀性，这一过程一般称“反演”问题，而以上求解 Q_{kn}^{lm} 称为正演. 反演问题又称优化问题，我们熟知，反演问题解不是唯一的，因此定义或选择一个目标函数，而这里的问题，即选择地球电导率的分布，使其结果最接近目标函数，即所有可能解当中，最“优”的选择；为此又经常定义一个“罚”函数，顾名思义，原则上，罚函数即计算结果与目标函数的差异，其中最接近目标函数的结果，是罚函数最小的结果，因此，反演求解，目标函数或罚函数的选择至关重要. 例如，由 Q_{kn}^{lm} 反演地球电导，选择

$$\phi(M) = \sum_{\omega_i}\sum_{k,l}\sum_{n,m}\frac{\left[Q_{kn}^{lm,pred}(M,\omega) - Q_{kn}^{lm,obs}(\omega)\right]^2}{\delta^2 Q_{kn}^{lm}(\omega)} \tag{7.150}$$

为罚函数，式中，M 为待解地球电导(分布)模型参量，例如可直接选取各模型单元的电导率 σ_i 为模型参量，i=1，2，…，M，M=$N_r \times N_\theta \times N_\lambda$，$N_r$，$N_\theta$，$N_\lambda$ 分别为地球模型在 r，θ，λ 坐标方向分割的段数，参量 M 为地球模型分割所包含的总单元数；Q 右上角标“*obs*”，即第一步正演求得的响应矩阵 Q，角标“*pred*”为由所选电导分布模型，在已知外源场条件下，数值计算所求得的 Q 值；$\delta^2 Q_{kn}^{lm}(\omega)$ 为 $Q_{kn}^{lm,obs}(\omega)$ 估算的协方差. (7.150)对模型参数 σ_i 微分，

$$\frac{\partial}{\partial \sigma_i}\phi(\sigma_1,\cdots,\sigma_M)=0,\quad i=1,\cdots,M, \tag{7.151}$$

方程(7.151)总共有 M 个方程，求解 M 个模型参量 σ_i，通常先指定一地球模型，例如已有的一维电导分布，在外场已知的条件下，求解响应函数的“理论”值 $Q_{kn}^{lm,pred}$，计算后代入方程(7.150)，(7.151)，用逐步迭代法，步步逼近观测值 $Q_{kn}^{lm,obs}(\omega)$，直到差异落入设定的限度内，这时模型值 σ_i 即为要求的地球电导分布模型．当然，如果初始值距目标值太远，方程(7.151)可能发散．方程(7.150)，(7.151)意义是明确的，其中 $Q_{kn}^{lm,obs}(\omega)$ 所描述的是地球介质的电导率，因此方程(7.150)即把它设定为目标函数，或者说，是对所选模型的约束，(7.150)就是计算模型结果与所定目标或约束的差异；而(7.151)就是通过逐步修改模型以使其结果与目标函数差异达到最小，或者说使差异达到可以接受的程度．从中不难看出，全部求解过程，除第一步正演由实际测量地球变化磁场所得内外源场求得响应矩阵 $Q_{kn}^{lm,obs}(\omega)$，反演则是：第一，由已知外源场，例如给定 ε_n^m，和地球电导率模型，注意，这里已经假定，在模型每一单元，σ_i 均匀，则在模型单元内，电场 $\boldsymbol{E}(r,\theta,\lambda)$ 和磁场 $\boldsymbol{B}(r,\theta,\lambda)$ 满足扩散方程(5.15)，(5.14)，可用数值方法求解地球表面的磁场，$\boldsymbol{B}(r=a,\theta,\lambda)$（祁贵仲等，1981），或内场 $\boldsymbol{B_i}(r=a,\theta,\lambda)$；第二，由磁场分布经球谐展开求得内源场 i_k^l；第三，由给定外场 ε_n^m，计算所得内源场 i_k^l，重复正演过程求解响应函数 $Q_{kn}^{lm,pred}(\omega)$，后代入方程(7.150)，求解方程(7.151)．这三个过程不断重复，直到取得满意的地球电导率分布模型．从这三重过程可以看出，(7.150)要求求解响应函数“理论”值，三个步骤，只有第一步，求解地球表面磁场，$\boldsymbol{B}(r=a,\theta,\lambda)$，是新的，其他两步都是重复已有的过程，特别是所要计算的 $Q_{kn}^{lm,pred}(\omega)$ 只与内场 $\boldsymbol{B_i}(r=a,\theta,\lambda)$ 有关，在外源固定的条件下，两者都仅仅是电导分布的函数，只随电导率分布的改变而改变，这样方程(7.151)对模型参数 σ_i 的微分，即 $Q_{kn}^{lm,pred}(\omega)$ 对 σ_i 的微分，也必然与 $\boldsymbol{B_i}(r=a,\theta,\lambda)$ 对 σ_i 的微分有关，若如此，方程(7.151)的微分可直接由 $\boldsymbol{B_i}(r=a,\theta,\lambda)$ 取代，则以上三重过程可简化为只有第一步，如此，则计算效率可大大提高．

由以上磁势 $u(r,\theta,\lambda)$ 球函数级数展开可得

$$\begin{aligned}B_r^e(r=a,\theta,\lambda,\omega)&=-\sum_{n.m}n\varepsilon_n^m(\omega)Y_n^m(\theta,\lambda),\\ B_r^i(r=a,\theta,\lambda,\omega)&=\sum_{k,l}(k+1)i_k^l(\omega)Y_k^l(\theta,\lambda),\end{aligned} \tag{7.152}$$

按响应矩阵的定义，(7.152.2)还可以表示为

$$B_r^i(r=a,\theta,\lambda,\omega)=\sum_{n.m}\varepsilon_n^m(\omega)\left[\sum_{k,l}(k+1)Q_{kn}^{lm}(\omega)Y_n^m(\theta,\lambda)\right], \tag{7.153}$$

B_r^e，B_r^i 分别为地面磁场频率域 ω 径向分量，外源和内源场．若外源场 $\varepsilon_n^m(\omega)=1$，即频率域的单位函数，相当于时间域能量很强的脉冲函数，则外源场成为

$$B_{n,r}^{m,e}=nY_n^m(\theta,\lambda), \tag{7.154}$$

与之对应的内源场，由(7.153)可得

$$B_{n,r}^{m,i} = \sum_{k,l}(k+1)Q_{kn}^{lm}(\omega)Y_k^l(\theta,\lambda), \tag{7.155}$$

利用球谐函数的正交性，由(7.155)可得

$$Q_{kn}^{lm,pred}(\omega) = \frac{1}{(k+1)\left\|Y_k^l\right\|^2}\int_0^{\pi}\sin\theta \mathrm{d}\theta\int_0^{2\pi}(B_{n.r}^m - B_{n.r}^{m.e})Y_k^l(\theta,\lambda)\mathrm{d}\lambda, \tag{7.156}$$

式中，$(B_{n,r}^m - B_{n,r}^{m,e}) = B_{n,r}^{m,i}$，即用径向内外源场之和，减去外场取代了(7.155)中的内源场．不出所料，不需要求得内源场后再重复正演过程求解响应矩阵 $Q_{kn}^{lm,pred}(\omega)$，而是由数值计算，解电磁场的扩散方程求得的径向磁场和已知的外源场，由(7.156)求得 $Q_{kn}^{lm,pred}(\omega)$，特别是，在方程(7.156)中，外场 B^e 与电导率无关，(7.151)微分只与(7.156)中 B_r 总场有关．到此已介绍了反演求解地球电导率分布模型的基本原理，与正演问题一样，运算中还有一些技术细节和附加约束条件等，例如，Puthe 和 Kuvshinov 在(7.150)罚函数中还有一项响应函数 $Q_{kn}^{lm,obs}(\omega)$ 的协方差(Puthe and Kuvshinov，2014)，而微分(7.151)相当对模型目标函数增加一项约束，使协方差最小，因 $Q_{kn}^{lm,pred}(\omega)$ 直接与电导率有关，(7.150)所定义的罚函数当然是基本的．

Puthe 和 Kuvshinov(2014)利用 Swarm 卫星 4.5 年所测量的地磁暴时变化 D_{st}，研究了深至地下 1000 km 地球三维电导率的分布，他们声明，分析结果在 10—900 km 范围内有高的分辨率；信号频率选 2—30 天，之所以选 2 天，是为了避开 S_q 的影响；在数值模拟中，取 $n\leqslant 3$, $m\leqslant 1$, k, $l\leqslant 15$, 共分割 $N_M=N_r\times N_\theta\times N_\lambda=N_r(l+1)^2$ 个单元，在 r 方向分五层，实际计算中 900km 以下多分两层，当然，由于信号穿透深度和分辨率的限制，对结果并无实质意义；图 7.36 上图给出了一维五层电导率的分布，作为地幔横向不均匀性的背景电导率，即上述反演地幔电导率分布迭代计算过程的初始值；图 7.36 下图同时给出了模拟计算的四层目标电导率模型(target conductivity model)，其中 0—10 km 在迭代计算过程中保持不变；图 7.37 为五层电导率分布计算结果，最突出的横向异常当属由 400 km 开始，直到 800 km 太平洋区域较周边区域的高电导分布，应与环太平洋地震带，太平洋板块向大陆板块俯冲构造相关，也是图 7.36 电导分布的必然结果；图 7.38 仅给出两层，400—600 km 与 600—800 km，而外场仅取 ε_1^0 的计算结果，可以看出，与图 7.37 相应两层结果接近，这就是如前所料，由于环电流的几何分布，D_{st} 外场以 ε_1^0 为主．

7.2.3　薄层导体和上地幔的屏蔽效应

在全球广阔的地面上有海洋的分布，与地壳和上地幔相比，它的厚度很薄，但电导率却很高，为 0.5—1.0 S·m^{-1}(0.5—1.0×10^{-11} e.m.u.)．在地壳中也存在有局部性的高电导薄层．考虑这种类型的介质对电磁感应结果的影响是利用电磁感应方法研究深部电性结构经常遇到的问题．它们的共同特点是，多数自然电磁场的穿透深度都远远大于介质的厚度，因此可以把介质作为薄层处理．另外，它们的电导率都远高于周围介质，因此又可以忽略周围介质的电导性，把它视为绝缘介质．对于海洋的影响须考虑球面分布，而地壳高导层则可视为平面薄层，因此又可分为球面薄层和平面薄层的电磁感应问题．

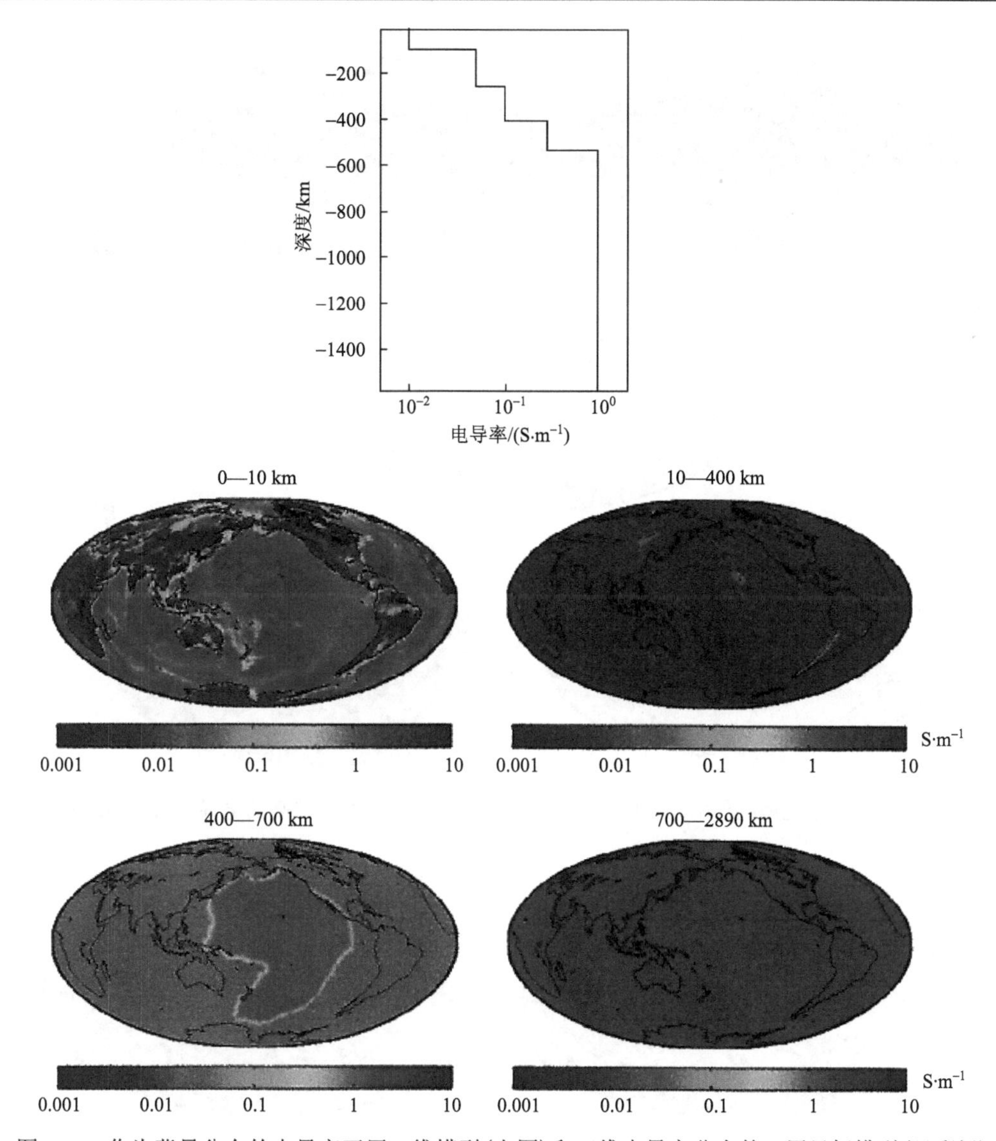

图 7.36　作为背景分布的电导率五层一维模型(上图)和三维电导率分布的三层目标模型(见彩插)

(1) 薄层导体的电磁感应

(i) 基本方程

假定将一导电薄层放在绝缘介质中，在薄层中的总电流

$$i_s = \int_0^d \boldsymbol{i} \cdot \mathrm{d}\boldsymbol{s}$$

其中，i 为电流密度，d 为薄层厚度．同样定义薄层的积分电阻率ρ,

$$\frac{1}{\rho} = \int_0^d \sigma \mathrm{d}\boldsymbol{s}.$$

若平行于薄层面的电场强度的分量为 E_s，则

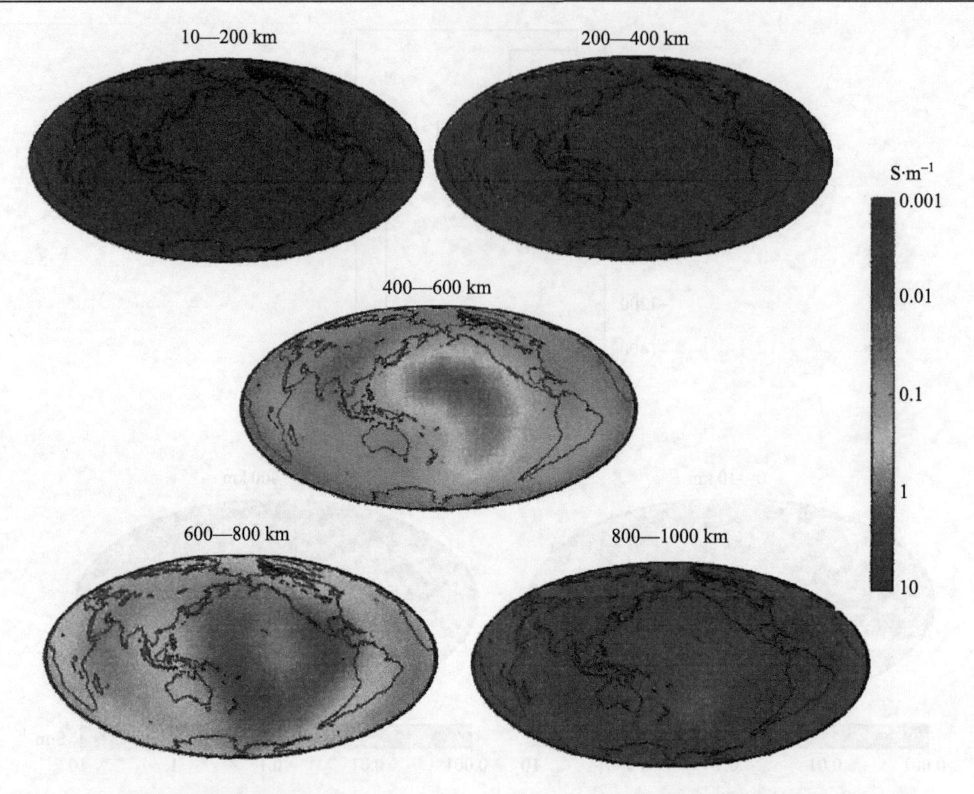

图 7.37　三维地幔电导率分布模型，太平洋地区较周围区域有较高的电导分布(见彩插)

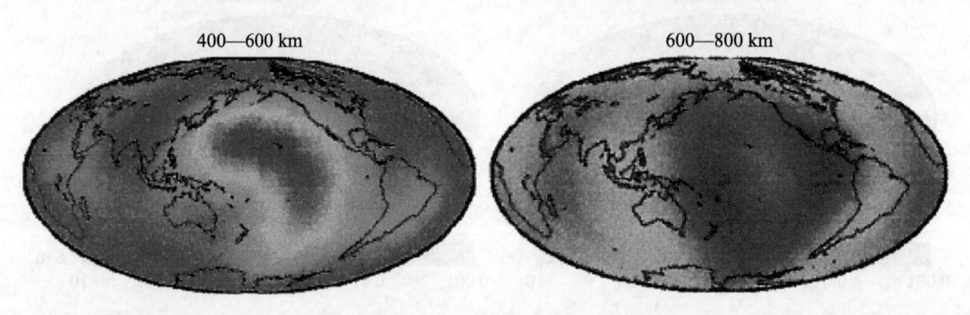

图 7.38　400—600 km，600—800 km 两层，外场只取 ε_1^0 的计算结果，与图 7.37 结果接近(见彩插)

$$\boldsymbol{E}_s = \rho \boldsymbol{i}_s. \tag{7.157}$$

在薄层内，由法拉第电磁感应定律可得

$$\nabla \times \boldsymbol{E}_s = -\boldsymbol{n}\frac{\partial B_n}{\partial t}, \tag{7.158}$$

n 为薄层的法线方向．将(7.157)代入(7.158)，得

$$\rho \nabla \times \boldsymbol{i}_s + \nabla \rho \times \boldsymbol{i}_s = -\boldsymbol{n}\frac{\partial B_n}{\partial t}. \tag{7.159}$$

将安培定律用于图 7.39 所示小迴路，则有

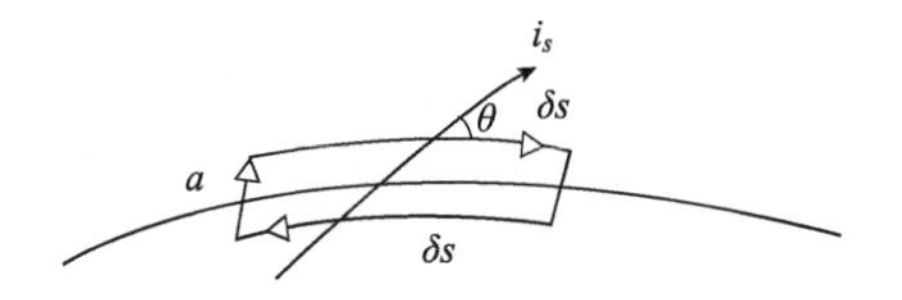

图 7.39　薄层导体和积分迴路

$$(B_s)_+\delta s-(B_s)_-\delta s=\mu i_s\delta s\sin\theta,$$

下标+，−分别表示薄层导体外的正侧和相反一侧，θ是δs 和 i 之间的锐角，可得

$$\boldsymbol{i}=(1/\mu)\boldsymbol{n}\times(\boldsymbol{B}_+-\boldsymbol{B}_-).\tag{7.160}$$

定义电流函数Ψ,

$$\boldsymbol{i}=-\boldsymbol{n}\times\nabla\Psi,\tag{7.161}$$

则由(7.160)可得

$$\Psi=(W_+-W_-),\tag{7.162}$$

W 是层外自由空间的磁势．若将(7.160)代入(7.159)，得

$$\rho\nabla\times[n\times(\boldsymbol{B}_+-\boldsymbol{B}_-)]+\nabla\rho\times[n\times(\boldsymbol{B}_+-\boldsymbol{B}_-)]=-\boldsymbol{n}\frac{\partial B_n}{\partial t},\tag{7.163}$$

化简后可得

$$\rho\boldsymbol{n}\nabla\cdot(\boldsymbol{B}_+-\boldsymbol{B}_-)+\nabla\rho\cdot(\boldsymbol{B}_+-\boldsymbol{B}_-)\boldsymbol{n}=-\frac{\partial B_n}{\partial t}\boldsymbol{n}.\tag{7.164}$$

若薄层外部源场产生的磁势为 W_e，由于电磁感应产生的磁势为 W_i，则有 $W=W_e+W_i$．由于外源磁场在层面上是连续的，则式(7.164)成为

$$\rho\nabla\cdot[\nabla(W_{i+}-W_{i-})]+\nabla\rho\cdot\nabla(W_{i+}-W_{i-})=-\frac{\partial}{\partial t}\left(\frac{\partial W_e}{\partial\boldsymbol{n}}+\frac{\partial W_i}{\partial\boldsymbol{n}}\right),\tag{7.165}$$

在薄层外 W_i 满足

$$\nabla^2W_i=0,\tag{7.166}$$

方程(7.165)，(7.166)即为当 W_e 已知时，求解由薄层电磁感应而产生的磁势 W_i 的基本方程．

(ii) 平面薄层

取直角坐标系$(x,\ y,\ z)$，设平面薄层位于 z=0 的平面，由于

$$W_{i+}=-W_{i-}\tag{7.167}$$

成立，则有

$$\Psi=W_{i+},\tag{7.168}$$

式(7.165)成为

$$-\rho\frac{\partial^2W_i}{\partial z^2}+\nabla\rho\cdot\nabla W_{i+}=-\frac{\partial}{\partial t}\left(\frac{\partial W_e}{\partial z}+\frac{\partial W_i}{\partial z}\right),\tag{7.169}$$

或用 ψ,

$$\rho\left(\frac{\partial^2\Psi}{\partial x^2}+\frac{\partial^2\Psi}{\partial y^2}\right)+\frac{\partial\rho}{\partial x}\cdot\frac{\partial\Psi}{\partial x}+\frac{\partial\rho}{\partial y}\cdot\frac{\partial\Psi}{\partial y}=-\frac{\partial B_z}{\partial t},\quad z=0. \tag{7.170}$$

均匀薄层

当薄层的电阻抗均匀时，(7.169)简化为

$$\rho\left(\frac{\partial^2 W_i}{\partial z^2}\right)_+=p\left(\frac{\partial W_e}{\partial z}+\frac{\partial W_i}{\partial z}\right)_+, \tag{7.171}$$

其中，p 表示$\partial/\partial t$．若外部磁场为

$$W_e = Ae^{\lambda z}\sin\lambda x, \tag{7.172}$$

则因电磁感应产生的磁势为

$$W_i=\begin{cases}Be^{-\lambda z}\sin\lambda x, & z>0,\\ -Be^{\lambda z}\sin\lambda x, & z<0,\end{cases} \tag{7.173}$$

由 z=0 处的边界条件(7.171)，得

$$B = p(\rho\lambda+p)^{-1}A, \tag{7.174}$$

在 z>0 的自由空间，总磁势为

$$W=\rho(\rho+p/\lambda)^{-1}W_e,\quad z>0.$$

若磁场时间因子为 $e^{i\alpha t}$，$\alpha=2\pi/T$，则式(7.174)中 $p=i\alpha$．由此可见，由于薄层的存在，磁场将被屏蔽，其衰减因子为

$$f=\rho^{-1}\left(\rho+\frac{i\alpha}{\lambda}\right), \tag{7.175}$$

ρ，α，λ为实数，(7.175)还可以改写为

$$\left.\begin{aligned}&f=Ae^{i\varphi}\\&A=\left[1+\left(\frac{\alpha}{\rho\lambda}\right)^2\right]^{1/2}\\&\tan\varphi=\frac{\alpha}{\rho\lambda}\end{aligned}\right\}, \tag{7.176}$$

式中，A 为幅度衰减因子，φ为位相变化．从(7.176)可以看出，薄层电导愈强，源场频率愈高，薄层屏蔽作用愈强，场的相位改变也愈大，这显然应在预料之中．对于均匀薄层，水平两个方向 x 和 y 可以有不同的源场，即 λ_x，λ_y 可以不同，处理方法不变，因两者相互独立．对一般源场，则可分解为不同空间波数 λ_i 的外源或非周期场的电磁感应问题．

非均匀薄层

力武常次(1972)在处理非均匀薄层问题时假定电阻抗ρ只在 x 方向有变化，外部磁场在 x 方向没有变化，其磁势为

$$W_e = Ae^{-qz}\cos qy, \tag{7.177}$$

则由薄层电磁感应产生的磁势可写成

$$W_i = \cos qy \sum_{m=0}^{\infty} \mathrm{e}^{\sqrt{m^2p^2+q^2}}(i_{mc}\cos mpx + i_{ms}\sin mpx), \tag{7.178}$$

相应电流函数为

$$\varPsi = \cos qy \sum_{m=0}^{\infty}(K_{mc}\cos mpx + K_{ms}\sin mpx), \tag{7.179}$$

则由式(7.168)得

$$i_{mc} = K_{mc}, i_{ms} = K_{ms}. \tag{7.180}$$

若平面薄层位于 z=0 处，则边界条件式(7.169)可以写成如下形式：

$$\begin{aligned}&\sum_{m=0}^{\infty}\left[\rho(m^2p^2+q^2)\cos mpx + \left(\frac{\mathrm{d}\rho}{\mathrm{d}x}\right)mp\sin mpx\right]K_{mc}\\&+\sum_{m=0}^{\infty}\left[\rho(m^2p^2+q^2)\sin mpx + \left(\frac{\mathrm{d}\rho}{\mathrm{d}x}\right)mp\cos mpx\right]K_{ms}\\&=\frac{\partial}{\partial t}\left[Aq - \sum_{m=0}^{\infty}\sqrt{m^2p^2+q^2}(K_{mc}\cos mpx + K_{ms}\sin mpx)\right],\end{aligned} \tag{7.181}$$

用 cosMpx 乘式(7.181)的两边，从$-\pi/p$ 到π/p 对 x 积分，可得：

$$\begin{aligned}&\sum_{m=0}^{\infty}\left[(m^2p^2+q^2)\int_{-\pi/p}^{\pi/p}\rho(x)\cos mpx\cos Mpx\mathrm{d}x + mp\int_{-\pi/p}^{\pi/p}\frac{\mathrm{d}\rho}{\mathrm{d}x}\sin mpx\cos Mpx\mathrm{d}x\right]K_{mc}\\&+\sum_{m=0}^{\infty}\left[(m^2p^2+q^2)\int_{-\pi/p}^{\pi/p}\rho(x)\sin mpx\cos Mpx\mathrm{d}x - mp\int_{-\pi/p}^{\pi/p}\frac{\mathrm{d}\rho}{\mathrm{d}x}\cos mpx\cos Mpx\mathrm{d}x\right]K_{ms}\\&=\begin{cases}(2\pi/p)\dfrac{\mathrm{d}}{\mathrm{dt}}[Aq - qK_{0c}], & M=0,\\-(2\pi/p)\sqrt{M^2p^2+q^2}\dfrac{\mathrm{d}K_{Mc}}{\mathrm{d}t}, & M>0.\end{cases}\end{aligned} \tag{7.182}$$

若ρ_0为ρ的量度单位，p 为距离 x 的量度单位，即

$$\rho_1 = \rho/\rho_0, \quad s = px, \tag{7.183}$$

ρ_1 定义为无量纲阻抗，x 由 $\pi/p \to -\pi/p$，变换后，s 由$-\pi \to \pi$(图 7.40)，则式(7.182)可写成

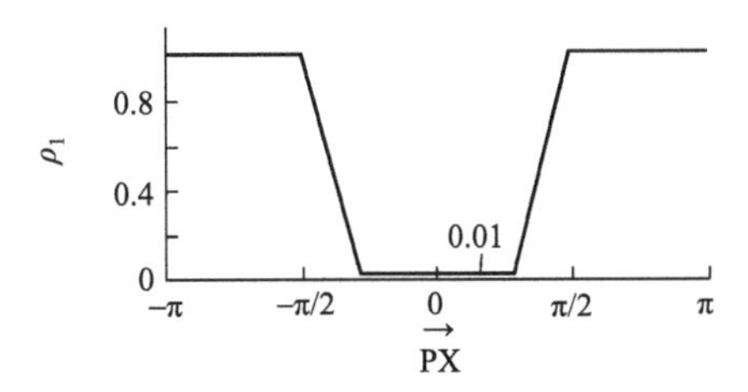

图 7.40　ρ_1的分布

$$\sum_{m=0}^{\infty}\left[\{A_1(m,M)+A_3(m,M)\}K_{mc}+\{B_1(m,M)-B_3(m,M)\}K_{ms}\right]$$

$$=\begin{cases}(2\pi/\rho_0 p)(q/p)\dfrac{\mathrm{d}}{\mathrm{dt}}[A-K_{0c}], & M=0,\\ -(2\pi/\rho_0 p)\sqrt{M^2+q^2/p^2}\,\dfrac{\mathrm{d}K_{Mc}}{\mathrm{d}t}, & M>0,\end{cases}\tag{7.184}$$

式中，

$$\left.\begin{aligned}A_1(m,M)&=(m^2+q^2/p^2)\int_{-\pi}^{\pi}\rho_1(s)\cos ms\cos Ms\mathrm{d}s\\ A_3(m,M)&=m\int_{-\pi}^{\pi}\frac{\mathrm{d}\rho_1}{\mathrm{d}s}\sin ms\cos Ms\mathrm{d}s\\ B_1(m,M)&=(m^2+q^2/p^2)\int_{-\pi}^{\pi}\rho_1(s)\sin ms\cos Ms\mathrm{d}s\\ B_3(m,M)&=m\int_{-\pi}^{\pi}\frac{\mathrm{d}\rho_1}{\mathrm{d}s}\cos ms\cos Ms\mathrm{d}s\end{aligned}\right\}.\tag{7.185}$$

若用 $\sin Mpx$ 代替 $\cos Mpx$，同样可得

$$\sum_{m=0}^{\infty}\left[\{A_2(m,M)+A_4(m,M)\}K_{mc}+\{B_2(m,M)-B_4(m,M)\}K_{ms}\right]$$

$$=\begin{cases}0, & M=0,\\ -(2\pi/\rho_0 p)\sqrt{M^2+q^2/p^2}\,\dfrac{\mathrm{d}K_{Ms}}{\mathrm{d}t}, & M>0,\end{cases}\tag{7.186}$$

式中，

$$\left.\begin{aligned}A_2(m,M)&=(m^2+q^2/p^2)\int_{-\pi}^{\pi}\rho_1(s)\cos ms\sin Ms\mathrm{d}s\\ A_4(m,M)&=m\int_{-\pi}^{\pi}\frac{\mathrm{d}\rho_1}{\mathrm{d}s}\sin ms\sin Ms\mathrm{d}s\\ B_2(m,M)&=(m^2+q^2/p^2)\int_{-\pi}^{\pi}\rho_1(s)\sin ms\sin Ms\mathrm{d}s\\ B_4(m,M)&=m\int_{-\pi}^{\pi}\frac{\mathrm{d}\rho_1}{\mathrm{d}s}\cos ms\sin Ms\mathrm{d}s\end{aligned}\right\},\tag{7.187}$$

式(7.184)和(7.186)即为求解 K_{mc} 和 K_{ms} 的联立微分方程组.

周期性变化

在外部磁场的变化完全是周期性变化时，若周期为 T，则

$$\frac{\mathrm{d}}{\mathrm{d}t}=\mathrm{i}\alpha(\alpha=2\pi/T,i=\sqrt{-1}),\tag{7.188}$$

将 K_{mc}，K_{ms} 的虚、实部分开，

$$\left.\begin{aligned}K_{mc}&=\bar{K}_{mc}+\mathrm{i}K_{mc}^*\\ K_{ms}&=\bar{K}_{ms}+\mathrm{i}K_{ms}^*\end{aligned}\right\},\tag{7.189}$$

则(7.184)和(7.186)成为

$$
\begin{aligned}
&\sum_{m=0}^{\infty}\left[(A_1+A_3)\bar{K}_{mc}+(B_1-B_3)\bar{K}_{ms}-2\pi\beta\varepsilon\sqrt{M^2+q^2/p^2}K_{Mc}^{*}=0\right],\\
&\sum_{m=0}^{\infty}\left[(A_1+A_3)K_{mc}^{*}+(B_1-B_3)K_{ms}^{*}+2\pi\beta\varepsilon\sqrt{M^2+q^2/p^2}\bar{K}_{Mc}\right],\\
&\sum_{m=0}^{\infty}\left[(A_2+A_4)\bar{K}_{mc}+(B_2-B_4)\bar{K}_{ms}-2\pi\beta\delta\sqrt{M^2+q^2/p^2}K_{Mc}^{*}=0\right],\\
&\sum_{m=0}^{\infty}\left[(A_2+A_4)K_{mc}^{*}+(B_2-B_4)K_{ms}^{*}+2\pi\beta\delta\sqrt{M^2+q^2/p^2}\bar{K}_{Ms}=0\right],
\end{aligned}
\tag{7.190}
$$

式中，

$$
\left.\begin{aligned}
&\beta=\pi\alpha/\rho_0 p\\
&\left.\begin{aligned}\gamma&=1\\ \delta&=0\\ \varepsilon&=2\end{aligned}\right\}M=0,\quad \left.\begin{aligned}\gamma&=0\\ \delta&=1\\ \varepsilon&=1\end{aligned}\right\}M>0
\end{aligned}\right\}.
\tag{7.191}
$$

若适当取 m 和 M，(7.190)就成为求解 $\bar{K}_{mc}$，K_{mc}^{*}，$\bar{K}_{ms}$，K_{ms}^{*} 的实变量未知元的联立方程组. 在下面实例的计算中，取 m，M=0，1，2，…，11，式(7.178)为 48 个未知元素的联立方程组.

为模拟海水的影响，取如图 7.40 所示的ρ_1 分布. 海水的电导率约为 10S/m(10^{-11} e.m.u.)，泥土的电导率一般为 10^{-2}S/m(10^{-13} e.m.u.). 因此，在海陆的分界处的电阻抗有很大的差别. 同时还应考虑到海水的深度逐渐变化的因素. 根据这些参数将图 7.40 所示的ρ_1 分布具体化为

$$
\left.\begin{aligned}
&\rho_1=1.00, && -\pi\leqslant px\leqslant-\frac{\pi}{2}\\
&\rho_1=1.00-\frac{4.95}{\pi}\left(px+\frac{\pi}{2}\right), && -\frac{\pi}{2}<px\leqslant-\frac{3}{10}\pi\\
&\rho_1=0.01, && -\frac{3}{10}\pi<px\leqslant\frac{3}{10}\pi\\
&\rho_1=0.01+\frac{4.95}{\pi}\left(px-\frac{3}{10}\pi\right), && \frac{3}{10}\pi<px\leqslant\frac{\pi}{2}\\
&\rho_1=1.00, && \frac{\pi}{2}<px\leqslant\pi
\end{aligned}\right\},
\tag{7.192}
$$

实际计算时，将 px 从$-\pi$到π分成 100 个小区间，则在第 i 个点有

$$
\left(\frac{\mathrm{d}\rho_1}{\mathrm{d}x}\right)_i=\frac{1}{\Delta x}\left[\frac{\rho_{1,i+1}-\rho_{1,i-1}}{2}-\frac{1}{6}\frac{\rho_{1,i+2}-2\rho_{1,i+1}+2\rho_{1,i-1}-\rho_{1,i-2}}{2}\right],
\tag{7.193}
$$

式中，Δx 是两点间的距离. 由(7.193)，即可对(7.185)和(7.187)进行数值积分，求得参数 A，B；由(7.190)求解 $\bar{K}$ 和 K^{*}，则最后可解得感应场 W_i(7.178)和薄层内电流函数 Ψ(7.179). 在计算中取参数 p=q. 对于空间波数 p，假定取纬度 38°处、经度角距 40°的

弧长作为半波长，则 p=1.793×10^{-8}，如图 7.40 所示ρ_1=1，若陆地电导率σ=10^{-2}S/m(10^{-13} e.m.u.)，厚度为 10km，则ρ_0=10^{-9}Ω (10^{-7} e.m.u.)，p/ρ_0=1.793Ω (0.1793 e.m.u.)．对于周期 T=1 小时的源场，t=0，π/3，2π/3 的计算所得电流函数Ψ等值线的分布如图 7.41 所示．由图可以看出，感应电流主要集中于薄层的高导区，在高导电区的边缘，垂直分量 Z 最强．在高电导区两侧，Z 反向，离开高电导区，Z 迅速衰减，这可定性解释前面所说的海岸效应．

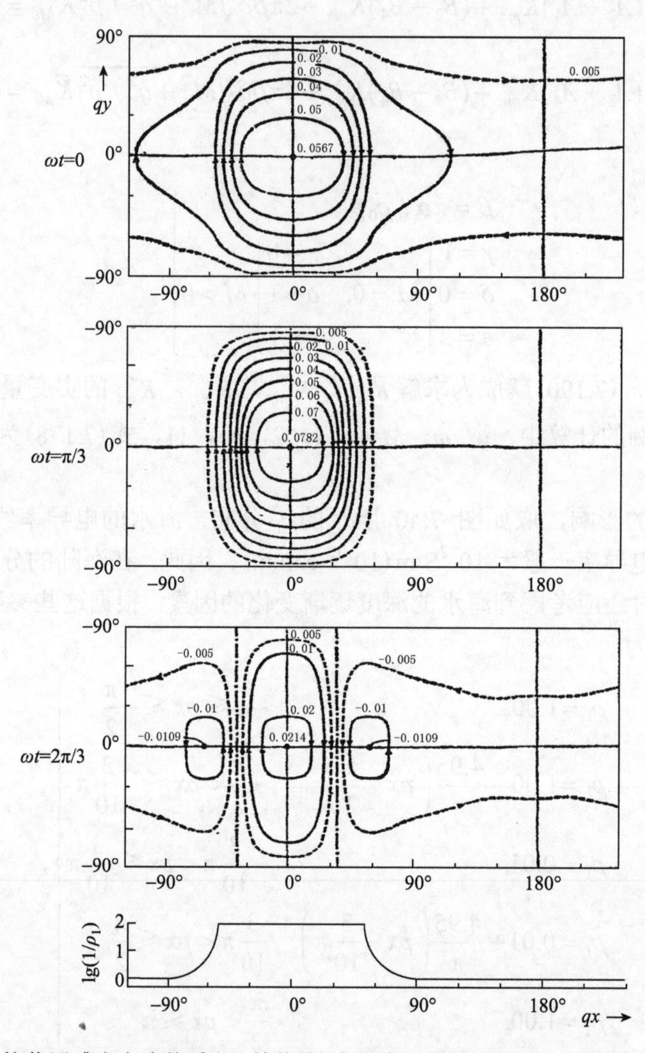

图 7.41　T=1 h 的薄层感应电流体系(Ψ 等值线)底部为无量纲电导率ρ 的分布(力武常次, 1972)

非周期变化

对于非周期变化，将方程(7.184)用差分近似，得

$$\sum_{m=0}^{\infty}\left[\{A_1(m,M)+A_3(m,M)\}K_{mc}(t)+\{B_1(m,M)-B_3(m,M)\}K_{ms}(t)\right]$$
$$=\begin{cases}\dfrac{1}{\Delta t}\cdot\dfrac{2\pi}{\rho_0 p}\cdot\dfrac{q}{p}[A(t+\Delta t)-A(t)-\{K_{0c}(t+\Delta t)-K_{0c}(t)\}], & M=0,\\ -\dfrac{1}{\Delta t}\cdot\dfrac{2\pi}{\rho_0 p}\sqrt{M^2+q^2/p^2}\{K_{Mc}(t+\Delta t)-K_{Mc}(t)\}, & M>0,\end{cases} \tag{7.194}$$

将(7.194)改写为

$$K_{0t}(t+\Delta t)=K_{0c}(t)-\frac{p}{2Cq}\sum_{m=0}^{\infty}\left[\{A_1(m,0)+A_3(m,0)\}K_{mc}(t)\right.$$
$$\left.+\{B_1(m,0)-B_3(m,0)\}K_{ms}(t)\right]-\{A(t+\Delta t)-A(t)\}/2\pi,\quad M=0, \tag{7.195}$$

$$K_{Mc}(t+\Delta t)=K_{Mc}(t)-\frac{p}{C\sqrt{M^2+q^2/p^2}}\times\sum_{m=0}^{\infty}\left[\{A_1(m,M)+\right.$$
$$\left.A_3(m,M)\}\times K_{mc}(t)+\{B_1(m,M)-B_3(m,M)\}K_{ms}(t)\right],\quad M>0, \tag{7.196}$$

同样，由(7.186)可得

$$K_{Ms}(t+\Delta t)=K_{Ms}(t)-\frac{p}{C\sqrt{M^2+q^2/p^2}}\times\sum_{m=0}^{\infty}\left[\{A_2(m,M)+A_4(m,M)\}K_{mc}(t)\right.$$
$$\left.+\{B_2(m,M)-B_4(m,M)\}K_{ms}(t)\right],\quad M>0, \tag{7.197}$$

其中，

$$C=\frac{2\pi}{\Delta t\rho_0 p}. \tag{7.198}$$

若 $K(t)$ 给定(相当于初始值)，则由(7.195)—(7.197)可求出 $t+\Delta t$ 时的各个 K 值．如此循环，则可求得指定时刻 t 的流函数 Ψ 和感应场 W_i．适当地选取 Δt 是很重要的，若 Δt 取值过大，则不能得到稳定的解，反之若 Δt 取值过小，则将过多地耗费计算时间．

作为非周期性变化的实例，考虑由 $t=0$ 时单位振幅的外部磁场感应产生的电流的自然衰减问题．对于电导率取与上述周期场相同的分布．这时，因 $t=0$，$K_{0c}=1/2\pi$，而其他的系数皆为零．如图 7.42a 所示，感应电流将平行于 x 轴流动．

图 7.42 给出了 $t=0$，20，40，60，80 以及 100 s 的感应电流函数 Ψ 的等值线图．由图可见，电流强度随时间的增加而衰减，电流集中在薄层的高电导率区．也就是说，阻抗高的地方的电流几乎为零，只有在低阻抗的地方，电流依然存在．这是容易理解的，因为阻抗高，焦耳热损耗大，衰减就快，而高导区则相反．对于磁场，若 $t=0$ 时，感应场完全抵消了外源场，则当 $t>0$ 时，高导区边缘却产生较强的磁异常，且随时间衰减很慢．

(iii) 球面薄层

在地磁学中，薄球壳的电磁感应是特别重要的．若球壳半径为 a，用球坐标(r，θ，λ)，在薄层内外磁场的法向分量连续，则基本方程式(7.165)简化为

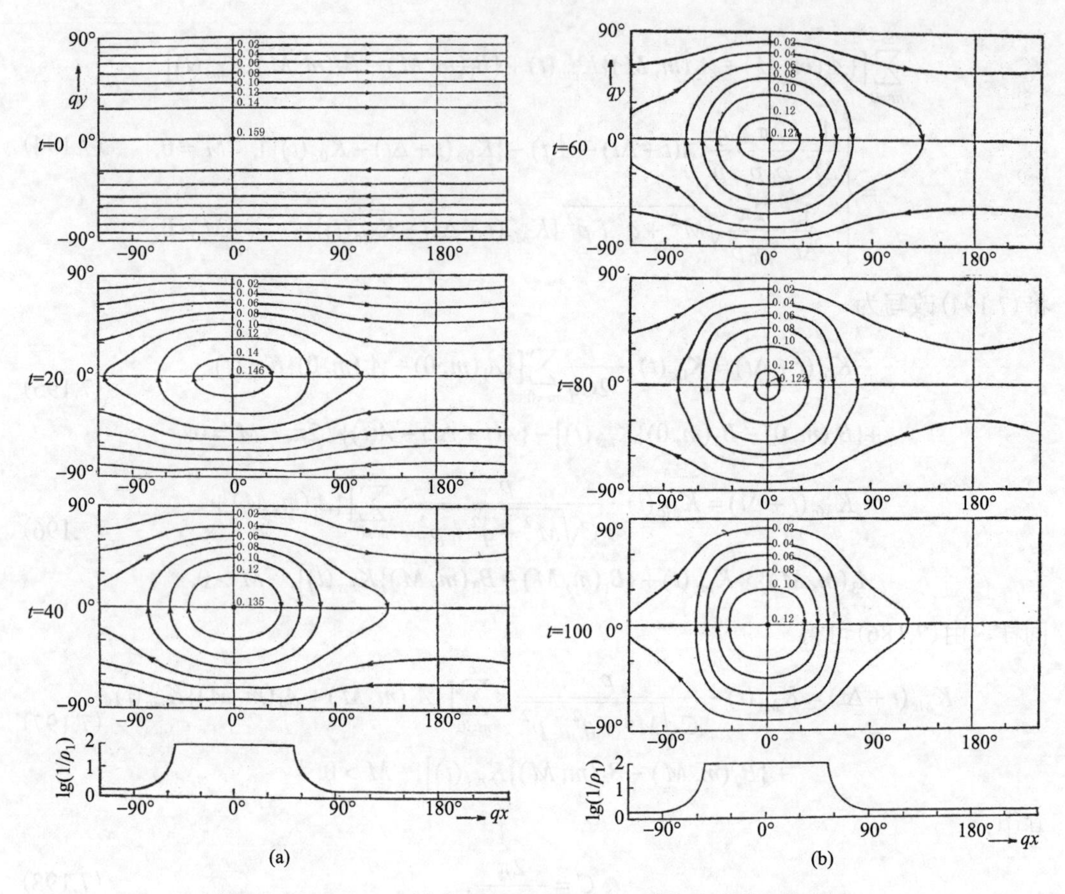

图 7.42　t=0 →40 s (a) 和 t=60→100 s (b)；感应电流的自然衰减

$$\frac{1}{a^2}\left[\frac{\partial\rho}{\partial\theta}\frac{\partial}{\partial\theta}+\frac{1}{\sin^2\theta}\frac{\partial\rho}{\partial\lambda}\frac{\partial}{\partial\lambda}+\frac{\rho}{\partial\theta}\frac{\partial}{\partial\theta}\left(\sin\theta\frac{\partial}{\partial\theta}\right)+\frac{\rho}{\sin^2\theta}\frac{\partial^2}{\partial\lambda^2}\right](W_{i+}-W_{i-})$$
$$=-\frac{\partial^2}{\partial t\partial r}(W_e+W_i), \tag{7.199}$$

由式(7.162)，可将式(7.199)改写为

$$\left[\frac{\partial\rho}{\partial\theta}\frac{\partial}{\partial\theta}+\frac{1}{\sin^2\theta}\frac{\partial\rho}{\partial\lambda}\frac{\partial}{\partial\lambda}+\frac{\rho}{\sin\theta}\frac{\partial}{\partial\theta}\left(\sin\theta\frac{\partial}{\partial\theta}\right)+\frac{\rho}{\sin^2\theta}\frac{\partial^2}{\partial\lambda^2}\right]\psi$$
$$=-a^2\frac{\partial^2}{\partial t\partial r}(W_e+W_i),\qquad r=a. \tag{7.200}$$

均匀球层

当球壳均匀时，由于$\partial\rho/\partial\theta=\partial\rho/\partial\lambda=0$，则式(7.200)成为

$$\rho\left[\frac{\rho}{\sin\theta}\frac{\partial}{\partial\theta}\left(\sin\theta\frac{\partial}{\partial\theta}\right)+\frac{1}{\sin^2\theta}\frac{\partial^2}{\partial\lambda^2}\right]\Psi=a^2\frac{\partial B_r}{\partial t},\qquad r=a, \tag{7.201}$$

B_r为磁感应强度的 r 分量，而电流密度由下式给出：

$$i_{s,\theta}=\frac{1}{a\sin\theta}\frac{\partial\Psi}{\partial\lambda},\qquad i_{s,\lambda}=-\frac{1}{a}\frac{\partial\Psi}{\partial\theta}. \tag{7.202}$$

若球壳外侧和内侧的磁势分别为 W 和 $W_{(-)}$，则 $\nabla^2W=\nabla^2W_{(-)}=0$，容易解得：

$$\left.\begin{aligned}W_n^m&=a\left[e_n^m\left(\frac{r}{a}\right)^n+i_n^m\left(\frac{r}{a}\right)^{-n-1}\right]Y_n^m, && r>a\\ W_{(-)n}^{\ m}&=ae_{n-}^m\left(\frac{r}{a}\right)^nY_n^m, && r<a\end{aligned}\right\} \tag{7.203}$$

式中，Y_n^m 表示球面函数 $P_n^m(\cos\theta)\begin{matrix}\cos\\ \sin\end{matrix}m\lambda$，在球薄壳内 $r\to0$，解 $W_{(-)n}^{\ m}$ 有限，则只能取解(7.203.2)．若将电流函数的代表项写作

$$\Psi_n^m=K_n^mY_n^m, \tag{7.204}$$

则球壳外侧和内侧的感应场磁势为

$$\left.\begin{aligned}U_n^m&=\frac{K_n^m}{n(2n+1)}\left(\frac{a}{r}\right)^{n+1}Y_n^m, && r>a\\ U_{(-)n}^{\ m}&=-\frac{K_n^m}{(n+1)(2n+1)}\left(\frac{r}{a}\right)^nY_n^m, && r<a\end{aligned}\right\} \tag{7.205}$$

由连续条件可知，当 $r=a$ 时，有

$$W_{(-)}-U_{(-)}=W-U,\qquad B_{r(-)}=B_r, \tag{7.206}$$

B_r 为 $\boldsymbol{B}$ 的法向分量，由此得

$$\left.\begin{aligned}e_n^m-e_{n(-)}^m&=\frac{n+1}{a(2n+1)}K_n^m\\ i_n^m&=\frac{n}{a(2n+1)}K_n^m\end{aligned}\right\} \tag{7.207}$$

将(7.204)代入(7.201)可得

$$K_n^m=\frac{a^2p}{\rho n(n+1)}[ne_n^m-(n+1)i_n^m], \tag{7.208}$$

式中，p 表示$\partial/\partial t$．由(7.207)和(7.208)得

$$\left.\begin{aligned}i_n^m&=\frac{n}{n+1}\frac{c_np}{1+c_np}e_n^m\\ e_n^{m'}&=\frac{1}{1+c_np}e_n^m\end{aligned}\right\} \tag{7.209}$$

式中，$c_n=\dfrac{a}{\rho(2n+1)}$．当外源场 e_n^m 已知时，则由(7.209)可求出球外感应场和球内磁场 e_n^m，再由(7.208)可求出相应薄层内的感应电流，则整个空间的场完全确定．

现在我们考察一下薄层对于均匀的外部磁场的屏蔽效应．相应于均匀场，n=1，

m=0．为简单起见，省略系数中 n=1，m=0 的角标，则(7.209)成为

$$e_{(-)}=\frac{1}{1+cp},\quad c=\frac{a}{3\rho},\tag{7.210}$$

若磁场变化是周期性的(周期为 T)，则式(7.210)为

$$e'=\frac{e}{1+\mathrm{i}c\alpha},\tag{7.211}$$

振幅比以及位相差由下式给出：

$$\left.\begin{aligned}f&=\mathrm{mod}(e_{(-)}/e)=\frac{1}{\sqrt{1+A^2}}\\ \delta&=\arg(e_{(-)}/e)=-\tan^{-1}A\end{aligned}\right\}\tag{7.212}$$

式中，

$$A=\frac{a\alpha}{3\rho}.\tag{7.213}$$

表 7.3 给出了不同 A 值、f 和 δ 的计算结果．由表可以看到，若 A=0, 无屏蔽，这相当于介质电导 $\sigma\to0$，或外场变化频率 $\alpha\to0$，或两者兼有，因而不存在电磁感应；而 A 值的增加，则与外场频率，或介质电导的增加相当，因而屏蔽加强；至于球壳尺度 a，也不难理解，若 $a\to0$，相当于无电导介质存在，即相当 $\sigma\to0$，因而无屏蔽；反之，a 增大，则相当于外场“感受”到的介质增加，电导率不变，a 增加，积分电导，即介质电导增加，因而屏蔽效应加强；外场频率增加，f 随之减小．也就是说，导体壳对外部磁场的屏蔽作用增强．

表 7.3　球壳的屏蔽效应(f 为磁场的振幅比，δ 为位相差)(力武常次，1972)

A	f	δ/(°)
0	1.0000	0.0
1	0.7072	45.0
2	0.4472	63.4
3	0.3163	71.6
4	0.2425	76.0
5	0.1961	78.7
6	0.1644	80.5
7	0.1414	81.9
8	0.1240	82.9
9	0.1104	83.7
10	0.0995	84.3
15	0.0665	86.2
20	0.0499	87.1

假定地球表面覆盖着一层深度为 1000 m 的均匀的海水．若海水电导率为 4.0S/m

$(4\times10^{-11}$ e.m.u.)，则相应周期为 1 d、1 h 和 1 min 的 f 值为 0.790，0.053 和 0.000．可见，周期为 1 分钟左右的变化磁场就可以完全被海水所屏蔽掉了．

非均匀球层

因外场满足拉普拉斯方程，则于非均匀球层，源场之势

$$W_e = ae_k^l\left(\frac{r}{a}\right)^k P_k^l(\cos\theta)\cos(l\lambda+\varepsilon_k^l),\qquad r>a. \tag{7.214}$$

设 $r=a$ 的非均匀球内的感应电流的流函数为

$$\Psi=\sum_n\sum_m P_n^m(\cos\theta)(K_n^{mc}\cos m\lambda+K_n^{ms}\sin m\lambda), \tag{7.215}$$

则球层外侧 $(r>a)$ 与其相应的感应场势

$$W_i = a\sum_n\sum_m\left(\frac{a}{r}\right)^{n+1}P_n^m(\cos\theta)(i_n^{mc}\cos m\lambda+i_n^{ms}\sin m\lambda). \tag{7.216}$$

由 $r=a$ 连续条件所得(7.207.2)，可得

$$\left.\begin{aligned}ai_n^{mc}&=\frac{n}{2n+1}K_n^{mc}\\ ai_n^{ms}&=\frac{n}{2n+1}K_n^{ms}\end{aligned}\right\} \tag{7.217}$$

将式(7.214)，(7.215)，(7.216)代入式(7.200)，则有

$$\begin{aligned}&\sum_n\sum_m\frac{\partial\rho_1}{\partial\theta}\frac{\mathrm{d}P_n^m}{\mathrm{d}\theta}(K_n^{mc}\cos m\lambda+K_n^{ms}\sin m\lambda)\\ &\quad+\sum_n\sum_m\frac{m}{\sin^2\theta}\frac{\partial\rho_1}{\partial\lambda}P_n^m(-K_n^{mc}\sin m\lambda+K_n^{ms}\cos m\lambda)\\ &\quad-\sum_n\sum_m n(n+1)\rho_1P_n^m(K_n^{mc}\cos m\lambda+K_n^{ms}\sin m\lambda)\\ &=-\beta[ake_k^lP_k^l\cos(l\lambda+\varepsilon_k^l)-\sum_n\sum_m\frac{n(n+1)}{2n+1}P_n^m(K_n^{mc}\cos m\lambda+K_n^{ms}\sin m\lambda),\end{aligned} \tag{7.218}$$

式中，

$$\beta=\frac{ap}{\rho_0},\qquad p=\frac{\partial}{\partial t},\qquad \rho_1=\frac{\rho}{\rho_0}, \tag{7.219}$$

ρ_0 为球壳电阻抗的单位，ρ_1 为无量纲阻抗．

将 $P_N^M(\cos\theta)\sin\theta\cos M\lambda$ 乘以(7.218)的两边，分别从 0 到π，0 到 2π对θ和λ进行积分，得

$$\begin{aligned}&\sum_n\sum_m[(A_N^{Mc}-C_N^{Mc}-E_N^{Mc})K_n^{mc}+(B_N^{Mc}+D_N^{Mc}-F_N^{Mc})K_n^{ms}]\\ &=\begin{cases}-\beta\left[aNe_N^M\cos\varepsilon_N^M\dfrac{2\pi}{2N+1}\dfrac{(N+M)!}{(N-M)!}-\dfrac{N(N+1)}{(2N+1)^2}\dfrac{(N+M)!}{(N-M)!}K_N^{Mc}\right], & k=N,l=M\\ \beta\dfrac{N(N+1)(N+M)!}{(2N+1)^2(N-M)!}K_N^{Mc}, & k\neq N,l\neq M\end{cases}\end{aligned} \tag{7.220}$$

而

$$
\left.\begin{aligned}
A_N^{Mc}&=\int_0^{\pi}\int_0^{2\pi}\frac{\partial\rho_1}{\partial\theta}\frac{\mathrm{d}P_n^m}{\mathrm{d}\theta}P_N^M\sin\theta\cos m\lambda\cos M\lambda\mathrm{d}\theta\mathrm{d}\lambda\\
B_N^{Mc}&=\int_0^{\pi}\int_0^{2\pi}\frac{\partial\rho_1}{\partial\theta}\frac{\mathrm{d}P_n^m}{\mathrm{d}\theta}P_N^M\sin\theta\sin m\lambda\cos M\lambda\mathrm{d}\theta\mathrm{d}\lambda\\
C_N^{Mc}&=m\int_0^{\pi}\int_0^{2\pi}\frac{\partial\rho_1}{\partial\lambda}\frac{P_n^mP_N^M}{\sin\theta}\sin m\lambda\cos M\lambda\mathrm{d}\theta\mathrm{d}\lambda\\
D_N^{Mc}&=m\int_0^{\pi}\int_0^{2\pi}\frac{\partial\rho_1}{\partial\lambda}\frac{P_n^mP_N^M}{\sin\theta}\cos m\lambda\cos M\lambda\mathrm{d}\theta\mathrm{d}\lambda\\
E_N^{Mc}&=n(n+1)\int_0^{\pi}\int_0^{2\pi}\rho_1P_n^mP_N^M\sin\theta\cos m\lambda\cos M\lambda\mathrm{d}\theta\mathrm{d}\lambda\\
F_N^{Mc}&=n(n+1)\int_0^{\pi}\int_0^{2\pi}\rho_1P_n^mP_N^M\sin\theta\sin m\lambda\cos M\lambda\mathrm{d}\theta\mathrm{d}\lambda
\end{aligned}\right\}\tag{7.221}
$$

同样，用 $P_N^M(\cos\theta)\sin M\lambda$乘以(7.218)的两边，得

$$
\sum_n\sum_m[(A_N^{Ms}-C_N^{Ms}-E_N^{Ms})K_n^{mc}+(B_N^{Ms}+D_N^{Ms}-F_N^{Ms})K_n^{ms}]
$$

$$
=\begin{cases}\beta\left[aNe_N^M\sin\varepsilon_N^M\dfrac{2\pi}{2N+1}\dfrac{(N+M)!}{(N-M)!}+\dfrac{N(N+1)}{(2N+1)^2}\dfrac{(N+M)!}{(N-M)!}K_N^{Ms}\right], & k=N,l=M\\ \beta\dfrac{N(N+1)(N+M)!}{(2N+1)^2(N-M)!}K_N^{Ms}, & k\neq N,l\neq M\end{cases}\tag{7.222}
$$

式中，A_N^{Ms}，B_N^{Ms}，…是将式(7.221)中 $\cos M\lambda$换成 $\sin M\lambda$的积分常数.

同样，对于周期性源场(周期为 T)，$p=\mathrm{i}\alpha$，$\alpha=2\pi/T$，与非均匀平面薄层的处理方法相同，将方程分解为实、虚两部分，由此也可以得到求解 $\overline{K}_n^m$(实)，K_n^{*m}(虚)的联立方程组，即可由给定的电导率分布求解感应场和感应电流.

力武常次(1972)将上述理论应用于接近实际地球面层的电导率模式，结果发现，感应电流将绕过大陆，特别是南太平洋中环形电流将更为显著.

半球层导体

若设想把地球表面的海水集中于半个球面层，则较均匀球层模式更接近于真实海洋的屏蔽效应.设球层的半径为 a，半球层的部分为 $0\leqslant\theta\leqslant\pi/2$，外部源场为沿$\theta=0$ 轴方向的均匀场(H_0)，对于理想导体球层，阿修耳(Ashour，1965a, b)用解析方法求出 $r=a$ 处的电流函数Ψ，电流密度 i(只有 i_λ分量，$i_\theta=0$)，以及法线和切线方向的感应磁场，其结果为

$$
\Psi=\begin{cases}(-B_0a)\{(3\cos\theta+1)\tan^{-1}(\cos\theta)^{\frac{1}{2}}+3(\cos\theta)^{\frac{1}{2}}\}, & 0\leqslant\theta\leqslant\dfrac{\pi}{2}\\ 0, & \dfrac{\pi}{2}<\theta\leqslant\pi\end{cases}\tag{7.223}
$$

$$
i_\lambda=\begin{cases}-B_0\sin\theta\{3\tan^{-1}(\cos\theta)^{\frac{1}{2}}+2(\sin\theta)^{\frac{1}{2}}+(\cos\theta)^{\frac{1}{2}}/(1+\cos\theta)\}, & 0\leqslant\theta\leqslant\dfrac{\pi}{2}\\ 0, & \dfrac{\pi}{2}<\theta\leqslant\pi\end{cases}\tag{7.224}
$$

$$Z_i=\begin{cases}-H_0\cos\theta, & 0\leqslant\theta\leqslant\dfrac{\pi}{2}\\ -H_0\cos\theta+(H_0/\pi)\{2\cos\theta\tan^{-1}(-\cos\theta)^{\frac{1}{2}}-2(-\cos\theta)^{\frac{1}{2}}+(-\sin\theta)^{\frac{1}{2}}\}, & \\ & \dfrac{\pi}{2}<\theta\leqslant\pi\end{cases}\tag{7.225}$$

$$B_{i\pm}=\begin{cases}\pm2\pi\mathrm{i}+(B_0/4)\sin\theta, & 0\leqslant\theta\leqslant\dfrac{\pi}{2}\\ (B_0)\{\pi/2-(-\cos\theta)^{\frac{1}{2}}/(1-\cos\theta)-\tan^{-1}(-\cos\theta)^{\frac{1}{2}}\}\sin\theta, & \dfrac{\pi}{2}<\theta\leqslant\pi\end{cases}\tag{7.226}$$

这里(±)表示球壳层的外侧和内侧.

在球层附近磁力线的分布和球层内的感应电流分别由图 7.43 和图 7.44 给出.图 7.44 表明，当$\theta\geqslant60°$，电流密度急剧增加，在半球壳的边缘，$\theta=90°$，电流密度为无穷大，这与图 7.43 球壳边缘磁力线密集，梯度急剧增大相对应. 与之相应，感应电流产生的磁场的法线分量 Z_i，同样 Z 如图 7.45 所示，在半球壳边缘也为无穷大；图 7.45 还显示，在电导球壳上下，感应场 Z_i 是外源场 Z_e 的镜像，这是薄壳电导无穷大，壳内磁场为“0”的必然结果.

当外部场与半球层的底面赤道大圆平行时，阿修耳(力武常次, 1972)给出：

$$\Psi=\begin{cases}-(H_0a/4\pi^2)[3\sin\theta\{\tan^{-1}(\cos\theta)^{\frac{1}{2}}+(\cos\theta)^{\frac{1}{2}}/(1+\cos\theta)\}+2(\pi+2)^{-1}\\ \quad\{2\cot(\theta/2)\tan^{-1}(\cos\theta)^{\frac{1}{2}}-\pi\cos\theta(\cos\theta)^{\frac{1}{2}}\}]\cos\lambda, & 0\leqslant\theta\leqslant\dfrac{\pi}{2}\\ 0, & \dfrac{\pi}{2}<\theta\leqslant\pi\end{cases}\tag{7.227}$$

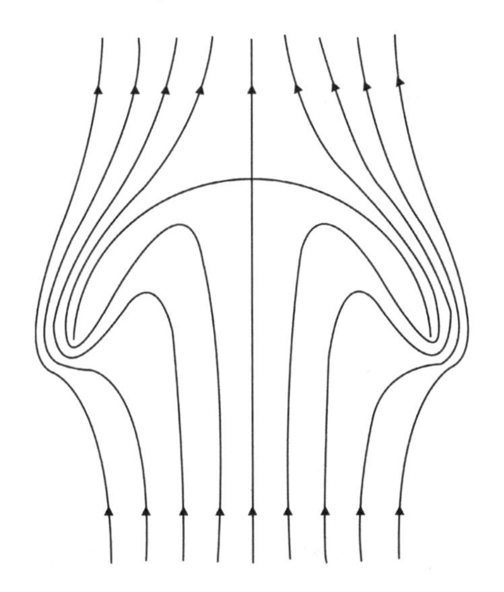

图 7.43　平行于θ=0 轴的磁力线受半球壳理想导体影响而变形的情况(力武常次, 1972)

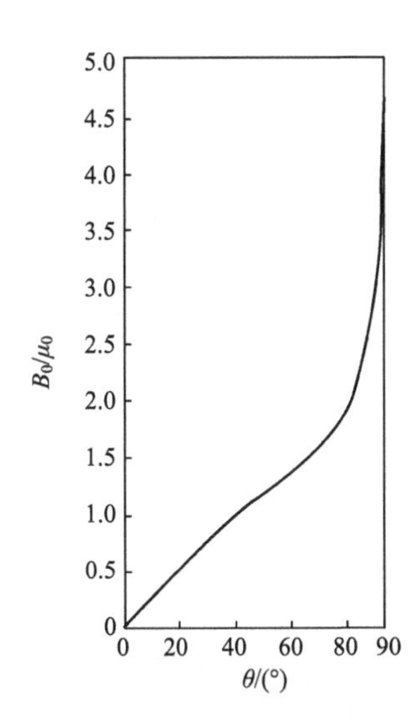

图 7.44　半球壳内感应电流的分布(以 $B_0/(a\mu_0)$ 为单位量度)(力武常次, 1972)

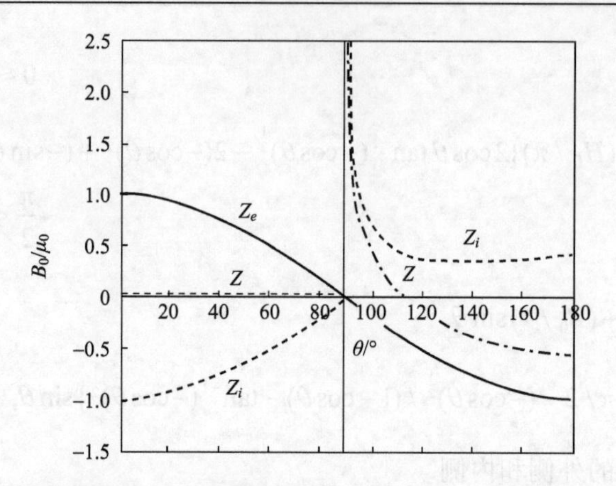

图 7.45　源场 Z_e 感应磁场 Z_i 以及总磁场 $Z=Z_e+Z_i$ 的法线分量的分布(力武常次, 1972)

$$\left.\begin{aligned} i_\theta &= -(1/a)\csc\theta\tan\lambda\Psi(\theta,\lambda) \\ i_\lambda &= (H_0)[3(\cos\theta)^{\frac{1}{2}} - 3(\sec\theta)^{\frac{1}{2}}/(1+\cos\theta) \\ &\quad + 2(\pi+2)^{-1}\{2\pi(\cos\theta)^{\frac{3}{2}}(\csc\theta)^2 + (\pi-2)(\sec\theta)^{\frac{1}{2}}\} \\ &\quad + \{3\cos\theta - 4(\pi+2)^{-1}(1-\cos\theta)\}\tan^{-1}(\cos\theta)^{\frac{1}{2}}]\cos\lambda \end{aligned}\right\} \quad 0 \leqslant \theta < \frac{\pi}{2} \tag{7.228}$$

$$i_\theta = i_\lambda = 0, \qquad \frac{\pi}{2} < \theta \leqslant \pi \tag{7.229}$$

$$Z_i = \begin{cases} -H_0\sin\theta\cos\lambda, & 0 \leqslant \theta \leqslant \dfrac{\pi}{2} \\ -H_0\sin\theta\cos\lambda + (H_0/\pi^2)\{2\sin\theta[\tan^{-1}(-\cos\theta)^{\frac{1}{2}} + (-\sec\theta)^{\frac{1}{2}}] & \\ \quad -\pi(\pi+2)^{-1}(1+\cos\theta)^{\frac{1}{2}}[(\cos\theta)^2 - \cos\theta]^{-\frac{1}{2}}\}\cos\lambda, & \dfrac{\pi}{2} < \theta \leqslant \pi \end{cases} \tag{7.230}$$

$$H_{i,\lambda\pm} = \begin{cases} \mp 2\pi i_\theta + (H_0/2)\left\{1 - 4(\pi+2)^{-1}\csc\theta\tan\dfrac{\theta}{2}\right\}\sin\lambda, & 0 \leqslant \theta \leqslant \dfrac{\pi}{2} \\ -(H_0/\pi)\csc\theta\sin\lambda\left\{\sin\theta - 4(\pi+2)^{-1}\tan\dfrac{\theta}{2}\right\}\tan^{-1}(-\sec\theta)^{\frac{1}{2}} & \\ \quad -\left\{4(\pi+2)^{-1}\csc\theta - \tan\dfrac{\theta}{2}\right\}(-\cos\theta)^{\frac{1}{2}}, & \dfrac{\pi}{2} < \theta \leqslant \pi \end{cases} \tag{7.231}$$

$$H_{i,\theta\pm} = \begin{cases} \pm 2\pi i_\lambda - (H_0/2)\left\{\cos\theta - 2(\pi+2)^{-1}\sec^2\dfrac{\theta}{2}\right\}\cos\lambda, & 0 \leqslant \theta < \dfrac{\pi}{2} \\ -(H_0/\pi)\left[\left\{\cos\theta - 2(\pi+2)^{-1}\sec^2\dfrac{\theta}{2}\right\}\tan^{-1}(-\sec\theta)^{\frac{1}{2}}\right. & \\ \quad \left. + \{1+\sin^2\theta - (\pi-2)(\pi+2)^{-1}\cos\theta\}\csc^2\theta(-\cos\theta)^{\frac{1}{2}}\right]\times\cos\lambda, & \dfrac{\pi}{2} \leqslant \theta < \pi \end{cases}$$

(7.232)

相应磁力线的分布如图 7.46 所示，与图 7.43 平行于 θ=0 的力线一样，原平行力线被高导电半球壳吸引，或排斥而弯曲．图 7.47 为与 7.46 磁场分布相应，为半球壳内感应电流流线的分布(沿北极俯视)；图 7.48 为电流密度和磁场法向分量的分布，由图可见，电流密度分布，与图 7.44，图 7.45 几近一致，即与沿θ=0 方向的磁场的感应问题一样，与半球壳底面平行均匀分布的外源场在半球壳边缘，感应电流和磁场也为无穷大，在电导球壳上下，感应场 Z_i 是外源场 Z_e 的镜像，这是薄壳电导无穷大壳内磁场必须为“0”的必然．有兴趣的读者，分析这诸多图的物理和相互关系不仅有益，且极具趣味．

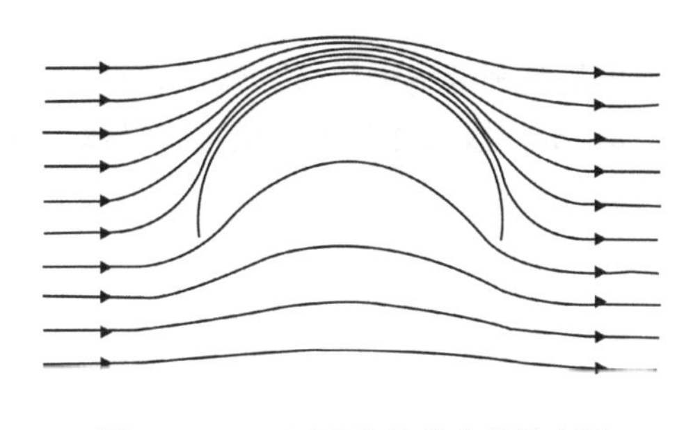

图 7.46　λ=0 平面内的磁力线的变形(力武常次, 1972)

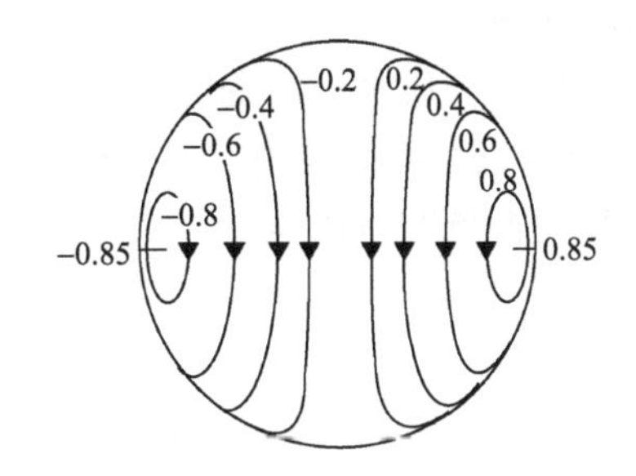

图 7.47　感应电流的流线(数字以 $B_0/(a\mu_0)$ 为单位)(力武常次, 1972)

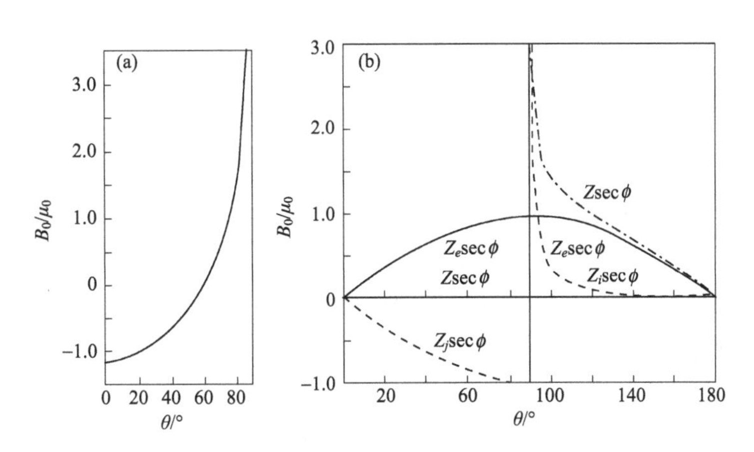

图 7.48　(a)感应电流($i_\lambda\sec\lambda$)的分布；(b)外部磁场($Z_e\sec\lambda$)，感应电流产生的磁场($Z_i\sec\lambda$)和总磁场的法线分量的分布(力武常次, 1972)

上述分析表明，伴随外部磁场的变化，在海陆的分界处有可能产生很强的异常磁场．这与海岸效应磁异常的性质相符：垂直分量的异常发生在海陆交界处的大陆一侧，而水平分量很大的异常则出现在海洋一侧，与图 7.46 在高导层力线密集相对应．

(2) 长期变化场的电磁感应

一般认为，地磁长期变化场来源于地核或核幔边界处的电流体系．这种缓慢变化的电磁场将在地幔中产生感应电流．地球表面观测到的长期变化是源场电流体系和地幔感应电流贡献的总和．因此，与上述各节处理源场的电磁感应问题不同，由地球表面长期变化的观测是无法将这种源场和感应场分开的．若源场作为系统的输入，地幔介质为滤波器，则长期变化的观测值即为源场经滤波器后的响应输出．长期变化的电磁感应是既不知输入又不知滤波器性能，仅仅已知输出的情况下的感应问题．因此，只有当对源场模型作一定推测后，才有可能由长期变化的电磁感应问题研究地幔介质的性质．例如，麦克唐纳(K. L. McDonald)用核幔边界处无序放置的磁偶极子模拟长期变化的源场，求得地幔底部电导率约为 $2.0\times10^{2}\mathrm{Sm}^{-1}$ (2.0×10^{-9}e.m.u.) (McDonald, 1955, 1957)．当然，若地幔介质的性质已知，长期变化电磁感应的结果又使我们有可能由地面观测值恢复长期变化源场的状态或研究地幔介质对源场的屏蔽效应．

(i) 平板模型

研究地幔介质对长期变化的屏蔽效应，最简单的是平板地幔模式．设电导率分布如图 7.49 所示，$z\leqslant -l$ 为自由空间，区域 1 为平板导体(σ_1)，区域 2 为半无限空间导体(σ_2)，是长期变化源场的所在地．

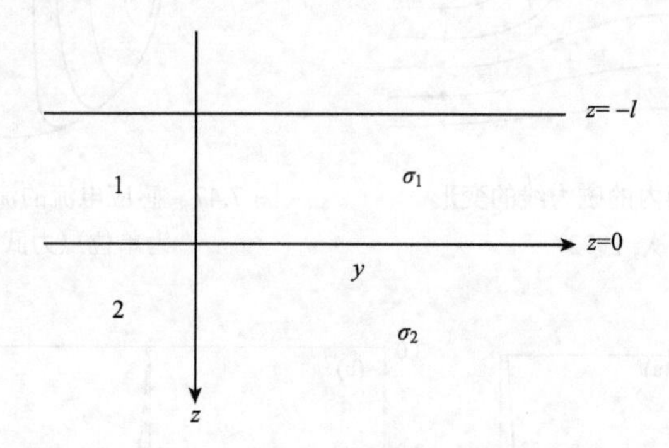

图 7.49　$z\leqslant -l$: 自由空间，$-l\leqslant z\leqslant 0$: 平板电导层 σ_1，$z\geqslant 0$: 源场所在地

在自由空间($z\leqslant -l$)场势 W 满足拉普拉斯方程．若只考虑内源场，则由(7.82)可得

$$W_{mn}=i_{mn}\mathrm{e}^{\nu z}P_{mn}(x,y), \tag{7.233}$$

式中，$P_{mn}(x,y)$ 满足方程(7.87)，其典型解如(7.93)所示；i_{mn} 与(7.82)中的 $B(t)$ 相当．由(7.233)求得相应磁场 x，y，z 方向的三个分量：

$$\boldsymbol{B}=\begin{cases}-i_{mn}\mathrm{e}^{\nu z}\partial P_{mn}/\partial x & \boldsymbol{i}\\ -i_{mn}\mathrm{e}^{\nu z}\partial P_{mn}/\partial y & \boldsymbol{j} \qquad z\leqslant -l\\ -\nu i_{mn}\mathrm{e}^{\nu z}P_{mn} & \boldsymbol{k}\end{cases} \tag{7.234}$$

在导电区 1 和 2，对感应场有意义的极型磁场的一般解可写作

$$\boldsymbol{B}=\nabla\times\nabla\times(\boldsymbol{k}\Psi), \tag{7.235}$$

式中，$\boldsymbol{k}$ 为 z 方向的单位向量，标量函数 Ψ 满足方程(7.78)．在图 7.49 所示直角坐标系中，用分离变量法求解 Ψ，设

$$\Psi(x,y,z)=Z(z,t)P(x,y), \tag{7.236}$$

这里 P 与(7.221)中的 P 相同．$Z(z,t)$ 满足(7.76)，对于图 7.49 所示电导率分布，(7.76)成为

$$\frac{\partial^2 Z(z,t)}{\partial z^2}=\left(v^2+\mu\sigma_i\frac{\partial}{\partial t}\right)Z(z,t), \tag{7.237}$$

式中，角标 i=1，2 分别对应于图 7.49 所示区域 1 和 2．方程(7.237)的典型解为

$$\left.\begin{aligned}Z_{mn}(z,p)&=A_{mn}\mathrm{e}^{-\theta_1 z}+B_{mn}\mathrm{e}^{\theta_1 z}, \quad -l\leqslant z\leqslant 0\\ Z_{mn}(z,p)&=C_{mn}\mathrm{e}^{-\theta_2 z}+D_{mn}\mathrm{e}^{\theta_2 z}, \quad 0\leqslant z\end{aligned}\right\} \tag{7.238}$$

式中，

$$\left.\begin{aligned}\theta_i^2&=v^2+k_i^2\\ k_i^2&=\mu\sigma_i p\end{aligned}\right\}\quad i=1,2 \tag{7.239}$$

式中，小写 p 为算符$\partial/\partial t$．容易理解，自由空间($z\leqslant -l$)内源场的解写作(7.233)的形式，就已经约定参数 v 的实部必须为正．因此，(7.238)中与系数 D_{mn} 相关联的解代表介质 2($z\geqslant 0$)中长期变化的源场，其余各项为长期变化的感应场．最后将(7.235)写成分量形式，得

$$\boldsymbol{B}=\begin{cases}(-A_{mn}\mathrm{e}^{-\theta_1 z}+B_{mn}\mathrm{e}^{\theta_1 z})\theta_1\partial P_{mn}/\partial x & \boldsymbol{i}\\ (-A_{mn}\mathrm{e}^{-\theta_1 z}+B_{mn}\mathrm{e}^{\theta_1 z})\theta_1\partial P_{mn}/\partial y & \boldsymbol{j}\\ (A_{mn}\mathrm{e}^{-\theta_1 z}+B_{mn}\mathrm{e}^{\theta_1 z})v^2 P_{mn} & \boldsymbol{k}\end{cases}\quad -l\leqslant z\leqslant 0 \tag{7.240}$$

$$\boldsymbol{B}=\begin{cases}(-C_{mn}\mathrm{e}^{-\theta_2 z}+D_{mn}\mathrm{e}^{\theta_2 z})\theta_2\partial P_{mn}/\partial x & \boldsymbol{i}\\ (-C_{mn}\mathrm{e}^{-\theta_2 z}+D_{mn}\mathrm{e}^{\theta_2 z})\theta_2\partial P_{mn}/\partial y & \boldsymbol{j}\\ (C_{mn}\mathrm{e}^{-\theta_2 z}+D_{mn}\mathrm{e}^{\theta_2 z})v^2 P_{mn} & \boldsymbol{k}\end{cases}\quad z\geqslant 0 \tag{7.241}$$

由磁场在边界 $z=-l$ 和 z=0 处的连续条件和解(7.233)，(7.237)，(7.241)可以得出：

$$\left.\begin{aligned}-i_{mn}\mathrm{e}^{-vl}&=\theta_1(-A_{mn}\mathrm{e}^{\theta_1 l}+B_{mn}\mathrm{e}^{-\theta_1 l})\\ -i_{mn}\mathrm{e}^{-vl}&=v(A_{mn}\mathrm{e}^{\theta_1 l}+B_{mn}\mathrm{e}^{-\theta_1 l})\\ \theta_1(A_{mn}+B_{mn})&=\theta_2(-C_{mn}+D_{mn})\\ A_{mn}+B_{mn}&=C_{mn}+D_{mn}\end{aligned}\right\} \tag{7.242}$$

若长期变化的源场系数 D_{mn} 已知，则由关系式(7.242)可确定全部待定系数 i_{mn}，A_{mn}，B_{mn}，C_{mn}，即全部空间场的解(7.233)，(7.240)，(7.241)完全确定．对于我们所感兴趣的自由空间，

$$i_{mn}=-4v\theta_1\theta_2\mathrm{e}^{vl}D_{mn}/\varPhi, \tag{7.243}$$

式中，

$$\varPhi=(\theta_1+\theta_2)(\theta_1+v)\mathrm{e}^{\theta_1 l}-(\theta_1-\theta_2)(\theta_1-v)\mathrm{e}^{-\theta_1 l}. \tag{7.244}$$

为考察平板导体对源场的屏蔽效应，令σ_1=0，则式(7.243)变成

$$(i_{mn})_{\sigma_1=0}=-2v\theta_2 D_{mn}/(\theta_2+v). \tag{7.245}$$

定义屏蔽系数 f，

$$f=|i_{mn}/(i_{mn})_{\sigma_1=0}|, \tag{7.246}$$

对于周期性源场，$p=\mathrm{i}\omega(\omega=2\pi/T)$，则由(7.243)和(7.245)可得屏蔽系数为

$$f=|2\theta_1(\theta_2+\nu)e^{\nu l}/\Phi|. \tag{7.247}$$

进一步，若$\sigma_2=0$，介质 2 中不再有感应场，则平板导体σ_1只对纯场源起屏蔽作用，此时，将 $\theta_2=\nu$ 代入(7.244, 5)，求得相应$(i_{mn})_{\sigma_1=0}$和 Φ，则由(7.247)可得与 $\sigma_2=0$ 相应的$(f)_{\sigma_2=0}$，

$$(f)_{\sigma_2=0}=|4\nu\theta_1\mathrm{e}^{\nu l}/[(\theta_1+\nu)^2\mathrm{e}^{\theta_1 l}-(\theta_1-\nu)^2\mathrm{e}^{-\theta_1 l}]| \tag{7.248}$$

设平板导体σ_1与地幔厚度相当，取为 3000 km，磁场长期变化的波长 $2\pi/\nu=3000$ km，$\sigma_1=1.0$ S/m(10^{-11} e.m.u.)，分别对$\sigma_2=0$和$\sigma_2=10^2$ S/m(10^{-9} e.m.u.)求得对应各种源场周期 T 的屏蔽系数如下表所示．

从表 7.4 中可以看出，σ_2对f的影响不大，它总的趋势是减小平板导体的屏蔽效应，这从物理上不难理解，长期变化源位于高电导地核的顶部，即在σ_1(地幔)和σ_2(地核)之间，因而地幔和地核的感应电流方向相反，地幔起屏蔽作用，地核电流则倾向于抵消地幔的屏蔽．图 7.50 为平板厚度和参数 ν 不变，$\sigma_2=0$ 时屏蔽系数f对源场周期 T 以及σ_1的依赖关系．由图 7.50 可知，当$\sigma_1<100$ S/m 时(与下地幔电导率相当)，对于周期超过 10a 的变化场，平板导体的屏蔽效应可以忽略．

表 7.4　对应不同周期场的平板屏蔽系数f(力武常次，1972)

周期 T/a	0.1	0.5	1.0	2.0	10.0
$\sigma_2=0$	0.0042	0.573	0.778	0.948	1.00
$\sigma_2=10^2$ S/m	0.0067	0.626	0.800	0.953	1.00

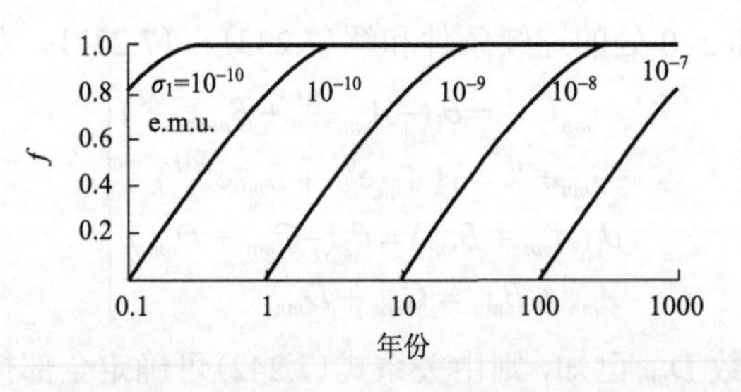

图 7.50　屏蔽系数f对于周期 T 和σ_1的依赖关系(力武常次，1972)

(ii) 球壳模型

长期变化是全球范围大尺度的变化，其波长可与地球半径相比拟．因此，球壳模型要比上述平板模型更为适宜．设球形地球的电导率分布如图 7.51 所示．在区域 $q_1a\leqslant r\leqslant a$，其电导率趋于零：$\sigma=\sigma'=0$；在区域 $q_2a\leqslant r\leqslant q_1a$，与导体地幔相对应，其电导率为$\sigma=\sigma\rho^{-1}(\rho=r/a)$；在区域 $0\leqslant r\leqslant q_2a$，与地核相对应，$\sigma=\sigma_c$．

图 7.51 所示的导体球长期变化的感应效应与前面球体电磁感应一节的处理方法相同．对于自由空间和球体的非导体区域($q_1a<r$)磁场的位势 W 由(7.46)的内源场部分确定，即

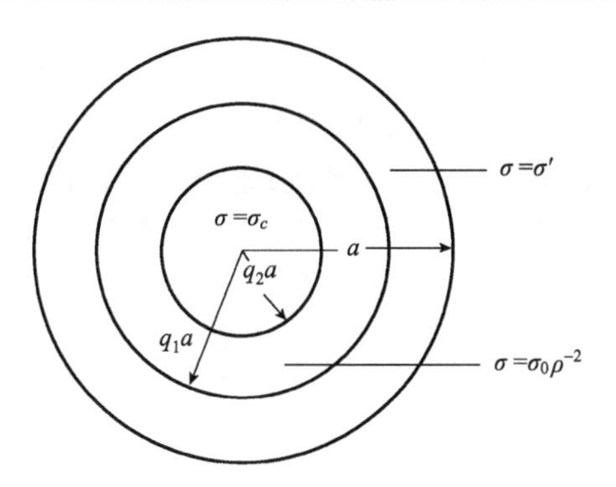

图 7.51　球形地球的电导率分布

$$W_n = ai_n(t)\rho^{-n-1}Y_n(\theta,\lambda), \quad q_1 \leqslant \rho \tag{7.249}$$

相应磁场：

$$\boldsymbol{B} = \begin{cases} (n+1)\rho^{-n-2}i_n Y_n & \boldsymbol{e}_r \\ -\rho^{-n-2}i_n\partial Y_n/\partial\theta & \boldsymbol{e}_\theta \\ -\rho^{-n-2}i_n\partial Y_n/\sin\theta\partial\lambda & \boldsymbol{e}_\lambda \end{cases} \quad q_1 \leqslant \rho \tag{7.250}$$

在地核内，由于$\sigma=\sigma_c$为常数，相应电场的解由(7.52)确定，若用算符 p 表示$\partial/\partial t$，则(7.52)可写作

$$\boldsymbol{E} = aR_n(p,\rho)\boldsymbol{r}\times\nabla Y_n(\theta,\lambda), \tag{7.251}$$

式中，$R_n(p,\rho)$满足方程(7.51)，改用算符p，则(7.51)成为

$$\frac{\partial}{\partial\rho}\left(\rho^2\frac{\partial R_n}{\partial\rho}\right) = \{n(n+1)+\mu\sigma a^2\rho^2 p\}R_n, \tag{7.252}$$

将$\sigma=\sigma_c$代入(7.252)解得

$$R_{n,3}(p,\rho) = C_{n,3}\rho^{-\frac{1}{2}}I_{n+\frac{1}{2}}(ka\rho), \qquad \rho \leqslant q_2 \tag{7.253}$$

式中，$k^2=\mu\sigma_c p$，$I_{n+\frac{1}{2}}(ka\rho)$为复宗量贝赛耳函数，由式(5.109)确定．由(7.251)和(7.253)可得相应磁场的解：

$$\frac{\partial\boldsymbol{B}}{\partial t} = \begin{cases} -n(n+1)\rho^{-1}R_{n,3}(p,\rho)Y_n(\theta,\lambda) & \boldsymbol{e}_r \\ -\rho^{-1}\left[R_{n,3}+\dfrac{\partial}{\partial\rho}(\rho R_{n,3})\right]\partial Y_n/\partial\theta & \boldsymbol{e}_\theta \\ -\rho^{-1}\left[R_{n,3}+\dfrac{\partial}{\partial\rho}(\rho R_{n,3})\right]\partial Y_n/\sin\theta\partial\lambda & \boldsymbol{e}_\lambda \end{cases} \quad \rho \leqslant q_2 \tag{7.254}$$

对于地幔，因$\sigma=\sigma_0\rho^{-1}$，不再是均匀介质．为了解这种非均匀介质电磁感应问题的处理方法，不妨先假定电导率为球对称分布$\sigma=\sigma(\rho)$的一般情况．此时，磁场扩散方程(5.14)的成立条件(5.10)一般不再满足，即$\boldsymbol{E}\times\nabla\sigma\neq0$，因此和均匀介质不同，不能由(5.14)出发求解磁场$\boldsymbol{B}$．我们再考察对感应效应有意义的环型电场(7.251)．因(7.251)中环型电场$\boldsymbol{E}$

没有径向分量，故对于$\sigma=\sigma(\rho)$，有 $\boldsymbol{E}\cdot\nabla\sigma=0$，满足电场扩散方程(5.15)的成立条件(5.11)．因此，$\sigma=\sigma(\rho)$型电导率分布的电磁感应问题，须从方程(5.15)出发，首先求解电场$\boldsymbol{E}$．特别有意义的是，可以证明，与均匀或分层均匀的情况一样，这里环型电场$\boldsymbol{E}$，即(7.251)中的径向函数R_n仍满足方程(7.252)．证明如下：

仍采用§7.2.2(2)方程(7.48)， 将ψ代入方程(7.49)得

$$\nabla^2(\nabla\times[\boldsymbol{r}\Psi])=\mu\sigma(\rho)\frac{\partial}{\partial t}(\nabla\times[\boldsymbol{r}\Psi]),$$

经向量运算，有

$$\nabla\times(\boldsymbol{r}\nabla^2\Psi)=\nabla\times\left[\boldsymbol{r}\left(\mu\sigma(\rho)\frac{\partial}{\partial t}\Psi\right)\right]-\mu(\nabla\sigma(\rho))\times\left(\boldsymbol{r}\frac{\partial}{\partial t}\Psi\right),$$

容易看出，右端最后一项为零，上式简化为

$$\boldsymbol{r}\times\nabla(\nabla^2\Psi)=\boldsymbol{r}\times\nabla\left[\mu\sigma(\rho)\frac{\partial}{\partial t}\Psi\right],$$

因此Ψ满足方程(7.49)，即

$$\nabla^2\Psi=\mu\sigma(\rho)\frac{\partial\Psi}{\partial t}.\tag{7.255}$$

显然，因(7.252)是由(7.251)经分离变量所得到的方程，故R_n所满足的(7.252)对于$\sigma=\sigma(\rho)$型的电导率分布也必然有效．但对于球对称型的电导率的一般分布，极型电场$\nabla\times\nabla\times(\boldsymbol{r}\Psi_s)$中的标量函数$\Psi_s$则不再满足方程(7.255)，即当介质不均匀时，一般情况，环型和极型电磁场的函数Ψ将遵从不同的方程，要得到完整的电磁场解答，必须分别求解环型和极型场所满足的方程．而不能像均匀介质那样，可直接利用关系式(5.76)．

将地幔($q_1\leqslant\rho\leqslant q_2$)电导率$\sigma=\sigma_0\rho^{-1}$代入(7.252)，可得

$$\frac{\partial^2 R_n}{\partial\rho^2}+\frac{2}{\rho}\frac{\partial R_n}{\partial\rho}-\left(\frac{n(n+1)}{\rho^2}+k_0^2a^2\rho^{-1}\right)R_n=0,\tag{7.256}$$

其中，$k_0^2=\mu\sigma_0 p$．作变换，

$$R_n=\rho^{-\frac{1}{2}}Z(p,\rho),\tag{7.257}$$

则(7.256)成为

$$\frac{\partial^2 Z}{\partial\rho^2}+\frac{1}{\rho}\frac{\partial Z}{\partial\rho}-\left(\frac{n(n+1)+\frac{1}{4}}{\rho^2}+k^2a^2\rho^{-1}\right)Z=0,\tag{7.258}$$

再对(7.258)作变换，

$$\rho^{1-\frac{l}{2}}=\frac{|l-2|}{2k_0 a}z,\quad l\neq 2\tag{7.259}$$

经繁琐但不困难的微分运算，得(7.258)变换为

$$\frac{\partial^2 Z}{\partial z^2}+\frac{1}{z}\frac{\partial Z}{\partial z}-\left(1+\frac{v}{z^2}\right)Z=0,\tag{7.260}$$

式中，

$$v=\frac{2n+1}{|l-2|},\quad l\neq 2 \tag{7.261}$$

方程(7.260)与(5.65)相同，为虚宗量的贝赛耳方程，其解由式(5.57)确定，可分别用第一类和第二类虚宗量贝赛耳函数 $I_v(z)$ 和 $K_v(z)$ 表示(见第五章)．最后得到方程(7.256)的解为

$$R_{n,2}(p,\rho)=\begin{cases}\rho^{-\frac{1}{2}}(C_{n,2}K_v(z)+D_{n,2}I_v(z)), & l\neq 2\\ \rho^{-\frac{1}{2}}(C_{n,2}\rho^{-\frac{1}{2}-\theta_n}+D_{n,2}\rho^{-\frac{1}{2}+\theta_n}), & l=2\end{cases}\qquad q_1\leqslant\rho\leqslant q_2 \tag{7.262}$$

式中，

$$\theta_n^2=n(n+1)+\frac{1}{4}+k_0^2a^2, \tag{7.263}$$

相应磁场为

$$\frac{\partial \boldsymbol{B}}{\partial t}=\begin{cases}-n(n+1)\rho^{-1}R_{n,2}Y_n & \boldsymbol{e}_r\\ -\rho^{-1}\dfrac{\partial}{\partial\rho}(\rho R_{n,2})\dfrac{\partial Y_n}{\partial\theta} & \boldsymbol{e}_\theta\\ -\rho^{-1}\dfrac{\partial}{\partial\rho}(\rho R_{n,2})\dfrac{\partial Y_n}{\sin\theta\partial\lambda} & \boldsymbol{e}_\lambda\end{cases}\qquad q_1\leqslant\rho\leqslant q_2 \tag{7.264}$$

设长期变化来源于地核表层的面电流，其流函数为

$$J_n=K_nY_n, \tag{7.265}$$

则由$\rho=q_2$，$\rho=q_1$处磁场的连续条件和式(7.250)，(7.254)，(7.264)，(7.265)，可求得

$$\left.\begin{aligned}&\left[\frac{\partial}{\partial\rho}(\rho R_{n,2})\right]_{\rho=q_2}-\left[\frac{\partial}{\partial\rho}(\rho R_{n,3})\right]_{\rho=q_2}=p\frac{1}{a}R_n\\ &(R_{n,2})_{\rho=q_2}=(R_{n,3})_{\rho=q_2}\\ &n(R_{n,2})_{\rho=q_1}=-i_npq_1^{-n-1}\\ &\left[\frac{\partial}{\partial\rho}(\rho R_{n,2})\right]_{\rho=q_1}=i_npq_1^{-n-1}\end{aligned}\right\} \tag{7.266}$$

当长期变化源场 K_n 已知时，由(7.266)可确定全部待定系数 i_n，$C_{n,2}$，$D_{n,2}$，$C_{n,3}$．非导电区域($\rho\geqslant q_1$)、地幔($q_1\geqslant\rho\geqslant q_2$)以及地核($\rho<q_2$)中的电场和磁场完全确定．特别是我们感兴趣的 i_n(可由观测确定)和 K_n(源场)之间的关系为

$$\begin{aligned}\frac{1}{a}K_n=q_1^{-n-\frac{1}{2}}q_2^{-\frac{1}{2}}\frac{2n+1}{n}z_1\Bigg[&\frac{z_2}{2v}\{I_{v+1}(z_2)K_{v+1}(z_1)-K_{v+1}(z_2)I_{v+1}(z_1)\}+\frac{k_0q_2a}{2n+1}\cdot\\ &\frac{I_{n-\frac{1}{2}}(k_0q_2a)}{I_{n+\frac{1}{2}}(k_0q_2a)}\times\{I_v(z_2)K_{v+1}(z_1)-K_v(z_2)I_{v+1}(z_1)\}\Bigg]i_n,\qquad l\neq 2\end{aligned} \tag{7.267}$$

式中，$z_1 = z_{\rho=q_1}$，$z_2 = z_{\rho=q_2}$，由(7.259)确定.

令地核和地幔电导率为零，则式(7.267)简化为

$$\frac{1}{a}K_n = q_2^{-n-1}\frac{2n+1}{n}i_n, \tag{7.268}$$

由(7.267)和(7.268)所确定的$i_n/i_{n,\sigma_1=0}$，即可考察地幔导体对于核内磁场的屏蔽效应.

为了解地幔对长期变化源场的具体屏蔽效果，设源场为核幔边界处沿径向放置的一个磁矩为M的偶极子，取偶极子方向为极轴，地核半径为r_c，则偶极子的磁势可表示为

$$W_d = \frac{M(r\cos\theta - r_c)}{(r^2 + r_c^2 - 2rr_c\cos\theta)^{\frac{3}{2}}}, \tag{7.269}$$

式中，θ为过测点的矢径与极轴的夹角．利用球谐函数的母函数

$$(r^2 + r_c^2 - 2rr_c\cos\theta)^{-\frac{1}{2}} = \begin{cases} \sum\limits_{n=0}^{\infty}\dfrac{r^n}{r_c^{n+1}}P_n(\cos\theta), & r < r_c \\ \sum\limits_{n=0}^{\infty}\dfrac{r_c^n}{r_c^{n+1}}P_n(\cos\theta), & r > r_c \end{cases}$$

将等式两边分别对r_c求导数，得

$$(r^2 + r_c^2 - 2rr_c\cos\theta)^{-\frac{3}{2}}(r_c - r\cos\theta) = \begin{cases} \dfrac{1}{r_c^2}\sum\limits_{n=0}^{\infty}(n+1)\left(\dfrac{r}{r_c}\right)^n P_n(\cos\theta), & r < r_c \\ -\dfrac{1}{r_c^2}\sum\limits_{n=0}^{\infty}n\left(\dfrac{r_c}{r}\right)^{n+1} P_n(\cos\theta), & r > r_c \end{cases}$$

于是式(7.269)可展成

$$W_d = \begin{cases} -\dfrac{M}{r_c^2}\sum\limits_{n=0}^{\infty}(n+1)\left(\dfrac{r}{r_c}\right)^n P_n(\cos\theta), & r < r_c \\ \dfrac{M}{r_c^2}\sum\limits_{n=0}^{\infty}n\left(\dfrac{r_c}{r}\right)^{n+1} P_n(\cos\theta), & r > r_c \end{cases} \tag{7.270}$$

在地球表面，

$$(W_d)_{r=a} = \frac{M}{r_c^2}\sum_{n=0}^{\infty}nq_2^{n+1}P_n(\cos\theta), \tag{7.271}$$

将(7.271)代入(7.268)，即可得到与单一偶极子源等效的面电流流函数的幅度：

$$K_n = M\cdot\frac{2n+1}{a^2q_2^2}. \tag{7.272}$$

假设地核电导率σ_c=10^5 S/m(10^{-6} e.m.u.)，地幔电导率$\sigma=\sigma_0\rho^{-1}$，σ_0=0.1S/m(10^{-12} e.m.u.)，偶极子强度的变化周期T=100 a，则$p=2\pi/T\cdot i$．将这些参数的取值和(7.272)代入(7.267)，则地表$r=a$处的场值完全确定，再令$\sigma_c=0$和$\sigma=\sigma_0\rho^{-1}=0$，由(7.272)和(7.268)算出$i_{n,\sigma_1=0}$和相应地面磁场的分布，直到$n$=30的计算结果绘于图7.52，图中将电导率实际分布所得磁场放大了5.86倍．由图中看出，放大后，在极轴上，磁场大小与无屏蔽作

用时的磁场大体相当．可见地幔导体的屏蔽效果是显著的．

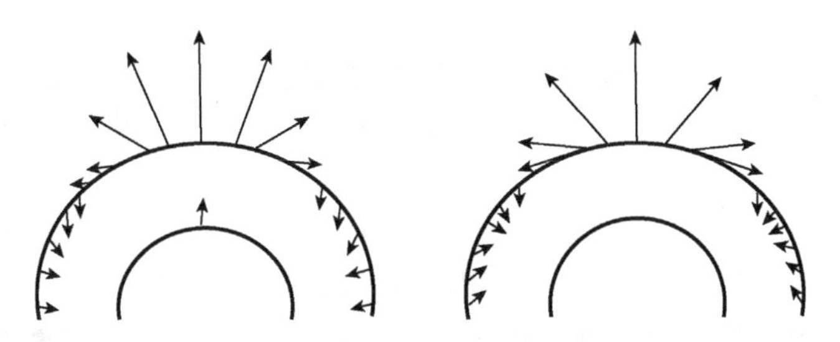

图 7.52　核幔边界处放置的磁偶极子的磁场在地表相对强度的分布(力武常次, 1972)

左：地核、地幔电导率皆为零；右：$\sigma_c=10^5$ S・m^{-1}，$\sigma=\sigma_0\rho^{-1}$，$l=11$，$\sigma_0=0.5$ S・m^{-1}，偶极子强度变化周期 $T=100$ a，右图屏蔽后的磁场放大了 5.86 倍

7.3　地球内部的电导率

从上述地球电磁感应典型问题的讨论可以看出，各种类型的地球电磁变化场都与地球内部的电导率有关．由于不同频率的源场对地球的穿透深度不同，因此利用各种不同频率的变化场的电磁感应，可以获得地下不同深度电导率的信息．现将地球内部电导率的研究结果综合绘于图 7.53．

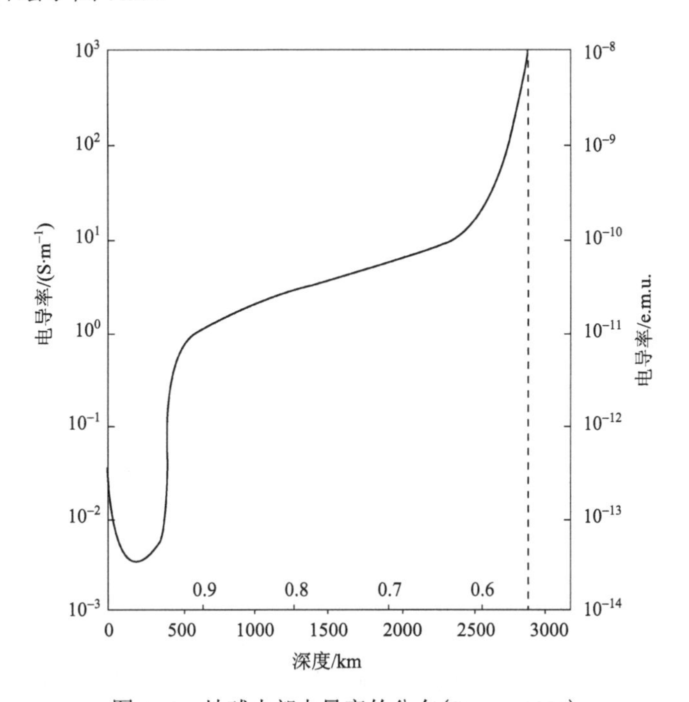

图 7.53　地球内部电导率的分布(Stacey, 1977)

7.3.1 地壳和地幔的电导率

地壳和地幔顶部电导率的研究，大多利用大地电磁测深方法观测和分析各种类型的电磁脉动场．近年来又发展了利用高灵敏度地磁仪布设台阵观测的所谓磁测深方法．因后者能给出各类脉动变化的空间分布，便于考虑源场的影响，对于研究电性构造的横向不均匀性是更为有效的一种测深方法．干燥岩石的电导率约为 10^{-4}–10^{-3}S/m (10^{-14}–10^{-15}e.m.u.)，是地下电导率的下限．20 世纪 60–70 年代上地幔计划的大量观测表明，深度 100km 附近的上地幔顶部电导率约高出周围介质 1 至 2 个量级，约为 10 S/m (2×10^{-12}e.m.u.)，与上地幔的软流层相当(Stacey, 1977)．地壳和地幔的电导率还存在显著的横向不均匀性，这种不均匀性可深达 100km 以下(Gough, 1973a，b)．

获得更深部地幔电导率的信息，多利用较长周期的地磁变化场，例如湾型扰动、S_q 场、磁暴 D_{st} 主相变化．对这类变化场的电磁感应的研究，最先采用的是均匀地球模型，即最外层为一不导电的球层，厚度为 D，内部为均匀电导率分布．§7.2.2(2) 曾给出了部分结果．现将主要结果综合列于表 7.5．从表 7.5 可以看出，不同作者利用不同类型的变化场所得结果有一共同之处：在深 400km 左右，电导率有一突然增加(图 7.53)，这里可能相当于地幔中的过渡层(即所谓 C 层)．

表 7.5 地球上地幔电导率(力武常次，1972)

地磁变化场类型	著者	D/km	σ/e. m. u.	有效深度/km	备注
S_q	查普曼	250	3.6×10^{-13}	700*	*为一日和半日波的平均
	永田	400	1.5×10^{-12}	850*	
	永田	400	3.6×10^{-12}	850*	
D_{st}	查普曼，普赖斯	400	4.4×10^{-12}	1100	
Bay	力武	260	10^{-12}	320	
	力武	600	$>10^{-12}$		
11 年周期变化	行武	400	6×10^{-12}	<1500	深度 400—1500 km 时 $\sigma=10^{-11}$ e. m. u.

从表 7.5 还可以发现由 S_q 场和 D_{st} 所得结果的差异.为此,拉希里和普赖斯(Lahili and Price, 1939)提出了非均匀球模型，即

$$\left.\begin{aligned} \sigma &= \sigma', \qquad & 1>\rho>q \\ \sigma &= \sigma_0\rho^{-l}, \qquad & q>\rho \end{aligned}\right\} \tag{7.273}$$

若取$\sigma'=10^{-4}$S/m(10^{-15} e.m.u.)，$q=0.94$(D=400km)，得到$\sigma_0=0.1$S/m(1.0×10^{-12} e.m.u.)，$l=11$．这样的结果除适合于 S_q 场外，也适于湾扰、D_{st} 和 27 天周期变化场的电磁感应结果．班克斯(Banks, 1969, 1972)又重新计算了各类变化场(包括周期为 11 年的)的电磁感应．图 7.53 中的上地幔(2000km 以上)电导率的分布就是基于班克斯的结果．

由于穿透深度有限，由外源场的电磁感应无法获得地幔底部电导率的信息．利用 §7.2.4(4) 中所述地幔对长期变化的屏蔽效应是可能途境，麦克唐纳利用如图 7.51 所示模

型，得出地幔最底部电导率约为 2×10^2S/m（2×10^{-9} e.m.u.），而核幔边界上部 1000km 附近约为 10S/m（6×10^{-10} e.m.u.）（McDonald, 1955, 1957）．而柯里（Currie, 1968）由长期变化场的谱分析得出在地幔底部厚约 2000km 范围内的平均电导率约为 2×10^2S/m（2×10^{-9} e.m.u.）. 地幔电导性水的作用和实验研究也是探讨地下深部电导的重要内容（Yoshino and Katsura, 2013；Xu et al., 2000）．但应指出，地幔电导率的不确定性可达一个量级．考虑到即使在常温下，固体物质的电导性能仍可有较大的变化，对于深部电导率能确定在一个量级范围内，仍然是了不起的成功．正是考虑地下，特别是深部电导性，到目前为止，仍存在较大的不确定性，虽 20 世纪末至今有很多分析和计算结果，在以上各节也有少许涉猎，但这里仍采用斯泰西（Stacey, 1977）在 20 世纪综合分析的结果（图 7.53），其他结果，与斯泰西的差异，都在误差范围之内．

7.3.2　地幔电导机制

图 7.53 所示地幔电导率的分布，清楚地显示出地幔物质的半导体性质，其电导性能对温度的依赖非常灵敏．纯的半导体内电子的能级如图 7.54a 所示，只有当电子由价电子带（valence band）被激发到更高能级的电导带时，它才具有电导的性能．价电子带与传导带之间的能量间隔为 E_g；对于不纯的半导体，在价电子带与传导带之间将出现新的能级．这个能级在低温下可能被电子占据，成为新的传导带电子的供应者（图 7.54b），构成电子导电的机制，称为 n 型半导体．新能级与传导带之间的能量差为 E_d；在低温下这个能级也可能是空的（图 7.45c），成为结合带电子的接受者，当电子进入新能级后，结合带留下空穴，构成空穴电导的机制，称为 p 型半导体，价电子带与新能级间的能量差为 E_a. 纯的和不纯的半导体除在外电场作用下电子移动（或空穴移动）形成电子（或空穴）导电外，在高温状态下也能够发生离子的整体移动，形成离子导电．无论纯半导体、非纯半导体或离子电导，其电导性能都正比于荷电离子的数目，而荷电离子数对温度的依赖遵从玻尔兹曼分布．因此三种电导机制对温度有相似的依赖关系，可简单表示为

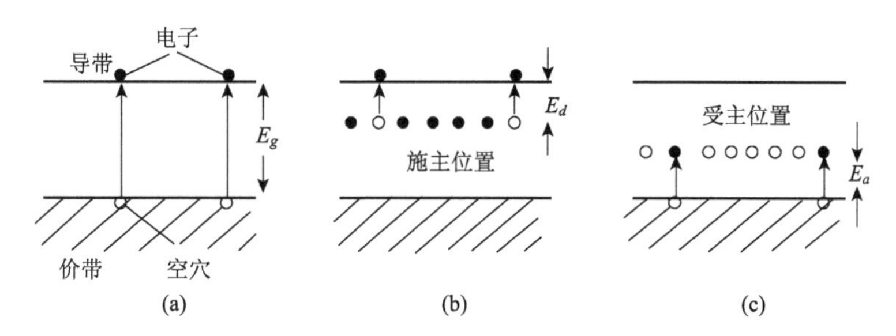

图 7.54　纯的和不纯的半导体电子的能级示意图（Stacey, 1977）

(a) 纯半导体；(b) n 型半导体；(c) p 型不纯半导体

$$\sigma=\sigma_i+\sigma_e+\sigma_3=\sigma_{i0}\mathrm{e}^{-\frac{E_a}{2kT}}+\sigma_{e0}\mathrm{e}^{-\frac{E}{2kT}}+\sigma_{30}\mathrm{e}^{-\frac{Q}{kT}},\tag{7.274}$$

式中，σ_i，σ_e，σ_3 分别代表纯、不纯和离子电导机制的电导率；E 为 E_d 或 E_a，Q 为离子的扩散能．

在实验室压力条件下，构成地幔主要成分的橄榄石其 E_g 约为 8 电子伏特(eV). 这样高的能级在上地幔的温度条件下，电子的激发是很困难的. 因此上地幔物质只可能是不纯半导体和离子电导机制. 实验发现，直至硅酸盐的熔融状态，离子电导都是有意义的. 但对于地幔深部更高的压力条件，离子的扩散能 Q 将增大，离子电导受到限制. 一般认为，在下地幔纯半导体的电导机制是主要的. 根据外推估计，在地幔底部，$\sigma_{i0}\approx7\times10^5$S/m($7\times10^{-6}$ e.m.u.)，温度 $T\approx3300$°K，要达到如图 7.53 所示 3×10^2S/m(3×10^{-9} e.m.u.)电导率的数值，则 E_g 必须小到 4.5 电子伏特. 由于在高温高压条件下测定能量 E_g 的困难，在地幔深部 E_g 能否降到如此低的数值还不能肯定. 因此地幔深部电导机制的确定还有赖于高温、高压实验技术的发展.

实验还表明，当橄榄石在适当压力温度条件下相变为尖晶石时，电导率可增加两个量级. 因此图 7.53 所示上地幔 400–600km 深处电导率的突变可能是橄榄石相变的结果.

根据岩石矿物电导性能对温度压力的依赖关系，可由深部电导率的分布推测地球深部的温度. 这是地下电导率的观测和分析在地球物理研究中的另一项重要应用.

7.3.3 地核内部的电导率

和地壳、上地幔情况不同，地核电导率还无法由电磁感应和实验室的直接测定来估算，只能根据实验条件下可能得到的数据外推得出. 埃文斯(R. Evans)等人提出(Evans and Jain, 1972)，地核中电阻率为$(1-2)\times10^{-6}$ Ωm. 但斯泰西指出，2×10^{-6} Ωm 是地核电阻率的最下限，否则将与热流的实际可能值相矛盾. 基勒(R. N. Keeler)做出了 1.4×10^{11}巴(bar)(相当于外核的压力)和 3000°K 的温压条件的瞬时测量，估算得地核电阻率约 3.3×10^{-6} Ωm(Stacey, 1977). 虽然至今地核导电性能仍不能最后确定，但斯泰西综合各种数据的分析提出，3×10^5S/m($\sigma=3\times10^{-6}$ e.m.u.)仍然是地核电导率的最佳估计值.

参 考 文 献

国家地震局兰州地震大队电磁测深组. 1976. 中国南北地震带北段地壳和上地幔的电性特征. 地球物理学报, **19:** 28-34.

力武常次. 1972. 地球电磁気学. 东京: 岩波书店.

祁贵仲. 1979. 区分局部地磁异常的源场理论. 地球物理学报, **22**: 66-77.

祁贵仲, 范国华, 詹志佳, 等. 1981. 渤海地区地磁短周期变化异常和上地幔高导层的分布. 中国科学, **7**: 869-879.

Akasofu, S. 1968. *Polar and Magnetospheric Substorms*. D. Reidel Publ. Co., Pordrechit Holland.

Akasofu, S. 1977. *Physics of Magnetospheric Substorms*. D. Reidel Publ. Co., Pordrechit Holland.

Akasofu, S., Chapman, S. 1972. *Solar-terrestrial Physics*. Oxford at the Clarendon Press.

Angelopoulos, V. 2008. Tail reconnection triggering substorm onset. *Science*, **321:** 931-935.

Archer, M. O., Horbury, T. S., Lucek, E, A., et al. 2005. Size and shape of ULF waves in the terrestrial foreshock. *J. Geophys. Res.*, **110**: A05208(1-7).

Ashour, A. A. 1965a. On a transformation of coordinates by inversion and its application to electromagnetic induction in a thin perfectly conducting hemispherical shell. *Proc. London Math. Soc.*, **15**: 557-576.

Ashour, A. A. 1965b. The coast-line effect on rapid geomagnetic variations. *Geophys. J. R. astr. Soc.*, **10**: 147-161.

Baker, D. N., Pulkkinen, T. I., Angelopoulos, V., et al. 1996. Neutral line model of substorms: Past results and present view. *J. Geophys. Res.*, **101**(A6): 12975-13010.

Banks, R. J. 1969. Geomagnetic variations and the electrical conductivity of the upper mantle. *Geophys. J. R. astr. Soc.*, **17**: 457-487.

Banks, R. J. 1972. The overall conductivity distribution of the Earth. *J. Geomag. Geoeletr.*, **24**: 337-351.

Barnes, A. 1983. Hydromagnetic waves, turbulence, and collisionless processes in the interplanetary medium. In: Carovillano, R. L., Forbes, J. M. (eds). *Solar-Terrestrial Physics: Principles and Theoretical Foundations*. Dordrecht: D. Reidel Publishing Company. 155-199.

Berdichevsky, M. N., Fainberg, E. B., Rotarvova, N. M., et al. 1976. Deep electromagnetic investigations. *Annales de Geophysique*, **32**: 143-153.

Biskamp, D. 1993. *Nonlinear Magnetohydrodynamics*. Cambridge: Cambridge University Press.

Blanco-Cano, X., Omidi, N., Russell, C. T. 2009. Global hybrid simulations: Foreshock waves and cavitons under radial interplanetary magnetic field geometry. *J Geophys Res*, **114**: A01216(1-14).

Cagniard, I. 1953. Basic theory of the magnero-telluric method of geophysical prospecting. *Geophysics*, **18**: 605-635.

Chapman, S. 1919. The solar and lunar diurnal variations of terrestrial magnetism, *Phil. Trans. Roy. Soc., London, A*, **218**: 104-118.

Chapman, S., Price, A. T. 1930. The electric and magnetic state of the interior of the Earth as inferred from terrestrial magnetic variations. *Phil. Trans. Roy. Soc., London, A*, **229**: 427-460.

Cornwall, J. M. 1965. Cyclotron instabilities and electromagnetic emission in the ultra low frequency and very low frequency ranges. *J. Geophys. Res.*, **70**: 61-69.

Currie, R. G. 1968. Geomagnetic spectrum of internal origin and lower mantle conductivity. *J. Geophys. Res.*, **73**: 2779-2786.

Evans, R., Jain, A., 1972. Calculations of electrical transport properties of liquid metals at high pressures. *Phys. Earth Planet. Int.*, **6**: 141-145.

Filloux, J. H. 1979. Magnetotelluric and related electromagnetic investigations in geophysics. *Rev. Geophys. Space Phys.*, **17**: 282-294.

Glabmeier, K. H. 2007. Geomagnetic pulsations. In: Gubbins, D., Herrero-Bervera, E. (eds). *Encyclopedia of Geomagnetism and Paleomagnetism*. Heidelberg: Springer. 333-334.

Gough, D. I. 1973a. The geophysical significance of the geomagnetic variation anomalies. *Phys. Earth Plan. Int.*, **7**: 379.

Gough, D. I. 1973b. The interpretation of magnetometer array studies. *Geophys. J. R. astr. Soc.*, **35**: 83-98.

Gough, D. I. 1974. Electrical conductivity under Western North America in relation to heat flow, seismicity and structure. *J. Geomag. Geoelectr.*, **26**: 105-123.

Gough, D. I., Bannister, J. R. 1978. A polar magnetic substorm observed in the evening sector with a two-dimensional magnetometer array. *Geophys. J. R. astr. Soc.*, **53**: 1-26.

Jacobs, J. A. 1970. Geomagnetic Micropulsations, Physics and Chemistry in Space. 1. Heidelberg: Springer-Verlag.

Katsura, T. 2007. Mantle, Electrical Conductivity, Mineralogy. In: Gubbins, D., Herrero-Bervera, E. (eds).

Encyclopedia of Geomagnetism and Paleomagnetism. Heidelberg: Springer Publisher: 684-688.

Korotova, G. I., Sibeck, D. G., Tahakashi, K., et al. 2015. Van Allen Probe observations of drift-bounce resonances with Pc4, pulsations and wave–particle interactions in the pre-midnight inner magnetosphere. *Ann. Geophys*., **33:** 955-964.

Kuvshinov, A., Olsen, N. 2006. A global model of mantle conductivity derived from 5 years of CHAMP, Ørsted, and SAC-C magnetic data. *Geophys. Res. Lett.*, **33**: L18301.

Lahili, B. N., Price, A. T. 1939. Electromagnetic induction in nonuniform conductors and the determination of the conductivity of the Earth from terrestrial magnetic variations. *Phil. Trans. Roy. Soc.*, A, **237**: 509-540.

Le, G., Russell, C. T. 1991. The morphology of ULF waves in the Earth's foreshock. In: Engebretson, M. J., Takahashi, K., Scholer, M. (eds). *Solar Wind Sources of Magnetospheric Ultra-Low-Frequency Waves*. Geophysical Monograph **81**, 81-98, AGU, Washington DC.

Le, G., Russell, C. T. 1994. The Thickness and Structure of High Beta Magnetopause Current Layer. *Geophys. Res. Lett.,* **21**: 2451

Leonovichi, A. S., Wazur, V. A. 1990. The spatial structure of poloidal Alfven oscillations of an axisymmetric magnetosphere. *Planer. Spacr Sci*., **38**(10): 1231-1241.

Leonovichi, A. S., Kozlov, D. A., Pilipenko, V. A. 2006. Magnetosonic resonance in a dipole-like magnetosphere. *Ann. Geophys*., **24**: 2277-2289. European Geosciences Union.

Lilley, F. E., Sloan, M. N. 1976. On estimating electrical conductivity using gradient data from magnetometer arrays. *J. Geomag. Geoelectr*., **28**: 321-328.

Matsushita, S., Campbell, W. H. 1967. *Physics of Geomagnetic Phenomena*. New York and London: Acad. Press.

McDonald, K. L. 1955. Geomagnetic secular variation at the core-mantle boundary. *J. Geophys. Res*., **60**: 377-388.

McDonald, K. L. 1957. Penetration of the geomagnetic secular field through a mantle with variable conductivity. *J. Geophys. Res*., **62**: 117-141.

McPherron, R. 2005. Magnetic pulsations: their sources and relation to solar wind and geomagnetic activity. *Survey in Geophysics*, **26**: 545-592.

Olsen, N. 2007. Natural sources for electromagnetic induction studies. In: Gubbins, D., Herrero-Bervera, E. (eds). *Encyclopedia of Geomagnetism and Paleomagnetism*. Heidelberg: Springer. 696-700.

Omura, Y., Pickett, J., Grison, B., et al. 2010. Theory and observation of electromagnetic ion cyclotron triggered emissions in the magnetosphere. *J. Geophys. Res*., **115**: A07234.

Paker, E. N. 1957. Sweet's mechanism for merging magnetic fields in conducting fluids. *J. Geophys. Res*., **62**: 509.

Parkinson, W. D. 1964. Conductivity anomalies in Australia and the ocean effect. *J. Geomag. Geoelectr*., **15**: 222-226.

Price, A. T. 1950. Electromagnetic induction in a semi-infinite conductor with a plane boundary. *Quart. J.Mech. Appl. Math*., **3**: 385-410.

Price, A. T. 1962. The theory of magnetotelluric method when the source field is considered. *J. Geophys. Res*., **67**: 1907-1918.

Price, A. T, Wilkins, G. A. 1963. New methods for the analysis of geomagnetic field and their application to the S_q field of 1932-3. *Trans. Roy. Soc., London, A*, **256**: 31-98

Priest, E., Forbes, T. 2000. *Magnetic Reconnection.* New York: Cambridge University Press.

Puthe, C., Kuvshinov, A. 2013. Determination of 3-D distribution of electrical conductivity in Earth's mantle from Swarm satellite data: Frequency domain approach based on inversion of induced coefficients. *Earth Planets Space*, **65**: 1247-1256.

Puthe, C., Kuvshinov, A. 2014. Mapping 3-D mantle electrical conductivity from space: A new 3_D inversion scheme based on analusis of matrix Q-responses. *J. Geophys. Inter.*, **201**(4): 768-784.

Russell, C. T. 1990. The magnetopause. In: Russell, C. T., Priest, E. R., Lee, L. C. (eds). *Physics of Magnetic Flux Ropes*. Washington, D C: American Geophysical Union. 439-453.

Salem, C. S., et al. 2012. Identification of kinetic alfvén wave turbulence in the solar wind. *The Astrophysical Journal Letters,* **745**: 1-5.

Schäfer, V. S. 2003. Spatial and temporal Structure of Alfvén Resonator Waves at the terrestrial plasmapause. Doctoral Dissertation. IMPRS.

Schumuker, U., Jankowski, J. 1972. Geomagnetic induction studies and the electrical state of the upper mantle. *Tectonophysics*, **13**: 233-256.

Stacey, F. D. 1977. *Physics of the Earth*. 2nd edition. New York: John Wiley and Sons, Inc.

Suzuki, A., Kamel, T. 1971. A Preliminary Report On Pc 4 pulsations observed at Tottori. *Geophysical Institute, Kyoto University*, **11**: 231-236.

Sweet, P. A. 1958. The neutral point theory of solar flares. In: Lehnert, B. (ed). IAU Symposium 6, *Electromagnetic Phenomena in Cosmical Physics*. Dordrecht: Kluwer. 123.

Tsintsadze, N. L., Kaladze, T. D., Van Dam, J. W., et al. 2010. Nonlinear dynamics of the electromagnetic ion cyclotron structures in the inner magnetosphere. *J. Geophys. Res.*, **115**: A07204.

Turner, D., Angelopoulos, V., Wilson, L., et al. 2014. Particle acceleration during interactions between transient ion foreshock phenomena and Earth's bow shock. *Geophysical Research Abstracts*, **16**: 2014-2276.

Usanova, M. E., Mann, I. R., Darrouzet, F. 2016. EMIC waves in the inner magnetosphere, Chapter 5. In: Keiling, A., Lee, D. H., Nakariakov, V. (eds). *Low-Frequency Waves in Space Plasmas*.

Utada, H., Koyama, T., Shimizu, H., et al. 2003. A semi-global reference model for electrical conductivity in the mid-mantle beneath the north Pacific region. *Geophys. Res. Lett.*, **30**(4): 1194-1198.

Vilinsky, J. 2013. Determination of three-dimensional distribution of electrical conductivity in the Earth's mantle from Swarm satellite data: Time domain approach. *Earth Planets Space*, **65**: 1239-1246.

Xu, Y., Shankland, T. J., Poe, B. T. 2000. Laboratory-based electrical conductivity in the Earth's mantle. *J. Geophys. Res.,* **105**: 27865-27875.

Yeoman, T. K., Wright, D. M. 2001. ULF waves with drift resonance and drift-bounce resonance energy sources as observed in artificially-induced HF radar backscatter. *Annales Geophysicae*, **19**: 159-170.

Yoshino, T., Katsura, T. 2013. Electrical conductivity of mantle minerals: Role of water in conductivity anomalies. *Annual Review of Earth and Planetary Sciences*, **41**: 605-628.

Zaqarashvili, T. V., Belvedere, G. 2005. The origin of long-period Alfven waves in the solar wind. *Mon. Not. R. Astron. Soc.,* **362**: L35-L39.